Lambacher Schweizer
Mathematik für Gymnasien

Grundkurs

Rheinland-Pfalz

erarbeitet von

Hans Freudigmann

Dieter Brandt
Dieter Greulich
Wolfgang Riemer

Ernst Klett Verlag
Stuttgart · Leipzig

Begleitmaterial:
Zu diesem Buch gibt es ergänzend:
– Lösungsheft (ISBN: 978-3-12-735607-6)

1. Auflage   1 9 8 7 6 5 | 27 26 25 24 23

Alle Drucke dieser Auflage sind unverändert und können im Unterricht nebeneinander verwendet werden.
Die letzte Zahl bezeichnet das Jahr des Druckes.
Das Werk und seine Teile sind urheberrechtlich geschützt. Jede Nutzung in anderen als den gesetzlich zugelassenen Fällen bedarf der vorherigen schriftlichen Einwilligung des Verlages. Hinweis § 52 a UrhG: Weder das Werk noch seine Teile dürfen ohne eine solche Einwilligung eingescannt und in ein Netzwerk eingestellt werden. Dies gilt auch für Intranets von Schulen und sonstigen Bildungseinrichtungen. Fotomechanische oder andere Wiedergabeverfahren nur mit Genehmigung des Verlages.
Auf verschiedenen Seiten dieses Bandes befinden sich Verweise (Links) auf Internet-Adressen. Haftungshinweis: Trotz sorgfältiger inhaltlicher Kontrolle wird die Haftung für die Inhalte der externen Seiten ausgeschlossen. Für den Inhalt dieser externen Seiten sind ausschließlich die Betreiber verantwortlich. Sollten Sie daher auf kostenpflichtige, illegale oder anstößige Inhalte treffen, so bedauern wir dies ausdrücklich und bitten Sie, uns umgehend per E-Mail davon in Kenntnis zu setzen, damit beim Nachdruck der Verweis gelöscht wird.

© Ernst Klett Verlag GmbH, Stuttgart 2011. Alle Rechte vorbehalten. www.klett.de

Autorinnen und Autoren: Manfred Baum, Martin Bellstedt, Dr. Dieter Brandt, Heidi Buck, Prof. Rolf Dürr, Prof. Hans Freudigmann, Dieter Greulich, Dr. Frieder Haug, Dr. Wolfgang Riemer, Rüdiger Sandmann, Reinhard Schmitt-Hartmann, Dr. Peter Zimmermann, Prof. Manfred Zinser

Redaktion: Dagmar Faller, Andreas Marte, Heike Thümmler
Mediengestaltung: Jörg Adrion

Umschlaggestaltung: SoldanKommunikation, Stuttgart
Umschlagfotos: Wasserstrudel: Getty Images (amana Images/Takeshi Daigo), München; Wendeltreppe: Getty Images (Image Bank/Joao Paulo), München
Illustrationen: Uwe Alfer, Waldbreitbach
Satz: Satzkiste GmbH, Stuttgart; Imprint, Zusmarshausen
Reproduktion: Meyle + Müller Medienmanagement, Pforzheim
Druck: Firmengruppe APPL, aprinta druck, Wemding

Printed in Germany
ISBN 978-3-12-735605-2

Inhaltsverzeichnis

Mathematikunterricht in der Oberstufe mit dem Lambacher Schweizer 7
Lernen mit dem Lambacher Schweizer 8

I Folgen und Grenzwerte

1 Folgen 12
2 Eigenschaften von Folgen 15
3 Grenzwert einer Folge 17
4 Grenzwertsätze 21
Wiederholen – Vertiefen – Vernetzen 23
Rückblick 25
Prüfungsvorbereitung ohne Hilfsmittel 26
Prüfungsvorbereitung mit Hilfsmitteln 27

II Schlüsselkonzept: Ableitung

1 Funktionen 30
2 Mittlere Änderungsrate – Differenzenquotient 34
3 Momentane Änderungsrate – Ableitung 37
4 Ableitung berechnen 41
5 Die Ableitungsfunktion 44
6 Ableitungsregeln 47
Wiederholen – Vertiefen – Vernetzen 51
Rückblick 53
Prüfungsvorbereitung ohne Hilfsmittel 54
Prüfungsvorbereitung mit Hilfsmitteln 55

III Extrem- und Wendepunkte

1 Nullstellen 58
2 Monotonie 61
3 Hoch- und Tiefpunkte, erstes Kriterium 64
4 Die Bedeutung der zweiten Ableitung 67
5 Hoch- und Tiefpunkte, zweites Kriterium 70
6 Kriterien für Wendepunkte 74
7 Extremwerte – lokal und global 78
Wiederholen – Vertiefen – Vernetzen 81
Rückblick 83
Prüfungsvorbereitung ohne Hilfsmittel 84
Prüfungsvorbereitung mit Hilfsmitteln 85

Inhaltsverzeichnis

IV Untersuchung ganzrationaler Funktionen

1 Ganzrationale Funktionen – Linearfaktorzerlegung — 88
2 Ganzrationale Funktionen und ihr Verhalten für $x \to +\infty$ bzw. $x \to -\infty$ — 91
3 Symmetrie, Skizzieren von Graphen — 93
4 Beispiel einer vollständigen Funktionsuntersuchung — 96
5 Probleme lösen im Umfeld der Tangente — 99
6 Mathematische Begriffe in Sachzusammenhängen — 102
Wiederholen – Vertiefen – Vernetzen — 105
Rückblick — 107
Prüfungsvorbereitung ohne Hilfsmittel — 108
Prüfungsvorbereitung mit Hilfsmitteln — 109

V Exponentialfunktionen

1 Eigenschaften von Funktionen der Form $f(x) = c \cdot a^x$ — 112
2 Die natürliche Exponentialfunktion und ihre Ableitung — 115
3 Exponentialgleichungen und natürlicher Logarithmus — 118
4 Die natürliche Logarithmusfunktion — 121
5 Ableiten von Funktionen der Form $f(x) = a \cdot e^{kx}$ — 123
6 Exponentielles Wachstum modellieren — 125
Wiederholen – Vertiefen – Vernetzen — 129
Rückblick — 131
Prüfungsvorbereitung ohne Hilfsmittel — 132
Prüfungsvorbereitung mit Hilfsmitteln — 133

VI Schlüsselkonzept: Integral

1 Rekonstruieren einer Größe — 136
2 Das Integral — 139
3 Der Hauptsatz der Differential- und Integralrechnung — 143
4 Bestimmung von Stammfunktionen — 147
5 Integral und Flächeninhalt — 151
6 Unbegrenzte Flächen – Uneigentliche Integrale — 155
7 Numerische Integration — 158
Wiederholen – Vertiefen – Vernetzen — 161
Rückblick — 163
Prüfungsvorbereitung ohne Hilfsmittel — 164
Prüfungsvorbereitung mit Hilfsmitteln — 165

VII Lineare Gleichungssysteme

1 Das Gauß-Verfahren	168
2 Lösungsmengen linearer Gleichungssysteme	172
3 Bestimmung ganzrationaler Funktionen	175
Wiederholen – Vertiefen – Vernetzen	178
Rückblick	181
Prüfungsvorbereitung ohne Hilfsmittel	182
Prüfungsvorbereitung mit Hilfsmitteln	183

VIII Schlüsselkonzept: Vektoren

1 Punkte im Raum	186
2 Vektoren	189
3 Rechnen mit Vektoren	193
4 Geraden	197
5 Gegenseitige Lage von Geraden	201
6 Längen messen – Einheitsvektoren	206
Wiederholen – Vertiefen – Vernetzen	211
Rückblick	213
Prüfungsvorbereitung ohne Hilfsmittel	214
Prüfungsvorbereitung mit Hilfsmitteln	215

IX Ebenen

1 Ebenen im Raum – Parameterform	218
2 Zueinander orthogonale Vektoren – Skalarprodukt	222
3 Normalengleichung und Koordinatengleichung einer Ebene	225
4 Lagen von Ebenen erkennen und Ebenen zeichnen	229
5 Gegenseitige Lage von Ebenen und Geraden	231
6 Gegenseitige Lage von Ebenen	234
7 Beweise zur Parallelität und Orthogonalität	238
Wiederholen – Vertiefen – Vernetzen	241
Exkursion Vektoris3D	244
Rückblick	247
Prüfungsvorbereitung ohne Hilfsmittel	248
Prüfungsvorbereitung mit Hilfsmitteln	249

Inhaltsverzeichnis

X Schlüsselkonzept: Wahrscheinlichkeit

1 Wahrscheinlichkeiten und Ereignisse	252
2 Berechnen von Wahrscheinlichkeiten mit Abzählverfahren	256
3 Gegenereignis – Vereinigung – Schnitt	260
4 Additionssatz	262
5 Daten darstellen und auswerten	264
6 Erwartungswert und Standardabweichung bei Zufallswerten	268
7 Bernoulli-Experimente und Binomialverteilung	272
8 Wahrscheinlichkeiten berechnen mit der Binomialverteilung	276
9 Arbeiten mit den Tabellen der Binomialverteilung	281
10 Problemlösen mit der Binomialverteilung	283
11 Erwartungswert und Standardabweichung – Sigma-Regel	286
Wiederholen – Vertiefen – Vernetzen	290
Rückblick	293
Prüfungsvorbereitung ohne Hilfsmittel	294
Prüfungsvorbereitung mit Hilfsmitteln	295

XI Simulation von Zufallsexperimenten – Testen

1 Zufallsexperimente simulieren	298
2 Wahrscheinlichkeiten bestimmen durch Simulation	301
3 Zweiseitiger Signifikanztest	306
4 Einseitiger Signifikanztest	310
5 Fehler beim Testen von Binomialverteilungen	314
Wiederholen – Vertiefen – Vernetzen	318
Rückblick	320
Prüfungsvorbereitung	321

Abituraufgaben	322
Lösungen zu den Aufgaben zur Abiturvorbereitung	328
Lösungen der Aufgaben in Zeit zu überprüfen, Zeit zu wiederholen, der Aufgaben zur Prüfungsvorbereitung ohne Hilfsmittel/mit Hilfsmitteln	333
Tabellen	365
Register	371

☐ Zum selbst Erarbeiten geeignet

Mathematikunterricht in der Oberstufe mit dem Lambacher Schweizer

Mathematik – auf dem Weg zum Abitur
Der Lambacher Schweizer Grundkurs enthält **Inhalte** aus der Analysis, der Analytischen Geometrie und der Stochastik.

Zur leichteren Orientierung ist der Lambacher Schweizer klassisch angeordnet: zunächst sechs Kapitel Analysis, dann drei Kapitel Analytische Geometrie und schließlich zwei Kapitel Stochastik. Der Durchgang durch den **Lehrgang** ist aber **variabel**. So können die Themengebiete Analysis und Analytische Geometrie wechselweise unterrichtet werden. Innerhalb der Themengebiete Analysis und Analytische Geometrie ist es allerdings notwendig, die vorgegebene Reihenfolge einzuhalten.

Das begriffliche Fundament der Mathematik in der Oberstufe fußt auf den mathematischen Ideen zur **Ableitung**, zum **Integral**, zu **Vektoren** und zur **Wahrscheinlichkeit**, weshalb die zugehörigen Kapitel II, VI, VIII und X mit **Schlüsselkonzept** bezeichnet wurden.

In der **Analysis** wird der Gedanke der Ableitung eingeführt. Es werden weitere Funktionstypen analysiert, wobei der Schwerpunkt nicht auf der Klassifizierung der Funktionen liegt, sondern auf der sinnvollen Analyse ihrer Eigenschaften sowohl anschaulich am Graphen als auch algebraisch am Funktionsterm. Das Kapitel zur Integralrechnung führt zügig auf den Hauptsatz, wobei über den Zusammenhang von momentaner Änderungsrate und Gesamtänderung der Hauptsatz inhaltlich gut nachvollzogen werden kann.

In der **Linearen Algebra/Analytischen Geometrie** steht nach der Einführung der Vektoren vor allem das Problemlösen mit Vektoren im Vordergrund. Neben den traditionellen Aufgaben zur Bestimmung von Geraden, Ebenen und Schnittgebilden wurde besonderes Gewicht auf neuartige Anwendungsaufgaben gelegt.

Die **Stochastik** wird in zwei Kapiteln behandelt. Kapitel X behandelt Grundlagen der Wahrscheinlichkeitsrechnung. Über den Mittelwert und die empirische Standardabweichung bei Zufallsexperimenten werden die Schülerinnen und Schüler an den Erwartungswert und die Standardabweichung bei Binomialverteilungen herangeführt. Kapitel XI betrachtet zwei Themen näher: Es beginnt mit Simulationen, anschließend werden ein- und zweiseitige Tests behandelt.

Ausdifferenzieren des Unterrichts – inhaltlich und methodisch
Jedes Kapitel bietet über die Pflichtthemen des Lehrplans hinaus ein vielseitiges Angebot zur Differenzierung des Unterrichts, sowohl inhaltlich als auch methodisch. In den *Exkursionen* werden weiterführende Themen aufbereitet, die zur Erarbeitung **eigenständiger Lernleistungen** vergeben werden können.

Zur Themenvergabe für eigenständige Lernleistungen bieten sich ebenso die Online-Links im Buch auf weitere *Exkursionen* und *Referatsvorschläge* an.

Zum selbst Erarbeiten geeignete Themen für Schülerinnen und Schüler sind im Inhaltsverzeichnis gekennzeichnet.

Medieneinsatz
Material zu den gängigsten **CAS**-Rechnern sowie für **Excel** befindet sich auf der dem Buch beiliegenden **CD**.

Für den anschaulichen Unterricht in der Analytischen Geometrie wurde das besonders schülerfreundliche **3D-Geometrie-Programm Vektoris3D** entwickelt. Im Buch wird an zahlreichen Stellen auf passgenaue Vektoris-Dateien verwiesen. Das Programm kann deshalb sowohl im Unterricht als auch zum selbstständigen Arbeiten der Schülerinnen und Schüler eingesetzt werden.

Lernen mit dem Lambacher Schweizer

Liebe Schülerinnen und Schüler,

der Lambacher Schweizer Grundkurs wird Sie in Mathematik die letzten Jahre bis zum Abitur begleiten. Die Kapitel sind immer gleich aufgebaut, damit Sie sich gut zurechtfinden können. Jedes Kapitel umfasst die Auftaktseite, mehrere Unterkapitel, sogenannte Lerneinheiten, die Wiederholen-Vertiefen-Vernetzen-Aufgaben, den Rückblick und die Prüfungsvorbereitung. Einige Kapitel umfassen auch Exkursionen. Auf der **Auftaktseite** sehen Sie, worum es in diesem Kapitel geht und welche Lernvoraussetzungen Sie dafür haben müssen.

Die **Lerneinheiten** beginnen mit einem offenen Einstieg, bevor im Lehrtext die neuen Inhalte erläutert werden. Der zentrale Lerninhalt ist im **Merkkasten** zusammengefasst. Anschließend folgen **Beispielaufgaben**. Wird hierfür ein **Rechner** eingesetzt, dann sind die zugehörigen Screenshots abgebildet. Welche Eingaben Sie für die Verwendung des Rechners machen müssen, finden Sie für die gängigsten Rechner unter einem **Online-Link**, der auf der entsprechenden Buchseite angegeben ist. Bei den anschließenden Aufgaben bedeuten die **orangenfarbenen Aufgabenziffern**, dass kein Rechner verwendet werden soll.
In der Stochastik finden Sie unter einem Online-Link auch passende Excel-Dateien.

Auf der dem Schülerbuch beiliegenden **CD-ROM** finden Sie zusätzlich Aufgaben, die explizit für **CAS** geeignet sind, und deren ausführliche Lösung. Auf die Aufgaben wird an passenden Stellen im Buch verwiesen.

In der Analytischen Geometrie gibt es die Möglichkeit, mit dem auf der CD-ROM befindlichen **3D-Geometrie-Programm Vektoris3D** die geometrischen Sachverhalte zu veranschaulichen bzw. entsprechende Aufgaben mit Vektoris3D zu lösen. Auch hierzu finden Sie an passenden Stellen im Buch Verweise auf Vektoris3D-Dateien auf der CD-ROM.

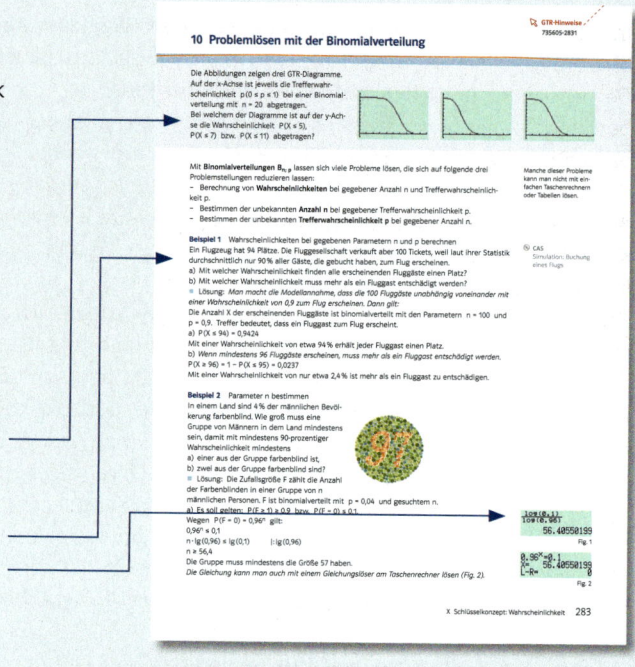

Symbolerklärungen	
Online-Link 735605-XXXX	Unter www.klett.de geben Sie die Nummer des Online-Links in das Suchfeld ein und finden die ergänzenden Inhalte (auch als Download).
3	Aufgaben mit orange Aufgabenziffern sollen ohne Rechner bearbeitet werden.
CAS	Aufgaben für den Einsatz eines CAS.
Vektoris3D	Passende Dateien, die der Veranschaulichung dienen.
👥	Aufgaben für Partnerarbeit
👥👥	Aufgaben für Gruppenarbeit

In jeder Lerneinheit gibt es eine Aufgabenrubrik **Zeit zu überprüfen**. Hiermit können Sie selbst testen, ob Sie das Gelernte verstanden haben und die grundlegenden Aufgaben zu dem neu gelernten Stoff lösen können. Die Lösungen dazu finden Sie im Anhang des Buches.

Auch die grundlegenden Inhalte aus vorausgegangenen Kapiteln und früheren Jahrgangsstufen können selbstkontrolliert getestet werden. Hierzu finden Sie die Aufgabenrubrik **Zeit zu wiederholen**. Die Lösungen dazu befinden sich ebenfalls im Anhang des Buches.

Auf den **Wiederholen-Vertiefen-Vernetzen**-Seiten finden Sie Aufgaben, die den Lernstoff der Lerneinheiten zum Pflichtstoff und, wenn es sich anbietet, auch der Kapitel miteinander verbinden.

Auf der **Rückblick**-Seite sind alle zentralen Inhalte des Kapitels zusammengefasst und an Beispielen veranschaulicht.

Am Ende des Kapitels können Sie eigenverantwortlich für die nächste Klausur oder schon für das Abitur üben. Um zwischen den stärker verständnisorientierten und den rechenintensiveren Aufgaben zu unterscheiden, gibt es hier auf blau unterlegten Seiten: **Prüfungsvorbereitung ohne Hilfsmittel** bzw. **Prüfungsvorbereitung mit Hilfsmitteln**.

Wenn Sie sich erfolgreich durch das Buch gearbeitet haben, können Sie sich am Ende an **Abituraufgaben**, d.h. Aufgaben, wie sie auch im Abitur gestellt werden, noch einmal abschließend selbst testen.

Neben dieser konsequenten Vorbereitung auf das Abitur bietet Ihnen das Buch zahlreiche Möglichkeiten, sich ein noch breiteres mathematisches Wissen anzueignen. Die **Exkursionen** bieten Material für eigenständige Lernleistungen. Aus dem gleichen Grund werden im Buch zudem Verweise auf mögliche **Referatsthemen** und weitere Exkursionsthemen mit Online-Link gegeben.

Wir wünschen Ihnen viele interessante Mathematikstunden mit dem Lambacher Schweizer Grundkurs und vor allem: Viel Erfolg beim Abitur!

Ihre Redaktion und das Autorenteam

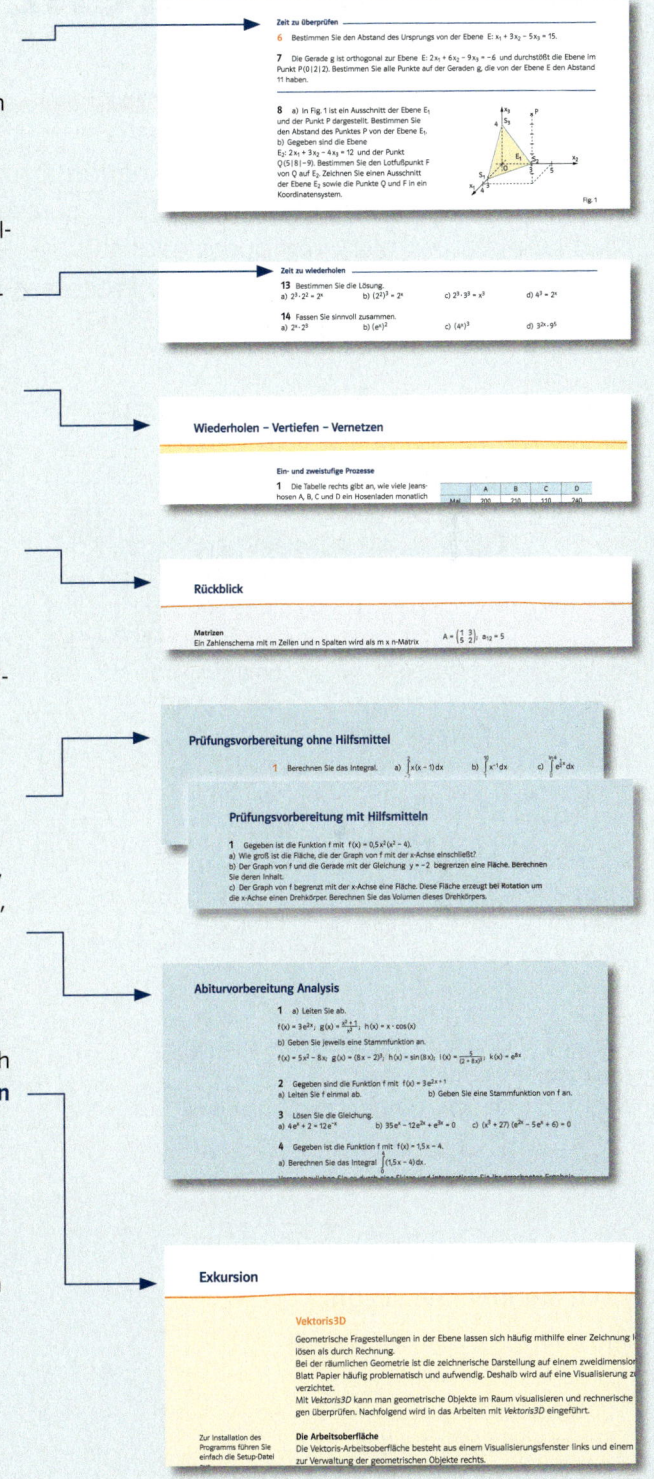

Folgen und Grenzwerte

Bei einer Rechnung wie 10 − 3·4 + 3 benötigt man drei Rechenschritte um als Ergebnis die Zahl 1 zu erhalten. Man kann Zahlen nicht nur durch endlich viele Rechenschritte, sondern als Grenzwert eines Prozesses mit unendlich vielen Schritten erhalten.

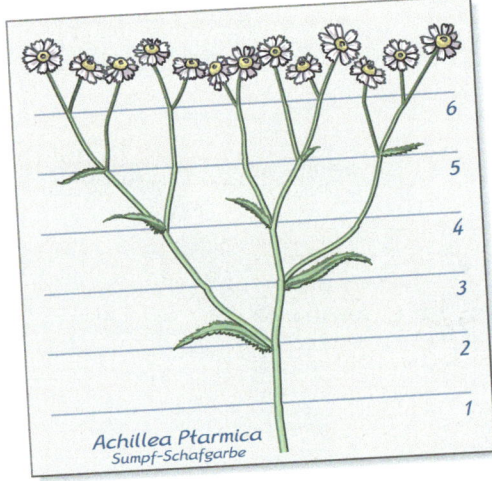

Wie viele Triebenden hat die Sumpf-Schafgarbe am Ende des siebten Monats?
Wie könnte ein Term für n Monate aussehen?

Das kennen Sie schon
− Wertetabellen von Funktionen
− Graphen von Funktionen
− Potenzrechnungen
− Exponentialgleichungen

Der Broccoli Romanesco hat einen ähnlichen Aufbau wie die „Quadratpflanze".

Wenn man geschickt stapelt beträgt der Überhang des oberen Buches maximal:

Bei zwei Büchern: $\frac{1}{2}$ der Buchlänge

Bei drei Büchern: $\frac{1}{2} + \frac{1}{4} = \frac{3}{4}$ der Buchlänge

Bei vier Büchern: $\frac{1}{2} + \frac{1}{4} + \frac{1}{6}$ der Buchlänge

Bei fünf Büchern: $\frac{1}{2} + \frac{1}{4} + \frac{1}{6} + \frac{1}{10}$ der Buchlänge

usw.

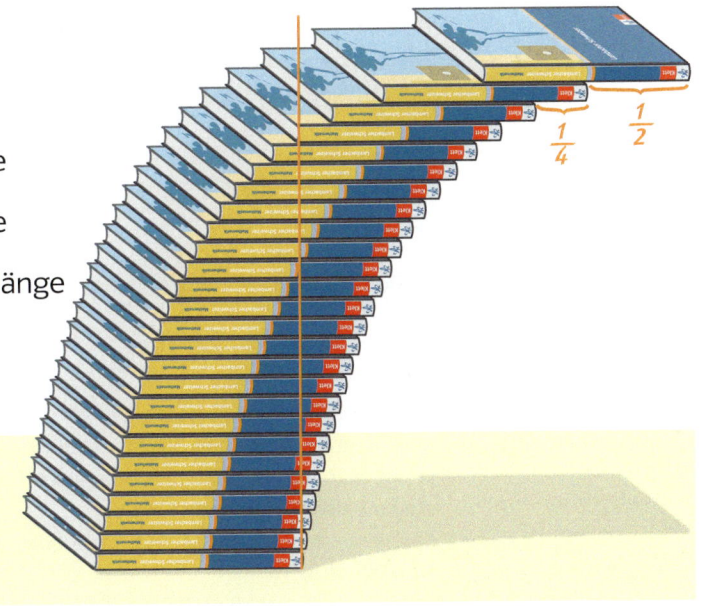

 Zahl und Zahlbereiche

 Messen und Größen

 Raum und Form

 Funktionaler Zusammenhang

 Daten und Zufall

In diesem Kapitel

- werden Folgen eingeführt.
- werden Eigenschaften von Folgen untersucht.
- wird der Begriff des Grenzwerts einer Folge eingeführt.

1 Folgen

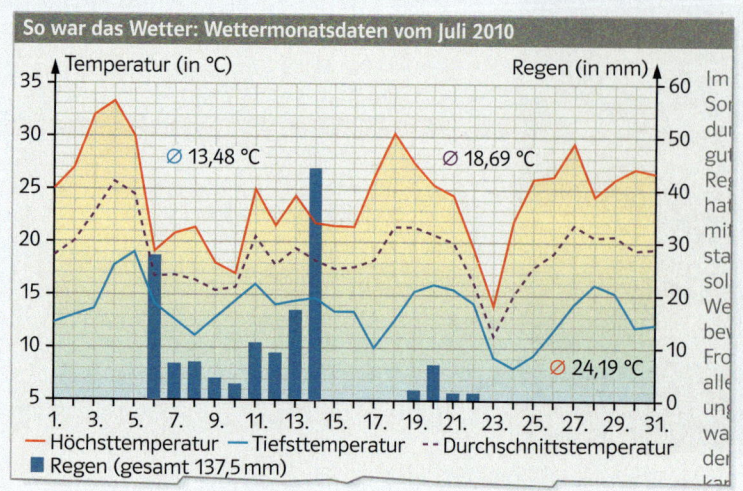

Beschreiben Sie Besonderheiten der grafischen Darstellung.
Handelt es sich bei den Zuordnungen
(1) Tagesnummer → Höchsttemperatur und
(2) Tagesnummer → Regenmenge
jeweils um eine Funktion?
Ist es korrekt, die Messpunkte für die Temperaturhöchstwerte durch Strecken zu verbinden?

Wenn man rationale Zahlen addiert, subtrahiert, multipliziert oder dividiert erhält man als Ergebnis nie eine Zahl wie $\sqrt{2}$ oder π. Solche irrationalen Zahlen kann man mit unendlichen **Zahlenfolgen** erfassen. Auch zur Beschreibung von Wachstumsvorgängen und bei der Untersuchung von Funktionen sind Zahlenfolgen von Bedeutung.

Fällt ein Ball aus der Höhe h (in Metern) auf einen glatten Boden und erreicht er nach jedem Aufprall wieder das 0,8-Fache der vorherigen Höhe, so kann man diesem Vorgang eine Folge von Zahlen wie folgt zuordnen:

Höhe nach dem 1. Aufprall:	$h_1 = h \cdot 0{,}8$;
Höhe nach dem 2. Aufprall:	$h_2 = h_1 \cdot 0{,}8$;
...	...
Höhe nach dem n-ten Aufprall:	$h_n = h_{n-1} \cdot 0{,}8$.

Hier ist die Höhe nach dem n-ten Aufprall berechenbar, wenn man die (n − 1)-te Höhe kennt. Man spricht von einer **rekursiven Darstellung der Zahlenfolge**.

Man kann aber h_n auch direkt angeben:
$h_1 = h \cdot 0{,}8$,
$h_2 = h_1 \cdot 0{,}8 = (h \cdot 0{,}8) \cdot 0{,}8 = h \cdot 0{,}8^2$,
$h_3 = h_2 \cdot 0{,}8 = (h \cdot 0{,}8^2) \cdot 0{,}8 = h \cdot 0{,}8^3$,
...
$h_n = h_{n-1} \cdot 0{,}8 = (h \cdot 0{,}8^{n-1}) \cdot 0{,}8 = h \cdot 0{,}8^n$.

In diesem Fall erhält man eine **explizite Darstellung** der Zahlenfolge. Hierbei ist zu jedem $n \in \mathbb{N}^*$ der Wert h_n direkt berechenbar. Den Graphen zeigt Fig. 1.

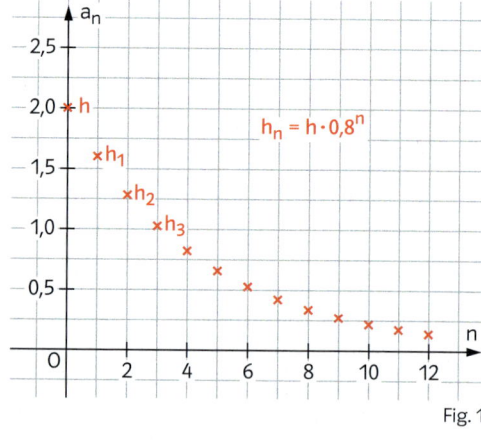

Fig. 1

Im Folgenden ist
$\mathbb{N}^* = \{1; 2; 3; ...\}$ und
$\mathbb{N} = \{0; 1; 2; ...\}$.

Die Folgenglieder a_n sind in der Regel keineswegs natürliche Zahlen.

Definition: Hat eine Funktion f als Definitionsmenge die Menge $\mathbb{N}^*$ oder eine unendliche Teilmenge von $\mathbb{N}^*$, so nennt man f eine **Zahlenfolge**. Der Funktionswert f(n) wird mit a_n bezeichnet und heißt das n-te Glied der Folge. Für die Funktion f schreibt man (a_n).

Beispiel 1 Explizit gegebene Zahlenfolge
Erstellen Sie zu der Zahlenfolge (a_n) mit
$a_n = \frac{n + (-1)^n}{n}$, $n \in \mathbb{N}^*$, eine Wertetabelle und
den Graphen.
Um welche Zahl schwanken die Glieder a_n?
- Lösung:

1	2	3	4	5	6	7	8	9	10
0	$\frac{3}{2}$	$\frac{2}{3}$	$\frac{5}{4}$	$\frac{4}{5}$	$\frac{7}{6}$	$\frac{6}{7}$	$\frac{9}{8}$	$\frac{8}{9}$	$\frac{11}{10}$

Die Glieder schwanken um den Wert $a = 1$.

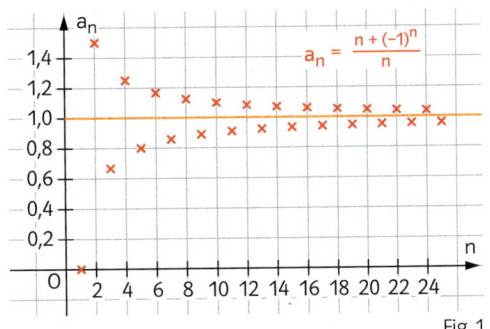

Fig. 1

Beispiel 2 Zinseszins, rekursive und explizite Darstellung
Ein Kapital von 1000 € wird zu einem Zinssatz von 4 % pro Jahr angelegt. Der Zins wird nach jedem Jahr dem Kapital zugeschlagen. Das angesparte Kapital wird mit $K_0 = 1000$ €, K_1 (nach einem Jahr), K_2 (nach zwei Jahren) usw. bezeichnet.
a) Begründen Sie, dass man das Kapital K_{n+1} mit der Formel $K_{n+1} = 1{,}04 \cdot K_n$ berechnen kann. Bestimmen Sie den Wert des Kapitals nach drei Jahren.
b) Bestimmen Sie aus der rekursiven Darstellung $K_{n+1} = 1{,}04 \cdot K_n$ eine explizite Darstellung für den Wert des Kapitals nach n Jahren. Berechnen Sie K_{20}.
c) Nach wie viel Jahren hat sich das Kapital zum ersten Mal verdoppelt?
- Lösung: a) Es gilt: $K_{n+1} = K_n + \frac{4}{100} \cdot K_n = \left(1 + \frac{4}{100}\right) \cdot K_n = 1{,}04 \cdot K_n$. $K_3 = 1124{,}86$ €.

b) Es gilt: $K_n = 1{,}04^n \cdot 1000$. $K_{20} = 1{,}04^{20} \cdot 1000 = 2191{,}12$ €.

c) Gesucht ist n mit $1{,}04^n = 2$. $n = \frac{\lg(2)}{\lg(1{,}04)} \approx 17{,}67$. Nach 18 Jahren hat sich das Kapital zum ersten Mal verdoppelt. Es beträgt: $K_{18} = 2025{,}81$ €.

Beispiel 3 Wachstum
In einem gleichseitigen Dreieck mit der Seitenlänge 1 cm wird jede Seite in drei gleich lange Teilstrecken zerlegt und über der mittleren Teilstrecke jeweils ein gleichseitiges Dreieck errichtet (Fig. 4). Die Grundseite wird gelöscht. Dieses Verfahren wird mehrmals wiederholt.
a) Berechnen Sie den Umfang der „Schneeflocke" nach der 10-ten Durchführung dieser Änderung.
b) Ab welchem n ist der Umfang der Schneeflocke größer als der Erdumfang (40 000 km)?
- Lösung: a) Das Ausgangsdreieck hat den Umfang $u_0 = 3$ (in cm). Da jede Seite pro Änderung um $\frac{1}{3}$ länger wird, gilt für den Umfang nach der n-ten Änderung: $u_n = \frac{4}{3} u_{n-1}$ mit
n = 1, 2, 3, …

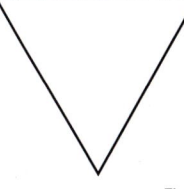

Fig. 2

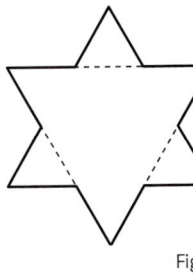

Fig. 3

Diese rekursive Darstellung der Folge kann man explizit angeben:
$u_n = \frac{4}{3} u_{n-1} = \frac{4}{3} \cdot \left(\frac{4}{3} u_{n-2}\right) = \left(\frac{4}{3}\right)^2 \cdot u_{n-2} = \ldots = \left(\frac{4}{3}\right)^{n-1} \cdot u_1 = \left(\frac{4}{3}\right)^n \cdot u_0 = 3 \cdot \left(\frac{4}{3}\right)^n$

Daraus erhält man nach der 10-ten Änderung den Umfang
$\frac{1\,048\,576}{19\,683} \approx 53{,}2732$ (in cm).

b) In der Ungleichung $3 \cdot \left(\frac{4}{3}\right)^n > 4 \cdot 10^9$ sind die zugehörigen n zu berechnen. Aus $\left(\frac{4}{3}\right)^{n-1} > 10^9$ errechnet man $n - 1 > \frac{\lg(10^9)}{\lg\left(\frac{4}{3}\right)} \approx 72{,}0353$.

Somit ist nach 73-maliger Teilung der Seiten ein Vieleck mit einem Umfang von mehr als 40 000 km entstanden.
Trotz des immer länger werdenden Umfangs ist der Flächeninhalt der Figur endlich. Man erkennt, dass die Figur nicht über den Rand des roten Rechtecks „hinauswachsen" kann (Fig. 5). Wie groß ist dann der Inhalt der Flocke höchstens?

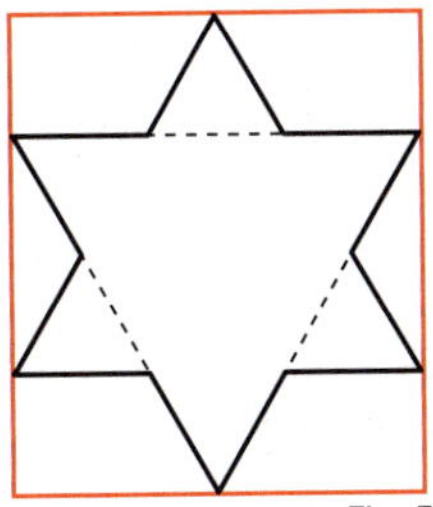

Fig. 5

Fig. 4

Aufgaben

1 Berechnen Sie die ersten zehn Glieder der Zahlenfolge (a_n).
Beschreiben Sie das Verhalten für große Werte von n.

a) $a_n = \frac{2n}{5}$ b) $a_n = \frac{1}{n}$ c) $a_n = (-1)^n$ d) $a_n = \left(\frac{1}{2}\right)^n$ e) $a_n = 2$ f) $a_n = \sin\left(\frac{\pi}{2}n\right)$

> Rekursive Folgen lassen sich sehr gut mit dem Computer bearbeiten.

2 Berechnen Sie die ersten zehn Glieder der rekursiv dargestellten Zahlenfolge (a_n).
Versuchen Sie eine explizite Darstellung der Folge anzugeben.

a) $a_1 = 1;\ a_{n+1} = 2 + a_n$ b) $a_1 = 1;\ a_{n+1} = 2 \cdot a_n$

c) $a_1 = \frac{1}{2};\ a_{n+1} = \frac{1}{a_n}$ d) $a_1 = 0;\ a_2 = 1;\ a_{n+2} = a_n + a_{n+1}$

> Eine negative Inflationsrate heißt **Deflation**.

3 Eine Ware mit dem heutigen Preis von 1,00 € wird durch eine jährliche Inflation von konstant 5 % laufend teurer.
a) Berechnen Sie zu einer Inflationsrate von 5 % und einer beliebigen Jahreszahl n den zugehörigen Warenpreis und erstellen Sie einen Graphen für die ersten 20 Jahre.
b) Berechnen Sie den Zeitraum, nach dem sich der Preis der Ware verdoppelt hat.

Zeit zu überprüfen

4 Berechnen Sie die ersten fünf Glieder der Zahlenfolge (a_n).

a) $a_n = \frac{2n}{n+1}$ b) $a_1 = 0;\ a_{n+1} = 2a_n - 2$ c) $a_1 = 2;\ a_{n+1} = 2a_n - 2$

5 Ein Haus mit einem ursprünglichen Wert von 200 000 € verliert jährlich 2 % vom Vorjahreswert.
Bestimmen Sie eine explizite Darstellung für den Wert des Hauses nach n Jahren.

> Wie intelligent ist eine solche Aufgabe aus mathematischer Sicht?

6 Intelligenztests bestehen zu einem Teil darin, aus den ersten Folgengliedern eine Bildungsvorschrift für weitere Glieder zu ermitteln. Ermitteln Sie entsprechend eine Bildungsvorschrift für a_n und berechnen Sie jeweils a_{10} und a_{20}.
Wie verhält sich die Folge für große n?

	a_1	a_2	a_3	a_4	a_5
a)	1	−2	3	−4	5
b)	0	$\frac{1}{2}$	$\frac{2}{3}$	$\frac{3}{4}$	$\frac{4}{5}$
c)	16	−8	4	−2	1
d)	−4	−1	2	5	8
e)	3	$4\frac{1}{2}$	$3\frac{2}{3}$	$4\frac{1}{4}$	$3\frac{4}{5}$

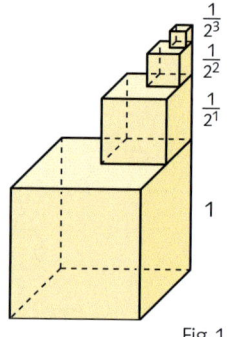

Fig. 1

7 Von zwei gleich großen Würfeln der Kantenlänge 1 wird einer in 8 gleich große Würfel zerlegt und einer der dabei erhaltenen Würfel wie in Fig. 1 auf den anderen gestellt. Dieses Verfahren wird wiederholt.
a) Berechnen Sie das Volumen des entstandenen Körpers nach der 1., der 2. und der 3. Teilung.
b) Geben Sie das n-te Glied der Zahlenfolge (V_n) an, die jedem n das Volumen V_n des entstandenen Körpers zuordnet.

8 Gegeben ist eine Folge (a_n) mit $a_1 = 1$ und $a_{n+1} = \sqrt{a_n} - 0{,}25$ für $n = 1, 2, 3, \ldots$
Berechnen Sie die ersten Glieder der Zahlenfolge.
Erstellen Sie dazu einen Graphen.
Können Sie eine Annäherung an einen Wert mit wachsendem n feststellen?

2 Eigenschaften von Folgen

Gegeben sind die Zahlenfolgen
$(a_n) = \left(\frac{1}{n}\right)$, $\quad (b_n) = \left(-\frac{1}{n}\right)$, $\quad (c_n) = (n)$, $\quad (d_n) = \left(3 + \frac{1}{n}\right)$,
$(e_n) = ((-1)^n)$, $\quad (f_n) = \left(1 - \frac{1}{2n}\right)$, $\quad (g_n) = (1 + n^2)$.
Sortieren Sie die Folgen nach gemeinsamen Eigenschaften, die Sie für wichtig halten.

Bei Zahlenfolgen sind drei Eigenschaften besonders wichtig.
(1) Zahlenfolgen können wie Funktionen monoton sein, d.h. mit wachsendem n werden die Folgenglieder entweder größer oder kleiner.
(2) Ihre Glieder können möglicherweise nur in einem endlichen Intervall [s; S] liegen.
(3) Zahlenfolgen können sich einem sogenannten Grenzwert beliebig annähern.
Zunächst werden nur die Eigenschaften (1) und (2) behandelt.
In der Zahlenfolge (a_n) mit $a_n = 0{,}8^n$ werden die Folgenglieder laufend kleiner (Fig. 1), d.h. es ist $a_{n+1} < a_n$ für alle $n \in \mathbb{N}^*$. Man legt fest:

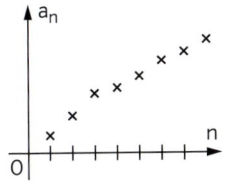

Streng monoton steigend: Es geht immer bergauf.

> **Definition 1:** Eine Zahlenfolge (a_n) heißt
> **monoton steigend**, wenn für alle Folgenglieder $a_{n+1} \geq a_n$ ist,
> **monoton fallend**, wenn für alle Folgenglieder $a_{n+1} \leq a_n$ ist.

Bemerkung: Das Wort **streng** wird vorangestellt, wenn das Gleichheitszeichen nicht gilt.

Die Zahlenfolge (a_n) mit $a_n = 0{,}8^n$ hat noch eine weitere Eigenschaft: Alle ihre Glieder sind größer als $s = 0$ und kleiner oder gleich $S = 1$. Es gilt also: $s < a_n \leq S$.
Die Ungleichung gilt auch für andere Werte von s und S; z.B. gilt: $-0{,}4 \leq a_n \leq 1{,}4$ für alle $n \in \mathbb{N}^*$ (Fig. 1).

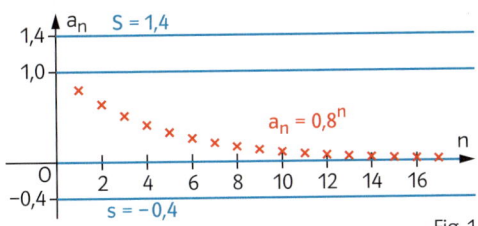

Fig. 1

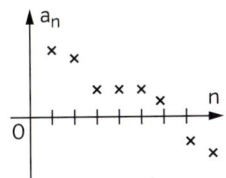

Monoton fallend: Es geht bergab oder bleibt eben.

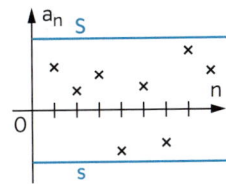

Beschränkt: Kein Glied überschreitet S oder unterschreitet s.

> **Definition 2:** Eine Zahlenfolge (a_n) heißt
> **nach oben beschränkt**, wenn es eine Zahl S gibt, sodass für alle Folgenglieder $a_n \leq S$ ist,
> **nach unten beschränkt**, wenn es eine Zahl s gibt, sodass für alle Folgenglieder $a_n \geq s$ ist.
> S nennt man eine obere Schranke, s eine untere Schranke der Folge.
> Eine nach oben und unten beschränkte Folge heißt **beschränkte Folge**.

Beispiel 1 Monotonie und Beschränktheit
Untersuchen Sie auf Monotonie und Beschränktheit.
a) (a_n) mit $a_n = \frac{2}{n}$ b) (b_n) mit $b_n = \frac{2 \cdot (-1)^n}{n}$

■ Lösung: a) Da $\frac{2}{n+1} < \frac{2}{n}$ ist für alle $n \in \mathbb{N}^*$, ist (a_n) streng monoton fallend.
(a_n) ist nach oben beschränkt, z.B. durch $S = a_1 = 2$, da die Folgenglieder wegen der Monotonie laufend kleiner werden. (a_n) ist auch nach unten, z.B. durch die Zahl 0, beschränkt wegen $a_n \geq 0$.
Damit ist (a_n) beschränkt.
b) (b_n) ist nicht monoton, da $b_1 < b_2$, aber $b_2 > b_3$ ist. (b_n) ist nach unten beschränkt, z.B. durch $s = -2$, und nach oben, z.B. durch $S = 1$; damit ist (b_n) beschränkt.

Beispiel 2 Nachweis der Monotonie mithilfe der Differenz

Gegeben ist die Zahlenfolge (a_n) mit $a_n = \frac{1-2n}{n}$, $n \in \mathbb{N}^*$.

a) Zeichnen Sie einen Graphen.   b) Untersuchen Sie (a_n) auf Monotonie und Beschränktheit.

■ Lösung: a) $a_n = \frac{1-2n}{n} = \frac{1}{n} - 2 = -2 + \frac{1}{n}$ (Fig. 1)

b) Um die Monotonie nachweisen zu können, bildet man die Differenz $a_{n+1} - a_n$.

$a_{n+1} - a_n = \frac{1-2(n+1)}{n+1} - \frac{1-2n}{n}$

$= \left(-2 + \frac{1}{n+1}\right) - \left(-2 + \frac{1}{n}\right) = -\frac{1}{n(n+1)}$

Sie ist negativ für alle $n \in \mathbb{N}^*$, daher ist $a_{n+1} < a_n$; (a_n) ist streng monoton fallend.

Die Zahlenfolge ist auch beschränkt: Eine obere Schranke ist $S = a_1 = -1$; eine untere Schranke ist $s = -2$, da $a_n = -2 + \frac{1}{n} > -2$ ist für alle $n \in \mathbb{N}^*$.

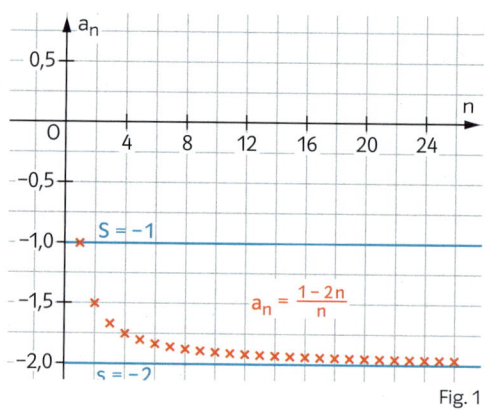

Fig. 1

Aufgaben

Hat eine Folge (a_n) nur positive Glieder, so ist manchmal folgendes Kriterium für die Monotonie nützlich:
Ist $\frac{a_{n+1}}{a_n} \geq 1$ $\left(\frac{a_{n+1}}{a_n} \leq 1\right)$ für alle $n \in \mathbb{N}^*$, so ist (a_n) monoton steigend (monoton fallend).

Sind Monotonie und Beschränktheit unabhängige Eigenschaften einer Zahlenfolge?

1 Untersuchen Sie die Folge (a_n) auf Monotonie und Beschränktheit.

a) $a_n = 1 + \frac{1}{n}$ b) $a_n = \left(\frac{3}{4}\right)^n$ c) $a_n = (-1)^n$ d) $a_n = 1 + \frac{(-1)^n}{n}$ e) $a_n = \frac{8n}{n^2+1}$

2 Kreuzen Sie die zugehörige Eigenschaft an.

Folge (a_n) mit	$a_n = n$	$a_n = (-1)^n \cdot n$	$a_n = \frac{(-1)^n}{n}$	$a_n = 1 + \frac{1}{n}$
nach oben beschränkt				
nach unten beschränkt				
beschränkt				
monoton				

Können Sie eine Aussage über das Verhalten von (a_n) für größer werdendes n machen?

Zeit zu überprüfen

3 Geben Sie die ersten 5 Folgenglieder an und untersuchen Sie die Folge auf Monotonie und Beschränktheit.

a) $a_n = \left(\frac{5}{4}\right)^n$ b) $a_n = (-1)^n \cdot \frac{1}{n}$ c) $a_n = \frac{2n+1}{n+1}$ d) $a_n = 1 + \frac{1}{n^2}$

4 Geben Sie jeweils 3 Zahlenfolgen in expliziter Darstellung an, die

a) monoton steigend sind,   b) monoton fallend sind,
c) nicht monoton sind,   d) nicht nach oben beschränkt sind,
e) streng monoton fallend und nach unten beschränkt sind,
f) streng monoton steigend und nicht nach oben beschränkt sind.

5 Sind die folgenden Aussagen wahr oder falsch? Geben Sie, wenn möglich, ein Beispiel an. Begründen Sie Ihre Antwort.

a) Eine beschränkte Zahlenfolge muss nicht monoton sein.
b) Ist eine Zahlenfolge (a_n) streng monoton fallend, so ist (a_n) immer nach oben beschränkt.
c) Gilt für alle $n \in \mathbb{N}^*$ einer Zahlenfolge (a_n) sowohl $a_n > 0$ als auch $\frac{a_{n+1}}{a_n} \leq 1$, so ist (a_n) streng monoton fallend.

3 Grenzwert einer Folge

Gegeben ist die Zahlenfolge (a_n) mit $a_n = \frac{2n-1}{n}$.
Zeichnen Sie den Graphen bis $n = 20$ in ein Achsenkreuz.
Berechnen Sie für großes n einige Folgenglieder. Welchem Wert nähern sich die Glieder mit zunehmendem n an?
Berechnen Sie alle Folgenglieder a_n, die sich um weniger als $\frac{1}{100}$ bzw. 10^{-6} von 2 unterscheiden.

Die Abweichung der Zahl x von einer Zahl a ist $|x - a|$.

Bei Zahlenfolgen (a_n) soll das Annähern der Folgenglieder a_n an eine Zahl g im Folgenden analysiert und definiert werden. Der Gedankengang wird an einem Beispiel erläutert.

Bei der Zahlenfolge (a_n) mit $a_n = \frac{n + (-1)^n}{n} = 1 + \frac{(-1)^n}{n}$, $n \in \mathbb{N}^*$, nähern sich die Glieder mit wachsender Nummer n der Zahl 1 (Fig. 1). Das bedeutet, dass der Abstand $|a_n - 1| = \left|\frac{(-1)^n}{n}\right| = \frac{1}{n}$ der Folgenglieder von der Zahl 1 laufend kleiner wird.

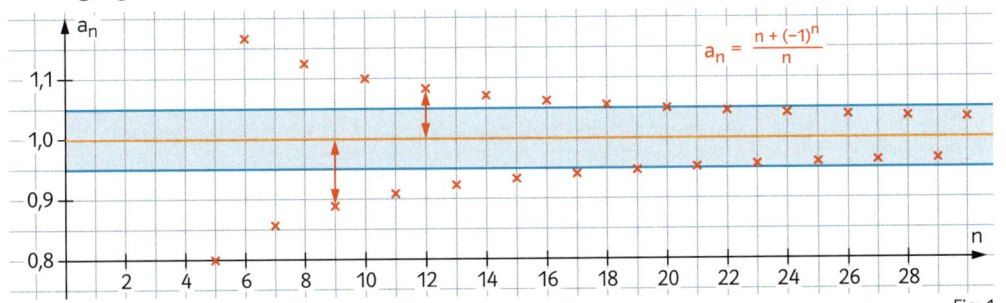

*Alle Folgenglieder a_n mit einer Nummer größer als 20 haben von 1 einen kleineren Abstand als 0,05.
Es ist nämlich $|a_n - 1| = \frac{1}{n} < 0{,}05$ für $n > \frac{1}{0{,}05} = 20$.*

Fig. 1

Man kann sogar angeben, für welche Nummern der Abstand kleiner ist als eine vorgegebene Zahl ε. Ist z. B. ε = 0,01, so ergeben sich aus $|a_n - 1| = \frac{1}{n} < \frac{1}{100}$ die Nummern $n > 100$. Für $\varepsilon = 10^{-10}$ ist dies für $n > 10^{10}$ der Fall. Entsprechend haben für irgendein positives ε wegen $|a_n - 1| = \frac{1}{n} < \varepsilon$ alle Folgenglieder mit den Nummern $n > \frac{1}{\varepsilon}$ einen kleineren Abstand als ε von 1. Dies sind **fast alle** Folgenglieder. Unter „fast alle" versteht man dabei, dass nur endlich viele die Bedingung nicht erfüllen.

> **Definition:** Eine Zahl g heißt **Grenzwert** der Zahlenfolge (a_n), wenn bei Vorgabe irgendeiner positiven Zahl ε **fast alle** Folgenglieder die Ungleichung $|a_n - g| < \varepsilon$ erfüllen. Fast alle bedeutet dabei, dass es nur endlich viele Ausnahmen gibt.

Bemerkung: Zum Nachweis, dass fast alle Folgenglieder die Ungleichung $|a_n - g| < \varepsilon$ erfüllen, muss man eine Nummer angeben, ab der alle Folgenglieder die Ungleichung erfüllen.

Für das obige Beispiel gilt:

ε	0,01	$\frac{1}{1000}$	10^{-10}	ε
Nummer	100	1000	10^{10}	$\frac{1}{\varepsilon}$

Man schreibt für den Grenzwert g einer Zahlenfolge (a_n) kurz
$g = \lim\limits_{n \to \infty} a_n$ (gelesen: g ist der Limes von a_n für n gegen unendlich) oder auch
$a_n \to g$ für $n \to \infty$ (gelesen: a_n geht gegen g für n gegen unendlich).

limes (lat.): Grenze

Folgen, die einen Grenzwert haben, nennt man **konvergente** Folgen.
Folgen ohne Grenzwert nennt man **divergente** Folgen.
Hat eine Folge (a_n) den Grenzwert 0, so nennt man (a_n) **Nullfolge**.

convergere (lat.): zusammenlaufen

divergere (lat.): auseinanderlaufen

I Folgen und Grenzwerte

Bei der Folge (a_n) mit $a_n = (-1)^n + \frac{1}{n}$ liegen unendlich viele Glieder beliebig nahe bei 1 und unendlich viele beliebig nahe bei –1.
Damit ist die Folge divergent.

Eine Folge (a_n) kann höchstens einen Grenzwert haben. Fig. 1 zeigt, dass bei zwei vermuteten Grenzwerten g_1 und g_2 mit $g_1 > g_2$ und der Wahl von $\varepsilon = \frac{g_1 - g_2}{2}$ nur noch endlich viele Glieder nahe genug bei g_1 liegen können, wenn fast alle in der Nähe von g_2 liegen.

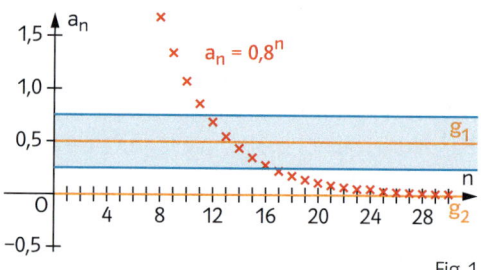

Fig. 1

> **Satz 1:** Eine Zahlenfolge kann höchstens einen Grenzwert haben.

Mit der Definition des Grenzwertes kann man keinen Grenzwert berechnen, wohl aber nachprüfen, ob eine Zahl Grenzwert einer Folge ist oder nicht.

Zum Nachweis eines Grenzwertes kann folgende Aussage sehr nützlich sein:
(a_n) hat genau dann den Grenzwert g, wenn $(a_n - g)$ eine Nullfolge ist. Die Aussage stimmt mit der Definition des Grenzwertes überein, da $|a_n - g| < \varepsilon$ mit $|(a_n - g) - 0| < \varepsilon$ äquivalent ist. Für den Nachweis der Konvergenz mithilfe der Definition muss eine konkrete Vermutung für g vorliegen. Man kann die Konvergenz aber auch ohne eine Vermutung nachweisen.

> **Satz 2:** Wenn eine Folge **monoton und beschränkt** ist, dann ist sie auch **konvergent**.

Der Beweis für monoton fallende und nach unten beschränkte Folgen verläuft völlig analog.

Beweis: (a_n) sei monoton steigend und nach oben beschränkt. Dann gibt es eine obere Schranke S, für die gilt: $a_n \leq S$ für alle $n \in \mathbb{N}^*$. Unter den oberen Schranken S von (a_n) ist die kleinste obere Schranke g, deren Existenz durch das sogenannte Vollständigkeitsaxiom gegeben ist, der Grenzwert von (a_n).
Gibt man nämlich irgendeine positive Zahl ε vor, so ist $g - \varepsilon$ keine obere Schranke von (a_n) mehr. Damit gibt es sicher ein Folgenglied a_{n_0} mit $g - \varepsilon < a_{n_0} < g$. Da (a_n) monoton steigend ist, gilt $g - \varepsilon < a_n \leq g$ für alle $n > n_0$. Dies besagt aber, dass für fast alle Folgenglieder gilt: $-\varepsilon < a_n - g < 0$ oder $|a_n - g| < \varepsilon$. Damit ist nach Definition g Grenzwert der Folge (a_n).

INFO

Ein Axiom ist ein nicht zu beweisender Grundsatz.

Vollständigkeitsaxiom:
Jede nach oben beschränkte, nicht leere Teilmenge von $\mathbb{R}$ besitzt in $\mathbb{R}$ ein Supremum.

Erläuterungen:
Gegeben ist eine nicht leere Menge reeller Zahlen, etwa $M = \{x \mid -2 < x < 6\}$. Dann heißt S eine **obere Schranke** von M, wenn für alle $x \in M$ gilt: $x \leq S$. Für M sind etwa $S = 100$ oder $S' = \sqrt{37}$ obere Schranken. Die kleinste aller möglichen Schranken wird als **Supremum** der Menge M bezeichnet. So ist das Supremum von M die Zahl 6. Für $M' = \{x \mid 0 < x \leq 6\}$ fällt das Supremum von M mit dem Maximum zusammen.

Eine **Intervallschachtelung** reeller Zahlen ist eine Folge von Intervallen $I_n = \{x \mid a_n \leq x \leq b_n; x \in \mathbb{R}\}$ mit den Eigenschaften
(1) $a_n \leq b_n$ für alle $n \in \mathbb{N}^*$
(2) Die Folge (a_n) ist monoton steigend.
(3) Die Folge (b_n) ist monoton fallend.
(4) $(b_n - a_n)$ ist eine Nullfolge.

Dass das Vollständigkeitsaxiom in der Menge $\mathbb{Q}$ der rationalen Zahlen nicht gilt, zeigt das Beispiel der Menge $M = \{x \mid x^2 < 2, x \in \mathbb{Q}\}$. Da es keine rationale Zahl mit $x^2 = 2$ gibt, gibt es auch keine rationale Zahl, die Supremum der Menge M sein kann. Im Bereich der reellen Zahlen $\mathbb{R}$ hat M aber eine kleinste obere Schranke, nämlich $\sqrt{2}$.

Es lässt sich zeigen, dass zum Vollständigkeitsaxiom folgende Aussagen äquivalent sind:
(1) Jede monotone und beschränkte Folge reeller Zahlen ist konvergent (s. obiger Beweis).
(2) Zu jeder Intervallschachtelung $[a_n; b_n]$ reeller Zahlen gibt es genau eine innere Zahl $c \in \mathbb{R}$ mit der Eigenschaft $a_n \leq c \leq b_n$ für alle $n \in \mathbb{N}^*$.

Beispiel 1 Gewinnen und Überprüfen einer Vermutung

Stellen Sie eine Vermutung über den Grenzwert der Zahlenfolge (a_n) mit $a_n = \frac{2n-1}{n+1}$ auf und überprüfen Sie diese mithilfe der Definition. Ab welcher Nummer weichen die Folgenglieder um weniger als 0,01 vom Grenzwert ab?

■ Lösung: Es ist $a_{1000} = \frac{1999}{1001} \approx 1{,}997\,003$; $a_{100\,000} = \frac{199\,999}{100\,001} \approx 1{,}999\,970$; $a_{1\,000\,000} = \frac{1\,999\,999}{1\,000\,001} \approx 1{,}999\,997$.

Vermutung: Grenzwert $g = 2$.

Zum Nachweis gibt man ein positives ε vor und berechnet die Abweichung von $g = 2$:
$\left|\frac{2n-1}{n+1} - 2\right| < \varepsilon$ wird nach n aufgelöst. Dies ergibt die äquivalenten Ungleichungen:

$\left|\frac{2n-1}{n+1} - \frac{2n+2}{n+1}\right| < \varepsilon$; $\left|\frac{-3}{n+1}\right| < \varepsilon$; $\frac{3}{n+1} < \varepsilon$; $n+1 > \frac{3}{\varepsilon}$; $n > \frac{3}{\varepsilon} - 1$.

Damit erfüllen fast alle Folgenglieder a_n, nämlich alle mit Nummern größer als $\frac{3}{\varepsilon} - 1$, die Bedingung $\left|\frac{2n-1}{n+1} - 2\right| < \varepsilon$. Eine kleinere Abweichung als $\varepsilon = 0{,}01$ vom Grenzwert 2 haben alle Folgenglieder mit Nummern größer als 299.

$\frac{3}{2}$ ist nicht Grenzwert dieser Zahlenfolge, da für ein ε mit $\varepsilon > 0$ der Reihe nach folgt:
(*) $\left|\frac{2n-1}{n+1} - \frac{3}{2}\right| < \varepsilon$
$\frac{n-5}{2n+2} < \varepsilon$
$n - 5 < 2n\varepsilon + 2\varepsilon$
$n \cdot (1 - 2\varepsilon) < 2\varepsilon + 5$
$n > \frac{2\varepsilon + 5}{1 - 2\varepsilon}$.

Damit erfüllen für kleines ε nur endlich viele Glieder die Bedingung (*).

Beispiel 2 Nullfolgen

Zeigen Sie, dass die Folge (a_n) eine Nullfolge ist.

a) $a_n = \frac{1}{n^k}$ mit $k > 0$ b) $a_n = q^n$ mit $|q| < 1$

■ Lösung: a) Gibt man einen „Abstand" ε vor ($\varepsilon > 0$), so ergeben sich aus $\left|\frac{1}{n^k} - 0\right| < \varepsilon$ die äquivalenten Ungleichungen:
$\frac{1}{n^k} < \varepsilon$; $\frac{1}{\varepsilon} < n^k$; $n > \left(\frac{1}{\varepsilon}\right)^{\frac{1}{k}}$.

Zu vorgegebenem $\varepsilon > 0$ weichen alle Folgenglieder mit Nummern größer als $\left(\frac{1}{\varepsilon}\right)^{\frac{1}{k}}$ weniger als ε von 0 ab.

b) Man wählt ein beliebiges positives ε. Dann ergeben sich die äquivalenten Ungleichungen:
$|q^n - 0| < \varepsilon$; $|q|^n < \varepsilon$; $n \cdot \lg(|q|) < \lg(\varepsilon)$.
Wegen $\lg|q| < 0$ ergibt sich daraus: $n > \frac{\lg(\varepsilon)}{\lg(|q|)}$.

Zu vorgegebenem $\varepsilon > 0$ weichen alle Folgenglieder mit Nummern größer als $\frac{\lg(\varepsilon)}{\lg|q|}$ weniger als ε von 0 ab.

Folgen, deren Glieder Brüche mit konstantem Zähler sind und deren Nenner eine positive Potenz von n ist, sind Nullfolgen, z.B. $\left(\frac{1}{n}\right)$, $\left(\frac{3}{n^2}\right)$, $\left(\frac{1}{\sqrt{n}}\right)$, $\left(\frac{3}{4n^{\frac{2}{3}}}\right)$, ...

Die Folge (a_n) mit $a_n = a_1 \cdot q^n$ heißt **geometrische Zahlenfolge**.

Beispiel 3 Nachweis mit Nullfolge

Untersuchen Sie, ob die Folge (a_n) einen Grenzwert hat.

a) $a_n = \frac{3 + (-1)^n \cdot n^2}{n^2}$ b) $a_n = \sqrt{a + \frac{1}{n}}$; $a \geq 0$

■ Lösung: a) Es ist $\frac{3 + (-1)^n \cdot n^2}{n^2} = \frac{3}{n^2} + (-1)^n$. $\left(\frac{3}{n^2}\right)$ ist eine Nullfolge, $((-1)^n)$ liefert die Werte 1 und -1.
Es liegen beliebig viele Glieder nahe bei 1 wie auch bei -1 (Fig. 1). (a_n) ist also divergent.

b) Vermutung: $\lim\limits_{n \to \infty} \sqrt{a + \frac{1}{n}} = \sqrt{a}$.

Aus $\sqrt{a + \frac{1}{n}} - \sqrt{a} = \frac{\left(\sqrt{a + \frac{1}{n}} - \sqrt{a}\right) \cdot \left(\sqrt{a + \frac{1}{n}} + \sqrt{a}\right)}{\left(\sqrt{a + \frac{1}{n}} + \sqrt{a}\right)} = \frac{\left(a + \frac{1}{n}\right) - a}{\sqrt{a + \frac{1}{n}} + \sqrt{a}} = \frac{\frac{1}{n}}{\sqrt{a + \frac{1}{n}} + \sqrt{a}}$ und $0 < \frac{\frac{1}{n}}{\sqrt{a + \frac{1}{n}} + \sqrt{a}} < \frac{\frac{1}{n}}{2\sqrt{a}}$

folgt: $0 < \sqrt{a + \frac{1}{n}} - \sqrt{a} < \frac{1}{2n\sqrt{a}}$. Da $\left(\frac{1}{2n\sqrt{a}}\right)$ eine Nullfolge ist, gilt: $\lim\limits_{n \to \infty} \sqrt{a + \frac{1}{n}} = \sqrt{a}$.

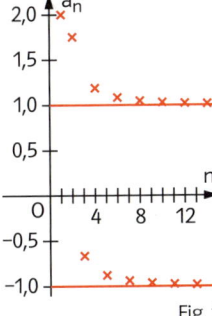
Fig. 1

Beispiel 4 Konvergenz einer monotonen und beschränkten Folge

Zeigen Sie, dass die Folge (a_n) mit $a_n = \frac{1}{10^1} + \frac{1}{10^2} + \frac{1}{10^3} + \ldots + \frac{1}{10^n}$ konvergent ist.

■ Lösung: Die Folge ist monoton steigend, da $a_{n+1} - a_n = \frac{1}{10^{n+1}} > 0$ ist. Die Folge ist nach oben beschränkt wegen $0 < a_n < 1$ für alle $n \in \mathbb{N}^*$. Damit ist die Folge nach Satz 2 konvergent.

$a_1 = 0{,}1$
$a_2 = 0{,}11$
$a_3 = 0{,}111$
$a_4 = 0{,}1111$
...
Was ist wohl der Grenzwert?

Aufgaben

1 a) Zeichnen Sie den Graphen der Folge (a_n) mit $a_n = \frac{6n+2}{3n}$ bis $n = 15$. Lesen Sie alle Glieder ab, die vom vermuteten Grenzwert weniger als 0,2 abweichen. Bestätigen Sie das.
b) Ab welchem Glied ist die Abweichung vom vermuteten Grenzwert kleiner als 10^{-6}?

2 Geben Sie die Glieder der Zahlenfolge (a_n) an, die um weniger als 0,1 von 1 abweichen.
a) $a_n = \frac{1+n}{n}$ b) $a_n = \frac{n^2-1}{n^2}$ c) $a_n = 1 - \frac{100}{n}$ d) $a_n = \frac{n-1}{n+2}$ e) $a_n = \frac{2n^2-3}{3n^2}$

3 Zeigen Sie mithilfe der Definition, dass die Folge $\left(\frac{1-2n}{3n}\right)$ konvergent ist. Von welchem Glied ab unterscheiden sich die Folgenglieder vom Grenzwert um weniger als $\frac{1}{100}$ bzw. 10^{-6}?

4 Zeigen Sie, dass die Differenzfolge $(a_n - g)$ eine Nullfolge ist.
a) $\left(\frac{3n-2}{n+2}\right);\ g = 3$ b) $\left(\frac{n^2+n}{5n^2}\right);\ g = 0{,}2$ c) $\left(\frac{2^{n+1}}{2^n+1}\right);\ g = 2$ d) $\left(\frac{3 \cdot 2^n + 2}{2^{n+1}}\right);\ g = \frac{3}{2}$

Zeit zu überprüfen

5 a) Stellen Sie eine Vermutung zum Grenzwert g der Folge $a_n = \frac{n+4}{2n}$ auf.
b) Ab welcher Nummer gilt $|a_n - g| < 0{,}001$?
c) Weisen Sie die Konvergenz von (a_n) mit der Definition nach.

Zu Aufgabe 6:
Besteht ein Zusammenhang zwischen Nichtbeschränktheit und Konvergenz von Folgen?

6 Ordnen Sie den Astenden Folgen mit den an den Ästen angegebenen Eigenschaften zu.

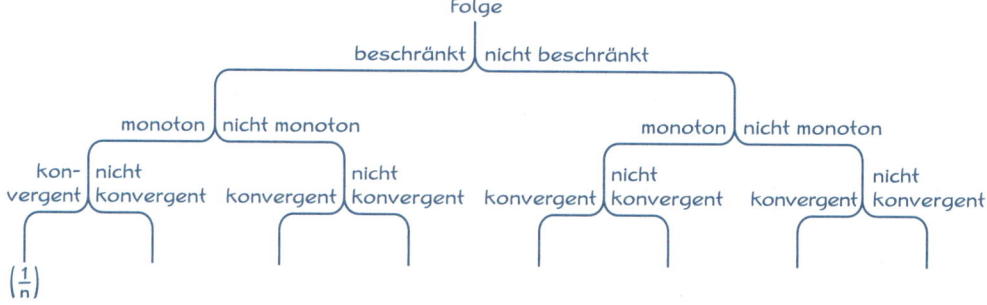

7 Weisen Sie nach, dass die Zahlenfolge (a_n) nicht konvergent ist.
a) $a_n = 1 + n^2$ b) $a_n = (-1)^n \cdot (n+2)$ c) $a_n = \frac{n^2+1}{n+2}$ d) $a_n = 2 - (1 + (-1)^n)$

8 Zeigen Sie durch Nachweis der Monotonie und der Beschränktheit, dass die Folge (a_n) konvergent ist. Stellen Sie eine Vermutung über ihren Grenzwert auf und bestätigen Sie diese.
a) $a_n = \frac{n+1}{5n}$ b) $a_n = \frac{\sqrt{5n}}{\sqrt{n+1}}$ c) $a_n = \frac{n\sqrt{n}+10}{n^2}$ d) $a_n = \frac{n}{n^2+1}$

9 Gegeben ist die Folge (a_n) mit $a_n = 1 + \frac{1}{2} + \frac{1}{3} + \frac{1}{4} + \ldots + \frac{1}{n}$.
a) Zeigen Sie: (a_n) ist monoton steigend.
b) Berechnen Sie mithilfe eines Computerprogramms a_{100}, a_{1000}, $a_{10\,000}$ und $a_{100\,000}$ und versuchen Sie, eine Aussage über die Konvergenz der Folge zu machen.
c) Zeigen Sie, dass gilt: $\frac{1}{n} + \frac{1}{n+1} + \frac{1}{n+2} + \ldots + \frac{1}{2n} > \frac{1}{2}$ für alle $n \in \mathbb{N}^*$.

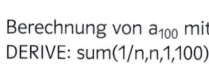

Fig. 1

Berechnung von a_{100} mit DERIVE: sum(1/n,n,1,100)

4 Grenzwertsätze

Gegeben ist die Zahlenfolge (a_n) mit $a_n = \frac{9n^2 + 4}{3n^2}$.
Weisen Sie nach, dass die Zahlenfolge den Grenzwert 3 hat.
Schreiben Sie den Bruch als Summe zweier Brüche und schließen Sie dann auf den Grenzwert.
Erweitern Sie Zähler und Nenner mit $\frac{1}{n^2}$ und zeigen Sie, dass Sie auch so auf den Grenzwert $g = 3$ schließen können.

Die Definition des Folgengrenzwertes ermöglicht nicht die Berechnung von Grenzwerten. Sie dient lediglich dazu, den Nachweis zu führen, ob eine Folge die Zahl g als Grenzwert hat oder nicht. Es wird nun ein Verfahren vorgestellt, Grenzwerte von Folgen zu berechnen.

Die Folge (a_n) mit $a_n = \frac{2n + 10}{5n}$ hat den Grenzwert $\frac{2}{5}$, da die Folge $\left(\frac{2n+10}{5n} - \frac{2}{5}\right) = \left(\frac{2}{n}\right)$ eine Nullfolge ist. Man kann aber $a_n = \frac{2n+10}{5n}$ auch zerlegen in $a_n = \frac{2}{5} + \frac{2}{n}$. Die Folge (a_n) kann somit als Summe der konstanten Folge (b_n) mit $b_n = \frac{2}{5}$ und der Nullfolge (c_n) mit $c_n = \frac{2}{n}$ aufgefasst werden, also
$\left(\frac{2n+10}{5n}\right) = \left(\frac{2}{5}\right) + \left(\frac{2}{n}\right)$.

Die konstante Folge (b_n) mit $b_n = b$ hat den Grenzwert b, da für alle Folgenglieder bei vorgegebener Abweichung $\varepsilon > 0$ gilt: $|b - b| < \varepsilon$.
Von den Grenzwerten der Einzelfolgen kann man auf den Grenzwert der Summenfolge schließen:
$\lim_{n \to \infty} \frac{2n+10}{5n} = \lim_{n \to \infty} \left(\frac{2}{5} + \frac{2}{n}\right) = \lim_{n \to \infty} \frac{2}{5} + \lim_{n \to \infty} \frac{2}{n} = \frac{2}{5} + 0 = \frac{2}{5}$.

Dieses Vorgehen ist zulässig und lässt sich sogar verallgemeinern:

> **Satz: (Grenzwertsätze)**
> Sind die Folgen (a_n) und (b_n) konvergent und haben sie die Grenzwerte a und b, so sind auch die Folgen $(a_n \pm b_n)$, $(a_n \cdot b_n)$ und, sofern $b_n \neq 0$ und $b \neq 0$ sind, auch die Folge $\left(\frac{a_n}{b_n}\right)$ konvergent. Es gilt:
> $$\lim_{n \to \infty} (a_n \pm b_n) = \lim_{n \to \infty} a_n \pm \lim_{n \to \infty} b_n = a \pm b$$
> $$\lim_{n \to \infty} (a_n \cdot b_n) = \lim_{n \to \infty} a_n \cdot \lim_{n \to \infty} b_n = a \cdot b$$
> $$\lim_{n \to \infty} \frac{a_n}{b_n} = \frac{\lim_{n \to \infty} a_n}{\lim_{n \to \infty} b_n} = \frac{a}{b}, \; b_n \neq 0 \text{ und } b \neq 0$$

Beweis (beispielhaft für die Summe von Grenzwerten):
Nach Voraussetzung gilt: $\lim_{n \to \infty} a_n = a$ und $\lim_{n \to \infty} b_n = b$, d.h. bei beliebig vorgegebenem positivem ε gilt für fast alle Folgenglieder: $|a_n - a| < \frac{\varepsilon}{2}$ und $|b_n - b| < \frac{\varepsilon}{2}$. (Da ε eine beliebige positive Zahl ist, kann man ε auch durch $\frac{\varepsilon}{2}$ ersetzen. $\frac{\varepsilon}{2}$ ist dann ebenfalls eine beliebige positive Zahl.)
Daraus ergibt sich
$|(a_n + b_n) - (a + b)| = |(a_n - a) + (b_n - b)| \leq |a_n - a| + |b_n - b| < \frac{\varepsilon}{2} + \frac{\varepsilon}{2} = \varepsilon$.
Damit haben fast alle Summenfolgen-Glieder $a_n + b_n$ von der Summe $a + b$ eine kleinere Abweichung als ein beliebig vorgegebener Wert ε. Die Summenfolge $(a_n + b_n)$ hat somit den Grenzwert $a + b$.

Bemerkung: Ist eine Folge konvergent mit dem Grenzwert g, so gilt: $\lim_{n \to \infty} a_n = \lim_{n \to \infty} a_{n-1} = g$.
Hiermit lässt sich häufig der Grenzwert einer rekursiv definierten Folge bestimmen.

*Prüfen Sie an Zahlenbeispielen nach:
Es ist für alle reellen Zahlen x und y stets:
$|x + y| \leq |x| + |y|$*

Beispiel 1 Anwendung der Grenzwertsätze
Berechnen Sie den Grenzwert der Zahlenfolge (a_n) für $a_n = \frac{4n^2 - 17}{3n^2 + n}$.

■ Lösung: Es ist $a_n = \frac{4n^2 - 17}{3n^2 + n} = \frac{4 - \frac{17}{n^2}}{3 + \frac{1}{n}}$.

Man erweitert bei Brüchen Zähler und Nenner mit dem Kehrwert der höchsten auftretenden Potenz von n.

Wegen $\lim\limits_{n\to\infty} 4 = 4$, $\lim\limits_{n\to\infty} \frac{17}{n^2} = 0$, $\lim\limits_{n\to\infty} 3 = 3$, $\lim\limits_{n\to\infty} \frac{1}{n} = 0$ gilt:

$$\lim_{n\to\infty} a_n = \lim_{n\to\infty} \frac{4 - \frac{17}{n^2}}{3 + \frac{1}{n}} = \frac{\lim\limits_{n\to\infty} 4 - \lim\limits_{n\to\infty} \frac{17}{n^2}}{\lim\limits_{n\to\infty} 3 + \lim\limits_{n\to\infty} \frac{1}{n}} = \frac{4 - 0}{3 - 0} = \frac{4}{3}.$$

Beispiel 2 Bestimmung des Grenzwertes einer konvergenten rekursiv beschriebenen Folge
Die Folge (a_n) mit $a_1 = 3$ und $a_n = \frac{a_{n-1}^2 + 1}{a_{n-1} + 2}$ ist konvergent mit dem Grenzwert g.
Bestimmen Sie g.

■ Lösung: Da die Folge (a_n) den Grenzwert g hat, gilt: $\lim\limits_{n\to\infty} a_n = \lim\limits_{n\to\infty} a_{n-1} = g$.
Mithilfe der Grenzwertsätze ergibt sich:

$$\lim_{n\to\infty} a_n = \lim_{n\to\infty} \frac{a_{n-1}^2 + 1}{a_{n-1} + 2} = \frac{\left(\lim\limits_{n\to\infty} a_{n-1}\right)^2 + 1}{\left(\lim\limits_{n\to\infty} a_{n-1}\right) + 2}.$$

Also gilt: $g = \frac{g^2 + 1}{g + 2}$ oder $g^2 + 2g = g^2 + 1$ und folglich $g = \frac{1}{2}$.

Aufgaben

1 Zerlegen Sie die Folge (a_n) in eine konstante Folge plus eine Nullfolge und geben Sie ihren Grenzwert an.

a) $a_n = \frac{8 + n}{4n}$
b) $a_n = \frac{8 + \sqrt{n}}{4\sqrt{n}}$
c) $a_n = \frac{8 + 2^n}{4 \cdot 2^n}$
d) $a_n = \frac{6 + n^4}{\frac{1}{4}n^4}$
e) $a_n = \frac{4 + n^3}{n^3}$

2 Berechnen Sie den Grenzwert der Zahlenfolge (a_n) durch Umformen und Anwenden der Grenzwertsätze.

a) $a_n = \frac{1 + 2n}{1 + n}$
b) $a_n = \frac{7n^3 + 1}{n^3 - 10}$
c) $a_n = \frac{n^2 + 2n + 1}{1 + n + n^2}$
d) $a_n = \frac{\sqrt{n} + n + n^2}{\sqrt{2n} + n^2}$
e) $a_n = \frac{n^5 - n^4}{6n^5 - 1}$

f) $a_n = \frac{\sqrt{n+1}}{\sqrt{n+1} + 2}$
g) $a_n = \frac{(5 - n)^4}{(5 + n)^4}$
h) $a_n = \frac{(2 + n)^{10}}{(1 + n)^{10}}$
i) $a_n = \frac{(1 + 2n)^{10}}{(1 + n)^{10}}$
j) $a_n = \frac{(1 + 2n)^k}{(1 + 3n)^k}$

3 Bestimmen Sie den Grenzwert.

a) $\lim\limits_{n\to\infty} \frac{2^n - 1}{2^n}$
b) $\lim\limits_{n\to\infty} \frac{2^n - 1}{2^{n-1}}$
c) $\lim\limits_{n\to\infty} \frac{2^n}{1 + 4^n}$
d) $\lim\limits_{n\to\infty} \frac{2^n - 3^n}{2^n + 3^n}$
e) $\lim\limits_{n\to\infty} \frac{2^n + 3^{n+1}}{2 \cdot 3^n}$

Zeit zu überprüfen

4 Berechnen Sie den Grenzwert der Zahlenfolge (a_n) durch Umformen und Anwenden der Grenzwertsätze.

a) $a_n = \frac{n - 3}{4n}$
b) $a_n = \frac{n \cdot (n + 1)}{4n^2}$
c) $a_n = \frac{4 + 3^n}{3^n}$
d) $a_n = \frac{3^n}{4 + 3^n}$

5 Bestimmen Sie wie in Beispiel 2 den Grenzwert der rekursiv beschriebenen Folge (a_n), wenn die Existenz des Grenzwertes von (a_n) gesichert ist.

a) $a_1 = 0$; $a_n = \frac{2}{5}a_{n-1} - 2$
b) $a_1 = -2$; $a_n = -\frac{2}{3}a_{n-1} + 4$
c) $a_1 = -\frac{1}{2}$; $a_n = \frac{1 - a_{n-1}}{2 + a_{n-1}}$

d) $a_1 = 1$; $a_n = \frac{2 - a_{n-1}^2}{3 + a_{n-1}}$
e) $a_1 = -4$; $a_n = \sqrt{a_{n-1} + 4}$
f) $a_1 = 4$; $a_n = \sqrt{\frac{8}{a_{n-1}}}$

Wiederholen – Vertiefen – Vernetzen

Folgen

1 Gegeben ist die Folge (a_n) mit $a_n = \frac{4n-4}{2n}$.
a) Berechnen Sie die ersten 10 Folgenglieder und zeichnen Sie den Graphen.
b) Untersuchen Sie die Folge auf Monotonie und Beschränktheit.
c) Weisen Sie mithilfe der Definition nach, dass die Zahlenfolge den Grenzwert 2 hat, und geben Sie alle Folgenglieder an, die vom Grenzwert um weniger als 0,001 abweichen.

2 Untersuchen Sie die Zahlenfolge (a_n) auf Monotonie und Beschränktheit.
a) $a_n = \sqrt{n+1}$ b) $a_n = \frac{n+1}{n}$ c) $a_n = \frac{n+1}{n+2}$ d) $a_n = \left(\frac{2}{3}\right)^n$ e) $a_n = \sqrt[n]{a}$ mit $a > 1$

3 Welche Folge ist eine Nullfolge? Begründen Sie Ihre Antwort.
a) $\left(\frac{1}{\sqrt{n}}\right)$ b) (2^{1-n}) c) $\left(\frac{2n+1}{3n+4}\right)$ d) $(\sin(n))$ e) $\left(\sin\left(\frac{1}{n}\right)\right)$ f) (n^{-n})

4 Berechnen Sie den Grenzwert der Folge (a_n) mithilfe der Grenzwertsätze nach entsprechender Umformung.
a) $a_n = \frac{n^2 - 7n - 1}{10n^2 - 7n}$ b) $a_n = \frac{n^3 - 3n^2 + 3n - 1}{5n^3 - 8n + 5}$ c) $a_n = \frac{n + (-1)^n}{n^2 + (-1)^n}$ d) $a_n = \frac{\sqrt{n^3 + 3n - 1}}{\sqrt{4n^3 + 5}}$
e) $a_n = \frac{\sqrt{n}}{\sqrt{5n}}$ f) $a_n = \frac{2^{n+1}}{2^n + 1}$ g) $a_n = \frac{3^{n+1}}{5^n}$ h) $a_n = \frac{(2n+1)^2}{2n^2 + 1}$

5 Berechnen Sie die Grenzwerte nach Umformung des Terms.
a) $\lim\limits_{n \to \infty} (\sqrt{n+100} - \sqrt{n})$ b) $\lim\limits_{n \to \infty} \sqrt{n} \cdot (\sqrt{n+10} - \sqrt{n})$ c) $\lim\limits_{n \to \infty} (\sqrt{4n^2 + 3n} - 2n)$

6 Eine Stahlkugel, die aus 1 m Höhe vertikal auf eine Stahlplatte fällt, erreicht nach dem Auftreffen 95 % der vorherigen Höhe (Fig. 2).
a) Welche Höhe erreicht die Kugel nach dem fünften Aufschlag noch?
b) Nach wie vielen Aufschlägen erreicht sie gerade noch die halbe Höhe?
c) Welchen Weg hat die Kugel bis zum fünften Aufschlag zurückgelegt?

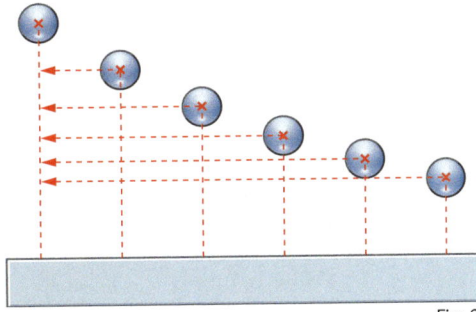

Fig. 2

7 Ein Quadrat der Seitenlänge 1 m wächst wie in Fig. 3 angedeutet. Täglich kommt eine Generation neuer Quadrate hinzu. Die täglich hinzukommenden Quadrate haben nur noch $\frac{1}{3}$ der Seitenlänge der vorangegangenen Generation.
a) Zeigen Sie, dass der Flächeninhalt den Grenzwert 1,5 m² hat. Beachten Sie dazu die Anordnung der dazukommenden Flächen in Fig. 1.
b) Berechnen Sie die Länge des Randes der Quadratpflanze nach der 5. Generation. Wann hat der Rand eine Länge von 1 km?

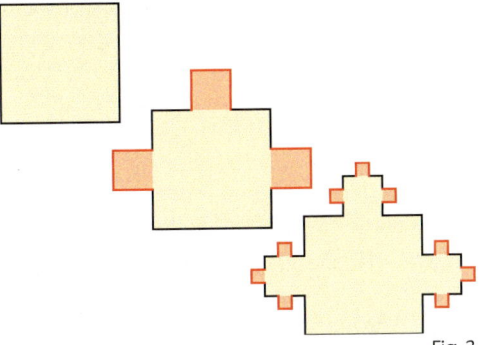

Fig. 3

Zu Aufgabe 7:

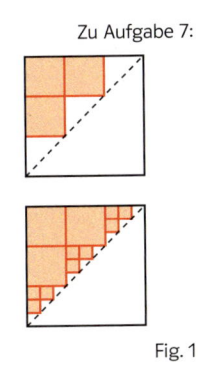

Fig. 1

Wiederholen – Vertiefen – Vernetzen

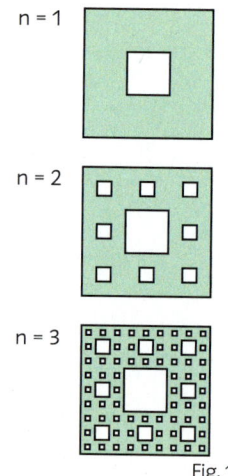

8 a) Die Folge (q_n) der Quadratzahlen wird in Fig. 2 veranschaulicht; sie beginnt für $n \geq 1$ mit 1; 4; 9; 16; ... Geben Sie eine rekursive und dann eine explizite Beschreibung von (q_n) an.
b) Bearbeiten Sie entsprechend zu Teilaufgabe a) die Folgen (d_n), (f_n) und (s_n) der Dreiecks-, Fünfecks- und Sechseckszahlen.

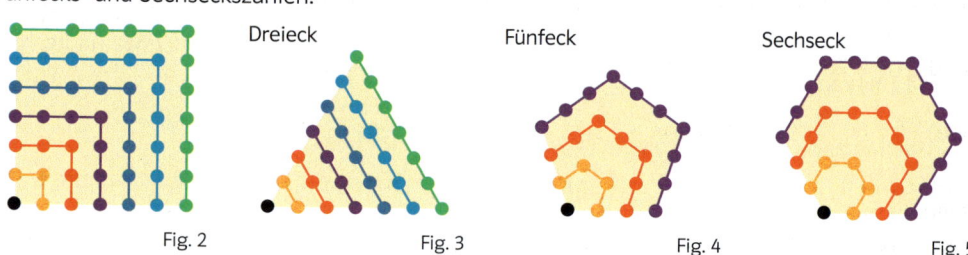

Fig. 2   Fig. 3   Fig. 4   Fig. 5

Fig. 1

9 Der in Fig. 1 für $n = 1; 2; 3$ dargestellte Vorgang wird fortgesetzt für $n = 4; 5; ...$ Beschreiben Sie für $A_1 = 1$ rekursiv und explizit die Folge (A_n), welche den Flächeninhalt A_n der n-ten Figur angibt.

INFO → Aufgabe 10

Leonardo von Pisa (≈1180 – ≈1250), der auch **Fibonacci** (d.h. Sohn des Bonacci) genannt wurde, war ein Kaufmann, der auf seinen Reisen die arabische Mathematik kennengelernt hatte. 1202 fasste er in dem Buch „Liber abacci" (Buch des Abakus) die zeitgenössische Arithmetik und Algebra zusammen. Hierin findet sich die folgende **„Kaninchenaufgabe"**, die man heute so stellen kann:

„Bekanntlich haben die Kaninchen eine zahlreiche Nachkommenschaft. Man geht davon aus, dass im 1. Monat ein Kaninchenpaar vorhanden ist. Dieses wird wie alle seine Nachkommen nach 2 Monaten fortpflanzungsfähig und bringt jeden Monat ein neues Kaninchenpaar zur Welt. Wie erhält man die Zahl der Kaninchenpaare nach n Monaten?"

Die Lösung dieser Aufgabe führt auf die **Fibonacci-Zahlen**.

	Eltern	Kinder	Enkel	Zahl der Paare
1. Monat	Erstes Paar			1
2. Monat	Erstes Paar			1
3. Monat	Erstes Paar	1. Kinderpaar		2
4. Monat	Erstes Paar	1. Kinderpaar 2. Kinderpaar		3
5. Monat	Erstes Paar	1. Kinderpaar 2. Kinderpaar 3. Kinderpaar	1. Kinderpaar der 1. Kinder	5
6. Monat	Erstes Paar	1. Kinderpaar 2. Kinderpaar 3. Kinderpaar 4. Kinderpaar	1. Kinderpaar der 1. Kinder 2. Kinderpaar der 1. Kinder 1. Kinderpaar der 2. Kinder	8

Fig. 6

Unter der Fibonacci-Folge versteht man die rekursiv definierte Folge (a_n) mit $a_1 = 1$; $a_2 = 1$ und $a_{n+2} = a_n + a_{n+1}$. Die Folgenglieder 1, 1, 2, 3, 5, 8, ... heißen Fibonacci-Zahlen und werden mit F_1, F_2, F_3, ... bezeichnet.

10 Berechnen Sie die Fibonacci-Zahlen F_6 bis F_{12}, also die Anzahl der Kaninchenpaare vom siebten bis zwölften Monat.

Rückblick

Zahlenfolge
Hat eine Funktion f als Definitionsmenge die Menge $\mathbb{N}^*$ oder eine unendliche Teilmenge von $\mathbb{N}^*$, so nennt man f eine Zahlenfolge.
Der Funktionswert f(n) wird mit a_n bezeichnet und heißt das n-te Glied der Folge.
Für die Funktion f schreibt man (a_n).

Eine Folge (a_n) kann explizit oder rekursiv geschrieben werden.

Die Folge (a_n) mit $a_n = 1 + \frac{1}{n}$; $n \in \mathbb{N}^*$ ist explizit gegeben;
$a_1 = 2$; $a_2 = \frac{3}{2}$; $a_3 = \frac{4}{3}$; $a_4 = \frac{5}{4}$; ...
Die Folge (a_n) mit $a_1 = 4$ und $a_{n+1} = \frac{1}{2}a_n$; $n \in \mathbb{N}^*$ ist rekursiv gegeben;
$a_1 = 4$; $a_2 = 2$; $a_3 = 1$; $a_4 = \frac{1}{2}$; $a_5 = \frac{1}{4}$; ...

Eigenschaften von Folgen
Eine Folge (a_n) heißt monoton steigend, wenn $a_{n+1} \geq a_n$ gilt für jedes $n \in \mathbb{N}^*$; streng monoton steigend, wenn $a_{n+1} > a_n$ gilt für jedes $n \in \mathbb{N}^*$; monoton fallend, wenn $a_{n+1} \leq a_n$ gilt für jedes $n \in \mathbb{N}^*$; streng monoton fallend, wenn $a_{n+1} < a_n$ gilt für jedes $n \in \mathbb{N}^*$.

Eine Folge (a_n) heißt
nach oben beschränkt, wenn es eine Zahl S gibt mit $a_n \leq S$ für jedes $n \in \mathbb{N}^*$;
nach unten beschränkt, wenn es eine Zahl s gibt mit $a_n \geq s$ für jedes $n \in \mathbb{N}^*$;
beschränkt, wenn sie nach oben und nach unten beschränkt ist.

Die Folge (a_n) mit $a_n = \frac{3n-1}{2n}$ für $n \geq 1$ ist streng monoton steigend, da gilt:
$a_{n+1} - a_n = \frac{3(n+1)-1}{2(n+1)} - \frac{3n-1}{2n} = \frac{3n+2}{2(n+1)} - \frac{3n-1}{2n}$
$\frac{(3n+2) \cdot n}{2(n+1) \cdot n} - \frac{(3n-1) \cdot (n+1)}{2n \cdot (n+1)} = \frac{1}{2n \cdot (n+1)} > 0.$
Die Folge (a_n) ist nach oben beschränkt, da
$a_n = \frac{3n-1}{2n} = \frac{3}{2} - \frac{1}{2n} < \frac{3}{2}$;
$S = \frac{3}{2}$ ist eine obere Schranke.
Die Folge ist nach unten beschränkt, da sie streng monoton steigend ist; $s = a_1 = 1$ ist eine untere Schranke.
Die Folge (a_n) ist beschränkt.

Grenzwert einer Zahlenfolge
Eine Zahl g heißt Grenzwert der Zahlenfolge (a_n), wenn bei Vorgabe irgendeiner positiven Zahl ε fast alle Folgenglieder die Ungleichung $|a_n - g| < \varepsilon$ erfüllen. Fast alle bedeutet dabei, dass es nur endlich viele Ausnahmen gibt.
(a_n) heißt dann konvergent. Man schreibt: $g = \lim_{n \to \infty} a_n$.
Eine Folge mit dem Grenzwert 0 heißt Nullfolge.

Gegeben: (a_n) mit $a_n = 1 + \frac{1}{n}$; $n \in \mathbb{N}^*$.
Vermutung: (a_n) hat den Grenzwert $g = 1$.
Nachweis:
Es gilt: $|a_n - g| = \left|\left(1 + \frac{1}{n}\right) - 1\right| = \left|\frac{1}{n}\right| = \frac{1}{n}$.
Zu gegebenem $\varepsilon > 0$ ist $|a_n - 1| = \frac{1}{n} < \varepsilon$, falls $n > \frac{1}{\varepsilon}$. Es sind nur endlich viele natürliche Zahlen kleiner als die Zahl $\frac{1}{\varepsilon}$, fast alle sind größer.
Damit ist $\lim_{n \to \infty} a_n = \lim_{n \to \infty} \left(1 + \frac{1}{n}\right) = 1$.

Grenzwertsätze
Haben zwei konvergente Folgen (a_n) und (b_n) die Grenzwerte a und b, so gilt: $\lim_{n \to \infty} (a_n \pm b_n) = \lim_{n \to \infty} a_n \pm \lim_{n \to \infty} b_n = a \pm b$.
$\lim_{n \to \infty} (a_n \cdot b_n) = \lim_{n \to \infty} a_n \cdot \lim_{n \to \infty} b_n = a \cdot b$
$\lim_{n \to \infty} \frac{a_n}{b_n} = \frac{\lim_{n \to \infty} a_n}{\lim_{n \to \infty} b_n} = \frac{a}{b}$, $b_n \neq 0$ und $b \neq 0$

Mit den Grenzwertsätzen kann man Grenzwerte berechnen.
$\lim_{n \to \infty} \frac{2n^2 - \sqrt{n} + 6}{n^2} = \lim_{n \to \infty} \left(2 - \frac{1}{\sqrt{n^3}} + \frac{6}{n^2}\right)$
$= \lim_{n \to \infty} 2 - \lim_{n \to \infty} \frac{1}{n\sqrt{n}} + \lim_{n \to \infty} \frac{6}{n^2} = 2 - 0 + 0 = 2$

Prüfungsvorbereitung ohne Hilfsmittel

1 Berechnen Sie die ersten fünf Folgenglieder. Geben Sie an, ob die Folge monoton oder beschränkt ist.
a) $a_n = 2n - 100$
b) $a_n = \frac{5-n}{2}$
c) $a_n = \frac{1-n}{n^2}$
d) $a_n = \frac{5n-1}{2n}$

2 Geben Sie die ersten fünf Folgenglieder an und schreiben Sie die Folge in expliziter Darstellung.
a) $a_1 = 3$; $a_{n+1} = 3 \cdot a_n$
b) $a_1 = 1$; $a_{n+1} = 0,5 \cdot a_n$
c) $a_1 = 1$; $a_{n+1} = a_n + 2n - 1$

3 a) Was versteht man unter einer Nullfolge? Geben Sie ein Beispiel an.
b) Zeigen Sie, dass die Folge (a_n) mit $a_n = \frac{1}{n+4}$ eine Nullfolge ist.

4 Die Folge (a_n) ist eine Nullfolge. Untersuchen Sie die Folge (b_n) auf Konvergenz. Geben Sie gegebenenfalls den Grenzwert an.
a) $b_n = 2 + a_n$
b) $b_n = 2 \cdot a_n$
c) $b_n = \frac{2}{a_n}$
d) $b_n = \frac{2}{2 + a_n}$

5 a) Nennen Sie Eigenschaften von Zahlenfolgen.
b) Welche Eigenschaften hat die Folge (a_n) mit $a_n = 1 - \left(\frac{5}{9}\right)^n$? Begründen Sie diese.

6 Gegeben ist die Folge (a_n) mit $a_n = \frac{2n+1}{n}$.
a) Berechnen Sie die ersten 6 Folgenglieder und zeichnen Sie einen Graphen.
b) Begründen Sie, dass die Folge konvergent ist, und geben Sie den Grenzwert g an.
c) Ab welchem Folgenglied ist die Abweichung vom Grenzwert g kleiner als 0,001?

7 Geben Sie eine rekursiv beschriebene Folge an und berechnen Sie weitere drei Folgenglieder.

8 Geben Sie eine Folge an,
a) die den Grenzwert 3 hat,
b) die divergent ist,
c) die einen Grenzwert hat, aber nicht monoton ist,
d) die streng monoton fallend ist,
e) die nach oben beschränkt ist und streng monoton steigt.

9 Ist die Aussage wahr? Argumentieren Sie.
a) Hat eine Folge den Grenzwert 0, so muss sie unendlich viele negative Glieder haben.
b) Eine Folge mit nur negativen Gliedern kann keine positive Zahl als Grenzwert haben.
c) Die Folge $((-1)^n)$ hat zwei Grenzwerte.

10 Berechnen Sie den Grenzwert mithilfe der Grenzwertsätze.
a) $\lim\limits_{n \to \infty} \left(2 - \frac{1}{\sqrt{n}}\right)$
b) $\lim\limits_{n \to \infty} \frac{6n+9}{2n+1}$
c) $\lim\limits_{n \to \infty} \frac{5n+9}{2n^2-5}$
d) $\lim\limits_{n \to \infty} \frac{0,5^n + 9}{0,9^n + 1}$

11 Auf einem Konto mit einem festen Zinssatz von 5,2 % befinden sich zu Beginn eines Jahres 2500 €.
a) Geben Sie für das Guthaben nach 5 Jahren einen Term an.
b) Am Ende eines jeden Jahres werden 200 € abgehoben. Geben Sie für die Entwicklung des Kontostandes eine rekursive Darstellung an.

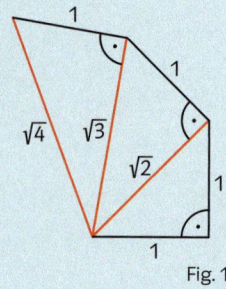

Fig. 1

12 Fig. 1 zeigt die ersten Glieder der sogenannten „Quadratwurzelschnecke". Geben Sie eine explizite und eine rekursive Darstellung für die Folgenglieder der Quadratwurzelschnecke an.

Prüfungsvorbereitung mit Hilfsmitteln

1 In Fig. 1 werden die Halbkreisbögen nach rechts immer weiter fortgesetzt. Ermitteln Sie rechnerisch den ersten Halbkreisbogen, dessen Länge 1 Millionstel der Länge des Anfangsbogens ist.

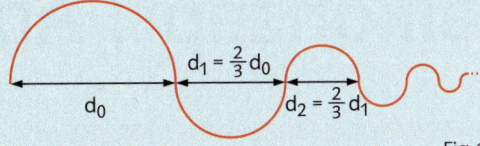

Fig. 1

2 Auf einem Konto mit dem festen Jahreszinssatz von 3,5% befinden sich am Jahresbeginn 100 €. Es wird kein Geld abgehoben.
a) Berechnen Sie den Kontostand am Ende des ersten (zweiten, dritten, vierten, fünften) Jahres.
b) Geben Sie eine explizite Darstellung für den Kontostand K_n nach n Jahren an. Bestimmen Sie den Kontostand nach 10 Jahren und nach 20 Jahren.
c) Nach wie vielen Jahren hat sich der Kontostand verdoppelt?

3 Auf einem Konto mit dem festen Jahreszinssatz von 3% befinden sich am Jahresbeginn 1000 €. Es wird kein Geld abgehoben, aber am Ende jeden Jahres werden 200 € eingezahlt.
a) Berechnen Sie den Kontostand am Ende des ersten, zweiten und dritten Jahres.
b) Geben Sie eine rekursive Beschreibung für die Entwicklung des Kontostandes nach n Jahren an.

4 Ein Land hat zurzeit 5 Millionen Einwohner. Die Wachstumsrate beträgt 1%; außerdem hat das Land jährlich 10 000 Einwanderer.
Berechnen Sie die Einwohnerzahlen nach 10 bzw. 20 Jahren, wenn sich die Entwicklung der Einwohnerzahl in diesen Zeiträumen nicht ändert.

5 Ein Autotank fasst 60 Liter Dieselkraftstoff. Er wurde mit verunreinigtem Diesel der Marke SLE vollgetankt. Da der Motor Probleme macht, will der Besitzer in Zukunft den Tank nur mit gutem Kraftstoff der Marke ELO füllen. Nachdem 40 Liter des minderen Kraftstoffs verbraucht sind, tankt er 40 Liter Markenkraftstoff. Nachdem er vom vollen Tank 40 Liter verbraucht hat, tankt er wieder den Kraftstoff von ELO usw.
a) Wie viel Liter des SLE-Kraftstoffs befinden sich nach 3-maligem bzw. 5-maligem Tanken von ELO-Kraftstoff noch im Tank?
b) Wie oft muss getankt werden, bis der Anteil des SLE-Kraftstoffs auf höchstens 0,01 Liter im Tank gefallen ist?
Ermitteln Sie diese Zahl zunächst mithilfe einer Tabelle und dann rechnerisch durch Lösen einer Ungleichung.

6 In Fig. 2 besitzt die linke Fläche den Inhalt $a_1 = 3$ und den Umfang $b_1 = 8$, die mittlere, grüne Fläche den Inhalt a_2 und den Umfang b_2, die nächste grüne Fläche den Inhalt a_3 und den Umfang b_3 usw. Bestimmen Sie eine explizite und eine rekursive Beschreibung der Folgen (a_n) und (b_n).

7 a) Wie ist der Grenzwert einer Zahlenfolge definiert?
b) Zeigen Sie mithilfe der Definition des Grenzwertes einer Zahlenfolge, dass die Folge (a_n) mit $a_n = \frac{5 - 3n}{n + 1}$ konvergent ist.

8 Eine Folge wird rekursiv beschrieben durch $a_1 = 2$; $a_2 = 3$ und $a_{n+1} = 3a_n - 2a_{n-1}$.
a) Berechnen Sie die ersten sieben Folgenglieder.
b) Bestimmen Sie eine explizite Darstellung der Folge.

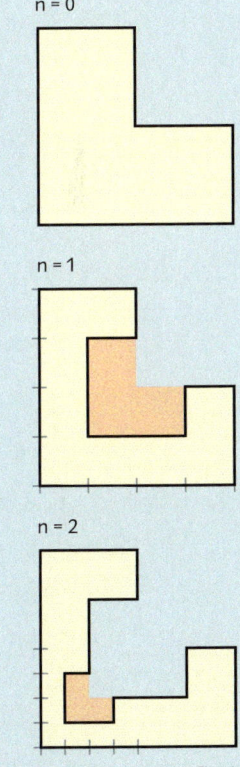

Fig. 2

Schlüsselkonzept: Ableitung

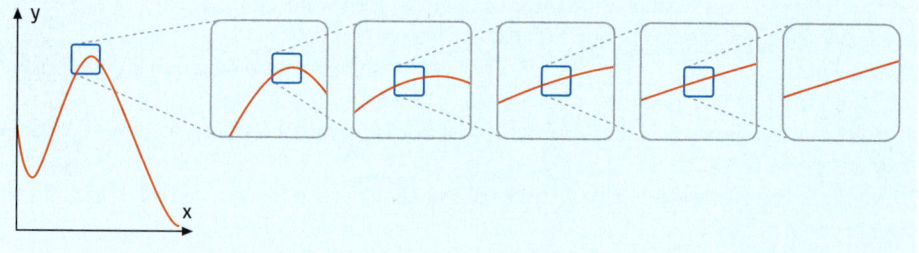

Das kennen Sie schon
- Graphen von Potenzfunktionen
- Eigenschaften von Funktionen

Der Graph gibt die Geschwindigkeit eines Autos während einer Fahrt an. Mithilfe des Graphen lässt sich bestimmen, wann das Auto beschleunigt oder abgebremst wurde.

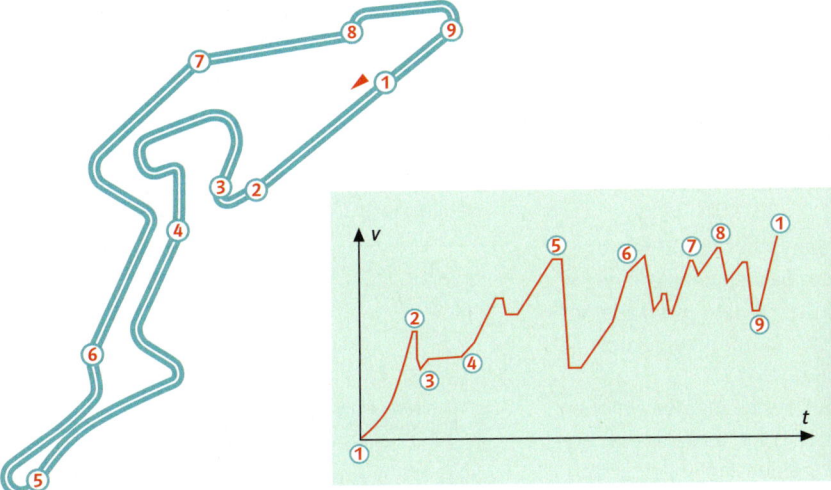

In diesem Kapitel

- wird die Steigung eines Graphen zeichnerisch bestimmt.
- wird der Begriff Ableitung eingeführt.
- wird bei Größen die Ableitung als momentane Änderungsrate interpretiert.

 Zahl und Zahlbereiche

 Messen und Größen

 Raum und Form

 Funktionaler Zusammenhang

 Daten und Zufall

1 Funktionen

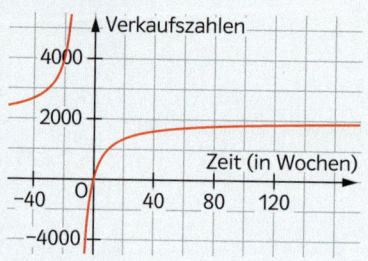

Der Verkaufsleiter einer Firma liefert für die Verkaufszahlen v eines Produktes in Abhängigkeit der Zeit w (w in Wochen) folgende Funktionsgleichung:

$v(w) = -\frac{20\,000}{w + 10} + 2000$.

Die Figur zeigt den Graphen der vorgelegten Funktion. Nehmen Sie Stellung.

In der Wissenschaft und im Alltag gibt es viele Bereiche, in denen Funktionen helfen, Zusammenhänge von Größen zu verstehen.

t = 0,0 s   h = 1,25 m
t = 0,1 s   h = 1,20 m
t = 0,2 s   h = 1,05 m
t = 0,3 s   h = 0,80 m
t = 0,4 s   h = 0,45 m
t = 0,5 s   h = 0 m

Fig. 1

Fig. 1 zeigt Momentaufnahmen eines fallenden Balles bis zur Bodenberührung. Die Funktion *Zeit* $t \to$ *Höhe* h (t in s, h in m) kann verschieden dargestellt werden:
– mithilfe einer Tabelle (Fig. 2), aus der man die Wertepaare direkt ablesen kann,
– mithilfe einer Funktionsgleichung (wie $h(t) = \frac{5}{4} - 5t^2$), mit der sich Wertepaare berechnen lassen, oder
– mithilfe eines Graphen (Fig. 3), aus dem man Wertepaare ablesen kann.

t	0,0	0,1	0,2	0,3	0,4
h	1,25	1,20	1,05	0,80	0,45

Fig. 2

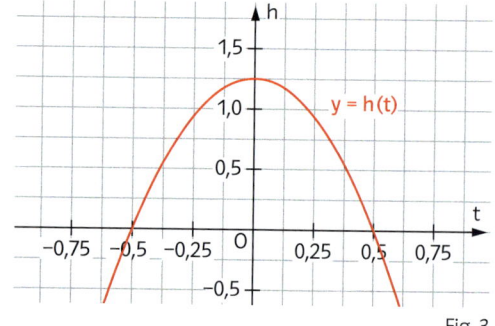

Fig. 3

Bei den Darstellungen muss berücksichtigt werden, dass in dem Sachzusammenhang nur Zeitwerte zwischen t = 0 und t = 0,5 sinnvoll sind. Hierfür schreibt man auch kurz $0 \leq t \leq 0,5$ oder $t \in [0; 0,5]$.
Fig. 5 zeigt die GTR-Darstellung des Graphen. Bei vielen Funktionen ohne Sachzusammenhang kann die Menge der Zahlen, die man in die Funktionsgleichungen einsetzen darf, eingeschränkt sein. Für die Funktion f mit $f(x) = \frac{1}{\sqrt{x}}$ dürfen z.B. nur positive Zahlen für x eingesetzt werden.

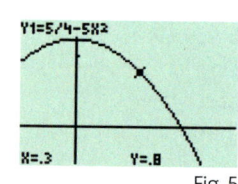

Fig. 4   Fig. 5

> Die Menge aller Zahlen, die man in die Funktionsgleichung einer Funktion f einsetzen darf, heißt **Definitionsmenge** der Funktion f. Sie wird mit **D_f** bezeichnet.

Die Definitionsmenge einer Funktion wird häufig als **Intervall** angegeben. Man schreibt:
[a; b] für $a \leq x \leq b$,   [a; b) für $a \leq x < b$,
(a; b) für $a < x < b$,   (a; b] für $a < x \leq b$.

Um Funktionsgleichungen besser voneinander unterscheiden zu können, ist auch folgende Schreibweise bei Funktionsgleichungen üblich:
f mit $f(x) = -0,2x^2 + 0,6x + 2$ bzw. g mit $g(x) = 3x - 2$.

Bei einer Funktion f verwendet man folgende Schreib- und Sprechweisen:
- $f(x_0)$ bezeichnet diejenige Zahl, die die Funktion f der Zahl x_0 zuordnet.

Man nennt sie den **Funktionswert von x_0** oder den **Funktionswert von f an der Stelle x_0**.
- Die **Definitionsmenge D_f** ist die Menge aller x-Werte, auf die f angewendet wird.
- Mit einer **Funktionsgleichung** können die Funktionswerte berechnet werden. Der Term zur Berechnung der Funktionswerte wird **Funktionsterm** genannt.
- Der **Graph von f** ist die Menge aller Punkte P(x|y), deren Koordinaten die Gleichung y = f(x) erfüllen.
- W_f ist die Menge aller Funktionswerte. Sie heißt **Wertemenge** von f.

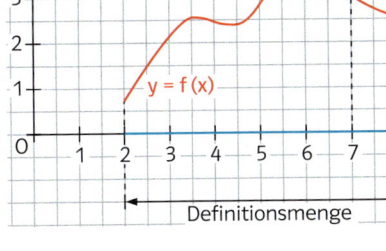

Fig. 1

Die Bezeichnung x_0 steht für einen festen x-Wert.

Fehlt bei einer Funktion die Angabe von D_f, so ist stets die maximale Definitionsmenge gemeint.

Bei der Funktion f mit der Funktionsgleichung $f(x) = 3 \cdot x^2 - 5$ ist $3 \cdot x^2 - 5$ der Funktionsterm. Der Funktionswert $f(x_0)$ an einer Stelle x_0 kann mit $f(x_0) = 3 \cdot x_0^2 - 5$ berechnet werden. So erhält man z.B. an der Stelle x = 2 den Funktionswert $f(2) = 3 \cdot 2^2 - 5 = 7$. Der Punkt P(2|7) gehört also zum Graphen von f.
Statt „der Funktionswert an der Stelle x" sagt man kurz „f von x".

Beispiel 1 Funktionswert – Definitionsmenge – Punktprobe
Gegeben sind die Funktionen f mit $f(x) = \sqrt{x-1}$ und g mit $g(x) = -\frac{9x}{x-10}$.
a) Bestimmen Sie, falls möglich, die Funktionswerte von f und g an den Stellen x = 10; x = 1 und x = 0.
b) Geben Sie für die Funktionen f und g jeweils die Definitionsmenge an.
c) Überprüfen Sie, ob der Punkt P(37|6) und der Punkt Q(9|81) auf dem Graphen von f oder g liegt.

■ Lösung: a) $f(10) = \sqrt{10-1} = \sqrt{9} = 3$; $f(1) = \sqrt{1-1} = \sqrt{0} = 0$.
Da f an der Stelle x = 0 nicht definiert ist, lässt sich für diesen x-Wert kein Funktionswert bestimmen.
Da g an der Stelle x = 10 nicht definiert ist, lässt sich für diesen x-Wert kein Funktionswert bestimmen.
$g(1) = -\frac{9}{1-10} = 1$; $g(0) = -\frac{0}{-10} = 0$.
b) $D_f = [1; \infty)$. *Der Wert unter der Wurzel darf nicht negativ werden.*
$D_g = \mathbb{R}\setminus\{10\}$. *Der Nenner darf nicht null werden.*
c) Da $f(37) = \sqrt{37-1} = 6$ und $f(9) = \sqrt{9-1} = \sqrt{8} \neq 81$ gilt, liegt der Punkt P(37|6) auf dem Graphen von f, der Punkt Q(9|81) liegt nicht auf dem Graphen.
Da $g(37) = -\frac{333}{27} \approx 12{,}3 \neq 6$ und $g(9) = -\frac{81}{-1} = 81$ gilt, liegt der Punkt P(37|6) nicht auf dem Graphen von g, der Punkt Q(9|81) liegt auf dem Graphen.

Da „∞" keine Zahl ist, gehört ∞ nicht zum Intervall.

Die Überprüfung, ob ein Punkt auf einem Graphen liegt, wird auch **Punktprobe** genannt.

Beispiel 2 Definitionsmenge im Sachzusammenhang bestimmen
Ein 12 cm langer Papierstreifen soll in gleich lange Stücke geschnitten werden. Bestimmen Sie für die Funktion *Anzahl der Stücke a → Länge der Stücke l* die Funktionsgleichung und die Definitionsmenge.
■ Lösung: Funktionsgleichung: $l(a) = \frac{12}{a}$.
Da die Anzahl nur positiv und ganzzahlig sein kann, gilt: $D_f = \mathbb{N}\setminus\{0\}$.

Zur Erinnerung:
$\mathbb{N}$: Natürliche Zahlen
$\mathbb{Z}$: Ganze Zahlen
$\mathbb{R}$: Reelle Zahlen
„\": „ohne"

Aufgaben

1 Gegeben sind die drei Funktionen f, g und h mit

$f(x) = -\frac{1}{x}$; $\qquad$ $g(x) = 2x - 3$; $\qquad$ $h(x) = \sqrt{x+3} - 3$.

a) Bestimmen Sie die Funktionswerte der Funktionen an den Stellen $x = -2$; $x = 0{,}1$ und $x = 78$.
b) Bestimmen Sie die Definitionsmengen D_f, D_g und D_h.
c) Überprüfen Sie, ob einer der Punkte $P(1|-1)$ oder $Q(5{,}5|8)$ auf den Graphen von f, g oder h liegt.

2 Bearbeiten Sie die Funktionen f, g und h wie die Funktionen f, g und h in Aufgabe 1.
a) $f(x) = -x^3 + 1$ $\qquad$ b) $g(x) = \frac{1}{x+4}$ $\qquad$ c) $h(x) = \frac{1}{x-1}$

3 Bei einem Rechteck mit dem Flächeninhalt $A = 20$ (in m²) werden die beiden Seitenlängen mit a und b bezeichnet (a und b in m).
a) Wie lautet die Funktionsgleichung der Funktion $f: a \to b$? Bestimmen Sie Funktionswerte an drei unterschiedlichen Stellen.
b) Geben Sie die Definitionsmenge der Funktion von f aus Teilaufgabe a) an.
c) Zeichnen Sie den Graphen von f.
d) Welcher Funktionstyp liegt vor?

4 Eine Mountainbike-Tour in dem spanischen El-Ports-Gebirge hat das abgebildete Höhenprofil.
a) Wie viele Höhenmeter sind beim ersten Anstieg zu überwinden? Über wie viele Kilometer erstreckt er sich etwa?
b) Wie groß ist der Gesamtanstieg, der bei der Tour zu überwinden ist?
c) Auf der Strecke gibt es eine Sackgasse mit einem Umkehrpunkt. Wo wird dieser vermutlich liegen? Begründen Sie.

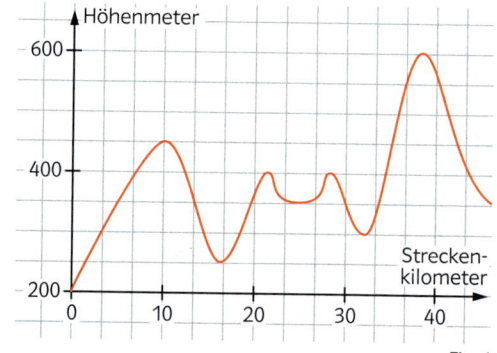

Fig. 1

Zeit zu überprüfen

5 Gegeben sind die beiden Funktionen f und g mit $f(x) = 0{,}5x^2 - 2$ und $g(x) = \frac{1}{x+3}$.
a) Bestimmen Sie die Definitionsmengen D_f und D_g.
b) Zeichnen Sie die Graphen von f und g.

6 Mit einem 1 km langen Zaun soll ein rechteckiges Feld an einem geraden Fluss eingezäunt werden. Der Flächeninhalt A des Feldes (in m²) ist von der gewählten Länge x des Rechtecks (in m) abhängig.
a) Bestimmen Sie den Flächeninhalt A des Feldes für $x = 200$ m; $x = 400$ m, $x = 600$ m und $x = 800$ m.

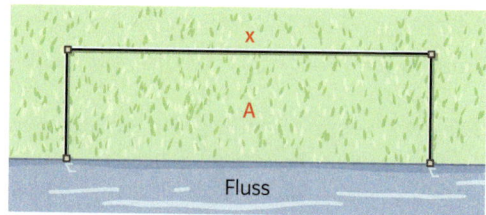

Fig. 2

b) Wie lautet die Funktionsgleichung der Funktion, die der Länge x den Flächeninhalt A zuordnet? Welche Definitionsmenge ist für die Funktion sinnvoll?

7 Bei einem schräg geworfenen Ball kann die Flugbahn durch eine Parabel mit
f(x) = −0,1x² + 0,5x + 1,8 beschrieben werden. Hierbei entspricht x (in m) der horizontalen Entfernung vom Abwurfpunkt und f(x) (in m) der Flughöhe des Balles über den Boden.
a) In welcher Höhe wurde der Ball abgeworfen?
b) Welche Definitionsmenge ist für die zugehörige Funktion sinnvoll?
c) Bestimmen Sie die maximale Flughöhe des Balles.
d) Bearbeiten Sie die Teilaufgaben b) und c), wenn der Ball von der Höhe h abgeworfen wird.

8 Ein rechtwinkliges Dreieck mit der Hypotenuse 6 cm wird um eine Kathete gedreht. Dabei entsteht ein Kegel.
a) Bestimmen Sie das Volumen des Kegels für r = 0 cm bis r = 6 cm in Schritten von einem halben cm. Wie lautet eine Funktionsgleichung der Funktion V: r → V(r)?
b) Zeichnen Sie den Graphen von V und bestimmen Sie näherungsweise, für welchen Radius r das Volumen des Kegels maximal ist.

Volumen eines Kegels:
V = ⅓ π r² · h

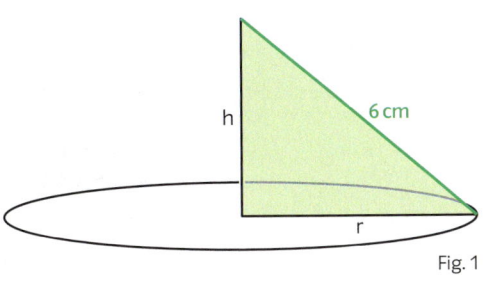

Fig. 1

9 a) Eine Konservendose mit dem Radius r und der Höhe h soll ein Volumen von 0,5 Liter fassen. Wie lautet die Funktionsgleichung der Funktion f: r → h?
b) Bestimmen Sie die Höhe der Dose für r = 1 cm bis r = 10 cm in Schritten von einem Zentimeter. Zeichnen Sie den Graphen von f.
c) Berechnen Sie den Flächeninhalt O der Oberfläche der Dose für r = 5 cm. Bestimmen Sie die Funktionsgleichung der Funktion g: r → O, mit der man zu jedem Radius den Oberflächeninhalt O berechnen kann.

Formeln für Zylinder
Volumen:
V = π · r² · h
Oberflächeninhalt:
O = 2π r · (r + h)

10 Formulieren Sie eine Textaufgabe mit einer Funktion f, die die folgende Definitionsmenge hat:
a) $D_f = [0; 7]$,   b) $D_f = [0; \infty)$,   c) $D_f = \mathbb{N}$.

11 1998 wurde in Japan die Akashi-Kaikyo-Brücke fertig gestellt. Das Spannseil zwischen den Pfeilern liegt etwa auf einer Parabel.
a) Geben Sie mithilfe der unten stehenden Daten eine Funktionsgleichung einer Funktion f an, deren Graph dem Spannseil zwischen den beiden Pfeilern entspricht.
b) Bestimmen Sie an drei verschiedenen Stellen den Abstand des Seiles zur Fahrbahn.
c) Welche Definitionsmenge ist bei dieser Funktion sinnvoll?

Technische Informationen	
Spannweite zwischen den Pfeilern:	ca. 1991 m
Höhe der Pfeiler über dem Wasser:	283 m
Geringster Abstand zwischen Spannseil und Fahrbahn:	15 m
Höhe der Fahrbahn über dem Wasser:	71 m

II Schlüsselkonzept: Ableitung

2 Mittlere Änderungsrate – Differenzenquotient

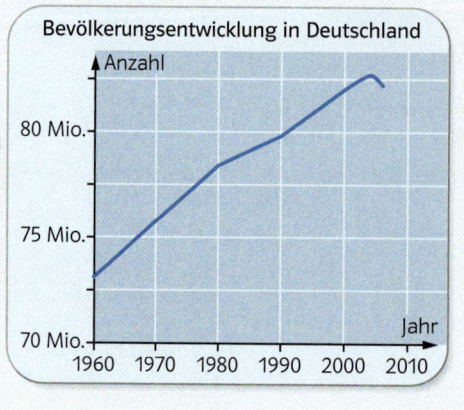

Die Tabelle und das Diagramm zeigen die Bevölkerungszahlen in Deutschland für den Zeitraum nach 1960 an. Welche Vor- und Nachteile haben die beiden Darstellungen? Beschreiben Sie die Bevölkerungsentwicklung in eigenen Worten.

Bei Funktionen sind oft nicht nur die einzelnen Funktionswerte wichtig, sondern deren Entwicklung und Veränderung. Funktionswerte können zum Beispiel ansteigen oder abfallen und dieser Anstieg bzw. Abfall kann schnell oder langsam erfolgen.
Beschreibt eine Funktion zum Beispiel die Bevölkerungszahl eines Landes, kann man die Änderung der Funktionswerte rechnerisch beschreiben, indem man die Funktionswerte im Abstand von jeweils einer festen Zeiteinheit bestimmt und vergleicht.
Bei Funktionen spielt zudem die Änderung der Funktionswerte in beliebigen Intervallen eine wesentliche Rolle. Die Bestimmung dieser Änderung in einem Intervall wird an der folgenden Situation erläutert.

Bei einem Experiment wurde die Temperatur einer Flüssigkeit zu verschiedenen Zeitpunkten gemessen. Die Tabelle und der Graph zeigen die Messergebnisse.
Aus der Tabelle kann man ablesen, dass die Temperatur nach 30 Minuten 13 °C betrug. Die mittlere Änderung der Temperatur pro Minute in den darauffolgenden 20 Minuten lässt sich berechnen durch:

$$\frac{T(30+20) - T(30)}{20} = \frac{38-13}{20}$$
$$= \frac{25}{20} = 1{,}25.$$

Die mittlere Änderungsrate der Temperatur von 30 min bis 50 min beträgt also $1{,}25 \frac{°C}{min}$.

t (in min)	0	10	20	30	35	50	60
T (in °C)	10	5	5	13	20	38	30

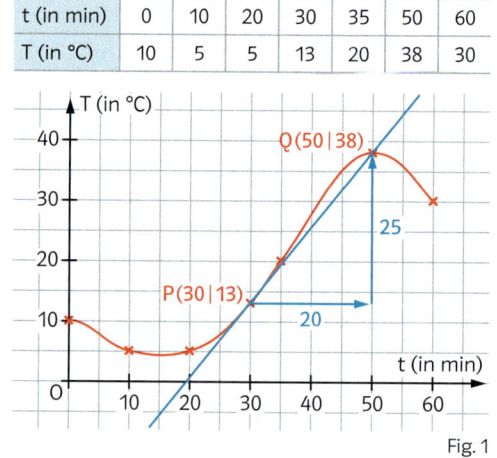

Fig. 1

Allgemein nennt man den Term $\frac{T(t_0 + h) - T(t_0)}{h}$ **mittlere Änderungsrate der Temperatur im Intervall** $[t_0;\ t_0 + h]$.
Bei der mittleren Änderungsrate der Temperatur dividiert man die Differenz der Temperaturwerte durch die Differenz der zugehörigen Zeitwerte; daher nennt man bei Funktionen allgemein diesen Term auch **Differenzenquotient**.
Zeichnet man wie in Fig. 1 eine Gerade durch die beiden Punkte P(30|13) und Q(50|38), dann entspricht die Steigung der Geraden der Maßzahl der mittleren Änderungsrate.

Definition: Ist die Funktion f auf dem Intervall $[x_0;\ x_0 + h]$ definiert, dann heißt $\frac{f(x_0 + h) - f(x_0)}{h}$ **Differenzenquotient** von f im Intervall $[x_0;\ x_0 + h]$. Bei Anwendungen wird der Differenzenquotient auch als **mittlere Änderungsrate** bezeichnet.

Für $h < 0$ gibt der Differenzenquotient die Änderungsrate auf $[x_0 + h;\ x_0]$ an.

Beispiel 1 Bestimmung der mittleren Änderungsrate
Die Abnahme des Luftdrucks p mit zunehmender Höhe kann nach der „barometrischen Höhenformel" $p(H) = 1013 \cdot 0{,}88^H$ (H in km, p in hPa) bestimmt werden.
Bestimmen Sie die mittlere Änderungsrate für die Höhen zwischen 0 km und 5 km.
■ Lösung: Für die Höhen zwischen 0 km und 5 km erhält man die mittlere Änderungsrate $\left(\text{in } \tfrac{hPa}{km}\right)$
$\frac{p(5) - p(0)}{5} = \frac{1013 \cdot 0{,}88^5 - 1013 \cdot 0{,}88^0}{5} \approx -95{,}68$.
Der Luftdruck nimmt im Mittel um etwa 96 hPa pro Kilometer ab.

hPa: Hektopascal

Beispiel 2 Rechnerische Bestimmung des Differenzenquotienten
Bestimmen Sie für die Funktion f mit $f(x) = x^2$ den Differenzenquotienten im Intervall [7; 9] und [7; 7,5].
■ Lösung: Im Intervall [7; 9] gilt: $\frac{f(9) - f(7)}{9 - 7} = \frac{9^2 - 7^2}{2} = 16$.
Im Intervall [7; 7,5] gilt: $\frac{f(7{,}5) - f(7)}{7{,}5 - 7} = \frac{7{,}5^2 - 7^2}{0{,}5} = 14{,}5$.

Beispiel 3 Geometrische Bestimmung
Bestimmen Sie geometrisch den Differenzenquotienten der Funktion f im Intervall [2; 7], deren Graph in Fig. 1 dargestellt ist.
■ Lösung: Man zeichnet eine Gerade g durch die beiden Punkte $P(2|f(2))$ und $Q(7|f(7))$. Die Steigung von g entspricht dem Differenzenquotienten im Intervall [2; 7].
Differenzenquotient: $\frac{f(7) - f(2)}{5} = \frac{2{,}5}{5} = 0{,}5$.

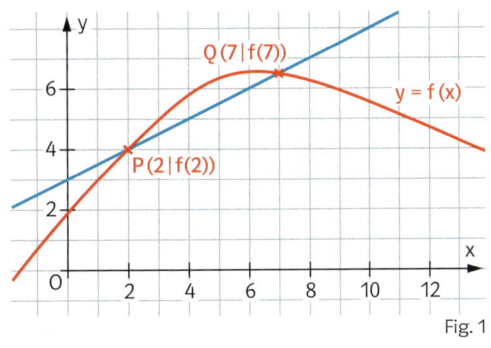

Fig. 1

Aufgaben

1 Gegeben ist die Funktion f mit $f(x) = \frac{1}{x} + 2$. Bestimmen Sie den Differenzenquotienten
a) im Intervall [0,1; 1],
b) im Intervall [2; 12],
c) im Intervall [0,01; 0,02],
d) im Intervall [100; 1000].

2 Die Höhe einer Kressepflanze wurde über mehrere Tage bestimmt.

Zeit t (in Tagen)	1	2	3	4	5	6	7	8	9
Höhe h (in mm)	0	0	0	0	1	2	4	6	7

Wie groß ist die mittlere Änderungsrate der Funktion *Zeit t → Höhe h*
a) für den gesamten Messzeitraum,
b) für die ersten drei Tage,
c) für die letzten drei Tage,
d) für die mittleren drei Tage?

3 Bei einem Messfahrzeug wird während einer Fahrt die zurückgelegte Strecke aufgezeichnet. Fig. 1 zeigt den Graphen der Funktion Zeit t → Strecke s (t in min, s in m). Die mittlere Änderungsrate von s in einem Zeitintervall h ist die Durchschnittsgeschwindigkeit des Fahrzeuges in diesem Intervall.
Bestimmen Sie näherungsweise die Durchschnittsgeschwindigkeit für das Zeitintervall
a) I = [0; 8],
b) I = [10; 12].

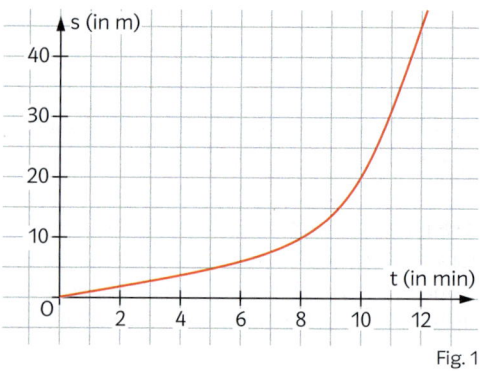
Fig. 1

Zeit zu überprüfen

4 Berechnen Sie zur Funktion f mit $f(x) = \frac{1}{2x}$ den Differenzenquotienten im Intervall [1; 2] und im Intervall [1; 1,5].

5 a) Bestimmen Sie in Fig. 2 im Intervall [2; 4] und im Intervall [0; 2] den Differenzenquotienten geometrisch.
b) Geben Sie ein Intervall an, in dem der Differenzenquotient den Wert 0 hat.

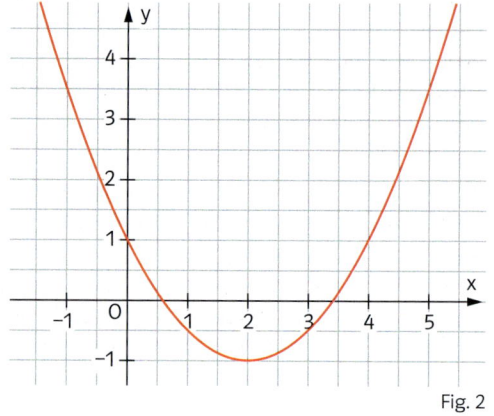
Fig. 2

6 Zeichnen Sie den Graphen der Funktion f mit $f(x) = x^2$ und bestimmen Sie den Differenzenquotienten geometrisch im angegebenen Intervall. Überprüfen Sie Ihr Ergebnis rechnerisch.
a) I = [0; 2]   b) I = [−1; 3]   c) I = [−1; 1]   d) I = [−2; −1]

7 Skizzieren Sie den Graphen einer Funktion f, die folgende Differenzenquotienten hat:
Der Differenzenquotient von f im Intervall [0; 2] beträgt 0,5; der Differenzenquotient von f im Intervall [2; 5] beträgt 1 und der Differenzenquotient von f im Intervall [0; 6] beträgt 0.
Vergleichen Sie Ihr Ergebnis mit dem Ihrer Nachbarin oder Ihres Nachbarn.

Zeit zu wiederholen

8 Die Parallelen g und h werden von zwei Geraden geschnitten. Berechnen Sie die fehlenden Längen.
a)
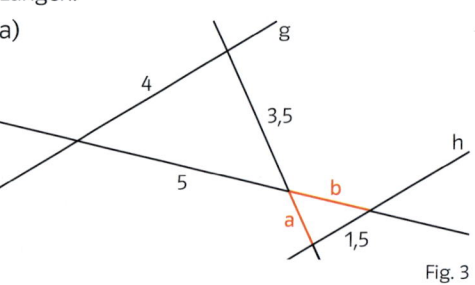
Fig. 3

b)
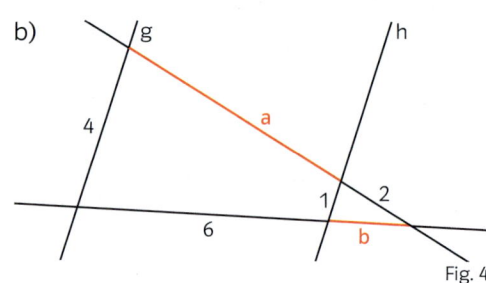
Fig. 4

3 Momentane Änderungsrate – Ableitung

Wie kann man an einen Kreis eine Tangente mit Zirkel und Lineal konstruieren?

Die Funktion f mit $f(x) = \sqrt{4 - x^2}$ hat als Graph einen Halbkreis.
Sehen Sie eine Möglichkeit, die Steigung einer Tangente wie in der Grafik zu berechnen?

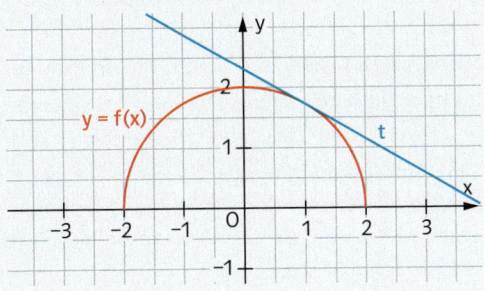

Bei einer Autofahrt kann gemessen werden, welche Strecke s das Auto zum Zeitpunkt t zurückgelegt hat. Mit der Funktion $t \rightarrow s$ lässt sich die Durchschnittsgeschwindigkeit in einem Zeitintervall als mittlere Änderungsrate der zurückgelegten Strecke s in diesem Zeitintervall berechnen. Der Tachometer eines Autos zeigt hingegen die Geschwindigkeit zu jedem Zeitpunkt an, also eine Momentangeschwindigkeit. Wie man zu einem Zeitpunkt diese Geschwindigkeit bestimmt, wird nun gezeigt.

Die mittlere Änderungsrate der Wegstrecke s entspricht der Durchschnittsgeschwindigkeit auf diesem Intervall.

Für eine Kugel, die eine schiefe Ebene hinunterrollt, gilt für den nach der Zeit t zurückgelegten Weg: $s(t) = 0{,}3 \cdot t^2$ (t in Sekunden, s in Metern). Um eine Aussage über die momentane Geschwindigkeit der Kugel zum Zeitpunkt $t = 1\,\text{s}$ nach dem Start zu erhalten, werden die mittleren Geschwindigkeiten für immer kleinere Zeitintervalle betrachtet:
Fig. 1 zeigt jeweils die Kugel zu zwei verschiedenen Zeiten. Die erste Kugel zeigt die Position jeweils nach einer Sekunde, die zweite zeigt die Position kurze Zeit später.

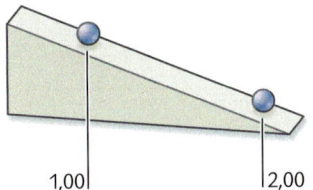 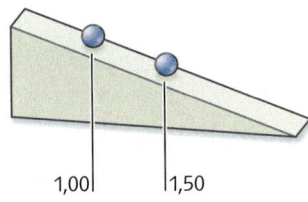 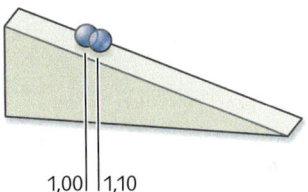

Fig. 1

Um die Durchschnittsgeschwindigkeit der Kugel $\left(\text{in } \tfrac{m}{s}\right)$ zu bestimmen, werden die mittleren Änderungsraten von $s(t)$ $\left(\text{in } \tfrac{m}{s}\right)$ für die Messintervalle h (in s) berechnet:

h = 1:
$\dfrac{0{,}3 \cdot (1+1)^2 - 0{,}3 \cdot 1^2}{1} = 0{,}9$

h = 0,5:
$\dfrac{0{,}3 \cdot (1+0{,}5)^2 - 0{,}3 \cdot 1^2}{0{,}5} = 0{,}75$

h = 0,1:
$\dfrac{0{,}3 \cdot (1+0{,}1)^2 - 0{,}3 \cdot 1^2}{0{,}1} = 0{,}63$.

Die errechneten mittleren Änderungsraten lassen sich am zugehörigen Graphen der Funktion s mit $s(t) = 0{,}3 \cdot t^2$ geometrisch interpretieren.

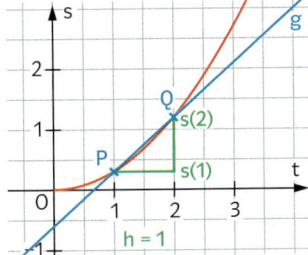 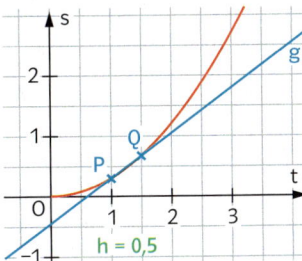 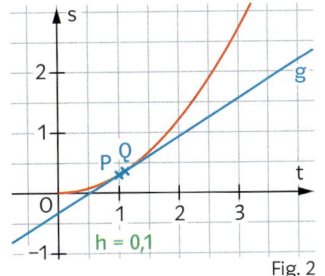

Geraden wie g in Fig. 2 heißen **Sekante**.

Fig. 2

II Schlüsselkonzept: Ableitung

In der Tabelle sind die mittleren Änderungsraten der Funktion s mit $s(t) = 0{,}3 \cdot t^2$ zusammengestellt, wobei die linke Grenze des Intervalls immer dieselbe Stelle $x = 1$ ist.

Intervall $[1; 1 + h]$	[1; 2]	[1; 1,5]	[1; 1,1]	[1; 1,01]	[1; 1,001]	[1; 1,0001]	[1; 1,00001]
Mittlere Änderungsrate	0,9	0,75	0,63	0,603	0,6003	0,60003	0,600003

Der Grenzwert der mittleren Änderungsrate von s(t) wird auch momentane Geschwindigkeit genannt.

Die mittlere Änderungsrate $\frac{s(1+h) - s(1)}{h}$ zeigt ein bemerkenswertes Verhalten: Obwohl der Zähler und der Nenner des Differenzenquotienten gegen null gehen, nähert sich der Differenzenquotient dem festen Wert 0,6. Dieser Wert wird **Grenzwert** genannt.
Hierfür schreibt man:

Für $h \to 0$ gilt: $\frac{s(1+h) - s(1)}{h} \to 0{,}6$

$\left(\text{lies: Für h gegen 0 geht } \frac{s(1+h) - s(1)}{h} \text{ gegen 0,6}\right)$ oder auch

$\lim\limits_{h \to 0} \frac{s(1+h) - s(1)}{h} = 0{,}6.$

Betrachtet man für eine mittlere Änderungsrate immer kleinere Intervalllängen h, so schmiegt sich die Gerade g in der Nähe von $P(1|0{,}3)$ immer besser an den Graphen von s an. Für $h \to 0$ nähert sich die Steigung der Geraden g dem Grenzwert der mittleren Änderungsrate 0,6.

Definition: Wenn der Differenzenquotient $\frac{f(x_0 + h) - f(x_0)}{h}$ einer Funktion f an der Stelle x_0 für $h \to 0$ einen Grenzwert besitzt, dann heißt dieser **Ableitung von f an der Stelle x_0**. Man schreibt dafür **$f'(x_0)$** und sagt „f Strich an der Stelle x_0".

Bei Anwendungen wird die Ableitung auch als **momentane Änderungsrate** bezeichnet.

Die Gerade durch den Punkt $P(x_0|f(x_0))$ mit der Steigung $f'(x_0)$ nennt man **Tangente** des Graphen von f in x_0. Man sagt: „Der Graph von f hat an der Stelle x_0 die Steigung $f'(x_0)$."

Mithilfe einer Tangente lässt sich die Ableitung einer Funktion f an einer Stelle x_0 näherungsweise geometrisch bestimmen: Man zeichnet nach Augenmaß eine Gerade so durch den Punkt $P(x_0|f(x_0))$, dass sie sich möglichst gut an den Graphen von f anschmiegt. Anschließend bestimmt man die Steigung dieser Geraden. Sie entspricht der Steigung des Graphen von f im Punkt P und damit der Ableitung von f an der Stelle x_0.

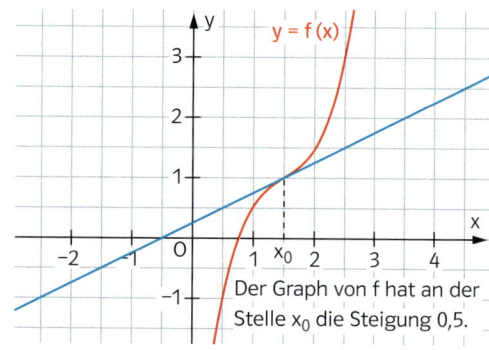

Der Graph von f hat an der Stelle x_0 die Steigung 0,5.

Fig. 1

Besitzt eine Funktion an einer Stelle x_0 eine Ableitung, so bezeichnet man die Funktion als **differenzierbar an der Stelle x_0**. Funktionen, die an jeder Stelle ihrer Definitionsmenge differenzierbar sind, werden **differenzierbar** genannt.
Wird im Folgenden nichts anderes angegeben, so werden nur Funktionen betrachtet, die differenzierbar sind.

Beispiel Bestimmung der Ableitung
Bestimmen Sie näherungsweise die Ableitung der Funktion f mit $f(x) = \frac{1}{x}$ an der Stelle $x_0 = 1$
a) mithilfe des Differenzenquotienten für kleine Werte von h,
b) geometrisch mithilfe der Steigung der Tangente im Punkt $P(1|f(1))$.

■ Lösung: a) Als Differenzenquotient erhält man für $h = 0,1$: $\frac{f(1 + 0,1) - f(1)}{0,1} \approx -0,91$;

für $h = 0,001$: $\frac{f(1 + 0,001) - f(1)}{0,001} \approx -0,999$.

Die Ableitung von f an der Stelle $x_0 = 1$ ist näherungsweise $f'(1) = -1$.

b) *Die Steigung der nach Augenmaß eingezeichneten Tangente an den Graphen von f im Punkt (1|1) ist −1. Dies entspricht der Steigung des Graphen von f in P und damit der Ableitung an der Stelle $x_0 = 1$.*

Die Ableitung von f an der Stelle $x_0 = 1$ ist näherungsweise $f'(1) = -1$.

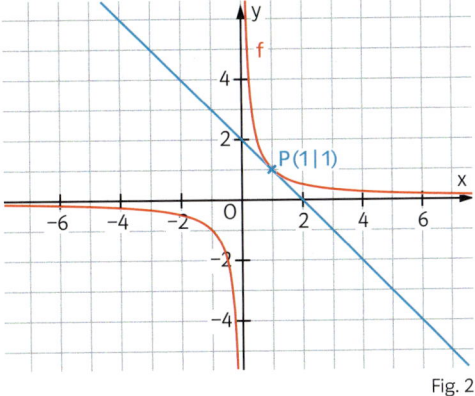

Fig. 2

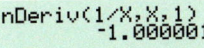

Mithilfe des GTR erhält man für die Ableitung von f an der Stelle $x_0 = 1$ näherungsweise $f'(1) = -1$.

Fig. 1
Der GTR gibt einen Näherungswert für die Ableitung an, indem er für h eine sehr kleine Zahl einsetzt.

Aufgaben

1 Bestimmen Sie näherungsweise die Ableitung der Funktion f an der Stelle $x_0 = 2$ mithilfe des Differenzenquotienten für kleine Werte von h.

a) $f(x) = x^2$ b) $f(x) = \frac{2}{x}$ c) $f(x) = 2x^2 - 3$ d) $f(x) = x^4$
e) $f(x) = x^3$ f) $f(x) = 4x - x^2$ g) $f(x) = \sqrt{x}$ h) $f(x) = 5$

2 a) Bestimmen Sie näherungsweise die Ableitung der Funktion f an der Stelle $x_0 = -1$ mithilfe des Differenzenquotienten für kleine Werte von h.

A) $f(x) = x^2 + 1$ B) $f(x) = x^3$ C) $f(x) = 0,5 \cdot x^2$ D) $f(x) = -x^3$

b) Zeichnen Sie den Graphen von f und die Gerade mit der in Teilaufgabe a) berechneten Steigung durch den Punkt $P(x_0|f(x_0))$. Überprüfen Sie, ob die Steigung der Geraden mit der Steigung von f im Punkt P übereinstimmt.

3 Ein Körper bewegt sich so, dass er in der Zeit t den Weg $s(t) = 4t^2$ (s in m; t in s) zurücklegt.
Bestimmen Sie näherungsweise die momentane Änderungsrate von s(t) zu den Zeiten $t_0 = 1$ und $t_1 = 5$.
Welche Bedeutung hat die momentane Änderungsrate von s(t)?

4 a) In welchen der Punkte A bis D in Fig. 3 ist die Steigung des Graphen positiv?
b) Ordnen Sie die Punkte A bis D entsprechend der dazugehörigen Steigungen. Beginnen Sie mit der kleinsten Steigung.

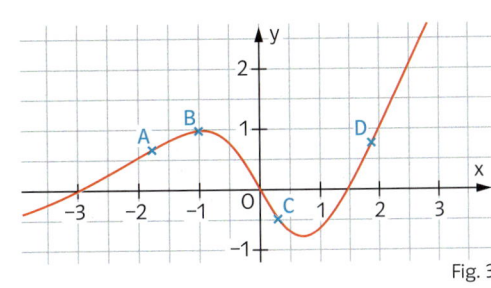

Fig. 3

II Schlüsselkonzept: Ableitung

Tangenten können unterschiedlich liegen:

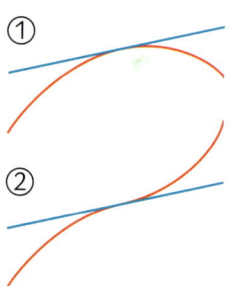

Fig. 1

5 Bestimmen Sie geometrisch näherungsweise die Ableitung von f an der Stelle x_0.

a) 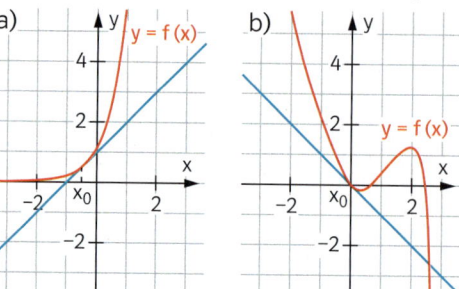 b) c) 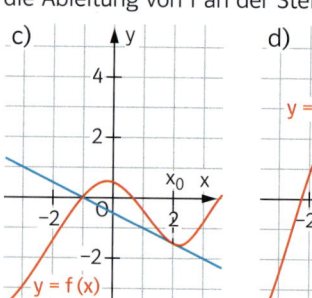 d)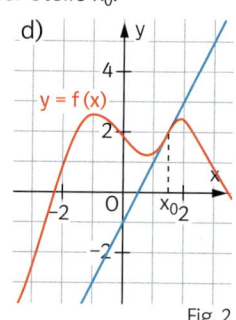

Fig. 2

6 Fig. 3 ist der Graph der Funktion *Uhrzeit → Flughöhe* während eines eineinhalbstündigen Fluges dargestellt.
a) Geben Sie näherungsweise die momentane Änderungsrate der Flughöhe in $\frac{m}{h}$ um 10.15 Uhr, um 10.45 Uhr und um 11.15 Uhr an.
b) Zu welchen Zeitpunkten war die momentane Änderungsrate der Flughöhe am größten? Wann war sie am kleinsten?

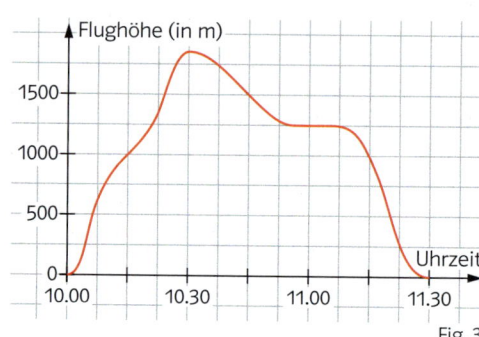

Fig. 3

Zeit zu überprüfen

7 Der Graph in Fig. 4 gibt den Tankinhalt eines Mopeds während einer Fahrt an.
a) Wie groß war vermutlich der momentane Kraftstoffverbrauch (in l/km) nach 40 km bzw. nach 100 km?
b) Geben Sie den größten bzw. den geringsten Kraftstoffverbrauch während der Fahrt an.

8 Bestimmen Sie näherungsweise die Ableitung der Funktion f mit $f(x) = \frac{3}{x}$ an der Stelle $x_0 = 3$.

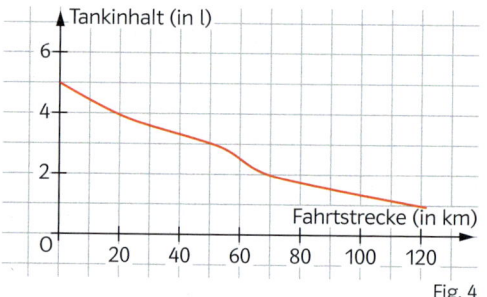

Fig. 4

9 Begründen Sie mithilfe des Funktionsgraphen, welches Vorzeichen die Ableitung der Funktion f mit $f(x) = -x^2 + 5$ an der Stelle x_0 hat.
a) $x_0 = 3$ b) $x_0 = -5$ c) $x_0 = 100$ d) $x_0 = 0$

10 Ein Fahrzeug wird abgebremst. Für den in der Zeit t (t in Sekunden) zurückgelegten Weg s(t) (s in Metern) gilt: $s(t) = 20t - t^2$ für $t \in [0; 10]$.
a) Berechnen Sie den zurückgelegten Weg nach fünf Sekunden bzw. nach acht Sekunden.
b) Bestimmen Sie näherungsweise die momentane Änderungsrate s'(t) des Fahrzeugs nach sechs und nach zehn Sekunden. Welche Bedeutung hat die momentane Änderungsrate?
c) Welche Aussagen liefert die Formel für $t > 10$?

4 Ableitung berechnen

Wie verhalten sich die Quotienten für $h \to 0$?

Die Ableitung einer Funktion f an einer Stelle x_0 ist der Grenzwert des Differenzenquotienten für $h \to 0$. Im Folgenden wird gezeigt, wie sich dieser Grenzwert mithilfe von Termumformungen exakt bestimmen lässt.

Gegeben ist die Funktion f mit $f(x) = x^2$.
Gesucht ist die Ableitung an der Stelle $x_0 = 3$.

1. Schritt:
Term für den Differenzenquotienten aufstellen:
$$\frac{f(3+h) - f(3)}{h} = \frac{(3+h)^2 - 3^2}{h}.$$

2. Schritt:
Differenzenquotient so umformen, dass h im Nenner wegfällt oder dass der Nenner für $h \to 0$ gegen einen von null verschiedenen Wert strebt:
$$\frac{(3+h)^2 - 3^2}{h} = \frac{9 + 6h + h^2 - 9}{h} = \frac{6h + h^2}{h} = \frac{(6+h) \cdot h}{h} = 6 + h.$$

3. Schritt:
Umgeformten Term für $h \to 0$ untersuchen:
Für $h \to 0$ erhält man $6 + h \to 6$. Die Ableitung an der Stelle $x_0 = 3$ ist $f'(3) = 6$.

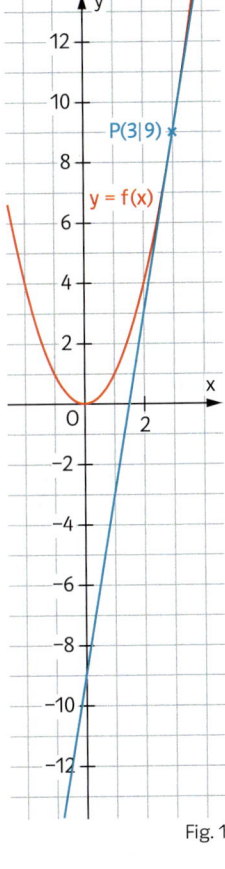

Fig. 1

> Die Ableitung einer Funktion an einer Stelle x_0 berechnet man so:
> – Man stellt einen Term für den Differenzenquotienten auf.
> – Der Differenzenquotient wird so umgeformt, dass h im Nenner wegfällt oder dass der Nenner für $h \to 0$ gegen einen von null verschiedenen Wert strebt.
> – Man bestimmt den Grenzwert des Differenzenquotienten für $h \to 0$.

Soll zum Graphen der Funktion f mit $f(x) = x^2$ die Gleichung der Tangente im Punkt $P(3|9)$ bestimmt werden, geht man so vor:
– Man wählt für die Tangentengleichung den Ansatz $y = m \cdot x + c$.
– Man setzt für die Steigung m den Wert $f'(3) = 6$ ein. Es ergibt sich $y = 6x + c$.
– Man setzt die Koordinaten $x = 3$ und $y = 9$ des Punktes P in die Gleichung $y = 6x + c$ ein und berechnet c. Aus $9 = 6 \cdot 3 + c$ ergibt sich $c = -9$.

Die Gleichung der Tangente an den Graphen von f mit $f(x) = x^2$ im Punkt $P(3|9)$ ist $y = 6x - 9$.

Beispiel Ableitung berechnen – Tangentengleichung bestimmen

a) Berechnen Sie die Ableitung der Funktion f mit $f(x) = \frac{1}{x}$ an der Stelle $x_0 = 2$.

b) Bestimmen Sie die Gleichung der Tangente an den Graphen von f im Punkt $P(2|f(2))$.

Durch h im Nenner wird dividiert, indem man mit $\frac{1}{h}$ multipliziert.

■ **Lösung:** a) $\frac{f(2+h) - f(2)}{h} = \frac{\frac{1}{2+h} - \frac{1}{2}}{h} = \left(\frac{1}{2+h} - \frac{1}{2}\right) \cdot \frac{1}{h}$ 1. Schritt: Term für den Differenzenquotienten aufstellen.

$= \left(\frac{2}{(2+h)\cdot 2} - \frac{(2+h)}{(2+h)\cdot 2}\right) \cdot \frac{1}{h}$ 2. Schritt: Differenzenquotienten umformen.

$= \frac{2-(2+h)}{(2+h)\cdot 2} \cdot \frac{1}{h} = \frac{2-2-h}{(2+h)\cdot 2} \cdot \frac{1}{h}$

$= \frac{-h}{(2+h)\cdot 2} \cdot \frac{1}{h}$

$= \frac{-1}{(2+h)\cdot 2} \to -\frac{1}{4}$ für $h \to 0$ 3. Schritt: Grenzwert für $h \to 0$ bestimmen.

Man erhält für die Ableitung: $f'(2) = -\frac{1}{4}$.

b) $P\left(2 \mid \frac{1}{2}\right)$ liegt auf der Tangente mit der Steigung $f'(2) = -\frac{1}{4}$.

Ansatz: $y = -\frac{1}{4}x + c$.

Einsetzen der Koordinaten von P: $\frac{1}{2} = -\frac{1}{4} \cdot 2 + c$. Man erhält $c = 1$.

Die Tangente durch den Punkt $P(2|f(2))$ hat die Gleichung: $y = -\frac{1}{4}x + 1$.

Der GTR liefert bis auf Rundungsungenauigkeiten dasselbe Ergebnis (Fig. 1).

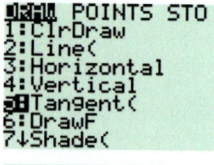
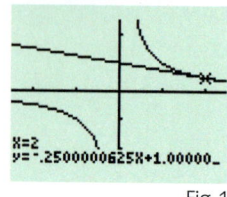

Fig. 1

Aufgaben

1 Berechnen Sie die Ableitung der Funktion f an der Stelle x_0.

a) $f(x) = x^2$; $x_0 = 2$ b) $f(x) = 2x^2$; $x_0 = 1$ c) $f(x) = -x^2$; $x_0 = 2$

2 Berechnen Sie die Ableitung der Funktion f mit $f(x) = -3x^2$ an der Stelle x_0.

a) $x_0 = 5$ b) $x_0 = -5$ c) $x_0 = -1{,}5$

Die Ergebnisse lassen sich mit dem GTR überprüfen.

3 Berechnen Sie die Ableitung der Funktion f an der Stelle x_0.

a) $f(x) = x^2$; $x_0 = 4$ b) $f(x) = -2x^2$; $x_0 = 3$ c) $f(x) = 2x^2$; $x_0 = 3$

d) $f(x) = 2x^2$; $x_0 = 4$ e) $f(x) = \frac{1}{x}$; $x_0 = -1$ f) $f(x) = 2x^2$; $x_0 = -2$

g) $f(x) = 0{,}5x^2$; $x_0 = 2$ h) $f(x) = -x + 2$; $x_0 = 3$ i) $f(x) = 4$; $x_0 = 7$

4 Gegeben ist eine Funktion f, ein Punkt $P(x_0|f(x_0))$ des Graphen von f und die Ableitung $f'(x_0)$. Bestimmen Sie die Gleichung der Tangente im Punkt P an den Graphen von f.

a) $f(x) = x^2$; $P(1|f(1))$; $f'(1) = 2$ b) $f(x) = x^2$; $P(1{,}5|f(1{,}5))$; $f'(1{,}5) = 3$

c) $f(x) = x^2$; $P(4|f(4))$; $f'(4) = 8$ d) $f(x) = 2x^2$; $P(1|f(1))$; $f'(1) = 4$

5 Gegeben ist eine Funktion f und ein Punkt $P(x_0|f(x_0))$ auf dem Graphen von f. Bestimmen Sie die Ableitung $f'(x_0)$ und die Gleichung der Tangente im Punkt P an den Graphen von f.

a) $f(x) = \frac{1}{x}$; $P(-1|f(-1))$ b) $f(x) = \frac{2}{x}$; $P(1|f(1))$ c) $f(x) = \frac{1}{x}$; $P(1|f(1))$

d) $f(x) = -\frac{3}{x}$; $P(4|f(4))$ e) $f(x) = \frac{1}{x}$; $P(4|f(4))$ e) $f(x) = \frac{1}{x}$; $P(0{,}5|f(0{,}5))$

Zeit zu überprüfen

6 a) Berechnen Sie f'(−3) für f(x) = x².   b) Berechnen Sie f'(2) für f(x) = 0,3·x².

7 Bestimmen Sie die Gleichung der Tangente an den Graphen von f im Punkt P(x₀|f(x₀)). Berechnen Sie dazu zunächst f'(x₀).
a) f(x) = 0,5·x²; P(1|f(1))
b) f(x) = $\frac{2}{x}$; P(2|f(2))

8 a) Bestimmen Sie die Ableitung der Funktion f mit f(x) = 3x + 2 an den Stellen x₀ = 4 und x₁ = 9.
b) Bestimmen Sie die Ableitung einer linearen Funktion g mit g(x) = mx + c an einer beliebigen Stelle x₀.

9 Gegeben ist die Funktion f mit f(x) = x³ und die Stelle x₀ = 1. Berechnen Sie die Ableitung f'(x₀).
Tipp: Um den Term (x₀ + h)³ auszumultiplizieren, multipliziert man in einem ersten Schritt (x₀ + h)² aus. In einem zweiten Schritt kann dann das Ergebnis erneut mit dem Term (x₀ + h) multipliziert werden.

10 Berechnen Sie die Ableitung der Funktion f an der Stelle x₀.
a) f(x) = x³; x₀ = 2
b) f(x) = −x³; x₀ = 1
c) f(x) = $\frac{1}{3}$x³; x₀ = 1

11 Gegeben ist die Funktion f mit f(x) = √x und die Stelle x₀ = 1.
Berechnen Sie die Ableitung f'(x₀). Erweitern Sie hierzu den Quotienten des Differenzenquotienten zunächst mit dem Term $(\sqrt{x_0 + h} + \sqrt{x_0})$. Wenden Sie anschließend die dritte binomische Formel an:
a² − b² = (a + b)·(a − b).

12 Berechnen Sie die Ableitung f'(x₀).
a) f(x) = √x; x₀ = 10
b) f(x) = 2√x; x₀ = 1
c) f(x) = −3√x; x₀ = 8

13 Gegeben ist die Funktion f mit f(x) = −$\frac{1}{x}$.
Der Punkt P liegt auf dem Graphen von f (Fig. 1).
Bestimmen Sie den Winkel α, der von der Tangente t im Punkt P und der x-Achse eingeschlossen wird.
a) P(−1|f(−1))
b) P(2|f(2))
c) P(0,1|f(0,1))

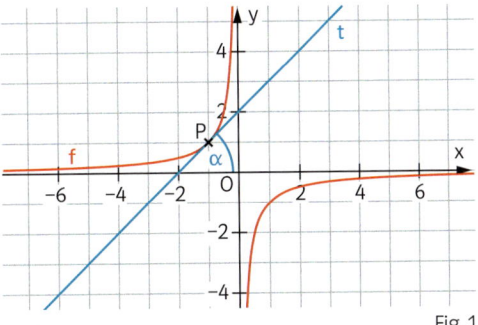

Für die Steigung gilt: m = tan(α).

Fig. 1

14 Gegeben ist eine Funktion f und ein Punkt P. Bestimmen Sie die Gleichung der Tangente t am Graphen von f im Punkt P.
a) f(x) = 0,5x²; P(1|f(1))
b) f(x) = 2x² − 4; P(−2|f(−2))
c) f(x) = √x; P(0,5|f(0,5))
d) f(x) = −x³ + 2; P(2|f(2))

5 Die Ableitungsfunktion

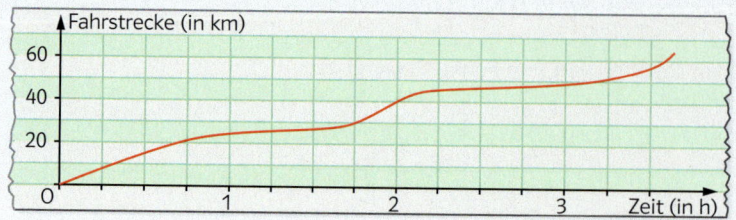

Der Graph gibt an, welche Strecke ein Fahrradfahrer bei einer Fahrradtour zurückgelegt hat.
Wann ist der Fahrer schnell und wann ist er langsam gefahren? Begründen Sie.

Bisher wurde die Ableitung einer Funktion f immer nur an einer Stelle bestimmt. Um bei einer Funktion f nicht für jede Stelle x_0 erneut die Ableitung mithilfe des Differenzenquotienten berechnen zu müssen, ist es zweckmäßig, die Ableitung $f'(x_0)$ für jede beliebige Stelle x_0 der Definitionsmenge zu ermitteln. Beispielsweise erhält man die Ableitung der Funktion f mit $f(x) = x^2$ an einer beliebigen Stelle x_0 in gleicher Weise, wie man zum Beispiel die Ableitung an der Stelle 2 berechnet.

Ableitung an der Stelle $x = 2$

$$\frac{f(2+h) - f(2)}{h} = \frac{(2+h)^2 - 2^2}{h}$$
$$= \frac{2^2 + 2 \cdot 2h + h^2 - 2^2}{h} = \frac{4h + h^2}{h}$$
$$= 4 + h \to 4 \text{ für } h \to 0.$$

Ableitung an der Stelle $x = 2$: $f'(2) = 4$.

Ableitung an einer allgemeinen Stelle x_0

$$\frac{f(x_0+h) - f(x_0)}{h} = \frac{(x_0+h)^2 - x_0^2}{h}$$
$$= \frac{x_0^2 + 2x_0h + h^2 - x_0^2}{h} = \frac{2x_0h + h^2}{h}$$
$$= 2x_0 + h \to 2x_0 \text{ für } h \to 0.$$

Ableitung an der Stelle x_0: $f'(x_0) = 2x_0$.

Mit $f'(x_0) = 2x_0$ erhält man z.B. $f'(3) = 6$; $f'(8) = 16$ und $f'(-2) = -4$.

Die Ableitung $f'(x_0)$ gibt die Steigung des Graphen der Funktion f an der Stelle x_0 an. Ist eine Funktion f differenzierbar, so kann man jedem $x \in D_f$ die Ableitung $f'(x)$ von f zuordnen. Die Funktion, die jedem x die Ableitung $f'(x)$ zuordnet, heißt **Ableitungsfunktion von f** und wird mit **f'** bezeichnet. Das Ermitteln der Ableitungsfunktion f' nennt man „Ableiten" der Funktion f.

Betrachtet man die Graphen von f und f' (Fig. 1), so erkennt man:
Ist die Steigung des Graphen von f
– positiv, so verläuft der Graph von f' oberhalb der x-Achse,
– null, so schneidet der Graph von f' die x-Achse,
– negativ, so verläuft der Graph von f' unterhalb der x-Achse.

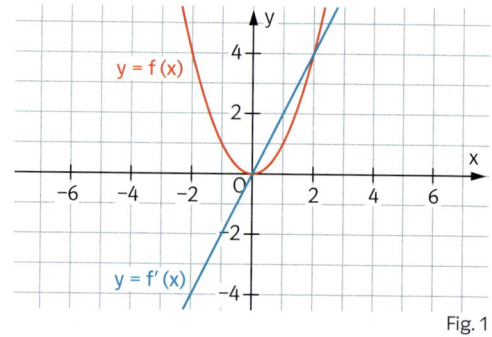

Fig. 1

Statt Ableitungsfunktion f', sagt man auch kurz: Ableitung von f.

Definition: Ist eine Funktion f für alle $x \in D_f$ differenzierbar, so heißt die Funktion, die jeder Stelle x der Definitionsmenge D_f die Ableitung $f'(x)$ an dieser Stelle zuordnet, die Ableitungsfunktion f' von f.

Beispiel 1 Graph einer Ableitungsfunktion skizzieren

Skizzieren Sie mithilfe des Graphen der Funktion f den Graphen der Ableitungsfunktion und erläutern Sie Ihr Vorgehen.

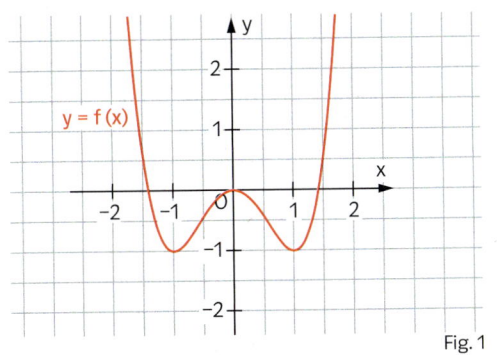

Fig. 1

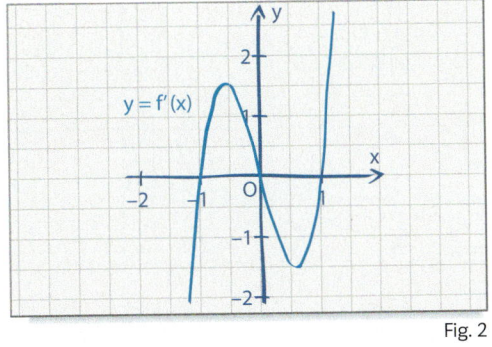

Fig. 2

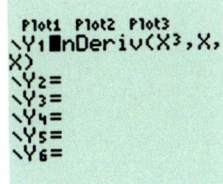

Fig. 3

Der Graph einer Ableitungsfunktion lässt sich auch mit dem GTR erstellen.

■ *Lösung: Man bestimmt die Ableitung an einzelnen Stellen geometrisch näherungsweise als Steigung der Tangente.*

An den Stellen $x = -1$; $x = 0$ und $x = 1$ ist die Steigung des Graphen von f null. Der Graph der Ableitungsfunktion hat an diesen Stellen jeweils eine Nullstelle. Die Steigung von f ist für $x < -1$ sowie zwischen 0 und 1 negativ; der Graph von f′ muss also in diesen beiden Intervallen unterhalb der x-Achse verlaufen. Zwischen −1 und 0 sowie für $x > 1$ verläuft der Graph von f′ hingegen oberhalb der x-Achse. Der Graph von f′ ist in Fig. 2 skizziert.

Beispiel 2 Funktionsgleichung einer Ableitungsfunktion bestimmen

Gegeben ist die Funktion f mit $f(x) = -x^2 + 3x$.

a) Bestimmen Sie die Funktionsgleichung der dazugehörigen Ableitungsfunktion.
b) Berechnen Sie $f'(2)$ und $f'(-12)$.
c) Für welche $x \in \mathbb{R}$ ist $f'(x) = 10$?

■ Lösung: a) $\frac{f(x_0 + h) - f(x_0)}{h} = \frac{-(x_0 + h)^2 + 3 \cdot (x_0 + h) - (-x_0^2 + 3 \cdot x_0)}{h}$

$= \frac{-x_0^2 - 2x_0 h - h^2 + 3 \cdot x_0 + 3 \cdot h + x_0^2 - 3 \cdot x_0}{h} = \frac{-2x_0 h - h^2 + 3 \cdot h}{h}$

$= \frac{(-2x_0 - h + 3) \cdot h}{h} = -2x_0 - h + 3 \to -2x_0 + 3$ für $h \to 0$

Ableitung an der Stelle x_0: $f'(x_0) = -2x_0 + 3$.

Da die Stelle x_0 beliebig gewählt ist, erhält man allgemein: $f'(x) = -2x + 3$.

b) $f'(2) = -2 \cdot 2 + 3 = -1$ und $f'(-12) = -2 \cdot (-12) + 3 = 27$

c) Aus $f'(x) = 10$ folgt $-2x + 3 = 10$. Durch Umformung erhält man $-2x = 7$ und damit $x = -3{,}5$.

Aufgaben

1 a) Zeigen Sie, dass für die Ableitungsfunktion der Funktion f mit $f(x) = 3x^2 - 2$ gilt: $f'(x) = 6x$.

b) Ergänzen Sie die Tabelle im Heft und skizzieren Sie anschließend den Graphen der Funktion f sowie den Graphen der Ableitungsfunktion f′ in ein Koordinatensystem.

x	−3	−2	−1	0	1	2	3
f(x)							
f′(x)							

c) Bearbeiten Sie Teilaufgabe a) für die Funktion f mit $f(x) = \frac{2}{x} + 1$.

2 Ordnen Sie jedem Funktionsgraphen den Graphen der zugehörigen Ableitungsfunktion zu. Begründen Sie Ihre Entscheidung.

(A) 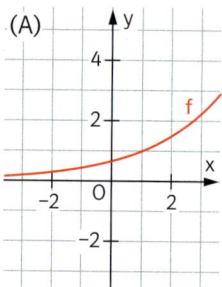 (B) 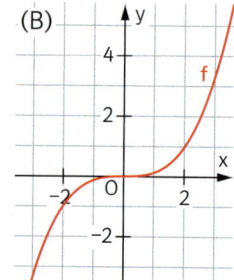 (C) 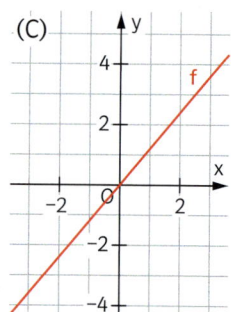 (D)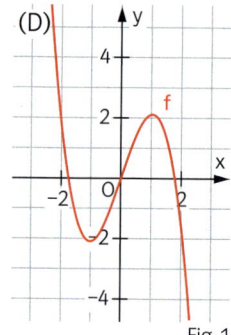

Fig. 1

(1) 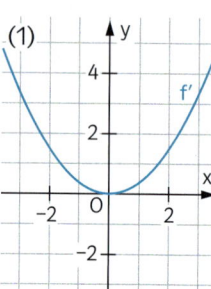 (2) 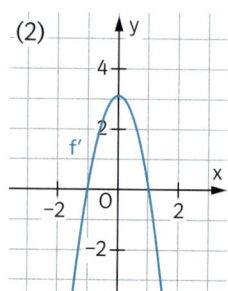 (3) 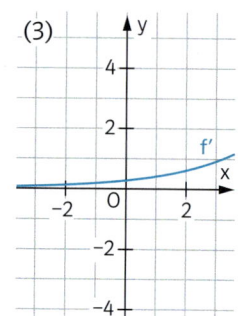 (4)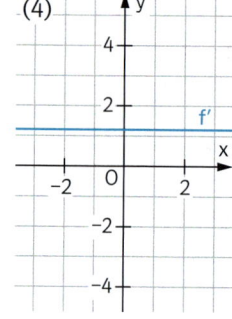

Fig. 2

Zeit zu überprüfen

3 Fig. 3 zeigt den Graphen der Funktion f. Skizzieren Sie den Graphen von f'.

4 Ermitteln Sie zu f mit $f(x) = \frac{1}{4}x^2$ die Funktionsgleichung der Ableitungsfunktion. Zeichnen Sie die Graphen von f und f' in ein gemeinsames Koordinatensystem.

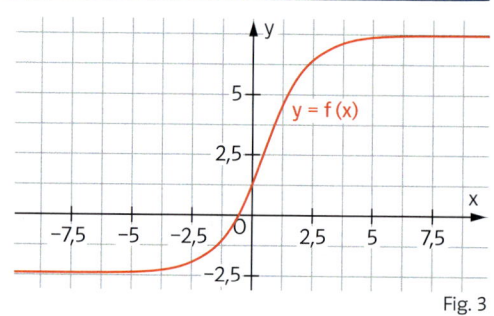

Fig. 3

5 Ergänzen Sie die folgenden Sätze sinnvoll in Ihrem Heft.
a) Wenn die Funktionswerte einer Funktion f für größer werdende Werte von x zunehmen, dann ist die dazugehörige Ableitungsfunktion in diesem Intervall …
b) Je größer die Steigung des Graphen von f ist, desto …
c) Wenn eine Funktion f linear ist, dann ist die dazugehörige Ableitungsfunktion …
d) Wenn die Funktionswerte einer Funktion f konstant sind, dann ist die dazugehörige Ableitungsfunktion …

6 Wie verändert sich der Graph der Ableitungsfunktion f', wenn der Graph der Funktion f
a) nach unten verschoben wird, b) nach oben verschoben wird,
c) nach rechts verschoben wird, d) nach links verschoben wird?

6 Ableitungsregeln

Funktionen
$f_1(x) = x^2$
$f_2(x) = x$
$f_3(x) = 2x^2$
$f_4(x) = -5x$
$f_5(x) = 2x^2 + 5x$
$f_6(x) = -2x^2 + 5x$

Ableitungsfunktionen
$g_1'(x) = -5$
$g_2'(x) = 2x$
$g_3'(x) = 4x + 5$
$g_4'(x) = -4x + 5$
$g_5'(x) = 1$
$g_6'(x) = 4x$

Welche Ableitungsfunktion gehört zu welcher Funktion? Begründen Sie Ihre Entscheidung.

Ist die Funktionsgleichung einer differenzierbaren Funktion bekannt, so lässt sich die Ableitung mithilfe des Differenzenquotienten bestimmen. Dieses Vorgehen ist in der Regel sehr aufwendig. In dieser Lerneinheit werden Ableitungsregeln vorgestellt, mit deren Hilfe sich Ableitungen häufig sehr viel einfacher bestimmen lassen. Dabei geht man so vor: Zunächst sucht man nach Regeln zur Ableitung von Grundfunktionen der Form $f(x) = x^2$, $g(x) = x^3$ usw. Dann untersucht man, wie man die Ableitung z. B. einer Summe $s(x) = f(x) + g(x)$ aus den Ableitungen von f und g erhalten kann.

Ableitung von Potenzfunktionen

f(x)	x	x^2	x^3	x^{-1}
f'(x)	1	2x	$3x^2$	$-x^{-2}$

In der Tabelle sind die Funktionsterme von verschiedenen Potenzfunktionen sowie deren Ableitungsfunktionen aufgeführt. Daraus lassen sich folgende Vermutungen ablesen:
- Die Ableitung einer Potenzfunktion f ist ebenfalls eine Potenzfunktion.
- Beim Ableiten verringert sich die Hochzahl um 1.
- Die Hochzahl der Funktion wird zum Vorfaktor ihrer Ableitungsfunktion.

Ableitung der Funktion f mit $f(x) = x^3$

$$\frac{f(x_0 + h) - f(x_0)}{h} = \frac{(x_0 + h)^3 - x_0^3}{h}$$
$$= \frac{x_0^3 + 3x_0^2 h + 3x_0 h^2 + h^3 - x_0^3}{h}$$
$$= \frac{3x_0^2 h + 3x_0 h^2 + h^3}{h} = 3x_0^2 + 3x_0 h + h^2$$
$$3x_0^2 + 3x_0 h + h^2 \rightarrow 3x_0^2 \text{ für } h \rightarrow 0.$$
Also gilt: $f'(x) = 3x^2$.

Beweise für die hier vermuteten Regeln stehen auf Seite 50.

Ableitung einer zusammengesetzten Funktion
Es wird an einem Beispiel untersucht, wie sich die Ableitung einer Funktion g mit $g(x) = k \cdot f(x)$ aus der Ableitung der Funktion f ergibt.

Wird der Funktionsterm der Funktion f mit 2 multipliziert, so verändert sich der dazugehörige Graph. Da sich alle Funktionswerte verdoppeln, verdoppelt sich auch die Steigung des Graphen von f.
Anhand der Graphen von f mit $f(x) = x^2$ und g mit $g(x) = 2 \cdot x^2 = 2 \cdot f(x)$ lässt sich erkennen, dass für die Ableitung von g gilt:
$g'(x) = 2 \cdot f'(x) = 2 \cdot 2x = 4x$.

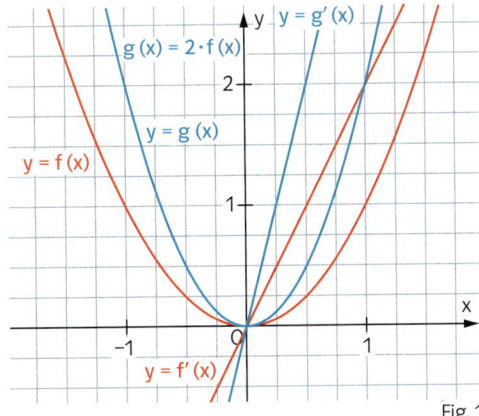

Fig. 1

Die Hochzahl einer Potenzfunktion verringert sich beim Ableiten um 1.

Ein konstanter Faktor bleibt beim Ableiten erhalten.

Summen werden gliedweise abgeleitet.

> **Potenzregel**
> Für eine Funktion f mit $f(x) = x^z$, $z \in \mathbb{Z}$, gilt: $f'(x) = z \cdot x^{z-1}$.
>
> **Faktorregel**
> Für die Funktion f mit $f(x) = r \cdot g(x)$, $r \in \mathbb{R}$, gilt: $f'(x) = r \cdot g'(x)$.
>
> **Summenregel**
> Für die Funktion s mit $s(x) = f(x) + g(x)$ gilt: $s'(x) = f'(x) + g'(x)$.

Beispiel Ableitungsregeln anwenden
Bestimmen Sie die Ableitungsfunktion der Funktion f mithilfe geeigneter Ableitungsregeln.
a) $f(x) = x^5$
b) $f(x) = \frac{8}{x}$
c) $f(x) = x^{-7} + x^3$
d) $f(x) = ax^7 + bx^4 - cx^3$

■ Lösung: a) $f'(x) = 5x^{5-1} = 5x^4$ Potenzregel mit $z = 5$
b) $f'(x) = 8 \cdot (-1 \cdot x^{-2}) = -\frac{8}{x^2}$ Faktor- und Potenzregel $\left(f(x) = \frac{8}{x} = 8 \cdot x^{-1}\right)$
c) $f'(x) = -7x^{-7-1} + 3x^{3-1} = -7x^{-8} + 3x^2$ Potenz- und Summenregel
d) $f'(x) = 7ax^6 + 4bx^3 - 3cx^2$ Potenz-, Faktor- und Summenregel
a, b und c sind konstante Faktoren.

Aufgaben

1 Bestimmen Sie die Ableitungsfunktion der Funktion f.
a) $f(x) = x^3$
b) $f(x) = x^{10}$
c) $f(x) = x^{-4}$
d) $f(x) = x^3 + x^5$
e) $f(x) = x^{11} + x^{-10}$
f) $f(x) = 3x^4 + 5x^7$
g) $f(x) = -4x^{-4} - \frac{1}{5}x^5$
h) $f(x) = -\frac{1}{x^2} - \frac{3}{x^5}$
i) $f(x) = -\frac{3}{x^2} - 3x^2$

2 Bestimmen Sie die Ableitungsfunktion der Funktion f.
a) $f(x) = ax^2 + bx + c$
b) $f(x) = \frac{a}{x} + c$
c) $f(x) = x^{c+1}$
d) $f(t) = t^2 + 3t$
e) $f(x) = x - t$
f) $f(t) = x - t$

Tipp:
Erst den Funktionsterm umwandeln, dann ableiten.

3 Bestimmen Sie die Ableitungsfunktion der Funktion f.
a) $f(x) = x \cdot (5 - x)$
b) $f(x) = (x + x^2) \cdot x$
c) $f(x) = x^2 \cdot (x + 2) \cdot 5$
d) $f(x) = (x + 2)^2$
e) $f(x) = 2(x - 2)^2$
f) $f(x) = (x - 7) \cdot (x + 7)$

4 Bestimmen Sie die Tangente an den Graphen von f in $P_0(x_0 | f(x_0))$.
a) $f(x) = x^4$; $x_0 = 0{,}5$
b) $f(x) = 2x^{-2}$; $x_0 = 3$
c) $f(x) = 2x^3 - 3x^{-2}$; $x_0 = 2$
d) $f(x) = \frac{1}{x} - x^{\frac{3}{2}}$; $x_0 = 5$

Zeit zu überprüfen

5 Bestimmen Sie die Ableitungsfunktion der Funktion f.
a) $f(x) = \frac{3}{x} + 3x$
b) $f(x) = x^5 - 12 \cdot \frac{1}{x^4}$
c) $f(x) = ax^3 + cx + d$

6 Bestimmen Sie die Tangente an den Graphen von f mit $f(x) = 2x^3 - x^{-3}$ in $P(1 | f(1))$.

7 Gegeben ist eine Funktion f und ein Punkt P. Bestimmen Sie die Gleichung der Tangente t am Graphen von f im Punkt P.
a) $f(x) = 0{,}5x^2$; $P(1|f(1))$
b) $f(x) = 2x^2 - 4$; $P(-2|f(-2))$
c) $f(x) = 3x^2 + 3$; $P(0{,}5|f(0{,}5))$
d) $f(x) = -x^3 + 2$; $P(2|f(2))$

8 In welchem Punkt $P(x_0|f(x_0))$ ist die Tangente an den Graphen von f parallel zur Geraden g mit $g(x) = x - 2$?
a) f mit $f(x) = 0{,}5x^2$
b) f mit $f(x) = -x^2 - 2$
c) f mit $f(x) = x^3$

9 Gibt es für die Funktionen f mit $f(x) = x^2 + 3$; g mit $g(x) = x^3$ und h mit $h(x) = 2x + 6$ jeweils eine Stelle mit der gleichen Ableitung?

10 Ein Körper fällt ohne Luftreibung so, dass er in der Zeit t (in s) den Weg $s(t) = 5t^2$ (in m) zurücklegt. Nach welcher Zeit hat der Körper eine Geschwindigkeit von $10\,\frac{m}{s}$?

Die Ableitung s'(t) ist die Geschwindigkeit $\left(\text{in } \frac{m}{s}\right)$ des Körpers.

11 Wird ein Ball senkrecht in die Luft geworfen, so lässt sich die Höhe h gegenüber dem Boden mit der Formel
$h(t) = h_0 + v_0 t - \frac{1}{2}g t^2$ bestimmen
$\left(g \approx 10\,\frac{m}{s^2}\right)$. Hierbei ist h_0 die Abwurfhöhe, v_0 die Abwurfgeschwindigkeit und t die Flugzeit. Die momentane Änderungsrate h'(t) ist die Geschwindigkeit v(t) des Balles.
a) Gib eine Formel an für die Geschwindigkeit des Balles, für die Abwurfhöhe 1,5 m und die Anfangsgeschwindigkeit $5\,\frac{m}{s}$.
Welche Geschwindigkeit hat der Ball mit diesen Anfangswerten nach zwei Sekunden?
Nach welcher Zeit hat sich die Geschwindigkeit halbiert?
Nach welcher Zeit hat der Ball den höchsten Punkt erreicht?
b) Wie groß muss die Anfangsgeschwindigkeit sein, damit der Ball bei einer Abwurfhöhe von 1,5 m eine maximale Höhe von 5 m erreicht?
c) Gib eine allgemeine Formel an für die Geschwindigkeit des Balles, für eine beliebige Abwurfhöhe und eine beliebige Abwurfgeschwindigkeit.

Tipp: Im höchsten Punkt ist die Geschwindigkeit null.

Zeit zu wiederholen

12 Überprüfen Sie, ob die Dreiecke ABC mit A(1|1), B(5|1) und C(2|3) sowie DEF mit D(3|1), E(3|9) und F(−1|7) zueinander ähnlich sind.

13 Der abgebildete Körper besteht aus einem Würfel mit der Kantenlänge 4 cm und einer aufgesetzten, quadratischen Pyramide mit dem Mantelflächeninhalt 24 cm². Bestimmen Sie die Längen der Strecken s_1, s_2 und s_3.

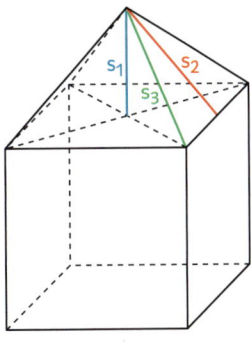

Fig. 1

INFO → Aufgaben 14 und 15

Beweis der Potenzregel für $f(x) = x^n$ für $n = 1, 2, 3, 4, \ldots$

Um die Ableitung von f zu bestimmen, stellt man zunächst den Differenzenquotienten von f an einer Stelle x_0 auf: $\frac{(x_0 + h)^n - x_0^n}{h}$.

Multipliziert man die n Faktoren $(x_0 + h)$ im Zähler aus, so erhält man den Summanden x_0^n sowie n-mal den Summanden $h \cdot x_0^{n-1}$. Alle weiteren Summanden enthalten mindestens den Faktor h^2. Fasst man diese zu $h^2 \cdot (\ldots)$ mit einem nicht weiter bestimmten Term $(\ldots)$ zusammen, so ergibt sich:

$(x_0 + h)^n = x_0^n + n \cdot h \cdot x_0^{n-1} + h^2 \cdot (\ldots)$.

Damit gilt:

Beim Nachweis der Potenzregel für $n < 0$ sind die Rechnungen etwas aufwendiger.

$$\frac{(x_0 + h)^n - x_0^n}{h} = \frac{x_0^n + n \cdot h \cdot x_0^{n-1} + h^2 \cdot (\ldots) - x_0^n}{h}$$

$$= \frac{n \cdot h \cdot x_0^{n-1} + h^2 \cdot (\ldots)}{h} \quad \text{(Ausklammern von h im Zähler und kürzen)}$$

$$= n \cdot x_0^{n-1} + h \cdot (\ldots)$$

$n \cdot x_0^{n-1} + h \cdot (\ldots) \to n \cdot x_0^{n-1}$ für $h \to 0$.

Ersetzt man x_0 durch x, ergibt sich $f'(x) = n \cdot x^{n-1}$.

Beweis der Faktorregel

Gegeben sind die Funktion g und ihre Ableitung g'. Es soll die Ableitung der Funktion f mit $f(x) = r \cdot g(x)$ bestimmt werden ($r \in \mathbb{R}$).

Differenzenquotient von f:

$$\frac{f(x_0 + h) - f(x_0)}{h} = \frac{r \cdot g(x_0 + h) - r \cdot g(x_0)}{h} = r \cdot \frac{g(x_0 + h) - g(x_0)}{h}$$

Für $h \to 0$ gilt: $\frac{g(x_0 + h) - g(x_0)}{h} \to g'(x_0)$.

Also ist $f'(x_0) = r \cdot g'(x_0)$.

Ersetzt man x_0 durch x, ergibt sich $f'(x) = r \cdot g'(x)$.

Beweis der Summenregel

Gegeben sind die Funktionen f und g und ihre Ableitungen f' und g'. Es soll die Ableitung der Funktion s mit $s(x) = f(x) + g(x)$ bestimmt werden.

Differenzenquotient von f:

$$\frac{s(x_0 + h) - s(x_0)}{h} = \frac{f(x_0 + h) + g(x_0 + h) - (f(x_0) + g(x_0))}{h} = \frac{f(x_0 + h) - f(x_0) + g(x_0 + h) - g(x_0)}{h}$$

$$= \frac{f(x_0 + h) - f(x_0)}{h} + \frac{g(x_0 + h) - g(x_0)}{h}$$

Für $h \to 0$ gilt: $\frac{f(x_0 + h) - f(x_0)}{h} \to f'(x_0)$ und $\frac{g(x_0 + h) - g(x_0)}{h} \to g'(x_0)$.

Also ist $s'(x_0) = f'(x_0) + g'(x_0)$.

Ersetzt man x_0 durch x, ergibt sich $s'(x) = f'(x) + g'(x)$.

14 Führen Sie den Beweis für die Faktorregel anhand der Funktionen g mit $g(x) = \frac{1}{x}$ und f mit $f(x) = -5 \frac{1}{x}$ durch.

15 Führen Sie den Beweis für die Summenregel anhand der Funktionen f mit $f(x) = x^2$, g mit $g(x) = x^3$ und s mit $s(x) = x^2 + x^3$ durch.

Wiederholen – Vertiefen – Vernetzen

1 Eine Schnur wird so an den beiden Enden zusammengebunden, dass die entstehende Schlaufe einen Umfang von 50 cm hat.
a) Legen Sie mit der Schnur ein Rechteck. Bestimmen Sie die Funktionsgleichung für die Funktionen
f: *Länge (in cm)* → *Breite (in cm)* und
g: *Länge (in cm)* → *Flächeninhalt (in cm²)*
b) Berechnen Sie f(5) und g(2). Geben Sie für f und g jeweils die Definitionsmenge an.

2 Die Tabelle gibt die Anzahl der arbeitslosen Jugendlichen in Deutschland unter 20 Jahren im Jahr 2005 an.

Recherchieren Sie nach aktuellen Arbeitslosenzahlen für Jugendliche.

Monat	1	2	3	4	5	6	7	8	9	10	11	12
Anzahl (in Tausend)	112	120	115	103	94	94	125	141	142	123	113	107

Berechnen Sie die mittlere Änderungsrate für
a) die ersten drei Monate des Jahres,
b) das erste Halbjahr,
c) die letzten drei Monate des Jahres,
d) den gesamte Zeitraum.
e) Versuchen Sie für die Änderungen eine mögliche Erklärung zu finden.
f) Tom sagt: „Von Januar bis November haben sich die Zahlen gar nicht verändert!" Kommentieren Sie die Aussage.

3 Bestimmen Sie die Funktionsgleichung von f'.
a) $f(x) = 2 \cdot x^3$
b) $f(x) = x^{-3}$
c) $f(x) = -2x + 3x^5 + 2x$
d) $f(x) = \frac{1}{x^2}$
e) $f(x) = x^{-4} + x^5$
f) $f(x) = x + x^3$

4 Bestimmen Sie die Funktionsgleichung von f'.
a) $f(x) = x \cdot x$
b) $f(x) = x^4$
c) $f(x) = 2 \cdot (x+1)$
d) $f(x) = (x+1)^2$
e) $f(x) = \frac{1+x}{2}$
f) $f(x) = \frac{1+x}{x}$
g) $f(x) = a x^c$
h) $f(x) = x^{2+c} + c^2$
i) $f(x) = x^3 + cx$

Tipp: $\frac{a+b}{c} = \frac{a}{c} + \frac{b}{c}$

5 Bestimmen Sie die Funktionsgleichung der Tangente im Punkt $P_0(x_0 | f(x_0))$.
a) $f(x) = 0,1 \cdot x^3$; $x_0 = 3$
b) $f(x) = \frac{2}{x}$; $x_0 = 4$
c) $f(x) = 3x^2 - 2$; $x_0 = -1$

6 In welchem Punkt $P_0(x_0 | f(x_0))$ ist die Tangente an den Graphen von f parallel zur Geraden g mit der Gleichung $g(x) = 10 - 3x$?
a) f mit $f(x) = 2x$
b) f mit $f(x) = -\frac{1}{x}$
c) f mit $f(x) = -0,01 x^3$
d) f mit $f(x) = x^2 + a$
e) f mit $f(x) = bx^2$
f) f mit $f(x) = bx^3 + c$

7 Gegeben sind die beiden Funktionen f und g mit $f(x) = -x^2 - 2x + 1$ und $g(x) = x^3 + 1$.
a) An welchen Stellen sind die Funktionswerte der beiden angegebenen Funktionen gleich groß?
b) An welchen Stellen sind die Ableitungen der beiden angegebenen Funktionen gleich groß?

8 In welchen Punkten hat der Graph von f die Steigung m? Geben Sie die jeweiligen Tangentengleichungen an.
a) $f(x) = \frac{1}{3}x^3 - 8x$; $m = 1$
b) $f(x) = (2x+1)^2$; $m = 8$
c) $f(x) = x^3 - 3x^2 + 6$; $m = 0$
d) $f(x) = -\frac{4}{x}$; $m = 1$
e) $f(x) = \frac{1}{x^2} + 2x$; $m = \frac{9}{4}$
f) $f(x) = x^5 + 5x^3 + 3$; $m = 4$

Wiederholen – Vertiefen – Vernetzen

9 Fig. 1 zeigt den Graphen einer Ableitungsfunktion f'. Welche der folgenden Aussagen über die dazugehörige Funktion sind richtig? Begründen Sie.
a) Die Steigung des Graphen von f ist zwischen −1 und 1 positiv.
b) Die Steigung des Graphen von f ist zwischen 2 und 2,5 negativ.
c) Die Steigung des Graphen von f ist für $x = -2{,}5$; für $x = -1{,}5$ und für $x = 2{,}5$ gleich groß.

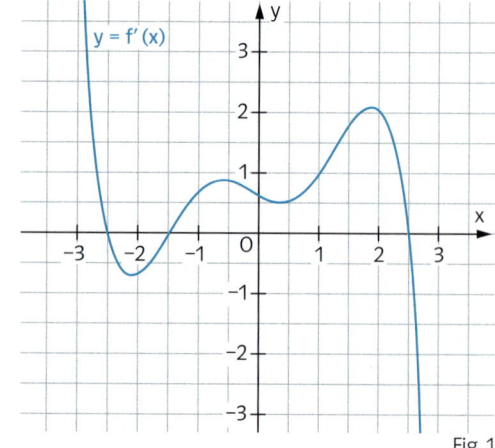

Fig. 1

10 Zum 31.12.2005 gab es in Deutschland ca. 82 438 000 Einwohner. Im Jahr 2006 gab es für die Einwohnerzahl die in der Tabelle angegebenen Änderungsraten (gerundet in 1000 Einwohner pro Monat).

Monat	1	2	3	4	5	6	7	8	9	10	11	12
Änderungsrate der Einwohnerzahl (in 1000 Einwohner pro Monat)	−32	−18	−13	−7	0	4	−16	−13	5	3	−21	−21

a) In welchen Monaten nahm die Einwohnerzahl in Deutschland zu?
b) Geben Sie die ungefähre Einwohnerzahl von Deutschland zum 31.12.2006 an.

1 Coulomb pro Sekunde = 1 Ampere

11 Durch ein elektrisches Bauteil fließt bis zum Zeitpunkt t die elektrische Ladung Q(t) (in Coulomb) gemäß dem nebenstehenden Diagramm. Die momentane Änderungsrate Q'(t) entspricht der elektrischen Stromstärke I(t) (in Coulomb).
a) Lesen Sie näherungsweise am Graphen ab, wie groß die elektrische Stromstärke nach drei Sekunden bzw. nach sechs Sekunden war.

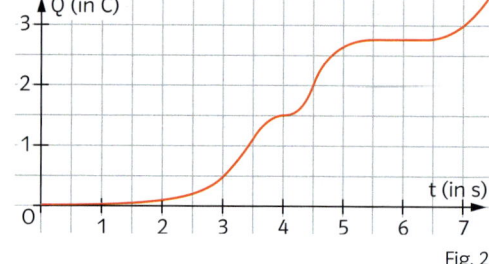

Fig. 2

b) Zu welchem Zeitpunkt war die elektrische Stromstärke am größten? Wie groß war diese?

12 Eine angestoßene Kugel fällt in einem Bogen von einem Garagendach hinunter. Die Höhe H (in Metern) gegenüber dem Boden lässt sich mit der Funktion H in Abhängigkeit der Zeit t (in Sekunden) bestimmen:
$H(t) = 3{,}2$ für $0 \leq t \leq 1$;
$H(t) = 3{,}2 - 5(t-1)^2$ für $1 \leq t \leq 1{,}8$;
$H(t) = 0$ für $1{,}8 \leq t \leq 3$.
a) Bestimmen Sie die Ableitung der Funktion H für $t = 0{,}5$; $t = 1{,}5$ und $t = 2{,}5$.
b) Untersuchen Sie, ob die Funktion H an den Stellen $t = 1$ bzw. $t = 1{,}8$ differenzierbar ist.

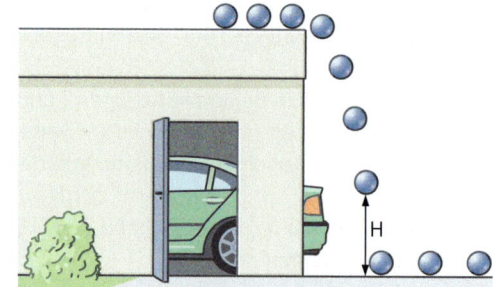

Fig. 3

Rückblick

Definitionsmenge
Die Menge aller x-Werte, die man in die Funktionsgleichung einer Funktion f einsetzen darf, heißt Definitionsmenge D_f der Funktion f.

$f(x) = x^3$ $\quad$ $f(x) = \sqrt{x}$ $\quad$ $f(x) = \frac{1}{x}$
$D_f = \mathbb{R}$ $\quad$ $D_f = [0; \infty)$ $\quad$ $D_f = \mathbb{R}\setminus\{0\}$

Differenzenquotient und mittlere Änderungsrate
Differenzenquotient der Funktion f im Intervall $[x_0; x_0 + h]$:
$\frac{f(x_0 + h) - f(x_0)}{h}$.
Der Differenzenquotient gibt an, wie sich die Funktionswerte im Intervall $[x_0; x_0 + h]$ im Durchschnitt verändern.

In Anwendungssituationen nennt man den Differenzenquotienten mittlere Änderungsrate.

Differenzenquotient von f mit $f(x) = \frac{3}{x}$ auf dem Intervall $[1; 3]$:
$x_0 = 1$; $x_0 + h = 3$; $f(x_0) = 3$; $f(x_0 + h) = 1$
$\frac{\frac{3}{3} - \frac{3}{1}}{3 - 1} = \frac{1 - 3}{2} = -1$

Ableitung und momentane Änderungsrate
Die Ableitung ist der Grenzwert des Differenzenquotienten für $h \to 0$. Man schreibt dafür $f'(x_0)$.
$\frac{f(x_0 + h) - f(x_0)}{h} \to f'(x_0)$ für $h \to 0$

In Anwendungssituationen nennt man die Ableitung momentane Änderungsrate.

Differenzenquotient von f mit $f(x) = \frac{3}{x}$ im Intervall $[1; h]$: $\frac{\frac{3}{1+h} - 3}{h} = \frac{\frac{-3h}{1+h}}{h} = \frac{-3}{1+h}$
$\frac{-3}{1+h} \to -3$ für $h \to 0$.
Also ist $f'(1) = -3$.

Tangente
Ist $P(x_0|f(x_0))$ ein Punkt des Graphen einer Funktion f, dann nennt man die Gerade durch P mit der Steigung $f'(x_0)$ die Tangente an den Graphen von f im Punkt P.

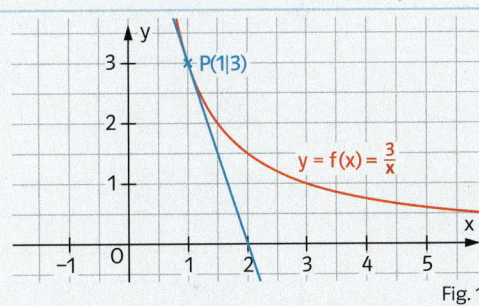
Fig. 1

Die Steigung der Tangente in $P(1|3)$ ist -3.
Gleichung der Tangente: $y = -3x + 6$

Ableitungsfunktion
Die Ableitungsfunktion f' kann man grafisch skizzieren, wenn man die Steigung des Graphen von f geometrisch abschätzt.

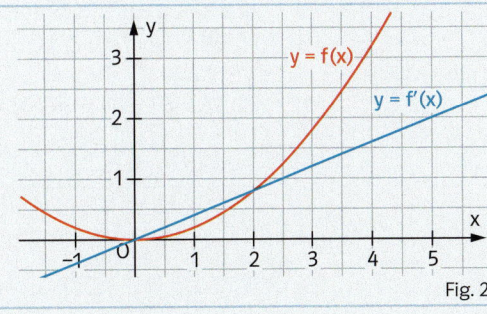
Fig. 2

Ableitungsregeln
Potenzregel: $f(x) = x^n$ und $(n \in \mathbb{N})$ $\quad$ $f'(x) = n \cdot x^{n-1}$ $\quad$ $f(x) = x^4$; $f'(x) = 4x^3$
Faktorregel: $f(x) = r \cdot g(x)$ $(r \in \mathbb{R})$ $\quad$ $f'(x) = r \cdot g'(x)$ $\quad$ $f(x) = 7 \cdot x^4$; $f'(x) = 7 \cdot 4x^3 = 28x^3$
Summenregel: $s(x) = f(x) + g(x)$ $\quad$ $s'(x) = f'(x) + g'(x)$ $\quad$ $f(x) = 7 \cdot x^4 + x^2$; $f'(x) = 28x^3 + 2x$

Prüfungsvorbereitung ohne Hilfsmittel

1 Bestimmen Sie die Funktionsgleichung von f'.
a) $f(x) = 7x^2$
b) $f(x) = 4x^2 - 5x$
c) $f(x) = \frac{1}{x} - 4x$

2 Fig. 1 zeigt den Graphen einer Funktion f. Welche der folgenden Aussagen über die dazugehörige Ableitungsfunktion f' sind richtig?
a) Der Graph der Ableitungsfunktion f' schneidet an der Stelle $x = 2$ die x-Achse.
b) Der Graph der Ableitungsfunktion f' geht durch den Koordinatenursprung.
c) Der Graph der Ableitungsfunktion f' verläuft zwischen $x = 1$ und $x = 2$ unterhalb der x-Achse.

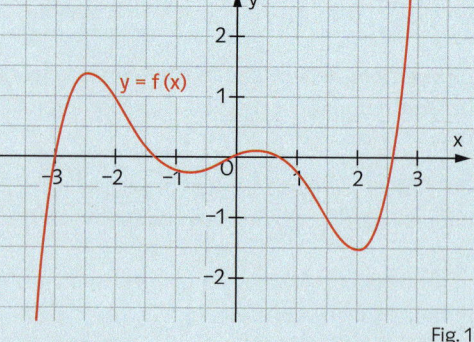
Fig. 1

3 Bestimmen Sie mithilfe des Graphen von f (Fig. 2) folgende Funktionswerte. Erläutern Sie die geometrische Bedeutung.
a) $f(5)$ und $f(3)$
b) $f(5) - f(3)$
c) $\frac{f(5) - f(3)}{5 - 3}$
d) $f'(5)$

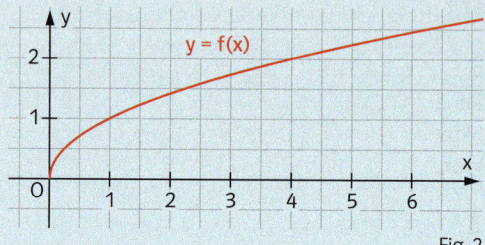
Fig. 2

4 Ordnen Sie jedem Funktionsgraphen den Graphen der zugehörigen Ableitungsfunktion zu.

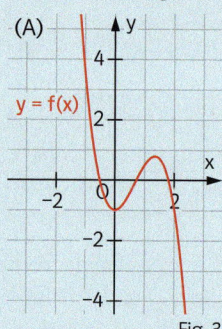
Fig. 3

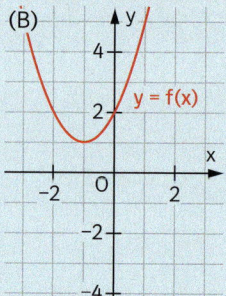
Fig. 4

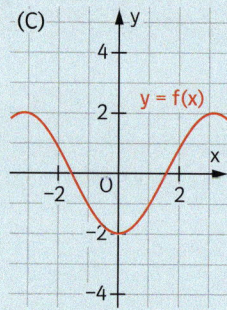
Fig. 5

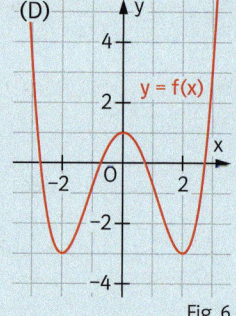
Fig. 6

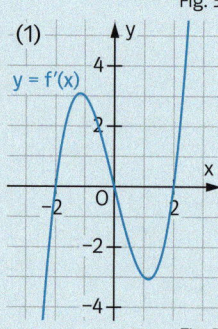
Fig. 7

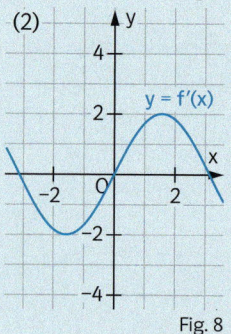
Fig. 8

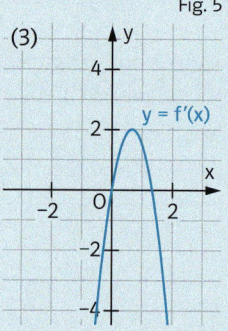
Fig. 9

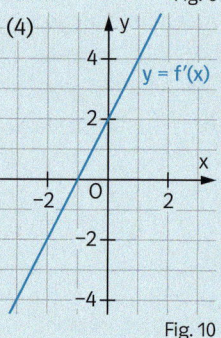
Fig. 10

5 Bestimmen Sie die Gleichung der Tangente an den Graphen der Funktion f mit $f(x) = x^2 - 3$ im Punkt $P(2 \mid f(2))$.

Prüfungsvorbereitung mit Hilfsmitteln

1 Skizzieren Sie den Graphen von f'.

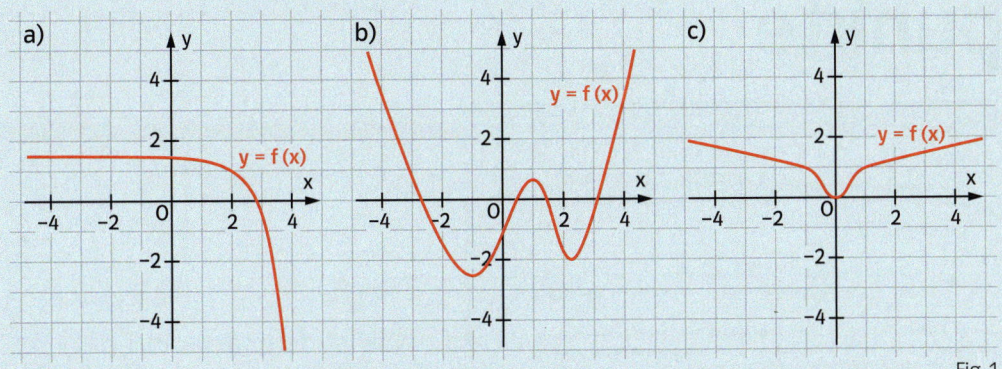

Fig. 1

2 Bestimmen Sie die Funktionsgleichung der Tangente t an den Graphen von f im Punkt P.
a) $f(x) = x^2 + 0{,}5x$; $P(-3|f(-3))$
b) $f(x) = 3\sqrt{x}$; $P(4|f(4))$

3 G(t) beschreibt das Gewicht eines Papierstücks, das zum Zeitpunkt t = 0 angezündet wird. Zunächst brennt das Feuer schwach, nimmt dann zu und erlischt langsam. Skizzieren Sie den Graphen von G(t) und von G'(t). Welche Bedeutung hat G'(t)? Woran lässt sich an den beiden Graphen erkennen, dass das Papier verbrannt ist?

4 Bestimmen Sie die Ableitung.
a) $f(x) = 3x^4 - 12x^3 + 2x - 1$
b) $f(x) = (3x + 2)^2$
c) $f(t) = t^4 + \frac{2}{t^3} - \frac{3}{2t^5}$

5 In welchen Punkten hat der Graph der Funktion f mit $f(x) = 2x^2 + 2$
a) die Steigung m = 4,
b) dieselbe Steigung wie der Graph von g mit $g(x) = x^3 - 4x - 1$?

6 In welchen Punkten hat der Graph von f die Steigung 2?
a) $f(x) = \frac{1}{4}x^2$
b) $f(x) = \frac{1}{3}x^3$
c) $f(x) = \frac{4}{x}$
d) $f(x) = \frac{1}{x^2}$

7 Für welchen der in Fig. 2 markierten x-Werte gilt:
a) f(x) ist am größten?
b) f(x) ist am kleinsten?
c) f'(x) ist am größten?
d) f'(x) ist am kleinsten?

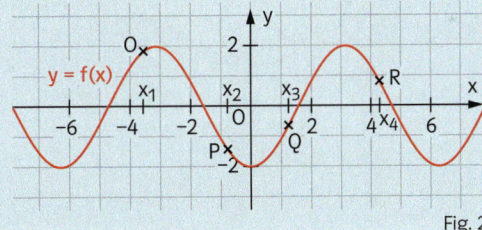

Fig. 2

8 a) f(t) (t in Jahren, f(t) in Millionen) beschreibt die Zahl der Einwohner in Deutschland seit dem Jahr 1995. Interpretieren Sie $f(5) = 82{,}0$ und $\frac{f(6) - f(5{,}5)}{6 - 5{,}5} \approx -0{,}1$. Geben Sie jeweils die Einheit an.
b) v(t) (t in Sekunden, v(t) in Metern pro Sekunde) beschreibt die Geschwindigkeit eines Körpers ab dem Startzeitpunkt t = 0. Interpretieren Sie $v(5) = 25$ und $v'(8) = 16$. Geben Sie jeweils die Einheit an. Was bedeutet v'(t)?

9 Geben Sie den Term einer Funktion f an, für den gilt:
a) Der Graph von f hat überall eine positive Steigung.
b) Die Ableitung von f wird an genau einer Stelle 0.

Extrem- und Wendepunkte

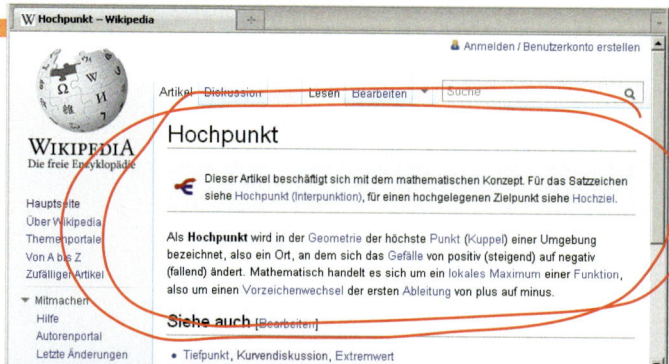

Was ist demnach ein Tiefpunkt?

Wo ist das Gefälle am größten?

Das kennen Sie schon

- Ableitung elementarer Funktionen
- die Potenzregel, die Faktorregel und die Summenregel
- Bestimmung der Gleichung einer Tangente an einen Graphen
- Skizze des Graphen der Ableitungsfunktion

Welcher Term passt zu welchem Bild?

$x^2 - x$

$4x - 5$

$x^3 - 10$

x^4

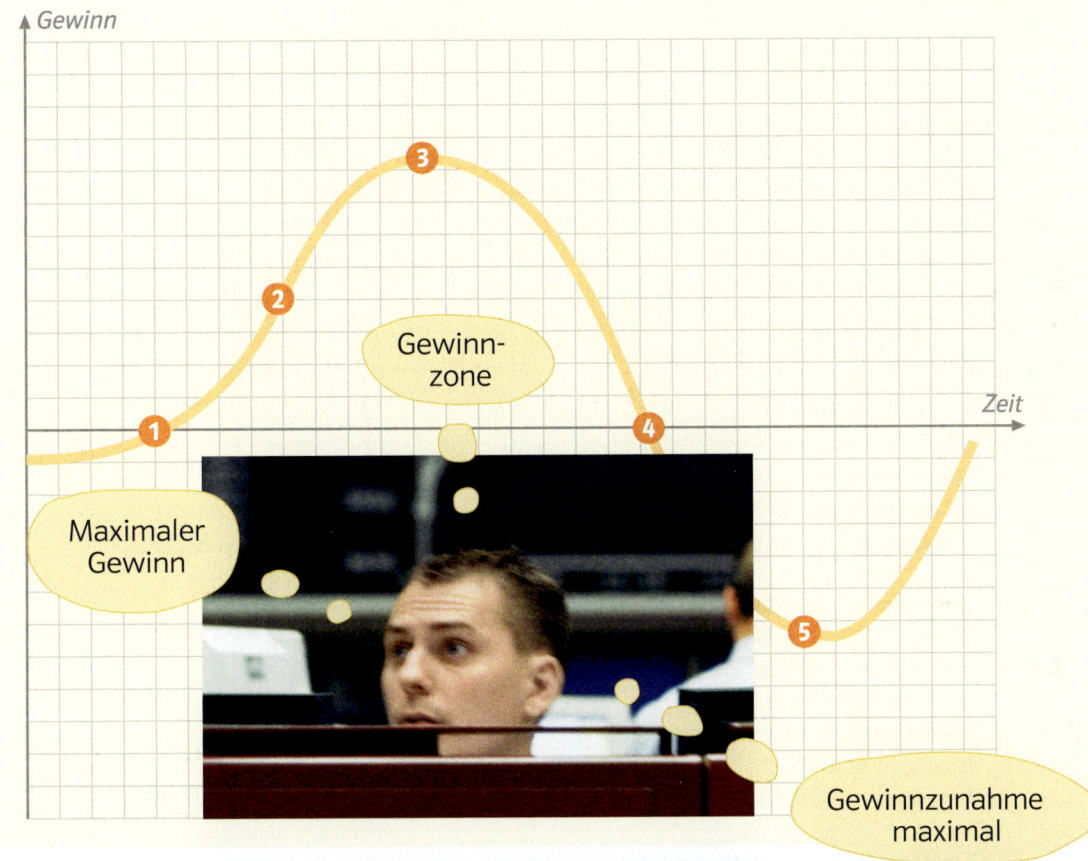

Gewinn

① Maximaler Gewinn
②
③
Gewinn-zone
④
⑤ Gewinnzunahme maximal

Zeit

 Zahl und Zahlbereiche

 Messen und Größen

 Raum und Form

 Funktionaler Zusammenhang

 Daten und Zufall

In diesem Kapitel

– werden die Nullstellen einer Funktion berechnet.
– wird die Bedeutung der zweiten Ableitung erläutert.
– werden Hoch-, Tief- und Wendepunkte bestimmt.
– werden mathematische Inhalte in Anwendungs-situationen interpretiert.

1 Nullstellen

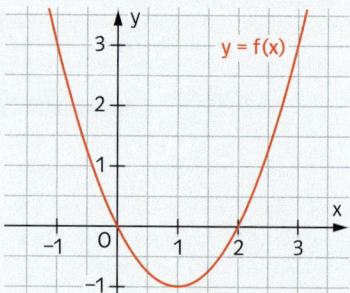 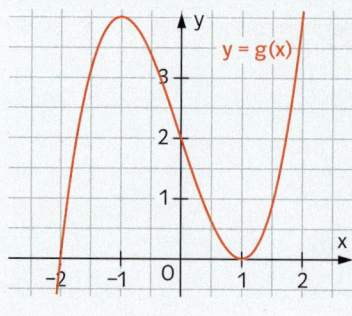

Für die Funktionen f und g kann man die Gleichungen auf folgende Weise angeben:

$f(x) = x^2 - 2x$ | $g(x) = x^3 - 3x + 2$
oder | oder
$f(x) = x \cdot (x - 2)$ | $g(x) = (x + 2) \cdot (x - 1)^2$

Beschreiben Sie die Vorteile der verschiedenen Darstellungen.

Bei einem Graphen einer Funktion f gibt es charakteristische Punkte. Wenn man diese Punkte kennt, kann man den Verlauf des Graphen näherungsweise zeichnen.

Die Punkte A, B und C in Fig. 1 liegen auf der x-Achse. Ihre x-Werte heißen **Nullstellen**. Ein weiterer charakteristischer Punkt des Graphen ist z. B. der Schnittpunkt D mit der y-Achse.
In Fig. 1 ist $f(x) = -0{,}5 \cdot (x - 3) \cdot (x - 1)^2 \cdot (x + 2)$.
Zur Bestimmung der Nullstellen löst man die Gleichung $-0{,}5 \cdot (x - 3) \cdot (x - 1)^2 \cdot (x + 2) = 0$.
Aus dieser Produktdarstellung kann man die Nullstellen $x_1 = -2$, $x_2 = 1$ und $x_3 = 3$ unmittelbar ablesen.

Ein Produkt ist null, wenn einer der Faktoren null ist.

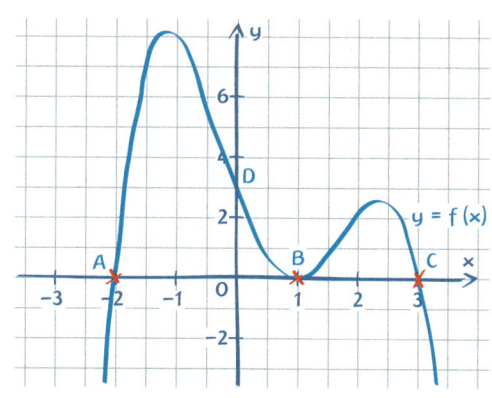

Fig. 1

Wenn keine Produktdarstellung vorliegt, sind neben den bekannten Verfahren für lineare und quadratische Gleichungen in manchen Fällen die folgenden Verfahren nützlich.

Erinnerung:
Lösungsformel für die quadratische Gleichung $ax^2 + bx + c = 0$:
$x_{1/2} = \frac{-b \pm \sqrt{b^2 - 4ac}}{2a}$.

Ausklammern der Variablen – Produktdarstellung erzeugen

Die Nullstellen der Funktion f mit $\quad\quad f(x) = x^3 - 2x^2$
sind die Lösungen der Gleichung $\quad\quad x^3 - 2x^2 = 0$.
Ausklammern von x^2 ergibt $\quad\quad x^2 \cdot (x - 2) = 0$.
Daraus ergeben sich die Gleichungen $\quad\quad x^2 = 0$ und $x - 2 = 0$.
Lösungen sind $\quad\quad x_1 = 0$ und $x_2 = 2$.
Die Funktion f hat die Nullstellen 0 und 2.

Ersetzen der Variablen (Substituieren)

Eine Gleichung der Form $ax^4 + bx^2 + c = 0$ heißt biquadratische Gleichung.

Die Nullstellen der Funktion f mit $\quad\quad f(x) = x^4 - 7x^2 + 12$
sind die Lösungen der Gleichung $\quad\quad x^4 - 7x^2 + 12 = 0$.
Man ersetzt x^2 mit z (**Substitution:** $z = x^2$)
und erhält die quadratische Gleichung $\quad\quad z^2 - 7z + 12 = 0$.
Die Lösungsformel liefert die Lösungen $\quad\quad z_{1/2} = \frac{7 \pm \sqrt{49 - 48}}{2} = \frac{7 \pm 1}{2}$.
Rückgängigmachen der Substitution $\quad\quad z_1 = 4$ und $z_2 = 3$.
($z_1 = x^2$ bzw. $z_2 = x^2$) liefert $\quad\quad x^2 = 4$ und $x^2 = 3$.
Lösungen der Gleichung $f(x) = 0$ sind $\quad\quad x_1 = -2$; $x_2 = 2$ und $x_3 = \sqrt{3}$; $x_4 = -\sqrt{3}$.
Die Funktion f hat die Nullstellen -2; 2; $\sqrt{3}$; $-\sqrt{3}$.

Beachten Sie:
Aus $z = x^2$ folgt
$z^2 = (x^2)^2 = x^4$.

Zur Bestimmung der Nullstellen einer Funktion f löst man die Gleichung $f(x) = 0$.
Dabei sind die Lösungsformel für quadratische Gleichungen, das Ausklammern und Substitution der Variablen nützliche Rechenverfahren.

Beispiel 1 Rechenverfahren anwenden
Bestimmen Sie die Nullstellen der Funktion f mit $f(x) = x^5 - 4x^3 - 5x$.
■ Lösung: Zu lösen ist die Gleichung $x^5 - 4x^3 - 5x = 0$.
Ausklammern von x ergibt $x \cdot (x^4 - 4x^2 - 5) = 0$. Eine Nullstelle ist daher $x_1 = 0$.
Bei $x^4 - 4x^2 - 5 = 0$ wird x^2 durch z ersetzt. Lösung von $z^2 - 4z - 5 = 0$ mit der Lösungsformel für quadratische Gleichungen: $z_{1/2} = \frac{4 \pm \sqrt{16 + 20}}{2} = \frac{4 \pm 6}{2}$.
Die Gleichung $z^2 - 4z - 5 = 0$ hat die zwei Lösungen $z_1 = 5$ und $z_2 = -1$.
Rückgängigmachen der Substitution $(z = x^2)$ liefert $x^2 = 5$ und $x^2 = -1$.
$x^2 = 5$ liefert die Nullstellen $x_2 = -\sqrt{5}$ und $x_3 = \sqrt{5}$.
Dagegen hat $x^2 = -1$ keine Lösung, da x^2 stets größer oder gleich null ist.
Die Funktion f hat die Nullstellen $-\sqrt{5}$; 0 und $\sqrt{5}$.

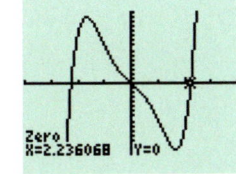

Fig. 1
Bei der Überprüfung ist zu beachten, dass der GTR nur Näherungswerte liefert (Fig. 1).

Beispiel 2 Funktionen bestimmen
Geben Sie die Gleichungen von zwei Funktionen an, welche die Nullstellen -1 und 3 haben.
■ Lösung: *Man verwendet die Produktdarstellung.*
$f(x) = (x + 1) \cdot (x - 3)$; $g(x) = (x + 1) \cdot (x - 3)^2$
Fig. 2 zeigt die Graphen.

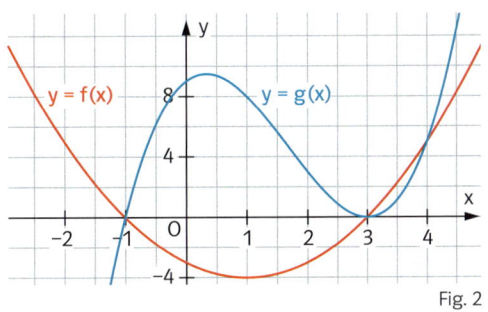

Fig. 2

Aufgaben

1 Lösen Sie die Gleichung.
a) $(x - 2) \cdot (x + 5) = 0$
b) $x^3 + 2x = 0$
c) $(x + 1)^2 \cdot (x - 3)^2 = 0$
d) $(x^2 + x) \cdot (x - 10) = 0$
e) $(x^2 - 6x + 9) \cdot (x^2 - 4) = 0$
f) $(x^3 - 4x^2 + 4x) \cdot (2x - 3) = 0$

2 Lösen Sie die Gleichung.
a) $x^4 - 20x^2 + 64 = 0$
b) $2x^4 - 8x^2 - 90 = 0$
c) $3x^4 + 9x^2 - 162 = 0$
d) $x^4 + \frac{4}{9}x^2 - \frac{13}{9} = 0$
e) $x^4 + 16 = 17x^2$
f) $x^6 - 10x^3 + 9 = 0$

3 a) $x^5 - 20x^3 + 64x = 0$
b) $x^5 - 17x^3 + 16x = 0$
c) $x^6 + 3x^4 - 54x^2 = 0$
d) $2x^5 - \frac{13}{3}x^3 + 2x = 0$
e) $\left(x - \frac{2}{3}\right) \cdot \left(x^4 - \frac{13}{6}x^2 + 1\right) = 0$
f) $(x^3 - 8) \cdot \left(x^4 - \frac{14}{3}x^2 + 5\right) = 0$

4 Bestimmen Sie die Nullstellen der Funktion f.
a) $f(x) = (x - 3) \cdot (x^3 - 8x)$
b) $f(x) = x^3 + 2x^2 - 8x$
c) $f(x) = x^4 + 4x^3 + 3x^2$
d) $f(x) = (x^4 - 8x^2 + 16) \cdot (x^2 - 5x)$
e) $f(x) = x^5 - 41x^3 + 400x$
f) $f(x) = 2x^6 - 32x^4 + 128x^2$
g) $f(x) = (x^4 - 16) \cdot (2x + 1)^2$
h) $f(x) = 2x^2 + 15 - x^4 - 4x^2$
i) $f(x) = (x - 2) \cdot \sqrt{x^2 - 1}$

5 Bestimmen Sie für den Graphen von f die Schnittpunkte mit den Achsen. Skizzieren Sie den Graphen von f. Berechnen Sie dazu weitere Funktionswerte.
a) $f(x) = x^2 - 2x$
b) $f(x) = 0,5x^2 + 2x + 1,5$
c) $f(x) = x \cdot (x^2 - 9)$
d) $f(x) = -(x - 1) \cdot (x + 3) \cdot (x + 2)$
e) $f(x) = x^3 - 4x^2 + 4x$
f) $f(x) = x^4 - 13x^2 + 36$

6 Geben Sie eine Gleichung einer Funktion an, welche
a) die Nullstellen 2 und −4 hat,
b) die Nullstellen 1, 2, 3, 4 und 5 hat,
c) drei negative Nullstellen hat,
d) keine Nullstelle hat.

7 Geben Sie Gleichungen von zwei Funktionen an, welche
a) die Nullstellen 2 und −4 haben,
b) die Nullstellen −1, 0 und 1 haben.

Zeit zu überprüfen

8 Bestimmen Sie die Nullstellen der Funktion f.
a) $f(x) = (x-2) \cdot (x^2 - x - 2)$
b) $f(x) = x^4 - 7x^3 + 12x^2$
c) $f(x) = -x^5 + 6x^3 - 9x$

9 Bestimmen Sie eine Funktion f mit den angegebenen Eigenschaften. Skizzieren Sie den Graphen.
a) f hat die Nullstellen −4, 1 und 5.
b) f hat die Nullstellen −3 und 3. Der Graph schneidet die y-Achse im Ursprung.

10 Die Gerade g verläuft durch die Punkte P und Q. Wo schneidet g die Koordinatenachsen?
a) $P(-1|3)$, $Q(4|2)$
b) $P(-4|-5)$, $Q(3|-3)$

11 Ein Erdwall hat im Querschnitt näherungsweise die Form einer Parabel (Fig. 1). Er ist 2 m hoch und auf 1 m Höhe 10 m breit. Wie breit ist er am Boden?

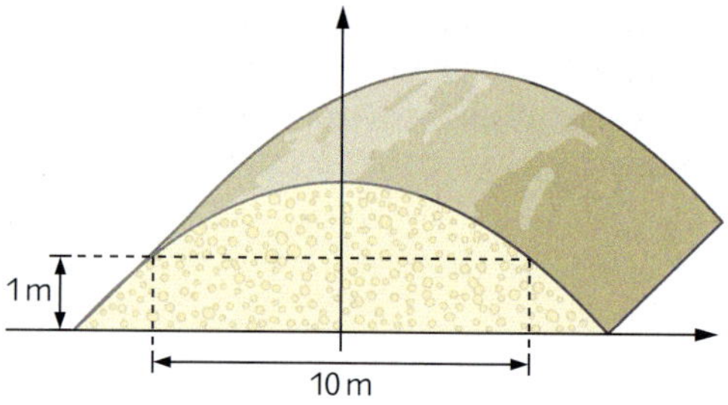

12 Die Flugbahn einer Kugel beim Kugelstoßen wird beschrieben durch den Graphen der Funktion f mit $f(x) = -0{,}08x^2 + 0{,}56x + 1{,}44$ (x und f(x) in Metern).
a) Berechnen Sie die Stoßweite.
b) Kurz vor dem Auftreffen ist die Kugel wieder so hoch wie beim Abstoß. Wie weit ist sie dann vom Abstoßpunkt entfernt?

Fig. 1

13 Die Funktion f mit $f(x) = ax^3 + bx^2 + cx + d$ mit ganzzahligen Koeffizienten a, b, c und d hat die angegebenen Nullstellen. Bestimmen Sie a, b, c und d.
a) 0; -4; $\frac{4}{5}$
b) $-\frac{1}{3}$; 3; $\frac{10}{3}$
c) 0; $-\sqrt{2}$; $\sqrt{2}$
d) 0; $-\frac{1}{\sqrt{5}}$; $\frac{1}{\sqrt{5}}$

14 Untersuchen Sie, ob die beschriebene Veränderung des Funktionsterms einer Funktion f die Nullstellen von f verändert.
a) Der Funktionsterm von f wird mit 2 multipliziert.
b) Zum Funktionsterm von f wird 2 addiert.

15 Der Lokführer eines Zuges erkennt an einem roten Vorsignal, dass er seinen Zug vor dem 1000 m entfernten Hauptsignal zum Anhalten bringen muss. Nach Einleiten des Bremsvorgangs legt der Zug in t Sekunden den Weg $s(t) = 30t - 0{,}4t^2$ (in m) mit der Geschwindigkeit $v(t) = 30 - 0{,}8t$ (in m/s) bis zum Stillstand zurück.
a) Nach welcher Zeit steht der Zug? Endet der Bremsvorgang vor dem Hauptsignal?
b) Die Zahl 30 in den Funktionsgleichungen gibt die Geschwindigkeit des Zuges in m/s an, die der Zug vor dem Bremsen hat. Wie groß darf diese Geschwindigkeit höchstens sein, damit der Zug noch rechtzeitig zum Halten kommt?

2 Monotonie

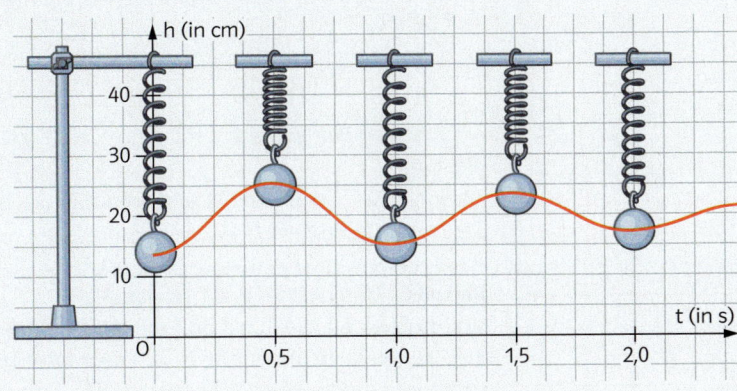

Ein Gewicht schwingt an einer Feder.
Die Grafik zeigt den Graphen der Funktion
Zeit $t \to$ Höhe h.
In welchen Intervallen der Zeitachse bewegt sich die Kugel aufwärts?
In einem dieser Intervalle werden zwei Zeitpunkte t_1 und t_2 mit $t_1 < t_2$ betrachtet. Was gilt dann für die Werte $h(t_1)$ und $h(t_2)$?

Graphen von Funktionen enthalten oft Abschnitte, in denen mit wachsenden x-Werten die zugehörigen Funktionswerte nur zu- oder nur abnehmen. Die Funktionswerte der quadratischen Funktion f mit $f(x) = x^2$ werden z.B. für $x < 0$ mit zunehmenden x-Werten kleiner, während sie für $x > 0$ mit zunehmenden x-Werten größer werden (vgl. Fig. 1).

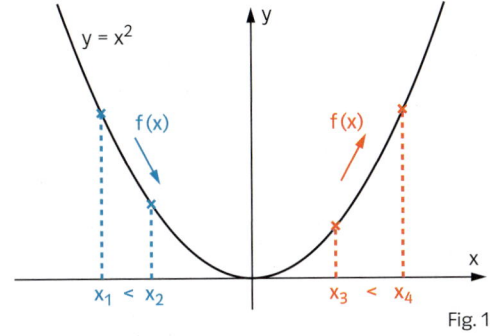

Fig. 1

Definition Die Funktion f sei auf einem Intervall I definiert. Wenn für alle x_1, x_2 aus I gilt:
Aus $x_1 < x_2$ folgt $f(x_1) < f(x_2)$,
dann heißt
f **streng monoton wachsend** in I.

Aus $x_1 < x_2$ folgt $f(x_1) > f(x_2)$,
dann heißt
f **streng monoton fallend** in I.

Statt monoton wachsend sagt man auch oft **monoton zunehmend**, statt monoton fallend auch oft **monoton abnehmend**.

Gilt statt $f(x_1) < f(x_2)$ bzw. $f(x_1) > f(x_2)$ nur $f(x_1) \leq f(x_2)$ bzw. $f(x_1) \geq f(x_2)$, so nennt man f **monoton wachsend** bzw. **monoton fallend** in I.

Monotonieintervalle können bei differenzierbaren Funktionen mithilfe der Ableitung bestimmt werden: Ist die Ableitung einer Funktion f positiv, so kann die Funktion auf I nur streng monoton wachsend sein. Ist ihre Ableitung und damit die Steigung des Graphen von f hingegen negativ, so ist die Funktion auf I entsprechend streng monoton fallend (siehe Fig. 2).

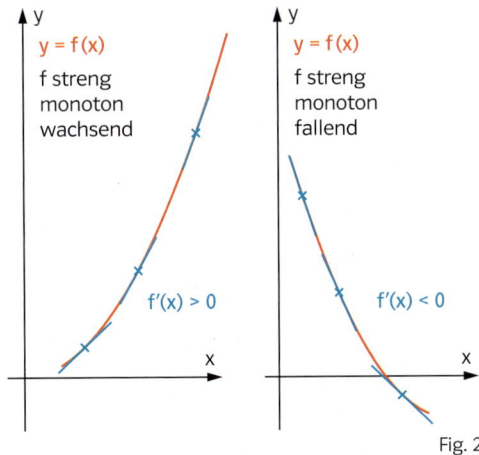

Fig. 2

III Extrem- und Wendepunkte

Monotoniesatz Die Funktion f sei im Intervall I differenzierbar. Wenn für alle x aus I gilt:

f'(x) > 0,
dann ist f streng monoton wachsend in I.

f'(x) < 0,
dann ist f streng monoton fallend in I.

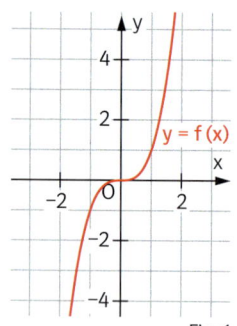

Fig. 1

Am Graphen der Funktion f mit $f(x) = x^3$ (Fig. 1) erkennt man, dass die Umkehrung des Satzes nicht gilt:
Obwohl f für $x \in \mathbb{R}$ eine streng monoton wachsende Funktion ist, gilt für die Ableitung an der Stelle $x = 0$: $f'(0) = 0$.

Beispiel Untersuchung auf Monotonie
Untersuchen Sie die Funktion f mit $f(x) = \frac{1}{3}x^3 - x$ auf Monotonie.

■ Lösung: *Man untersucht, in welchem Intervall die Ableitung f'(x) positiv bzw. negativ ist.*
Ableitung: $f'(x) = x^2 - 1 = (x - 1) \cdot (x + 1)$
Nullstellen von f' sind $x_1 = -1$ und $x_2 = 1$.
In jedem der Intervalle $(-\infty; -1)$; $(-1; 1)$ und $(1; \infty)$ ist f'(x) entweder negativ oder positiv.
Für jedes der Intervalle wird jeweils ein Testwert bestimmt:
$f'(-2) = 3 > 0$, also $f'(x) > 0$ in $(-\infty; -1)$;
$f'(0) = -1 < 0$, also $f'(x) < 0$ in $(-1; 1)$ und
$f'(2) = 3 > 0$, also $f'(x) > 0$ in $(1; \infty)$.
Die Funktion f ist im Intervall $(-\infty; -1]$ und im Intervall $[1; \infty)$ streng monoton wachsend und im Intervall $[-1; 1]$ streng monoton fallend.

Da sich die Monotonie nicht auf einen Punkt bezieht, kann man den Rand jeweils zum Intervall hinzunehmen.

Aufgaben

1 Untersuchen Sie die Funktion f auf Monotonie.
a) $f(x) = -x^2 + 3$
b) $f(x) = x^4 - 2x^2$
c) $f(x) = 3x + 2$
d) $f(x) = -9$
e) $f(x) = -x^5 - x$
f) $f(x) = x - x^3$
g) $f(x) = \frac{1}{x}$
h) $f(x) = \frac{1}{x} + x$

2 Bestimmen Sie anhand des Graphen möglichst große Intervalle, in denen die dargestellte Funktion f streng monoton wachsend oder streng monoton fallend ist.

a)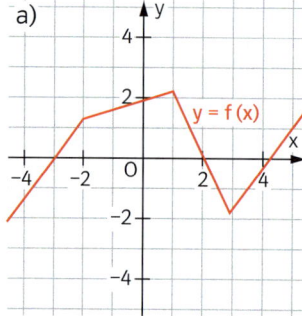
b)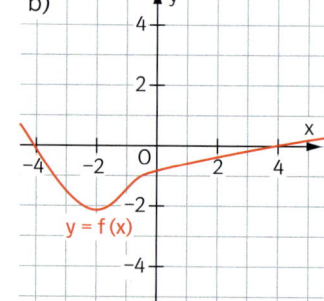
c)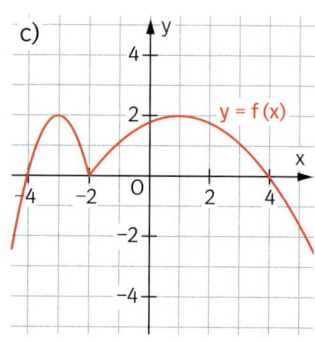

Fig. 2

3 Erläutern Sie, ob die Funktion monoton oder streng monoton ist.
a) *Länge eines Drahtes → Gewicht des Drahtes*
b) *Zeit → Höhe einer Pflanze*
c) *Während einer Autofahrt: Fahrstrecke → Tankinhalt*
d) *Beim freien Fall eines Körpers: Fallzeit → Höhe über dem Erdboden*

4 Skizzieren Sie den Graphen zweier Funktionen, für die die Bedingungen gelten.
a) Die Funktionen sind auf ℝ streng monoton wachsend.
b) Die Funktionen sind für $x \leq 1$ monoton fallend und für $x \geq 1$ streng monoton wachsend.
c) Die Funktionen sind auf ℝ streng monoton wachsend und es gibt eine Stelle x_0 mit $f'(x_0) = 0$.

5 Geben Sie die Gleichung einer Funktion an, die nur im Intervall I monoton wachsend ist.
a) $I = ℝ$ b) $I = [0; \infty)$ c) $I = [-2; 2]$ d) $I = [-5; -1]$

In den Aufgaben 5g) und 5h) haben die Funktionen die Definitionsmenge ℝ\{0}. Daher untersucht man in den Teilintervallen $(-\infty; 0)$ und $(0; \infty)$ auf Monotonie.

6 Fig. 1 zeigt den Graphen der Ableitungsfunktion f' einer Funktion f.
Welche der folgenden Aussagen sind wahr?
Begründen Sie Ihre Antworten.
a) Die Funktion f ist im Intervall [0; 2] streng monoton fallend.
b) Die Funktion f ist im Intervall [-2; 0] streng monoton wachsend.
c) Die Funktion f ist im Intervall [1; 3] monoton fallend.

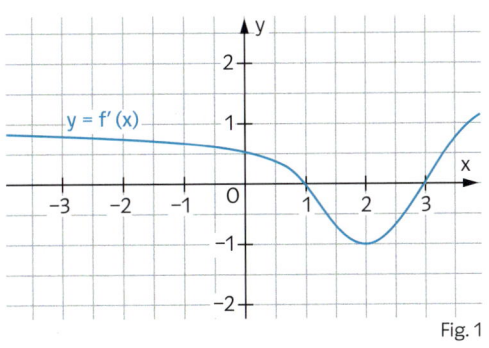
Fig. 1

Zeit zu überprüfen

7 Untersuchen Sie die Funktion f auf Monotonie.
a) $f(x) = x^2 + 10$ b) $f(x) = x^3 - 9x$ c) $f(x) = x - 2$ d) $f(x) = x^4 + x^2$

8 Fig. 2 zeigt den Graphen der Ableitungsfunktion f' einer Funktion f. Welche der folgenden Aussagen sind wahr? Begründen Sie Ihre Antworten.
A: Die Funktion f ist im Intervall [2; 3] monoton fallend.
B: Die Funktion f ist im Intervall [-3; -2] monoton wachsend.
C: Die Funktion f ist im Intervall [-1; 1] monoton fallend.

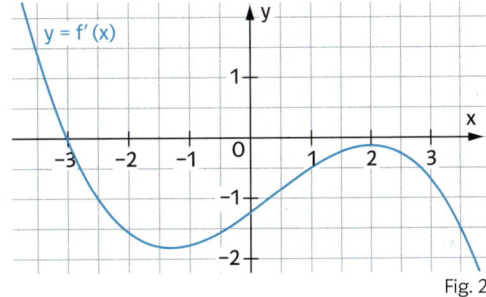
Fig. 2

9 Werden die in Fig. 3 abgebildeten Gefäße gefüllt, so lässt sich die Funktion *Füllhöhe → Größe der Flüssigkeitsoberfläche* betrachten.
a) Bei welchen Gefäßen ist diese Funktion streng monoton wachsend bzw. streng monoton fallend? Wie erkennt man das an der Form der Gefäße?
b) Skizzieren Sie je ein Gefäß, sodass die Funktion
– streng monoton wachsend ist,
– monoton wachsend, aber nicht streng monoton wachsend ist,
– monoton fallend, aber nicht streng monoton fallend ist.

Fig. 3

10 Wahr oder falsch?
a) Jede lineare Funktion ist streng monoton.
b) Jede quadratische Funktion hat zwei Monotoniebereiche.
c) Eine Potenzfunktion f mit $f(x) = a \cdot x^n$ $(n > 1)$ mit ungeradem Grad ist entweder streng monoton steigend oder streng monoton fallend.
d) Eine Potenzfunktion mit geradem Grad hat immer zwei Monotoniebereiche.

3 Hoch- und Tiefpunkte, erstes Kriterium

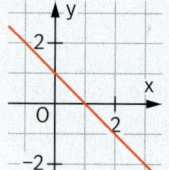 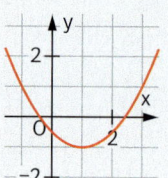 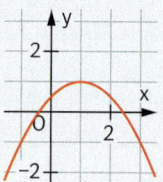 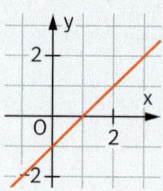

In den vier Grafiken sind die Graphen von zwei Funktionen und den zugehörigen Ableitungsfunktionen gezeichnet. Ordnen Sie zu.

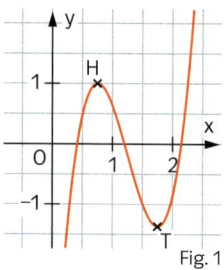

Fig. 1

In Fig. 1 ist ein Hochpunkt H und ein Tiefpunkt T eines Graphen eingezeichnet. Im Folgenden wird festgelegt, was man unter diesen Punkten versteht und untersucht, wie man sie findet.

> **Definition:** Eine Funktion f hat an der Stelle x_0 ein
>
> **lokales Maximum** $f(x_0)$, **lokales Minimum** $f(x_0)$,
>
> wenn es ein Intervall I mit $x_0 \in I$ gibt, sodass für alle $x \in I$ gilt:
>
> $f(x) \leq f(x_0)$ $\qquad\qquad$ $f(x) \geq f(x_0)$.
>
> Der Punkt $(x | f(x_0))$ heißt in diesem Fall
>
> **Hochpunkt** des Graphen **Tiefpunkt** des Graphen.

Bei differenzierbaren Funktionen kann man die Extremstellen und Extremwerte mithilfe der Ableitung bestimmen.

Damit f an der Stelle x_0 ein lokales Maximum besitzt, muss die Funktion in der Umgebung von x_0 links von x_0 monoton zunehmen und rechts von x_0 monoton abnehmen. Dies ist nach dem Monotoniesatz der Fall, wenn f'(x) links von x_0 größer als 0 ist und rechts von x_0 kleiner als 0 ist. Man sagt dann, dass f' an der Stelle x_0 einen **Vorzeichenwechsel** (VZW) von + nach − hat. Analoge Überlegungen gelten für ein lokales Minimum (vgl. Fig. 2). Mögliche Stellen für einen Vorzeichenwechsel von f' findet man, indem man die Nullstellen der Ableitungsfunktion f' bestimmt.

In einem Hoch- oder Tiefpunkt hat der Graph von f eine waagerechte Tangente. Deshalb gilt dort f'(x) = 0.

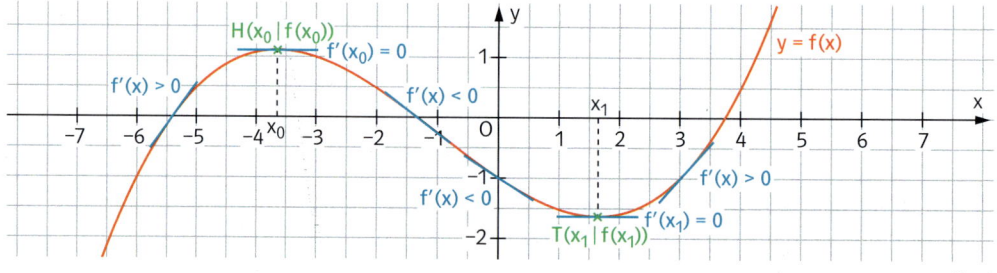

Fig. 2

> **Satz:** Erste hinreichende Bedingung zur Bestimmung von Extremstellen
>
> Die Funktion f sei auf einem Intervall I = [a; b] beliebig oft differenzierbar und $x_0 \in I$.
>
> – Wenn $f'(x_0) = 0$ ist und f' bei x_0 einen Vorzeichenwechsel von + nach − hat, dann besitzt f an der Stelle x_0 ein **lokales Maximum** $f(x_0)$.
>
> – Wenn $f'(x_0) = 0$ ist und f' bei x_0 einen Vorzeichenwechsel von − nach + hat, dann besitzt f an der Stelle x_0 ein **lokales Minimum** $f(x_0)$.

Nicht alle Lösungen der Gleichung $f'(x) = 0$ müssen Extremstellen von f sein. Wenn $f'(x_0) = 0$ ist, f' jedoch keinen Vorzeichenwechsel bei x_0 hat, so hat der Graph von f zwar eine waagerechte Tangente bei x_0, jedoch keinen Hoch- oder Tiefpunkt. Ein solcher Punkt heißt **Sattelpunkt** (Fig. 1).

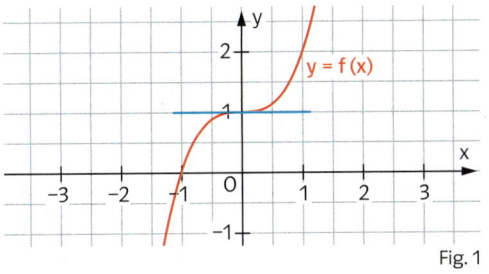
Fig. 1

Die Lösung der Gleichung $f'(x) = 0$ liefert lediglich Kandidaten für mögliche Extremstellen.

Die Bedingung $f'(x_0) = 0$ ist für eine Extremstelle notwendig, aber nicht hinreichend.

Beispiel Hoch-, Tief- und Sattelpunkte bestimmen
Gegeben ist die Funktion f mit $f(x) = \frac{1}{4}x^4 - \frac{2}{3}x^3$.
a) Bestimmen Sie die Hoch-, Tief- und Sattelpunkte des Graphen von f.
b) Skizzieren Sie den Graphen von f und markieren Sie die berechneten Punkte.
■ Lösung: a) Ableitung: $f'(x) = x^3 - 2x^2$.
$f'(x) = 0$ ergibt $x^2 \cdot (x - 2) = 0$; also sind $x_1 = 0$ und $x_2 = 2$ mögliche Extremstellen.
Untersuchung von f' auf Vorzeichenwechsel an der Stelle $x_1 = 0$:

x nahe $x_1 = 0$ und $x < x_1$: x nahe $x_1 = 0$ und $x > x_1$:
$x^2 > 0$; $(x - 2) < 0$; also $x^2 \cdot (x - 2) < 0$ $x^2 > 0$; $(x - 2) < 0$; also $x^2 \cdot (x - 2) < 0$

Da kein VZW vorliegt, ist der Punkt $S(0|f(0))$ bzw. $S(0|0)$ ein Sattelpunkt.
Untersuchung von f' auf Vorzeichenwechsel an der Stelle $x_2 = 2$:

x nahe $x_2 = 2$ und $x < x_2$: x nahe $x_2 = 2$ und $x > x_2$:
$x^2 > 0$; $(x - 2) < 0$; also $x^2 \cdot (x - 2) < 0$ $x^2 > 0$; $(x - 2) > 0$; also $x^2 \cdot (x - 2) > 0$

Da ein VZW von − nach + vorliegt, ist $T(2|f(2))$ bzw. $T\left(2\big|-\frac{4}{3}\right)$ ein Tiefpunkt.

b) Zusätzlich zum Tiefpunkt T und zum Sattelpunkt S berechnet man die Koordinaten weiterer Punkte (siehe Fig. 2).

x	−1	0	1	2	3
f(x)	0,92	0	−0,42	−1,33	2,25

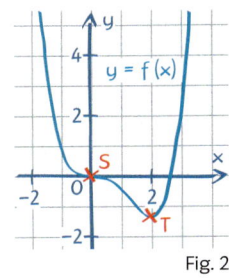
Fig. 2

Aufgaben

1 Bestimmen Sie die Hoch-, Tief- und Sattelpunkte des Graphen von f mithilfe der Ableitung.
a) $f(x) = x^2 - 6x + 11$
b) $f(x) = 3x^2 - 2x + 1$
c) $f(x) = -2x^2 - 11x + 15$

2 Bestimmen Sie die Hoch-, Tief- und Sattelpunkte des Graphen von f mithilfe der Ableitung.
a) $f(x) = x^3 - 2x$
b) $f(x) = x^3 - 2x - 5$
c) $f(x) = 3x^3$
d) $f(x) = \frac{1}{4}x^4 - \frac{1}{4}x^3 - x^2$
e) $f(x) = -\frac{1}{4}x^4 + x^3 - 4$
f) $f(x) = (x^2 - 1)^2$

3 Lesen Sie in Fig. 3 die Koordinaten der Hoch-, Tief- und Sattelpunkte von f ab. Beschreiben Sie jeweils, wie sich das Vorzeichen der Ableitung in der Nachbarschaft dieser Punkte ändert.

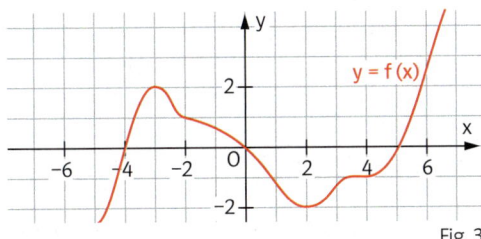
Fig. 3

4 Bestimmen Sie alle Hoch- und Tiefpunkte des Graphen von f mithilfe der Ableitung. Berechnen Sie zusätzlich die Koordinaten geeigneter Punkte und skizzieren Sie einen Graphen von f in Ihr Heft.
a) $f(x) = x^2 - 2x$
b) $f(x) = x^2 + 2x + 1$
c) $f(x) = x^3 + x$
d) $f(x) = x^3 - 4x$
e) $f(x) = x^3 - 3x^2$
f) $f(x) = x + \frac{1}{x}$

III Extrem- und Wendepunkte

5 Gegeben ist die Ableitung f' der Funktion f. Bestimmen Sie die x-Koordinaten aller Punkte, in denen der Graph von f eine waagerechte Tangente besitzt. Liegt ein Hoch-, Tief- oder Sattelpunkt vor?
a) $f'(x) = 3x + 2$
b) $f'(x) = x^2 + x - 6$
c) $f'(x) = x^3 - 3x$

Zeit zu überprüfen

6 Bestimmen Sie alle Hoch-, Tief- und Sattelpunkte des Graphen von f mithilfe der Ableitung. Zeichnen Sie den Graphen von f.
a) $f(x) = x^2 + 2x$
b) $f(x) = x^4 - 4x^3 + 4x^2$
c) $f(x) = \frac{1}{2}x^3 - 3x + 2$

7 In Fig. 1 ist der Graph der Ableitung f' der Funktion f skizziert.
Geben Sie die x-Koordinaten der Hoch-, Tief- und Sattelpunkte des Graphen von f an.

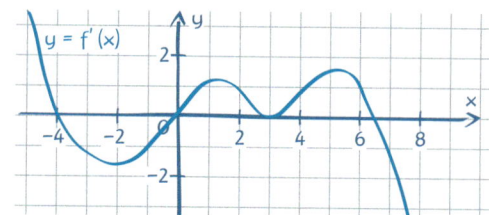
Fig. 1

8 Skizzieren Sie mit den angegebenen Eigenschaften einen möglichen Graphen von f.
a) Der Graph von f hat den Hochpunkt $H(-2|3)$ und den Tiefpunkt $T(2|-3)$.
b) Der Graph von f hat den Tiefpunkt $T(-1|-4)$, den Sattelpunkt $S(1|0)$ und den Hochpunkt $H(3|5)$.
c) Der Graph von f besitzt weder Hoch- noch Tiefpunkte, aber genau zwei Sattelpunkte.
d) Der Graph von f besitzt genau zwei Hochpunkte und genau einen Tiefpunkt.

9 In Fig. 2 ist der Graph der Funktion f gegeben.
a) Geben Sie näherungsweise die Koordinaten der Hoch-, Tief- und Sattelpunkte von f an.
b) Skizzieren Sie aufgrund der in Teilaufgabe a) gefundenen Punkte den Graphen der Ableitungsfunktion von f in Ihr Heft.

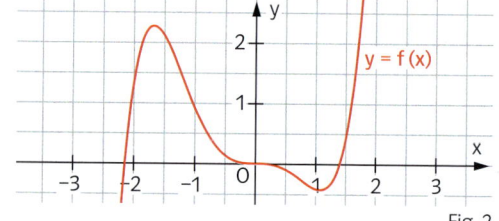
Fig. 2

10 Die Gefäße aus Fig. 3 werden gleichmäßig mit Wasser befüllt.
a) Bei welchen Füllhöhen besitzt die Steiggeschwindigkeit des Wasserpegels im Gefäß ein lokales Maximum oder Minimum?
b) Skizzieren Sie jeweils einen Graphen für die Steiggeschwindigkeit des Wasserpegels in Abhängigkeit von der Füllhöhe.

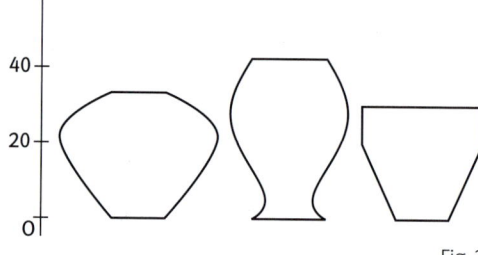
Fig. 3

Zeit zu wiederholen

11 Die Spitze eines Turmes wird aus einer horizontalen Entfernung von 25 m unter einem Winkel von 57° gemessen.
a) Wie hoch ist der Turm?
b) Unter welchem Winkel sieht man von dem Messpunkt aus ein Turmfenster in halber Turmhöhe? Kann man die Aufgabe lösen, ohne die horizontale Entfernung 25 m zu kennen?

4 Die Bedeutung der zweiten Ableitung

Die Grafik stellt die Umsatzzahlen eines Unternehmens in zwei verschiedenen Regionen dar. Obwohl der Umsatz in beiden Gebieten gesteigert werden konnte, ist die Konzernleitung nur mit einer der beiden Umsatzkurven zufrieden.
Schreiben Sie einen kurzen Brief an die beiden Regionalleiter.

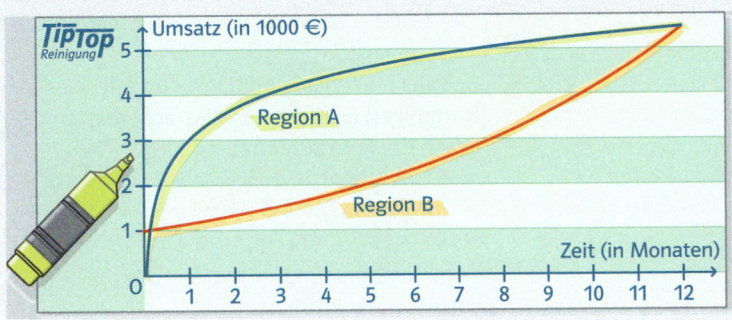

Die erste Ableitung lässt sich als momentane Änderungsrate oder geometrisch als Steigung interpretieren. Gibt es solche Interpretationen auch bei der zweiten Ableitung?

Streng monoton wachsende Funktionen können unterschiedliche Zunahmen aufweisen: gleichmäßige Zunahme, der Graph verläuft linear; immer stärkere Zunahme, der Graph von f ist eine **Linkskurve** (Fig. 1); oder immer schwächere Zunahme, der Graph von f ist eine **Rechtskurve** (Fig. 2). Sowohl Fig. 1 als auch Fig. 2 zeigen jeweils einen streng monoton wachsenden Graphen.

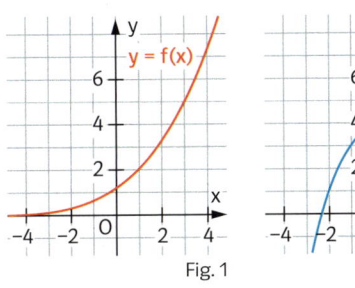

Fig. 1   Fig. 2

Vergleicht man die Graphen der zugehörigen Ableitungsfunktionen, so sind diese streng monoton wachsend (Fig. 3) oder streng monoton fallend (Fig. 4). Anhand dieser Eigenschaft kann man die Begriffe Links- und Rechtskurve definieren.

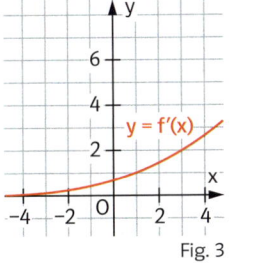 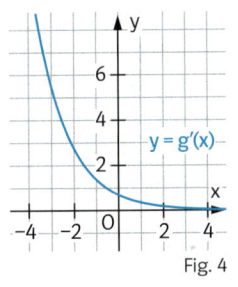

Fig. 3   Fig. 4

> **Definition:** Die Funktion f sei auf einem Intervall I definiert und differenzierbar.
> Wenn f' auf I streng monoton wachsend ist, dann ist der Graph von f in I eine **Linkskurve**;
> wenn f' auf I streng monoton fallend ist, dann ist der Graph von f in I eine **Rechtskurve**.

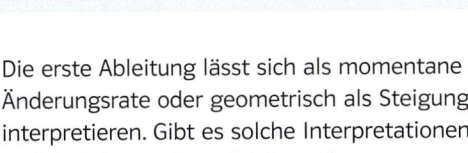

Fig. 5

Nach dem Monotoniesatz gilt: Wenn $(f')'(x) = f''(x) > 0$ in einem Intervall I ist, dann ist f' streng monoton wachsend auf I. Deshalb lässt sich mithilfe des Monotoniesatzes das Krümmungsverhalten eines Graphen mit der zweiten Ableitung f'' bestimmen.

Krümmungsverhalten meint: Ist der Graph eine Links- oder eine Rechtskurve?

> **Satz:** Die Funktion f sei auf einem Intervall I definiert und zweimal differenzierbar.
> Wenn $f''(x) > 0$ auf I ist, dann ist der Graph von f in I eine Linkskurve.
> Wenn $f''(x) < 0$ auf I ist, dann ist der Graph von f in I eine Rechtskurve.

III Extrem- und Wendepunkte

Die Umkehrung des Satzes gilt nicht, wie das folgende Beispiel zeigt: Der Graph der Funktion $f(x) = x^4$ ist eine Linkskurve, da die Ableitung f' mit $f'(x) = 4x^3$ streng monoton wachsend ist. f'' mit $f''(x) = 12x^2$ ist aber nicht für alle x aus $\mathbb{R}$ größer 0, denn es gilt: $f''(0) = 0$.

Beispiel Intervalle mit Links- und Rechtskurve
Bestimmen Sie die Intervalle, auf welchen der Graph der Funktion f mit $f(x) = x^3 - 3x^2 + 1$ eine Links- bzw. Rechtskurve ist.
- Lösung: $f'(x) = 3x^2 - 6x$ und $f''(x) = 6x - 6 = 6(x-1)$.
Es gilt: $f''(x) < 0$ für $x < 1$; der Graph von f ist eine Rechtskurve für $x \leq 1$;
$f''(x) > 0$ für $x > 1$; der Graph von f ist eine Linkskurve für $x \geq 1$.

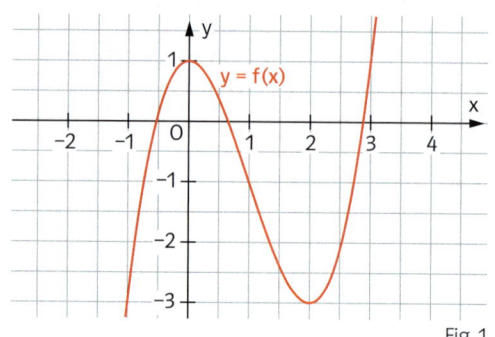
Fig. 1

Aufgaben

1 Zeigen Sie mithilfe der zweiten Ableitung,
a) dass der Graph von f mit $f(x) = x^2$ eine Linkskurve ist,
b) dass der Graph von g mit $g(x) = -4x^2$ eine Rechtskurve ist,
c) dass der Graph von h mit $h(x) = x^3 + 3x^2 + 1$ eine Linkskurve für $x > 1$ ist.

2 Fig. 2 zeigt den Graphen einer Funktion f.
a) Geben Sie mithilfe der Stellen x_1 bis x_7 die Intervalle an, in denen der Graph eine Links- bzw. eine Rechtskurve ist.
b) Der in Fig. 2 dargestellte Graph der Funktion f hat die Gleichung $f(x) = \frac{1}{12}x^4 - \frac{9}{8}x^2$. Überprüfen Sie Ihre Aussagen rechnerisch.

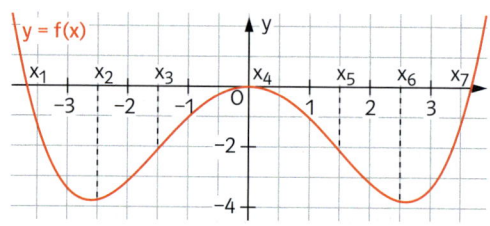
Fig. 2

3 Zeichnen Sie den Graphen einer Funktion f, für den gilt:
a) der Graph von f ist eine Linkskurve und f ist streng monoton wachsend,
b) der Graph von f ist eine Rechtskurve und f ist streng monoton wachsend.

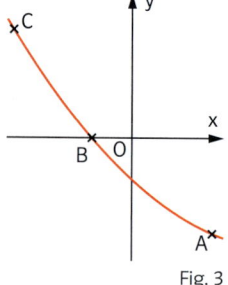
Fig. 3

Obwohl f' streng monoton wachsend ist, kann f trotzdem streng monoton fallen! Können Sie andere Funktionsgraphen mit dieser Eigenschaft skizzieren?

4 Gegeben ist der Graph einer Funktion f. Notieren Sie, ob $f(x)$, $f'(x)$ und $f''(x)$ in den markierten Punkten positiv, negativ oder null ist.

a)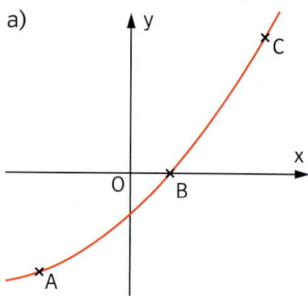
Fig. 4

b)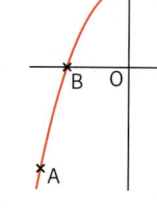
Fig. 5

c)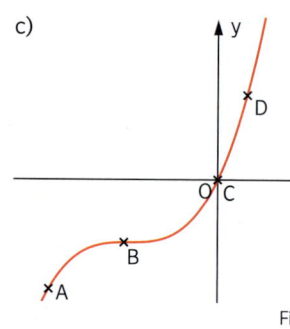
Fig. 6

5 Geben Sie mithilfe der zweiten Ableitung jeweils die Intervalle an, in denen der Graph der Funktion f eine Links- bzw. Rechtskurve ist.
a) $f(x) = \frac{1}{4}x^4 + 3x^2 - 2$ b) $f(x) = x^3 - 3x^2 - 9x - 5$ c) $f(x) = x^3 - 4x^2 - x + 4$

6 a) Skizzieren Sie die Graphen der Funktionen f und g mit $f(x) = (x + 1)^3 - 1$ und $g(x) = (x - 1)^4 + 2$. Beschreiben Sie das Krümmungsverhalten von f und g.
b) Gegeben ist der Graph der Funktion f in Fig. 1. Skizzieren Sie den Graphen der Ableitungsfunktion f' sowie der zweiten Ableitungsfunktion f'' in Ihr Heft.

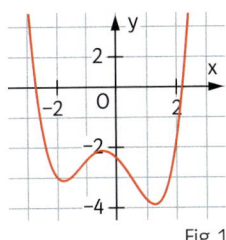
Fig. 1

7 In Fig. 2 ist der Graph der Funktion f gegeben. An welchen der markierten Stellen ist
a) f'(x) am größten bzw. am kleinsten,
b) f(x) am größten bzw. am kleinsten?

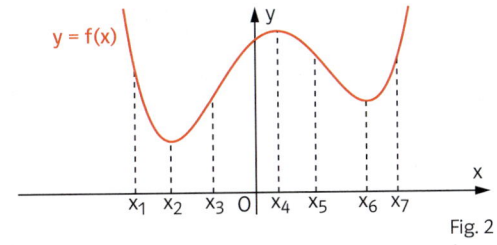
Fig. 2

Zeit zu überprüfen

8 a) In welchen Intervallen ist der Graph in Fig. 3 eine Linkskurve?
b) Es ist $f(x) = \frac{1}{3}x^3 - x^2 - x + 1\frac{2}{3}$. Überprüfen Sie rechnerisch auf Links- bzw. Rechtskurve.

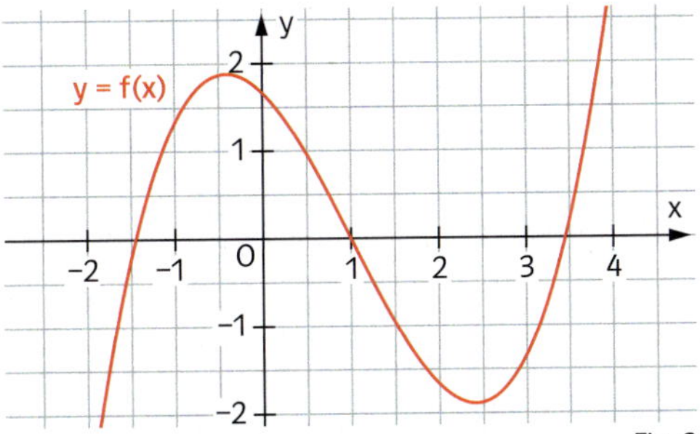

9 In welchem Intervall ist der Graph von f eine Links-, in welchem eine Rechtskurve?
a) $f(x) = x^3$
b) $f(x) = (x - 2)^3 + 1$
c) $f(x) = x^4 - 6x^2 + x - 1$

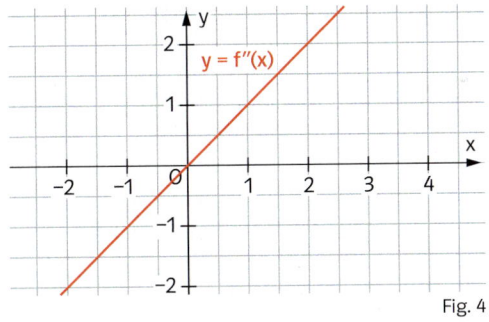
Fig. 3

◎ CAS
Graph und
Ableitungsfunktion

10 Skizzieren Sie den Graphen einer Funktion f, sodass für alle x gilt: $f(x) > 0$, $f'(x) < 0$ und $f''(x) > 0$.

◎ CAS
Physikalische
Anwendung

11 Gegeben ist der Graph der zweiten Ableitung f'' einer Funktion f (Fig. 4). Welche der folgenden Aussagen sind wahr? Begründen Sie Ihre Antwort.
a) f' ist streng monoton wachsend.
b) $f'(x) \geq 0$ für alle x.
c) Der Graph von f ist für $x > 0$ eine Linkskurve.
d) Der Graph von f' ist für $x > 0$ eine Linkskurve.

Fig. 4

◎ CAS
Trigonometrische
Funktion

12 Die folgenden Aussagen sind alle falsch. Finden Sie geeignete Gegenbeispiele.
a) Wenn f' streng monoton wachsend ist, dann ist auch f streng monoton wachsend.
b) Wenn der Graph von f eine Rechtskurve auf I ist, dann gilt für alle $x \in I$: $f''(x) < 0$.
c) Wenn $f'(x_0) = 0$ ist, dann gilt: $f''(x_0) > 0$ oder $f''(x_0) < 0$.

13 Eine Funktion f hat die folgenden Eigenschaften: f ist streng monoton wachsend, der Graph von f ist eine Rechtskurve, $f(5) = 2$ und $f'(5) = 0{,}5$.
a) Skizzieren Sie einen möglichen Graphen von f.
b) Wie viele Schnittpunkte mit der x-Achse hat der Graph von f maximal? Begründen Sie.
c) Formulieren Sie eine Aussage zur Anzahl der Minima bzw. Maxima der Funktion f.
d) Kann $f'(1) = 1$ gelten?

5 Hoch- und Tiefpunkte, zweites Kriterium

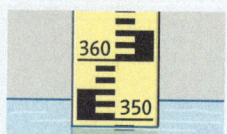

An welchem Tag könnte dieser Wasserstand gewesen sein?

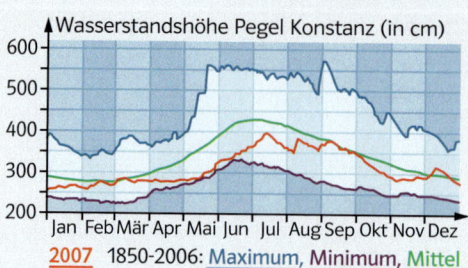

Der Pegel des Bodensees variiert. In Konstanz können der aktuelle Pegelstand und die Kurve des mittleren Wasserstandes (grün) abgelesen werden. Interpretieren Sie die Kurve des mittleren Wasserstandes im Hinblick auf größte und kleinste Werte. Wie hängen Krümmungsverhalten und Extremwerte zusammen?

Die x-Koordinate eines Hoch- oder Tiefpunktes nennt man **Extremstelle**, die y-Koordinate heißt **Extremwert**.

Notwendige Bedingung heißt, diese Bedingung muss immer erfüllt sein.

Hinreichende Bedingung heißt, diese Bedingung reicht aus, um die Extremstelle zu bestimmen, muss aber nicht immer erfüllt sein.

Zur Bestimmung einer lokalen Extremstelle einer Funktion f wurde bisher die erste Ableitung f′ verwendet. Eine lokale Extremstelle entspricht beim Graphen von f der x-Koordinate eines Hoch- oder Tiefpunktes.
Zur Bestimmung von Extremstellen ist bisher bekannt:
1. Notwendige Bedingung: Wenn f bei x_0 eine Extremstelle hat, dann ist $f'(x_0) = 0$.
2. Erste hinreichende Bedingung: Wenn $f'(x_0) = 0$ ist und f′ an der Stelle x_0 einen Vorzeichenwechsel (**VZW**) von − nach + hat, dann hat f an der Stelle x_0 ein Minimum (Entsprechendes gilt für ein Maximum).

Die Anwendung dieses Kriteriums ist oft umständlich, weil man sich bei der Untersuchung nicht auf die Stelle x_0 beschränken kann. In Fig. 1 erkennt man: Ist $f'(x_0) = 0$ und der Graph von f in der Umgebung von x_0 eine Rechtskurve, so hat f an der Stelle x_0 ein lokales Maximum. Ist der Graph von f eine Linkskurve, so hat f an der Stelle x_2 ein lokales Minimum. Da das Krümmungsverhalten mittels der zweiten Ableitung bestimmt werden kann, hat man ein zweites Kriterium zur Bestimmung von Extremstellen gefunden.

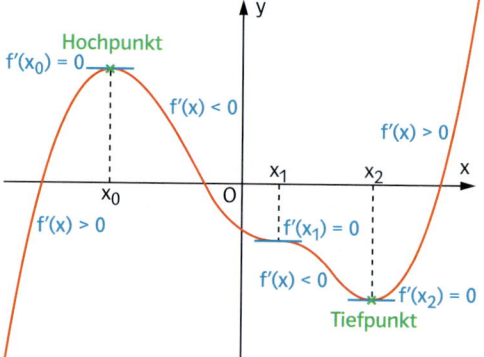

Fig. 1

Satz: Zweite hinreichende Bedingung zur Bestimmung von Extremstellen
Die Funktion f sei auf einem Intervall I = [a; b] beliebig oft differenzierbar und $x_0 \in (a; b)$.
Wenn $f'(x_0) = 0$ und $f''(x_0) < 0$ ist, dann hat f an der Stelle x_0 ein lokales **Maximum** $f(x_0)$.
Wenn $f'(x_0) = 0$ und $f''(x_0) > 0$ ist, dann hat f an der Stelle x_0 ein lokales **Minimum** $f(x_0)$.

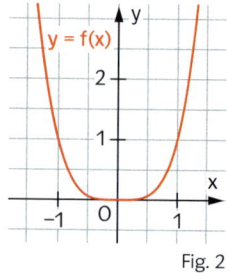

Fig. 2

$f(x) = x^4$
Zweite hinreichende Bedingung ist nicht erfüllt, erste hinreichende Bedingung ist erfüllt.

Bei der Bestimmung lokaler Extremstellen einer Funktion f kann man so vorgehen:
1. Man bestimmt f′ und f″.
2. Man untersucht, für welche Stellen x_0 gilt: $f'(x_0) = 0$.
3. Gilt $f'(x_0) = 0$ und $f''(x_0) < 0$, so hat f an der Stelle x_0 ein lokales Maximum $f(x_0)$.
Gilt $f'(x_0) = 0$ und $f''(x_0) > 0$, so hat f an der Stelle x_0 ein lokales Minimum $f(x_0)$.
Gilt $f'(x_0) = 0$ und $f''(x_0) = 0$, so wendet man die erste hinreichende Bedingung an:
Hat f′ in einer Umgebung von x_0 einen VZW von + nach −, so hat f an der Stelle x_0 ein lokales Maximum $f(x_0)$;
hat f′ in einer Umgebung von x_0 einen VZW von − nach +, so hat f an der Stelle x_0 ein lokales Minimum $f(x_0)$.

Wenn bei einer Funktion f an einer Stelle x_0 keines der hinreichenden Kriterien erfüllt ist, kann nicht ohne Weiteres geschlossen werden, dass keine Extremstelle vorliegt. Dies zeigt die konstante Funktion f mit $f(x) = 1$ in Fig. 1. Hier ist kein hinreichendes Kriterium erfüllt, obwohl f an jeder Stelle x_0 eine Extremstelle hat.

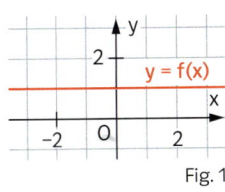

Fig. 1

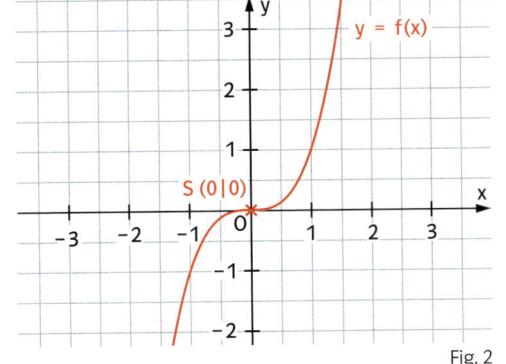

Fig. 2

Es wird die Anwendung des zweiten Kriteriums bei einem Sattelpunkt untersucht. In Fig. 2 ist der Graph der Funktion f mit $f(x) = x^3$ und der Sattelpunkt $S(0|0)$ abgebildet. Es ist $f'(x) = 3x^2$ und $f''(x) = 6x$. An der Stelle $x_0 = 0$ ist $f'(0) = 0$. Die hinreichende Bedingung des zweiten Kriteriums ist somit nicht erfüllt.

Beispiel 1 Bestimmen aller Extremwerte
Gegeben ist die Funktion f mit $f(x) = -\frac{1}{8}x^4 - \frac{1}{3}x^3 + 1$.
a) Bestimmen Sie die Extremwerte von f.
b) Die Funktion f hat an den Stellen $x_1 = -3$ und $x_2 = 1,3$ Nullstellen. Skizzieren sie den Graphen von f.

■ Lösung: a) $f'(x) = -\frac{1}{2}x^3 - x^2$; $f''(x) = -\frac{3}{2}x^2 - 2x$. $f'(x) = 0$ liefert $x^2 \cdot \left(-\frac{1}{2}x - 1\right) = 0$; somit sind $x_1 = -2$ und $x_2 = 0$ mögliche Extremstellen.
Untersuchung für $x_1 = -2$:
Es ist $f''(-2) = -2 < 0$; somit ist $H(-2|f(-2))$ bzw. $H\left(-2|1\frac{2}{3}\right)$ ein Hochpunkt.
Untersuchung für $x_2 = 0$:
Da $f''(0) = 0$ ist, wird f' auf Vorzeichenwechsel an der Stelle $x_2 = 0$ untersucht:

x nahe $x_2 = 0$ und $x < x_2$: x nahe $x_2 = 0$ und $x > x_2$:
$x^2 > 0$; $-\frac{1}{2}x - 1 < 0$; also $x^2 \cdot \left(-\frac{1}{2}x - 1\right) < 0$. $x^2 > 0$; $-\frac{1}{2}x - 1 < 0$; also $x^2 \cdot \left(-\frac{1}{2}x - 1\right) < 0$.

Da $f'(x) < 0$ für $x < x_2$ und $x > x_2$, ist $P(0|f(0))$ bzw. $P(0|1)$ kein Extrempunkt.
b) Man zeichnet in ein Koordinatensystem folgenden Punkte ein:
Die Nullstellen $N_1(-3|0)$ und $N_2(1,3|0)$; den Hochpunkt $H(-2|1,7)$; den Sattelpunkt $P(0|1)$.
Die Punkte H und P sind die einzigen mit waagerechter Tangente.
Fig. 3 zeigt einen Graphen von f.

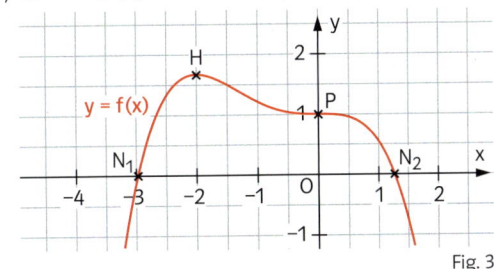

Fig. 3

Beispiel 2 Eigenschaften von Funktionen
In Fig. 4 sehen Sie den Graphen der Ableitungsfunktion f' einer differenzierbaren Funktion f. Welche der folgenden Aussagen über die Funktion f sind wahr, welche falsch? Begründen Sie Ihre Antwort.
a) Für $-2 < x < 2$ ist f monoton wachsend.
b) Für $-2 < x < 2$ gilt $f''(x) > 0$.
c) Der Graph von f ist symmetrisch zur y-Achse.
d) Der Graph von f hat im abgebildeten Bereich drei Extremstellen.

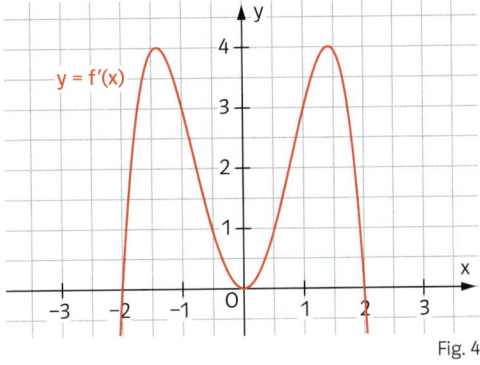

Fig. 4

CAS
Varianten, ein Extremum zu bestimmen

■ **Lösung:** a) Wahr: Für $-2 < x < 2$ ist $f'(x) \geq 0$, somit ist f monoton wachsend.
b) Falsch: Im Bereich $-2 < x < 2$ müsste dann der Graph von f' streng monoton wachsen.
c) Falsch: Da der Graph von f im Bereich $-2 < x < 2$ monoton wachsend ist, kann er nicht symmetrisch zur y-Achse sein.
d) Falsch: Die Stellen mit $f'(x) = 0$ sind Kandidaten für Extremstellen. An den Stellen $x_1 = -2$ und $x_3 = 2$ wechselt f' das Vorzeichen, es liegen Extremstellen vor. Bei $x_2 = 0$ gilt: $f'(x_2) = 0$, links und rechts von x_2 ist f' aber positiv. Es liegt keine Extremstelle vor.

Aufgaben

1 Ermitteln Sie die Extremwerte der Funktion f. Verwenden Sie für die hinreichende Bedingung die zweite Ableitung.
a) $f(x) = x^2 - 5x + 5$
b) $f(x) = 2x - 3x^2$
c) $f(x) = x^3 - 6x$
d) $f(x) = x^4 - 4x^2 + 3$
e) $f(x) = \frac{4}{5}x^5 - \frac{10}{3}x^3 + \frac{9}{4}x$
f) $f(x) = 3x^5 - 10x^3 - 45x + 15$

2 Ermitteln Sie die Extremwerte der Funktion f.
a) $f(x) = x^4 - 6x^2 + 1$
b) $f(x) = x^5 - 5x^4 - 2$
c) $f(x) = x^3 - 3x^2 + 1$
d) $f(x) = x^4 + 4x + 3$
e) $f(x) = 2x^3 - 9x^2 + 12x - 4$
f) $f(x) = (x^2 - 1)^2$

3 Ermitteln Sie die Extremstellen der Funktion f. Versuchen Sie den Nachweis mit beiden hinreichenden Bedingungen zu führen. Gelingt dies immer? Welches Kriterium ist universeller?
a) $f(x) = x^4$
b) $f(x) = x^5$
c) $f(x) = x^5 - x^4$
d) $f(x) = x^4 - x^3$
e) $f(x) = -x^6 + x^4$
f) $f(x) = -3x^5 + 4x^3 + 2$

4 Geben Sie mindestens eine Funktion an, die
a) ganzrational vom Grad zwei ist und genau ein lokales Minimum besitzt,
b) ganzrational vom Grad zwei ist und genau ein lokales Maximum besitzt,
c) ganzrational vom Grad vier ist und genau ein lokales Maximum hat,
d) ganzrational vom Grad vier ist und genau ein lokales Minimum besitzt,
e) unendlich viele Minima hat,
f) keine Extremstellen besitzt.

5 Gegeben ist der Graph der Ableitungsfunktion f' einer Funktion f (Fig. 1). Welche der folgenden Aussagen sind wahr, welche falsch? Begründen Sie Ihre Antwort.
a) f hat im Bereich $-3,2 < x < 3$ zwei lokale Extremwerte.
b) f ist im Bereich $-3 < x < 3$ monoton fallend.
c) Der Graph von f hat an der Stelle $x = 1,5$ einen Punkt mit waagerechter Tangente, der weder Hoch- noch Tiefpunkt ist.
d) Der Graph von f ändert an der Stelle $x = 0$ sein Krümmungsverhalten.
e) f'' hat im Bereich $-3 \leq x \leq 3$ genau eine Nullstelle.

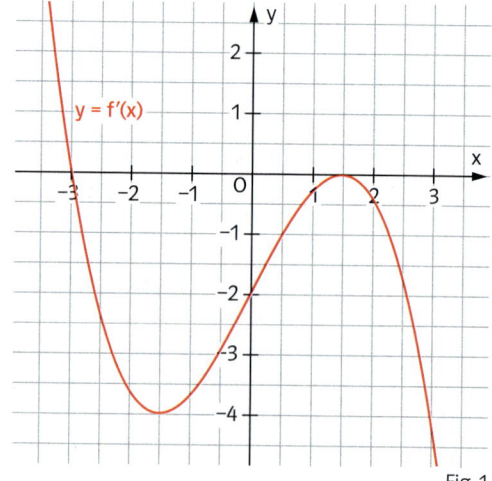

Fig. 1

Zeit zu überprüfen

6 Bestimmen Sie die Extremstellen der Funktion f.
a) $f(x) = 2x^3 - 3x^2 + 1$ b) $f(x) = 2x^3 - 9x^2 + 12x - 4$ c) $f(x) = (x-2)^2$

7 Gegeben ist der Graph der Ableitungsfunktion f' einer Funktion f (Fig. 1).
a) Welche Aussagen können Sie über die Funktion f hinsichtlich Monotonie und Extremstellen machen?
b) Skizzieren Sie den Graphen von f".

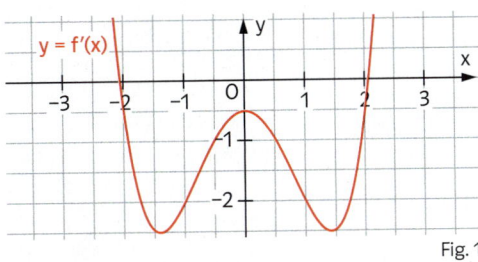

Fig. 1

8 Begründen Sie, dass für jede ganzrationale Funktion f gilt:
a) Ist f vom Grad zwei, so hat f genau eine Extremstelle.
b) Ist der Grad von f gerade, so hat f mindestens eine Extremstelle.
c) Wenn f drei verschiedene Extremstellen hat, so ist der Grad von f mindestens vier.
d) Eine ganzrationale Funktion f vom Grad n hat höchstens n − 1 Extremstellen.

9 Begründen oder widerlegen Sie.
a) Der Graph einer konstanten Funktion hat unendlich viele Tiefpunkte.
b) Der Graph einer ganzrationalen Funktion vom Grad drei hat Intervalle mit einer Linkskurve und solche mit einer Rechtskurve.
c) Der Graph einer ganzrationalen Funktion vom Grad fünf hat immer vier Extrempunkte.

10 Geben Sie je ein Beispiel für eine Funktion f an, die ein lokales Maximum $f(x_0)$ an der Stelle $x_0 = 2$ hat, welches man
a) mit dem zweiten Kriterium nachweisen kann,
b) nicht mit dem zweiten Kriterium, aber dem VZW-Kriterium nachweisen kann,
c) weder mit dem zweiten noch dem VZW-Kriterium nachweisen kann.

11 Fig. 2 zeigt das Geschwindigkeits-Zeit-Diagramm bei einer Busfahrt.
a) Woran erkennt man zum Beispiel als stehender Fahrgast, ob die Geschwindigkeit des Busses zunimmt oder abnimmt?
b) Wie werden die Zeitpunkte wahrgenommen, an denen im Geschwindigkeits-Zeit-Diagramm ein Hoch-, Tief- oder ein Sattelpunkt liegt?

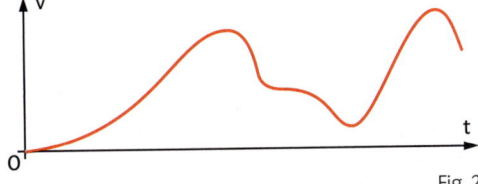

Fig. 2

12 Der Graph in Fig. 3 zeigt die Position eines Körpers relativ zum Startpunkt auf einer geraden Bahn.
a) Welche anschauliche Bedeutung haben Hoch-, Tief und Sattelpunkte?
b) Was bedeutet es für den Körper, wenn die Änderungsrate s' > 0 bzw. s' < 0 ist?
c) Zu welchen Zeitpunkten befindet sich der Körper wieder am Ausgangspunkt?

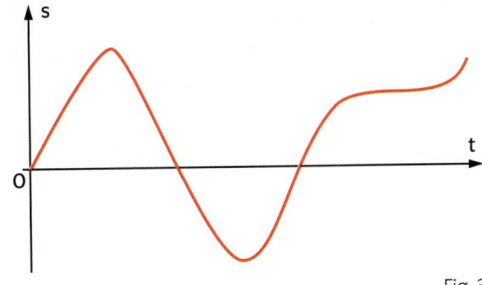

Fig. 3

6 Kriterien für Wendepunkte

Fährt man die abgebildete Küstenstraße mit dem Motorrad entlang, so befindet man sich abwechselnd in einer Links- beziehungsweise Rechtskurve. Beschreiben Sie eine Fahrt entlang eines Streckenabschnitts. Kann man anhand des Streckenverlaufs voraussagen, wann das Motorrad nach links bzw. nach rechts oder gar nicht geneigt sein wird?

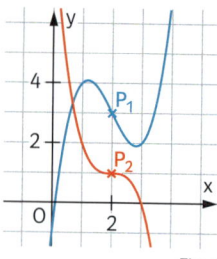

Fig. 1

Außer Null- und Extremstellen haben Funktionen oft weitere charakteristische Stellen, z. B. solche, an denen sich das Krümmungsverhalten des Graphen der Funktion ändert. Der blaue Graph wechselt bei P_1 von einer Rechts- in eine Linkskurve, der rote Graph bei P_2 von einer Links- in eine Rechtskurve (Fig. 1).

Definition: Die Funktion f sei auf einem Intervall I definiert, differenzierbar und x_0 sei eine innere Stelle im Intervall I.
Eine Stelle x_0, bei der der Graph von f von einer Linkskurve in eine Rechtskurve übergeht oder umgekehrt, heißt **Wendestelle** von f.
Der zugehörige Punkt $W(x_0 | f(x_0))$ heißt **Wendepunkt** des zugehörigen Graphen.

Nicht in allen Fällen kann man von einer Extremstelle von f' auf eine Wendestelle von f schließen – bei den in der Schule untersuchten Funktionen aber schon.

Die Graphen in Fig. 2 legen für die Stelle $x_0 = 2$ nahe:
Wendestellen von f entsprechen den Extremstellen von f'. Die Bedingungen für Extremstellen von f lassen sich übertragen auf Extremstellen von f' und damit auf Wendestellen von f.

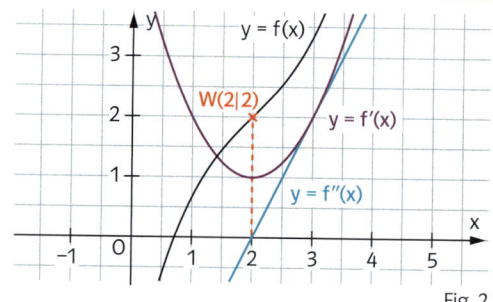

Fig. 2

Satz: Die Funktion f sei auf einem Intervall I beliebig oft differenzierbar und x_0 eine innere Stelle im Intervall I.
1. Wenn $f''(x_0) = 0$ und f'' in der Umgebung von x_0 einen Vorzeichenwechsel hat, dann hat f an der Stelle x_0 eine Wendestelle.
2. Wenn $f''(x_0) = 0$ und $f'''(x_0) \neq 0$ ist, dann hat f an der Stelle x_0 eine Wendestelle.

Fig. 3

Ein Wendepunkt mit waagerechter Tangente wie P_2 (Fig. 3) ist ein **Sattelpunkt**. Die Tangente an den Graphen der Funktion in einem Wendepunkt wie in P_1 (Fig. 3) heißt **Wendetangente**.

74 III Extrem- und Wendepunkte

Beispiel 1 Wendepunktbestimmung mit f'''
Gegeben ist die Funktion f mit $f(x) = x^3 + 3x^2 + x$.
a) Bestimmen Sie den Wendepunkt des Graphen von f ohne Verwendung des GTR. Skizzieren Sie den Graphen der Funktion.
b) Zeichnen Sie die Tangente an den Graphen von f im Wendepunkt.
◼ Lösung: a) Es ist $f'(x) = 3x^2 + 6x + 1$;
$f''(x) = 6x + 6$ und $f'''(x) = 6$.
Die Bedingung $f''(x) = 0$ liefert $x_1 = -1$.
Da $f'''(-1) = 6$ ($\neq 0$), ist $x_1 = -1$ eine Wendestelle und $W(-1|f(-1))$ bzw. $W(-1|1)$ ein Wendepunkt (Skizze in Fig. 1).
b) Fig. 1: Steigung der Tangente $f'(-1) = -2$.

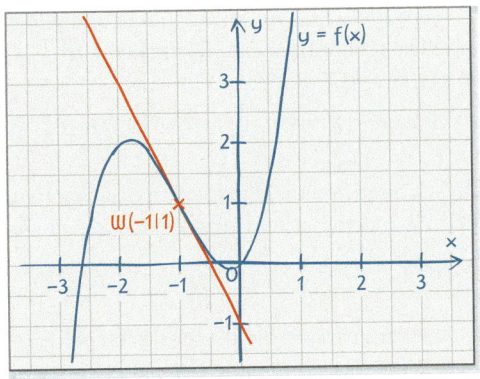
Fig. 1

Beispiel 2 Der Fall $f''(x_0) = 0$ und $f'''(x_0) = 0$
Untersuchen Sie, ob die Funktion f mit $f(x) = 3x^5 - 5x^4$ an der Stelle $x_0 = 0$ eine Wendestelle hat.
◼ Lösung: Ableitungen: $f'(x) = 15x^4 - 20x^3$;
$f''(x) = 60x^3 - 60x^2$ und
$f'''(x) = 180x^2 - 120x$.
Da $f''(0) = 0$ und $f'''(0) = 0$, wird $f''(x) = 60x^2 \cdot (x - 1)$ auf Vorzeichenwechsel an der Stelle $x_0 = 0$ untersucht:

x nahe $x_0 = 0$ und $x < x_0$:   x nahe $x_0 = 0$ und $x > x_0$:
$60x^2 > 0$; $x - 1 < 0$; also $60x^2 \cdot (x - 1) < 0$. $60x^2 > 0$; $x - 1 < 0$; also $60x^2 \cdot (x - 1) < 0$.

Da kein Vorzeichenwechsel vorliegt, ändert sich das Krümmungsverhalten des Graphen von f nicht und an der Stelle $x_0 = 0$ liegt keine Wendestelle vor.

Beispiel 3 Bestimmung von Wendestellen mit dem GTR
Die Menge eines Medikaments im Blut eines Patienten wird durch die Funktion f mit $f(t) = \frac{2t}{8 + t^3}$; $t \geq 0$ (t in Stunden nach der Verabreichung, f(t) in Milliliter) beschrieben.

◎ CAS
Nachweis Wendestelle

a) Wie hoch ist die maximale Menge im Blut?
b) Wann findet der stärkste Abbau des Medikaments statt? Wie stark ist dann die momentane Abnahme?
◼ Lösung: a) Der GTR liefert das Maximum an der Stelle $t \approx 1{,}59$. Die maximale Menge beträgt ca. 0,26 ml (Fig. 3).
b) *Gesucht ist eine Stelle, an der die Steigung minimal ist*. Der Graph der ersten Ableitung (Fig. 3, fett) hat ein lokales Minimum an der Stelle $x \approx 2{,}52$.
Der stärkste Abbau des Medikaments findet circa zweieinhalb Stunden nach der Verabreichung statt. Die Abnahmestärke entspricht der Steigung der Tangente im Wendepunkt: $f'(2{,}52) \approx -0{,}08$.
Die momentane Abnahme beträgt dann $0{,}08 \frac{ml}{h}$.

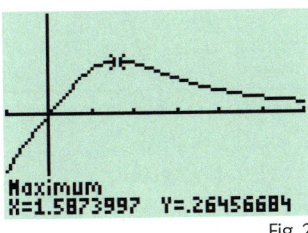
Fig. 2

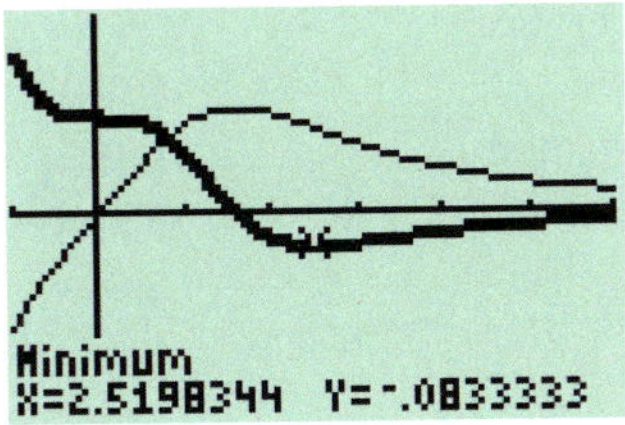

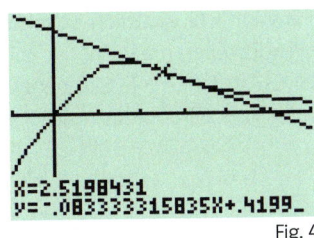
Fig. 3

Fig. 4

Aufgaben

Reihenfolge bei der Untersuchung auf Wendestellen:
1. Suchen der Stellen x_0 mit $f''(x_0) = 0$.
2. Gilt darüber hinaus $f'''(x_0) \neq 0$ oder hat f'' an der Stelle x_0 einen VZW, so liegt bei x_0 eine Wendestelle vor.

1 Ermitteln Sie die Wendepunkte und geben Sie die Intervalle an, in denen der Graph von f eine Linkskurve bzw. eine Rechtskurve ist.
a) $f(x) = x^3 + 2$
b) $f(x) = 4 + 2x - x^2$
c) $f(x) = x^4 - 12x^2$
d) $f(x) = x^5 - x^4 + x^3$
e) $f(x) = \frac{1}{30}x^6 - \frac{1}{2}x^2$
f) $f(x) = x^3 \cdot (2 + x)$

2 Geben Sie die Wendepunkte des Graphen von f an. Bestimmen Sie die Steigung der Tangente im Wendepunkt und entscheiden Sie, ob ein Sattelpunkt vorliegt.
a) $f(x) = x^3 + x$
b) $f(x) = x^3 + 3x^2 + 3x$
c) $f(x) = x^4 - 4x^3 + \frac{9}{2}x^2 - 2$

3 Bestimmen Sie die Wendestellen der Funktion f und die Extremstellen der Funktion g. Begründen Sie, warum die berechneten Stellen übereinstimmen.
a) $f(x) = x^3 + 2x^2$, $g(x) = 3x^2 + 2x$
b) $f(x) = -x^3 - 2x$, $g(x) = -3x^2 - 2$

4 Bestimmen Sie die Wendestellen der Funktion f.
a) $f(x) = x^5$
b) $f(x) = 3x^4 - 4x^3$
c) $f(x) = \frac{1}{60}x^6 - \frac{1}{10}x^5 + \frac{1}{6}x^4$

5 Gegeben ist der Graph der zweiten Ableitungsfunktion f'' einer Funktion f (Fig. 1). Welche der folgenden Aussagen sind wahr, welche falsch? Begründen Sie Ihre Antwort.
a) Der Graph von f ist im Bereich $-0{,}3 < x < 2$ eine Rechtskurve.
b) Der Graph von f hat an der Stelle $x = 2$ eine Wendestelle.
c) Der Graph von f hat an der Stelle $x = 0$ einen Sattelpunkt.
d) Der Graph von f ändert an der Stelle $x = 0{,}8$ sein Krümmungsverhalten.

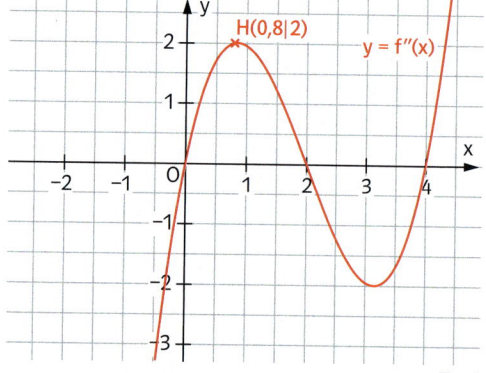

Fig. 1

Zeit zu überprüfen

6 Untersuchen Sie den Graphen der Funktion f auf Wendepunkte und geben Sie die Steigung der Wendetangente(n) an.
a) $f(x) = x^3$
b) $f(x) = -\frac{1}{2}x^4 + 2x^2$
c) $f(x) = x^5 - 3x^3 + x$

7 Gegeben ist der Graph der Ableitungsfunktion f' einer Funktion f (Fig. 2).
a) Welche Aussagen können Sie über die Funktion f hinsichtlich Extremstellen und Wendestellen machen?
b) Es ist $f(0) = -1$. Skizzieren Sie einen möglichen Graphen von f.

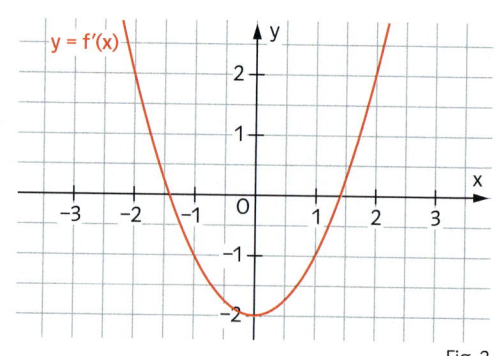

Fig. 2

8 Eine Tierpopulation in einem Reservat wächst wie der Graph von f in Fig. 1 zeigt.
a) Wann ist die Zunahme der Tierpopulation am größten?
b) Interpretieren Sie die Gerade y = S.
c) Argumentieren Sie mithilfe der zweiten Ableitung, wie sich das Wachstum der Population mit der Zeit verändert.

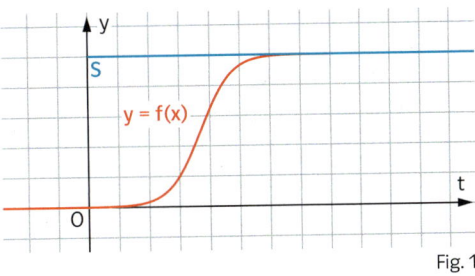

Fig. 1

9 Skizzieren Sie den Graphen einer Funktion f, der die folgenden Bedingungen erfüllt. Geben Sie einen möglichst passenden Funktionsterm an.
a) Der Graph von f ist eine Rechtskurve und besitzt keinen Wendepunkt.
b) Der Graph von f hat genau einen Wendepunkt auf der x-Achse, links davon ist der Graph eine Rechtskurve, rechts davon eine Linkskurve.
c) Der Graph von f hat einen Wendepunkt im Ursprung und genau einen Hoch- und Tiefpunkt.
d) f' und f'' haben nur negative Funktionswerte.

10 Auf der Hauptversammlung einer Aktiengesellschaft zeigt der Vorstand die Entwicklung des Firmenumsatzes des vergangenen Geschäftsjahres (Fig. 2).
a) Zu welchem Zeitpunkt war die größte Umsatzsteigerung, wann ungefähr der stärkste Umsatzrückgang?
b) Vorausgesetzt, der Graph ändert im Weiteren sein Krümmungsverhalten nicht, was können Sie über die Zukunft des Unternehmens sagen?

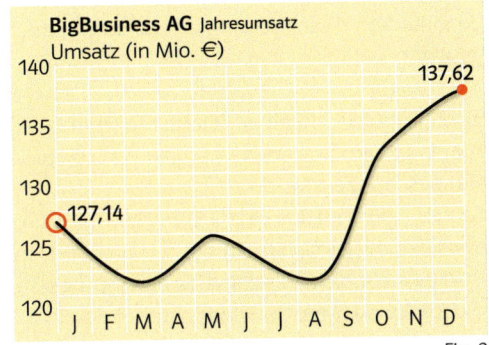

Fig. 2

11 Gegeben ist die Funktion f mit $f(x) = \frac{1}{6}x^3 - \frac{3}{4}x^2 + 2$.
a) Bestimmen Sie die Gleichung der Tangente im Wendepunkt des Graphen.
b) Welchen Flächeninhalt schließt diese Tangente mit den positiven Koordinatenachsen ein?

12 Welche Beziehung muss zwischen den Koeffizienten b und c bestehen, damit der Graph von f mit $f(x) = x^3 + bx^2 + cx + d$ einen Wendepunkt mit waagerechter Tangente hat?

13 Begründen oder widerlegen Sie.
a) Der Graph einer ganzrationalen Funktion zweiten Grades hat nie einen Wendepunkt.
b) Jede ganzrationale Funktion dritten Grades hat genau einen Wendepunkt.
c) Der Graph einer ganzrationalen Funktion n-ten Grades hat höchstens n Wendepunkte.
d) Bei ganzrationalen Funktionen liegt zwischen zwei Wendepunkten immer ein Extrempunkt.

14 Bestimmen Sie die Wendepunkte des Graphen von f_a in Abhängigkeit von a ($a \in \mathbb{R}^+$).
a) $f_a(x) = x^3 - ax^2$
b) $f_a(x) = x^4 - 2ax^2 + 1$

15 Die ankommenden Zuschauer pro Minute, also die momentane Ankunftsrate der Zuschauer, bei einem Regionalligaspiel soll modellhaft durch die Funktion Z mit $Z(t) = \frac{1}{2}t \cdot 3^{-0,1t+2}$ beschrieben werden. Dabei ist t die Zeit in Minuten seit 18:00 Uhr und Z(t) die Anzahl der ankommenden Zuschauer pro Minute.
a) Wann kommen die meisten Zuschauer pro Minute an und wie viele sind das?
b) Wann ist die Abnahme der ankommenden Zuschauer am größten?

7 Extremwerte – lokal und global

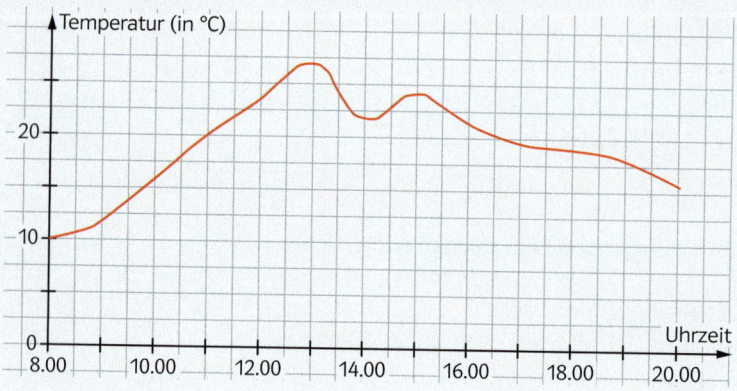

Der Graph zeigt den Temperaturverlauf an einem Sommertag in Ehingen an der Donau zwischen 8.00 Uhr und 20.00 Uhr.
Wann wurde im angegeben Zeitraum die Maximal- bzw. die Minimaltemperatur erreicht?
Kann man diese Stellen mit den bekannten Kriterien finden?

Es werden zunächst nur Intervalle vom Typ [a; b] betrachtet, bei denen der Rand zur Definitionsmenge gehört.

Wenn man einen Sachzusammenhang mithilfe einer Funktion beschreiben kann, so wird diese häufig nur auf einem bestimmten Intervall betrachtet, das sich aus der Fragestellung ergibt. An den Rändern dieser so eingeschränkten Definitionsmenge können sich weitere Extremwerte ergeben.

Eine Firma kann in einer Woche maximal 200 Stück eines Artikels herstellen. Die Herstellungskosten in Euro pro Artikel hängen von der produzierten Anzahl ab und können modellhaft mit $f(x)$ beschrieben werden.
Es gilt: $f(x) = -0{,}00096\,x^3 + 0{,}25936\,x^2 - 15{,}24283\,x + 1000$ mit $D_f = [0;\,200]$.

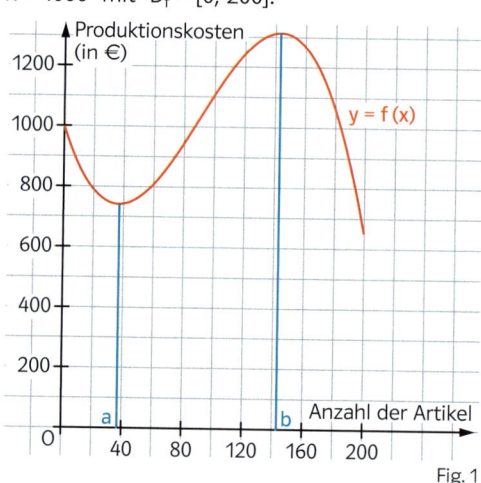

f hat ein lokales Minimum bei $x = a$. Dennoch ist dies nicht die Stückzahl mit den geringsten Produktionskosten. Die niedrigsten Produktionskosten fallen für $x = 200$ Stück an. Man nennt $f(200)$ ein **Randminimum**. Da der Funktionswert $f(200)$ von keinem anderen Funktionswert von f unterschritten wird, nennt man diesen Wert auch **globales Minimum**. Bei $x = 0$ besitzt f ein **Randmaximum**. Die größten Kosten entstehen aber bei einer Stückzahl von rund 143 Artikeln. Deshalb ist der Funktionswert $f(b)$ mit $b \approx 143$ das **globale Maximum** von f.

Auch Randextrema sind lokale Extrema.

Fig. 1

Lokale Extrema im Innern eines Intervalls heißen auch innere Extrema.

> Gegeben ist eine Funktion f, deren Definitionsmenge ein Intervall [a; b] ist. Um alle Extremwerte der Funktion f zu bestimmen, berechnet man
> – die lokalen Extrema im Innern des Intervalls [a; b] mithilfe der Ableitung,
> – die Randextrema, indem man $f(a)$ und $f(b)$ berechnet.
> Der größte Wert unter allen Maxima ist das globale Maximum,
> der kleinste Wert unter allen Minima ist das globale Minimum.

Beispiel Rechteck unter einer Parabel
Die Ecke Q(u|v) des Rechtecks RBPQ liegt auf der Parabel mit der Gleichung
$y = \frac{7}{16}x^2 + 2$; $x \in [0; 4]$ (Fig. 1).

a) Begründen Sie, dass man den Flächeninhalt des Rechtecks in Abhängigkeit von u mit folgender Funktion berechnen kann:
$A(u) = (4 - u) \cdot \left(\frac{7}{16}u^2 + 2\right)$; $u \in [0; 4]$.

b) Für welche Lage von Q wird der Flächeninhalt des Rechtecks maximal?

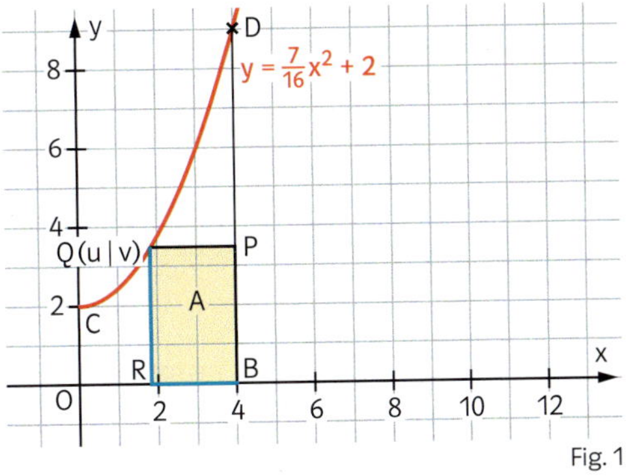

■ Lösung: a) Die Strecke $\overline{RB}$ hat die Länge 4 − u. Die Strecke $\overline{RQ}$ hat die Länge $v = \frac{7}{16}u^2 + 2$.
Das Rechteck hat den Flächeninhalt $A = (4 - u) \cdot v$, also gilt: $A(u) = (4 - u) \cdot \left(\frac{7}{16}u^2 + 2\right)$.

b) Bestimmung der inneren Extrema: $A(u) = (4 - u) \cdot \left(\frac{7}{16}u^2 + 2\right) = -\frac{7}{16}u^3 + \frac{7}{4}u^2 - 2u + 8$

$A'(u) = -\frac{21}{16}u^2 + \frac{7}{2}u - 2$; $A''(u) = -\frac{21}{8}u + \frac{7}{2}$

$A'(u) = 0$: $u_1 = \frac{4}{3} - \frac{4}{21}\sqrt{7} \approx 0{,}83$; $A''(u_1) > 0$; $u_2 = \frac{4}{3} + \frac{4}{21}\sqrt{7} \approx 1{,}84$; $A''(u_2) < 0$.

Es liegt ein lokales Maximum bei u_2 mit $A(u_2) \approx 7{,}52$ vor.
Randextrema von A:
lokales Maximum von A: $A(0) = 8$; lokales Minimum von A: $A(4) = 0$.
Globales Maximum: $A(0) = 8$; globales Minimum: $A(4) = 0$.
Der Flächeninhalt wird maximal für $u = 0$; der maximale Flächeninhalt ist $A = 8$.

Fig. 1

Aufgaben

1 Die Funktion f ist auf ein Intervall eingeschränkt. Notieren Sie die Koordinaten aller Extrempunkte. Geben Sie das globale Maximum und das globale Minimum an.

a)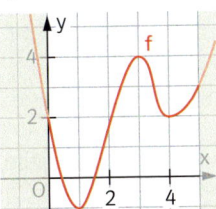
b)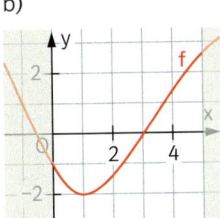
c)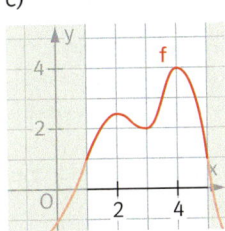
d)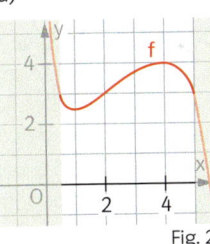

Fig. 2

2 Gegeben ist die Funktion f und ein Intervall D als Definitionsmenge von f. Bestimmen Sie das globale Maximum und das globale Minimum von f auf D.
a) $f(x) = x^2 - 1$; $D = [-1; 2]$
b) $f(x) = x^2 - 1$; $D = [1; 5]$
c) $f(x) = x^3 - 3x^2$; $D = [-1; 2]$
d) $f(x) = x^3 - 3x^2$; $D = [1; 2]$

3 Untersuchen Sie, ob f bezüglich der angegebenen Definitionsmenge ein globales Maximum oder Minimum besitzt und geben Sie die globalen Extremwerte gegebenenfalls an.
a) $f(x) = x^2$; $D_1 = [-2; 1)$; $D_2 = (-2; 1]$; $D_3 = [-2; 2)$
b) $f(x) = \frac{1}{x} + x$; $D_1 = (0; 5]$; $D_2 = [0{,}1; 5]$; $D_3 = [2; 3]$
c) $f(x) = \frac{1}{4}x^3 - 3x$; $D_1 = (-3; 4)$; $D_2 = [-5; 5]$; $D_3 = \mathbb{R}$

4 Gegeben sind die Funktionen f und g mit $f(x) = 0{,}5x^2 + 2$ und $g(x) = x^2 - 2x + 2$.
a) Für welchen Wert $x \in [0; 4]$ wird die Summe der Funktionswerte maximal bzw. minimal? Geben Sie jeweils die globalen Extremwerte an und entscheiden Sie, ob es sich um ein inneres oder ein Randextremum handelt.
b) Beantworten Sie die Fragestellungen aus Teilaufgabe a) für die Differenz der Funktionswerte.

5 Der Punkt $P(u|v)$ in Fig. 1 liegt auf der Strecke $\overline{QR}$.
Für welches u wird der Flächeninhalt des eingezeichneten Rechtecks maximal?

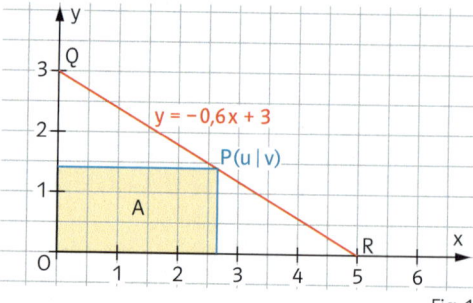

Fig. 1

Zeit zu überprüfen

6 Gegeben ist die Funktion f mit $f(x) = x^4 - 2x^3$. Bestimmen Sie das globale Maximum und das globale Minimum auf dem Intervall D.
a) $D = [-2; 3]$ b) $D = [0; 1{,}5]$ c) $D = [-1; 1{,}7]$ d) $D = [-3; 0]$

7 Gegeben ist die Funktion f mit $f(x) = -x^2 + 9$. Die Punkte $A(-u|0)$, $B(u|0)$, $C(u|f(u))$ und $D(-u|f(-u))$, $0 \le u \le 3$, bilden ein Rechteck (Fig. 2).
a) Für welches u wird der Flächeninhalt des Rechtecks maximal? Wie groß ist er?
b) Für welches u wird der Umfang des Rechtecks maximal? Wie groß ist er?

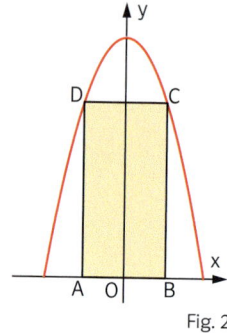

Fig. 2

8 Skizzieren Sie den Graphen einer Funktion mit den angegebenen Eigenschaften.
a) f hat ein globales Maximum, das Randmaximum ist und kein globales Minimum.
b) f hat ein lokales Maximum, ein lokales Minimum, aber keine globalen Extrema.
c) f hat ein globales Maximum und ein globales Minimum, die keine Randextrema sind.
d) f hat weder globale noch lokale Maxima oder Minima.

9 Mit einem Zaun der Länge 100 m soll ein rechteckiger Hühnerhof eingezäunt werden. Dabei soll der Inhalt der umzäunten Fläche maximal sein.
a) Bestimmen Sie die maximale Fläche, wenn wie in A der Zaun die Fläche auf allen Seiten umschließen muss (Fig. 3).
b) Bestimmen Sie die maximale Fläche für die Fälle B und C, wenn der Zaun nicht für alle Seiten des Rechtecks benötigt wird.

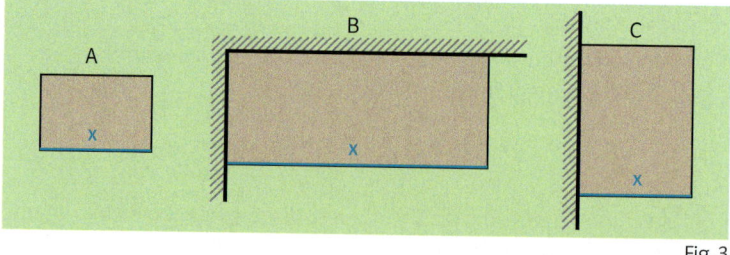

Fig. 3

10 Ein Schäfer benötigt einen rechteckigen Pferch mit einem Flächeninhalt von 500 m².
a) Begründen Sie, dass mit der Formel $U(x) = 2x + \frac{1000}{x}$ die Länge des benötigten Maschendrahtes berechnet werden kann, wenn x die Länge einer Seite des Pferchs ist.
b) Geben Sie eine sinnvolle Definitionsmenge an.
c) Für welche Maße wird möglichst wenig Maschendraht verbraucht?

Wiederholen – Vertiefen – Vernetzen

1 Untersuchen Sie die Funktion f auf Schnittpunkte mit den Achsen, Hoch- und Tiefpunkte. Geben Sie die Monotonieintervalle an. Zeichnen Sie den Graphen.

Bei den folgenden Aufgaben soll der GTR nur verwendet werden, wenn es nötig ist.

a) $f(x) = -x^3 + 6x^2$
b) $f(x) = -\frac{1}{3}x^3 + x$
c) $f(x) = -\frac{1}{18}x^4 + x^2$
d) $f(x) = \frac{1}{6}x^3 - x^2 + 1{,}5x$
e) $f(x) = \frac{1}{6}x^4 - x^3 + 2x^2$
f) $f(x) = x + \frac{5}{x}$
g) $f(x) = \frac{1}{10}x^4 - x^2 + \frac{9}{10}$
h) $f(x) = x - 2\sqrt{x}$

2 Fig. 1 zeigt den Graphen der Ableitungsfunktion f' einer Funktion f. Welche der folgenden Aussagen sind wahr? Begründen Sie Ihre Antworten.

A: Die Funktion f ist im Intervall [0; 2] monoton fallend.
B: Die Funktion f hat an der Stelle $x = -1$ ein Extremum.
C: Der Graph von f hat einen Tiefpunkt und einen Hochpunkt.
D: Für alle x im Intervall [−2; 0] gilt $f(x) > 0$.

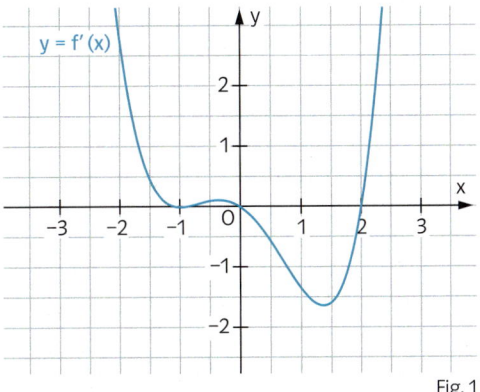

Fig. 1

3 Gegeben ist für jede Zahl $a > 0$ die Funktion f_a. Berechnen Sie die Schnittpunkte mit den Achsen sowie die Hoch- und Tiefpunkte in Abhängigkeit von a.

a) $f_a(x) = x^3 - a \cdot x$
b) $f_a(x) = x^2 - a \cdot x - 1$
c) $f_a(x) = a^2 \cdot x^4 - x^2$
d) $f_a(x) = x + \frac{a^2}{x}$

4 Bei der zusätzlichen Belastung durch radioaktive Strahlung eines Kernkraftwerks entstehen Kosten M für die durch Strahlenschäden nötige medizinische Behandlung und Kosten R für die Rückhaltung von Strahlung (Fig. 2). Die Summe S der zugehörigen Funktionen gibt die Gesamtkosten an. An die Stelle z des Tiefpunktes der Gesamtkostenkurve legt man den zulässigen Grenzwert der Strahlenbelastung.

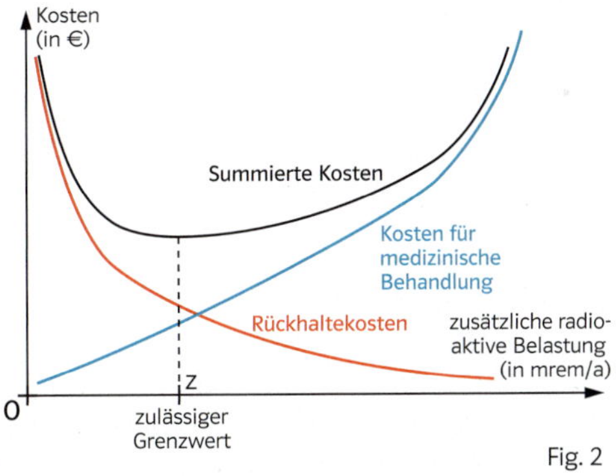

Die Festlegung der zulässigen Grenzwerte für die Strahlenbelastung basiert auf einer Empfehlung der Internationalen Strahlenschutzkommission.

a) Beschreiben Sie die Eigenschaften der Funktionen M, R und S. Wieso gilt: $M'(z) = -R'(z)$?
b) Bezeichnet x die zusätzliche Strahlenbelastung bei einem Kernkraftwerk, so kann man M bzw. R durch Funktionsgleichungen der Form $M(x) = a \cdot x^2$ bzw. $R(x) = \frac{b}{x}$ mit positiven Parametern a und b modellieren. Berechnen Sie z in Abhängigkeit von a und b.

Fig. 2

5 Wahr oder falsch? Entscheiden Sie ohne Zeichnung. Die Funktionen f und g haben dieselben Extremstellen.

a) $f(x) = x^3 + 3x^2 - 4$; $g(x) = (x-1) \cdot (x+2)^2$
b) $f(x) = (x-1)^2 \cdot (x+2)$; $g(x) = (x-1) \cdot (x+2)^2$
c) $f(x) = \frac{(x-1)^2}{x}$; $g(x) = x^3 - 2x^2 + x$

Wiederholen – Vertiefen – Vernetzen

6 Gegeben ist der Graph einer Funktion f. Skizzieren Sie die Graphen von f' und f".

a)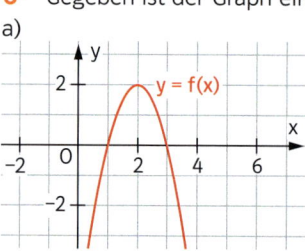
Fig. 1

b)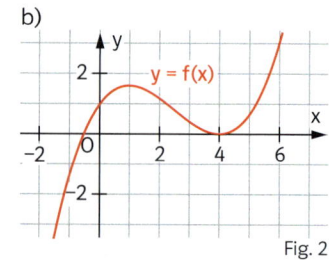
Fig. 2

c)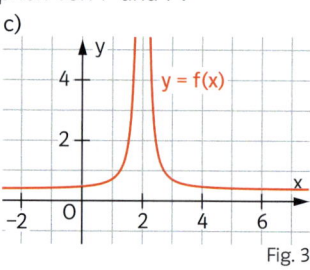
Fig. 3

Charakteristische Eigenschaften im Sachzusammenhang

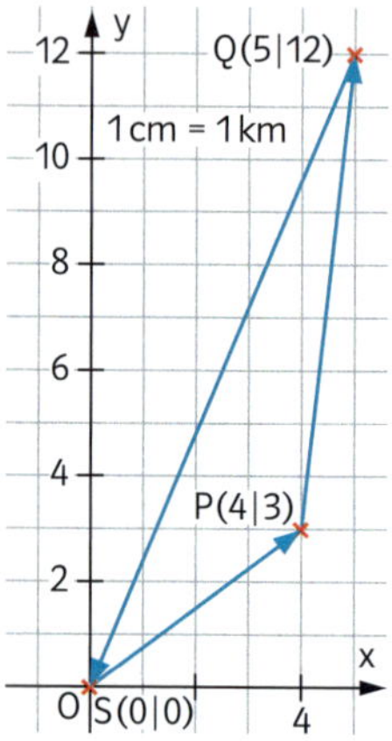

7 Eine Segelregatta wird oftmals im Dreieckskurs gesegelt. In Fig. 4 ist S der Start- und Zielpunkt, P und Q sind die beiden Wendemarken; gesegelt wird in Pfeilrichtung. Ein Boot segelt von S nach P in einer halben Stunde, von P nach Q und Q nach S in jeweils einer Stunde. Auf diesen Strecken ist es immer mit konstanter Geschwindigkeit unterwegs.
a) Zeichnen Sie ein Weg-Zeit-Diagramm für diese Situation.
b) Welche Bedeutung hat hier die mittlere Änderungsrate? Berechnen Sie diese jeweils.

8 In die Behälter von Fig. 5 fließt Wasser, wobei die Zuflussrate konstant ist.
a) Skizzieren Sie für jeden Behälter einen Graphen, der die Abhängigkeit der Höhe des Wasserspiegels von der Zeit beschreibt.
b) Welche inhaltliche Bedeutung hat in diesem Zusammenhang eine Wendestelle?

Fig. 4

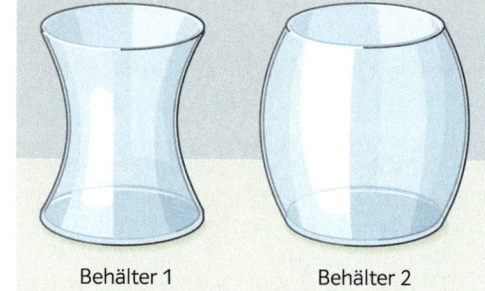
Behälter 1   Behälter 2
Fig. 5

Zeit zu wiederholen

9 Gegeben sind in einem Koordinatensystem die Punkte P(1|2) und Q(5|−1).
a) Welche Gleichung hat die Gerade durch P und Q?
b) Welchen Abstand haben die Punkte P und Q?
c) Berechnen Sie den Winkel, den die Gerade durch die Punkte P und Q und die x-Achse bilden.

10 Eine Pyramide hat als Grundfläche ein Quadrat ABCD mit der Kantenlänge a = 5 cm. Die Spitze S befindet sich senkrecht zu dem Quadrat über dem Diagonalenschnittpunkt M. Die Seitenkanten bilden Winkel von 50° mit der Grundfläche.
a) Welchen Winkel schließen die Kanten $\overline{SA}$ und $\overline{SC}$ ein?
b) Wie lang ist die Diagonale des Quadrates ABCD?
c) Berechnen Sie die Höhe h der Pyramide.
d) Wie groß ist der Winkel β zwischen Grundfläche und einer Seitenfläche?
Hinweis: P ist der Mittelpunkt der Seite $\overline{BC}$.
e) Welchen Winkel bilden die Kanten $\overline{SA}$ und $\overline{SB}$?

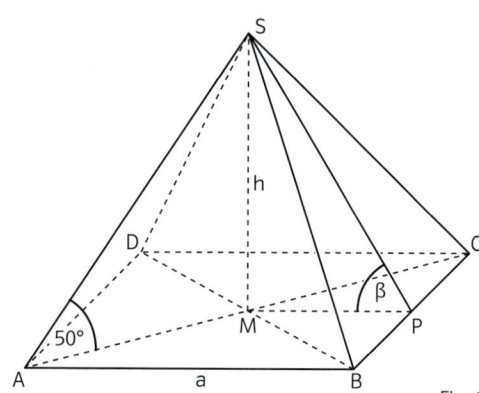
Fig. 6

82 III Extrem- und Wendepunkte

Rückblick

Nullstellen
Zur Bestimmung aller Nullstellen einer Funktion f löst man die Gleichung $f(x) = 0$. Dabei sind Ausklammern und Substitution der Variablen nützliche Rechenverfahren.

$f(x) = x^5 - 2x^3 - 8x = 0$
$x^5 - 2x^3 - 8x = x \cdot (x^4 - 2x^2 - 8) = 0$
Eine Nullstelle ist $x_1 = 0$.
Es gilt: $x^4 - 2x^2 - 8 = 0$.
Substitution (z für x^2): $z^2 - 2z - 8 = 0$
Lösungen: $z_1 = 4$ und $z_2 = -2$.
Rücksubstitution: $x_2 = 2$ und $x_3 = -2$.

Monotonie
Wenn für alle x_1, x_2 aus einem Intervall I mit $x_1 < x_2$ gilt, dass
a) $f(x_1) < f(x_2)$, dann ist f streng monoton wachsend.
b) $f(x_1) > f(x_2)$, dann ist f streng monoton fallend.
Monotoniesatz:
Wenn $f'(x) > 0$ für alle x aus I, dann ist f streng monoton wachsend.
Wenn $f'(x) < 0$ für alle x aus I, dann ist f streng monoton fallend.

$f(x) = x^2 - 4x$; $f'(x) = 2x - 4$
Für $x < 2$ gilt $f'(x) < 0$, also ist f für $x < 2$ streng monoton fallend.
Für $x > 2$ gilt $f'(x) > 0$, also ist f für $x > 2$ streng monoton wachsend.

Lokale und globale Extremstellen
1. f' und f'' werden bestimmt.
2. Es wird untersucht, für welche Stellen $f'(x_0) = 0$ gilt.
3. Gilt $f'(x_0) = 0$ und $f''(x_0) < 0$, so hat f an der Stelle x_0 ein lokales Maximum.
Gilt $f'(x_0) = 0$ und $f''(x_0) > 0$, so hat f an der Stelle x_0 ein lokales Minimum.
Gilt $f'(x_0) = 0$ und $f''(x_0) = 0$, so wendet man das VZW-Kriterium an: Hat f' in einer Umgebung von x_0 einen VZW von + nach –, so hat f an der Stelle x_0 ein lokales Maximum; hat f' in einer Umgebung von x_0 einen VZW von – nach +, so hat f an der Stelle x_0 ein lokales Minimum.
4. Randstellen werden extra untersucht.

$f(x) = x^3 - 3x$
$f'(x) = 3x^2 - 3 = 3(x+1) \cdot (x-1)$; $f''(x) = 6x$
Aus $f'(x) = 0$ folgt: $x_1 = -1$; $x_2 = 1$.
$x_1 = -1$: $f''(-1) = -6 < 0$, also lokales Maximum mit $f(-1) = 2$.
$x_2 = 1$: $f''(1) = 6 > 0$, also lokales Minimum mit $f(1) = -2$.
Extrempunkte: $H(-1|2)$; $T(1|-2)$.

Rechts- und Linkskurve
Ist f' streng monoton wachsend auf I, dann heißt der Graph von f auf I Linkskurve.
Ist f' streng monoton fallend auf I, dann heißt der Graph von f auf I Rechtskurve.
Wenn $f''(x) > 0$ in I ist, dann ist der Graph von f eine Linkskurve.
Wenn $f''(x) < 0$ in I ist, dann ist der Graph von f eine Rechtskurve.

$f'(x) = 3x^2 - 3$. Also ist $f'(x)$ für $x > 0$ streng monoton wachsend. Der Graph von f ist eine Linkskurve.
$f''(x) = 6x < 0$ für $x < 0$; somit ist der Graph von f für $x < 0$ eine Rechtskurve.

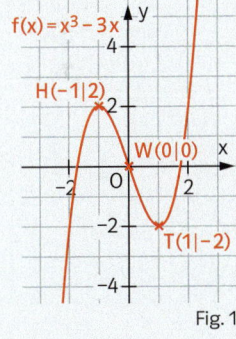

Fig. 1

Wendestellen
1. f', f'' und gegebenenfalls f''' werden bestimmt.
2. Es wird untersucht, für welche Stellen $f''(x_0) = 0$ gilt.
3. Gilt $f''(x_0) = 0$ und $f'''(x_0) \neq 0$.
Oder:
Gilt $f''(x_0) = 0$ und f'' hat in einer Umgebung von x_0 einen VZW, so hat f an der Stelle x_0 eine Wendestelle.

$f''(x) = 0$ liefert $x = 0$. Es ist $f'''(0) = 6 \neq 0$, somit ist $x_3 = 0$ Wendestelle.

Prüfungsvorbereitung ohne Hilfsmittel

1 Bestimmen Sie die ersten drei Ableitungen der Funktion f.
a) $f(x) = x^3 - 0{,}5x + 10$ b) $f(x) = \frac{2}{x}$ c) $f(x) = x \cdot (x - 5)$

2 Bestimmen Sie die ersten beiden Ableitungen der Funktion f.
a) $f(x) = 3x^5 + 4x^4$ b) $f(x) = 2x^4 + \sqrt{x} + 1$ c) $f(x) = -x^3 - 1$

3 Gegeben ist die Funktion f mit $f(x) = x^4 - 4x^2 + 3$.
a) Berechnen Sie die Nullstellen von f sowie die Hoch- und Tiefpunkte ihres Graphen.
b) Geben Sie die Monotoniebereiche an.
c) Zeichnen Sie den Graphen von f.

Ein Extremum ist ein Minimum oder Maximum

4 Fig. 1 zeigt den Graphen der Ableitungsfunktion f′ einer Funktion f. Welche der folgenden Aussagen sind wahr? Begründen Sie Ihre Antworten.
A: Die Funktion f ist im Intervall $(-1; 1)$ streng monoton wachsend.
B: Die Funktion f hat zwischen $x = -1$ und $x = 1$ ein Extremum.
C: Der Graph von f hat einen Tiefpunkt.
D: Es kann sein, dass f keine Nullstelle hat.

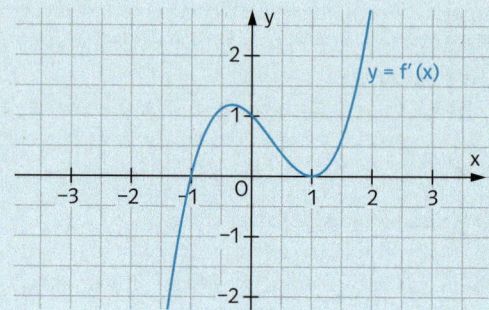

Fig. 1

5 Den Graphen der Ableitungsfunktion f′ einer Funktion f für $-3 \leq x \leq 6$ zeigt die Fig. 2. Entscheiden Sie in diesem Intervall bei jedem der folgenden Sätze, ob er wahr oder falsch ist, und begründen Sie Ihre Antwort.
a) Der Graph von f hat bei $x = -2$ einen Hochpunkt.
b) Der Graph von f hat für $-3 \leq x \leq 6$ genau zwei Wendepunkte.
c) Für die Funktionswerte an den Stellen 0 und 4 gilt: $f(0) < f(4)$.
d) Für $x > 4$ ist der Graph von f streng monoton wachsend.

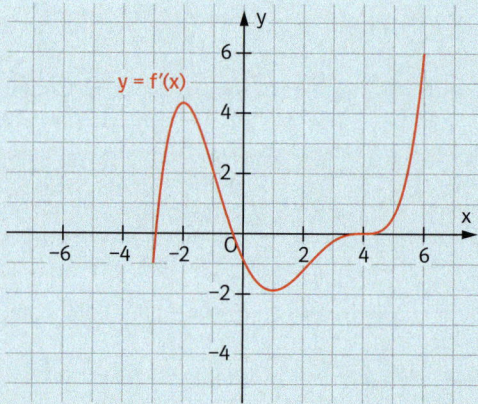

Fig. 2

6 Gegeben ist die Funktion f mit $f(x) = \frac{3}{x} + 3$ $(x \neq 0)$.
a) Bestimmen Sie die Gleichung der Tangente im Punkt $P(1|f(1))$.
b) In welchem Punkt S schneidet diese Tangente die x-Achse?

7 a) Zeigen Sie, dass der Graph der Funktion f mit $f(x) = x^4 - 4x^3$ im Ursprung einen Wendepunkt mit waagerechter Tangente besitzt.
b) Gegeben ist die Funktion g mit $g(x) = x^4 - 4x^3 + 2x$. Begründen Sie, dass ihr Graph ebenfalls den Wendepunkt $W(0|0)$ hat. Welche Steigung hat die Wendetangente im Ursprung?

8 Gegeben ist die Funktion f mit $f(x) = -\frac{1}{2}x^4 + 3x^2$.
a) Berechnen Sie die Nullstellen und lokale Extremstellen von f.
b) Der Graph von f besitzt genau zwei Wendepunkte. Geben Sie die Gleichungen der Wendetangenten und den Schnittpunkt S der Wendetangenten an.

Prüfungsvorbereitung mit Hilfsmitteln

1 Bestimmen Sie die Gleichungen der Tangenten in den Wendepunkten.
a) $f(x) = x^3 - 6x^2 + 20$ b) $f(x) = \frac{1}{2}x^4 - x^3 + \frac{1}{2}$ c) $f(x) = x^5 - x + 1$

2 Gegeben ist die Funktion f mit $f(x) = \frac{1}{x} - \frac{1}{x^2}$ mit der Definitionsmenge $(0; \infty)$.
a) Berechnen Sie den Achsenschnittpunkt ihres Graphen sowie die Extremstellen und Extrema von f.
b) In welchem Bereich ist die Funktion f streng monoton fallend?

3 Der Abstand eines Fahrzeugs von einem Messpunkt P wird durch die Funktion s mit $s(t) = 0{,}05t^3 - 0{,}4t^2 + 8$ beschrieben. Dabei ist t die Zeit in Sekunden im Intervall $[0; 8]$ seit dem Start und $s(t)$ der Abstand von P, gemessen in Metern.
a) Berechnen Sie die Zeitpunkte, an denen der Abstand des Fahrzeugs von P am kleinsten bzw. am größten ist.
b) Wann bewegt sich das Fahrzeug auf P zu, wann entfernt es sich von P?

4 Der Parabel mit der Gleichung $y = 4 - 0{,}25x^2$ kann man wie in Fig. 1 verschiedene gleichschenklige Dreiecke einbeschreiben, die über der x-Achse und zur y-Achse symmetrisch liegen.
a) Berechnen Sie für $x = 0{,}5$ bis $3{,}5$ in Schritten von $0{,}5$ die Flächeninhalte der Dreiecke.
b) Für welches x ergibt sich ein Dreieck mit möglichst großem Flächeninhalt? Wie groß ist dieser Flächeninhalt?

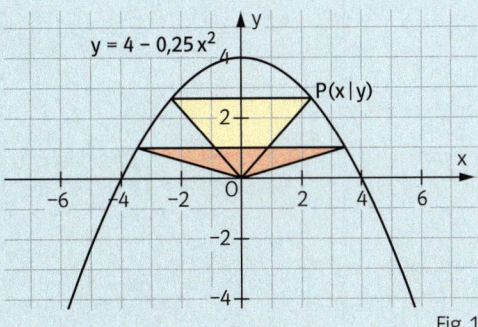
Fig. 1

5 Von einer Glasscheibe der Länge 6 dm und Breite 4 dm ist eine Ecke abgebrochen, deren Rand näherungsweise durch f mit $f(x) = 4 - x^2$ beschrieben werden kann (Fig. 2). Wie würden Sie schneiden, wenn ein möglichst großes Rechteck, dessen eine Ecke auf dem abgebrochenen Rand liegt, aus dem Reststück entstehen soll?

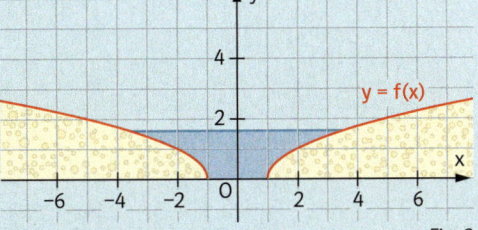
Fig. 2

6 Fig. 3 zeigt den Querschnitt eines Kanals. Die y-Achse ist Symmetrieachse des Querschnitts. Eine der Böschungslinien kann durch die Funktion f mit $f(x) = \sqrt{x - 1}$ beschrieben werden. Eine Längeneinheit entspricht 1 m. Der Normalpegel beträgt 1,6 m, der maximale Pegel 2,0 m.
a) Wie breit ist die Wasseroberfläche bei maximalem Pegel?

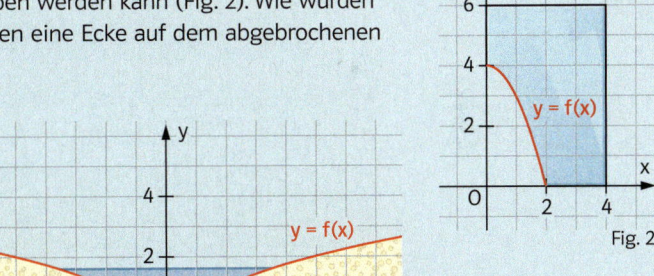
Fig. 3

b) Von einem Punkt $P(10|5)$ aus soll der Kanal überwacht werden. Untersuchen Sie, ob bei Normalpegel die gesamte Breite der Wasseroberfläche einsehbar ist.
c) Ein kritischer Pegel wird erreicht, wenn der Neigungswinkel der Böschungslinie gegenüber der Wasseroberfläche 165° überschreitet. Ermitteln Sie einen Näherungswert für diesen kritischen Pegel.

Untersuchung ganzrationaler Funktionen

Zur leichteren Untersuchung von Funktionen unterteilt man diese in Klassen. Funktionen aus der Klasse der ganzrationalen Funktionen sind nach bestimmten Regeln aus Potenzfunktionen zusammengesetzt.

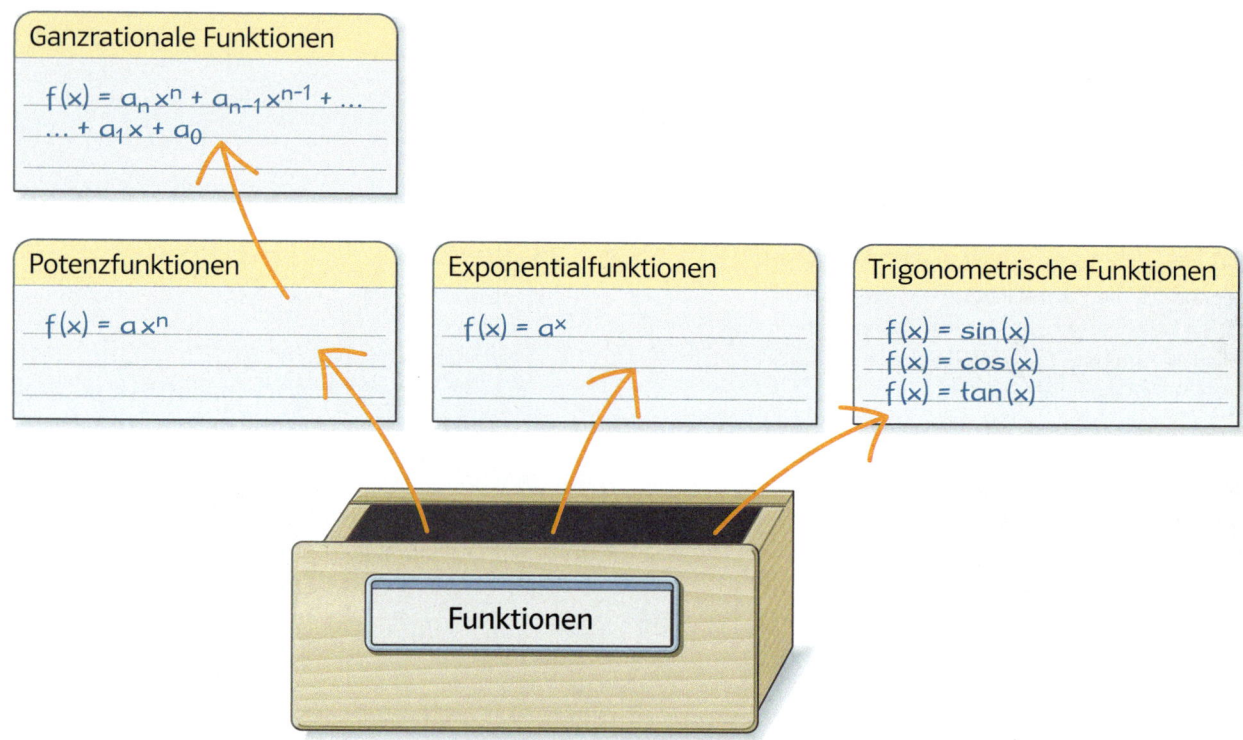

Das kennen Sie schon
- Ableitung von Potenzfunktionen
- Summen- und Faktorregel
- Extrem- und Wendepunkte
- Graphen von Potenzfunktionen

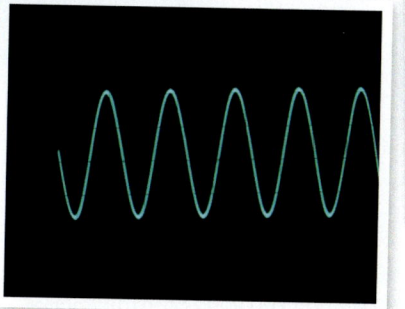

Heißluftballon: Wann hat er seine größte Höhe erreicht?

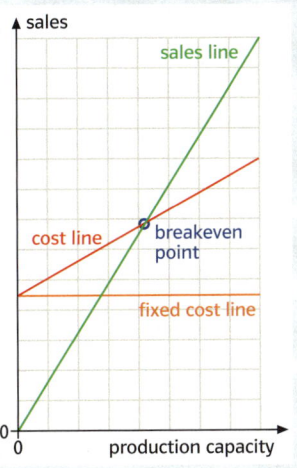

Absatzzahlen: Wann ist der Break-even erreicht?

Wie steil ist der Absprung?

In diesem Kapitel

- werden Eigenschaften von ganzrationalen Funktionen untersucht.
- werden Graphen von ganzrationalen Funktionen gezeichnet.
- wird die allgemeine Tangentengleichung bestimmt und damit gerechnet.
- werden Anwendungssituationen mit mathematischen Mitteln bearbeitet.

 Zahl und Zahlbereiche

 Messen und Größen

 Raum und Form

 Funktionaler Zusammenhang

 Daten und Zufall

87

1 Ganzrationale Funktionen – Linearfaktorzerlegung

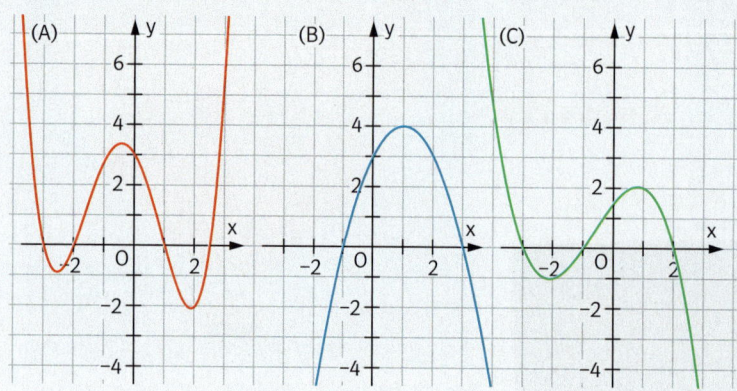

Zu jeder der angegebenen Funktion gehört einer der Graphen (A), (B) oder (C). Ordnen Sie die Graphen zu.

$f(x) = \frac{1}{5}x^4 + \frac{3}{10}x^3 - \frac{9}{5}x^2 - \frac{17}{10}x + 3$

$g(x) = -0{,}25 x^3 - 0{,}5 x^2 + 1{,}25 x + 1{,}5$

$h(x) = -x^2 + 2x + 3$

$i(x) = -\frac{1}{4}(x+3) \cdot (x+1) \cdot (x-2)$

Funktionen der Form $a(x) = 3x^4$, $b(x) = -5x^3$, $c(x) = 2x^2$, $d(x) = 3x$ und $e(x) = 2$ heißen Potenzfunktionen. Die Funktionsterme haben die Form $a \cdot x^n$, wobei a eine reelle Zahl und n eine natürliche Zahl ist. Summen und Differenzen von Potenzfunktionen wie f mit $f(x) = x^3 - 6x^2 - 11x - 6$ heißen **ganzrationale Funktionen**. Die höchste vorkommende x-Potenz nennt man den **Grad** der ganzrationalen Funktion. Die Funktion f ist also eine ganzrationale Funktion dritten Grades.

Bei den Funktionen g mit $g(x) = (x+3) \cdot (x-1)$ und h mit $h(x) = (x-2) \cdot (x^2+1)$ ist der Funktionsterm jeweils ein Produkt. Multipliziert man die Produkte aus, erhält man $g(x) = x^2 + 2x - 3$ und $h(x) = x^3 - 2x^2 + x - 2$. Somit ist g eine ganzrationale Funktion zweiten Grades und h eine ganzrationale Funktion dritten Grades.

Die Produktdarstellung der Funktionsterme bietet den Vorteil, die Nullstellen ablesen zu können: Die Funktion g hat die Nullstellen $x_1 = -3$ und $x_2 = 1$; die Funktion h hat nur die Nullstelle $x_1 = 2$, da der Faktor $(x^2 + 1)$ nicht 0 werden kann. Die Faktoren $(x+3)$ und $(x-1)$ bei der Funktion g und der Faktor $(x-2)$ bei der Funktion h heißen **Linearfaktoren**.

Mehr als drei Linearfaktoren können bei einer ganzrationalen Funktion dritten Grades nicht vorkommen, andernfalls würden beim Ausmultiplizieren höhere x-Potenzen entstehen. Also hat eine ganzrationale Funktion dritten Grades höchstens drei Nullstellen. Ebenso kann eine Funktion vierten Grades höchstens vier Nullstellen haben usw.

> **Definition:** Eine Funktion f, deren Funktionsgleichung man in der Form
> $f(x) = a_n x^n + a_{n-1} x^{n-1} + \ldots + a_1 x + a_0$ schreiben kann, heißt ganzrationale Funktion n-ten Grades. Dabei sind $a_0, a_1, \ldots, a_n$ reelle Zahlen, $a_n \neq 0$ und n ist eine natürliche Zahl.
>
> Eine ganzrationale Funktion vom Grad n hat höchstens n Nullstellen.

Auch für ganzrationale Funktionen dritten und vierten Grades gibt es Lösungsformeln zur exakten Nullstellenbestimmung. Sie sind allerdings sehr kompliziert.

Für ganzrationale Funktionen ersten und zweiten Grades kann man die Nullstellen mit den bekannten Lösungsverfahren exakt bestimmen. Für Funktionen, deren Grad größer als 2 ist, kann man in Sonderfällen ebenfalls die Nullstellen bestimmen. Zum Beispiel durch Ausklammern bei der Funktion f mit $f(x) = x^3 + 2x^2 - 3x$ oder durch Substitution bei der Funktion g mit $g(x) = x^4 + 2x^2 - 3$. (Siehe dazu Seite 58).

Ein weiteres Verfahren zur Nullstellenbestimmung beruht darauf, mithilfe einer bekannten Nullstelle den Funktionsterm als Produkt zu schreiben. Dies wird an einem Beispiel erläutert.
Die Funktion f mit $f(x) = x^3 - 6x^2 + 11x - 6$ besitzt die Nullstelle $x_1 = 2$. Somit enthält $f(x)$ den Linearfaktor $(x - 2)$ und lässt sich in der Form $f(x) = (x - 2) \cdot g(x)$ schreiben. Den Faktor $g(x)$ kann man mit dem Verfahren der **Polynomdivision** bestimmen. Man geht dabei analog wie bei der schriftlichen Division von Zahlen vor.

$$(x^3 - 6x^2 + 11x - 6) : (x - 2) = x^2 - 4x + 3$$

$$\underline{-(x^3 - 2x^2)}$$
$$\qquad -4x^2 + 11x - 6$$
$$\qquad \underline{-(-4x^2 + 8x)}$$
$$\qquad\qquad 3x - 6$$
$$\qquad\qquad \underline{-(3x - 6)}$$
$$\qquad\qquad\qquad 0$$

$3x : x = 3$
$-4x^2 : x = -4x$
$x^3 : x = x^2$

Es gilt: $f(x) = (x - 2) \cdot (x^2 - 4x + 3)$. Aus dem zweiten Faktor bestimmt man mit der abc-Formel die Nullstellen $x_2 = 1$ und $x_3 = 3$. Es gilt: $f(x) = (x - 2) \cdot (x - 1) \cdot (x - 3)$. Diese Darstellung nennt man **Linearfaktorzerlegung** der Funktion f.

Beispiel 1 Aufstellen einer ganzrationalen Funktion
Ermitteln Sie eine ganzrationale Funktion f fünften Grades, die genau die drei Nullstellen $x_1 = -3$; $x_2 = 1$ und $x_3 = 5$ besitzt. Für den Faktor a_5 vor x^5 soll gelten: $a_5 = -3$.
■ Lösung: Ansatz: $f(x) = (x + 3) \cdot (x - 1) \cdot (x - 5) \cdot g(x)$.
g ist eine ganzrationale Funktion zweiten Grades ohne Nullstellen z.B. $g(x) = x^2 + 1$.
Ausmultiplizieren: $x^5 - 3x^4 - 12x^3 + 12x^2 - 13x + 15$.
Damit $a_5 = -3$ ist, wird der Funktionsterm noch mit -3 multipliziert.
Ein möglicher Funktionsterm für f ist: $f(x) = -3x^5 + 9x^4 + 36x^3 - 36x^2 + 39x - 45$.

Beispiel 2 Linearfaktorzerlegung mit Polynomdivision
Bestätigen Sie, dass die Funktion f mit $f(x) = x^3 - 5x^2 + 5x - 1$ die Nullstelle $x_1 = 1$ hat.
Bestimmen Sie die weiteren Nullstellen von f und geben Sie eine Linearfaktorzerlegung an.
■ Lösung: Einsetzen ergibt
$1^3 - 5 \cdot 1^2 + 5 \cdot 1 - 1 = 0$.
Polynomdivision siehe Fig. 1.
Es gilt: $f(x) = (x - 1) \cdot (x^2 - 4x + 1)$
$x^2 - 4x + 1 = 0$ für $x_2 = 2 + \sqrt{3}$, $x_3 = 2 - \sqrt{3}$
$f(x) = (x - 1) \cdot (x - 2 - \sqrt{3}) \cdot (x - 2 + \sqrt{3})$

$$(x^3 - 5x^2 + 5x - 1) : (x - 1) = x^2 - 4x + 1$$
$$\underline{-(x^3 - x^2)}$$
$$\qquad -4x^2 + 5x - 1$$
$$\qquad \underline{-(-4x^2 + 4x)}$$
$$\qquad\qquad x - 1$$
$$\qquad\qquad \underline{-(x - 1)}$$
$$\qquad\qquad\qquad 0$$

Fig. 1

Aufgaben

1 Bestimmen Sie die Nullstellen der Funktion.
a) $f(x) = 0,5x - 2,4$
b) $g(t) = 3t^2 - 3t - 4$
c) $f(x) = (1 - 2x) \cdot (x - 2)$
d) $f(s) = s^3 - 2s^2 + 5s$
e) $g(x) = (0,4x - 1,2) \cdot (x^2 + 4)$
f) $f(u) = u^4 + u^2 - 6$

2 Führen Sie eine Polynomdivision durch.
a) $(x^3 + 2x^2 - 17x + 6) : (x - 3)$
b) $(2x^3 + 2x^2 - 21x + 12) : (x + 4)$
c) $(2x^3 - 7x^2 - x + 2) : (2x - 1)$
d) $(x^4 + 2x^3 - 4x^2 - 9x - 2) : (x + 2)$

(A)
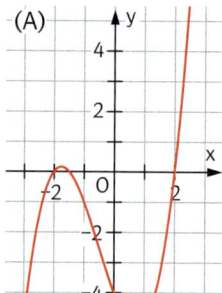
Fig. 1

(B)
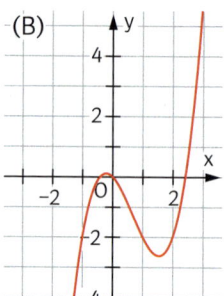
Fig. 2

(C)
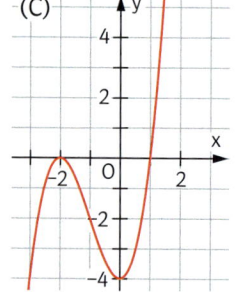
Fig. 3

(D)
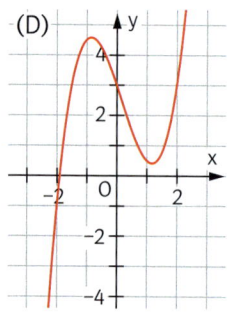
Fig. 4

3 Bestätigen Sie, dass die Funktion f die angegebene Nullstelle hat. Berechnen Sie die weiteren Nullstellen von f.
a) $f(x) = x^3 + 10x^2 + 7x - 18$; $x_1 = 1$
b) $f(x) = x^3 + 5x^2 - 22x - 56$; $x_1 = 4$
c) $f(t) = t^3 - 3t^2 - 6t + 18$; $t_1 = 3$
d) $f(x) = 2x^3 + 4{,}8x^2 + 1{,}5x - 0{,}2$; $x_1 = -2$
e) $f(t) = 7t^2 - 22t + 3t^3 - 8$; $t_1 = -\frac{1}{3}$
f) $f(x) = 4 + 3x^2 - 12x + 5x^3$; $x_1 = 0{,}4$

4 Bestimmen Sie durch Probieren eine Nullstelle und berechnen Sie danach die weiteren Nullstellen.
a) $f(x) = x^3 - 6x^2 + 11x - 6$
b) $f(x) = x^3 + x^2 - 4x - 4$
c) $f(x) = 4x^3 - 13x + 6$
d) $f(x) = 4x^3 - 8x^2 - 11x - 3$
e) $f(x) = 4x^3 - 3x - 1$
f) $f(x) = 25x^3 + 15x^2 - 9x + 1$

Zeit zu überprüfen

5 Geben Sie je zwei ganzrationale Funktionen dritten Grades an, welche genau die angegebenen Nullstellen besitzen.
a) 0; 2; 5
b) 3
c) 0

6 Bestimmen Sie die Nullstellen der Funktion f.
a) $f(x) = (2x - 1) \cdot (x + 2) \cdot (x + 3)$
b) $f(x) = x^4$
c) $f(x) = x^5 - 9x^3$

7 x_1 ist eine Nullstelle von f. Bestimmen Sie alle weiteren Nullstellen rechnerisch.
a) $f(x) = x^3 - 3x^2 + x + 1$; $x_1 = 1$
b) $f(x) = x^4 - 3x^3 - 5x^2 - x$; $x_1 = -1$

8 Ordnen Sie ohne zu rechnen die Graphen (A) bis (D) den Funktionen f, g, h und i zu.
$f(x) = \frac{1}{3}(x^2 - 4) \cdot (2x + 3)$; $g(x) = (x - 1) \cdot (x + 2)^2$; $h(x) = x^3 - 2x^2 - x$; $i(x) = x^3 - 0{,}5x^2 - 3x + 3$

9 Baukasten für ganzrationale Funktionen

a) Stellen Sie mit dem obigen „Baukasten" vier verschiedene ganzrationale Funktionen zusammen und ermitteln Sie die Nullstellen. Tauschen Sie die Funktionsterme mit Ihrem Nachbarn aus, um die Nullstellen zu überprüfen.
b) Untersuchen Sie, ob es möglich ist, mit obigem „Baukasten" eine Funktion mit vier bzw. fünf Nullstellen zusammenzustellen.

10 a) Bestimmen Sie alle x-Werte, für welche die Funktionen den Wert 3 annehmen.
$f_1(x) = x^3 - 2x + 3$; $\qquad f_2(x) = x^3 + x - 7$; $\qquad f_3(x) = x^4 - 6x^2 + 3$
b) Geben Sie eine ganzrationale Funktion dritten Grades an, für die gilt: $f(4) = 5$.

11 a) Zeigen Sie mit einer Polynomdivision, dass der Graph der Funktion f mit
$f(x) = x^3 - 2x^2 - 3x + 10$ die x-Achse nur im Punkt $S(-2|0)$ schneidet.
b) Die Gerade g geht durch S und hat die Steigung 2. Berechnen Sie alle Schnittpunkte von g mit dem Graphen von f.

12 Gegeben ist für jede reelle Zahl t die Funktion f_t mit $f_t(x) = 2x^3 - tx^2 + 8x$.
a) Berechnen Sie die Nullstellen der Funktionen f_2, f_{10} und f_{-10}.
b) Für welche t hat f_t drei verschiedene Nullstellen?
c) Bestimmen Sie t so, dass f_t die Nullstelle 2 hat.

2 Ganzrationale Funktionen und ihr Verhalten für $x \to +\infty$ bzw. $x \to -\infty$

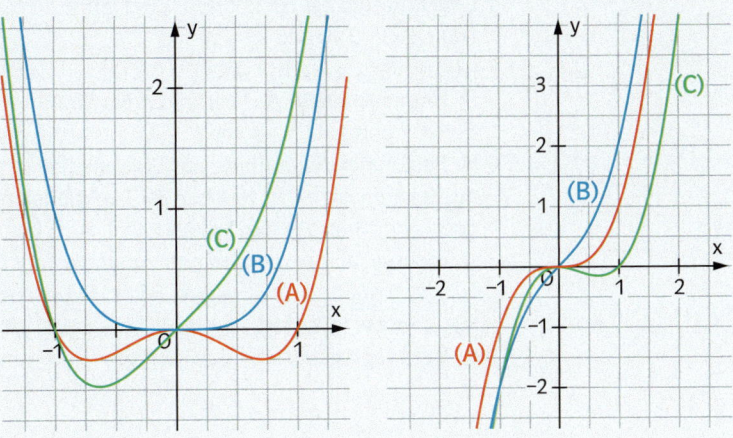

a) Ordnen Sie in der linken Grafik jedem Graphen eine der Funktionen f, g und h mit $f(x) = x^4$, $g(x) = x^4 - x^2$ und $h(x) = x^4 + x$ zu.
b) Ordnen Sie in der rechten Grafik jedem Graphen eine der Funktionen f, g und h mit $f(x) = x^3$, $g(x) = x^3 - x^2$ und $h(x) = x^3 + x$ zu.
c) Wie unterscheiden sich die Funktionsterme aus Teilaufgabe a) von denen aus Teilaufgabe b)?
Wie äußert sich dieser Unterschied bei den Graphen?

Für den gesamten Verlauf des Graphen einer Funktion ist es wichtig, auch das Verhalten der Funktionswerte für sehr große und sehr kleine x-Werte zu kennen. Die folgende Wertetabelle zeigt zu den Funktionen f mit $f(x) = 3x^3 - 9x^2 - 120x$ und g mit $g(x) = 3x^3$ Funktionswerte zu immer größer werdenden x-Werten:

x	1	10	100	1000	10 000	100 000
f(x)	−126	900	$\approx 2{,}9 \cdot 10^6$	$\approx 2{,}99 \cdot 10^9$	$\approx 3 \cdot 10^{12}$	$\approx 3 \cdot 10^{15}$
g(x)	3	3000	$3 \cdot 10^6$	$3 \cdot 10^9$	$3 \cdot 10^{12}$	$3 \cdot 10^{15}$

Die Werte der Tabelle lassen vermuten, dass die Funktionswerte f(x) und g(x) für größer werdende x-Werte immer besser übereinstimmen. Diese Vermutung kann man bestätigen, wenn man den Funktionsterm von f zu einem Produkt umformt:

$3x^3 - 9x^2 - 120x = 3x^3 \cdot \left(1 - \frac{3}{x} - \frac{40}{x^2}\right) = 3x^3 \cdot (1 - 3x^{-1} - 40x^{-2})$ für $x \neq 0$.

Beim zweiten Faktor liegen die x-Potenzen mit negativen Exponenten, $3x^{-1}$ und $40x^{-2}$, für sehr große x-Werte nahe bei null. Der Wert des zweiten Faktors $(1 - 3x^{-1} - 40x^{-2})$ ist dann etwa 1. Diese Überlegung gilt auch für sehr kleine x-Werte (wie z.B. $x = -10^5$).

x	−100 000	−10 000	−1000	−100	−10	−1
f(x)	$\approx -3 \cdot 10^{15}$	$\approx -3 \cdot 10^{12}$	$\approx -3 \cdot 10^9$	$\approx -3 \cdot 10^6$	−2700	108
g(x)	$-3 \cdot 10^{15}$	$-3 \cdot 10^{12}$	$-3 \cdot 10^9$	$-3 \cdot 10^6$	−3000	−3

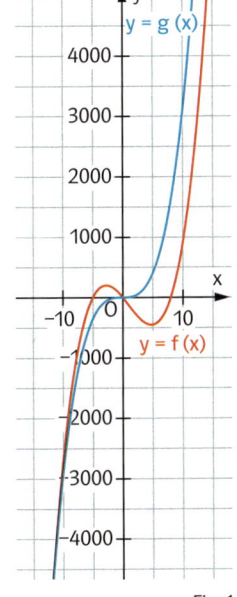

Fig. 1

Für sehr große und für sehr kleine x-Werte ist also $f(x) \approx 3x^3 = g(x)$ (siehe Fig. 1).
Da für immer größer werdende x-Werte der Wert von $g(x) = 3x^3$ beliebig groß wird, gilt dies auch für f(x). Man schreibt dafür „Für $x \to \infty$ gilt: $f(x) \to \infty$" und sagt: „Für x gegen unendlich strebt f(x) gegen unendlich".

Da für immer kleiner werdende x-Werte der Wert von $3x^3$ immer kleiner wird, strebt für x gegen minus unendlich f(x) gegen minus unendlich. Man schreibt: „Für $x \to -\infty$ gilt: $f(x) \to -\infty$".

> Für $x \to +\infty$ und für $x \to -\infty$ zeigen die Funktionswerte einer ganzrationalen Funktion f mit $f(x) = a_n x^n + a_{n-1} x^{n-1} + \ldots + a_1 x + a_0$ dasselbe Verhalten wie der Summand $a_n x^n$ mit der höchsten Potenz.

IV Untersuchung ganzrationaler Funktionen

$x \to \pm\infty$ bedeutet:
$x \to +\infty$ und $x \to -\infty$.

Beispiel Verhalten für $x \to \pm\infty$
Gegeben sind die Funktionen f und g mit
$f(x) = 2x^4 - 3x^3$ und
$g(x) = -0{,}2x^3 + 0{,}2x^2 + 0{,}4x$.
a) Untersuchen Sie das Verhalten der Funktionen f und g für $x \to \pm\infty$.
b) Bestimmen Sie mithilfe des Ergebnisses aus Teilaufgabe a), zu welcher der Funktionen f oder g der Graph in Fig. 1 gehört.

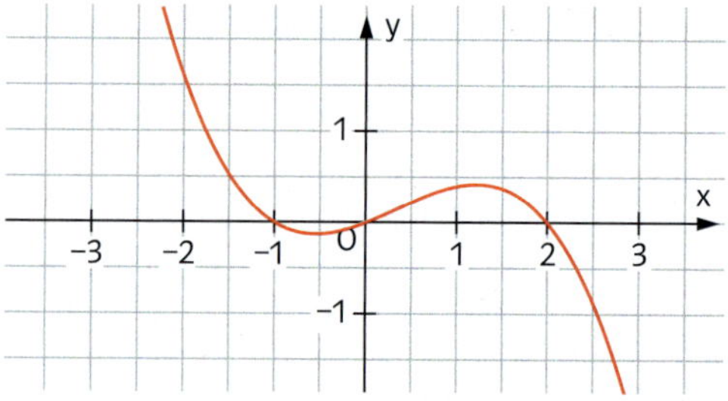

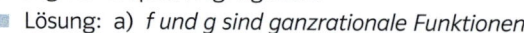

Fig. 1

■ Lösung: a) f und g sind ganzrationale Funktionen.
Für das Verhalten für $x \to \pm\infty$ ist bei f der Term $2x^4$ und bei g der Term $-0{,}2x^3$ verantwortlich.
Für $x \to \pm\infty$ gilt: $f(x) \to +\infty$. Für $x \to +\infty$ gilt: $g(x) \to -\infty$; für $x \to -\infty$ gilt: $g(x) \to +\infty$.
b) Der Graph gehört zur Funktion g.

Aufgaben

1 Untersuchen Sie das Verhalten der Funktionswerte von f für $x \to \pm\infty$.
a) $f(x) = -2x^2 + 4x$ b) $f(x) = -3x^5 + 3x^2 - x^3$ c) $f(x) = 0{,}5x^2 - 0{,}5x^4$
d) $f(x) = 5 - 7x^2 + 2x^3$ e) $f(x) = 10^{10} \cdot x^6 - 7x^7 + 25x$ f) $f(x) = x^{10} - 2^{25} \cdot x^9$

2 Geben Sie einen Term der Form $a \cdot x^n$ an, der bei der Funktion f das Verhalten für $x \to \pm\infty$ bestimmt.
a) $f(x) = -3x^4 - 0{,}2x^2 + 10$ b) $f(x) = 3x + 4x^3 - x^2$ c) $f(x) = 2 \cdot (x-1) \cdot x^2$
d) $f(x) = (x+1) \cdot (x^3+1)$ e) $f(x) = -2 \cdot (x^4 - x^3 - x^2)$ f) $f(x) = x^2 \cdot (-6x - x^2)$

Zeit zu überprüfen

3 Gegeben sind die Funktionen f, g und h mit $f(x) = x^2 \cdot (x-2)$, $g(x) = x^2 \cdot (2-x)$ und $h(x) = x^3 \cdot (x-2)$. Bestimmen Sie zu jeder Funktion das Verhalten für $x \to \pm\infty$. Fig. 2 zeigt die Graphen der Funktionen f, g und h. Welcher Graph gehört zu welcher Funktion? Begründen Sie.

(A) 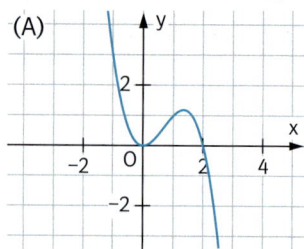 (B) 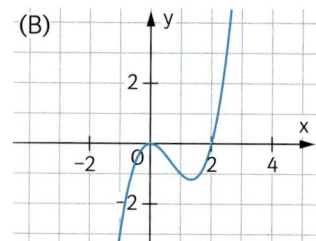 (C)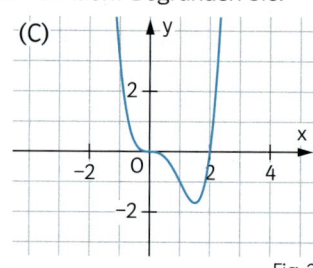

Fig. 2

4 In den nebenstehenden Skizzen sind Angaben über das Verhalten einer ganzrationalen Funktion für $x \to +\infty$ und für $x \to -\infty$ eingetragen. Was folgt daraus für den Grad und die Koeffizienten, wenn die Funktion höchstens den Grad 4 hat?

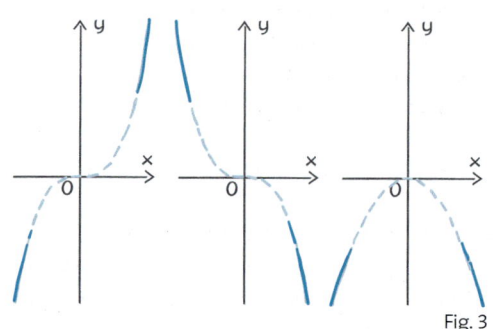

5 Begründen Sie: Der Graph einer ganzrationalen Funktion von ungeradem Grad schneidet die x-Achse mindestens einmal.

Fig. 3

3 Symmetrie, Skizzieren von Graphen

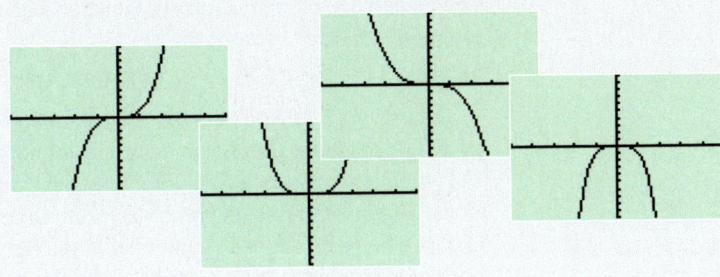

Zu welchen Potenzfunktionen könnten die abgebildeten Graphen gehören?

Die Wertetabelle und ein Graph einer Funktion lassen sich einfacher erstellen, wenn man weiß, ob der Graph zur y-Achse achsensymmetrisch oder zum Ursprung O punktsymmetrisch ist.

Fig. 1 zeigt den Graphen der Funktion f mit $f(x) = x^4 - 2x^2 + 1$. Der Graph ist **achsensymmetrisch zur y-Achse**, weil gilt:
$f(-x) = f(x)$ für alle $x \in D$.

Fig. 2 zeigt den Graphen der Funktion f mit $f(x) = 2x^3 - 4x$. Der Graph ist **punktsymmetrisch zum Ursprung O**, weil gilt:
$f(-x) = -f(x)$ für alle $x \in D$.

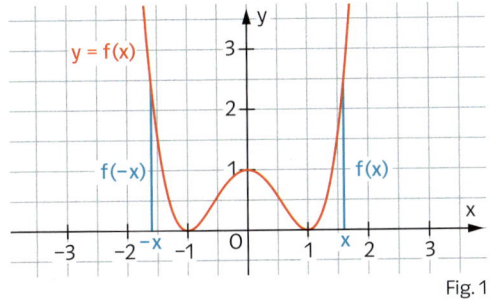

Fig. 1

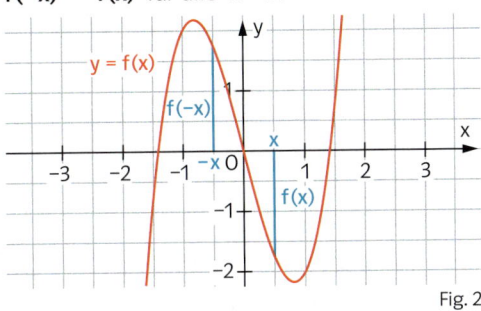

Fig. 2

Diese Symmetrien kann man bei ganzrationalen Funktionen am Funktionsterm erkennen.

Bei Funktionen wie $f(x) = x^4 - 2x^2 + 1$, bei denen im Funktionsterm alle Hochzahlen von x gerade sind, ergibt sich:
$f(-x) = (-x)^4 - 2 \cdot (-x)^2 + 1 = x^4 - 2x^2 + 1$.

Es gilt also: $f(-x) = f(x)$.

Bei Funktionen wie $f(x) = 2x^3 - 4x$, bei denen im Funktionsterm alle Hochzahlen von x ungerade sind, ergibt sich:
$f(-x) = 2 \cdot (-x)^3 - 4 \cdot (-x)$
$= -2x^3 + 4x = -(2x^3 - 4x)$.

Es gilt also: $f(-x) = -f(x)$.

Beachten Sie:
Für $x^4 - 2x^2 + 1$ kann man auch $x^4 - 2x^2 + 1x^0$ schreiben.

Satz: Wenn eine ganzrationale Funktion f der Form $f(x) = a_n x^n + a_{n-1} x^{n-1} + \ldots + a_1 x + a_0$ im Funktionsterm nur x-Potenzen mit

geraden Hochzahlen enthält,

dann ist der Graph von f

achsensymmetrisch zur y-Achse

ungeraden Hochzahlen enthält,

punktsymmetrisch zum Ursprung.

Die Umkehrung des Satzes gilt ebenfalls.

Der Summand a_0 gilt wegen $a_0 = a_0 \cdot x^0$ als Summand mit einer geraden Hochzahl von x.

Der Graph einer ganzrationalen Funktion, in deren Funktionsterm x-Potenzen mit geraden und mit ungeraden Hochzahlen auftreten, ist weder achsensymmetrisch zur y-Achse noch punktsymmetrisch zum Ursprung. Er kann jedoch (muss aber nicht) achsensymmetrisch zu einer anderen Geraden bzw. punktsymmetrisch zu einem anderen Punkt sein.

Beispiel 1 Untersuchung auf Symmetrie bei ganzrationalen Funktionen
Überprüfen Sie, ob der Graph der Funktion f achsensymmetrisch zur y-Achse oder punktsymmetrisch zum Ursprung ist.

a) $f(x) = 3x^4 - \frac{1}{8}x^2 + 0{,}25$ b) $f(x) = 3x + 0{,}4x^3$ c) $f(x) = 3x^3 + 3x + 3$

■ Lösung: a) f ist eine ganzrationale Funktion und die Hochzahlen der x-Potenzen sind alle gerade. Also ist der Graph von f achsensymmetrisch zur y-Achse.
b) f ist eine ganzrationale Funktion und die Hochzahlen der x-Potenzen sind alle ungerade. Also ist der Graph von f punktsymmetrisch zum Ursprung.
c) f ist eine ganzrationale Funktion und die Hochzahlen der x-Potenzen sind weder alle gerade noch alle ungerade. Also ist der Graph von f weder achsensymmetrisch zur y-Achse noch punktsymmetrisch zum Ursprung.

Beispiel 2 Skizzieren eines Graphen
Gegeben ist die Funktion f mit $f(x) = 4x \cdot (x^2 - 1)$. Erschließen Sie aus dem Funktionsterm Eigenschaften des Graphen von f. Skizzieren Sie den Graphen.

■ Lösung: $f(x) = 4x^3 - 4x$; da die x-Potenzen des Funktionsterms nur ungerade Hochzahlen enthalten, ist der Graph von f punktsymmetrisch zum Ursprung.
Für $x \to +\infty$ gilt: $f(x) \to +\infty$;
für $x \to -\infty$ gilt: $f(x) \to -\infty$.
Aus der Produktdarstellung des Funktionsterms ergeben sich die Nullstellen:
$x_1 = 0$; $x_2 = 1$ und $x_3 = -1$.
Skizze des Graphen siehe Fig. 1.

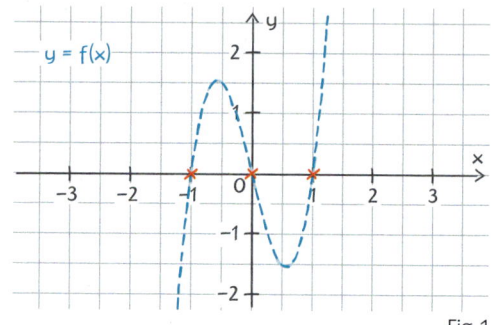

Fig. 1

Aufgaben

1 Welche Funktion hat einen zur y-Achse bzw. zum Ursprung symmetrischen Graphen?
a) $f(x) = -x^4 - 5x^2 + 3$ b) $f(x) = x^5 - 3x^3 - 1$ c) $f(x) = x^5 + 3x^3 + x^2 - 4x$
d) $f(x) = x \cdot (x^2 - 5)$ e) $f(x) = (x - 2)^2 + 1$ f) $f(x) = x \cdot (x - 1) \cdot (x + 1)$

2 Welche ganzrationale Funktion hat einen zur y-Achse symmetrischen Graphen?
a) $f(x) = x$ b) $f(x) = x^2$ c) $f(x) = x^3$
d) $f(x) = x^4$ e) $f(x) = 2x + 3$ f) $f(x) = 7 - x^4 + 2x^6$
g) $f(x) = 4x^3 + 1$ h) $f(x) = \frac{1}{6}x^6 - x^2 - \sqrt{2} + 1$ i) $f(x) = x^3 \cdot (x + 1) \cdot (x - 1)$

3 Ordnen Sie ohne Rechnung den Funktionen den richtigen Graphen zu.
a) $f(x) = -\frac{1}{2}x^3 - \frac{1}{2}x$ b) $f(x) = x^3 - x + 1$ c) $f(x) = -x^4 + 2x^2 + 1$

(A) 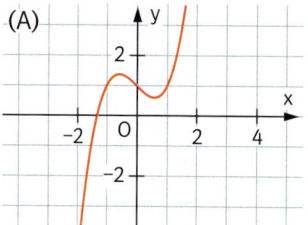 (B) 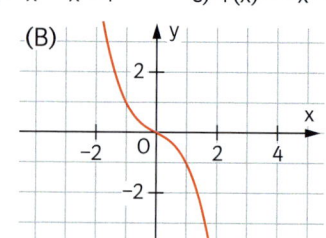 (C)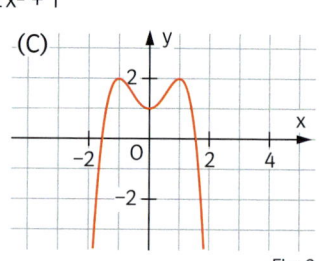

Fig. 2

4 Erschließen Sie aus dem Funktionsterm von f Eigenschaften des Graphen. Skizzieren Sie den Graphen.
a) $f(x) = 0,5x^2 - 2$
b) $f(x) = 0,1x^2 \cdot (x^2 - 9)$
c) $f(x) = 0,5x \cdot (x^2 - 4)$
d) $f(x) = -0,5x^3 + 2x$
e) $f(x) = 0,1 \cdot (x^2 - 9) \cdot (x - 1) \cdot (x + 1)$
f) $f(x) = -x^4 + 2x^2$

Zeit zu überprüfen

5 Überprüfen Sie, ob der Graph der Funktion f achsensymmetrisch zur y-Achse oder punktsymmetrisch zum Ursprung ist.
a) $f(x) = -x^4 - 7 + x^2$
b) $f(x) = -x^2 \cdot (x^2 - x)$
c) $f(x) = x^5 + x \cdot (x^2 - 5)$

6 Erschließen Sie aus dem Funktionsterm von f Eigenschaften des Graphen. Skizzieren Sie den Graphen.
a) $f(x) = 2x^3 - 2x$
b) $f(x) = -x^2 \cdot (x^2 - 4)$

7 Ordnen Sie die Funktionsterme den abgebildeten Graphen zu (ein Funktionsterm bleibt übrig). Beschreiben Sie, wie Sie die Funktionen erkannt haben.
$f(x) = -2x^3 + 4x^2 - x$;
$g(x) = 2x^3 + 2x^2 - x$;
$h(x) = 2x^3 - x$;
$i(x) = 2x^3 - 1$;
$j(x) = -2x^3 + 4x^2 - 1$

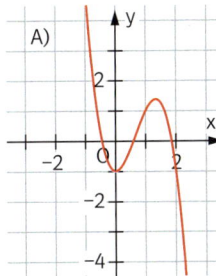
Fig. 1

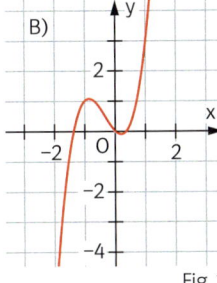
Fig. 2

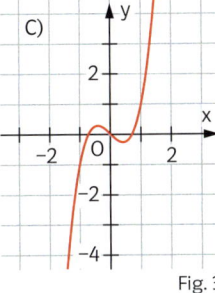
Fig. 3

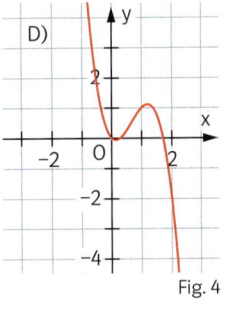
Fig. 4

8 Geben Sie an, welche Aussagen aufgrund des Graphen in Fig. 5 zutreffen
a) für die Funktion f,
b) für die Funktion g.
1) Der Graph ist symmetrisch zur y-Achse.
2) Im Funktionsterm kommen Potenzen mit geraden und ungeraden Hochzahlen vor.
3) Im Funktionsterm ist die Zahl vor der höchsten Potenz negativ.
4) Der Grad der Funktion ist ungerade.
5) Der Grad der Funktion ist mindestens 3.

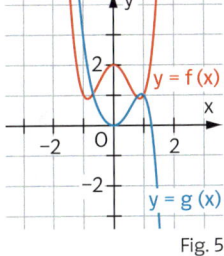
Fig. 5

9 Für welche Werte von t ist der Graph der Funktion f symmetrisch zum Ursprung oder zur y-Achse?
a) $f(x) = x^3 + 2tx^2 + tx$
b) $f(x) = (x - t) \cdot (x + 1)$
c) $f(x) = x^t - x$
d) $f(x) = (x + t)^2 - 4x$

Zeit zu wiederholen

10 Viktor gewinnt im Tennis gegen Moritz einen Satz mit einer Wahrscheinlichkeit von 40 %. Die beiden spielen ein Match auf drei Gewinnsätze (wer zuerst drei Sätze gewonnen hat, ist der Sieger).
a) Schreibe alle möglichen Ergebnisse auf.
b) Welche Ergebnisse gehören zu dem Ereignis „Moritz gewinnt das Match"?
c) Wie groß ist die Wahrscheinlichkeit für das Ereignis aus Teilaufgabe b).

4 Beispiel einer vollständigen Funktionsuntersuchung

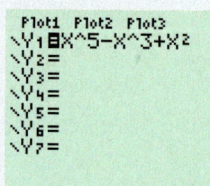

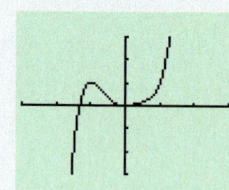

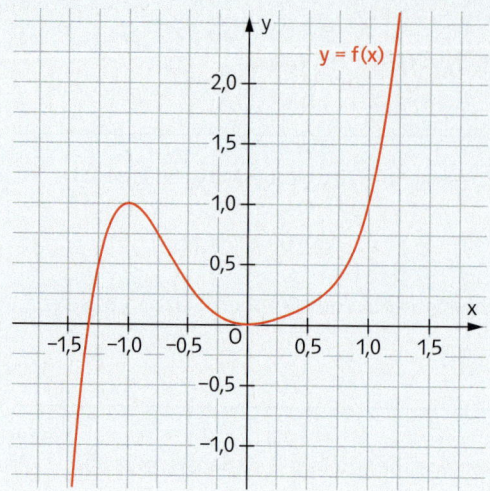

Computerprogramme können Graphen von Funktionen in einem festgelegten Intervall erstellen. Dabei werden in kleinen Schritten die Funktionswerte zu Stellen der x-Achse berechnet und grafisch dargestellt.
In der Grafik sieht man Bildschirmausgaben für die Funktion f mit $f(x) = x^5 - x^3 + x^2$ im Intervall $[-1,5;\ 1,5]$.
Lesen Sie am Graphen von f Monotonie-Intervalle ab. Geben Sie Näherungswerte für die Nullstellen und für die Extrem- und Wendestellen an.
Welchen Nachteil hat die grafische Methode gegenüber einer rechnerischen Bestimmung? Welche Vorteile hat die grafische Methode?

Das Ziel einer Funktionsuntersuchung sind gesicherte Aussagen über wesentliche Eigenschaften einer Funktion und ihres Graphen. Dabei werden ermittelt:
Die Symmetrie des Graphen, das Verhalten für $x \to \pm\infty$, die Nullstellen, die Extremstellen, die Wendestellen und evtl. zusätzliche Funktionswerte. Zur Bestimmung der Extrem- und Wendestellen müssen die ersten drei Ableitungen einer Funktion bestimmt werden.
Nachfolgend wird die Vorgehensweise für die Untersuchung einer ganzrationalen Funktion erläutert und an einem Beispiel durchgeführt.

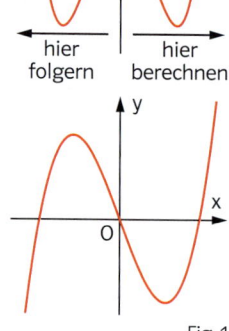

Fig. 1

1. Ableitungen
Von f werden die ersten drei Ableitungen f′, f″ und f‴ bestimmt.

Funktion $f(x) = 2x^4 + 7x^3 + 5x^2$
Ableitungen:
$f'(x) = 8x^3 + 21x^2 + 10x$
$f''(x) = 24x^2 + 42x + 10$
$f'''(x) = 48x + 42$

2. Symmetrie des Graphen
Symmetrie zum Ursprung: f(x) hat nur ungerade Hochzahlen.
Symmetrie zur y-Achse: f(x) hat nur gerade Hochzahlen.

Symmetrie:
f(x) hat gerade und ungerade Hochzahlen.
Der Graph besitzt weder eine Symmetrie zum Ursprung noch eine Symmetrie zur y-Achse.

3. Nullstellen
Nullstellen sind Lösungen der Gleichung $f(x) = 0$.

Nullstellen:
Ansatz: $f(x) = 0$
Gleichung: $2x^4 + 7x^3 + 5x^2 = 0$
$x^2 \cdot (2x^2 + 7x + 5) = 0$
Lösungen: $x_1 = 0;\ x_2 = -1;\ x_3 = -2,5$.
Schnittpunkte mit der x-Achse: $N_1(0|0);$
$N_2(-1|0);\ N_3(-2,5|0)$

4. Verhalten für $x \to \pm\infty$
Das Verhalten von f(x) ist für große Werte von x durch den Summanden von f(x) mit der größten Hochzahl bestimmt.

Verhalten für $x \to \pm\infty$:
Der Summand von f(x) mit der größten Hochzahl ist $2x^4$;
also gilt: $f(x) \to \infty$ für $x \to +\infty$ und $x \to -\infty$.

5. Extremstellen

Notwendige Bedingung: $f'(x) = 0$

Hinreichende Bedingung:
Für eine Lösung x_0 gilt:
$f'(x)$ wechselt an der Stelle x_0 das Vorzeichen von − nach + (Minimumstelle) bzw. von + nach − (Maximumstelle) oder es ist
$f'(x_0) = 0$ und
$f''(x_0) < 0$: $f(x_0)$ ist lokales Maximum;
$f''(x_0) > 0$: $f(x_0)$ ist lokales Minimum.

6. Wendestellen

Notwendige Bedingung: $f''(x) = 0$

Hinreichende Bedingung:
Für eine Lösung x_0 gilt:
$f''(x)$ wechselt an der Stelle x_0 das Vorzeichen oder es ist
$f''(x_0) = 0$ und $f'''(x_0) \neq 0$.

Extremstellen:
Notwendige Bedingung: $f'(x) = 0$
ergibt $\quad x \cdot (8x^2 + 21x + 10) = 0$;
Lösungen: $x_4 = 0$; $x_5 = -0{,}625$; $x_6 = -2$.
Hinreichende Bedingung:
$x_4 = 0$: $\quad f'(x_0) = 0$ und $f''(0) = 10 > 0$;
$f(0)$ ist lokales Minimum.
$x_5 = -0{,}625$: $f'(x_5) = 0$; $f''(x_5) = -6{,}875 < 0$;
$f(-0{,}625)$ ist lokales Maximum.
$x_6 = -2$: $\quad f'(-2) = 0$ und $f''(-2) = 22 > 0$;
$f(-2)$ ist lokales Minimum.
Extrempunkte: $T_1(0\,|\,0)$; $H(-0{,}625\,|\,0{,}55)$;
$T_2(-2\,|\,-4)$

Wendestellen:
Notwendige Bedingung $f''(x) = 0$
ergibt $\quad 2(12x^2 + 21x + 5) = 0$;
Lösungen: $\quad x_{7,8} = -\frac{7}{8} \pm \frac{1}{24}\sqrt{201}$
$\quad\quad\quad\quad\quad x_7 \approx -0{,}28$; $x_8 \approx -1{,}47$.
Hinreichende Bedingung:
x_7: $f''(x_7) = 0$ und $f'''(x_7) \approx 28{,}56 \neq 0$;
x_7 ist Wendestelle.
x_8: $f''(x_8) = 0$ und $f'''(x_8) \approx -28{,}56 \neq 0$;
x_8 ist Wendestelle.
Wendepunkte (näherungsweise):
$W_1(-0{,}28\,|\,0{,}25)$; $W_2(-1{,}47\,|\,-2{,}09)$

7. Graph

Gegebenenfalls werden in einer Wertetabelle zusätzliche Funktionswerte berechnet.
Auch die Steigungen in den Nullstellen bzw. an den Wendestellen sind hilfreich.

Nach Wahl des Koordinatensystems mit geeigneten Einteilungen der Achsen werden die ermittelten Punkte (eventuell einschließlich der Steigungen) eingetragen.
Dann kann der Verlauf des Graphen gezeichnet werden.

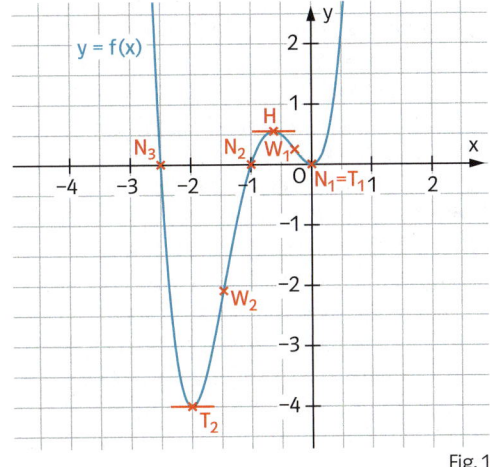

Fig. 1

Aufgaben

1 Führen Sie eine Funktionsuntersuchung entsprechend den Punkten 1. bis 7. durch.

a) $f(x) = \frac{1}{3}x^3 - x$
b) $f(x) = x^3 - 4x$
c) $f(x) = \frac{1}{2}x^3 - 4x^2 + 8x$
d) $f(x) = \frac{1}{2}x^3 + 3x^2 - 8$
e) $f(x) = 3x^4 + 4x^3$
f) $f(x) = \frac{1}{10}x^5 - \frac{4}{3}x^3 + 6x$

2 Führen Sie eine Funktionsuntersuchung entsprechend den Punkten 1. bis 7. durch.
a) $f(x) = \frac{1}{6} \cdot (x+1)^2 \cdot (x-2)$
b) $f(x) = \frac{1}{4} \cdot (1+x^2) \cdot (5-x^2)$
c) $f(x) = 0{,}5 \cdot (x^2-1)^2$
d) $f(x) = (x-1) \cdot (x+2)^2$
e) $f(x) = 0{,}1 \cdot (x^3+1)^2$
f) $f(x) = \frac{1}{6} \cdot (1+x)^3 \cdot (3-x)$

Zeit zu überprüfen

3 Führen Sie eine Funktionsuntersuchung durch und zeichnen Sie den Graphen.
a) $f(x) = -\frac{1}{3}x^3 + 3x$
b) $f(x) = x^3 - 6x^2 + 8x$

4 a) Untersuchen Sie den Graphen von f mit $f(x) = \frac{1}{48} \cdot (x^4 - 24x^2 + 80)$ auf Symmetrie, Schnittpunkte mit der x-Achse, Extrempunkte und Wendepunkte. Zeichnen Sie den Graphen von f.
b) Für welche Werte von c hat die Gleichung $x^4 - 24x^2 + 80 = 48c$ vier, drei, zwei oder keine Lösungen? Verwenden Sie Teilaufgabe a).

Der „Gateway-Arch" wurde in den Jahren 1959–1965 aus rostfreiem Stahl gebaut. Er soll als „Tor zum Westen" an den nach 1800 einsetzenden Siedlerstrom in den Westen der USA erinnern.

5 Der Innenbogen des „Gateway-Arch" in St. Louis (USA) lässt sich näherungsweise beschreiben (x in m) durch die Funktion f mit $f(x) = 187{,}5 - 1{,}579 \cdot 10^{-2} \cdot x^2 - 1{,}988 \cdot 10^{-6} \cdot x^4$.
a) Berechnen Sie die Höhe und die Breite des Innenbogens.
b) Wie groß sind die Winkel, die der Innenbogen mit der Grundfläche bildet?
c) Bei einer Flugveranstaltung soll ein Flugzeug mit einer Flügelspannweite von 18 m unter dem Bogen hindurchfliegen. Welche Maximalflughöhe muss der Pilot einhalten, wenn in vertikaler und in horizontaler Richtung ein Sicherheitsabstand zum Bogen von 10 m eingehalten werden muss?

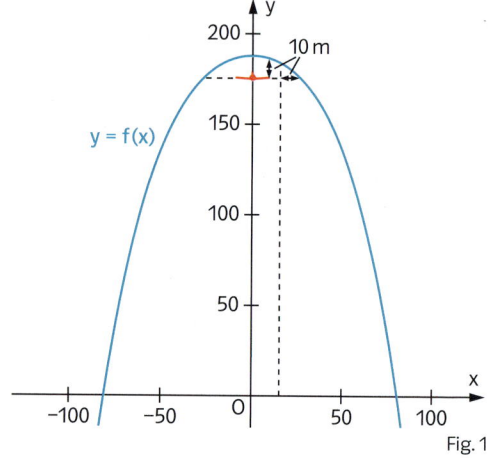

Fig. 1

6 Welche Beziehung muss für die Koeffizienten der Funktion $f(x) = x^3 + bx^2 + cx + d$ gelten, damit der Graph von f zwei, genau eine bzw. keine waagerechte Tangente hat?

7 Welche Eigenschaften des Graphen von f (Schnittpunkte mit der x-Achse, Extrem- und Wendepunkte) gelten für $c \neq 0$ auch für den Graphen der Funktion g?
Wie verändern sich dabei gegebenenfalls die Koordinaten der Schnittpunkte mit der x-Achse, Extrem- und Wendepunkte?
a) $g(x) = c \cdot f(x)$
b) $g(x) = f(x) + c$
c) $g(x) = f(x-c)$

8 Gegeben ist die Funktion f mit $f(x) = 0{,}125x^4 - x^2 - 1{,}125$.
a) Weist der Graph von f eine spezielle Symmetrie auf?
b) Bestimmen Sie die Schnittpunkte des Graphen mit der x-Achse sowie den Schnittpunkt mit der y-Achse.
c) Wie verhält sich der Graph von f für $x \to \pm\infty$?
d) Skizzieren Sie mithilfe der Ergebnisse aus den Teilaufgaben a) bis c) den Graphen von f.

5 Probleme lösen im Umfeld der Tangente

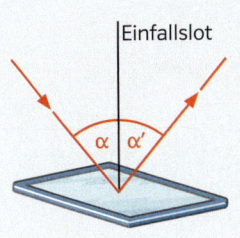

Bei der Reflexion eines einfallenden Lichtstrahls an einem Spiegel gilt das Reflexionsgesetz, das in der Grafik veranschaulicht ist.
Versuchen Sie das Reflexionsgesetz zu formulieren.
Wie verläuft die Reflexion eines einfallenden Lichtstrahls an einer gekrümmten Spiegelfläche?
Skizzieren Sie Ihre Überlegungen.

Die Gleichung der Tangente in einem beliebigen Punkt des Graphen $P(u|f(u))$ einer Funktion f (vgl. Fig. 1) kann allgemein hergeleitet werden. Hiermit lässt sich dann auch die Gleichung der Tangente an den Graphen von einem Punkt Q aus bestimmen, der nicht auf dem Graphen liegt. Um die Gleichung der Tangente an den Graphen einer Funktion f in einem Punkt $P(u|f(u))$ des Graphen zu bestimmen, setzt man in die Tangentengleichung $t: y = f'(u) \cdot x + c$ die Koordinaten des Punktes P für die Variablen x und y ein. Man erhält $f(u) = f'(u) \cdot u + c$ und hiermit $c = f(u) - f'(u) \cdot u$. Eingesetzt und zusammengefasst erhält man den folgenden Satz.

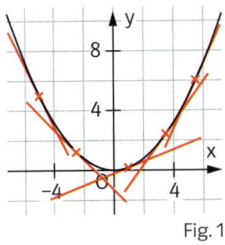

Fig. 1

> **Satz: Allgemeine Tangentengleichung**
> Sind die differenzierbare Funktion f und ein Punkt $P(u|f(u))$ mit $u \in D_f$ gegeben, so lautet die Gleichung der Tangente t an den Graphen von f im Punkt P:
> $t: y = f'(u) \cdot (x - u) + f(u)$.

Die Tangentengleichung kann auch verwendet werden, wenn von einem Punkt Q, der nicht auf dem Graphen der Funktion f liegt, die Tangente an den Graphen bestimmt werden soll (vgl. Fig. 2). Ist f die Funktion mit $f(x) = \frac{1}{2}x^3$, so ist $y = f'(u) \cdot (x - u) + f(u) = \frac{3}{2}u^2 \cdot (x - u) + \frac{1}{2}u^3$ die Gleichung der Tangente in $P(u|f(u))$.
Setzt man hier für die Variablen x und y die Koordinaten von $Q(0|-1)$ ein, so erhält man $-1 = \frac{3}{2}u^2 \cdot (0 - u) + \frac{1}{2}u^3$ bzw. $u^3 = 1$.
Daraus folgt $u = 1$ und hiermit $t: y = \frac{3}{2}x - 1$ mit dem Berührpunkt $P(1|\frac{1}{2})$.
Die **Normale** hat die Gleichung
$n: y = -\frac{1}{f'(u)} \cdot (x - u) + f(u)$ mit $f'(u) \neq 0$ (Fig. 3).

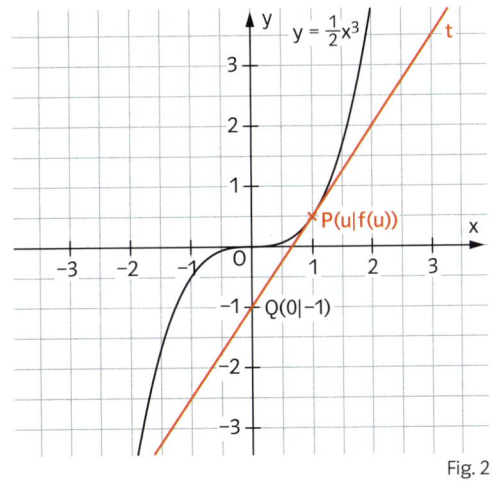

Fig. 2

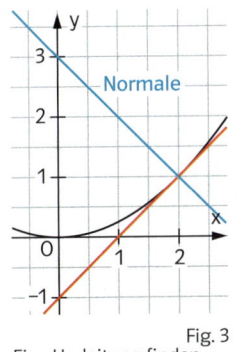

Fig. 3
Eine Herleitung finden Sie in Aufgabe 13.

Beispiel 1 Allgemeine Tangentengleichung und Normalengleichung
Gegeben ist die Funktion f mit $f(x) = -\frac{1}{4}x^2 + 4$.
a) Bestimmen Sie die Gleichung der Tangente und der Normalengleichung im Punkt $R(1|f(1))$.
b) Bestimmen Sie die allgemeine Tangentengleichung an den Graphen von f im Punkt $P(u|f(u))$.
Welche Tangenten an den Graphen von f schneiden die x-Achse im Punkt $Q(5|0)$?

■ Lösung: a) Mit $f'(1) = -\frac{1}{2}$ und $f(1) = 3{,}75$ erhält man in R als Gleichung der Tangente
$t: y = -\frac{1}{2}(x - 1) + 3{,}75 = -\frac{1}{2}x + 4{,}25$.
Steigung der Normalen für $x = 1$: $m_n = -\frac{1}{f'(1)} = 2$. Die Gleichung der Normalen lautet
$n: y = 2 \cdot (x - 1) + 3{,}75 = 2x + 1{,}75$.

IV Untersuchung ganzrationaler Funktionen

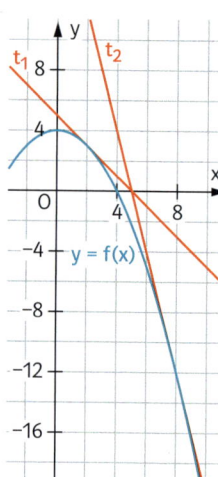

Fig. 1

b) Mit $f'(u) = -\frac{1}{2}u$ erhält man in P die Gleichung der Tangente

$y = -\frac{1}{2}u \cdot (x - u) + \left(-\frac{1}{4}u^2 + 4\right) = -\frac{1}{2}ux + \frac{1}{4}u^2 + 4$.

Einsetzen des Punktes $Q(5|0)$ liefert die quadratische Gleichung $\frac{1}{4}u^2 - \frac{5}{2}u + 4 = 0$ mit den beiden Lösungen $u_1 = 2$ und $u_2 = 8$. Die Gleichungen der gesuchten Tangenten lauten
$t_1: y = -x + 5$ und $t_2: y = -4x + 20$ (vgl. Fig. 1).

Beispiel 2 Tangente im Wendepunkt

Die Form einer Bucht kann in einem geeigneten Koordinatensystem durch die Funktion f mit $f(x) = \frac{2}{3}x^3 + 2x^2 - \frac{1}{3}$ näherungsweise beschrieben werden (Fig. 2). Ein Schiff fährt von West nach Ost entlang der gezeichneten Geraden. In welchem Punkt kann vom Schiff aus zum ersten Mal die gesamte Bucht eingesehen werden?

■ *Lösung:* Man benötigt die Gleichung der Tangente im Wendepunkt des Graphen von f.
$f'(x) = 2x^2 + 4x$; $f''(x) = 4x + 4$; $f'''(x) = 4$
$f''(x) = 0$ ergibt $4x + 4 = 0$ mit $x = -1$ und dem Wendepunkt $W(-1|1)$. Mit $f'(-1) = -2$ hat die Tangente in W die Gleichung $y = -2x - 1$. Der Schiffsweg hat die Gleichung $y = 3$. Im Schnittpunkt des Schiffswegs mit der Wendetangente $S(-2|3)$ wird zum ersten Mal die gesamte Bucht eingesehen.

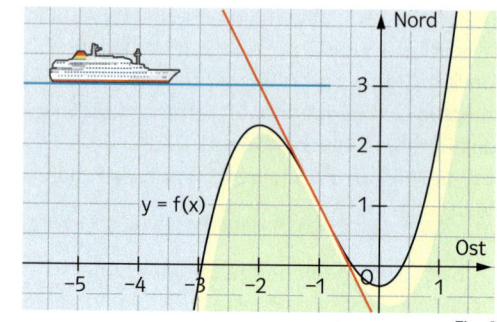

Fig. 2

Aufgaben

1 Bestimmen Sie die Gleichungen der Tangente und der Normalen an den Graphen der Funktion f an der Stelle u.
a) $f(x) = x^2$; $u = 2$
b) $f(x) = \frac{2}{x}$; $u = 4$
c) $f(x) = x^3 + 2x^2$; $u = 0$

2 Gegeben ist die Funktion f mit $f(x) = 0{,}5x^2$. Bestimmen Sie die Punkte des Graphen, dessen Tangenten durch den folgenden Punkt verlaufen.
a) $A(1|0)$
b) $B(-1|0)$
c) $C(0|-2)$
d) $D(3|2{,}5)$

3 In einem geeigneten Koordinatensystem lässt sich die Form einer Landzunge näherungsweise durch den Graphen der Funktion f mit $f(x) = x^2$ mit $D_f = [-3; 3]$ darstellen. Welchen Bereich des Ufers kann man von einem Segelboot, das sich in $S(3|5)$ befindet, sehen?

4 Es ist f mit $f(x) = x^3 - 3x$ gegeben. Im Punkt P wird die Tangente an den Graphen von f gezeichnet. Berechnen Sie den Punkt S, in dem die Tangente den Graphen ein zweites Mal schneidet.
a) $P(1|f(1))$
b) $P(0{,}5|f(0{,}5))$
c) $P(3|f(3))$

Landzunge in der Wismarer Bucht (Ostsee)

Zeit zu überprüfen

5 Bestimmen Sie die Gleichung der Tangente und der Normalen des Graphen von f im Punkt B.
a) $f(x) = x^2 - x$; $B(-2|6)$
b) $f(x) = \frac{4}{x} + 2$; $B(4|3)$

6 Gegeben ist die Funktion f mit $f(x) = 2x^2 - 3$. Bestimmen Sie, falls möglich, die Tangenten an den Graphen von f, die durch den Punkt A verlaufen.
a) $A(2|-3)$
b) $A\left(2|-\frac{9}{8}\right)$
c) $A(1|1)$

7 Gegeben ist die Funktion f mit $f(x) = -\frac{1}{2}x^2 + 2x - 2$.

a) Bestimmen Sie den Punkt auf dem Graphen von f, in dem die Tangente parallel zur Geraden mit der Gleichung $y = 2x - 3$ verläuft. Unter welchem Winkel schneidet diese Tangente die x-Achse?
b) Geben Sie die Punkte des Graphen an, deren Tangenten durch den Ursprung verlaufen.
c) Welche Tangenten gehen durch den Punkt $A(0|6)$? Geben Sie die zugehörigen Berührpunkte des Graphen an.

Für den Steigungswinkel α der Tangente im Punkt $P(u|f(u))$ gilt: $\tan(\alpha) = f'(u)$.

8 Gegeben ist die Funktion f mit $f(x) = -\frac{16}{3x^3} + x$. Bestimmen Sie die Gleichungen der Tangenten in den Punkten des Graphen von f, die parallel zur Geraden mit $y = 2x$ verlaufen.

9 Bestimmen Sie die ganzrationale Funktion dritten Grades, deren Graph die x-Achse im Ursprung berührt und deren Tangente in $P(-3|0)$ parallel zur Geraden $y = 6x$ ist.

10 Die Mittellinie der gezeichneten Rennstrecke wird durch $y = 4 - \frac{1}{2}x^2$ beschrieben. Bei spiegelglatter Fahrbahn rutscht ein Fahrzeug und landet im Punkt $Y(0|6)$ in den Strohballen (vgl. Fig. 1). Wo hat das Fahrzeug die Straße verlassen?

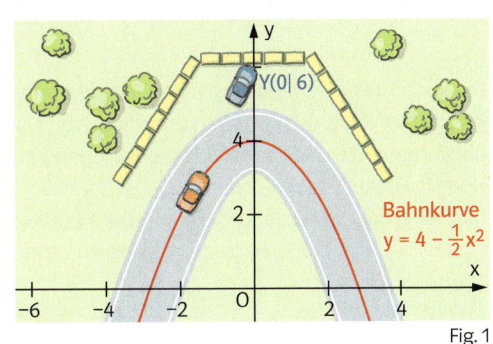
Fig. 1

11 Durch den Graphen der Funktion f mit $f(x) = -0{,}002x^4 + 0{,}122x^2 - 1{,}8$ (x in Metern, f(x) in Metern) wird für $-5 \leq x \leq 5$ der Querschnitt eines Kanals dargestellt. Die sich nach beiden Seiten anschließende Landfläche liegt auf der Höhe $y = 0$.
In welchem Abstand vom Kanalrand darf eine aufrecht stehende Person (Augenhöhe 1,60 m) höchstens stehen, damit sie bei leerem Kanal die tiefste Stelle des Kanals sehen kann?

◉ CAS
Tangente und Normale berechnen

12 Eine Gasleitung verläuft wie der Graph der Funktion g mit $g(x) = 0{,}2(x + 1)^2 - 3$. Der Ort $O(0|0)$ soll an die Gasleitung angeschlossen werden (vgl. Fig. 2).
a) Von einem Punkt $X(x_0|g(x_0))$ aus soll dafür ein geradlinig verlaufendes Anschlussstück nach O verlegt werden. Zeigen Sie, dass die Länge d dieser Leitung $d(x_0) = \sqrt{x_0^2 + (g(x_0))^2}$ ist.
b) Zeichnen Sie den Graphen der Funktion d und bestimmen Sie zeichnerisch die Stelle x_0 so, dass die Gasleitung möglichst kurz wird.
c) Bestimmen Sie mithilfe der Normalen im Punkt $X(x_0|g(x_0))$ die kürzeste Gasleitung.

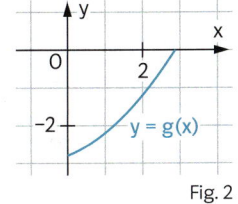
Fig. 2

13 In Fig. 3 sind die beiden zueinander senkrecht stehenden Geraden g_1 und g_2 eingezeichnet.
a) Begründen Sie anhand der Zeichnung, dass für die Steigungen m_1 und m_2 der beiden Geraden die Beziehung $m_1 \cdot m_2 = -1$ gilt.
b) Zeigen Sie, dass die Gleichung der Normalen n in einem Punkt $P(u|f(u))$ an den Graphen einer differenzierbaren Funktion f die Gleichung $n: y = -\frac{1}{f'(u)} \cdot (x - u) + f(u)$, $f'(u) \neq 0$ besitzt.

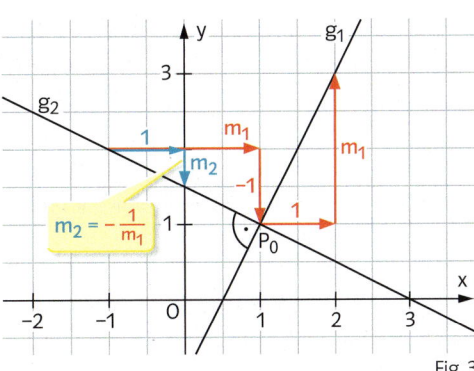
Fig. 3

6 Mathematische Fachbegriffe in Sachzusammenhängen

Euphemismus bezeichnet Wörter oder Formulierungen, die einen Sachverhalt beschönigend, verhüllend oder verschleiernd darstellen.

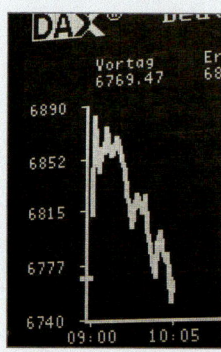

Der Begriff **Nullwachstum** ist ein gelegentlich in der Wirtschaft verwendeter Euphemismus und bedeutet die Abwesenheit von Wirtschaftswachstum. Das Kunstwort hat sich als modernes Synonym für (wirtschaftliche) Stagnation etabliert.

Negativwachstum ist ebenfalls ein Euphemismus für die noch stärkere Rezession. Es handelt sich somit um das Gegenteil von Wachstum. Es wird z. B. von einem negativen Wirtschaftswachstum gesprochen, was als Schönreden der Abnahme des Bruttoinlandsprodukts gewertet werden kann.

Nennen Sie andere Beispiele, in denen mathematische Begriffe in Anwendungssituationen verwendet werden.

Die sprachliche Schilderung einer Alltagssituation lässt sich in geeigneten Fällen mithilfe der Eigenschaften einer Funktion und ihrer Ableitungen direkt in eine mathematische Beschreibung übertragen. Den Begriffen aus der Alltagssprache müssen dabei die passenden mathematischen Begriffe zugeordnet werden.

Modelliert die zweimal differenzierbare Funktion f die Verkaufszahlen eines Produkts in Abhängigkeit von der Zeit t, so lassen sich unter anderem die folgenden Zusammenhänge herstellen:

Die Zuordnung zwischen Alltagsbegriffen und den mathematischen Beschreibungen werden nicht immer in der gleichen Weise vorgenommen.

Sprachlicher Ausdruck	Eigenschaften der Funktion f	Eigenschaften von f' bzw. f"
Die Verkaufszahlen steigen.	f ist streng monoton steigend.	$f'(t) > 0$ (nur an einzelnen Stellen kann $f'(t) = 0$ gelten)
Die Verkaufszahlen erreichen ihren höchsten Wert zum Zeitpunkt t_0.	$f(t_0) \geq f(t)$ für alle t	$f'(t_0) = 0$ und $f''(t) < 0$ bzw. f' hat VZW bei t_0 von + nach −
Die Verkaufszahlen stagnieren („Nullwachstum").	$f(t) = k$ mit $k \in \mathbb{N}$	$f'(t) = 0$
Der Anstieg der Verkaufszahlen war zum Zeitpunkt t_0 maximal.	t_0 ist Wendestelle von f und f ist streng monoton steigend.	$f''(t_0) = 0$; f" hat VZW bei t_0 und $f'(t) > 0$
Der Anstieg der Verkaufszahlen fällt zunehmend niedriger aus.	Der Graph von f ist rechtsgekrümmt und f ist streng monoton steigend.	$f''(t) < 0$ und $f'(t) > 0$

Ist der Umsatz eines Unternehmens für ein Jahr gegeben, so müssen bei der Bestimmung z. B. des Umsatzhochs bzw. -tiefs neben den lokalen Extremwerten im Inneren auch die Ränder des Definitionsbereichs untersucht werden, um **globale Extrema** zu ermitteln.

Die zur Beschreibung einer realen Situation benutzte Funktion ist in einem Teilintervall von $\mathbb{R}$ definiert und dort differenzierbar.

Ist der Umsatz U mit
$U(t) = 0,19 t^3 - 4,15 t^2 + 25 t + 150$ ($t \in [0; 12]$
in Monaten, U(t) in Millionen Euro) gegeben, so erhält man als lokales Maximum den Wert $U(4,25) \approx 195,9$ und als lokales Minimum den Wert $U(10,3) \approx 174,8$.
Vergleicht man mit den Funktionswerten an den Rändern des Untersuchungszeitraums
$U(0) \approx 150,0$ und $U(12) \approx 180,7$, so ist 195,9 auch das **globale Maximum** und damit das Umsatzhoch. Das **globale Minimum** ist 150,0 und liegt damit am linken Rand (vgl. Fig. 1).

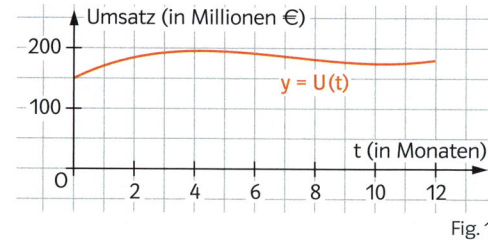

Fig. 1

Beispiel Maximaler Gewinn, stärkster Anstieg
Bei einer Produktion von x Maschinen entstehen einem Unternehmen die Kosten K (in Euro) mit
$K(x) = 0{,}03x^3 - 2x^2 + 50x + 600$ für $x \in [0; 50]$. Jede Maschine wird für 60 € verkauft.
a) Zeichnen Sie den Graphen der Funktion G, die den Gewinn des Unternehmens beschreibt.
b) Beschreiben Sie die Bedeutung der charakteristischen Punkte und berechnen Sie diese.

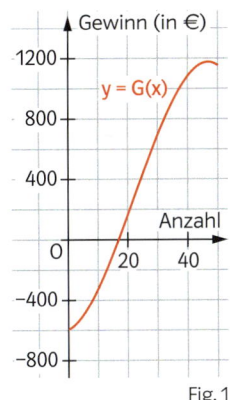
Fig. 1

■ Lösung: a) Für den Gewinn G gilt: $G(x) = 60x - K(x) = -0{,}03x^3 + 2x^2 + 10x - 600$ (vgl. Fig. 1).
Zur Erstellung des Graphen werden die Extremstellen bestimmt.
$G'(x) = -0{,}09x^2 + 4x + 10$; $G''(x) = -0{,}18x + 4$.
Aus $G'(x) = 0$ erhält man $x_1 \approx 46{,}82$ und $x_2 \approx -2{,}37$. x_2 liegt nicht im Definitionsbereich von G.
Da $G''(x_1) < 0$, ist bei $x_1 \approx 46{,}82$ ein lokales Maximum mit $G(x_1) \approx 1173{,}4$.
Mithilfe weiterer Funktionswerte ergibt sich eine Skizze des Graphen von G (siehe Fig. 1).
b) Das lokale Maximum $G(x_1) \approx 1173{,}4$ (in €) ist auch das globale Maximum, da der Randwert
$G(50) = 1150$ kleiner als $G(x_1)$ ist. Der maximale Gewinn beträgt 1173 €. Er wird bei der Produktion
von 47 Maschinen erreicht. Der Gewinn nimmt an der linken Intervallgrenze $x_3 = 0$ sein globales
Minimum mit $G(0) = -600$ an; damit beträgt der maximale Verlust 600 €.
An der Wendestelle x_4 steigt der Gewinn am stärksten an. Aus $G''(x) = 0$ und $G'''(x) \neq 0$ erhält
man $x_4 \approx 22{,}2$ als Wendestelle.
Bei einer Produktionszahl von ca. 22 Maschinen steigt der Gewinn pro zusätzlich produzierter
Maschine am stärksten. Der Anstieg beträgt näherungsweise $G'(22) \approx 54$ (in €).

Aufgaben

1 Die Funktion f beschreibt die Höhe einer Sonnenblume (in Metern) in Abhängigkeit von der
Zeit t (in Wochen). Geben Sie zu den Alltagsbegriffen die mathematischen Beschreibungen an.
a) Nach zwei Wochen ist die Sonnenblume 0,3 m hoch.
b) Nach 20 Wochen wächst die Sonnenblume nicht mehr.
c) In den ersten fünf Wochen wächst die Sonnenblume um 0,6 m.
d) Die Wachstumsgeschwindigkeit ist nach acht Wochen am höchsten.

2 Zur Vorhersage des Wasserstandes eines Flusses misst man sechs Monate lang fortlaufend
die Durchflussgeschwindigkeit f des Wassers an einer bestimmten Stelle und erhält hierfür
$f(t) = 0{,}25t^3 - 3t^2 + 9t$ $\left(0 \leq t \leq 6;\ t \text{ in Monaten};\ f(t) \text{ in } 10^6 \frac{m^3}{\text{Monat}}\right)$.
a) Zeichnen Sie den Graphen von f. Interpretieren Sie die Nullstellen der Funktion f. Warum ist
hier $f(t) \geq 0$ sinnvoll?
b) Zu welchen Zeitpunkten ist die Durchflussgeschwindigkeit extremal?
c) Wann nimmt die Durchflussgeschwindigkeit besonders stark ab? Wann besonders stark zu?

3 Nach starken Regenfällen im Gebirge
steigt der Wasserspiegel in einem Stausee an.
Die in den ersten 24 Stunden nach den Regenfällen festgestellte Zuflussgeschwindigkeit
lässt sich näherungsweise durch die Funktion f
mit $f(t) = 0{,}25t^3 - 12t^2 + 144t$
$\left(t \text{ in Stunden},\ f(t) \text{ in } \frac{m^3}{h}\right)$ beschreiben.
a) Berechnen Sie charakteristische Punkte des
Graphen. Erläutern Sie Ihre Ergebnisse im
Sachzusammenhang.
b) Bestimmen Sie den Zeitraum, in dem die
Zuflussgeschwindigkeit mindestens die Hälfte des Maximalwerts beträgt.

Zeit zu überprüfen

4 Die Funktion f beschreibt die Geschwindigkeit eines Autos (in $\frac{m}{s}$) in Abhängigkeit von der Zeit t (in s). Geben Sie jeweils die mathematischen Beschreibungen an.
a) In den ersten zehn Sekunden nimmt die Geschwindigkeit gleichmäßig von 0 auf 20 $\frac{m}{s}$ zu.
b) Nach 30 Sekunden wird für fünf Sekunden abgebremst.
c) Die stärkste Zunahme der Geschwindigkeit ist nach 15 Sekunden. Welche anschauliche Bedeutung hat die Zunahme der Geschwindigkeit, welche Einheit hat sie?

5 An einem Tag im Frühherbst wird die Oberflächentemperatur O eines Sees gemessen. Der Temperaturverlauf kann modelliert werden durch
$O(t) = -\frac{1}{300}(t^3 - 36t^2 + 324t - 5700)$; $t \in [0; 24]$ in Stunden, O(t) in Grad Celsius (°C).
a) Bestimmen Sie die höchste und tiefste Temperatur an diesem Tag.
b) Welche Bedeutung hat die Steigung der Wendetangente in diesem Zusammenhang?

6 Auszug aus dem Protokoll einer Hauptversammlung
„Nach einem guten Beginn des Jahres mit deutlich steigendem Gewinn wurde die Zunahme des Gewinns immer kleiner und dieser erreichte im März sein Maximum mit 220 Millionen Euro. Anschließend wurde der Gewinn kleiner, blieb aber immer über dem zu Jahresbeginn. Besonders stark war das Abfallen des Gewinns im Juni während der Sommerflaute; gleichzeitig stellte der Juni aber auch eine Trendwende hin zum Besseren dar. In den letzten Monaten des Jahres fiel der Anstieg des Gewinns zunehmend größer aus, sodass wir am Jahresende nicht nur wieder den maximalen Gewinn aus dem Monat März erreichten, sondern dies auch mit deutlich steigender Tendenz."
Skizzieren Sie einen Graphen, der die Entwicklung des Gewinns im Verlauf des Jahres darstellen könnte, und erläutern Sie ihn.

7 Fig. 1 zeigt den Schuldenstand des Bundes, der Länder und der Gemeinden.
S mit $S(t) = -0{,}08 t^3 + 3{,}5 t^2 + 10{,}6 t + 237$
(t in Jahren ab 1980, S(t) in Milliarden Euro) beschreibt näherungsweise die Entwicklung dieser Schulden.
a) Welche Bedeutung hat die Ableitung S'?
b) In welchem Jahr war die Neuverschuldung besonders hoch?
c) Wann wird in diesem Modell erstmals eine Neu-Nullverschuldung erreicht?
d) Im Flensburger Tagblatt erschien im Jahr 2005 die Meldung: „Die Staatsschulden sinken."
Welcher Fehler wurde begangen?

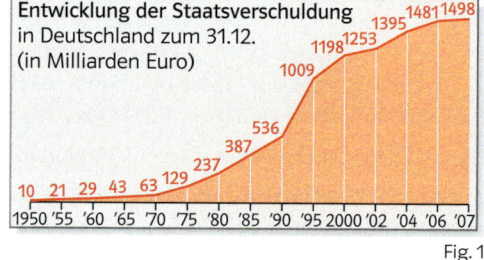
Fig. 1

Der Umsatz eines Unternehmens sind die Einnahmen des Unternehmens vor dem Abzug der Kosten.

8 Die Gesamtkosten K bei der Produktion von x Bauteilen sind gegeben durch
$K(x) = 0{,}01 x^3 - 0{,}6 x^2 + 13 x$ mit K(x) in Euro. Jedes Bauteil wird zum Preis von 7 € verkauft. Die Funktion U gibt den Umsatz des Unternehmens beim Verkauf von x Bauteilen an.
a) Zeichnen Sie den Graphen der Gesamtkosten und der Umsatzfunktion in ein gemeinsames Koordinatensystem ein. Lesen Sie den Bereich ab, in dem das Unternehmen Gewinn macht.
b) Bei welcher Produktionszahl ist der Gewinn am höchsten?
c) Durch ein Überangebot können die Bauteile jeweils nur noch für 4 € verkauft werden.
Wie verändert sich die Situation des Unternehmens dadurch?

Wiederholen – Vertiefen – Vernetzen

1 Untersuchen Sie die Funktion f auf Schnittpunkte mit den Achsen und ihr Verhalten für $x \to \pm\infty$. Bestimmen Sie die Extrem- und Wendepunkte. Zeichnen Sie den Graphen von f.
a) $f(x) = \frac{1}{8}x^4 - \frac{3}{4}x^3 + \frac{3}{2}x^2$
b) $f(x) = \frac{3}{4}x^4 + x^3 - 3x^2$
c) $f(x) = 2 - \frac{5}{2}x^2 + x^4$
d) $f(x) = x^3 + 5x^2 + 3x - 9$
e) $f(x) = \frac{1}{20}x^5 - \frac{1}{6}x^3$
f) $f(x) = x^4 - 5x^3 + 6x^2 + 4x - 8$

2 Untersuchen Sie die Funktion f auf Schnittpunkte mit den Achsen und ihr Verhalten für $x \to \pm\infty$. Bestimmen Sie die Extrem- und Wendepunkte. Zeichnen Sie den Graphen von f.
a) $f(x) = (x^2 - 3)^3$
b) $f(x) = -\frac{1}{10} \cdot (x-2)^2 \cdot (x+3)^2$

3 Für welche Zahlen u berührt der Graph der Funktion f_u die x-Achse?
a) $f_u(x) = x^3 - 3x + u$
b) $f_u(x) = x^3 - 3u \cdot x + 4$

Tipp zu Aufgabe 3: Bestimmen Sie die Hoch- und Tiefpunkte.

4 Bestimmen Sie in Abhängigkeit des Parameters c die Anzahl der Schnittpunkte, welche die Gerade $y = c$ mit dem Graphen der Funktion f hat.
a) $f(x) = x^2 - 2x + 4$
b) $f(x) = x^3 - \frac{3}{2}x^2 - 18x + 1$

5 Bestimmen Sie die Gleichung der Tangente t parallel zu g an den Graphen von f.
a) $f(x) = -2x^2 + 12x - 13$; $g: y = -\frac{1}{2}x + 6$
b) $f(x) = x^3 - 6x^2 + 10x + 4$; $g: y = x + 8$

6 Bestimmen Sie die Punkte P des Graphen von f so, dass die Tangente in P durch den Ursprung geht. Ermitteln Sie die jeweilige Gleichung der Tangente. Überprüfen Sie das Ergebnis am Graphen von f.
a) $f(x) = x^2 - 4x + 9$
b) $f(x) = \frac{2}{3}x^3 + \frac{9}{2}$
c) $f(x) = \frac{2}{x} - 3$

7 Bestimmen Sie die Gleichung der Tangente vom Punkt $P(0|-12)$ an den Graphen der Funktion f mit $f(x) = 4x^3 + 6$. Welche Gleichung erhält man für einen beliebigen Punkt $P(0|v)$?

8 Ein Fluss entspringt auf einer Höhe von 400 m über NN (Normalnull) und fließt nach 370 km ins offene Meer. Die Funktion h beschreibt die Höhe (in Metern) des Flussufers über NN in Abhängigkeit von der Entfernung x (in Kilometern) von der Quelle.
a) Skizzieren Sie verschiedene mögliche Graphen von h. Erläutern Sie die Bedeutung von h'.
b) Wie wirkt sich im Graphen ein Stausee, wie ein Wasserfall aus?
c) Was lässt sich über das Vorzeichen von h' aussagen? In welcher Einheit werden Funktionswerte von h' gemessen?

9 In einer Wetterstation wird die Aufzeichnung eines Niederschlagsmessers ausgewertet. Die Niederschlagsmenge, die auf 1 m² fällt, kann modelliert werden durch die Funktion N mit $N(x) = \frac{1}{60}x^3 - \frac{1}{2}x^2 + 7x + 40$ mit $x \in [0; 24]$ in Stunden, $N(x)$ in $\frac{\text{Liter}}{\text{m}^2}$.
a) Wann hat es an diesem Tag geregnet? In welchem Zeitraum war der Niederschlag stark, wann schwach? Welche Niederschlagsmenge wurde im Lauf dieses Tages registriert?
b) Bestimmen Sie die Gleichung der Geraden durch den Anfangs- und Endpunkt der Niederschlagskurve und interpretieren Sie ihre Bedeutung in diesem Sachzusammenhang. Vergleichen Sie mit der momentanen Änderungsrate von N.
c) Welche Bedeutung haben die charakteristischen Punkte des Graphen in diesem Zusammenhang?

CAS
Optimaler Weg (1)

CAS
Optimaler Weg (2)

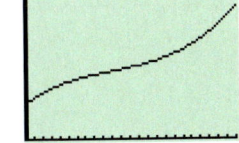

Wiederholen – Vertiefen – Vernetzen

Optimierung

CAS
Optimale Pipeline

10 Gegeben ist die Funktion f mit $f(x) = -\frac{1}{6}x^3 + x^2$ mit $x \in \mathbb{R}$.
a) Bestimmen Sie die charakteristischen Punkte des Graphen und zeichnen Sie ihn. An welcher Stelle hat der Graph die größte Steigung?
b) Bestimmen Sie die Gleichung der Wendetangente an den Graphen von f. Ermitteln Sie die Anzahl der Tangenten an den Graphen von f, die die Wendetangente senkrecht schneiden.

11 Ein Unternehmen stellt chirurgische Instrumente her. Dabei wird zur Kostenermittlung die Funktion K mit $K(x) = x^3 - 20x^2 + 150x + 200$ ($x \in [0; 25]$, K(x) in Euro) verwendet.
a) Stellen Sie den Graphen der Kostenfunktion in einem geeigneten Koordinatensystem dar.
b) Die Ableitung K' von K nennt man die Grenzkosten. Zeichnen Sie den Graphen von K' in das vorhandene Koordinatensystem. Welche anschauliche Bedeutung haben die Grenzkosten?

CAS
Sicherheitsabstand

12 In einer Fabrik werden Radiogeräte hergestellt. Bei einer Wochenproduktion von x Radiogeräten entstehen fixe Kosten von 2000 € und variable Kosten, die durch $60x + 0{,}8x^2$ (in €) näherungsweise beschrieben werden können.
a) Bestimmen Sie die wöchentlichen Gesamtkosten. Zeichnen Sie den Graphen für den Bereich $0 \leq x \leq 140$.
b) Die Firma verkauft alle wöchentlich produzierten Geräte zu einem Preis von 180 € je Stück. Geben Sie den wöchentlichen Gewinn an. Zeichnen Sie den Graphen der Gewinnfunktion in das vorhandene Koordinatensystem.
c) Bei welchen Produktionszahlen macht die Firma Gewinn? Bei welcher Produktionszahl ist der Gewinn am größten?
d) Wegen eines Überangebotes auf dem Markt muss die Firma den Preis senken. Ab welchem Preis macht die Firma keinen Gewinn mehr?

13 Legt man Metallleisten an ihren Enden auf zwei Schneiden A und B mit dem Abstand $\overline{AB} = a$ (in cm), so biegen sie sich durch. In einem Koordinatensystem gilt dann für die Durchbiegung d_a (in cm) an der Stelle x: $d_a(x) = \frac{1}{1000} \cdot (-x^4 + 2ax^3 - a^3x)$ mit $0 \leq x \leq a$.
a) Geben Sie die Lage des Koordinatensystems an. Erstellen Sie die Graphen von d_4, d_8 und d_{12}.
b) Wie groß ist die maximale Durchbiegung? Wie groß darf der Abstand a höchstens sein, damit die maximale Durchbiegung nicht mehr als 1 mm beträgt?

14 Ein Körper bewegt sich auf der x-Achse. Die Entfernung s (in m) vom Ursprung zur Zeit t (in s) kann beschrieben werden durch $s(t) = 2t^3 - 5t^2 - 4t + 3$.
a) Ermitteln Sie zum Zeitpunkt $t = 1$ den Ort und die Geschwindigkeit.
b) Zu welchen Zeitpunkten durchläuft der Körper den Ursprung?
c) Wie weit entfernt sich der Körper zwischen diesen Zeitpunkten vom Ursprung höchstens?

Zeit zu wiederholen

15 Skizzieren Sie die Graphen der folgenden Funktionen in einem geeigneten Intervall.
a) $f(x) = \sin(x)$ b) $g(x) = \cos(x)$ c) $h(x) = \sin(x) - 1$ d) $j(x) = \sin(x - \pi)$

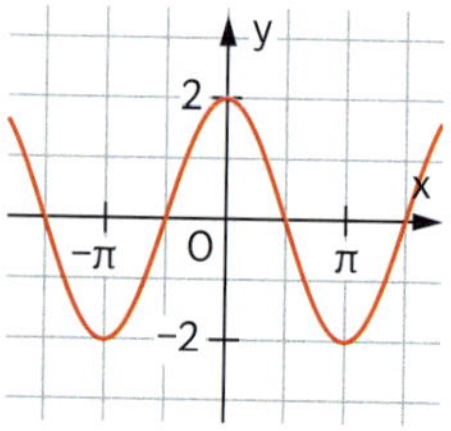

16 Geben Sie für den Graphen in Fig. 1 Periode, Amplitude und eine Funktionsgleichung an.

Fig. 1

Rückblick

Ganzrationale Funktionen
Für $n \in \mathbb{N}$ heißt eine Funktion f, die man in der Form
$f(x) = a_n x^n + a_{n-1} x^{n-1} + \ldots + a_1 x + a_0$ schreiben kann,
ganzrationale Funktion vom Grad n.

$f(x) = 2x^4 + 10x^2 - 6$ hat den Grad 4.
$g(x) = x \cdot (x+1)^2$ hat wegen
$g(x) = x \cdot (x+1)^2 = x^3 + 2x^2 + x$ den Grad 3.

Nullstellen einer ganzrationalen Funktion
Eine Zahl x_1 mit $f(x_1) = 0$ heißt Nullstelle einer Funktion f.

$f(x) = x^3 - 2x^2 - 5x + 6$ hat die Nullstelle
$x_1 = 1$, da $f(1) = 0$ ist.

Ist x_1 eine Nullstelle der ganzrationalen Funktion f vom Grad n, dann kann man den Funktionsterm von f als Produkt $(x - x_1) \cdot g(x)$ schreiben, wobei g(x) den Grad n – 1 hat.
Die weiteren Nullstellen von f sind die Nullstellen von g.

Eine ganzrationale Funktion vom Grad n hat höchstens n Nullstellen.

$$
\begin{array}{l}
(x^3 - 2x^2 - 5x + 6) : (x - 1) = x^2 - x - 6 \\
\underline{-(x^3 - x^2)} \\
 -x^2 - 5x + 6 \\
 \underline{-(-x^2 + x)} \\
 -6x + 6 \\
 \underline{-(-6x + 6)} \\
 0
\end{array}
$$

Weitere Nullstellen von f:
$x^2 - x - 6 = 0$; $x_2 = -2$; $x_3 = 3$.

Grenzverhalten ganzrationaler Funktionen
Für $x \to \pm \infty$ streben die Funktionswerte einer ganzrationalen Funktion f mit $f(x) = a_n x^n + a_{n-1} x^{n-1} + \ldots + a_1 x + a_0$ vom Grad n entweder gegen $+\infty$ oder gegen $-\infty$.
Dieses Verhalten wird vom Summanden $a_n x^n$ bestimmt.

$f(x) = -2x^3 + x^2$
Für $x \to +\infty$ gilt $f(x) \to -\infty$
Für $x \to -\infty$ gilt $f(x) \to +\infty$

Symmetrie des Graphen einer ganzrationalen Funktion
Gegeben ist eine ganzrationale Funktion f der Form
$f(x) = a_n x^n + a_{n-1} x^{n-1} + \ldots + a_1 x + a_0$.
Der Graph von f ist achsensymmetrisch zur y-Achse, wenn alle Hochzahlen der x-Potenzen gerade sind.
Es gilt dann $f(-x) = f(x)$ für alle $x \in D$.
Der Graph von f ist punktsymmetrisch zum Ursprung O, wenn alle Hochzahlen der x-Potenzen ungerade sind.
Es gilt dann $f(-x) = -f(x)$ für alle $x \in D$.

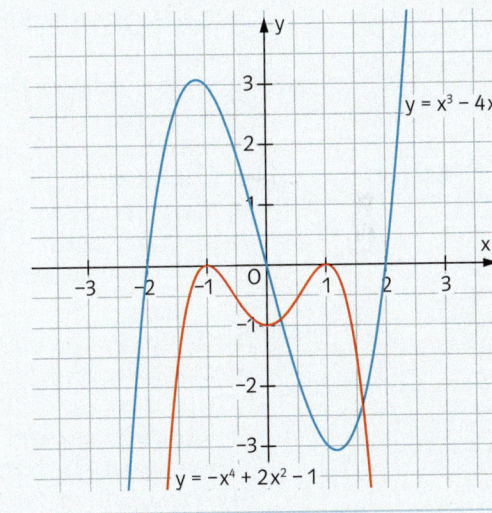

Tangente und Normale
Die Tangente t an den Graphen von f in $P_0(x_0 | f(x_0))$ ist die Gerade durch P_0 mit der Steigung $f'(x_0)$.
Die Normale n des Graphen von f in $P_0(x_0 | f(x_0))$ ist orthogonal zur Tangente in P_0.
Gleichung von t in $P_0(x_0 | f(x_0))$: $y = f'(x_0) \cdot (x - x_0) + f(x_0)$
Gleichung von n in $P_0(x_0 | f(x_0))$: $y = -\dfrac{1}{f'(x_0)} \cdot (x - x_0) + f(x_0)$

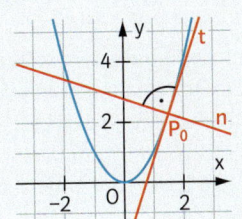

$f(x) = x^2$
$f'(x) = 2x$
$P_0(1{,}5 | 2{,}25)$
$f'(1{,}5) = 2 \cdot 1{,}5 = 3$
t: $y = 3x - 2{,}25$
n: $y = -\dfrac{1}{3} x + 2{,}75$

Prüfungsvorbereitung ohne Hilfsmittel

1 Ordnen Sie jeder Funktion ohne weitere Rechnung einen Graphen zu. Begründen Sie Ihre Entscheidung.

$f(x) = 0,2x^4 - x^2 - 2;$ $g(x) = -0,2x^4 + x^2;$ $h(x) = x^2(0,2x^2 - 1)$

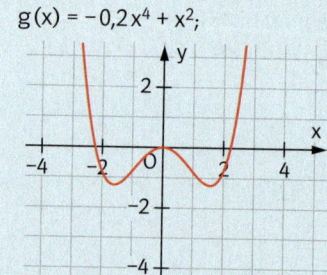
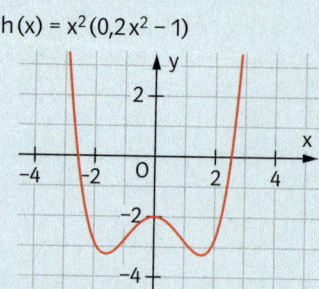

2 Der Graph gehört zu einer ganzrationalen Funktion f der Form $f(x) = ax^3 + bx^2 + cx + d$. Bestimmen Sie ohne weitere Rechnung, ob a positiv oder negativ ist und geben Sie den Wert von d an.

a)   b)   c)

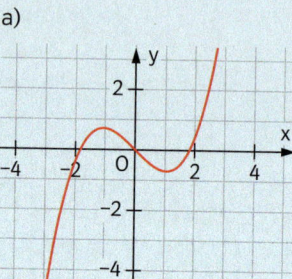
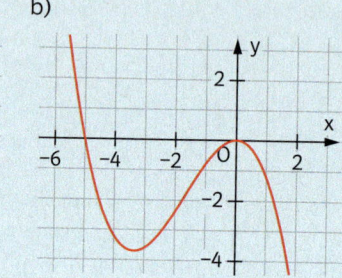
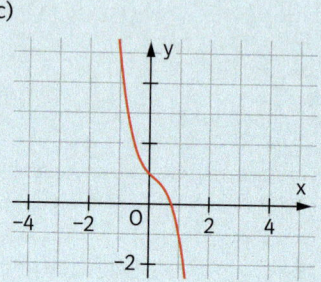

3 Gegeben ist die Funktion f mit $f(x) = 2 + 3x - x^3$.
a) Berechnen Sie die Nullstellen von f sowie die Hoch- und Tiefpunkte ihres Graphen.
b) Geben Sie die Monotoniebereiche an.
c) Welches Verhalten hat die Funktion f für $x \to \pm\infty$?

4 Gegeben ist die Funktion f mit $f(x) = x^4 - 4x^2 + 4$.
a) Untersuchen Sie den Graphen von f auf Symmetrie und Schnittpunkte mit der x-Achse.
b) Bestimmen Sie die Extrem- und Wendepunkte. Zeichnen Sie den Graphen für $-2 \leq x \leq 2$.
c) Der Graph einer ganzrationalen Funktion g vom Grad 2 schneidet den Graphen von f für $x = 1$ und $x = -1$ rechtwinklig. Bestimmen Sie alle Schnittpunkte der beiden Graphen.

5 Führen Sie eine Funktionsuntersuchung durch.
a) $f(x) = 4x^3 - 2x^4$ b) $f(x) = \frac{1}{2}x^4 - x^2 - 4$

6 Skizzieren Sie einen möglichen Graphen der Funktion f mit den folgenden Eigenschaften. Welche weiteren charakteristischen Punkte besitzt der Graph von f?
a) f ist ganzrational vom Grad 3 mit einem Minimum bei $x = 2$.
b) f ist ganzrational, der Graph ist symmetrisch zur y-Achse und besitzt drei Extrempunkte.

7 Sind die folgenden Aussagen zu einer Funktion f wahr oder falsch? Begründen Sie.
a) Nur an Stellen mit $f'(x) = 0$ kann eine Funktion, die in einem Intervall $I = [a; b]$ differenzierbar ist, lokale Extremstellen besitzen.
b) Bei ganzrationalen Funktionen f mit der maximalen Definitionsmenge $\mathbb{R}$ sind die globalen Extremwerte immer unter den lokalen Extremwerten zu finden.

Prüfungsvorbereitung mit Hilfsmitteln

1 Gegeben ist die Funktion f mit $f(x) = \frac{1}{16} \cdot (x^3 - 3x^2 - 24x)$.
a) Bestimmen Sie die Nullstellen und die Extrempunkte von f.
b) Geben Sie alle Extrempunkte der Funktion im Intervall $[-4; 7]$ an.
c) Bestimmen Sie die Gleichungen der Kurventangenten mit der Steigung 3.

2 Gegeben ist die Funktion f mit $f(x) = -\frac{1}{3}x^3 + x^2 - x + 3$.
a) Welches Verhalten zeigt f für $x \to \infty$ und für $x \to -\infty$?
b) In welchen Punkten schneidet der Graph von f die Koordinatenachsen? Gibt es Extrem- und Wendepunkte?
c) Leiten Sie aus den zu Teilaufgabe b) erhaltenen Ergebnissen Aussagen zur Monotonie und zum Krümmungsverhalten ab.

3 Die Funktion f mit $f(x) = \frac{x}{2} + \frac{2}{x}$ hat für $x > 0$ genau ein Extremum.
a) Bestimmen Sie das Extremum und die Extremstelle. Welcher Art ist das Extremum?
b) Wie verhält sich die Funktion f für $x \to \infty$?

4 Bestimmen Sie alle ungeraden, ganzrationalen Funktionen dritten Grades mit $f(3) = 3$.
a) Welche dieser Funktionen besitzen einen Graphen mit waagerechter Wendetangente?
b) Welche dieser Funktionen besitzen ein lokales Maximum?

5 Der Graph einer ganzrationalen Funktion f vom Grad 3 berührt die x-Achse im Ursprung und hat den Hochpunkt $H(2|2)$. Bestimmen Sie die Nullstellen der Funktion f.

6 a) Für welche Strecke x wird der Inhalt der grün gefärbten Dreiecksfläche in Fig. 1 maximal?
b) Ein oben offenes zylindrisches Wasserfass soll ein Volumen von 300 Liter haben. Wie müssen die Abmessungen gewählt werden, damit der Materialverbrauch minimal wird?

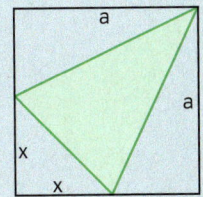

Fig. 1

7 Beim Tontaubenschießen auf ebenem Gelände wird die Flugbahn durch eine Parabel angenähert. Ein Abschussgerät erreicht eine Weite von 100 m und 40 m maximale Höhe.
a) Berechnen Sie den Abschusswinkel.
b) Ein Zuschauer steht direkt unter dem Gipfelpunkt der Bahn auf einem 2 m hohen Podest. In welchem Punkt ihrer Flugbahn ist ihm die Tontaube am nächsten?

8 Zu jedem $k \in \mathbb{R}$ ist eine Funktion f_k gegeben mit $f_k(x) = x^2 + kx - k$. Ihr Graph sei C_k.
a) Zeichnen Sie C_0, C_1, C_{-1} und C_{-2} in einem gemeinsamen Koordinatensystem.
b) Bestimmen Sie für allgemeines k das globale Minimum der Funktion f_k.
c) Für welchen Wert von k berührt C_k die x-Achse?
d) Welche Funktionen f_k haben 2 verschiedene Nullstellen? Welche haben keine Nullstellen?
e) Zeigen Sie, dass es einen Punkt gibt, durch den alle Kurven C_k gehen. Geben Sie diesen an.

9 Für jedes $t > 0$ ist eine Funktion f_t gegeben mit $f_t(x) = tx - x^3$. Ihr Graph sei K_t.
a) Untersuchen Sie K_t auf Schnittpunkte mit der x-Achse, Hoch-, Tief- und Wendepunkte. Zeichnen Sie K_1, K_2 und K_4 in ein gemeinsames Koordinatensystem.
b) Zeichnen Sie nun den Graphen von g mit $g(x) = 0{,}5 \cdot (3x^2 + 7)$ in das vorhandene Koordinatensystem ein.
c) Bestimmen Sie diejenige Kurve K_t, die den Graphen von g berührt. Geben Sie die Koordinaten des Berührpunktes und die Gleichung der gemeinsamen Tangente an.

Exponentialfunktionen

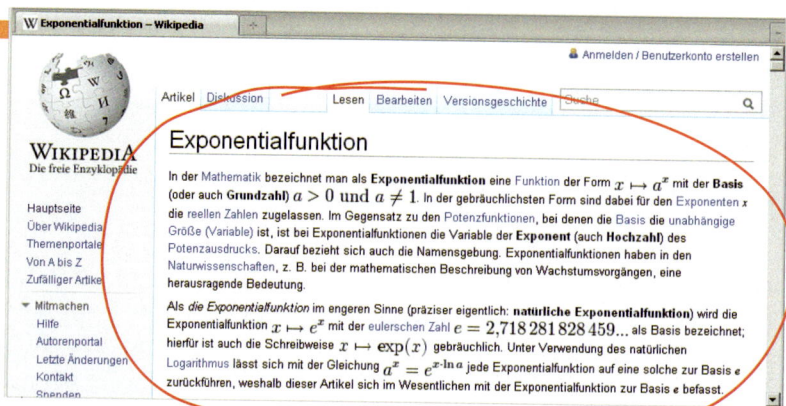

Das kennen Sie schon

- Definition der Ableitung
- Ableitungsregeln, wie Summen-, Faktor- und Potenzregel
- Ableitung als Änderungsrate interpretieren

Der Zusammenhang von der Abnahme der Waldfläche und der Zunahme der Bioölplantagen wird in den Grafiken dargestellt. Sie unterscheiden sich aufgrund verschiedener Modellannahmen, die entweder die Wirtschaft, die Politik, die Sicherheit oder die Nachhaltigkeit in den Vordergrund stellen.

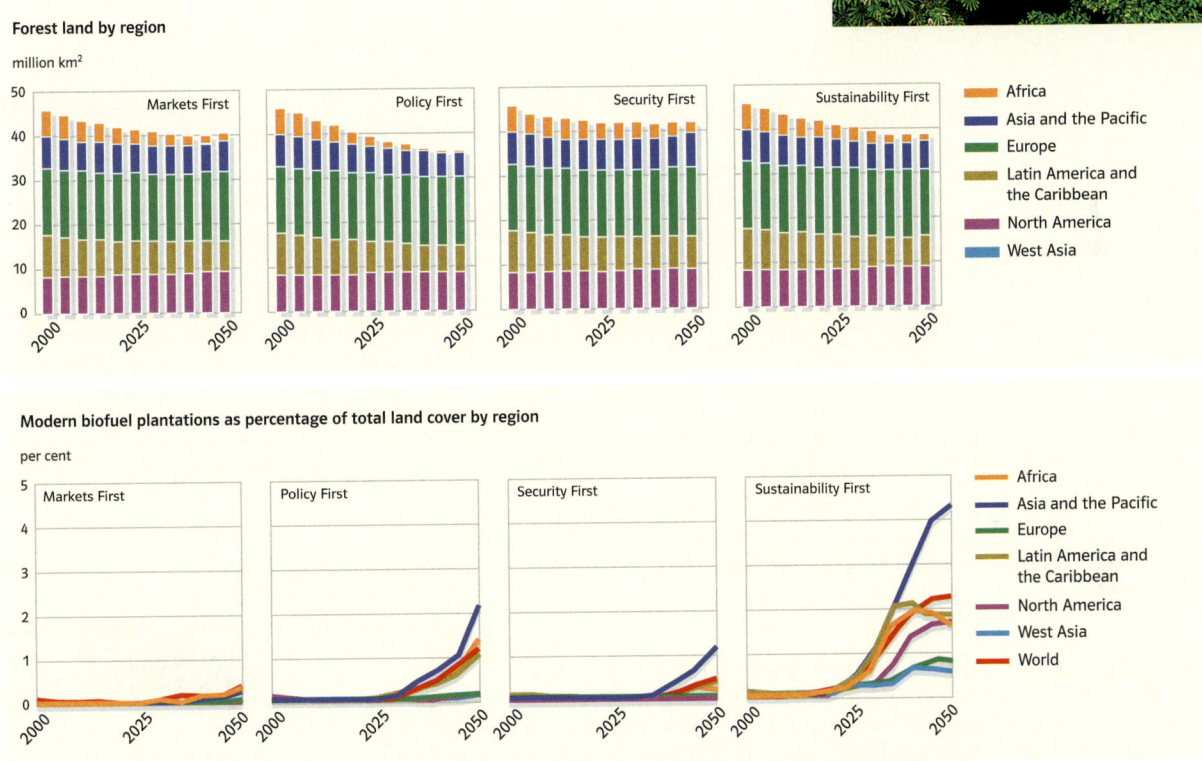

Zahl und Zahlbereiche

Messen und Größen

Raum und Form

Funktionaler Zusammenhang

Daten und Zufall

In diesem Kapitel

– wird die natürliche Exponentialfunktion eingeführt und untersucht.
– wird der natürliche Logarithmus eingeführt.
– werden Wachstums- und Zerfallsprozesse untersucht.

1 Eigenschaften von Funktionen der Form $f(x) = c \cdot a^x$

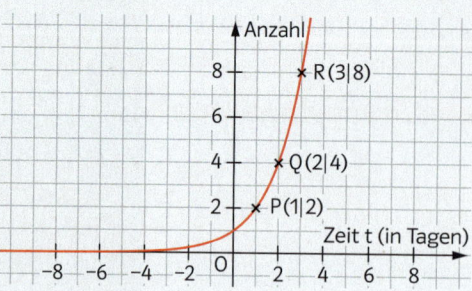

Ein Gerücht verbreitet sich durch Gespräche von Person zu Person. Jeden Tag informiert jede Person, die dieses Gerücht kennt, genau eine andere, die es nicht kennt.
Deuten Sie diese Situation am nebenstehenden Graphen.
Geben Sie an, wie viele Personen nach 1 (2, 3, 4, 10) Tag das Gerücht kennen.
Geben Sie die zugehörige Funktion an.

Zahlreiche Vorgänge in der Natur und im Alltag, wie z.B. das Pflanzenwachstum oder der radioaktive Zerfall, lassen sich in gewissen Bereichen durch eine Funktion f mit $f(t) = c \cdot a^t$ beschreiben. Dabei ist $f(0) = c$ der Anfangsbestand. Da $f(t + 1) = c \cdot a^{t+1} = a \cdot (c \cdot a^t) = a \cdot f(t)$ ist, ändert sich der Funktionswert $f(t)$ an der Stelle t beim „Schritt um 1 nach rechts" um den Faktor a. Diese Zahl heißt Wachstumsfaktor.

Für $a = 1$ erhält man die konstanten Funktionen f mit $f(x) = 1$ bzw. g mit $g(x) = c$.

> Funktionen f mit $f(x) = a^x$ oder auch g mit $g(x) = c \cdot a^x$, $c \in \mathbb{R}$, $a > 0$, $x \in \mathbb{R}$, nennt man **Exponentialfunktionen zur Basis a**. Ein Vorgang, der durch eine Exponentialfunktion beschrieben werden kann, wird exponentielles Wachstum genannt. Exponentialfunktionen nennt man deshalb bei Anwendungen auch **Wachstums-** bzw. **Zerfallsfunktionen**.

Eigenschaften von Exponentialfunktionen:
– Die Graphen von Funktionen f mit $f(x) = a^x$ verlaufen immer oberhalb der x-Achse.
Da $a^0 = 1$ für alle $a > 0$ ist, gehen alle Graphen durch den Punkt $A(0|1)$.
– Für $a > 1$ ist mit $x_2 > x_1$ auch $a^{x_2} > a^{x_1}$; der Graph von f steigt. Für $a < 1$ folgt aus $x_2 > x_1$ stets $a^{x_2} < a^{x_1}$; der Graph von f fällt.
– Für $a > 1$ gilt: $a^x \to 0$ für $x \to -\infty$; die x-Achse ist waagerechte Asymptote.
Für $0 < a < 1$ und $x \to +\infty$ ist die x-Achse ebenfalls Asymptote.

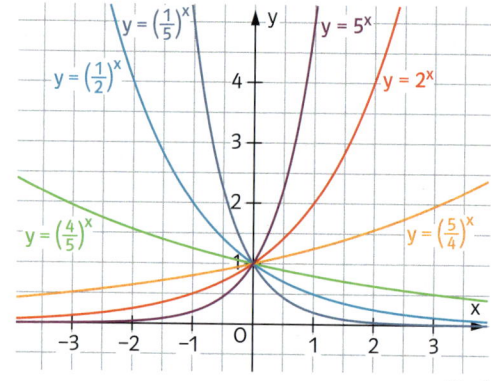

Fig. 1

Beispiel 1 Exponentialfunktion angeben
Der Graph einer Exponentialfunktion f mit $f(x) = a^x$ geht durch den Punkt $P(3|2)$.
a) Geben Sie den Funktionsterm von f an.
b) Beschreiben Sie den Verlauf des Graphen von f und zeichnen Sie diesen.

Ein einziger Punkt legt den Graphen einer Exponentialfunktion $x \to a^x$ fest!

■ Lösung: a) Wegen $f(3) = 2$ ist $a^3 = 2$, also $a = 2^{\frac{1}{3}}$.
Es ist $f(x) = \left(2^{\frac{1}{3}}\right)^x$ oder $f(x) = \left(\sqrt[3]{2}\right)^x$.
b) Wegen $a = 2^{\frac{1}{3}} > 1$ ist der Graph K von f streng monoton zunehmend. Die negative x-Achse ist Asymptote. $A(0|1)$ liegt auf K.

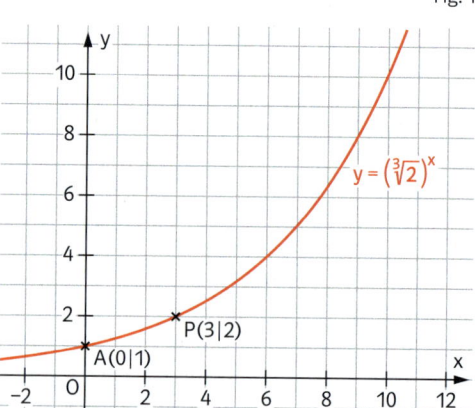

Fig. 2

Beispiel 2 Zerfallsfunktion aufstellen

Die Arbeitslosenzahl beträgt in einem Land derzeit 4,8 Mio. Sie soll innerhalb von 5 Jahren halbiert werden. Wie groß ist die jährliche Abnahme in Prozent, wenn exponentielle Abnahme vorausgesetzt wird?

■ Lösung: f(t) ist die Arbeitslosenzahl in Millionen zum Zeitpunkt t (in Jahren). Da exponentielle Abnahme vorausgesetzt wird, muss gelten: $f(t) = c \cdot a^t$. Weiterhin ist $f(0) = 4{,}8$ und $f(5) = 2{,}4$.

Aus $f(0) = 4{,}8$ folgt $c \cdot a^0 = 4{,}8$. Aus $f(5) = 2{,}4$ folgt $c \cdot a^5 = 2{,}4$. Also ist $c = 4{,}8$ und $a^5 = \frac{1}{2}$ oder $a = \left(\frac{1}{2}\right)^{\frac{1}{5}} = \sqrt[5]{0{,}5} \approx 0{,}8706$. Die Wachstumsfunktion ist somit f mit $f(t) = 4{,}8 \cdot \left[\left(\frac{1}{2}\right)^{\frac{1}{5}}\right]^t$.

Da $f(t + 1) = a \cdot f(t)$ für $a = \left(\frac{1}{2}\right)^{\frac{1}{5}} \approx 0{,}8706$ ist, fällt die Arbeitslosenzahl innerhalb jedes Jahres ungefähr auf das 0,87-Fache, d.h. sie nimmt um rund 13 % jährlich ab.

Zwei Punkte legen den Graphen einer Exponentialfunktion $x \to c \cdot a^x$ fest.

Aufgaben

1 Zeichnen Sie den Graphen K von f mit $f(x) = 3^x$. Wie erhält man den Graphen G der Funktion g aus dem Graphen von K?
a) $g(x) = 3^x + 1$ b) $g(x) = -\frac{1}{2} \cdot 3^x$ c) $g(x) = \left(\frac{1}{3}\right)^x$ d) $g(x) = \frac{1}{2} \cdot \left(\frac{1}{3}\right)^x$ e) $g(x) = 3^{x-1}$

2 Der Graph der Exponentialfunktion f mit $f(x) = a^x$ geht durch den Punkt P. Bestimmen Sie den zugehörigen Funktionsterm und skizzieren Sie den Graphen.
a) P(1|3)   b) $P\left(1\middle|\frac{1}{4}\right)$ c) P(2|6)   d) P(–1|3)   e) $P\left(-\frac{1}{2}\middle|\frac{1}{16}\right)$

Potenzgesetze
$a^r \cdot a^s = a^{r+s}$
$a^r : a^s = a^{r-s}$
$a^s \cdot b^s = (a \cdot b)^s$
$a^s : b^s = (a:b)^s$
$(a^r)^s = a^{r \cdot s}$

3 Der Graph der Exponentialfunktion f mit $f(x) = c \cdot a^x$ geht durch die Punkte P und Q. Berechnen Sie c und a.
a) P(1|1), Q(2|2)   b) P(–1|5), Q(0|7)   c) P(4|5), Q(5|6)

4 Suchen Sie mithilfe eines Taschenrechners die kleinste ganze Zahl x, für die gilt:
a) $2{,}5^x > 100\,000$;   b) $0{,}000\,005 \leq 2^x$;   c) $\left(\frac{2}{3}\right)^x \geq 0{,}000\,07$;   d) $6 \cdot 10^{-8} \leq 0{,}5^x$.

5 Am 1. Januar 2011 wurde ein Betrag von 100,00 € auf ein Bankkonto eingezahlt. Dabei wurde ein langjähriger Zinssatz von 5 % pro Jahr vereinbart. Der Zins wird jährlich auf dem Konto gutgeschrieben; weitere Ein- oder Auszahlungen erfolgen nicht.
a) Berechnen Sie das Guthaben nach einem Jahr (nach zwei Jahren, nach drei Jahren).
b) Bestimmen Sie eine Funktion f der Form $f(t) = c \cdot a^t$, wobei f(t) das Guthaben (in €) nach t Jahren angibt. Welchen Kontostand weist das Konto am 1. Januar 2041 aus?
c) Wie hoch müsste der jährliche Zinssatz mindestens sein, damit sich mit Zinseszins der anfängliche Betrag nach höchstens 10 Jahren verdoppelt?

6 In einem Gebiet vermehrt sich ein Heuschreckenschwarm exponentiell, und zwar wöchentlich um 50 %. Man geht von einem Anfangsbestand von 10 000 Tieren aus.
a) Wie lautet die Wachstumsfunktion? Wie groß ist der Zuwachs in den ersten 6 Wochen?
b) Um wie viel Prozent nimmt der Bestand in den ersten 10 Wochen zu?

Es ist $a \cdot b = 0$, wenn entweder
1. $a = 0$ oder
2. $b = 0$ oder
3. $a = 0$ und $b = 0$ ist.

7 Ein Bestand kann näherungsweise durch die Funktion f mit $f(t) = 20 \cdot 0{,}95^t$ (t in Tagen) beschrieben werden.
a) Wie groß ist die Bestandsabnahme in den ersten drei Tagen?
b) Berechnen Sie die wöchentliche Abnahme in Prozent.

Zeit zu überprüfen

8 Bestimmen Sie c und a (a > 0) so, dass der Graph der Exponentialfunktion f mit $f(x) = c \cdot a^x$ durch die Punkte A und B geht.
a) A(0|2), B(1|2,5)   b) A(1|1), B(3|3)   c) A(0|4), B(2|1)

9 Von einer Population mit anfänglich 200 Tieren nimmt man an, dass sie die nächsten 2 Jahre exponentiell wächst, und zwar monatlich um 10%.
a) Wie lautet die Wachstumsfunktion? Wie viele Tiere gibt es nach 2 Jahren?
b) Um wie viel Prozent nimmt der Bestand im ersten Jahr zu?

Beispiel:
$f(x) = 2^{3x-\frac{1}{2}} = 2^{3x} \cdot 2^{-\frac{1}{2}}$
$= \frac{1}{2^{\frac{1}{2}}} \cdot (2^3)^x = \frac{1}{\sqrt{2}} \cdot 8^x$

10 Schreiben Sie den Funktionsterm der Funktion f in der Form $f(x) = c \cdot a^x$.
a) $f(x) = 3^{2x+3}$ b) $f(x) = 16^{2x+0,5}$ c) $f(x) = \frac{1}{2^{1+x}}$ d) $f(x) = \frac{1}{2^{x-1}}$
e) $f(x) = \left(\frac{1}{2}\right)^{x-2}$ f) $f(x) = 3^{\frac{1}{3}x-3}$ g) $f(x) = \left(\frac{1}{4}\right)^{\frac{1}{4}x-\frac{1}{4}}$ h) $f(x) = \frac{48}{4^{-0,5x+2}}$

11 Gegeben ist der Graph G der Funktion f mit $f(x) = 2^x$. Durch die angegebene Abbildung entsteht aus G jeweils der Graph einer neuen Funktion h. Geben Sie h an.
a) Spiegelung an der x-Achse
b) Spiegelung an der y-Achse
c) Verschiebung um 1 in Richtung der positiven x-Achse
d) Verschiebung um 3 in Richtung der negativen y-Achse

$a^x = a^y$ mit $a \neq 1$ tritt genau dann ein, wenn $x = y$.

12 Lösen Sie die Gleichung.
a) $5^x = 125$ b) $5^x = \frac{1}{25}$ c) $0,5^x = 2$ d) $3^{x-1} = 9$ e) $2^{3x-4} = 8$

13 Die Demokratische Republik Kongo hatte im Jahr 2000 eine Einwohnerzahl von 51,8 Millionen. Für die nächsten Jahre wird ein Wachstum von jährlich 3,2% erwartet.
a) Bestimmen Sie die zugehörige Wachstumsfunktion. Welche Einwohnerzahl erwartet man im Jahr 2005 bzw. 2020?
b) Berechnen Sie die Einwohnerzahl vor 2, 5, 10 bzw. 20 Jahren.

14 Der Luftdruck beträgt in Meereshöhe (Normalnull, NN) etwa 1000 hPa (Hektopascal). Mit zunehmender Höhe nimmt der Luftdruck exponentiell ab. Bei gleichbleibender Temperatur sinkt der Luftdruck innerhalb von 1 km Aufstieg auf das 0,88-Fache.
a) Bestimmen Sie die zugehörige Wachstumsfunktion (barometrische Höhenformel).
b) Wie groß ist der Luftdruck etwa auf dem Feldberg im Schwarzwald (1493 m), der Zugspitze (2963 m), dem Mt. Blanc (4807 m) und dem Mt. Everest (8848 m)?
c) Um wie viel Prozent nimmt der Luftdruck nach der barometrischen Höhenformel beim Anstieg um jeweils 100 m bzw. 10 m ab?

Blaise Pascal (1623–1662) war überzeugt, „dass die Quecksilbersäule im Barometer vom Luftdruck getragen wird, sodass ihre Höhe auf dem Berg kleiner sein muss als im Tal". 1648 führte sein Schwager Périer in seinem Auftrag ein entsprechendes Experiment am Fuße und am Gipfel des Puy de Dôme durch.

15 Entscheiden Sie, ob für die Funktion f mit $f(x) = c \cdot 3^x$, $c \in \mathbb{R}$ die folgenden Aussagen wahr, falsch oder nicht entscheidbar sind. Geben Sie jeweils eine Begründung an.
a) Ist $c > 0$, so gilt stets: $f(x) > 0$.
b) Ist $g(x) = c \cdot b^x$ mit $b > 3$, so gilt stets: $g(x) > f(x)$.
c) Für den Funktionswert $f(x + 2)$ gilt immer: $f(x + 2) = 3^2 \cdot f(x)$.
d) Für den Funktionswert $f(2x)$ gilt immer: $f(2x) = (f(x))^2$.
e) Zum an der y-Achse gespiegelten Graphen der Funktion f existiert ebenfalls eine Funktion. Dies ist die Funktion h mit $h(x) = c \cdot (-3)^x$.

2 Die natürliche Exponentialfunktion und ihre Ableitung

In der Grafik sind die Graphen der Exponentialfunktion f mit $f(x) = 2^x$ und der Graph der Ableitungsfunktion f' von f gezeichnet.
Bei welchem der Graphen handelt es sich um f bzw. um f'?
Prüfen Sie, ob es eine Konstante k gibt, sodass für alle x gilt: $f'(x) = k \cdot f(x)$.

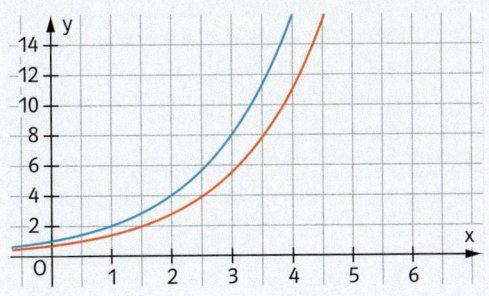

CAS
Einführung von e, Graphen der Exponentialfunktion

Bisher wurden die Ableitungen von ganzrationalen Funktionen behandelt. Für die Exponentialfunktionen wie $f(x) = 2^x$ oder $f(x) = 2{,}5^x$ ist noch keine Ableitung bekannt.
Untersucht man die Ableitung von f mit $f(x) = 2^x$ mit einem Rechner, so erkennt man, dass hier f und f' proportional sind.
Der Proportionalitätsfaktor ist ungefähr 0,69315 (siehe Tabelle).

x	f(x)	f'(x)	f'(x)/f(x)
0	1	0,69315	0,69315
1	2	1,3863	0,69315
2	4	2,7726	0,69315
3	8	5,5452	0,69315
4	16	11,0904	0,69315

Um dies zu begründen, muss man den Differenzenquotienten von f bestimmen:
$\frac{f(x_0 + h) - f(x_0)}{h} = \frac{2^{x_0 + h} - 2^{x_0}}{h} = 2^{x_0} \cdot \frac{2^h - 1}{h}$.

Für die Ableitung von f ergibt sich $f'(x_0) = \lim_{h \to 0} \left(2^{x_0} \cdot \frac{2^h - 1}{h}\right) = 2^{x_0} \cdot \lim_{h \to 0} \frac{2^h - 1}{h} = f(x_0) \cdot \lim_{h \to 0} \frac{2^h - 1}{h}$.

$\lim_{h \to 0} \frac{f(x_0 + h) - f(x_0)}{h} = f'(x_0)$.
Sprich: Limes für h gegen null von …
Limes (lat.): die Grenze

Wegen $f(0) = 2^0 = 1$ gilt: $f'(0) = \lim_{h \to 0} \frac{2^h - 1}{h}$. Also gilt: $f'(x) = f'(0) \cdot f(x)$ und somit sind f und f' proportional.
Für $g(x) = 3^x$ ergibt sich entsprechend $g'(x) = g'(0) \cdot g(x)$ mit $g'(0) \approx 1{,}0986$.
Für die Basis 2 ist der Proportionalitätsfaktor also kleiner als 1, für die Basis 3 ist er größer als 1. Es ist zu vermuten, dass es zwischen 2 und 3 eine Basis a gibt, sodass für $f(x) = a^x$ der Proportionalitätsfaktor $f'(0)$ genau 1 ist. Dann ist $f'(x) = f(x)$, und die Funktion f stimmt mit ihrer Ableitungsfunktion f' überein.
Für die gesuchte Basis a der Exponentialfunktion f mit $f(x) = a^x$ und $f'(0) = 1$ gilt:
$f'(0) = \lim_{h \to 0} \frac{a^h - a^0}{h} = \lim_{h \to 0} \frac{a^h - 1}{h} = \lim_{\frac{1}{n} \to 0} \frac{a^{\frac{1}{n}} - 1}{\frac{1}{n}} = 1$. Also gilt: $\frac{a^{\frac{1}{n}} - 1}{\frac{1}{n}} \to 1$ für $n \to \infty$.

Wenn $f'(x) = f'(0) \cdot f(x)$ gilt, sind die Funktionswerte von f(x) und f'(x) proportional zueinander.

f(x)	f'(x)
f(0)	f'(0)
f(1)	f'(0)·f(1)

Damit: $\lim_{n \to \infty} \left(\frac{a^{\frac{1}{n}} - 1}{\frac{1}{n}}\right) = 1$ gilt, müssen Zähler und Nenner für große Werte von n ungefähr gleich groß sein, d.h. es gilt $a^{\frac{1}{n}} - 1 \approx \frac{1}{n}$ bzw. $a^{\frac{1}{n}} \approx \frac{1}{n} + 1$ für große Werte von n. Durch Potenzieren erhält man $a \approx \left(1 + \frac{1}{n}\right)^n$, wobei die Annäherung umso besser wird, je größer n ist. Für $n = 1000$ erhält man für a den Näherungswert $a \approx 2{,}717$. Man kann zeigen, dass der Grenzwert $\lim_{n \to \infty} \left(1 + \frac{1}{n}\right)^n$ eine irrationale Zahl e ist, für die gilt, dass $f'(x) = e^x$, wenn $f(x) = e^x$ ist.

Definition: Die positive Zahl e, für die die Exponentialfunktion f mit $f(x) = e^x$ mit ihrer Ableitungsfunktion f' übereinstimmt, heißt **Euler'sche Zahl e**. Es ist $e \approx 2{,}71828$. Die zugehörige Exponentialfunktion f mit $f(x) = e^x$ heißt **natürliche Exponentialfunktion**.

Für $f(x) = e^x$ gilt $f'(x) = e^x$.

Leonhard Euler (1707 – 1783) veröffentlichte 1743 eine Abhandlung über den Grenzwert $\lim_{m \to \infty} \left(1 + \frac{1}{m}\right)^m$ und nannte ihn e.

V Exponentialfunktionen

In Fig. 1 ist der Graph der Funktion f mit
f(x) = e^x dargestellt. Da f'(x) = e^x > 0 ist, ist f
auf ganz ℝ streng monoton wachsend. Der
Graph von f hat keine Hoch- und Tiefpunkte,
denn die notwendige Bedingung f'(x) = 0 ist
nicht erfüllbar.
Es ist auch f''(x) = e^x. Also hat der Graph von
f auch keine Wendepunkte, denn die Bedingung f''(x) = 0 ist nicht erfüllbar.
Da f''(x) = e^x > 0 ist, ist der Graph von f auf
ganz ℝ eine Linkskurve.
Für x → -∞ nähern sich die Funktionswerte
f(x) der Zahl 0 an.

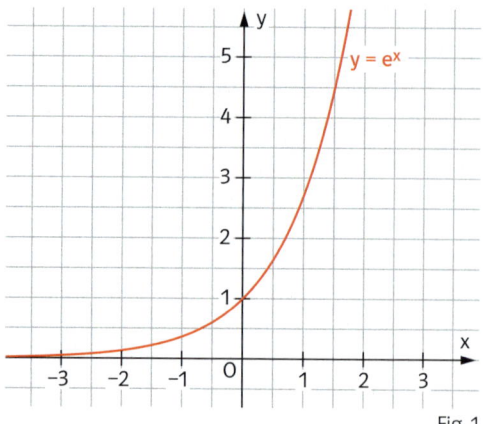

Fig. 1

Potenzregel:
f(x) = x^n
⇒ f'(x) = $n x^{n-1}$

Faktorregel:
f(x) = c · g(x)
⇒ f'(x) = c · g'(x)

Summenregel:
f(x) = g(x) + h(x)
⇒ f'(x) = g'(x) + h'(x)

Beispiel Ableitungen berechnen und Tangentengleichungen bestimmen
a) Bestimmen Sie die Ableitung der Funktion f mit f(x) = $0{,}5 e^x + 0{,}5 x^2$.
b) Bestimmen Sie die Gleichung der Tangente und der Normale an den Graphen von f in
B(1 | f(1)).

■ Lösung: a) f'(x) = $0{,}5 e^x + x$ (Faktorregel
und Summenregel)
b) f(1) = $0{,}5 · e^1 + 0{,}5 · 1^2$ = 0,5 e + 0,5 ≈ 1,86,
also B(1 | 0,5 e + 0,5)
Für die Steigung m_t der Tangente in B gilt
m_t = f'(1) = $0{,}5 e^1 + 1$ = 0,5 e + 1 ≈ 2,36.
Also gilt für die Tangente t: y = (0,5 e + 1) · x + n
Mit den Koordinaten von B, d.h. x = 1 und
y = 0,5 e + 0,5 erhält man:
0,5 e + 0,5 = (0,5 e + 1) · 1 + n | − (0,5 e + 1)
0,5 e + 0,5 − 0,5 e − 1 = n
−0,5 = n

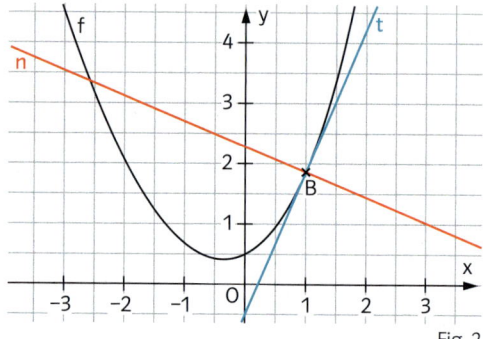

Fig. 2

Die Gleichung der Tangente lautet: y = (0,5 e + 1) x − 0,5 ≈ 2,36 x − 0,5.
Für die Steigung m_n der Normale in B gilt $m_n = -\frac{1}{m_t} = -\frac{1}{0{,}5e + 1}$ ≈ −0,42.
Also gilt für die Normale n: y = $-\frac{1}{0{,}5e + 1}$ · x + n.
Mit den Koordinaten von B, d.h. x = 1 und y = 0,5 e + 0,5 erhält man:
0,5 e + 0,5 = $-\frac{1}{0{,}5e + 1}$ · 1 + n | + $\frac{1}{0{,}5e + 1}$
0,5 e + 0,5 + $\frac{1}{0{,}5 · e + 1}$ = n.
Die Gleichung der Normale lautet: y = $-\frac{1}{0{,}5e + 1}$ · x + 0,5 e + 0,5 + $\frac{1}{0{,}5e + 1}$ ≈ −0,42 x + 1,44.

Tangente und Normale:
Zwei Geraden stehen senkrecht zueinander, wenn für die Steigungen m_1 und m_2 der Geraden gilt: $m_1 = -\frac{1}{m_2}$.

Aufgaben

1 Bestimmen Sie die erste und zweite Ableitung der Funktion f.
a) f(x) = e^x + 1
b) f(x) = e^x + x
c) f(x) = e^x + 2x^2
d) f(x) = −e^x + 1
e) f(x) = 2e^x + 3x^2
f) f(x) = −5e^x − 0,5x^3
g) f(x) = $-\frac{1}{2}$(e^x − x^3)
h) f(x) = 2x + e^x

2 Bestimmen Sie die Gleichung der Tangente und der Normale an den Graphen von f im Punkt
P(x_0 | f(x_0)).
a) f(x) = e^x; x_0 = 0
b) f(x) = e^x; x_0 = 1
c) f(x) = 2e^x; x_0 = −1
d) f(x) = − 0,5e^x; x_0 = 2
e) f(x) = e^x + x; x_0 = 1
f) f(x) = 2e^x − x^2; x_0 = 2

3 a) Bestimmen Sie die Gleichungen der Tangenten an den Graphen der natürlichen Exponentialfunktion in den Punkten $A(1|e)$ und $B(-1|e^{-1})$.
b) In welchen Punkten schneiden die Tangenten aus Teilaufgabe a) die x- und y-Achse?

4 a) Skizzieren Sie die Graphen der Funktionen f_1; f_2; f_3 und f_4 mit $f_1(x) = e^x$; $f_2(x) = e^x + 1$; $f_3(x) = -e^x$ und $f_4(x) = e^{x-2}$.
b) Beschreiben Sie, wie die Graphen von f_2; f_3 und f_4 aus dem Graphen der natürlichen Exponentialfunktion f_1 entstehen.

Zeit zu überprüfen

5 Leiten Sie ab.
a) $f(x) = 3{,}5e^x - 5$ b) $f(x) = -e^x + x^4$ c) $f(x) = 0{,}5e^x + \frac{1}{4}x^2$

6 In welchem Punkt schneidet die Tangente, die den Graphen der natürlichen Exponentialfunktion im Punkt $P(2|e^2)$ berührt, die x-Achse?

7 a) Bestimmen Sie die Extremstellen der Funktion f mit $f(x) = e^x - x$.
b) Begründen Sie, warum f keine Wendepunkte hat.

8 a) Erstellen Sie eine Wertetabelle für die Funktionen f und g mit $f(x) = e^x$ und $g(x) = e^{-x}$ ($-5 \leq x \leq 5$). Zeichnen Sie die Graphen von f und g.
b) Wie geht der Graph von g aus dem Graphen von f hervor? Begründen Sie Ihre Antwort.
c) Begründen Sie anhand der Ergebnisse aus den Teilaufgaben a) und b), dass $g'(x) = -e^{-x}$ sein muss.

9 a) Welcher der Graphen (A), (B) oder (C) gehört zur natürlichen Exponentialfunktion f mit $f(x) = e^x$?
b) Welcher Graph gehört zur Funktion g mit $g(x) = e^{0{,}6931 \cdot x}$, welcher zu h mit $h(x) = e^{-0{,}6931 \cdot x}$?

(A) 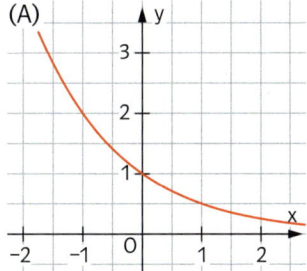   (B) 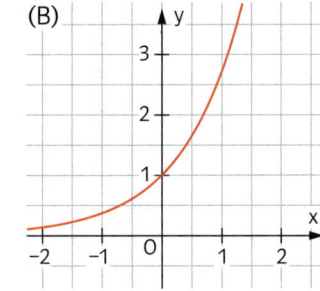   (C)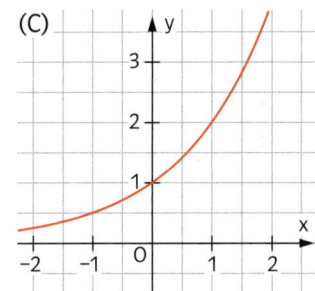

10 a) Bestimmen Sie die Gleichung einer Ursprungsgeraden, die eine Tangente an den Graphen der natürlichen Exponentialfunktion ist.
b) Von welchen Punkten der Ebene kann man eine Tangente an den Graphen der natürlichen Exponentialfunktion legen? Von welchen Punkten gibt es mehrere Tangenten?

11 a) In welchem Punkt schneidet die Tangente im Punkt $P(u|v)$ des Graphen der natürlichen Exponentialfunktion die x-Achse?
b) Beschreiben Sie mithilfe des Ergebnisses aus Teilaufgabe a), wie man die Tangente in einem beliebigen Kurvenpunkt $P(u|v)$ konstruieren kann.
c) In welchem Punkt schneidet die Normale in $P(u|v)$ die x-Achse?

3 Exponentialgleichungen und natürlicher Logarithmus

Die meisten Taschenrechner haben eine Taste LN und eine Taste LOG.
Finden Sie möglichst viele Eigenschaften dieser Tastenfunktionen heraus. Welche Gemeinsamkeiten und Unterschiede haben die Tastenfunktionen?
Mit beiden Tasten lässt sich berechnen, wann sich ein Kapital mit einem Zinssatz von 2% verdoppelt. Erklären Sie wie.

Erinnerung:
Die Lösung der Gleichung $10^x = 6$ ist der Logarithmus von 6 zur Basis 10. Man schreibt $x = \log_{10}(6)$ oder kurz $x = \lg(6)$.

In welchem Punkt schneidet der Graph der natürlichen Exponentialfunktion die Gerade mit der Gleichung $y = 6$? Diese Frage führt auf die **Exponentialgleichung** $e^x = 6$.
Der Abbildung (Fig. 1) entnimmt man $x \approx 1{,}8$.
Die Lösung x der Gleichung $e^x = 6$ nennt man den **natürlichen Logarithmus** von 6 und schreibt $x = \ln(6)$. Es gilt also $e^{\ln(6)} = 6$.

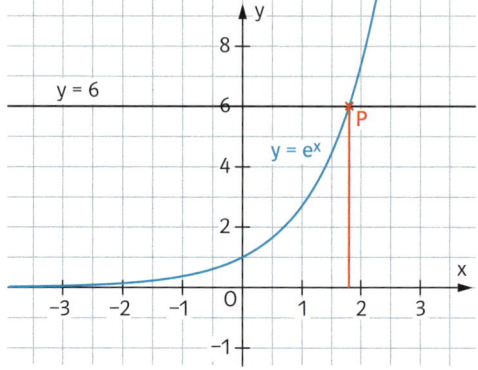

Nach dieser Definition ist $x = \ln(e^3)$ die Lösung der Gleichung $e^x = e^3$. Also ist $x = 3$.
Es gilt somit: $\ln(e^3) = 3$.

Definition: Für eine positive Zahl b heißt die Lösung x der Exponentialgleichung $e^x = b$ der **natürliche Logarithmus von b**. Man schreibt **$x = \ln(b)$**.
Es gilt $e^{\ln(b)} = b$ und $\ln(e^c) = c$.

Erinnerung:
Für den Logarithmus gilt $\lg(a^x) = x \cdot \lg(a)$.

Mit dem natürlichen Logarithmus kann man auch Exponentialgleichungen der Form $a^x = b$; $a, b > 0$ lösen. Dazu logarithmiert man beide Seiten der Gleichung.
Es ergibt sich $\ln(a^x) = \ln(b)$. Aus dem Logarithmusgesetz $\ln(a^x) = x \cdot \ln(a)$ folgt $x \cdot \ln(a) = \ln(b)$.
Somit hat $a^x = b$ die Lösung $x = \frac{\ln(b)}{\ln(a)}$.

Mit dem natürlichen Logarithmus kann man beliebige Exponentialfunktionen der Form $f(x) = a^x$ mit $a > 0$ als Exponentialfunktion mit der Basis e darstellen.
Es gilt $a = e^{\ln(a)}$, denn $\ln(a)$ ist die Lösung der Gleichung $e^x = a$.
Wenn man das Potenzgesetz $(a^r)^s = a^{r \cdot s}$ anwendet, kann man die Funktion $f(x) = a^x$ wie folgt darstellen:
$f(x) = a^x = \left(e^{\ln(a)}\right)^x = e^{\ln(a) \cdot x}$

Diese Umformung kann hilfreich sein, wenn man beliebige Exponentialfunktionen ableiten möchte, da man die Ableitung kennt, wenn die Basis e ist.

Beispiel 1 Ausdrücke mit Logarithmen

Vereinfachen Sie. a) $\ln\left(\frac{1}{e}\right)$ b) $e^{-\ln(5)}$

■ Lösung: a) $\ln\left(\frac{1}{e}\right) = \ln(e^{-1}) = -1$ b) $e^{-\ln(5)} = (e^{\ln(5)})^{-1} = 5^{-1} = \frac{1}{5}$

Logarithmengesetze
1. $\ln(u \cdot v) = \ln(u) + \ln(v)$
2. $\ln\left(\frac{u}{v}\right) = \ln(u) - \ln(v)$
3. $\ln(u^k) = k \cdot \ln(u)$

Beispiel 2 Exponentialgleichungen

Lösen Sie die Gleichung. Geben Sie die Lösung mithilfe des ln an und bestimmen Sie einen Näherungswert für die Lösung.

a) $e^x = \frac{1}{e}$ b) $e^{2x} = 5$ c) $3^x = 10$

■ Lösung: a) $x = \ln\left(\frac{1}{e}\right) = -1$ b) $2x = \ln(5)$, also $x = \frac{1}{2} \cdot \ln(5) \approx 0{,}805$

c) $\ln(3^x) = \ln(10)$, somit $x \cdot \ln(3) = \ln(10)$ bzw. $x = \frac{\ln(10)}{\ln(3)} \approx 2{,}10$

Beispiel 3 Näherungslösung mit einem Rechner

Lösen Sie mithilfe eines Rechners näherungsweise die Gleichung $x \cdot e^x = 5$ für $-2 \leq x \leq 2$.

■ Lösung: Mithilfe eines Gleichungslösers oder durch die Schnittpunktbestimmung von $y = x \cdot e^x$ mit $y = 5$ ergibt sich $x \approx 1{,}3267$.

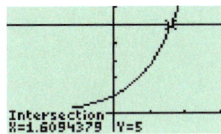

Aufgaben

1 Vereinfachen Sie ohne Taschenrechner.

a) $\ln(e)$ b) $\ln(e^3)$ c) $\ln(1)$ d) $\ln(\sqrt{e})$ e) $\ln\left(\frac{1}{e^2}\right)$

f) $e^{\ln(4)}$ g) $3 \cdot \ln(e^2)$ h) $e^{2 \cdot \ln(3)}$ i) $e^{\frac{1}{2}\ln(9)}$ j) $\ln(e^{3{,}5} \cdot \sqrt{e})$

k) $e^{\ln(2) + \ln(3)}$ l) $\ln\left(\frac{1}{\sqrt{e}}\right)$ m) $\ln(e \cdot \sqrt[5]{e})$ n) $\ln\left(\frac{1}{x}\right) - \ln\left(\frac{1}{x^2}\right) - \ln(x)$

Erinnerung:
$\frac{1}{a^x} = a^{-x}$
$\sqrt[n]{a} = a^{\frac{1}{n}}$
$\sqrt{a} = a^{\frac{1}{2}}$

2 Geben Sie die Lösung mithilfe des ln an und bestimmen Sie dann einen Näherungswert.

a) $e^x = 15$ b) $e^z = 2{,}4$ c) $e^{2x} = 7$ d) $3 \cdot e^{4x} = 16{,}2$

e) $e^{-x} = 10$ f) $e^{4-x} = 1$ g) $e^{4-4x} = 5$ h) $2e^{-x} = 5$

i) $e^{2x-1} = 1$ j) $4 \cdot e^{-2x-3} = 6$ k) $2 \cdot e^{3x+4} = \frac{2}{e}$ l) $e^{0{,}5x+2} = 4$

Eine Übersicht über die Rechenregeln zu Potenzen und Logarithmen finden Sie auf Seite 130.

3 Die Bakterienanzahl (in Millionen) in einer Bakterienkultur wird modellhaft durch f mit $f(x) = e^{0{,}1x}$ (x: Anzahl der Tage seit Beobachtungsbeginn) beschrieben.
a) Wie viele Bakterien waren zu Beobachtungsbeginn vorhanden?
b) Berechnen Sie die Bakterienzahl nach 10 Tagen.
c) Wann werden es vier Millionen Bakterien sein? Wann hat sich die Anzahl verdoppelt?
d) Wann hat der Bakterienbestand seit Beobachtungsbeginn um fünf Millionen zugenommen?

4 Lösen Sie die Gleichung näherungsweise mithilfe eines Rechners für $-8 \leq x \leq +8$.

a) $x^2 \cdot e^x = 2{,}5$ b) $x + e^{0{,}5x} = 7$ c) $e^x - x = 4$ d) $4 \cdot e^{2x} = e^{3x} + 2$

Zeit zu überprüfen

5 Vereinfachen Sie.

a) $\ln(e^2)$ b) $e^{\ln(3)}$ c) $3 \cdot \ln(e^{-1})$ d) $\ln(e^{4{,}5} \cdot e^2)$

6 Lösen Sie die Gleichung. Geben Sie die Lösung mithilfe des ln an und bestimmen Sie einen Näherungswert für die Lösung.

a) $e^x = 12$ b) $e^x = e^3$ c) $e^{2x} = 4{,}5$ d) $2 \cdot e^{\frac{1}{2}x - 3} = 8$

7 Wo steckt der Fehler? Rechnen Sie richtig.
a) $e^{2 \cdot \ln(2)} = e^2 \cdot e^{\ln(2)} = 2 \cdot e^2$
b) $\ln(2 \cdot e^2) = \ln(2) \cdot \ln(e^2) = 2\ln(2)$
c) $f(x) = e^3 \cdot x;\ f'(x) = 3 \cdot e^2 \cdot 1$
d) $f(x) = e^2 \cdot e^x;\ f'(x) = 2e \cdot e^x$

8 Schreiben Sie die Exponentialfunktionen mit der Basis e.
a) $f(x) = 2^x$
b) $f(x) = 2{,}5^x$
c) $f(x) = 4 \cdot 0{,}3^x$
d) $f(x) = 7^{3x+2} - 3$

9 Die Höhe einer Kletterpflanze (in Metern) zur Zeit t (in Wochen seit Beobachtungsbeginn) wird näherungsweise durch die Funktion h mit $h(t) = 0{,}02 \cdot e^{kt}$ beschrieben.
a) Wie hoch ist die Pflanze zu Beobachtungsbeginn?
b) Nach sechs Wochen ist die Pflanze 40 cm hoch. Bestimmen Sie k.
c) Wie hoch ist die Pflanze nach neun Wochen?
d) Wann ist die Pflanze drei Meter hoch?
e) Für $t \geq 9$ wird das Wachstum der Pflanze besser durch $k(t) = 3{,}5 - 8{,}2 \cdot e^{-0{,}175t}$ beschrieben. Wann ist nach dieser Modellierung die Pflanze 3 m hoch?

© CAS
Schnittpunktberechnung bei Exponentialfunktionen

10 Ein Stein sinkt in einen See. Für seine Sinkgeschwindigkeit gilt: $v(t) = 2{,}5 \cdot (1 - e^{-0{,}1 \cdot t})$ (t: Zeit in Sekunden seit Beobachtungsbeginn, v(t) in $\frac{m}{s}$).
a) Welche Sinkgeschwindigkeit hat der Stein zu Beginn? Welche hat er nach zehn Sekunden?
b) Skizzieren Sie den Graphen von v.
c) Nach welcher Zeit sinkt der Stein mit der Geschwindigkeit $2\frac{m}{s}$?

11 Lösen Sie die Gleichung, geben Sie die Lösung mithilfe des ln an und bestimmen Sie einen Näherungswert für die Lösung.
a) $3^x = 5$
b) $2{,}5^x = 7$
c) $3 \cdot 5^{x-2} = 7{,}2$
d) $0{,}5^x - 2{,}5 = 0{,}5^{x+2}$

12 Nach dem 1. Oktober 2002 nahm die Anzahl der im Internetlexikon Wikipedia erschienenen englischen Artikel näherungsweise gemäß der Funktion f mit $f(x) = 80\,000 \cdot e^{0{,}002 \cdot x}$ (x in Tagen) zu.
a) Wie viele Artikel gab es annähernd am 1. Januar 2003 bzw. am 1. Januar 2004?
b) Wann gäbe es eine Million Artikel, wann eine Milliarde, wenn dieses Wachstum so anhält?
c) In welcher Zeitspanne verdoppelt sich die Anzahl der erschienenen Artikel? Zeigen Sie, dass diese Verdoppelungszeit immer gleich ist.

13 Richtig oder falsch? Begründen Sie.
a) Verschiebt man den Graphen der natürlichen Exponentialfunktion um drei Einheiten nach rechts, so ist die entstandene Kurve der Graph zu g mit $g(x) = e^x + 3$.
b) Die Graphen von f mit $f(x) = e^x$ haben mit der Geraden $y = a$ für beliebige Werte von a genau einen Schnittpunkt.
c) Verbindet man zwei Punkte, die auf dem Graphen K der natürlichen Exponentialfunktion liegen, durch eine Strecke, so ist der y-Wert ihres Mittelpunktes stets größer als der y-Wert des Punktes auf dem Graphen K mit dem gleichen x-Wert.

14 Bestimmen Sie die erste und zweite Ableitung und berechnen Sie Extremstellen, falls welche existieren.
a) $f(x) = e^x + x$
b) $f(x) = e^x - 4x$
c) $f(x) = e^x - e \cdot x$

4 Die natürliche Logarithmusfunktion

A. $f(x) = x^2$
B. $f(x) = \frac{1}{x}$
C. $f(x) = \sqrt[3]{x}$
D. $f(x) = \sqrt{x}$
E. $f(x) = x^3$
G. $f(x) = x + 3$
F. $f(x) = 3x$
H. $f(x) = \frac{1}{3}x$

Ist zu jeder Funktion auch die Umkehrfunktion angegeben?

Die Funktion f mit $f(x) = e^x$ ordnet jeder reellen Zahl x genau eine positive Zahl $y = e^x$ zu. Deshalb gilt für die Umkehrung von f: Jedem $y > 0$ wird genau eine reelle Zahl $x = \ln(y)$ zugeordnet.

x	−1	0	1	2	$x = \ln(y)$
↓					↑
$y = e^x$	$e^{-1} \approx 0{,}4$	$e^0 = 1$	$e \approx 2{,}7$	$e^2 \approx 7{,}4$	y

Die Umkehrung von f ist in diesem Fall wieder eine Funktion mit $f(x) = \ln(x)$ (rot in Fig. 1).

Ist $P(x | e^x)$ ein Punkt des Graphen der natürlichen Exponentialfunktion, dann ist der Punkt $(e^x | x)$ ein Punkt des Graphen der natürlichen Logarithmusfunktion ln. Der Graph der natürlichen Logarithmusfunktion ln geht aus dem Graphen der natürlichen Exponentialfunktion hervor, indem bei jedem Punkt die x- und die y-Koordinate vertauscht werden. Für die Definitionsmenge D und die Wertemenge W der natürlichen Logarithmusfunktion gilt demnach:

$f(x) = e^x$ $\quad\bar{f}(x) = \ln(x)$
$D = \mathbb{R}$ $\quad D = \mathbb{R}^+$
$W = \mathbb{R}^+$ $\quad W = \mathbb{R}$.

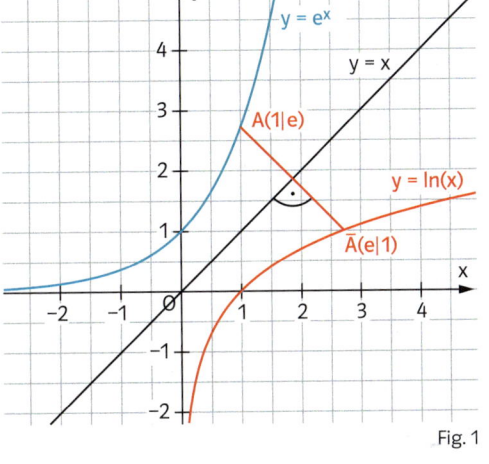

Fig. 1

Die Eigenschaft der Umkehrfunktion gilt wechselseitig, d.h. die natürliche Exponentialfunktion und die natürliche Logarithmusfunktion sind wechselseitig Umkehrfunktionen.

Allgemein gilt: Die Graphen einer Funktion und ihrer Umkehrfunktion liegen symmetrisch zur 1. Winkelhalbierenden.

Allgemein lässt sich die Umkehrbarkeit einer Funktion f daran erkennen, dass jede Parallele zur x-Achse den Graphen von f höchstens einmal schneidet.
Dies ist sicher der Fall, wenn f streng monoton wachsend oder streng monoton fallend ist.

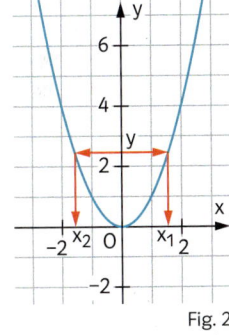

Fig. 2

In Fig. 2 ist der Graph der Funktion f mit $f(x) = x^2$ gezeichnet. Hier werden auf den Funktionswert $y = 2{,}5$ die x-Werte x_1 und x_2 abgebildet. Somit ist die Funktion nicht umkehrbar.

Definition 1: Eine Funktion $f: x \to y$ heißt **umkehrbar**, wenn es zu jedem y aus der Wertemenge von f genau ein x aus der Definitionsmenge von f mit $f(x) = y$ gibt.

Definition 2: Die Umkehrfunktion der natürlichen Exponentialfunktion f mit $f(x) = e^x$ heißt **natürliche Logarithmusfunktion ln**: $x \to \ln(x)$; $x \in \mathbb{R}^+$.

V Exponentialfunktionen

Die Ableitung der natürlichen Logarithmusfunktion $f(x) = \ln(x)$ erhält man mithilfe ihrer Umkehrfunktion $g(x) = e^x$. In Fig. 1 liegen die Graphen von f und g, die Tangenten in P und Q und die eingezeichneten Steigungsdreiecke symmetrisch zur 1. Winkelhalbierenden. Durch Vergleich der Steigungsdreiecke erkennt man: Die Steigung m_P der Tangente in P ist der Kehrwert der Steigung m_Q der Tangente in Q: $m_P = \frac{1}{m_Q}$. Für m_Q gilt:

$m_Q = g'(\ln(x)) = e^{\ln(x)} = x$. Also: $m_P = \frac{1}{m_Q} = \frac{1}{x}$.

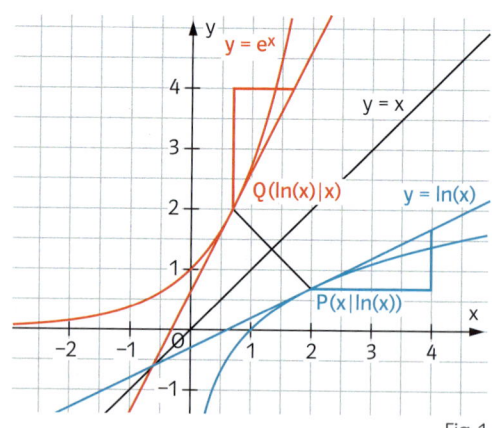

Fig. 1

Satz: Die natürliche Logarithmusfunktion f mit $f(x) = \ln(x)$, $x \in \mathbb{R}^+$, hat die Ableitung f' mit $f'(x) = \frac{1}{x}$.

Beispiel Logarithmusfunktion untersuchen
a) Zeigen Sie, dass f mit $f(x) = \ln(x)$ streng monoton steigend ist.
b) Für welche Werte von x sind die Funktionswerte von f(x) mit $f(x) = \ln(x)$ größer als 20?
■ Lösung: a) $f'(x) = \frac{1}{x} > 0$ für $x > 0$. Also ist f streng monoton steigend.
b) Aus $\ln(x) = 20$ folgt $x = e^{20} \approx 485\,165\,195$. Da f streng monoton steigend ist, ist dies für $x > e^{20}$ der Fall.

Zu Teilaufgabe b):
Bei einer Längeneinheit von 1 cm wird die Höhe von 20 cm erst in einer Entfernung von etwa 4852 km vom Ursprung erreicht!

Aufgaben

1 Zeichnen Sie in ein gemeinsames Koordinatensystem die Graphen der Funktionen f, g, h und i mit $f(x) = \ln(x)$, $g(x) = 2 \cdot \ln(x)$, $h(x) = -\ln(x)$ und $i(x) = \ln(-x)$.
Geben Sie jeweils den Definitions- und den Wertebereich an.

2 Bestimmen Sie zur Funktion f mit $f(x) = \ln(x)$ die Werte von x mit
a) $f(x) = 0$, b) $f(x) = 5$, c) $f(x) = -1$, d) $f'(x) = 1$, e) $f'(x) = 0{,}1$, f) $f'(x) = 10$.

3 Ergänzen Sie die Tabelle ohne Hilfsmittel. Tragen Sie „–" ein, falls es keinen Wert gibt.

x	−1	0		e	e^2	$\frac{1}{e}$		
ln(x)			0				3	−2

4 Bestimmen Sie die Gleichung der Tangente an f mit $f(x) = \ln(x)$ im Punkt P.
a) P(1|0)   b) P(e|1)   c) P(2|ln(2))   d) P(0,5|ln(0,5))

Zeit zu überprüfen

5 a) Welchen Funktionswert hat die natürliche Logarithmusfunktion an der Stelle $x = e^5$?
b) An welcher Stelle hat die natürliche Logarithmusfunktion den Funktionswert 10?
c) An welcher Stelle hat die natürliche Logarithmusfunktion die Ableitung 5?

6 Zeigen Sie, dass die natürliche Logarithmusfunktion keine Extrem- und Wendestellen hat und der Graph eine Rechtskurve ist.

5 Ableiten von Funktionen der Form $f(x) = a \cdot e^{kx}$

Zeichnen Sie in ein Koordinatensystem den Graphen der Funktion f mit $f(x) = e^{0,5x}$. Bestimmen Sie für verschiedene Stellen die Ableitung $f'(x)$ zeichnerisch mittels der Tangentensteigung. Vergleichen Sie jeweils $f'(x)$ mit $f(x)$.

Stellen Sie die Ergebnisse in einer Tabelle übersichtlich dar.

x	−2	−1	0	1	2
$f'(x)$ gemessen					
$f(x)$ berechnet					

In Fig. 1 sind die Graphen von Funktionen der Form $f(x) = e^{kx}$ gezeichnet. Solche Funktionen ergeben sich, wenn man eine Exponentialfunktionen wie h mit $h(x) = 1{,}5^x$ mit der Basis e schreibt: $h(x) = e^{\ln(1,5) \cdot x}$. Im Folgenden wird am Beispiel der Funktion f mit $f(x) = e^{2x}$ untersucht, wie man die Ableitung einer Funktion der Form $g(x) = e^{kx}$ erhält.

Zunächst wird die Ableitung der Funktion f an der Stelle $x_0 = 0$ bestimmt. Für den Differenzenquotienten an der Stelle $x_0 = 0$ gilt:

$$\frac{f(0+h) - f(0)}{h} = \frac{e^{0+2h} - e^0}{h} = \frac{e^0 \cdot e^{2h} - e^0}{h} = \frac{e^{2h} - 1}{h} \to 2 \; (*) \text{ für } h \to 0.$$

Diesen Grenzwert entnimmt man anschaulich als Steigung der Tangente an den Graphen von f im Punkt $P(0|1)$ in Fig. 1 oder der Tabelle auf dem Rand.

Für den Differenzenquotienten an einer beliebigen Stelle x_0 gilt:

$$\frac{f(x_0 + h) - f(x_0)}{h} = \frac{e^{2x_0 + 2h} - e^{2x_0}}{h} = \frac{e^{2x_0} \cdot e^{2h} - e^{2x_0}}{h} = e^{2x_0} \cdot \frac{e^{2h} - 1}{h}.$$

Nach (*) strebt $\frac{e^{2h}-1}{h} \to 2$, also gilt: $\frac{f(x_0+h) - f(x_0)}{h} \to e^{2x_0} \cdot 2$ für $h \to 0$.

Die Ableitung von f mit $f(x) = e^{2x}$ ist somit $f'(x) = 2 \cdot e^{2x}$.
Allgemein erhält man für eine Funktion g mit $g(x) = e^{kx}$ als Ableitung $f'(x) = k \cdot e^{kx}$.

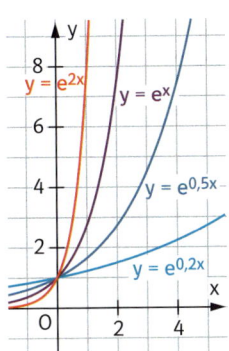
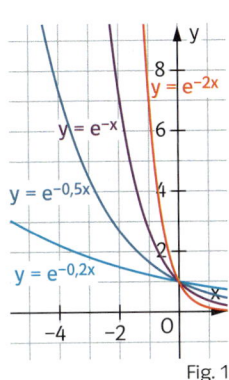

Fig. 1

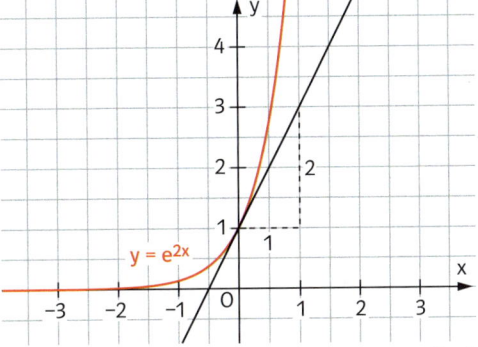

Fig. 2

h	$\frac{e^h - 1}{h}$
1	6,3891
0,1	2,2140
0,01	2,0201
0,001	2,0020
0,0001	2,0002
−1	0,8647
−0,1	1,8127
−0,01	1,9801
−0,001	1,9980
−0,0001	1,9998

Satz: Für die Ableitung einer Funktion f der Form $f(x) = e^{kx}$ gilt: $f'(x) = k \cdot e^{kx}$.

Beispiel Ableitungen bestimmen
Leiten Sie ab und bestimmen Sie die Ableitung.
a) $f(x) = e^{0,3x}$ b) $f(x) = 5 \cdot e^{-0,1x}$ c) $f(x) = 3 \cdot 0{,}9^x$

■ Lösung: a) $f'(x) = 0{,}3 \cdot e^{0,3x}$
b) $f'(x) = 5 \cdot (-0{,}1) \cdot e^{-0,1x} = -0{,}5 \cdot e^{-0,1x}$
c) *Man schreibt zunächst die Potenz $0{,}9^x$ mit der Basis e.*
$f(x) = 3 \cdot e^{\ln(0,9) \cdot x}$; $f'(x) = 3 \cdot \ln(0{,}9) \cdot e^{\ln(0,9) \cdot x} \approx -0{,}3161 \cdot e^{-0,1054x}$.

Aufgaben

1 Leiten Sie ab.
a) $f(x) = e^{3x}$
b) $f(x) = e^{-0,8x}$
c) $f(x) = e^{-x}$
d) $f(x) = e^{\frac{1}{2}x}$
e) $f(x) = 2e^{\frac{1}{2}x}$
f) $f(x) = 0,5e^{-\frac{1}{4}x}$
g) $f(x) = 20e^{-0,05x}$
h) $f(x) = -0,1e^{-0,25x}$

2
a) $f(x) = 2e^{kx}$
b) $f(x) = b \cdot e^{-\frac{1}{4}x}$
c) $f(x) = a \cdot e^{\frac{1}{2}kx}$
d) $f(x) = a \cdot e^{-kx}$

3 Schreiben Sie den Funktionsterm mit der Basis e und leiten Sie ab.
a) $f(x) = 1,04^x$
b) $f(x) = 0,1 \cdot 3^x$
c) $f(x) = \left(\frac{3}{4}\right)^x$
e) $f(x) = 120 \cdot 0,99^x$

4 Bestimmen Sie die Ableitung an den Stellen a und b. Geben Sie für die Ableitung einen Näherungswert an (auf zwei Dezimalen gerundet).
a) $f(x) = e^{-x}$; $a = 0$; $b = 1$
b) $f(x) = 3,2 \cdot e^{0,08x}$; $a = 0$; $b = -1$
c) $f(x) = 500 \cdot e^{-0,04x}$; $a = 0$; $b = 25$
d) $f(x) = \sqrt{e}^x$; $a = 0$; $b = 2$

5 Bestimmen Sie die Gleichungen der Tangenten in den Punkten P und Q des Graphen von f. Zeichnen Sie den Graphen von f und den Graphen der Tangente.
a) $f(x) = e^{0,5x}$; $P(0|1)$, $Q(2|e)$
b) $f(x) = e^{-1,2x}$; $P(0|1)$, $Q(-1|e^{1,2})$
c) $f(x) = 3 \cdot e^{0,2x}$; $P(0|f(0))$, $Q(2|f(2))$
d) $f(x) = -2 \cdot e^{0,5x}$; $P(0|f(0))$, $Q(2|f(2))$

Zeit zu überprüfen

6 Leiten Sie ab.
a) $f(x) = 4 \cdot e^{0,75x}$
b) $f(x) = -0,25 \cdot e^{4x}$
c) $f(x) = 300 \cdot e^{-0,95x}$

7 Bestimmen Sie die Gleichung der Tangente an den Graphen von f im Punkt P und im Punkt Q.
a) $f(x) = e^{2x}$; $P(0|f(0))$, $Q(0,5|f(0))$
b) $f(x) = 4 \cdot e^{-0,25x}$; $P(0|f(0))$, $Q(-2|f(-2))$

8 Gegeben sind die Funktionen f, g, h und i mit $f(x) = e^{0,5x}$, $g(x) = e^{-x}$, $h(x) = 2e^{0,5x}$ und $i(x) = e^{-0,5x}$.
a) Ordnen Sie ohne weitere Hilfsmittel jeder der Funktionen f, g, h und i einen Graphen in Fig. 1 zu. Begründen Sie Ihre Entscheidung.
b) In Fig. 2 sind die Graphen der Ableitungsfunktionen von f, g, h und i gezeichnet. Ordnen Sie diese Graphen den Ableitungsfunktionen zu.

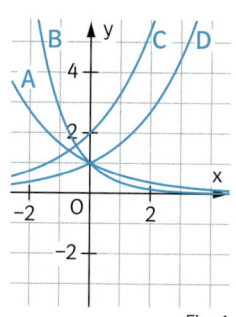
Fig. 1

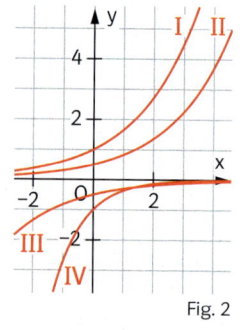
Fig. 2

9 Die Bevölkerungszahl eines Landes wird mit der Funktion f mit $f(t) = 20 \cdot e^{-0,0198t}$ modelliert (t in Jahren nach 2010, f(t) in Millionen). Zeigen Sie, dass die Bevölkerungszahl dauernd abnimmt. In welchem Jahr hätte sich nach dem Modell die Anzahl gegenüber 2010 halbiert?

10 Gegeben ist die Funktion f mit $f(x) = e^{kx}$.
a) Zeigen Sie: Die Tangente an den Graphen von f im Punkt $P(3|f(3))$ hat die Gleichung $y = k \cdot e^{3k} \cdot x + e^{3k} \cdot (1 - 3k)$.
b) Untersuchen Sie mithilfe von Teilaufgabe a), für welche Zahl k die Tangente an den Graphen von f im Punkt $P(3|f(3))$ durch den Ursprung verläuft.

6 Exponentielles Wachstum modellieren

100 Würfel werden geworfen. Alle Sechsen werden aussortiert. Dann werden die übrigen Würfel geworfen und wieder alle Sechsen aussortiert. So geht es weiter.
Nach wie vielen Würfen sind weniger als 10 Würfel übrig?

⊚ CAS
Simulation eines Würfelspiels

Bei Wachstumsvorgängen, wie z.B. der Größenzunahme eines Hefepilzes, liegen oft Messdaten in Form einer Tabelle vor. Damit kann man überprüfen, ob exponentielles Wachstum vorliegt und man gegebenenfalls dieses Wachstum dann mit einer Exponentialfunktion modellieren kann.

Gilt bei einem Bestand B für jeden Zeitschritt die rekursive Darstellung $B(n) = a \cdot B(n-1)$ mit einer Konstanten a, so liegt exponentielles Wachstum mit dem **Wachstumsfaktor** a vor. Will man exponentielles Wachstum bei Daten wie in Fig. 1 nachweisen, untersucht man daher die Quotienten $\frac{B(n)}{B(n-1)}$. Die Quotienten sind in Fig. 1 etwa konstant, daher liegt angenähert exponentielles Wachstum vor. Als Wachstumsfaktor kann man den Mittelwert $a = 1{,}56$ verwenden. Damit gilt näherungsweise die rekursive Darstellung $B(n) = 1{,}56 \cdot B(n-1)$ und damit die explizite Darstellung $B(n) = 18 \cdot 1{,}56^n$. Daraus ergibt sich:
$B(1) = 1{,}56\, B(0)$,
$B(2) = 1{,}56\, B(1) = 1{,}56 \cdot 1{,}56\, B(0) = 1{,}56^2\, B(0)$,
$B(3) = 1{,}56\, B(2) = 1{,}56 \cdot 1{,}56^2\, B(0) = 1{,}56^3\, B(0)$ usw.
Man erkennt daraus: $B(n) = 1{,}56^n \cdot B(0)$, also $B(n) = 18 \cdot 1{,}56^n$.
Die Darstellung $B(n) = B(0) \cdot 1{,}56^n$ ermöglicht die explizite Berechnung des Bestandes.

n	B(n)	$\frac{B(n)}{B(n-1)}$
0	18	
1	28	1,56
2	46	1,64
3	69	1,50
4	109	1,58
5	165	1,51
6	260	1,58
Mittelwert:		1,56

Fig. 1

Die Tabelle zeigt das Gewicht B(n) in mg, das ein Hefepilz auf einem Nährmedium zur Zeit n (in Stunden) hat.

Statt der Basis 1,56 kann man mithilfe des Ansatzes $B(n) = 18 \cdot e^{kn}$ auch die Basis e verwenden. Es ist dann $e^k = 1{,}56$; also $k = \ln(1{,}56) \approx 0{,}4447$. Für das Gewicht des Hefepilzes erhält man $B(n) = 18\, e^{0{,}4447n}$ als Näherung.
Da der Hefepilz kontinuierlich wächst, kann man auch die Funktion f mit $f(x) = 18 \cdot 1{,}56^x$ bzw. $f(x) = 18 \cdot e^{0{,}4447x}$ zur Modellierung verwenden (Fig. 2). So kann man z.B. das Gewicht des Pilzes nach einer halben Stunde berechnen: $f(0{,}5) = 22{,}5$. Wenn die Pilzkultur schon vor Messbeginn angesetzt wurde, kann man das Gewicht des Pilzes zwei Stunden zuvor berechnen: $f(-2) = 7{,}4$.

⊚ CAS
Exponentialfunktion mit Basis e

Die Verwendung der Zahl e als Basis ermöglicht die Anwendung der Eigenschaften der e-Funktion (siehe im Beispiel die Teilaufgabe c)).

> **Exponentielles Wachstum** lässt sich mithilfe einer Exponentialfunktion f mit der Gleichung $f(x) = f(0)\, a^x$ bzw. $f(x) = f(0)\, e^{kx}$ $(x \in \mathbb{R})$ beschreiben.
> Dabei ist $k = \ln(a)$ die **Wachstumskonstante**.

Auch wenn der Bestand abnimmt, spricht man von exponentiellem Wachstum oder von exponentieller Abnahme. Dann gilt: $a < 1$ und $k < 0$.

V Exponentialfunktionen   125

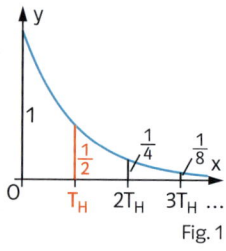

Fig. 1

Man nennt die Zeit, in der sich der Anfangsbestand verdoppelt bzw. halbiert, **Verdoppelungszeit T_V** bzw. **Halbwertszeit T_H**. Weil $f(T_V) = f(0) \cdot e^{k \cdot T_V} = 2 \cdot f(0)$, erhält man $e^{k \cdot T_V} = 2$, also $T_V = \frac{\ln(2)}{k}$ für $k > 0$. Entsprechend ergibt sich $T_H = \frac{\ln\left(\frac{1}{2}\right)}{k}$ bei exponentieller Abnahme ($k < 0$). Nicht nur der Anfangsbestand verdoppelt bzw. halbiert sich in der Zeit T_V bzw. T_H, sondern jeder beliebige Bestand, denn es gilt z. B. bei Abnahme:
$f(x + T_H) = f(0) \cdot e^{k \cdot (x + T_H)} = f(0) \cdot e^{k \cdot x} \cdot e^{k \cdot T_H} = f(x) \cdot e^{k \cdot T_H} = f(x) \cdot \frac{1}{2}$ für beliebige x.

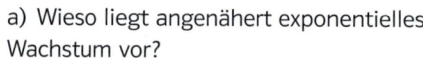

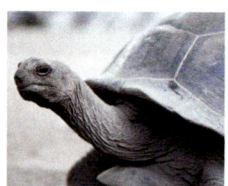

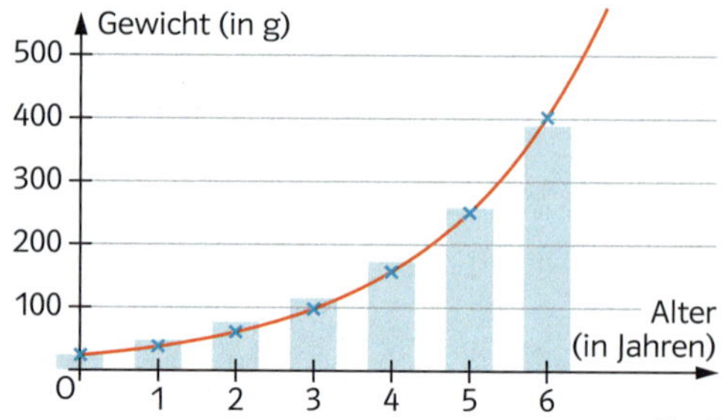

n	G(n)	$\frac{G(n)}{G(n-1)}$
0	24	
1	48	2
2	77	1,7
3	115	1,5
4	173	1,5
5	259	1,5
6	389	1,5

Beispiel Wachstumskonstanten auf mehrere Arten bestimmen

Die Tabelle zeigt Gewichte G(n) in Gramm einer Schildkröte der Art Testudo hermanni boettgeri. Dabei bezeichnet n die Jahre seit ihrer Geburt.

Fig. 2

a) Wieso liegt angenähert exponentielles Wachstum vor?
b) Beschreiben Sie das Wachstum mit einer Funktion:
I: mithilfe des Mittelwertes der Quotienten aufeinanderfolgender Werte,
II: mithilfe des Anfangswertes und eines geeigneten weiteren Datenpunktes.
c) Eine Modellierung ergibt die Funktion f mit $f(x) = 28 \cdot e^{0{,}45x}$ (x in Jahren, f(x) in Gramm). Wie groß ist die Wachstumsgeschwindigkeit nach fünf Jahren?

▪ Lösung: a) Die Quotienten $\frac{G(n)}{G(n-1)}$ sind angenähert konstant, nur die anfänglichen Werte weichen etwas ab. Man kann das Gewicht also näherungsweise durch exponentielles Wachstum modellieren.

Methode II wird meist verwendet, wenn nur zwei Datenpunkte gegeben sind.
In der Regel wird Methode III die „beste" Anpassung liefern (s. LE 6).

CAS
Anleitung Regression

CAS
Funktionsanpassung

b) Mit f(x) wird das Gewicht in Gramm x Jahre nach der Geburt bezeichnet.
I: Man bestimmt aus den Tabellendaten den Mittelwert $a = 1{,}6$; also: $f(x) = 24 \cdot 1{,}6^x$ bzw. $f(x) = 24 \cdot e^{0{,}47 \cdot x}$.
II: Ansatz: $f(x) = 24 \cdot e^{kx}$. Man verwendet z. B. den Datenpunkt (5 | 259) und erhält die Gleichung $24 \cdot e^{k \cdot 5} = 259$ mit der Lösung $k = 0{,}4758$. *Es ergibt sich praktisch dasselbe Ergebnis wie bei I.*
Bemerkung: Man kann die Modellierung auch mithilfe eines geeigneten Rechners als Kurvenanpassung durchführen: Dazu gibt man die ersten beiden Spalten der Tabelle als Probedaten in einen Rechner ein. Das weitere Vorgehen zeigen die Rechneransichten eines Taschenrechners (statistische Berechnung).

Auswahl exponentielle Anpassung (3:STAT;5:e∧x)	Dateneingabe	Regression durchführen	Parameterausgabe

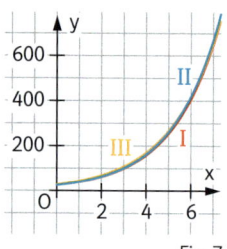

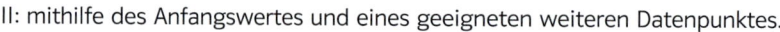

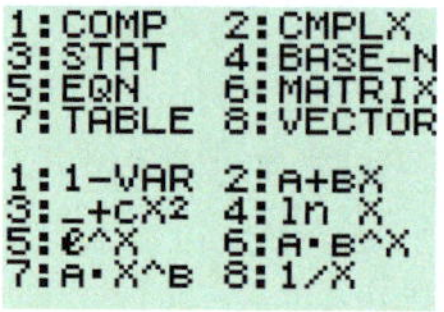

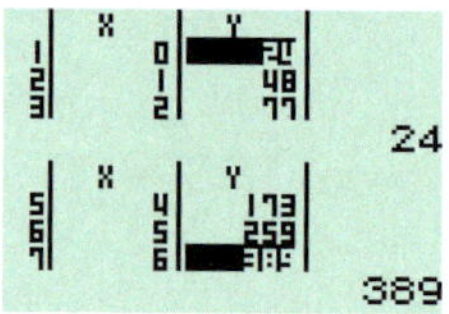

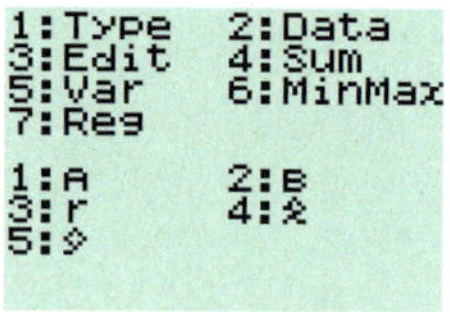

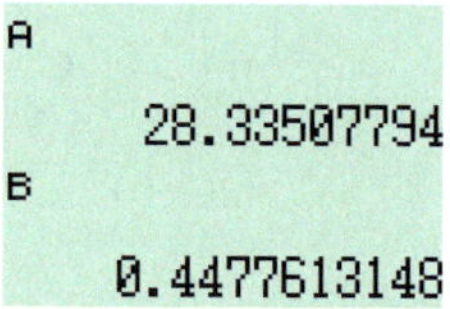

Fig. 3

Fig. 4

Fig. 5

Fig. 6

Fig. 7

Die Graphen zeigen, dass die Modellierungen nur wenig voneinander abweichen.

Als Lösung erhält man $f(x) = 28{,}33 \cdot 1{,}5648^x$ bzw. $f(x) = 28{,}33 \cdot e^{0{,}4478x}$. *Auch diese Lösung weicht nur wenig von den Ergebnissen bei I und II ab.*
c) *Die Wachstumsgeschwindigkeit ergibt sich als momentane Änderungsrate des Gewichts;*
$f'(x) = 28 \cdot 0{,}45 \cdot e^{0{,}45x} = 12{,}6 \cdot e^{0{,}45x}$; $f'(5) \approx 120$.
Die Wachstumsgeschwindigkeit nach fünf Jahren beträgt etwa 120 Gramm pro Jahr.

Aufgaben

CAS
Wachstum des Autobestandes

1 Modellieren Sie die Daten durch exponentielles Wachstum. Bestimmen Sie die Verdoppelungszeit bzw. Halbwertszeit, wenn n in Jahren gemessen wird. Verfahren Sie wie im Beispiel mithilfe

a) der Quotienten $\frac{B(n)}{B(n-1)}$,

n	0	1	2	3	4	5
B(n)	28	35	44	58	70	90

b) von Anfangswert und Datenpunkt.

n	0	10	20	30	40	50
B(n)	9,1	8,4	7,7	7,2	6,6	6,1

2 China und Indien hatten 1988 zusammen etwa $1{,}82 \cdot 10^9$ Einwohner und 1989 etwa $1{,}875 \cdot 10^9$ Einwohner.

a) Modellieren Sie mithilfe dieser Daten das Bevölkerungswachstum durch exponentielles Wachstum.
b) Welche Voraussage macht Ihr Modell für die Bevölkerungszahl im Jahre 2000? Tatsächlich betrug die Bevölkerungszahl im Jahr 2000 etwa $2{,}3 \cdot 10^9$. Welche Gründe könnte es für die Abweichung Ihres Modells geben?
c) Wann wächst in Ihrem Modell die Bevölkerung auf vier Milliarden?
d) Wie groß ist in Ihrem Modell die Wachstumsgeschwindigkeit im Jahr 2000?

3 Die Solarmesse „Intersolar" fand in den Jahren 2002 bis 2007 in Freiburg statt. Da die Freiburger Messehallen wegen der ständig zunehmenden Ausstellerzahlen – siehe Tabelle – nicht mehr ausreichten, zog die Messe in den Folgejahren nach München um. Ein „Ableger" der Messe findet inzwischen sogar in Kalifornien statt.

a) Sind die Ausstellerzahlen näherungsweise exponentiell gewachsen?
b) Bestimmen Sie eine Funktion, welche das Wachstum der Ausstellerzahlen modelliert. Beschreiben Sie mithilfe des Graphen, wie gut die Modellierung die Daten annähert. Wie viele Aussteller müsste die Messe nach Ihrem Modell im Jahre 2010 haben?

Jahr	Aussteller
2002	236
2003	256
2004	291
2005	372
2006	454
2007	560

4 a) Modellieren Sie die Schulden der öffentlichen Haushalte durch exponentielles Wachstum.
b) Untersuchen Sie, wie gut Ihre Näherung ist, und geben Sie ggf. Gründe für Abweichungen an. Welche Prognose machen Sie für 2010? Wie groß ist nach Ihrem Modell die Verdoppelungszeit? Wie groß wären nach Ihrem Modell die Schulden im Jahre 1990 gewesen?

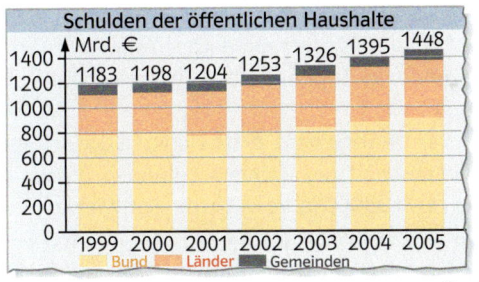

Fig. 1

5 Auch in klaren Gewässern nimmt die Beleuchtungsstärke B (in Lux) mit zunehmender Tiefe x (in Metern) ab. Nach einem Meter beträgt sie in einem See nur noch 80% des Wertes an der Oberfläche.
Der Verlauf der Beleuchtungsstärke in Abhängigkeit von der Tiefe kann als exponentielle Abnahme modelliert werden.

a) Bestimmen Sie eine Modellfunktion B(x) für die Beleuchtungsstärke, wenn an der Oberfläche die Beleuchtungsstärke 4000 Lux beträgt.
Wie hoch ist die Beleuchtungsstärke in 10 m Tiefe?
Wie groß ist die „Halbwertstiefe"?
b) In welcher Tiefe beträgt die momentane Änderungsrate der Beleuchtungsstärke –10 (Einheit: Lux pro Meter)?

Zeit zu überprüfen

6 a) Im Jahre 1950 lebten 2,5 Milliarden Menschen auf der Erde, 1980 waren es 4,5 Milliarden. Modellieren Sie das Bevölkerungswachstum und bestimmen Sie die Verdoppelungszeit. Interpretieren Sie das Ergebnis.
b) Vergleichen Sie mit den Daten von 2005 (6,4 Milliarden) bzw. 1920 (1,8 Milliarden).
c) 2005 prognostizierten Experten der Vereinten Nationen bis zum Jahr 2050 einen Anstieg auf 9,1 Milliarden. Wie lautet Ihre Prognose?
d) Wie groß war in Ihrem Modell die Wachstumsgeschwindigkeit im Jahr 2000?

> **CAS**
> Radioaktiver Zerfall – Simulation

Radioaktiver Zerfall ist ein stochastischer Vorgang, wie man an dem Graphen (Fig. 1) sieht. Jedes Radon-Atom zerfällt in der nächsten Sekunde mit einer bestimmten Wahrscheinlichkeit p.
Wie groß ist p?
Wieso nimmt die Aktivität exponentiell ab?

7 Der größte Teil der natürlichen Radioaktivität beruht auf dem geruchlosen Edelgas Radon. Fig. 1 zeigt eine experimentell gemessene Zerfallskurve des Isotops Radon-220, das aus historischen Gründen als Thoron bezeichnet wird. Radioaktiver Zerfall kann mit sehr guter Näherung als exponentielle Abnahme modelliert werden.
a) Die Halbwertszeit von Radon beträgt 56 Sekunden. Erläutern Sie die Aussage: Die Formel $B(x) = 100\% \cdot 2^{-x}$ gibt an, wie viel Prozent des anfänglichen Radons nach x Halbwertszeiten noch vorhanden sind.
b) Beschreiben Sie den Zerfall mithilfe einer Exponentialfunktion f mit $f(t) = c \cdot e^{kt}$, wobei t die Zeit in Sekunden und f(t) den Anteil des noch vorhandenen Radons in Prozent angibt (Anfangswert 100%).

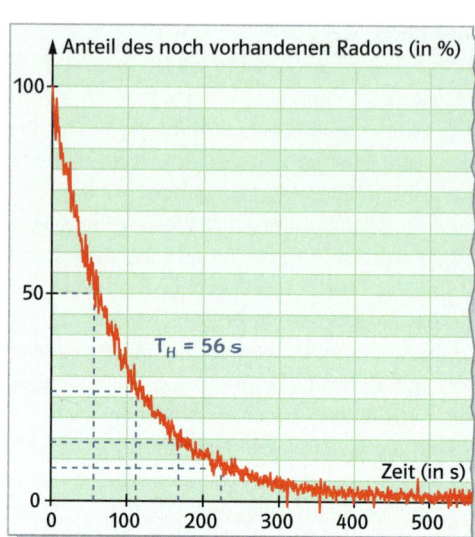

Fig. 1

c) Wie viel Prozent des Edelgases sind nach fünf Minuten noch nicht zerfallen? Nach welcher Zeit ist noch 1% des Anfangswertes vorhanden?

Die **Radiokarbonmethode** nutzt aus, dass in lebenden Organismen das Verhältnis der Kohlenstoffisotope C14 und C12 einen festen Wert besitzt. In toten Organismen bleibt C12 erhalten, während C14 mit einer Halbwertszeit von 5730 ± 40 Jahren zerfällt.

d) Wie groß ist die momentane Änderungsrate der Funktion f aus Teilaufgabe b) (in Prozent pro Sekunde) zu Beginn, nach einer, zwei, drei, … Halbwertszeiten?

8 a) Im Vogelherd, einer Höhle in der Schwäbischen Alb, wurde im Jahre 2006 ein aus Elfenbein geschnitztes Mammut gefunden, dessen Alter Forscher mithilfe der Radiokarbonmethode auf etwa 35 000 Jahre datieren. Auf wie viel Prozent des Wertes bei Fertigstellung des Mammuts war das Verhältnis von C14 zu C12 gesunken?
b) Bei der Ötztaler Gletschermumie („Ötzi"), die 1991 in den Ötztaler Alpen gefunden wurde, hat die Radiokarbonmethode ergeben, dass das Verhältnis von C14 zu C12 auf 53% des Wertes beim Tode von „Ötzi" abgesunken ist. Wann ist „Ötzi" etwa gestorben? Berücksichtigen Sie bei der Antwort die Ungenauigkeit bei der Halbwertszeit von C14.

Zeit zu wiederholen

9 Welches der Zahlenpaare (0|1), (1|1), (−1,5|0), (4|1), (−4|−1) ist eine Lösung der Gleichung $2x - 5y + 3 = 0$?

10 Bestimmen Sie die Lösung des linearen Gleichungssystems.
a) $y = x + 2$
   $y = 2x + 1$
b) $x + y = 4$
   $2x - y = 2$
c) $2x - y = 2$
   $x - 3y = 6$
d) $\frac{1}{2}x + 2y = -\frac{11}{4}$
   $-\frac{5}{4}x + \frac{1}{2}y = 0$

Wiederholen – Vertiefen – Vernetzen

1 Bestimmen Sie die Gleichung der Tangente an den Graphen von f im Punkt P.
a) $f(x) = e^{0,2x}$; $P(0\,|\,f(0))$
b) $f(x) = -20 \cdot e^{-x}$; $P(1\,|\,f(1))$

2 Gegeben ist die Funktion f mit $f(x) = e^{-x}$. In Fig. 1 bis 4 sind die Graphen der Funktionen f_1; f_2; f_3 und f_4 abgebildet mit $f_1(x) = f(x)$; $f_2(x) = f'(x)$; $f_3(x) = x \cdot f(x)$ und $f_4(x) = \frac{1}{f(x)}$.
Ordnen Sie den dargestellten Graphen die richtige Funktion zu und begründen Sie Ihre Antwort.

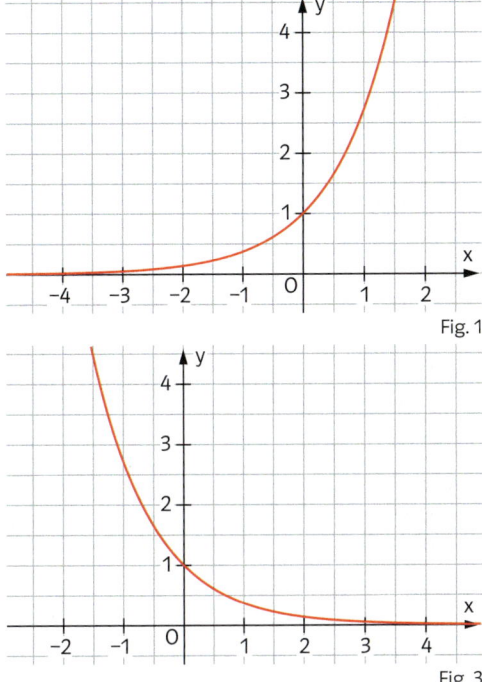
Fig. 1

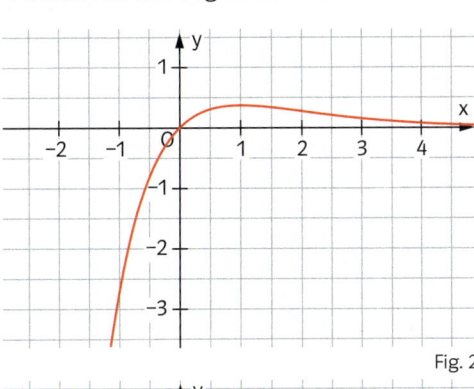
Fig. 2

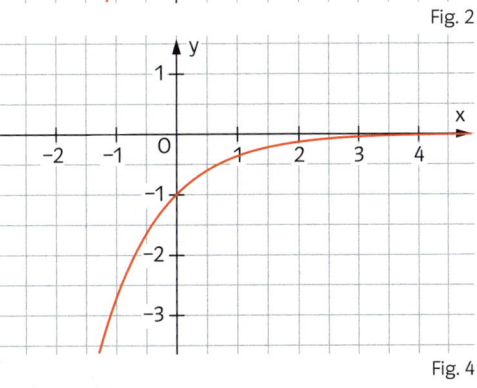
Fig. 3

Fig. 4

3 Die Abkühlung einer Tasse Kaffee wird beschrieben durch die Funktion
$T(t) = 70 \cdot e^{-0,045t}$ (t ist die Zeit in Minuten und T(t) die Temperatur in °C nach t Minuten).
a) Berechnen Sie, wann die Temperatur des Kaffees noch 60 °C, 50 °C, 40 °C bzw. 30 °C beträgt.
b) Berechnen Sie die Geschwindigkeit der Temperaturabnahme (in °C pro Minute) nach einer Minute, nach fünf Minuten, nach zehn Minuten und nach 30 Minuten. Was fällt auf?
c) Begründen Sie, warum die Funktion T(t) nicht verwendet werden kann, um einen Abkühlungsprozess zu beschreiben, wenn der Kaffee sich in einem Raum mit einer Raumtemperatur von 20 °C befindet. Bei welcher Raumtemperatur könnte die Funktion T(t) ein sinnvolles Modell für einen Abkühlungsprozess sein?

Anhand eines Experiments kann man überprüfen, ob die Funktion T den Abkühlungsprozess sinnvoll modelliert. Experimentieren Sie mit unterschiedlichen Tassen und Gefäßen.

Wiederholen – Vertiefen – Vernetzen

INFO Wiederholung: Regeln zum Rechnen mit Potenzen und Logarithmen

Negative Exponenten
Es gilt: $a^{-x} = \frac{1}{a^x}$ z.B. $10^{-3} = \frac{1}{10^3} = \frac{1}{1000}$.

Gebrochene Exponenten und Wurzeln
$\sqrt[n]{x^m} = x^{\frac{m}{n}}$ $\qquad\qquad$ $\sqrt[n]{x} = x^{\frac{1}{n}}$

Potenzgesetze
$a^r \cdot a^s = a^{r+s}$ z.B. $e^3 \cdot e^2 = e^{3+2} = e^5$ $\qquad$ $a^r : a^s = a^{r-s}$ z.B. $\frac{e^7}{e^3} = e^{7-3} = e^4$

$a^s \cdot b^s = (a \cdot b)^s$ z.B. $3^9 \cdot 4^9 = (3 \cdot 4)^9 = 12^9$ $\qquad$ $a^s : b^s = (a:b)^s$ z.B. $\frac{(2e)^4}{e^4} = \left(\frac{2e}{e}\right)^4 = 2^4$

$(a^r)^s = a^{r \cdot s}$ z.B. $(e^3)^4 = e^{3 \cdot 4} = e^{12}$

Logarithmengesetze
$\log_a(u \cdot v) = \log_a(u) + \log_a(v)$ z.B. $\ln(2e) = \ln(2) + \ln(e)$
$\log_a\left(\frac{u}{v}\right) = \log_a(u) - \log_a(v)$ z.B. $\ln\left(\frac{e}{4}\right) = \ln(e) - \ln(4)$
$\log_a(u^r) = r \cdot \log_a(u)$ z.B. $\ln(e^4) = 4\ln(e)$

Exponentialgleichungen lösen
Die Lösung von $a^x = b$ ist $x = \log_a(b)$. $\qquad$ Es gilt: $\log_a(b) = \frac{\ln(b)}{\ln(a)}$.

4 Vereinfachen Sie mithilfe der Potenzgesetze.
a) $e^2 \cdot e^5$ $\qquad$ b) $4 \cdot \frac{e^{1,8}}{e^{0,8}}$ $\qquad$ c) $e^{-4} \cdot 2e^3$ $\qquad$ d) $(e^{0,2})^{10}$
e) $(6e^{-3}) : (e^{-3})$ $\qquad$ f) $(3 \cdot e^2)^3$ $\qquad$ g) $(2e^{0,1})^2 \cdot e$ $\qquad$ f) $\left(\frac{e}{3}\right)^3 \cdot 9$

5 Vereinfachen Sie mithilfe der Logarithmengesetze.
a) $\ln(4) - \ln(2)$ $\qquad$ b) $\ln\left(\frac{1}{7}\right) + \ln(7)$ $\qquad$ c) $\ln(x) + \ln\left(\frac{1}{x}\right)$ $\qquad$ d) $\ln(x^2) - \ln(x)$
e) $\ln(e^2)$ $\qquad$ f) $\ln(6e) - 1$ $\qquad$ g) $\ln\left(\frac{1}{e}\right)$ $\qquad$ h) $3\ln(2e^3) - \ln(e^9)$

6 Lösen Sie die Gleichung mithilfe des natürlichen Logarithmus.
a) $e^x = 4$ $\qquad$ b) $e^{4x+1} = 1$ $\qquad$ c) $e^{2x-5} = 2$
d) $4^x = 2$ $\qquad$ e) $2^x = 32$ $\qquad$ f) $7^x = 2$
g) $3 \cdot e^{4x+1} = 3$ $\qquad$ h) $2 \cdot e^{-x+4} = 2$ $\qquad$ i) $e^{-5x+1} = e^7$
j) Welche Gleichungen hätte man auch ohne Taschenrechner lösen können? Wie?

„Logarithmieren" bedeutet, dass man auf beiden Seiten der Gleichung den Logarithmus anwendet.

7 Begründen Sie mithilfe der Logarithmengesetze, warum für die Gleichung $a^x = b$ gilt: $x = \frac{\ln(b)}{\ln(a)}$. Logarithmieren Sie hierzu zunächst beide Seiten mit dem natürlichen Logarithmus.

8 Wie lautet die Funktionsvorschrift des Graphen, der entsteht, wenn man den Graphen von f mit $f(x) = e^x$
a) an der x-Achse spiegelt,
b) an der y-Achse spiegelt,
c) am Ursprung spiegelt,
d) um 2 nach rechts verschiebt?

Rückblick

Die natürliche Exponentialfunktion und ihre Ableitung

Die Funktion f mit $f(x) = e^x$ heißt natürliche Exponentialfunktion.
Für die Zahl e gilt näherungsweise: $e \approx 2{,}718$.

Für den Definitionsbereich D und den Wertebereich W von f gilt:
$D = \mathbb{R}$; $W = \mathbb{R}^+$
Der Graph von f ist streng monoton steigend.

Für die Ableitung der natürlichen Exponentialfunktion f gilt:
$f'(x) = e^x = f(x)$.

Graph der natürlichen Exponentialfunktion

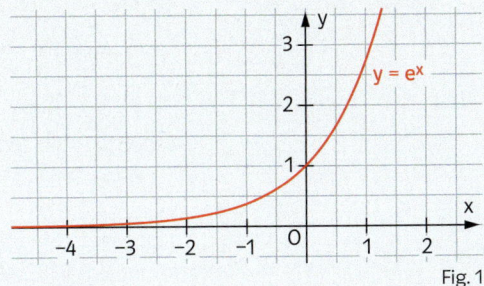

Fig. 1

Der natürliche Logarithmus

Die Exponentialgleichung $e^x = b$ hat als Lösung den natürlichen Logarithmus von b, kurz $x = \ln(b)$.

Die Exponentialgleichung $a^x = b$; $a, b > 0$ hat die Lösung $x = \frac{\ln(b)}{\ln(a)}$.

Es gilt $e^{\ln(x)} = x$ und $\ln(e^x) = x$.

$e^{3x} = 5$ $\qquad$ $3^x = 7$
Lösung:
$\ln(e^{3x}) = \ln(5)$ $\qquad$ $\ln(3^x) = \ln(7)$
$3x \cdot \ln(e) = \ln(5)$
$x = \frac{1}{3} \cdot \ln(5)$ $\qquad$ $x = \frac{\ln(7)}{\ln(3)}$

Die natürliche Logarithmusfunktion

Die natürliche Logarithmusfunktion g mit $g(x) = \ln(x)$ ist die Umkehrfunktion der natürlichen Exponentialfunktion f mit $f(x) = e^x$.

Die Graphen der natürlichen Logarithmusfunktion und der natürlichen Exponentialfunktion liegen symmetrisch zur 1. Winkelhalbierenden $y = x$.

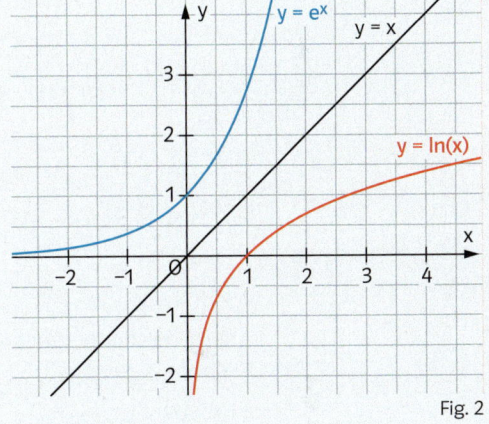

Fig. 2

Die Ableitung von Funktionen der Form $f(x) = e^{k \cdot x}$

Eine Funktion der Form $f(x) = e^{k \cdot x}$ hat die Ableitung $f'(x) = k \cdot e^{k \cdot x}$.

$f(x) = e^{0{,}4x}$; $f'(x) = 0{,}4 \cdot e^{0{,}4x}$
$f(x) = 3 \cdot e^{-2x}$; $f'(x) = -6 \cdot e^{-2x}$

Exponentialfunktionen der Form $g(x) = a^x$

Jede Exponentialfunktion der Form $g(x) = a^x$ ($a > 0$) kann man mit der Basis e schreiben: $g(x) = e^{\ln(a) \cdot x}$.

$f(x) = 1{,}5^x = e^{\ln(1{,}5)x} \approx e^{0{,}4055x}$

Exponentielle Wachstums- und Zerfallsprozesse

Ein exponentieller Wachstums- oder Zerfallsprozess kann durch eine Funktion der Form f mit $f(t) = c \cdot e^{kt}$ beschrieben werden.
Die Zahl k heißt Wachstumskonstante.
Bei einem exponentiellen Wachstum verdoppelt sich der Bestand in gleichen Zeitabständen, der Verdoppelungszeit $T_V = \frac{\ln(2)}{k}$.
Bei einem exponentiellen Zerfall halbiert sich der Bestand in gleichen Zeitabständen, der Halbwertszeit $T_H = -\frac{\ln(2)}{k}$.

Eine Kolonie von anfangs 100 Vögeln vermehrt sich jährlich um 4 %.
Anzahl B(t) nach t Jahren:
$B(t) = 100 \cdot 1{,}04^t = 100 \cdot e^{\ln(1{,}04)t}$

Verdoppelungszeit:
$T_V = \frac{\ln(2)}{\ln(1{,}04)} \approx 17{,}7$ Jahre

Prüfungsvorbereitung ohne Hilfsmittel

1 Bilden Sie die Ableitung der Funktion f.
a) $f(x) = 0{,}8 \cdot e^x$
b) $f(x) = 220 \cdot e^{-0{,}9x}$
c) $f(x) = -30 \cdot e^{-0{,}6t}$
d) $f(x) = 100 \cdot 1{,}1^x$

2 Bestimmen Sie die Ableitung der Funktion f an der Stelle a.
a) $f(x) = e^{2x}$; $a = 0{,}5$
b) $f(x) = e^{-x}$; $a = 0$
c) $f(x) = e^{-x}$; $a = -2$

3 Geben Sie alle Lösungen der Gleichung an.
a) $e^{3x} = e^6$
b) $e^{2x} = 4$
c) $e^x(e^x - 1) = 0$
d) $2e^x + x \cdot e^x = 0$

4 Bestimmen Sie die Gleichung der Tangente an den Graphen von f im Punkt P.
a) $f(x) = e^{0{,}5x}$; $P(0 \mid f(0))$
b) $f(x) = e^{-x}$; $P(1 \mid f(1))$

5 Ordnen Sie jedem Graphen in Fig. 1 die passende Funktionsgleichung zu.

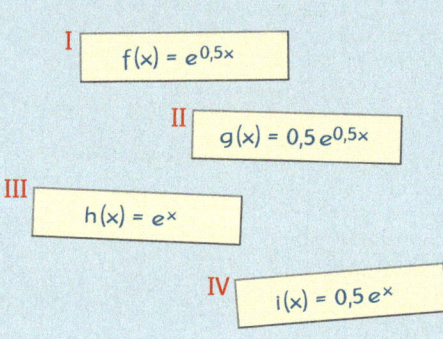
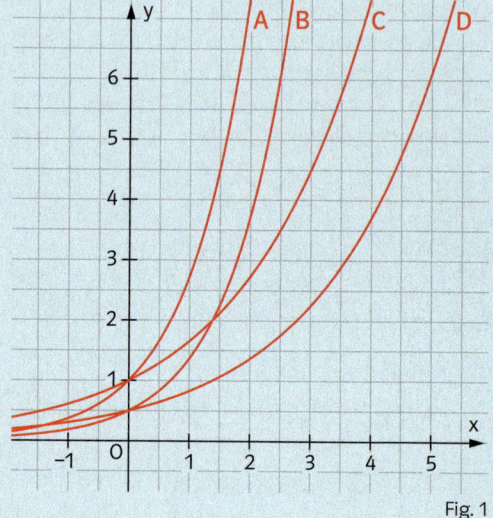

Fig. 1

6 Welcher der angegebenen Werte liegt dem Funktionswert $f(x_0)$ am nächsten?
a) $f(x) = e^x$; $x_0 = 3$ Werte: 9; 25; 8; 81; 27
b) $f(x) = e^{-x}$; $x_0 = 2$ Werte: $\frac{1}{3}$; 9; $\frac{1}{9}$; 0,1

7 Ist $f(x_0)$ definiert? Welcher der angegebenen Werte liegt dem Funktionswert $f(x_0)$ am nächsten?
a) $f(x) = \ln(x)$; $x_0 = 1$ Werte: 1; 0; e; $\frac{1}{e}$; nicht definiert.
b) $f(x) = \ln(x)$; $x_0 = e$ Werte: 1; 0; e; $\frac{1}{e}$; nicht definiert.
c) $f(x) = \ln(x)$; $x_0 = -1$ Werte: 1; 0; e; $\frac{1}{e}$; nicht definiert.

8 Ein Bestand entwickelt sich in gleichen Zeitschritten nach folgenden Zahlen: $3; \frac{3}{2}; \frac{3}{4}; \frac{3}{8}; \ldots$
a) Beschreiben Sie die Art des Wachstums.
b) Bestimmen Sie eine Funktion f, welche die Werte für $x = 0; 1; 2; 3; \ldots$ annimmt.
Für welche x gilt $f(x) < 3 \cdot 2^{-10}$?

9 Eine von Pilzen befallene Fläche nimmt nach Behandlung mit einem Medikament von anfangs 256 cm² mit einer Halbwertszeit von zwei Tagen ab.
Wie lange dauert es, bis die Fläche auf 16 cm² abnimmt?

Prüfungsvorbereitung mit Hilfsmitteln

1 Geben Sie einen Näherungswert für den Funktionswert von f an der Stelle a an. Runden Sie auf vier Dezimalen.
a) $f(x) = 2{,}3 \cdot e^{0{,}9x}$; $a = 2$
b) $f(x) = 20 \cdot e^{-0{,}01x}$; $a = 2{,}2$
c) $f(x) = \ln(x)$; $a = 0{,}5$

2 Geben Sie einen Näherungswert für die Ableitung von f an der Stelle a an. Runden Sie auf vier Dezimalen.
a) $f(x) = e^{1{,}3x}$; $a = 2$
b) $f(x) = -e^{-x}$; $a = -2$
c) $f(x) = 88 \cdot e^{-0{,}3x}$; $a = 10$

3 Lösen Sie die Gleichung und geben Sie Näherungswerte für die Lösung auf drei Dezimalen gerundet an.
Geben Sie an, wenn die Gleichung keine Lösung hat.
a) $2 \cdot e^x = 3$
b) $2 \cdot e^{2x} + e^x = 0$
c) $50 \cdot e^{-x} = -100$
d) $3 \cdot e^{2x} - 2e^x = 0$

4 Welcher Pkw-Bestand würde sich Anfang des Jahres 2025 ergeben, wenn die in dem Zeitungsbericht genannte Wachstumsrate von 0,8 % pro Jahr bis dahin konstant bliebe?
In wie vielen Jahren würde sich unter dieser Annahme der Bestand verdoppeln?

> Die Anzahl der Pkw auf deutschen Straßen nimmt trotz zurückhaltenden Kaufverhaltens immer noch zu. Zum 1. Januar 2004 waren 45 022 Millionen Autos zugelassen, zum 1. Januar 2003 waren es 44 657 Millionen. Fünf Millionen vorübergehend stillgelegte Autos sind dabei mit berücksichtigt.
> Die Zahl der zugelassenen Pkw hat sich damit im Jahr 2003 um 0,8 Prozent oder 366 000 Fahrzeuge erhöht. Täglich kommen auf unseren Straßen also 1000 Autos hinzu, pro Stunde sind es etwa 42 zusätzliche Autos.

5 Das radioaktive Isotop Caesium-137 mit einer Halbwertszeit von etwa 30 Jahren wurde bei dem Unfall in Tschernobyl im Jahre 1986 in großen Mengen freigesetzt.
a) Wie viel Prozent des anfänglich freigesetzten Caesiums sind heute noch aktiv?
b) In welchem Jahr sinkt die Aktivität des Caesiums auf unter 1 % des Anfangswertes?

6 In einen neu angelegten Teich werden 500 Fische eingesetzt. Sie können sich ungestört vermehren. Nach drei Jahren wird geschätzt, dass 900 Fische in dem Teich leben.
a) Wie groß ist die Wachstumskonstante k auf zwei Dezimalen gerundet, wenn man exponentielles Wachstum annimmt?
Welcher Fischbestand ist sieben Jahre nach dem Einsetzen der Fische zu erwarten?
b) Vier Jahre nach dem Einsetzen ändert sich die Wachstumskonstante. Ab diesem Zeitpunkt beträgt sie $-0{,}15$.
Wie entwickelt sich der Fischbestand jetzt?
Wie groß ist er sieben Jahre nach dem Einsetzen?
Wann ist der Fischbestand auf die ursprüngliche Zahl von 500 Fischen gesunken?

7 Der Luftdruck nimmt mit zunehmender Höhe ab, und zwar um (etwa) 12 % bei einer Höhenzunahme von 1 km. Auf dem Erdboden beträgt der Luftdruck $p_0 = 1013$ hPa.
a) Bestimmen Sie eine Funktion p, die den Luftdruck $p(x)$ (in hPa) in einer Höhe von x km angibt.
Schreiben Sie den Funktionsterm von p mit der Basis e.
b) In welcher Höhe beträgt der Luftdruck 50 % des Wertes am Erdboden?
c) Verändern Sie den Funktionsterm aus Teilaufgabe a) so, dass man die Höhe x in Metern einsetzen kann.

8 a) Wie muss die Basis a gewählt werden, damit sich die Graphen von f und g mit $f(x) = a^x$ und $g(x) = a^{-x}$ orthogonal schneiden?
b) Welche Beziehung muss zwischen den Basen a und b der Funktionen f und g mit $f(x) = a^x$ und $g(x) = b^x$ bestehen, damit sich die Graphen orthogonal schneiden?

V Exponentialfunktionen

Schlüsselkonzept: Integral

Auf den ersten Blick handelt es sich um unterschiedliche Problemfelder: Die Berechnung von Flächeninhalten, die Ermittlung einer Durchflussmenge aus der Durchflussrate oder des zurückgelegten Weges aus der Geschwindigkeit.

Alle diese Aufgaben lassen sich mit einem Integral lösen.

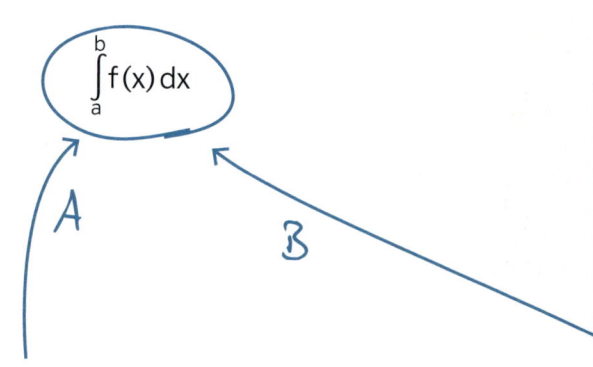

$$\int_a^b f(x)\, dx$$

A   B

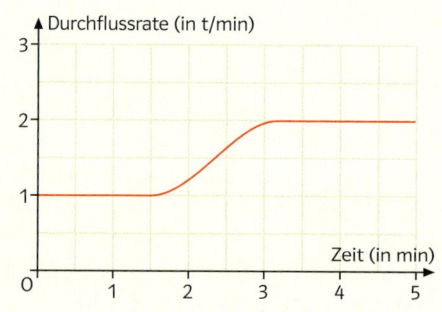

Der Graph zeigt die momentane Durchflussmenge M einer Ölpipeline.

Von 0 bis 4 Minuten durchgeflossene Ölmenge M = ?

Das kennen Sie schon

- Ableitung von zusammengesetzten Funktionen
- Bestimmung und Interpretation von momentanen Änderungsraten

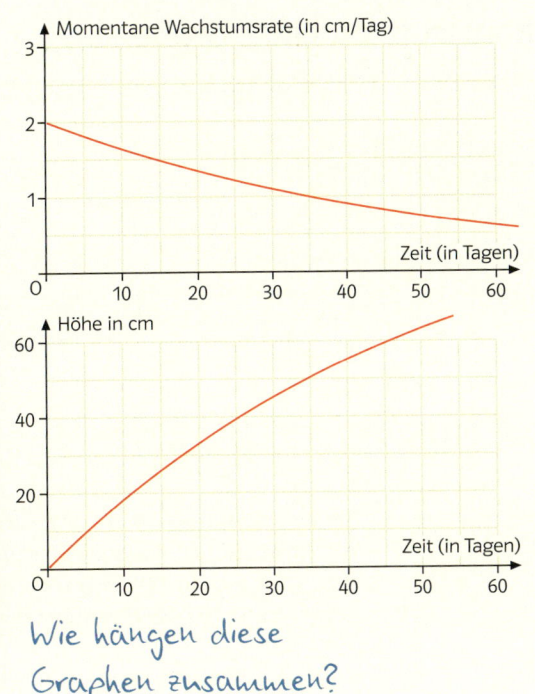

Wie hängen diese Graphen zusammen?

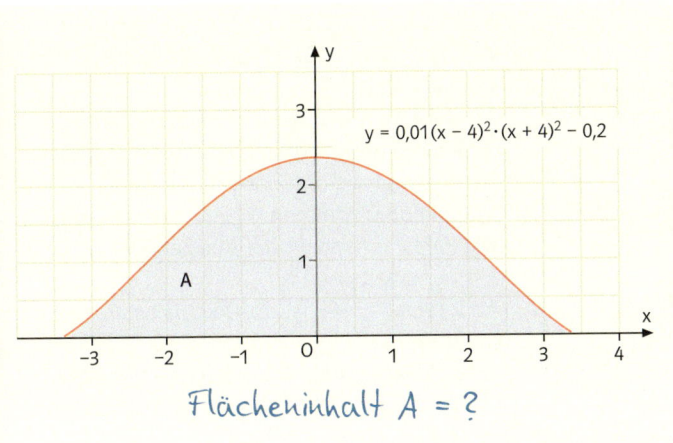

$y = 0{,}01(x-4)^2 \cdot (x+4)^2 - 0{,}2$

Flächeninhalt $A = ?$

In diesem Kapitel

- werden die Gesamtänderungen von Größen bestimmt.
- wird der Begriff Integral eingeführt.
- werden Stammfunktionen bestimmt.
- werden Flächeninhalte berechnet.

 Zahl und Zahlbereiche

 Messen und Größen

 Raum und Form

 Funktionaler Zusammenhang

 Daten und Zufall

1 Rekonstruieren einer Größe

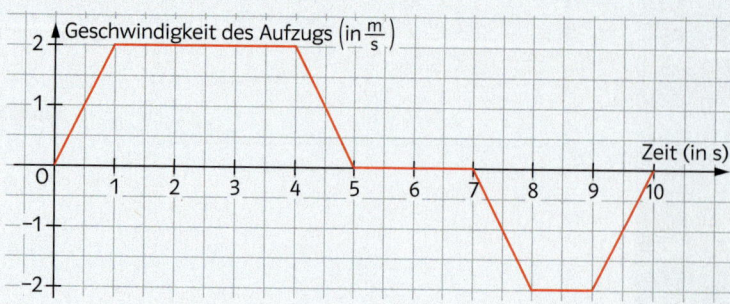

Der Graph zeigt die Geschwindigkeit eines Aufzugs während einer Fahrt in einem Hochhaus. Wenn der Aufzug nach oben fährt, ist die Geschwindigkeit positiv.

Welche Informationen über die Fahrt bezüglich Dauer, Höhenunterschiede, Stockwerkshöhen usw. können Sie dem Graphen entnehmen?

Anstelle von „momentane Änderungsrate" sagt man auch „lokale Änderungsrate".

Beschreibt eine Funktion f eine Größe, dann ist die Ableitung f' die momentane Änderungsrate der Größe. Gilt z.B. für den zurückgelegten Weg eines Körpers $s(t) = 5t^2$, dann ist die Ableitung $s'(t) = 10t$ die Momentangeschwindigkeit. Es stellt sich die Frage, wie man umgekehrt aus einer gegebenen momentanen Änderungsrate die Größe selbst rekonstruieren kann.

Ein zu Beginn leerer Wassertank wird durch dieselbe Leitung befüllt und entleert. In Fig. 1 ist die momentane Durchflussrate f der Leitung für das Intervall [0; 9] dargestellt.

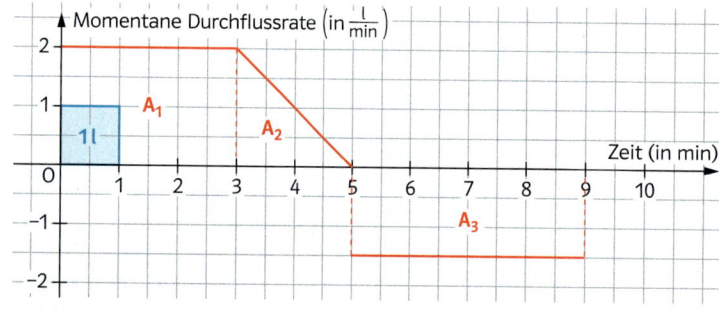

Fig. 1

Im Intervall [0; 3] beträgt der Zufluss in jeder Minute 2 l.
In 3 Minuten fließen $2\frac{l}{min} \cdot 3\,min = 6\,l$ in den Tank. Die Zahl 6 ist auch die Maßzahl des Flächeninhalts A_1.
Im Intervall [3; 5] geht der Zufluss während 2 Minuten gleichmäßig von $2\frac{l}{min}$ auf 0 zurück. Hier beträgt die mittlere Zuflussrate $1\frac{l}{min}$.
In 2 Minuten kommen $1\frac{l}{min} \cdot 2\,min = 2\,l$ dazu. Die Zahl 2 entspricht der Maßzahl des Flächeninhalts A_2.
Im Intervall [5; 9] ist die Durchflussrate negativ. Es fließen $1{,}5\frac{l}{min} \cdot 4\,min = 6\,l$ ab. Die Zahl 6 entspricht der Maßzahl des Flächeninhalts A_3. Da die Durchflussrate negativ ist, liegt die Fläche unterhalb der x-Achse.

Intervall	[0; 3]	[3; 5]	[5; 9]	Insgesamt
Volumenänderung	+6 l	+2 l	−6 l	2 l Zufluss
Flächeninhalt	+6 FE	+2 FE	+6 FE	$A_1 + A_2 + A_3 = 14$ FE
Orientierter Flächeninhalt	+6 FE	+2 FE	−6 FE	$A_1 + A_2 - A_3 = 2$ FE

Da der Tank zu Beginn leer war, befinden sich jetzt insgesamt 2 l im Tank.

Fig. 1 zeigt: Eine Flächeneinheit (FE) zwischen dem Graphen der momentanen Durchflussrate und der x-Achse entspricht 1 l zugeflossenem bzw. abgeflossenem Wasser, abhängig davon, ob die Flächeneinheit oberhalb oder unterhalb der x-Achse liegt. Man kann also die Gesamtänderung des Wasservolumens in einem Intervall [a; b] mit Flächeninhalten veranschaulichen, wenn man oberhalb der x-Achse liegende Flächen positiv und unterhalb der x-Achse liegende Flächen negativ zählt. Dieser **orientierte Flächeninhalt** beträgt beim Wassertank $A_1 + A_2 - A_3 = +2$ FE und entspricht einer Volumenänderung von 2 l.

Die momentane Änderungsrate „bewirkt" die Gesamtänderung.

Ist der Graph einer momentanen Änderungsrate aus geradlinigen Teilstücken zusammengesetzt, so kann man die **Gesamtänderung** der Größe (Wirkung) rekonstruieren, indem man den orientierten Flächeninhalt zwischen dem Graphen der momentanen Änderungsrate und der x-Achse bestimmt.

Beispiel 1 Geschwindigkeit und zurückgelegte Strecke

Bei einem Experiment wurde die Geschwindigkeit v einer kleinen Kugel in Abhängigkeit von der Zeit aufgezeichnet (vgl. Fig. 1). Die Bewegung der Kugel nach rechts wird als positive Geschwindigkeit dargestellt, die Bewegung nach links als negative Geschwindigkeit. Bestimmen Sie mithilfe des orientierten Flächeninhalts unter dem Graphen von v, wo sich die Kugel 5s nach dem Start (bei $t = 0$) befindet.

■ Lösung: Eine Flächeneinheit entspricht einem zurückgelegten Weg von 1cm.
Zur weiteren Berechnung unterteilt man die Fläche in Rechtecke und Dreiecke.

A_1	A_2	A_3	A_4
4 FE	1 FE	1 FE	2 FE
links	links	rechts	rechts

Der orientierte Flächeninhalt ist
$-A_1 - A_2 + A_3 + A_4 = -2$ FE.
Die Kugel befindet sich 2cm links vom Startort.

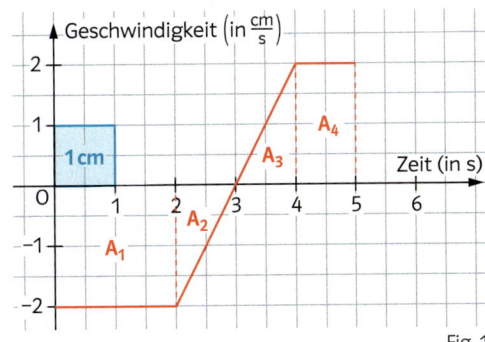

Fig. 1

Beispiel 2 Zufluss- und Abflussrate

In einer Chemiefabrik wird die Produktion einer Chemikalie bis zum geplanten Ausstoß von $2{,}5\,\frac{t}{h}$ hochgefahren. Die Chemikalie fließt in einen zunächst leeren Tank, aus dem nach sechs Stunden für die Weiterverarbeitung konstant $2{,}5\,\frac{t}{h}$ entnommen werden. Die Zuflussrate und die Abflussrate der Chemikalie sind in Fig. 2 dargestellt. Beschreiben Sie für $0 \leq t \leq 12$ die Mengenänderung der Chemikalie im Tank.

■ Lösung: Vier Karoflächen entsprechen einer Masse von 2t. *Eine Karofläche entspricht einer Masse von 0,5t.*

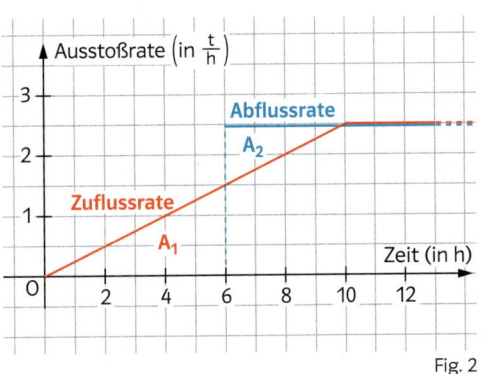

Fig. 2

Erfolgen der Zufluss und der Abfluss in getrennten Leitungen, kann man sie beide positiv darstellen.

0 bis 6 Stunden:	6 bis 10 Stunden:	Ab 10 Stunden:
A_1 = 9 Karos Zunahme. Es gibt nur einen Zufluss. Die Menge im Tank nimmt bis zur Masse 4,5 t zu.	A_2 = 4 Karos Abnahme. A_2 entspricht der Differenz von Abfluss und Zufluss. Es fließen 2 t ab; die Menge im Tank nimmt auf 2,5 t ab.	Zuflussrate und Abflussrate sind gleich groß. Die Menge im Tank verändert sich nicht; sie bleibt konstant bei 2,5 t.

Aufgaben

1 In den Figuren 3 bis 5 ist die Geschwindigkeit verschiedener Körper dargestellt. Welchen Weg haben die Körper jeweils in 4s zurückgelegt?

Es sieht gleich aus, aber es ist nicht so!

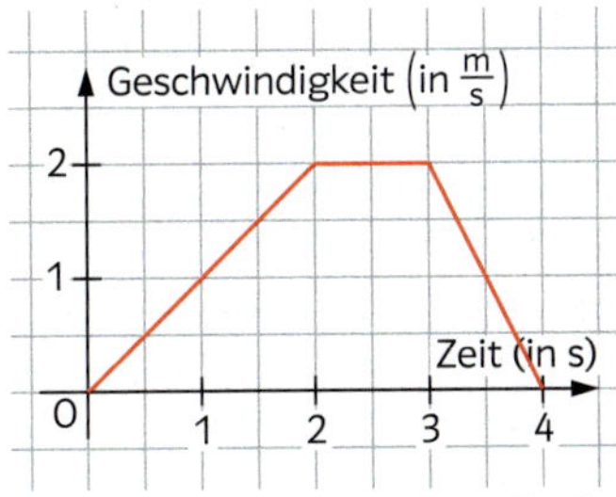

Fig. 3 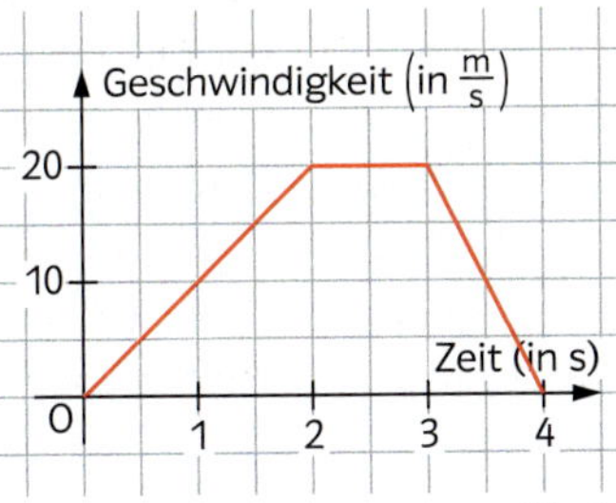   Fig. 4 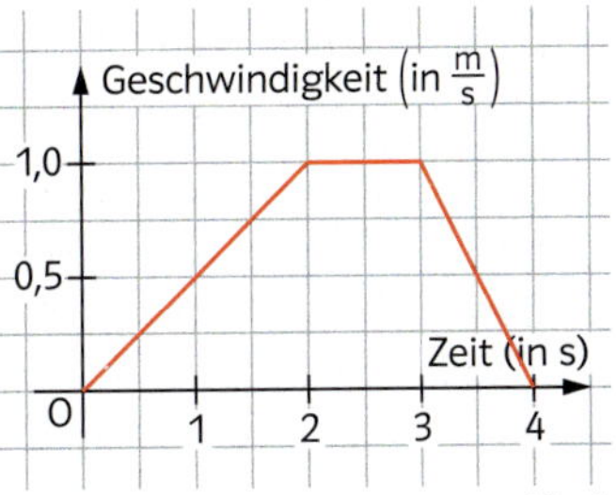   Fig. 5

Stückweise linear bedeutet: Der Graph ist aus geradlinigen Stücken zusammengesetzt.

2 Skizzieren Sie die Graphen von drei verschiedenen stückweise linearen Funktionen, sodass der orientierte Flächeninhalt über dem Intervall [0; 6] zwischen dem Graphen jeder Funktion und der x-Achse 6 FE beträgt.

3 In einem Gezeitenkraftwerk strömt bei Flut das Wasser in einen Speicher und bei Ebbe wieder heraus. Das durchfließende Wasser treibt dabei Turbinen zur Stromerzeugung an. Fig. 1 zeigt vereinfacht die Durchflussrate d vom Meer in den Speicher.

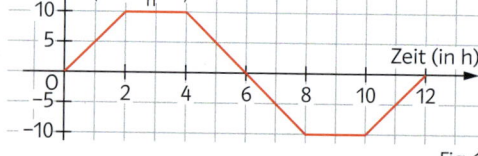
Fig. 1

Das erste und immer noch größte Gezeitenkraftwerk wurde 1966 in der Bucht von Saint-Malo in Frankreich in Betrieb genommen. Dort beträgt der Tidenhub 12 m.

Das Speicherbecken des Kraftwerks fasst ca. 180 Millionen Kubikmeter.

a) Was bedeutet 1 FE unter dem Graphen von d in diesem Zusammenhang?
b) Wann nimmt die Wassermenge im Speicher am schnellsten zu, wann ist sie maximal, wann minimal? Wie geht es nach zwölf Stunden weiter?
c) Bei einer Springflut strömen 25 % mehr Wasser in den Speicher. Beschreiben Sie, wie sich das auf die Fläche zwischen dem Graphen von d und der x-Achse auswirkt.

Zeit zu überprüfen

Bei Segelflugzeugen wird die Vertikalgeschwindigkeit in $\frac{m}{s}$ angegeben, bei Motorflugzeugen in $\frac{ft}{min}$ (feet pro Minute).

4 Der Graph in Fig. 2 zeigt die Vertikalgeschwindigkeit v eines Segelflugzeugs. Bei t = 0 s ist das Flugzeug 400 m hoch. Steigt das Flugzeug, so ist v positiv.
a) Wie hoch ist das Flugzeug zu den Zeitpunkten t = 10 s, t = 20 s, t = 30 s und t = 40 s?
b) Wann fliegt das Flugzeug auf einer Höhe von 395 m?

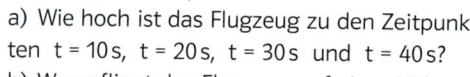
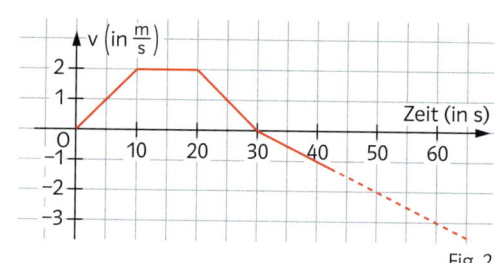
Fig. 2

5 Ein Tank besitzt eine Zufluss- und eine Abflussleitung. In Fig. 3 sind die dazugehörigen momentanen Durchflussraten dargestellt. Zu Beginn ist der Tank leer.
Wie viel befindet sich nach 2 Stunden, nach 4 Stunden, nach 6 Stunden und nach 8 Stunden im Tank?

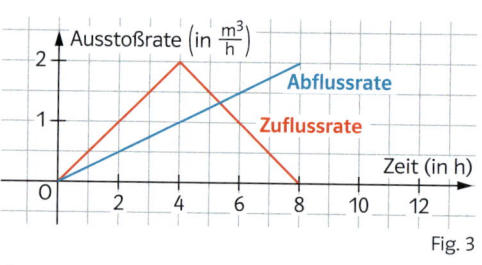
Fig. 3

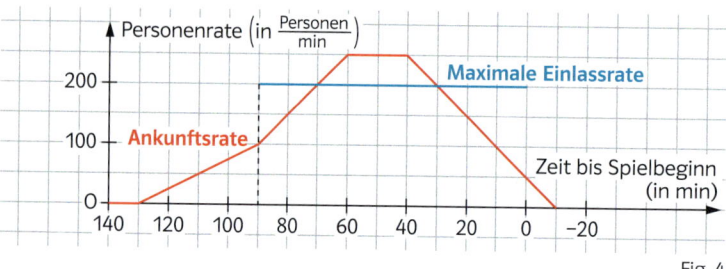
Fig. 4

6 Vor einem Fußballspiel öffnen die Eingänge 90 Minuten vor Spielbeginn. Es können dann 200 Personen pro Minute das Stadion betreten. Die Ankunftsrate der vor dem Stadion eintreffenden Menschen hat man nach Erfahrungswerten modelliert (vgl. Fig. 4).
a) Wie viele Personen warten 90 Minuten, wie viele 70 Minuten vor Spielbeginn auf Einlass?
b) Zu welchem Zeitpunkt ist die Warteschlange am längsten? Wie viele Personen warten dann?

2 Das Integral

Mit der nebenstehenden Formel kann man aus dem Umfang U_6 des einbeschriebenen regelmäßigen Sechsecks nacheinander den Umfang eines einbeschriebenen regelmäßigen 12-Ecks, eines 24-Ecks usw. berechnen.

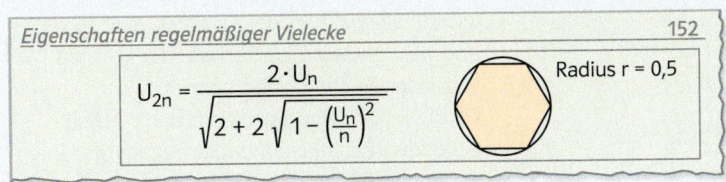

Eigenschaften regelmäßiger Vielecke 152

$$U_{2n} = \frac{2 \cdot U_n}{\sqrt{2 + 2\sqrt{1 - \left(\frac{U_n}{n}\right)^2}}}$$

Radius $r = 0{,}5$

Wenn der Graph der momentanen Änderungsrate einer Größe aus geradlinigen Teilstücken zusammengesetzt ist, kann der orientierte Flächeninhalt zwischen dem Graphen und der x-Achse mithilfe der Inhalte von Rechtecks- und Dreiecksflächen bestimmt werden. Es stellt sich die Frage, wie bei krummlinigen Graphen zur Bestimmung des orientierten Flächeninhalts vorgegangen werden kann.

© CAS

Berechnung einer krummlinigen Fläche

Der Inhalt der Fläche unter dem Graphen von f mit $f(x) = x^2$ soll über dem Intervall [0; 1] bestimmt werden. Dazu füllt man den Inhalt zunächst näherungsweise mit gleich breiten Rechtecken (gelb in Fig. 1).

Einteilung in z. B. vier Teilintervalle

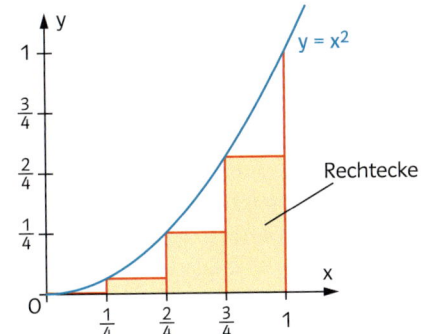

Fig. 1

Der Inhalt der vier Rechtecke beträgt
$A_4 = \frac{1}{4} \cdot 0^2 + \frac{1}{4} \cdot \left(\frac{1}{4}\right)^2 + \frac{1}{4} \cdot \left(\frac{2}{4}\right)^2 + \frac{1}{4} \cdot \left(\frac{3}{4}\right)^2$
$\approx 0{,}2188$.

Eine solche Rechteckssumme nähert den gesuchten Flächeninhalt umso besser an, je kleiner die Teilintervalle sind. In der Tabelle sind einige Werte zusammengestellt.

Anzahl der Teilintervalle	10	100	1000
Rechtecks-summe	A_{10} $\approx 0{,}2850$	A_{100} $\approx 0{,}3284$	A_{1000} $\approx 0{,}3328$

Die Rechtecke in Fig. 1 liegen alle *unter* dem Graphen. Man nennt diese Rechteckssumme **Untersumme** U_4.
Die **Obersumme** O_4 ist größer als der gesuchte Flächeninhalt:

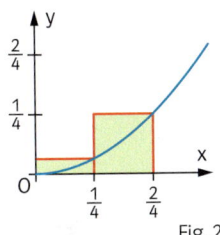

Fig. 2

Zur Untersuchung von A_n für $n \to \infty$ muss A_n in Abhängigkeit von der Anzahl n der Teilintervalle ausgedrückt werden: $A_n = \frac{1}{n} \cdot 0^2 + \frac{1}{n} \cdot \left(\frac{1}{n}\right)^2 + \frac{1}{n} \cdot \left(\frac{2}{n}\right)^2 + \ldots + \frac{1}{n} \cdot \left(\frac{n-1}{n}\right)^2$.

Ausklammern von $\left(\frac{1}{n}\right)^3$ ergibt: $A_n = \left(\frac{1}{n}\right)^3 \cdot [0^2 + 1^2 + 2^2 + \ldots + (n-1)^2]$.

Einsetzen der auf dem Rand angegebenen Formel für die Summe von Quadratzahlen ergibt:
$A_n = \frac{1}{n^3} \cdot \frac{1}{6}(n-1) \cdot n \cdot (2n-1) = \frac{1}{6} \cdot \frac{n-1}{n} \cdot \frac{n}{n} \cdot \frac{2n-1}{n} = \frac{1}{6} \cdot \left(1 - \frac{1}{n}\right) \cdot 1 \cdot \left(2 - \frac{1}{n}\right)$.

Für $n \to \infty$ ergibt sich: $\lim_{n \to \infty} A_n = \frac{1}{6} \cdot 1 \cdot 1 \cdot 2 = \frac{1}{3}$.

Für den gesuchten Flächeninhalt ist es sinnvoll, den Wert $A = \lim_{n \to \infty} A_n = \frac{1}{3}$ festzusetzen.

Summenformel für die Summe der ersten $z-1$ Quadratzahlen:
$1^2 + 2^2 + 3^2 + \ldots + (z-1)^2$
$= \frac{1}{6} \cdot (z-1) \cdot z \cdot (2z-1)$

Man kann für die Höhe der Rechtecke auch andere Funktionswerte nehmen (Fig. 3). Den Grenzwert einer Rechteckssumme A_n kann man dann allgemein so darstellen:
$\lim_{n \to \infty} A_n = \lim_{n \to \infty} [f(z_1) \cdot (x_2 - x_1) + f(z_2) \cdot (x_3 - x_2) + \ldots + f(z_n) \cdot (x_{n+1} - x_n)]$.

Kürzt man die gleichen Differenzen $x_1 - x_0$, $x_2 - x_1$ usw. mit Δx (lies: Delta x) ab, ergibt sich:
$\lim_{n \to \infty} A_n = \lim_{n \to \infty} [f(z_1) \cdot \Delta x + f(z_2) \cdot \Delta x + \ldots + f(z_n) \cdot \Delta x]$.

Bei differenzierbaren Funktionen ergibt sich unabhängig von der Art der Rechteckssumme immer der gleiche Grenzwert.

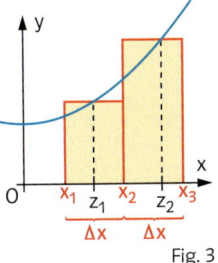

Fig. 3

VI Schlüsselkonzept: Integral

In Fig. 1 verläuft der Graph der Funktion f teilweise unterhalb der x-Achse. Es wird jeweils beispielhaft der Flächeninhalt eines oberhalb und eines unterhalb der x-Achse liegenden Rechtecks berechnet.

Da die Inhalte von unterhalb der x-Achse liegenden Rechtecken dabei negativ gezählt werden, erhält man bei diesem Vorgehen orientierte Flächeninhalte.

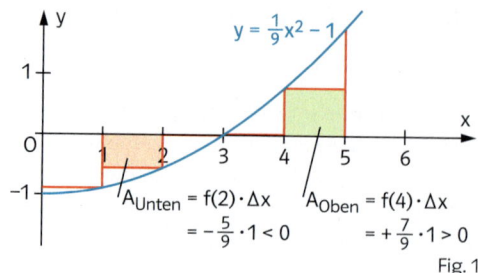
Fig. 1

Damit kann man mittels des Grenzwertes von Rechteckssummen auch bei nicht stückweise linearen Funktionen orientierte Flächeninhalte und Gesamtänderungen von Größen bestimmen.

Definition: Die Funktion f sei auf dem Intervall $[a; b]$ differenzierbar und
$A_n = f(z_1) \cdot \Delta x + f(z_2) \cdot \Delta x + \ldots + f(z_n) \cdot \Delta x$ sei eine beliebige Rechteckssumme zu f über dem Intervall $[a; b]$.
Dann heißt der Grenzwert $\lim\limits_{n \to \infty} A_n$ **Integral** der Funktion f zwischen den Grenzen a und b.
Man schreibt dafür: $\int_a^b f(x)\,dx$ (lies: Integral von f(x) von a bis b).

INFO

Die Integralschreibweise wurde von Gottfried Wilhelm Leibniz (1646–1716) eingeführt. Das Zeichen ∫ ist aus einem S (von Summa) entstanden; dx steht für immer kleiner werdende Intervallbreiten Δx.

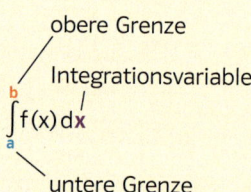
obere Grenze
Integrationsvariable
untere Grenze

Im Ausdruck $\int_a^b f(x)\,dx$ wird für $f(x)$ die Bezeichnung **Integrand** und für x die Bezeichnung **Integrationsvariable** verwendet. Die Grenzen a und b heißen untere und obere **Integrationsgrenze**.

Da f stetig ist, würde sich bei einer Untersumme derselbe Grenzwert ergeben (siehe Aufgabe 8).

Beispiel 1 Bestimmung eines Flächeninhalts
Bestimmen Sie den Flächeninhalt A der Fläche zwischen dem Graphen der Funktion f mit $f(x) = x^2$ und der x-Achse über dem Intervall $[0; 2]$ als Grenzwert einer Rechteckssumme.
■ Lösung: Man teilt das Intervall $[0; 2]$ in n Teile der Breite $\frac{2}{n}$. Dann gilt z.B. für O_n:
$O_n = \frac{2}{n} \cdot \left(\left(\frac{2}{n}\right)^2 + \left(2 \cdot \frac{2}{n}\right)^2 + \ldots + \left(n \cdot \frac{2}{n}\right)^2\right)$
$= \frac{2^3}{n^3}(1 + 2^2 + 3^2 + \ldots + n^2)$. Wegen
$1^2 + 2^2 + 3^2 + \ldots + z^2 = \frac{1}{6} z \cdot (z+1) \cdot (2z+1)$
folgt:
$O_n = \frac{8}{n^3} \cdot \frac{1}{6} \cdot n \cdot (n+1) \cdot (2n+1) = \frac{4}{3} \cdot \frac{n+1}{n} \cdot \frac{2n+1}{n}$
$= \frac{4}{3}\left(1 + \frac{1}{n}\right) \cdot \left(2 + \frac{1}{n}\right)$.
Somit ist $\lim\limits_{n \to \infty} O_n = \frac{4}{3} \cdot 1 \cdot 2 = \frac{8}{3}$.
Der gesuchte Flächeninhalt ist $A = \frac{8}{3}$.

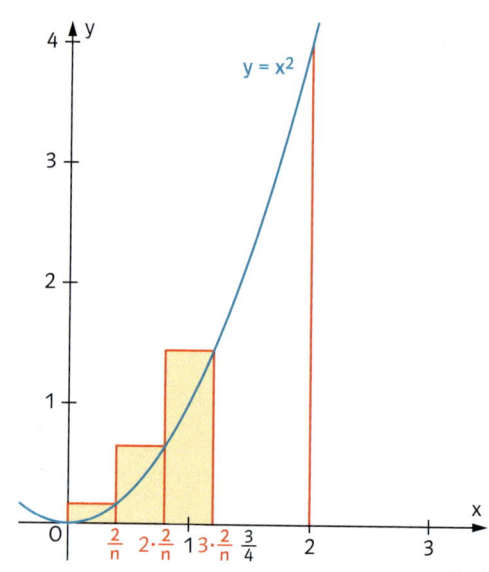
Fig. 2

Beispiel 2 Bestimmung des Integrals mit Dreiecks- und Rechtecksflächen

Bestimmen Sie das Integral $\int_{-2}^{2}(0{,}5t + 0{,}5)\,dt$ mittels Dreiecks- und Rechtecksflächen.

■ *Lösung: Man berechnet die Flächeninhalte von Dreiecken und Rechtecken.*
$A_1 = 0{,}25;\ A_2 = 0{,}25;\ A_3 = 1;\ A_4 = 1$
Es gilt:
$\int_{-2}^{2}(0{,}5t + 0{,}5)\,dt = -A_1 + A_2 + A_3 + A_4 = 2.$

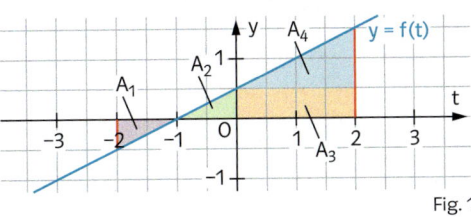
Fig. 1

Beispiel 3 Integral und Gesamtänderung (Wirkung) einer Größe

Die Wachstumsgeschwindigkeit v eines Baumes kann im Alter zwischen 10 und 50 Jahren durch $v(t) = 0{,}1 \cdot \sqrt{t + 4}$ (t in Jahren, v(t) in Metern pro Jahr) beschrieben werden. Veranschaulichen Sie die Höhenzunahme des Baumes zwischen dem zehnten und fünfzigsten Jahr als orientierten Flächeninhalt und bestimmen Sie dafür einen Näherungswert. Drücken Sie die Höhenzunahme mit einem Integral aus.

■ Lösung: Die Höhenzunahme des Baumes entspricht dem orientierten Flächeninhalt A über dem Intervall [10; 50] (Fig. 2). Für A ergibt sich durch Abschätzung: $A \approx 22{,}5\,\text{FE}$. Der Baum ist näherungsweise um 22,5 m gewachsen. Für die Höhenzunahme h gilt:
$h = \int_{10}^{50}\left(0{,}1 \cdot \sqrt{t + 4}\right)dt \approx 22{,}5.$

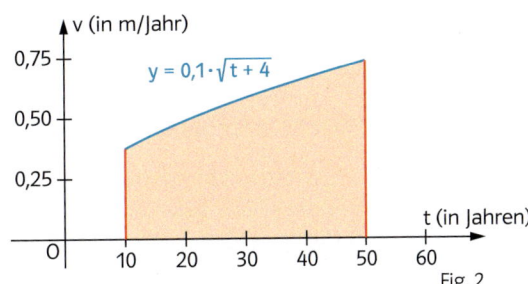
Fig. 2

Aufgaben

1 Bestimmen Sie das Integral mithilfe von Dreiecks- und Rechtecksflächen.

a) $\int_{2}^{5} x\,dx$ b) $\int_{-1}^{1}(2x + 1)\,dx$ c) $\int_{-1}^{2}-2t\,dt$ d) $\int_{0}^{4}-2\,dx$ e) $\int_{-5}^{0}(-t - 5)\,dt$

2 Bestimmen Sie das Integral mithilfe der in Fig. 3 angegebenen Flächeninhalte.

a) $\int_{-2}^{0} f(x)\,dx$ b) $\int_{-1}^{2} f(x)\,dx$

c) $\int_{0}^{3} f(x)\,dx$ d) $\int_{-2}^{3} f(x)\,dx$

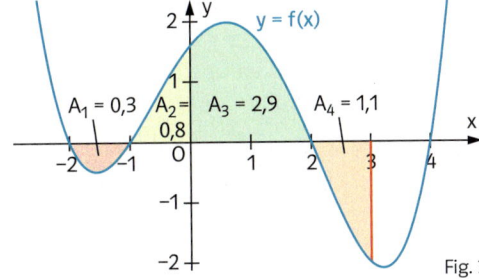
Fig. 3

3 Schreiben Sie den Inhalt der gefärbten Fläche als Integral.

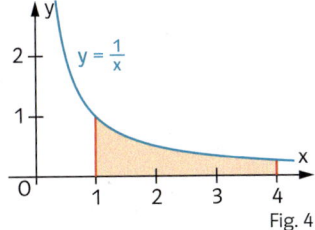
Fig. 4

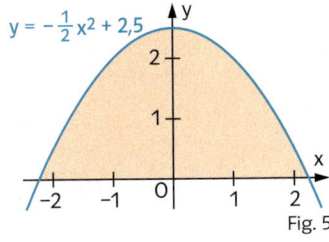
Fig. 5

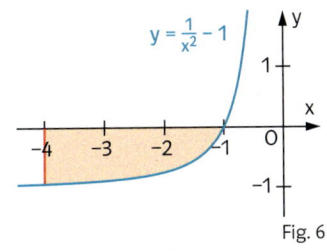
Fig. 6

Zeit zu überprüfen

4 Bestimmen Sie das Integral mittels Dreiecks- und Rechtecksflächen.

a) $\int_0^6 \frac{1}{2}x\,dx$ b) $\int_{-1}^2 (2x-1)\,dx$ c) $\int_{-10}^0 -0{,}5\,dt$

5 Schreiben Sie den Inhalt der Flächen A_1, A_2 und A_3 in Fig. 1 als Integral und bestimmen Sie dafür jeweils einen Näherungswert.

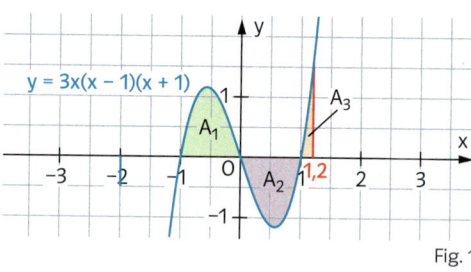

Fig. 1

6 Entscheiden Sie ohne Rechnung, ob das Integral positiv, negativ oder null ist.

a) $\int_{10}^{80} x^2\,dx$ b) $\int_{10}^{11} -x^4\,dx$ c) $\int_{-4}^2 x^3\,dx$ d) $\int_{-3}^3 e^x\,dx$ e) $\int_{-2}^2 x^3\,dx$

7 Zeichnen Sie im Intervall $[-2;\,2]$ den Graphen einer Funktion f mit

a) $\int_{-2}^2 f(x)\,dx = 0$, b) $\int_{-2}^2 f(x)\,dx = 2$, c) $\int_{-2}^2 f(x)\,dx = -4$, d) $\int_{-2}^2 f(x)\,dx = \pi$.

8 a) Bestimmen Sie für das Integral $\int_0^2 x^2\,dx$ einen Näherungswert, indem Sie das Intervall $[0;\,2]$ in zehn gleiche Teile teilen und die in Fig. 2 dargestellte Untersumme U_{10} berechnen.

Für die Aufgabe 8 b) benötigt man die Summenformel von Seite 139.

b) Bestimmen Sie das Integral $\int_0^2 x^2\,dx$ als Grenzwert von U_n für $n \to \infty$.

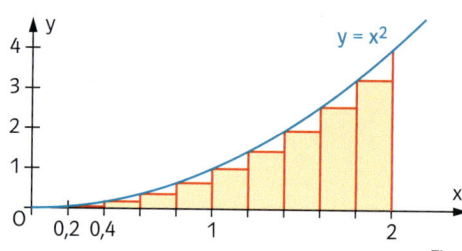

Fig. 2

INFO → Aufgabe 9

Flächeninhalte unter dem Graphen der Funktion f mit $f(x) = a \cdot x^3$

Es soll der Inhalt A der Fläche zwischen dem Graphen der Funktion f mit $f(x) = \frac{1}{5}x^3$ und der x-Achse über dem Intervall $[0;\,3]$ bestimmt werden. Dabei geht man vor wie auf Seite 139. Da die Funktion f stetig ist, ergibt sich für jede Rechtecksumme derselbe Grenzwert. Es genügt also z.B. die Betrachtung von Obersummen. Man teilt das Intervall $[0;\,3]$ in n Teile der Breite $\frac{3}{n}$ (siehe Fig. 3). Dann gilt:

$O_n = \frac{3}{n} \cdot \left(\frac{1}{5} \cdot \left(\frac{3}{n}\right)^3 + \frac{1}{5} \cdot \left(2 \cdot \frac{3}{n}\right)^3 + \ldots + \frac{1}{5} \cdot \left(n \cdot \frac{3}{n}\right)^3 \right)$

$= \frac{3^4}{n^4} \cdot \frac{1}{5} \cdot (1^3 + 2^3 + 3^3 + \ldots + n^3)$.

Wegen $1^3 + 2^3 + 3^3 + \ldots + z^3 = \frac{1}{4} \cdot z^2 \cdot (z+1)^2$ folgt:

Zur Bestimmung dieses Flächeninhalts ist folgende Summenformel notwendig:
$1^3 + 2^3 + 3^3 + \ldots + z^3$
$= \frac{1}{4} z^2 \cdot (z+1)^2$.

$O_n = \frac{81}{n^4} \cdot \frac{1}{5} \cdot \frac{1}{4} \cdot n^2 \cdot (n+1)^2$

$= \frac{81}{20} \cdot \frac{(n+1)^2}{n^2} = \frac{81}{20} \cdot \left(1 + \frac{1}{n}\right) \cdot \left(1 + \frac{1}{n}\right)$.

Somit ist $\lim_{n \to \infty} O_n = \frac{81}{20}$.

Der gesuchte Flächeninhalt ist $A = \frac{81}{20}$.

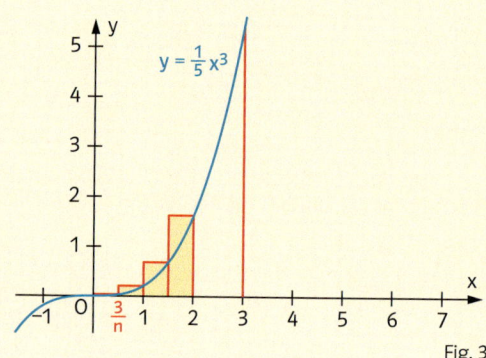

Fig. 3

9 Zeigen Sie, dass im Beispiel der Infobox bei Verwendung von Untersummen der errechnete Grenzwert der gleiche ist wie bei der Verwendung von Obersummen.

3 Der Hauptsatz der Differential- und Integralrechnung

In der Physik unterscheidet man zwischen Bewegungen mit der Beschleunigung 0 und Bewegungen mit konstanter Beschleunigung. Ordnen Sie die Formeln für die Beschleunigung a, die Geschwindigkeit v und den Weg s den beiden Bewegungsformen zu.

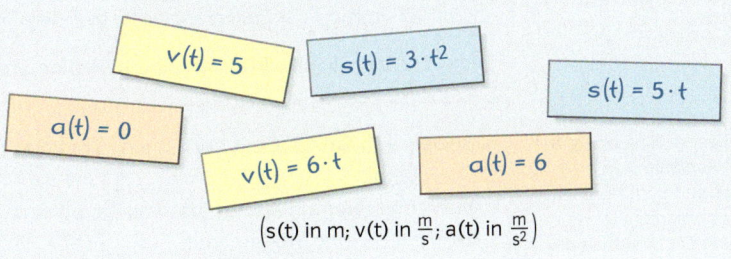

$(s(t)$ in m; $v(t)$ in $\frac{m}{s}$; $a(t)$ in $\frac{m}{s^2})$

Die Berechnung eines Integrals mittels eines Grenzwertes einer Rechteckssumme ist aufwendig. Eine einfachere Berechnungsmethode erhält man, wenn man die Tatsache nutzt, dass die momentane Änderungsrate einer Größe der Ableitung der Gesamtänderung entspricht.

Die gegebene Funktion g mit $g(x) = x^2$ beschreibt die momentane Änderungsrate einer Größe G. Gesucht ist die Gesamtänderung der Größe auf dem Intervall [0; 1].

Bisher ist bekannt: Diese Gesamtänderung entspricht dem Integral $\int_0^1 x^2\,dx$, veranschaulicht als Flächeninhalt A in Fig. 1. Auf Seite 139 wurde dieses Integral als Grenzwert bestimmt. Es gilt: $\int_0^1 x^2\,dx = \frac{1}{3}$.

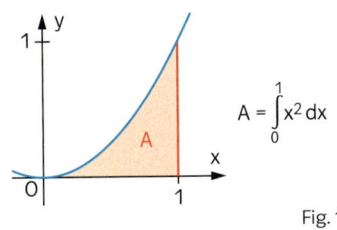

Fig. 1

Andererseits gilt:
Ist ein Funktionsterm G der Größe bekannt, dann kann die Gesamtänderung der Größe G auf dem Intervall [0; 1] als Differenz der Funktionswerte $G(1) - G(0)$ berechnet werden. Die folgende Überlegung zeigt, wie man einen Funktionsterm von G erhalten kann: g ist die momentane Änderungsrate von G, das heißt, g ist die Ableitung der Funktion G. Damit muss die gesuchte Funktion G die Bedingung $G' = g$ erfüllen. Folgende Funktionen kommen für G infrage: $G_1(x) = \frac{1}{3}x^3$; $G_2(x) = \frac{1}{3}x^3 + 1$; $G_1(x) = \frac{1}{3}x^3 + 2$; $G_1(x) = \frac{1}{3}x^3 + 3$ usw.
Man nennt jede dieser Funktionen eine Stammfunktion von g. Bildet man die gesuchte Differenz, ergibt sich in jedem Fall derselbe Wert:
$G_1(1) - G_1(0) = \frac{1}{3} - 0 = \frac{1}{3}$; $G_2(1) - G_2(0) = \left(\frac{1}{3} + 1\right) - (0 + 1) = \frac{1}{3}$; $G_2(1) - G_2(0) = \left(\frac{1}{3} + 2\right) - (0 + 2) = \frac{1}{3}$ usw.
Deshalb genügt es, zur Berechnung eines Integrals eine beliebige Stammfunktion G von g zu verwenden. Es gilt dann: $\int_0^1 g(x)\,dx = G(1) - G(0)$.

Die Differenzen $G_1(1) - G_1(0)$, $G_2(1) - G_2(0)$ usw. sind immer dann gleich, wenn sich die Funktionen G_1, G_2 usw. nur in einer Konstanten unterscheiden. Den Beweis siehe unten.

> **Definition:** Eine Funktion F heißt **Stammfunktion** zu einer Funktion f auf einem Intervall I, wenn für alle $x \in I$ gilt: $F'(x) = f(x)$.
>
> **Satz 1:** Sind F und G Stammfunktionen von f auf einem Intervall I, dann gibt es eine Konstante c, sodass für alle x in I gilt: $F(x) = G(x) + c$.

Es ist üblich, Stammfunktionen mit Großbuchstaben zu bezeichnen.

Beweis von Satz 1: Da F und G Stammfunktionen von f sind, gilt: $F'(x) = f(x)$ und $G'(x) = f(x)$ und damit $(F - G)'(x) = F'(x) - G'(x) = 0$ auf I. Das bedeutet: Die Funktion $F - G$ muss auf I eine konstante Funktion sein: $F(x) - G(x) = c$, also $F(x) = G(x) + c$.

> **Satz 2: Hauptsatz der Differential- und Integralrechnung**
> Die Funktion f sei differenzierbar auf dem Intervall [a; b]. Dann gilt:
> $$\int_a^b f(x)\,dx = F(b) - F(a)$$ für eine beliebige Stammfunktion F von f auf [a; b].

Bei der Hinführung zum Hauptsatz wurde anschaulich mit Größen gearbeitet. Jetzt wird mit der Definition des Integrals argumentiert.

Beweis von Satz 2: Gegeben ist eine Funktion f und eine beliebige Stammfunktion F von f über [a; b].

Man zeigt: Wenn man das Intervall [a; b] in n gleiche Teile Δx teilt (Fig. 1), dann gibt es in jedem Intervall Δx eine Stelle z_n mit $F(b) - F(a) = \lim_{n \to \infty} [f(z_1)\cdot \Delta x + f(z_2)\cdot \Delta x + \ldots + f(z_n)\cdot \Delta x]$.

Für den Beweis schreibt man die Differenz $F(b) - F(a)$ als Summe von Differenzen:
$F(b) - F(a) = (F(x_1) - F(x_0)) + (F(x_2) - F(x_1)) + (F(x_3) - F(x_2)) + \ldots + (F(x_n) - F(x_{n-1}))$.

In Fig. 2 ist das Intervall $[x_2; x_3]$ vergrößert dargestellt. Dazugezeichnet ist die Sekante durch die Punkte $(x_2|F(x_2))$ und $(x_3|F(x_3))$.
Sie hat die Steigung $\frac{F(x_3) - F(x_2)}{x_3 - x_2}$.
Im Intervall $[x_2; x_3]$ gibt es eine Stelle z_3, an der der Graph von F dieselbe Steigung wie die Sekante hat (vgl. Tangente in Fig. 2), was hier nicht bewiesen wird.

Es gilt: $F'(z_3) = f(z_3) = \frac{F(x_3) - F(x_2)}{x_3 - x_2}$, das heißt,
$F(x_3) - F(x_2) = f(z_3)\cdot(x_3 - x_2) = f(z_3)\cdot \Delta x$.

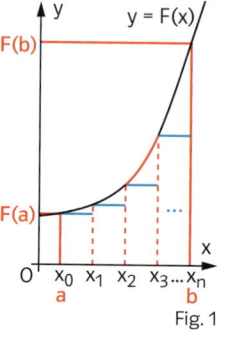
Fig. 1

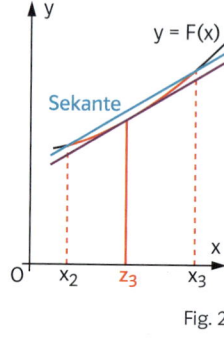
Fig. 2

Da diese Überlegung für jedes Teilintervall durchführbar ist, gilt:
$F(b) - F(a) = f(z_1)\cdot \Delta x + f(z_2)\cdot \Delta x + f(z_3)\cdot \Delta x + \ldots + f(z_n)\cdot \Delta x$.

Für $n \to \infty$ ist der Grenzwert der rechten Seite der Gleichung gerade das Integral $\int_a^b f(x)\,dx$.

INFO

Gottfried Wilhelm Leibniz
(1646–1716)

Isaac Newton
(1643–1727)

Gottfried Wilhelm Leibniz und Isaac Newton erkannten als Erste, dass sich eine Vielfalt von Problemen auf zwei Grundaufgaben zurückführen lässt: die Ermittlung der Ableitung und die Ermittlung des Integrals. Zudem entdeckten sie unabhängig voneinander bei physikalischen Fragestellungen den Zusammenhang zwischen Ableitung und Integral (in heutiger Terminologie der Hauptsatz der Differential- und Integralrechnung). Ein Beweis wie der oben dargestellte wurde erst im 19. Jahrhundert entwickelt.

Bei der Bestimmung einer Stammfunktion F muss man „rückwärts ableiten". Eine Probe bringt Sicherheit: F' muss f ergeben.

Bei der Berechnung eines Integrals wie $\int_1^3 x^2\,dx$ mit dem Hauptsatz wird zunächst eine Stammfunktion F bestimmt, z.B. $F(x) = \frac{1}{3}x^3$. Anschließend werden die Funktionswerte $F(3)$ und $F(1)$ berechnet und dann ihre Differenz gebildet. Für dieses Verfahren verwendet man die folgende Schreibweise: $\int_1^3 x^2\,dx = \left[\frac{1}{3}x^3\right]_1^3 = \frac{1}{3}3^3 - \frac{1}{3}1^3 = 8\frac{2}{3}$.

Beispiel 1 Stammfunktionen

a) Prüfen Sie, welche der Funktionen F mit $F(x) = 0{,}3x^2$; G mit $G(x) = 0{,}2x^3$ und H mit $H(x) = 0{,}2(x^3 - 10)$ eine Stammfunktion von f mit $f(x) = 0{,}6x^2$ ist.

b) Bestimmen Sie zwei verschiedene Stammfunktionen von f mit $f(x) = \frac{1}{2}x^3$.
Geben Sie alle Stammfunktionen von f an.

■ **Lösung:**
a) *Man bestimmt die Ableitung von F, G bzw. H und prüft, ob diese mit f übereinstimmt.*
$F'(x) = 0{,}6x \neq f(x)$; F ist keine Stammfunktion von f.
$G'(x) = 0{,}6x^2 = f(x)$; G ist eine Stammfunktion von f.
$H(x) = 0{,}2x^3 - 2$; $H'(x) = 0{,}6x^2 = f(x)$; H ist eine Stammfunktion von f.

b) *Man sucht eine Funktion, deren Ableitung die Funktion f ergibt.*
Stammfunktionen sind z. B. F mit $F(x) = \frac{1}{8}x^4$ und G mit $G(x) = \frac{1}{8}x^4 + 1$.
Jede Stammfunktion von f hat die Form F mit $F(x) = \frac{1}{8}x^4 + c$ mit einer Konstanten $c \in \mathbb{R}$.

> Die Definition und der Satz 1 zu Stammfunktionen bezieht sich auf ein Intervall, auf dem die Funktion definiert ist. Das Intervall kann auch wie in Beispiel 1 aus ganz $\mathbb{R}$ bestehen.

Beispiel 2 Berechnen eines Integrals mit dem Hauptsatz in einfachen Fällen

Berechnen Sie das Integral mithilfe des Hauptsatzes. a) $\int_0^4 2x\,dx$ b) $\int_{-1}^3 \frac{1}{2}x^2\,dx$

■ **Lösung:** a) Eine Stammfunktion von $f(x) = 2x$ ist $F(x) = x^2$. $\int_0^4 2x\,dx = [x^2]_0^4 = 4^2 - 0^2 = 16$

b) Eine Stammfunktion von $f(x) = \frac{1}{2}x^2$ ist $F(x) = \frac{1}{6}x^3$. $\int_{-1}^3 \frac{1}{2}x^2\,dx = \left[\frac{1}{6}x^3\right]_{-1}^3 = \frac{1}{6}\cdot 3^3 - \left(\frac{1}{6}\cdot(-1)^3\right) = \frac{14}{3}$

> Probe:
> a) $(x^2)' = 2x$
> b) $\left(\frac{1}{6}x^3\right)' = \frac{1}{2}x^2$

Beispiel 3 Bestimmung eines Integrals mit einem Rechner.

Bestimmen Sie das Integral $\int_{-1}^2 \frac{1}{2}x^2\,dx$ mithilfe eines Rechners.

■ **Lösung:** Es ergibt sich $\int_{-1}^2 \frac{1}{2}x^2\,dx = 1{,}5$ (siehe Fig. 1 und Fig. 2).

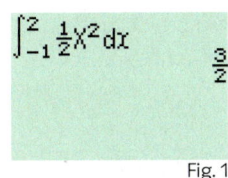

Fig. 1

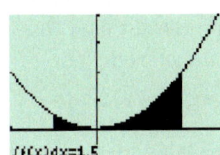

Fig. 2

> CAS
> Berechnung eines Integrals
>
> Bei einem numerischen Rechner wird ein Verfahren ähnlich dem Rechtecksverfahren benutzt. Der Grenzwert wird dabei nicht bestimmt. Es wird lediglich die Rechteckssumme A_n für ein großes n berechnet. Ein CAS-Rechner kann ein Integral oft exakt bestimmen.

Aufgaben

1 Geben Sie eine Stammfunktion von f an.
a) $f(x) = x^2$ b) $f(x) = x^3$ c) $f(x) = 3x$ d) $f(x) = x^5$ e) $f(x) = 5x^2$
f) $f(x) = x^4$ g) $f(x) = 0{,}1x^3$ h) $f(x) = x$ i) $f(x) = 2$ j) $f(x) = 2x^5$

2 F ist eine Stammfunktion von f. Geben Sie eine mögliche Zahl für a an.
a) $f(x) = 3x^2$; $F(x) = x^a$
b) $f(x) = 2x$; $F(x) = x^2 - a$
c) $f(x) = 2x$; $F(x) = x^2 + 1 + a$
d) $f(x) = (a+1)\cdot x$; $F(x) = x^{a+1}$

3 Berechnen Sie das Integral mit dem Hauptsatz.
a) $\int_0^4 x^2\,dx$ b) $\int_2^4 x^2\,dx$ c) $\int_{-1}^5 2x\,dx$ d) $\int_{10}^{11} 0{,}5x\,dx$ e) $\int_{10}^{20} 5\,dx$ f) $\int_0^1 x^3\,dx$

g) $\int_0^3 0{,}5x^2\,dx$ h) $\int_{-2}^0 \frac{1}{3}x^3\,dx$ i) $\int_{-2}^{-1} \frac{1}{8}x^4\,dx$ j) $\int_{-4}^4 0{,}5x^2\,dx$ k) $\int_{-1}^1 x^5\,dx$ l) $\int_{90}^{100} 1\,dx$

> Kontrollieren Sie Ihr Ergebnis, indem Sie das Integral mit einem Rechner bestimmen.

4 Bestimmen Sie eine Stammfunktion F zu f mit F(1) = 100.
a) $f(x) = 2x$ b) $f(x) = x^2$ c) $f(x) = 5$ d) $f(x) = -x$ e) $f(x) = -10$

Achtung: Rechenfehler!

5 Wie geht es nach $\int_{-2}^{-1}(-2x)\,dx = [-x^2]_{-2}^{-1} = \ldots$ richtig weiter?

(I) $-1^2 - 2^2 = -1 - 4 = -5$ (II) $-(-1)^2 - (-(-2)^2) = -1 - (-4) = 3$

(III) $-1^2 - (-2)^2 = -1 - 4 = -5$ (IV) $(-1)^2 - (-2)^2 = 1 - 4 = -3$

6 Berechnen Sie das Integral mit dem Hauptsatz.
a) $\int_0^4 -x\,dx$ b) $\int_{-1}^1 -2x\,dx$ c) $\int_{-2}^2 -x^2\,dx$ d) $\int_{-4}^{-2} -0{,}5x\,dx$ e) $\int_{-20}^{-10} -1\,dx$ f) $\int_{-1}^0 dx$

Zeit zu überprüfen

7 Prüfen Sie, ob die Funktion F mit $F(x) = 0{,}1x^4 - 0{,}1$ und die Funktion G mit $G(x) = \frac{2}{20}x^4$ eine Stammfunktion von h mit $h(x) = \frac{2}{5}x^3$ ist.

8 Berechnen Sie das Integral mit dem Hauptsatz.   a) $\int_{-2}^5 x^2\,dx$ b) $\int_{-2}^{-1} -\frac{1}{2}x^4\,dx$

9 Welches Integral kann mit der Rechnung $[0{,}4x^2]_1^2$ berechnet werden?

I. $\int_1^2 \frac{4}{30}x^3\,dx$ II. $\int_1^2 (0{,}8x + 0{,}8)\,dx$ III. $\int_1^2 0{,}8x\,dx$ IV. $\int_1^2 (x - 0{,}2x)\,dx$

10 Berechnen Sie zu f mit $f(x) = \frac{1}{9}x^2$ mit dem Hauptsatz das Integral $\int_0^3 f(x)\,dx$ und interpretieren Sie das Ergebnis in dem beschriebenen Sachzusammenhang.
I. Der Graph von f und die x-Achse begrenzen eine Fläche über einem Intervall.
II. f beschreibt die Geschwindigkeit eines Autos (x in Sekunden, f(x) in Metern pro Sekunde).
III. f beschreibt die momentane Produktion von Benzin in einer Raffinerie (x in Stunden, f(x) in Tausend Tonnen).

Tipp zu Aufgabe 11:
Die Fallgeschwindigkeit ist die momentane Änderungsrate der Fallstrecke.

11 Fällt ein Körper aus der Ruhe im freien Fall, dann gilt für seine Fallgeschwindigkeit v nach der Zeit t: $v(t) = 9{,}81 \cdot t$ (t in Sekunden, v(t) in Metern).
Bestimmen Sie mithilfe eines Integrals, wie weit der Körper in drei Sekunden gefallen ist.

12 Geben Sie drei verschiedene Funktionen f an, sodass $\int_{-1}^1 f(x)\,dx = 0$ gilt. Bestätigen Sie dies durch Berechnung des Integrals mit dem Hauptsatz.

13 Bestimmen Sie die positive Zahl z.
a) $\int_0^z x\,dx = 18$ b) $\int_1^z 4x\,dx = 30$ c) $\int_z^{10} 2x\,dx = 19$ d) $\int_0^{2z} 0{,}4\,dx = 8$

Zeit zu wiederholen

14 Lösen Sie die Gleichungen.
a) $x^2 - x - 2 = 0$ b) $(2x + 3)^3 = 0$ c) $(2x + 3)^3 = 1$ d) $4x^3 - 2x^2 = 0$
e) $2e^{2x} = 6e^x$ f) $x^4 - 13x^2 = -36$ g) $x^3 = -10x^2 - 9x$ h) $e^x - e^{2x} = 0$

15 Bestimmen Sie die Nullstellen von f.
a) $f(x) = -2x^2 + 8x + 1$ b) $f(x) = (x + 3)^2(x + 1)$ c) $f(x) = 4x^2(x^2 - 10) + 4x^2$
d) $f(x) = 4(x - 0{,}5)^4 - 4$ e) $f(x) = e^x - e^2$ f) $f(x) = 0{,}2e^{2x} - 1$

4 Bestimmung von Stammfunktionen

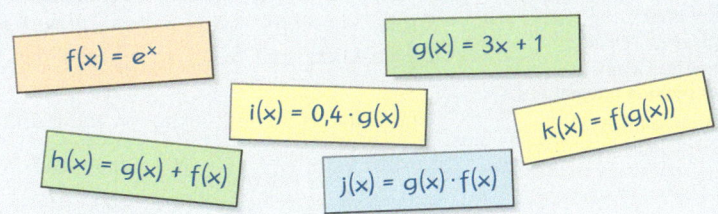

Bilden Sie Stammfunktionen von möglichst vielen der angegebenen Funktionen.

Bei der Berechnung eines Integrals mit dem Hauptsatz muss eine Stammfunktion bestimmt werden. Um bei einer zusammengesetzten Funktion leichter eine Stammfunktion zu finden, geht man wie bei der Ableitung vor: Man bestimmt zunächst Stammfunktionen zu einfachen Funktionen und sucht dann nach Regeln, wie man auch für zusammengesetzte Funktionen eine Stammfunktion finden kann.
In der Tabelle ist zu einigen einfachen Funktionen jeweils eine Stammfunktion angegeben.

Stammfunktionen von einfachen Funktionen								
$f(x)$	x^3	x^2	x	1	x^{-1}	x^{-2}	x^{-3}	e^x
$F(x)$	$\frac{1}{4}x^4$	$\frac{1}{3}x^3$	$\frac{1}{2}x^2$	x	?	$-x^{-1}$	$-\frac{1}{2}x^{-2}$	e^x

Wie weist man nach, dass F eine Stammfunktion von f ist?
Durch Ableiten von F!
Es muss gelten:
$F'(x) = f(x)$.

Anhand der Tabelle erkennt man folgende Regel, die man durch Ableiten von F bestätigt:
Zu Funktionen der Form $f(x) = x^z$ $(z \neq -1)$ ist F mit $F(x) = \frac{1}{z+1}x^{z+1}$ eine Stammfunktion.
Man kann zeigen, dass dies auch für reelle Exponenten z $(z \neq -1)$ gilt: Zum Beispiel ist zu f mit $f(x) = \sqrt{x} = x^{\frac{1}{2}}$ die Funktion F mit $F(x) = \frac{1}{\frac{1}{2}+1}x^{\frac{1}{2}+1} = \frac{2}{3}x^{\frac{3}{2}}$ eine Stammfunktion.

Eine Stammfunktion von f mit $f(x) = \frac{1}{x} = x^{-1}$ findet man in Zusammenhang mit dem natürlichen Logarithmus.
Ist g die Funktion mit $g(x) = \ln(x)$ mit $x > 0$, dann gilt: $e^{g(x)} = x$.
Ableiten auf beiden Seiten ergibt: $e^{g(x)} \cdot g'(x) = 1$, also $e^{\ln(x)} \cdot \ln'(x) = 1$ oder $x \cdot \ln'(x) = 1$.
Damit gilt für $x > 0$: $\ln'(x) = \frac{1}{x}$.
Für $x < 0$ ergibt sich: $\ln'(|x|) = \ln'(-x) = \frac{1}{-x} \cdot (-1) = \frac{1}{x}$.
Damit ist die Funktion F mit $F(x) = \ln(|x|)$ eine Stammfunktion von f mit $f(x) = \frac{1}{x}$ $(x \neq 0)$.

So findet man zu einer Potenzfunktion eine Stammfunktion:
1. Hochzahl plus 1.
2. Mit dem Kehrwert der neuen Hochzahl multiplizieren.

Für eine **Summe von Funktionen** wie f mit $f(x) = x^2 + x^3$ findet man eine Stammfunktion, wenn man die Ableitungsregel $(g + h)' = g' + h'$ für Summen von Funktionen beachtet. Danach ist F mit $F(x) = \frac{1}{3}x^3 + \frac{1}{4}x^4$ eine Stammfunktion von f.

Entsprechend kann man bei einem **Produkt aus einer Zahl mit einer Funktion** wie bei $f(x) = 2{,}8 \cdot x^3$ die Ableitungsregel $(c \cdot f)' = c \cdot f'$ benutzen. Danach ist F mit $F(x) = 2{,}8 \cdot \frac{1}{4}x^4 = 0{,}7 \cdot x^4$ eine Stammfunktion von f.

Bei der Bestimmung einer Stammfunktion von f mit $f(x) = e^{kx}$ muss die Ableitungsregel $f'(x) = k \cdot e^{kx}$ umgekehrt verwendet werden, z. B. ist zu $f(x) = e^{2x}$ die Funktion F mit $F(x) = \frac{1}{2}e^{2x}$ eine Stammfunktion.

Für ein Produkt von Funktionen wie $f(x) = e^x \cdot x^2$ ist die Bestimmung der Stammfunktion aufwendig und wird hier nicht betrachtet.

Achtung:
Für f mit $f(x) = g(x) \cdot h(x)$ gilt **nicht**
$F(x) = G(x) \cdot H(x)$.

VI Schlüsselkonzept: Integral 147

Die Gesamtheit aller Stammfunktionen einer gegebenen Funktion f nennt man auch das **unbestimmte Integral** $\int f(x)\,dx$ der Funktion f.

Satz 1: Bestimmung von Stammfunktionen

– Zur Funktion f mit $f(x) = x^r$ $(r \neq -1)$ ist F mit $F(x) = \frac{1}{r+1}x^{r+1}$ eine Stammfunktion.
  Zur Funktion f mit $f(x) = x^{-1} = \frac{1}{x}$ ist F mit $F(x) = \ln(|x|)$ eine Stammfunktion.

– Sind G und H Stammfunktionen von g und h, so gilt für zusammengesetzte Funktionen:

Funktion f	$f(x) = g(x) + h(x)$	$f(x) = c \cdot g(x)$	$f(x) = g(c \cdot x + d)$
Stammfunktion F	$F(x) = G(x) + H(x)$	$F(x) = c \cdot G(x)$	$F(x) = \frac{1}{c} G(c \cdot x + d)$

Die zur Bestimmung von Stammfunktionen gültigen Regeln kann man zum Teil auf die Berechnung von Integralen übertragen.

Diese Regeln beschreiben die sogenannte **Linearität** des Integrals.

Satz 2: Rechenregeln für Integrale

a) $\int_a^b c \cdot f(x)\,dx = c \cdot \int_a^b f(x)\,dx$

b) $\int_a^b (g(x) + h(x))\,dx = \int_a^b g(x)\,dx + \int_a^b h(x)\,dx$

Nachweis beispielhaft für a): Es sei F eine Stammfunktion von f. Dann gilt:

$\int_a^b c \cdot f(x)\,dx = [c \cdot F(x)]_a^b = c \cdot F(b) - c \cdot F(a) = c \cdot (F(b) - F(a));$

$c \cdot \int_a^b f(x)\,dx = c \cdot [F(x)]_a^b = c \cdot (F(b) - F(a)).$

Liegt von einer Funktion f nur der Graph vor (Fig. 1), so kann man den Graphen einer Stammfunktion von f skizzieren (Fig. 2). Dabei orientiert man sich wie beim grafischen Ableiten an charakteristischen Punkten des Graphen von f.

1. f hat bei a eine Nullstelle.
(In Fig. 1 an den Stellen $a_1 = -1$; $a_2 = 0$; $a_3 = 1$.)
Dann gilt: $f(a) = F'(a) = 0$. An diesen Stellen hat ein Graph von F waagerechte Tangenten.

2. In Fig. 1 gilt $f(x) = F'(x) > 0$ für $x \in (-1; 0)$. In diesem Intervall ist F streng monoton steigend.
In Fig. 1 gilt $f(x) = F'(x) < 0$ für $x \in (0; 1)$. In diesem Intervall ist F streng monoton fallend.

In Fig. 2 ist der Graph *einer* möglichen Stammfunktion skizziert. Jede Verschiebung in y-Richtung ergibt den Graphen einer weiteren Stammfunktion.

3. f hat bei b eine Extremstelle.
(In Fig. 1 an den Stellen $b_1 \approx -0{,}7$; $b_2 \approx 0{,}7$.)
Dann gilt: $f'(b) = F''(b) = 0$ und $f' = F''$ wechselt bei b das Vorzeichen.
F hat bei b eine Wendestelle.

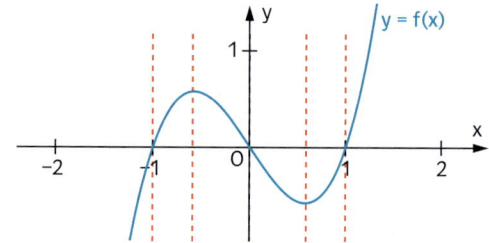

Fig. 1

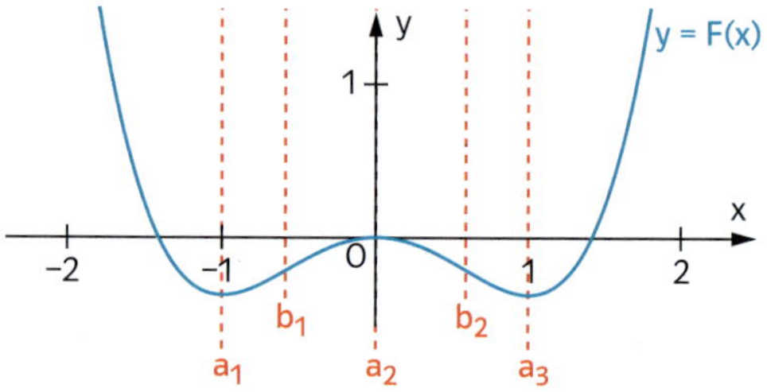

Fig. 2

Beispiel 1 Der natürliche Logarithmus als Stammfunktion

Berechnen Sie das Integral $\int_1^4 \frac{2}{x}\,dx$.

■ Lösung: $\int_1^4 \frac{2}{x}\,dx = [2\ln(|x|)]_1^4 = 2 \cdot \ln(4) - 2 \cdot \ln(1) = 2 \cdot \ln(4) - 0 = 2 \cdot \ln(4) \approx 2{,}77$.

Beispiel 2 Stammfunktionen von zusammengesetzten Funktionen

Bestimmen Sie eine Stammfunktion von f mit $f(x) = \frac{2}{x^2} - (5x + 1)^2$.

■ Lösung: $f(x) = g(x) - h(x)$ mit $g(x) = \frac{2}{x^2} = 2x^{-2}$ und $h(x) = (5x+1)^2 = 25x^2 + 10x + 1$.

Eine Stammfunktion von g ist G mit $G(x) = 2 \cdot (-1 \cdot x^{-1}) = -2 \cdot x^{-1} = \frac{-2}{x}$.

Eine Stammfunktion zur Verkettung h ist H mit $H(x) = \frac{25}{3}x^3 + 5x^2 + x$.

Eine Stammfunktion von f ist F mit $F(x) = G(x) - H(x) = \frac{-2}{x} - \frac{25}{3}x^3 - 5x^2 - x$.

Falls man auf Anhieb keine Stammfunktion findet, kann man zunächst gezielt raten, dann diese Funktion ableiten und daraufhin überlegen, wie die vermutete Stammfunktion korrigiert werden muss.

Beispiel 3 Skizzieren des Graphen einer Stammfunktion

Gegeben ist der Graph der Funktion f (Fig. 1). Skizzieren Sie den Graphen einer Stammfunktion F von f. Beschreiben Sie Ihr Vorgehen für charakteristische Punkte.

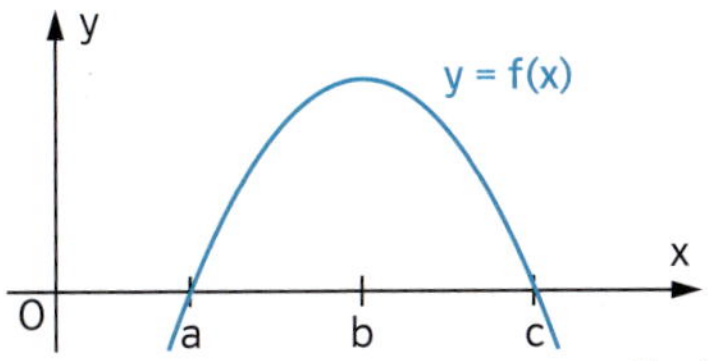

■ Lösung: Da $f(a) = 0$ und $f(c) = 0$ ist, hat der Graph von F an diesen Stellen jeweils eine waagerechte Tangente.
Da $f(x) > 0$ für $a < x < c$ gilt, ist der Graph von F für $a \le x \le c$ streng monoton steigend.
Da $f(x) < 0$ für $x < a$ und für $x > c$ gilt, ist F für $x < a$ und für $x > c$ streng monoton fallend.
Da $f'(b) = 0$ ist und f' an der Stelle b das Vorzeichen wechselt, hat F an der Stelle b eine Wendestelle. Einen möglichen Graphen von F zeigt Fig. 2. (Die Graphen weiterer Stammfunktionen sind in y-Richtung verschoben.)

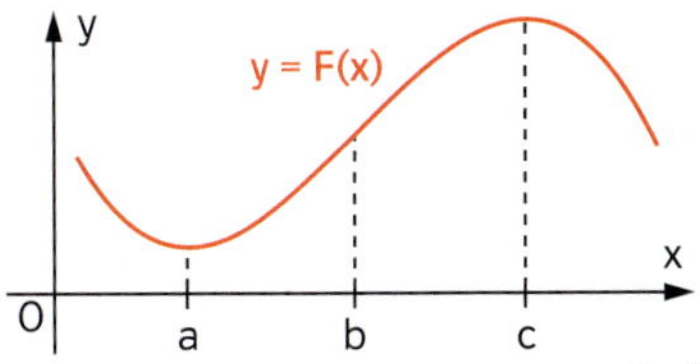

Fig. 1

Fig. 2

Aufgaben

1 Bestimmen Sie eine Stammfunktion.

a) $f(x) = 0{,}5x^3$
b) $f(x) = \frac{1}{4}x^{-2}$
c) $f(x) = \frac{2}{5x^2}$
d) $f(x) = (2x+2)^2$

e) $f(x) = \frac{1}{3}x^3$
f) $f(x) = \frac{1}{x^2} + x$
g) $f(x) = x^2 \cdot x^3$
h) $f(x) = (2x-1)^2$

i) $f(x) = \frac{1}{3}e^x$
j) $f(x) = 1 + e^{0{,}5x}$
k) $f(x) = e^{\frac{2}{3}x}$
l) $f(x) = \frac{5}{2}e^{2x}$

2 Bestimmen Sie eine Stammfunktion.

a) $f(x) = \frac{5}{x}$
b) $f(x) = \frac{3}{x}$
c) $f(x) = \frac{-1}{2x}$
d) $f(x) = \frac{x^3 + x}{x^2}$

3 Berechnen Sie das Integral mit dem Hauptsatz.

a) $\int_0^2 (2+x)^2 \, dx$
b) $\int_2^3 \left(1 + \frac{1}{x^2}\right) dx$
c) $\int_1^2 \frac{1}{x^2} \, dx$
d) $\int_0^9 \frac{2}{5}\sqrt{x} \, dx$

e) $\int_{-0{,}5}^1 e^{2x} \, dx$
f) $\int_{-1}^1 e^{-x} \, dx$
g) $\int_{-1}^1 \frac{1}{5}e^{\frac{1}{2}x} \, dx$
h) $\int_{-2}^2 e^x \, dx$

4 a) $\int_1^5 \frac{3}{x} \, dx$
b) $\int_1^2 \left(1 + \frac{1}{x}\right) dx$
c) $\int_3^4 \frac{1}{2x} \, dx$
d) $\int_1^4 \frac{3}{2x} \, dx$

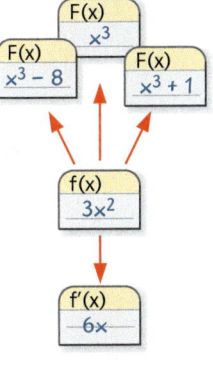

Viele Stammfunktionen

Eine Ableitung

Fig. 3

5 Skizzieren Sie zum Graphen von f den Graphen einer Stammfunktion von f.

a)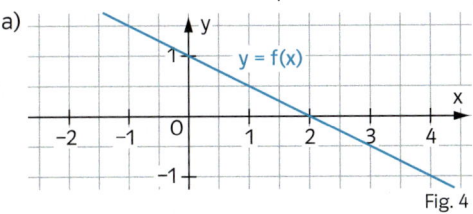

Fig. 4

b)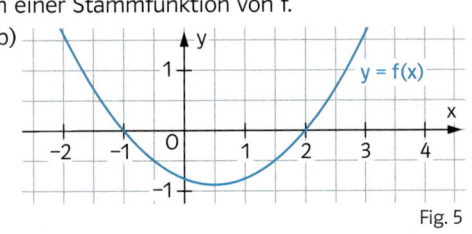

Fig. 5

6 In Fig. 1 ist der Graph einer Funktion f gezeichnet. F ist eine Stammfunktion von f. An welcher der markierten Stellen ist
a) F(x) am größten,   b) F(x) am kleinsten,
c) f'(x) am kleinsten,   d) F'(x) am kleinsten?

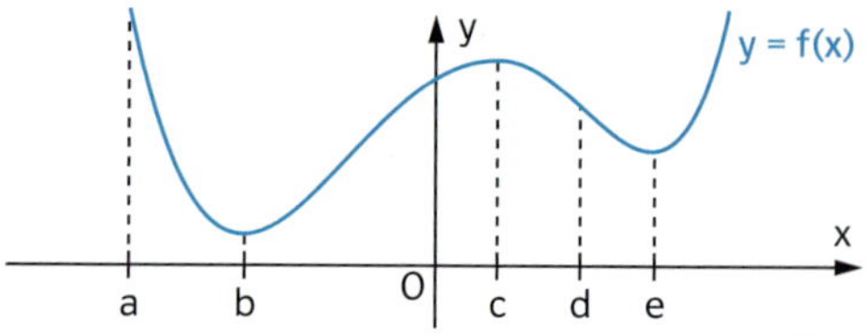

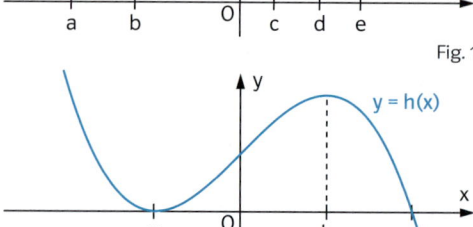
Fig. 1

7 In Fig. 2 ist der Graph einer Funktion h gezeichnet. H ist eine Stammfunktion von h mit H(a) = 5. Übertragen Sie die Tabelle in Ihr Heft und geben Sie an, ob die Funktionswerte von H, h und h' an den Stellen a, b und c positiv, negativ oder null sind.

	H	h	h'
a	+		
b			
c			

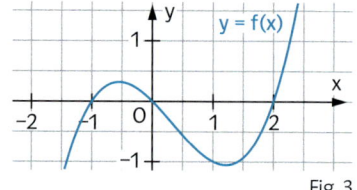
Fig. 2

Zeit zu überprüfen

8 Geben Sie eine Stammfunktion von f an.
a) $f(x) = 0{,}1x^2 - \frac{2}{x^2}$ b) $f(x) = \frac{1}{x} + 1$

9 Berechnen Sie das Integral mit dem Hauptsatz.
a) $\int_{-1}^{1} \frac{1}{2}(x+1)^2\, dx$ b) $\int_{0}^{1} \frac{1}{2} e^{2x}\, dx$ c) $\int_{-2}^{-1} \frac{1}{x^2}\, dx$

10 Fig. 3 zeigt den Graphen einer Funktion f. F ist eine beliebige Stammfunktion von f. Welche der folgenden Aussagen über F ist wahr, welche ist falsch?
A. F ist in I = [0; 2] streng monoton fallend.
B. F hat bei x ≈ 1,2 eine Extremstelle.
C. F hat bei x = −1 ein lokales Minimum.
D. Die Funktionswerte von F sind im Intervall (−1; 0) positiv.
E. F hat bei x ≈ 1,2 eine Wendestelle.

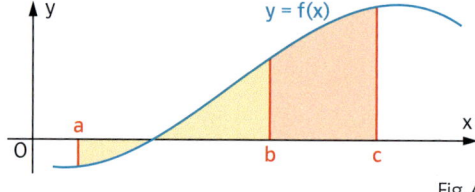
Fig. 3

11 Geben Sie eine Stammfunktion von f an. Schreiben Sie dazu den Funktionsterm als Summe.
a) $f(x) = \frac{x^2 + 2x}{x^4}$ b) $f(x) = \frac{x^3 + 1}{2x^2}$ c) $f(x) = \frac{1 + x + x^3}{3x^3}$ d) $f(x) = \frac{(2x+1)^2 - 1}{x}$

CAS
Bestimmen einer Stammfunktion

12 Welche Stammfunktion von f hat an der Stelle 0 den Funktionswert 1?
a) $f(x) = (x+2)^2$ b) $f(x) = \frac{1}{x+1}$ c) $f(t) = 2e^{0{,}5t}$ d) $f(t) = \frac{1}{2} e^{2t+1}$

Diese Eigenschaft des Integrals heißt **Intervalladditivität**.

13 Interpretiert man Integrale als orientierte Flächeninhalte (Fig. 4), ist einsichtig, dass gilt:
$$\int_a^b f(x)\, dx + \int_b^c f(x)\, dx = \int_a^c f(x)\, dx.$$
Begründen Sie die Gültigkeit dieser Gleichung mithilfe des Hauptsatzes.

Fig. 4

14 Berechnen Sie möglichst geschickt.
a) $\int_{-1}^{3,3} 5x^2\, dx - 10\int_{-1}^{3,3} \frac{1}{2}x^2\, dx$ b) $\int_{0}^{1}\left(x - 2\sqrt{x^2+4}\right)dx + 2\int_{0}^{1}\sqrt{x^2+4}\, dx$ c) $\int_{3}^{3,7} \frac{1}{x}\, dx + \int_{3,7}^{4} \frac{1}{x}\, dx$

5 Integral und Flächeninhalt

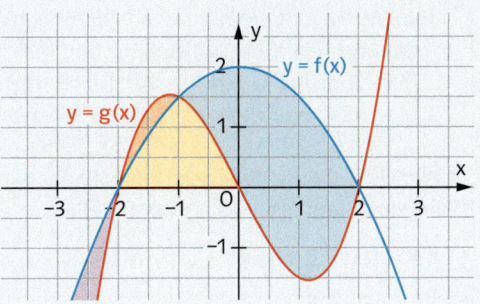

In der Abbildung sind verschiedene Flächen zu den Graphen von f und g mit $f(x) = -\frac{1}{2}x^2 + 2$ und $g(x) = \frac{1}{2}x^3 - 2x$ farbig markiert.
Zu welchen dieser Flächen können Sie den Inhalt berechnen?

Bisher wurde das Integral dazu verwendet, Gesamtänderungen von Größen bzw. orientierte Flächeninhalte zu bestimmen. Dabei werden die Inhalte von oberhalb der x-Achse liegenden Flächen positiv, die Inhalte von unterhalb der x-Achse liegenden Flächen negativ gezählt.
Bei der Berechnung eines Inhalts einer Fläche zwischen einem Graphen und der x-Achse ist darauf zu achten, ob Teilflächen oberhalb oder unterhalb der x-Achse liegen.

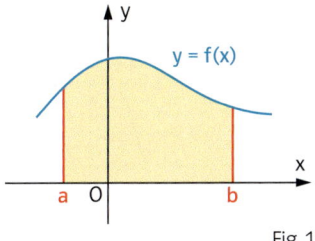
Fig. 1

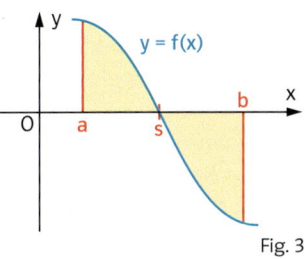
Fig. 2   Fig. 3

Damit kann man die Inhalte solcher Flächen folgendermaßen mit Integralen bestimmen:

$A = \int_a^b f(x)\,dx$ $\qquad A = -\int_a^b f(x)\,dx = \left|\int_a^b f(x)\,dx\right|$ $\qquad A = \int_a^s f(x)\,dx - \int_s^b f(x)\,dx$

In Fig. 3 kann man auch das Betragszeichen verwenden:

$\int_a^s f(x)\,dx + \left|\int_s^b f(x)\,dx\right|$

In Fig. 3 liegt die Fläche zum Teil unterhalb und zum Teil oberhalb der x-Achse. Diese Fläche muss deshalb mit zwei Integralen berechnet werden. Falls die Nullstelle s nicht bekannt ist, muss sie vorher bestimmt werden.

In Fig. 4 soll der Inhalt A der Fläche bestimmt werden, die von den Graphen zweier Funktionen f und g begrenzt wird. Es gilt:

$A = \int_a^b f(x)\,dx - \int_a^b g(x)\,dx = \int_a^b (f(x) - g(x))\,dx.$

Damit bei der Fläche in Fig. 5 so wie in Fig. 4 vorgegangen werden kann, verschiebt man beide Graphen um d so weit nach oben, bis sie im Intervall [a; b] vollständig oberhalb der x-Achse liegen (Fig. 6).

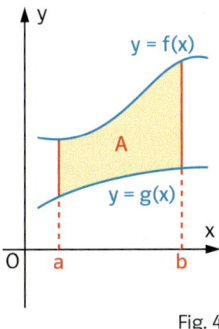
Fig. 4
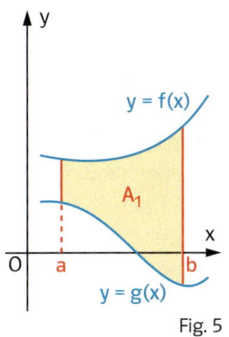
Fig. 5
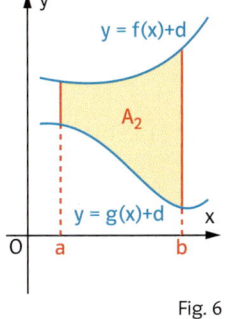
Fig. 6

Da sich bei der Verschiebung der Flächeninhalt nicht ändert, gilt:

$A_1 = A_2 = \int_a^b (f(x) + d)\,dx - \int_a^b (g(x) + d)\,dx = \int_a^b (f(x) + d - g(x) - d)\,dx = \int_a^b (f(x) - g(x))\,dx.$

Wenn $f(x) \geq g(x)$ auf [a; b] ist, ist die Berechnungsmethode für Flächeninhalte zwischen Graphen dieselbe, unabhängig davon, ob Teile der Fläche oberhalb bzw. unterhalb der x-Achse liegen.

> Bei der Berechnung des **Flächeninhalts zwischen dem Graphen einer Funktion f und der x-Achse** über dem Intervall [a; b] geht man so vor:
> 1. Man bestimmt die Nullstellen von f auf [a; b].
> 2. Man untersucht, welches Vorzeichen f(x) in den Teilintervallen hat.
> 3. Man bestimmt die Inhalte der Teilflächen und addiert sie.
>
> Wird eine **Fläche** über dem Intervall [a; b] **von** den **Graphen zweier Funktionen f und g begrenzt** und gilt $f(x) \geq g(x)$ für alle $x \in [a; b]$, dann gilt für ihren Inhalt A:
> $$A = \int_a^b (f(x) - g(x))\,dx.$$

Soll ein Flächeninhalt wie in Fig. 1 mit einem Rechner berechnet werden, kann man sich die Bestimmung der Nullstellen ersparen, indem man die Betragsfunktion verwendet und nur das Integral $\int_a^c |f(x)|\,dx$ berechnet.

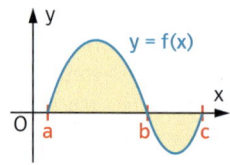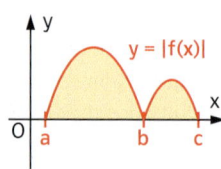

Fig. 1

CAS
Flächeninhalt

Beispiel 1 Flächen teilweise unterhalb, teilweise oberhalb der x-Achse
Gegeben ist die Funktion f mit $f(x) = x^2 - 2x$.
Berechnen Sie den Inhalt der Fläche, die vom Graphen von f, der x-Achse und den Geraden $x = -1$ und $x = 3$ eingeschlossen wird.
a) ohne Rechner   b) mit Rechner

■ Lösung: a) *Es handelt sich um die gefärbte Fläche in Fig. 2.*
Bestimmung der Nullstellen $f(x) = 0$:
$x(x - 2) = 0$; $x_1 = 0$; $x_2 = 2$.
$A = \int_{-1}^{0}(x^2 - 2x)\,dx - \int_{0}^{2}(x^2 - 2x)\,dx + \int_{2}^{3}(x^2 - 2x)\,dx$
$= \left[\frac{1}{3}x^3 - x^2\right]_{-1}^{0} - \left[\frac{1}{3}x^3 - x^2\right]_{0}^{2} + \left[\frac{1}{3}x^3 - x^2\right]_{2}^{3}$
$= \frac{4}{3} + \frac{4}{3} + \frac{4}{3} = 4.$

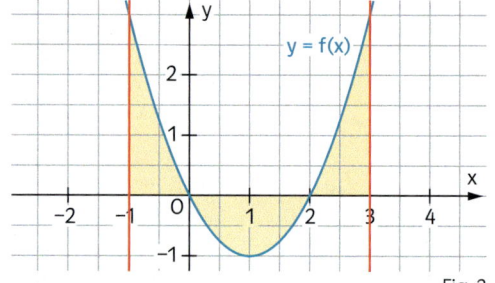

Fig. 2

b) *Man verwendet statt der Funktion f die Betragsfunktion $|f(x)|$ von f.*
Es ist $A = \int_{-1}^{3} |x^2 - 2x|\,dx = 4$ (Fig. 3 und 4).

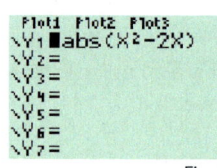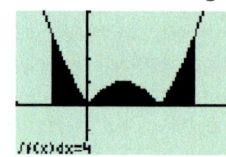

Fig. 3   Fig. 4

Beispiel 2 Fläche zwischen zwei Graphen, die sich nicht im Integrationsbereich schneiden.
Gegeben sind die Funktionen f und g mit $f(x) = e^{-x}$ und $g(x) = 2$ (Fig. 5).
Berechnen Sie den Inhalt A der Fläche, die von den Graphen der Funktionen f und g, der y-Achse und der Geraden $x = 3$ begrenzt wird.

■ Lösung: *Die Fläche ist in Fig. 5 gefärbt.*
Im Intervall [0; 3] ist $g(x) \geq f(x)$. Also gilt:
$A = \int_0^3 (g(x) - f(x))\,dx = \int_0^3 (2 - e^{-x})\,dx = [2x + e^{-x}]_0^3$
$= (6 + e^{-3}) - (0 + e^0) = 5 + e^{-3} \approx 5{,}05.$

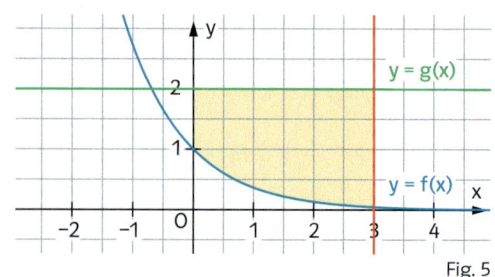

Fig. 5

Beispiel 3 Fläche zwischen zwei Graphen; die Graphen schneiden sich im Integrationsbereich
Die Funktionen f und g mit $f(x) = x^3 - 6x^2 + 9x$ und $g(x) = -\frac{1}{2}x^2 + 2x$ schließen eine Fläche ein.
Berechnen Sie den Inhalt A dieser Fläche.

■ *Lösung: Zunächst müssen die Schnittstellen von f und g bestimmt werden.*
Schnittstellen der Graphen: $x^3 - 6x^2 + 9x = -\frac{1}{2}x^2 + 2x$ bzw. $x(2x^2 - 11x + 14) = 0$.
Lösungen: $x_1 = 0$; $x_2 = 2$; $x_3 = 3{,}5$.
Man verschafft sich einen Überblick, welcher
Graph in welchem Intervall oberhalb des anderen Graphen liegt (Fig. 1).

$A_1 = \int_0^2 (f(x) - g(x))\,dx = \int_0^2 \left(x^3 - \frac{11}{2}x^2 + 7x\right)dx$

$= \left[\frac{1}{4}x^4 - \frac{11}{6}x^3 + \frac{7}{2}x^2\right]_0^2 = \frac{10}{3}$

$A_2 = \int_2^{3{,}5} (g(x) - f(x))\,dx = \int_2^{3{,}5} \left(-x^3 + \frac{11}{2}x^2 - 7x\right)dx$

$= \left[-\frac{1}{4}x^4 + \frac{11}{6}x^3 - \frac{7}{2}x^2\right]_2^{3{,}5} = \frac{99}{64} \approx 1{,}547$

$A = A_1 + A_2 = \frac{937}{192} \approx 4{,}88$

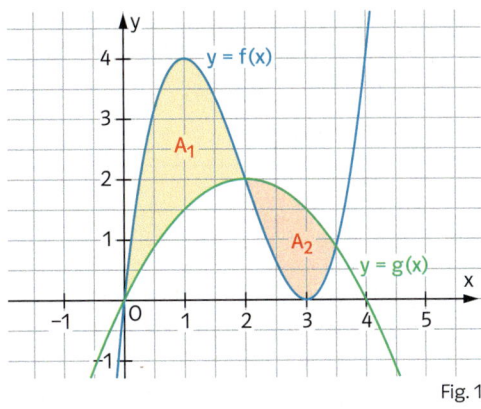
Fig. 1

Aufgaben

1 Bestimmen Sie den Inhalt der gefärbten Fläche.

a)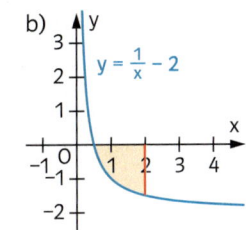
Fig. 2

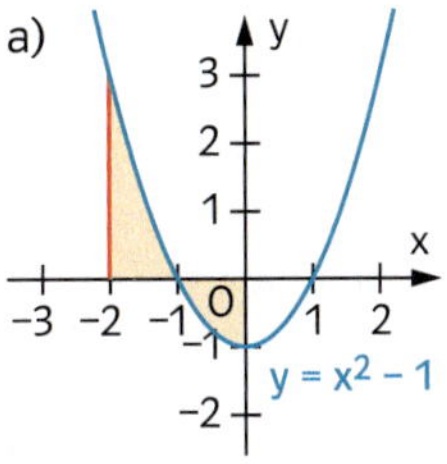

b)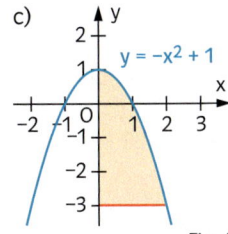
Fig. 3

c)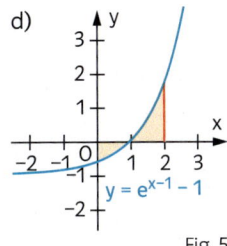
Fig. 4

d)
Fig. 5

2 Gegeben sind die Funktionen f und g. Drücken Sie den Inhalt der beschriebenen Fläche mit $A_1, A_2, A_3 \ldots$ aus und berechnen Sie sie mit einem Integral.
Fläche I: Begrenzt vom Graphen von f und der x-Achse.
Fläche II: Begrenzt von den Graphen von f und g.
Fläche III: Im 1. Quadranten begrenzt vom Graphen von f, der x-Achse und der y-Achse.
Fläche IV: Im 3. Quadranten begrenzt vom Graphen von f, der x-Achse und der Geraden $x = -2$.
a) $f(x) = -0{,}5x^2 + 0{,}5$; $g(x) = -1{,}5$
b) $f(x) = -x^2 + 2$; $g(x) = 2x^2 - 1$

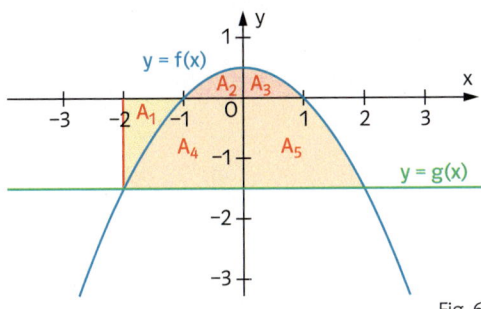
Fig. 6

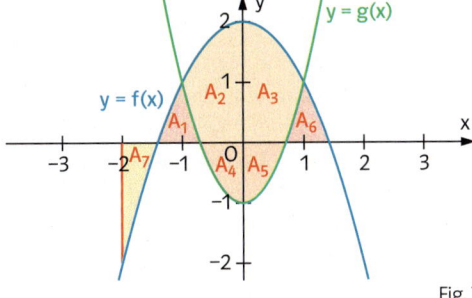
Fig. 7

3 Wie groß ist die Fläche, die der Graph von f mit der x-Achse einschließt?
a) $f(x) = 0{,}5x^2 - 3x$
b) $f(x) = (x - 1)^2 - 1$
c) $f(x) = x^4 - 4x^2$

4 Berechnen Sie den Inhalt der Fläche, die von den Graphen von f und g sowie den angegebenen Geraden begrenzt wird.
a) $f(x) = 0{,}5x$; $g(x) = -x^2 + 4$; $x = -1$; $x = 1$
b) $f(x) = x^3$; $g(x) = x$; $x = 0$; $x = 1$

5 Wie groß ist die Fläche, die von den Graphen von f und g begrenzt wird?
a) $f(x) = x^2$; $g(x) = -x^2 + 4x$
b) $f(x) = -\frac{1}{x^2}$; $g(x) = 2{,}5x - 5{,}25$

Zeit zu überprüfen

6 Berechnen Sie in Fig. 1 den Inhalt der vom Graphen von f und der x-Achse begrenzten Fläche.

7 Berechnen Sie den beschriebenen Flächeninhalt in Fig. 1.
a) Begrenzt von den Graphen von f und g.
b) Begrenzt von den Graphen von f und g und der x-Achse.
c) Begrenzt vom Graphen von f, der y-Achse und der Geraden $y = 4$.

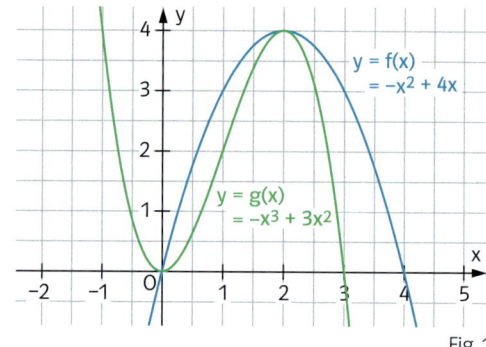

Fig. 1

8 Für jedes $t > 0$ ist eine Funktion f_t gegeben mit $f_t(x) = \frac{t}{x^2}$. Der Graph von f_t schließt mit der x-Achse über dem Intervall $[1; 2]$ eine Fläche $A(t)$ ein.
Bestimmen Sie $A(t)$ in Abhängigkeit von t. Für welches t beträgt dieser Flächeninhalt 8 FE?

9 Für jedes $t > 0$ ist eine Funktion f_t gegeben mit $f_t(x) = x^2 - t^2$. Der Graph von f_t schließt mit der x-Achse eine Fläche $A(t)$ ein.
Bestimmen Sie $A(t)$ in Abhängigkeit von t. Für welche t beträgt der Flächeninhalt 36 FE?

10 Zeigen Sie, dass die Tangente an den Graphen von f_a mit $f_a(x) = a \cdot e^x$ ($a > 0$) im Punkt $P_a(0 \mid a)$ die x-Achse im Punkt $S(-1 \mid 0)$ schneidet. Bestimmen Sie den Flächeninhalt der von der Tangente und dem Graphen begrenzten Fläche über dem Intervall $[-1; 0]$ in Abhängigkeit von a.

11 Beweisen Sie: Der Graph von f mit $f(x) = x^2$, die Tangente an f in $P(a \mid f(a))$ und die y-Achse begrenzen eine Fläche mit dem Flächeninhalt $A = \frac{1}{3}a^2$.

Zeit zu wiederholen

Rechnen Sie möglichst wenig! Hier ist Argumentieren gefragt.

12 a) Die Graphen in Fig. 2 gehören zu den Funktionen f, g, h und i. Ordnen Sie jeder Funktion den passenden Graphen zu und begründen Sie Ihre Entscheidung.
$f(x) = x^3 - x$; $g(x) = x^4 - 4x^2$; $h(x) = x^3 - 2x^2$; $i(x) = -x^3 + 2x^2$

A) 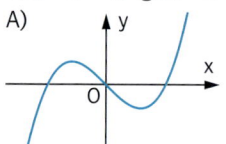 B) 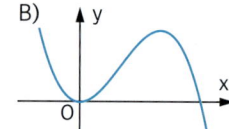 C) 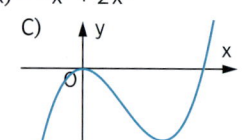 D)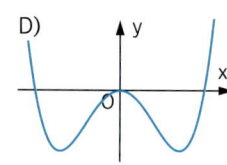

Fig. 2

b) Warum kann kein Graph aus Fig. 2 zur Funktion j mit $j(x) = 3x^2 + 4x - 2$ gehören?

6 Unbegrenzte Flächen – Uneigentliche Integrale

Es sind Holzklötze mit der Breite 1m und den Höhen 1m, $\frac{1}{2}$m, $\frac{1}{4}$m usw. zu einem Turm aufeinandergeschichtet. Dieselben Klötze sind in der zweiten Figur nebeneinandergelegt. Kann man bei „unendlich vielen Klötzen" etwas über die Höhe des Turms und den Flächeninhalt unter dem eingezeichneten Graphen sagen?

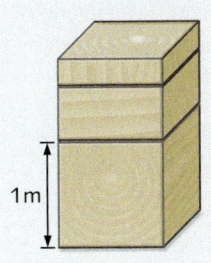
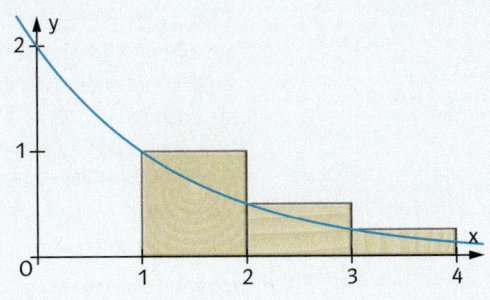

Wenn eine Funktion f den momentanen Wasserausstoß einer Quelle beschreibt, kann man den Gesamtausstoß als Fläche zwischen dem Graphen von f und der x-Achse veranschaulichen. Liefert die Quelle zeitlich unbegrenzt Wasser, dann scheint die gesamte gelieferte Wassermenge und damit der Flächeninhalt ebenfalls unbegrenzt anzuwachsen. Diese Situation wird mithilfe des Integrals untersucht.

Die Fläche in Fig. 1 ist zunächst nach oben *und* nach rechts unbegrenzt. Durch Einfügen einer linken bzw. rechten festen Grenze wird die Problemstellung vereinfacht.

Nach rechts unbegrenzte Fläche:

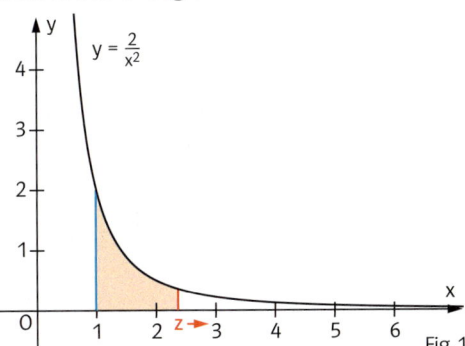

Nach oben unbegrenzte Fläche:

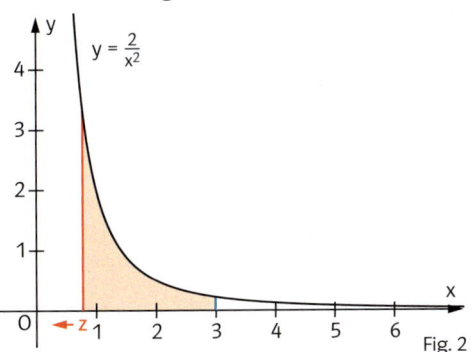

Um den Inhalt der nach rechts unbegrenzten Fläche in Fig. 1 zu untersuchen, berechnet man zunächst mit der variablen rechten Grenze z den Inhalt der Fläche über dem Intervall [1; z].

$A(z) = \int_1^z \frac{2}{x^2} dx = \left[-\frac{2}{x}\right]_1^z = -\frac{2}{z} + 2 = 2 - \frac{2}{z}$

Da $A(z) \to 2$ für $z \to +\infty$ gilt, ist der Flächeninhalt der unbegrenzten Fläche in Fig. 1 $A = 2$.

Um den Inhalt der nach oben unbegrenzten Fläche in Fig. 2 zu untersuchen, berechnet man zunächst mit der variablen linken Grenze z den Inhalt der Fläche über dem Intervall [z; 3].

$A(z) = \int_z^3 \frac{2}{x^2} dx = \left[-\frac{2}{x}\right]_z^3 = -\frac{2}{3} + \frac{2}{z}$

Da $A(z) \to +\infty$ für $z \to 0$ (und $0 < z < 3$) gilt, hat die unbegrenzte Fläche in Fig. 2 keinen endlichen Inhalt.

Da in Fig. 1 der Grenzwert $\lim_{z \to \infty} \int_1^z \frac{2}{x^2} dx$ existiert, schreibt man dafür auch: $\int_1^\infty \frac{2}{x^2} dx$.

Die entsprechende Schreibweise $\int_0^3 \frac{2}{x^2} dx$ ist nicht möglich, da kein Grenzwert existiert.

Bei der Untersuchung von **unbegrenzten Flächen** auf einen Inhalt untersucht man Integrale mit einer variablen Grenze und einer festen Grenze wie $\int_1^z f(x) dx$ oder wie $\int_z^3 f(x) dx$ auf einen **Grenzwert** für $z \to \pm\infty$ bzw. für $z \to c$ (c ist eine Konstante). Existieren die Grenzwerte, schreibt man: $\lim_{z \to \infty} \int_1^z f(x) dx = \int_1^\infty f(x) dx$ bzw. $\lim_{z \to c} \int_z^b f(x) dx = \int_c^b f(x) dx$.

Diese Integrale, die sich als Grenzwert ergeben, nennt man **uneigentliche Integrale**.

Beispiel 1 Fläche, die nach rechts unbegrenzt ist
Gegeben ist die Funktion f mit $f(x) = 2e^{-x}$.
Untersuchen Sie, ob die Fläche zwischen dem Graphen von f und den Koordinatenachsen einen endlichen Inhalt hat (siehe Fig. 1).

■ *Lösung: Es gilt $f(x) > 0$ für alle x. Der Graph von f schneidet daher die x-Achse nicht. Es wird eine variable rechte Grenze z eingeführt.*

Für $z > 0$ gilt:

$$A(z) = \int_0^z 2e^{-x}dx = [-2e^{-x}]_0^z = -2e^{-z} + 2.$$

Für $z \to +\infty$ strebt $-2e^{-z} + 2 \to 2$.
Es ist also $\lim_{z \to +\infty} A(z) = 2$; die untersuchte Fläche hat den endlichen Inhalt $A = 2$.

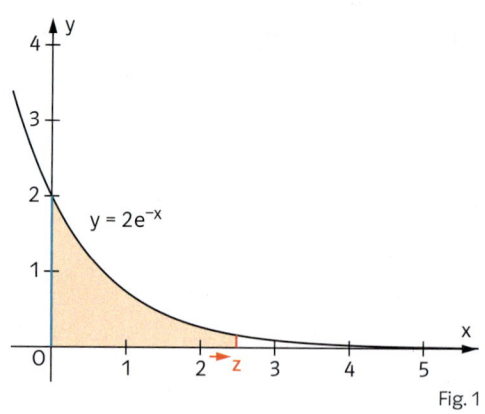

Fig. 1

Beispiel 2 Fläche, die nach oben unbegrenzt ist
Gegeben ist die Funktion f mit $f(x) = \frac{2}{\sqrt{x}}$.

Untersuchen Sie, ob die Fläche, die vom Graphen von f, der x-Achse, der y-Achse und der Geraden $x = 2$ eingeschlossen wird, einen endlichen Inhalt hat (siehe Fig. 2).

■ *Lösung: Es wird eine variable linke Grenze z mit $z > 0$ eingeführt.* Für $z > 0$ gilt:

$$A(z) = \int_z^2 \frac{2}{\sqrt{x}}dx = \int_z^2 2x^{-0,5}dx$$
$$= [4x^{0,5}]_z^2 = [4\sqrt{x}]_z^2 = 4\sqrt{2} - 4\sqrt{z}.$$

Für $z \to 0$ strebt $4\sqrt{2} - 4\sqrt{z} \to 4\sqrt{2}$.
Es gilt also $\lim_{z \to 0} A(z) = 4\sqrt{2}$; die untersuchte Fläche hat den endlichen Inhalt
$A = 4\sqrt{2} \approx 5{,}66$.

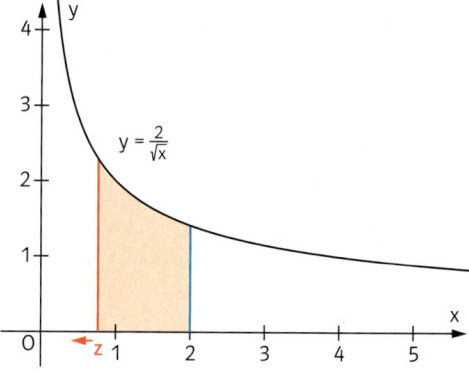

Fig. 2

Schüttung ist ein anderer Ausdruck für die momentane Wasserabgabe der Quelle.

Beispiel 3 Unbegrenzte Wassermenge bestimmen
Die Schüttung $s(t)$ einer Quelle wird modellhaft beschrieben durch $s(t) = \frac{3}{(t+1)^2}$ ($t \geq 0$; t in Stunden, s(t) in Kubikmetern pro Stunde).

a) Fertigen Sie eine Skizze des Graphen von s an. Zeigen Sie, dass die Quelle unaufhörlich Wasser spendet.

b) Treffen Sie eine Aussage über die Wassermenge, die zeitlich unbegrenzt aus der Quelle fließen kann. Verwenden Sie dazu die Stammfunktion $S(t) = \frac{-3}{t+1}$ von s.

■ *Lösung:* a) Skizze siehe Fig. 3.
Für $t > 0$ ist $s(t) > 0$, das heißt, die Quelle spendet unaufhörlich Wasser.
b) Die bis zum Zeitpunkt z ausgetretene Wassermenge $W(z)$ entspricht dem Integral

$$W(z) = \int_0^z \frac{3}{(t+1)^2}dt = \left[\frac{-3}{(t+1)}\right]_0^z = \frac{-3}{(z+1)} + 3.$$

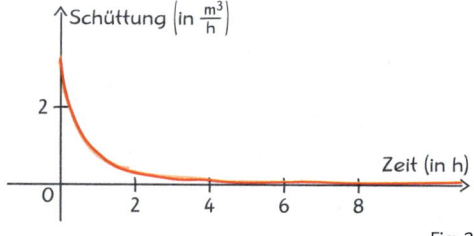

Fig. 3

Für $z \to \infty$ gilt: $A(z) \to 3$.
Bei zeitlich unbegrenzter Schüttung könnte die Quelle insgesamt $3\,m^3$ Wasser liefern.

Aufgaben

1 Untersuchen Sie, ob die gefärbte unbegrenzte Fläche einen endlichen Inhalt A hat. Geben Sie gegebenenfalls A an.

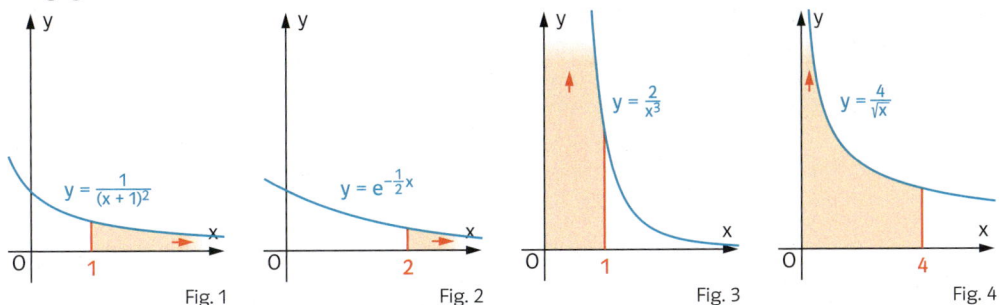

Fig. 1 Fig. 2 Fig. 3 Fig. 4

2 Der Graph der Funktion f mit $f(x) = 2e^x$ schließt mit den Koordinatenachsen eine nach links nicht begrenzte Fläche ein. Zeigen Sie, dass diese Fläche einen endlichen Inhalt A hat.

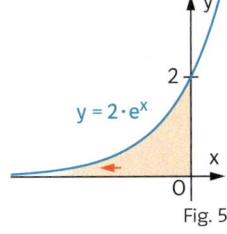

Fig. 5

Zeit zu überprüfen

3 Der Graph von f mit $f(x) = \frac{4}{x^3}$ schließt mit der x-Achse über dem Intervall $[0{,}5;\infty)$ eine nach rechts unbegrenzte Fläche ein. Untersuchen Sie, ob diese Fläche einen endlichen Inhalt A hat. Geben Sie gegebenenfalls A an.

4 Gegeben sind die Funktionen f mit: I. $f(x) = \frac{1}{x^3}$, II. $f(x) = \frac{1}{x^2}$, III. $f(x) = \frac{1}{\sqrt{x}}$.

a) Der Graph jeder Funktion f schließt mit der x-Achse über dem Intervall $[1;\infty)$ eine nach rechts unbegrenzte Fläche ein. Untersuchen Sie, ob diese Fläche einen endlichen Inhalt hat.
b) Untersuchen Sie entsprechend die nach oben unbegrenzte Fläche.

© CAS
Fläche ins Unendliche

5 a) Wie viel Prozent von $\int_1^\infty e^{-x}dx$ sind $\int_1^a e^{-x}dx$ für $a = 2; 5; 10; 20; 50; 100$?
b) Bearbeiten Sie Teilaufgabe a) für die Funktion f mit $f(x) = x^{-2}$ anstatt der Funktion f mit $f(x) = e^{-x}$.

6 Aus der Physik ist bekannt: Um einen Körper der Masse m aus der Höhe h_1 über dem Erdmittelpunkt auf die Höhe h_2 über dem Erdmittelpunkt zu bringen, benötigt man die Arbeit

$$W = \int_{h_1}^{h_2} F(s)\,ds \text{ mit } F(s) = \gamma \frac{m \cdot M}{s^2}.$$

Dabei ist M die Masse der Erde und γ die Gravitationskonstante. Welche Arbeit ist notwendig, um einen Satelliten der Masse m von der Erdoberfläche
a) in eine geostationäre Bahn zu bringen,
b) aus dem Anziehungsbereich der Erde „hinauszubefördern"?

Zahlenangaben zu Aufgabe 6:
$M = 5{,}97 \cdot 10^{24}\,\text{kg}$
$\gamma = 6{,}67 \cdot 10^{-11}\,\frac{m^3}{kg \cdot s^2}$
$m = 1000\,\text{kg}$
Erdradius: $h_1 = 6370\,\text{km}$
Höhe einer geostationären Bahn:
$h_2 = 4{,}22 \cdot 10^4\,\text{km}$

Eine geostationäre Bahn liegt so über dem Äquator, dass der Satellit immer am gleichen Ort am Himmel zu stehen scheint.

7 Numerische Integration

Zu der Funktion f mit $f(x) = \frac{1}{1+x^2}$ kann man mittels bisher bekannten Funktionen keine Stammfunktion angeben.

Gegeben ist die Funktion f mit $f(x) = \frac{1}{1+x^2}$.
a) Welcher Näherungswert für den Inhalt der in der Figur gefärbten Fläche ergibt sich, wenn man den Graphen der Funktion f zwischen A und B sowie B und C durch Sehnen ersetzt?
b) Welcher Wert ergibt sich, wenn man den Graphen durch die Tangente in B ersetzt?

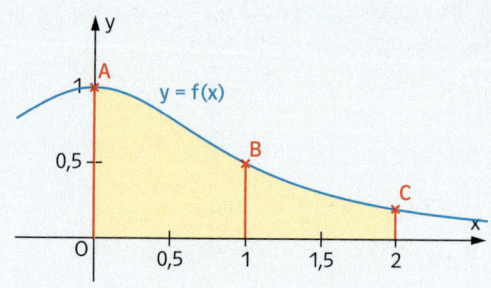

Wenn man zu einer gegebenen Funktion f keine Stammfunktion angeben kann, dann kann man im Allgemeinen das Integral $\int_a^b f(x)\,dx$ nicht exakt berechnen. In solchen Fällen versucht man, einen möglichst guten Näherungswert für das Integral zu berechnen.

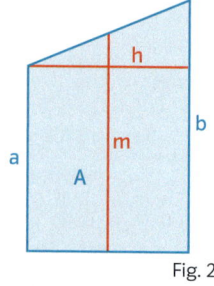

Fig. 2

$A = \frac{a+b}{2} \cdot h$ bzw.
$A = m \cdot h$

Jedes Integral kann durch Rechteckssummen näherungsweise bestimmt werden. Damit gibt zum Beispiel jede Unter- und jede Obersumme einen Näherungswert vor. Man erhält jedoch bessere Näherungswerte, wenn man die Rechtecke durch Sehnentrapeze wie in Fig. 1 oder durch Tangententrapeze wie in Fig. 3 ersetzt. Dabei benützt man die für den Flächeninhalt eines Trapezes geltenden Formeln (siehe Fig. 2).

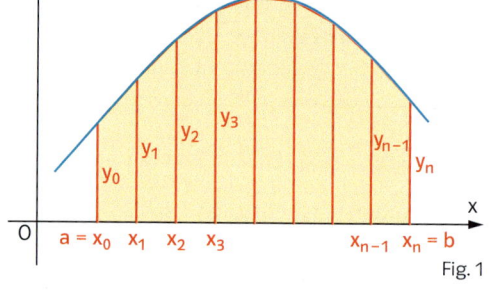

Fig. 1

Zur Bestimmung des Inhalts der Sehnentrapeze in Fig. 1 unterteilt man das Intervall [a; b] zunächst in n gleich lange Teilintervalle. Zur Vereinfachung schreibt man für $f(x_i)$ kurz y_i. Dann gilt für den Inhalt S_n:

$$S_n = \frac{b-a}{n} \cdot \left(\frac{y_0 + y_1}{2} + \frac{y_1 + y_2}{2} + \ldots \frac{y_{n-1} + y_n}{2} \right)$$

oder

$$S_n = \frac{b-a}{2n} \cdot (y_0 + 2y_1 + 2y_2 + \ldots + 2y_{n-1} + y_n).$$

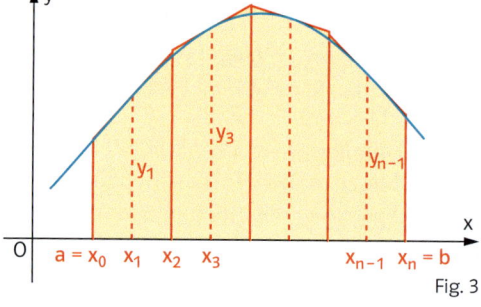

Fig. 3

Für gerade Zahlen n kann man entsprechend den Inhalt T_n der Tangententrapeze in Fig. 3 bestimmen.
Es gilt:
$$T_n = \frac{2(b-a)}{n} \cdot (y_1 + y_3 + y_5 + \ldots + y_{n-1}).$$

Die Trapezregeln kann man auch bei einem Integral $\int_a^b f(x)\,dx$ mit $f(x) < 0$ oder $a > b$ verwenden.

Für das Integral $\int_a^b f(x)\,dx$ erhält man einen Näherungswert S_n bzw. T_n mit der

Sehnentrapezregel: $\quad S_n = \frac{b-a}{2n} \cdot (y_0 + 2y_1 + 2y_2 + \ldots + 2y_{n-1} + y_n)$ bzw.

Tangententrapezregel (n gerade): $\quad T_n = \frac{2(b-a)}{n} \cdot (y_1 + y_3 + y_5 + \ldots + y_{n-1})$.

Es liegt nahe, die mittels der Sehnentrapezregel und der Tangententrapezregel erhaltenen Näherungswerte S_n und T_n zu einem einzigen Näherungswert zusammenzufassen. Weil bei der Berechnung jeweils doppelt so viele Sehnentrapeze wie Tangententrapeze verwendet werden, erscheint es sinnvoll, S_n doppelt so stark zu gewichten wie T_n. Für $n = 2$ erhält man

$$\frac{1}{3}(2S_2 + T_2) = \frac{1}{3}\left(2\frac{(b-a)}{4}(y_0 + 2y_1 + y_2) + \frac{2(b-a)}{2}y_1\right) = \frac{b-a}{6}(y_0 + 4y_1 + y_2)$$

Fassregel von Kepler

Zur näherungsweisen Bestimmung eines Integrals $\int_a^b f(x)\,dx$ kann man die Funktionswerte an den drei Stellen a, $\frac{a+b}{2}$ (Mitte von a und b) und b verwenden:

$$\int_a^b f(x)\,dx \approx \frac{b-a}{6}\cdot\left(f(a) + 4\cdot f\left(\frac{a+b}{2}\right) + f(b)\right).$$

Beispiel Integral numerisch berechnen

a) Berechnen Sie für das Integral $\int_1^3 \frac{1}{1+x^2}\,dx$ die Näherungswerte S_4 und T_4.

b) Berechnen Sie für das Integral einen Näherungswert K mit der Kepler'schen Fassregel.

c) Bestimmen Sie mit einem Tabellenkalkulationsprogramm S_{40}.

■ Lösung: a) Mit $x_0 = 1$; $x_1 = 1{,}5$; $x_2 = 2$; $x_3 = 2{,}5$ und $x_4 = 3$ ergibt sich $y_0 = \frac{1}{2}$; $y_1 = \frac{4}{13}$; $y_2 = \frac{1}{5}$; $y_3 = \frac{4}{29}$ und $y_4 = \frac{1}{10}$.
Damit berechnet man:
$S_4 = \frac{3-1}{2\cdot 4}\cdot\left(\frac{1}{2} + 2\cdot\frac{4}{13} + 2\cdot\frac{1}{5} + 2\cdot\frac{4}{29} + 2\cdot\frac{1}{10}\right) = 0{,}4728$ (4 Dezimalen) bzw.
Die Abweichung vom gerundeten genauen Wert von 0,4636 beträgt 2%.
$T_4 = \frac{2(3-1)}{4}\cdot\left(\frac{4}{13} + \frac{4}{29}\right) = 0{,}4456$ (4 Dezimalen).
Die Abweichung vom gerundeten genauen Wert von 0,4636 beträgt 4%.

b) Es ist $a = 1$; $f(1) = \frac{1}{2}$; $\frac{a+b}{2} = 2$; $f(2) = \frac{1}{5}$; $b = 3$; $f(3) = \frac{1}{10}$.
$K = \frac{2}{6}\cdot\left(\frac{1}{2} + 4\cdot\frac{1}{5} + \frac{1}{10}\right) = \frac{7}{15} \approx 0{,}4667$ (4 Dezimalen).
Die Abweichung vom gerundeten genauen Wert von 0,4636 beträgt 0,7%.

c) Fig. 1 zeigt die mit einer Tabellenkalkulation berechneten Werte.
Es ergibt sich: $S_{40} \approx 0{,}46373928$.
Die Abweichung vom genauen Wert beträgt 0,02%.

Man kann zeigen, dass der genaue Wert des Integrals im Beispiel auf 6 Dezimalen gerundet den Wert 0,463 648 hat.

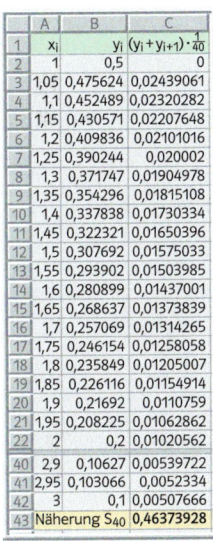

Fig. 1

Aufgaben

1 Ermitteln Sie mit beiden Trapezregeln Näherungswerte für das Integral.

a) $\int_1^4 \frac{1}{x}\,dx$; $n = 6$ b) $\int_0^2 \sqrt{1+x}\,dx$; $n = 4$ c) $\int_0^4 2^x\,dx$; $n = 8$ d) $\int_{-1}^1 e^{x^2}\,dx$; $n = 4$

2 Berechnen Sie das Integral $\int_0^2 f(x)\,dx$ mit dem Hauptsatz und näherungsweise mit der Kepler'schen Fassregel.

a) $f(x) = x$ b) $f(x) = x^2$ c) $f(x) = x^3$ d) $f(x) = x^4$ e) $f(x) = x^5$

3 Berechnen Sie die Integrale $\int_{-1}^1 10x^2\cdot(x-1)^2\cdot(x+1)^2\,dx$ und $\int_{-1}^1 x^2\cdot e^{-x}\,dx$ näherungsweise mit der Kepler'schen Fassregel.

INFO → Aufgabe 4

Numerische Integration – Die Fassregel von Kepler

Spundloch

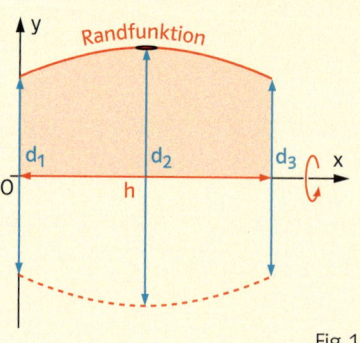

Fig. 1

Kann man das Fassungsvermögen eines Weinfasses aus seinen Abmessungen berechnen? Vor diesem Problem stand der Astronom und Mathematiker Johannes Kepler (1571–1630), als er zu seiner Hochzeit einige Fässer Wein kaufte. Wie sollte er ohne größere Umstände nachprüfen, wie viel Wein in den vollen Fässern war? Die sich aus diesem Problem ergebenden Überlegungen beschrieb Kepler in seiner Schrift „Nova stereometria doliorum vinariorum" (Neue Inhaltsberechnung von Weinfässern).

Eines seiner Ergebnisse war: Wenn man an einem Fass die drei Längen d_1, d_2 (durch das Spundloch) und d_3 misst und daraus die Inhalte der kreisförmigen Querschnittsflächen q_1, q_2 und q_3 berechnet, dann erhält man einen guten Näherungswert für das Volumen V des Fasses mit $V = \frac{1}{6} \cdot h \cdot (q_1 + 4q_2 + q_3)$. Von dieser Formel kommt der Name „Fassregel".

Man kann das Volumen eines Fasses auch mithilfe der nach Keplers Zeit entwickelten Integralrechnung bestimmen. Dabei denkt man sich das Fass durch Rotation der „Randfunktion" um die x-Achse entstanden.

CAS
Volumen eines Fasses

Man kann die zur Kepler'schen Fassregel führende Problemstellung auch ganz anders angehen. Dabei wird durch die drei gegebenen Punkte A, B und C eine Parabel $f(x) = ax^2 + bx + c$ vom Grad 2 gelegt.
In Fig. 2 ergeben sich die Bedingungen
$\qquad c = 1$ (Punkt A)
$\quad 4a + 2b + 1 = 4$ (Punkt B)
$16a + 4b + 1 = 3$ (Punkt C)
Lösung: $f(x) = -0{,}5x^2 + 2{,}5x + 1$.

Fig. 2

Mit dieser Funktion ergibt sich für den Flächeninhalt die Näherungslösung $\int_0^4 f(x)\,dx = 13\frac{1}{3}$.

Mit der Kepler'schen Fassregel ergibt sich $\frac{1}{6} \cdot 4 \cdot (1 + 4\cdot 4 + 3) = 13\frac{1}{3}$.

Man kann zeigen, dass die Kepler'sche Fassregel und die „Parabelmethode" immer dieselben Ergebnisse liefern.

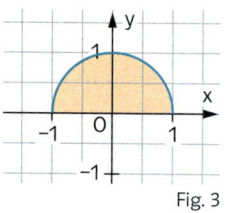

Fig. 3
Flächeninhalt A des Halbkreises $A = \frac{1}{2}\pi r^2$

4 a) Der in Fig. 3 abgebildete Halbkreis soll durch eine Parabel p vom Grad 2 mittels der Stützstellen $A(-1|0)$, $B(0|1)$ und $C(1|0)$ angenähert werden. Bestimmen Sie p(x) und berechnen Sie das Integral $\int_{-1}^{1} p(x)\,dx$ mithilfe des Hauptsatzes.

b) Der zum Halbkreis in Fig. 3 gehörende Funktionsterm ist $f(x) = \sqrt{1-x^2}$.
Bestimmen Sie das Integral $\int_{-1}^{1} \sqrt{1-x^2}\,dx$ mithilfe der Kepler'schen Fassregel und vergleichen Sie es mit dem Ergebnis aus Teilaufgabe a).

Wiederholen – Vertiefen – Vernetzen

1 Geben Sie eine Stammfunktion von f an.
a) $f(x) = \frac{1}{3}x^2 + \frac{2}{x^2}$
b) $f(x) = 0{,}2 \cdot (e^x - e^{-x})$
c) $f(x) = 0{,}1 \cdot (0{,}1x + 1)^2$

2 Prüfen Sie, ob F eine Stammfunktion von f ist.
a) $f(x) = e^x \cdot (1 + e^x)$; $F(x) = e^x \cdot \left(1 + \frac{1}{2}e^x\right)$
b) $f(x) = (e^x)^2$; $F(x) = (e^x)^3$

Vom Graphen zum Integral

3 Fig. 1 zeigt den Graphen einer Funktion f.
a) Gibt es Stellen, an denen jede Stammfunktion von f ein Minimum hat?
b) Beschreiben Sie, wie man am Graphen von f erkennt, ob der Graph einer Stammfunktion F von f einen Hochpunkt hat.
c) Skizzieren Sie den Graphen einer Stammfunktion von f.

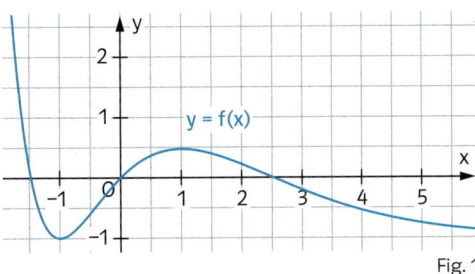
Fig. 1

4 In Fig. 2 und 3 sind jeweils Graphen der momentanen Änderungsrate m einer Größe G gezeichnet. Beurteilen Sie, ob in Fig. 2 die Größe im Zeitraum zwischen 0s und 4s und in Fig. 3 zwischen 1s und 3s insgesamt zugenommen hat.

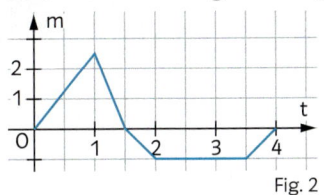
Fig. 2

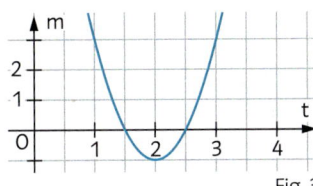
Fig. 3

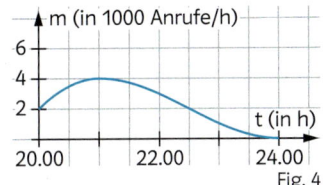
Fig. 4

5 Anlässlich eines im Fernsehen übertragenen Benefizkonzerts können Zuschauer ab 20 Uhr einen Spendenanruf tätigen.
In Fig. 4 ist die Entwicklung der momentanen Anrufrate m dargestellt.
a) Bestimmen Sie einen Schätzwert für die Zahl der Anrufe bis 22 Uhr.
b) Pro Stunde können 3000 Anrufe bearbeitet werden. Zu welcher Zeit ist die Zahl der Anrufer in der Warteschleife am größten?

6 The Quabbin Reservoir in the western part of Massachusetts provides most of Boston's water. The graph in figure 5 represents the flow of water in and out of the Quabbin Reservoir throughout 1993.
(a) Sketch a possible graph for the quantity of water in the reservoir, as a function of time.
(b) When, in the course of 1993, was the quantity of water in the reservoir largest? Smallest? Mark and label these points on the graph you drew in part (a).
(c) When was the quantity of water increasing most rapidly? Decreasing most rapidly? Mark and label these times on both graphs.
(d) By July 1994 the quantity of water in the reservoir was about the same as in January 1993. Draw plausible graphs for the flow into and the flow out of the reservoir for the first half of 1994. Explain your graphs.

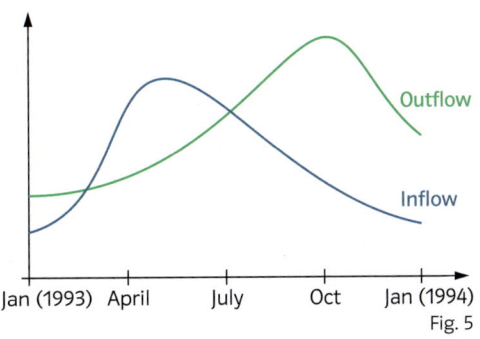
Fig. 5

Diese Aufgabe ist einem Schulbuch aus den USA entnommen.

Wiederholen – Vertiefen – Vernetzen

Parabeln, Flächeninhalte, Rauminhalte

7 Zum Bau von Abwasserkanälen werden 1 m lange vorgefertigte Segmente aus Beton verwendet. Fig. 1 zeigt ein Segment im Querschnitt. Der Ausschnitt ist parabelförmig. Bestimmen Sie das Volumen und die Masse des in einem Segment verarbeiteten Betons. (1 m³ Beton wiegt 2,3 t.)

8 Ein 10 m langer Fußgängertunnel wird nach den Maßen von Fig. 2 aus Beton gefertigt. Der Querschnitt ist parabelförmig. Wie viel Beton wird benötigt?

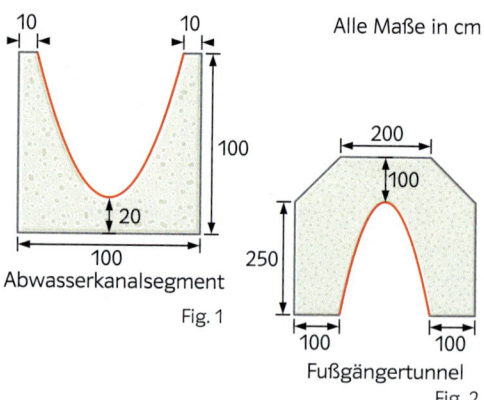

Fig. 1 Abwasserkanalsegment

Fig. 2 Fußgängertunnel

Begrenzung von Flächen durch Tangenten und Normalen

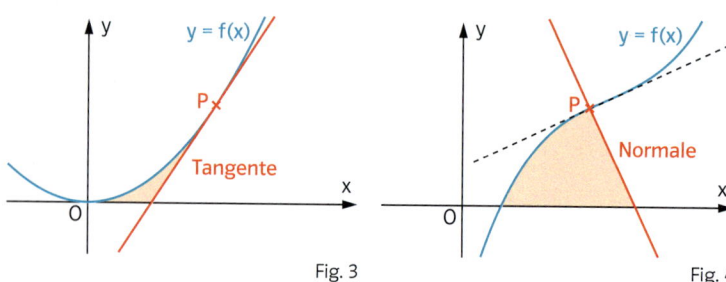

Fig. 3   Fig. 4

9 Berechnen Sie den Inhalt der Fläche, die vom Graphen von f, der Tangente in P und der x-Achse begrenzt wird (Fig. 3).
a) $f(x) = 0{,}5x^2$; $P(3\,|\,4{,}5)$
b) $f(x) = \frac{1}{x^2} - \frac{1}{4}$; $P(0{,}5\,|\,3{,}75)$

10 Berechnen Sie den Inhalt der Fläche, die vom Graphen von f, der Normalen in P und der x-Achse begrenzt wird (Fig. 4).
a) $f(x) = -x^2$; $P(1\,|\,-1)$
b) $f(x) = x^3$; $P(1\,|\,1)$

CAS Parameter bei Flächenberechnung

11 Berechnen Sie den Inhalt der Fläche, die vom Graphen von f mit $f(x) = -x^3 + x$ und der Normalen im Wendepunkt von f eingeschlossen wird.

12 Gegeben ist die Funktion f mit $f(x) = x^3$. Eine Gerade der Form $y = mx$ mit $m \geq 0$ schließt im ersten Quadranten mit dem Graphen von f eine Fläche ein (Fig. 5). Bestimmen Sie m so, dass der Inhalt dieser Fläche 2,25 ist. Drücken Sie dazu die gesuchte Schnittstelle der Graphen und den Flächeninhalt in Abhängigkeit von m aus. Zeigen Sie, dass der Graph das rot gefärbte Dreieck für jedes m mit $m \geq 0$ in zwei flächengleiche Teile teilt.

Zeit zu wiederholen

13 Ist die Aussage wahr oder falsch? Begründen Sie.
a) Das Verhalten der Funktion f mit $f(x) = -0{,}1x^4 + 2x^3 - 10x + 20$ für $x \to \infty$ kann man am Koeffizienten $-0{,}1$ ablesen.
b) Jede ganzrationale Funktion mit ungeradem Grad hat Nullstellen.
c) Eine ganzrationale Funktion f vom Grad n hat $n-1$ Extremstellen.

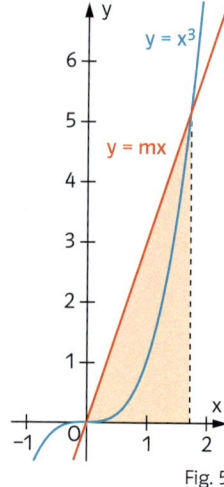

Fig. 5

Rückblick

Stammfunktionen
F heißt Stammfunktion von f, falls $F'(x) = f(x)$ ist.
Ist F eine Stammfunktion von f, dann auch G mit $G(x) = F(x) + c$.
Eine Stammfunktion von f mit $f(x) = \ln(x)$ ist F mit $F(x) = x \cdot \ln(x) - x$

Zu f mit $f(x) = 3x^2 + \frac{1}{x^2}$ sind z.B. F mit
$F(x) = x^3 - \frac{1}{x}$ und G mit $G(x) = x^3 - \frac{1}{x} - 2$
Stammfunktionen.

Berechnung von Integralen
Integrale kann man mithilfe von Stammfunktionen berechnen.
Ist F eine beliebige Stammfunktion von f, so gilt:
$\int_a^b f(x)\,dx = F(b) - F(a)$.

$\int_1^4 1{,}5x^2\,dx = [0{,}5x^3]_1^4 = 32 - 0{,}5 = 31{,}5$

Integral und Flächeninhalt
Flächen zwischen einer Kurve und der x-Achse
Bei der Berechnung des Flächeninhalts ist zu unterscheiden, ob die Fläche oberhalb oder unterhalb der x-Achse liegt.

$A_1 = \int_a^b f(x)\,dx$;

$A_2 = \int_b^c -f(x)\,dx$.

Flächen zwischen zwei Kurven
Zur Berechnung des Flächeninhalts ist zunächst zu klären, welche Kurve in welchen Bereichen oberhalb der anderen Kurve liegt. Dazu müssen die Schnittstellen der Graphen bestimmt werden.

$A_1 = \int_a^b (f(x) - g(x))\,dx$;

$A_2 = \int_b^c (g(x) - f(x))\,dx$.

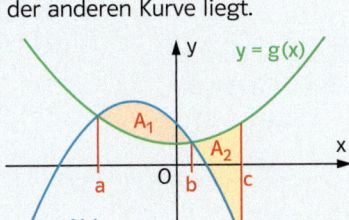

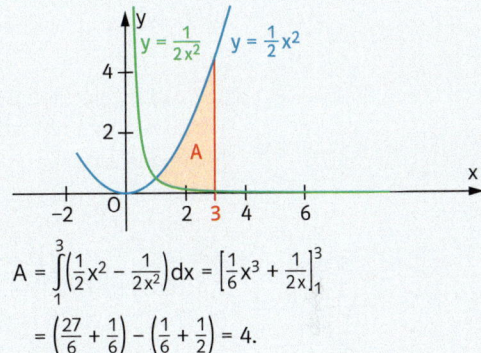

$A = \int_{-2}^0 -x^3\,dx = [-0{,}25x^4]_{-2}^0 = 0 - (-4) = 4$.

$A = \int_1^3 \left(\frac{1}{2}x^2 - \frac{1}{2x^2}\right)dx = \left[\frac{1}{6}x^3 + \frac{1}{2x}\right]_1^3$
$= \left(\frac{27}{6} + \frac{1}{6}\right) - \left(\frac{1}{6} + \frac{1}{2}\right) = 4$.

Integral und Gesamtänderung (Wirkung) einer Größe
Ist g die momentane Änderungsrate einer Größe, dann kann man die Gesamtänderung $G(b) - G(a)$ der Größe im Intervall $[a; b]$ mit einem Integral berechnen: $G(b) - G(a) = \int_a^b g(t)\,dt$.

Momentaner Schadstoffausstoß g eines Motors: $g(t) = \frac{8}{0{,}01t^2} + 1$ (t in s, $g(t)$ in $\frac{mg}{s}$).
Gesamter Schadstoffausstoß (in mg) in
$[10; 600]$: $\int_{10}^{600} \left(\frac{8}{0{,}01t^2} + 1\right)dt \approx 669$.

Uneigentliche Integrale
Es gibt zwei Arten von uneigentlichen Integralen. Man untersucht

a) den Grenzwert von $\int_a^b f(x)\,dx$ für $b \to \infty$

b) den Grenzwert von $\int_z^b f(x)\,dx$ für $z \to a$

Für $b \to \infty$ gilt: $\int_1^b \frac{1}{x^2}\,dx = 1 - \frac{1}{b} \to 1$.

Für $z \to 0$ gilt: $\int_z^4 \frac{1}{2\sqrt{x}}\,dx = 2 - \sqrt{z} \to 2$.

Prüfungsvorbereitung ohne Hilfsmittel

1 Berechnen Sie das Integral.

a) $\int_{-2}^{2} x(x-1)\,dx$ 	b) $\int_{1}^{10} x^{-1}\,dx$ 	c) $\int_{0}^{\ln(4)} e^{\frac{1}{2}x}\,dx$

2 Bestimmen Sie eine Stammfunktion von f. a) $f(x) = \frac{1}{4} e^{0,1x}$ b) $f(x) = \frac{1}{2}(5x-1)^2$

3 Bestimmen Sie den Inhalt der Fläche, die der Graph von f mit $f(x) = x^3 - x$ mit der x-Achse einschließt.

4 Untersuchen Sie, ob die nach rechts ins Unendliche reichende Fläche mit der linken Grenze $a = 1$ unter dem Graphen von f mit $f(x) = \frac{10}{x^4}$ einen endlichen Inhalt hat.

5 Skizzieren Sie den Graphen der Funktion f (Fig. 1) in Ihr Heft. Skizzieren Sie dazu einen Graphen
a) der Ableitungsfunktion f',
b) einer Stammfunktion von f.

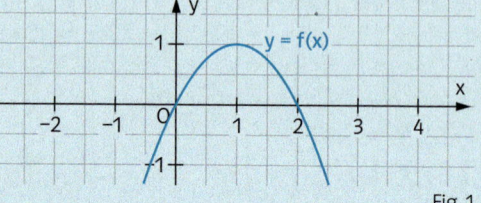

Fig. 1

6 Die Funktion G (Fig. 2) ist eine Stammfunktion von g. Bestimmen Sie aus dem Graphen von G näherungsweise

a) g(2), 	b) $\int_{1}^{4} g(x)\,dx$.

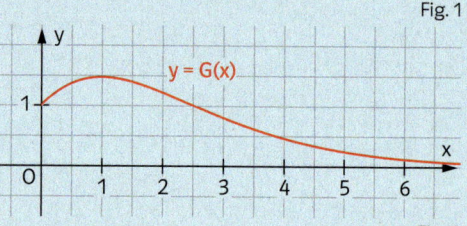

Fig. 2

7 Fig. 3 zeigt den Graphen einer Funktion f. F ist eine Stammfunktion von f. Welche der folgenden Aussagen über F ist wahr, welche ist falsch?
A: F ist in $I = [-1; 0]$ streng monoton fallend.
B: F hat bei $x = 0$ eine Extremstelle.
C: F muss in $[-1; 1]$ eine Nullstelle haben.
D: F hat bei $x = 1$ eine Wendestelle.

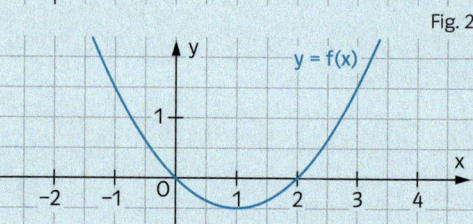

Fig. 3

8 Gegeben ist die Funktion f_a mit $f_a(x) = -a \cdot x^2 + a$ ($a > 0$). Der Graph von f schließt mit der x-Achse eine Fläche ein. Bestimmen Sie a so, dass der Flächeninhalt 4 ist.

9 In Fig. 4 ist näherungsweise die Vertikalgeschwindigkeit v eines Ballons in Abhängigkeit von der Zeit aufgetragen. Bei positiven Werten von v steigt der Ballon nach oben.
a) Beschreiben Sie, welchen Flugzustand der Ballon nach 10 Minuten einnimmt.
b) Nach wie vielen Minuten hat der Ballon seine größte Höhe erreicht. Beschreiben Sie diese Höhe mit einem Integral.
c) Beurteilen Sie, ob der Start- und der Landepunkt gleich hoch liegen.

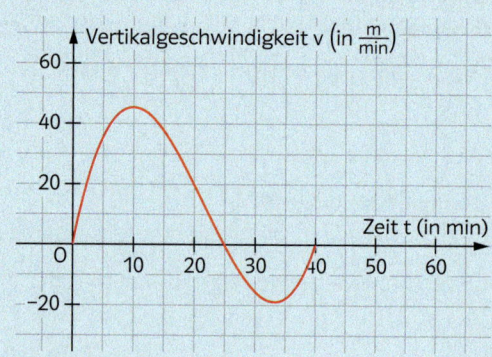

Fig. 4

Prüfungsvorbereitung mit Hilfsmitteln

1 Gegeben ist die Funktion f mit $f(x) = 0{,}5x^2 \cdot (x^2 - 4)$.
a) Wie groß ist die Fläche, die der Graph von f mit der x-Achse einschließt?
b) Der Graph von f und die Gerade mit der Gleichung $y = -2$ begrenzen eine Fläche. Berechnen Sie deren Inhalt.

2 Gegeben ist die Funktion f mit $f(x) = 1 - e^{-x}$; $x \in \mathbb{R}$.
a) Untersuchen Sie f auf Schnittpunkte mit den Koordinatenachsen.
Zeigen Sie, dass f streng monoton steigend ist.
b) Der Graph von f, die x-Achse und die Gerade $x = 5$ schließen eine Fläche ein. Berechnen Sie deren Inhalt A.
c) Der Graph von f, die y-Achse und die Gerade $y = -3$ schließen eine Fläche ein. Berechnen Sie deren Inhalt B.

3 Ein Behälter enthält zu Beginn ($t = 0$) $2\,\text{cm}^3$ Öl. Für $t > 0$ wird in einer Zuleitung Öl zugeführt. Für die momentane Zuflussrate f gilt: $f(t) = 0{,}1 e^{-0{,}1t}$ (t in Minuten, f(t) in cm³).
a) Zeigen Sie, dass die Ölmenge dauernd zunimmt.
b) Bestimmen Sie eine Funktion g, die die Ölmenge im Behälter für $t > 0$ in Abhängigkeit von der Zeit beschreibt. Untersuchen Sie, wie groß die Ölmenge werden kann.

4 Bei einem Überschuss an elektrischer Energie wird Wasser in einen Speichersee hochgepumpt. Mit diesem Wasser kann man bei Bedarf wieder elektrische Energie erzeugen. In Fig. 1 ist modellhaft die Zuflussrate eines Speichersees an einem Werktag zwischen 0 Uhr und 24 Uhr dargestellt.
a) Bestimmen Sie anhand des Graphen in Fig. 1, zu welchem Zeitpunkt im Verlauf dieses Tages am wenigsten Wasser im Speicher ist.
b) Für die Zuflussrate g gilt:

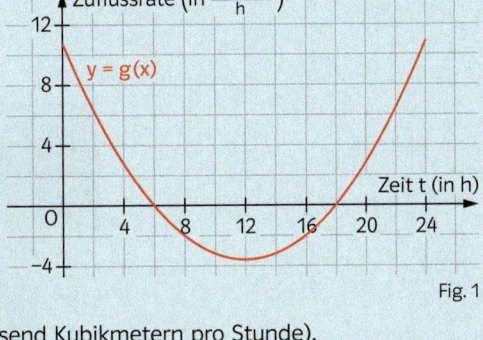

Fig. 1

$g(t) = 0{,}1(t^2 - 24t + 108)$ (t in Stunden, g(t) in Tausend Kubikmetern pro Stunde).
Bestimmen Sie die Zufluss- und Abflussmengen zwischen 0 Uhr und 6 Uhr, 6 Uhr und 18 Uhr und 18 Uhr und 24 Uhr.

5 Der Boden eines 2 km langen Kanals hat die Form einer Parabel (siehe Fig. 2). Dabei entspricht eine Längeneinheit 1 m in der Wirklichkeit.
a) Berechnen Sie den Inhalt der Querschnittsfläche des Kanals.
b) Wie viel Wasser befindet sich im Kanal, wenn er ganz gefüllt ist?
c) Wie viel Prozent der maximalen Wassermenge befindet sich im Kanal, wenn er nur bis zur halben Höhe gefüllt ist?

© CAS
Kanalquerschnitt

Fig. 2

Lineare Gleichungssysteme

In vielen Bereichen, wie zum Beispiel den Naturwissenschaften, der Technik, der Medizin und den Wirtschaftswissenschaften, gibt es Probleme, die man mithilfe linearer Gleichungssysteme lösen kann.

Diese linearen Gleichungssysteme löst man mit dem Gauß-Verfahren.

$2x_1 - x_2 + 6x_3 = 8$
$3x_1 + 2x_2 + 2x_3 = -2$
$x_1 + 3x_2 - 4x_3 = -10$

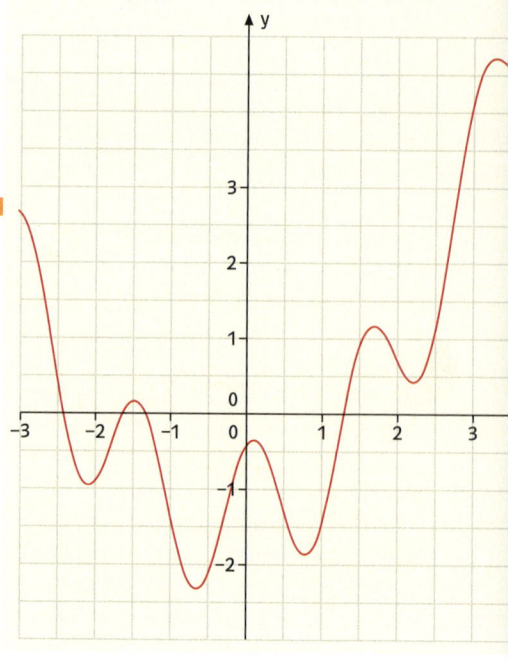

Kurvenanpassung

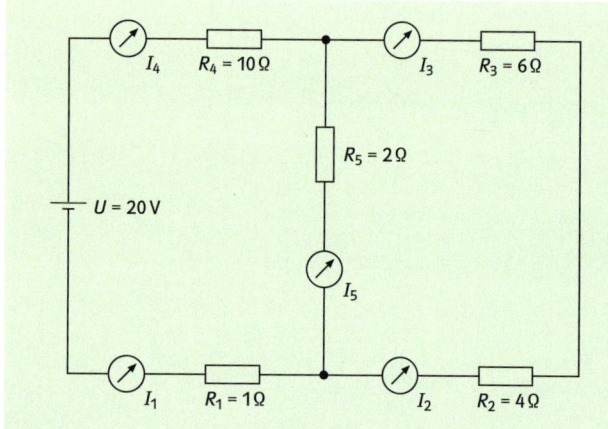

Stromstärken in Gleichstromnetzen

Das kennen Sie schon
- Lösen von Gleichungssystemen mit zwei Variablen
- Eigenschaften ganzrationaler Funktionen

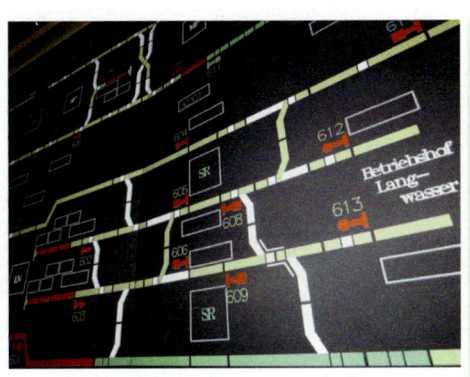

Verkehrsströme im Eisenbahnnetz

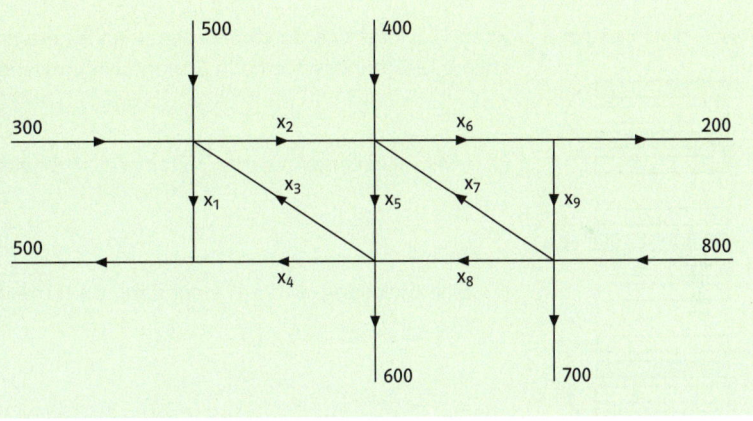

In diesem Kapitel

– wird das Gauß-Verfahren zum Lösen von Gleichungssystemen mit drei Variablen eingeführt.
– werden ganzrationale Funktionen bestimmt.
– werden lineare Gleichungssysteme angewendet.

 Zahl und Zahlbereiche

 Messen und Größen

 Raum und Form

 Funktionaler Zusammenhang

 Daten und Zufall

1 Das Gauß-Verfahren

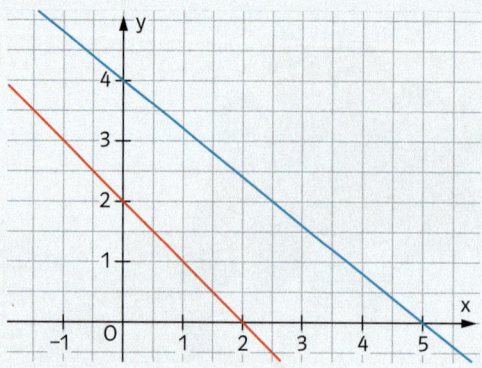

Schneiden sich die beiden Geraden? Wenn ja, in welchem Punkt?

Mit den bisher bekannten Verfahren lassen sich die Lösungen von linearen Gleichungssystemen (LGS) mit zwei Variablen bestimmen. Im Folgenden wird ein Lösungsverfahren für lineare Gleichungssysteme mit mehr als zwei Variablen betrachtet.

Da das nebenstehende LGS in **Stufenform** vorliegt, kann man die Lösung leicht bestimmen: Aus der dritten Gleichung folgt $x_3 = -2$. Anschließend erhält man durch Einsetzen von $x_3 = -2$ aus der zweiten Gleichung $x_2 = 2$ und durch Einsetzen von $x_3 = -2$ und $x_2 = 2$ aus der ersten Gleichung $x_1 = 0$.

$$2x_1 - 3x_2 + x_3 = -8$$
$$2x_2 + 5x_3 = -6$$
$$-2x_3 = 4$$

Erlaubte Umformungen:
(1)

(2) $|\cdot c$

(3) $\big)+$

Fig. 1

Jedes LGS lässt sich durch die folgenden Äquivalenzumformungen für lineare Gleichungssysteme in Stufenform umwandeln.

$$x_2 + 3x_3 = 10$$
$$5x_1 - 3x_2 + x_3 = 5$$
$$-2x_2 + 2x_3 = -4$$

(1) Zwei Gleichungen werden miteinander vertauscht.

$$5x_1 - 3x_2 + x_3 = 5$$
$$x_2 + 3x_3 = 10$$
$$-2x_2 + 2x_3 = -4$$

(2) Eine Gleichung wird mit einer Zahl $c \neq 0$ multipliziert.

$$5x_1 - 3x_2 + x_3 = 5$$
$$2x_2 + 6x_3 = 20$$
$$-2x_2 + 2x_3 = -4$$

(3) Eine Gleichung wird durch die Summe von ihr und einer anderen Gleichung ersetzt.
Aus der Stufenform ergibt sich die Lösung
$x_3 = 2; \; x_2 = 4; \; x_1 = 3$.

$$5x_1 - 3x_2 + x_3 = 5$$
$$2x_2 + 6x_3 = 20$$
$$8x_3 = 16$$

Ein 2-Tupel $(x_1; x_2)$ ist ein geordnetes Paar.

Die Lösung gibt man als 3-Tupel in der Form $(x_1; x_2; x_3)$ an: $(3; 4; 2)$.

> **Gauß-Verfahren** zum Lösen linearer Gleichungssysteme mit n Variablen
> 1. Man bringt das lineare Gleichungssystem durch Äquivalenzumformungen auf Stufenform.
> 2. Man löst die Gleichungen der Stufenform schrittweise nach den Variablen $x_n; \ldots x_2; x_1$ auf.

GTR-Hinweise
735605-1691

Beispiel Lösung eines LGS mit dem Gauß-Verfahren und dem GTR
Lösen Sie das lineare Gleichungssystem mit dem Gauß-Verfahren.

$3x_1 + 6x_2 - 2x_3 = -4$
$3x_1 + 2x_2 + x_3 = 0$
$1{,}5x_1 + 5x_2 - 5x_3 = -9$

⊚ CAS
Anleitung zu linearen LGS

■ Lösung: 1. Schritt: LGS notieren und Gleichungen „nummerieren".

Umformung

I $3x_1 + 6x_2 - 2x_3 = -4$
II $3x_1 + 2x_2 + x_3 = 0$
III $1{,}5x_1 + 5x_2 - 5x_3 = -9$

2. Schritt: Damit x_1 in der Gleichung II „wegfällt", ersetzt man II durch die Summe von $(-1) \cdot$ II und I.

I $3x_1 + 6x_2 - 2x_3 = -4$
IIa $4x_2 - 3x_3 = -4$ IIa $= (-1) \cdot$ II $+$ I
III $1{,}5x_1 + 5x_2 - 5x_3 = -9$

3. Schritt: Damit x_1 in der Gleichung III „wegfällt", ersetzt man III durch die Summe von $(-2) \cdot$ III und I.

I $3x_1 + 6x_2 - 2x_3 = -4$
IIa $4x_2 - 3x_3 = -4$
IIIa $-4x_2 + 8x_3 = 14$ IIIa $= (-2) \cdot$ III $+$ I

4. Schritt: Damit x_2 in der Gleichung IIIa „wegfällt", ersetzt man IIIa durch die Summe von IIIa und IIa.

I $3x_1 + 6x_2 - 2x_3 = -4$
IIa $4x_2 - 3x_3 = -4$
IIIb $5x_3 = 10$ IIIb $=$ IIIa $+$ IIa

5. Schritt: Man bestimmt die Lösung aus der Stufenform.

$x_3 = 2;\ x_2 = 0{,}5;\ x_1 = -1$
Lösung: $(-1;\ 0{,}5;\ 2)$

Um Schreibarbeit zu sparen, kann man ein lineares Gleichungssystem in Kurzform angeben. Dabei notiert man in jeder Zeile nur noch die Koeffizienten und die Zahl auf der rechten Seite. Dieses Zahlenschema bezeichnet man als **Matrix**.

LGS
$3x_1 + 6x_2 - 2x_3 = -15$
$4x_2 - 3x_3 = -17$
$2x_1 + 5x_2 - 5x_3 = -23$

Matrixschreibweise
$\begin{pmatrix} 3 & 6 & -2 & | & -15 \\ 0 & 4 & -3 & | & -17 \\ 2 & 5 & -5 & | & -23 \end{pmatrix}$

Die Matrix hat drei Zeilen und vier Spalten.

Die Matrixschreibweise wird auch verwendet, wenn man ein LGS mit einem Rechner löst.
Bei folgendem Rechner wählt man den Gleichungstyp Nr. 2 aus (Fig. 1; lineare Gleichung mit 3 Variablen). Fig. 2 und Fig. 3 zeigen je einen Ausschnitt der Matrix.

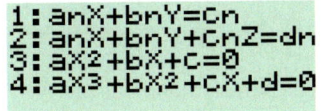
Fig. 1

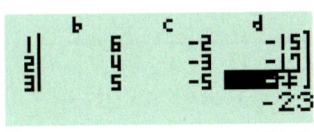
Fig. 2   Fig. 3

Die Figuren 4 – 6 zeigen die Lösung des LGS: $(1;\ -2;\ 3)$.

X = 1   Y = –2   Z = 3

Fig. 4   Fig. 5   Fig. 6

Andere Rechner geben die Lösungen nicht direkt an. Bei ihnen kann man die Matrix mit einem Befehl auf eine Form bringen, an der man die Lösung ablesen kann.

Aus Fig. 8 kann man die Lösung ablesen:

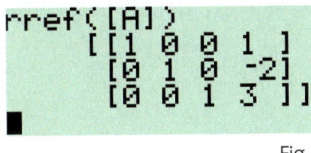
Fig. 7   Fig. 8

$x_1 = 1$
$x_2 = -2$
$x_3 = 3$

Aufgaben

1 Bestimmen Sie die Lösung.

a) $2x_1 - 3x_2 - 5x_3 = -1$
$2x_2 + x_3 = 0$
$3x_3 = 6$

b) $3x_1 + 8x_2 - 3x_3 = 5$
$4x_2 + x_3 = 1$
${-5x_3} = 10$

c) $3x_1 + 4x_2 + 6x_3 = 5$
$17x_2 + 24x_3 = 16$
$2x_3 = 7$

2
a) $2x_1 + 4x_2 + 2x_3 = 7$
$4x_2 + 2x_3 = 8$
$4x_2 - x_3 = -1$

b) $3x_1 - 4x_2 + x_3 = 4$
$3x_1 + x_2 - 2x_3 = 1$
$3x_3 = 6$

c) $4x_1 - 2x_2 + 2x_3 = 3$
$3x_2 + 3x_3 = -3$
$4x_1 + x_2 + 4x_3 = 5$

3
a) $x_1 + 2x_2 - 2x_3 = 4$
$x_2 - 2x_3 = -1$
$4x_2 + 3x_3 = 7$

b) $2x_1 - 3x_2 - x_3 = 1$
$2x_2 + 3x_3 = 1$
$4x_1 + 2x_2 + 3x_3 = 6$

c) $10x_1 + 3x_2 - 2x_3 = 3$
$5x_3 = 10$
$2x_1 - x_2 - 3x_3 = 1$

4
a) $2x_1 - 4x_2 + 5x_3 = 3$
$3x_1 + 3x_2 + 7x_3 = 13$
$4x_1 - 2x_2 - 3x_3 = -1$

b) $-x_1 + 7x_2 - x_3 = 5$
$4x_1 - x_2 + x_3 = 1$
$5x_1 - 3x_2 + x_3 = -1$

c) $\phantom{0{,}0x_1 + }0{,}6x_2 + 1{,}8x_3 = 3$
$0{,}3x_1 + 1{,}2x_2 \phantom{ + 0{,}0x_3} = 0$
$0{,}5x_1 \phantom{ + 0{,}0x_2} + \phantom{0{,}0}x_3 = 1$

5 Welche Fehler wurden bei der Umformung des LGS gemacht?

a) I $\quad 2x_1 + 3x_2 - 4x_3 = 5$
II $\quad x_1 - 7x_2 + 12x_3 = -8$
III $\quad 2x_1 + 5x_2 - 3x_3 = -4$
I $\quad 2x_1 + 3x_2 - 4x_3 = 5$
II $\quad x_1 - 7x_2 + 12x_3 = -8$
IIIa = III − I $\quad 2x_2 + x_3 = 4$

b) I $\quad 3x_1 - 4x_2 + 2x_3 = 4$
II $\quad 6x_1 + 2x_2 + x_3 = -8$
III $\quad 2x_1 + 5x_2 - 3x_3 = -4$
I $\quad 3x_1 - 4x_2 + 2x_3 = 4$
IIa = II + (−2)·I $\quad -x_3 = -16$
III $\quad 2x_1 + 5x_2 - 3x_3 = -4$

Zeit zu überprüfen

6 Lösen Sie das lineare Gleichungssystem mit dem Gauß-Verfahren.

a) $3x_1 - x_2 + 3x_3 = -17$
$2x_1 - x_2 - x_3 = -8$
$x_1 - x_2 + 3x_3 = -7$

b) $2x_1 - 3x_2 - 2x_3 = 10$
$-x_1 + x_2 - x_3 = 2$
$x_1 - 2x_3 = 7$

c) $2x_1 - 3x_2 + 3x_3 = 4$
$5x_1 - 4x_2 + 3x_3 = 22$
$-4x_1 + 3x_2 + 3x_3 = 10$

7 Geben Sie ein LGS an, bei dem alle Koeffizienten von null verschieden sind und das die angegebene Lösung hat.

a) (1; 2; 3)   b) (−2; 5; 1)   c) (1; 1; 1)   d) (0; 3; 6)

8 Geben Sie die Lösung des zu der Rechner-Anzeige gehörenden LGS mit drei Variablen an.

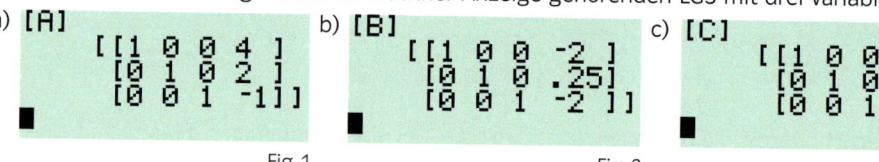

Fig. 1   Fig. 2   Fig. 3

9 Lösen Sie das lineare Gleichungssystem mithilfe eines Rechners.

a) $2x_1 + 5x_2 + 2x_3 = -4$
$-2x_1 + 4x_2 - 5x_3 = -20$
$3x_1 - 6x_2 + 5x_3 = 23$

b) $x_1 - 0{,}5x_2 + 2x_3 = -3$
$2x_1 + 1{,}2x_2 - x_3 = 4$
$3x_1 - \phantom{1{,}}2x_2 + 2{,}5x_3 = -2$

c) $0{,}4x_1 + 0{,}8x_2 + 1{,}3x_3 = 4{,}4$
$2{,}2x_1 - 1{,}4x_2 - 3{,}5x_3 = -8{,}7$
$-3x_1 - 1{,}5x_2 + \phantom{0{,}0}x_3 = -2{,}5$

10 Bestimmen Sie die Lösung des LGS.

a) $4x_1 - 3x_2 + 6x_3 = 0$
$2x_1 - x_3 = 5$
$4x_1 = -2$

b) $4x_1 - x_2 + 3x_3 = 2$
$x_1 + 3x_2 = 5$
$ 4x_2 = 8$

c) $5x_1 = 10$
$ 5x_2 - 3x_3 = 9$
$4x_1 + x_2 = 0$

d) $x_1 + x_2 = 3$
$x_1 + x_2 - x_3 = 0$
$ x_2 + x_3 = 4$

e) $x_1 + x_2 - x_3 = 0$
$x_1 + x_3 = 2$
$x_1 - 2x_2 + x_3 = 2$

f) $5x_1 - x_2 - x_3 = -3$
$x_1 + 3x_2 + x_3 = 5$
$x_1 - 3x_2 + x_3 = -1$

INFO → Aufgabe 11

Lineare Gleichungssysteme mit Parameter auf der rechten Seite

Auch bei linearen Gleichungssystemen mit einem Parameter auf der rechten Seite kann man das Gauß-Verfahren anwenden, zum Beispiel:

LGS
$x_1 + 2x_2 - 2x_3 = -5 + r$
$2x_1 + 3x_2 - 2x_3 = -5 - 2r$
$-4x_1 - 6x_2 + 10x_3 = -2 + 10r$

LGS in Stufenform
$x_1 + 2x_2 - 2x_3 = -5 + r$
$ - x_2 + 2x_3 = 5 - 4r$ IIa = II + (−2)·I
$ 6x_3 = -12 + 6r$ IIIa = III + 2·II

Aus der Stufenform bestimmt man die Lösung: $x_3 = -2 + r$; $x_2 = -9 + 6r$; $x_1 = 9 - 9r$
$(9 - 9r;\ -9 + 6r;\ -2 + r)$.

Bei diesem LGS erhält man zu jedem Wert von r eine Lösung, z. B. für $r = 0$ die Lösung $(9;\ -9;\ -2)$ und für $r = 1$ die Lösung $(0;\ -3;\ -1)$.
Man kann auch prüfen, ob es ein r gibt, für das ein vorgegebenes 3-Tupel wie $(27;\ -21;\ 0)$ eine Lösung des LGS ist: Aus $x_1 = 27 = 9 - 9r$ folgt $r = -2$. Für x_2 und x_3 ergibt sich damit $x_2 = -9 + 6 \cdot (-2) = -21$ und $x_3 = -2 + (-2) = -4 \neq 0$. Es gibt keine solche Zahl r.

---

11 Bestimmen Sie die Lösungen in Abhängigkeit von r.

a) $3x_1 - 2x_2 = 4r$
$x_1 + 3x_2 = 5r$

b) $3x_1 + 4x_2 = 7r$
$5x_1 + 4x_2 = r$

c) $6x_1 - 3x_2 = 3r - 6$
$4x_1 - 3x_2 = 2r + 4$

d) $3x_1 + 3x_2 - 5x_3 = 3r$
$x_1 + 6x_2 - 10x_3 = r$
$ 15x_2 + 25x_3 = 0$

e) $3x_1 - 2x_2 + x_3 = 2r$
$5x_1 - 4x_2 - x_3 = 2$
$x_1 + 3x_2 - 2x_3 = 2r + 6$

f) $2x_1 + 2x_2 + 2x_3 = r + 2$
$4x_1 - 3x_2 + 2x_3 = 0$
$x_1 + x_2 + 3x_3 = 2r + 6$

12 Wie muss man r wählen, damit man die angegebene Lösung erhält?

a) $2x_1 - 2x_2 + x_3 = 6$
$4x_1 + x_2 - 3x_3 = 4r$
$2x_1 + 3x_2 - 3x_3 = 8r$
$\left(\frac{18}{5};\ \frac{18}{5};\ 6\right)$

b) $2x_1 - x_2 + x_3 = 6r$
$ 3x_2 - x_3 = r - 2$
$x_1 + 3x_2 - x_3 = 3$
$(3;\ 3;\ 9)$

c) $2x_1 + x_2 - 4x_3 = -8r - 8$
$x_1 + 2x_2 - x_3 = -4r - 11{,}5$
$-4x_1 + 3x_2 + 2x_3 = 2r - 23$
$\left(0;\ -10;\ \frac{15}{2}\right)$

Zeit zu wiederholen

13 Wo würden Sie kaufen?

Fig. 1

Fig. 2

2 Lösungsmengen linearer Gleichungssysteme

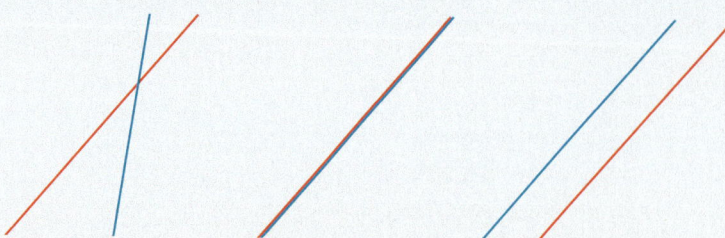

Jedes Bild lässt sich mit einem Gleichungssystem in Verbindung bringen.
Wie viele Lösungen hat das jeweilige Gleichungssystem?

Wie bei linearen Gleichungssystemen mit zwei Gleichungen und zwei Variablen können auch bei LGS mit mehr als zwei Gleichungen und Variablen nur folgende drei Fälle auftreten: Das LGS hat genau eine Lösung, keine Lösung oder unendlich viele Lösungen. Die jeweiligen Lösungen fasst man in einer Menge, der sogenannten Lösungsmenge, zusammen.

1. Fall: Das Gleichungssystem hat genau eine Lösung.

Gegebenes LGS

I $x_1 + 2x_2 + x_3 = 9$
II $-2x_1 - x_2 + 5x_3 = 5$
III $x_1 - x_2 + 3x_3 = 4$

I $x_1 + 2x_2 + x_3 = 9$
II a $3x_2 + 7x_3 = 23$
III a $-3x_2 + 2x_3 = -5$

Stufenform

I $x_1 + 2x_2 + x_3 = 9$
II a $3x_2 + 7x_3 = 23$
III b $9x_3 = 18$

An der Stufenform erkennt man:
Aus $9x_3 = 18$ folgt $x_3 = 2$ (III b); daraus ergibt sich $x_2 = 3$ (II a) und $x_1 = 1$ (I).
Da das LGS in Stufenform dieselbe Lösungsmenge L wie das angegebene LGS hat, gilt in diesem Fall: $L = \{(1; 3; 2)\}$.

2. Fall: Das Gleichungssystem hat keine Lösung.

Gegebenes LGS

I $2x_1 - 3x_2 - x_3 = 4$
II $x_1 + 2x_2 + 3x_3 = 1$
III $3x_1 - 8x_2 - 5x_3 = 5$

I $2x_1 - 3x_2 - x_3 = 4$
II a $7x_2 + 7x_3 = -2$
III a $-7x_2 - 7x_3 = -2$

Stufenform

I $2x_1 - 3x_2 - x_3 = 4$
II a $7x_2 + 7x_3 = -2$
III b $0x_3 = -4$

An der Stufenform erkennt man:
Die Gleichung $0 \cdot x_3 = -4$ (III b) hat keine Lösung; damit hat das gegebene lineare Gleichungssystem keine Lösung. Die Lösungsmenge L ist leer: $L = \{\ \}$.

3. Fall: Das Gleichungssystem hat unendlich viele Lösungen.

Gegebenes LGS

I $x_1 + 2x_2 - 3x_3 = 6$
II $2x_1 - x_2 + 4x_3 = 2$
III $4x_1 + 3x_2 - 2x_3 = 14$

I $x_1 + 2x_2 - 3x_3 = 6$
II a $-5x_2 + 10x_3 = -10$
III a $-5x_2 + 10x_3 = -10$

Stufenform

I $x_1 + 2x_2 - 3x_3 = 6$
II a $-5x_2 + 10x_3 = -10$
III b $0x_3 = 0$

An der Stufenform erkennt man:
Die Gleichung $0 \cdot x_3 = 0$ (III b) hat jede Zahl als Lösung. Zum Beispiel erhält man für $x_3 = 1$ die Lösung (1; 4; 1). Allgemein berechnet man zu einer gegebenen Zahl $x_3 = t$ die Lösung aus der Stufenform so: $x_2 = 2 + 2t$ (aus II a): $x_1 = 6 - 2x_2 + 3t = 2 - t$ (aus I). Das gegebene LGS hat unendlich viele Lösungen. Lösungsmenge: $L = \{(2 - t; 2 + 2t; t) \mid t \in \mathbb{R}\}$.

> **Satz:** Ein lineares Gleichungssystem hat entweder genau eine Lösung oder keine Lösung oder unendlich viele Lösungen.

Auf Seite 237 werden Gleichungen mit drei Variablen geometrisch als Ebenen interpretiert. Somit kann man auch geometrisch veranschaulichen, dass ein LGS mit drei Variablen entweder keine, genau eine oder unendlich viele Lösungen hat.

Man könnte vermuten, dass man die Art der Lösungsmenge eines LGS, außer an der Stufenform, auch durch Vergleich der Anzahl der Variablen mit der Anzahl der Gleichungen des LGS erkennen kann. Dies ist nur eingeschränkt möglich, wie die folgenden Beispiele zeigen.

Das LGS hat weniger Gleichungen als Variablen.

a) $x_1 + x_2 + x_3 = 1$
   $x_1 + x_2 + x_3 = 2$
   Das LGS hat keine Lösung.

b) $x_1 + x_2 + x_3 = 1$
   $x_1 + x_2 + x_3 = 1$
   Das LGS hat unendlich viele Lösungen.

Genau eine Lösung kann es bei einem LGS mit weniger Variablen als Gleichungen nicht geben.

*Bei weniger Gleichungen als Variablen sagt man auch: Das LGS ist **unterbestimmt**.*

Das LGS hat mehr Gleichungen als Variablen.

a) $x_1 + x_2 = 1$
   $x_1 + x_2 = 2$
   $x_1 + x_2 = 3$
   Keine Lösung.

b) $x_1 + x_2 = 1$
   $x_1 - x_2 = 1$
   $x_1 + x_2 = 1$
   Genau eine Lösung: (1; 0).

c) $x_1 + x_2 = 1$
   $x_1 + x_2 = 1$
   $x_1 + x_2 = 1$
   Unendlich viele Lösungen.

*Bei mehr Gleichungen als Variablen sagt man auch: Das LGS ist **überbestimmt**.*

Beispiel Unendlich viele Lösungen
Bestimmen Sie die Lösungsmenge des LGS mit dem Gauß-Verfahren.

$x_1 - 3x_2 = 1 - x_3$
$2x_1 + x_3 = 6 + 5x_2$

■ Lösung: 1. Schritt: *LGS notieren und Gleichungen „nummerieren".*

I $x_1 - 3x_2 + x_3 = 1$
II $2x_1 - 5x_2 + x_3 = 6$

2. Schritt: *Überführung des LGS mit dem Gauß-Verfahren in Stufenform.*

I $x_1 - 3x_2 + x_3 = 1$
IIa $x_2 - x_3 = 4$ IIa = II + (–2) · I

3. Schritt: *Man setzt für die Variable x_3 den Parameter $t \in \mathbb{R}$ ein.*

I $x_1 - 3x_2 + t = 1$
IIa $x_2 - t = 4$
                 $x_3 = t$

4. Schritt: *Man löst nach den übrigen Variablen auf.*

$x_3 = t$
$x_2 = 4 + t$
$x_1 = 13 + 2t$

5. Schritt: *Angabe der Lösungsmenge.*

$L = \{(13 + 2t;\ 4 + t;\ t)\,|\,t \in \mathbb{R}\}$

Aufgaben

1 Bestimmen Sie die Lösungsmenge des LGS.

a) $2x_1 - 4x_2 - x_3 = 1$
   $ 5x_2 + 2x_3 = 16$
   $ 3x_3 = 9$

b) $12x_1 + 5x_2 - 3x_3 = 7$
   $ 7x_2 - 3x_3 = 1$
   $ 0 \cdot x_3 = -2$

c) $2x_1 - 4x_2 - x_3 = 2$
   $ 3x_2 - 6x_3 = 6$
   $ 0 \cdot x_3 = 0$

2 Bestimmen Sie die Lösungsmenge.

a) $x_1 - 3x_2 + 2x_3 = 2$
   $ 3x_2 - 2x_3 = 1$
   $ -6x_2 + 4x_3 = 3$

b) $x_1 - 2x_2 - x_3 = 2$
   $ 2x_2 - 4x_3 = 1$
   $ 3x_2 - 6x_3 = \frac{3}{2}$

c) $x_1 + 2x_2 - 3x_3 = 2$
   $x_1 + 2x_2 - 3x_3 = 6$
   $ -4x_3 = 8$

3 a) $3x_1 + 4x_2 + 2x_3 = 5$
   $2x_1 - 3x_2 + x_3 = 8$
   $ 2x_3 = 6$

b) $3x_1 + 2x_2 + 3x_3 = 9$
   $4x_1 - 3x_3 = 6$
   $2x_1 + 4x_2 = 10$

c) $2x_1 - 3x_2 + 4x_3 = 1$
   $3x_1 + x_2 - 5x_3 = 7$
   $4x_1 + 5x_2 - 14x_3 = 13$

4 Bestimmen Sie die Lösungsmenge.

a) $x_1 + x_3 = 2$
$ x_2 + x_3 = 4$
$x_1 + x_2 = 5$
$x_1 + x_2 + x_3 = 0$

b) $x_1 + x_2 + x_3 = 15$
$2x_1 - x_2 + 7x_3 = 50$
$3x_1 + 11x_2 - 9x_3 = 1$
$x_1 - x_2 + x_3 = 5$

c) $7x_1 + 11x_2 + 13x_3 = 0$
$x_1 - x_2 - x_3 = 1$
$2x_1 + 3x_2 + 4x_3 = 0$
$9x_1 + 10x_2 + 11x_3 = 0$

Zeit zu überprüfen

5 Bestimmen Sie die Lösungsmenge.

a) $x_1 + x_2 + x_3 = 0$
$x_1 + x_2 = 2$
$2x_1 + 2x_3 = 4$

b) $4x_1 + x_2 + 7x_3 = 12$
$5x_1 + 10x_3 = 5$
$-x_1 - 2x_2 = -2$

c) $x_1 - x_2 + x_3 = -2$
$4x_1 + 2x_2 + x_3 = -5$
$6x_1 + 3x_3 = -9$

6 Bestimmen Sie die Lösungsmenge.

a) $3x_1 - x_2 + 2x_3 = 7$
$x_1 + x_2 + 3x_3 = 140$
$3x_1 - 5x_2 - 4x_3 = -21$

b) $4x_1 + x_2 + x_3 = 7$
$3x_1 + x_2 - 7x_3 = 0$
$5x_1 + 2x_2 + x_3 = -3$

c) $x_1 + x_2 + x_3 = 1$
$x_1 + 2x_2 + 2x_3 = 3$
$2x_1 + x_2 + x_3 = 1$

◎ CAS
Lineares
Gleichungssystem

7 Ein lineares Gleichungssystem hat die Lösungsmenge $L = \{(1;\ 4 + t;\ 5t) \mid t \in \mathbb{R}\}$. Ist das Zahlentripel Lösung des linearen Gleichungssystems?

a) (1; 6; 10) b) (1; –7; –55) c) (0; 5; 5) d) (1; 4; 0) e) (1; 5; 5)

8 Geben Sie ein lineares Gleichungssystem an, das die folgende Lösungsmenge hat und bei dem alle Koeffizienten von null verschieden sind.

a) $L = \{(-2;\ 3;\ -4)\}$
b) $L = \{\ \}$
c) $L = \{(t;\ 2t;\ 3t) \mid t \in \mathbb{R}\}$
d) $L = \{(5;\ t + 1;\ t) \mid t \in \mathbb{R}\}$

9 Ist die Aussage wahr? Begründen Sie Ihre Antwort.

a) Jedes lineare Gleichungssystem mit drei Variablen und zwei Gleichungen hat unendlich viele Lösungen.
b) Jedes lineare Gleichungssystem mit zwei Variablen und drei Gleichungen besitzt keine Lösung.
c) Jedes lineare Gleichungssystem mit der gleichen Anzahl von Variablen und Gleichungen besitzt genau eine Lösung.

10 a) Zeigen Sie, dass das nebenstehende LGS nur die Lösung (0; 0; 0) besitzt.

$x_1 + 2x_2 + 3x_3 = 0$
$-x_1 + x_2 + 2x_3 = 0$
$x_1 - 3x_2 + x_3 = 0$

b) Das nebenstehende LGS hat unendlich viele Lösungen. Belegen Sie anhand selbstgewählter Beispiele, dass sowohl die Vielfachen einer Lösung als auch die Summe zweier Lösungen wieder Lösungen des LGS sind.

$x_1 - 2x_2 + 3x_3 = 0$
$3x_1 + x_2 - 5x_3 = 0$
$2x_1 - 3x_2 + 4x_3 = 0$

c) Das nebenstehende LGS hat unendlich viele Lösungen. Geben Sie eine Lösung an und belegen Sie anhand von Beispielen, dass man weitere Lösungen erhält, wenn man zu dieser Lösung eine der Lösungen aus Teilaufgabe b) addiert.

$x_1 - 2x_2 + 3x_3 = 4$
$3x_1 + x_2 - 5x_3 = 5$
$2x_1 - 3x_2 + 4x_3 = 7$

3 Bestimmung ganzrationaler Funktionen

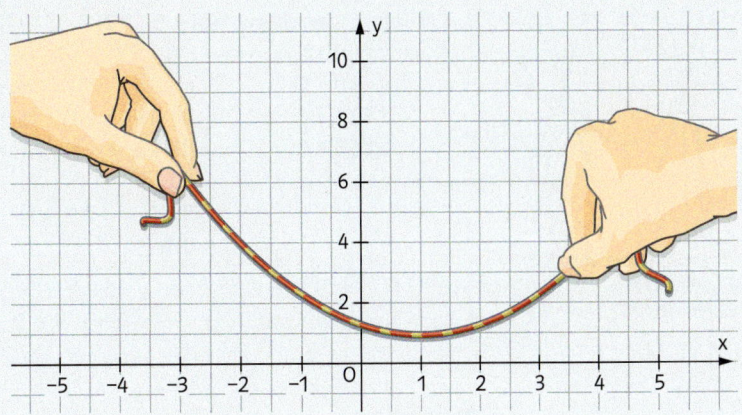

Kann man den Verlauf des Fadens näherungsweise durch eine Parabel beschreiben?

Kennt man von einer ganzrationalen Funktion genügend geeignete Eigenschaften, dann kann man mithilfe eines linearen Gleichungssystems die Funktionsvorschrift bestimmen.

Sucht man zum Beispiel eine ganzrationale Funktion f dritten Grades, deren Graph punktsymmetrisch zum Ursprung ist und den Hochpunkt A(1|2) hat, dann kann man so vorgehen:
Die Funktionsgleichung einer Funktion dritten Grades hat die Form $f(x) = a_3 x^3 + a_2 x^2 + a_1 x + a_0$.
Wegen der Punktsymmetrie zum Ursprung kommen in der Funktionsvorschrift von f nur ungerade Exponenten vor. Somit gilt: $f(x) = a_3 x^3 + a_1 x$.
Da A(1|2) Hochpunkt ist, gilt: $f(1) = 2$ und $f'(1) = 0$.
Aus $f(1) = 2$ folgt: I $a_3 + a_1 = 2$.
Aus $f'(1) = 0$ folgt mit $f'(x) = 3 a_3 x^2 + a_1$:   II $3 a_3 + a_1 = 0$.

Dieses LGS hat die Lösung $a_3 = -1$ und $a_1 = 3$ und man erhält die Funktionsvorschrift
$f(x) = -x^3 + 3x$.
Bei der Bestimmung der Funktionsvorschrift wurde die Bedingung $f'(1) = 0$ benutzt. Diese Bedingung gilt auch für Tief- und Sattelpunkte. Man muss also noch überprüfen, ob A(1|2) ein Hochpunkt des Graphen von f ist. Deshalb ist bei der Ausnutzung entsprechender Angaben unbedingt eine Probe erforderlich. Da $f''(x) = -6x$ und somit $f''(1) < 0$ ist, weiß man, dass A ein Hochpunkt des Graphen von f ist und f die gesuchte Funktion ist.

Beispiel 1 Die gesuchte Funktion gibt es nicht
Der Graph einer ganzrationalen Funktion dritten Grades hat an der Stelle $x = -2$ einen Tiefpunkt, eine Wendestelle bei $x = -\frac{2}{3}$ und er geht durch die Punkte A(−1|5) und B(1|−1).
■ Lösung: 1. Die Funktionsgleichung hat die Form: $f(x) = a_3 x^3 + a_2 x^2 + a_1 x + a_0$.
Dann ist: $f'(x) = 3 a_3 x^2 + 2 a_2 x + a_1$ und $f''(x) = 6 a_3 x + 2 a_2$.
2. Tiefpunkt an der Stelle $x = -2$ ergibt $f'(-2) = 0$; Wendestelle bei $x = -\frac{2}{3}$ ergibt $f''\left(-\frac{2}{3}\right) = 0$.
3. Ansatz: $f'(-2) = 0$ I $12 a_3 - 4 a_2 + a_1$ $= 0$

$f''\left(-\frac{2}{3}\right) = 0$ II $-4 a_3 + 2 a_2$ $= 0$
$f(-1) = 5$ III $-a_3 + a_2 - a_1 + a_0 = 5$
$f(1) = -1$ IV $a_3 + a_2 + a_1 + a_0 = -1$
4. Man erhält: $a_3 = 1$; $a_2 = 2$; $a_1 = -4$; $a_0 = 0$. Die vermutete Funktion ist: $f(x) = x^3 + 2x^2 - 4x$.
5. Der Graph der Funktion erfüllt aber nicht die geforderten Bedingungen, da an der Stelle $x = -2$ ein Hochpunkt ist (Fig. 1).

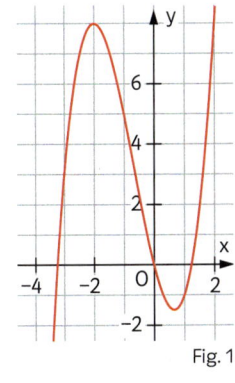

Fig. 1

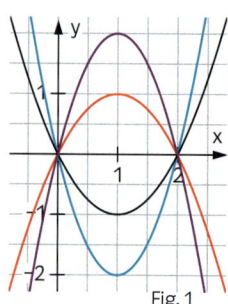
Fig. 1
Unendlich viele Lösungen
Ergebnis: Eine Kurvenschar

Beispiel 2 Kurvenschar
Für welche ganzrationalen Funktionen zweiten Grades gilt: $f(0) = f(2) = 0$ und $f'(1) = 0$?
- Lösung: 1. Gegeben: $f(0) = 0$; $f(2) = 0$; $f'(1) = 0$
2. Ansatz: $f(x) = a_2 x^2 + a_1 x + a_0$; $f'(x) = 2a_2 x + a_1$

$f(0) = 0$ I $a_0 = 0$
$f(2) = 0$ II $4a_2 + 2a_1 + a_0 = 0$
$f'(1) = 0$ III $2a_2 + a_1 = 0$

I $a_0 = 0$
IIa $2a_2 + a_1 = 0$ IIa = II : 2
IIIa $0 = 0$ IIIa = 2 · III + (−1) · II

3. Man erhält mit $a_1 = k$; $a_2 = -\frac{k}{2}$ und somit $f(x) = -\frac{k}{2}x^2 + kx$; $k \in \mathbb{R}\setminus\{0\}$.
4. Jede Funktion f mit $f(x) = -\frac{k}{2}x^2 + kx$; $k \in \mathbb{R}\setminus\{0\}$ erfüllt die gestellten Bedingungen.

Aufgaben

1 Bestimmen Sie die ganzrationale Funktion zweiten Grades, deren Graph durch die angegebenen Punkte geht.
a) $A(-1|0)$, $B(0|-1)$, $C(1|0)$ b) $A(0|0)$, $B(1|0)$, $C(2|3)$ c) $A(1|3)$, $B(-1|2)$, $C(3|2)$

2 Bestimmen Sie alle ganzrationalen Funktionen dritten Grades, deren Graphen punktsymmetrisch zum Ursprung sind, einen Tiefpunkt für $x = 1$ haben und durch den Punkt $A(2|2)$ gehen.

3 Bestimmen Sie alle ganzrationalen Funktionen zweiten Grades, deren Graphen durch die angegebenen Punkte gehen.
a) $A(-1|-3)$, $B(1|1)$, $C(-2|1)$ b) $A(2|0)$, $B(-2|0)$ c) $A(-4|0)$, $B(0|-4)$

4 Bestimmen Sie alle ganzrationalen Funktionen dritten Grades, deren Graphen durch die angegebenen Punkte gehen.
a) $A(0|1)$, $B(1|0)$, $C(-1|4)$, $D(2|-5)$ b) $A(0|-1)$, $B(1|1)$, $C(-1|7)$, $D(2|17)$

© CAS
Punkte durch Kurve (1)

5 Bestimmen Sie eine ganzrationale Funktion dritten Grades, deren Graph
a) durch $A(2|0)$, $B(-2|4)$ und $C(-4|8)$ geht und einen Tiefpunkt auf der y-Achse hat,
b) durch $A(2|2)$ und $B(3|9)$ geht und den Tiefpunkt $T(1|1)$ hat.

6 Gibt es eine ganzrationale Funktion dritten Grades, deren Graph durch $A(2|0)$ geht, in $W(2|0)$ einen Wendepunkt hat und an der Stelle $x = 3$ ein Maximum besitzt?

Zeit zu überprüfen

7 Bestimmen Sie eine ganzrationale Funktion dritten Grades, deren Graph durch die Punkte $A(2|6)$, $B(0|4)$, $C(3|5,5)$ und $D(-2|8)$ geht.

8 Bestimmen Sie eine ganzrationale Funktion vierten Grades mit folgenden Eigenschaften: Der Graph der Funktion ist symmetrisch zur y-Achse, schneidet die y-Achse bei $y = -1$ und $H(1|-3)$ ist ein Hochpunkt.

9 Der Graph einer ganzrationalen Funktion f vierten Grades hat den Tiefpunkt $P(-4|6)$ und den Wendepunkt $Q(4|2)$ mit waagerechter Tangente. Bestimmen Sie den Term von f.

10 Durch die Punkte P und Q gehen unendlich viele Parabeln mit den Funktionsgleichungen $f(x) = a_2 x^2 + a_1 x + a_0$. Stellen Sie ein lineares Gleichungssystem für die Koeffizienten a_2, a_1 und a_0 auf und bestimmen Sie die jeweilige Lösungsmenge. Bestimmen Sie anschließend die Gleichungen der drei dargestellten Parabeln.

◎ CAS
Punkte durch Kurve (2)

a)
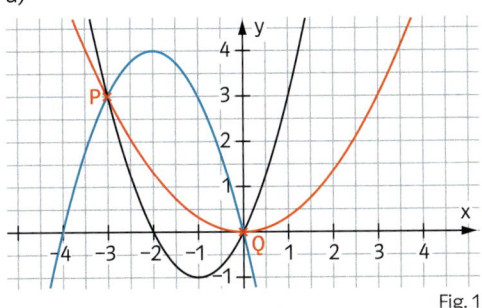
Fig. 1

b)
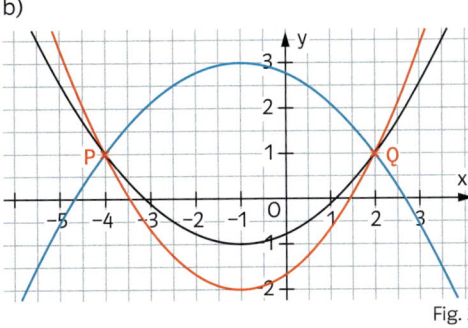
Fig. 2

c)
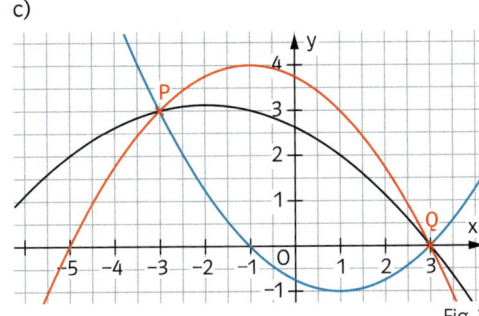
Fig. 3

d)
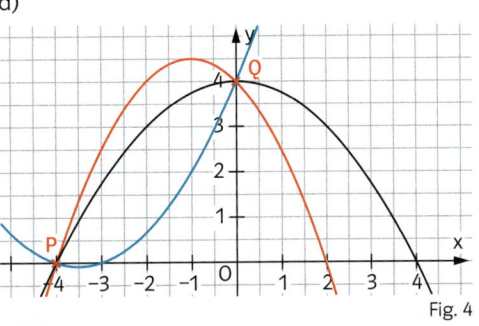
Fig. 4

11 Der Abstand der beiden 254 m hohen Pfeiler der Store-Bælt-Brücke in Dänemark beträgt 1624 m und wird von zwei Tragseilen überbrückt. Die Durchfahrtshöhe der Brücke beträgt 65 m. Beschreiben Sie die Form der Spannseile näherungsweise durch eine ganzrationale Funktion zweiten Grades. Überlegen Sie sich zuerst eine geeignete Wahl des Koordinatensystems.

Gemessen an ihrer Spannweite ist die „Storebæltsbroen" eine der größten Brücken der Welt und die größte Europas. Seit 1998 überspannt das Bauwerk die Meeresstraße zwischen den dänischen Inseln Seeland und Fünen.

12 Zwei geradlinig verlaufende Eisenbahntrassen sollen miteinander verbunden werden. Die Situation kann in einem geeigneten Koordinatensystem durch zwei Geraden und eine Verbindungskurve V dargestellt werden (Fig. 5). Beschreiben Sie eine mögliche Verbindungskurve durch den Graphen einer ganzrationalen Funktion f. An den Verbindungsstellen mündet V ohne Knick und ohne Krümmungssprung in die Geraden ein.

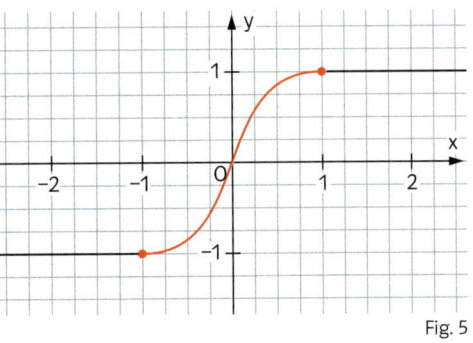
Fig. 5

Hinweis: Ohne Krümmungssprung bedeutet, dass die Bedingungen $f''(-1) = f''(1) = 0$ gelten.

13 Bestimmen Sie eine ganzrationale Funktion vierten Grades, deren Graph symmetrisch zur y-Achse ist. Ein Wendepunkt hat die Koordinaten (1|0). Die beiden Wendetangenten schneiden sich senkrecht. (Es gibt zwei Lösungen.)

◎ CAS
Eisenbahnstrecken (1)
Eisenbahnstrecken (2)

Wiederholen – Vertiefen – Vernetzen

1 Bestimmen Sie die Lösungsmenge.

a) $2x_1 - 3x_2 + x_3 = -1$
 $x_1 + x_2 + 5x_3 = 0$
 $-x_1 + 2x_2 - x_3 = 2$

b) $2x_1 - 3x_2 - x_3 = 4$
 $x_1 + 2x_2 + 3x_3 = 1$
 $3x_1 - 8x_2 - 5x_3 = 5$

c) $2x_1 - 3x_2 + x_3 = 0$
 $x_1 + x_2 + 5x_3 = 0$
 $-x_1 + 2x_2 - x_3 = 0$

d) $10x_1 + x_2 - 2x_3 = 2$
 $x_1 + 2x_2 + 2x_3 = 3$
 $4x_1 + 4x_2 + 3x_3 = 2$

e) $4x_1 + 5x_2 + 2x_3 = 3$
 $-19x_1 - x_2 - 3x_3 = 2$
 $7x_1 + 4x_2 + x_3 = 1$

f) $4x_1 + x_2 + x_3 = 1$
 $x_1 + 4x_2 + 4x_3 = 1$
 $x_1 + x_2 + x_3 = 1$

Beachten Sie: Geringe Unterschiede haben große Auswirkungen.

2 a) $2x_1 + x_2 + x_3 = 201$
 $x_1 + x_3 = 200$
 $ - x_2 + x_3 = 200$

b) $2{,}01x_1 + x_2 + x_3 = 201$
 $x_1 + x_3 = 200$
 $ - x_2 + x_3 = 200$

c) $1{,}99x_1 + x_2 + x_3 = 201$
 $x_1 + x_3 = 200$
 $ - x_2 + x_3 = 200$

3 a) $x_1 + x_2 = -2$
 $ x_2 + x_3 = -2$
 $x_1 + x_3 = -2$

b) $x_1 + 2x_3 = 5$
 $-x_1 + 8x_3 = 15$
 $x_3 = 2$

c) $x_1 = x_3$
 $x_2 = x_1$
 $x_3 = x_2$

4 Bestimmen Sie die Lösungsmenge in Abhängigkeit von r.

a) $x_1 - 2x_2 + x_3 = 3$
 $2x_1 + x_2 - 3x_3 = 2r$
 $x_1 + 3x_2 - 3x_3 = 4r$

b) $2x_1 - x_2 + x_3 = 2r$
 $x_1 - 5x_2 + 2x_3 = 6$
 $9x_2 - 3x_3 = r - 12$

c) $x_1 + 2x_2 + x_3 = 0$
 $-4x_1 - 12x_2 + x_3 = r$
 $3x_1 + 4x_2 + 2x_3 = r + 2$

5 The college jogging team goes through jogging shoes like water. The coach usually orders three brands of jogging shoes which they obtain at cost: Gauss, Roebecks and K Scottish. Gauss cost the team $50 per pair, Roebecks $50 and K Scottish $45. One year, the team went through a total of 120 pairs at a total cost of $5,700. Given that the team went through as many pairs of Gauss as Roebecks, how many pairs of each brand of jogging shoes did they use?

6 Der Graph einer ganzrationalen Funktion vierten Grades geht durch die Punkte $A(-2|-1)$, $B(0|2)$, $C(1|-1)$, $D(2|-1)$ und $E(3|2)$. Bestimmen Sie den Funktionsterm.

7 In Fig. 1 ist der Graph einer ganzrationalen Funktion dargestellt. Bestimmen Sie den Funktionsterm, indem Sie hinreichend viele Punkte des Graphen ablesen und damit ein Gleichungssystem für die Koeffizienten des Funktionsterms aufstellen.

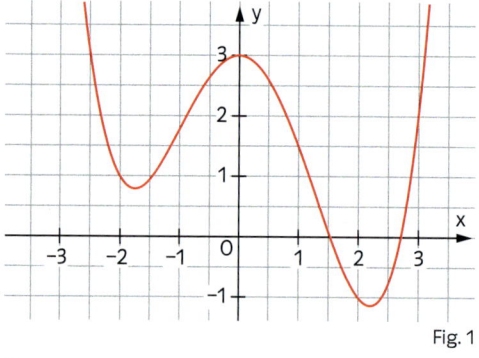
Fig. 1

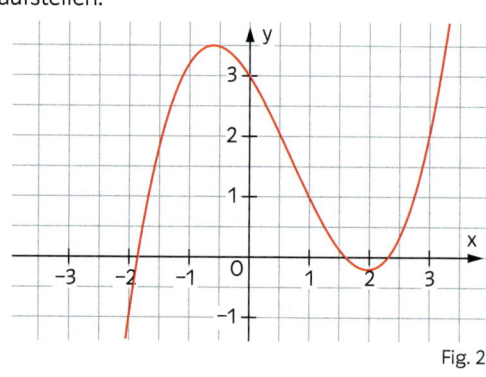
Fig. 2

8 In Fig. 2 ist der Graph der Ableitung f' einer ganzrationalen Funktion vierten Grades gezeigt. Die Funktion f hat bei $x = 1$ eine Nullstelle. Bestimmen Sie den Funktionsterm.

Wiederholen – Vertiefen – Vernetzen

9 Eine ganzrationale Funktion vierten Grades hat bei $x = 1$ und $x = 5$ Nullstellen und für $x = 1$ einen Wendepunkt mit waagerechter Tangente. Außerdem geht der Graph durch den Punkt $(3|5)$. Bestimmen Sie den Funktionsterm, zeichnen Sie den Graphen und berechnen Sie das absolute Maximum der Funktion.

10 Eine ganzrationale Funktion f_2 zweiten Grades und die Kosinusfunktion haben für $x = 0$ denselben Funktionswert und dieselben Werte der ersten und zweiten Ableitung.
a) Bestimmen Sie die Funktion f_2. Zeichnen Sie den Graphen von f_2 und von $\cos(x)$ für $|x| \leq 0{,}5\pi$.
b) Bestimmen Sie die ganzrationale Funktion f_4 vierten Grades so, dass f_4 und die Kosinusfunktion für $x = 0$ denselben Funktionswert und dieselben Werte der ersten, zweiten, dritten und vierten Ableitung haben. Ergänzen Sie die Zeichnung aus Teilaufgabe a) mit den Graphen von f_4.
c) Berechnen Sie $\cos(1)$ und $f_4(1)$. Wie groß ist die Abweichung?

Man nennt Funktionen, die wie f_2 und f_4 erzeugt werden, Taylorpolynome. f_4 ist das Taylorpolynom vom Grad 4 an der Entwicklungsstelle $x = 0$.

Ⓢ **CAS**
Volumen eines Bierglases

11 Eine ganzrationale Funktion vierten Grades hat bei $x = -1$ und $x = 5$ Nullstellen, eine Extremstelle bei $x = 3{,}5$ und für $x = 1$ einen Wendepunkt mit waagerechter Tangente. Bestimmen Sie einen Funktionsterm. Begründen Sie, warum es keine eindeutige Lösung gibt.
Wie gehen die Graphen der möglichen Funktionen geometrisch auseinander hervor?

12 Bestimmen Sie eine ganzrationale Funktion vierten Grades, deren Graph die in Fig. 1 angegebenen Eigenschaften hat.

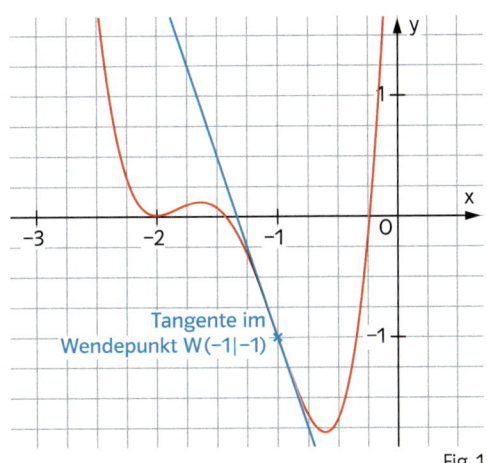

Tangente im Wendepunkt $W(-1|-1)$

Fig. 1

13 Alpaka (Neusilber) ist eine Legierung aus Kupfer, Nickel und Zink. Aus den vier in der Tabelle angegebenen Sorten kann auf verschiedene Arten 100 g Alpaka mit einem Gehalt von 55% Kupfer, 23% Nickel und 22% Zink hergestellt werden. Bestimmen Sie die Legierungen mit dem größten und dem kleinsten Anteil von Sorte IV.

	I	II	III	IV
Kupfer	40%	50%	60%	70%
Nickel	26%	22%	25%	18%
Zink	34%	28%	15%	12%

Fig. 2

14 Bei einem Geviert aus Einbahnstraßen (Fig. 3) sind die Verkehrsdichten (Fahrzeuge pro Stunde) für die zu- und abfließenden Verkehrsströme bekannt. Stellen Sie ein LGS für die Verkehrsdichten x_1, x_2, x_3 und x_4 auf und bearbeiten Sie folgende Fragestellungen:
a) Ist eine Sperrung des Straßenstücks AD ohne Drosselung des Zuflusses möglich?
b) Welche ist die minimale Verkehrsdichte auf dem Straßenstück AB?
c) Welche ist die maximale Verkehrsdichte auf dem Straßenstück CD?

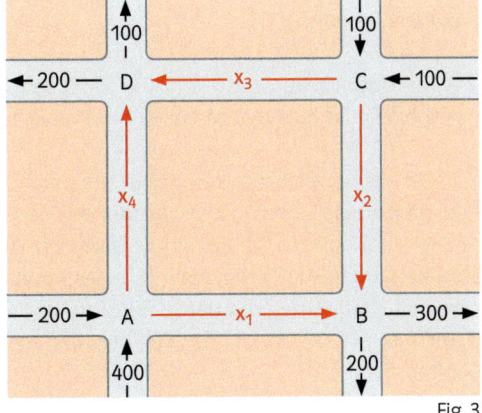

Fig. 3

Wiederholen – Vertiefen – Vernetzen

Leonhard Euler (1707–1783), ein Schweizer Mathematiker, lebte am Zarenhof in Petersburg und diktierte nach seiner Erblindung dieses Buch seinem Diener, einem ehemaligen Schneidergesellen. Der Diener soll beim Zuhören und Aufschreiben des Textes so viel gelernt haben, dass er die damalige Algebra völlig verstand!

Knobeleien mit linearen Gleichungssystemen

15 Folgende Aufgaben stammen aus der „Vollständigen Anleitung zur Algebra" von Leonhard Euler. Stellen Sie jeweils ein Gleichungssystem auf und lösen Sie dieses.

a) „Ein Maulesel und ein Esel tragen jeder etliche Pud. Der Esel beschwert sich über seine Last, und sagt zum Maulesel, wenn du mir ein Pud von deiner Last gäbest, so hätte ich zweimal so viel als du. Darauf antwortet der Maulesel, wenn du mir ein Pud von deiner Last gäbest, so hätte ich dreimal so viel als du. Wieviel Pud hat jeder getragen?"

b) „Eine Gesellschaft von Männern und Frauen sind in einem Wirtshaus: Jeder Mann gibt 25 Groschen, jede Frau aber 16 Groschen aus, und es stellt sich heraus, daß sämtliche Frauen einen Groschen mehr ausgegeben haben als die Männer. Wie viele Männer und Frauen sind es gewesen?"

c) „Drei Leute haben ein Haus gekauft für 100 Rthlr.; der erste verlangt vom anderen die Hälfte seines Geldes, weil er dann das Haus allein bezahlen könnte; der andere begehrt vom dritten $\frac{1}{3}$ seines Geldes, um das Haus allein bezahlen zu können; der dritte begehrt vom ersten $\frac{1}{4}$ seines Geldes, um das Haus allein bezahlen zu können. Wieviel Geld hat nun jeder gehabt?"

d) „Jemand kauft 12 Stück Tuch für 140 Rhtlr., davon sind 2 weiß, 3 schwarz und 7 blau. Nun koste ein Stück schwarzes Tuch 2 Rhtlr. mehr als ein weißes, und ein blaues 3 Rhtlr. mehr als ein schwarzes. Die Frage ist, wieviel kostet jedes?"

16 Aus einem etwa 2000 Jahre alten chinesischen Mathematikbuch: „Jemand verkauft zwei Büffel und fünf Hammel, und er kauft 13 Schweine; dabei bleiben 1000 Münzen übrig. Verkauft er drei Büffel und drei Schweine, so kann er genau neun Hammel kaufen. Verkauft er sechs Hammel und acht Schweine, so fehlen ihm noch 600 Münzen, um fünf Büffel kaufen zu können. Wie viel kostet ein Büffel, ein Hammel, ein Schwein?"

17 Für die Innenwinkel α, β und γ eines Dreiecks gilt: α ist doppelt so groß wie β und β ist um 20° größer als γ. Bestimmen Sie die Größe von α, β und γ.

18 a) Auf einem Hof sind Enten, Hühner und Kaninchen mit zusammen 120 Füßen und 36 Köpfen. Es sind doppelt so viele Hühner wie Enten. Wie viele Enten, Hühner und Kaninchen sind es?

b) Jemand kauft Gänse zu je 10 Groschen, Hühner zu je 5 Groschen und Küken zu je 1 Groschen, insgesamt 50 Stück für 100 Groschen. Wie viele Gänse, Hühner und Küken werden gekauft?

19 Zwei ältere Ehepaare sind zusammen 290 Jahre alt. Die Männer sind zusammen 10 Jahre älter als die Frauen. Die Frauen sind gleich alt. Man schreibe ein Gleichungssystem auf und gebe mögliche Lösungen an.

20 Mit Briefmarken zu 10, 20, 30 und 50 Cent soll ein Portobetrag von 3 Euro zusammengestellt werden. Wie ist dies mit genau 10 Briefmarken möglich?

21 Ein kleines Kreuzfahrtschiff hat doppelt so viele Passagiere wie Kabinen. Die Anzahl der Passagiere zusammen mit der Anzahl des Servicepersonals ist um 30 weniger als die dreifache Anzahl der Kabinen. Die Anzahl der Kabinen, der Passagiere und des Servicepersonals beträgt zusammen das Fünffache des Alters des Kapitäns. Die Anzahl der Kabinen und des Servicepersonals zusammen mit dem Alter des Kapitäns übertrifft die Anzahl der Passagiere um 20. Berechnen Sie die Anzahl der Kabinen, der Passagiere, des Servicepersonals und das Alter des Kapitäns.

Rückblick

Lösungen eines linearen Gleichungssystems
Jede Lösung eines linearen Gleichungssystems mit n Variablen besteht aus n Zahlen, die man als n-Tupel angibt.

$$2x_1 - 3x_2 = 19$$
$$4x_1 - 8x_3 = 20$$
$$ 5x_2 - 4x_3 = -7$$

Lösung: (11; 1; 3)

Gauß-Verfahren
Man bringt das lineare Gleichungssystem mithilfe der folgenden Äquivalenzumformungen auf Stufenform:
(1) Zwei Gleichungen werden miteinander vertauscht.
(2) Eine Gleichung wird mit einer Zahl $c \neq 0$ multipliziert.
(3) Eine Gleichung wird durch die Summe von ihr und einer anderen Gleichung ersetzt.
Dann bestimmt man die Lösungsmenge.

I $\quad 2x_1 - x_2 - 7x_3 = 10$
II $\quad 3x_1 + 2x_2 + 2x_3 = -2$
III $\quad x_1 + 3x_2 - 4x_3 = -10$

Ia $\quad x_1 + 3x_2 - 4x_3 = -10 \quad$ Ia = III
II $\quad 3x_1 + 2x_2 + 2x_3 = -2$
IIIa $\quad 2x_1 - x_2 - 7x_3 = 10 \quad$ IIIa = I

Ia $\quad x_1 + 3x_2 - 4x_3 = -10$
IIb $\quad - 7x_2 + 14x_3 = 28 \quad$ IIb = II + (−3)Ia
IIIb $\quad - 7x_2 + x_3 = 30 \quad$ IIIb = IIIa + (−2)Ia

Ia $\quad x_1 + 3x_2 - 4x_3 = -10$
IIb $\quad - 7x_2 + 14x_3 = 28$
IIIc $\quad - 13x_3 = 2 \quad$ IIIc = IIIb + (−1)IIb

$$L = \left\{ \left(\frac{30}{13};\, -\frac{56}{13};\, -\frac{2}{13} \right) \right\}$$

Lösungsmenge
Nach der Umformung eines LGS auf Stufenform lassen sich drei Fälle unterscheiden:

1. Bei den Umformungen ist in jeder Gleichung mindestens immer ein Koeffizient ungleich null. Dann besitzt das LGS genau eine Lösung.

$$2x_1 - x_2 + 2x_3 = 11$$
$$-4x_2 + 4x_3 = -8$$
$$5x_3 = 15 \qquad L = \{(5; 5; 3)\}$$

2. Bei den Umformungen ergibt sich eine Gleichung der Form $0 = c$ mit $c \neq 0$. Dann besitzt das LGS keine Lösung, die Lösungsmenge L ist leer.

$$2x_1 - x_2 + 7x_3 = 11$$
$$-4x_2 + 4x_3 = -8$$
$$0 = 2 \qquad L = \{\,\}$$

3. Bei den Umformungen ergibt sich eine Stufenform, die abgesehen von Gleichungen der Form $0 = 0$ weniger Gleichungen als Variablen hat. Dann besitzt das LGS unendlich viele Lösungen. Die Lösungsmenge wird mit Parametern dargestellt.

$$2x_1 - x_2 + 7x_3 = 12$$
$$-4x_2 + 4x_3 = -8$$
$$0 = 0$$

$$L = \{(7 - 3t;\, 2 + t;\, t) \mid t \in \mathbb{R}\}$$

Bestimmung ganzrationaler Funktionen
1. Formulierung der gegebenen Bedingungen mithilfe von f, f', f'' usw.
2. Ansatz: $f(x) = a_n x^n + a_{n-1} x^{n-1} + \ldots + a_1 x + a_0$.
3. Aufstellen und Lösen des LGS.
4. Kontrolle des Ergebnisses.

Gesucht: Ganzrationale Funktion dritten Grades mit Hochpunkt $H(0|12)$ und Wendepunkt $W(2|-4)$.

1. $f(0) = 12$; $f(2) = -4$; $f'(0) = 0$; $f''(2) = 0$
2. $f(x) = a_3 x^3 + a_2 x^2 + a_1 x + a_0$
3. $ a_0 = 12$
   $8a_3 + 4a_2 + 2a_1 + a_0 = -4$
   $ a_1 = 0$
   $12a_3 + 2a_2 = 0$

   $L = \{(1;\, -6;\, 0;\, 12)\}$

4. $f(x) = x^3 - 6x^2 + 12$ erfüllt die Bedingung, da $f''(0) = -12$.

Prüfungsvorbereitung ohne Hilfsmittel

1 Lösen Sie das lineare Gleichungssystem.
a) $2x_1 - 3x_2 = 19$
$4x_1 - 8x_3 = 20$
$ 5x_2 - 4x_3 = -7$

b) $x_1 + x_2 + 4x_3 = 14$
$2x_1 + x_2 + 2x_3 = 10$
$5x_1 + 2x_2 + 3x_3 = 18$

c) $3x_1 - 2x_2 + 5x_3 = 8$
$6x_1 + 5x_2 - 2x_3 = -5$
$9x_1 - 3x_2 - x_3 = -31$

2 Bestimmen Sie die Lösungsmenge des linearen Gleichungssystems.
a) $x_1 + 2x_2 + x_3 = 8$
$-4x_1 + x_2 + 5x_3 = 11$

b) $2x_1 - x_2 + 4x_3 = 0$
$3x_1 + x_2 + x_3 = 5$

c) $2x_1 + 2x_2 + 6x_3 = 2$
$-x_1 + 3x_2 + 4x_3 = -5$

3 a) $x_1 + 3x_2 = 5$
$-x_1 + 5x_2 = 11$
$x_1 + 10x_2 = 19$

b) $2x_1 + 3x_2 = 0$
$x_1 - 5x_2 = 11$
$x_1 - x_2 = 3$

c) $2x_1 + 3x_2 = 6$
$-6x_1 - 9x_2 = -18$
$6x_1 + 9x_2 = 18$

4 Bestimmen Sie die Lösungsmenge in Abhängigkeit vom Parameter r.
a) $2x_1 - 2x_2 + x_3 = 6$
$4x_1 + x_2 - 3x_3 = 4r$
$2x_1 + 3x_2 - 3x_3 = 8r$

b) $2x_1 - x_2 + x_3 = 6r$
$3x_2 - x_3 = r - 2$
$x_1 + 3x_2 - x_3 = 3$

c) $-x_1 - 3x_2 + 4x_3 = r$
$-2x_1 - 4x_2 + 3x_3 = r$
$4x_1 + 3x_2 + 3x_3 = r + 2$

5 Bei dem Viereck ABCD in Fig. 1 sind gleich gefärbte Winkel gleich groß. Bestimmen Sie die Größe der Winkel α, β, γ und δ des Vierecks, wenn gilt:
a) α ist doppelt so groß wie β und die Winkelsumme von β und δ ist gleich 2γ,
b) α ist um 40° kleiner als β und die Winkelsumme von β und δ ist gleich 4γ.

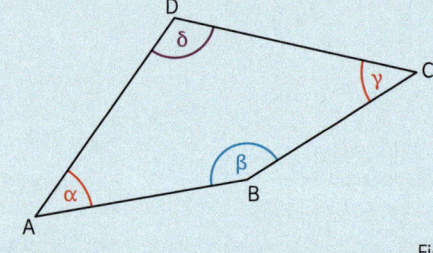

Fig. 1

6 Der Graph einer ganzrationalen Funktion zweiten Grades geht durch die Punkte P(−1|−9), Q(1|7) und R(2|21). Bestimmen Sie den Funktionsterm und die Koordinaten des Scheitelpunktes.

7 Für eine ganzrationale Funktion f zweiten Grades gilt: H(−1|4) ist der Hochpunkt und Q(−4|5) ein weiterer Punkt ihres Graphen. Bestimmen Sie eine Funktionsgleichung von f.

8 Bestimmen Sie eine ganzrationale Funktion dritten Grades, deren Graph
a) den Extrempunkt E(3|−8) und den Wendepunkt W(0|0) hat,
b) die Extrempunkte $E_1(2|23)$ und $E_2(4|19)$ hat.

9 Geben Sie ein lineares Gleichungssystem mit drei Variablen und zwei Gleichungen an, in denen jeweils alle Variablen vorkommen und das eine leere Lösungsmenge hat.

10 Entscheiden Sie, ob die folgenden Aussagen wahr sind. Begründen Sie.
a) Ein LGS mit der gleichen Anzahl von Gleichungen und Variablen hat genau eine Lösung.
b) Ein LGS mit mehr Gleichungen als Variablen ist nicht lösbar.

11 a) Bestimmen Sie die Lösungsmenge des LGS mit der einzigen Gleichung $2x_1 + x_2 = 3$ und veranschaulichen Sie die Lösungsmenge in einem $x_1 x_2$-Koordinatensystem.

b) Erläutern Sie, warum das LGS $\begin{matrix} 2x_1 + x_2 = 3 \\ 2x_1 - x_2 = 1 \end{matrix}$ eine eindeutige Lösung besitzt. Leiten Sie daraus eine allgemeine Aussage über die Lösungsmengen von linearen Gleichungssystemen mit zwei Variablen her.

Prüfungsvorbereitung mit Hilfsmitteln

1 Der Graph der Funktion mit der Gleichung
$y = ax^3 + bx^2 + cx + d$ soll durch die Punkte A, B, C und D gehen. Bestimmen Sie die Koeffizienten a, b, c und d.
a) A(−2|−24), B(0|4), C(2|0), D(3|16)
b) A(−2|20), B(−1|24), C(1|−40), D(2|−60)

2 Bestimmen Sie eine ganzrationale Funktion dritten Grades, deren Graph die in Fig. 1 angegebenen Eigenschaften hat.

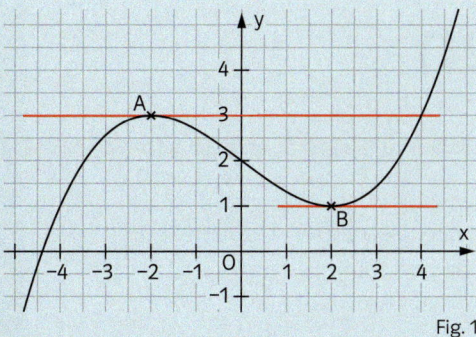
Fig. 1

3 Gibt es eine ganzrationale Funktion dritten Grades mit den folgenden Eigenschaften?
a) Der Graph der Funktion hat eine Nullstelle bei $x = -1$, einen Tiefpunkt für $x = 1,5$. Die Tangente im Wendepunkt $W\left(\frac{2}{3}\,\big|\,-\frac{11}{3}\right)$ hat die Steigung $-\frac{34}{3}$.
b) Der Graph geht durch den Punkt P(2|4), hat den Wendepunkt W(−0,5|6,5) und einen Hochpunkt für $x = -2$.

4 Eine vierstellige positive ganze Zahl n hat die Quersumme 20. Die Summe der ersten beiden Ziffern ist 11, die Summe der ersten und letzten Ziffer ebenfalls. Die erste Ziffer ist um 3 größer als die letzte Ziffer. Bestimmen Sie die Zahl n.

5 Für medizinische Untersuchungen werden bestimmte Medikamente verabreicht, die anschließend im Körper abgebaut werden. Die Konzentration in $\frac{mg}{l}$ im Blut lässt sich durch den Funktionsterm $f(x) = a \cdot t \cdot e^{-kt}$ mit $a > 0$ und $k > 0$ beschreiben. Hierbei ist t die Anzahl der Stunden nach der Verabreichung des Medikaments. Bestimmen Sie die Werte für a und k, wenn der höchste Wert der Konzentration $27\frac{mg}{l}$ beträgt und 3 Stunden nach der Einnahme erreicht wird.

6 Für die Verkaufszahlen eines neuen Produktes ermittelt man die folgenden Werte.

Woche	1	2	3	4	5	6
verkaufte Stückzahl	36	61	79	94	108	117

Fig. 2

Man vermutet, dass sich die abgesetzte Stückzahl pro Woche durch den Funktionsterm $f(x) = \frac{ax + 10}{bx + 10}$ beschreiben lässt.
a) Bestimmen Sie a und b mit Werten der ersten und letzten Woche. Runden Sie a und b auf ganze Zahlen. Welche Stückzahl kann man in der 15. Woche erwarten?
b) Benutzen Sie jetzt die Werte der 3. und 4. Woche, um a und b zu bestimmen. Um wie viel Prozent weicht der damit bestimmte Wert für die 15. Woche von dem aus Teilaufgabe a) ab?

7 Die sehr widerstandsfähige Aluminiumlegierung Dural enthält außer Aluminium bis zu 5% Kupfer, bis zu 1,5% Mangan und bis zu 1,6% Magnesium.

	A	B	C
Aluminium	96,0%	93,0%	93,2%
Kupfer	2,5%	4,0%	3,9%
Mangan	1,1%	1,4%	1,2%
Magnesium	0,4%	1,6%	1,7%

Fig. 3

a) Welche Legierungen mit 95% Aluminium und 3% Kupfer lassen sich aus den drei Duralsorten A, B und C in Fig. 3 herstellen? Geben Sie eine Beschreibung mithilfe einer Lösungsmenge.
b) Lässt sich aus den Duralsorten A, B und C eine Legierung herstellen, die 95% Aluminium, 3% Kupfer, 1,2% Mangan und 0,8% Magnesium enthält?

Schlüsselkonzept: Vektoren

Geometrie mit Vektoren betreiben bedeutet, geometrische Objekte mit Gleichungen beschreiben.

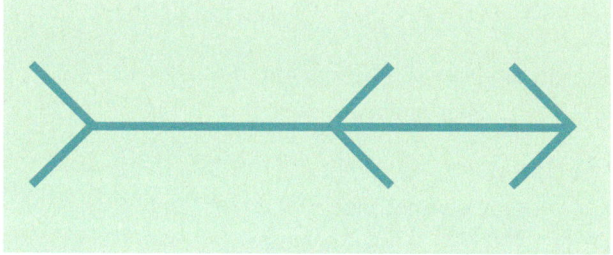

Sind die Teilstücke gleich lang?

Sind die Geraden parallel?

Wo stehen die Mädchen – neben dem Turm?

Das kennen Sie schon

- Geraden der Ebene mithilfe von Funktionen bestimmen
- Schnittpunkte von Geraden der Ebene berechnen

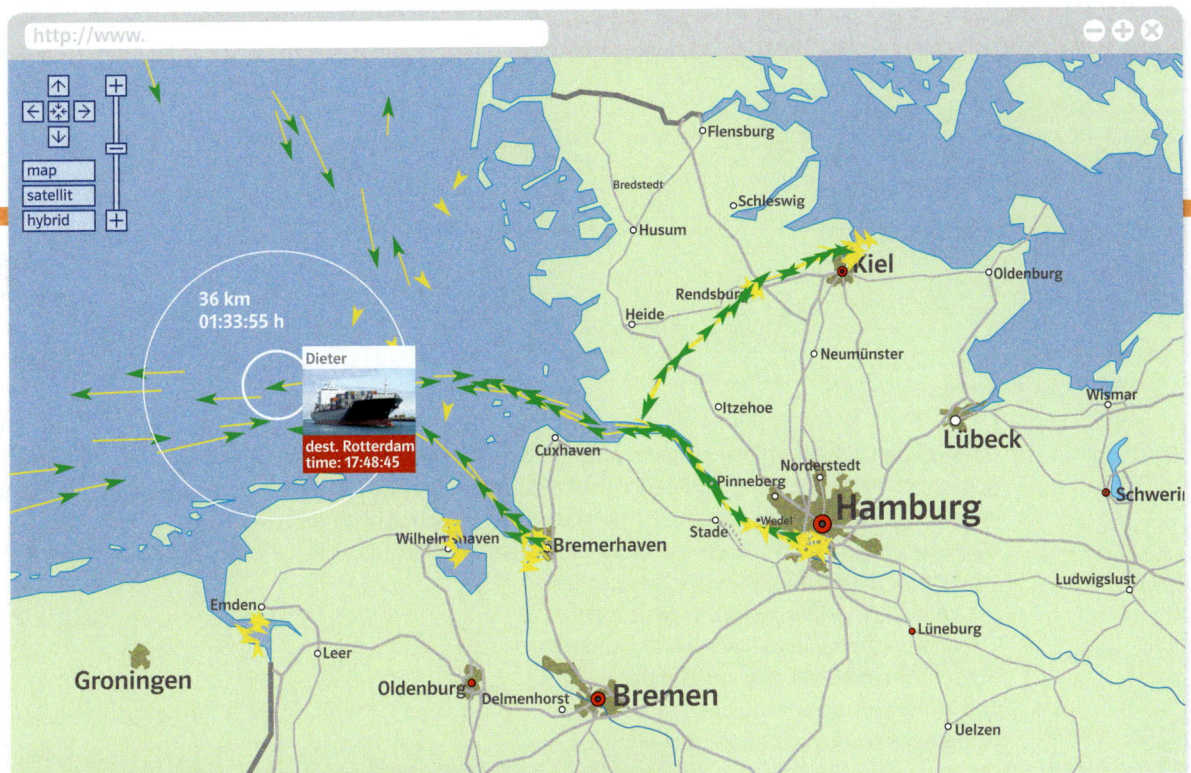

Die Grafik zeigt den Schiffsverkehr, d.h. die Bewegungsrichtung der einzelnen Schiffe auf der Nordsee. Solche Aufzeichnungen findet man unter dem Suchbegriff „vessel traffic" im Internet.

Wind und Strömung beeinflussen den Kurs des Schiffes.

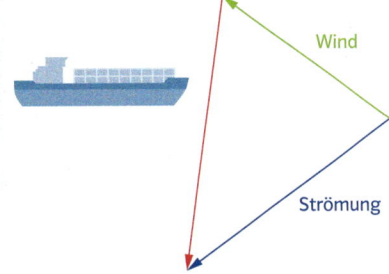

In diesem Kapitel

- werden Geraden im Raum mithilfe von Gleichungen bestimmt.
- wird die gegenseitige Lage von Geraden untersucht.
- werden mit Vektoren geometrische Fragestellungen gelöst.
- werden Längen mithilfe von Vektoren vermessen.

 Zahl und Zahlbereiche

 Messen und Größen

 Raum und Form

 Funktionaler Zusammenhang

 Daten und Zufall

1 Punkte im Raum

Wo befindet sich der Vogel?

Bei Koordinatensystemen der Ebene werden die beiden Achsen als x_1-Achse und x_2-Achse statt wie bisher als x-Achse und y-Achse bezeichnet.

Um die Lage eines Punktes im Raum anzugeben, benötigt man ein Koordinatensystem mit drei Achsen. Im Weiteren werden die Koordinatenachsen mit x_1-Achse, x_2-Achse und x_3-Achse bezeichnet. Die x_1-Achse zeigt meist nach vorn, die x_2-Achse nach rechts und die x_3-Achse nach oben. Um einen räumlichen Eindruck zu erreichen, zeichnet man die x_1-Achse und die x_2-Achse so, dass sie einen Winkel von 135° einschließen.

Die Einheiten auf der x_1-Achse wählt man $\frac{1}{2}\sqrt{2}$-mal so groß wie auf den beiden anderen Achsen. Entsprechen also z. B. auf der x_2-Achse und x_3-Achse 2 Kästchenlängen einer Längeneinheit, dann entspricht auf der x_1-Achse die Länge einer Kästchendiagonalen einer Längeneinheit (Fig. 1).

Vektoris3D
Punkt im Raum

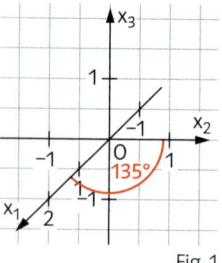

Fig. 1

Der Punkt P in Fig. 2 hat die x_1-Koordinate 3, die x_2-Koordinate 2 und die x_3-Koordinate 1. Man gibt ihn mit P(3|2|1) an.

Um den Punkt P(3|2|1) in ein Koordinatensystem einzuzeichnen, geht man vom Koordinatenursprung O(0|0|0) drei Einheiten in Richtung der x_1-Achse, dann zwei Einheiten in Richtung der x_2-Achse und anschließend eine Einheit in Richtung der x_3-Achse (rote Linie in Fig. 2).

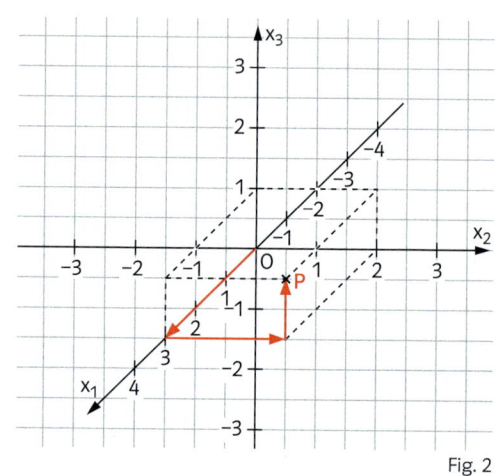

Fig. 2

Sind jeweils zwei Achsen eines Koordinatensystems zueinander senkrecht, so spricht man von einem **kartesischen Koordinatensystem**.

Bei einem Koordinatensystem mit drei Achsen ist es üblich, dass die x_1-Achse nach vorn, die x_2-Achse nach rechts und die x_3-Achse nach oben zeigt.
Die Lage eines Punktes P gibt man mit seinen drei Koordinaten $(p_1|p_2|p_3)$ an. Dabei gibt p_1 die x_1-Koordinate, p_2 die x_2-Koordinate und p_3 die x_3-Koordinate an.

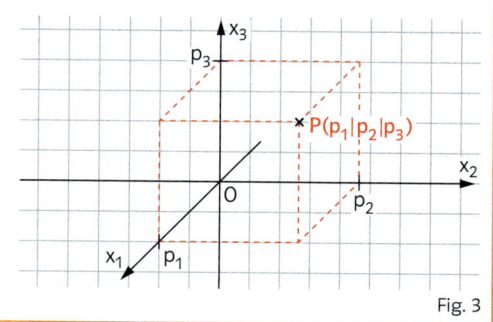

Fig. 3

Der Punkt O(0|0|0) heißt **Ursprung** des Koordinatensystems.

Besondere Punkte im Koordinatensystem:
– Punkte auf der x_1-Achse haben die Koordinaten $P(p_1|0|0)$,
– Punkte auf der x_2-Achse haben die Koordinaten $P(0|p_2|0)$,
– Punkte auf der x_3-Achse haben die Koordinaten $P(0|0|p_3)$.

Es gibt drei **Koordinatenebenen**:
- die $x_1 x_2$-Ebene. Sie ist durch die x_1-Achse und die x_2-Achse festgelegt.
- die $x_2 x_3$-Ebene. Sie ist durch die x_2-Achse und die x_3-Achse festgelegt.
- die $x_1 x_3$-Ebene. Sie ist durch die x_1-Achse und die x_3-Achse festgelegt (siehe Fig. 1).

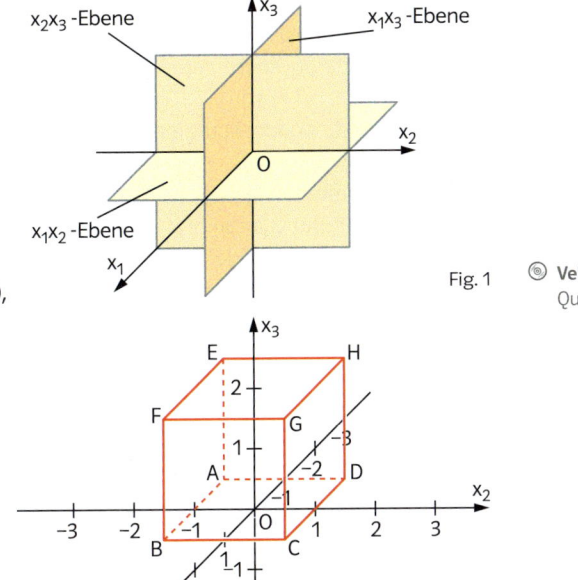

Fig. 1

Vektoris3D
Quader

Beispiel 1 Zeichnen im Koordinatensystem
Ein Würfel ABCDEFGH hat die Ecken $A(-1|-1|0)$, $B(1|-1|0)$, $C(1|1|0)$, $D(-1|1|0)$ und $H(-1|1|2)$.
a) Zeichnen Sie diesen Würfel in ein Koordinatensystem $\left(1\,\text{LE entspricht 1 cm, Verkürzungsfaktor } \frac{1}{2}\sqrt{2}\right)$.
b) Geben Sie die Koordinaten der Ecken E, F und G an.
■ Lösung: a) Roter Würfel in Fig. 2.
b) $E(-1|-1|2)$, $F(1|-1|2)$, $G(1|1|2)$

Beispiel 2 Lage von Punkten
Zeichnen Sie alle Punkte des Raumes mit der x_1-Koordinate 3 und der x_2-Koordinate 1 in ein Koordinatensystem ein. Wo liegen diese Punkte?
■ Lösung: *Siehe Fig. 3.* Alle Punkte des Raumes mit der x_1-Koordinate 3 und der x_2-Koordinate 1 liegen auf einer Geraden, die parallel zur x_3-Achse ist und durch den Punkt $P(3|1|0)$ geht.

Beispiel 3 Punkte von Ebenen
a) Geben Sie die Koordinaten zweier Punkte an, die in der $x_1 x_2$-Ebene liegen.
b) Beschreiben Sie alle Punkte, die in der $x_1 x_2$-Ebene und in der $x_1 x_3$-Ebene liegen.
■ Lösung: a) Die Punkte $P(1|2|0)$ und $Q(-2|13|0)$ liegen in der $x_1 x_2$-Ebene.
b) Alle Punkte der x_1-Achse liegen zugleich in der $x_1 x_2$-Ebene und in der $x_1 x_3$-Ebene. Weitere Punkte, die zugleich in der $x_1 x_2$-Ebene und in der $x_1 x_3$-Ebene liegen, gibt es nicht.

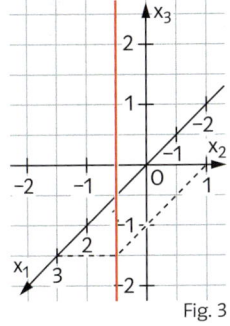

Fig. 3

Aufgaben

1 Zeichnen Sie die Punkte $A(1|3|2)$, $B(-2|0|3)$, $C(4|-2|1)$ und $D(0|0|-2)$ mit Hilfslinien wie in Fig. 2 auf Seite 186 in ein Koordinatensystem.

2 Ein Quader ABCDEFGH hat die Ecken $A(-2|0|0)$, $B(1|0|0)$, $C(1|-1|0)$ und $G(1|-1|3)$ (Fig. 4).
a) Zeichnen Sie diesen Quader in ein Koordinatensystem $\left(1\,\text{LE entspricht 1 cm, Verkürzungsfaktor } \frac{1}{2}\sqrt{2}\right)$.
b) Geben Sie die Koordinaten der Ecken D, E, F und H an.
c) Zeichnen Sie alle Punkte im Inneren des Quaders mit der x_1-Koordinate -1 und der x_2-Koordinate $-0,5$.

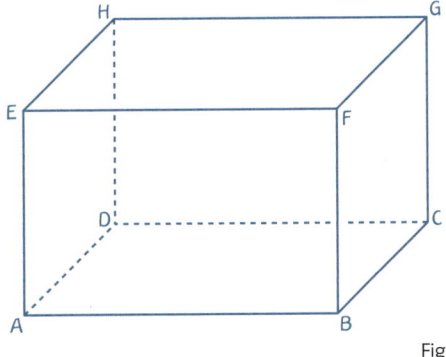

Fig. 4

3 Wo liegen in einem räumlichen Koordinatensystem alle Punkte, deren

a) x_1-Koordinate (x_2-Koordinate, x_3-Koordinate) null ist,

b) x_2-Koordinate und x_3-Koordinate null sind?

4 In Fig. 1 befinden sich
– die Punkte P und Q in der x_1x_2-Ebene,
– die Punkte R und S in der x_2x_3-Ebene,
– die Punkte T und U in der x_1x_3-Ebene.
Bestimmen Sie die Koordinaten dieser Punkte.

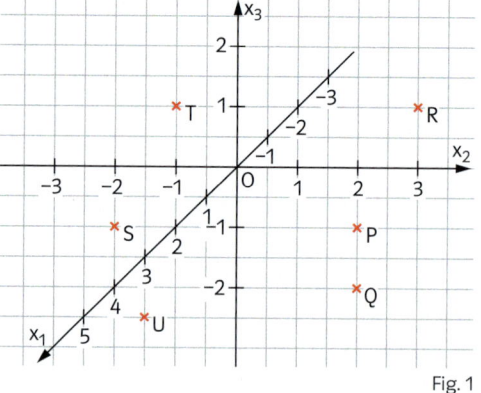

Fig. 1

Zeit zu überprüfen

5 Zeichnen Sie die Punkte A(3|0|0), B(−1|−3|0) und C(−2|0|−1) in ein Koordinatensystem. Beschreiben Sie die Lage der Punkte bezüglich der Koordinatenachsen und Koordinatenebenen.

6 Wo liegen in einem räumlichen Koordinatensystem alle Punkte, deren x_2-Koordinate 5 und deren x_3-Koordinate 2 ist?

7 Eine Pyramide mit quadratischer Grundfläche ABCD und der Spitze S (wie in Fig. 2) hat die Eckpunkte A(1|3|2) und B(1|7|2). Die Höhe der Pyramide beträgt 4 cm. Bestimmen Sie die Koordinaten der Punkte C und D sowie der Spitze S.

8 Die rote Gerade (Fig. 3) geht durch P und Q.
a) Bestimmen Sie die Koordinaten von P und Q.
b) Geben Sie die Koordinaten von drei Punkten an, die auf der roten Geraden liegen.
c) Was kann man über die Koordinaten aller Punkte der roten Geraden sagen?

9 Geben Sie die Koordinaten von zwei Punkten an, die auf einer Parallelen liegen
a) zur x_2-Achse,   b) zur x_3-Achse.

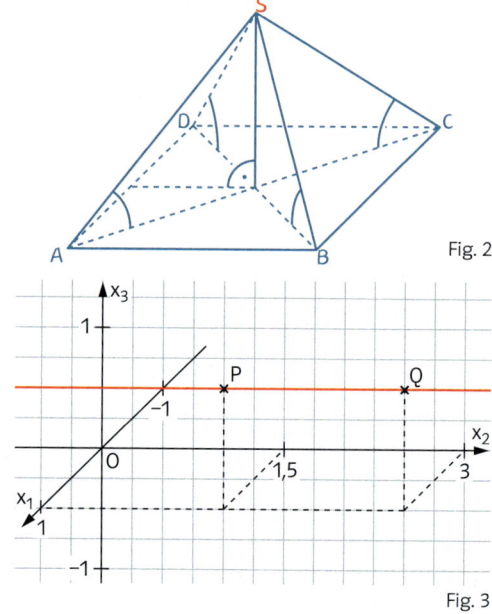

Fig. 2

Fig. 3

10 Welche Koordinaten haben die Bildpunkte von A(2|0|0), B(−1|2|−1), C(−2|3|4) und D(3|4|−2) bei der Spiegelung an der
a) x_1x_2-Ebene,   b) x_2x_3-Ebene,   c) x_1x_3-Ebene?

11 Betrachtet wird ein Koordinatensystem mit der Einheit 1 cm.
a) Wie muss eine Strecke liegen, damit man ihre Länge direkt aus der Zeichnung mit einem Lineal ablesen kann?
b) Für welche Strecken kann man ihre Längen nicht direkt mit einem Lineal ablesen?

Vektoris3D
Punkte auf Geraden

2 Vektoren

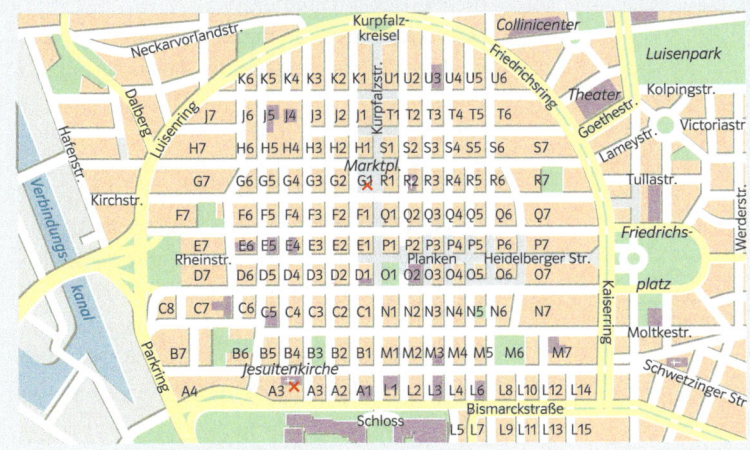

Mannheim wird wegen der Anordnung der Straßen auch als Quadratestadt bezeichnet. Durch diese Anordnung soll man sich leichter zurechtfinden können.
Jemand fragt vor der Jesuitenkirche nach dem Weg zum Marktplatz (rote Kreuze). Geben Sie fünf verschiedene Wegbeschreibungen an. Welche Wegbeschreibungen kann man sich am besten merken?

Bisher wurden mithilfe von Koordinaten die Lagen von Punkten beschrieben.
Im Folgenden wird gezeigt, wie man die Verschiebung von Punkten mathematisch beschreiben kann.

Wie man von einem Ausgangspunkt P zu einem Zielpunkt Q mit einer Verschiebung gelangt, kann man so beschreiben (Fig. 1):
Man erreicht den Punkt Q, wenn man vom Punkt P aus zwei Einheiten in Richtung der x_1-Achse geht und anschließend drei Einheiten in Richtung der x_2-Achse geht.
Diese Verschiebung bezeichnet man als **Vektor** und schreibt kurz $\begin{pmatrix} 2 \\ 3 \end{pmatrix}$.

Weil dieser Vektor von P nach Q führt, schreibt man auch $\overrightarrow{PQ} = \begin{pmatrix} 2 \\ 3 \end{pmatrix}$.

Man sagt:
Der Vektor $\overrightarrow{PQ}$ hat die x_1-Koordinate 2 und die x_2-Koordinate 3.

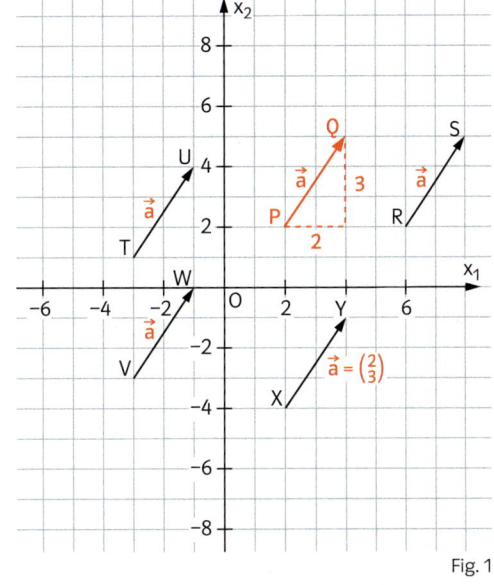

Fig. 1

Der Vektor $\overrightarrow{PQ} = \begin{pmatrix} 2 \\ 3 \end{pmatrix}$ beschreibt nicht nur, wie man zum Ausgangspunkt P den Zielpunkt Q erhält, sondern auch, wie man in Fig. 1 zum Ausgangspunkt R den Zielpunkt S, zum Ausgangspunkt T den Zielpunkt U, zum Ausgangspunkt V den Zielpunkt W und zum Ausgangspunkt X den Zielpunkt Y erhält.
Deshalb bezeichnet man Vektoren auch allgemeiner durch kleine Buchstaben mit einem Pfeil.
In Fig. 1 gilt: $\vec{a} = \overrightarrow{PQ} = \overrightarrow{RS} = \overrightarrow{TU} = \overrightarrow{VW} = \overrightarrow{XY} = \begin{pmatrix} 2 \\ 3 \end{pmatrix}$.

Ein Vektor kann zeichnerisch durch Pfeile angegeben werden, die von den jeweiligen Ausgangspunkten zu den dazugehörenden Zielpunkten führen. Alle Pfeile, die zu einem Vektor gehören, sind zueinander parallel, gleich lang und sie haben alle die gleiche Richtung.

VIII Schlüsselkonzept: Vektoren

So kann man die Koordinaten eines Vektors rechnerisch bestimmen:
Man subtrahiert von den Koordinaten des Zielpunktes die Koordinaten des Ausgangspunktes.
Für Fig. 1 gilt:
$$\overrightarrow{PQ} = \begin{pmatrix} 6-1 \\ 5-3 \end{pmatrix} = \begin{pmatrix} 5 \\ 2 \end{pmatrix}; \quad \overrightarrow{RS} = \begin{pmatrix} 1-6 \\ 1-3 \end{pmatrix} = \begin{pmatrix} -5 \\ -2 \end{pmatrix}.$$

Beachten Sie:
Der Ortsvektor $\overrightarrow{OP}$ eines Punktes P hat die gleichen Koordinaten wie der Punkt P.

Negative Koordinaten eines Vektors bedeuten, dass man entgegen der Richtung der jeweiligen Koordinatenachse gehen soll.

Der Vektor $\begin{pmatrix} 5 \\ 2 \end{pmatrix}$ beschreibt auch, wie man zum Ausgangspunkt O(0|0) den Zielpunkt T(5|2) erhält. Man sagt:
$\overrightarrow{OT} = \begin{pmatrix} 5 \\ 2 \end{pmatrix}$ ist der **Ortsvektor** des Punktes T(5|2).

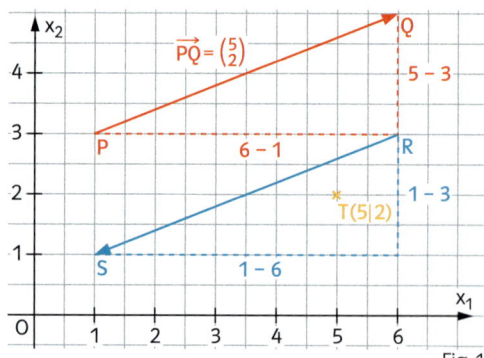
Fig. 1

Die Überlegungen zu Punkten und Vektoren der Ebene kann man auf den Raum übertragen. In Fig. 2 gilt:
$$\overrightarrow{PQ} = \begin{pmatrix} 4 - 1 \\ 1 - 3 \\ -1 - (-2) \end{pmatrix} = \begin{pmatrix} 3 \\ -2 \\ 1 \end{pmatrix}.$$

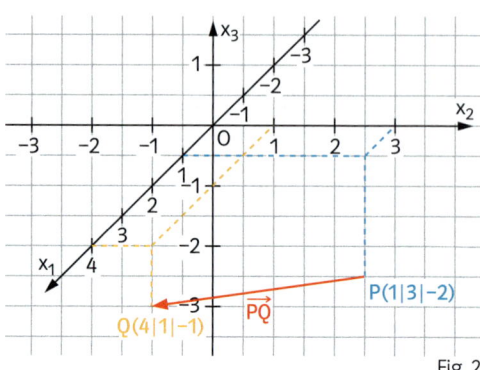
Fig. 2

Die Koordinaten eines Vektors $\overrightarrow{AB}$ kann man aus den Koordinaten der Punkte

$A(a_1|a_2|a_3)$ und $B(b_1|b_2|b_3)$ bestimmen. Es gilt: $\overrightarrow{AB} = \begin{pmatrix} b_1 - a_1 \\ b_2 - a_2 \\ b_3 - a_3 \end{pmatrix}$.

Der Vektor $\overrightarrow{OP} = \begin{pmatrix} p_1 \\ p_2 \\ p_3 \end{pmatrix}$ heißt Ortsvektor des Punktes $P(p_1|p_2|p_3)$.

Beispiel 1 Vektoren im Koordinatensystem
Gegeben ist der Vektor $\vec{a} = \begin{pmatrix} -2 \\ 1 \end{pmatrix}$.

a) Zeichnen Sie drei Pfeile des Vektors $\vec{a}$ in ein Koordinatensystem ein.

b) Es gilt: $\vec{a} = \overrightarrow{PP'}$ mit P(-4|3). Bestimmen Sie die Koordinaten von P'.

c) Es gilt: $\vec{a} = \overrightarrow{QQ'}$ mit Q'(1|-4). Bestimmen Sie die Koordinaten von Q.

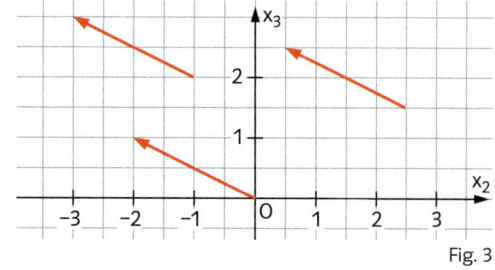
Fig. 3

■ Lösung: a) Siehe Fig. 3.
b) *Geht man von P aus zwei Einheiten gegen die Richtung der x_1-Achse und anschließend eine Einheit in Richtung der x_2-Achse, so erreicht man P'.*
P'(-4 - 2|3 + 1) bzw. P'(-6|4).
c) *Geht man von Q' aus zwei Einheiten in Richtung der x_1-Achse und anschließend eine Einheit gegen die Richtung der x_2-Achse, so erreicht man Q.*
Q(1 + 2|-4 - 1) bzw. Q(3|-5).

Beispiel 2 Parallelogramm

Sind die Punkte A(1|2|3), B(3|−2|1), C(2,25|−1,3|7) und D(0,25|2,7|9) die aufeinanderfolgenden Ecken eines Parallelogramms ABCD?

- Lösung: *Fig. 1 verdeutlicht, dass es genügt zu überprüfen, ob* $\vec{AB} = \vec{DC}$ (bzw. $\vec{AD} = \vec{BC}$) *gilt.*

$\vec{AB} = \begin{pmatrix} 3-1 \\ -2-2 \\ 1-3 \end{pmatrix} = \begin{pmatrix} 2 \\ -4 \\ -2 \end{pmatrix}$; $\vec{DC} = \begin{pmatrix} 2,25 - 0,25 \\ -1,3 - 2,7 \\ 7 - 9 \end{pmatrix} = \begin{pmatrix} 2 \\ -4 \\ -2 \end{pmatrix}$; $\vec{AB} = \vec{DC}$.

A, B, C und D sind die Ecken eines Parallelogramms.

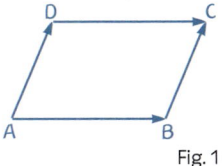

Fig. 1

Aufgaben

1 Zeichnen Sie jeweils drei Pfeile des Vektors in ein Koordinatensystem ein.

a) $\begin{pmatrix} 1 \\ 1 \end{pmatrix}$ b) $\begin{pmatrix} 3 \\ 2 \end{pmatrix}$ c) $\begin{pmatrix} -1 \\ 2 \end{pmatrix}$ d) $\begin{pmatrix} 4 \\ -3 \end{pmatrix}$ e) $\begin{pmatrix} -3 \\ 4 \end{pmatrix}$ f) $\begin{pmatrix} 1,5 \\ 2,5 \end{pmatrix}$ g) $\begin{pmatrix} \frac{1}{4} \\ -2,2 \end{pmatrix}$ h) $\begin{pmatrix} -\frac{1}{3} \\ \sqrt{2} \end{pmatrix}$

2 Zeichnen Sie jeweils drei Pfeile des Vektors in ein Koordinatensystem ein, wobei ein Pfeil der Ortsvektor sein soll.

a) $\begin{pmatrix} 1 \\ 1 \\ 0 \end{pmatrix}$ b) $\begin{pmatrix} 1 \\ 0 \\ 1 \end{pmatrix}$ c) $\begin{pmatrix} 0 \\ 1 \\ 1 \end{pmatrix}$ d) $\begin{pmatrix} 2 \\ -1 \\ 1 \end{pmatrix}$ e) $\begin{pmatrix} -1 \\ -3 \\ 2 \end{pmatrix}$ f) $\begin{pmatrix} 2,5 \\ -2 \\ -3 \end{pmatrix}$

3 Bestimmen Sie die Koordinaten der Vektoren $\vec{AB}$ und $\vec{BA}$.

a) A(1|0|1), B(3|4|1) b) A(4|2|0), B(3|3|3) c) A(−1|2|3), B(2|−2|4)
d) A(4|2|−1), B(5|−1|−3) e) A(1|−4|−3), B(7|2|−4) f) A(2,5|1|−3), B(4|−3,3|2)

4 Der Vektor $\vec{AB} = \begin{pmatrix} 2 \\ -1 \\ 3 \end{pmatrix}$ beschreibt, wie man zum Punkt A den Punkt B erhält.

Bestimmen Sie die Koordinaten des fehlenden Punktes.

a) A(2|−1|3) b) A(−17|11|31) c) B(−17|11|31) d) B(33|−71|−181)

5 Zu welchem Punkt ist der Vektor $\vec{AB}$ (der Vektor $\vec{BA}$) Ortsvektor?

a) A(2|−1|3), B(0|0|0) b) A(3|4|5), B(5|4|3)
c) A(0|1|0), B(1|0|1) d) A(2|4|6), B(3|1|5)

6 Sind die vier Punkte die Ecken eines Parallelogramms? Begründen Sie Ihre Antwort.

a) A(−2|2|3), B(5|5|5), C(9|6|5), D(2|3|3)
b) A(2|0|3), B(4|4|4), C(11|7|9), D(9|3|8)
c) A(2|−2|7), B(6|5|1), C(1|−1|1), D(8|0|8)

7 Bestimmen Sie die Koordinaten eines Punktes D so, dass die vier Punkte ein Parallelogramm bilden.

a) A(21|−11|43), B(3|7|−8), C(0|4|5) b) A(−75|199|−67), B(35|0|−81), C(1|2|3)

Gibt es bei Aufgabe 7 mehrere Lösungen?

Zeit zu überprüfen

8 Bestimmen Sie die Koordinaten der Vektoren $\vec{DE}$ und $\vec{ED}$ mit D(1|−1|1) und E(−1|1|0).

9 Gegeben sind die Punkte A(−2|0|2) und B(0|2|0). Zu welchem Punkt P ist der Vektor $\vec{AB}$ Ortsvektor?

10 Ein Heißluftballon ist bei Immenstaad am Bodensee gestartet und nach ca. einer Stunde bei Kesswil in der Schweiz gelandet (siehe Pfeil). Während dieser Fahrt in ca. 1500 m Höhe waren Windrichtung und Windgeschwindigkeit konstant.
a) Beschreiben Sie die Fahrt mithilfe eines Vektors. Sie können hierzu eine durchsichtige Folie auf die Karte legen und ein Koordinatensystem zeichnen.
b) Wo würden nach einer Stunde Fahrt bei gleichen Windbedingungen Heißluftballone landen, die in Meersburg bzw. Wasserburg gestartet sind?
c) Wie lauten die Vektoren für einstündige Fahrten mit Heißluftballonen bei doppelter Windgeschwindigkeit und umgekehrter Windrichtung?

Fig. 1

11 In Fig. 2 haben die Kanten des kleinen Würfels die Länge 2 cm. Die Kanten des großen Würfels sind dreimal so lang.
a) Zeichnen Sie diese beiden Würfel wie in Fig. 2 in ein Koordinatensystem. Legen Sie den Koordinatenursprung dabei in den Punkt A.
b) Geben Sie die Koordinaten der Eckpunkte beider Würfel an.
c) Geben Sie die Koordinaten der zwei Vektoren in Fig. 2 an.

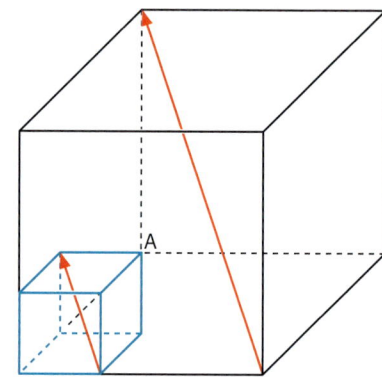

Fig. 2

12 Mithilfe von Vektoren kann man Kopiervorschriften angeben.
a) Legen Sie in einem Koordinatensystem eine quadratische Pyramide mit der Grundfläche ABCD und der Spitze S fest. Bestimmen Sie die Vektoren $\vec{SB}$, $\vec{SC}$ und $\vec{SD}$. Teilen Sie diese Vektoren den Mitschülerinnen und Mitschülern an Ihrem Nachbartisch mit. Sie sollen nun für drei Pyramiden die Spitzen festlegen und mithilfe Ihrer Vektoren drei gleiche Pyramiden zeichnen.
b) Wie viele Vektoren benötigt man, um mit dem gleichen Verfahren wie in Teilaufgabe a) ein Rechteck zu kopieren?

13 Fig. 3 zeigt einen Quader ABCDEFGH. Der Schnittpunkt der Diagonalen des Vierecks ABCD ist M_1. Der Schnittpunkt der Diagonalen des Vierecks BCGF ist M_2.
Der Schnittpunkt der Diagonalen des Vierecks CDHG ist M_3. Der Schnittpunkt der Diagonalen des Vierecks ADHE ist M_4.
Diese Schnittpunkte sind nicht eingezeichnet.
Bestimmen Sie die Koordinaten des Vektors
a) $\vec{M_1M_2}$, b) $\vec{M_2M_3}$,
c) $\vec{M_3M_4}$, d) $\vec{M_4M_1}$.

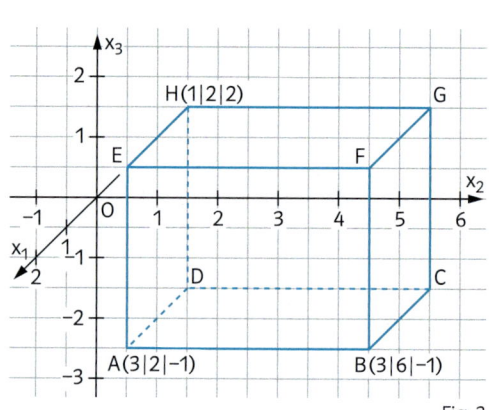

Fig. 3

3 Rechnen mit Vektoren

Der computergesteuerte „Igel" kann jede Position innerhalb des umrandeten Bereichs erreichen. Die Befehle hierzu heißen: „Gehe i_1 Einheiten in x_1-Richtung und i_2 Einheiten in x_2-Richtung".
Wie lauten die Befehle für die Bewegungen von A nach B, von B nach C und von A nach C? Vergleichen Sie diese Befehle.

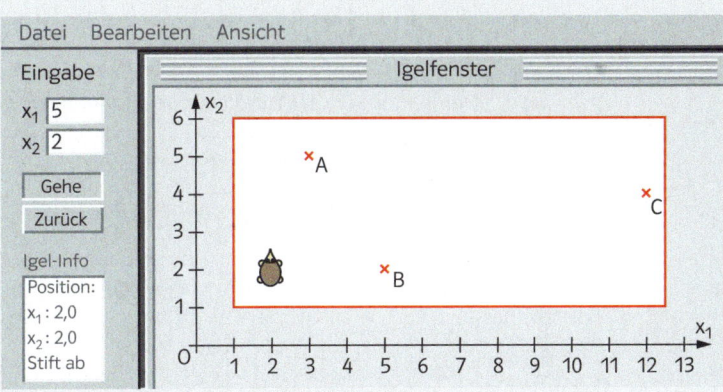

In Fig. 1 sind ein Pfeil des Vektors $\vec{PQ}$ und ein Pfeil des Vektors $\vec{QR}$ hintereinandergesetzt. Den sich ergebenden Vektor $\vec{PR}$ bezeichnet man als die **Addition der Vektoren** $\vec{PQ}$ und $\vec{QR}$: $\vec{PQ} + \vec{QR} = \vec{PR}$.

In Fig. 2 sind drei gleiche Pfeile eines Vektors $\vec{a}$ hintereinandergesetzt. Den sich ergebenden Vektor $\vec{AB}$ bezeichnet man als **Multiplikation der Zahl 3 mit dem Vektor** $\vec{a}$: $3 \cdot \vec{a} = \vec{AB}$.

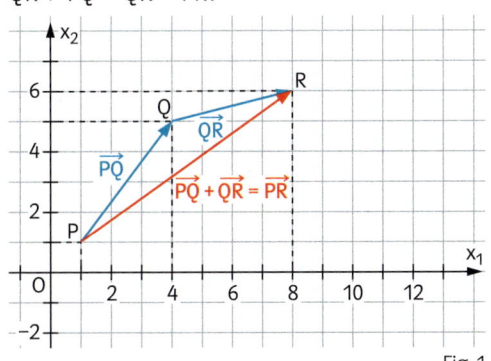

Fig. 1

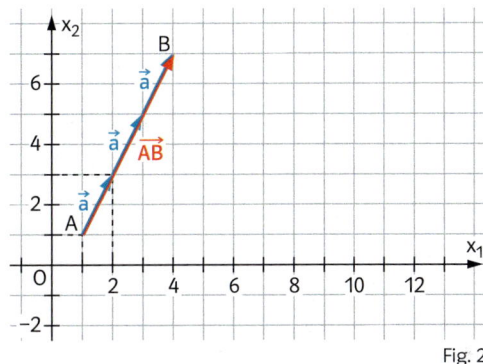

Fig. 2

Geht man in Fig. 1 von P über Q nach R, so geht man insgesamt
3 + 4 Einheiten in x_1-Richtung und
4 + 1 Einheiten in x_2-Richtung.
Man kann dies auch so aufschreiben:
$\vec{PR} = \vec{PQ} + \vec{QR} = \binom{3}{4} + \binom{4}{1} = \binom{3+4}{4+1} = \binom{7}{5}$

Geht man in Fig. 2 von A nach B, so geht man nacheinander dreimal einen Pfeil des Vektors $\vec{a}$ entlang, deshalb gilt:
$\vec{AB} = \vec{a} + \vec{a} + \vec{a} = \binom{1}{2} + \binom{1}{2} + \binom{1}{2} = \binom{3}{6}$.
Man kann dies auch so aufschreiben:
$\vec{AB} = 3 \cdot \vec{a} = 3 \cdot \binom{1}{2} = \binom{3 \cdot 1}{3 \cdot 2} = \binom{3}{6}$.

Zu einem Vektor $\vec{a} = \binom{-2}{3}$ ist $-\vec{a} = \binom{2}{-3}$ der **Gegenvektor**.
Der **Subtraktion** des Vektors $\vec{a}$ entspricht die Addition seines Gegenvektors, d.h.
$\vec{b} - \vec{a} = \vec{b} + (-\vec{a})$. In Fig. 3 ist $\vec{a} = \binom{-2}{1,5}$
und $\vec{b} = \binom{3}{2}$. Also ergibt sich rechnerisch:
$\vec{b} - \vec{a} = \binom{3}{2} + \binom{2}{-1,5} = \binom{5}{0,5}$.
Fig. 3 zeigt die grafische Subtraktion.

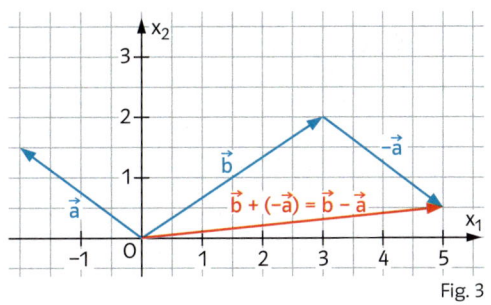

Fig. 3

VIII Schlüsselkonzept: Vektoren 193

Diese Überlegungen treffen auch für Vektoren des Raumes zu:

$$\begin{pmatrix} 1 \\ 2 \\ 3 \end{pmatrix} + \begin{pmatrix} 5 \\ 4 \\ 3 \end{pmatrix} = \begin{pmatrix} 1+5 \\ 2+4 \\ 3+3 \end{pmatrix} = \begin{pmatrix} 6 \\ 6 \\ 6 \end{pmatrix}; \quad \begin{pmatrix} 1 \\ 2 \\ 3 \end{pmatrix} - \begin{pmatrix} 5 \\ 4 \\ -2 \end{pmatrix} = \begin{pmatrix} 1-5 \\ 2-4 \\ 3+2 \end{pmatrix} = \begin{pmatrix} -4 \\ -2 \\ 5 \end{pmatrix}; \quad 2{,}5 \cdot \begin{pmatrix} 4 \\ 2 \\ -8 \end{pmatrix} = \begin{pmatrix} 2{,}5 \cdot 4 \\ 2{,}5 \cdot 2 \\ 2{,}5 \cdot (-8) \end{pmatrix} = \begin{pmatrix} 10 \\ 5 \\ -20 \end{pmatrix}.$$

Der Vektor $\begin{pmatrix} 0 \\ 0 \\ 0 \end{pmatrix}$ heißt **Nullvektor** und wird mit $\vec{o}$ bezeichnet. Er ist der einzige Vektor, der nicht mit Pfeilen dargestellt werden kann.

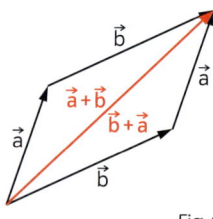

Fig. 1

Definition:
Sind zwei Vektoren $\vec{a} = \begin{pmatrix} a_1 \\ a_2 \\ a_3 \end{pmatrix}$ und $\vec{b} = \begin{pmatrix} b_1 \\ b_2 \\ b_3 \end{pmatrix}$ und eine reelle Zahl r gegeben, dann heißt

$\vec{a} + \vec{b} = \begin{pmatrix} a_1 \\ a_2 \\ a_3 \end{pmatrix} + \begin{pmatrix} b_1 \\ b_2 \\ b_3 \end{pmatrix} = \begin{pmatrix} a_1 + b_1 \\ a_2 + b_2 \\ a_3 + b_3 \end{pmatrix}$ die Summe der Vektoren $\vec{a}$ und $\vec{b}$ und

$r \cdot \vec{a} = r \cdot \begin{pmatrix} a_1 \\ a_2 \\ a_3 \end{pmatrix} = \begin{pmatrix} r \cdot a_1 \\ r \cdot a_2 \\ r \cdot a_3 \end{pmatrix}$ die Skalarmultiplikation des Vektors $\vec{a}$ mit der Zahl r.

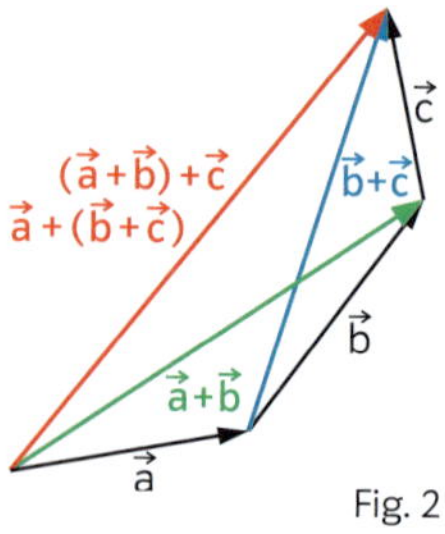

Fig. 2

Einen Ausdruck wie $r \cdot \vec{a} + s \cdot \vec{b} + t \cdot \vec{c}$ nennt man **Linearkombination** der Vektoren $\vec{a}, \vec{b}$ und $\vec{c}$.
Die Zahlen r, s und t heißen **Koeffizienten**.
Für die Addition von zwei Vektoren $\vec{a}$ und $\vec{b}$ gelten

das **Kommutativgesetz** $\qquad \vec{a} + \vec{b} = \vec{b} + \vec{a}$ und

das **Assoziativgesetz** $\qquad \vec{a} + (\vec{b} + \vec{c}) = (\vec{a} + \vec{b}) + \vec{c}$.

Für die Multiplikation von reellen Zahlen r und s mit Vektoren $\vec{a}$ und $\vec{b}$ gelten

das **Assoziativgesetz** $\qquad r \cdot (s \cdot \vec{a}) = (r \cdot s) \cdot \vec{a}$ und

die **Distributivgesetze** $\qquad r \cdot (\vec{a} + \vec{b}) = r \cdot \vec{a} + r \cdot \vec{b}; \quad (r+s) \cdot \vec{a} = r \cdot \vec{a} + s \cdot \vec{a}$.

Zur Begründung dieser Gesetze siehe Fig. 1 und Fig. 2 sowie die Aufgabe 15 auf Seite 196.

Beispiel 1 Rechnen mit Vektoren
Berechnen Sie.

a) $\begin{pmatrix} 4 \\ 2 \end{pmatrix} + \begin{pmatrix} 7 \\ 0 \end{pmatrix}$
b) $\begin{pmatrix} -2 \\ -1 \\ 3 \end{pmatrix} - \begin{pmatrix} 1 \\ -7 \\ 5 \end{pmatrix}$
c) $\frac{1}{2} \cdot \begin{pmatrix} 12 \\ 18 \end{pmatrix}$
d) $(-3) \cdot \begin{pmatrix} \frac{4}{3} \\ -2 \\ \frac{1}{2} \end{pmatrix}$

■ Lösung:

a) $\begin{pmatrix} 4+7 \\ 2+0 \end{pmatrix} = \begin{pmatrix} 11 \\ 2 \end{pmatrix}$
b) $\begin{pmatrix} -2-1 \\ -1+7 \\ 3-5 \end{pmatrix} = \begin{pmatrix} -3 \\ 6 \\ -2 \end{pmatrix}$
c) $\begin{pmatrix} \frac{1}{2} \cdot 12 \\ \frac{1}{2} \cdot 18 \end{pmatrix} = \begin{pmatrix} 6 \\ 9 \end{pmatrix}$
d) $\begin{pmatrix} -3 \cdot \frac{4}{3} \\ -3 \cdot (-2) \\ -3 \cdot \frac{1}{2} \end{pmatrix} = \begin{pmatrix} -4 \\ 6 \\ -\frac{3}{2} \end{pmatrix}$

Beispiel 2 Mittelpunkt einer Strecke
Bestimmen Sie den Mittelpunkt M der Strecke $\overline{PQ}$ mit P(2|5) und Q(4|3).

■ Lösung: *Siehe Fig. 3.*

$\overrightarrow{OM} = \overrightarrow{OP} + \frac{1}{2} \cdot \overrightarrow{PQ} = \begin{pmatrix} 2 \\ 5 \end{pmatrix} + \frac{1}{2} \cdot \begin{pmatrix} 4-2 \\ 3-5 \end{pmatrix}$

$= \begin{pmatrix} 2 \\ 5 \end{pmatrix} + \frac{1}{2} \cdot \begin{pmatrix} 2 \\ -2 \end{pmatrix} = \begin{pmatrix} 2 \\ 5 \end{pmatrix} + \begin{pmatrix} 1 \\ -1 \end{pmatrix} = \begin{pmatrix} 3 \\ 4 \end{pmatrix}$

M(3|4) ist der Mittelpunkt der Strecke $\overline{PQ}$.
Die Lösung kann man auch durch Mittelwertbildung der jeweiligen Koordinaten erhalten:
$M\left(\frac{2+4}{2} \Big| \frac{5+3}{2}\right)$.

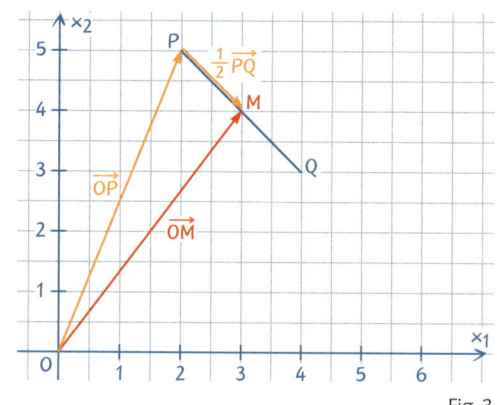

Fig. 3

Aufgaben

1 Berechnen Sie.

a) $\begin{pmatrix} 4 \\ -1 \\ 2 \end{pmatrix} + \begin{pmatrix} 3 \\ 2 \\ -4 \end{pmatrix}$ b) $\begin{pmatrix} 3 \\ 2 \\ -2 \end{pmatrix} - \begin{pmatrix} 2 \\ 1 \\ -3 \end{pmatrix}$ c) $\begin{pmatrix} 2 \\ 1 \\ -3 \end{pmatrix} - \begin{pmatrix} 3 \\ 2 \\ 1 \end{pmatrix} + \begin{pmatrix} 1 \\ 2 \\ -5 \end{pmatrix}$ d) $\begin{pmatrix} 4 \\ 4 \\ 2 \end{pmatrix} - \begin{pmatrix} -1 \\ 2 \\ 2 \end{pmatrix} - \begin{pmatrix} 3 \\ 5 \\ -1 \end{pmatrix} + \begin{pmatrix} 7 \\ 1 \\ 4 \end{pmatrix}$

2 Berechnen Sie.

a) $7 \cdot \begin{pmatrix} 1 \\ 2 \\ 5 \end{pmatrix}$ b) $(-3) \cdot \begin{pmatrix} 1 \\ 0 \\ 11 \end{pmatrix}$ c) $(-5) \cdot \begin{pmatrix} -2 \\ 1 \\ -1 \end{pmatrix}$ d) $\frac{1}{2} \cdot \begin{pmatrix} 4 \\ 6 \\ 8 \end{pmatrix}$ e) $\left(-\frac{3}{4}\right) \cdot \begin{pmatrix} 10 \\ 11 \\ 12 \end{pmatrix}$ f) $0 \cdot \begin{pmatrix} 1 \\ 2 \\ 3 \end{pmatrix}$

3 Bestimmen Sie den Mittelpunkt der Strecke $\overline{AB}$ mithilfe von Vektoren.

a) A(3|2|5), B(5|2|3) b) A(2|1|−2), B(−5|1|9)
c) A(0|0|2), B(−2|0|0) d) A(1|−1|1), B(5|5|5)

4 Schreiben Sie den Vektor als Produkt aus einer reeller Zahl und einem Vektor mit ganzzahligen Koordinaten.

a) $\begin{pmatrix} \frac{1}{2} \\ 3 \\ \frac{1}{4} \end{pmatrix}$ b) $\begin{pmatrix} 5 \\ \frac{2}{5} \\ \frac{3}{2} \end{pmatrix}$ c) $\begin{pmatrix} -8 \\ 12 \\ 36 \end{pmatrix}$ d) $\begin{pmatrix} 39 \\ 0 \\ -52 \end{pmatrix}$ e) $\begin{pmatrix} 12 \\ -\frac{5}{6} \\ -\frac{1}{8} \end{pmatrix}$ f) $\begin{pmatrix} \frac{3}{11} \\ -\frac{5}{22} \\ \frac{7}{33} \end{pmatrix}$

5 Verdeutlichen Sie die Rechnung mithilfe einer Zeichnung wie in Fig. 1.

a) $2 \cdot \begin{pmatrix} 1 \\ 2 \end{pmatrix} + 3 \cdot \begin{pmatrix} 2 \\ 0 \end{pmatrix}$ b) $4 \cdot \begin{pmatrix} 1 \\ 1 \end{pmatrix} - 2 \cdot \begin{pmatrix} 1 \\ 3 \end{pmatrix}$
c) $3 \cdot \begin{pmatrix} -1 \\ -2 \end{pmatrix} + 2 \cdot \begin{pmatrix} 1 \\ -3 \end{pmatrix}$ d) $\frac{3}{2} \cdot \begin{pmatrix} 4 \\ 3 \end{pmatrix} + \frac{1}{2} \cdot \begin{pmatrix} 6 \\ 5 \end{pmatrix}$
e) $-\begin{pmatrix} 4 \\ 5 \end{pmatrix} + 4 \cdot \begin{pmatrix} 1 \\ 2 \end{pmatrix}$ f) $0{,}5 \cdot \begin{pmatrix} 3 \\ 7 \end{pmatrix} - 1{,}5 \cdot \begin{pmatrix} 9 \\ 2 \end{pmatrix}$

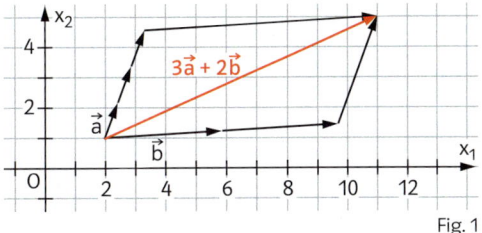
Fig. 1

6 Der Punkt M liegt auf der Strecke $\overline{AB}$ und ist gleich weit von den Endpunkten der Strecke entfernt. Bestimmen Sie für den Punkt A(1|2|−1) und den Punkt M(4|2|5) die Koordinaten des Punktes B.

7 Berechnen Sie die Koordinaten des Vektors, der durch die Linearkombination gegeben ist.

a) $2 \cdot \begin{pmatrix} 1 \\ -2 \\ 1 \end{pmatrix} + 3 \cdot \begin{pmatrix} -1 \\ 2 \\ -3 \end{pmatrix}$ b) $3 \cdot \begin{pmatrix} 4 \\ 2 \\ -1 \end{pmatrix} + 7 \cdot \begin{pmatrix} 4 \\ -2 \\ 1 \end{pmatrix}$ c) $3 \cdot \begin{pmatrix} 4 \\ 2 \\ -1 \end{pmatrix} + 7 \cdot \begin{pmatrix} 4 \\ 2 \\ -1 \end{pmatrix}$

d) $\begin{pmatrix} 5 \\ 6 \\ 7 \end{pmatrix} + (-1) \cdot \begin{pmatrix} 0 \\ 2 \\ 4 \end{pmatrix}$ e) $3 \cdot \begin{pmatrix} -1 \\ 4 \\ 2 \end{pmatrix} - 2 \cdot \begin{pmatrix} -2 \\ 4 \\ 1 \end{pmatrix} + 3 \cdot \begin{pmatrix} -1 \\ 4 \\ 2 \end{pmatrix}$ f) $4 \cdot \begin{pmatrix} 0{,}5 \\ 3 \\ 1 \end{pmatrix} + 2 \cdot \begin{pmatrix} 1 \\ 6 \\ 2 \end{pmatrix} + 3 \cdot \begin{pmatrix} 0{,}8 \\ 2 \\ 3 \end{pmatrix}$

8 In einem Dreieck ABC sind die Punkte M_a, M_b und M_c die Mittelpunkte der Dreiecksseiten (Fig. 2). Bestimmen Sie die Koordinaten der Punkte M_a, M_b und M_c für
a) A(0|0), B(3|1), C(1|3),
b) A(0|0|0), B(3|1|2), C(1|3|4),
c) A(1|3), B(4|2), C(2|5),
d) A(1|1|1), B(1|1|2), C(3|5|4).

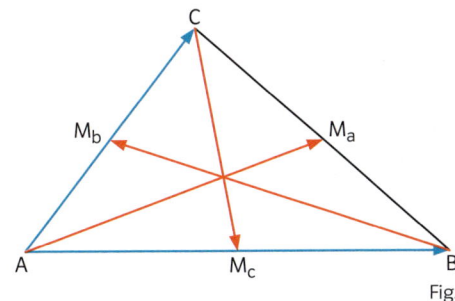
Fig. 2

Zeit zu überprüfen

9 Berechnen Sie die Koordinaten des Vektors, der durch die Linearkombination gegeben ist.

a) $\frac{1}{7} \cdot \begin{pmatrix} 14 \\ 49 \\ -21 \end{pmatrix} + \begin{pmatrix} -2 \\ -7 \\ 3 \end{pmatrix} + \begin{pmatrix} 1 \\ 1 \\ 1 \end{pmatrix}$

b) $\begin{pmatrix} -20 \\ 15 \\ 5 \end{pmatrix} + 0{,}5 \cdot \begin{pmatrix} 40 \\ 7 \\ -20 \end{pmatrix} - \begin{pmatrix} -0{,}5 \\ -1{,}2 \\ -7 \end{pmatrix}$

c) $0{,}2 \cdot \begin{pmatrix} 5 \\ -5 \\ 10 \end{pmatrix} - \frac{3}{2} \cdot \begin{pmatrix} \frac{2}{3} \\ 10 \\ 12 \end{pmatrix}$

10 Der Punkt M ist der Mittelpunkt der Strecke $\overline{AB}$. Bestimmen Sie die Koordinaten des fehlenden Punktes.

a) A(3|2|5), B(−4|5|−4) b) A(2|2|3), M(4|−4|7) c) M(1|−1|0), B(0|−1|1)

11 Vereinfachen Sie.
a) $7\vec{a} + 5\vec{a}$
b) $3\vec{d} - 4\vec{e} + 7\vec{d} - 6\vec{e}$
c) $2{,}5\vec{u} - 3{,}7\vec{v} - 5{,}2\vec{u} + \vec{v}$
d) $6{,}3\vec{a} + 7{,}4\vec{b} - 2{,}8\vec{c} + 17{,}5\vec{a} - 9{,}3\vec{c} + \vec{b} - \vec{a} + \vec{c}$
e) $2(\vec{a} + \vec{b}) + \vec{a}$
f) $-(\vec{u} - \vec{v})$
g) $2(2\vec{a} + 4\vec{b})$
h) $-4(\vec{a} - \vec{b}) - \vec{b} + \vec{a}$
i) $3(\vec{a} + 2(\vec{a} + \vec{b}))$
j) $6(\vec{a} - \vec{b}) + 4(\vec{a} + \vec{b})$
k) $7\vec{u} + 5(\vec{u} - 2(\vec{u} + \vec{v}))$

12 Betrachtet wird der Quader ABCDEFGH in Fig. 1. Stellen Sie mithilfe einer Linearkombination der Vektoren $\vec{a}$, $\vec{b}$ und $\vec{c}$
a) den Vektor $\overrightarrow{AG}$,
b) den Vektor $\overrightarrow{BH}$,
c) den Vektor $\overrightarrow{EC}$,
d) den Vektor $\overrightarrow{BM}$,
e) den Vektor $\overrightarrow{ME}$ dar.

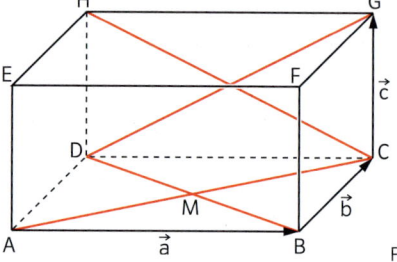

Fig. 1

13 a) Gegeben sind die Punkte A(7|7|7), B(3|2|1) und C(4|5|6). Bestimmen Sie die Koordinaten des Punktes D so, dass das Viereck ABCD ein Parallelogramm ist.
b) Bestimmen Sie die Koordinaten des Mittelpunktes dieses Parallelogramms.
c) Ein Quadrat ABCD hat den Mittelpunkt M(3,5|5,5|2) sowie die Eckpunkte A(3|2|2) und D(0|6|2). Bestimmen Sie die Koordinaten der beiden anderen Eckpunkte.

14 In jedem Dreieck schneiden sich die Verbindungsstrecken der Eckpunkte mit den gegenüberliegenden Seitenmitten in einem Punkt S (Fig. 2). Der Punkt S teilt jede dieser Verbindungsstrecken im Verhältnis 1:2. Bestimmen Sie die Koordinaten des Punktes S in einem Dreieck ABC mit
a) A(1|1), B(5|5), C(3|7),
b) A(0|0|0), B(2|3|4), C(−1|5|−2).

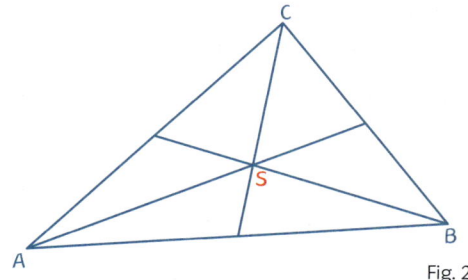

Fig. 2

15 Das Kommutativgesetz und das Assoziativgesetz der Addition wurden auf Seite 194 mithilfe von Fig. 1 und Fig. 2 verdeutlicht. Diese Gesetze kann man auch rechnerisch begründen.
Zum Beispiel: Ist $\vec{a} = \begin{pmatrix} a_1 \\ a_2 \end{pmatrix}$ und $\vec{b} = \begin{pmatrix} b_1 \\ b_2 \end{pmatrix}$, so gilt:

$\vec{a} + \vec{b} = \begin{pmatrix} a_1 \\ a_2 \end{pmatrix} + \begin{pmatrix} b_1 \\ b_2 \end{pmatrix} = \begin{pmatrix} a_1 + b_1 \\ a_2 + b_2 \end{pmatrix} = \begin{pmatrix} b_1 + a_1 \\ b_2 + a_2 \end{pmatrix} = \begin{pmatrix} b_1 \\ b_2 \end{pmatrix} + \begin{pmatrix} a_1 \\ a_2 \end{pmatrix} = \vec{b} + \vec{a}$.

a) Begründen Sie rechnerisch das Assoziativgesetz der Addition von Vektoren.
b) Begründen Sie rechnerisch das Assoziativgesetz der Multiplikation von Zahlen mit Vektoren.
c) Begründen Sie rechnerisch die Distributivgesetze der Multiplikation von Zahlen mit Vektoren.

4 Geraden

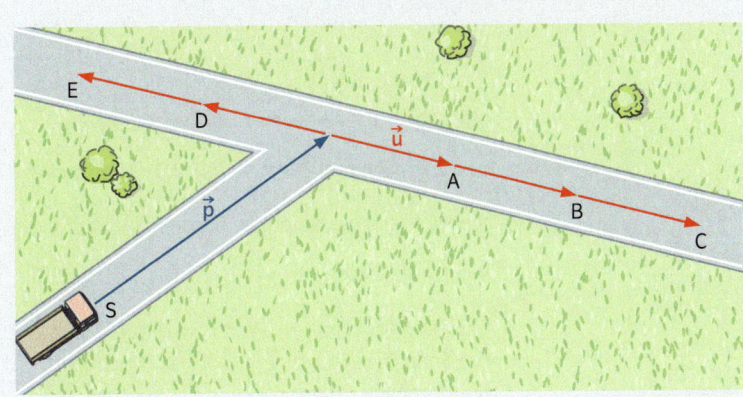

Vom Startpunkt S fährt jeweils ein Wagen zu den Punkten A, B, C, D und E.
Beschreiben Sie die vier Wege mithilfe der Vektoren $\vec{p}$ und $\vec{u}$. Beschreiben Sie die Lage der Punkte A bis E.

Mithilfe von Vektoren kann man sowohl Geraden in der Ebene als auch Geraden im Raum beschreiben.
In Fig. 1 liegen die Punkte P, Q, R und S auf derselben Geraden g. Mit dem Ortsvektor $\vec{p} = \begin{pmatrix} 3 \\ 4 \\ 5 \end{pmatrix}$ des Punktes P gilt für die Ortsvektoren $\vec{q}$, $\vec{r}$ und $\vec{s}$ der Punkte Q, R und S:

$\begin{pmatrix} 3 \\ 4 \\ 5 \end{pmatrix} + 1 \cdot \begin{pmatrix} -1 \\ -2 \\ 1 \end{pmatrix} = \begin{pmatrix} 2 \\ 2 \\ 6 \end{pmatrix} = \vec{q}$,

$\begin{pmatrix} 3 \\ 4 \\ 5 \end{pmatrix} + 2 \cdot \begin{pmatrix} -1 \\ -2 \\ 1 \end{pmatrix} = \begin{pmatrix} 1 \\ 0 \\ 7 \end{pmatrix} = \vec{r}$ und $\begin{pmatrix} 3 \\ 4 \\ 5 \end{pmatrix} + (-1) \cdot \begin{pmatrix} -1 \\ -2 \\ 1 \end{pmatrix} = \begin{pmatrix} 4 \\ 6 \\ 4 \end{pmatrix} = \vec{s}$.

Ein beliebiger Punkt X mit dem Ortsvektor $\vec{x}$ liegt auf der Geraden g in Fig. 1, wenn es eine reelle Zahl r gibt, sodass gilt: $\vec{x} = \begin{pmatrix} 3 \\ 4 \\ 5 \end{pmatrix} + r \cdot \begin{pmatrix} -1 \\ -2 \\ 1 \end{pmatrix}$.

Setzt man umgekehrt in die Gleichung $\vec{x} = \begin{pmatrix} 3 \\ 4 \\ 5 \end{pmatrix} + r \cdot \begin{pmatrix} -1 \\ -2 \\ 1 \end{pmatrix}$ für r alle reellen Zahlen ein, dann erhält man die Ortsvektoren aller Punkte der Geraden g. Deshalb bezeichnet man diese Gleichung als **Gleichung der Geraden g**.

Fig. 1

⊚ Vektoris3D
Gerade im Raum

Jede Gerade lässt sich durch eine Gleichung der Form $\vec{x} = \vec{p} + r \cdot \vec{u}$ ($r \in \mathbb{R}$) beschreiben.
Der Vektor $\vec{p}$ heißt **Stützvektor**. Er ist der Ortsvektor zu einem Punkt P, der auf der Geraden g liegt.
Der Vektor $\vec{u}$ heißt **Richtungsvektor**.

Eine Gleichung der Form $\vec{x} = \vec{p} + r \cdot \vec{u}$ ($r \in \mathbb{R}$) heißt **Parametergleichung** der Geraden.

Eine Gerade g kann durch mehrere Gleichungen beschrieben werden, z. B. sind
$\vec{x} = \begin{pmatrix} 3 \\ 4 \\ 5 \end{pmatrix} + s \cdot \begin{pmatrix} -3 \\ -6 \\ 3 \end{pmatrix}$ und $\vec{x} = \begin{pmatrix} 2 \\ 2 \\ 6 \end{pmatrix} + t \cdot \begin{pmatrix} 2 \\ 4 \\ -2 \end{pmatrix}$ ebenfalls Gleichungen der Geraden g.
Dabei sind die Richtungsvektoren jeweils Vielfache voneinander, das heißt, ihre Pfeile sind zueinander parallel.

Zeichnen einer Geraden im Raum

Gegeben ist eine Gerade g mit

$\vec{x} = \begin{pmatrix} 2 \\ 4 \\ 3 \end{pmatrix} + r \cdot \begin{pmatrix} 1 \\ 2 \\ -1 \end{pmatrix}$.

Man zeichnet vom Ursprung aus einen Pfeil des Stützvektors $\vec{p} = \begin{pmatrix} 2 \\ 4 \\ 3 \end{pmatrix}$ ein. Vom Endpunkt dieses Pfeils aus zeichnet man einen Pfeil des Richtungsvektors $\vec{u} = \begin{pmatrix} 1 \\ 2 \\ -1 \end{pmatrix}$. Man zeichnet die Gerade g so, dass der Pfeil von $\vec{u}$ auf g liegt. Die Schreibweise g: $\vec{x} = \vec{p} + r \cdot \vec{u}$ bedeutet: die Gerade g mit der Gleichung $\vec{x} = \vec{p} + r \cdot \vec{u}$.

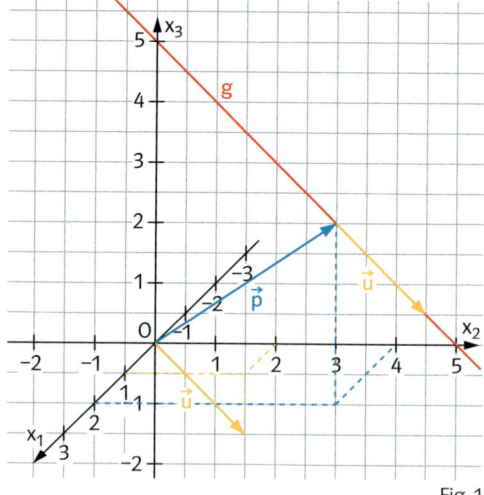

Fig. 1

Beispiel 1 Punkte einer Geraden bestimmen

Geben Sie drei Punkte an, die auf der Geraden g: $\vec{x} = \begin{pmatrix} 2 \\ 1 \\ 3 \end{pmatrix} + t \cdot \begin{pmatrix} -1 \\ 3 \\ 2 \end{pmatrix}$ liegen.

▪ Lösung: Setzt man in die gegebene Gleichung $\vec{x} = \begin{pmatrix} 2 \\ 1 \\ 3 \end{pmatrix} + t \cdot \begin{pmatrix} -1 \\ 3 \\ 2 \end{pmatrix}$ für t nacheinander z. B. die Werte 0; 1 und −1 ein, so erhält man die Vektoren

$\vec{x_0} = \begin{pmatrix} 2 \\ 1 \\ 3 \end{pmatrix} + 0 \cdot \begin{pmatrix} -1 \\ 3 \\ 2 \end{pmatrix} = \begin{pmatrix} 2 \\ 1 \\ 3 \end{pmatrix}$; $\vec{x_1} = \begin{pmatrix} 2 \\ 1 \\ 3 \end{pmatrix} + 1 \cdot \begin{pmatrix} -1 \\ 3 \\ 2 \end{pmatrix} = \begin{pmatrix} 1 \\ 4 \\ 5 \end{pmatrix}$ und $\vec{x_{-1}} = \begin{pmatrix} 2 \\ 1 \\ 3 \end{pmatrix} + (-1) \cdot \begin{pmatrix} -1 \\ 3 \\ 2 \end{pmatrix} = \begin{pmatrix} 3 \\ -2 \\ 1 \end{pmatrix}$.

Die Punkte $X_0(2|1|3)$, $X_1(1|4|5)$ und $X_{-1}(3|-2|1)$ liegen auf der Geraden g.

Beispiel 2 Gleichung einer Geraden bestimmen

Die Punkte A(1|−2|5) und B(4|6|−2) liegen auf der Geraden g. Bestimmen Sie eine Gleichung der Geraden g.

▪ Lösung: Da A auf g liegt, ist der Vektor $\vec{a} = \begin{pmatrix} 1 \\ -2 \\ 5 \end{pmatrix}$ ein möglicher Stützvektor von g.

Da A und B auf g liegen, ist der Vektor $\vec{AB} = \begin{pmatrix} 4 \\ 6 \\ -2 \end{pmatrix} - \begin{pmatrix} 1 \\ -2 \\ 5 \end{pmatrix} = \begin{pmatrix} 3 \\ 8 \\ -7 \end{pmatrix}$ ein möglicher Richtungsvektor von g.

Man erhält g: $\vec{x} = \begin{pmatrix} 1 \\ -2 \\ 5 \end{pmatrix} + t \cdot \begin{pmatrix} 3 \\ 8 \\ -7 \end{pmatrix}$.

Es könnte z. B. auch $\vec{b} = \begin{pmatrix} 4 \\ 6 \\ -2 \end{pmatrix}$ als Stützvektor und $\vec{BA} = \begin{pmatrix} -3 \\ -8 \\ 7 \end{pmatrix}$ als Richtungsvektor gewählt werden.

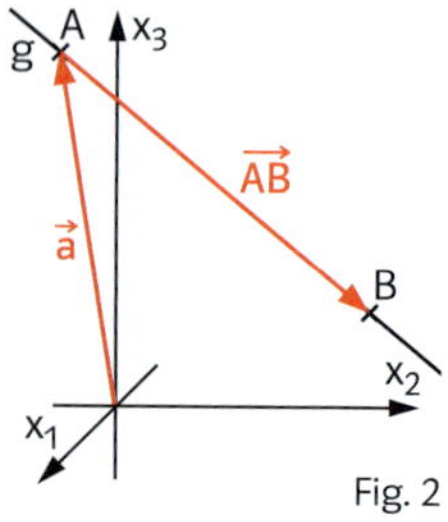

Fig. 2

Beispiel 3 Punktprobe

Überprüfen Sie, ob der Punkt A(−7|−5|8) auf der Geraden g: $\vec{x} = \begin{pmatrix} 3 \\ -1 \\ 2 \end{pmatrix} + t \cdot \begin{pmatrix} 5 \\ 2 \\ -3 \end{pmatrix}$ liegt.

▪ Lösung: Wenn A auf g liegt, dann muss es eine reelle Zahl t geben, die die Gleichung $\begin{pmatrix} 3 \\ -1 \\ 2 \end{pmatrix} + t \cdot \begin{pmatrix} 5 \\ 2 \\ -3 \end{pmatrix} = \begin{pmatrix} -7 \\ -5 \\ 8 \end{pmatrix}$ erfüllt. Aus $3 + t \cdot 5 = -7$ folgt $t = -2$ und es gilt sowohl $(-1) + (-2) \cdot 2 = -5$ als auch $2 + (-2) \cdot (-3) = 8$.

A liegt somit auf g.

Aufgaben

1 a) Geben Sie drei Punkte an, die auf der Geraden $g: \vec{x} = \begin{pmatrix} 1 \\ 1 \\ 2 \end{pmatrix} + t \cdot \begin{pmatrix} 0 \\ -2 \\ 7 \end{pmatrix}$ liegen.
b) Geben Sie eine weitere Gleichung der Geraden g an.

2 Die Gerade g geht durch die Punkte A und B. Geben Sie jeweils zwei Gleichungen der Geraden g an.
a) A(1|2|2), B(5|−4|7)   b) A(−3|−2|9), B(0|0|3)   c) A(7|−2|7), B(1|1|1)

3 Prüfen Sie, ob der Punkt X auf der Geraden g liegt.
a) X(1|1); $g: \vec{x} = \begin{pmatrix} 7 \\ 3 \end{pmatrix} + t \cdot \begin{pmatrix} -2 \\ 3 \end{pmatrix}$
b) X(−1|0); $g: \vec{x} = \begin{pmatrix} -1 \\ 5 \end{pmatrix} + t \cdot \begin{pmatrix} 0 \\ 5 \end{pmatrix}$
c) X(2|3|−1); $g: \vec{x} = \begin{pmatrix} 7 \\ 0 \\ 4 \end{pmatrix} + t \cdot \begin{pmatrix} 5 \\ -3 \\ 5 \end{pmatrix}$
d) X(2|−1|−1); $g: \vec{x} = \begin{pmatrix} 1 \\ 0 \\ 1 \end{pmatrix} + t \cdot \begin{pmatrix} 1 \\ 3 \\ 3 \end{pmatrix}$

4 Geben Sie eine Gleichung der Geraden g an.
a) Die Gerade geht durch den Punkt B(1|−2|9) und $\vec{u} = \begin{pmatrix} 2 \\ 1 \\ -5 \end{pmatrix}$ ist ein Richtungsvektor von g.

b) Die Gerade geht durch den Punkt A(2|1|−3) und $\vec{u} = \begin{pmatrix} 2 \\ 1 \\ -5 \end{pmatrix}$ ist ein Stützvektor von g.

5 Gegeben ist die Gerade $g: \vec{x} = \begin{pmatrix} 1 \\ -3 \\ 2 \end{pmatrix} + t \cdot \begin{pmatrix} 2 \\ 2 \\ 2 \end{pmatrix}$.
a) Bestimmen Sie zwei Punkte, die auf der Geraden g liegen.
b) Bestimmen Sie einen Punkt, der auf der Geraden g liegt und dessen x_2-Koordinate null ist.
c) Bestimmen Sie einen Punkt, der auf der Geraden g und in der x_2x_3-Ebene liegt.
d) Zeichnen Sie die Gerade g in ein Koordinatensystem.

Der gesuchte Punkt P von Teilaufgabe 5b) hat eine besondere Lage – welche?

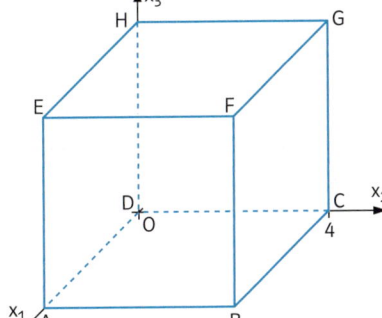

6 Fig. 1 zeigt einen Würfel ABCDEFGH.
Geben Sie eine Gleichung der Geraden
a) durch A und C an,   b) durch B und D an,
c) durch E und G an,   d) durch A und G an,
e) durch B und H an,   f) durch C und D an.

Fig. 1

Zeit zu überprüfen

7 Geben Sie eine Gleichung der Geraden an, auf der die Punkte A und B liegen.
a) A(4|7), B(7|4)   b) A(1|2|3), B(3|2|1)

8 Betrachtet wird die Gerade $g: \vec{x} = \begin{pmatrix} 4 \\ -3 \\ 5 \end{pmatrix} + r \cdot \begin{pmatrix} -3 \\ 2 \\ -9 \end{pmatrix}$.
a) Bestimmen Sie die Koordinaten zweier Punkte P und Q, die auf der Geraden g liegen.
b) Liegen die Punkte A(1|0|−7) und B(7|−5|14) auf der Geraden g?

9 Geben Sie für ein ebenes Koordinatensystem die Gleichungen der beiden Winkelhalbierenden zwischen der x_1-Achse und der x_2-Achse an.

10 Geben Sie für ein räumliches Koordinatensystem Gleichungen für die drei Geraden an, welche die Koordinatenachsen beschreiben.

11 Beschreiben Sie die besondere Lage der Geraden im Koordinatensystem.

a) $g: \vec{x} = t \cdot \begin{pmatrix} 1 \\ 0 \\ 1 \end{pmatrix}$
b) $g: \vec{x} = t \cdot \begin{pmatrix} 0 \\ 1 \\ 1 \end{pmatrix}$
c) $g: \vec{x} = \begin{pmatrix} 0 \\ 0 \\ 2 \end{pmatrix} + t \cdot \begin{pmatrix} 0 \\ 1 \\ 0 \end{pmatrix}$

○ **Vektoris3D**
Besondere Geraden

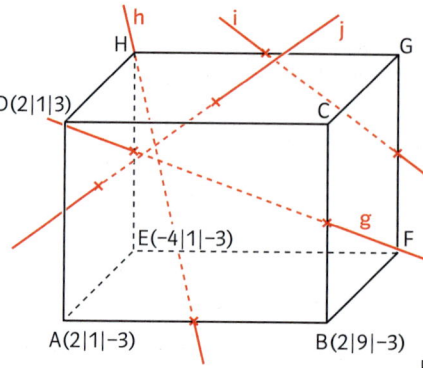
Fig. 1

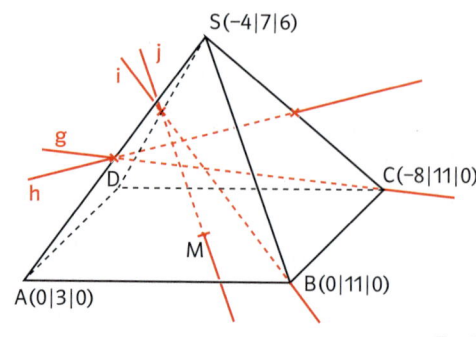
Fig. 2

12 Die in Fig. 1 und Fig. 2 rot eingezeichneten Punkte sind jeweils Mittelpunkte einer Seitenfläche bzw. einer Kante. Bestimmen Sie jeweils eine Gleichung der eingezeichneten Geraden
a) im Quader in Fig. 1,
b) in der quadratischen Pyramide in Fig. 2.

13 Betrachtet wird die rote Gerade g in Fig. 3.
a) Geben Sie drei verschiedene Gleichungen der Geraden g an.
b) Bestimmen Sie die Koordinaten von drei verschiedenen Punkten A, B und C, die auf der Geraden g liegen.
c) Der Punkt P liegt auf der Geraden g und in der x_1x_2-Ebene. Bestimmen Sie die Koordinaten des Punktes P.

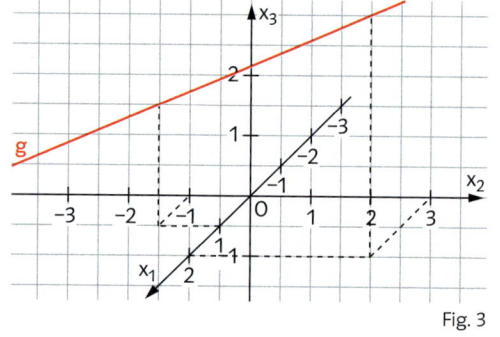
Fig. 3

14 Liegen die Punkte A, B und C auf einer Geraden?
a) A(2|3), B(6|8), C(10|13)
b) A(3|0), B(−1|−4), C(5|3)
c) A(1|0|1), B(1|−7|1), C(2|−2|2)
d) A(1|−1|1), B(−1|−2|−1), C(7|2|7)

15 Für den Quader in Fig. 4 gilt:
$\overline{AB}$ = 4 cm; $\overline{BC}$ = 3 cm und $\overline{AE}$ = 3,5 cm.
a) Wählen Sie das Koordinatensystem so, dass der Punkt D im Ursprung liegt und geben Sie die Koordinaten der übrigen Eckpunkte des Quaders an.
b) Geben Sie eine Gleichung der roten Geraden g in der Form $\vec{x} = \vec{b} + r \cdot \vec{u}$ an.
Der Vektor $\vec{b}$ ist hierbei der Ortsvektor des Punktes B.
c) Welche reellen Zahlen muss man in die Gleichung von Teilaufgabe b) einsetzen, damit man die Ortsvektoren aller Punkte der Strecke $\overline{BH}$ erhält?

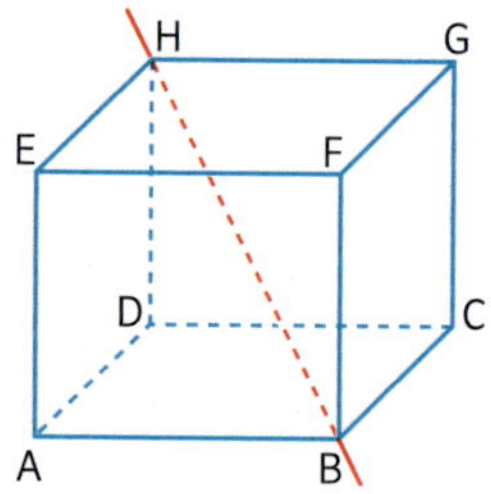

Fig. 4

5 Gegenseitige Lage von Geraden

Kann man sicher sein, dass sich die Wege der beiden Flugzeuge gekreuzt haben? Begründen Sie Ihre Antwort.

Zwei Geraden in der Ebene sind entweder zueinander parallel oder sie schneiden sich. Bei zwei Geraden im Raum kann zusätzlich der Fall eintreten, dass sie weder zueinander parallel sind noch gemeinsame Punkte besitzen. Solche Geraden heißen **zueinander windschief**.

In Fig. 1 bis 3 wird die Lage der Geraden $g: \vec{x} = \begin{pmatrix} 1 \\ 1 \\ 2 \end{pmatrix} + r \cdot \begin{pmatrix} 0 \\ 3 \\ 1 \end{pmatrix}$ zu den Geraden

$h_1: \vec{x} = \begin{pmatrix} 0 \\ -2 \\ 3 \end{pmatrix} + t \cdot \begin{pmatrix} 2 \\ 3 \\ -3 \end{pmatrix}$; $h_2: \vec{x} = \begin{pmatrix} -1 \\ 0 \\ 4 \end{pmatrix} + t \cdot \begin{pmatrix} 0 \\ 3 \\ 1 \end{pmatrix}$ und $h_3: \vec{x} = \begin{pmatrix} -1 \\ 3 \\ 1 \end{pmatrix} + t \cdot \begin{pmatrix} -2 \\ -1 \\ 2 \end{pmatrix}$ veranschaulicht.

Sich schneidende Geraden

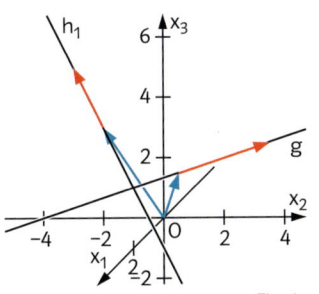

Fig. 1

Zueinander parallele Geraden

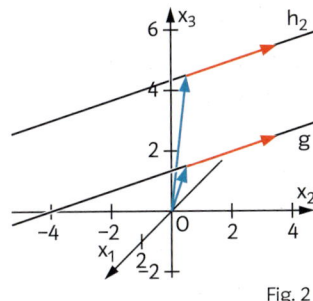

Fig. 2

Zueinander windschiefe Geraden

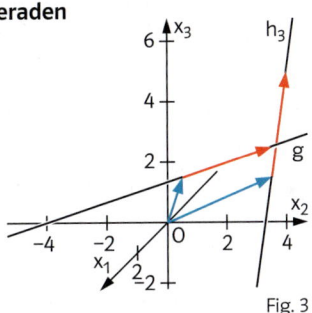

Fig. 3

Die Richtungsvektoren sind nicht zueinander parallel. Die Geraden haben einen gemeinsamen Punkt. Sie schneiden sich.

Die Richtungsvektoren sind zueinander parallel. Die Geraden haben keine gemeinsamen Punkte. Sie sind zueinander parallel.

Die Richtungsvektoren sind nicht zueinander parallel. Die Geraden haben keine gemeinsamen Punkte. Sie sind zueinander windschief.

◎ Vektoris3D
Lage von Geraden

Beachten Sie:
Ist ein Vektor $\vec{a}$ ein Vielfaches eines Vektors $\vec{b}$, dann sind die Pfeile von $\vec{a}$ und $\vec{b}$ zueinander parallel. Man sagt deshalb auch kurz: die Vektoren $\vec{a}$ und $\vec{b}$ sind zueinander parallel.

> Zwei Geraden g und h im Raum können
> – sich schneiden. Sie besitzen einen einzigen gemeinsamen Punkt.
> – zueinander parallel sein. Sie besitzen keine gemeinsamen Punkte.
> – zueinander windschief sein. Sie besitzen keine gemeinsamen Punkte und sind nicht zu einander parallel.

Beachten Sie: Es ist möglich, dass zwei verschiedene Geradengleichungen vorliegen, die aber zur selben Geraden g gehören.

So kann man bestimmen, wie zwei Geraden $g: \vec{x} = \vec{p} + r \cdot \vec{u}$ und $h: \vec{x} = \vec{q} + s \cdot \vec{v}$ zueinander liegen.

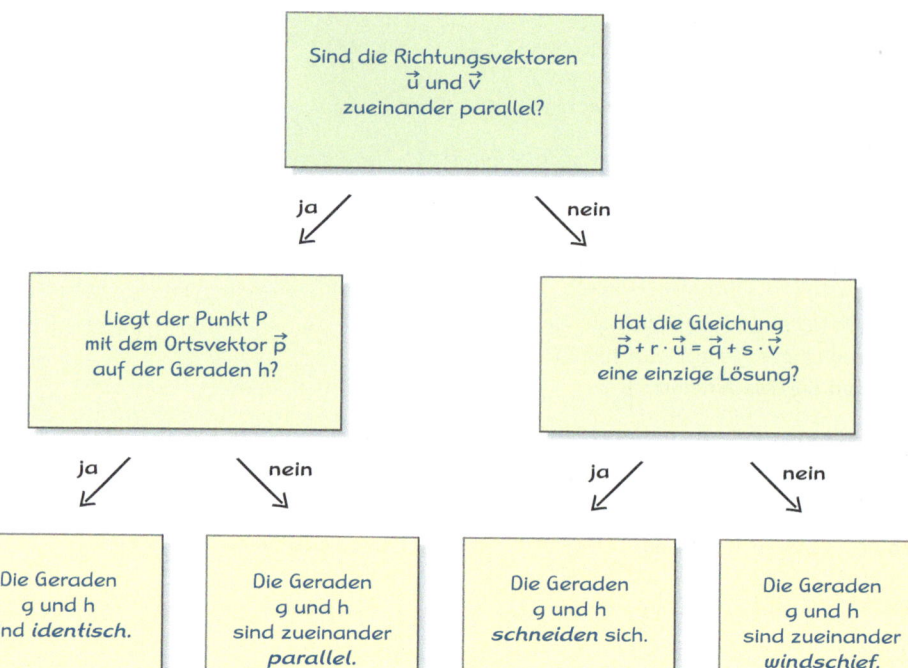

Wenn zwei Gleichungen die gleiche Gerade beschreiben, sagt man auch, die Geraden sind identisch.

Beispiel 1 Parallele bzw. identische Geraden

a) Zeigen Sie, dass die Geraden $g: \vec{x} = \begin{pmatrix} 1 \\ 1 \\ 0 \end{pmatrix} + t \cdot \begin{pmatrix} 3 \\ -1 \\ 2 \end{pmatrix}$ und $h: \vec{x} = \begin{pmatrix} 5 \\ 7 \\ 4 \end{pmatrix} + r \cdot \begin{pmatrix} -9 \\ 3 \\ -6 \end{pmatrix}$ zueinander parallel sind.

b) Ändern Sie die Gleichung der Geraden h so ab, dass beide Gleichungen dieselbe Gerade beschreiben.

■ Lösung: a) 1. Schritt: *Untersuchung der Richtungsvektoren*.

Weil $-3 \cdot \begin{pmatrix} 3 \\ -1 \\ 2 \end{pmatrix} = \begin{pmatrix} -9 \\ 3 \\ -6 \end{pmatrix}$ ist, sind die Richtungsvektoren zueinander parallel.

Die Geraden g und h sind zueinander parallel oder identisch.

2. Schritt: *Punktprobe*

Liegt der Punkt P(1|1|0) auf der Geraden h?

Die Gleichung $\begin{pmatrix} 5 \\ 7 \\ 4 \end{pmatrix} + r \cdot \begin{pmatrix} -9 \\ 3 \\ -6 \end{pmatrix} = \begin{pmatrix} 1 \\ 1 \\ 0 \end{pmatrix}$ führt auf das LGS $\begin{matrix} 5 - 9r = 1 \\ 7 + 3r = 1 \\ 4 - 6r = 0 \end{matrix}$.

Aus der ersten Gleichung des LGS folgt $r = \frac{4}{9}$. Dies führt zu einem Widerspruch in der zweiten und dritten Gleichung. Also hat das LGS keine Lösung.

Daraus folgt:

Der Punkt P liegt nicht auf der Geraden h.

Die Geraden g und h sind parallel.

b) *Man wählt als Stützvektor der Geraden h den Stützvektor der Geraden g.*

$h: \vec{x} = \begin{pmatrix} 1 \\ 1 \\ 0 \end{pmatrix} + r \cdot \begin{pmatrix} -9 \\ 3 \\ -6 \end{pmatrix}$

Man könnte auch den Ortsvektor eines beliebigen anderen Geradenpunktes als Stützvektor wählen.

Beispiel 2 Sich schneidende Geraden
Bestimmen Sie die gegenseitige Lage der Geraden $g: \vec{x} = \begin{pmatrix} 7 \\ -2 \\ 2 \end{pmatrix} + r \cdot \begin{pmatrix} 2 \\ 3 \\ 1 \end{pmatrix}$
und $h: \vec{x} = \begin{pmatrix} 4 \\ -6 \\ -1 \end{pmatrix} + t \cdot \begin{pmatrix} 1 \\ 1 \\ 2 \end{pmatrix}$.

■ *Lösung:* 1. *Schritt: Untersuchung der Richtungsvektoren.*

Weil $\begin{pmatrix} 2 \\ 3 \\ 1 \end{pmatrix}$ kein Vielfaches von $\begin{pmatrix} 1 \\ 1 \\ 2 \end{pmatrix}$ ist, schneiden sich g und h oder sie sind windschief.

2. *Schritt: Lösen der Vektorgleichung.*

Die Gleichung $\begin{pmatrix} 7 \\ -2 \\ 2 \end{pmatrix} + r \cdot \begin{pmatrix} 2 \\ 3 \\ 1 \end{pmatrix} = \begin{pmatrix} 4 \\ -6 \\ -1 \end{pmatrix} + t \cdot \begin{pmatrix} 1 \\ 1 \\ 2 \end{pmatrix}$ bzw. das LGS $\begin{array}{r} 2r - t = -3 \\ 3r - t = -4 \\ r - 2t = -3 \end{array}$ hat die Lösung $r = -1$

und $t = 1$. Setzt man $r = -1$ in die Gleichung für g oder $t = 1$ in die Gleichung für h ein, so erhält man den Ortsvektor $\begin{pmatrix} 5 \\ -5 \\ 1 \end{pmatrix}$.

Die Geraden g und h schneiden sich im Punkt $S(5 | -5 | 1)$.

Beispiel 3 Windschiefe Geraden
Bestimmen Sie die gegenseitige Lage der Geraden g und h.

$g: \vec{x} = \begin{pmatrix} 3 \\ 6 \\ 4 \end{pmatrix} + r \cdot \begin{pmatrix} 4 \\ 8 \\ 2 \end{pmatrix}$; $h: \vec{x} = \begin{pmatrix} 1 \\ 0 \\ 3 \end{pmatrix} + s \cdot \begin{pmatrix} -4 \\ -6 \\ 2 \end{pmatrix}$

■ *Lösung:* 1. *Schritt: Untersuchung der Richtungsvektoren.*

Weil $\begin{pmatrix} 4 \\ 8 \\ 2 \end{pmatrix}$ kein Vielfaches von $\begin{pmatrix} -4 \\ -6 \\ 2 \end{pmatrix}$ ist, schneiden sich g und h oder sie sind zueinander windschief.

2. *Schritt: Lösen der Vektorgleichung.*

Die Gleichung $\begin{pmatrix} 3 \\ 6 \\ 4 \end{pmatrix} + r \cdot \begin{pmatrix} 4 \\ 8 \\ 2 \end{pmatrix} = \begin{pmatrix} 1 \\ 0 \\ 3 \end{pmatrix} + s \cdot \begin{pmatrix} -4 \\ -6 \\ 2 \end{pmatrix}$ bzw. das LGS $\begin{array}{r} 4r + 4s = -2 \\ 8r + 6s = -6 \\ 2r - 2s = -1 \end{array}$ hat keine Lösung.

Die Geraden g und h sind zueinander windschief.

Beispiel 4 Geradenscharen
a) Wie muss der Scharparameter $a \in \mathbb{R}$ gewählt werden, damit $g_a: \vec{x} = \begin{pmatrix} -a \\ 1 \\ -2 \end{pmatrix} + r \cdot \begin{pmatrix} -1 \\ 4 \\ 2 \end{pmatrix}$ und

$h_a: \vec{x} = \begin{pmatrix} 2 \\ 6 \\ 4a \end{pmatrix} + s \cdot \begin{pmatrix} 1 \\ -1 \\ -2 \end{pmatrix}$ sich schneiden? Geben Sie für diesen Fall die Koordinaten des Schnittpunktes an.

b) Wie liegen g_a und h_a zueinander, wenn sie sich nicht schneiden? Begründen Sie.

■ *Lösung: Die Gleichung* $\begin{pmatrix} -a \\ 1 \\ -2 \end{pmatrix} + r \cdot \begin{pmatrix} -1 \\ 4 \\ 2 \end{pmatrix} = \begin{pmatrix} 2 \\ 6 \\ 4a \end{pmatrix} + s \cdot \begin{pmatrix} 1 \\ -1 \\ -2 \end{pmatrix}$ *kann in ein LGS überführt werden, bei dem der Scharparameter a als dritte Variable aufgefasst wird:*

Das LGS $\begin{array}{r} -r - s - a = 2 \\ 4r + s = 5 \\ 2r + 2s - 4a = 2 \end{array}$ bzw. $\begin{array}{r} -r - s - a = 2 \\ -3s - 4a = 13 \\ -6a = 6 \end{array}$

hat die Lösung $a = -1$; $s = -3$ und $r = 2$.
Also schneiden sich die Geraden für $a = -1$.
Man erhält den Schnittpunkt $S(-1 | 9 | 2)$, wenn man $r = 2$ in g_{-1} oder $s = -3$ in h_{-1} einsetzt.

b) Wenn die Geraden g_a und h_a sich nicht schneiden, sind sie zueinander windschief, weil ihre Richtungsvektoren nicht zueinander parallel sind.

> Bei Geradenscharen muss zwischen dem Parameter der Geraden und dem Scharparameter unterschieden werden. Für jeden Scharparameter a gibt es eine Gerade g_a. Die Punkte der Geraden g_a erhält man, wenn man für den Geradenparameter r reelle Zahlen einsetzt.

Aufgaben

1 Entscheiden Sie, ob die Geraden g und h parallel bzw. identisch sind.

a) $g: \vec{x} = \begin{pmatrix}1\\2\\3\end{pmatrix} + r \cdot \begin{pmatrix}2\\4\\1\end{pmatrix}$; $h: \vec{x} = \begin{pmatrix}3\\6\\4\end{pmatrix} + t \cdot \begin{pmatrix}4\\8\\2\end{pmatrix}$
b) $g: \vec{x} = \begin{pmatrix}0\\7\\3\end{pmatrix} + r \cdot \begin{pmatrix}1\\3\\9\end{pmatrix}$; $h: \vec{x} = \begin{pmatrix}6\\2\\0\end{pmatrix} + s \cdot \begin{pmatrix}\frac{1}{3}\\1\\3\end{pmatrix}$

c) $g: \vec{x} = \begin{pmatrix}1\\1\\0\end{pmatrix} + r \cdot \begin{pmatrix}2\\2\\-1\end{pmatrix}$; $h: \vec{x} = \begin{pmatrix}1\\1\\0\end{pmatrix} + r \cdot \begin{pmatrix}-1\\-1\\0,5\end{pmatrix}$
d) $g: \vec{x} = \begin{pmatrix}3\\9\\8\end{pmatrix} + r \cdot \begin{pmatrix}8\\7\\0\end{pmatrix}$; $h: \vec{x} = \begin{pmatrix}0\\4\\0\end{pmatrix} + t \cdot \begin{pmatrix}-4\\3,5\\0\end{pmatrix}$

2 Die Geraden g und h schneiden sich. Berechnen Sie den Schnittpunkt.

In Teilaufgabe b) muss ein Parameter umbenannt werden.

a) $g: \vec{x} = \begin{pmatrix}9\\0\\6\end{pmatrix} + r \cdot \begin{pmatrix}3\\2\\1\end{pmatrix}$; $h: \vec{x} = \begin{pmatrix}7\\-2\\2\end{pmatrix} + s \cdot \begin{pmatrix}1\\1\\2\end{pmatrix}$
b) $g: \vec{x} = \begin{pmatrix}9\\7\\1\end{pmatrix} + t \cdot \begin{pmatrix}2\\1\\0\end{pmatrix}$; $h: \vec{x} = \begin{pmatrix}5\\5\\3\end{pmatrix} + t \cdot \begin{pmatrix}2\\1\\1\end{pmatrix}$

c) $g: \vec{x} = \begin{pmatrix}1\\0\\2\end{pmatrix} + r \cdot \begin{pmatrix}1\\-1\\1\end{pmatrix}$; $h: \vec{x} = \begin{pmatrix}3\\-2\\4\end{pmatrix} + t \cdot \begin{pmatrix}2\\3\\0\end{pmatrix}$
d) $g: \vec{x} = \begin{pmatrix}7\\3\\9\end{pmatrix} + r \cdot \begin{pmatrix}1\\4\\0\end{pmatrix}$; $h: \vec{x} = \begin{pmatrix}3\\-13\\9\end{pmatrix} + t \cdot \begin{pmatrix}2\\1\\1\end{pmatrix}$

3 Zwei der Geraden sind zueinander windschief. Wie kann man sofort erkennen, welche Geraden dies sind? Begründen Sie Ihre Antwort.

$g: \vec{x} = \begin{pmatrix}1\\2\\3\end{pmatrix} + r \cdot \begin{pmatrix}3\\2\\1\end{pmatrix}$; $h: \vec{x} = \begin{pmatrix}1\\2\\3\end{pmatrix} + t \cdot \begin{pmatrix}2\\1\\3\end{pmatrix}$; $i: \vec{x} = \begin{pmatrix}7\\7\\7\end{pmatrix} + s \cdot \begin{pmatrix}2\\1\\3\end{pmatrix}$

4 Untersuchen Sie die gegenseitige Lage der Geraden g und h. Berechnen Sie gegebenenfalls die Koordinaten des Schnittpunktes S.

a) $g: \vec{x} = \begin{pmatrix}5\\0\\1\end{pmatrix} + t \cdot \begin{pmatrix}2\\1\\-1\end{pmatrix}$; $h: \vec{x} = \begin{pmatrix}7\\1\\2\end{pmatrix} + t \cdot \begin{pmatrix}-6\\-3\\3\end{pmatrix}$
b) $g: \vec{x} = t \cdot \begin{pmatrix}2\\0\\1\end{pmatrix}$; $h: \vec{x} = \begin{pmatrix}2\\3\\4\end{pmatrix} + t \cdot \begin{pmatrix}0\\1\\-1\end{pmatrix}$

c) $g: \vec{x} = \begin{pmatrix}0\\1\\1\end{pmatrix} + t \cdot \begin{pmatrix}1\\0\\1\end{pmatrix}$; $h: \vec{x} = \begin{pmatrix}4\\2\\4\end{pmatrix} + t \cdot \begin{pmatrix}2\\1\\1\end{pmatrix}$
d) $g: \vec{x} = \begin{pmatrix}5\\5\\1\end{pmatrix} + t \cdot \begin{pmatrix}1\\2\\0\end{pmatrix}$; $h: \vec{x} = \begin{pmatrix}-5\\-15\\1\end{pmatrix} + t \cdot \begin{pmatrix}-0,5\\1\\0\end{pmatrix}$

Zeit zu überprüfen

5 Bestimmen Sie die gegenseitige Lage der Geraden $g: \vec{x} = \begin{pmatrix}1\\0\\5\end{pmatrix} + r \cdot \begin{pmatrix}2\\-2\\2\end{pmatrix}$ und $h: \vec{x} = \begin{pmatrix}5\\0\\1\end{pmatrix} + r \cdot \begin{pmatrix}-3\\3\\-3\end{pmatrix}$.

6 Bestimmen Sie die Koordinaten des Schnittpunktes der Geraden

$g: \vec{x} = \begin{pmatrix}1\\1\\1\end{pmatrix} + t \cdot \begin{pmatrix}2\\0\\4\end{pmatrix}$ und $h: \vec{x} = \begin{pmatrix}1\\2\\6\end{pmatrix} + r \cdot \begin{pmatrix}-2\\1\\1\end{pmatrix}$.

7 a) Schneiden sich die Geraden g und h in Fig. 1?
b) In Fig. 2 sind die Punkte E und F Kantenmitten. Schneiden sich die Geraden g und h?

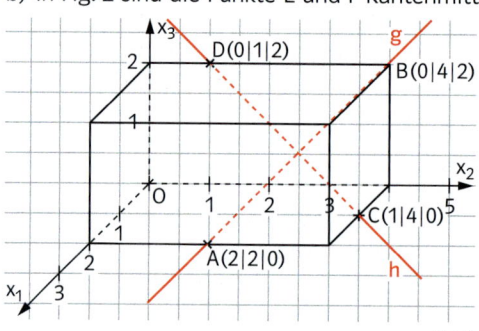

Fig. 1

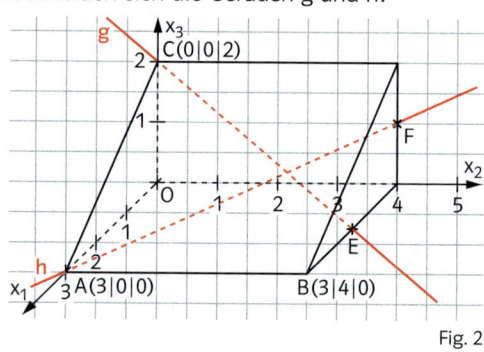

Fig. 2

8 Geben Sie eine Gleichung für eine Gerade h an, die die Gerade g schneidet, eine Gerade i, die zur Geraden g parallel ist, und eine Gerade j, die zur Geraden g windschief ist.

a) $g: \vec{x} = \begin{pmatrix} 1 \\ 0 \\ 0 \end{pmatrix} + t \cdot \begin{pmatrix} 7 \\ 3 \\ 1 \end{pmatrix}$
b) $g: \vec{x} = \begin{pmatrix} 2 \\ 2 \\ 1 \end{pmatrix} + t \cdot \begin{pmatrix} 1 \\ 2 \\ 0 \end{pmatrix}$
c) $g: \vec{x} = \begin{pmatrix} 2 \\ 3 \\ 6 \end{pmatrix} + t \cdot \begin{pmatrix} 1 \\ 0 \\ 5 \end{pmatrix}$

9 Untersuchen Sie, ob eine Seite des Dreiecks ABC mit A(3|3|6), B(2|7|6) und C(4|2|5) auf der Geraden $g: \vec{x} = \begin{pmatrix} 2 \\ 0 \\ 2 \end{pmatrix} + t \cdot \begin{pmatrix} -1 \\ 1 \\ 1 \end{pmatrix}$ liegt oder zu g parallel ist.

10 Untersuchen Sie die gegenseitige Lage der Geraden g_a und h_a in Abhängigkeit vom Scharparameter a, $a \in \mathbb{R}$.

a) $g_a: \vec{x} = \begin{pmatrix} 3 \\ a \\ 3 \end{pmatrix} + r \cdot \begin{pmatrix} -1 \\ 5 \\ 7 \end{pmatrix}$; $h_a: \vec{x} = \begin{pmatrix} 1 \\ 0 \\ a \end{pmatrix} + s \cdot \begin{pmatrix} 2 \\ -22 \\ -29 \end{pmatrix}$
b) $g_a: \vec{x} = \begin{pmatrix} 3 \\ 2 \\ a \end{pmatrix} + r \cdot \begin{pmatrix} 10 \\ 7 \\ 0 \end{pmatrix}$; $h_a: \vec{x} = \begin{pmatrix} a \\ -1 \\ 3 \end{pmatrix} + s \cdot \begin{pmatrix} 6 \\ 2 \\ -1 \end{pmatrix}$

11 Bestimmen Sie den Scharparameter a so, dass die Geraden

$g_a: \vec{x} = \begin{pmatrix} 3 \\ 4 \\ 2 \end{pmatrix} + r \cdot \begin{pmatrix} 3 \\ -6 \\ -3a \end{pmatrix}$ und $h_a: \vec{x} = \begin{pmatrix} 1 \\ 5 \\ 4 \end{pmatrix} + s \cdot \begin{pmatrix} 2 \\ 2a \\ 4 \end{pmatrix}$

a) zueinander parallel sind,   b) sich schneiden.

Beachten Sie:
Die Gleichungssysteme, die sich in den Aufgaben 11 bis 14 ergeben, sind nicht linear.

Die Lösung aus Teilaufgabe a) ist hilfreich für Teilaufgabe b).

12 Gegeben sind die Geraden $g: \vec{x} = \begin{pmatrix} 3 \\ 2 \\ -5 \end{pmatrix} + t \cdot \begin{pmatrix} 1 \\ 1 \\ 0 \end{pmatrix}$ und $h_a: \vec{x} = \begin{pmatrix} 5 \\ 4 \\ -5 \end{pmatrix} + s \cdot \begin{pmatrix} 1 \\ a \\ -2a \end{pmatrix}$.

a) Berechnen Sie den Schnittpunkt der Geraden g und h_0.
b) Untersuchen Sie die gegenseitige Lage der Geraden g und der Geraden h_a.

13 a) Für welches $a \in \mathbb{R}$ schneiden sich die Geraden $g: \vec{x} = \begin{pmatrix} 1 \\ 0 \\ 2 \end{pmatrix} + t \cdot \begin{pmatrix} 1 \\ 1 \\ 0 \end{pmatrix}$ und

$h_a: \vec{x} = \begin{pmatrix} 3 \\ 2 \\ 4 \end{pmatrix} + s \cdot \begin{pmatrix} 2 \\ a \\ 2 \end{pmatrix}$?

b) Bestimmen Sie die Koordinaten des Schnittpunktes.

14 Sind die Aussagen wahr? Begründen Sie Ihre Antwort.
a) Wenn zwei Geraden zueinander windschief sind, dann sind ihre Richtungsvektoren nicht zueinander parallel.
b) Wenn die Richtungsvektoren zweier Geraden im Raum nicht zueinander parallel sind, dann sind die Geraden zueinander windschief.
c) Wenn die Richtungsvektoren zweier Geraden im Raum nicht zueinander parallel sind, dann schneiden sich die Geraden.
d) Wenn sich zwei Geraden im Raum schneiden, dann sind ihre Richtungsvektoren nicht zueinander parallel.

Zeit zu wiederholen

15 Es gibt zwei Grundformeln für die Berechnung der Volumina geometrischer Körper.
Formel I: Volumen ist gleich Grundfläche mal Höhe.
Formel II: Volumen ist gleich ein Drittel Grundfläche mal Höhe.
Ordnen Sie die beiden Formeln verschiedenen geometrischen Körpern zu.

16 Ein Kegel passt genau in einen gleich hohen, hohlen Zylinder. Der Kegel hat eine 10 cm² große Grundfläche, der Zylinder ist 15 cm hoch. Wie viel Liter Flüssigkeit kann man maximal zwischen Kegel und Zylinderwand gießen?

6 Längen messen – Einheitsvektoren

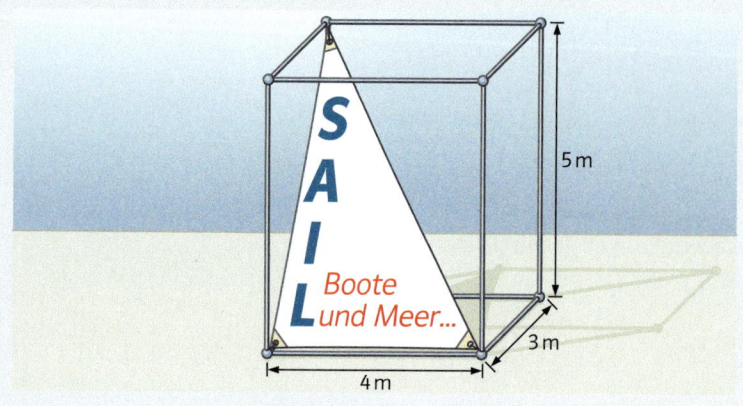

Auf dem Gelände einer Bootsmesse wurde in einen quaderförmigen Rahmen ein bedrucktes Tuch mit einem Werbetext eingespannt. Beschreiben Sie die Geraden, auf denen die Tuchkanten liegen, vektoriell.
Bestimmen Sie den Flächeninhalt und den Umfang des Tuches.

Den Abstand zweier Punkte P und Q in einem räumlichen Koordinatensystem kann man berechnen, indem man zweimal den Satz des Pythagoras anwendet (Fig. 1).
Für die Länge der Strecke $\overline{PS}$ gilt nach dem Satz des Pythagoras:

$\overline{PS} = \sqrt{\overline{RS}^2 + \overline{PR}^2} = \sqrt{(-1-1)^2 + (6-2)^2}$. Für die Länge der Strecke $\overline{PQ}$ erhält man ebenso:

$\overline{PQ} = \sqrt{\overline{PS}^2 + \overline{SQ}^2}$
$= \sqrt{(-1-1)^2 + (6-2)^2 + (8-5)^2}$
$= \sqrt{(-2)^2 + 4^2 + 3^2} = \sqrt{29}$

Der Abstand der Punkte P und Q ist gleich der Länge eines Pfeils des Vektors $\overrightarrow{PQ} = \begin{pmatrix} -2 \\ 4 \\ 3 \end{pmatrix}$.

Diese Länge bezeichnet man als **Betrag des Vektors $\overrightarrow{PQ}$**.
Man sagt, der Vektor $\overrightarrow{PQ}$ hat den Betrag $\sqrt{29}$, und man schreibt $|\overrightarrow{PQ}| = \sqrt{29}$.

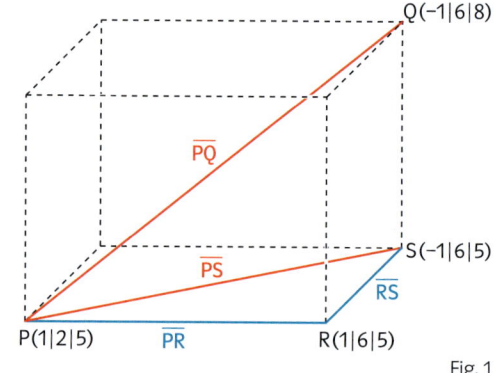

Fig. 1

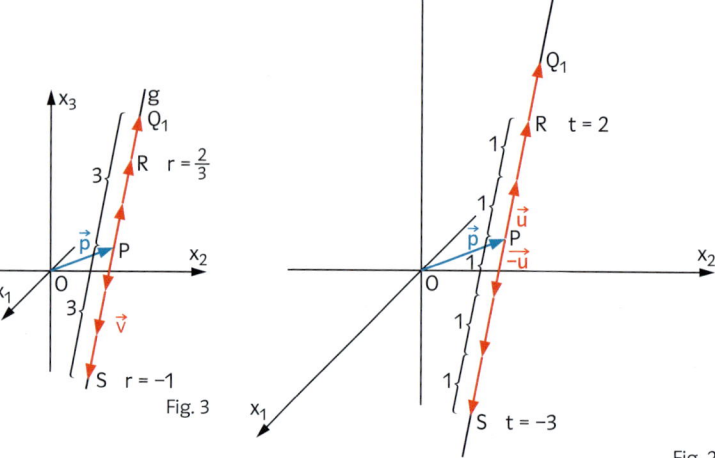

Vektoren mit dem Betrag 1 nennt man **Einheitsvektoren**.
Mithilfe von Einheitsvektoren lassen sich Abstände von Punkten auf einer Geraden direkt bestimmen.
In Fig. 2 ist der Richtungsvektor $\vec{u}$ der Geraden g: $\vec{x} = \vec{p} + t \cdot \vec{u}$ ein Einheitsvektor.

Da $|\vec{u}| = 1$ ist, entspricht der Betrag des Parameterwertes t dem Abstand des zugehörigen Geradenpunktes vom Punkt P. Es ist z.B. $\overline{PR} = 2$, denn $\vec{r} = \vec{p} + 2 \cdot \vec{u}$ bzw. $\overline{PS} = 3$, denn $\vec{s} = \vec{p} + (-3) \cdot \vec{u}$.
In Fig. 3 kann man den Abstand dagegen nicht direkt am Parameterwert r ablesen, da $|\vec{v}| = 3$ ist.

Den Einheitsvektor eines Vektors $\vec{a}$, der die gleiche Richtung wie $\vec{a}$ hat, bezeichnet man mit $\vec{a_0}$.

Ist zum Beispiel $\vec{a} = \begin{pmatrix} 3 \\ 2 \\ 6 \end{pmatrix}$,

so ist $|\vec{a}| = \sqrt{3^2 + 2^2 + 6^2} = 7$

und $\vec{a_0} = \frac{1}{7} \cdot \begin{pmatrix} 3 \\ 2 \\ 6 \end{pmatrix} = \begin{pmatrix} \frac{3}{7} \\ \frac{2}{7} \\ \frac{6}{7} \end{pmatrix}$.

Allgemein: Für den Einheitsvektor $\vec{a_0}$ eines Vektors $\vec{a}$ gilt: $\vec{a_0} = \frac{1}{|\vec{a}|} \cdot \vec{a}$.

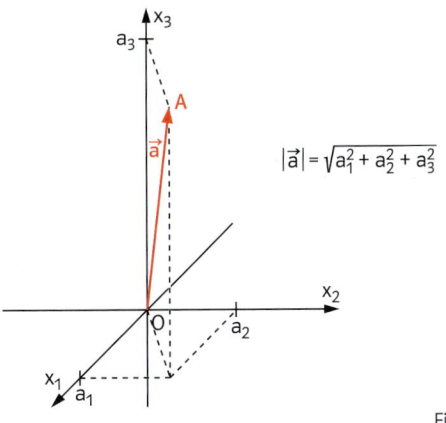

Fig. 1

Vektoris3D
Punkte im Raum

Zum Vektor $\vec{o}$ gibt es keinen Einheitsvektor. Warum?

Definition: In der Geometrie bezeichnet man die Pfeillängen eines Vektors $\vec{a}$ als **Betrag von $\vec{a}$**. Für den Betrag eines Vektors $\vec{a}$ schreibt man $|\vec{a}|$.

Für $\vec{a} = \begin{pmatrix} a_1 \\ a_2 \end{pmatrix}$ gilt: $|\vec{a}| = \sqrt{a_1^2 + a_2^2}$.

Für $\vec{a} = \begin{pmatrix} a_1 \\ a_2 \\ a_3 \end{pmatrix}$ gilt: $|\vec{a}| = \sqrt{a_1^2 + a_2^2 + a_3^2}$.

Der Vektor $\vec{a_0}$ heißt Einheitsvektor zum Vektor $\vec{a}$, wenn $|\vec{a_0}| = 1$ und $\vec{a_0}$ und $\vec{a}$ dieselbe Richtung haben. Es gilt: $\vec{a_0} = \frac{1}{|\vec{a}|} \cdot \vec{a}$.

Der Abstand zweier Punkte $P(p_1|p_2|p_3)$ und $Q(q_1|q_2|q_3)$ ist gleich dem Betrag des Vektors $\overrightarrow{PQ}$ und es gilt:
$\overrightarrow{PQ} = \sqrt{(q_1 - p_1)^2 + (q_2 - p_2)^2 + (q_3 - p_3)^2}$.

Beispiel 1 Betrag eines Vektors, Berechnung des Einheitsvektors

Bestimmen Sie für $\vec{a} = \begin{pmatrix} 12 \\ -4 \\ 3 \end{pmatrix}$ den Betrag von $\vec{a}$ und den Einheitsvektor $\vec{a_0}$.

■ Lösung: Berechnung des Betrages: $|\vec{a}| = \sqrt{12^2 + (-4)^2 + 3^2} = \sqrt{169} = 13$.

Einheitsvektor zu $\vec{a}$: $\vec{a_0} = \frac{1}{13}\vec{a} = \frac{1}{13}\begin{pmatrix} 12 \\ -4 \\ 3 \end{pmatrix} = \begin{pmatrix} \frac{12}{13} \\ -\frac{4}{13} \\ \frac{3}{13} \end{pmatrix}$.

Beispiel 2 Abstand zweier Punkte

Bestimmen Sie den Abstand der Punkte $P(4,5|-3,2|5,7)$ und $Q(9|-2|11)$.

■ Lösung: 1. Möglichkeit: $|\overrightarrow{PQ}| = \sqrt{(9 - 4,5)^2 + (-2 - (-3,2))^2 + (11 - 5,7)^2} = \sqrt{49,78} \approx 7,06$

2. Möglichkeit: $\overrightarrow{PQ} = \overrightarrow{OQ} - \overrightarrow{OP}$

$\overrightarrow{PQ} = \begin{pmatrix} 9 \\ -2 \\ 11 \end{pmatrix} - \begin{pmatrix} 4,5 \\ -3,2 \\ 5,7 \end{pmatrix}$; $\overrightarrow{PQ} = \begin{pmatrix} 4,5 \\ 1,2 \\ 5,3 \end{pmatrix}$.

Daraus ergibt sich:

$|\overrightarrow{PQ}| = \sqrt{4,5^2 + 1,2^2 + 5,3^2}$ und somit $|\overrightarrow{PQ}| \approx 7,06$.

Beispiel 3 Bewegungsaufgabe

Ein Schiff S_1 fährt auf dem offenen Meer in Richtung $\vec{u} = \begin{pmatrix} 4 \\ 3 \end{pmatrix}$ mit der Geschwindigkeit $15 \frac{km}{h}$. Zur Zeit $t = 0$ befindet es sich in der Position $A(-3|1)$ (alle Koordinaten in km).

a) Wo befindet sich das Schiff S_1 nach zwei Stunden?

b) Ein Schiff S_2 befindet sich in der Position $B(2|3)$ und eine halbe Stunde später in $C(-8|3)$. Berechnen Sie die Geschwindigkeit von S_2 sowie die Orte und die Zeitpunkte, an denen sich die beiden Schiffe am nächsten kommen.

■ *Lösung: Zunächst werden für die Schiffe S_1 und S_2 Geradengleichungen aufgestellt. Dabei werden die Richtungsvektoren so angepasst, dass ihre Längen dem zurückgelegten Weg in einer Stunde entsprechen.*

Schiff S_1: Geschwindigkeit: $15 \frac{km}{h}$, Richtung: $\vec{u} = \begin{pmatrix} 4 \\ 3 \end{pmatrix}$.

$|\vec{u}| = 5$. $\vec{u_{neu}} = 15 \cdot \frac{1}{5} \cdot \vec{u} = 3 \cdot \begin{pmatrix} 4 \\ 3 \end{pmatrix} = \begin{pmatrix} 12 \\ 9 \end{pmatrix}$.

Geradengleichung für Schiff S_1: $g: \vec{x} = \begin{pmatrix} -3 \\ 1 \end{pmatrix} + t \cdot \begin{pmatrix} 12 \\ 9 \end{pmatrix}$.

Der Paramter t der Ortsvektoren wird hier als Zeit interpretiert.

Wenn P_t die Position des Schiffes S_1 zum Zeitpunkt t ist, dann gilt für den Ortsvektor:

$\overrightarrow{OP_t} = \begin{pmatrix} -3 + 12t \\ 1 + 9t \end{pmatrix}$.

Schiff S_2: Richtung: $\vec{v} = \overrightarrow{BC} = \begin{pmatrix} -10 \\ 0 \end{pmatrix}$. $|\vec{v}| = 10$. Da das Schiff S_2 die Strecke von B nach C in einer halben Stunde zurücklegt, beträgt seine Geschwindigkeit $20 \frac{km}{h}$.

$\vec{v_{neu}} = 20 \cdot \frac{1}{10} \cdot \vec{v} = 2 \cdot \begin{pmatrix} -10 \\ 0 \end{pmatrix} = \begin{pmatrix} -20 \\ 0 \end{pmatrix}$.

Geradengleichung für Schiff S_2: $h: \vec{x} = \begin{pmatrix} 2 \\ 3 \end{pmatrix} + t \cdot \begin{pmatrix} -20 \\ 0 \end{pmatrix}$.

Wenn Q_t die Position des Schiffes S_2 zum Zeitpunkt t ist, dann gilt für den Ortsvektor:

$\overrightarrow{OQ_t} = \begin{pmatrix} 2 - 20t \\ 3 \end{pmatrix}$.

a) $\overrightarrow{OP_2} = \begin{pmatrix} -3 + 12 \cdot 2 \\ 1 + 9 \cdot 2 \end{pmatrix} = \begin{pmatrix} 21 \\ 19 \end{pmatrix}$. Nach zwei Stunden befindet sich das Schiff S_1 im Punkt $D(21|19)$.

b) Die Geschwindigkeit des Schiffes S_2 beträgt $20 \frac{km}{h}$ (siehe oben).

Der Abstand der Schiffe S_1 und S_2 ist gleich der Länge des Vektors $\overrightarrow{P_tQ_t}$.

Gesucht ist der Wert t, für den $\left|\overrightarrow{P_tQ_t}\right|$ minimal wird.

$\overrightarrow{P_tQ_t} = \left|\begin{pmatrix} 2 - 20t - (-3 + 12t) \\ 3 - (1 + 9t) \end{pmatrix}\right| = \begin{pmatrix} 5 - 32t \\ 2 - 9t \end{pmatrix} = \sqrt{(5 - 32t)^2 + (2 - 9t)^2} = \sqrt{1105t^2 - 356t + 29}$.

Dieser Term wird minimal, wenn der Term unter der Wurzel minimal wird.

$d(t) = 1105t^2 - 356t + 29$; $d'(t) = 2210t - 356$; $d'(t) = 0$, daraus folgt $t_{min} = \frac{356}{2210} \approx 0{,}16$;

$d(t_{min}) = \frac{361}{1105} \approx 0{,}33$; $\sqrt{d(t_{min})} \approx 0{,}57$.

Die Schiffe S_1 und S_2 kommen sich etwa $0{,}16\,h$ bzw. $9{,}6$ Minuten nach Beobachtungsbeginn am nächsten und sind dann rund $570\,m$ voneinander entfernt.

Für S_1 erhält man die Position $P_{t_{min}}(-1{,}07|2{,}45)$ und für S_2 die Position $Q_{t_{min}}(-1{,}22|3)$.

Aufgaben

1 Berechnen Sie die Beträge der Vektoren. Bestimmen Sie jeweils den zugehörigen Einheitsvektor.

$\vec{a} = \begin{pmatrix} 1 \\ 0 \\ 2 \end{pmatrix}$, $\vec{b} = \begin{pmatrix} 3 \\ -2 \\ 1 \end{pmatrix}$, $\vec{c} = \begin{pmatrix} 0 \\ -1 \\ 0 \end{pmatrix}$, $\vec{d} = \begin{pmatrix} 0{,}2 \\ 0{,}2 \\ 0{,}1 \end{pmatrix}$, $\vec{e} = \begin{pmatrix} \sqrt{2} \\ \sqrt{3} \\ \sqrt{5} \end{pmatrix}$, $\vec{f} = \frac{1}{4}\begin{pmatrix} 3 \\ 1 \\ 4 \end{pmatrix}$, $\vec{g} = 0{,}1\begin{pmatrix} 4 \\ 3 \\ 0 \end{pmatrix}$

2 Berechnen Sie den Abstand der Punkte A und B.
a) A(0|0|0), B(2|3|−1)   b) A(2|2|−2), B(0|−1|5)   c) A(1|5|6), B(1|6|7)

3 Geben Sie eine Gleichung der Geraden durch die Punkte A(2|1|2) und B(4|3|3) so an, dass der Richtungsvektor ein Einheitsvektor ist.
Bestimmen Sie die Koordinaten aller Punkte auf g, die von A den Abstand d haben.
a) 12   b) 13   c) 14   d) 15

4 Ein Flugzeug befindet sich zu Beobachtungsbeginn im Punkt P(3|7|8).
Es fliegt mit einer konstanten Geschwindigkeit von 800 $\frac{km}{h}$ in Richtung des Vektors $\vec{u} = \begin{pmatrix} 3 \\ 4 \\ 0 \end{pmatrix}$ (alle Koordinaten in Kilometern).
a) Wo befindet sich das Flugzeug eine halbe Stunde nach Beobachtungsbeginn?
b) Wo befindet sich das Flugzeug eine Stunde nach Beobachtungsbeginn?

Zeit zu überprüfen

5 Bestimmen Sie für $\vec{a} = \begin{pmatrix} 4 \\ \sqrt{5} \\ 2 \end{pmatrix}$ den Betrag von $\vec{a}$ und den Einheitsvektor $\vec{a_0}$.

6 Bestimmen Sie den Abstand der Punkte P(1|1|1) und Q(6,5|2|5).

7 Ein Flugzeug hebt im Punkt S(300|400|0) von der Landebahn ab (Fig. 1). Die Flugbahn für die ersten fünf Flugminuten kann durch die Gleichung
$\vec{x} = \begin{pmatrix} 300 \\ 400 \\ 0 \end{pmatrix} + t \cdot \begin{pmatrix} 2500 \\ 1600 \\ 1500 \end{pmatrix}$ beschrieben werden
(Flugzeit t in Minuten nach Abheben am Punkt S, alle Angaben in Metern).
Wie weit ist das Flugzeug fünf Minuten nach dem Abheben vom Punkt S entfernt? Welche Höhe hat es zu diesem Zeitpunkt erreicht?

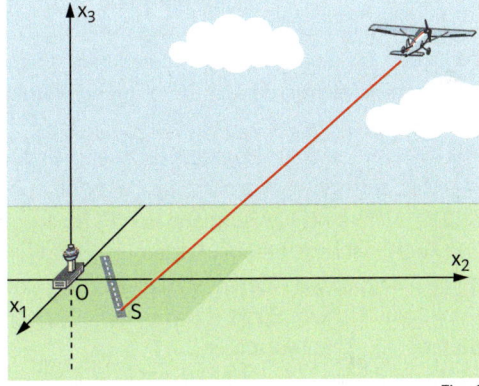
Fig. 1

8 Untersuchen Sie, ob das Dreieck ABC gleichschenklig ist.
a) A(1|−2|2), B(3|2|1), C(3|0|3)   b) A(7|0|−1), B(5|−3|−1), C(4|0|1)

9 Berechnen Sie die Längen der drei Seitenhalbierenden des Dreiecks ABC mit
a) A(4|2|−1), B(10|−8|9), C(4|0|1),   b) A(1|2|−1), B(−1|10|15), C(9|6|−5).
c) Bestimmen Sie jeweils den Abstand der Ecken des Dreiecks vom Schnittpunkt der Seitenhalbierenden.

10 Die Punkte A(1|2|3) und B(−2|−3|−4) liegen auf der Geraden g.
a) Gibt es einen oder mehrere Punkte auf g, die von A doppelt so weit wie von B entfernt sind? Bestimmen Sie gegebenenfalls näherungsweise die Koordinaten.
b) Gibt es Punkte auf g, die sowohl von A den Abstand 10 als auch von B den Abstand 5 haben? Begründen Sie Ihre Antwort.

11 Gegeben ist der Würfel ABCDEFGH in Fig. 1 mit D(0|0|0) und B(6|6|0). Bestimmen Sie den Abstand des Schnittpunktes S der Geraden durch B und H sowie der Geraden durch A und G mit den Eckpunkten des Würfels.

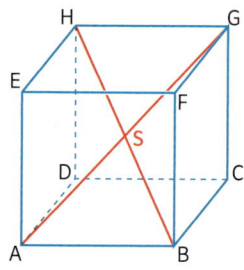

Fig. 1

12 Bestimmen Sie die fehlende Koordinate p_3 so, dass der Punkt $P(5|0|p_3)$ vom Punkt $Q(4|-2|5)$ den Abstand 3 hat.

13 Welcher Gleichung müssen die Koordinaten des Punktes $X(x_1|x_2|x_3)$ genügen, damit der Punkt X vom Punkt $M(4|1|-1)$ den Abstand 5 hat?
Geben Sie drei mögliche Lösungen dieser Gleichung an.

14 Gegeben ist die Gerade g durch $A(2|-3|1)$ und $B(10|5|15)$. Bestimmen Sie die Koordinaten aller Punkte der Geraden g, die von A den Abstand 9 haben.

15 Die Wege zweier Boote können durch die Gleichungen $\vec{x} = \begin{pmatrix} 44 \\ 20 \end{pmatrix} + t \cdot \begin{pmatrix} 4 \\ 10 \end{pmatrix}$ und $\vec{x} = t \cdot \begin{pmatrix} 8 \\ 5 \end{pmatrix}$ beschrieben werden. Hierbei wird ihre Fahrzeit t in Stunden gemessen.
Zur Zeit $t = 0$ befindet sich Boot I an dem Punkt $P(44|20)$ und Boot II im Hafen.
a) Geben Sie die Koordinaten des Punktes an, an dem sich das Boot II im Hafen befindet.
b) Geben Sie die Koordinaten des Punktes S an, in dem sich die Wege der Boote schneiden. Wann erreichen die beiden Boote diesen Punkt S? Wie weit ist der Punkt S vom Hafen entfernt?

16 Die geradlinigen Flugbahnen zweier Flugzeuge F_1 und F_2 können mithilfe eines Koordinatensystems angegeben werden. Die Flugbahn von F_1 ist durch die Punkte $P(2|3|1)$ und $Q(0|0|1,05)$ und die Flugbahn von F_2 ist durch $R(-2|3|0,05)$ und $T(2|-3|0,07)$ festgelegt. Die Koordinaten geben die Entfernungen zum Koordinatenursprung in Kilometern an. Es ist windstill. F_1 fliegt mit der Geschwindigkeit $350 \frac{km}{h}$ und F_2 mit der Geschwindigkeit $250 \frac{km}{h}$ relativ zur Luft. F_1 befindet sich am Punkt P und F_2 befindet sich zeitgleich am Punkt R. Betrachtet wird die Situation 20 Minuten später.
a) Wo befinden sich die beiden Flugzeuge? In welcher Höhe befinden sie sich?
b) Wie weit sind die Flugzeuge voneinander entfernt?

17 Auf einem See kreuzen sich die Routen zweier Fähren F_1 und F_2. Die Fähre F_1 fährt in 40 Minuten mit konstanter Geschwindigkeit geradlinig vom Ort $A(16|4)$ zum Ort $B(12|20)$. Die Fähre F_2 fährt mit konstanter Geschwindigkeit von $25 \frac{km}{h}$ vom Ort $C(4|0)$ zum Ort $D(24|15)$.
a) Zeichnen Sie die Routen der beiden Fähren in ein Koordinatensystem.
b) Wo befindet sich die Fähre F_1 eine halbe Stunde nach Verlassen des Ortes A?
c) Beide Fähren verlassen gleichzeitig die Orte A bzw. C. Wie viele Minuten nach Abfahrt kommen sich die beiden Fähren am nächsten? Wie weit sind sie dann voneinander entfernt?

18 Ein Ballon startet im Punkt $A(2|5|0)$. Er bewegt sich geradlinig mit konstanter Geschwindigkeit und ist nach einer Stunde im Punkt $B(4|8|1)$. Beim Start des Ballons befindet sich ein Flugzeug im Punkt $C(10|15|1)$ und fliegt geradlinig mit $90 \frac{km}{h}$ in Richtung $\vec{u} = \begin{pmatrix} -1 \\ -2 \\ 2 \end{pmatrix}$ (alle Koordinaten in km).
a) Wie weit ist der Punkt C vom Startplatz A des Ballons entfernt?
b) Wie viele Minuten nach dem Start des Ballons kommen sich der Ballon und das Kleinflugzeug am nächsten? Wie weit sind sie in diesem Augenblick voneinander entfernt?

Wiederholen – Vertiefen – Vernetzen

Geradengleichungen bestimmen

1 Zeichnen Sie in ein Koordinatensystem die Punkte A(1|1|1), B(−1|−1|−1) und C(2|−2|2) ein. Auf welchen besonderen Geraden liegen diese Punkte?

2 Auf dem Dach einer Diskothek sind im Abstand von 3 m zwei sogenannte Laserkanonen angebracht (Fig. 1). Ihre Lichtstrahlen zeichnen Geraden mit wechselnder Richtung in den Abendhimmel. Beschreiben Sie mithilfe von Vektoren jeweils eine solche rote und blaue Gerade, die
a) sich schneiden, b) zueinander parallel sind, c) zueinander windschief sind.

3 Die Punkte A(4|0|0), B(−2|4|−2), C(−4|6|8) und D(6|8|4) werden wie bei einem Spiegel an einer Ebene im Raum gespiegelt.
a) Bestimmen Sie die Koordinaten der Bildpunkte A', B', C' und D' bei einer Spiegelung an der x_1x_2-Ebene.
b) Bestimmen Sie die Koordinaten der Bildpunkte A', B', C' und D' bei der Spiegelung an der x_2x_3-Ebene.

4 Geben Sie eine Gleichung einer Geraden an, die durch P geht und zu h parallel ist.

a) P(0|0); h: $\vec{x} = \begin{pmatrix} 0 \\ 2 \end{pmatrix} + t \cdot \begin{pmatrix} 4 \\ 1 \end{pmatrix}$
b) P(0|−1|2); h: $\vec{x} = \begin{pmatrix} 2 \\ -1 \\ 0 \end{pmatrix} + t \cdot \begin{pmatrix} -7 \\ 0 \\ 3 \end{pmatrix}$

5 Geben Sie eine Gleichung für die Geradenschar an.
a) Die Geraden g_a gehen durch den Ursprung und liegen in der x_2x_3-Ebene.
b) Die Geraden h_a gehen alle durch den Punkt (2|0|1) und sind parallel zur x_1x_2-Ebene.
c) Die Geraden i_a schneiden die x_3-Achse und sind parallel zur x_2-Achse.

Gegenseitige Lage von Geraden

6 In Fig. 2 sind die Punkte P, Q und R die Mitten der jeweiligen Kanten. Schneiden sich die Geraden g und h oder sind sie zueinander windschief?

7 Untersuchen Sie die gegenseitigen Lagen der Geraden g, h, i und k von Fig. 3.

8 Gegeben sind die Gerade

g: $\vec{x} = \begin{pmatrix} 3 \\ 2 \\ 1 \end{pmatrix} + t \cdot \begin{pmatrix} 1 \\ 1 \\ 0 \end{pmatrix}$

und die Geradenschar h_{abcd}: $\vec{x} = \begin{pmatrix} 5 \\ a \\ b \end{pmatrix} + t \cdot \begin{pmatrix} -2 \\ c \\ d \end{pmatrix}$.

Bestimmen Sie die Parameter a, b, c und d so, dass die Geraden g und h_{abcd}
a) zueinander parallel sind,
b) identisch sind,
c) zueinander windschief sind,
d) sich schneiden.

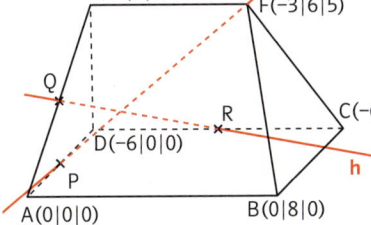

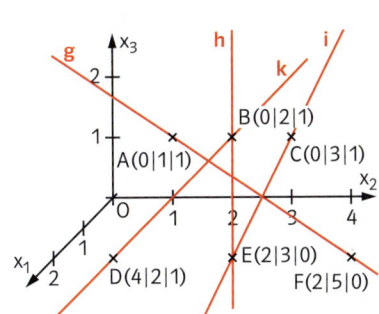

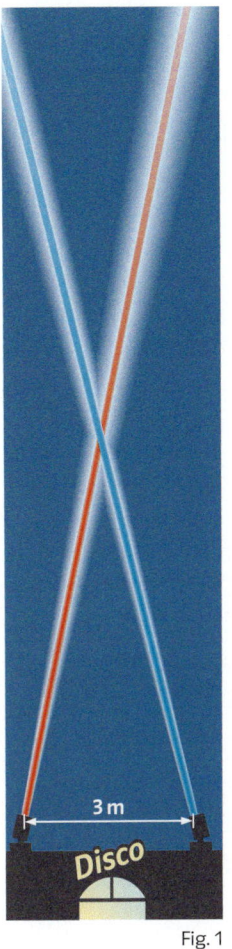

Fig. 1

Fig. 2

Fig. 3

Wiederholen – Vertiefen – Vernetzen

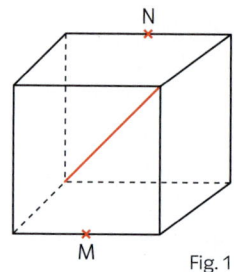
Fig. 1

9 Fig. 1 zeigt einen Würfel. Die Punkte M und N sind jeweils die Mitte einer Kante des Würfels. Schneidet die rot eingezeichnete Diagonale die Strecke $\overline{MN}$?

10 Bestimmen Sie den Parameter t so, dass die Geraden sich schneiden (zueinander windschief sind).
a) $g_t: \vec{x} = \begin{pmatrix} -t \\ 1 \\ -2 \end{pmatrix} + r \cdot \begin{pmatrix} -1 \\ 4 \\ 2 \end{pmatrix}$; $h_t: \vec{x} = \begin{pmatrix} 2 \\ 6 \\ 4t \end{pmatrix} + s \cdot \begin{pmatrix} 1 \\ -1 \\ -2 \end{pmatrix}$
b) $g_t: \vec{x} = \begin{pmatrix} 3 \\ 4 \\ 2 \end{pmatrix} + r \cdot \begin{pmatrix} 3 \\ -6 \\ -3t \end{pmatrix}$; $h_t: \vec{x} = \begin{pmatrix} 1 \\ 5 \\ 4 \end{pmatrix} + s \cdot \begin{pmatrix} 2 \\ 2t \\ 4 \end{pmatrix}$

11 Die Geraden in Fig. 2 gehen durch die Kantenmittelpunkte des eingezeichneten Würfels. Die Gerade g_a geht durch die Punkte P(2|2|a) und Q(0|0|2).
Bestimmen Sie den Wert a, für welchen die Geraden g und g_a (h und g_a) einen Schnittpunkt besitzen und berechnen Sie die Koordinaten dieses Schnittpunktes.

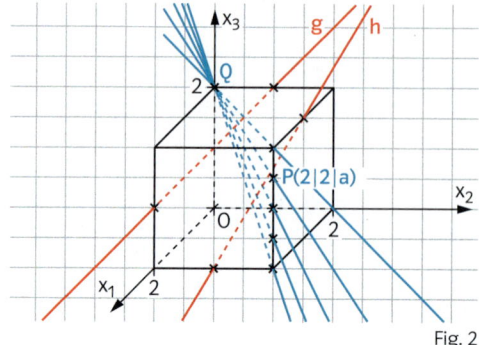
Fig. 2

Komplexe Aufgaben

12 Die Gerade g in Fig. 3 durchstößt im Punkt P die x_1x_2-Ebene und im Punkt Q die x_2x_3-Ebene.
a) Dass der Punkt P in der x_1x_2-Ebene liegt, kann man an einer seiner Koordinaten erkennen. Geben Sie diese Koordinate an.
b) Betrachtet wird die Gerade h mit der Gleichung $\vec{x} = \begin{pmatrix} 2 \\ 3 \\ 7 \end{pmatrix} + r \cdot \begin{pmatrix} -2 \\ 5 \\ -1 \end{pmatrix}$. Bestimmen Sie die Koordinaten der Punkte R, S und T, bei denen die Gerade h die x_1x_2-Ebene, die x_2x_3-Ebene und die x_1x_3-Ebene durchstößt.
c) Geben Sie die Gleichung einer Geraden an, die nicht die x_1x_2-Ebene durchstößt.
d) Geben Sie die Gleichung einer Geraden an, die weder die x_1x_2-Ebene noch die x_2x_3-Ebene durchstößt.

Vektoris3D
Lage von Geraden und Parameter

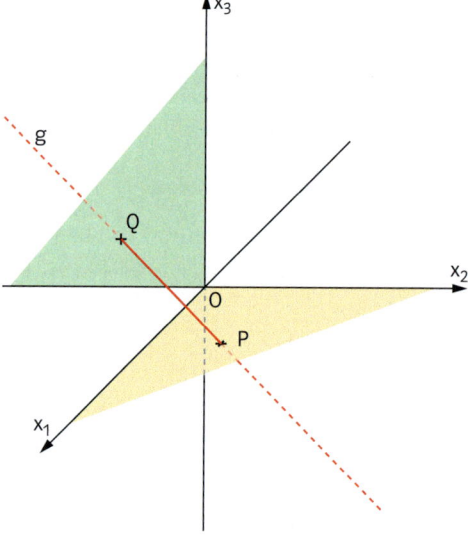
Fig. 3

13 Gegeben sind die Punkte A(3|−3|0), B(3|3|0), C(−3|3|0) und S(0|0|4).
a) Das Dreieck ABC hat bei A einen rechten Winkel. Das Viereck ABCD ist ein Quadrat. Berechnen Sie die Koordinaten des Punktes D.
b) Bestimmen Sie die gegenseitige Lage der Geraden, die durch die Punkte A und B geht, und der Geraden, die durch die Punkte S und C geht.
c) Die Punkte A, B, C, D und S sind die Ecken bzw. Spitze einer quadratischen Pyramide. Zeichnen Sie diese Pyramide in ein räumliches Koordinatensystem.

Rückblick

Koordinaten eines Vektors bestimmen

Sind die Punkte $A(a_1|a_2|a_3)$ und $B(b_1|b_2|b_3)$ gegeben, so gilt für den Vektor, der einen Weg von A nach B beschreibt: $\vec{AB} = \begin{pmatrix} b_1 - a_1 \\ b_2 - a_2 \\ b_3 - a_3 \end{pmatrix}$.

Gegeben: $A(1|-2|5)$, $B(-2|-2|8)$

$\vec{AB} = \begin{pmatrix} -2-1 \\ -2-(-2) \\ 8-5 \end{pmatrix} = \begin{pmatrix} -3 \\ 0 \\ 3 \end{pmatrix}$

Addition zweier Vektoren

Für zwei Vektoren $\begin{pmatrix} a_1 \\ a_2 \\ a_3 \end{pmatrix}$, $\begin{pmatrix} b_1 \\ b_2 \\ b_3 \end{pmatrix}$ gilt: $\begin{pmatrix} a_1 \\ a_2 \\ a_3 \end{pmatrix} + \begin{pmatrix} b_1 \\ b_2 \\ b_3 \end{pmatrix} = \begin{pmatrix} a_1 + b_1 \\ a_2 + b_2 \\ a_3 + b_3 \end{pmatrix}$.

Gegeben: $\vec{a} = \begin{pmatrix} 1 \\ 1 \\ 2 \end{pmatrix}$; $\vec{b} = \begin{pmatrix} -2 \\ 3 \\ 5 \end{pmatrix}$

$\vec{a} + \vec{b} = \begin{pmatrix} 1+(-2) \\ 1+3 \\ 2+5 \end{pmatrix} = \begin{pmatrix} -1 \\ 4 \\ 7 \end{pmatrix}$

Multiplikation einer reellen Zahl r mit einem Vektor

Für eine reelle Zahl r und einen Vektor $\begin{pmatrix} a_1 \\ a_2 \\ a_3 \end{pmatrix}$ gilt: $r \cdot \begin{pmatrix} a_1 \\ a_2 \\ a_3 \end{pmatrix} = \begin{pmatrix} r \cdot a_1 \\ r \cdot a_2 \\ r \cdot a_3 \end{pmatrix}$.

$3 \cdot \vec{a} = \begin{pmatrix} 3 \cdot 1 \\ 3 \cdot 1 \\ 3 \cdot 2 \end{pmatrix} = \begin{pmatrix} 3 \\ 3 \\ 6 \end{pmatrix}$

Geraden

Jede Gerade lässt sich beschreiben durch eine Parametergleichung der Form $\vec{x} = \vec{p} + r \cdot \vec{u}$.
Der Vektor $\vec{u}$ heißt Richtungsvektor.
Der Vektor $\vec{p}$ heißt Stützvektor.

$g: \vec{x} = \begin{pmatrix} 3 \\ 2 \\ 1 \end{pmatrix} + r \cdot \begin{pmatrix} 5 \\ 7 \\ -3 \end{pmatrix}$

Gegenseitige Lage von Geraden

Zwei Geraden g und h des Raumes können
- sich schneiden,
- zueinander parallel sein,
- zueinander windschief sein,
- identisch sein.

Gegeben:

$g: \vec{x} = \begin{pmatrix} 7 \\ -2 \\ 2 \end{pmatrix} + r \cdot \begin{pmatrix} 2 \\ 3 \\ 1 \end{pmatrix}$ und $h: \vec{x} = \begin{pmatrix} 4 \\ -6 \\ -1 \end{pmatrix} + t \cdot \begin{pmatrix} 1 \\ 1 \\ 2 \end{pmatrix}$

Die Gleichung $\begin{pmatrix} 7 \\ -2 \\ 2 \end{pmatrix} + r \cdot \begin{pmatrix} 2 \\ 3 \\ 1 \end{pmatrix} = \begin{pmatrix} 4 \\ -6 \\ -1 \end{pmatrix} + t \cdot \begin{pmatrix} 1 \\ 1 \\ 2 \end{pmatrix}$

hat die Lösung $r = -1$ und $t = 1$. Die Geraden schneiden sich im Punkt $S(5|-5|1)$.

Betrag eines Vektors $\vec{a}$

Für $\vec{a} = \begin{pmatrix} a_1 \\ a_2 \\ a_3 \end{pmatrix}$ gilt: $|\vec{a}| = \sqrt{a_1^2 + a_2^2 + a_3^2}$.

Ein Vektor mit dem Betrag 1 heißt **Einheitsvektor**.
Ist $\vec{a} \neq \vec{o}$, so ist $\vec{a_0} = \frac{1}{|\vec{a}|} \cdot \vec{a}$ der Einheitsvektor von $\vec{a}$, der die gleiche Richtung wie $\vec{a}$ besitzt.

$\vec{a} = \begin{pmatrix} 3 \\ 2 \\ 6 \end{pmatrix}$

$|\vec{a}| = \sqrt{3^2 + 2^2 + 6^2} = 7$

$\vec{a_0} = \frac{1}{7} \begin{pmatrix} 3 \\ 2 \\ 6 \end{pmatrix}$

Prüfungsvorbereitung ohne Hilfsmittel

1 Berechnen Sie.

a) $\frac{1}{3} \cdot \begin{pmatrix} 1 \\ 9 \\ 12 \end{pmatrix} + 4 \cdot \begin{pmatrix} \frac{1}{6} \\ -1 \\ 1 \end{pmatrix}$
b) $2 \cdot \begin{pmatrix} 12 \\ -8 \\ -2 \end{pmatrix} - (-1) \cdot \begin{pmatrix} -2 \\ -2 \\ -4 \end{pmatrix}$
c) $-0{,}2 \cdot \begin{pmatrix} 10 \\ 15 \\ 20 \end{pmatrix} + \frac{1}{7} \cdot \begin{pmatrix} -49 \\ -77 \\ 14 \end{pmatrix}$

2 Geben Sie die Koordinaten eines Punktes an, der
a) nicht in der x_2x_3-Ebene liegt,
b) in der x_2x_3-Ebene und in der x_1x_3-Ebene liegt,
c) weder in der x_2x_3-Ebene noch in der x_1x_3-Ebene liegt,
d) in der x_2x_3-Ebene und in der x_1x_3-Ebene, jedoch nicht in der x_1x_2-Ebene liegt.

3 Zu dem Vektor $\vec{AB}$ mit $A(1|2|3)$ und $B(5|-1|-7)$ und dem Vektor $\vec{CD}$ gehören dieselben Pfeile. Bestimmen Sie die Koordinaten des Punktes C für
a) $D(0|0|0)$,
b) $D(-2|-3|-4)$,
c) $D\left(117 \big| -0{,}5 \big| \frac{3}{8}\right)$.

4 Fig. 1 zeigt ein regelmäßiges Sechseck, in das Pfeile von Vektoren eingezeichnet sind.
a) Drücken Sie die Vektoren $\vec{c}, \vec{d}$ und $\vec{e}$ jeweils durch die Vektoren $\vec{a}$ und $\vec{b}$ aus.
b) Drücken Sie die Vektoren $\vec{a}, \vec{b}$ und $\vec{c}$ jeweils durch die Vektoren $\vec{d}$ und $\vec{e}$ aus.

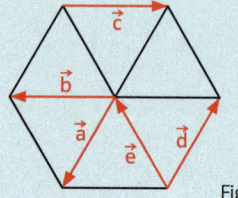

Fig. 1

5 a) Welchen Abstand haben die Punkte $A(1|0|-2)$ und $B(4|4|-7)$?
b) Bestimmen Sie die Koordinaten p_3 so, dass die Punkte $P(2|5|p_3)$ und $Q(2|1|7)$ den Abstand 7 haben.

6 Geben Sie zu der Geraden durch die Punkte A und B eine Parametergleichung an. Liegt der Punkt P auf der Geraden?
a) $A(-1|2|-3)$, $B(5|8|7)$, $P(8|11|12)$
b) $A(-6|5|3)$, $B(4|-2|3)$, $P(5|-1|6)$

7 Geben Sie die Gleichungen zweier Geraden g und h des Raumes an, die
a) sich schneiden,
b) zueinander parallel sind,
c) zueinander windschief sind.

8 Zeichnen Sie die Geraden g und h in ein Koordinatensystem und bestimmen Sie die gegenseitige Lage der Geraden g und h. Berechnen Sie gegebenenfalls die Koordinaten des Schnittpunktes.

a) $g: \vec{x} = \begin{pmatrix} 7 \\ -1 \end{pmatrix} + r \cdot \begin{pmatrix} 5 \\ -4 \end{pmatrix}$; $h: \vec{x} = \begin{pmatrix} -3 \\ -4 \end{pmatrix} + s \cdot \begin{pmatrix} -4 \\ 5 \end{pmatrix}$
b) $g: \vec{x} = \begin{pmatrix} 1 \\ -5 \\ 8 \end{pmatrix} + r \cdot \begin{pmatrix} -2 \\ -4 \\ 6 \end{pmatrix}$; $h: \vec{x} = \begin{pmatrix} 5 \\ 3 \\ -8 \end{pmatrix} + s \cdot \begin{pmatrix} 11 \\ -2 \\ -13 \end{pmatrix}$

9 Gegeben ist der Quader ABCDEFGH von Fig. 2 mit $D(0|0|0)$ und $F(6|4|2)$. Bestimmen Sie die Abstände des Schnittpunktes S der Raumdiagonalen von den Kantenmitten des Quaders.

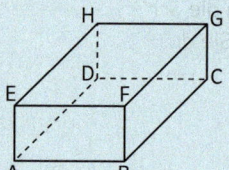

Fig. 2

10 Geben Sie eine Gleichung der Geraden durch $A(1|1|1)$ und $B(-1|5|-2)$ so an, dass der Richtungsvektor ein Einheitsvektor ist. Bestimmen Sie die Koordinaten aller Punkte auf g, die von A den folgenden Abstand haben:
a) 5
b) 2,5
c) 20

Prüfungsvorbereitung mit Hilfsmitteln

1 Der Koordinatenursprung O und die Punkte A(7|3|0) und B(0|3|0) sind Ecken der Grundfläche einer dreiseitigen Pyramide. Der Punkt S(0|0|7) ist die Spitze der Pyramide. Zeichnen Sie die Pyramide und bestimmen Sie das Volumen der Pyramide.

2 Bestimmen Sie die Punkte A und B auf der Geraden $g: \vec{x} = \begin{pmatrix} -2 \\ 9 \\ 7 \end{pmatrix} + t \cdot \begin{pmatrix} 1 \\ 2 \\ 2 \end{pmatrix}$ so, dass sie vom Punkt P(−2|9|7) den Abstand 6 haben.

3 Untersuchen Sie die gegenseitige Lage der Geraden g und h. Berechnen Sie gegebenenfalls die Koordinaten des Schnittpunktes.

a) $g: \vec{x} = \begin{pmatrix} 1 \\ 0 \\ 3 \end{pmatrix} + r \cdot \begin{pmatrix} 3 \\ 4 \\ 0 \end{pmatrix}$; $h: \vec{x} = \begin{pmatrix} 5 \\ 6 \\ 1 \end{pmatrix} + s \cdot \begin{pmatrix} -1 \\ 1 \\ 1 \end{pmatrix}$

b) $g: \vec{x} = \begin{pmatrix} 7 \\ 1 \\ 0 \end{pmatrix} + r \cdot \begin{pmatrix} 2 \\ -4 \\ 6 \end{pmatrix}$; $h: \vec{x} = \begin{pmatrix} 8 \\ -1 \\ 3 \end{pmatrix} + s \cdot \begin{pmatrix} -1 \\ 2 \\ -3 \end{pmatrix}$

c) $g: \vec{x} = \begin{pmatrix} 1 \\ 3 \\ 4 \end{pmatrix} + r \cdot \begin{pmatrix} 2 \\ 0 \\ 5 \end{pmatrix}$; $h: \vec{x} = \begin{pmatrix} 3 \\ 3 \\ 9 \end{pmatrix} + s \cdot \begin{pmatrix} 2 \\ 4 \\ 1 \end{pmatrix}$

d) $g: \vec{x} = \begin{pmatrix} 2 \\ 5 \\ 7 \end{pmatrix} + r \cdot \begin{pmatrix} 2 \\ 1 \\ -4 \end{pmatrix}$; $h: \vec{x} = \begin{pmatrix} 1 \\ 5 \\ 1 \end{pmatrix} + s \cdot \begin{pmatrix} -4 \\ -2 \\ 8 \end{pmatrix}$

4 Gegeben sind die Punkte A(3|4|5), B(5|6|6) und C(8|6|6).
a) Zeigen Sie, dass das Dreieck ABC gleichschenklig ist. Bestimmen Sie die Koordinaten des Punktes D so, dass die Punkte A, B, C und D Eckpunkte einer Raute sind. Ermitteln Sie die Koordinaten des Diagonalenschnittpunktes M der Raute ABCD.
b) Die Gerade g durch den Diagonalenschnittpunkt M und mit dem Richtungsvektor $\begin{pmatrix} 0 \\ 1 \\ -2 \end{pmatrix}$ steht senkrecht auf der Raute ABCD. Die Raute ist Grundfläche von Pyramiden, deren Spitzen auf der Geraden g liegen. Bestimmen Sie die Koordinaten der Spitzen so, dass die zugehörigen Pyramiden jeweils die Höhe 10 haben.

5 Ein Körper bewegt sich geradlinig mit der konstanten Geschwindigkeit $10 \frac{km}{h}$ auf der Geraden durch die Punkte A(1|2|4) und B(3|4|5) (Koordinaten in km). Der Körper startet in A in Richtung auf B. Wo befindet er sich nach 30 Minuten?

6 Zwei Schiffe, die Mary und die Jenny, befinden sich mitten auf einem Ozean. In einem kartesischen Koordinatensystem (Längeneinheit 1 km) hat die Mary die Position P(60|0).
Die Jenny hat zum gleichen Zeitpunkt die Position Q(40|60). Die x_1-Achse des Koordinatensystems zeigt nach Osten und die x_2-Achse nach Norden. Beide Schiffe bewegen sich mit jeweils konstanter Geschwindigkeit auf geradlinigen Kursen.
Die Mary kommt in jeder Stunde 20 km weiter nach Osten und 10 km weiter nach Norden.
Die Jenny kommt in jeder Stunde 10 km weiter nach Osten und 15 km weiter nach Süden.
a) Zeichnen Sie die beiden Schiffsrouten in ein Koordinatensystem ein.
b) Wie weit sind die Schiffe auf ihren Positionen P und Q voneinander entfernt?
c) Kreuzen sich die Schiffsrouten, nachdem die Schiffe die Positionen P und Q verlassen haben?
d) Bestimmen Sie die Positionen der beiden Schiffe, fünf Stunden nachdem sie die Positionen P und Q verlassen haben. Wie weit sind sie zu diesem Zeitpunkt voneinander entfernt?

7 Eine Leuchtkugel fliegt vom Punkt P(4|0|0) geradlinig in Richtung des Punktes Q(0|0|3). Eine zweite Leuchtkugel startet gleichzeitig vom Punkt R(0|3|0) und fliegt geradlinig in Richtung des Punktes T(0|0|7). Beide Kugeln fliegen gleich schnell. Wie weit sind die Kugeln zu dem Zeitpunkt voneinander entfernt, bei dem die erste Kugel den Punkt Q erreicht?

Ebenen

Jetzt können geometrische Figuren als Gleichungen und umgekehrt angegeben werden.

Zeichnungen veranschaulichen geometrische Situationen mit Ebenen und Geraden. Rechnungen mit deren Gleichungen liefern genauere Werte als von Zeichnungen abgelesenen Werte.

Beschreiben Sie die gegenseitige Lage der Sonnensegel.

Wie könnte man die Lage der Plattformen in einem Koordinatensystem beschreiben? Welche geometrische Lage haben die Sprossen und Seile zu den Plattformen?

Das kennen Sie schon
– Vektoren
– Gleichungen für Geraden in der Ebene und im Raum
– Lagen und Schnitte von Geraden

Sind die Flügel parallele Ebenen?

Interpretieren Sie die im Foto dargestellten Objekte als Ebenen und Geraden und beschreiben Sie ihre gegenseitige Lage.

Zahl und Zahlbereiche

Messen und Größen

Raum und Form

Funktionaler Zusammenhang

Daten und Zufall

In diesem Kapitel

- werden Gleichungen für Ebenen bestimmt.
- werden Lagen und Schnitte von Geraden und Ebenen bestimmt.
- wird die Orthogonalität von Vektoren untersucht.
- wird mithilfe von Vektoren bewiesen.

1 Ebenen im Raum – Parameterform

Ein dreibeiniger Tisch wackelt nie …
… oder doch?

Ähnlich wie man mithilfe von Vektoren Geraden beschreiben kann, kann man auch Ebenen angeben. Dies wird in Fig. 1 und Fig. 2 verdeutlicht.

In Fig. 1 und Fig. 2 ist der Einfachheit halber statt des gesamten Koordinatensystems zur Orientierung jeweils nur der Koordinatenursprung eingezeichnet.

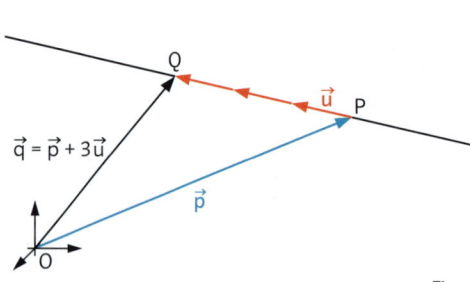

Fig. 1

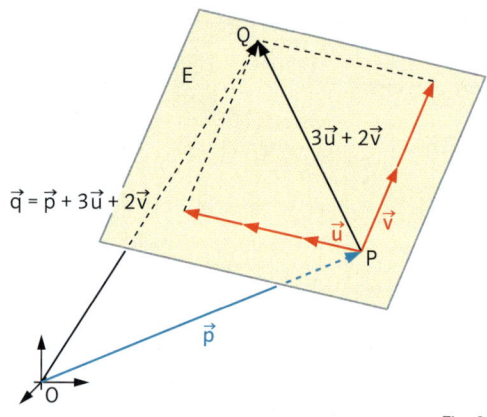

Fig. 2

Eine Gerade g kann durch einen Stützvektor $\vec{p}$ und einen Richtungsvektor $\vec{u}$ beschrieben werden:
g: $\vec{x} = \vec{p} + t \cdot \vec{u}$.

Warum dürfen die Spannvektoren nicht zueinander parallel sein?

Setzt man in die Gleichung $\vec{x} = \vec{p} + r \cdot \vec{u}$ für r reelle Zahlen ein, dann erhält man jeweils Ortsvektoren, die zu Punkten auf der Geraden g gehören.
Für jeden Punkt Q der Geraden g gibt es eine reelle Zahl r, sodass der Vektor $\vec{q}$ mit $\vec{q} = \vec{p} + r \cdot \vec{u}$ Ortsvektor von Q ist.

Eine Ebene E kann durch einen Stützvektor $\vec{p}$ und zwei nicht zueinander parallele Vektoren $\vec{u}$ und $\vec{v}$ beschrieben werden:
E: $\vec{x} = \vec{p} + r \cdot \vec{u} + s \cdot \vec{v}$.
Die Vektoren $\vec{u}$ und $\vec{v}$ heißen **Spannvektoren.**
Setzt man in die Gleichung
$\vec{x} = \vec{p} + r \cdot \vec{u} + s \cdot \vec{v}$ für r und s reelle Zahlen ein, dann erhält man jeweils Ortsvektoren, die zu Punkten der Ebene E gehören.
Für jeden Punkt Q der Ebene E gibt es reelle Zahlen r und s, sodass der Vektor $\vec{q}$ mit $\vec{q} = \vec{p} + r \cdot \vec{u} + s \cdot \vec{v}$ Ortsvektor von Q ist.

Vektoris3D
Ebene in Parameterform

> **Definition:** Jede Ebene lässt sich durch eine Gleichung der Form
> $\vec{x} = \vec{p} + r \cdot \vec{u} + s \cdot \vec{v}$ (r, s ∈ ℝ, $\vec{u} \neq \vec{o}$, $\vec{v} \neq \vec{o}$) beschreiben.
> Hierbei sind die Vektoren $\vec{u}$ und $\vec{v}$ linear unabhängig.
> Der Vektor $\vec{p}$ heißt Stützvektor und die beiden Vektoren $\vec{u}$ und $\vec{v}$ heißen Spannvektoren.
> Die Gleichung $\vec{x} = \vec{p} + r \cdot \vec{u} + s \cdot \vec{v}$ heißt **Parametergleichung** der Ebene.

Beachten Sie:
Drei Punkte A, B und C legen eine Ebene E fest, wenn diese Punkte nicht auf einer Geraden liegen (Fig. 1). Als Stützvektor kann man den Ortsvektor eines dieser Punkte wählen, z. B. den Ortsvektor $\vec{a}$ des Punktes A. Als Spannvektoren kann man dann z. B. die Vektoren $\overrightarrow{AB}$ und $\overrightarrow{AC}$ wählen. In diesem Fall ist $\vec{x} = \overrightarrow{OA} + r \cdot \overrightarrow{AB} + s \cdot \overrightarrow{AC}$ eine Parametergleichung von E.

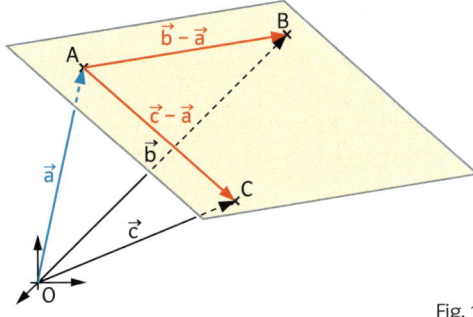

Fig. 1

Beispiel 1 Parametergleichung einer Ebene aufstellen

Geben Sie, falls möglich, eine Parametergleichung der Ebene E an, die durch die Punkte A, B und C festgelegt ist.

a) A(1|−1|1), B(1,5|1|0), C(0|1|1)
b) A(1|−1|1), B(−2|2|−2), C(3|−3|3)

■ Lösung: a) Wählt man als Stützvektor $\overrightarrow{OA}$ und als Spannvektoren $\overrightarrow{AB}$ und $\overrightarrow{AC}$, so erhält man

$$E: \vec{x} = \begin{pmatrix} 1 \\ -1 \\ 1 \end{pmatrix} + r \cdot \begin{pmatrix} 0{,}5 \\ 2 \\ -1 \end{pmatrix} + s \cdot \begin{pmatrix} -1 \\ 2 \\ 0 \end{pmatrix}.$$

Da die Spannvektoren linear unabhängig sind, erhält man eine Ebenengleichung.

b) $\overrightarrow{AB} = \begin{pmatrix} -3 \\ 3 \\ -3 \end{pmatrix}$ und $\overrightarrow{BC} = \begin{pmatrix} 5 \\ -5 \\ 5 \end{pmatrix}$ sind linear abhängig.

Die Punkte A, B und C liegen somit auf einer Geraden. Sie legen keine Ebene fest.

Beispiel 2 Punktprobe

Gegeben ist die Ebene $E: \vec{x} = \begin{pmatrix} 2 \\ 0 \\ 1 \end{pmatrix} + r \cdot \begin{pmatrix} 1 \\ 3 \\ 5 \end{pmatrix} + s \cdot \begin{pmatrix} 2 \\ -1 \\ 1 \end{pmatrix}$.

Überprüfen Sie, ob der Punkt A(7|5|−3) bzw. B(7|1|8) in der Ebene liegt.

■ Lösung: *Überprüfung des Punktes A.*

Der Gleichung $\begin{pmatrix} 7 \\ 5 \\ -3 \end{pmatrix} = \begin{pmatrix} 2 \\ 0 \\ 1 \end{pmatrix} + r \cdot \begin{pmatrix} 1 \\ 3 \\ 5 \end{pmatrix} + s \cdot \begin{pmatrix} 2 \\ -1 \\ 1 \end{pmatrix}$ entspricht das LGS

$\begin{array}{l} 7 = 2 + r + 2s \\ 5 = 3r - s, \\ -3 = 1 + 5r + s \end{array}$ das heißt $\begin{array}{r} r + 2s = 5 \\ 3r - s = 5 \\ 5r + s = -4 \end{array}$.

Dieses LGS hat keine Lösung.
Der Punkt A liegt nicht in der Ebene E.

Überprüfung des Punktes B.

Der Gleichung $\begin{pmatrix} 7 \\ 1 \\ 8 \end{pmatrix} = \begin{pmatrix} 2 \\ 0 \\ 1 \end{pmatrix} + r \cdot \begin{pmatrix} 1 \\ 3 \\ 5 \end{pmatrix} + s \cdot \begin{pmatrix} 2 \\ -1 \\ 1 \end{pmatrix}$ entspricht das LGS

$\begin{array}{l} 7 = 2 + r + 2s \\ 1 = 3r - s, \\ 8 = 1 + 5r + s \end{array}$ das heißt $\begin{array}{r} r + 2s = 5 \\ 3r - s = 1 \\ 5r + s = 7 \end{array}$.

Dieses LGS hat die Lösung (1; 2).

Es gilt: $\begin{pmatrix} 7 \\ 1 \\ 8 \end{pmatrix} = \begin{pmatrix} 2 \\ 0 \\ 1 \end{pmatrix} + 1 \cdot \begin{pmatrix} 1 \\ 3 \\ 5 \end{pmatrix} + 2 \cdot \begin{pmatrix} 2 \\ -1 \\ 1 \end{pmatrix}$. Der Punkt B liegt in der Ebene E.

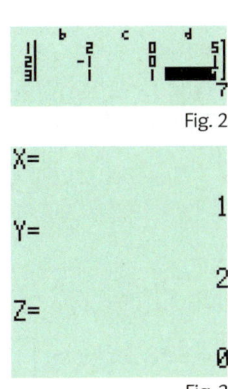

Fig. 2

Fig. 3

Aufgaben

Vektoris3D
Ebene durch 3 Punkte

1 Geben Sie, falls möglich, eine Parametergleichung der Ebene E an, die durch die Punkte A, B und C festgelegt ist.
a) A(3|0|2), B(5|-1|7), C(0|-2|0)
b) A(1|0|0), B(0|1|0), C(1|0|1)
c) A(2|1|7), B(-7|-1|2), C(1|-1|1)
d) A(1|0|3), B(1|3|0), C(1|-3|0)

2 Die Ebene E ist durch die Punkte A, B und C festgelegt. Geben Sie zwei verschiedene Parametergleichungen der Ebene E an.
a) A(2|0|3), B(1|-1|5), C(3|-2|0)
b) A(0|0|0), B(2|1|5), C(-3|1|-3)
c) A(1|1|1), B(2|2|2), C(-2|3|5)
d) A(2|5|7), B(7|5|2), C(1|2|3)

3 Der sehr hohe Raum in Fig. 1 wurde durch das dreieckige Segeltuch, das an den Stellen A, B und C befestigt wurde, wohnlicher gestaltet. Das Tuch ist so gespannt, dass seine Oberfläche als Ausschnitt einer Ebene angesehen werden kann. Geben Sie eine Parametergleichung der Ebene E an, die durch die Befestigungspunkte des Segeltuches festgelegt wird. Legen Sie hierzu ein geeignetes Koordinatensystem fest.

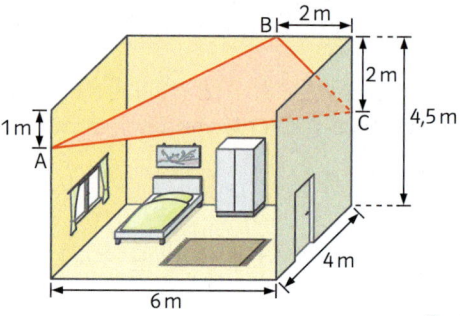

Fig. 1

4 Gegeben ist eine Ebene E: $\vec{x} = \begin{pmatrix} 3 \\ 0 \\ 2 \end{pmatrix} + r \cdot \begin{pmatrix} 2 \\ 1 \\ 7 \end{pmatrix} + s \cdot \begin{pmatrix} 3 \\ 2 \\ 5 \end{pmatrix}$.

a) Liegen die Punkte A(8|3|14), B(1|1|0), C(4|0|11) in der Ebene E?
b) Bestimmen Sie für p eine Zahl so, dass der Punkt P in der Ebene E liegt.
(1) P(4|1|p)   (2) P(p|0|7)   (3) P(p|2|-2)   (4) P(0|p|p)

5 Liegen die Punkte A, B, C und D in einer gemeinsamen Ebene?
a) A(0|1|-1), B(2|3|5), C(-1|3|-1), D(2|2|2)
b) A(3|0|2), B(5|1|9), C(6|2|7), D(8|3|14)
c) A(5|0|5), B(6|3|2), C(2|9|0), D(3|12|-3)
d) A(1|2|3), B(2|4|6), C(3|6|9), D(2|0|2)

6 a) Stellen Sie jeweils eine Parametergleichung der x_1x_2-Ebene, der x_1x_3-Ebene und der x_2x_3-Ebene auf (Fig. 2).
b) Geben Sie zu der x_1x_2-Ebene, der x_1x_3-Ebene und der x_2x_3-Ebene jeweils eine weitere Parametergleichung an.
c) Beschreiben Sie, wie man an einer Parametergleichung erkennen kann, ob sie zu der x_1x_2-Ebene, der x_1x_3-Ebene bzw. der x_2x_3-Ebene gehört.

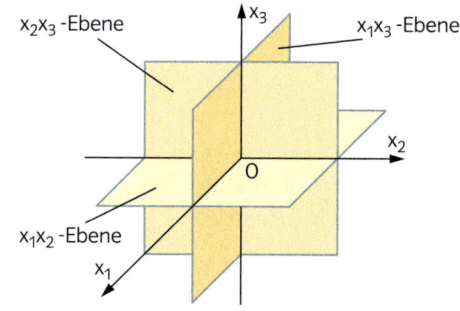

Fig. 2

7 Gegeben ist die Ebene E mit der Parametergleichung E: $\vec{x} = r \cdot \begin{pmatrix} 1 \\ 1 \\ 1 \end{pmatrix} + s \cdot \begin{pmatrix} -1 \\ -1 \\ 1 \end{pmatrix}$.
a) Beschreiben Sie die Lage der Ebene E im Koordinatensystem.
b) Geben Sie Gleichungen zweier verschiedener Ebenen an, die zur Ebene E parallel sind.
c) Geben Sie eine Gleichung der Ebene E an, bei der der Stützvektor nicht der Nullvektor ist.
d) Geben Sie eine Gleichung der Ebene E an, bei der die Spannvektoren nicht ein Vielfaches eines der Vektoren $\begin{pmatrix} 1 \\ 1 \\ 1 \end{pmatrix}$ bzw. $\begin{pmatrix} -1 \\ -1 \\ 1 \end{pmatrix}$ sind.

Zeit zu überprüfen

8 Gegeben ist die Ebene E, in der die Punkte A(1|0|0), B(0|1|0) und C(0|0|1) liegen.
a) Geben Sie zwei Parametergleichungen von E an, bei denen weder die Stützvektoren noch die Spannvektoren übereinstimmen.
b) Liegen die Punkte P(1|1|1) und Q(2|2|2) in der Ebene E?

---

9 Eine Ebene kann nicht nur durch drei geeignete Punkte festgelegt werden, sondern auch durch einen Punkt und eine Gerade.
a) Welche Bedingung müssen der Punkt und die Gerade erfüllen, damit sie eindeutig eine Ebene festlegen? Begründen Sie Ihre Antwort.
b) Geben Sie die Koordinaten eines Punktes P und die Parametergleichung einer Geraden g an, die eindeutig eine Ebene E festlegen. Bestimmen Sie eine Parametergleichung dieser Ebene E.

10 Eine Ebene E ist durch den Punkt P und die Gerade g eindeutig bestimmt. Geben Sie eine Parametergleichung der Ebene E an.

a) $g: \vec{x} = \begin{pmatrix} 1 \\ 0 \\ 1 \end{pmatrix} + t \cdot \begin{pmatrix} 2 \\ 1 \\ 3 \end{pmatrix}$; $P(5|-5|3)$

b) $g: \vec{x} = \begin{pmatrix} 2 \\ 0 \\ 1 \end{pmatrix} + t \cdot \begin{pmatrix} 3 \\ 1 \\ 5 \end{pmatrix}$; $P(2|7|11)$

c) $g: \vec{x} = \begin{pmatrix} 1 \\ 2 \\ 5 \end{pmatrix} + t \cdot \begin{pmatrix} -1 \\ 2 \\ 7 \end{pmatrix}$; $P(2|5|-3)$

d) $g: \vec{x} = \begin{pmatrix} 1 \\ 0 \\ 3 \end{pmatrix} + t \cdot \begin{pmatrix} 2 \\ 1 \\ 0 \end{pmatrix}$; $P(6|3|-1)$

◉ Vektoris3D
Ebene durch Gerade und Punkt

11 a) Begründen Sie: Zwei sich schneidende Geraden sowie zwei verschiedene, zueinander parallele Geraden legen jeweils eine Ebene fest.
b) Geben Sie Gleichungen von zwei sich schneidenden Geraden an. Diese Geraden legen eine Ebene fest. Bestimmen Sie eine Parametergleichung dieser Ebene.
c) Geben Sie Gleichungen von zwei verschiedenen, zueinander parallelen Geraden an. Diese Geraden legen eine Ebene fest. Bestimmen Sie eine Parametergleichung dieser Ebene.

Welche dieser Gleichungen legt keine Ebene fest?

a) $\vec{x} = r \cdot \begin{pmatrix} 1 \\ 2 \\ 3 \end{pmatrix} + s \cdot \begin{pmatrix} 2 \\ 1 \\ 0 \end{pmatrix}$

b) $\vec{x} = \begin{pmatrix} 4 \\ 5 \\ -7 \end{pmatrix} + r \cdot \begin{pmatrix} 1 \\ 2 \\ 3 \end{pmatrix} + s \cdot \begin{pmatrix} -2 \\ -4 \\ -6 \end{pmatrix}$

12 Prüfen Sie, ob die beiden Geraden g_1 und g_2 sich schneiden. Geben Sie, falls möglich, eine Parametergleichung der Ebene an, die eindeutig durch die Geraden g_1 und g_2 festgelegt wird.

a) $g_1: \vec{x} = \begin{pmatrix} 1 \\ 1 \\ 2 \end{pmatrix} + t \cdot \begin{pmatrix} 2 \\ 3 \\ 1 \end{pmatrix}$; $g_2: \vec{x} = \begin{pmatrix} 3 \\ 4 \\ 3 \end{pmatrix} + t \cdot \begin{pmatrix} 1 \\ 0 \\ 1 \end{pmatrix}$

b) $g_1: \vec{x} = \begin{pmatrix} 2 \\ 0 \\ 2 \end{pmatrix} + t \cdot \begin{pmatrix} 1 \\ 1 \\ 1 \end{pmatrix}$; $g_2: \vec{x} = \begin{pmatrix} 0 \\ -2 \\ 0 \end{pmatrix} + t \cdot \begin{pmatrix} 1 \\ 2 \\ 3 \end{pmatrix}$

c) $g_1: \vec{x} = \begin{pmatrix} 3 \\ 0 \\ 7 \end{pmatrix} + t \cdot \begin{pmatrix} 2 \\ 5 \\ 1 \end{pmatrix}$; $g_2: \vec{x} = \begin{pmatrix} 7 \\ 10 \\ 9 \end{pmatrix} + t \cdot \begin{pmatrix} 1 \\ 0 \\ 1 \end{pmatrix}$

d) $g_1: \vec{x} = \begin{pmatrix} 1 \\ 2 \\ 5 \end{pmatrix} + t \cdot \begin{pmatrix} 3 \\ 4 \\ 0 \end{pmatrix}$; $g_2: \vec{x} = \begin{pmatrix} 2 \\ 3 \\ 1 \end{pmatrix} + t \cdot \begin{pmatrix} 3 \\ 4 \\ 5 \end{pmatrix}$

◉ Vektoris3D
Ebene durch zwei Geraden

13 Für welchen Wert von a

a) geht die Ebene $E: \vec{x} = \begin{pmatrix} 1 \\ 3 \\ a \end{pmatrix} + r \cdot \begin{pmatrix} 3 \\ 3 \\ 2 \end{pmatrix} + s \cdot \begin{pmatrix} 2 \\ 1 \\ 0 \end{pmatrix}$ durch den Ursprung,

b) beschreibt die Gleichung $\vec{x} = \begin{pmatrix} 2 \\ -1 \\ 5 \end{pmatrix} + r \cdot \begin{pmatrix} 1 \\ 1 \\ a \end{pmatrix} + s \cdot \begin{pmatrix} a \\ a \\ 4 \end{pmatrix}$ keine Ebene,

c) ist die Gerade $g: \vec{x} = \begin{pmatrix} 1 \\ 2 \\ 3 \end{pmatrix} + r \cdot \begin{pmatrix} 3 \\ 2 \\ a \end{pmatrix}$ parallel zur Ebene $E: \vec{x} = \begin{pmatrix} 3 \\ 1 \\ 0 \end{pmatrix} + r \cdot \begin{pmatrix} 2 \\ -1 \\ 5 \end{pmatrix} + s \cdot \begin{pmatrix} 1 \\ 3 \\ -2 \end{pmatrix}$?

◉ Vektoris3D
Ebenenschar

14 Die Ebene E ist festgelegt durch die Punkte A(1|−1|1), B(1|0|1) und O(0|0|0).
a) Geben Sie eine Gleichung der Ebene E und die Parametergleichungen zweier Geraden g und h an, die in der Ebene E liegen und zueinander parallel sind.
b) Geben Sie die Parametergleichungen zweier Geraden k und l an, die in der Ebene E liegen und sich schneiden.

2 Zueinander orthogonale Vektoren – Skalarprodukt

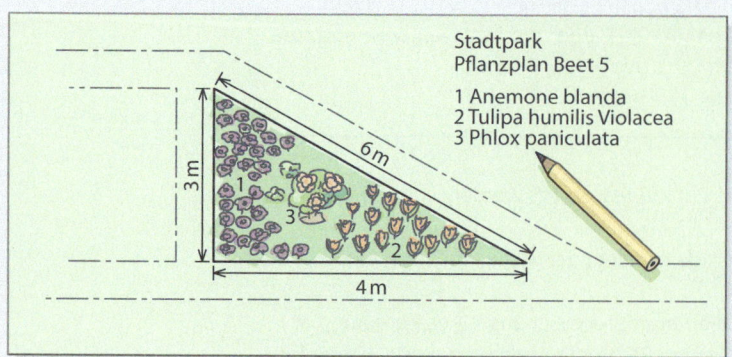

Stadtpark
Pflanzplan Beet 5
1 Anemone blanda
2 Tulipa humilis Violacea
3 Phlox paniculata

Ein Praktikant der Stadtgärtnerei hat von einem Blumenbeet im Stadtpark eine nicht maßstäbliche Skizze angefertigt. Hier stimmt etwas nicht.

Sehr oft ist bei alltäglichen Fragestellungen ebenso wie bei rein geometrischen Aufgaben zu klären, ob zwei Geraden zueinander orthogonal (das heißt senkrecht) sind. Wie solche Problemstellungen auch vektoriell gelöst werden können, wird im Folgenden erarbeitet.

orthos (griech.): richtig, recht (vgl. auch Orthografie)
gonia (griech.): Ecke
Orthogonal bedeutet wörtlich „rechteckig", wird aber in der Mathematik als Synonym für senkrecht verwendet.

Zwei Vektoren $\vec{a}, \vec{b}$ ($\neq \vec{o}$) heißen zueinander **orthogonal**, wenn ihre zugehörigen Pfeile mit gleichem Anfangspunkt ebenfalls zueinander orthogonal (das heißt senkrecht) sind.
In Zeichen: $\vec{a} \perp \vec{b}$.

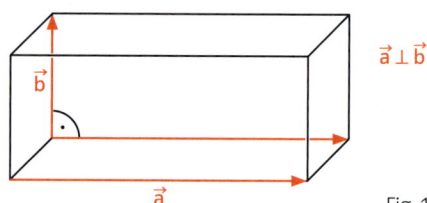

Fig. 1

Die Orthogonalität zweier Vektoren $\vec{a}$ und $\vec{b}$ kann man mithilfe ihrer Koordinaten überprüfen.
Nach dem Satz von Pythagoras gilt: Die Pfeile zweier Vektoren $\vec{a}$ mit $\vec{a} = \begin{pmatrix} a_1 \\ a_2 \end{pmatrix}$ und $\vec{b}$ mit $\vec{b} = \begin{pmatrix} b_1 \\ b_2 \end{pmatrix}$ wie in Fig. 2 sind genau dann zueinander orthogonal, wenn $|\vec{a} - \vec{b}|^2 = |\vec{a}|^2 + |\vec{b}|^2$.
Es ist $|\vec{a} - \vec{b}|^2 = (a_1 - b_1)^2 + (a_2 - b_2)^2 = (a_1^2 - 2a_1b_1 + b_1^2) + (a_2^2 - 2a_2b_2 + b_2^2)$.
Und somit $|\vec{a} - \vec{b}|^2 = (a_1^2 + a_2^2) + (b_1^2 + b_2^2) - 2 \cdot (a_1 b_1 + a_2 b_2)$.
Weiterhin ist $|\vec{a}|^2 + |\vec{b}|^2 = (a_1^2 + a_2^2) + (b_1^2 + b_2^2)$.

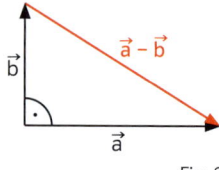

Fig. 2

Die Vektoren $\vec{a}$ und $\vec{b}$ sind also genau dann zueinander orthogonal, wenn für ihre Koordinaten gilt: $2 \cdot (a_1 b_1 + a_2 b_2) = 0$, also $a_1 b_1 + a_2 b_2 = 0$. Entsprechendes gilt für Vektoren im Raum.

Die Bezeichnung **Skalarprodukt** erinnert daran, dass dieses Produkt der Vektoren kein Vektor, sondern ein „Skalar" (das heißt eine Maßzahl) ist.

Zu den Vektoren $\vec{a} = \begin{pmatrix} a_1 \\ a_2 \\ a_3 \end{pmatrix}$ und $\vec{b} = \begin{pmatrix} b_1 \\ b_2 \\ b_3 \end{pmatrix}$ heißt

der Term $a_1 b_1 + a_2 b_2 + a_3 b_3$ **Skalarprodukt** $\vec{a} \cdot \vec{b}$ der Vektoren $\vec{a}$ und $\vec{b}$.
Man schreibt $\vec{a} \cdot \vec{b} = a_1 b_1 + a_2 b_2 + a_3 b_3$.

Es gilt: Zwei Vektoren $\vec{a} = \begin{pmatrix} a_1 \\ a_2 \\ a_3 \end{pmatrix}$ und $\vec{b} = \begin{pmatrix} b_1 \\ b_2 \\ b_3 \end{pmatrix}$ sind genau dann zueinander orthogonal,
wenn für ihre Koordinaten gilt: **$a_1 b_1 + a_2 b_2 + a_3 b_3 = 0$**.

Für das Skalarprodukt von Vektoren $\vec{a}$, $\vec{b}$ und $\vec{c}$ gilt:

1. $\vec{a} \cdot \vec{b} = \vec{b} \cdot \vec{a}$, (Kommutativgesetz)
2. $r \cdot \vec{a} \cdot \vec{b} = r \cdot (\vec{a} \cdot \vec{b})$ für jede reelle Zahl r,
3. $(\vec{a} + \vec{b}) \cdot \vec{c} = \vec{a} \cdot \vec{c} + \vec{b} \cdot \vec{c}$, (Distributivgesetz)
4. $\vec{a} \cdot \vec{a} = |\vec{a}|^2$.

Zum Nachweis dieser Regeln siehe Aufgabe 16.

Beispiel 1 Orthogonalität bei Geraden prüfen

Die Geraden g und h schneiden sich. Sind sie zueinander orthogonal?

a) $g: \vec{x} = \begin{pmatrix} 8 \\ -9 \\ 7 \end{pmatrix} + s \cdot \begin{pmatrix} -4 \\ 1 \\ 1 \end{pmatrix}$; $h: \vec{x} = \begin{pmatrix} 8 \\ -10 \\ 3 \end{pmatrix} + s \cdot \begin{pmatrix} 2 \\ 9 \\ -1 \end{pmatrix}$ b) $g: \vec{x} = \begin{pmatrix} 8 \\ -9 \\ 7 \end{pmatrix} + s \cdot \begin{pmatrix} 2 \\ 13 \\ 1 \end{pmatrix}$; $h: \vec{x} = s \cdot \begin{pmatrix} 1 \\ -2 \\ 1 \end{pmatrix}$

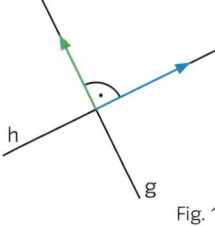

Fig. 1

■ *Lösung: Zwei sich schneidende Geraden sind immer dann zueinander orthogonal, wenn ihre Richtungsvektoren zueinander orthogonal sind.*

a) $\begin{pmatrix} -4 \\ 1 \\ 1 \end{pmatrix} \cdot \begin{pmatrix} 2 \\ 9 \\ -1 \end{pmatrix} = -4 \cdot 2 + 1 \cdot 9 + 1 \cdot (-1) = 0$ b) $\begin{pmatrix} 2 \\ 13 \\ 1 \end{pmatrix} \cdot \begin{pmatrix} 1 \\ -2 \\ 1 \end{pmatrix} = 2 \cdot 1 + 13 \cdot (-2) + 1 \cdot 1 = -23$

Die Geraden g und h sind zueinander orthogonal.

Die Geraden g und h sind nicht zueinander orthogonal.

Beispiel 2 Bestimmung zueinander orthogonaler Vektoren

Bestimmen Sie alle Vektoren, die sowohl zum Vektor $\vec{a} = \begin{pmatrix} 3 \\ 2 \\ 4 \end{pmatrix}$ als auch zum Vektor $\vec{b} = \begin{pmatrix} 6 \\ 5 \\ 4 \end{pmatrix}$ orthogonal sind.

■ *Lösung:* Ist $\vec{x} = \begin{pmatrix} x_1 \\ x_2 \\ x_3 \end{pmatrix}$ zu $\vec{a}$ und zu $\vec{b}$ orthogonal, so gilt: $\begin{matrix} 3x_1 + 2x_2 + 4x_3 = 0 \\ 6x_1 + 5x_2 + 4x_3 = 0 \end{matrix}$.

Umwandlung in Stufenform: $\begin{matrix} 3x_1 + 2x_2 + 4x_3 = 0 \\ x_2 - 4x_3 = 0 \end{matrix}$.

Wählt man $x_3 = t$ als Parameter, so erhält man als Lösungsmenge $L = \{(-4t; 4t; t) | t \in \mathbb{R}\}$.

Für die gesuchten Vektoren gilt damit: $\vec{x} = \begin{pmatrix} -4t \\ 4t \\ t \end{pmatrix} = t \cdot \begin{pmatrix} -4 \\ 4 \\ 1 \end{pmatrix}$ ($t \in \mathbb{R}$).

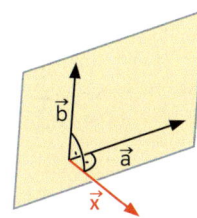

Fig. 2

Damit sind alle Vektoren mit der gleichen bzw. entgegengesetzten Richtung wie $\begin{pmatrix} -4 \\ 4 \\ 1 \end{pmatrix}$ zu $\vec{a}$ und zu $\vec{b}$ orthogonal.

Aufgaben

1 Überprüfen Sie, ob die sich schneidenden Geraden g und h zueinander orthogonal sind.

a) $g: \vec{x} = \begin{pmatrix} 2 \\ -2 \\ 0 \end{pmatrix} + s \cdot \begin{pmatrix} -5 \\ 1 \\ 0 \end{pmatrix}$; $h: \vec{x} = \begin{pmatrix} 5 \\ -1 \\ 0 \end{pmatrix} + s \cdot \begin{pmatrix} -2 \\ 2 \\ 0 \end{pmatrix}$ b) $g: \vec{x} = \begin{pmatrix} 8 \\ 6 \\ -9 \end{pmatrix} + s \cdot \begin{pmatrix} 2 \\ -9 \\ -4 \end{pmatrix}$; $h: \vec{x} = \begin{pmatrix} 0 \\ 0 \\ 7 \end{pmatrix} + s \cdot \begin{pmatrix} 5 \\ 2 \\ -2 \end{pmatrix}$

2 Bestimmen Sie die fehlende Koordinate so, dass $\vec{a} \perp \vec{b}$.

a) $\vec{a} = \begin{pmatrix} 2 \\ 3 \\ 0 \end{pmatrix}$, $\vec{b} = \begin{pmatrix} b_1 \\ -4 \\ 3 \end{pmatrix}$ b) $\vec{a} = \begin{pmatrix} 1 \\ a_2 \\ 3 \end{pmatrix}$, $\vec{b} = \begin{pmatrix} 2 \\ -1 \\ 1 \end{pmatrix}$ c) $\vec{a} = \begin{pmatrix} -1 \\ 4 \\ 2 \end{pmatrix}$, $\vec{b} = \begin{pmatrix} 3 \\ 0 \\ b_3 \end{pmatrix}$

3 Geben Sie eine Gleichung einer Geraden h an, die die Gerade g orthogonal schneidet.

a) $g: \vec{x} = \begin{pmatrix} 3 \\ 3 \\ 1 \end{pmatrix} + s \cdot \begin{pmatrix} 7 \\ 17 \\ 2 \end{pmatrix}$ b) $g: \vec{x} = \begin{pmatrix} -1 \\ 11 \\ -6 \end{pmatrix} + s \cdot \begin{pmatrix} 1 \\ 2 \\ 3 \end{pmatrix}$ c) $g: \vec{x} = s \cdot \begin{pmatrix} 2 \\ -2 \\ 2 \end{pmatrix}$

4 Beschreiben Sie mithilfe eines geeigneten Skalarproduktes, dass

a) das Dreieck ABC bei C rechtwinklig ist,
b) das Dreieck ABC bei A rechtwinklig ist,
c) das Viereck ABCD ein Rechteck ist,
d) das Viereck ABCD ein Quadrat ist.

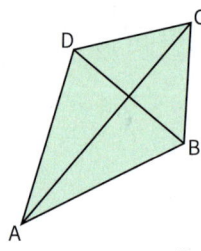

Fig. 1

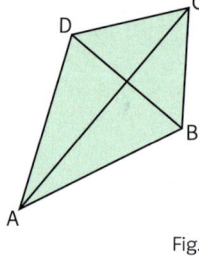

Fig. 2

5 Drücken Sie die Diagonalen des Vierecks ABCD mit A(−2|−2), B(0|3), C(3|3) und D(3|0) durch Vektoren aus. Sind sie zueinander orthogonal?

6 Zeichnen Sie eine Figur so, dass gilt:
a) $\vec{PQ} \cdot \vec{QR} = 0$, b) $\vec{PQ} \cdot \vec{PR} = 0$, c) $(\vec{AC} - \vec{AB}) \cdot \vec{AB} = 0$, d) $(\vec{AC} - \vec{AB}) \cdot (\vec{AC} - \vec{AD}) = 0$.

7 Zeigen Sie, dass es zu den Punkten A(−2|2|3), B(2|10|4) und D(5|−2|7) einen Punkt C gibt, sodass das Viereck ABCD ein Quadrat ist. Bestimmen Sie die Koordinaten von C.

8 Bestimmen Sie alle Vektoren, die zu $\vec{a}$ und zu $\vec{b}$ orthogonal sind.

a) $\vec{a} = \begin{pmatrix} 1 \\ 2 \\ 3 \end{pmatrix}$, $\vec{b} = \begin{pmatrix} 2 \\ 0 \\ 3 \end{pmatrix}$ b) $\vec{a} = \begin{pmatrix} 2 \\ 3 \\ -1 \end{pmatrix}$, $\vec{b} = \begin{pmatrix} 5 \\ -1 \\ -2 \end{pmatrix}$ c) $\vec{a} = \begin{pmatrix} 1 \\ 2 \\ 5 \end{pmatrix}$, $\vec{b} = \begin{pmatrix} 4 \\ -1 \\ 5 \end{pmatrix}$

9 Bestimmen Sie die fehlenden Koordinaten so, dass die Vektoren $\vec{a}$, $\vec{b}$ und $\vec{c}$ paarweise zueinander orthogonal sind.

a) $\vec{a} = \begin{pmatrix} 1 \\ 0 \\ 2 \end{pmatrix}$, $\vec{b} = \begin{pmatrix} 3 \\ b_2 \\ b_3 \end{pmatrix}$, $\vec{c} = \begin{pmatrix} c_1 \\ 1 \\ 4 \end{pmatrix}$ b) $\vec{a} = \begin{pmatrix} 1 \\ 1 \\ 1 \end{pmatrix}$, $\vec{b} = \begin{pmatrix} b_1 \\ b_2 \\ 1 \end{pmatrix}$, $\vec{c} = \begin{pmatrix} c_1 \\ 2 \\ -5 \end{pmatrix}$

10 Überprüfen Sie, ohne zu zeichnen, ob das Viereck ABCD mit A(2|5), B(5|2), C(8|4) und D(4|8) ein Rechteck ist.

Zeit zu überprüfen

11 Welche dieser Vektoren sind zueinander orthogonal?

$\vec{a} = \begin{pmatrix} 1 \\ 1 \\ \sqrt{2} \end{pmatrix}$, $\vec{b} = \begin{pmatrix} 1 \\ 1 \\ \sqrt{3} \end{pmatrix}$, $\vec{c} = \begin{pmatrix} 1 \\ 1 \\ -\sqrt{2} \end{pmatrix}$, $\vec{d} = \begin{pmatrix} \sqrt{2} \\ -\sqrt{2} \\ 0 \end{pmatrix}$, $\vec{e} = \begin{pmatrix} -1 \\ -2 \\ \sqrt{3} \end{pmatrix}$

12 Überprüfen Sie, ohne zu zeichnen, ob das Viereck ABCD ein Rechteck ist.
a) A(3|5), B(5|3), C(8|6), D(6|8) b) A(5|5), B(6|4), C(8|7), D(7|8)

13 Bestimmen Sie alle Vektoren, die sowohl zum Vektor $\vec{a} = \begin{pmatrix} 1 \\ 0 \\ 4 \end{pmatrix}$ als auch zum Vektor $\vec{b} = \begin{pmatrix} 4 \\ -1 \\ 2 \end{pmatrix}$ orthogonal sind.

14 Sind die Ebene E und die Gerade g zueinander orthogonal?

a) E: $\vec{x} = \begin{pmatrix} 1 \\ 1 \\ 1 \end{pmatrix} + r \cdot \begin{pmatrix} 2 \\ 3 \\ 4 \end{pmatrix} + s \cdot \begin{pmatrix} 4 \\ 3 \\ 2 \end{pmatrix}$; g: $\vec{x} = \begin{pmatrix} 3 \\ 3 \\ 4 \end{pmatrix} + t \cdot \begin{pmatrix} 1 \\ -2 \\ 1 \end{pmatrix}$ b) E: $\vec{x} = r \cdot \begin{pmatrix} -2 \\ 3 \\ 4 \end{pmatrix} + s \cdot \begin{pmatrix} 4 \\ 3 \\ 3 \end{pmatrix}$; g: $\vec{x} = t \cdot \begin{pmatrix} 1 \\ -2 \\ 2 \end{pmatrix}$

15 Geben Sie eine Gleichung der Geraden g an, die die Ebene E: $\vec{x} = \begin{pmatrix} 3 \\ 1 \\ 4 \end{pmatrix} + r \cdot \begin{pmatrix} 2 \\ -1 \\ 5 \end{pmatrix} + s \cdot \begin{pmatrix} 1 \\ 0 \\ 1 \end{pmatrix}$ im Punkt P(3|1|4) schneidet und orthogonal zur Ebene E ist.

16 Zeigen Sie, dass allgemein für drei Vektoren $\vec{a} = \begin{pmatrix} a_1 \\ a_2 \\ a_3 \end{pmatrix}$, $\vec{b} = \begin{pmatrix} b_1 \\ b_2 \\ b_3 \end{pmatrix}$ und $\vec{c} = \begin{pmatrix} c_1 \\ c_2 \\ c_3 \end{pmatrix}$ gilt:

a) $\vec{a} \cdot \vec{b} = \vec{b} \cdot \vec{a}$, b) $r \cdot \vec{a} \cdot \vec{b} = r \cdot (\vec{a} \cdot \vec{b})$ für jede reelle Zahl r,
c) $(\vec{a} + \vec{b}) \cdot \vec{c} = \vec{a} \cdot \vec{c} + \vec{b} \cdot \vec{c}$, d) $\vec{a} \cdot \vec{a} = |\vec{a}|^2$.

3 Normalengleichung und Koordinatengleichung einer Ebene

Steht der Bleistift senkrecht zum Tisch?

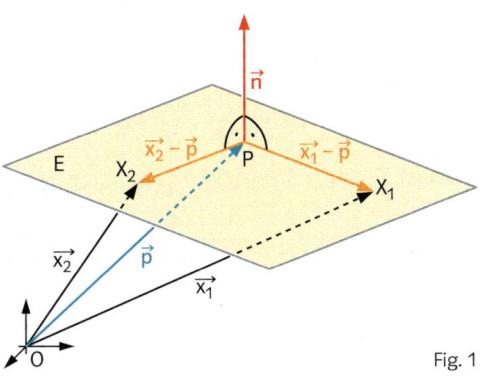

Fig. 1

Bisher wurde eine Ebene mithilfe eines Stützvektors und zweier Spannvektoren beschrieben. Fig. 1 verdeutlicht, dass man eine Ebene auch durch einen Stützvektor und einen Vektor, der „orthogonal zur Ebene ist", beschreiben kann: Sind ein Stützvektor $\vec{p}$ und ein Vektor $\vec{n}$ gegeben, so bilden alle Punkte X, für deren Ortsvektor $\vec{x}$ gilt: $(\vec{x} - \vec{p}) \cdot \vec{n} = 0$, eine Ebene E. Wenn umgekehrt ein Ortsvektor $\vec{x}$ die Gleichung $(\vec{x} - \vec{p}) \cdot \vec{n} = 0$ erfüllt, dann liegt der dazugehörende Punkt X in der Ebene E.

⊚ Vektoris3D
Ebene in Normalenform

Eine Gleichung der Form $(\vec{x} - \vec{p}) \cdot \vec{n} = 0$ nennt man eine **Normalengleichung** der Ebene E. Der Vektor $\vec{n}$ heißt **Normalenvektor** der Ebene E.

normalis (lat.): rechtwinklig

Eine Ebene E kann auch durch eine Gleichung ohne Vektoren beschrieben werden, denn, geht man von einer Normalengleichung $(\vec{x} - \vec{p}) \cdot \vec{n} = 0$ aus, so gilt $\vec{x} \cdot \vec{n} - \vec{p} \cdot \vec{n} = 0$ und somit $\vec{x} \cdot \vec{n} = \vec{p} \cdot \vec{n}$.

Mit $\vec{x} = \begin{pmatrix} x_1 \\ x_2 \\ x_3 \end{pmatrix}$ und $\vec{n} = \begin{pmatrix} a \\ b \\ c \end{pmatrix}$ erhält man aus $\vec{x} \cdot \vec{n} = \vec{p} \cdot \vec{n}$ die **Koordinatengleichung** $a x_1 + b x_2 + c x_3 = d$ der Ebene E, wobei $d = \vec{p} \cdot \vec{n}$ eine reelle Zahl ist.

Ist umgekehrt zum Beispiel $2x_1 + 5x_2 + 3x_3 = 12$ eine Koordinatengleichung einer Ebene E, so ist der Vektor $\begin{pmatrix} 2 \\ 5 \\ 3 \end{pmatrix}$ ein Normalenvektor der Ebene E.

> **Satz:** Jede Ebene E lässt sich beschreiben durch
> – eine Normalengleichung $(\vec{x} - \vec{p}) \cdot \vec{n} = 0$
>   mit einem Stützvektor $\vec{p}$ und einem Normalenvektor $\vec{n}$,
> – eine Koordinatengleichung $a x_1 + b x_2 + c x_3 = d$,
>   bei der mindestens einer der Koeffizienten a, b, c ungleich null ist.
>
> Ist $a x_1 + b x_2 + c x_3 = d$ eine Koordinatengleichung der Ebene E, so ist $\begin{pmatrix} a \\ b \\ c \end{pmatrix}$ ein Normalenvektor der Ebene E.

Im Gegensatz zu einer Parametergleichung $\vec{x} = \vec{p} + r \cdot \vec{u} + s \cdot \vec{v}$ (mit den Parametern r und s) wird eine Normalengleichung als **parameterfreie Gleichung** bezeichnet.

Beispiel 1 Normalengleichung und Koordinatengleichung aufstellen

Eine Ebene durch $P(4|1|3)$ hat den Normalenvektor $\vec{n} = \begin{pmatrix} 2 \\ -1 \\ 5 \end{pmatrix}$.

a) Geben Sie eine Normalengleichung der Ebene an.
b) Bestimmen Sie aus der Normalengleichung eine Koordinatengleichung der Ebene.
c) Liegt der Punkt $A(1|1|1)$ in der Ebene?

■ Lösung: a) Einsetzen von $\vec{p} = \overrightarrow{OP}$ und $\vec{n}$ in $(\vec{x} - \vec{p}) \cdot \vec{n} = 0$ ergibt:

Ebenengleichung in Normalenform: $\left[\vec{x} - \begin{pmatrix} 4 \\ 1 \\ 3 \end{pmatrix}\right] \cdot \begin{pmatrix} 2 \\ -1 \\ 5 \end{pmatrix} = 0$.

b) Mit dem Normalenvektor $\vec{n} = \begin{pmatrix} 2 \\ -1 \\ 5 \end{pmatrix}$ ergibt sich für die Koordinatengleichung der Ansatz

$E: 2x_1 - x_2 + 5x_3 = d$.

Den Wert für d berechnet man, indem man für x_1, x_2 und x_3 die Koordinaten des Punktes $P(4|1|3)$ einsetzt:
$d = 2 \cdot 4 - 1 \cdot 1 + 5 \cdot 3 = 22$.
Koordinatengleichung: $E: 2x_1 - x_2 + 5x_3 = 22$.

c) $2 \cdot 1 - 1 \cdot 1 + 5 \cdot 1 = 6 \neq 22$. Der Punkt A liegt nicht in der Ebene.

Beispiel 2 Aufstellen einer Koordinatengleichung

Die Punkte $A(1|1|0)$, $B(1|0|1)$ und $C(0|1|1)$ legen eine Ebene E fest. Bestimmen Sie eine Koordinatengleichung dieser Ebene E.

■ Lösung: Man setzt in die Koordinatengleichung $a_1 x_1 + a_2 x_2 + a_3 x_3 = b$ die Koordinaten der Punkte A, B, C ein.

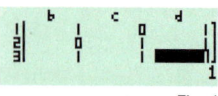

Fig. 1

Man erhält das LGS $\begin{matrix} a_1 + a_2 & = b \\ a_1 + & a_3 = b \\ a_2 + a_3 = b \end{matrix}$ bzw. $\begin{matrix} a_1 + a_2 & = b \\ a_2 - a_3 = 0 \\ a_3 = \frac{b}{2} \end{matrix}$.

Die Zahl b, $b \neq 0$ ist frei wählbar. Wählt man z.B. $b = 1$, so erhält man $a_1 = a_2 = a_3 = 0,5$ und die Koordinatengleichung $E: 0,5 x_1 + 0,5 x_2 + 0,5 x_3 = 1$.
Wählt man $b = 2$, so erhält man ausschließlich ganzzahlige Koeffizienten. $E: x_1 + x_2 + x_3 = 2$

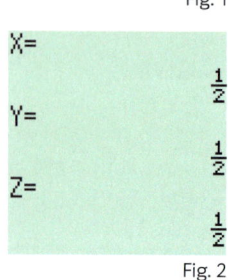

Fig. 2

Beispiel 3 Von der Parametergleichung zur Koordinatengleichung

Die Ebene E kann mit der Parametergleichung $E: \vec{x} = \begin{pmatrix} 2 \\ 1 \\ 5 \end{pmatrix} + r \cdot \begin{pmatrix} 1 \\ -1 \\ 0 \end{pmatrix} + s \cdot \begin{pmatrix} 1 \\ -3 \\ 4 \end{pmatrix}$ beschrieben werden. Bestimmen Sie eine Koordinatengleichung von E.

Ist in der Koordinatengleichung der Koeffizient von x_1 gleich null und der Koeffizient von x_3 ungleich null, so setzt man $x_1 = x_2 = 0$.

■ Lösung: Ein Normalenvektor $\vec{n} = \begin{pmatrix} n_1 \\ n_2 \\ n_3 \end{pmatrix}$ muss zu den Spannvektoren $\begin{pmatrix} 1 \\ -1 \\ 0 \end{pmatrix}$ und $\begin{pmatrix} 1 \\ -3 \\ 4 \end{pmatrix}$ orthogonal sein, also ist $\begin{pmatrix} n_1 \\ n_2 \\ n_3 \end{pmatrix} \cdot \begin{pmatrix} 1 \\ -1 \\ 0 \end{pmatrix} = 0$ und $\begin{pmatrix} n_1 \\ n_2 \\ n_3 \end{pmatrix} \cdot \begin{pmatrix} 1 \\ -3 \\ 4 \end{pmatrix} = 0$.

Hieraus folgt $\begin{matrix} n_1 - n_2 & = 0 \\ n_1 - 3n_2 + 4n_3 = 0 \end{matrix}$, also $n_1 = n_2$ und $2n_3 = n_2$.

Wählt man z.B. $n_2 = 2$, so erhält man $n_1 = 2$ und $n_3 = 1$ und damit $\vec{n} = \begin{pmatrix} 2 \\ 2 \\ 1 \end{pmatrix}$.

Ansatz für die Koordinatengleichung: $E: 2x_1 + 2x_2 + x_3 = d$.
Man berechnet d indem man für x_1, x_2 und x_3 die Koordinaten des Stützvektors von E einsetzt:
$d = 2 \cdot 2 + 2 \cdot 1 + 1 \cdot 5 = 11$.
Koordinatengleichung: $E: 2x_1 + 2x_2 + x_3 = 11$

Aufgaben

1 Die Ebene E geht durch den Punkt P und hat den Normalenvektor $\vec{n}$. Geben Sie eine Normalengleichung der Ebene E an. Bestimmen Sie daraus eine Koordinatengleichung der Ebene E.

a) $P(-1|2|1)$; $\vec{n} = \begin{pmatrix} 3 \\ -2 \\ 7 \end{pmatrix}$
b) $P(9|1|-2)$; $\vec{n} = \begin{pmatrix} 0 \\ 8 \\ 3 \end{pmatrix}$
c) $P(0|0|0)$; $\vec{n} = \begin{pmatrix} 7 \\ -7 \\ 3 \end{pmatrix}$

2 Eine Ebene E geht durch den Punkt $P(2|-5|7)$ und hat den Normalenvektor $\begin{pmatrix} 2 \\ 1 \\ -2 \end{pmatrix}$. Prüfen Sie, ob die folgenden Punkte in der Ebene E liegen.

a) $A(2|7|1)$
b) $B(0|-1|7)$
c) $C(3|-1|10)$
d) $D(4|6|-2)$

3 Die Punkte A, B und C legen eine Ebene E fest. Bestimmen Sie eine Koordinatengleichung und eine Normalengleichung von E. Liegt der Punkt $D(-7|1|3)$ in der Ebene E?

a) $A(1|1|1)$, $B(1|0|1)$, $C(0|1|1)$
b) $A(-1|2|0)$, $B(-3|1|1)$, $C(1|-1|-1)$

4 Bestimmen Sie eine Koordinatengleichung der Ebene E.

a) $E: \vec{x} = \begin{pmatrix} 2 \\ 1 \\ 2 \end{pmatrix} + r \cdot \begin{pmatrix} 1 \\ 3 \\ 0 \end{pmatrix} + s \cdot \begin{pmatrix} -2 \\ 1 \\ 3 \end{pmatrix}$
b) $E: \vec{x} = \begin{pmatrix} 6 \\ 9 \\ 1 \end{pmatrix} + r \cdot \begin{pmatrix} 4 \\ 1 \\ -4 \end{pmatrix} + s \cdot \begin{pmatrix} 1 \\ -2 \\ -4 \end{pmatrix}$
c) $E: \vec{x} = r \cdot \begin{pmatrix} 2 \\ 1 \\ 2 \end{pmatrix} + s \cdot \begin{pmatrix} 1 \\ 1 \\ 5 \end{pmatrix}$

Zeit zu überprüfen

5 Die Ebene E ist durch die Punkte A, B und C festgelegt. Bestimmen Sie eine Parametergleichung, eine Normalengleichung und eine Koordinatengleichung der Ebene E.

a) $A(0|2|-1)$, $B(6|-5|0)$, $C(1|0|1)$
b) $A(7|2|-1)$, $B(4|1|3)$, $C(1|3|2)$
c) $A(1|2|-1)$, $B(6|-5|11)$, $C(3|2|0)$
d) $A(9|3|-3)$, $B(8|4|-9)$, $C(11|13|-7)$

Ⓒ CAS
Normalengleichung

6 Der Richtungsvektor der Geraden durch $O(0|0|0)$ und $P(1|1|1)$ ist ein Normalenvektor der Ebene E. Der Punkt $Q(2|1|3)$ liegt in der Ebene E. Bestimmen Sie eine Koordinatengleichung der Ebene E.

7 Bestimmen Sie für die Ebene E in Fig. 1 eine Gleichung.
Bestimmen Sie die gemeinsamen Punkte der Ebene mit den Koordinatenachsen.

8 Beschreiben Sie alle Ebenen, die zu einer Geraden mit dem Richtungsvektor $\begin{pmatrix} 2 \\ 1 \\ 3 \end{pmatrix}$ parallel sind.

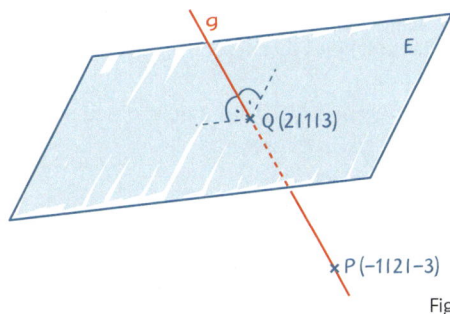

Fig. 1

9 a) Schreiben Sie gemeinsam mit Ihrem Tischnachbarn auf, wie man an der Gleichung einer Geraden g und einer Normalengleichung bzw. Koordinatengleichung einer Ebene E erkennen kann, ob g und E zueinander I: senkrecht sind, II: parallel sind.
b) Erstellen Sie Gleichungen verschiedener Geraden und Ebenen, die zueinander senkrecht bzw. parallel sind. Geben Sie diese Gleichungen mit Ihren Vorschriften von Teilaufgabe a) an den Nachbartisch weiter. Ihre Mitschülerinnen und Mitschüler sollen nun die Lagen der Geraden und Ebenen zueinander mithilfe Ihrer Vorschriften bestimmen.

10 Die Ebene E ist parallel zur x_2x_3-Ebene und hat vom Koordinatenursprung den Abstand 3. Geben Sie eine Normalengleichung und eine Koordinatengleichung der Ebene E an.

11 a) Welche der Ebenen E_1, E_2, E_3, E_4 sind zueinander parallel?
$E_1: 2x_1 - x_2 + 3x_3 = 10$ $\qquad$ $E_2: 3x_1 + 5x_2 + 3x_3 = 1$
$E_3: -4x_1 + 2x_2 - 3x_3 = -19$ $\qquad$ $E_4: -3x_1 - 5x_2 - 3x_3 = -1$
b) Geben Sie eine Gleichung einer Ebene F an, die parallel zu E_1 ist und durch den Punkt P(2|3|7) geht.

12 a) Warum muss bei einer Koordinatengleichung $ax_1 + bx_2 + cx_3 = d$ einer Ebene E mindestens einer der Koeffizienten a, b, c ungleich null sein?
b) Begründen Sie folgende Aussage: Unterscheiden sich die Koordinatengleichungen der Form $ax_1 + bx_2 + cx_3 = d$ von zwei Ebenen nur in der Konstanten d, dann sind die Ebenen zueinander parallel.

13 Setzt man in $3ax_1 + 5ax_2 - 2ax_3 = 4$ für a verschiedene reelle Zahlen ungleich null ein, so erhält man verschiedene Ebenen E_a (man sagt auch: man erhält eine Ebenenschar).
a) Geben Sie für a = 2, a = -1 und a = 5 jeweils einen Normalenvektor von E_a an.
b) Wie liegen diese Ebenen aus Teilaufgabe a) zueinander? Begründen Sie Ihre Antwort.
c) Geben Sie eine Normalengleichung für eine Ebenenschar an, deren Ebenen alle zueinander parallel sind. Erläutern Sie, warum Ihre Lösung eine solche Ebenenschar festlegt.

14 Wie liegen die Ebenen der Ebenenschar E_a im Koordinatensystem? Begründen Sie Ihre Antwort.
a) $E_a: 5x_2 = a$ $\qquad$ b) $E_a: -x_1 = a$ $\qquad$ c) $E_a: 3x_3 = a$

15 Für welche Werte von t ist die Ebene E parallel zu einer Koordinatenebene?
a) $E: 2t \cdot x_1 + 4x_2 + t \cdot x_3 = t^2 + 1$ $\qquad$ b) $E: (t-1) \cdot x_1 + (t^2-1) \cdot x_2 + (t+1) \cdot x_3 = 5$

16 Gegeben ist die Ebenenschar $E_a: 3ax_1 + 2ax_2 - 5x_3 = 10a$; $a \in \mathbb{R}$.
a) Für welchen Wert von a liegt der Punkt P(1|1|3) in der Ebene E_a?
b) Für welchen Wert von a ist die Ebene E_a parallel zur Geraden $g: \vec{x} = \begin{pmatrix} 8 \\ 5 \\ 5 \end{pmatrix} + t \cdot \begin{pmatrix} 0 \\ 1 \\ 2 \end{pmatrix}$?
c) Für welchen Wert von a ist die Gerade $g: \vec{x} = \begin{pmatrix} 1 \\ 1 \\ 0 \end{pmatrix} + t \cdot \begin{pmatrix} 3 \\ 2 \\ 1 \end{pmatrix}$ orthogonal zur Ebene E_a?
d) Für welchen Wert von a geht die Ebene E_a durch den Ursprung? Um welche besondere Ebene handelt es sich in diesem Fall?

Zeit zu wiederholen

17 Von einer senkrechten quadratischen Pyramide fehlt die Spitze (Fig. 1). Die Grundseitenlänge der Pyramide ist 6 m, die Seitenlänge der Deckfläche der Pyramide 4 m. Der Stumpf ist 5 m hoch.
a) Bestimmen Sie die Höhe der ursprünglichen Pyramide.
b) Bestimmen Sie die Länge einer Mantelkante (rote Strecke in Fig. 1).
c) Geben Sie den Volumenanteil des Stumpfes an der ganzen Pyramide in Prozent an.

18 a) Erklären Sie, eventuell anhand einer Skizze, wie man ein regelmäßiges Sechseck nur mit Zirkel und Lineal konstruieren kann.
b) Wie groß sind die Innenwinkel bei einem regelmäßigen Fünfeck, Sechseck und Achteck?

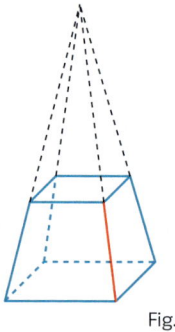

Fig. 1

4 Lagen von Ebenen erkennen und Ebenen zeichnen

Ein großer Spiegel soll auf dem Fußboden leicht nach hinten gekippt aufgestellt werden. Ein sogenannter Dreifuß stützt den Spiegel an der Rückseite.
Geben Sie weitere Stützmöglichkeiten für den Spiegel an.

Um Ebenenausschnitte in ein Koordinatensystem zu zeichnen, orientiert man sich an den jeweiligen Schnittpunkten der Ebene mit den Koordinatenachsen.
Hierbei können drei Fälle auftreten:

Die Ebene schneidet alle drei Koordinatenachsen
Die Ebene E ist durch die Gleichung $2x_1 + 6x_2 + 3x_3 = 12$ gegeben. Die gemeinsamen Punkte der Ebene E und der Koordinatenachsen heißen **Spurpunkte**. Um den Spurpunkt der Ebene E mit der x_1-Achse zu erhalten, setzt man in die Gleichung $x_2 = x_3 = 0$ ein. Man erhält $x_1 = 6$ und somit den Spurpunkt $S_1(6|0|0)$. Analog bestimmt man die Spurpunkte $S_2(0|2|0)$ und $S_3(0|0|4)$. Die Geraden s_{12}, s_{23} und s_{13} nennt man **Spurgeraden** (Fig. 1).

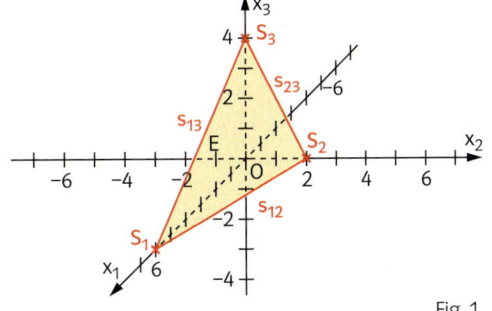

Fig. 1

Die Spurpunkte und die Spurgeraden sind sozusagen die „Spuren", die eine Ebene bei den Koordinatenachsen bzw. in den Koordinatenebenen „hinterlässt".

Ⓥ Vektoris3D
Ebene 3 Spurpunkte

Die Ebene schneidet genau zwei Koordinatenachsen
Die Ebene E ist durch die Gleichung $2x_1 + 6x_2 = 12$ gegeben. Um den Spurpunkt der Ebene E mit der x_1-Achse zu erhalten, setzt man in die Gleichung $x_2 = 0$ ein. Man erhält $x_1 = 6$ und somit den Spurpunkt $S_1(6|0|0)$. Analog bestimmt man den Spurpunkt $S_2(0|2|0)$ mit der x_2-Achse.
Die Ebene ist parallel zur x_3-Achse (Fig. 2).

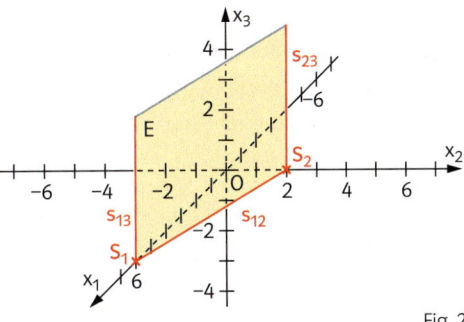

Fig. 2

Ⓥ Vektoris3D
Ebene
2 Spurpunkte_x1
2 Spurpunkte_x2
2 Spurpunkte_x3

Die Ebene schneidet eine einzige Koordinatenachse
Die Ebene E ist durch die Gleichung $4x_1 = 12$ gegeben. Die Ebene schneidet die x_1-Achse im Punkt $S_1(3|0|0)$ und ist parallel zur x_2x_3-Ebene (Fig. 3).

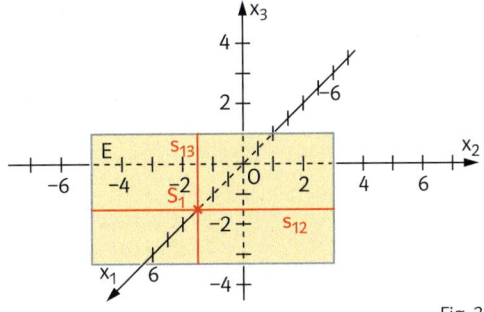

Fig. 3

Ⓥ Vektoris3D
Ebene
1 Spurpunkt_x1
1 Spurpunkt_x2
1 Spurpunkt_x3

Eine Ebene E, die durch eine Gleichung der Form $ax_1 + bx_2 + cx_3 = 0$ beschrieben wird, kann nicht wie in Fig. 1 bis Fig. 3 gezeichnet werden. Warum?
Siehe auch Aufgabe 9 auf der nächsten Seite.

IX Ebenen

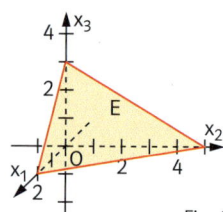

Fig. 1

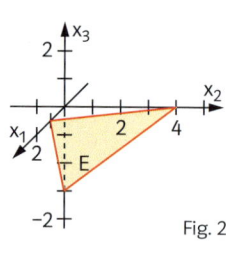

Fig. 2

Aufgaben

1 Veranschaulichen Sie die Ebene E in einem Koordinatensystem.
a) $E: x_1 + x_2 + x_3 = 3$
b) $E: 2x_1 + 2x_2 + 3x_3 = 6$
c) $E: -1x_1 - 3x_2 - 2x_3 = -6$
d) $E: -3,5x_2 + 7x_3 = 7$
e) $E: 5x_1 = 10$
f) $E: 3x_1 - 4,5x_3 = -9$

2 Welche besondere Lage hat die Ebene E?
a) $E: x_1 = 0$
b) $E: x_2 = 0$
c) $E: x_3 = 0$
d) $E: x_1 = 5$
e) $E: x_2 = -3$
f) $E: x_3 = 4$
g) $E: x_1 + x_2 = 3$
h) $E: x_2 + x_3 = -7$
i) $E: 2x_1 + 3x_3 = 1$
j) $E: 3x_1 - 9x_2 = 5$
k) $E: -2x_1 - 7x_2 = -1$
l) $E: x_1 + x_3 = 0$

3 Bestimmen Sie jeweils eine Koordinatengleichung für die Ebene E in Fig. 1 und Fig. 2.

4 Eine Spurgerade der Ebene E geht durch die Punkte $P(1|0|0)$ und $R(0|5|0)$, eine andere Spurgerade der Ebene E geht durch die Punkte $S(0|0|4)$ und $R(0|5|0)$.
Bestimmen Sie eine Normalengleichung und eine Parametergleichung der Ebene E.

5 Veranschaulichen Sie die Ebene E in einem Koordinatensystem.
a) $E: \vec{x} = \begin{pmatrix} 1 \\ 2 \\ 3 \end{pmatrix} + r \cdot \begin{pmatrix} -1 \\ 2 \\ 0 \end{pmatrix} + s \cdot \begin{pmatrix} 1 \\ 0 \\ 3 \end{pmatrix}$
b) $E: \vec{x} = \begin{pmatrix} 1 \\ 1 \\ 1 \end{pmatrix} + r \cdot \begin{pmatrix} 5 \\ 0 \\ 5 \end{pmatrix} + s \cdot \begin{pmatrix} 0 \\ 1 \\ 4 \end{pmatrix}$

Zeit zu überprüfen

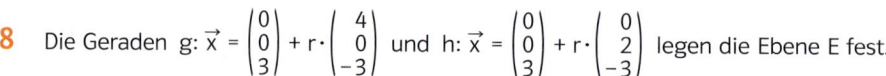

6 Welche besondere Lage hat jeweils die Ebene E in Fig. 3 und Fig. 4?
Bestimmen Sie für diese Ebenen jeweils eine Koordinatengleichung.

7 Veranschaulichen Sie die Ebene E in einem Koordinatensystem.
a) $E: -2x_1 - 4x_2 + 2x_3 = -8$
b) $E: 2x_1 + x_3 = 4$
c) $E: \vec{x} = \begin{pmatrix} 1 \\ 2 \\ 3 \end{pmatrix} + r \cdot \begin{pmatrix} -1 \\ 2 \\ 0 \end{pmatrix} + s \cdot \begin{pmatrix} 1 \\ 0 \\ 3 \end{pmatrix}$

d) $O(0|0|0)$ liegt in der Ebene E und die x_2-Achse ist ein Normalenvektor der Ebene E.

8 Die Geraden $g: \vec{x} = \begin{pmatrix} 0 \\ 0 \\ 3 \end{pmatrix} + r \cdot \begin{pmatrix} 4 \\ 0 \\ -3 \end{pmatrix}$ und $h: \vec{x} = \begin{pmatrix} 0 \\ 0 \\ 3 \end{pmatrix} + r \cdot \begin{pmatrix} 0 \\ 2 \\ -3 \end{pmatrix}$ legen die Ebene E fest.
Bestimmen Sie eine Normalengleichung und eine Koordinatengleichung der Ebene E.
Veranschaulichen Sie die Lage der Ebene in einem Koordinatensystem.

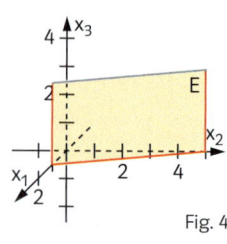

Fig. 4

Vektoris3D
Ebenenausschnitt

9 Gegeben ist die Ebene $E: x_1 + x_2 + x_3 = 0$.
a) Wie viele Spurpunkte besitzt diese Ebene? Begründen Sie.
b) Berechnen Sie je einen weiteren gemeinsamen Punkt der Ebene E mit den Koordinatenebenen und zeichnen Sie damit die Spurgeraden ein.
c) Veranschaulichen Sie die Ebene mithilfe von Parallelen zu den Spurgeraden.

10 Ist die Aussage wahr? Begründen Sie Ihre Antwort.
a) Ist von der Ebene E ein Normalenvektor parallel zur x_1-Achse und von der Ebene F ein Normalenvektor parallel zur x_3-Achse, dann sind E und F zueinander orthogonal.
b) Jede Ebene hat mindestens zwei Spurgeraden.

11 Bestimmen Sie eine Gleichung einer Ebene, deren Spurpunkte
a) die Ecken eines gleichseitigen Dreiecks bilden,
b) die Ecken eines gleichschenkligen, jedoch nicht gleichseitigen Dreiecks bilden.

5 Gegenseitige Lage von Ebenen und Geraden

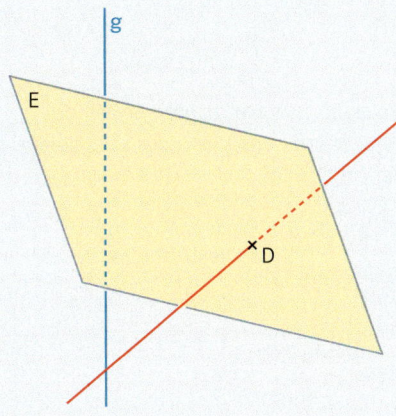

Welche Gleichung gehört zu g, h bzw. E?
Begründen Sie Ihre Antwort.

(I) $\quad 4x_1 + x_2 + 3x_3 = 24$

(II) $\quad \vec{x} = \begin{pmatrix} 4 \\ 0 \\ -4 \end{pmatrix} + s \cdot \begin{pmatrix} 2 \\ -5 \\ 0 \end{pmatrix}$

(III) $\quad \vec{x} = \begin{pmatrix} 0 \\ 3 \\ 0 \end{pmatrix} + t \cdot \begin{pmatrix} 1 \\ -1 \\ -1 \end{pmatrix}$

Eine Gerade g und eine Ebene E können
- einen einzigen gemeinsamen Punkt besitzen. Die Gerade g schneidet die Ebene E.
- keinen gemeinsamen Punkt besitzen. Die Gerade g ist parallel zur Ebene E.
- unendlich viele gemeinsame Punkte besitzen. Die Gerade g liegt in der Ebene E.

Die Lage und gegebenenfalls der Durchstoßpunkt von g und E können rechnerisch bestimmt werden.

Vektoris3D
Lage Gerade
Ebene

Gegeben sind die Geraden $g: \vec{x} = \begin{pmatrix} 3 \\ 4 \\ 7 \end{pmatrix} + t \cdot \begin{pmatrix} 2 \\ 1 \\ -1 \end{pmatrix}$, $h: \vec{x} = \begin{pmatrix} 3 \\ 4 \\ 7 \end{pmatrix} + t \cdot \begin{pmatrix} 2 \\ -1 \\ -1 \end{pmatrix}$

und $j: \vec{x} = \begin{pmatrix} 3 \\ 8 \\ -3 \end{pmatrix} + t \cdot \begin{pmatrix} 2 \\ -1 \\ -1 \end{pmatrix}$ sowie die Ebene $E: 2x_1 + 5x_2 - x_3 = 49$.

Der Gleichung der Geraden $g: \vec{x} = \begin{pmatrix} 3 \\ 4 \\ 7 \end{pmatrix} + t \cdot \begin{pmatrix} 2 \\ 1 \\ -1 \end{pmatrix}$ entspricht $\begin{array}{l} x_1 = 3 + 2t \\ x_2 = 4 + t \\ x_3 = 7 - t \end{array}$.

Setzt man dies in $2x_1 + 5x_2 - x_3 = 49$ ein, so erhält man $2(3 + 2t) + 5(4 + t) - (7 - t) = 49$.
$6 + 4t + 20 + 5t - 7 + t = 49$
$10t = 30$
Hieraus folgt: $t = 3$.
Setzt man $t = 3$ in die Geradengleichung ein, dann erhält man den Ortsvektor des Durchstoßpunktes $D(9|7|4)$.
Die analogen Rechnungen ergeben
- für die Gerade h die Gleichung $0 \cdot t = 30$. Diese Gleichung hat keine Lösung, das heißt, die Gerade h und die Ebene E sind zueinander parallel,
- für die Gerade j die Gleichung $0 \cdot t = 0$. Diese Gleichung hat unendlich viele Lösungen, das heißt, die Gerade j liegt in E.

Gegeben sind eine Gerade $g: \vec{x} = \begin{pmatrix} p_1 \\ p_2 \\ p_3 \end{pmatrix} + t \cdot \begin{pmatrix} u_1 \\ u_2 \\ u_3 \end{pmatrix}$ und eine Ebene $E: ax_1 + bx_2 + cx_3 = d$.

Falls die Gleichung $a(p_1 + t \cdot u_1) + b(p_2 + t \cdot u_2) + c(p_3 + t \cdot u_3) = d$
- genau eine Lösung hat, **schneiden** sich die Gerade g und die Ebene E,
- keine Lösung hat, sind die Gerade g und die Ebene E **zueinander parallel**,
- unendlich viele Lösungen hat, **liegt** die Gerade g **in der Ebene E**.

Sind die Gerade und die Ebene in Parametergleichung gegeben, so setzt man die rechten Seiten gleich und löst dieses LGS (siehe Beispiel auf der folgenden Seite).

Beispiel Gemeinsame Punkte einer Geraden und einer Ebene bestimmen

Bestimmen Sie die gemeinsamen Punkte der Geraden $g: \vec{x} = \begin{pmatrix} 2 \\ 2 \\ 1 \end{pmatrix} + t \cdot \begin{pmatrix} 1 \\ -1 \\ 1 \end{pmatrix}$ und der

Ebene $E: \vec{x} = \begin{pmatrix} 1 \\ 1 \\ 5 \end{pmatrix} + r \cdot \begin{pmatrix} 2 \\ 0 \\ 1 \end{pmatrix} + s \cdot \begin{pmatrix} -1 \\ -1 \\ 3 \end{pmatrix}$.

■ **Lösung:** *Um die gemeinsamen Punkte zu bestimmen, setzt man die rechten Seiten der Geradengleichung und der Ebenengleichung gleich. Die Anzahl der Lösungen des dazugehörenden LGS entspricht der Anzahl der gemeinsamen Punkte.*

Man kann auch die Parametergleichung in eine Koordinatengleichung umrechnen und dann vorgehen, wie es im Lehrtext auf der vorherigen Seite beschrieben ist.

$\begin{pmatrix} 2 \\ 2 \\ 1 \end{pmatrix} + t \cdot \begin{pmatrix} 1 \\ -1 \\ 1 \end{pmatrix} = \begin{pmatrix} 1 \\ 1 \\ 5 \end{pmatrix} + r \cdot \begin{pmatrix} 2 \\ 0 \\ 1 \end{pmatrix} + s \cdot \begin{pmatrix} -1 \\ -1 \\ 3 \end{pmatrix}$, dies entspricht dem LGS $\begin{array}{l} 2 + t = 1 + 2r - s \\ 2 - t = 1 \qquad\quad - s \\ 1 + t = 5 + \quad r + 3s \end{array}$.

bzw. $\begin{array}{l} -2r + s + t = -1 \\ s - t = -1 \\ -r - 3s + t = 4 \end{array}$ bzw. $\begin{array}{l} -2r + s + t = -1 \\ s - t = -1 \\ -3t = 1 \end{array}$

Dieses LGS hat die Lösung $t = -\frac{1}{3}$, $s = -\frac{4}{3}$, $r = -\frac{1}{3}$.

Setzt man $t = -\frac{1}{3}$ in die Geradengleichung oder $r = -\frac{1}{3}$ und $s = -\frac{4}{3}$ in die Ebenengleichung ein, so erhält man jeweils den Ortsvektor des Durchstoßpunktes $D\left(1\tfrac{2}{3} \mid 2\tfrac{1}{3} \mid \tfrac{2}{3}\right)$.

Aufgaben

1 Bestimmen Sie die gemeinsamen Punkte der Geraden $g: \vec{x} = \begin{pmatrix} 4 \\ 6 \\ 2 \end{pmatrix} + t \cdot \begin{pmatrix} 1 \\ 2 \\ 3 \end{pmatrix}$ und der Ebene E.

a) $E: 2x_1 + 4x_2 + 6x_3 = 16$ b) $E: 5x_2 - 7x_3 = 13$ c) $E: 2x_1 + 4x_2 + 6x_3 = 16$
d) $E: 3x_1 - x_3 = 10$ e) $E: 3x_1 - x_3 = 12$ f) $E: 4x_1 - 5x_2 = 11$

2 Untersuchen Sie die Anzahl der gemeinsamen Punkte von g und E. Bestimmen Sie gegebenenfalls den Durchstoßpunkt.

a) $g: \vec{x} = \begin{pmatrix} -2 \\ 1 \\ 4 \end{pmatrix} + t \cdot \begin{pmatrix} 7 \\ 8 \\ 6 \end{pmatrix}$; $E: \vec{x} = \begin{pmatrix} 1 \\ 4 \\ 3 \end{pmatrix} + r \cdot \begin{pmatrix} 0 \\ -1 \\ 1 \end{pmatrix} + s \cdot \begin{pmatrix} 1 \\ 0 \\ 3 \end{pmatrix}$

b) $g: \vec{x} = \begin{pmatrix} 22 \\ -18 \\ -7 \end{pmatrix} + t \cdot \begin{pmatrix} 4 \\ 1 \\ -5 \end{pmatrix}$; $E: \vec{x} = \begin{pmatrix} 2 \\ 1 \\ 0 \end{pmatrix} + r \cdot \begin{pmatrix} 4 \\ -7 \\ 1 \end{pmatrix} + s \cdot \begin{pmatrix} 0 \\ 4 \\ -3 \end{pmatrix}$

c) $g: \vec{x} = t \cdot \begin{pmatrix} -1 \\ -1 \\ -1 \end{pmatrix}$; $E: \vec{x} = \begin{pmatrix} 0 \\ 0 \\ 2 \end{pmatrix} + r \cdot \begin{pmatrix} 2 \\ 0 \\ 0 \end{pmatrix} + s \cdot \begin{pmatrix} 0 \\ 2 \\ 0 \end{pmatrix}$

Zeit zu überprüfen

3 Bestimmen Sie die gegenseitige Lage der Geraden $g: \vec{x} = \begin{pmatrix} 3 \\ 4 \\ -1 \end{pmatrix} + t \cdot \begin{pmatrix} 2 \\ 4 \\ 6 \end{pmatrix}$ und der Ebene E.
Bestimmen Sie gegebenenfalls den Schnittpunkt.

a) $E: 2x_1 + x_2 + 3x_3 = 0$ b) $E: x_1 + x_2 - x_3 = 7$ c) $E: x_1 + x_2 - x_3 = 8$
d) $E: 2x_1 + x_2 = 1$ e) $E: x_2 - x_3 = 7$ f) $E: x_1 - x_3 = 8$

4 Bestimmen Sie die gegenseitige Lage der Geraden $g: \vec{x} = \begin{pmatrix} 4 \\ 4 \\ 4 \end{pmatrix} + t \cdot \begin{pmatrix} 1 \\ -2 \\ 1 \end{pmatrix}$ und der Ebene $E: \vec{x} = \begin{pmatrix} 1 \\ 0 \\ 2 \end{pmatrix} + r \cdot \begin{pmatrix} -1 \\ 2 \\ -1 \end{pmatrix} + s \cdot \begin{pmatrix} 0 \\ 3 \\ -2 \end{pmatrix}$.

5 Bestimmen Sie, falls möglich, die Spurpunkte der Geraden g (Fig. 1).

a) $g: \vec{x} = \begin{pmatrix} 2 \\ 4 \\ 1 \end{pmatrix} + t \cdot \begin{pmatrix} -2 \\ 2 \\ 1 \end{pmatrix}$ b) $g: \vec{x} = \begin{pmatrix} 2 \\ 2 \\ 2 \end{pmatrix} + t \cdot \begin{pmatrix} 1 \\ 3 \\ 0 \end{pmatrix}$

c) $g: \vec{x} = \begin{pmatrix} 2 \\ 1 \\ 7 \end{pmatrix} + t \cdot \begin{pmatrix} -1 \\ 2 \\ 1 \end{pmatrix}$ d) $g: \vec{x} = \begin{pmatrix} 7 \\ 0 \\ 7 \end{pmatrix} + t \cdot \begin{pmatrix} 1 \\ 1 \\ 1 \end{pmatrix}$

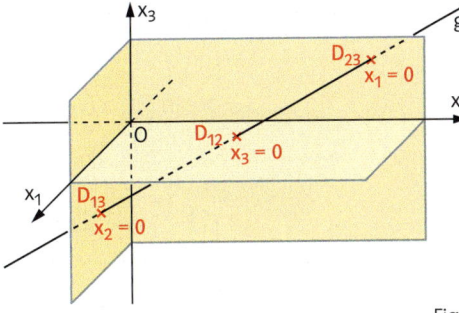

Die **Spurpunkte einer Geraden** sind die Schnittpunkte der Geraden mit den Koordinatenebenen.

Vektoris3D
Gerade
Spurpunkte

6 Bestimmen Sie die Schnittpunkte der Koordinatenachsen mit der Ebene E (Fig. 2).

a) $E: \vec{x} = \begin{pmatrix} 4 \\ 6 \\ 0 \end{pmatrix} + r \cdot \begin{pmatrix} 1 \\ 1 \\ 1 \end{pmatrix} + s \cdot \begin{pmatrix} 1 \\ 0 \\ 3 \end{pmatrix}$

b) $E: \vec{x} = \begin{pmatrix} 0 \\ 5 \\ 0 \end{pmatrix} + r \cdot \begin{pmatrix} 0 \\ 10 \\ -6 \end{pmatrix} + s \cdot \begin{pmatrix} 2 \\ 0 \\ -1 \end{pmatrix}$

c) $E: -9x_1 - 7x_2 + 11x_3 = -7$

d) $E: x_1 - 2x_2 - 5x_3 = 0$

Fig. 1

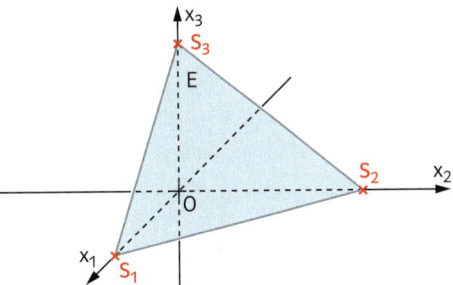

Fig. 2

7 Der Würfel in Fig. 3 hat die Eckpunkte $A(0|0|0)$, $B(0|8|0)$, $C(-8|8|0)$, $E(0|0|8)$. Die Ebene E_1 ist durch die Punkte A, F und H, die Ebene E_2 durch die Punkte B, D und G festgelegt. Bestimmen Sie die Schnittpunkte der Geraden durch C und E mit den Ebenen E_1 und E_2.

8 Geben Sie jeweils eine Gleichung einer Geraden g und einer Ebene E an,
a) die sich schneiden,
b) die zueinander parallel sind.

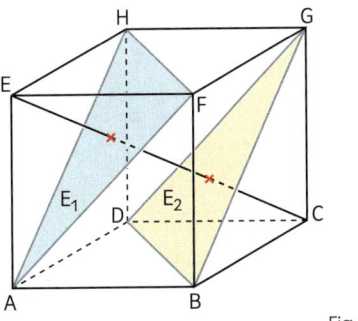

Fig. 3

9 Die Ebene E ist festgelegt durch die Punkte $A(1|0|0)$, $B(0|2|0)$ und $C(0|0|3)$.
a) Bestimmen Sie die Gleichung einer Geraden, die zur Ebene E parallel ist.
b) Bestimmen Sie die Gleichung einer Geraden, die E im Punkt $S(-1|2|3)$ orthogonal schneidet.

10 Sind $g: \vec{x} = \begin{pmatrix} -2 \\ 0 \\ 1 \end{pmatrix} + t \cdot \begin{pmatrix} 3 \\ 0 \\ -5 \end{pmatrix}$ bzw. $h: \vec{x} = \begin{pmatrix} 2 \\ 4 \\ 6 \end{pmatrix} + t \cdot \begin{pmatrix} 6 \\ 3 \\ 12 \end{pmatrix}$ orthogonal zur Ebene E?

a) $E: 2x_1 + x_2 + 4x_3 = 5$ b) $E: 9x_1 + 7x_3 = 1$ c) $E: 3x_2 = -10$
d) $E: 4x_1 + 2x_2 + 8x_3 = -15$ e) $E: 2x_1 - x_3 = 6$ f) $E: x_1 = 4$

11 Ist die Aussage wahr? Begründen Sie Ihre Antwort.
a) Falls das Skalarprodukt eines Normalenvektors einer Ebene mit einem Richtungsvektor einer Geraden gleich null ist, dann sind die Ebene und die Gerade zueinander parallel.
b) Falls das Skalarprodukt eines Normalenvektors einer Ebene mit einem Richtungsvektor einer Geraden ungleich null ist, dann schneidet die Gerade die Ebene.
c) Falls ein Normalenvektor einer Ebene zu einem Richtungsvektor einer Geraden parallel ist, dann sind die Gerade und die Ebene zueinander orthogonal.
d) Falls ein Richtungsvektor einer Geraden orthogonal zu jedem der beiden Spannvektoren einer Ebene ist, dann schneidet die Gerade die Ebene.

6 Gegenseitige Lage von Ebenen

Beschreiben Sie die gegenseitigen Lagen der Ebenen, die durch die Seitenflächen festgelegt sind.

Zwei verschiedene Ebenen sind genau dann zueinander parallel, wenn ihre entsprechenden Normalenvektoren linear abhängig sind.

Zwei verschiedene Ebenen schneiden sich genau dann, wenn ihre entsprechenden Normalenvektoren linear unabhängig sind.

○ Vektoris3D
Lage von Ebenen

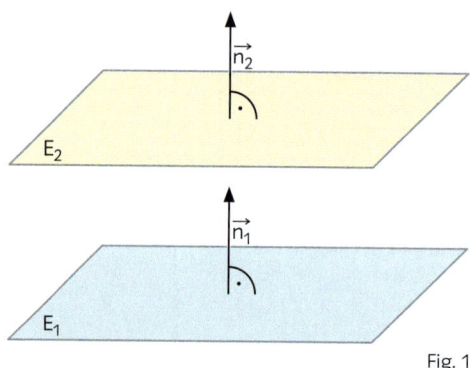

Fig. 1   Fig. 2

> Zwei verschiedene Ebenen sind entweder **zueinander parallel** oder sie haben eine **gemeinsame Schnittgerade**.

○ CAS
Schnittmenge zweier Ebenen

Beispiel 1 Lage zweier Ebenen, eine Koordinatengleichung und eine Parametergleichung

Schneiden sich die Ebenen $E_1: x_1 - x_2 + 3x_3 = 12$ und $E_2: \vec{x} = \begin{pmatrix} 8 \\ 0 \\ 2 \end{pmatrix} + r \cdot \begin{pmatrix} -4 \\ 1 \\ 1 \end{pmatrix} + s \cdot \begin{pmatrix} 5 \\ 0 \\ -1 \end{pmatrix}$?

Bestimmen Sie gegebenenfalls eine Gleichung der Schnittgeraden.

■ Lösung: Der Parametergleichung von E_2 entsprechen die Gleichungen
$x_1 = 8 - 4r + 5s$, $x_2 = r$ und $x_3 = 2 + r - s$.
Eingesetzt in $x_1 - x_2 + 3x_3 = 12$ ergibt: $(8 - 4r + 5s) - r + 3(2 + r - s) = 12$
bzw. $-2r + 2s + 14 = 12$.
Hieraus folgt: $s = r - 1$.
Ersetzt man in der Gleichung von E_2 den Parameter s durch $r - 1$, so erhält man

$$\vec{x} = \begin{pmatrix} 8 \\ 0 \\ 2 \end{pmatrix} + r \cdot \begin{pmatrix} -4 \\ 1 \\ 1 \end{pmatrix} + (r - 1) \cdot \begin{pmatrix} 5 \\ 0 \\ -1 \end{pmatrix} = \begin{pmatrix} 8 \\ 0 \\ 2 \end{pmatrix} + r \cdot \begin{pmatrix} -4 \\ 1 \\ 1 \end{pmatrix} + r \cdot \begin{pmatrix} 5 \\ 0 \\ -1 \end{pmatrix} - 1 \cdot \begin{pmatrix} 5 \\ 0 \\ -1 \end{pmatrix} = \begin{pmatrix} 8 - 5 \\ 0 - 0 \\ 2 - (-1) \end{pmatrix} + r \cdot \begin{pmatrix} -4 + 5 \\ 1 + 0 \\ 1 - 1 \end{pmatrix}$$

und damit die Gleichung der Schnittgeraden: $g: \vec{x} = \begin{pmatrix} 3 \\ 0 \\ 3 \end{pmatrix} + r \cdot \begin{pmatrix} 1 \\ 1 \\ 0 \end{pmatrix}$.

Beispiel 2 Lage zweier Ebenen, zwei Koordinatengleichungen
Schneiden sich die Ebenen $E_1: 3x_1 - 4x_2 + x_3 = 1$ und $E_2: 5x_1 + 2x_2 - 3x_3 = 6$?
Bestimmen Sie gegebenenfalls eine Gleichung der Schnittgeraden.

■ *Lösung: Man fasst die beiden Ebenengleichungen als ein LGS auf. Die Lösungen für x_1, x_2, x_3 beschreiben die Schnittgerade.*

Das LGS $\begin{matrix} 3x_1 - 4x_2 + x_3 = 1 \\ 5x_1 + 2x_2 - 3x_3 = 6 \end{matrix}$ ist äquivalent zu $\begin{matrix} 13x_1 \quad\quad - 5x_3 = 13 \\ 5x_1 + 2x_2 - 3x_3 = 6 \end{matrix}$.

Setzt man in die erste Gleichung $13x_1 - 5x_3 = 13$ für $x_3 = t$ ein, so erhält man $x_1 = 1 + \frac{5}{13}t$.
Setzt man $x_3 = t$ und $x_1 = 1 + \frac{5}{13}t$ in die zweite Gleichung $5x_1 + 2x_2 - 3x_3 = 6$ ein, so erhält man $x_2 = \frac{1}{2} + \frac{7}{13}t$.

Insgesamt gilt:

$\begin{pmatrix} x_1 \\ x_2 \\ x_3 \end{pmatrix} = \begin{pmatrix} 1 + \frac{5}{13}t \\ \frac{1}{2} + \frac{7}{13}t \\ t \end{pmatrix}$. Damit hat die Schnittgerade die Gleichung $g: \vec{x} = \begin{pmatrix} 1 \\ \frac{1}{2} \\ 0 \end{pmatrix} + t \cdot \begin{pmatrix} \frac{5}{13} \\ \frac{7}{13} \\ 1 \end{pmatrix}$.

Beispiel 3 Lage zweier Ebenen, zwei Parametergleichungen

Schneiden sich die Ebenen $E_1: \vec{x} = \begin{pmatrix} 1 \\ 3 \\ 2 \end{pmatrix} + r \cdot \begin{pmatrix} 1 \\ -2 \\ 0 \end{pmatrix} + s \cdot \begin{pmatrix} 3 \\ 1 \\ 4 \end{pmatrix}$ und $E_2: \vec{x} = \begin{pmatrix} -1 \\ 5 \\ 2 \end{pmatrix} + u \cdot \begin{pmatrix} 1 \\ 1 \\ 2 \end{pmatrix} + v \cdot \begin{pmatrix} -2 \\ 1 \\ 3 \end{pmatrix}$?

Bestimmen Sie gegebenenfalls eine Gleichung der Schnittgeraden.

■ *Lösung: Um die gegenseitige Lage zu bestimmen, kann man die rechten Seiten der Gleichungen gleichsetzen.*

Der Gleichung $\begin{pmatrix} 1 \\ 3 \\ 2 \end{pmatrix} + r \cdot \begin{pmatrix} 1 \\ -2 \\ 0 \end{pmatrix} + s \cdot \begin{pmatrix} 3 \\ 1 \\ 4 \end{pmatrix} = \begin{pmatrix} -1 \\ 5 \\ 2 \end{pmatrix} + u \cdot \begin{pmatrix} 1 \\ 1 \\ 2 \end{pmatrix} + v \cdot \begin{pmatrix} -2 \\ 1 \\ 3 \end{pmatrix}$

entspricht das LGS mit drei Gleichungen und vier Variablen:

$\begin{matrix} 1 + r + 3s = -1 + u - 2v \\ 3 - 2r + s = 5 + u + v \\ 2 \quad\quad + 4s = 2 + 2u + 3v \end{matrix}$ bzw. $\begin{matrix} r + 3s - u + 2v = -2 \\ -2r + s - u - v = 2 \\ 4s - 2u - 3v = 0 \end{matrix}$.

Mithilfe des Gauß-Verfahrens erhält man $\begin{matrix} r \quad\quad\quad - 4v = 0 \\ s + 7{,}5v = -2 \\ u + 16{,}5v = -4 \end{matrix}$.

Damit hat das LGS unendlich viele Lösungen. Das heißt, die Ebenen schneiden sich.
Aus $u + 16{,}5v = -4$ folgt $u = -4 - 16{,}5v$.
Setzt man dies in die Gleichung von E_2 ein, so erhält man eine Gleichung der Schnittgeraden:

$g: \vec{x} = \begin{pmatrix} -5 \\ 1 \\ -6 \end{pmatrix} + v \cdot \begin{pmatrix} -18{,}5 \\ -15{,}5 \\ -30 \end{pmatrix}$ bzw. mit $v = -2t$ die Gleichung $g: \vec{x} = \begin{pmatrix} -5 \\ 1 \\ -6 \end{pmatrix} + t \cdot \begin{pmatrix} 37 \\ 31 \\ 60 \end{pmatrix}$.

Aufgaben

1 Bestimmen Sie die Schnittgerade der Ebene E mit der Ebene $E_1: \vec{x} = \begin{pmatrix} 3 \\ 1 \\ 5 \end{pmatrix} + r \cdot \begin{pmatrix} 2 \\ -1 \\ 0 \end{pmatrix} + s \cdot \begin{pmatrix} -1 \\ 0 \\ 3 \end{pmatrix}$.

a) $E: 2x_1 - x_2 - x_3 = 1$ b) $E: 5x_1 + 2x_2 + x_3 = -6$ c) $E: 4x_2 + 5x_3 = 20$
d) $E: 3x_1 - x_2 - 5x_3 = -10$ e) $E: 2x_1 + 5x_2 + x_3 = 3$ f) $E: 3x_1 + 9x_2 + 6x_3 = 39$

2 Bestimmen Sie die Schnittgeraden der Ebenen E_1 und E_2.

a) $E_1: x_1 - x_2 + 2x_3 = 7$; $E_2: 6x_1 + x_2 - x_3 = -7$ b) $E_1: x_1 + 5x_3 = 8$; $E_2: x_1 + x_2 + x_3 = 1$
c) $E_1: 3x_1 + 2x_2 - 2x_3 = -1$; $E_2: x_1 - 4x_2 - 2x_3 = 9$ d) $E_1: 4x_2 = 5$; $E_2: 6x_1 + 5x_3 = 0$

Kommen in zwei Parametergleichungen die gleichen Bezeichnungen für die Parameter vor, so muss man in einer Gleichung die Parameter umbenennen.

3 Bestimmen Sie die Schnittgeraden der Ebenen E_1 und E_2.

a) $E_1: \vec{x} = \begin{pmatrix} 1 \\ 0 \\ 3 \end{pmatrix} + r \cdot \begin{pmatrix} 1 \\ 0 \\ 0 \end{pmatrix} + s \cdot \begin{pmatrix} 1 \\ 1 \\ 0 \end{pmatrix}$; $E_2: \vec{x} = \begin{pmatrix} 2 \\ 3 \\ 2 \end{pmatrix} + r \cdot \begin{pmatrix} 0 \\ 1 \\ 1 \end{pmatrix} + s \cdot \begin{pmatrix} 2 \\ 0 \\ 1 \end{pmatrix}$

b) $E_1: \vec{x} = r \cdot \begin{pmatrix} 1 \\ 2 \\ 3 \end{pmatrix} + s \cdot \begin{pmatrix} -1 \\ 1 \\ 0 \end{pmatrix}$; $E_2: \vec{x} = r \cdot \begin{pmatrix} 2 \\ 0 \\ 7 \end{pmatrix} + s \cdot \begin{pmatrix} 1 \\ -1 \\ 1 \end{pmatrix}$

c) $E_1: \vec{x} = \begin{pmatrix} 1 \\ 7 \\ 3 \end{pmatrix} + r \cdot \begin{pmatrix} 1 \\ -1 \\ 2 \end{pmatrix} + s \cdot \begin{pmatrix} 2 \\ -5 \\ 8 \end{pmatrix}$; $E_2: \vec{x} = \begin{pmatrix} 3 \\ 5 \\ 7 \end{pmatrix} + r \cdot \begin{pmatrix} 2 \\ 3 \\ 0 \end{pmatrix} + s \cdot \begin{pmatrix} 1 \\ 1 \\ 2 \end{pmatrix}$

4 Schneiden sich die Ebenen E_1 und E_2? Bestimmen Sie gegebenenfalls die Schnittgerade.

a) $E_1: \vec{x} = \begin{pmatrix} 2 \\ 5 \\ 3 \end{pmatrix} + r \cdot \begin{pmatrix} 1 \\ 0 \\ 1 \end{pmatrix} + s \cdot \begin{pmatrix} 0 \\ 1 \\ 0 \end{pmatrix}$; $E_2: \vec{x} = \begin{pmatrix} 4 \\ 0 \\ 0 \end{pmatrix} + r \cdot \begin{pmatrix} 1 \\ 1 \\ 1 \end{pmatrix} + s \cdot \begin{pmatrix} 1 \\ 3 \\ 1 \end{pmatrix}$

b) $E_1: \vec{x} = \begin{pmatrix} -1 \\ 0 \\ 0 \end{pmatrix} + r \cdot \begin{pmatrix} 1 \\ 3 \\ 1 \end{pmatrix} + s \cdot \begin{pmatrix} 0 \\ 2 \\ 1 \end{pmatrix}$; $E_2: \vec{x} = \begin{pmatrix} 1 \\ 4 \\ 1 \end{pmatrix} + r \cdot \begin{pmatrix} 1 \\ 1 \\ 0 \end{pmatrix} + s \cdot \begin{pmatrix} 2 \\ 8 \\ 3 \end{pmatrix}$

Zeit zu überprüfen

5 Bestimmen Sie die Lage der beiden Ebenen und bestimmen Sie gegebenenfalls eine Gleichung der Schnittgeraden.

a) $E_1: \vec{x} = \begin{pmatrix} 8 \\ 0 \\ 2 \end{pmatrix} + r \cdot \begin{pmatrix} -4 \\ 1 \\ 1 \end{pmatrix} + s \cdot \begin{pmatrix} 5 \\ 0 \\ -1 \end{pmatrix}$; $E_2: x_1 - x_2 + 5x_3 = 6$

b) $E_1: 3x_1 + 2x_2 + 5x_3 = 6$; $E_2: 3x_1 - 2x_2 + 4x_3 = 10$

c) $E_1: \vec{x} = \begin{pmatrix} 8 \\ 0 \\ 2 \end{pmatrix} + r \cdot \begin{pmatrix} -4 \\ 1 \\ 1 \end{pmatrix} + s \cdot \begin{pmatrix} 5 \\ 0 \\ -1 \end{pmatrix}$; $E_2: \vec{x} = \begin{pmatrix} 1 \\ 0 \\ 1 \end{pmatrix} + r \cdot \begin{pmatrix} -3 \\ 0 \\ 1 \end{pmatrix} + s \cdot \begin{pmatrix} 1 \\ 4 \\ 1 \end{pmatrix}$

6 Geben Sie die Gleichungen zweier Ebenen E_1 und E_2 an, deren Schnittgerade die Gerade g ist.

a) $g: \vec{x} = \begin{pmatrix} 1 \\ 0 \\ 1 \end{pmatrix} + t \cdot \begin{pmatrix} 0 \\ 1 \\ 0 \end{pmatrix}$

b) $g: \vec{x} = \begin{pmatrix} 1 \\ 2 \\ 3 \end{pmatrix} + t \cdot \begin{pmatrix} 3 \\ 2 \\ 1 \end{pmatrix}$

c) $g: \vec{x} = \begin{pmatrix} -2 \\ 7 \\ -12 \end{pmatrix} + t \cdot \begin{pmatrix} 5 \\ -4 \\ 5 \end{pmatrix}$

d) $g: \vec{x} = t \cdot \begin{pmatrix} 0 \\ 0 \\ 1 \end{pmatrix}$

e) $g: \vec{x} = t \cdot \begin{pmatrix} 3 \\ 2 \\ 1 \end{pmatrix}$

f) $g: \vec{x} = t \cdot \begin{pmatrix} a \\ -a \\ 0 \end{pmatrix}$ mit $a \in \mathbb{R}$, $a \neq 0$

7 a) Bestimmen Sie die Schnittgerade der beiden Ebenen E_1 und E_2 in Fig. 1.
b) Fig. 2 zeigt einen Würfel mit zwei abgeschnittenen Ecken. Die Schnittflächen legen zwei Ebenen fest. Bestimmen Sie die Schnittgerade dieser beiden Ebenen.
c) Zeigen Sie, dass in Fig. 3 die Punkte A, B, E, F und C, D, G, H jeweils in einer Ebene liegen, und bestimmen Sie die Schnittgeraden dieser Ebenen.
d) Bestimmen Sie die Schnittgeraden der Ebenen, die in Fig. 3 durch die Punkte A, F, H und B, E, G festgelegt werden.

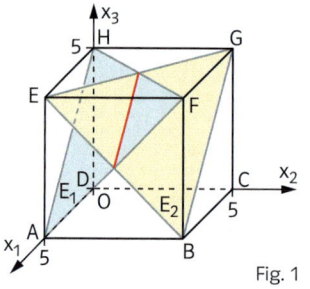

Fig. 1

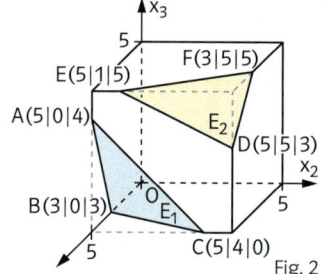

Fig. 2

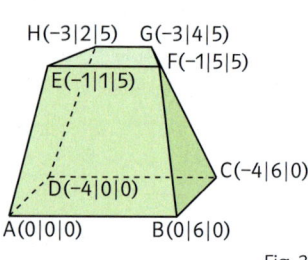

Fig. 3

8 Wie kann man an den Koordinatengleichungen zweier Ebenen erkennen, ob diese Ebenen zueinander orthogonal sind?

9 Gegeben ist die Ebene $E_1: 2x_1 - x_2 + 3x_2 = 12$ und eine, von E_1 verschiedene, Ebene E_2. Wie kann man an einer Koordinatengleichung von E_2 feststellen, ob E_1 und E_2 eine Schnittgerade haben?

ⓢ Vektoris3D
LGS interpretieren

10 Die Gleichungen eines LGS können als Ebenengleichungen interpretiert werden. Welche Zeichnung auf dem Rand gehört zu welchem LGS?

(1) $2x_1 + x_2 + 3x_3 = 5$
$-4x_1 - 2x_2 - 6x_3 = 18$

(2) $2x_1 + x_2 - 2x_3 = 5$
$5x_1 - 2x_2 + x_3 = 1$

(3) $2x_1 + x_2 - 2x_3 = 2$
$x_1 - 2x_2 = 1$

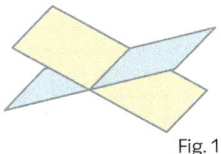
Fig. 1

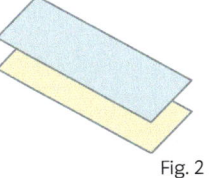
Fig. 2

11 Auch die Gleichungen eines 3-dimensionalen LGS können als Ebenengleichungen interpretiert werden. Ordnen Sie jeder Zeichnung ein LGS zu. Geben Sie für die beiden anderen Zeichnungen ein mögliches LGS an.

(1) $x_1 - 3x_2 + 2x_3 = 2$
$3x_2 - 2x_3 = 1$
$-6x_2 + 4x_3 = 3$

(2) $x_1 - 3x_2 + 2x_3 = -2$
$x_1 + 3x_2 - 2x_3 = 5$
$-6x_2 + 4x_3 = 3$

(3) $3x_1 + 3x_2 - 2x_3 = 18$
$x_1 + 3x_2 - 2x_3 = 5$
$-6x_2 + 4x_3 = 3$

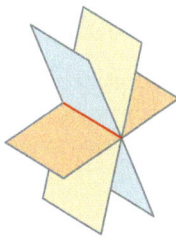
Fig. 3

Fig. 4   Fig. 5   Fig. 6   Fig. 7   Fig. 8

Zeit zu wiederholen

12 Geben Sie die Winkel im Gradmaß an und bestimmen Sie den zugehörigen Sinuswert.

a) π b) $\frac{1}{2}\pi$ c) $\frac{1}{3}\pi$ d) $\frac{1}{4}\pi$

13 Bestimmen Sie jeweils den Sinus- und Kosinuswert und geben Sie die Winkel im Bogenmaß an.

a) 90° b) 60° c) 80° d) 220°

14 Bestimmen Sie die fehlenden Größen.

a)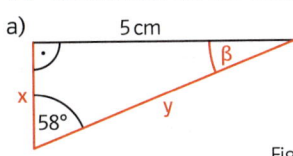
Fig. 9

b)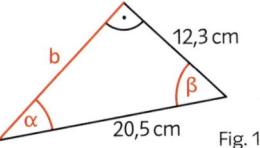
Fig. 10

c)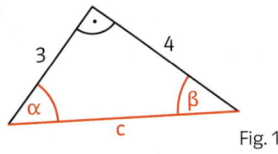
Fig. 11

15 Auf Verkehrszeichen für die Steigung bzw. für das Gefälle einer Straße werden Prozentangaben aufgedruckt. Zum Beispiel bedeutet eine Angabe von 12 % Steigung, dass pro 100 m in waagerechter Richtung die Höhe um 12 m zunimmt.

a) Unter welchem Winkel gegen die Horizontale steigt eine Straße an, an der ein Schild wie in Fig. 12 steht?
b) Die Straße steigt 2800 m lang gleichmäßig an. Wie groß ist der Höhenunterschied, den sie überwindet?
c) Wie lang ist dieses Straßenstück auf einer Karte im Maßstab 1:100 000?

Fig. 12

7 Beweise zur Parallelität und Orthogonalität

Um ein Regal so anzubringen, dass es gut aussieht, muss man auf einiges achten. Die Kriterien dafür kann man als geometrische Sachverhalte ausdrücken.

Bisher wurde zum Beweisen eines geometrischen Satzes auf bekannte geometrische Aussagen zurückgegriffen, mit deren Hilfe die Richtigkeit der zu beweisenden Behauptung gezeigt wurde. Für dieses Vorgehen benötigt man einen umfassenden Überblick über die bekannten geometrischen Zusammenhänge, um das für den Beweis passende Hilfsmittel auszuwählen. Wird der Beweis mithilfe von Vektoren geführt, so sind die Beweisschritte eindeutiger festgelegt. Nach der Beschreibung des Sachverhaltes mit Vektoren, ist die Behauptung durch das Rechnen mit den Vektoren herzuleiten.

Die Eigenschaften „parallel" bzw. „orthogonal" werden dabei folgendermaßen mit Vektoren beschrieben.

Wenn zwei Strecken $\overline{AB}$ und $\overline{CD}$ zueinander parallel sind, dann gibt es eine Zahl $k \in \mathbb{R}$ mit $\overrightarrow{AB} = k \cdot \overrightarrow{CD}$. Umgekehrt, wenn es eine Zahl $k \in \mathbb{R}$ gibt mit $\overrightarrow{AB} = k \cdot \overrightarrow{CD}$, dann sind die Strecken $\overline{AB}$ und $\overline{CD}$ zueinander parallel.

Wenn zwei Strecken $\overline{AB}$ und $\overline{CD}$ zueinander orthogonal sind, dann ergibt das Skalarprodukt der Vektoren $\overrightarrow{AB}$ und $\overrightarrow{CD}$ null. Umgekehrt, wenn $\overrightarrow{AB} \cdot \overrightarrow{CD} = 0$ ist, dann sind die Strecken $\overline{AB}$ und $\overline{CD}$ zueinander orthogonal.

> Diese beiden Aussagen kann man in einer **„Genau-Dann-Wenn"**-Formulierung zusammenfassen:
> Zwei Strecken $\overline{AB}$ und $\overline{CD}$ sind zueinander parallel **genau dann, wenn** es eine Zahl $k \in \mathbb{R}$ gibt mit $\overrightarrow{AB} = k \cdot \overrightarrow{CD}$.

Bisher wurde Orthogonalität nur bei sich schneidenden Strecken und Geraden betrachtet. Mit der Beschreibung von oben können auch Strecken, die sich nicht schneiden, oder windschiefe Geraden zueinander orthogonal sein.

Folgende Aussage soll mit Vektoren bewiesen werden:
Die Verbindungsstrecke zweier Seitenmitten in einem Dreieck ist parallel zur dritten Dreiecksseite.

Man fertigt eine Skizze an und formuliert die Aussage mit möglichst wenigen Vektoren in der „Wenn-Dann-Form".
Hier wird $\vec{a} = \overrightarrow{AB}$ und $\vec{b} = \overrightarrow{AC}$ gewählt.
Wenn $\overrightarrow{AP} = \overrightarrow{PB} = \frac{1}{2}\vec{a}$ und $\overrightarrow{AQ} = \overrightarrow{QC} = \frac{1}{2}\vec{b}$ (Voraussetzung), dann gilt: $\overrightarrow{PQ} = k \cdot \overrightarrow{BC}$ (Behauptung).

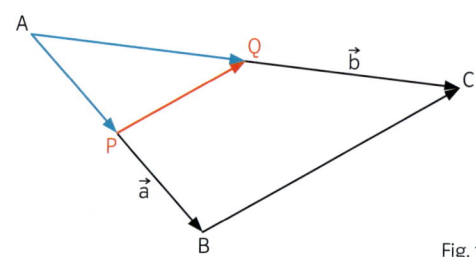

Fig. 1

Die Behauptung wird nun unter Nutzung der Voraussetzung hergeleitet, indem alle Vektoren der Behauptung als Linearkombination der Vektoren $\vec{a}$ und $\vec{b}$ ausgedrückt werden.
$\overrightarrow{PQ} = -\frac{1}{2}\vec{a} + \frac{1}{2}\vec{b}$ und $\overrightarrow{BC} = -\vec{a} + \vec{b}$. Also: $\overrightarrow{PQ} = \frac{1}{2}(-\vec{a} + \vec{b}) = \frac{1}{2}\overrightarrow{BC}$.
Die Vektoren $\overrightarrow{PQ}$ und $\overrightarrow{BC}$ sind Vielfache voneinander, das heißt $\overrightarrow{PQ}$ und $\overrightarrow{BC}$ sind parallel.

Zum Beweisen mit Vektoren geht man folgendermaßen vor:
1. Skizze anfertigen.
2. Die zu beweisende Aussage in der „Wenn-Dann-Form" und mithilfe von Vektoren formulieren.
3. Die Behauptung durch das Rechnen mit Vektoren herleiten. Dabei verwendet man:
   – Zwei Vektoren $\vec{a}$ und $\vec{b}$ sind zueinander parallel genau dann, wenn gilt: $\vec{a} = k \cdot \vec{b}$; $k \in \mathbb{R}$.
   – Zwei Vektoren $\vec{a}$ und $\vec{b}$ sind orthogonal genau dann, wenn gilt: $\vec{a} \cdot \vec{b} = 0$.

Beispiel Beweis der Orthogonalität
Beweisen Sie die Aussage: In einem Quader mit quadratischer Grundfläche sind jeweils sich nicht schneidende Raumdiagonalen und Diagonalen der Grundfläche zueinander orthogonal.

■ Lösung: 1. Skizze (Fig. 1)
2. Aussage in „Wenn-Dann-Form":
Wenn ABCDEFGH ein Quader mit quadratischer Grundfläche ist, dann sind die Raumdiagonale $\overline{DF}$ und die Flächendiagonale $\overline{AC}$ zueinander orthogonal.
3. Mit $\vec{a} = \overrightarrow{DA}$, $\vec{b} = \overrightarrow{DC}$ und $\vec{c} = \overrightarrow{DH}$ gelten folgende Voraussetzungen:

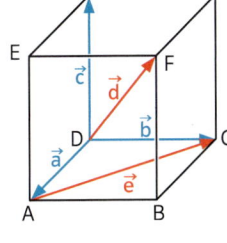

Fig. 1

$\vec{a} \cdot \vec{b} = 0$,
$\vec{a} \cdot \vec{c} = 0$,
$\vec{b} \cdot \vec{c} = 0$.
$|\vec{a}| = |\vec{b}|$ *Quader bedeutet insbesondere* $\vec{a} \perp \vec{b}$, $\vec{a} \perp \vec{c}$, $\vec{b} \perp \vec{c}$

Behauptung:
$\vec{d} \perp \vec{e}$, also $\vec{d} \cdot \vec{e} = 0$.
4. $\vec{e} = \vec{b} - \vec{a}$ und $\vec{d} = \vec{a} + \vec{b} + \vec{c}$.
Für das Skalarprodukt gilt: $\vec{d} \cdot \vec{e} = (\vec{a} + \vec{b} + \vec{c}) \cdot (\vec{b} - \vec{a}) = \vec{a} \cdot \vec{b} - \vec{a}^2 + \vec{b}^2 - \vec{b} \cdot \vec{a} + \vec{c} \cdot \vec{b} - \vec{c} \cdot \vec{a}$.
$\vec{d} \cdot \vec{e} = 0 - |\vec{a}|^2 + |\vec{b}|^2 - 0 + 0 - 0 = 0$. Somit sind die Diagonalen zueinander orthogonal.

Aufgaben

1 Beweisen Sie mithilfe der vorgegebenen Vektoren $\vec{a}$ und $\vec{b}$: In einem Viereck, bei dem sich die Diagonalen halbieren, sind die gegenüberliegenden Seiten parallel.

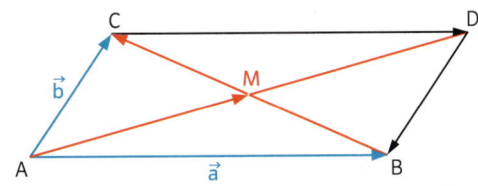

Fig. 2

2 Beweisen Sie: Sind M_1, M_2, M_3 und M_4 die Mittelpunkte der Seiten eines Parallelogramms, dann ist das Viereck $M_1M_2M_3M_4$ auch ein Parallelogramm.

3 Beweisen Sie: Die Mittellinie $\overline{M_1M_2}$ eines Trapezes ABCD mit den parallelen Seiten $\overline{AB}$ und $\overline{CD}$ sowie den Mitten M_1 und M_2 der beiden anderen Seiten ist parallel zur Grundseite $\overline{AB}$.

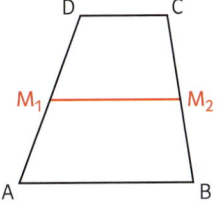

Fig. 3

4 In einem Würfel mit der Kantenlänge a (Fig. 1) sind M_1, M_2 und M_3 jeweils Seitenmitten. Beweisen Sie, dass die Strecken $\overline{BM_1}$ und $\overline{M_2M_3}$ zueinander orthogonal sind.

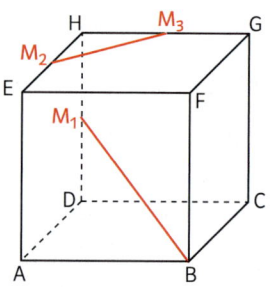

Fig. 1

5 Ein Drachen ist ein Viereck, bei dem je zwei aneinanderliegende Seiten gleich lang sind. Beweisen Sie: In einem Drachen sind die Diagonalen zueinander orthogonal.
a) Nutzen Sie für den Nachweis die in Fig. 2 eingezeichneten Vektoren.
b) Wählen Sie andere Vektoren aus und beweisen Sie die Aussage.

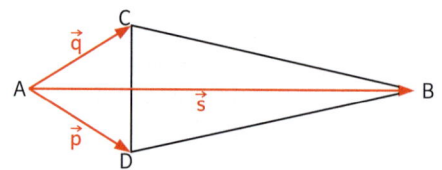

Fig. 2

6 Gegeben sind zwei aneinanderliegende gleich große Quadrate mit der Kantenlänge a. Der Punkt P ist der Mittelpunkt einer Quadratseite (Fig. 3). Beweisen Sie, dass die Strecken $\overline{PQ}$ und $\overline{PR}$ zueinander orthogonal sind.

7 Eine Raute ist ein Parallelogramm mit gleich langen Seiten. Zeigen Sie, dass in der Raute die Diagonalen zueinander orthogonal sind.

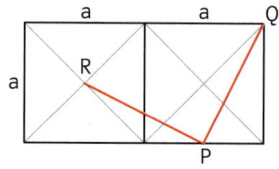

Fig. 3

Zeit zu überprüfen

8 In einem Parallelogramm ABCD (Fig. 4) wird $\overline{CD}$ durch die Punkte P_1, P_2 und P_3 geviertelt und $\overline{AB}$ durch M halbiert. Zeigen Sie, dass $\overline{AP_1}$ parallel zu $\overline{MP_3}$ ist.

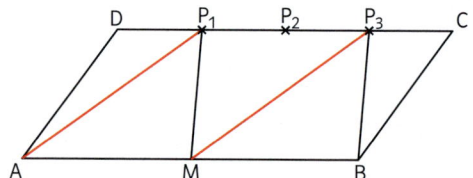

Fig. 4

9 Im gleichschenkligen Dreieck sind die Seitenhalbierende der Grundseite und die Grundseite zueinander orthogonal. Beweisen Sie diese Aussage mithilfe von Vektoren.

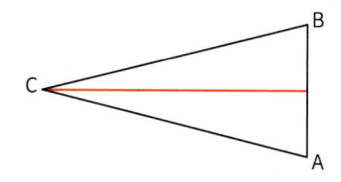

Fig. 5

10 Im Dreieck ABC (Fig. 6) sind die Punkte P und Q doppelt so weit von A entfernt wie vom Punkt B beziehungsweise C. Beweisen Sie: $\overline{PQ}$ ist parallel zur Dreiecksseite $\overline{BC}$.

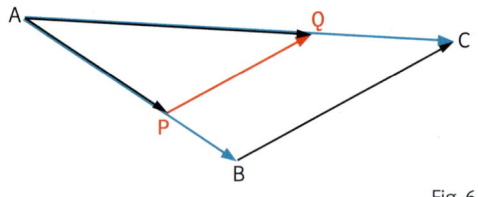

Fig. 6

Wiederholen – Vertiefen – Vernetzen

Ebenengleichungen

1 Gegeben ist die Ebene E mit der Parametergleichung $\vec{x} = r \cdot \begin{pmatrix} 0 \\ 0 \\ 9 \end{pmatrix} + s \cdot \begin{pmatrix} 0 \\ -7 \\ 0 \end{pmatrix}$.

a) Beschreiben Sie die Lage der Ebene E im Koordinatensystem.
b) Geben Sie Gleichungen zweier verschiedener Ebenen an, die zur Ebene E parallel sind.
c) Geben Sie eine Gleichung der Ebene E an, bei der der Stützvektor nicht der Nullvektor ist.
d) Geben Sie eine Parametergleichung der Ebene E an, bei der die Spannvektoren nicht ein Vielfaches eines der Vektoren $\begin{pmatrix} 0 \\ 0 \\ 1 \end{pmatrix}$ bzw. $\begin{pmatrix} 0 \\ 1 \\ 0 \end{pmatrix}$ sind.

2 Betrachtet wird die Gleichung $3x_2 + 4x_3 = 5$.
a) Geben Sie eine Begründung für die Behauptung „Dies ist eine Gleichung einer Geraden." an.
b) Geben Sie eine Begründung für die Behauptung „Dies ist eine Gleichung einer Ebene." an.
c) Wie hängen die in Teilaufgabe a) angesprochene Gerade und die in Teilaufgabe b) angesprochene Ebene zusammen?

3 Gegeben ist die Ebene $E: 4x_1 + x_2 = 8$ ($E: 2x_1 - 3x_3 = 6$).
a) Wie kann man an der Ebenengleichung erkennen, dass eine Koordinatenachse parallel zu dieser Ebene ist?
b) Zeichnen Sie einen Ebenenausschnitt.

4 Gegeben ist die Ebene $E: 3x_1 + 4x_2 + 6x_3 = 0$.
a) Begründen Sie: Die Spurgeraden gehen alle durch den Ursprung.
b) Zeichnen Sie die Spurgeraden. Geben Sie mithilfe von Parallelen zu den Spurgeraden einen Ebenenausschnitt an.
c) Geben Sie eine Gleichung einer Ebene F an, die zur Ebene E parallel ist, und bestimmen Sie die Spurgeraden der Ebene F.

5 Zeichnen Sie die Ebenen E_1 und E_2 und ihre Schnittgerade in ein Koordinatensystem wie in Fig. 1.
a) $E_1: x_1 + x_2 + x_3 = 4$; $E_2: 15x_1 + 10x_2 + 6x_3 = 30$ b) $E_1: 3x_1 + 2x_2 + x_3 = 6$; $E_2: x_1 + x_2 + 2x_3 = 4$
c) $E_1: 3x_1 + 4x_2 + 6x_3 = 12$; $E_2: 2x_1 + 5x_2 = 10$ d) $E_1: 3x_1 + 5x_3 = 15$; $E_2: x_1 + x_2 + x_3 = 4$

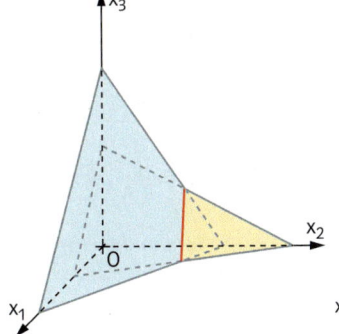

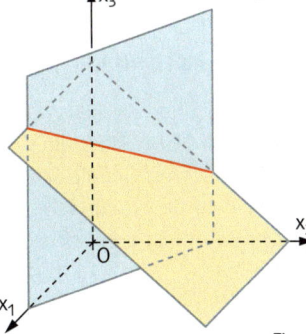

Fig. 1

6 Die Ebene $E_1: 2x_1 - x_2 + 2x_3 = 7$ schneidet die Ebene $E_2: 5x_1 + 3x_2 + x_3 = 1$ in einer Geraden g. Bestimmen Sie eine Gleichung der Ebene F, für die gilt: Die Ebene F schneidet die Ebene E_1 und E_2 ebenfalls in der Geraden g und
a) F ist orthogonal zu E_1, b) F ist orthogonal zu E_2, c) F geht durch $P(5|-3|4)$.

Wiederholen – Vertiefen – Vernetzen

Geraden und Ebenen mit Parameter

◉ Vektoris3D
Lage Gerade Ebene
(Parameter)

7 Bestimmen Sie a, b und c für $g: \vec{x} = \begin{pmatrix} a \\ 2 \\ -1 \end{pmatrix} + t \cdot \begin{pmatrix} 1 \\ b \\ 1 \end{pmatrix}$ und $E: \vec{x} = \begin{pmatrix} 2 \\ 2 \\ 2 \end{pmatrix} + r \cdot \begin{pmatrix} 1 \\ 1 \\ 0 \end{pmatrix} + s \cdot \begin{pmatrix} 1 \\ 2 \\ c \end{pmatrix}$ so, dass

a) die Gerade g parallel zur Ebene E ist, aber nicht in E liegt,
b) die Gerade g in der Ebene E liegt,
c) die Gerade g die Ebene E schneidet.

8 Gegeben sind die Geraden
$g_a: \vec{x} = \begin{pmatrix} 2 \\ 7 \\ 3 \end{pmatrix} + t \cdot \begin{pmatrix} 4 + 2a \\ -1 + 5a \\ 1 + 3a \end{pmatrix}$ mit $a \in \mathbb{R}$

und die Ebene E, die durch die Punkte
P(1|0|2), Q(2|0|3) und R(0|2|2) festgelegt wird.
Die Schnittpunkte S_a dieser Geraden mit der Ebene E bilden eine Gerade h (Fig. 1).
a) Bestimmen Sie eine Gleichung der Geraden h.
b) Für welche a schneidet die Gerade g_a die Ebene E nicht?

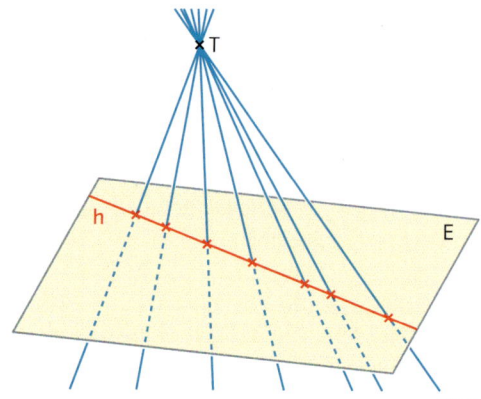

Fig. 1

9 Gegeben sind drei Punkte A, B und C, die nicht auf einer gemeinsamen Geraden liegen. Bestimmen Sie mithilfe einer Zeichnung, welche Punkte der Ebene $E: \vec{x} = \vec{OA} + r \cdot \vec{AB} + s \cdot \vec{AC}$ festgelegt sind durch

a) $r + s = 1$,
b) $r - s = 0$,
c) $0 \leq r \leq 1$,
d) $0 \leq r \leq 1$ und $0 \leq s \leq 1$.

10 B und C sind Eckpunkte, A und D sind Mittelpunkte einer Kante des Quaders (Fig. 2).
Die Punkte ABCD bilden ein Viereck.
Beweisen Sie unter Verwendung der Vektoren $\vec{a}, \vec{b}$ und $\vec{c}$: Verbindet man die Mittelpunkte der Viereckseiten des Vierecks ABCD, so entsteht ein Parallelogramm.

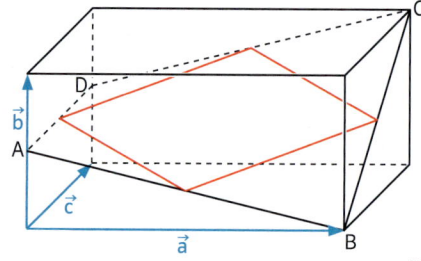

Fig. 2

Geraden und Ebenen in Körpern

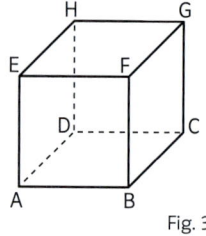

Fig. 3

11 a) Zeichnen Sie einen Würfel ABCDEFGH wie in Fig. 3. Tragen Sie in diesen Würfel die Dreiecke ACF, BDE und AFH ein.
b) Kennzeichnen Sie die Strecken, in denen sich die Dreiecke schneiden, und bestimmen Sie jeweils eine Gleichung derjenigen Geraden, auf denen die Schnittstrecken liegen.
c) Der Würfel ist durchsichtig. Die Dreiecke sind nicht durchsichtig. Schraffieren Sie die sichtbaren Teile.

12 Die Punkte A(1|3|9) und B(1|7|12) sind die Endpunkte der Strecke $\overline{AB}$.
Im Punkt P(2|4|15) befindet sich eine punktförmige Lichtquelle, die einen Schatten der Strecke $\overline{AB}$ auf die Ebene $E: x_1 + 3x_2 - 4x_3 + 6 = 0$ wirft.
a) Verdeutlichen Sie die Situation durch eine Skizze.
b) Berechnen Sie die Länge des Schattens der Strecke $\overline{AB}$.

242 IX Ebenen

Wiederholen – Vertiefen – Vernetzen

13 Fig. 1 zeigt einen Pyramidenstumpf mit quadratischer Grundfläche.
a) Die Gerade durch die Punkte B und H schneidet das Trapez CDEF im Punkt S. Berechnen Sie die Koordinaten von S.
b) Die Punkte F und G legen eine Gerade fest. Die Parallele zu dieser Geraden durch den Punkt S schneidet die Trapeze ABFE und CDHG in den Punkten S_1 und S_2. Berechnen Sie die Koordinaten von S_1 und S_2. Liegt der Punkt S auf der Geraden durch die Punkte E und C?
c) Liegen die Punkte S_1 und S_2 in der Ebene, die durch die Punkte C, E und H festgelegt ist?

14 Zeichnen Sie die quadratische Pyramide aus Fig. 2. Kennzeichnen Sie die Schnittfläche dieser Pyramide und der Ebene E.
a) E: $2x_1 - 3x_2 + x_3 = 3$ b) E: $-x_1 + 2x_2 + 3x_3 = 12$ c) E: $x_1 + 2x_2 = 2$
d) E ist festgelegt durch die Punkte P(0|0|4), Q(1|1|6) und R(1|3|4).
e) E ist festgelegt durch die Punkte P(1|2|3), Q(0|6|3) und R(-1|4|0).

⊚ Vektoris3D
Schnitt Pyramide Ebene

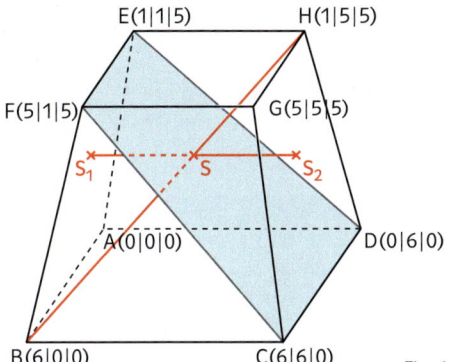

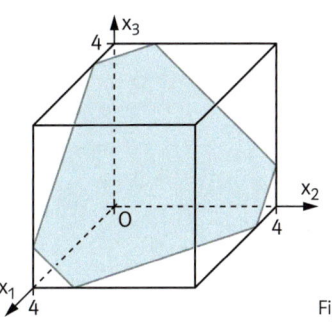

Fig. 1   Fig. 2

15 In Fig. 3 ist im Schrägbild eines Würfels der Kantenlänge 4 die Schnittfläche mit der Ebene E: $x_1 + x_2 + x_3 = 5$ eingezeichnet. Zeichnen Sie im Schrägbild eines Würfels der Kantenlänge 4 die Schnittflächen mit der Ebene E: $x_1 + x_2 + x_3 = d$ für d = 2, 4, 6, 8, 10 ein.

⊚ Vektoris3D
Schnitt Würfel Ebene

16 Betrachtet wird der Quader in Fig. 4. Zeichnen Sie einen solchen Quader in Ihr Heft. Der Quader wird von der Ebene E geschnitten. Bestimmen Sie die Koordinaten der Schnittpunkte des Quaders mit der Ebene E. Kennzeichnen Sie den Ebenenausschnitt, der in dem Quader liegt.
a) E: $x_1 + x_2 + x_3 = 6$
b) E: $3x_1 + 2x_2 + x_3 = 9$ c) E: $4x_1 + 3x_2 = 8$

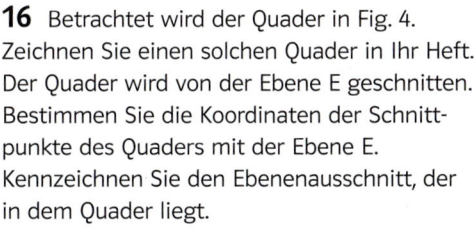

Fig. 3

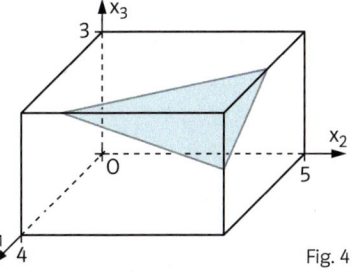

Fig. 4

Zeit zu wiederholen

17 Berechnen Sie die Integrale a) $\int_0^1 (2x^3 + x^2)\,dx$ b) $\int_{-0,25}^0 e^{-4x}\,dx$

18 Bestimmen Sie k so, dass gilt: $\int_0^1 k \cdot (x - x^3)\,dx = 1$.

Exkursion

Vektoris3D

Geometrische Fragestellungen in der Ebene lassen sich häufig mithilfe einer Zeichnung leichter lösen als durch Rechnung.
Bei der räumlichen Geometrie ist die zeichnerische Darstellung auf einem zweidimensionalen Blatt Papier häufig problematisch und aufwendig. Deshalb wird auf eine Visualisierung zumeist verzichtet.
Mit *Vektoris3D* kann man geometrische Objekte im Raum visualisieren und rechnerische Lösungen überprüfen. Nachfolgend wird in das Arbeiten mit *Vektoris3D* eingeführt.

Zur Installation des Programms führen Sie einfach die Setup-Datei aus.

Die Arbeitsoberfläche

Die Vektoris-Arbeitsoberfläche besteht aus einem Visualisierungsfenster links und einem Bereich zur Verwaltung der geometrischen Objekte rechts.
Um neue Elemente zu erzeugen, wechselt man rechts zur Ansicht *Skripteditor*, wählt die gewünschten Vorlagen aus und macht dann die entsprechenden Eingaben. Dann kann man die Elemente links einzeichnen lassen.
Die gegenseitige Lage und die Abstände zwischen den einzelnen Objekten können rechts unter den Ansichten *Schnittgebilde*, *Abstände* und *Schnittwinkel* berechnet und zum Teil auch visualisiert werden.

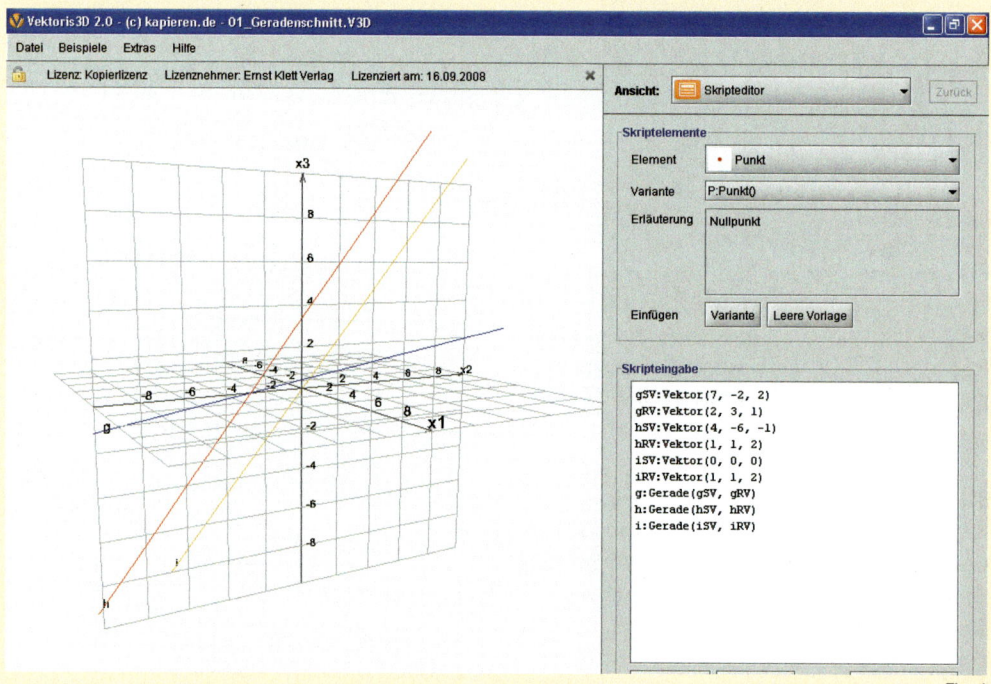

Fig. 1

Geraden und ihre Lage

Die Geraden $g: \vec{x} = \begin{pmatrix} 7 \\ -2 \\ 2 \end{pmatrix} + r \cdot \begin{pmatrix} 2 \\ 3 \\ 1 \end{pmatrix}$; $h: \vec{x} = \begin{pmatrix} 4 \\ -6 \\ -1 \end{pmatrix} + t \cdot \begin{pmatrix} 1 \\ 1 \\ 2 \end{pmatrix}$ und $i: \vec{x} = s \cdot \begin{pmatrix} 1 \\ 1 \\ 2 \end{pmatrix}$ sollen in einem räumlichen Koordinatensystem veranschaulicht und ihre gegenseitige Lage bestimmt werden.

Exkursion

Vorgehensweise:
In der Ansicht *Skripteditor* werden zunächst die Stützvektoren und die Richtungsvektoren der Geraden g, h und i und dann mit ihrer Hilfe die drei Geraden eingegeben.
Folgende Syntax wird verwendet:
bei Vektoren: *Bezeichnung: Vektor(x1, x2, x3)*
(also z. B. für die Vektoren der Geraden g: *gSV:Vektor(7, -2, 2)*
bzw. *gRV:Vektor(2, 3, 1)*),
bei Geraden: *Bezeichnung: Gerade(Stützvektor, Richtungsvektor)*
(also z. B. für die Gerade g: *g: Gerade(gSV, gRV)*).
Jede Eingabe steht in einer neuen Zeile. Die Objekte werden visualisiert, sobald man den Button *Einzeichnen* anklickt (siehe auch Fig. 1 auf Seite 244).

Vektoris3D bietet neben der genannten Möglichkeit noch weitere Varianten zur Angabe von Geraden.

In der Ansicht *Schnittgebilde* kann dann die gegenseitige Lage der Geraden abgefragt werden.
Die Geraden g und h schneiden sich z. B. im Punkt S (5|-5|1) (Fig. 1), die Geraden g und i sind windschief und die Geraden h und i sind parallel.

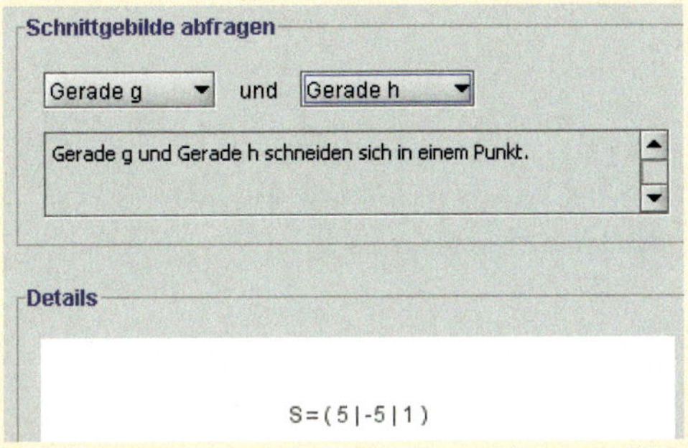

Fig. 1

Ebenen und ihre Lage

Die Ebene E: $\vec{x} = \begin{pmatrix} 1 \\ 1 \\ 3 \end{pmatrix} + r \cdot \begin{pmatrix} 1 \\ -1 \\ 0 \end{pmatrix} + s \cdot \begin{pmatrix} -3 \\ 1 \\ 4 \end{pmatrix}$ und ihre Spurgeraden sollen eingezeichnet werden.

Vorgehensweise:
In der Ansicht *Skripteditor* werden die Ebene E und die Koordinatenebenen eingegeben.

Folgende Syntax wird für Parametergleichungen von Ebenen verwendet:
Bezeichnung:
EbenePF(p1,p2,p3,u1,
u2,u3,v1,v2,v3),
also z. B: für die Ebene E:
E:EbenePF(1,1,3,1,-1,0,-3,1,4).

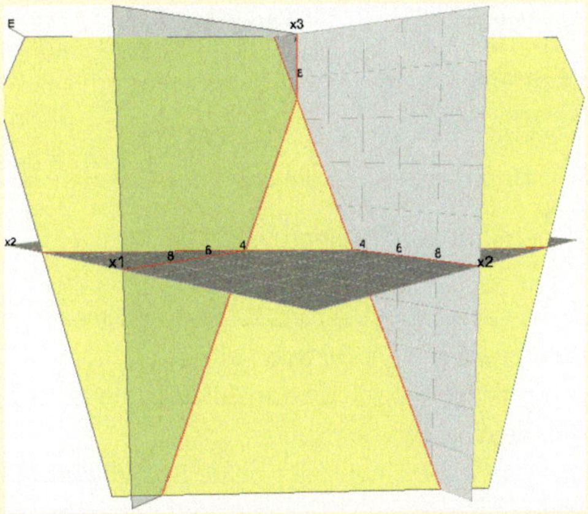

Ebenen können auch über drei Punkte, in Normalenform oder in Parameterform eingegeben werden.

Fig. 2

In der Ansicht *Schnittgebilde* wählt man die Option *Schnittgebilde visualisieren*. Zusätzlich kann man in der Ansicht *Darstellung* für die Koordinatenebenen die Farbe Grau wählen, sodass die Ebene E und die rot eingezeichneten Spurgeraden deutlich sichtbar hervortreten (Fig. 2).

Schattenwurf

Um den Schattenwurf eines Körpers auf eine Ebene zu bestimmen, legt man Geraden mit dem „Sonnenvektor" als Richtungsvektor durch die Eckpunkte und schneidet diese Geraden mit der Ebene auf die der Schatten fällt. So erhält man die Eckpunkte der Schattenfigur. Mit Vektoris ist es dann sehr leicht möglich, die Schattenwürfe für verschiedene Sonnenstände zu visualisieren.

Exkursion

Ein Quader besitzt die Kantenlängen 3, 6 und 4. Seine linke untere Ecke befindet sich im Koordinatenursprung. Sonnenlicht fällt in Richtung des Vektors $\vec{v} = \begin{pmatrix} 2 \\ -3 \\ -2 \end{pmatrix}$ ein. Es soll der Schatten bestimmt werden, den der Quader auf die $x_1 x_2$-Ebene wirft.
Dafür muss man zuerst die Eckpunkte und Kanten des Körpers einzeichnen.
`O:Punkt(0,0,0)`
…
`s1:Strecke(O,A)`
…

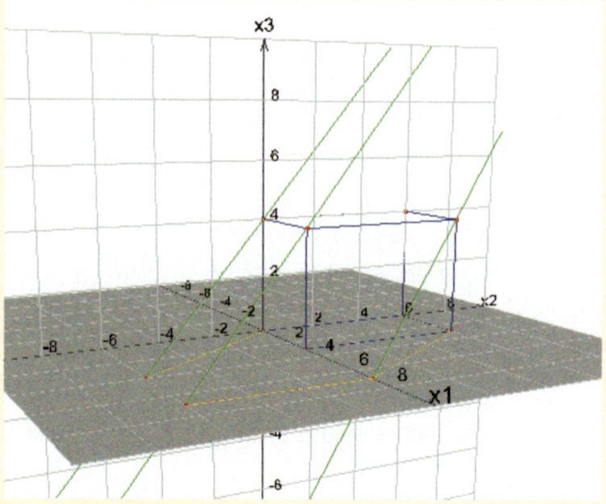

Danach werden Schattenebene und Sonnenvektor definiert und die Strahlen als Geraden.
`Ex1x2:EbenePF(0,0,0,1,0,0,0,1,0)`
`v:Vektor`
`gE:Gerade(0,0,4,v)`
…

Nun kann man mit dem Menüpunkt *Schnittgebilde* die Koordinaten der Endpunkte der Strahlen ermitteln.
`Es:Punkt(4,-6,0)`
…
`s13:Strecke(O,Es)`
…

Durch Abändern des „Sonnenvektors" kann nun experimentiert werden. Wie sieht der Schatten zum Beispiel aus, wenn das Sonnenlicht aus Richtung des Vektors $\vec{w} = \begin{pmatrix} 1 \\ 1 \\ -3 \end{pmatrix}$ kommt?
Wie muss das Sonnenlicht strahlen, damit der Schatten rechteckig ist?

Fig. 1

1 Untersuchen Sie die Lage der Geraden $g: \vec{x} = \begin{pmatrix} 3 \\ 6 \\ 4 \end{pmatrix} + t \cdot \begin{pmatrix} 4 \\ 8 \\ 2 \end{pmatrix}$ und $h: \vec{x} = \begin{pmatrix} 1 \\ 0 \\ 3 \end{pmatrix} + s \cdot \begin{pmatrix} -4 \\ -6 \\ 2 \end{pmatrix}$.
Ändern Sie jeweils einen Vektor so, dass eine andere Lagebeziehung entsteht.

2 Geben Sie in Vektoris3D die Koordinatenebenen als Ebenen in Parameterform und die Koordinatenachsen als Geraden ein.
a) Ermitteln Sie mit Vektoris3D zur Ebene $E: \vec{x} = \begin{pmatrix} 3 \\ 2 \\ 0 \end{pmatrix} + r \cdot \begin{pmatrix} 3 \\ -2 \\ 0 \end{pmatrix} + s \cdot \begin{pmatrix} -2 \\ 0 \\ 1 \end{pmatrix}$ die Spurpunkte und die Gleichungen der Spurgeraden.
b) Ändern Sie einen oder beide Spannvektoren so ab, dass sie eine Ebene erhalten, die zu einer Koordinatenachse (zu einer Koordinatenebene) orthogonal ist.
c) Beschreiben Sie die besondere Lage der Spurgeraden, wenn Sie den Stützvektor durch den Nullvektor ersetzen.

3 Geben Sie die Ebene $E: \vec{x} = \begin{pmatrix} 1 \\ 1 \\ 0 \end{pmatrix} + r \cdot \begin{pmatrix} -4 \\ 3 \\ 2 \end{pmatrix} + s \cdot \begin{pmatrix} 1 \\ 2 \\ 3 \end{pmatrix}$ und die Gerade $g: \vec{x} = \begin{pmatrix} 1 \\ 1 \\ 0 \end{pmatrix} + t \cdot \begin{pmatrix} -4 \\ 3 \\ -3 \end{pmatrix}$ ein.
a) Bestimmen Sie den Durchstoßpunkt von g durch E.
b) Geben Sie eine Gerade h ein, die sich nur in einer Koordinate des Richtungsvektors von der Geraden g unterscheidet und parallel zur Ebene E ist. Ändern Sie dann den Stützvektor der Ebene E so ab, dass die Gerade h in der Ebene E liegt.
c) Geben Sie eine Gerade i ein, welche die Ebene E im Punkt P (1|1|0) orthogonal schneidet.

Rückblick

Skalarprodukt, zueinander orthogonale Vektoren

Für zwei Vektoren $\vec{a} = \begin{pmatrix} a_1 \\ a_2 \\ a_3 \end{pmatrix}$ und $\vec{b} = \begin{pmatrix} b_1 \\ b_2 \\ b_3 \end{pmatrix}$ ($\vec{a} \neq \vec{o}$ und $\vec{b} \neq \vec{o}$) gilt:

– Der Term $a_1 b_1 + a_2 b_2 + a_3 b_3$ ist das **Skalarprodukt** $\vec{a} \cdot \vec{b}$ von $\vec{a}$ und $\vec{b}$.

– $\vec{a}$ und $\vec{b}$ sind genau dann zueinander **orthogonal**, wenn $\vec{a} \cdot \vec{b} = 0$.

$\vec{a} = \begin{pmatrix} 1 \\ 3 \\ 4 \end{pmatrix}$; $\vec{b} = \begin{pmatrix} 4 \\ 3 \\ 2 \end{pmatrix}$

$\vec{a} \cdot \vec{b} = \begin{pmatrix} 1 \\ 3 \\ 4 \end{pmatrix} \cdot \begin{pmatrix} 4 \\ 3 \\ 2 \end{pmatrix} = 1 \cdot 4 + 3 \cdot 3 + 4 \cdot 2 = 21$

$\vec{a} = \begin{pmatrix} 2 \\ -9 \\ 4 \end{pmatrix}$; $\vec{b} = \begin{pmatrix} 5 \\ 2 \\ 2 \end{pmatrix}$ $\vec{a} \cdot \vec{b} = \begin{pmatrix} 2 \\ -9 \\ 4 \end{pmatrix} \cdot \begin{pmatrix} 5 \\ 2 \\ 2 \end{pmatrix} = 0$

Ebenen

Jede Ebene lässt sich beschreiben durch:
– eine Parametergleichung der Form $\vec{x} = \vec{p} + r \cdot \vec{u} + s \cdot \vec{v}$.
Hierbei sind die Spannvektoren $\vec{u}$ und $\vec{v}$ nicht zueinander parallel. Der Vektor $\vec{p}$ heißt Stützvektor.
– eine Normalengleichung $(\vec{x} - \vec{p}) \cdot \vec{n} = 0$ mit einem Stützvektor $\vec{p}$ und einem Normalenvektor $\vec{n}$ der Ebene.
– eine Koordinatengleichung $a x_1 + b x_2 + c x_3 = d$, bei der mindestens einer der Koeffizienten a, b, c ungleich null ist.

E: $\vec{x} = \begin{pmatrix} 5 \\ 2 \\ 3 \end{pmatrix} + r \cdot \begin{pmatrix} 1 \\ 0 \\ 2 \end{pmatrix} + s \cdot \begin{pmatrix} 0 \\ -5 \\ 8 \end{pmatrix}$

E: $\left[\vec{x} - \begin{pmatrix} 5 \\ 2 \\ 3 \end{pmatrix}\right] \cdot \begin{pmatrix} -10 \\ 8 \\ 5 \end{pmatrix} = 0$

E: $-10 x_1 + 8 x_2 + 5 x_3 = -19$

Gegenseitige Lage von Ebenen und Geraden

Folgende Lagebeziehungen sind zwischen einer Ebene E mit Normalenvektor $\vec{n}$ und einer Gerade g mit Richtungsvektor $\vec{u}$ möglich:
– g schneidet E ($\vec{u}$ ist nicht orthogonal zu $\vec{n}$),
– g liegt in E ($\vec{u}$ ist orthogonal zu $\vec{n}$),
– g ist parallel zu E ($\vec{u}$ ist orthogonal zu $\vec{n}$).

Gegeben:
g: $\vec{x} = t \cdot \begin{pmatrix} 2 \\ 1 \\ 2 \end{pmatrix}$; E: $3 x_1 + 11 x_2 - 4 x_3 = 9$

$3 \cdot 2t + 11 \cdot 1t - 4 \cdot 2t = 9$, also $t = 1$.
Einsetzen von $t = 1$ in g liefert den Durchstoßpunkt $D(3|2|2)$.

Gegenseitige Lage von Ebenen

Folgende Lagebeziehungen sind zwischen zwei Ebenen E und F möglich:
– E und F sind zueinander parallel,
– E und F haben eine gemeinsame Schnittgerade.

Gegeben:
E: $x_1 + 2 x_2 = 4$;
F: $\vec{x} = \begin{pmatrix} 2 \\ 2 \\ 4 \end{pmatrix} + r \cdot \begin{pmatrix} 0 \\ -1 \\ 1 \end{pmatrix} + s \cdot \begin{pmatrix} 2 \\ 0 \\ 5 \end{pmatrix}$.

$2 + 2s + 2 \cdot (2 - r) = 4$; also $s = r - 1$.
Einsetzen von $s = r - 1$ in F ergibt die Gleichung der Schnittgeraden:

g: $\vec{x} = \begin{pmatrix} 0 \\ 2 \\ -1 \end{pmatrix} + r \cdot \begin{pmatrix} 2 \\ -1 \\ 6 \end{pmatrix}$

Beweis zur Parallelität und Orthogonalität

1. Skizze anfertigen.
2. Die zu beweisende Aussage in „Wenn-Dann-Form" und mithilfe von Vektoren formulieren.
3. Die Behauptung durch das Rechnen mit Vektoren herleiten. Dabei verwendet man:
   – Zwei Vektoren $\vec{a}$ und $\vec{b}$ sind zueinander parallel genau dann, wenn gilt: $\vec{a} = k \cdot \vec{b}$; $k \in \mathbb{R}$.
   – Zwei Vektoren $\vec{a}$ und $\vec{b}$ sind orthogonal genau dann, wenn gilt: $\vec{a} \cdot \vec{b} = 0$.

Prüfungsvorbereitung ohne Hilfsmittel

1 Für die Vektoren $\vec{a}$, $\vec{b}$ und $\vec{c}$ gilt, dass sie jeweils paarweise zueinander orthogonal und ihre Beträge gleich groß sind. Prüfen Sie, ob die Vektoren zueinander orthogonal sind.
a) $\vec{a} + \vec{b}$, $\vec{b} + \vec{c}$
b) $2\vec{a} + \vec{b} - \vec{c}$, $\vec{a} + 2\vec{c}$
c) $\vec{a} - \vec{b}$, $\vec{a} + \vec{b} + \vec{c}$

2 Die Punkte ABCDS mit $A(0|0|0)$, $B(4|0|2)$, $C(4|6|4)$, $D(0|6|2)$ und $S(-1|1|8)$ bilden eine Pyramide mit der Spitze S. Bestimmen Sie M als Diagonalenschnittpunkt des Rechtecks ABCD und zeigen Sie, dass die Strecke $\overline{SM}$ die Höhe der Pyramide ist.

3 Welche dieser Vektoren sind zueinander orthogonal?
$\vec{a} = \begin{pmatrix} \sqrt{2} \\ 1 \\ \sqrt{2} \end{pmatrix}$; $\vec{b} = \begin{pmatrix} 1 \\ \sqrt{3} \\ 1 \end{pmatrix}$; $\vec{c} = \begin{pmatrix} \sqrt{2} \\ 0 \\ -\sqrt{2} \end{pmatrix}$; $\vec{d} = \begin{pmatrix} \sqrt{2} \\ -\sqrt{2} \\ 0 \end{pmatrix}$; $\vec{e} = \begin{pmatrix} -1 \\ -1 \\ \sqrt{3} \end{pmatrix}$

4 Die Punkte A, B und C legen eine Ebene E fest. Bestimmen Sie eine Normalengleichung und eine Koordinatengleichung von E. Liegt der Punkt $D(5|3|2)$ in der Ebene E?
a) $A(1|0|0)$, $B(0|1|0)$, $C(0|0|1)$
b) $A(-2|-1|7)$, $B(3|4|-1)$, $C(1|0|-1)$

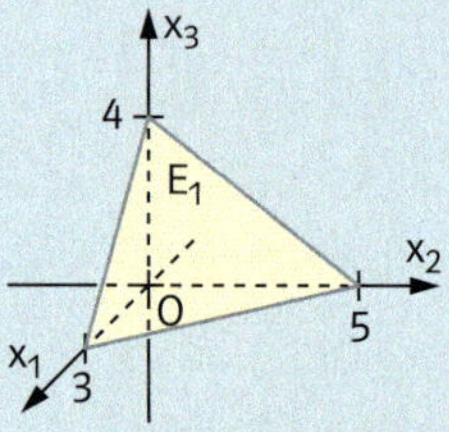

5 Ist die Gerade g zur Ebene E orthogonal?
a) $g: \vec{x} = \begin{pmatrix} 1 \\ 0 \\ 2 \end{pmatrix} + t \cdot \begin{pmatrix} -3 \\ 1 \\ -4 \end{pmatrix}$; $E: \vec{x} = \begin{pmatrix} -1 \\ 0 \\ 1 \end{pmatrix} + r \cdot \begin{pmatrix} 1 \\ -1 \\ -1 \end{pmatrix} + s \cdot \begin{pmatrix} 1 \\ 3 \\ 0 \end{pmatrix}$

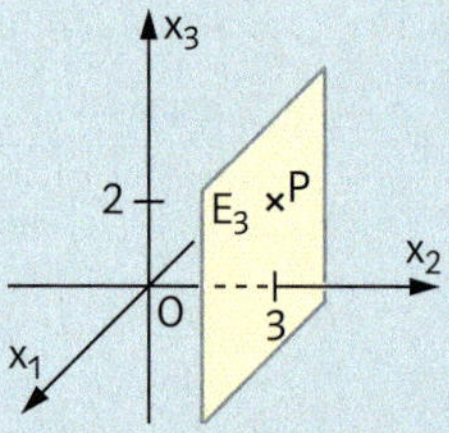

b) $g: \vec{x} = \begin{pmatrix} 1 \\ -2 \\ 3 \end{pmatrix} + t \cdot \begin{pmatrix} -7 \\ -9 \\ 0 \end{pmatrix}$; $E: \vec{x} = \begin{pmatrix} 2 \\ 0 \\ 1 \end{pmatrix} + r \cdot \begin{pmatrix} 1 \\ 1 \\ 1 \end{pmatrix} + s \cdot \begin{pmatrix} 0 \\ 2 \\ 3 \end{pmatrix}$

6 Ist die Gerade g zur Ebene E parallel?
a) $g: \vec{x} = \begin{pmatrix} 1 \\ 0 \\ 2 \end{pmatrix} + t \cdot \begin{pmatrix} -3 \\ 1 \\ -4 \end{pmatrix}$; $E: 3x_1 - x_2 + 4x_3 = 1$
b) $g: \vec{x} = \begin{pmatrix} 1 \\ -2 \\ 3 \end{pmatrix} + t \cdot \begin{pmatrix} -7 \\ -9 \\ 0 \end{pmatrix}$; $E: x_1 - 3x_2 + 2x_3 = 4$

7 Erläutern Sie, wie man an der Parametergleichung einer Geraden und an der Koordinatengleichung einer Ebene erkennen kann, ob die Gerade und die Ebene sich schneiden.

8 Bestimmen Sie die Lage und gegebenenfalls den Schnittpunkt von $g: \vec{x} = \begin{pmatrix} 2 \\ 3 \\ 1 \end{pmatrix} + t \cdot \begin{pmatrix} -2 \\ 2 \\ -3 \end{pmatrix}$ und E.
a) $E: 4x_1 - 4x_2 + 6x_3 = 16$
b) $E: x_2 - x_3 = 3$
c) $E: -8x_1 + 8x_2 - 12x_3 = -4$

9 In Fig. 1, Fig. 2 und Fig. 3 ist jeweils ein Ausschnitt einer Ebene gezeichnet. Der Punkt $P(0|3|2)$ liegt in der Ebene E_3. Bestimmen Sie für die Ebenen E_1, E_2 und E_3 jeweils eine Gleichung.

10 Untersuchen Sie die gegenseitige Lage der Ebenen E_1 und E_2.
a) $E_1: \vec{x} = r \cdot \begin{pmatrix} -1 \\ 1 \\ 1 \end{pmatrix} + s \cdot \begin{pmatrix} 3 \\ 2 \\ 0 \end{pmatrix}$; $E_2: x_1 - x_2 - x_3 = 2$
b) $E_1: x_1 - 3x_2 + 2x_3 = 1$; $E_2: -3x_1 + 9x_2 - 6x_3 = 4$

11 Gegeben sind die Ebene $E: 3x_1 - 2x_2 + x_3 = 7$ und der Punkt $P(-1|4|8)$.
a) Geben Sie eine Gleichung der zu E parallelen Ebene F durch den Punkt P an.
b) Für welche Zahl p ist die Ebene $E_p: px_1 + 3x_2 + (p-6)x_3 = 1$ orthogonal zu Ebene E?

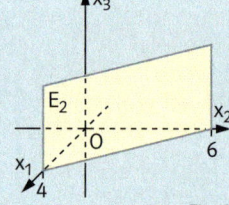

Fig. 1

Fig. 2

Fig. 3

Prüfungsvorbereitung mit Hilfsmitteln

1 Die zwei Quadrate ABCD und BEFG berühren sich wie in Fig. 1 dargestellt. Eine Seite des großen Quadrates ist genau doppelt so groß wie eine Seite des kleinen Quadrates. Der Punkt H liegt auf der Strecke $\overline{AE}$. Bestimmen Sie die Lage des Punktes H so, dass die Strecken $\overline{HF}$ und $\overline{HM}$ orthogonal zueinander sind.

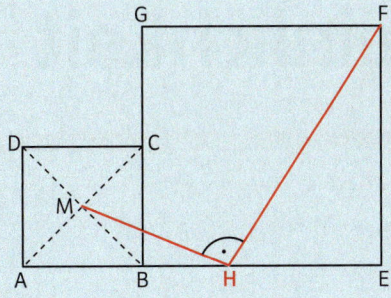

Fig. 1

2 Gegeben sind die Punkte A(1|0) und B(4|2) sowie die Gerade $g: \vec{x} = \begin{pmatrix} 0 \\ 2 \end{pmatrix} + t \cdot \begin{pmatrix} 3 \\ 1 \end{pmatrix}$.
Bestimmen Sie die Koordinaten aller Punkte P auf der Geraden g so, dass das jeweilige Dreieck ABP rechtwinklig ist.

3 Gegeben sind die Gerade g durch die Punkte P(0|0|3) und Q(−5|3|3) und die Gerade h
mit $h: \vec{x} = \begin{pmatrix} 0 \\ -1{,}5 \\ 4{,}5 \end{pmatrix} + t \cdot \begin{pmatrix} -5 \\ 6 \\ -3 \end{pmatrix}$. Zeigen Sie, dass die Geraden g und h eine Ebene E aufspannen und geben Sie eine Gleichung für E an. Berechnen Sie die Spurpunkte der Ebene E.

4 Gegeben sind die Ebene $E: 2x_1 - x_2 + 3x_3 = 5$ und für jedes $a \in \mathbb{R}$ eine Gerade
$g_a: \vec{x} = \begin{pmatrix} 0 \\ 1 \\ 1 \end{pmatrix} + t \cdot \begin{pmatrix} 1 \\ a \\ 2 \end{pmatrix}$.

a) Bestimmen Sie die Koordinaten des Schnittpunktes S_a der Geraden g_a mit der Ebene E in Abhängigkeit von a. Für welchen Wert von a gibt es keine Lösung? Interpretieren Sie das Ergebnis geometrisch.
b) Für welchen Wert von a liegt der Schnittpunkt S_a in der x_1x_2-Ebene?
c) Gibt es einen Wert für a, für den die Gerade g_a die Ebene E orthogonal schneidet? Begründen Sie Ihre Antwort.

5 Gegeben ist die Geradenschar $g_a: \vec{x} = \begin{pmatrix} 1 \\ 1 \\ 0 \end{pmatrix} + t \cdot \begin{pmatrix} 1 \\ 2 \\ a \end{pmatrix}$ und die Ebenenschar
$E_b: 2x_1 + 4x_2 + 5x_3 = b$.
a) Für welchen Wert von a schneidet g_a die Ebene E_1 orthogonal? Berechnen Sie den Schnittpunkt.
b) Für welchen Wert von a ist die Gerade g_a parallel zur Ebene E_1?
c) Wie müssen a und b gewählt werden, damit die Gerade g_a in der Ebene E_b liegt?

6 Gegeben ist die Ebenenschar
$E_t: tx_1 + x_3 = 2t; \; t \in \mathbb{R}$.
a) Zeigen Sie, dass die Kante $\overline{AB}$ der Pyramide (Fig. 2) für alle Werte von t, $t \in \mathbb{R}$, in der Ebene E_t liegt.
b) Für welche Werte von t teilt die Ebene E_t die Pyramide in 2 Teile?
c) Zeichnen Sie die Pyramide zusammen mit der Schnittfläche mit der Ebene E_1 in ein Koordinatensystem.

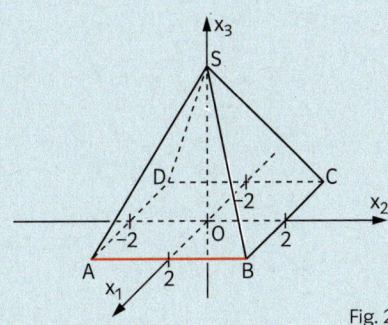

Fig. 2

Schlüsselkonzept: Wahrscheinlichkeit

Die Wahrscheinlichkeit eines Ereignisses gibt an, welche relative Häufigkeit man für das Ereignis bei vielen Versuchswiederholungen etwa erwarten kann.

Eine Versicherung bietet gegen einen Jahresbeitrag von 12 Euro eine Entschädigung von 5000 Euro an, falls man von Außerirdischen entführt wird (und dies später auch beweisen kann). Ist die Prämie fair? Falls nicht, wodurch würde sich eine faire Prämie auszeichnen?

Das kennen Sie schon
- Wahrscheinlichkeiten bei Zufallsversuchen
- Summenregel und Pfadregel
- Ereignisse

Wenn man hier den Mittelwert berechnet und die Abweichungen vom Mittelwert nicht betrachtet, kommt man auf einen Volltreffer. Aber sind Abweichungen vom Mittelwert auch „berechenbar"?

Was ist wahrscheinlicher, sechs Richtige im Lotto zu haben oder vom Blitz getroffen zu werden? Die Wahrscheinlichkeit von Treffern beim Lotto lässt sich im Gegensatz zu der bei Blitzen exakt berechnen.

In diesem Kapitel

- werden Wahrscheinlichkeiten und Ereignisse wiederholt.
- werden Abzählverfahren zur Berechnung von Wahrscheinlichkeiten beschrieben.
- werden Bernoulli-Experimente und die Binomialverteilung behandelt.
- werden Erwartungswerte und Standardabweichungen bestimmt.

 Zahl und Zahlbereiche

 Messen und Größen

 Raum und Form

 Funktionaler Zusammenhang

 Daten und Zufall

1 Wahrscheinlichkeiten und Ereignisse

Die „6" gewinnt, wenn nach der Drehung des Glücksrads der Zeiger auf einer 6 steht.

Die „6" gewinnt, wenn die Summe der Augenzahlen 6 ist.

Die „6" gewinnt, wenn beim Herausnehmen von 3 Kugeln mindestens eine Kugel die 6 trägt.

Wo würden Sie auf die „6" wetten?

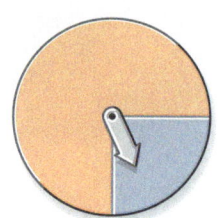

Fig. 1

Alle möglichen Ergebnisse eines Zufallsexperimentes bilden die **Ergebnismenge** S. Jedem Ergebnis ordnet man eine Zahl zwischen 0 und 1, seine **Wahrscheinlichkeit**, zu. Die Wahrscheinlichkeit eines Ergebnisses gibt an, welche relative Häufigkeit man für das Ergebnis bei vielen Versuchswiederholungen etwa erwarten kann. Beim einmaligen Drehen des Glücksrades in Fig. 1 ist die Ergebnismenge $S = \{r, g\}$ mit den Wahrscheinlichkeiten $P(r) = \frac{3}{4}$ und $P(g) = \frac{1}{4}$. Die Summe der Wahrscheinlichkeiten aller Ergebnisse eines Zufallsexperimentes ergibt immer 1 bzw. 100%.

Zweimaliges Drehen des Glücksrades ist ein **mehrstufiges Zufallsexperiment**. Die Ergebnisse erhält man mit einem **Baumdiagramm** (Fig. 2). Die Ergebnismenge kann man als Menge in der Form $S = \{rr, rb, br, bb\}$ notieren. Die zugehörigen Wahrscheinlichkeiten werden bestimmt, indem man die Wahrscheinlichkeiten längs des dazugehörigen Pfades multipliziert (Pfadregel), z. B. $P(rb) = \frac{3}{4} \cdot \frac{1}{4} = \frac{3}{16}$.
Die **Wahrscheinlichkeitsverteilung** stellt man übersichtlich in einer Tabelle oder mit einem Graphen (Fig. 3) dar.

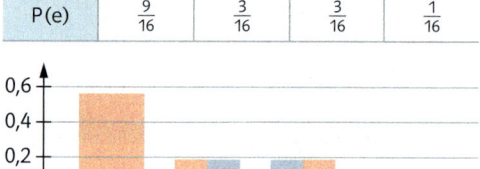

Fig. 2

e	rr	rb	br	bb
P(e)	$\frac{9}{16}$	$\frac{3}{16}$	$\frac{3}{16}$	$\frac{1}{16}$

Fig. 3

Die Ereignisse E und $\overline{E}$ kann man auch in Worten beschreiben:
E: Es erscheint mindestens einmal rot
$\overline{E}$: Es erscheint kein Mal rot bzw. nur blau.

Eine Teilmenge der Ergebnismenge wie $E = \{rr, rb, br\}$ nennt man **Ereignis**.
Das Ereignis $\overline{E} = \{bb\}$, das aus allen Ergebnissen besteht, die nicht in E liegen, heißt **Gegenereignis** von E. Es gilt: $P(E) = P(rr) + P(rb) + P(br) = \frac{9}{16} + \frac{3}{16} + \frac{3}{16} = \frac{15}{16}$ (Summenregel).

Hier ist es einfacher, P(E) mithilfe der Wahrscheinlichkeit für das Gegenereignis von E zu bestimmen, denn es gilt: $P(E) = 1 - P(\overline{E}) = 1 - \frac{1}{16} = \frac{15}{16}$.

> **Pfadregel**:
> Die Wahrscheinlichkeit für ein Ergebnis erhält man, indem man die Wahrscheinlichkeiten längs des dazugehörigen Pfades multipliziert.
> **Summenregel**:
> Die Wahrscheinlichkeit P(E) eines Ereignisses E erhält man, indem man die Wahrscheinlichkeiten der zugehörigen Ergebnisse addiert.

Beispiel Mehrstufige Zufallsexperimente
Versuchsreihen bei einem Medikament haben gezeigt, dass es mit 80-prozentiger Wahrscheinlichkeit eine heilende Wirkung zeigt.
a) Ein Arzt behandelt drei Patienten mit dem Medikament. Berechnen Sie die Wahrscheinlichkeit für das Ereignis
A: alle Patienten werden geheilt,
B: nur ein Patient wird geheilt,
C: mindestens ein Patient wird geheilt.
b) Beantworten Sie Teilaufgabe a) für die Behandlung von sechs Patienten.

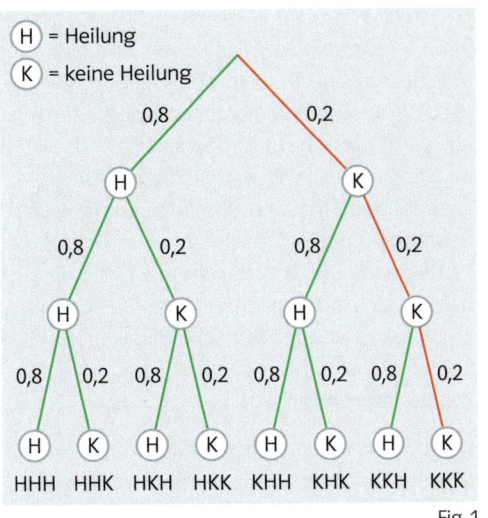

Der zu $\overline{C}$ gehörige Pfad ist im Baumdiagramm in Fig. 1 rot markiert.

■ Lösung: a) $P(A) = P(HHH) = 0{,}8^3 = 0{,}512$,
$P(B) = P(\{HKK, KHK, KKH\})$
$= 3 \cdot 0{,}8 \cdot 0{,}2 \cdot 0{,}2 = 3 \cdot 0{,}8 \cdot 0{,}2^2 = 0{,}096$
$\overline{C}$: kein Patient wird geheilt, also
$P(C) = 1 - P(\overline{C}) = 1 - 0{,}2^3 = 0{,}992$ (vgl. Fig. 1).
b) *Man zeichnet nicht mehr den ganzen Baum, sondern nur einen Teilbaum, der die benötigten Pfade enthält. Oder man stellt sich den Baum nur noch vor („Baum im Kopf"). Die Rechnung aus Teilaufgabe a) wird übertragen.*
$P(A) = 0{,}8^6 = 0{,}2621$;
$P(B) = 6 \cdot 0{,}8 \cdot 0{,}2^5 = 0{,}0015$; *der Faktor 6 tritt auf, weil H bei Ergebnis B an sechs Stellen im Ergebnis stehen kann, die anderen fünf sind K.*
$\overline{C}$: kein Patient wird geheilt, also $P(C) = 1 - P(\overline{C}) = 1 - 0{,}2^6 = 0{,}9999$.

Aufgaben

1 Eine Schale enthält vier rote und drei blaue Kugeln. Es werden blind zwei Kugeln mit (ohne) Zurücklegen entnommen.
Mit welcher Wahrscheinlichkeit
a) sind es zwei rote,
b) ist eine blau und eine rot,
c) ist mindestens eine rote dabei,
d) ist höchstens eine blaue dabei?

2 Das Glücksrad in Fig. 2 wird dreimal gedreht. Geben Sie die Ergebnismenge an.
Wie groß ist die Wahrscheinlichkeit für das Ereignis E?
a) E: „Gelb erscheint dreimal"
b) E: „Blau erscheint genau einmal"
c) E: „Gelb erscheint mindestens einmal"
d) E: „Blau erscheint mindestens zweimal"

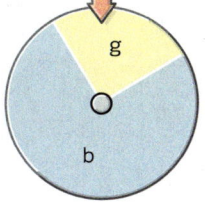

Fig. 2

3 Von einem Medikament ist bekannt, dass es in $\frac{3}{4}$ aller Fälle eine Krankheit heilt. Drei Patienten werden damit behandelt. Bestimmen Sie die Wahrscheinlichkeit für das Ereignis.
Beschreiben Sie das Gegenereignis in Worten.
a) Es wird kein Patient geheilt.
b) Genau ein Patient wird geheilt.
c) Nur ein Patient wird nicht geheilt.
d) Höchstens zwei Patienten werden geheilt.

4 Bei einem Spiel erhält man eine Punktzahl von 1 bis 6 nach folgendem Verfahren:
Man würfelt mit zwei Würfeln und nimmt die kleinere der auftretenden Augenzahlen als Punktzahl. Bei gleichen Augenzahlen nimmt man diese.
Geben Sie die Wahrscheinlichkeitsverteilung für das Zufallsexperiment an.
Skizzieren Sie den Graphen der Wahrscheinlichkeitsverteilung.

Fig. 1

5 In einer Schale liegen sechs Kugeln (siehe Fig. 1). Man entnimmt daraus – ohne hinzusehen – nacheinander zwei Kugeln mit Zurücklegen. Vor jedem Zug werden die Kugeln gut gemischt. Ergebnisse werden in der Form 3–1 notiert, falls z.B. die erste Kugel die Nummer 3 und die zweite Kugel die Nummer 1 trägt. Betrachten Sie die Ereignisse E: „Die Summe der Zahlen auf den Kugeln beträgt höchstens 3"; F = {1–1, 2–1, 3–1, 4–1}.
a) Geben Sie E in Mengenschreibweise an.
Beschreiben Sie F und das Gegenereignis von E in Worten.
Bestimmen Sie P(E) und P(F).
b) Wie groß ist die Wahrscheinlichkeit, dass die Summe der Zahlen auf den Kugeln höchstens 3 beträgt, und dass man ein Ergebnis aus F erhält?
c) Wie groß ist die Wahrscheinlichkeit, ein Ergebnis aus E oder F zu erhalten?

Zeit zu überprüfen

6 Dirk Nowitzki trifft beim Basketball-Freiwurf mit der Wahrscheinlichkeit $\frac{9}{10}$.
Nowitzki macht drei Freiwürfe. Ein mögliches Ergebnis ist TNT (im 1. Wurf trifft er, im 2. Wurf trifft er nicht und im 3. Wurf trifft er wieder).
a) Geben Sie die Ergebnismenge sowie eine Tabelle der Wahrscheinlichkeitsverteilung an. Skizzieren Sie den Graphen der Wahrscheinlichkeitsverteilung.
b) Geben Sie das Ereignis E: „Nowitzki trifft mindestens zweimal" als Menge an und bestimmen Sie P(E). Beschreiben Sie das Gegenereignis von E in Worten und geben Sie seine Wahrscheinlichkeit an.
c) Wie groß ist die Wahrscheinlichkeit, dass Nowitzki höchstens zweimal trifft?

7 Wie groß ist die Wahrscheinlichkeit, bei fünf Würfen mit einem Würfel
a) mindestens eine Sechs zu werfen,
b) lauter verschiedene Augenzahlen zu erhalten,
c) die erste Sechs erst beim fünften Wurf zu erzielen?

8 Die Wahrscheinlichkeit für eine Jungengeburt beträgt 0,515. Mit welcher Wahrscheinlichkeit bekommt eine Familie mit fünf Kindern
a) nach vier Söhnen eine Tochter,
b) nach vier Töchtern einen Sohn?

9 Beim Lotto „6 aus 49" kreuzt man auf einem Tippzettel sechs Zahlen an. Bei der Ziehung werden in eine Schale 49 Kugeln gefüllt, welche die Nummern 1 bis 49 tragen. Ein Zufallsmechanismus zieht davon sechs Kugeln ohne Zurücklegen. Eine Kugel, die eine der auf dem Tippzettel angekreuzten Nummern trägt, nennt man „Richtige". Es gibt 13 983 816 mögliche Ziehungen. Alle Ziehungen sind gleich wahrscheinlich.
a) Wie groß ist die Wahrscheinlichkeit für sechs Richtige?
b) Eine Ziehung mit sechs aufeinanderfolgenden Zahlen heißt „Sechsling". Wie groß ist die Wahrscheinlichkeit für einen Sechsling?
c) Wie groß ist die Wahrscheinlichkeit für null Richtige?

Das radioaktive Element Jod-131 wurde bei der Explosion des Atomkraftwerks in Tschernobyl im Jahre 1986 in großen Mengen freigesetzt. Jod ist ein Spurenelement. Es reichert sich in der Schilddrüse an.

10 a) Ein Atom eines radioaktiven Stoffes zerfällt im Laufe eines Tages mit der Wahrscheinlichkeit 0,15. Anfangs sind von dem Stoff 100 % vorhanden. Wie viel Prozent sind nach zehn Tagen noch da? Bestimmen Sie die Halbwertszeit des Stoffes, d.h. die Zeit, in der nur noch 50 % des Stoffes vorhanden sind.
b) Jod-131 besitzt eine Halbwertszeit von acht Tagen. Wie groß ist die Wahrscheinlichkeit, dass ein Atom von Jod-131 in den nächsten 24 Stunden zerfällt?

INFO → Aufgaben 11 und 12

Empirisches Gesetz der großen Zahlen
Wahrscheinlichkeiten durch relative Häufigkeiten schätzen

Bei einem Zufallsexperiment gibt die Wahrscheinlichkeit eines Ergebnisses an, welche relative Häufigkeit man für das Ergebnis bei Versuchswiederholungen etwa erwarten kann. Diese Eigenschaft kann man bei einem Zufallsversuch ausnutzen, bei dem die Wahrscheinlichkeiten nicht direkt zu erkennen sind. Wenn man z.B. einen Lego-„Würfel" (Fig. 1) wirft, kennt man die Wahrscheinlichkeit für „4" nicht. Mithilfe von langen Wurfserien kann man sie aber schätzen. Die Tabelle zeigt die relativen Häufigkeiten von drei solchen Serien sowie ein zugehöriges Diagramm.

Anzahl der Würfe	relative Häufigkeit für „4" bei		
	Serie 1	Serie 2	Serie 3
50	0,28	0,40	0,36
100	0,30	0,36	0,34
150	0,31	0,31	0,36
200	0,30	0,32	0,35
250	0,32	0,36	0,33
300	0,31	0,35	0,32
350	0,30	0,35	0,32
400	0,31	0,34	0,32
450	0,31	0,33	0,32
500	0,31	0,32	0,31

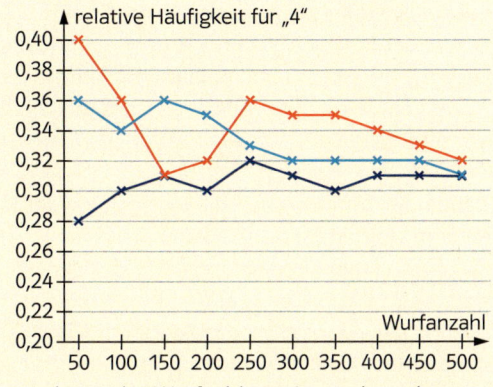

Fig. 1

Die Würfe können mithilfe einer Tabellenkalkulation simuliert werden (siehe Kapitel XI, Lerneinheiten 1 und 2).

Man erkennt, dass die relativen Häufigkeiten mit zunehmender Wurfzahl weniger schwanken. Man nennt diesen Sachverhalt

Empirisches Gesetz der großen Zahlen
Wenn man ein Zufallsexperiment sehr oft durchführt, stabilisieren sich die relativen Häufigkeiten für die Ergebnisse.

Die relative Häufigkeit für „4" nähert sich hier etwa dem Wert 0,31. Daher ist 0,31 ein Schätzwert für die Wahrscheinlichkeit, mit dem Lego-Würfel eine „4" zu werfen.

11 Helena wirft einen Reißnagel 250-mal und erhält 177-mal Kopf, Susanne erhielt in 500 Würfen 322-mal Kopf und Pascal in 750 Würfen 466-mal Kopf.
Berechnen Sie die relativen Häufigkeiten in Prozent und beurteilen Sie die drei möglichen Wahrscheinlichkeitsverteilungen für die Ergebnisse Kopf und Seite.

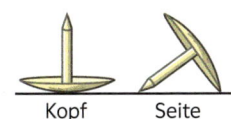

Kopf   Seite

12 a) Paul hat die Wahrscheinlichkeiten für Lego-Achter, -Sechser und -Vierer geschätzt. Welche Schätzung gehört zu welchem Stein?
b) Würfeln Sie mit dem Lego-Achter, -Sechser und -Vierer jeweils 50-mal (einen Becher auf den Tisch stülpen) und ermitteln Sie die absoluten und relativen Häufigkeiten der Augenzahlen 1 bis 6.
c) Können Sie die Schätzungen von Paul verbessern? (Nutzen Sie alle Ergebnisse des Kurses.)

Augenzahl	1	2	3	4	5	6
Schätzung 1	10%	10%	40%	20%	10%	10%
Schätzung 2	10%	0,5%	47%	32%	0,5%	10%
Schätzung 3	11%	1,5%	45%	30%	1,5%	11%

Bei Aufgabe 12 erzielt man bessere Ergebnisse, wenn man in der Gruppe arbeitet.

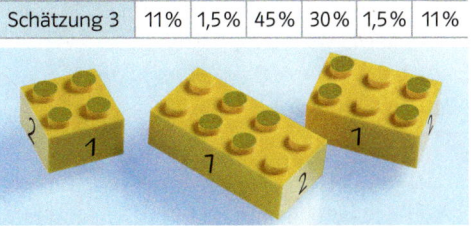

2 Berechnen von Wahrscheinlichkeiten mit Abzählverfahren

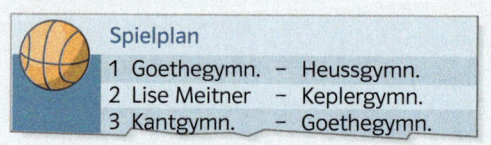

Bei einem Basketballturnier spielen 5 Mannschaften. Jede tritt gegen jede andere an. Wie viele Spielpaarungen gibt es?

Bei einem Laplace-Experiment sind alle Ergebnisse gleich wahrscheinlich.

Viele Zufallsexperimente mit mehreren Stufen laufen wie das Ziehen der Lottokugeln ab. Man spricht vom Ziehen aus einer Urne. Um die Wahrscheinlichkeit für ein Ereignis E bei solchen Experimenten zu bestimmen, kann man wie in Lerneinheit 1 ein Baumdiagramm verwenden. Da solche Experimente oft Laplace-Experimente sind, kann man als Alternative auch zunächst die Anzahl der Ergebnisse, die zu E gehören und die Anzahl aller möglichen Ergebnisse bestimmen. Auch dabei kann ein Baumdiagramm hilfreich sein.
Es werden zwei Kugeln aus einer Urne mit fünf Kugeln gezogen, welche die Nummern 1, 2, 3, 4 und 5 tragen (Fig. 1). Dabei sind vor allem folgende Fälle wichtig.

Fig. 1

Statt (1,1) wird hier kurz 11 notiert.

Ziehen mit Zurücklegen – die Reihenfolge der Kugeln wird berücksichtigt.
An dem Diagramm in Fig. 2 kann man die möglichen Ergebnisse ablesen. Zu jeder der ersten fünf Ziehungen sind fünf Kugeln als zweite Ziehung möglich. Im Diagramm (Fig. 2) sind nur die Möglichkeiten dargestellt, bei denen die erste Kugel 2 ist. Für die Ergebnismenge S ergibt sich:
S = {11, 12, 13, 14, 15, 21, 22, 23, 24, 25, 31, 32, 33, 34, 35, 41, 42, 43, 44, 45, 51, 52, 53, 54, 55}
Es gibt also $5 \cdot 5 = 5^2 = 25$ Ergebnisse.
Allgemein gilt:

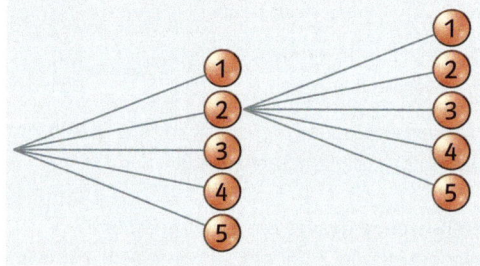

Fig. 2

> Wenn man aus einer Urne mit n nummerierten Kugeln k-mal *mit* Zurücklegen zieht und die Reihenfolge berücksichtigt, dann gibt es n^k mögliche Ergebnisse.

Ziehen ohne Zurücklegen – die Reihenfolge der Kugeln wird berücksichtigt.
An dem Diagramm in Fig. 3 kann man die möglichen Ergebnisse ablesen. Zu jeder der ersten fünf Ziehungen sind jetzt nur noch vier Kugeln als zweite Ziehung möglich, da die erste Kugel nicht zurückgelegt wird. Im Diagramm (Fig. 3) sind nur die Möglichkeiten dargestellt, bei denen die erste Kugel 2 ist.
S = {12, 13, 14, 15, 21, 23, 24, 25, 31, 32, 34, 35, 41, 42, 43, 45, 51, 52, 53, 54}
Es gibt also $5 \cdot 4 = 20$ Ergebnisse.
Allgemein gilt:

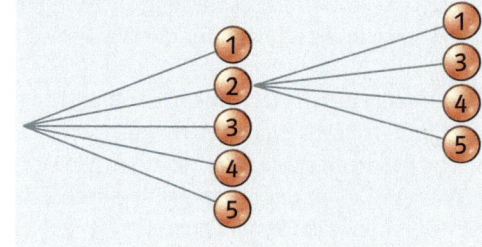

Fig. 3

> Wenn man aus einer Urne mit n nummerierten Kugeln k-mal *ohne* Zurücklegen zieht und die Reihenfolge berücksichtigt, dann gibt es $n \cdot (n-1) \cdot \ldots \cdot (n-k+1)$ mögliche Ergebnisse.

Beim Ziehen von n Kugeln ohne Zurücklegen kann man höchstens n-mal ziehen. Die Zahl der Ergebnisse bei n-maligem Ziehen nennt man n! (gelesen n **Fakultät**). Es gilt: $n! = n \cdot (n-1) \cdot \ldots \cdot 1$. Man kann also n nummerierte Kugeln auf n! Arten anordnen.

Wegen der Umformung $n \cdot (n-1) \cdot \ldots \cdot (n-k+1) = \frac{n \cdot (n-1) \cdot \ldots \cdot 1}{(n-k) \cdot (n-k-1) \cdot \ldots \cdot 1} = \frac{n!}{(n-k)!}$ gilt auch:

Beim Ziehen von k Kugeln aus einer Urne mit n nummerierten Kugeln ohne Zurücklegen gibt es $\frac{n!}{(n-k)!}$ mögliche Ergebnisse.

Fig. 1

Beachten Sie, dass man 0! = 1 setzt.

Ziehen ohne Zurücklegen – die Reihenfolge der Kugeln wird nicht berücksichtigt.
Bei Berücksichtigung der Reihenfolge ergibt sich beim Ziehen von zwei Kugeln aus der Urne in Fig. 2 die Ergebnismenge {12, 13, 14, 15, 21, 23, 24, 25, 31, 32, 34, 35, 41, 42, 43, 45, 51, 52, 53, 54}. Da aber die Reihenfolge nicht berücksichtigt werden soll, fallen von diesen Ergebnissen jeweils zwei zusammen, z.B. 12 und 21 oder 34 und 43. Die Zahl der Ergebnisse halbiert sich also. Da 2 = 2!, gibt es somit $\frac{5!}{3! \cdot 2!} = 10$ Ergebnisse.

Fig. 2

Es gibt 2! = 2 Möglichkeiten, zwei Kugeln anzuordnen.

Hätte man drei Kugeln gezogen, so würden jeweils sechs Ziehungen dasselbe Ergebnis liefern, z.B. 123, 132, 213, 231, 312, 321. Das sind gerade die 3! Anordnungen der Kugeln 1, 2, 3. Allgemein liefern bei einer Ergebnismenge k! Ziehungen dasselbe Ergebnis, wenn man k Kugeln zieht. Da es mit Berücksichtigung der Reihenfolge $\frac{n!}{(n-k)!}$ Ziehungen gibt, erhält man ohne Berücksichtigung der Reihenfolge $\frac{1}{k!} \cdot \frac{n!}{(n-k)!} = \frac{n!}{k! \cdot (n-k)!}$ Ergebnisse.

Dafür schreibt man kurz $\binom{n}{k}$, lies **n über k**.
Allgemein gilt:

Die Zahlen $\binom{n}{k}$ nennt man **Binomialkoeffizienten**. Siehe dazu Aufgabe 11.

> Wenn man aus einer Urne mit n nummerierten Kugeln k-mal *ohne* Zurücklegen zieht und die Reihenfolge nicht berücksichtigt, dann gibt es $\binom{n}{k} = \frac{n!}{k! \cdot (n-k)!}$ mögliche Ergebnisse.

Beispiel 1 Computerzeichen
Ein Computerzeichen (Byte) besteht aus 8 Bit. Jedes Bit kann den Wert 0 oder 1 haben. Wie viele verschiedene Zeichen können in einem Byte dargestellt werden?

Ein Computer-Zeichen:

In diesem Byte ist zum Beispiel der Buchstabe A gespeichert

■ Lösung: Das Zufallsexperiment „Bestimmen eines Computerzeichens" entspricht dem achtmaligen Ziehen mit Zurücklegen aus einer Urne mit zwei Kugeln, nummeriert mit 0 und 1. Die Reihenfolge ist zu berücksichtigen.
Es gibt also $2^8 = 256$ verschiedene Zeichen.

Beispiel 2 Wetten bei Pferderennen
Bei einem Rennen mit acht Pferden werden zwei Wetten angeboten.
(A) Man wettet auf den Einlauf der ersten drei Pferde in der richtigen Reihenfolge.
(B) Man wettet auf den Einlauf der ersten drei Pferde, wobei die Reihenfolge keine Rolle spielt.
a) Wie viele Möglichkeiten gibt es bei den beiden Wetten?
b) Wie groß ist bei (A) und (B) die Gewinnwahrscheinlichkeit, wenn man annimmt, dass alle Pferde gleiche Gewinnchancen haben?
■ Lösung: a) (A) Es gibt $8 \cdot 7 \cdot 6 = \frac{8!}{5!} = 336$ Wettmöglichkeiten.
(B) Es gibt $\binom{8}{3} = \frac{8!}{3! \cdot 5!} = 56$ Wettmöglichkeiten.   b) $\frac{1}{336}$ bzw. $\frac{1}{56}$.

Welches Urnenexperiment entspricht dem Pferderennen?

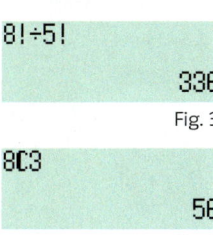
Fig. 3

Fig. 4

Beispiel 3 Haupttreffer beim Lotto

Wie groß ist die Wahrscheinlichkeit, beim Lotto sechs Richtige zu erzielen?

■ Lösung: Beim Lotto werden sechs Kugeln aus einer Urne mit 49 nummerierten Kugeln ohne Zurücklegen und ohne Berücksichtigung der Reihenfolge gezogen.

Es gibt also $\binom{49}{6} = \frac{49!}{6! \cdot 43!} = 13\,983\,816$ Ziehungsmöglichkeiten. Nur eine davon ergibt sechs Richtige. Da alle Ziehungsmöglichkeiten gleich wahrscheinlich sind, ist die Wahrscheinlichkeit, beim Lotto sechs Richtige zu erzielen, $\frac{1}{13\,983\,816}$. Auf dasselbe Ergebnis kommt man mithilfe eines Baumdiagramms und der Pfadregel: $\frac{6}{49} \cdot \frac{5}{48} \cdot \frac{4}{47} \cdot \frac{3}{46} \cdot \frac{2}{45} \cdot \frac{1}{44} = \frac{1}{13\,983\,816}$.

Zeichnen Sie den Pfad am zugehörigen Baumdiagramm, der auf das Ergebnis führt.

Aufgaben

1 a) Eine Münze wird sechsmal geworfen. Wie viele Ergebnisse sind möglich?
b) Wie viele verschiedene Zahlen kann man aus den Ziffern 1, 2, 3 und 4 bilden, wenn jede Zahl genau einmal vorkommen darf?
c) Wie viele fünfstellige Zahlen kann man aus den Ziffern 1, 2 und 3 bilden, wenn jede Ziffer beliebig oft vorkommen darf?
d) In einem Betrieb gibt es 10 Telefone. Jedes Telefon kann mit jedem verbunden werden. Wie viele Verbindungen sind möglich?

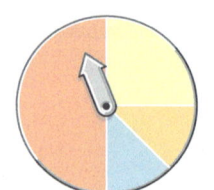

Fig. 1

2 Das Glücksrad in Fig. 1 wird viermal gedreht.
a) Wie viele Ergebnisse sind möglich, wenn die Reihenfolge der Farben berücksichtigt wird?
b) Wie groß ist die Wahrscheinlichkeit, dass
(1) das Ergebnis rot-gelb-orange-blau erscheint,
(2) jede Farbe genau einmal erscheint,
(3) mindestens einmal rot erscheint?

3 Bei der Elferwette im Fußballtoto kreuzt man als Vorhersage bei elf Fußballspielen an, ob der gastgebende Verein gewinnt (1), ob der Gast gewinnt (2) oder ob das Spiel unentschieden ausgeht (0). Ein möglicher Tipp ist z.B. 12011021011, d.h. beim ersten Spiel gewinnt der Gastgeber, beim zweiten der Gast, das dritte endet unentschieden usw.

a) Wieso spielt bei einem Toto-Tipp die Reihenfolge der Ziffern 0, 1 und 2 eine Rolle?
b) Wie groß ist die Wahrscheinlichkeit, bei einem Tipp alle Spiele richtig zu tippen? Welche Annahme macht man dabei?
c) Wie viele Tipps sind möglich, bei denen kein Spiel richtig getippt wird?

4 Fünf verschiedenfarbige Würfel werden geworfen.
a) Wie viele verschiedene Ergebnisse sind möglich?
b) Wie groß ist die Wahrscheinlichkeit, dass mindestens eine Sechs dabei ist?
c) Wie viele Ergebnisse sind möglich, bei denen alle Augenzahlen verschieden sind?

5 Aus dem 12-köpfigen Vorstand eines Tennisclubs sollen ein Präsident, ein Schriftführer und ein Kassenwart gewählt werden. Wie viele Wahlmöglichkeiten haben die Mitglieder des Clubs?

Zeit zu überprüfen

6 Wie viele vierstellige Zahlen aus den Ziffern 1, 2, 3, 4 und 5 gibt es? Geben Sie ein Urnenexperiment an, mit dem man die Zahlen als Ergebnisse ermitteln kann.
a) Jede Ziffer darf beliebig oft auftreten.
b) Jede Ziffer darf nur einmal auftreten.

7 Bei der Pferdewette Renn-Quinett wettet man auf den Einlauf der ersten drei von insgesamt 15 Pferden. Man erreicht Gewinnklasse I, wenn man die ersten drei Pferde in der richtigen Reihenfolge ihres Einlaufs richtig vorhersagt, und Gewinnklasse II, wenn man die ersten drei Pferde in beliebiger Reihenfolge richtig vorhersagt. Bestimmen Sie die Wahrscheinlichkeiten für die beiden Gewinnklassen – gleiche Gewinnchancen für alle Pferde angenommen.

8 Bei Annas Geburtstag sind Barbara, Christian, Dennis, Elisa und Felix eingeladen.
a) Auf wie viele Arten können die Gäste eintreffen, wenn jeder alleine kommt?
b) Mit welcher Wahrscheinlichkeit kommt Felix als Letzter?
c) Mit welcher Wahrscheinlichkeit kommen Barbara und Elisa (in dieser Reihenfolge) als Erste und Zweite?

9 In einem Hotel sind noch vier Zimmer frei, aber am Empfang stehen sechs Gäste, die alle ein eigenes Zimmer haben wollen.
a) Auf wie viele Arten kann der Empfangschef die Zimmer verteilen?
b) Mit welcher Wahrscheinlichkeit erhält einer der wartenden Gäste ein Zimmer?
c) Das Zimmermädchen tippt auf die vier, denen der Empfangschef wohl ein Zimmer gibt. Mit welcher Wahrscheinlichkeit rät sie richtig?

10 a) In Österreich wird Lotto „6 aus 45" gespielt. Wie groß ist die Wahrscheinlichkeit, bei einem Tipp sechs Richtige zu erzielen?
b) In einer feierlichen Runde stößt jeder der fünf Gäste mit jedem anderen einmal mit seinem Sektglas an. Wie oft klingen die Gläser?
c) In einer Kleinstadt gibt es 1000 Telefonanschlüsse. Wie viele Verbindungen zwischen jeweils zwei Anschlüssen sind möglich?

11 Um die Wahrscheinlichkeit für vier Richtige beim Lotto 6 aus 49 zu bestimmen, kann man während der Ziehung r für eine richtig getippte und f für eine falsch getippte Zahl notieren.
a) Bestimmen Sie die Wahrscheinlichkeit für eine Ziehung, bei der man rrrrff notiert.
b) Schreiben Sie alle Möglichkeiten mit vier Richtigen auf, also rrrrff, rrrfrf, rrfrrf usw. Begründen Sie, dass es $\binom{6}{4} = 15$ Kombinationen gibt.
c) Wie groß ist die Wahrscheinlichkeit für jede der Kombinationen in Teilaufgabe b)? Wie groß ist also die Wahrscheinlichkeit für vier Richtige?
d) Bestimmen Sie die Wahrscheinlichkeit für zwei Richtige beim Lotto.
e) Beim Lotto erzielt man bei einem Spieltipp einen Gewinn, wenn man mindestens drei Richtige hat. Zeigen Sie, dass die Wahrscheinlichkeit für einen Gewinn pro Spiel nur etwa 1,86% beträgt.
Wie groß ist die Wahrscheinlichkeit bei 50 (100, 1000) Spielen dafür, dass man mindestens einen Gewinn erzielt?

12 Berechnen Sie $(a+b)^2$, $(a+b)^3$, $(a+b)^4$. Was fällt auf? Können Sie $(a+b)^5$ unmittelbar angeben?

Von Pascal stammt die Idee, die Binomialkoeffizienten in Dreiecksform aufzuschreiben. Welches Gesetz steckt dahinter?

Pascal'sches Zahlendreieck

3 Gegenereignis – Vereinigung – Schnitt

In der deutschen Sprache ist der Gebrauch des Wortes „oder" oft zweideutig.

Bei der Berechnung von Wahrscheinlichkeiten ist es oft nützlich, aus einem oder mehreren Ereignissen weitere Ereignisse zu bilden. Als Beispiel wurde bereits das Gegenereignis zu einem Ereignis verwendet. Die folgende Situation verdeutlicht nochmals die Vorgehensweise.

Ein Kontrolleur notiert 1, falls ein Bauteil in Ordnung ist, sonst 0. Eine Kontrolle einer Maschine liefert z. B. das Ergebnis 1101.
Wie viele Ergebnisse enthält das Ereignis E?

Eine Maschine aus vier Bauteilen darf nicht ausgeliefert werden, wenn mindestens ein Bauteil defekt ist. Aus vielen Kontrollen weiß man, dass ein Bauteil mit der Wahrscheinlichkeit 0,05 defekt ist. Wie groß ist die Wahrscheinlichkeit für das Ereignis E: „Mindestens ein Bauteil ist defekt"? Die direkte Berechnung von P(E) ist aufwendig, da zu E sehr viele Ergebnisse gehören. Einfacher zu berechnen ist die Wahrscheinlichkeit für das Gegenereignis $\overline{E}$: „Kein Bauteil ist defekt". Es gilt $P(\overline{E}) = 0{,}95 \cdot 0{,}95 \cdot 0{,}95 \cdot 0{,}95 = 0{,}95^4 = 0{,}8145$. Da $\overline{E}$ gerade diejenigen Ergebnisse enthält, die nicht in E enthalten sind, gilt: $P(E) + P(\overline{E}) = 1$. Somit ist $P(E) = 1 - P(\overline{E}) = 0{,}1855$.

Ereignis und Gegenereignis ergeben vereinigt die Ergebnismenge S: man schreibt $E \cup \overline{E} = S$. So wie hier E und $\overline{E}$ werden auch bei anderen Situationen zwei Ereignisse zu einem weiteren Ereignis verknüpft.

In einer Schale liegen rote und blaue, nummerierte Kugeln (Fig. 1). Es wird blind eine Kugel gezogen und ihre Zahl notiert. Ist E das Ereignis „Die Kugel trägt höchstens die Zahl 4" und F das Ereignis „Es ist eine blaue Kugel", so sind die zugehörigen Mengen
E = {0, 1, 2, 3, 4} bzw. F = {0, 2, 3, 8}.

Fig. 1
„Es regnet oder es schneit" – dann kann es regnen oder schneien oder Schneeregen geben.

Die Menge der Ergebnisse, die in E und F zugleich liegen, ist {0, 2, 3}. Man nennt sie **Schnittmenge** $E \cap F$, lies: „E geschnitten F".
Die Menge der Ergebnisse, die in E oder F liegen, ist {0, 1, 2, 3, 4, 8}. Man nennt sie **Vereinigungsmenge** $E \cup F$, lies: „E vereinigt F". Man muss dabei beachten, dass *oder* hier nicht *entweder-oder* bedeutet, sondern ein *nicht ausschließendes Oder*.

Veranschaulichung

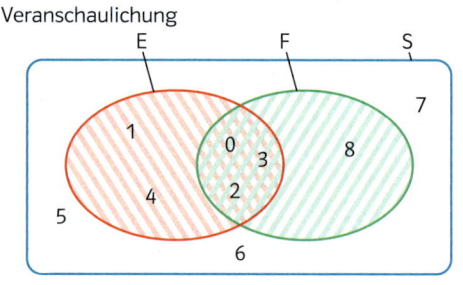

Fig. 2

Zu jedem Ereignis E gibt es ein Gegenereignis $\overline{E}$, das alle Ergebnisse enthält, die nicht zu E gehören. Man kann P(E) aus $P(\overline{E})$ berechnen, denn es gilt: $P(E) = 1 - P(\overline{E})$.

Alle Ergebnisse, die zugleich in E und in F liegen, bilden die Schnittmenge $E \cap F$.
Alle Ergebnisse, die in E oder in F liegen, bilden die Vereinigungsmenge $E \cup F$.

Beispiel Glücksrad

Das Glücksrad in Fig. 1 wird einmal gedreht und die angezeigte Zahl notiert. Wie groß ist die Wahrscheinlichkeit, dass
a) die angezeigte Zahl durch 6 teilbar ist und auf einem blauen Feld liegt,
b) die angezeigte Zahl durch 6 teilbar ist oder auf einem blauen Feld liegt?
c) Beschreiben Sie das Gegenereignis von Teilaufgabe b). Geben Sie seine Wahrscheinlichkeit an.

■ Lösung: E: „Zahl ist durch 6 teilbar", E = {0, 6, 12}; F: „Feld ist blau", F = {0, 3, 5, 8, 12, 15}.
a) E ∩ F = {0, 12}, also $P(E \cap F) = \frac{2}{16}$.
b) E ∪ F = {0, 3, 5, 6, 8, 12, 15}, also $P(E \cup F) = \frac{7}{16}$.
c) $\overline{E \cup F}$ = {1, 2, 4, 7, 9, 10, 11, 13, 14}. $\overline{E \cup F}$: „Die Zahl auf dem Feld ist nicht durch 6 teilbar und das Feld ist nicht blau", also $P(\overline{E \cup F}) = 1 - P(E \cup F) = 1 - \frac{7}{16} = \frac{9}{16}$.

Fig. 1

Aufgaben

1 Man würfelt mit drei Würfeln. Mit welcher Wahrscheinlichkeit wirft man
a) nur Sechsen,
b) keine Sechs,
c) mindestens eine Sechs,
d) höchstens zwei Sechsen?

2 Eine Schale enthält 20 Kugeln mit den Zahlen 0 bis 19. Eine Kugel wird blind gezogen. Wie groß ist die Wahrscheinlichkeit, dass die Zahl auf der Kugel
a) eine Primzahl und durch 5 teilbar ist,
b) eine Primzahl oder durch 5 teilbar ist,
c) ungerade und nicht durch 5 teilbar ist,
d) gerade oder durch 5 teilbar ist?
e) Beschreiben Sie das Gegenereignis von Teilaufgabe b). Geben Sie seine Wahrscheinlichkeit an.

3 Lukas hat vier Pilze gefunden. Er hält sie für Champignons, lässt sie aber sicherheitshalber bei der Pilzberatung überprüfen. Geben Sie das Gegenereignis in Worten an.
A: Kein Pilz ist giftig.   B: Höchstens ein Pilz ist giftig.   C: Nicht alle Pilze sind giftig.

Zeit zu überprüfen

4 Angenommen, die Wahrscheinlichkeit für einen giftigen Pilz beträgt 20 %. Welche Wahrscheinlichkeit haben dann die Ereignisse und ihre Gegenereignisse in Aufgabe 3?

5 Von den 640 Schülerinnen und Schülern des Albert-Einstein-Gymnasiums haben 30 % Französisch als Fremdsprache und 20 % sind Oberstufenschüler. In der Oberstufe haben 37,5 % Französisch als Fremdsprache. Eine Karteikarte wird zufällig aus der Schülerkartei gezogen. O bezeichnet das Ereignis „Der Schüler auf der Karteikarte ist in der Oberstufe" und F bezeichnet das Ereignis „Der Schüler auf der Karteikarte hat Französisch als Fremdsprache".
a) Beschreiben Sie das Gegenereignis zu O in Worten. Bestimmen Sie seine Wahrscheinlichkeit.
b) Wie viele Schüler gehören zu O ∪ F? Beschreiben Sie das Ereignis O ∪ F in Worten.
c) Beschreiben Sie das Gegenereignis zu O ∩ F in Worten. Mit welcher Wahrscheinlichkeit gehört der Schüler von der gezogenen Karteikarte nicht zu O ∩ F?

6 👥 Der Zeitungsartikel beschreibt die Reaktionen in der DDR auf den Kennedy-Besuch im Jahre 1962, als der „Kalte Krieg" seinen Höhepunkt erreichte.
Arbeiten Sie mit Ihrem Nachbarn heraus, wie sich der Gebrauch des Begriffes „Gegenereignis" von dem in der Mathematik üblichen Gebrauch unterscheidet.

> Während sich die Aufregung in Westberlin nach Kennedys Weiterflug gen Irland etwas legte, war man im Ostteil der Stadt fieberhaft damit beschäftigt, das große Gegenereignis vorzubereiten. Am Freitag, dem 28.6.1963, sollte Nikita Chruschtschow, der Erste Sekretär des Zentralkomitees der KPdSU und damit sowjetischer Staatschef, nach Berlin kommen.

4 Additionssatz

Maren möchte gern Sechsen würfeln. Sie überlegt: „Wenn ich einen Würfel nehme, ist die Wahrscheinlichkeit für eine Sechs $\frac{1}{6}$, wenn ich zwei Würfel nehme, ist sie $\frac{2}{6}$, wenn ich drei Würfel nehme, ist sie $\frac{3}{6}$ usw. Das ist ja einfach!"

Erinnerung: Zum Ereignis E∪F gehören alle Ergebnisse, die in E oder in F oder in E und F zugleich liegen.

Für zwei Ereignisse E und F kennt man oft die Wahrscheinlichkeiten P(E) und P(F). Wie kann man daraus P(E∪F) berechnen?

Da E∪F durch Vereinigen, also durch Zusammenfassen der Mengen E und F entsteht, könnte man vermuten, dass man P(E∪F) wie bei der Summenregel als Summe von P(E) und P(F) erhält. Das wird in einer einfachen Situation untersucht. Beim zweifachen Münzwurf sei E: „Die Münze zeigt beim ersten Wurf Zahl" und F: „Die Münze zeigt beim zweiten Wurf Zahl". Dabei gilt P(E) = $\frac{1}{2}$ und P(F) = $\frac{1}{2}$, also P(E) + P(F) = 1. E∪F ist das Ereignis „Die Münze zeigt beim ersten oder zweiten Wurf Zahl". Da die Münze auch zweimal Kopf zeigen kann, ist es nicht möglich, dass P(E∪F) gleich 1 ist.

Also darf man P(E) und P(F) nicht einfach addieren, um P(E∪F) zu bestimmen. An der Vierfeldertafel erkennt man, woran das liegt. Wenn man 1000-mal einen doppelten Münzwurf ausführt, ergibt sich etwa die Aufteilung in der Vierfeldertafel (Fig. 1). In rund 500 Fällen zeigt die Münze beim ersten Wurf Zahl und in etwa 500 Fällen zeigt die Münze beim zweiten Wurf Zahl. Aber nur in etwa 750 Fällen wird beim ersten oder zweiten Wurf Zahl gezeigt. Wenn man die Summe 500 + 500 bildet, wird der Wert 250 im dunkelblauen Feld doppelt gezählt und muss daher wieder von der Summe 500 + 500 subtrahiert werden. Damit erhält man:

Zu E∪F gehören die Werte in den mittelblauen Feldern, zu E∩F nur der Wert im dunkelblauen Feld.

	1. Wurf Zahl (E)	1. Wurf Kopf	Gesamt
2. Wurf Zahl (F)	250	250	500
2. Wurf Kopf	250	250	500
Gesamt	500	500	1000

Fig. 1

P(E∪F) = $\frac{500 + 500 - 250}{1000}$ = $\frac{500}{1000}$ + $\frac{500}{1000}$ − $\frac{250}{1000}$
= P(E) + P(F) − P(E∩F).

Bei der Summenregel darf man Wahrscheinlichkeiten einfach addieren, denn zwei Ergebnisse können nicht zugleich auftreten.

> Für zwei Ereignisse E und F ist P(E∪F) = P(E) + P(F) − P(E∩F). (Additionssatz)

Veranschaulichung

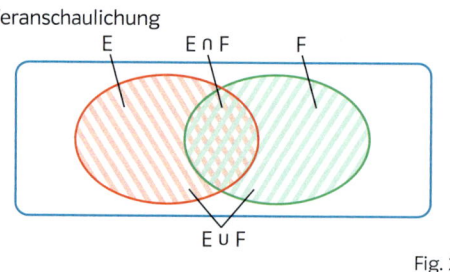

Fig. 2

Fig. 2 verdeutlicht den Sachverhalt in einem Mengenbild. P(E), P(F), P(E∪F) und P(E∩F) entsprechen dabei den Flächeninhalten der Figuren. Addiert man die Flächeninhalte von E und F, so wird der Inhalt von E∩F doppelt gezählt.
Nur wenn zu E∩F keine Ergebnisse gehören, genügt es, die Wahrscheinlichkeiten zu addieren. Nur in diesem Fall gilt: P(E∪F) = P(E) + P(F).

Beispiel Glücksrad

Das Glücksrad (Fig. 1) wird zweimal gedreht. Mit welcher Wahrscheinlichkeit zeigt es beim ersten Drehen höchstens 2 an oder beträgt die Summe der Zahlen 5?

■ *Lösung: Man benutzt den Additionssatz.*
E: „Beim ersten Drehen zeigt das Glücksrad höchstens 2 an",
E = {1–1, 1–2, 1–3, 1–4, 2–1, 2–2, 2–3, 2–4}, $P(E) = \frac{8}{16}$.
F: „Die Summe der Zahlen beträgt 5",
F = {1–4, 2–3, 3–2, 4–1}, $P(F) = \frac{4}{16}$.
E ∩ F = {1–4, 2–3}, $P(E \cap F) = \frac{2}{16}$,
also $P(E \cup F) = P(E) + P(F) - P(E \cap F) = \frac{8}{16} + \frac{4}{16} - \frac{2}{16} = \frac{10}{16} = \frac{5}{8}$.

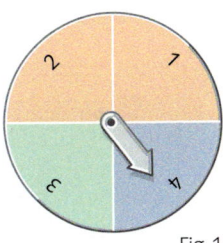

Fig. 1

Hier kann man P(E) auch einfacher berechnen.

Aufgaben

1 Mit welcher Wahrscheinlichkeit wird beim Würfeln
a) eine gerade Zahl oder eine Sechs geworfen,
b) keine gerade Zahl oder keine Sechs geworfen?

2 Beim Skatspiel (Fig. 2) wird eine Karte ausgespielt. Wie groß ist die Wahrscheinlichkeit,
a) dass es eine rote Bildkarte ist,
b) dass es eine Kreuzkarte oder eine Herzkarte ist,
c) dass es eine Trumpfkarte ist, wenn Julius einen „Karo-Solo" spielt? Beim „Karo-Solo" sind alle Buben sowie alle Karokarten Trumpf.

3 Das Glücksrad in Fig. 1 wird zweimal gedreht. Mit welcher Wahrscheinlichkeit zeigt es
a) beim ersten Drehen mindestens 3 oder beim zweiten Drehen höchstens 2 an,
b) beim ersten Drehen mindestens 3 an oder beträgt die Summe der Zahlen 4,
c) beim ersten Drehen Blau oder beim zweiten Drehen Rot an?

Zeit zu überprüfen

4 Aus der Schale in Fig. 3 ziehen Sie ohne hinzusehen eine Kugel, legen Sie sie zurück und ziehen noch eine Kugel. Mit welcher Wahrscheinlichkeit
a) ist die erste Kugel rot oder die Summe der Zahlen auf den Kugeln 6,
b) ist die Zahl auf der ersten Kugel größer als die Zahl auf der zweiten Kugel oder die zweite Kugel grün?

Fig. 2

Fig. 3

Einige Setzmöglichkeiten beim Roulette: Pair (alle geraden Zahlen), Impair (alle ungeraden Zahlen), Manque (Zahlen von 1 bis 18), Passe (Zahlen von 19 bis 36), Rouge (alle roten Felder), Noir (alle schwarzen Felder), Douze premier (1 bis 12), Douze milieu (13 bis 24), Douze dernier (25 bis 36)

5 Frau Kuhl setzt beim Roulette auf Impair und Douze milieu.
a) Mit welcher Wahrscheinlichkeit erzielt sie einen Gewinn?
b) Wie groß ist die Wahrscheinlichkeit für einen Gewinn sowohl bei Impair als auch bei Douze milieu?

6 In einem grünen Strumpf befinden sich 5 rote und 3 blaue Kugeln. In einem blauen Strumpf sind 5 rote und 3 grüne Kugeln. Es wird aus jedem Strumpf eine Kugel gezogen.
a) Wie groß ist die Wahrscheinlichkeit, dass die Kugel aus dem grünen Strumpf rot oder die Kugel aus dem blauen Strumpf rot ist?
b) Wie groß ist die Wahrscheinlichkeit, dass die Kugel aus dem grünen Strumpf blau oder die Kugel aus dem blauen Strumpf grün ist?

7 Lösen Sie die Aufgabe im Beispiel oben mithilfe eines Baumdiagramms.

5 Daten darstellen und auswerten

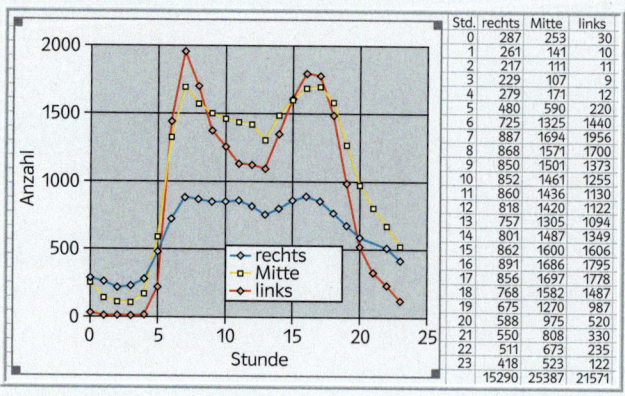

Die Abbildung zeigt die „Verkehrsdichte" (Anzahl der Kraftfahrzeuge je Stunde) im Verlaufe eines Tages auf drei Autobahn-Spuren. Fassen Sie die dargestellten Informationen in Worte.

Bevor man die komplexe Realität durch Wahrscheinlichkeitsmodelle beschreibt, muss man sie durch Messen, Zählen und Visualisieren „erfassen". Das geschieht in der **Beschreibenden Statistik**.

Umfragen, Verkehrszählungen, Beobachtungen zur Lebensdauer von Produkten sind Beispiele **statistischer Erhebungen**. Meist kann man nicht alle interessierenden Personen oder Produkte (die **Grundgesamtheit**) untersuchen. Man ist auf eine repräsentative **Stichprobe** angewiesen, deren Ergebnisse man in einer **Urliste** festhält.

In der Tabelle ist eine Urliste dargestellt, in der Geschwindigkeiten in einer „Tempo-30-Zone" gemessen wurden. Der **Stichprobenumfang** betrug $n = 2586$.

In Fig. 2 wurde die Urliste aus Fig. 1 nach Geschwindigkeiten ausgezählt, wobei „benachbarte" Geschwindigkeiten zu **Klassen** zusammengefasst wurden. So gehören alle Geschwindigkeiten zwischen $15 \frac{km}{h}$ und $25 \frac{km}{h}$ zur Klasse mit **Klassenmitte** $20 \frac{km}{h}$. Das entspricht hier dem Runden auf Zehner. Fig. 3 zeigt das zugehörige **Säulendiagramm**.

Erinnert wird noch an eine andere Darstellung der Daten mithilfe eines Boxplots (Fig. 4). Dabei wird die der Größe nach geordnete Datenmenge durch q_u (unteres Viertel), den Median (Zentralwert) und durch q_o (oberes Viertel) in vier Teile geteilt.

Eine Stichprobe heißt repräsentativ, wenn sie die Grundgesamtheit ausgewogen widerspiegelt. Würde man nur Jungwähler unter 22 befragen, wäre das sicher keine für alle Wähler repräsentative Stichprobe.

Urliste

Nr.	Uhrzeit T	$v \left(\frac{km}{h}\right)$	gerundet
0001	09:45:13	44,2	40
0002	09:46:04	32,8	30
...			
0123	11:09:21	52,0	50
0124	11:09:47	61,8	60
0125	11:10:04	28,2	30
0126	11:10:21	41,1	40
...			
2585	23:58:47	74,2	70
2586	23:59:13	52,6	50

Fig. 1

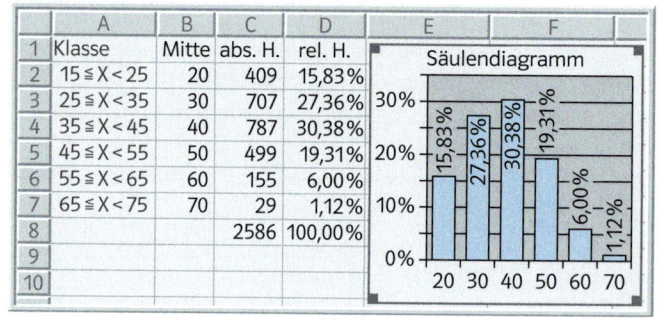

Fig. 2 Fig. 3 Fig. 4

Vielfach sind die Details der Häufigkeitsverteilung von untergeordnetem Interesse, es reicht, wenn man den **Mittelwert** kennt und weiß, wie stark die Daten um den Mittelwert **streuen**.

Der Mittelwert der Geschwindigkeiten ist $\bar{x} = \frac{1}{2586}(44{,}2 + 32{,}8 + \ldots + 52{,}6) = 37{,}58$.
Man kann ihn näherungsweise auch aus den relativen Häufigkeiten (Fig. 2, Seite 481) berechnen:
$\bar{x} \approx 20 \cdot \frac{409}{2586} + 30 \cdot \frac{707}{2586} + 40 \cdot \frac{787}{2586} + 50 \cdot \frac{499}{2586} + 60 \cdot \frac{155}{2586} + 70 \cdot \frac{29}{2586} = 37{,}56$.
Dabei ersetzt man jeden der 2586 Messwerte durch den auf die zugehörige Klassenmitte gerundeten Wert und fasst gleiche gerundete Werte zusammen.
Zum Beispiel hatte man nach dem Runden 409-mal die Geschwindigkeit $20 \frac{km}{h}$.

Als Maß für die Streuung der Daten um den Mittelwert benutzt man die **empirische Standardabweichung**
$s = \sqrt{\frac{1}{2586}((44{,}2 - \bar{x})^2 + (32{,}8 - \bar{x})^2 + \ldots + (52{,}6 - \bar{x})^2)} = 11{,}75$.
Man kann auch hier näherungsweise mit den relativen Häufigkeiten arbeiten:
$s \approx \sqrt{(20 - \bar{x})^2 \cdot \frac{409}{2586} + (30 - \bar{x})^2 \cdot \frac{707}{2586} + \ldots + (70 - \bar{x})^2 \cdot \frac{29}{2586}} = 11{,}75$.

Der Name Standardabweichung kommt daher, dass bei Daten wie Körperlänge von Schulanfängern oder den Intelligenzquotienten, die einer Vielzahl unabhängiger Einflüssen unterliegen, „standardmäßig" ca. 68 % aller Daten um höchstens eine Standardabweichung vom Mittelwert abweichen. **Ca. 68 % aller Daten liegen also im Intervall $[\bar{x} - s;\ \bar{x} + s]$.**

> Gegeben ist eine Urliste $x_1, x_2, x_3, \ldots, x_n$. Die zugehörigen Kenngrößen sind
> der **Mittelwert** $\bar{x} = \frac{1}{n}(x_1 + x_2 + x_3 + \ldots + x_n)$ und
> die **empirische Standardabweichung** $s = \sqrt{\frac{1}{n}((x_1 - \bar{x})^2 + (x_2 - \bar{x})^2 + \ldots + (x_n - \bar{x})^2)}$
> Wenn eine relative Häufigkeitsverteilung mit den Klassenmitten $m_1, m_2, m_3, \ldots, m_k$ und den relativen Häufigkeiten $h_1, h_2, \ldots, h_k$ vorliegt, so gilt näherungsweise auch:
> $\bar{x} \approx m_1 h_1 + m_2 h_2 + m_3 h_3 + \ldots + m_k h_k$ und
> $s \approx \sqrt{(m_1 - \bar{x})^2 \cdot h_1 + (m_2 - \bar{x})^2 \cdot h_2 + \ldots + (m_k - \bar{x})^2 \cdot h_k}$.

Beispiel Häufigkeiten darstellen, Mittelwert und Standardabweichung berechnen
Eine Stichprobe aus 57 Klausuren einer Stufe lieferte die links stehenden Punkte.
a) Ermitteln Sie die relativen Häufigkeiten, die zu den Klassen ausreichend (zwischen 4P und 6P), befriedigend (zwischen 7P und 9P), gut (zwischen 10P und 12P) und sehr gut (zwischen 13P und 15P) gehören.
b) Stellen Sie die relativen Häufigkeiten grafisch dar.
c) Berechnen Sie Mittelwert und Standardabweichung der Bewertungspunkte.
■ Lösung:

Punkte einer Klausur
12; 9; 7; 11; 10; 10; 7; 8; 8;
8; 10; 9; 8; 10; 13; 12; 8; 8;
13; 11; 11; 7; 11; 11; 15; 8;
13; 10; 8; 13; 8; 7; 12; 7; 11;
7; 12; 10; 5; 7; 4; 10; 7; 8; 7;
6; 5; 7; 10; 6; 11; 5; 7; 6; 5;
14; 13

a), b)

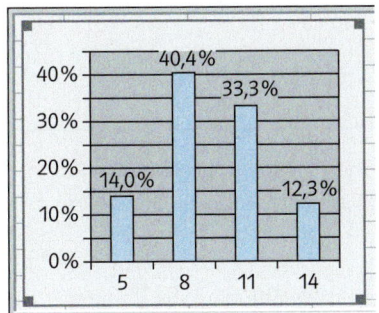

Fig. 1: Säulendiagramm

c) Mittelwert über Urliste
$\bar{x} = \frac{12 + 9 + 7 + \ldots + 13}{57} = 9{,}05$
oder über die Klassenmitten
$\bar{x} \approx 5 \cdot 0{,}140 + 8 \cdot 0{,}404 + \ldots + 14 \cdot 0{,}123 = 9{,}32$
Standardabweichung über Urliste
$s = \sqrt{\frac{(12 - 9{,}05)^2 + \ldots + (14 - 9{,}05)^2}{57}} = 2{,}59$
oder über Klassenmitten
$s \approx \sqrt{(5 - 9{,}32)^2 \cdot 0{,}14 + \ldots + (14 - 9{,}32)^2 \cdot 0{,}123}$
$= 2{,}64$

Aufgaben

1 a) Gegeben sind zehn rote und zehn blaue Zahlen. Schätzen Sie jeweils den Mittelwert und die Standardabweichung und kontrollieren Sie Ihre Schätzungen durch Nachrechnen.
b) Welcher Mittelwert, welche Standardabweichung ergibt sich, wenn man die einzelnen Zahlen ganzzahlig rundet?
10 6,1 10,3 7,1 8,2 12,6 10,4 5,6 1,1 10,6
9,7 5,4 3,9 8,1 3,3 4,5 4,8 12,2 8,4 7,3

Sie können eine Tabellenkalkulation nutzen.

2 a) Berechnen Sie den Mittelwert $\bar{x}$ und die Standardabweichung s der folgenden Paketgewichte.
2,7 2,5 2,3 1,1 2,0 2,4 2,6 2,6 2,2 1,7 1,0 2,7 2,9 1,8 2,9 1,8 1,6 0,6 1,6 2,4
Erstellen Sie einen Boxplot.
b) Wie viel Prozent der Gewichte liegen im Intervall $[\bar{x} - s; \bar{x} + s]$

3 a) Berechnen Sie aus den Angaben von Fig. 1 und von Fig. 2 die Mittelwerte $\bar{x}$ und die Standardabweichungen s der Altersverteilungen in der Jahrgangsstufe 5 und in der Jahrgangsstufe 12.
b) Wie erklären Sie, dass die Standardabweichung in der Jahrgangsstufe 12 größer ist?

*In dieser Stichprobe liegt das Alter von 78,8 % der 165 Schüler der 5. Klassen zwischen $\bar{x} - s$ und $\bar{x} + s$.
In Stufe 12 (77 Schüler) liegt der Prozentsatz mit 70,1 % näher am 68-%-Wert. Sie können diese Angaben durch Auswerten einer selbst erstellten Urliste mithilfe einer Tabellenkalkulation kontrollieren.*

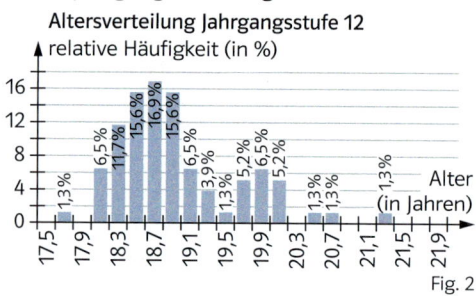

Fig. 1 Fig. 2

4 In einer Klasse 5 wurden Fehlstunden F und Zeugnisnote N erhoben.

Name	F	N	Name	F	N	Name	F	N	Name	F	N	Name	F	N	Name	F	N
Nadja	19	2,43	Nadine	0	2,50	Simone	18	3,25	Gülsah	15	2,71	Leonard	22	3,29	Onur	0	3,29
Songül	2	2,57	Elif	6	2,57	Stephanie	19	2,88	Markus	48	2,38	Stefan	0	2,88	Tina	12	2,88
Dirk	4	2,00	Janina	17	2,38	Cigdem	5	2,43	Michael	14	2,75	Dominique	32	2,25	Esther	6	2,50
Ataelahi	6	3,00	Tim	0	3,25	Sezen	9	3,00	Sabine	0	2,50	Sascha	0	2,63	Sebastian	20	1,88
Florian	2	2,13	Paul	0	2,25	Patrik	2	3,38	Marius	0	2,88	Melek	16	3,57	Nino	9	2,38

Wie könnte man herausfinden, ob die Schüler mit vielen Fehlstunden die schlechteren Zeugnisse haben?

a) Berechnen Sie die zugehörigen Kennwerte Mittelwert und Standardabweichung.
b) Stellen Sie die Fehlstunden in einem Säulendiagramm dar (Klasseneinteilung $0 \leq F \leq 10$, $11 \leq F \leq 20$, ..., $41 \leq F \leq 50$).
c) Erstellen Sie einen Boxplot.

Zeit zu überprüfen

5 Liana hat 10-mal gewürfelt: 3–1–5–3–4–6–2–6–1–2. Berechnen Sie den Mittelwert und die Standardabweichung der Augenzahl. Zeichnen Sie ein Säulendiagramm. Erstellen Sie einen Boxplot.

6 a) Würfeln Sie 10-mal und berechnen Sie den Mittelwert und die Standardabweichung.
b) Würfeln Sie 25-mal mit zwei Würfeln und bestimmen Sie jeweils die Augensumme S. Stellen Sie die Ergebnisse in einem Säulendiagramm dar. Bestimmen Sie den Mittelwert und die Standardabweichung von S.

7 Klein-Projekt Reaktionszeiten

Mithilfe der Datei messen-reaktion.xls können Sie Ihre eigene Reaktions- und Konzentrationsfähigkeit untersuchen. Die Versuchsergebnisse werden statistisch ausgewertet.
Wählen Sie in der Excel-Datei das Blatt *Messung* und klicken Sie auf *Test starten*. Es erscheint in zufälligen Zeitabständen eine Schaltfläche mit akustischem Signal. Klicken Sie dann mit der linken Maustaste auf *Reaktionszeit stoppen*. Lassen Sie die Taste danach schnell wieder los. Die von Ihnen benötigte Zeit wird angezeigt. Nach Beendigung des Versuchs findet man ein Protokoll mit Kenndaten und Diagrammen im Blatt *Auswertung*. Arbeiten Sie ruhig und konzentriert. Vorzeitiges Klicken führt zum Testabbruch. Zu lange Wartezeiten werden als Lücken sichtbar. Sie prüfen also gleichzeitig Ihre Konzentrationsfähigkeit.

> **Online-Link**
> Excel-Dateien
> Messen – Reaktion
> Messen – Takt
> 735605-2671

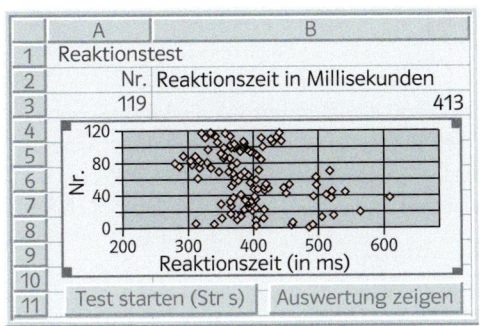

Arbeitsblatt Messung

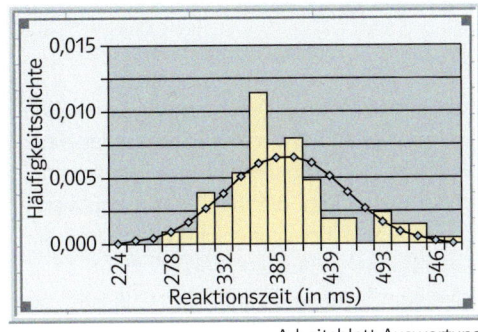

Arbeitsblatt Auswertung

a) Messen Sie Ihre Reaktionszeiten möglichst oft – bis zu Ihrer ersten Fehlreaktion. Notieren Sie den Mittelwert und die Standardabweichung Ihrer Reaktionszeiten. Wer
– reagiert am schnellsten bzw. hat die kleinste Standardabweichung,
– hat ohne Fehlreaktion am längsten durchgehalten (Konzentrationsfähigkeit)?
b) Wird Ihre Reaktionszeit mit wachsender Versuchszahl kleiner (Trainingseffekt) oder größer (Ermüdungseffekt)? Berechnen Sie den Mittelwert und die Standardabweichung der ersten und der letzten 20 Messwerte.
d) Entdecken Sie einen tendenziellen Zusammenhang zwischen der „Wartezeit" auf das Signal und Ihrer Reaktionszeit?
e) Schließen Sie die Augen oder schalten Sie den Bildschirm aus. Achten Sie nur auf das akustische Signal. Werden ihre Reaktionszeiten nun größer oder kleiner?
f) Reagieren Sie mit der rechten oder der linken Hand schneller?

8 Klein-Projekt Taktgefühl

Mitunter misst man die Zeitspanne (in Sekunden) durch langsames Zählen „Einundzwanzig, zweiundzwanzig …". Die Datei messen-taktgefuehl.xls mit den Arbeitsblättern *Messung* und *Auswertung* gestattet Ihnen zu untersuchen, wie gut Sie selbst „als Uhr" zu gebrauchen sind.
Wählen Sie das Blatt *Messung* und klicken Sie auf die Schaltfläche *Taktmessung starten*. Klicken Sie immer dann, wenn Sie glauben, dass eine Sekunde verstrichen ist, mit der linken Maustaste auf den Knopf *Takt*. Die Zeitintervalle zwischen je zwei Klicks werden gemessen, im Arbeitsblatt *Auswertung* gespeichert und ausgewertet.
Experimentiervorschläge:
a) Notieren Sie den Mittelwert und die Standardabweichung dieser Zeitdauern. Welcher Kursteilnehmer kommt dem Sekundentakt am nächsten? Wer „tickt" besonders unregelmäßig?
b) Sind Sie im Laufe des Versuches langsamer/schneller geworden? „Ticken" Sie am Anfang oder am Ende des Experimentes regelmäßiger? Vergleichen Sie dazu den Mittelwert und die Standardabweichung der ersten und der letzten 20 Taktzeiten oder interpretieren Sie das Trend-Diagramm aus dem Arbeitsblatt *Auswertung*.

6 Erwartungswert und Standardabweichung bei Zufallsgrößen

Mara meint, dass Lotterie 1 günstiger ist, weil man mehr gewinnt. Jakob hält Lotterie 2 für günstiger, weil das blaue Feld bei dem Glücksrad größer ist. Anna fürchtet, dass man bei beiden Lotterien nur verlieren kann.

Analogie:
Die Wahrscheinlichkeit eines Ergebnisses ermöglicht eine Prognose seiner relativen Häufigkeit.

Bei der mehrfachen Durchführung eines Zufallsexperimentes bestimmt man die empirischen Kenngrößen Mittelwert und Standardabweichung. Wenn man für das Zufallsexperiment eine Wahrscheinlichkeitsverteilung angeben kann, so werden entsprechende theoretische Kenngrößen festgelegt, die man **Erwartungswert** und **Standardabweichung** nennt. Sie ermöglichen eine Prognose der empirischen Kenngrößen.

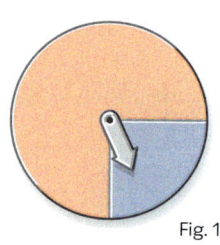

Fig. 1

Den Ergebnissen rrb, rbr und brr ist z. B. der Gewinn X = 0 zugeordnet (rot gekennzeichnete Pfade in Fig. 2).
(Gewinn = Auszahlung minus Einsatz)

Bei einem Spiel wird zunächst 1 € Einsatz bezahlt. Dann wird das Glücksrad in Fig. 1 dreimal gedreht. Wenn „einmal blau" erscheint, erhält man als Auszahlung 1 €, bei „zweimal blau" 3 € und bei „dreimal blau" 6 €. Gewinnt man bei dem Spiel auf lange Sicht? Entscheidend dafür ist der Gewinn X in Euro. Die **Zufallsgröße** X kann bei dem Spiel die Werte −1, 0, 2 oder 5 annehmen. Mit einem Baumdiagramm (Fig. 2) kann man für diese Werte die Wahrscheinlichkeiten bestimmen und damit die **Wahrscheinlichkeitsverteilung der Zufallsgröße** X in einer Tabelle darstellen.

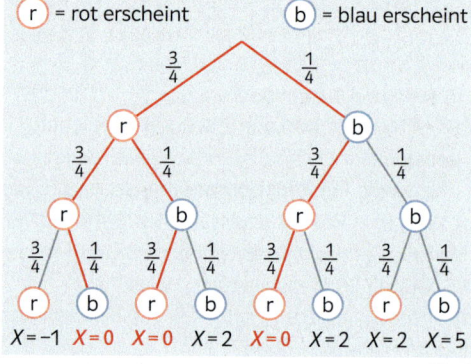

Fig. 2

Die Wahrscheinlichkeit, dass X den Wert 0 annimmt, ist z. B.
$P(X = 0) = \frac{3}{4} \cdot \frac{3}{4} \cdot \frac{1}{4} + \frac{3}{4} \cdot \frac{1}{4} \cdot \frac{3}{4} + \frac{1}{4} \cdot \frac{3}{4} \cdot \frac{3}{4} = \frac{27}{64}$.

g	−1	0	2	5
P(X = g)	$\frac{27}{64}$	$\frac{27}{64}$	$\frac{9}{64}$	$\frac{1}{64}$

Der Erwartungswert wird wie der Mittelwert bei Daten berechnet; die relativen Häufigkeiten werden ersetzt durch entsprechende Wahrscheinlichkeiten.

Auf lange Sicht erwartet man aufgrund der Tabelle durchschnittlich den Gewinn −1 € bei $\frac{27}{64}$ der Spiele, den Gewinn 0 € auch bei $\frac{27}{64}$ der Spiele, den Gewinn 2 € bei $\frac{9}{64}$ der Spiele und den Gewinn 5 € bei $\frac{1}{64}$ der Spiele. Somit beträgt der zu erwartende durchschnittliche Gewinn in €
$(-1) \cdot \frac{27}{64} + 0 \cdot \frac{27}{64} + 2 \cdot \frac{9}{64} + 5 \cdot \frac{1}{64} = -\frac{1}{16} \approx -0{,}06$.

Ein Spiel mit Erwartungswert 0 für den Gewinn nennt man **fair**.

Bei dem Spiel wird man also auf lange Sicht pro Spiel etwa 6 Cent verlieren. Man nennt diesen Wert **Erwartungswert von X**. Er wird bezeichnet mit E(X) oder μ(X), kurz μ (lies Mü). Der Erwartungswert μ gibt an, welcher Wert für X durchschnittlich bei einer großen Zahl von Durchführungen des Zufallsexperimentes zu erwarten ist. Er ist also eine Prognose für den Mittelwert.

Für die empirische Standardabweichung s wird analog eine theoretische Standardabweichung σ (lies Sigma) festgelegt, welche die Streuung der Wahrscheinlichkeitsverteilung um den Erwartungswert μ beschreibt und eine Prognose für s ermöglicht.

GTR-Hinweise
735605-2691

> Wenn man den Ergebnissen eines Zufallsexperimentes die Zahlenwerte $x_1, \ldots, x_n$ zuordnet, so heißt eine solche Zuordnung **Zufallsgröße X**.
> Für eine Zufallsgröße X mit den Werten $x_1, x_2, \ldots, x_n$ legt man folgende Kenngrößen fest:
> Erwartungswert von X: $\quad \mu = x_1 \cdot P(X = x_1) + x_2 \cdot P(X = x_2) + \ldots + x_n \cdot P(X = x_n)$
> Standardabweichung von X: $\quad \sigma = \sqrt{(x_1 - \mu)^2 \cdot P(X = x_1) + \ldots + (x_n - \mu)^2 \cdot P(X = x_n)}$

Zur Unterscheidung wird bei Daten der Begriff empirische Standardabweichung verwendet – von empireia (griechisch): Erfahrung, Erfahrungswissen.

Das Quadrat von σ wird als **Varianz** V(X) bezeichnet: $V(X) = \sigma^2$
Bei dem Glücksspiel von Seite 268 ist die Standardabweichung in €

$$\sigma = \sqrt{\left(-1 + \tfrac{1}{16}\right)^2 \cdot \tfrac{27}{64} + \left(0 + \tfrac{1}{16}\right)^2 \cdot \tfrac{27}{64} + \left(2 + \tfrac{1}{16}\right)^2 \cdot \tfrac{9}{64} + \left(5 + \tfrac{1}{16}\right)^2 \cdot \tfrac{1}{64}} \approx 1{,}17.$$

Beispiel 1 Theorie und Empirie
a) Gegeben sei die Zufallsgröße X: „Augensumme beim Würfeln mit zwei Würfeln".
Bestimmen Sie die Wahrscheinlichkeitsverteilung, den Erwartungswert und die Standardabweichung von X.
b) Würfeln Sie 100-mal mit zwei Würfeln. Berechnen Sie den Mittelwert und die empirische Standardabweichung Ihrer Urliste. Erstellen Sie den Graph der Häufigkeitsverteilung. Vergleichen Sie mit den Werten von Teilaufgabe a).

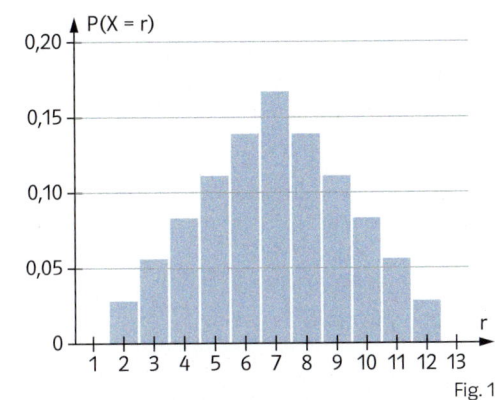
Fig. 1

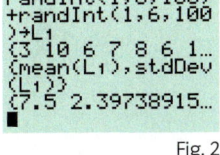
Fig. 2

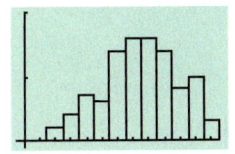
Fig. 3

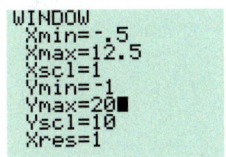
Fig. 4

■ Lösung: a) Wahrscheinlichkeitsverteilung (Graph siehe Fig. 1):

r	2	3	4	5	6	7	8	9	10	11	12
P(X = r)	$\tfrac{1}{36}$	$\tfrac{2}{36}$	$\tfrac{3}{36}$	$\tfrac{4}{36}$	$\tfrac{5}{36}$	$\tfrac{6}{36}$	$\tfrac{5}{36}$	$\tfrac{4}{36}$	$\tfrac{3}{36}$	$\tfrac{2}{36}$	$\tfrac{1}{36}$

So berechnet man z. B. $P(X = 5)$:
Zum Ereignis „X = 5" gehören die vier Ergebnisse 1–4, 2–3, 3–2 und 4–1.
Da alle Ergebnisse gleich wahrscheinlich sind, ist $P(X = 5) = \tfrac{4}{36}$.
Erwartungswert: $\mu = 2 \cdot \tfrac{1}{36} + 3 \cdot \tfrac{2}{36} + \ldots + 12 \cdot \tfrac{1}{36} = \tfrac{252}{36} = 7$
Standardabweichung: $\sigma = \sqrt{(2-7)^2 \cdot \tfrac{1}{36} + (3-7)^2 \cdot \tfrac{2}{36} + \ldots + (12-7)^2 \cdot \tfrac{1}{36}} \approx 2{,}41$
b) Beim Durchführen des Experiments erhält man:
Mittelwert und Erwartungswert sowie die Standardabweichungen liegen nahe beieinander. Die Graphen ähneln sich auch. Die Zufallsgröße X modelliert das Würfelexperiment und ermöglicht Prognosen. Statt selbst zu würfeln, kann man bei manchen Rechnern auch eine „Simulation" durchführen (Fig. 2 bis Fig. 4).

Beispiel 2 Faires Spiel
Man setzt zunächst einen Euro. Dann werden aus einer Urne mit zwei roten und drei blauen Kugeln zwei Kugeln ohne Zurücklegen gezogen (Fig. 5). Man erhält eine Auszahlung von a €, wenn zwei gleichartige Kugeln gezogen werden. Wie groß ist a, wenn das Spiel fair ist?
■ Lösung: Die Zufallsgröße X = „Gewinn in €" hat die Werte –1 und a – 1.
$P(X = -1) = P(\{br, rb\}) = \tfrac{3}{5} \cdot \tfrac{2}{4} + \tfrac{2}{5} \cdot \tfrac{3}{4} = 0{,}6$; $P(X = a - 1) = 1 - P(X = -1) = 0{,}4$.
Es muss $E(X) = 0$ gelten, also $-1 \cdot 0{,}6 + (a - 1) \cdot 0{,}4 = 0$.
Lösung der Gleichung: $a = 2{,}5$. Für ein faires Spiel muss die Auszahlung 2,50 € betragen.

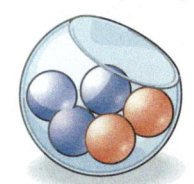
Fig. 5

g	–1	a – 1
P(X = g)	0,6	0,4

X Schlüsselkonzept: Wahrscheinlichkeit

Aufgaben

1 Berechnen Sie den Erwartungswert und die Standardabweichung für die Zufallsgröße X mit der Wahrscheinlichkeitsverteilung in der Tabelle.

k	−10	0	5	10
P(X = k)	$\frac{1}{4}$	$\frac{1}{6}$	$\frac{1}{2}$	$\frac{1}{12}$

2 Die Wahrscheinlichkeit, dass bei der Geburt eines Welpen ein Rüde erwartet werden kann, beträgt 51 %. Die Hündin Ria wird drei Junge bekommen. Die Zufallsgröße X gibt an, wie viele Rüden Ria gebärt. Bestimmen Sie die Wahrscheinlichkeitsverteilung, den Erwartungswert und die Standardabweichung von X. Interpretieren Sie das Ergebnis.

r	P(X = r)
0	0,436
1	0,413
2	0,132
3	0,0177
4	0,000969
5	$1{,}85 \cdot 10^{-5}$
6	$7{,}15 \cdot 10^{-8}$

3 Beim Lotto „6 aus 49" ist für die Zufallsgröße „Anzahl der Richtigen pro Tipp" die Wahrscheinlichkeitsverteilung (gerundet) in der Tabelle angegeben.
Berechnen Sie den Erwartungswert und die Standardabweichung für die Anzahl der Richtigen. Interpretieren Sie das Ergebnis.

4 Aus einem Beutel mit zwölf 50-Cent-Münzen, fünf 1-Euro-Münzen und acht 2-Euro-Münzen nimmt man zwei Münzen. Welchen Geldbetrag m wird man durchschnittlich herausziehen? Wie stark streuen die Geldbeträge um m?

Gewinn = Auszahlung minus Einsatz

5 Die Zufallsgröße X gibt den Gewinn in Euro bei einem Glücksspiel mit einem Einsatz von 1 € an. Die Tabelle gibt ihre Wahrscheinlichkeitsverteilung an.

g	−1	0	1	4
P(X = g)	$\frac{2}{3}$	$\frac{1}{6}$	$\frac{1}{10}$	$\frac{1}{15}$

a) Berechnen Sie den Erwartungswert und die Standardabweichung von X.
b) Wie groß muss der Einsatz sein, damit das Spiel fair ist?
c) Ändern Sie die maximale Auszahlung so ab, dass das Spiel bei einem Einsatz von 1 € fair ist.

6 Gegeben sei die Zufallsgröße X: „Zahl der Wappen beim dreifachen Münzwurf".
a) Bestimmen Sie die Wahrscheinlichkeitsverteilung, den Erwartungswert und die Standardabweichung von X.
b) Zeichnen Sie den zugehörigen Graphen und markieren Sie den Erwartungswert und die Standardabweichung.

Arbeiten Sie in Gruppen: Jeder(r) wirft 25-mal.

c) Werfen Sie 100-mal drei Münzen. Berechnen Sie den Mittelwert und die empirische Standardabweichung der Wappenzahl. Erstellen Sie den Graphen der Häufigkeitsverteilung. Vergleichen Sie mit den Teilaufgaben a) und b).

Zeit zu überprüfen

7 Berechnen Sie für die Zufallsgröße X mit der Wahrscheinlichkeitsverteilung in der Tabelle den Erwartungswert und die Standardabweichung.

k	−2	1	4	7
P(X = k)	5 %	20 %	40 %	35 %

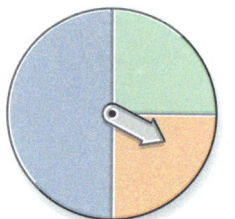

8 Bei einer Lotterie zahlt man einen Einsatz von 50 Cent und dreht das Glücksrad in Fig. 1 zwei Mal. Bei zwei gleichen Farben wird ein Euro ausbezahlt, sonst nichts.
a) Geben Sie die Wahrscheinlichkeitsverteilung der Zufallsgröße „Gewinn in Euro" an.
b) Berechnen Sie den Erwartungswert und die Standardabweichung für den Gewinn.
c) Kann man den Einsatz so ändern, dass die Lotterie fair ist?

Fig. 1

9 Beim Würfelspiel „2 & 12" werden zwei Würfel gleichzeitig geworfen. Die Bank zahlt dem Spieler das Zehnfache der Augensumme in Cent aus, sofern diese 2 oder 12 ist.
Bei der Augensumme 3 oder 11 erhält er das Fünffache in Cent und bei der Augensumme 4 oder 10 das Doppelte in Cent. Bei den Augensummen 5 bis 9 wird so viel in Cent ausgezahlt, wie die Augensumme angibt.
a) Geben Sie die Wahrscheinlichkeitsverteilung der Zufallsgröße „Auszahlung der Bank" an.
b) Welchen Einsatz muss die Bank mindestens verlangen, damit sie längerfristig keinen Verlust macht?

10 Ein Medikament heilt erfahrungsgemäß eine Krankheit mit einer Wahrscheinlichkeit von 80 %. Drei Patienten werden damit behandelt.
Berechnen Sie den Erwartungswert der Zufallsgröße „Anzahl der geheilten Patienten".
Hätte man das Ergebnis einfacher erhalten können?

11 Bei den Eishockeyplayoffs (Playoffs sind Ausscheidungsspiele) spielen zwei Mannschaften so oft gegeneinander, bis eine der beiden drei Spiele für sich entschieden hat (Unentschieden gibt es nicht). Mit wie vielen Spielen ist im Mittel zu rechnen, wenn man davon ausgeht, dass beide Mannschaften gleich stark sind?
Wie groß ist die zugehörige Standardabweichung?

12 Chuck-a-luck ist ein Würfelspiel aus Amerika mit folgenden Regeln:
It is played with three dice and a layout numbered from one to six upon which the players place their bets. The banker then rolls the dice by turning over an hourglassshaped wire cage in which they are contained. The payoffs are usually 1 to 1 on singles, 2 to 1 on pairs, and 3 to 1 on triples appearing on the dice; for example, if a player places a bet on six and two sixes appear on the dice, the player is paid off at 2 to 1. The game can be found in some American and European casinos and gambling houses.
Ein Spieler setzt einen Dollar auf „Sechs". Er möchte wissen, wie viel er auf lange Sicht gewinnt oder verliert.

13 Eine Zeitschrift veröffentlicht wöchentlich ein Kreuzworträtsel. Unter den Einsendern des richtigen Lösungswortes wird ein Preis zu 1000 €, vier Preise zu je 300 € und 200 Preise zu je 20 € verlost.
a) Wie groß ist der Erwartungswert für den Gewinn, wenn man von 10 000 richtig eingegangenen Lösungen ausgeht? Wie groß ist die Standardabweichung?
b) Wie viele Lösungen müssten eingehen, damit der zu erwartende Gewinn gerade dem Porto der Postkarte von 0,45 € entspricht?

Zeit zu wiederholen

14 Die Tabelle gehört zu einer proportionalen Funktion.

a	3	10	12	1,5	
b	7,5	25	30		20

a) Woran erkennt man das bei den Tabellenwerten?
b) Bestimmen Sie die fehlenden Werte und den Proportionalitätsfaktor. Geben Sie die Gleichung der Funktion an.
c) Die Werte von b werden alle um 5 erhöht. Welche Art von Funktion beschreibt die Tabelle dann? Geben Sie die Gleichung dieser Funktion an.

15 Vereinfachen Sie die Terme.
a) $(3 + 2x) \cdot (1 - x)$
b) $(2x - 1)^2$
c) $3 \cdot (a + 4b) - (4 + a) \cdot 3b$
d) $(20 + u) \cdot (20 - u)$

7 Bernoulli-Experimente und Binomialverteilung

Aus der Statistik eines Basketballclubs: Sarah trifft bei 60 % ihrer Freiwürfe, Mario trifft bei 80 % seiner Freiwürfe. Beide erhalten drei Freiwürfe. Worauf würden Sie eher wetten – dass Sarah oder dass Mario genau zwei Freiwürfe verwandelt?

Beim Elfmeterschießen kommt es nur darauf an, ob der Schütze trifft oder nicht. Bei der Überprüfung von Glühbirnen will man nur wissen, ob die Birne funktioniert oder nicht. Es interessieren also nur zwei Ergebnisse. Ein solches Zufallsexperiment heißt **Bernoulli-Experiment**. Wenn man ein Bernoulli-Experiment mehrmals so wiederholt, dass die Durchführungen voneinander unabhängig sind, spricht man von einer **Bernoulli-Kette**.

Bei einem Multiple-Choice-Test gibt es drei Fragen mit jeweils vier vorgegebenen Antworten, von denen nur eine richtig ist. Ein Kandidat kreuzt rein zufällig je eine Antwort an. Jedes Ankreuzen ist ein Bernoulli-Experiment. Ist die Antwort richtig („Treffer"), wird kurz „1" notiert, sonst „0". Die Trefferwahrscheinlichkeit für „1" beträgt $p = \frac{1}{4}$, die Wahrscheinlichkeit für „0" beträgt $q = 1 - p = \frac{3}{4}$.

Die Durchführung des Tests ist eine Bernoulli-Kette der Länge 3. Man möchte wissen, mit welcher Wahrscheinlichkeit der Kandidat eine bestimmte Anzahl von Fragen richtig beantwortet. Man betrachtet daher die Wahrscheinlichkeitsverteilung der Zufallsgröße X, welche die Zahl der richtigen Antworten angibt. Mithilfe des Baumdiagramms (Fig. 1) wird die Wahrscheinlichkeitsverteilung von X in der Tabelle bestimmt. So erhält man z. B. $P(X = 2) = 3 \cdot p^2 \cdot q = \frac{9}{64}$.

Denn zu dem Ereignis „X = 2" gehören drei Ergebnisse, deren Wahrscheinlichkeit jeweils $p^2 \cdot q$ beträgt. Diese Pfade sind in Fig. 1 rot markiert.

Jakob Bernoulli
(1654–1705)

Fig. 2

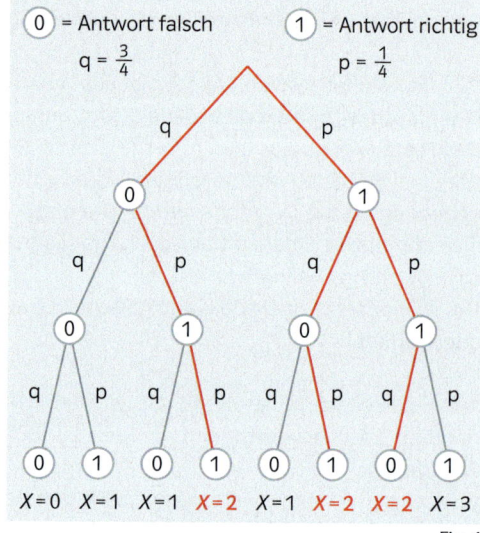

Fig. 1

r	0	1	2	3
P(X = r)	$\frac{27}{64}$	$\frac{27}{64}$	$\frac{9}{64}$	$\frac{1}{64}$

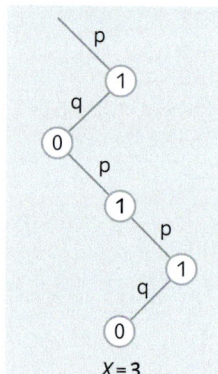

$\binom{5}{3} = 10$:

3-mal ziehen ohne Zurücklegen

Fig. 3

123 ≙ 11100
124 ≙ 11010
125 ≙ 11001
134 ≙ 10110
135 ≙ 10101
145 ≙ 10011
234 ≙ 01110
235 ≙ 01101
245 ≙ 01011
345 ≙ 00111

Wenn der Test eine beliebige Anzahl von n Fragen enthält, kann man P(X = r) entsprechend mit einem Teilbaum berechnen. Zu „X = r" gehören alle Pfade mit r Einsen und n − r Nullen. Fig. 2 zeigt einen solchen Pfad für n = 5, r = 3 und n − r = 2. Jeder solche Pfad hat die Wahrscheinlichkeit $p^r \cdot q^{n-r}$. Die Wahrscheinlichkeit P(X = r) erhält man, indem man $p^r \cdot q^{n-r}$ mit der Anzahl der Pfade multipliziert, die zu „X = r" gehören. Die Anzahl dieser Pfade mit r Einsen ist $\binom{n}{r}$. Denn man kann die Pfade mit r Einsen und n − r Nullen durch r-maliges Ziehen ohne Zurücklegen aus einer Urne mit n nummerierten Kugeln erzeugen: Jede gezogene Nummer bezeichnet die Stelle, an der eine 1 steht. Die Reihenfolge der gezogenen Zahlen wird dabei nicht berücksichtigt (siehe Fig. 3). Eine andere Möglichkeit, die Zahl der Pfade zu bestimmen, ist in der Infobox auf Seite 275 dargestellt.

GTR-Hinweise
735605-2731

> Eine Bernoulli-Kette der Länge n besteht aus n unabhängigen Bernoulli-Experimenten mit den Ergebnissen 1 („Treffer") und 0 („kein Treffer"). Beschreibt die Zufallsgröße X die Anzahl der Treffer und ist p die Wahrscheinlichkeit für einen Treffer, so erhält man die Wahrscheinlichkeit für r Treffer mithilfe der **Bernoulli-Formel**: $P(X = r) = \binom{n}{r} \cdot p^r \cdot (1-p)^{n-r}$, $r = 0; 1; \ldots; n$. Die Wahrscheinlichkeitsverteilung von X heißt **Binomialverteilung**.

„Zahl der Pfade $\binom{n}{r}$ mal Wahrscheinlichkeit $p^r \cdot q^{n-r}$ eines Pfades ($q = 1 - p$)"

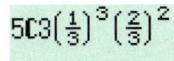

Fig. 1

Beispiel Anwenden der Bernoulli-Formel
Ein Würfel wird fünfmal geworfen. Mit welcher Wahrscheinlichkeit
a) fallen dreimal fünf oder sechs Augen,
b) fallen mindestens dreimal fünf oder sechs Augen,
c) fallen höchstens zweimal fünf oder sechs Augen?
■ Lösung: Es liegt eine Bernoulli-Kette der Länge 5 mit Trefferwahrscheinlichkeit $p = \frac{1}{3}$ vor. X: Anzahl der Würfe mit fünf oder sechs Augen.

Taschenrechner stellen $\binom{5}{3}$ als 5C3 oder 5nCr3 dar.

a) $P(X = 3) = \binom{5}{3} \cdot \left(\frac{1}{3}\right)^3 \cdot \left(\frac{2}{3}\right)^2 = \frac{40}{243} \approx 0{,}1646$ (Fig. 1)

Mit einer Wahrscheinlichkeit von etwa 16% fallen dreimal fünf oder sechs Augen.

b) $P(X \geq 3) = P(X = 3) + P(X = 4) + P(X = 5)$
$= \binom{5}{3} \cdot \left(\frac{1}{3}\right)^3 \cdot \left(\frac{2}{3}\right)^2 + \binom{5}{4} \cdot \left(\frac{1}{3}\right)^4 \cdot \left(\frac{2}{3}\right)^1 + \binom{5}{5} \cdot \left(\frac{1}{3}\right)^5 \cdot \left(\frac{2}{3}\right)^0$
$= \frac{17}{81} \approx 0{,}2099$.

r	P(X = r)
0	0,1317
1	0,3292
2	0,3292
3	0,1646
4	0,0412
5	0,0041

Mit einer Wahrscheinlichkeit von etwa 21% fallen mindestens dreimal fünf oder sechs Augen.

c) $P(X \leq 2) = \binom{5}{0} \cdot \left(\frac{1}{3}\right)^0 \cdot \left(\frac{2}{3}\right)^5 + \binom{5}{1} \cdot \left(\frac{1}{3}\right)^1 \cdot \left(\frac{2}{3}\right)^4 + \binom{5}{2} \cdot \left(\frac{1}{3}\right)^2 \cdot \left(\frac{2}{3}\right)^3 = \frac{64}{81} \approx 0{,}7901$ oder

$P(X \leq 2) = 1 - P(X \geq 3) = 1 - \frac{17}{81} = \frac{64}{81} \approx 0{,}7901$ (mit dem Ergebnis von Teilaufgabe b).

Mit einer Wahrscheinlichkeit von etwa 79% fallen höchstens zweimal fünf oder sechs Augen.

Die Berechnung auf die zweite Art in Teilaufgabe c) verwendet das Gegenereignis „X ≥ 3" zu „X ≤ 2".

Aufgaben

1 X zählt die Treffer bei einer Bernoulli-Kette der Länge $n = 4$ und der Trefferwahrscheinlichkeit $p = 0{,}7$. Berechnen Sie die zugehörige Binomialverteilung sowie $P(X \geq 3)$ und $P(X \leq 2)$.

2 Eine Münze wird sechsmal geworfen. Mit welcher Wahrscheinlichkeit fallen
a) genau drei Wappen,   b) mindestens drei Wappen,   c) höchstens drei Wappen?

Fig. 2

3 Bei einem Test gibt es acht Fragen mit jeweils drei Antworten, von denen nur eine richtig ist. Eine Versuchsperson kreuzt bei jeder Frage rein zufällig eine Antwort an. Mit welcher Wahrscheinlichkeit hat sie
a) genau vier richtige Antworten,
b) mindestens vier richtige Antworten,
c) höchstens drei richtige Antworten,
d) mehr als vier richtige Antworten?

4 Beim maschinellen Abfüllen von Halbliter-Flaschen wird der „Sollwert" 500 cm³ in der Regel nicht genau eingehalten. Der Hersteller garantiert aber, dass 98% der Flaschen mindestens 495 cm³ enthalten. Von den abgefüllten Flaschen wird eine Stichprobe von 20 Flaschen entnommen. Wie groß ist die Wahrscheinlichkeit, dass
a) genau zwei Flaschen weniger als 495 cm³ enthalten,
b) mindestens zwei Flaschen weniger als 495 cm³ enthalten,
c) höchstens zwei Flaschen weniger als 495 cm³ enthalten?

5 Überlegen Sie mit einem Partner: Welche Ergebnisse kann man bei dem beschriebenen Zufallsexperiment festlegen, damit es ein Bernoulli-Experiment ist. Welches Ergebnis bezeichnen Sie als Treffer? Wie groß ist die Trefferwahrscheinlichkeit?
a) Werfen einer Münze,
b) Werfen eines Würfels,
c) Überprüfen einer Maschine,
d) Überprüfen der Wirkung einer Arznei.

Zeit zu überprüfen

Fig. 1

6 Das Glücksrad in Fig. 1 wird sechsmal gedreht. Wie groß ist die Wahrscheinlichkeit, dass
a) genau zweimal Grün erscheint,
b) genau zweimal Rot erscheint,
c) höchstens zweimal Grün erscheint,
d) mindestens zweimal Rot erscheint?

7 Lea und Richard haben lange Elfmeterschießen geübt. Ihre Trefferquoten betragen 80% und 75%. Worauf würden Sie wetten?
a) Lea trifft bei zehn Versuchen mindestens achtmal.
b) Richard trifft bei sieben Versuchen genau fünfmal oder genau sechsmal.

8 Zeichnen Sie den vollständigen Baum bei einer Bernoulli-Kette mit der Länge n = 4. Bestimmen Sie daran die Binomialkoeffizienten $\binom{4}{r}$ für r = 0, 1, 2, 3, 4.

9 Theorie und Praxis
a) Die Zufallsgröße X beschreibt die Anzahl der Sechsen bei einem Wurf mit fünf Würfeln. Jede Gruppe bestimmt durch Rechnung die Binomialverteilung zu X. Eine Gruppe präsentiert ihr Ergebnis.

Hier braucht jede(r) fünf Würfel, man kann die Würfe auch mit einer Tabellenkalkulation und mit manchen Rechnern simulieren.

b) In jeder Gruppe erhält jeder Teilnehmer fünf Würfel. Jeder wirft die Würfel zehnmal und notiert die Anzahl der Sechsen bei jedem Wurf. Die Ergebnisse der Gruppe werden in der Tabelle zusammengetragen. Kommen z.B. achtmal drei Sechsen vor, so wird unter „3" die Zahl „8" eingetragen.

Sechsen	0	1	2	3	4	5
Häufigkeit						

c) Jede Gruppe vergleicht die Ergebnisse der Teilaufgaben a) und b). Dann werden alle Gruppenergebnisse von Teilaufgabe b) zusammengetragen und mit denen von Teilaufgabe a) verglichen.

10 Untersuchen Sie, ob das Zufallsexperiment eine Bernoulli-Kette ist. Geben Sie an, was Treffer, Trefferwahrscheinlichkeit p und Länge n der Kette sind.
a) Eine Münze wird fünfmal geworfen und es wird notiert, wie oft Wappen unten liegt.
b) Ein Würfel wird sechsmal geworfen und es wird notiert, wie oft eine Sechs fällt.
c) Lotto 6 aus 49: Ein Spieler kreuzt sechs von 49 Zahlen auf einem Tippzettel an. Danach werden aus einer Urne von 49 nummerierten

Kugeln sechs gezogen, welche die Nummern 1 bis 49 tragen. Der Spieler notiert, wie viele Kugeln mit seinem Tipp übereinstimmen.
d) Bei einer Umfrage werden 1000 Personen zufällig aus dem Telefonbuch ausgewählt und gefragt, ob sie ein Handy besitzen.

Begründen Sie allgemein: Ziehen mehrerer Kugeln aus einer Urne ohne Zurücklegen ergibt keine Bernoulli-Kette.

INFO → Aufgaben 11 und 12

Ein anderer Weg die Binomialkoeffizienten $\binom{n}{r}$ zu bestimmen

Abzählen im Baumdiagramm ergibt:

$\binom{1}{0} = 1, \binom{1}{1} = 1$

$\binom{2}{0} = 1, \binom{2}{1} = 2, \binom{2}{2} = 1$

$\binom{3}{0} = 1, \binom{3}{1} = 3, \binom{3}{2} = 3, \binom{3}{3} = 1$

Fig. 1 zeigt, wie man die Anzahl $\binom{4}{2}$ rekursiv aus den bekannten Anzahlen $\binom{3}{1}$ und $\binom{3}{2}$ bestimmen kann. Bis n = 3 ist der Baum vollständig gezeichnet, für n = 4 sind nur die $\binom{4}{2}$ Pfade mit zwei Einsen eingetragen. Diese Pfade erhält man

1) aus den $\binom{3}{1}$ Pfaden mit einer Eins durch eine weitere Eins (rot eingezeichnet)

2) aus den $\binom{3}{2}$ Pfaden mit zwei Einsen durch eine weitere Null (blau eingezeichnet).

Daher gilt: $\binom{4}{2} = \binom{3}{1} + \binom{3}{2} = 3 + 3 = 6$. Es gilt für r = 1, ..., n – 1 allgemein: $\binom{n}{r} = \binom{n-1}{r-1} + \binom{n-1}{r}$.

Mit dieser Formel kann man die Binomialkoeffizienten rekursiv berechnen. Man kann sie sich mithilfe der Formel gut merken, wenn man sie wie der Mathematiker Blaise Pascal (1623–1662) in Form eines Dreiecks anordnet. Eine Zahl in dem Dreieck ergibt sich einfach als Summe der beiden darüberstehenden Zahlen. Die Randzahlen betragen dabei jeweils 1, da zu „X = 0" bzw. „X = n" jeweils ein Pfad gehört. Damit das Dreieck auch eine Spitze hat, wird noch $\binom{0}{0} = 1$ gesetzt. Die Binomialkoeffizienten sind also die Zahlen im Pascal'schen Dreieck.

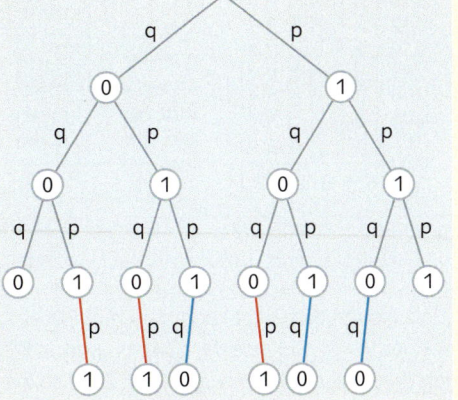

Fig. 1

Zur Erinnerung: $\binom{n}{r}$ ist bei einem Baumdiagramm einer Bernoulli-Kette der Länge n die Anzahl der Pfade mit r Treffern.

recurrere (lat.) = zurücklaufen

Wenn man nach vier Durchführungen zwei Einsen haben will, muss man nach drei Durchführungen bereits entweder eine Eins oder zwei Einsen haben.

```
        1
       1 1
      1 2 1
     1 3 3 1
    1 4 6 4 1
   1 5 10 10 5 1
  1 6 15 20 15 6 1
```

Pascal'sches Dreieck

11 a) Erweitern Sie das Pascal'sche Dreieck noch um zwei weitere Reihen.

b) Lesen Sie aus dem Pascal'sche Dreieck ab: $\binom{4}{1}, \binom{5}{3}, \binom{5}{5}, \binom{6}{0}, \binom{7}{3}$

c) Begründen Sie $\binom{n}{r} = \binom{n}{n-r}$. Was bedeutet die Formel anschaulich am Pascal'schen Dreieck?

d) Was stellen Sie fest, wenn Sie alle Binomialkoeffizienten in einer Zeile des Pascal'schen Dreiecks addieren? Stellen Sie eine Vermutung auf.

e) Binomialkoeffizienten können mit der Formel $\binom{n}{r} = \frac{n!}{r! \cdot (n-r)!}$ direkt berechnet werden. Dabei bedeutet n! (gelesen: n Fakultät) das Produkt der Zahlen von 1 bis n, also z.B. $4! = 1 \cdot 2 \cdot 3 \cdot 4 = 24$. Überprüfen Sie, ob die Formel die Zahlen im Pascal'schen Dreieck ergibt.

12 Woher der Name Binomialkoeffizient kommt

a) Berechnen Sie $(a+b)^2$, $(a+b)^3$, $(a+b)^4$. Was fällt auf?

b) Aus Teilaufgabe a) ergibt sich die Vermutung, dass die Binomialkoeffizienten gerade die Zahlen sind, die in den allgemeinen Binomischen Formeln vorkommen. So ist z.B. $(a+b)^5 = 1 \cdot a^5 + 5 \cdot a^4 b + 10 \cdot a^3 b^2 + 10 \cdot a^2 b^3 + 5 \cdot a \cdot b^4 + 1 \cdot b^5$. Berechnen Sie $(a+b)^5$ aus dem Produkt $(a+b)^4 \cdot (a+b)$ und begründen Sie damit wie in der Infobox, dass die Binomialkoeffizienten bei dieser Formel auftreten.

c) Geben Sie eine Formel für $(a+b)^6$ an.

d) Rechnen Sie aus: $(x+3)^4$, $(a-b)^3$, $(x-1)^5$, $(2-x)^4$.

$(a+b)^3 = (a+b)^2 \cdot (a+b)$

8 Wahrscheinlichkeiten berechnen mit der Binomialverteilung

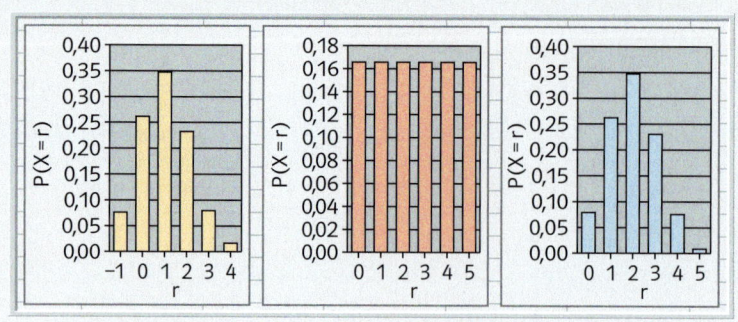

Welche Wahrscheinlichkeitsverteilung könnte die Trefferzahl einer Bernoulli-Kette darstellen?

Viele zufällige Vorgänge kann man mithilfe einer Zufallsgröße X modellieren, die man als Trefferzahl bei einer Bernoulli-Kette der Länge n und Trefferwahrscheinlichkeit p beschreiben kann. Voraussetzung dafür ist, dass das zugehörige Zufallsexperiment aus n gleichartigen Bernoulli-Experimenten besteht, die unabhängig voneinander durchgeführt werden. Da die Wahrscheinlichkeitsverteilung von X dann eine Binomialverteilung mit den Parametern n und p ist, sagt man auch:
X ist **binomialverteilt** mit den Parametern n und p. Statt $P(X = r)$ schreibt man auch $B_{n;p}(r)$.

Beim vierfachen Wurf eines Reißnagels zählt die Zufallsgröße X, wie oft der Reißnagel auf der Seite landet. X lässt sich beschreiben als Trefferzahl bei einer Bernoulli-Kette der Länge 4 und der Trefferwahrscheinlichkeit 0,4 (geschätzt).

r	0	1	2	3	4
$P(X = r)$	0,130	0,346	0,346	0,154	0,026

Also ist X binomialverteilt mit den Parametern n = 4 und p = 0,4. Zur Berechnung der Binomialverteilung wird die Bernoulli-Formel angewandt. Die Tabelle zeigt die gerundeten Werte. Ihr Graph ist in Fig. 1 dargestellt.

Fig. 1

> Bei einer binomialverteilten Zufallsgröße X kann man alle Berechnungen mit zwei Grundfunktionen durchführen.
> a) Die erste Funktion berechnet zur Trefferzahl r den Wert $P(X = r) = B_{n;p}(r)$.
> b) Die zweite Funktion berechnet die **kumulierte Wahrscheinlichkeit** $P(X \leq r)$, also die Summe $P(X = 0) + \ldots + P(X = r) = \sum_{k=0}^{r} P(X = k)$, die auch mit $F_{n;p}(r)$ bezeichnet wird.

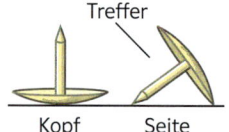

Fig. 2

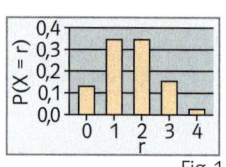

Fig. 3

Die Werte kann man aus einer passenden Tabelle (siehe Seite 366 und die nächste Lerneinheit) ablesen oder mit einem Taschenrechner bestimmen. Wird z.B. ein Reißnagel (s.o.) n = 20-mal geworfen, so kann man folgende Fragestellungen damit bearbeiten:
- Berechnung der Wahrscheinlichkeit $P(X = 8)$, dass der Reißnagel genau achtmal auf der Seite landet (Fig. 2): $P(X = 8) = 0{,}1797$
- Berechnung der Wahrscheinlichkeit $P(X \leq 8)$, dass der Reißnagel höchstens achtmal auf der Seite landet (Fig. 3): $P(X \leq 8) = 0{,}5956$
- Berechnung der Wahrscheinlichkeit $P(X \geq 6)$, dass der Reißnagel mindestens sechsmal auf der Seite landet. Das Gegenereignis $X \leq 5$ von $X \geq 6$ wird dabei verwendet (Fig. 4): $P(X \geq 6) = 0{,}8744$
- Berechnung der Wahrscheinlichkeit $P(6 \leq X \leq 10)$, dass der Reißnagel mindestens sechsmal und höchstens zehnmal auf der Seite landet. Es gilt: $P(6 \leq X \leq 10) = P(X \leq 10) - P(X \leq 5) \approx 0{,}7469$. Mit dem Taschenrechner kann man auch wie in Fig. 5 vorgehen.

Beispiel 1 Wahrscheinlichkeiten mit Tabelle berechnen
Eine binomialverteilte Zufallsgröße X hat die Parameter n = 15 und p = 0,75. Bestimmen Sie die Wahrscheinlichkeiten für die Ereignisse
a) X = 7
b) X ≤ 10
c) X ≥ 10
d) 7 ≤ X ≤ 10

■ *Lösung: Bei der Trefferwahrscheinlichkeit p > 0,5 gelten die grün unterlegten Werte.*
a) P(X = 7) = 0,0131 (Fig. 1)
b) P(X ≤ 10) = 1 − 0,6865 = 0,3135
Beachten Sie: Bei den kumulierten Wahrscheinlichkeiten gilt:
P(X ≤ r) = 1 − *abgelesener Wert* (Fig. 2)
c) P(X ≥ 10) = 1 − P(X ≤ 9)
   = 1 − (1 − 0,8516) = 0,8516 (Fig. 2)
d) P(7 ≤ X ≤ 10) = P(X ≤ 10) − P(X ≤ 6)
   = 1 − 0,6865 − (1 − 0,9958)
   = 0,9958 − 0,6865 = 0,3093
   (Fig. 2)

Die folgende Lerneinheit zeigt im Detail, wie man mit Tabellen arbeitet.

Die zugehörigen Tabellen finden Sie auf den Seiten 366 bis 370.

Fig. 1

Fig. 2

Beispiel 2 Anwenden der Binomialverteilung
Etwa 20% der Deutschen sind Linkshänder. Wie groß ist die Wahrscheinlichkeit, dass in einer Schulklasse mit 25 Schülerinnen und Schülern
a) höchstens fünf Linkshänder sind,
b) mindestens zehn Linkshänder sind,
c) die Zahl der Linkshänder im Bereich von fünf bis zehn liegt?

■ *Lösung: Es werden zunächst eine passende Zufallsgröße und ihre Parameter angegeben:*
X: Zahl der Linkshänder in der Klasse; X ist binomialverteilt;
Parameter: n = 25 und p = 0,2.
a) P(X ≤ 5) ≈ 0,6167 (Fig. 3)
b) P(X ≥ 10) = 1 − P(X ≤ 9) ≈ 0,0173 (Fig. 4)
c) P(5 ≤ X ≤ 10) = P(X ≤ 10) − P(X ≤ 4) ≈ 0,5738 (Fig. 5)

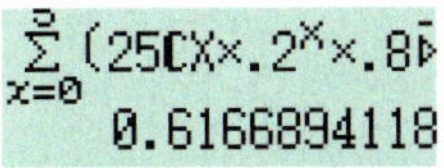

Fig. 3

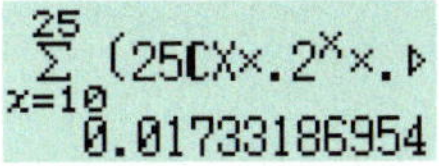

Fig. 4

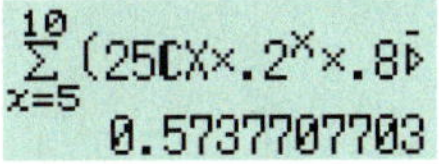

Fig. 5

Aufgaben

1 Eine Zufallsgröße X ist binomialverteilt mit den Parametern n = 15 und p = 0,2.
a) Bestimmen Sie P(X = 4) und P(X ≤ 4).
b) Erklären Sie, wieso man P(X ≥ 3) mithilfe des Terms 1 − P(X ≤ 2) berechnen kann.
c) Bestimmen Sie P(1 ≤ X ≤ 5), P(X ≤ 1 oder X ≥ 5).

2 Berechnen Sie P(X = 4), P(X ≤ 4), P(X ≥ 3), P(1 ≤ X ≤ 5) und P(X ≤ 1 oder X ≥ 5) für eine binomialverteilte Zufallsgröße X mit den Parametern
a) n = 20 und p = $\frac{1}{3}$,
b) n = 100 und p = 0,03.

3 Ein Blumenhändler gibt für seine Blumenzwiebeln 90% Keimgarantie. Jemand kauft davon 16 Stück.
a) Wie kann man den Kaufvorgang mithilfe einer Binomialverteilung modellieren?
b) Falls die Angabe des Blumenhändlers stimmt: Wie groß ist die Wahrscheinlichkeit, dass
I: alle Blumenzwiebeln keimen,
II: genau 14 Blumenzwiebeln keimen,
III: mindestens 14 Blumenzwiebeln keimen,
IV: höchstens 13 Blumenzwiebeln keimen,
V: die Zahl der keimenden Blumenzwiebeln im Bereich von 12 bis 15 liegt?

4 In der Kantine einer Firma essen durchschnittlich 15 der 20 Angestellten zu Mittag.
a) Wie kann man die Essensteilnahme mithilfe einer Binomialverteilung modellieren?
b) Mit welcher Wahrscheinlichkeit werden
I: genau 15 Personen in der Kantine essen,
II: weniger als 15 Personen in der Kantine essen,
III: mehr als 15 Personen in der Kantine essen,
IV: mehr als 10 und weniger als 16 Personen in der Kantine essen,
V: weniger als 10 Personen oder mehr als 16 Personen in der Kantine essen?
c) Die Kantine hält täglich 16 Essen bereit. Nehmen Sie dazu in einem kleinen Aufsatz Stellung.

5 Die Ausschusswahrscheinlichkeit bei Schrauben, die man bei einem Baumarkt kauft, beträgt 3 %. Was ist am wahrscheinlichsten?
A: Es sind keine unbrauchbaren Schrauben in einer Zehnerpackung.
B: Es ist wenigstens eine unbrauchbare Schraube in einer Zwanzigerpackung.
C: Es ist mehr als eine unbrauchbare Schraube in einer Fünfzigerpackung.

Zeit zu überprüfen

6 Eine Zufallsgröße X ist binomialverteilt mit den Parametern $n = 10$ und $p = 0{,}7$.
a) Bestimmen Sie $P(X = 4)$, $P(X \leq 9)$ und $P(X < 8)$.
b) Erklären Sie, wie man $P(X \geq 9)$ berechnen kann.
c) Bestimmen Sie $P(X \geq 8)$ und $P(6 \leq X \leq 9)$.

7 Eine schwierige Operation verläuft durchschnittlich in 80 % aller Fälle erfolgreich. An einem Tag werden unabhängig voneinander in den Krankenhäusern einer Großstadt 50 solche Operationen durchgeführt. Geben Sie eine passende Modellierung mithilfe einer binomialverteilten Zufallsgröße an und begründen Sie, dass sie binomialverteilt ist. Berechnen Sie damit die Wahrscheinlichkeit dafür, dass
a) mindestens 40 Operationen gelingen,
b) mindestens 35 und höchstens 45 Operationen gelingen,
c) weniger als 35 oder mehr als 45 Operationen gelingen.

8 Beschreiben Sie eine mögliche binomialverteilte Zufallsgröße zur Modellierung des Zufallsversuchs. Geben Sie passende Parameter an und beschreiben Sie ihre Bedeutung.
a) Werfen von mehreren Würfeln
b) Überprüfen von Werkstücken einer Produktion
c) Freiwurftraining beim Basketball
d) Drehen eines Glücksrades
e) Untersuchung in einer Klasse, wer die Zunge einrollen kann und wer nicht
f) Übertragen einer Nachricht durch eine Leitung, bei der 5 % der Zeichen falsch ankommen

9 Beschreiben Sie bei dem Zufallsversuch eine Zufallsgröße und untersuchen Sie, ob man sie durch eine Binomialverteilung modellieren kann. Das Ergebnis soll präsentiert werden.
a) Man würfelt, bis man eine Sechs erzielt.
b) Man befragt in einer Stadt zufällig ausgewählte Personen nach ihrem Wahlverhalten.
c) In den Teig von zehn Brötchen werden zufällig 20 Rosinen gemischt.
d) Eine verbeulte Münze wird 20-mal geworfen.
e) Auf dem Schulfest wird eine Tombola durchgeführt. Es werden 500 Lose ausgegeben, die Hälfte davon sind Gewinnlose.

10 Eine Lostrommel enthält 49 Kugeln mit den Nummern 1 bis 49. Beschreiben Sie einen Zufallsversuch und eine Zufallsgröße bei dieser Anordnung, sodass die Zufallsgröße
a) binomialverteilt ist,
b) nicht binomialverteilt ist.

11 Ein Autozulieferbetrieb stellt Schalter her, die mit 2-prozentiger Wahrscheinlichkeit defekt sind. Aus der laufenden Produktion werden 100 Schalter geprüft. Bestimmen Sie die Wahrscheinlichkeit für die Ereignisse
A: genau vier Schalter sind defekt,
B: höchstens drei Schalter sind defekt,
C: mindestens 95 Schalter sind in Ordnung,
D: nur die ersten drei Schalter sind defekt.

12 Nach Angaben des Statistischen Bundesamtes (2003) beträgt der Anteil der Raucher unter den 15- bis 20-Jährigen etwa 20 Prozent.
a) Wie groß ist die Wahrscheinlichkeit, dass man unter 10 Schülern im Alter von 15 bis 20 Jahren mehr als 3 Raucher antrifft?
b) Wie groß ist die Wahrscheinlichkeit, dass man unter 25 Schülern im Alter von 15 bis 20 Jahren mehr als 6 Raucher antrifft?
c) Wie groß ist die Wahrscheinlichkeit, dass man unter 50 Schülern im Alter von 15 bis 20 Jahren mehr als 10 Raucher antrifft?

13 Beim Lotto 6 aus 49 erzielt man einen Gewinn, wenn man bei einem Tipp mindestens drei Richtige hat. Die Wahrscheinlichkeit für einen Gewinn bei einem Tipp beträgt 0,0186.
a) Frau Mayer gibt einen Spielzettel mit sechs Tipps ab. Wie groß ist die Wahrscheinlichkeit, dass sie mindestens einen Gewinn erzielt?
b) Frau Mayer gibt mehrere Spielzettel mit insgesamt 60 Tipps ab. Wie groß ist die Wahrscheinlichkeit, dass sie mindestens einen Gewinn erzielt?
c) Suchen Sie durch Probieren die kleinste Anzahl der Tipps, die Frau Mayer abgeben muss, damit sie mit mindestens 90 % mindestens einen Gewinn erzielt.

14 Zecken können die gefährlichen Krankheiten Borreliose oder Frühsommer-Meningo-Enzephalitis übertragen. Die Ansteckungsgefahr hängt vom Ort ab. In einer Region beträgt das Infektionsrisiko 2 %. Ein Hund streift dort durch das Unterholz und fängt sich zehn Zecken.
a) Wie groß ist die Wahrscheinlichkeit, dass er sich infiziert?
b) Wie wirkt sich in diesem Fall eine Verdoppelung bzw. Halbierung des Infektionsrisikos aus?
c) Zeichnen Sie den Graph der Funktion $W(p)$, die beim Infektionsrisiko p mit $0 \leq p \leq 0{,}25$ die Wahrscheinlichkeit angibt, dass sich der Hund infiziert.

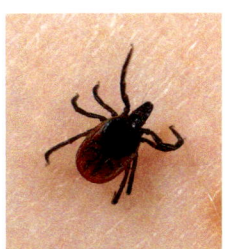

Zecken halten sich meist auf niedrigem Gebüsch und Gräsern auf. Daher sollte man den Kontakt zu niedrig wachsender Vegetation vermeiden. Schutz vor Zeckenstichen bietet Kleidung, die möglichst viel Haut bedeckt. Außerdem sollte man den Körper nach einem Aufenthalt im Freien auf Zecken absuchen, vor allem die Beine.

INFO → Aufgaben 15–17

Graph der Binomialverteilung mit einer Tabellenkalkulation

In Fig. 1 sind Wertetabelle und Graph einer binomialverteilten Zufallsgröße X mit den Parametern n = 10 und p = 0,6 dargestellt. Die Parameter werden in die gelb unterlegten Felder A2 bzw. B2 eingetragen. Von A5 bis A15 werden die möglichen Werte für r, also 0 bis 10, eingefügt. In B5 wird die Wahrscheinlichkeit P(X = r) mit =BINOMVERT(A5;A$2;B$2;0) berechnet, die man in der Kopfzeile eingibt. Die Formel wird bis B15 nach unten ausgefüllt.

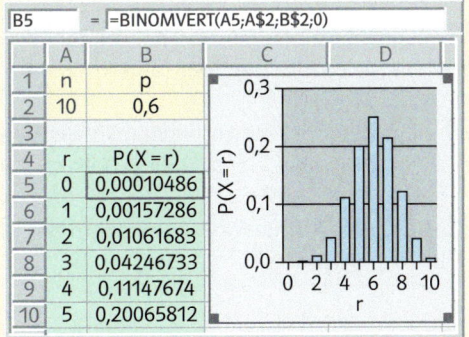

Fig. 1

Säulendiagramm: Die Werte B5 bis B15 werden markiert, und nach Anklicken des Diagramm-Symbols entsteht unter Anleitung des Diagrammassistenten das gewünschte Diagramm.

INFO

Graph der kumulierten Binomialverteilung $P(X \leq r)$ mit einer Tabellenkalkulation

In Fig. 1 sind die Wertetabelle und der Graph der kumulierten Werte zur Binomialverteilung mit den Parametern $n = 10$ und $p = 0{,}6$ dargestellt.

Die Parameter werden in die gelb unterlegten Felder A2 bzw. B2 eingetragen. Von A5 bis A15 werden die möglichen Werte für r, also 0 bis 10, eingefügt. In B5 wird die kumulierte Wahrscheinlichkeit $P(X \leq r)$ mit der Formel =BINOMVERT(A5;A$2;B$2;1) berechnet, die man in der Kopfzeile eingibt. Die Formel wird bis B15 nach unten ausgefüllt.

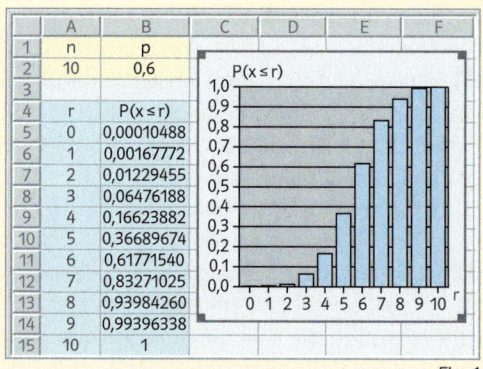

Fig. 1

Die Werte B5 bis B15 werden markiert, und nach Anklicken des Diagramm-Symbols entsteht unter Anleitung des Diagrammassistenten das gewünschte Diagramm, hier ein Säulendiagramm.

15 a) Erstellen Sie mit einer Tabellenkalkulation Wertetabelle und Graph der Binomialverteilung mit $p = 0{,}5$ und $n = 20$. Vergleichen Sie mit den Tabellenwerten auf Seite 368.
b) Variieren Sie die Werte für p und n und beobachten Sie das Verhalten des Graphen.

16 a) Erstellen Sie mit einer Tabellenkalkulation Wertetabelle und Graph der kumulierten Binomialverteilung mit $p = 0{,}5$ und $n = 20$. Vergleichen Sie mit den Tabellenwerten auf Seite 368.
b) Variieren Sie die Werte für p und n und beobachten Sie das Verhalten des Graphen.

17 a) Erstellen Sie den Graph einer binomialverteilten Zufallsgröße X mit den Parametern $n = 10$ und $p = 0{,}5$.
b) Begründen Sie, dass der Graph aus Teilaufgabe a) symmetrisch zur Geraden $x = 5$ ist. Verwenden Sie dabei die Bernoulli-Formel.
c) Gibt es beim Graph der kumulierten Binomialverteilung mit den Parametern $n = 10$ und $p = 0{,}5$ ebenfalls eine Symmetrie? Begründen Sie.

Zeit zu wiederholen

18 Für welche Zahlen x nehmen die Terme den Wert 0 an?
a) $(3 + 2x) \cdot (1 - x)$ b) $(2x - 1)^2$

19 Geben Sie einen Term an, der die Zahl der roten Punkte am Rand in Abhängigkeit von n angibt. Wie viele Werte sagt der Term für $n = 10$ voraus?

20 Bestimmen Sie die Lösungen mit und ohne Taschenrechner.
a) $x^2 - 4x - 21 = 0$ b) $3 \cdot (x + 4) - x \cdot (x + 4) = 12$ c) $2^x = 22$ d) $\sin x = 0{,}5$

21 Bei einem Rechteck beträgt der Umfang 40 m und der Flächeninhalt 75 m². Wie lang sind die Seiten des Rechtecks?

9 Arbeiten mit den Tabellen der Binomialverteilung

Bei Binomialverteilungen $B_{n;p}$ mit großem n ist die Bestimmung von Wahrscheinlichkeiten ohne Hilfsmittel sehr aufwendig. Deshalb finden Sie auf Seite 366 entsprechende Tabellen. Weitere Tabellen können Sie über den Online-Link auf Seite 366 erzeugen.

Tabellen zur Berechnung von Wahrscheinlichkeiten $P(X = k)$ bzw. $B_{n;p}(k)$

Fig. 1 zeigt einen Auszug aus einer solchen Tabelle. Um diese Tabellen möglichst kompakt darzustellen, berücksichtigt man, dass $B_{n;p}(k) = B_{n;1-p}(n-k)$ ist. Somit genügt es, die Wahrscheinlichkeiten für $p \leq 0{,}5$ aufzulisten. Die Wahrscheinlichkeiten $B_{n;p}(k)$ für $p > 0{,}5$ erhält man über die Gleichung $B_{n;p}(k) = B_{n;1-p}(n-k)$ bzw. über den grün unterlegten Teil der Tabelle.

Beachten Sie:
Ist $B_{n;p}(k)$ die Wahrscheinlichkeit für k Treffer, so ist $B_{n;1-p}(n-k)$ die Wahrscheinlichkeit für $n - k$ Nieten.

Somit gilt:
$B_{n;p}(k) = B_{n;1-p}(n-k)$.

n	k	0,02	0,03	0,05	0,10	1/6	0,20	0,25	0,30	1/3	0,40	0,50		n
5	0	0,9039	8587	7738	5905	4019	3277	2373	1681	1317	0778	0313	5	
	1	0922	1328	2036	3281	4019	4096	3955	3602	3292	2592	1563	4	
	2	0038	0082	0214	0729	1608	2048	2637	3087	3292	3456	3125	3	
	3	0001	0003	0011	0081	0322	0512	0879	1323	1646	2304	3125	2	
	4				0005	0032	0064	0146	0284	0412	0768	1563	1	
	5					0001	0003	0010	0024	0041	0102	0313	0	5
n		0,98	0,97	0,95	0,90	5/6	0,80	0,75	0,70	2/3	0,60	0,50	k	n

Solche Tabellen finden Sie für $n = 10, 15, 20$ auf Seite 366.

Fig. 1

Beispiel 1 Verwendung einer Tabelle
Bestimmen Sie für die binomialverteilte Zufallsgröße X die Wahrscheinlichkeit $P(X = 1)$ für
a) $n = 5$ und $p = 0{,}1$; \qquad b) $n = 5$ und $p = 0{,}8$.

■ **Lösung:**
a) Da $p \leq 0{,}5$ ist, sucht man im weiß unterlegten Randbereich der Tabelle in dem Abschnitt für $n = 5$ die Zeile für $k = 1$. Aus der Spalte für $p = 0{,}1$ ergibt sich:
$P(X = 1) = B_{5;0,1}(1) = 0{,}3281$.
b) Da $p > 0{,}5$ ist, sucht man im grün unterlegten Randbereich der Tabelle in dem Abschnitt für $n = 5$ die Zeile für $k = 1$. Aus der Spalte für $p = 0{,}8$ ergibt sich:
$P(X = 1) = B_{5;0,8}(1) = 0{,}0064$.

Tabellen zur Berechnung von Wahrscheinlichkeiten $P(X \leq k)$ bzw. $F_{n;p}(k)$

Statt $P(X \leq k)$ schreibt man auch $F_{n;p}(k)$. Fig. 2 zeigt einen Auszug aus einer Tabelle zur Bestimmung von Wahrscheinlichkeiten $F_{n;p}(k)$. Da $F_{n;p}(k) = 1 - F_{n;1-p}(n-k-1)$ ist, genügt es, diese Wahrscheinlichkeiten nur bis $p \leq 0{,}5$ aufzulisten. Die Wahrscheinlichkeiten $F_{n;p}(k)$ für $p > 0{,}5$ erhält man über den grün unterlegten Teil der Tabelle:
$F_{n;p}(k) = 1 -$ abgelesener Wert.

Solche Tabellen finden Sie für $n = 10, 15, 16, 20, 25, 50, 100$ auf den Seiten 367–370.

n	k	0,02	0,03	0,05	0,10	1/6	0,20	0,25	0,30	1/3	0,40	0,50		n
5	0	0,9039	8587	7738	5905	4019	3277	2373	1681	1317	0778	0313	4	
	1	9962	9915	9774	9185	8038	7373	6328	5282	4609	3370	1875	3	
	2	9999	9997	9988	9914	9645	9421	8965	9369	7901	6826	5000	2	
	3				9995	9967	9933	9844	9692	9547	9130	8125	1	
	4					9999	9997	9990	9976	9959	9898	9688	0	
n		0,98	0,97	0,95	0,90	5/6	0,80	0,75	0,70	2/3	0,60	0,50	k	n

Fig. 2

X Schlüsselkonzept: Wahrscheinlichkeit

Beispiel 2 Verwendung einer Tabelle
Bestimmen Sie für die binomialverteilte Zufallsgröße X die Wahrscheinlichkeiten $P(X \leq 3)$ und $P(X > 3)$ für a) $n = 5$ und $p = 0{,}4$; b) $n = 5$ und $p = 0{,}7$.

■ Lösung: a) Da $p \leq 0{,}5$ ist, orientiert man sich am weiß unterlegten Rand der Tabelle. Im Abschnitt für $n = 5$ haben die Zeile für $k = 3$ und die Spalte für $p = 0{,}4$ den gemeinsamen Eintrag 9130, also gilt:
$P(X \leq 3) = F_{5;0{,}4}(3) = 0{,}9130$ und $P(X > 3) = 1 - P(X \leq 3) = 1 - F_{5;0{,}4}(3) = 1 - 0{,}9130 = 0{,}0870$.
b) Da $p > 0{,}5$ ist, orientiert man sich am grün unterlegten Rand. Im Abschnitt für $n = 5$ haben die Zeile für $k = 3$ und die Spalte für $p = 0{,}7$ den gemeinsamen Eintrag 5282, also gilt:
$P(X \leq 3) = F_{5;0{,}7}(3) = 1 - 0{,}5282 = 0{,}4718$ und $P(X > 3) = 1 - F_{5;0{,}7}(3) = 1 - (1 - 0{,}5282) = 0{,}5282$.

Aufgaben

1 Bestimmen Sie die Wahrscheinlichkeiten mithilfe einer Tabelle.
a) $B_{10;0{,}1}(0)$ b) $B_{10;0{,}1}(4)$ c) $B_{15;0{,}2}(7)$ d) $B_{15;0{,}3}(6)$ e) $B_{10;\frac{1}{3}}(0)$
f) $B_{20;0{,}8}(15)$ g) $B_{15;0{,}9}(13)$ h) $B_{20;0{,}75}(19)$ i) $B_{15;0{,}02}(0)$ j) $B_{20;0{,}97}(18)$

2 Bestimmen Sie die Wahrscheinlichkeiten mithilfe einer Tabelle.
a) $F_{10;0{,}3}(5)$ b) $F_{10;0{,}1}(0)$ c) $F_{10;0{,}02}(1)$ d) $F_{10;0{,}4}(2)$ e) $F_{10;\frac{1}{6}}(4)$
f) $F_{10;0{,}6}(8)$ g) $F_{15;0{,}9}(10)$ h) $F_{20;0{,}97}(17)$ i) $F_{50;0{,}8}(40)$ j) $F_{100;\frac{5}{6}}(80)$

3 Gegeben ist eine Bernoulli-Kette mit der Länge 20 und der Trefferwahrscheinlichkeit 0,4. Die Zufallsgröße X gibt die Anzahl der Treffer an. Bestimmen Sie mithilfe einer Tabelle.
a) $P(X = 6)$ b) $P(X < 6)$ c) $P(X \leq 6)$ d) $P(X > 6)$ e) $P(X = 8)$
f) $P(X \geq 11)$ g) $P(4 < X < 10)$ h) $P(4 \leq X \leq 10)$ i) $P(4 < X \leq 10)$ j) $P(4 < X < 9)$

4 Die Zufallsgröße X besitzt die Binomialverteilung $B_{50;0{,}8}$. Bestimmen Sie diese.
a) $P(X \leq 35)$ b) $P(X \geq 40)$ c) $P(X = 40)$ d) $P(X = 30)$ e) $P(X > 35)$
f) $P(X < 38)$ g) $P(35 \leq X \leq 40)$ h) $P(37 < X \leq 47)$ i) $P(32 \leq X < 40)$ j) $P(29 < X < 39)$

Zeit zu überprüfen

5 Die Zufallsgröße X besitzt die Binomialverteilung $B_{100;0{,}7}$. Bestimmen Sie diese mithilfe einer Tabelle.
a) $P(X > 75)$ b) $P(X \geq 40)$ c) $P(65 < X < 85)$ d) $P(X \geq 80)$ e) $P(X < 70)$
f) $P(X \geq 55)$ g) $P(X < 50)$ h) $P(70 \leq X \leq 90)$ i) $P(X = 95)$ j) $P(X = 60)$

6 Mit welcher Wahrscheinlichkeit fällt beim 100-maligen Würfeln die Zahl 6
a) genau 15-mal, b) mehr als 25-mal, c) mindestens 15- und höchstens 25-mal?

7 Ein Händler erhält Lieferungen, bei denen ein Ausschussanteil von höchstens 5 % zugelassen ist. Zur Überprüfung der Lieferungen wird folgender Prüfplan vorgeschlagen: Die Lieferung wird abgelehnt, wenn in einer Stichprobe von 20 Stück mindestens zwei Stück Ausschuss sind. In wie viel Prozent der Fälle ist zu erwarten, dass die Lieferung zurückgesandt wird?

8 In einer Werkskantine werden freitags ein Fischgericht und zwei weitere Menüs angeboten. Erfahrungsgemäß wählt ein Drittel der 100 Kantinenbesucher das Fischgericht.
Die Küche bereitet 33 Fischgerichte vor. Wie groß ist die Wahrscheinlichkeit, dass diese 33 Fischgerichte nicht ausreichen?

10 Problemlösen mit der Binomialverteilung

Die Abbildungen zeigen drei GTR-Diagramme. Auf der x-Achse ist jeweils die Trefferwahrscheinlichkeit p ($0 \leq p \leq 1$) bei einer Binomialverteilung mit $n = 20$ abgetragen. Bei welchem der Diagramme ist auf der y-Achse die Wahrscheinlichkeit $P(X \leq 5)$, $P(X \leq 7)$ bzw. $P(X \leq 11)$ abgetragen?

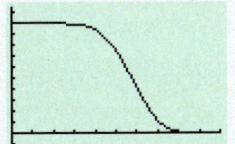 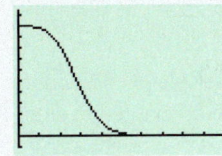 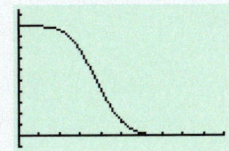

Mit **Binomialverteilungen $B_{n;\,p}$** lassen sich viele Probleme lösen, die sich auf folgende drei Problemstellungen reduzieren lassen:
- Berechnung von **Wahrscheinlichkeiten** bei gegebener Anzahl n und Trefferwahrscheinlichkeit p.
- Bestimmen der unbekannten **Anzahl n** bei gegebener Trefferwahrscheinlichkeit p.
- Bestimmen der unbekannten **Trefferwahrscheinlichkeit p** bei gegebener Anzahl n.

Manche dieser Probleme kann man nicht mit einfachen Taschenrechnern oder Tabellen lösen.

Beispiel 1 Wahrscheinlichkeiten bei gegebenen Parametern n und p berechnen
Ein Flugzeug hat 94 Plätze. Die Fluggesellschaft verkauft aber 100 Tickets, weil laut ihrer Statistik durchschnittlich nur 90 % aller Gäste, die gebucht haben, zum Flug erscheinen.
a) Mit welcher Wahrscheinlichkeit finden alle erscheinenden Fluggäste einen Platz?
b) Mit welcher Wahrscheinlichkeit muss mehr als ein Fluggast entschädigt werden?
■ *Lösung: Man macht die Modellannahme, dass die 100 Fluggäste unabhängig voneinander mit einer Wahrscheinlichkeit von 0,9 zum Flug erscheinen. Dann gilt:*
Die Anzahl X der erscheinenden Fluggäste ist binomialverteilt mit den Parametern $n = 100$ und $p = 0,9$. Treffer bedeutet, dass ein Fluggast zum Flug erscheint.
a) $P(X \leq 94) = 0,9424$
Mit einer Wahrscheinlichkeit von etwa 94 % erhält jeder Fluggast einen Platz.
b) *Wenn mindestens 96 Fluggäste erscheinen, muss mehr als ein Fluggast entschädigt werden.*
$P(X \geq 96) = 1 - P(X \leq 95) = 0,0237$
Mit einer Wahrscheinlichkeit von nur etwa 2,4 % ist mehr als ein Fluggast zu entschädigen.

CAS
Simulation: Buchung eines Flugs

Beispiel 2 Parameter n bestimmen
In einem Land sind 4 % der männlichen Bevölkerung farbenblind. Wie groß muss eine Gruppe von Männern in dem Land mindestens sein, damit mit mindestens 90-prozentiger Wahrscheinlichkeit mindestens
a) einer aus der Gruppe farbenblind ist,
b) zwei aus der Gruppe farbenblind sind? 
■ *Lösung: Die Zufallsgröße F zählt die Anzahl der Farbenblinden in einer Gruppe von n männlichen Personen. F ist binomialverteilt mit $p = 0,04$ und gesuchtem n.*
a) Es soll gelten: $P(F \geq 1) \geq 0,9$ bzw. $P(F = 0) \leq 0,1$.
Wegen $P(F = 0) = 0,96^n$ gilt:
$0,96^n \leq 0,1$
$n \cdot \lg(0,96) \leq \lg(0,1)$ $\quad |:\lg(0,96)$
$n \geq 56,4$
Die Gruppe muss mindestens die Größe 57 haben.
Die Gleichung kann man auch mit einem Gleichungslöser am Taschenrechner lösen (Fig. 2).

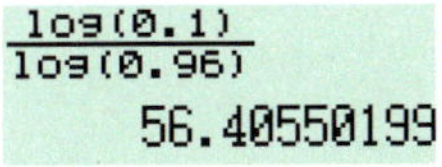

$\frac{\lg(0.1)}{\lg(0.96)}$
$\qquad 56.40550199$
Fig. 1

$0.96^X = 0.1$
$X = \quad 56.40550199$
$L-R= \qquad 0$
Fig. 2

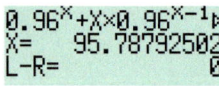
Fig. 1

b) Es soll gelten: $P(F \geq 2) \geq 0,9$, also $P(F \leq 1) \leq 0,1$.
Daher ist die Ungleichung $0,96^n + n \cdot 0,96^{n-1} \cdot 0,04 \leq 0,1$ zu lösen, denn $\binom{n}{1} = n$.
Man gibt dies mit Gleichheitszeichen in einen Gleichungslöser (solver) ein und erhält als Mindestzahl 96 (Fig 1).

Beispiel 3   Parameter p mithilfe einer Gleichung bestimmen
Jedes Bauteil in einer Produktionsserie fällt mit der Wahrscheinlichkeit p aus. Die Bauteile werden unabhängig voneinander produziert. Wie groß darf p höchstens sein, damit mit einer Wahrscheinlichkeit von mindestens 80 Prozent höchstens zwei von 100 Bauteilen ausfallen?
■ Lösung: Die Zufallsgröße A zählt die ausfallenden Bauteile bei einer Produktionsserie von n = 100. A ist binomialverteilt mit n = 100 und gesuchtem p.
Es soll gelten: $P(A \leq 2) \geq 0,8$.
Man betrachtet den Grenzfall: $P(A \leq 2) = 0,8$.
Wegen der Bernoulli-Formel gilt:
$P(A \leq 2) = P(A = 0) + P(A = 1) + P(A = 2)$

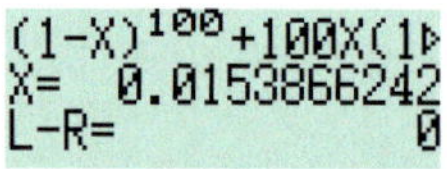

$= (1-p)^{100} + \binom{100}{1} p \cdot (1-p)^{99} + \binom{100}{2} p^2 \cdot (1-p)^{98} = 0,8$

Diese Gleichung wird in den Rechner eingegeben (Fig. 2).
Die gesuchte Wahrscheinlichkeit beträgt etwa 1,5 %.

Fig. 2

Mit den Tabellen auf Seite 369 erkennt man nur, dass p etwas kleiner als 0,02 ist.
Mit einem Tabellenkalkulationsprogramm kann man $F_{100;p}(2)$ berechnen und damit p bestimmen.

Aufgaben

1   Bei einem Mathetest gibt es zehn Fragen mit jeweils vier Antworten, von denen nur eine richtig ist. Felix kreuzt bei jeder Frage rein zufällig eine Antwort an.
Mit welcher Wahrscheinlichkeit hat er
a) genau drei richtige Antworten,
b) mindestens drei richtige Antworten,
c) höchstens zwei richtige Antworten,
d) mehr als drei richtige Antworten?

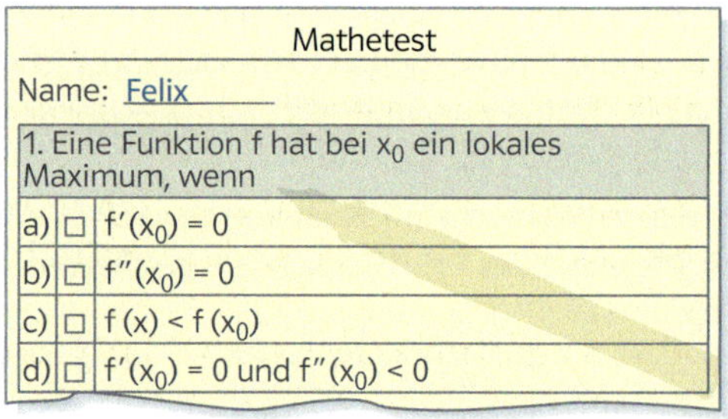

Fig. 3

2   Aus der Prüfstatistik eines Kugelschreiberherstellers geht hervor, dass 3 % der produzierten Kugelschreiber defekt sind. Mit welcher Wahrscheinlichkeit
a) ist von 15 Kugelschreibern keiner defekt,
b) sind von 25 Kugelschreibern mindestens zwei defekt,
c) sind von 50 Kugelschreibern höchstens zwei defekt,
d) beträgt die Anzahl von defekten bei 100 Kugelschreibern mindestens 2 und höchstens 4?

3   Ein Feriendorf nimmt 50 Buchungen entgegen, obwohl es nur 48 Wohnungen gibt, denn in den letzten Jahren wurden 10 % der Buchungen storniert.
a) Mit welcher Wahrscheinlichkeit wurden zu viele Buchungen angenommen?
b) Mit welcher Wahrscheinlichkeit war sogar noch mehr als ein Platz übrig?
c) Wieso würden Sie vielleicht sogar noch mehr Buchungen entgegennehmen?

4   Die Zufallsgröße X ist binomialverteilt mit dem Parameter p = 0,25.
Bestimmen Sie den zweiten Parameter n als möglichst kleine Zahl, sodass gilt:
a) $P(X = 0) \leq 0,05$;   b) $P(X \leq 1) \leq 0,1$;   c) $P(X = n) \leq 0,01$;   d) $P(X \leq 2) \leq 0,025$.

5 Wie oft muss man mindestens würfeln, damit mit einer Wahrscheinlichkeit von mindestens 99% das angegebene Ereignis erzielt wird?
a) eine Sechs   b) eine Primzahl   c) zwei gerade Zahlen   d) drei Zahlen unter 6

6 Bei einer Binomialverteilung ist p so groß, dass es mit einer Wahrscheinlichkeit von mindestens 75% mindestens r Treffer gibt. Welche Werte kann p annehmen für
a) n = 5; r = 1,   b) n = 100; r = 1,   c) n = 10; r = 2,   d) n = 25; r = 3?

7 Ein Verkehrsunternehmen gibt an, dass 95% der Fahrgäste zufrieden seien.
Es wird angenommen, dass die Angabe des Verkehrsunternehmens stimmt.
a) Wie hoch ist die Wahrscheinlichkeit dafür, dass von 50 Fahrgästen höchstens zwei unzufrieden sind?
b) Stellen Sie eine Frage, zu deren Beantwortung die Wahrscheinlichkeit $\binom{50}{2} \cdot 0{,}95^{48} \cdot 0{,}05^2$ berechnet wird.
c) Wie viele Fahrgäste müssen mindestens befragt werden, damit mit einer Wahrscheinlichkeit von mindestens 90% mindestens einer davon unzufrieden ist?
d) Wie viele Fahrgäste müssen mindestens befragt werden, damit unter ihnen mit einer Wahrscheinlichkeit von mindestens 90% mindestens zwei unzufrieden sind?
e) Der Anteil zufriedener Fahrgäste hat sich nach einer Werbeaktion geändert. Die Wahrscheinlichkeit, höchstens einen unzufriedenen Fahrgast unter 100 Fahrgästen zu finden, ist auf 5% gestiegen. Wie groß ist der Anteil zufriedener Fahrgäste nun?

Zeit zu überprüfen

8 Die Wahrscheinlichkeit für die Geburt eines Jungen beträgt etwa 0,5.
a) In einem Jahr werden in einer Kleinstadt 100 Kinder geboren. Berechnen Sie die Wahrscheinlichkeit, dass mindestens 50 Jungen geboren werden. Berechnen Sie die Wahrscheinlichkeit, dass die Zahl der Geburten von Jungen mindestens 45 und höchstens 55 beträgt.
b) Wie viele Kinder müssen mindestens geboren werden, damit mit einer Wahrscheinlichkeit von mindestens 99% mindestens ein Junge dabei ist?

9 Über einen Nachrichtenkanal werden Zeichen übertragen. Durch Störeinflüsse wird jedes Zeichen mit der unbekannten Wahrscheinlichkeit p falsch übertragen. Die Störung der einzelnen Zeichen erfolgt unabhängig voneinander.
Wie groß darf p höchstens sein, wenn die Wahrscheinlichkeit, dass bei 100 übertragenen Zeichen mehr als eines falsch übertragen wird, höchstens 10% betragen darf?

10 Die Firma ElSafe stellt Sicherungen mit einer Ausschussquote von 5% her.
a) Der Produktion werden 50 Sicherungen zu Prüfzwecken entnommen. Bestimmen Sie die Wahrscheinlichkeit für die Ereignisse
A: genau drei Sicherungen sind defekt,   B: höchstens drei Sicherungen sind defekt,
C: alle Sicherungen sind in Ordnung,   D: nur die letzten drei entnommenen Sicherungen sind defekt.
b) Ein Elektrogroßhändler erhält von ElSafe zehn Sendungen. Jeder Sendung entnimmt er zwei Sicherungen und überprüft sie. Er nimmt eine Sendung nur an, wenn er bei der Kontrolle nur einwandfreie Sicherungen findet.
Wie groß ist die Wahrscheinlichkeit, dass die erste Sendung angenommen wird?
Mit welcher Wahrscheinlichkeit werden mindestens zehn Sendungen angenommen?

11 Erwartungswert und Standardabweichung – Sigma-Regeln

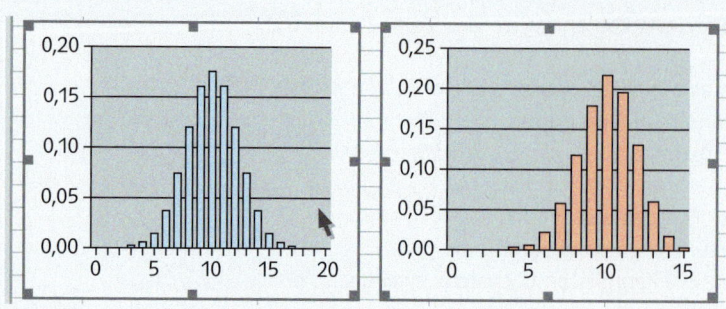

Die Abbildungen zeigen Graphen von Binomialverteilungen.
Welches könnten die Parameter sein?

A: $n = 20$; $p = 0{,}3$
B: $n = 20$; $p = 0{,}5$
C: $n = 20$; $p = \frac{2}{3}$
D: $n = 15$; $p = 0{,}8$
E: $n = 15$; $p = \frac{2}{3}$

Zum Erstellen von Graphen mit Excel siehe die Infobox auf Seite 279.

Zum Erstellen von Graphen mit dem Taschenrechner siehe das Beispiel auf Seite 288.

Fig. 3 und 4: Erwartungswerte und Standardabweichungen der Binomialverteilungen (nach den Formeln von Seite 269 berechnet).

in Fig. 1 ($p = 0{,}6$)

n	10	20	40	80
μ	6	12	24	48
σ	1,55	2,19	3,10	4,38

Fig. 3

in Fig. 2 ($n = 50$)

p	0,1	0,3	0,5	0,7	0,9
μ	5	15	25	35	45
σ	2,12	3,24	3,54	3,24	2,12

Fig. 4

Es kann sein, dass μ nicht ganzzahlig ist. Dann liegt das Maximum bei der nächsten ganzen Zahl.

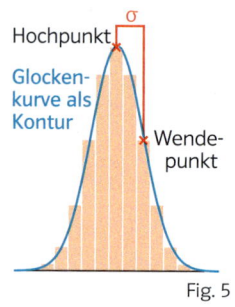

Fig. 5

Es zeigt sich, dass sich eine Binomialverteilung auch durch die Kenngrößen Erwartungswert und Standardabweichung charakterisieren lässt. Dazu wird zunächst untersucht, wie die Verteilungen von den Parametern n und p abhängen.

Abhängigkeit der Verteilungen

vom Parameter n: Man wählt p fest, z.B. $p = 0{,}6$, und verändert n (Fig. 1).

vom Parameter p: Man wählt n fest, z.B. $n = 50$, und verändert p (Fig. 2).

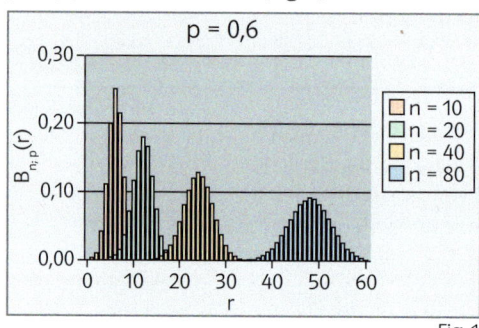

Fig. 1

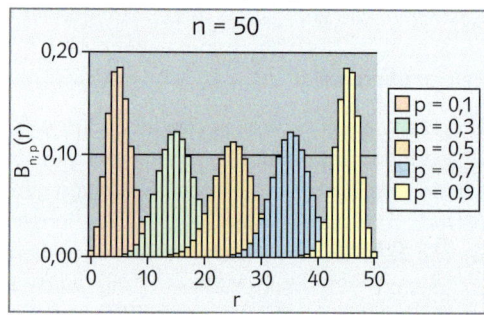

Fig. 2

Der Graph einer Binomialverteilung hat Glockenform.
Mit wachsendem n wird der Graph immer breiter und flacher.
Für $p \to 1$ und $p \to 0$ wird der Graph immer schmaler und höher.
Das Maximum des Graphen befindet sich beim Erwartungswert μ.

Man erkennt außerdem, dass man den Erwartungswert einer Binomialverteilung mit der Formel $\mu = n \cdot p$ berechnen kann. Der Graph der Binomialverteilung hat beim Erwartungswert μ den größten Wert. Auch für die Standardabweichung bei einer Binomialverteilung kann man eine Formel herleiten.

Eine binomialverteilte Zufallsgröße X mit den Parametern n und p hat den **Erwartungswert** $\mu = n \cdot p$ und die **Standardabweichung** $\sigma = \sqrt{n \cdot p \cdot (1 - p)}$.

Die Standardabweichung σ einer Binomialverteilung kann man veranschaulichen. Man zeichnet eine „Glockenkurve" als Kontur des Graphen (Fig. 5). An Fig. 1 auf Seite 287 erkennt man, dass σ etwa dem Abstand der Wendestellen der Glockenkurve zur Extremstelle μ entspricht. Die Standardabweichung ist also ein Maß für die Glockenbreite, die sich (bei festem p) verdoppelt bzw. verdreifacht, wenn n vervierfacht bzw. verneunfacht wird, denn σ ist zu $\sqrt{n}$ proportional.

In Fig. 1 ist p = 0,3, entsprechende Diagramme erhält man für andere Werte von p.

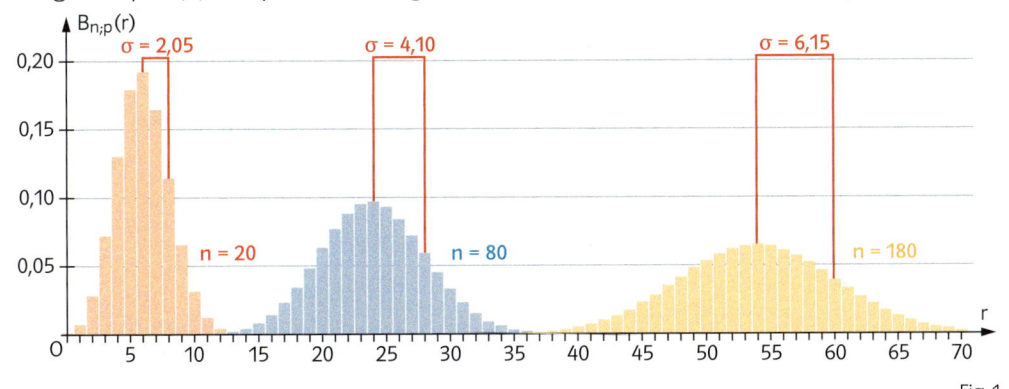

Fig. 1

Die Wendepunkte der Glockenkurve lassen sich näherungsweise bestimmen.

Die Bedeutung der Standardabweichung zeigt sich bei der Wahrscheinlichkeit $P(\mu - \sigma \leq X \leq \mu + \sigma)$, das heißt für die Wahrscheinlichkeit, dass ein Treffer im Intervall $[\mu - \sigma; \mu + \sigma]$ liegt, kurz: Wahrscheinlichkeit für ein **σ-Intervall**.
Die folgenden Tabellen zeigen für verschiedene Parameter n und p die Wahrscheinlichkeiten für ein σ-Intervall (in den Tabellen mit P_σ benannt). Man erkennt, dass die Wahrscheinlichkeiten alle etwa 68% betragen.

n	400	800	1200	1600	2000
P_σ	0,6821	0,6945	0,6877	0,6825	0,6857

p = 0,5

n	400	800	1200	1600	2000
P_σ	0,6796	0,6837	0,6878	0,6819	0,6858

p = 0,1

Entsprechendes gilt auch für die 2-σ-Intervalle $[\mu - 2\cdot\sigma; \mu + 2\cdot\sigma]$ bzw. 3-σ-Intervalle $[\mu - 3\cdot\sigma; \mu + 3\cdot\sigma]$. Dies zeigen die Werte für $P_{2\sigma}$ bzw. $P_{3\sigma}$ in Fig. 3.

Mit Excel berechnete Wahrscheinlichkeiten für σ-Umgebungen, hier für p = 0,4.

p = 0,4			
n	P_σ	$P_{2\sigma}$	$P_{3\sigma}$
200	0,652	0,949	0,997
400	0,668	0,954	0,997
600	0,682	0,954	0,997
800	0,670	0,953	0,997
1000	0,683	0,951	0,997
1200	0,669	0,952	0,997
1400	0,687	0,954	0,997
1600	0,680	0,956	0,997
1800	0,676	0,954	0,997
2000	0,674	0,953	0,997
MW	0,674	0,953	0,997

Fig. 3

Sigma-Regeln
Für eine binomialverteilte Zufallsgröße X mit den Parametern n und p, dem Erwartungswert $\mu = n \cdot p$ und der Standardabweichung $\sigma = \sqrt{n \cdot p \cdot (1-p)}$ erhält man folgende Näherungen:

1. $P(\mu - \sigma \leq X \leq \mu + \sigma) \approx 68{,}3\%$
2. $P(\mu - 2\sigma \leq X \leq \mu + 2\sigma) \approx 95{,}4\%$
3. $P(\mu - 3\sigma \leq X \leq \mu + 3\sigma) \approx 99{,}7\%$
4. $P(\mu - 1{,}64\sigma \leq X \leq \mu + 1{,}64\sigma) \approx 90\%$
5. $P(\mu - 1{,}96\sigma \leq X \leq \mu + 1{,}96\sigma) \approx 95\%$
6. $P(\mu - 2{,}58\sigma \leq X \leq \mu + 2{,}58\sigma) \approx 99\%$

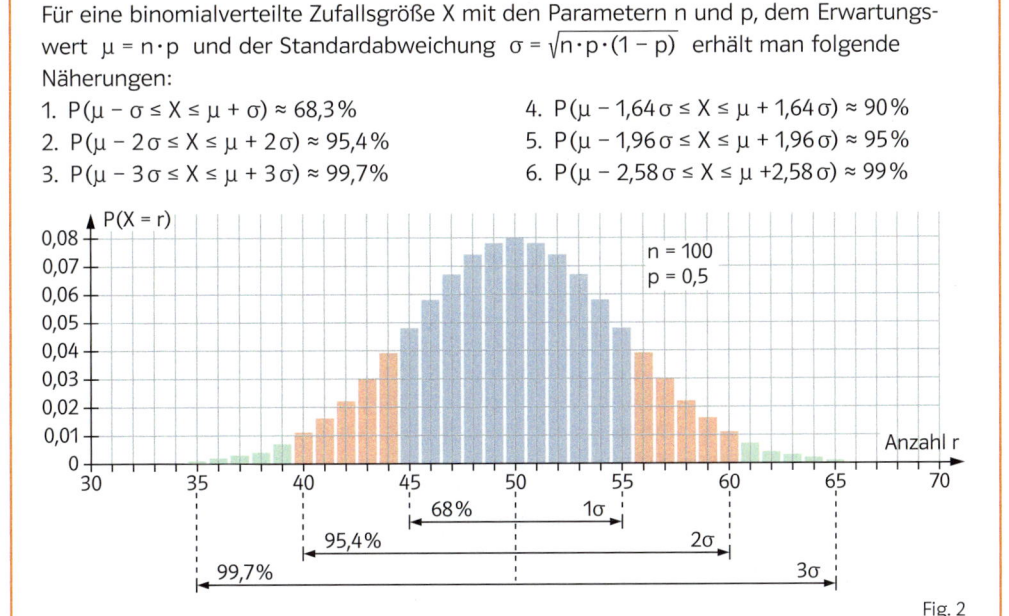

Fig. 2

Online-Link
Excel-Datei
Sigma-Umgebungen.xls
735605-2871

Die Werte bei 4. bis 6. braucht man in der beurteilenden Statistik – beim Testen in Kapitel XI.

Je größer n ist und je näher p bei 0,5 liegt, desto besser wird im Allgemeinen die Näherung. Nach einer Faustregel sollte $\sigma > 3$ sein, damit die Näherung brauchbar ist.

Als Grenzen der σ-Intervalle werden ganze Zahlen angegeben, weil eine Binomialverteilung nur ganzzahlige Werte hat.

Beispiel Tabelle und Graph mit dem Taschenrechner

X sei eine binomialverteilte Zufallsgröße mit den Parametern n = 20 und p = 0,4.

a) Berechnen Sie den Erwartungswert und die Standardabweichung sowie das 2-σ-Intervall und die zugehörige Wahrscheinlichkeit.

b) Erstellen Sie mit dem Taschenrechner eine Tabelle der Werte der Binomialverteilung.

c) Beschreiben Sie, wie man eine Skizze des Graphen im Heft anfertigen kann.

■ Lösung: a) μ = 20 · 0,4 = 8; σ = $\sqrt{20 \cdot 0,4 \cdot 0,6}$ ≈ 2,19; 2-σ-Intervall [4; 12]; Wahrscheinlichkeit des 2-σ-Intervalls: P(4 ≤ X ≤ 12) = 0,963 *(vgl. Sigma-Regel)*

b) *Man gibt den Funktionsterm* $B_{20;0,4}(x)$ *ein und erhält die Wertetabelle.*

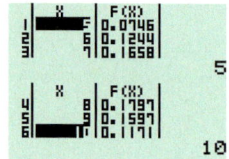

c) Man zeichnet ein Koordinatensystem mit Werten von 0 bis 20 auf der Rechtsachse. Aus der Wertetabelle sucht man die größte Wahrscheinlichkeit beim Erwartungswert μ = 8 heraus. Die Hochachse wird so bemessen, dass dieser Wert (hier etwa 0,18) hineinpasst. Dann zeichnet man einige Punkte des Graphen, deren Koordinaten man aus der Tabelle abliest. Man verbindet diese Punkte durch eine punktierte Linie (um anzudeuten, dass nur ganzzahlige Werte vorkommen).

Achten Sie darauf, dass nach der Sigma-Regel die Fläche unter dem Graphen zwischen μ − 2σ und μ + 2σ etwa 95 % der gesamten Fläche unter dem Graphen beträgt.

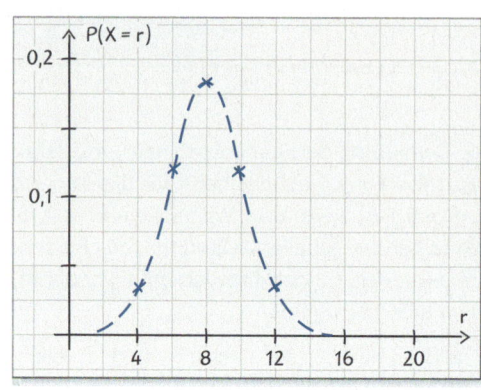

Fig. 1

Aufgaben

Runden Sie μ + σ bzw. μ − σ erst auf ganze Zahlen ab bzw. auf, damit Sie die zugehörigen Wahrscheinlichkeiten bestimmen können.

Ⓒ CAS
Standardabweichung

1 Bestimmen Sie den Erwartungswert, die Standardabweichung der Binomialverteilung sowie die Wahrscheinlichkeit des σ-Intervalls. Skizzieren Sie den Graphen.

a) p = 0,5 und n = 10; 25; 50; 100   b) n = 50 und p = $\frac{1}{6}$; 0,25; 0,4; 0,8

2 Bestimmen Sie den Erwartungswert und die Standardabweichung der Binomialverteilung. Geben Sie den Wert mit der größten Wahrscheinlichkeit an. Bestimmen Sie die Wahrscheinlichkeit des 3-σ-Intervalls.

a) n = 25, p = 0,3   b) n = 15, p = 0,3   c) n = 70, p = 0,9   d) n = 100, p = 0,9

3 Ein Würfel wird 100-mal geworfen. X zählt die Anzahl der Sechsen.

a) Berechnen Sie den Erwartungswert und die Standardabweichung von X.

b) Bestimmen Sie das 2-σ-Intervall. Vergleichen Sie die Wahrscheinlichkeit des 2-σ-Intervalls mit dem Näherungswert, den die Sigma-Regel liefert.

Zeit zu überprüfen

4 Bestimmen Sie den Erwartungswert und die Standardabweichung der Binomialverteilung mit n = 10 und n = 20 für p = 0,6 sowie die Wahrscheinlichkeit des 2-σ-Intervalls. Skizzieren Sie die Graphen. Welche Eigenschaften erkennen Sie?

5 Ein Kurs hat 25 Schülerinnen und Schüler. Die Wahrscheinlichkeit, dass eine Schülerin oder ein Schüler an einem Sonntag geboren wurde, beträgt etwa 0,1.

a) Wie viele Sonntagskinder befinden sich am wahrscheinlichsten in dem Kurs?

b) Wie groß ist die Wahrscheinlichkeit, dass die Zahl der Sonntagskinder um höchstens eine Standardabweichung vom Erwartungswert abweicht?

6 a) In der Tabelle ist für n = 3 die Wahrscheinlichkeitsverteilung einer binomialverteilten Zufallsgröße X mit Parametern n und p allgemein angegeben. Berechnen Sie den Erwartungswert und die Standardabweichung von X, indem Sie die Formeln von Seite 269 verwenden. Beachten Sie dabei, dass p + q = 1 gilt.
b) Führen Sie die Berechnung wie in Teilaufgabe a) für n = 4 durch.

r	0	1	2	3
P(X = r)	q^3	$3pq^2$	$3p^2q$	p^3

Entsprechend kann man für allgemeine Parameter n und p zeigen, dass sich als Erwartungswert $\mu = n \cdot p$ ergibt.

Tipp:
$q^3 + 3pq^2 + 3p^2q + p^3$
$= (q + p)^3$

INFO → Aufgaben 7–11

Erwartungswert und Standardabweichung mit einer Tabellenkalkulation

In Fig. 1 ist in den Spalten A und B die Wertetabelle zur Binomialverteilung mit den Parametern n = 10 und p = 0,6 dargestellt. In C2 und D2 sind Erwartungswert und Varianz (das Quadrat der Standardabweichung) nach den Formeln von Seite 286 berechnet. Darunter sind Erwartungswert und Varianz zum Vergleich nach den Formeln von Seite 269 berechnet.
Man erkennt, dass die Werte übereinstimmen.

B5		fx	=BINOMVERT(A5;A$2;B$2;0)	
	A	B	C	D
1	r	p	m·p	m·p·(1−p)
2	10	0,6	6	2,4
3				
4	r	P(x=r)	r·P(x=r)	(r-p)^2P(x=r)
5	0	0,00010458	0	0,003774874
6	1	0,001572864	0,001572864	0,0393216
13	8	0,12093252	0,967458816	0,48729408
14	9	0,040310784	0,362797056	0,362797056
15	10	0,006046618	0,060456176	0,096745882
16			6	24

Fig. 1

Ein allgemeiner Beweis kann mit dem in der Schule behandelten Stoff nicht geführt werden.

---

7 Bearbeiten Sie Aufgabe 1 mit einer Tabellenkalkulation.

8 a) Erstellen Sie mit einer Tabellenkalkulation Wertetabelle und Graph der Binomialverteilung mit p = 0,5 und n = 20. Berechnen Sie den Erwartungswert und die Standardabweichung auf zwei Arten (siehe Infobox).
b) Variieren Sie die Werte für p und n und bestätigen Sie das im ersten Kasten auf Seite 286 beschriebenen Verhalten des Graphen in Abhängigkeit von n und p.

9 Erstellen Sie mit einer Tabellenkalkulation Wertetabelle und Graph der Binomialverteilung mit p = 0,3 und n = 100; 200; 400; 800.
a) Überprüfen Sie die erste Sigma-Regel, indem Sie die Wahrscheinlichkeit für das 2-Sigma-Intervall berechnen. Variieren Sie p.
b) Überprüfen Sie die zweite Sigma-Regel, indem Sie die Wahrscheinlichkeit für das Sigma-Intervall berechnen. Vergleichen Sie mit den Ergebnissen von Teilaufgabe a). Variieren Sie p.

10 a) Erstellen Sie mit einer Tabellenkalkulation eine Wertetabelle der kumulierten Binomialverteilung mit p = 0,5 und n = 20 und bestimmen Sie das Sigma-Intervall.
Verdeutlichen Sie am Graphen die erste Sigma-Regel.
b) Variieren Sie die Werte für p und n und beobachten Sie die Lage des Sigma-Intervalls.

11 Bestimmen Sie für die Binomialverteilungen, deren Graphen in Fig. 2 und 3 zu sehen sind, die Parameter n und p.

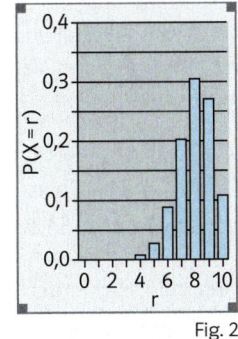
Fig. 2

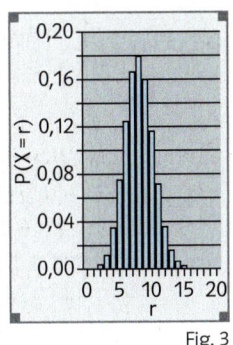
Fig. 3

Wiederholen – Vertiefen – Vernetzen

Ereignisse

1 Ein Sicherheitsventil besteht aus drei einzelnen Ventilen, die jeweils mit 90 % Wahrscheinlichkeit funktionieren. Das Sicherheitsventil funktioniert, wenn mindestens eines der Ventile funktioniert. Wie groß ist die Wahrscheinlichkeit, dass das Sicherheitsventil funktioniert?

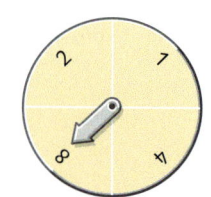

Fig. 1

2 Das Glücksrad in Fig. 1 wird zweimal gedreht, Ergebnisse sind die erscheinenden Zahlen. Mit welcher Wahrscheinlichkeit
a) erscheint beim ersten Drehen mindestens 4 oder beim zweiten Drehen höchstens 2,
b) erscheint beim ersten Drehen höchstens 2 oder die Summe der Zahlen beträgt höchstens 4?

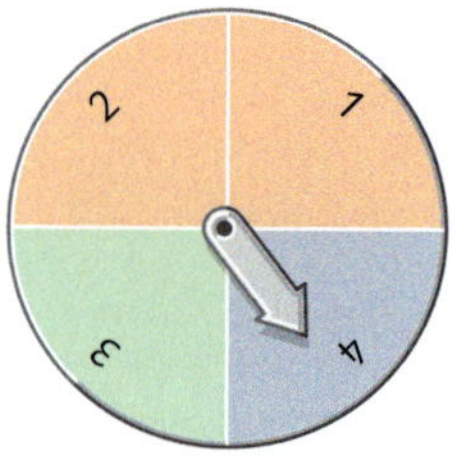

Fig. 2

3 Das Glücksrad (Fig. 2) wird zweimal gedreht. Mit welcher Wahrscheinlichkeit erscheint beim ersten Drehen höchstens drei oder beim zweiten Drehen mindestens drei? Wo steckt der Fehler bei Philipps folgender Lösung mit dem Additionssatz?
E: „Beim ersten Drehen erscheint höchstens drei", $E = \{1, 2, 3\}$, $P(E) = \frac{3}{4}$,
F: „Beim zweiten Drehen erscheint mindestens drei", $F = \{3, 4\}$, $P(F) = \frac{1}{2}$, $E \cap F = \{3\}$, $P(E \cap F) = \frac{1}{4}$.
$P(E \cup F) = P(E) + P(F) - P(E \cap F) = \frac{3}{4} + \frac{1}{2} - \frac{1}{4} = 1$.
Antwort: Mit Wahrscheinlichkeit 1 erscheint beim ersten Drehen höchstens drei oder beim zweiten Drehen mindestens drei.

4 Bei der Überprüfung von Fahrgästen der städtischen Verkehrsbetriebe wurde ermittelt, dass etwa 2 % Schwarzfahrer unterwegs sind, davon sind 75 % männlich. Allerdings wurden insgesamt auch 55 % männliche Fahrgäste gezählt. Ein Fahrgast wird überprüft.
a) Erstellen Sie eine Vierfeldertafel.
b) Mit welcher Wahrscheinlichkeit wird bei der Überprüfung eine weibliche Person mit Fahrschein angetroffen?
c) Wie wahrscheinlich ist es, auf eine männliche oder eine Person mit Fahrschein zu treffen?

Zufallsgrößen

w	h
0	10 %
1	42 %
2	35 %
3	13 %

5 Ein Wurf mit drei Münzen wurde 100-mal durchgeführt. Dabei ergaben sich die relativen Häufigkeiten h der Tabelle für die Anzahl w der Wappen.
a) Bestimmen Sie den Mittelwert und die empirische Standardabweichung.
b) Bestimmen Sie den Erwartungswert und die Standardabweichung der Zufallsgröße X: „Anzahl der Wappen".

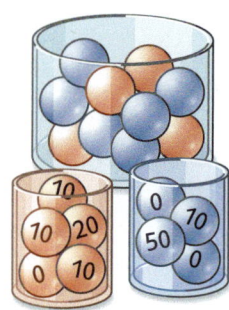

Fig. 3

6 Bei einer Lotterie zahlt man den Einsatz von 20 Cent und zieht eine Kugel aus der oberen Urne mit den roten und blauen Kugeln. Je nach der gezogenen Farbe zieht man aus der unteren roten bzw. blauen Urne wieder eine Kugel. Die Zahl auf dieser Kugel ist die Auszahlung in Cent.
a) Geben Sie die Wahrscheinlichkeitsverteilung der Zufallsgröße Gewinn an.
b) Berechnen Sie den Erwartungswert und die Standardabweichung für den Gewinn.
c) Wie muss man den Einsatz ändern, damit die Lotterie fair ist?

7 Bei einem Glücksspiel werden zwei Würfel geworfen. Wenn das Produkt X der Augenzahlen mindestens 10 beträgt, erhält man X Cent ausbezahlt, sonst nichts.
a) Wie groß ist der Erwartungswert und die Standardabweichung für den Gewinn bei einem Einsatz von 20 Cent?
b) Wie groß muss der Einsatz sein, damit das Spiel fair ist?

Wiederholen – Vertiefen – Vernetzen

8 Eine kleine Firma fertigt Computer an und verkauft sie an private Kunden. Aus einer Statistik über die Anzahl X der täglich verkauften Geräte wurde die Tabelle (Fig. 1) erstellt.
a) Berechnen Sie den Erwartungswert der Zufallsvariablen X. Was gibt er an?
b) Geben Sie eine passende Wahrscheinlichkeitsverteilung der Zufallsgröße X an, damit $E(X) = 3$.

Anzahl a	P(X = a)
0	10%
1	25%
2	40%
3	20%
4	5%

Fig. 1

9 Bestimmen Sie näherungsweise den Erwartungswert und die Standardabweichung für die Augensumme beim Würfeln mit einem, zwei bzw. drei Würfeln pro Wurf.

10 Ein Würfel ist mit den Augenzahlen 1, 1, 1, 1, 6, 6 bezeichnet. Er wird so lange geworfen bis eine Zahl zum zweiten Mal erscheint. Bestimmen Sie die Wahrscheinlichkeitsverteilung der Zufallsgröße „Anzahl" der Würfe und deren Erwartungswert und Standardabweichung.

11 Die Zufallsgröße X zählt, wie oft man einen Würfel bis zur ersten Sechs werfen muss.
a) Bestimmen Sie $P(X \leq 3)$ und $P(X \geq 6)$.
b) Bestimmen Sie die kleinste Zahl a mit der Eigenschaft $P(X \leq a) \geq 80\%$.

12 In einer Urne befinden sich x rote und 10 grüne Kugeln. Es wird dreimal daraus eine Kugel mit Zurücklegen gezogen. Wie viele rote Kugeln sind in der Urne, wenn der Erwartungswert für die Anzahl roter Kugeln 1 beträgt?

13 Das Wachstum einer Zellkultur entwickelt sich nach dem Gesetz $B(n+1) = t_n \cdot B(n)$ mit $B(0) = 1$. Dabei ist der Teilungsfaktor t_n für jeden Zeitschritt zufällig 1 (keine Teilung) oder 2 (Teilung); jeweils mit der Wahrscheinlichkeit $\frac{1}{2}$.
a) Welche Werte kann $B(n)$ nach 1, 2, 3, ... n Schritten haben?
b) Bestimmen Sie für n = 1, 2, 3, 4 den Erwartungswert für $B(n)$.
c) Stellen Sie eine Vermutung für den Erwartungswert von $B(n)$ für beliebiges n auf. Überprüfen Sie die Vermutung für n = 5.
d) Erfinden Sie Variationen der Aufgaben und präsentieren Sie die Lösung.

Binomialverteilung

14 Ein Brett wird mit kleinen symmetrischen Holzklötzen in gleichmäßigen Abständen bestückt wie in Fig. 2. Eine Kugel läuft so das Brett hinunter, dass sie jeweils genau auf die Spitze der Holzklötzchen trifft. Sie fällt dann jeweils mit gleicher Wahrscheinlichkeit nach links bzw. rechts und landet schließlich in einem der Fächer. Die Zufallsgröße X beschreibt die Nummer des Fachs, in das die Kugel fällt.
a) Bestimmen Sie die Wahrscheinlichkeitsverteilung, den Erwartungswert und die Standardabweichung von X.
b) 16 Kugeln durchlaufen das Brett. Wie viele Kugeln erwartet man in den Fächern?

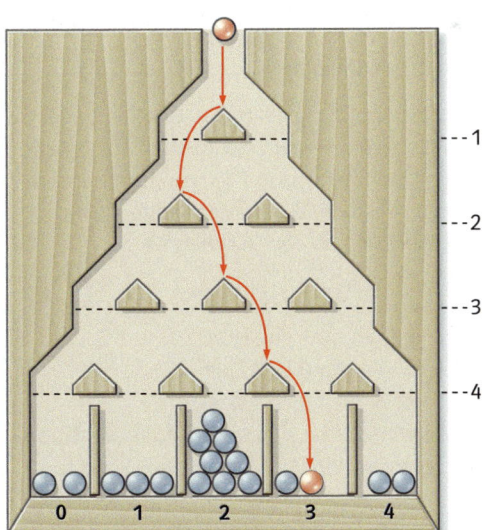

Das Brett wird GALTON-Brett genannt.

Das Brett wird etwas schräg gestellt. Diskutieren Sie, wie sich das auswirkt. Was ändert sich bei den Teilaufgaben a) und b)?

Fig. 2

Wiederholen – Vertiefen – Vernetzen

15 Bei Meinungsumfragen werden erfahrungsgemäß nur 70% der ausgesuchten Personen angetroffen. Mit welcher Wahrscheinlichkeit
a) werden von 20 ausgesuchten Personen mehr als 14 angetroffen,
b) werden von 50 ausgesuchten Personen weniger als 35 angetroffen,
c) werden von 100 ausgesuchten Personen mindestens 65 und höchstens 75 angetroffen,
d) weicht jeweils die Anzahl der angetroffenen Personen höchstens um die Standardabweichung vom Erwartungswert ab, wenn 20 bzw. 50 bzw. 100 Personen ausgesucht werden?

16 Eine Zufallsgröße X ist binomialverteilt mit den Parametern n = 100 und p = 0,5. Es wird 20-mal zufällig ein Wert von X bestimmt. Wie groß ist die Wahrscheinlichkeit, dass mindestens einer dieser Werte außerhalb des 2-σ-Intervalls liegt?
Diskutieren Sie, wie sich das Ergebnis ändert, wenn man n vergrößert.

17 Ein Computerchip wird mit der Wahrscheinlichkeit p fehlerfrei produziert. Wie groß muss p auf zwei Dezimalen gerundet sein, damit von 50 Chips mindestens 40 mit mindestens
a) 80%iger Wahrscheinlichkeit fehlerfrei sind,
b) 95%iger Wahrscheinlichkeit fehlerfrei sind?

18 Ein medizinisches Haarshampoo gegen Schuppen enthält einen Wirkstoff, der bei 5% aller Patienten eine Allergie auf der Kopfhaut hervorruft. Ein Arzt behandelt im Jahr 15 Patienten mit diesem Mittel.
a) Wie groß ist die Wahrscheinlichkeit, dass der Arzt innerhalb eines Jahres mindestens einen Patienten hat, der allergisch auf das Shampoo reagiert?
b) Wie groß ist die Wahrscheinlichkeit, dass der Arzt in fünf Jahren mindestens zweimal feststellt, dass innerhalb eines Jahres mindestens ein Patient allergisch reagiert?

Für Fluggesellschaften ist es vorteilhaft, Flugzeuge zu „überbuchen", weil sie dann mehr Plätze verkaufen können als vorhanden sind. Falls doch einmal mehr Gäste kommen als Plätze vorhanden sind, kann man solche Gäste „großzügig" entschädigen.

19 Eine Fluggesellschaft verkauft 100 Tickets für nur 95 Plätze, weil laut ihrer Statistik durchschnittlich nur 90% aller Gäste, die reserviert haben, zum Flug erscheinen.
a) Wie groß ist die Wahrscheinlichkeit, dass alle Fluggäste einen Platz bekommen?
b) Wie groß ist die Wahrscheinlichkeit, dass mehr als ein Fluggast entschädigt werden muss?

Zeit zu wiederholen

20 Die Abbildung zeigt den Graphen einer Funktion samt erster und zweiter Ableitung.
a) Ordnen Sie f, f' und f'' einem Graphen zu. Erläutern Sie die Zusammenhänge.
b) Lesen Sie aus den Graphen ab:

$f(1) \approx \ldots$; $f'(1) \approx \ldots$; $\int_2^4 f'(x)\,dx \approx \ldots$

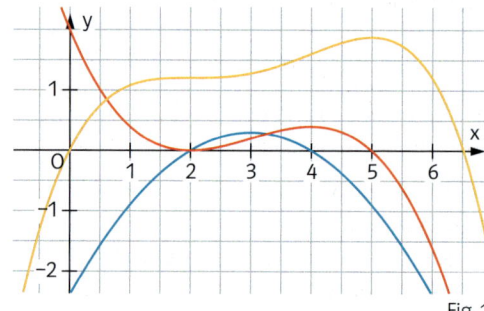
Fig. 1

21 Für eine Funktion u gilt:
u(3) > 0; u'(3) < 0; u''(3) > 0.
Skizzieren und begründen Sie, wie der Graph von u in der Nähe von 3 aussehen müsste.

22 Aus der Funktion f wird eine neue Funktion g gebildet. Haben f und g dieselben Extremstellen? Begründen Sie.
a) g(x) = f(x) + 3   b) g(x) = 2·f(x)   c) g(x) = −3·f(x)   d) g(x) = f(x) − 5

Rückblick

Ereignis – Gegenereignis – Vereinigungsmenge – Schnittmenge
Ein Ereignis ist eine Teilmenge der Ergebnismenge.
Die Wahrscheinlichkeit P(E) eines Ereignisses E wird bestimmt, indem man die Wahrscheinlichkeiten der zugehörigen Ergebnisse addiert.
Zu jedem Ereignis E gibt es ein Gegenereignis $\overline{E}$, das alle Ergebnisse enthält, die nicht zu E gehören. Man kann P(E) aus P($\overline{E}$) berechnen, denn es gilt: $P(E) = 1 - P(\overline{E})$.
Alle Ergebnisse, die zugleich in E und in F liegen, bilden die Schnittmenge E∩F. Alle Ergebnisse, die in E oder in F liegen, bilden die Vereinigungsmenge E∪F.

Aus einer Urne mit sechs roten und vier blauen Kugeln werden blind zwei Kugeln mit Zurücklegen gezogen. Ergebnismenge S = {rr, rb, bb, br}.
Es sei E: „Mindestens eine Kugel ist rot",
F: „Die erste Kugel ist blau".
E = {rr, rb, br}, F = {bb, br}.
Gegenereignis von E ist $\overline{E}$ = {bb},
„Keine Kugel ist rot".
E∩F = {br}, E∪F = {rr, rb, bb, br}.

Additionssatz
Für zwei Ereignisse E und F ist $P(E \cup F) = P(E) + P(F) - P(E \cap F)$.

Für die Ereignisse E und F des obigen Beispiels gilt: P(E) = 0,84; P(F) = 0,4;
P(E∩F) = 0,24, P(E∪F) = 0,84 + 0,4 - 0,24 = 1.

Statistische Erhebungen
Grundgesamtheit: alle zugrunde liegenden Einheiten
Stichprobe: Teilmenge der Grundgesamtheit
Stichprobenumfang: Anzahl der Elemente in der Teilmenge
Kenngrößen für eine Stichprobe, welche die Werte $x_1, \ldots, x_k$ mit den relativen Häufigkeiten $h_1, \ldots, h_k$ liefert:
Mittelwert $\overline{x} = x_1 \cdot h_1 + \ldots + x_k \cdot h_k$ und
(empirische) **Standardabweichung** $s = \sqrt{(x_1 - \overline{x})^2 \cdot h_1 + \ldots + (x_k - \overline{x})^2 \cdot h_k}$

Grundgesamtheit: alle Schüler in Deutschland
Eine Stichprobe vom Umfang 32 in einer Schule zur Geschwisterzahl g ergibt die Tabelle der relativen Häufigkeiten h.

g	0	1	2	3	4
h	0,24	0,38	0,22	0,11	0,05

$\overline{x} = 1{,}35$; s = 1,11

Zufallsgröße
Theoretische Kenngrößen einer Zufallsgröße sind
Erwartungswert $\mu = x_1 \cdot P(X = x_1) + x_2 \cdot P(X = x_2) + \ldots + x_k \cdot P(X = x_k)$ und
Standardabweichung $\sigma = \sqrt{(x_1 - \mu)^2 \cdot P(X = x_1) + \ldots + (x_k - \mu)^2 \cdot P(X = x_k)}$.
σ^2 wird als **Varianz** bezeichnet

Aus einer Urne mit vier roten und zwei blauen Kugeln werden blind zwei Kugeln ohne Zurücklegen gezogen.
X: Anzahl der roten Kugeln.
Wahrscheinlichkeitsverteilung siehe Tabelle.
$\mu = \frac{4}{3}$; $\sigma^2 = \frac{16}{45}$; $\sigma \approx 0{,}6$

a	0	1	2
P(X = a)	$\frac{1}{15}$	$\frac{8}{15}$	$\frac{2}{5}$

Binomialverteilung
Eine Zufallsgröße X mit den Werten 0; 1; ...; n heißt binomialverteilt mit den Parametern n und p, wenn für $0 \leq r \leq n$ gilt:
$P(X = r) = B_{n;p}(r) = \binom{n}{r} \cdot p^r (1-p)^{n-r}$

Der **Erwartungswert** von X ist $\mu = n \cdot p$.
Die **Standardabweichung** von X ist $\sigma = \sqrt{n \cdot p \cdot (1-p)}$.

X: Anzahl der Wappen beim fünfzigmaligen Werfen einer Münze. X ist binomialverteilt mit den Parametern n = 50 und p = 0,5.
Für genau 25-mal W: P(X = 25) = 0,1123.
Für höchstens 25-mal W: P(X ≤ 25) = 0,5561
Erwartungswert μ = 25
Standardabweichung $\sigma = \sqrt{\frac{50}{4}} \approx 3{,}5$

Sigma-Regeln
für eine binomialverteilte Zufallsgröße mit Erwartungswert μ und Standardabweichung σ:
$P(\mu - c \cdot \sigma \leq X \leq \mu + c \cdot \sigma) \approx \beta$ (Näherung brauchbar, falls σ > 3)

μ − 1σ = 22; μ + 1σ = 28
mit Sigma-Regel: P(22 ≤ X ≤ 28) ≈ 68,3 %
exakt: P(22 ≤ X ≤ 28) = 0,6777...

c	1	1,64	1,96	2	2,58	3
β	68,3%	90%	95%	95,4%	99%	99,7%

Prüfungsvorbereitung ohne Hilfsmittel

1 Nach einer Statistik der Deutschen Bahn verkehren etwa 95 Prozent der Fernzüge „pünktlich" (d.h. mit maximal 5 Minuten Verspätung). Tim fährt 5-mal mit einem Fernzug.
a) Er berechnet die Wahrscheinlichkeit, dass mindestens ein Zug nicht pünktlich ist, mit der Formel $1 - 0{,}95^5$. Wieso kann er die Formel anwenden?
b) Wieso ist die Annahme, dass die Pünktlichkeit der Züge voneinander unabhängig ist, nicht unbedingt richtig?

2 Eine Münze wird so lange geworfen, bis eine Seite zum zweiten Mal erscheint. Bestimmen Sie die Wahrscheinlichkeitsverteilung der Zufallsgröße X: Anzahl der Würfe sowie den Erwartungswert und die Standardabweichung von X.

3 Constantin meint: „Wenn ich zweimal würfle, ist die Wahrscheinlichkeit $\frac{1}{3}$ dafür, dass eine Sechs dabei ist, denn bei einmal Würfeln ist die Wahrscheinlichkeit $\frac{1}{6}$." Hat Constantin recht?

4 Das Glücksrad (Fig. 1) wird zweimal gedreht. Geben Sie das Ereignis E in Mengenschreibweise an und berechnen Sie seine Wahrscheinlichkeit. Liegt ein Laplace-Versuch vor?
a) Ergebnisse sind Farben, z.B. r–g, wenn beim ersten Drehen Rot und beim zweiten Drehen Grün erscheint; E: „Rot kommt mindestens einmal vor".
b) Ergebnisse sind Zahlen, z.B. 2–6, wenn beim ersten Drehen 2 und beim zweiten Drehen 6 erscheint; E: „Es kommt mindestens eine 6 vor".

Fig. 1

5 Aus den Buchstaben A, S und U sollen zufällig Wörter mit drei Buchstaben – auch sinnlose – gebildet werden. Dabei darf jeder Buchstabe nur einmal verwendet werden. Betrachtet werden die Ereignisse E: „U steht hinten" und F: „Ein Vokal steht in der Mitte".
a) Geben Sie die Ereignisse E und F als Mengen an und bestimmen Sie ihre Wahrscheinlichkeit.
b) Beschreiben Sie die Ereignisse E ∩ F und E ∪ F in Worten und berechnen Sie ihre Wahrscheinlichkeit.

6 Berechnen Sie für die Zufallsgröße X mit der Wahrscheinlichkeitsverteilung in der Tabelle rechts den Erwartungswert von X. Beschreiben Sie die Bedeutung der Standardabweichung von X.

g	–10	0	1	3
P(X = g)	$\frac{1}{5}$	$\frac{1}{6}$	$\frac{1}{2}$	$\frac{2}{15}$

7 Gegeben ist eine Binomialverteilung mit den Parametern $n = 36$ und $p = 0{,}5$.
a) Berechnen Sie den Erwartungswert und die Standardabweichung.
Beschreiben Sie die Bedeutung dieser Kenngrößen.
b) Skizzieren Sie den Graphen der Verteilung. Verwenden Sie dabei, dass das Maximum 0,13 beträgt. Erläutern Sie an dem Graphen die Sigma-Regeln.
c) Wie ändert sich der Graph, wenn Sie n vergrößern und p beibehalten?
d) Wie ändert sich der Graph, wenn Sie p verändern und n beibehalten?

8 Wahr oder falsch? Begründen Sie.
Bei einer binomialverteilten Zufallsvariablen X mit den Parametern n und p sowie dem Erwartungswert μ und der Standardabweichung σ
a) ist μ immer eine ganze Zahl,
b) ist μ proportional zu n (falls p konstant ist),
c) ist σ proportional zu $\sqrt{n}$, wenn p beibehalten wird,
d) beträgt die Wahrscheinlichkeit, dass ein Wert von X in das Intervall [μ – σ; μ + σ] fällt, etwa 68 %,

Prüfungsvorbereitung mit Hilfsmitteln

1 Beim Fußballtoto kreuzt man als Vorhersage bei elf Fußballspielen an, ob der gastgebende Verein gewinnt (1), ob der Gast gewinnt (2) oder ob das Spiel unentschieden endet (0). Ein möglicher Tipp ist dann z.B. 1 2 0 1 1 2 0 0 1 1 1, d.h., beim ersten Spiel gewinnt der Gastgeber, beim zweiten der Gast, das dritte endet unentschieden usw.
a) Angenommen, alle Mannschaften sind gleich stark. Mit welcher Wahrscheinlichkeit tippt man dann alle Ergebnisse richtig? Wie viele Tipps gibt es?
b) Es ist möglich, alle Spiele falsch zu tippen. Auf wie viele Arten geht das?

2 Bei einem Würfelspiel mit drei Würfeln zählen nur Würfe, bei denen mindestens eine Sechs vorkommt. Eine Sechs zählt 10 Punkte, zwei Sechsen zählen 100 Punkte und drei Sechsen zählen 1000 Punkte. Wie groß sind der Erwartungswert und die Standardabweichung der Punktzahl?

3 a) Wie groß sind der Erwartungswert und Standardabweichung für die Zahl der Wappen beim 3-maligen Münzwurf?
b) Wie groß ist die Wahrscheinlichkeit, dass beim zehnmaligen Münzwurf mindestens einmal Zahl unten liegt?
c) Wie viele verschiedene Ergebnisse gibt es beim zwanzigmaligen Münzwurf?

4 X ist binomialverteilt mit den Parametern n = 50 und p = 0,3. Bestimmen Sie
a) $P(X \leq 15)$,   b) $P(X < 15)$,   c) $P(X = 15)$,   d) $P(X > 15)$,   e) $P(X \geq 15)$.

5 Bei einem Reißnagel beträgt die Wahrscheinlichkeit 60 %, dass er auf dem Kopf landet. Hanna wirft 100 Reißnägel. Die Zufallsvariable X zählt die Reißnägel, die auf dem Kopf landen.
a) Begründen Sie, dass X binomialverteilt ist.
b) Bestimmen Sie den Erwartungswert µ und die Standardabweichung σ von X.
c) Berechnen Sie $P(X \leq 60)$; $P(X > 50)$; $P(50 \leq X \leq 60)$ sowie $P(\mu - 2\sigma \leq X \leq \mu + 2\sigma)$.
d) Bestimmen Sie die kleinste Zahl a so, dass $P(\mu - a \leq X \leq \mu + a) \geq 80\%$.

6 Eine Firma stellt elektronische Bauteile für Autos her. Sie werden in Packungen zu je 20 Stück ausgeliefert. Ein Autohersteller erhält eine Lieferung von 100 Packungen. Er lässt in jeder Packung zufällig zwei Bauteile prüfen. Nur wenn beide in Ordnung sind, wird die Packung für die weitere Produktion verwendet, sonst wird die ganze Packung zurückgeschickt.
a) Eine Packung enthält genau zwei defekte Bauteile. Stellen Sie das Überprüfungsverfahren schematisch dar (z.B. in einem Baumdiagramm).
b) Bestimmen Sie die Wahrscheinlichkeiten dafür, dass eine Packung mit vier bzw. sechs defekten Bauteilen nicht zurückgeschickt wird.
c) Ein Prüfer berechnet die Wahrscheinlichkeit, dass eine Packung mit zwei defekten Bauteilen nicht zurückgeschickt wird, mit der Formel $\dfrac{\binom{18}{2}}{\binom{20}{2}} \approx 0{,}8053$. Erklären Sie seine Vorgehensweise.

7 Bei einem Spiel gewinnt man mit der Wahrscheinlichkeit p = 0,1. Der Einsatz beträgt 1 €, die Auszahlung bei Gewinn beträgt 5 €. Das Spiel wird zwanzigmal durchgeführt.
a) Die Zufallsgröße X zählt die Zahl der Gewinne. Wie groß ist die Wahrscheinlichkeit, dass man genau bzw. höchstens 2 Spiele gewinnt?
b) Beschreiben Sie, was folgendermaßen berechnet wird:
   (1) $\sqrt{20 \cdot 0{,}1 \cdot 0{,}9}$ (2) $\binom{20}{5} \cdot 0{,}1^5 \cdot 0{,}9^{15}$ (3) $-0{,}9 \cdot 1\,€ + 0{,}1 \cdot 4\,€$
c) Wie viele Spiele muss man mindestens gewinnen, damit man keinen Verlust macht?

Simulation von Zufallsexperimenten – Testen

In der beschreibenden Statistik werden gesammelte Daten ausgewertet. In der Wahrscheinlichkeitsrechnung kann man Modelle aufstellen. In der beurteilenden Statistik prüft man Modelle, z. B. durch Testen.

„Simulieren" bedeutet in der Mathematik nicht „krank stellen"!

Das kennen Sie schon
- Wahrscheinlichkeit
- Relative Häufigkeit
- Wahrscheinlichkeit von Ereignissen
- Mittelwert und Standardabweichung bei Daten und Zufallsgrößen
- Binomialverteilung

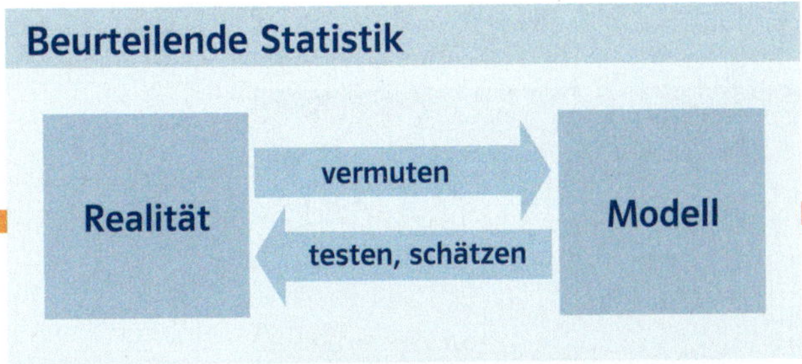

Beurteilende Statistik

Realität ⇄ Modell (vermuten / testen, schätzen)

Sind beim Münzwurf Zahl und Wappen wirklich gleich wahrscheinlich?

In diesem Kapitel

- lernen Sie, Zufallsexperimente zu simulieren.
- werden Hypothesen mithilfe von Binomialverteilungen getestet.

 Zahl und Zahlbereiche

 Messen und Größen

 Raum und Form

 Funktionaler Zusammenhang

 Daten und Zufall

1 Zufallsexperimente simulieren

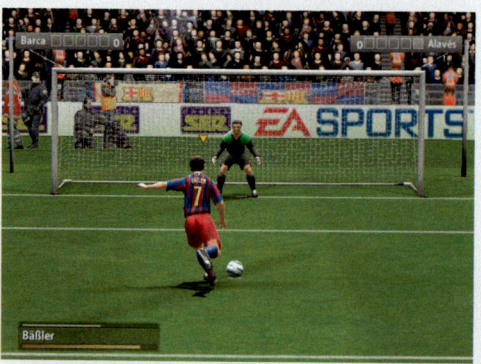

Daniel: „Ich treffe bei 80 % meiner Elfmeter ins Tor. Wenn ich 20-mal schieße, treffe ich also mit Sicherheit 16-mal!"
Franziska: „Sei da mal nicht so sicher, du könntest auch nur 10-mal treffen."
Daniel: „Völlig unwahrscheinlich!"
Franziska: „Das probieren wir aus …"

simulare (lat): nachahmen

Nicht immer ist die konkrete Durchführung eines Zufallsexperimentes möglich, z. B. weil sie zu aufwendig oder zu teuer ist. Oft kann man aber die Durchführung durch eine **Simulation** ersetzen. Dabei wird jedem Ergebnis des Zufallsexperimentes entsprechend seiner Wahrscheinlichkeit eine zufällig erzeugte Zahl – eine **Zufallszahl** – zugeordnet. Zufallszahlen erhält man aus einer Tabelle von Zufallsziffern (Fig. 2) oder erzeugt sie in einem Rechner, z. B. mit einer Tabellenkalkulation (Fig. 3). Zufallszahlen sind gleich verteilt auf dem zugrunde liegenden Bereich.

Zufallsziffern wie in Fig. 1 kann man z. B. durch wiederholtes Drehen des Glücksrades bestimmen.

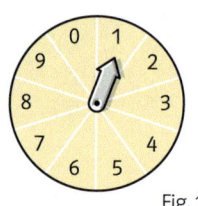

Fig. 1

Tabellenanhang: Zufallsziffern

Zeile \ Spalte (1, 5, 10, 15, 20, 25, 30)						
1	12159	66144	05091	13446	45653	13648
	30156	90519	95785	47544	66735	35754
	59069	01722	53338	41942	65118	71236
	54107	58081	82470	59407	13475	95872
5	99681	81295	06315	28212	45029	57701
	27252	37875	53679	01889	35714	63534

Fig. 2 Zufallsziffern
vollständige Tabelle auf Seite 365

A1 fx =ZUFALLSZAHL()

	A	B	C
1	0,74763306		
2			
3			
4			
5			

Fig. 3 Die Funktion ZUFALLSZAHL() liefert gleich verteilte Zahlen im Bereich 0 bis 1.

	A	B
1	Wurf	Zufallszahl
2	1	0,4966984
3	2	0,0461077
4	3	0,7026491
5	4	0,1450187
6	5	0,5550143
7	6	0,8785189
8	7	0,7271624
9	8	0,4842901
10	9	0,0774610
11	10	0,3265562
12	Treffer	7

Fig. 4

Das Vorgehen bei einer Simulation wird an folgender Situation erläutert. Beim Basketballfreiwurf trifft ein Spieler mit einer Wahrscheinlichkeit von 60 % . Ein Wurf wird durch Ziehen einer Zufallsziffer simuliert. Man erreicht, dass auch bei der Simulation die Trefferwahrscheinlichkeit 60 % beträgt, indem man z. B. festlegt: Wenn eine der sechs Ziffern 0 bis 5 gezogen wird, ist das Ergebnis Treffer, bei 6 bis 9 ist das Ergebnis Fehlwurf. Die Simulation von 10 Würfen ergibt dann aus den ersten 10 Zufallsziffern in Fig. 1 acht Treffer (rot gekennzeichnet): 1–2–1–5–9–5–6–1–4–4.
Beträgt die Trefferwahrscheinlichkeit 62 %, so kann ein Wurf simuliert werden, indem man gleichzeitig zwei Zufallsziffern zieht und als zweiziffrige Zahl auffasst. Man erreicht, dass auch bei der Simulation die Trefferwahrscheinlichkeit 62 % beträgt, indem man z. B. festlegt: Wenn eine der 62 Zahlen 00 bis 61 gezogen wird, ist das Ergebnis Treffer, bei 63 bis 99 ist das Ergebnis Fehlwurf. Die Simulation von 10 Würfen ergibt dann aus den ersten 20 Zufallsziffern in Fig. 1 neun Treffer (rot gekennzeichnet): 12–15–95–61–44–05–09–11–34–46.
Mit einer Tabellenkalkulation kann man in beiden Fällen gleich vorgehen (Fig. 4). Dazu fügt man in die Zellen B1 bis B11 Zufallszahlen wie in Fig. 3 ein. Um die Treffer bei 10 Würfen zu bestimmen, fügt man in Zelle B12 ein: =ZÄHLENWENN(B1:B11;"<0,6") bzw. =ZÄHLENWENN(B1:B11;"<0,62").

Statt einer Zufallszahl wird oft auch ein Intervall von Zufallszahlen zugeordnet.

Ein Zufallsexperiment kann man mithilfe von Zufallszahlen simulieren. Man ordnet dabei jedem Ergebnis eine Zufallszahl zu, sodass die Zufallszahl mit der gleichen Wahrscheinlichkeit wie das Ergebnis auftritt.

Beispiel 1 Simulation mit einem Würfel
Bei einem Spiel gewinnt man mit einer Wahrscheinlichkeit von
a) 50 %, b) $\frac{2}{3}$, c) 25 %.
Wie kann man das Spiel mit einem Würfel simulieren?
■ Lösung: a) Man ordnet drei der sechs Würfelaugen das Ergebnis „Gewinn" zu und den anderen drei Würfelaugen das Ergebnis „Verlust".
b) Man ordnet vier der sechs Würfelaugen das Ergebnis „Gewinn" zu und den anderen zwei Würfelaugen das Ergebnis „Verlust".
c) Hier ordnet man z. B. der „6" das Ergebnis „Gewinn" zu, bei „1", „2" und „3" ergibt sich „Verlust" und bei „4" und „5" wird nochmals gewürfelt.

Beispiel 2 Simulation mit Überlesen
Man wirft zwei verschiedenfarbige Würfel. Wie kann man dieses Zufallsexperiment mit Zufallszahlen simulieren? Beschreiben Sie auch das Vorgehen bei mehreren Würfen.
■ Lösung: In der Tabelle der Zufallsziffern ignoriert man die Ziffern 0, 7, 8 und 9, während zwei der restlichen Ziffern einen Wurf simulieren. Die Tabelle auf Seite 365, von der auch ein Ausschnitt in Fig. 2 auf Seite 298 zu sehen ist, liefert damit z. B. in der dritten Zeile aus der Ziffernfolge 59069 01722 53338 ... den Wurf 5-6. Die rot dargestellten Ziffern werden also überlesen. Wenn mehrere Würfe simuliert werden, fährt man bei der nächsten Ziffer fort; die beiden nächsten Würfe liefern dann 1–2 und 2–5.

Beispiel 3 Weitere Befehle bei der Tabellenkalkulation
a) Lösen Sie Beispiel 2 mithilfe einer Tabellenkalkulation.
b) Man möchte prüfen, ob die Augenzahlen bei beiden Würfen gleich sind. Falls das der Fall ist, soll in einer Zelle der Wert 1 angezeigt werden, sonst 0. Geben Sie einen passenden Befehl an.
c) Lösen Sie die Teilaufgaben a) und b) für drei Würfel. Lassen Sie für 100 Würfe zählen, wie oft drei gleiche Augenzahlen vorkommen.
■ Lösung: a) Bei einer Tabellenkalkulation wählt man zwei benachbarte Zellen aus (in Fig. 1 die Zellen A2 und B2). Dort gibt man jeweils den Befehl =ZUFALLSBEREICH(1;6) ein. Bei mehreren Würfen markiert man die zwei Zellen und zieht sie mehrere Zeilen nach unten.

B2	fx	=ZUFALLSBEREICH(1;6)		
	A	B	C	D
1	Würfel 1	Würfel 2		
2	2	4		
3	1	6		
4	3	4		
5	3	1		
6				
7				

Fig. 1

b) Man gibt bei Fig. 1 in Zelle C2 ein: =WENN(A2=B2;1;0). Der Befehl kann ebenfalls nach unten gezogen werden.
c) Bei drei Würfeln geht man zunächst analog vor wie bei Teilaufgabe a), wobei man drei benachbarte Zellen verwendet (Fig. 2).
In D2 gibt man ein:
=WENN(UND(A2=B2;B2=C2);1;0).
Um 100 Würfe zu simulieren, zieht man die gesamte Zeile 2 bis Zeile 101 hinunter und gibt in D102 ein:
=SUMME(D2:D101).
Dort wird die Zahl der Würfe mit drei gleichen Augenzahlen angezeigt (Fig. 3).

D2	fx	=WENN(UND(A2=B2;B2=C2);1;0)		
	A	B	C	D
1	Würfel 1	Würfel 2	Würfel 3	W1=W2=W3
2	3	5	6	0
3	6	6	6	1
4	1	6	1	0
5	1	1	6	0

Fig. 2

	A	B	C	D
98	4	2	4	0
99	5	5	5	1
100	1	1	6	0
101	3	6	3	0
102				6
103				

Fig. 3

Durch Drücken der Taste F9 können weitere Simulationen erzeugt werden.

Aufgaben

1 Wie kann man das Zufallsexperiment mithilfe eines Würfels simulieren?
a) Werfen einer Münze
b) Elfmeterschießen, wenn der Schütze mit 75-prozentiger Wahrscheinlichkeit trifft
c) Wahl einer Partei, die von einem Drittel der Wähler gewählt wird
d) Verhalten eines Bauteils, das mit 80-prozentiger Wahrscheinlichkeit funktioniert

2 Simulieren Sie die Zufallsexperimente von Aufgabe 1
I: mit Zufallsziffern,   II: mit einer Tabellenkalkulation,   III: mit einem Glücksrad.
Beschreiben Sie, wie Sie vorgehen.

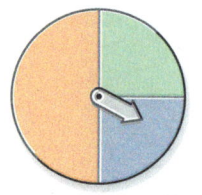

Fig. 1

3 Bei dem Glücksrad (Fig. 1) verliert man bei „blau", bei „grün" gewinnt man einen Trostpreis und bei „rot" gewinnt man einen Hauptpreis.
a) Beschreiben Sie, wie man das Drehen des Glücksrads mithilfe von Zufallsziffern simulieren kann.
Simulieren Sie zehn Drehungen des Glücksrads. Wie oft gewinnen Sie?
b) Simulieren Sie hundertmaliges Drehen des Glücksrads mithilfe einer Tabellenkalkulation. Zählen Sie bei Ihrer Simulation die Zahl der Hauptgewinne.

NBA: Basketballliga der USA

4 Beim Basketballfreiwurf trifft ein Spieler der NBA mit 91-prozentiger Wahrscheinlichkeit.
a) Simulieren Sie 20 Freiwürfe mithilfe von Zufallsziffern. Wie viele Fehlschüsse zählen Sie?
b) Simulieren Sie 200 Freiwürfe mithilfe einer Tabellenkalkulation. Wie viele Treffer zählen Sie?

Zeit zu überprüfen

5 Bei einer Fluggesellschaft beträgt die Wahrscheinlichkeit, dass ein Fluggast bei einem gebuchten Flug mitfliegt, 90 %. Simulieren Sie einen Flug mit 20 Fluggästen, die den Flug gebucht haben. Wie viele fliegen mit? Verwenden Sie für die Simulation
a) Zufallsziffern,   b) eine Tabellenkalkulation.

Fig. 2

6 Sie werfen zwei Tetraeder wie in Fig. 2. Ergebnis ist die Zahl, die unten liegt.
a) Wie kann man dieses Zufallsexperiment mit Zufallsziffern simulieren?
b) Überprüfen Sie mithilfe einer Tabellenkalkulation, ob die Ergebnisse gleich sind. Falls das der Fall ist, soll in einer Zelle der Wert 1 angezeigt werden, sonst 0.
c) Lösen Sie Teilaufgabe b) für drei Tetraeder. Lassen Sie für 150 Würfe zählen, wie oft drei gleiche Ergebnisse vorkommen.

7 Sie werfen vier Würfel und simulieren die Wurfreihe mithilfe einer Tabellenkalkulation. Die Ergebnisse werden in den Zellen A2 bis D2 ausgegeben.
a) In Zelle E2 soll 1 ausgegeben werden, wenn die Ergebnisse von A2 bis D2 immer größer werden („Reihe"), z. B. bei der Wurfreihe 1-4-5-6, sonst 0.
b) Zählen Sie bei 1000 Würfen, wie viele Reihen es gibt.

	A	B	C
1	Exp.	Zufallszahl	7
2	1	0,2778419	0
3	2	0,0346150	0
4	3	0,9491704	1
5	4	0,3534277	1
6	5	0,5269321	1
7	6	0,1514092	0
8	7	0,4372835	1
9	8	0,9565094	1
10	9	0,4172775	1
11	10	0,3813481	1

Fig. 3

8 In Fig. 3 ist eine Simulation zehnmal mithilfe einer Tabellenkalkulation durchgeführt. Was wird in Zelle C1 gezählt? Beschreiben Sie ein Zufallsexperiment, dessen Simulation auf die Werte in Spalte C führt.

2 Wahrscheinlichkeiten bestimmen durch Simulation

Jana: „Wenn ich fünf Würfel werfe, ist es sehr unwahrscheinlich, dass drei verschiedene Augenzahlen fallen".
Marie: „Ich schätze, sie beträgt etwa 10%"
Wie kann man die Wahrscheinlichkeit für drei verschiedene Augenzahlen bestimmen?

Nicht immer gelingt die Berechnung der Wahrscheinlichkeiten bei einem Zufallsexperiment. Manchmal ist man nicht sicher, ob eine Wahrscheinlichkeit richtig berechnet wurde und man möchte sein Ergebnis überprüfen. Dann ist die Bestimmung einer Wahrscheinlichkeit mithilfe einer Simulation sinnvoll.
Es soll z. B. die Wahrscheinlichkeit bestimmt werden, dass bei einem Wurf von drei Würfeln die Augensumme größer als 10 ist. Fig. 1 zeigt eine passende Simulation mithilfe einer Tabellenkalkulation.
Es wird der Wurf von drei Würfeln mit Zufallszahlen zwischen 1 und 6 simuliert, die Augensumme berechnet und geprüft, ob diese größer als 10 ist. Das wird 100-mal wiederholt. Die relative Häufigkeit für die Würfe mit Augensumme größer als 10 ist dann eine Schätzung für die gesuchte Wahrscheinlichkeit.

G2		f_x	=SUMME(F2:F101)/100			
	A	B	C	D	E	F	G
1	Wurf	W 1	W 2	W 3	Augensumme	>10	rel.Häuf.
2	1	5	2	3	10	0	0,5
3	2	5	4	1	10	0	
4	3	1	6	4	11	1	
5	4	2	6	6	14	1	
6	5	3	5	1	8	0	

Fig. 1

> Wenn man ein Zufallsexperiment n-mal durch eine Simulation wiederholt und dabei k-mal ein bestimmtes Ergebnis auftritt, so ist die relative Häufigkeit $\frac{k}{n}$ eine Schätzung für die Wahrscheinlichkeit des Ergebnisses.

Erfahrungsgemäß liegt die Schätzung näher bei der Wahrscheinlichkeit, je größer die Zahl n der Wiederholungen der Simulation ist (nach dem empirischen Gesetz der großen Zahlen).

Beispiel 1 Wahrscheinlichkeit mithilfe einer Simulation schätzen
Bei der Produktion von elektronischen Bauteilen sind erfahrungsgemäß 6 % der Bauteile unbrauchbar. Die Bauteile werden in Zehnerpackungen ausgeliefert. Durch eine Simulation von 50 Zehnerpackungen soll näherungsweise die Wahrscheinlichkeit bestimmt werden, dass eine Packung höchstens ein unbrauchbares Bauteil enthält.
Beschreiben Sie eine Simulation mit
a) Zufallsziffern (Tabelle Seite 365),
b) einer Tabellenkalkulation,
c) einem Taschenrechner, der Zufallszahlen erzeugen kann.
■ Lösung: a) Die sechs Zweierblöcke 00, 01, 02, 03, 04 und 05 kommen bei den Zufallsziffern mit 6-prozentiger Wahrscheinlichkeit vor. Tritt einer dieser Zweierblöcke auf, so wird festgelegt, dass ein unbrauchbares Bauteil vorliegt, sonst ein brauchbares. Um die Zehnerpackungen zu simulieren, betrachtet man jeweils 10 Zweierblöcke 12-15-96-61-44-05-09-11-34-46; 30-15-69-05-19-95-78-54-75-44 ... usw. (in Fig. 2 auf Seite 298 nebeneinanderstehend). In der ersten Packung tritt dann z. B. wegen der 05 ein unbrauchbares Bauteil auf.
Man wertet nun 50 „Zehnerpackungen" aus. Die Zufallsziffern der Tabelle auf Seite 365 liefern bei 44 von den 50 links untereinanderstehenden „Zehnerpackungen" höchstens ein unbrauchbares Bauteil. Die relative Häufigkeit $\frac{44}{50} = 0,88$ ist eine Schätzung für die gesuchte Wahrscheinlichkeit.

b) Im Tabellenblatt in Fig. 1 wird zunächst die Überschrift (Zeile 1) eingegeben. „Pack." steht für die Nummer einer Zehnerpackung, Baut-1 bis Baut-10 stehen für die 10 Bauteile einer Packung. In Zeile 2 wird dann die erste Zehnerpackung simuliert. Man erzeugt mit dem Befehl "=ZUFALLSZAHL()" in den Zellen B2 bis K2 je eine Zufallszahl zwischen 0 und 1. Ist die Zufallszahl kleiner als 0,06, so wird festgelegt, dass das zugehörige Bauteil unbrauchbar ist.
Mit der Funktion "=ZÄHLENWENN(B2:K2;"<0,06")" in Zelle L1 zählt man dann alle unbrauchbaren Bauteile in der ersten Zehnerpackung.

L2		fx	=ZÄHLENWENN(B2:K2;"<0,06")									
	A	B	C	D	E	F	G	H	I	J	K	L	M
1	Nr.	Baut-1	Baut-2	Baut-3	Baut-4	Baut-5	Baut-6	Baut-7	Baut-8	Baut-9	Baut-10	defekt	höchst. 1
2	1	0,6369	0,0880	0,4590	0,6433	0,0419	0,5082	0,9743	0,7144	0,5865	0,1732	1	42
3	2	0,8336	0,2839	0,0264	0,2477	0,8432	0,4024	0,0688	0,0366	0,6713	0,3864	2	rel. H.
4	3	0,1262	0,9331	0,7168	0,1185	0,4736	0,4454	0,9627	0,4733	0,8017	0,9282	0	0,84
5	4	0,0451	0,4152	0,0930	0,7321	0,4137	0,3500	0,8919	0,4694	0,1658	0,2608	1	
6	5	0,0357	0,7028	0,6314	0,7177	0,5220	0,5526	0,5541	0,9884	0,4263	0,8778	1	
7	6	0,8282	0,1878	0,0281	0,1495	0,6815	0,5904	0,5874	0,1438	0,1133	0,3947	1	
8	7	0,4361	0,3846	0,5446	0,9039	0,6319	0,9769	0,5976	0,5505	0,3921	0,5463	0	

Fig. 1

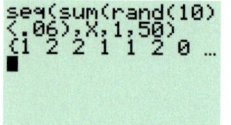

Fig. 2

Fig. 3

Fig. 4

Auch die Zufallsziffern der Tabelle auf Seite 365 stammen von einem Computer.

Man markiert nun in Zeile 2 die Zellen B2 bis L2 und zieht die Einträge bis Zeile 51 hinunter, sodass 50 Zehnerpackungen simuliert werden. In Zelle M2 wird dann mit "=ZÄHLENWENN(L2:L51;"<=1")" gezählt, wie viele der Packungen höchstens ein defektes Bauteil enthalten; in M4 wird noch die relative Häufigkeit berechnet.

c) Das Vorgehen entspricht weitgehend dem beim Einsatz einer Tabellenkalkulation.
Man erzeugt mit der Funktion "rand" zehn Zufallszahlen zwischen 0 und 1 und zählt mit "sum", wie viele kleiner als 0,06 sind (Fig. 2). Damit erhält man die Anzahl unbrauchbarer Bauteile in einer Zehnerpackung. Das wiederholt man z. B. 50-mal (Fig. 3) und zählt, wie viele Zehnerpackungen höchstens ein unbrauchbares Bauteil enthalten (Fig. 4).
Wie bei den anderen Vorgehensweisen erhält man brauchbare Näherungen für die gesuchte Wahrscheinlichkeit.

Beispiel 2 Überprüfen von Zufallszahlen
Zufallszahlen, die ein Computer liefert, sind nicht wirklich zufällig, sie werden durch einen Algorithmus (Rechenvorschrift) erzeugt. Damit ein Algorithmus brauchbare Zufallszahlen liefert, müssen gewisse Anforderungen erfüllt sein. Die gelieferten Zufallsziffern 0 bis 9 müssen z. B. etwa gleich oft vorkommen. Das alleine reicht aber nicht, es muss auch eine gute Durchmischung vorliegen. Dies kann man mit verschiedenen Tests überprüfen. Ein solcher Test ist der Maximumstest: Man notiert die Zufallsziffern in Dreierblöcken und zählt, wie oft die mittlere Zahl größer ist als ihre Nachbarn. Die relative Häufigkeit dafür sollte etwa gleich der zugehörigen Wahrscheinlichkeit (0,285) sein.
Ein Algorithmus berechnet eine Folge von dreistelligen „Zufallszahlen" nach folgender Vorschrift:
1) Wähle eine beliebige Zahl x_1 zwischen 0 und 999.
2) Berechne für n = 1, 2, 3, 4, … die Zahlen
x_{n+1} = „Rest bei der Division von $(7x_n + 23)$ durch 1000".
Erzeugen Sie 100 Zahlen der Folge und führen Sie damit den Maximumstest durch.
■ Lösung: Fig. 5 zeigt die ersten Zahlen der Folge mit Startzahl 13. Auszählen der ersten 50 bzw. 100 Zahlen ergibt 0,16 bzw. 0,2 für die relative Häufigkeit, dass die mittlere Zahl größer ist als ihre Nachbarn. Die Zufallszahlen bestehen also den Maximumstest nicht.
*Es fällt außerdem auf, dass $x_{21} = x_1$ gilt. Man sagt daher, dass die Periode 20 beträgt.
Es werden also nur zwanzig verschiedene Zufallszahlen produziert. Auch deswegen ist der angegebene Algorithmus unbrauchbar als „Zufallszahlengenerator".*

Nr.	Zahl
1	13
2	114
3	821
4	770
5	413
6	914
7	421
8	970
9	813
10	714

Fig. 5

Aufgaben

1 Ein Bauteil ist mit der Wahrscheinlichkeit von 6% defekt. Simulieren Sie das Herausgreifen eines Bauteils und bestimmen Sie die relative Häufigkeit der defekten Bauteile mit
a) 10 Simulationen,   b) 50 Simulationen,   c) 100 Simulationen.

2 Der Fürst der Toskana war ein begeisterter Würfelspieler. Ihm fiel auf, dass beim Würfeln mit drei Würfeln die Augensumme 10 wahrscheinlicher ist als die Augensumme 9, obwohl beide Summen auf sechs Arten auftreten können:
10 = 1 + 3 + 6 = 1 + 4 + 5 = 2 + 2 + 6 = 2 + 4 + 4 = 2 + 3 + 5 = 3 + 3 + 4,
9 = 1 + 2 + 6 = 1 + 3 + 5 = 1 + 4 + 4 = 2 + 2 + 5 = 2 + 3 + 4 = 3 + 3 + 3.
Überprüfen Sie die Beobachtung durch ein Simulationsexperiment.

3 Ein Elfmeterschütze hat eine Trefferquote von 85%. Er schießt fünfmal. Wie groß ist die Wahrscheinlichkeit, dass er
a) genau vier Treffer erzielt,   b) mindestens vier Treffer erzielt?
Bestimmen Sie die Wahrscheinlichkeit näherungsweise durch eine Simulation.

4 Ein Algorithmus berechnet eine Folge von dreistelligen „Zufallszahlen" nach der folgenden Vorschrift. Liefert der Algorithmus brauchbare Zufallszahlen?
1) Wählen Sie eine beliebige Zahl x_1 zwischen 0 und 999.
2) Berechnen Sie für n = 1; 2; 3; 4; ... die Zahlen
a) x_{n+1} = „Rest bei der Division von $(5x_n + 500)$ durch 1000".
b) x_{n+1} = „Rest bei der Division von $(9x_n + 877)$ durch 1000".
c) Variieren Sie die Folge, indem Sie für 5 bzw. 500 aus Teilaufgabe a) andere Zahlen wählen.

Zeit zu überprüfen

5 Wie groß ist etwa die Wahrscheinlichkeit, dass eine Familie mit vier Kindern mindestens zwei Mädchen hat, wenn die Wahrscheinlichkeit für eine Jungengeburt 0,51 beträgt?
Lösen Sie die Aufgabe mithilfe einer Simulation.

6 Bei einer Fluggesellschaft beträgt die Wahrscheinlichkeit, dass ein Fluggast bei einem gebuchten Flug mitfliegt, 90%. Bei einem Flug werden 20 Plätze gebucht.
Bestimmen Sie mithilfe einer Simulation näherungsweise die Wahrscheinlichkeit,
a) dass alle 20 Fluggäste mitfliegen,   b) dass mindestens 18 Fluggäste mitfliegen.

7 Vinzenz will mithilfe einer Simulation die Wahrscheinlichkeit dafür bestimmen, dass sich beim Wurf von vier Würfeln mindestens zweimal eine Augenzahl größer als 4 ergibt. Fig. 1 zeigt, wie er damit begonnen hat.
Erklären Sie sein Vorgehen und vervollständigen Sie seine Berechnung.

F2	fx	=ZÄHLENWENN(B2:E2;">4")			
	A	B	C	D	E	F
1	Wurf	W 1	W 2	W 3	W 4	Anzahl > 4
2	1	5	5	6	6	4
3	2	5	6	3	4	2
4	3	1	6	2	1	1

Fig. 1

8 a) Simulieren Sie mithilfe einer Tabellenkalkulation in Spalte A das 100-fache Werfen eines Würfels.
b) Berechnen Sie in Spalte B die Zahl der Sechsen, die bis zum danebenstehenden Wurf erzielt werden und in Spalte C ihre relative Häufigkeit.
c) Lassen Sie für die Werte in Spalte C ein Liniendiagramm zeichnen. Was erkennen Sie?

XI Simulation von Zufallsexperimenten – Testen

INFO → Aufgaben 9 bis 15

Simulation einer Binomialverteilung durch zufällige Erzeugung von Trefferzahlen mit einer Tabellenkalkulation

In der Tabelle von Fig. 1 wird in C2 eine zufällige Trefferzahl BV-ZZ bei einer Binomialverteilung mit den Parameter n = 10 und p = 0,3 erzeugt. In den Spalten A und B ist zunächst die kumulierte Binomialverteilung F(10; 0,3; r) dargestellt (siehe Seite 280). Nun wird in D2 eine Zufallszahl zwischen 0 und 1 mithilfe des Befehls "=ZUFALLSZAHL()" erzeugt. Diese wird mit den Werten in Spalte B verglichen. Der Vergleich wird im Bereich C4 bis C14 durchgeführt. Wenn die Zufallszahl zwischen zwei aufeinanderfolgenden Werten in Spalte B liegt, wird dort der zugehörige Wert aus Spalte A angezeigt, sonst wird nichts angezeigt. Das wird erreicht durch die Formeln im Bereich C4 bis C14, die der dargestellten Formel in C6 entsprechen. Die Zahl 2 in Zelle C6 wird also angezeigt, weil die Zufallszahl zwischen den Werten in B5 und B6 liegt. Das Ergebnis in C2 erhält man schließlich durch Summation über C4 bis C14.

Man nennt das Vorgehen „Table-Look-Methode". Eine weitere Methode findet sich in Aufgabe 12.

Online-Link
Simulation einer Binomialverteilung mit einer Tabellenkalkulation
735605-3041

	A	B	C	D	E
1	n	p	BV-ZZ		
2	10	0,3	2		
3	r	F(n;p;r)	ZZ	Häufigkeit	BV-ZZ
4	0	0,02824752	0,31093123	0	
5	1	0,14930835		0	
6	2	0,38278279		1	2
7	3	0,64961072		0	
8	4	0,84973167		0	
9	5	0,95265101		0	
10	6	0,98940792		0	
11	7	0,99840961		0	
12	8	0,99985631		0	
13	9	0,9999941		0	
14	10	1		0	
15					

E6: =WENN(D6=1;A6;"")

Fig. 1

In Fig. 2 ist eine Simulation für 20 Trefferzahlen angegeben, indem ihre Häufigkeitsverteilung im Bereich D4 bis D14 bestimmt wird. In Spalte C werden zunächst 20 gleich verteilte Zufallszahlen ZZ zwischen 0 und 1 mithilfe des Befehls "=ZUFALLSZAHL()" erzeugt (hier nicht alle dargestellt). Jede dieser Zufallszahlen bestimmt – wie in Fig. 1 die Zufallszahl in D2 – eine zufällige Trefferzahl. Um die Häufigkeitsverteilung aller Trefferzahlen zu erhalten, markiert man den Bereich D4 bis D14. Dort gibt man die Formel "=HÄUFIGKEIT(C4:C23;B4:B14)" ein, die man mit der Tastenkombination [Shift]-[Strg]-[Enter] abschließt. Dabei entstehen die geschweiften Klammern (siehe Fig. 2 oben) automatisch; sie deuten an, dass sich die Formel auf den gesamten markierten Bereich D4 bis D14 auswirkt. Der Befehl in D4 bis D14 bewirkt analog zum Vorgehen in Fig. 1, dass für alle 20 Zufallszahlen gezählt wird, wie oft sie zwischen Werten der Tabelle in Spalte B liegen. Aus Spalte D kann man dann die (der Größe nach geordnete) Folge der 20 Trefferzahlen 1–1–1–2–2–2–2–3–3–3–3–3–4–4–4–4–5–5–6–6 ablesen. Die Werte in Spalte D oder besser ihre relativen Häufigkeiten kann man nun einfach grafisch darstellen (Fig. 3) und erkennt die Ähnlichkeit der Verteilung zur Binomialverteilung. Betätigen der Taste F9 zeigt, dass jeweils ähnliche Simulationen entstehen.

	A	B	C	D
1	n	p		
2	10	0,3		
3	r	F(n;p;r)	ZZ	Häufigkeit
4	0	0,02824752	0,97025003	0
5	1	0,14930835	0,95870817	3
6	2	0,38278279	0,38931449	4
7	3	0,64961072	0,94252573	5
8	4	0,84973167	0,74407285	4
9	5	0,95265101	0,88472515	2
10	6	0,98940792	0,62554384	2
11	7	0,99840961	0,04675376	0
12	8	0,99985631	0,11471181	0
13	9	0,9999941	0,4148195	0
14	10	1	0,06056058	0
15			0,38663028	

E6: {=HÄUFIGKEIT(C4:C23;B4:B14)}

Fig. 2

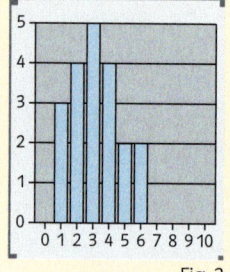

Fig. 3

9 Erstellen Sie, wie in der Infobox beschrieben, eine grafische Darstellung von k binomialverteilten Zufallszahlen zu den Parametern
a) n = 10; p = 0,8; k = 20
b) n = 100; p = 0,3; k = 50.
c) Ergänzen Sie bei der Darstellung in Teilaufgabe a) bzw. b) die Verteilung, die sich theoretisch ergeben würde.

10 Begründen Sie, dass die Table-Look-Methode binomialverteilte Zufallszahlen liefert.

11 Lassen Sie Excel wiederholt 100-mal würfeln.
a) Stellen Sie die Ergebnisse der Simulation und die theoretische Verteilung grafisch dar. Vergleichen Sie die Darstellungen.
b) Berechnen Sie den Mittelwert und die empirische Standardabweichung Ihrer simulierten Würfelzahlen und vergleichen Sie diese mit den theoretischen Werten Erwartungswert und Standardabweichung.
c) Was stellen Sie fest, wenn Sie die Zahl der Simulationen verringern bzw. erhöhen?

12 In Fig. 1 wird eine andere Methode zur Erzeugung einer binomialverteilten Zufallszahl verwendet. Parameter sind $n = 100$ und $p = 0{,}3$. Es werden zunächst 100 gleich verteilte Zufallszahlen im Bereich B2 bis B101 erstellt, die in Fig. 1 nicht alle dargestellt sind. In C2 wird gezählt, wie viele dieser Zufallszahlen kleiner als 0,3 sind. Wiederholte Betätigung von Taste F9 liefert eine Folge von binomialverteilten Zufallszahlen.

C2   fx =ZÄHLENWENN(B2:B101;"<0,3")

	A	B	C
1	Nr.	ZZ	Anz. Treffer
2	1	0,12830966	37
3	2	0,48976258	
4	3	0,90813038	
5	4	0,61138313	
6	5	0,28506525	
99	98	0,15237336	
100	99	0,79398112	
101	100	0,23427476	

Fig. 1

a) Begründen Sie, dass auf diese Weise binomialverteilte Zufallszahlen erzeugt werden.
b) Simulieren Sie entsprechend 10 Elfmeter, bei denen der Schütze mit einer Wahrscheinlichkeit von 80 % trifft.
c) Verwenden Sie die Methode zur Erzeugung einer binomialverteilten Zufallszahl zu den Parametern $n = 200$ und $p = 0{,}8$.
d) Erzeugen Sie eine Folge von Zufallszahlen, mit denen das Experiment „20-mal auf einen Basketballkorb werfen mit Trefferwahrscheinlichkeit 0,9" zehnmal simuliert wird.

13 In Fig. 2 ist die Methode von Aufgabe 12 übertragen auf fünf Zufallszahlen.
a) Erklären Sie die Vorgehensweise.
b) Mithilfe der Tabelle können Sie ein Schätzspiel durchführen. Ersetzen Sie die Wahrscheinlichkeit 0,72 im Bereich H2 bis H6 durch eine andere zweistellige Dezimalzahl. Lassen Sie die Formeln dort nicht anzeigen. Ihre Mitschüler sollen nun mithilfe der fünf Trefferzahlen raten, welche Wahrscheinlichkeit Sie eingegeben haben.

H2   fx =ZÄHLENWENN(B2:B101;"<0,72")

	A	B	C	D	E	F	G	H
1	Nr.	ZZ-1	ZZ-2	ZZ-3	ZZ-4	ZZ-5		
2	1	0,3526	0,7655	0,4880	0,5234	0,6676	Treffer-1	73
3	2	0,7845	0,3559	0,9689	0,3629	0,0203	Treffer-2	73
4	3	0,7656	0,6302	0,2504	0,1311	0,1649	Treffer-3	68
5	4	0,7317	0,6773	0,6671	0,9089	0,6052	Treffer-4	70
6	5	0,6805	0,3433	0,3358	0,2115	0,6219	Treffer-5	74
100	99	0,8476	0,0013	0,9530	0,1123	0,3150		
101	100	0,5816	0,4823	0,5293	0,5690	0,2835		

Fig. 2

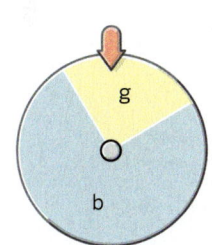

Fig. 3

14 Erstellen Sie 20 binomialverteilte Zufallszahlen nach der Methode in Aufgabe 13 und erzeugen Sie dafür eine grafische Dastellung wie in der Infobox. Tragen Sie auch die Verteilung in die Grafik ein, die sich theoretisch ergibt.

15 Bestimmen Sie mithilfe einer Simulation einen Schätzwert für die durchschnittliche Anzahl
a) der Würfe, bis beim Würfeln die erste Sechs fällt,
b) der Drehungen des Glücksrades in Fig. 3, bis dreimal „gelb" erscheint,
c) der Versuche, aus der Urne in Fig. 4 beim Ziehen mit Zurücklegen fünf rote Kugeln zu ziehen,
d) der Würfe, bis beim Würfeln die Summe 20 der insgesamt geworfenen Augenzahlen überschritten wird.

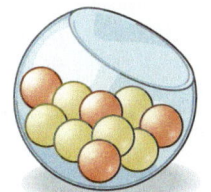

Fig. 4

3 Zweiseitiger Signifikanztest

```
Manuela: 00000011001011001110010010110001110100110100011011
Hannes:  11101011000010010101001100001110010011001011000001
Sina:    00100111001000001100010100110000101000010010001
Mathis:  01000101100110110100011100000111101011101110010101
```

Hausaufgabe: „Werfen Sie 50-mal eine Münze mit den Seiten 0 und 1. Notieren Sie die Folge der Würfe." Lisa behauptet, dass Manuela oder Hannes oder Sina oder Mathis statt einer Münze einen Knopf verwendet haben. Wer war's wohl?

Ein Test ist ein Rezept, sich für oder gegen eine Hypothese zu entscheiden.

Bisher war bei Bernoulli-Versuchen die Trefferwahrscheinlichkeit p immer bekannt oder berechenbar. Es gibt auch Situationen, in denen man p nicht kennt, aber eine Vermutung **(Hypothese)** zur Trefferwahrscheinlichkeit hat. Ob die Hypothese haltbar ist, kann man mithilfe einer **Stichprobe** testen.

Ein Treffer liegt hier vor, wenn die bedruckte Seite oben liegen bleibt. X – die Testgröße mit den Parametern n und $p = \frac{1}{6}$ zählt die Treffer.

μ und σ sind Erwartungswert bzw. Standardabweichung von X.

Beim Rollen eines Bleistifts vermutet man, dass die bedruckte Seite mit der Wahrscheinlichkeit $\frac{1}{6}$ oben liegen bleibt. Man stellt also die Hypothese $p = \frac{1}{6}$ für diese Wahrscheinlichkeit auf. Wenn die Hypothese zutrifft, dann ergibt nach der Sigma-Regel eine Stichprobe mit etwa 95-prozentiger Wahrscheinlichkeit einen Wert im Intervall [μ − 1,96 σ; μ + 1,96 σ]. Für n = 100 ergibt sich mit μ = 16,7 und σ = 3,73 das Intervall [10; 24]. Wenn die Stichprobe einen Wert außerhalb dieses Intervalls liefert, so zweifelt man an der Hypothese.

Fig. 1

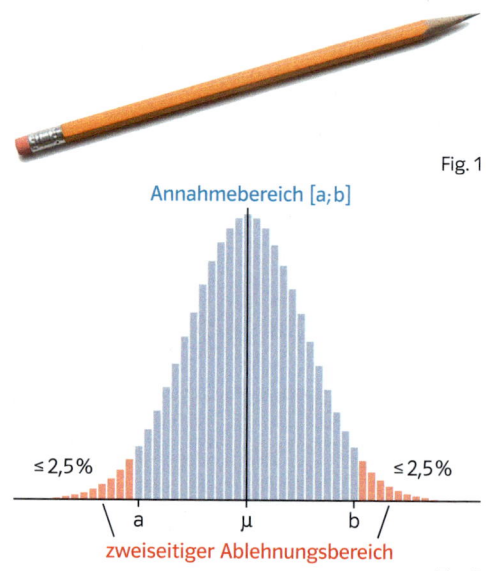

Annahmebereich [a;b]

≤ 2,5%   ≤ 2,5%

a   μ   b

zweiseitiger Ablehnungsbereich

Fig. 2

Der Test heißt zweiseitiger Signifikanztest, weil der Ablehnungsbereich zweiseitig ist.

Verwerfen der Hypothese bedeutet nicht, dass die Hypothese falsch ist, sie ist nur sehr zweifelhaft.

Diese Überlegung liegt dem sogenannten **zweiseitigen Signifikanztest** zugrunde. Man bestimmt als **Annahmebereich** ein Intervall [a; b]. Alle anderen Werte bilden den **Ablehnungsbereich**. Wenn ein Stichprobenwert in den Annahmebereich fällt, wird die Hypothese angenommen, sonst verworfen.

Die Wahrscheinlichkeit für den Ablehnungsbereich soll höchstens 5 % betragen, sodass sich links von a und rechts von b jeweils höchstens eine 2,5-prozentige Wahrscheinlichkeit ergeben (Fig. 2). Dazu wählt man die linke Grenze a als die kleinste Zahl mit der Eigenschaft $P(X \leq a) > 2{,}5\%$. Denn dann gilt für den Bereich links von a: $P(X < a) \leq 2{,}5\%$.
Als rechte Grenze b wählt man die kleinste ganze Zahl mit der Eigenschaft $P(X \leq b) > 97{,}5\%$. Denn dann gilt auch für den Bereich rechts von b: $P(X > b) = 1 − P(X \leq b) \leq 2{,}5\%$ (Fig. 2).

Suche nach a

k	$p = \frac{1}{6}$
7	0038
8	0095
9	0213
10	**0427**
11	0777
12	1297

Suche nach b

k	$p = \frac{1}{6}$
21	8998
22	9370
23	9621
24	**9783**
25	9881
26	9938

Fig. 3

Suchhilfe für die Tabelle: $a \approx \mu - 2\sigma$; $b \approx \mu + 2\sigma$

In der Tabelle der kumulierten Wahrscheinlichkeiten von X für n = 100 ist a die kleinste Zahl, bei der 0,025 überschritten wird, b die kleinste Zahl, bei der 0,975 überschritten wird (Fig. 3). Als Annahmebereich für die Hypothese „$p = \frac{1}{6}$" erhält man so das Intervall [10; 24]. Fig. 4 und 5 zeigen, wie man a und b mit einem Taschenrechner bestimmen kann. Das 1,96-σ-Intervall ist eine gute Näherung für den Annahmebereich, stimmt aber nicht immer damit überein. Wenn keine geeignete Tabelle vorliegt, dann wird das 1,96-σ-Intervall als Annahmebereich genommen.

$\sum_{x=0}^{10} \left(100C_x \times \left(\frac{1}{6}\right)^x \times \ldots\right)$
0.04269568415

Fig. 4

$\sum_{x=0}^{24} \left(100C_x \times \left(\frac{1}{6}\right)^x \times \ldots\right)$
0.9782966213

Fig. 5

Die Wahrscheinlichkeit, die Hypothese zu verwerfen, obwohl sie zutrifft, nennt man **Irrtumswahrscheinlichkeit**. Sie ist die Wahrscheinlichkeit des Ablehnungsbereichs und beträgt daher höchstens 5%. Die maximale Irrtumswahrscheinlichkeit 5% nennt man das **Signifikanzniveau**. Die Hypothese, die getestet wird, nennt man auch **Nullhypothese** H_0, ihr Gegenteil **Alternative** H_1. Beim Rollen des Bleistifts ist H_0: $p = \frac{1}{6}$ und H_1: $p \neq \frac{1}{6}$.

Zweiseitiger Signifikanztest zum Testen einer Nullhypothese H_0: $p = p_0$
Alternative H_1: $p \neq p_0$
1. Man legt den Stichprobenumfang n und das Signifikanzniveau (z. B. 5%) fest.
2. Als Testgröße X verwendet man die Trefferzahl für die Parameter n und p_0.
3. Man bestimmt den Annahmebereich [a; b] der Nullhypothese. Dazu sucht man aus der Tabelle der kumulierten Wahrscheinlichkeiten von X die kleinsten ganzen Zahlen a und b heraus, sodass $P(X \leq a) > 2{,}5\%$ und $P(X \leq b) > 97{,}5\%$.
   Die Irrtumswahrscheinlichkeit beträgt dann höchstens 5%.
4. Man führt eine Stichprobe vom Umfang n durch. H_0 wird angenommen, wenn die Trefferzahl im Annahmebereich liegt, sonst wird H_0 verworfen.

Man kann auch ein anderes Signifikanzniveau α wählen. Dann hat der Annahmebereich [a; b] die Grenzen a und b, wobei a und b die kleinsten Zahlen sind mit $P(X \leq a) > \frac{\alpha}{2}$ und $P(X \leq b) > 1 - \frac{\alpha}{2}$. Die Irrtumswahrscheinlichkeit ist dann höchstens α.

Als Suchhilfe für a bzw. b verwendet man $\mu - 2\sigma$ bzw. $\mu + 2\sigma$.
Mit $a = \mu - 1{,}96\sigma$ und $b = \mu + 1{,}96\sigma$ ist die Näherung noch besser (vgl. S. 287).

Als Näherung für den Annahmebereich verwendet man wegen der Sigma-Regel das Intervall $[\mu - c\sigma; \mu + c\sigma]$ mit c aus der Tabelle:

α	90%	95%	99%
c	1,64	1,96	2,58

Beispiel Legoachter
Ein Legoachter ist 32 mm lang, 16 mm breit und 9 mm hoch. Die Seitenflächen mit den aufgedruckten Zahlen haben daher die Flächeninhalte in der Tabelle. Die Summe aller Seitenflächen beträgt 1888 mm². Marcel behauptet daher, dass sich die Wahrscheinlichkeit für eine Drei als Anteil $\frac{512}{1888} \approx 25\%$ berechnen lässt.

Seite	1	2	3	4	5	6
mm²	288	144	512	512	144	288

Fig. 1

a) Beschreiben Sie einen Test von Marcels Hypothese für das Signifikanzniveau 5%.
b) Untersuchen Sie, für welche Stichprobenergebnisse man bei den Signifikanzniveaus 5% und 1% unterschiedliche Testergebnisse erhält.

■ Lösung: a) Die Nullhypothese ist H_0: $p = 0{,}25$. Es werden z. B. n = 50 Würfe mit einem Legoachter durchgeführt. Die Testgröße X zählt die Anzahl der Dreien. X ist unter H_0 binomialverteilt mit den Parametern n = 50 und p = 0,25. Dann hat X den Erwartungswert $\mu = 12{,}5$ und die Standardabweichung $\sigma = 3{,}1$. Da das Signifikanzniveau 5% betragen soll, erhält man als Näherung für den Annahmebereich $[\mu - 1{,}96\sigma; \mu + 1{,}96\sigma] = [7; 18]$. Nach dem oben beschriebenen Verfahren erhält man A = [7; 19]. Bei einem Stichprobenergebnis von z. B. 21 wird H_0 verworfen.
b) Bei dem Signifikanzniveau 1% erhält man als Annahmebereich A' = [5; 21] (Näherung [5; 20]) (Fig. 2 und 3). Bei Stichprobenergebnissen von 5; 6 bzw. 20; 21 wird H_0 auf dem Signifikanzniveau 5% verworfen, auf dem Signifikanzniveau 1% dagegen angenommen.

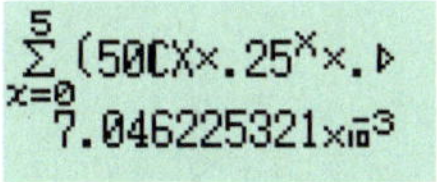

$\sum_{x=0}^{5}(50CX \times .25^X \times .\triangleright$
$7{,}046225321 \times 10^{-3}$
Fig. 2
a = 5: kleinste Zahl mit $P(X \leq a) \geq 0{,}005$

$\sum_{x=0}^{21}(50CX \times .25^X \times .\triangleright$
$0{,}9973821887$
Fig. 3
b = 21: kleinste Zahl mit $P(X \leq b) \geq 0{,}995$

Aufgaben

1 Bei einem Bernoulli-Versuch wird ein Signifikanztest mit Stichprobenumfang n durchgeführt. Bestimmen Sie den Annahmebereich, den Ablehnungsbereich und die Irrtumswahrscheinlichkeit für die Signifikanzniveaus 5% und 1%.
a) H_0: p = 0,5; n = 50   b) H_0: p = 0,5; n = 100   c) H_0: $p = \frac{2}{3}$; n = 50   d) H_0: $p = \frac{2}{3}$; n = 100
e) Beschreiben Sie einen Bernoulli-Versuch, bei dem die Hypothese aus Teilaufgabe a) getestet wird.

Verwenden Sie die Nullhypothese $H_0: p = \frac{1}{6}$, auch wenn Sie glauben, dass die Alternative stimmt.

2 Laura behauptet, dass Lukas mit einem gezinkten Würfel würfelt, der nicht die zu erwartende Anzahl Sechsen würfelt. Um die Behauptung zu testen, wirft sie Lukas' Würfel n-mal. Wie ist beim Signifikanzniveau 5% zu entscheiden, wenn dabei k Sechsen fallen?
a) n = 25; k = 6 b) n = 50; k = 12 c) n = 100; k = 24

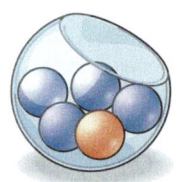

Fig. 1

3 Bei einer Lotterie zieht eine „Lotto-Fee" aus der Urne in Fig. 1 eine Kugel. Falls eine rote Kugel gezogen wird, gewinnt man einen Preis. Ein Spieler zweifelt, ob die Kugel von der Fee wirklich zufällig gezogen wird.
Bestimmen Sie für einen Signifikanztest auf dem Signifikanzniveau 5% bei einem Stichprobenumfang von n = 50 (n = 100) den Annahmebereich für die Hypothese „Die Fee arbeitet einwandfrei". Wie groß ist die Irrtumswahrscheinlichkeit?

4 Eine Partei hatte bei der letzten Wahl einen Stimmenanteil von 40%. Ein Parteisekretär untersucht, ob sich der Stimmenanteil in seinem Bezirk verändert hat. Er führt einen Signifikanztest auf dem Signifikanzniveau 5% mithilfe einer repräsentativen Umfrage bei 100 Wählern durch. Davon geben 33 an, dass sie die Partei bei der nächsten Wahl wählen wollen. Welches Ergebnis liefert der Signifikanztest für die Nullhypothese „Der Stimmenanteil ist gleich geblieben"? Beurteilen Sie das Ergebnis.

5 Eine Nussmischung soll 30% Walnüsse und 70% Haselnüsse enthalten. Eine Maschine füllt die Nüsse in Tüten von je 50 Nüssen ab. Man greift zwei Tüten heraus und zählt 80 Haselnüsse. Entscheiden Sie mithilfe eines Signifikanztests auf einem Signifikanzniveau von 5%, ob man diese Abweichung tolerieren kann.

Zeit zu überprüfen

6 a) Bei einem Bernoulli-Versuch wird ein zweiseitiger Signifikanztest für die Nullhypothese $H_0: p = 0{,}3$ auf dem Signifikanzniveau 5% bzw. 1% durchgeführt. Bestimmen Sie den Annahmebereich und die Irrtumswahrscheinlichkeit für einen Stichprobenumfang von n = 100.
b) Beschreiben Sie eine Situation, bei der die Hypothese aus Teilaufgabe a) getestet wird.

7 Ein Zufallszahlengenerator soll mit gleicher Wahrscheinlichkeit ganze Zahlen zwischen 1 und 5 erzeugen. Es wird behauptet, dass die Zahl 1 nicht mit 20-prozentiger Wahrscheinlichkeit vorkommt. Daher wird ein Signifikanztest zur Prüfung dieser Behauptung auf dem Signifikanzniveau 5% durchgeführt. Der Generator liefert 100 Zahlen. Wie ist zu entscheiden, wenn
a) 12-mal, b) 30-mal die Zahl 1 dabei ist?

8 Ein Losverkäufer wirbt damit, dass bei ihm jedes vierte Los gewinnt.
Eine Gruppe Jugendlicher kauft 50 Lose, von denen acht Gewinnlose sind.
a) Stimmt die Angabe des Losverkäufers bei einem Signifikanzniveau von 5%?
b) Zu welchem Ergebnis kommt man, wenn bei 100 Losen 33 Gewinnlose dabei sind?

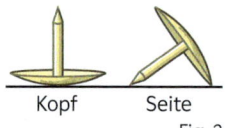

Kopf Seite
Fig. 2

Zur Auswertung von Teilaufgabe b) benötigen Sie z.B. eine Tabellenkalkulation.

9 Von Reißnägeln einer bestimmten Sorte wird behauptet, dass sie mit 60-prozentiger Wahrscheinlichkeit auf dem Kopf landen. Führen Sie in Ihrem Kurs einen Signifikanztest durch, der diese Hypothese auf einem Signifikanzniveau von 5% testet. Jede Kursteilnehmerin und jeder Kursteilnehmer soll für die Stichprobe 50 Reißnägel werfen.
a) Jeder Teilnehmer führt für seine Stichprobe einen Test durch.
b) Alle Stichproben werden zusammengefasst, und dann wird der Test durchgeführt.
c) Vergleichen Sie die Ergebnisse aus den Teilaufgaben a) und b).

10 Wahr oder falsch?
a) Verwerfen einer Hypothese bedeutet nicht unbedingt, dass die Hypothese falsch ist.
b) Wenn bei einem Signifikanztest das Stichprobenergebnis in den Annahmebereich fällt, ist die Nullhypothese wahr.
c) Die Irrtumswahrscheinlichkeit ist bei einem Signifikanztest nie größer als das Signifikanzniveau.
d) Wenn bei einem Signifikanztest das Stichprobenergebnis nicht in den Annahmebereich fällt, ist die Nullhypothese falsch.
e) Ein Signifikanztest kann je nach Festlegung des Signifikanzniveaus bei demselben Stichprobenergebnis zu gegenteiligen Entscheidungen führen.

11 Einfluss des Signifikanzniveaus bei gleichem Stichprobenumfang
Bei einem Signifikanztest lautet die Nullhypothese über eine Trefferquote H_0: $p = 0{,}5$. Als Stichprobenumfang wird $n = 250$ gewählt. Das Signifikanzniveau beträgt A: $\alpha = 5\%$; B: $\alpha = 1\%$; C: $\alpha = 10\%$; D: $\alpha = 2{,}5\%$.
a) Wie ist jeweils bei einem Stichprobenergebnis von 108 Treffern zu entscheiden?
b) Ein Mediziner führt bei einem Test für ein Medikament zunächst eine Stichprobe durch und wählt dann das Signifikanzniveau. Was halten Sie von diesem Vorgehen?

Für die Aufgaben 11 bis 13 benötigen Sie eine Tabellenkalkulation oder einen GTR/CAS.

Liegt ein Stichprobenergebnis im Ablehnungsbereich, so spricht man bei $\alpha = 5\%$ von einer signifikanten und bei $\alpha = 1\%$ sogar von einer hochsignifikanten Abweichung.

12 Einfluss des Stichprobenumfangs bei gleicher absoluter Abweichung
Bei einem Signifikanztest lautet die Nullhypothese H_0: $p = 0{,}5$. Als Signifikanzniveau wird 5% gewählt. Der Stichprobenumfang beträgt A: $n = 100$; B: $n = 200$; C: $n = 400$; D: $n = 500$.
a) Das Stichprobenergebnis weicht um 20% vom Erwartungswert der Testgröße unter H_0 ab. Wie ist jeweils zu entscheiden?
b) Wie wirkt sich die Wahl des Stichprobenumfangs bei gleicher absoluter Abweichung aus?

13 Einfluss des Stichprobenumfangs bei gleicher prozentualer Abweichung
Bei einem Signifikanztest lautet die Nullhypothese H_0: $p = 0{,}5$. Als Signifikanzniveau wird 5% gewählt. Der Stichprobenumfang beträgt A: $n = 100$; B: $n = 200$; C: $n = 400$; D: $n = 500$.
a) Das Stichprobenergebnis weicht um 10% vom Erwartungswert der Testgröße unter H_0 ab. Wie ist jeweils zu entscheiden?
b) Wie wirkt sich die Wahl des Stichprobenumfangs bei gleicher prozentualer Abweichung aus?

Zeit zu wiederholen

14 Bringen Sie die Terme auf einen gemeinsamen Nenner.
a) $\frac{1}{2} - \frac{1}{x}$
b) $1 + \frac{2}{x^2}$
c) $\frac{1}{x} + \frac{1}{x-1}$
d) $x - \frac{x^2}{x+1}$

15 Wie verhalten sich die Funktionen für $x \to \pm\infty$?
a) $f(x) = \frac{1}{2}x^3 - x^2$
b) $f(x) = 1 - \frac{1}{x^2 + 1}$
c) $f(x) = x \cdot e^{-x}$
d) $f(x) = \frac{1}{1 + 2e^{-2x}}$

16 Ordnen Sie jedem Graphen eine der folgenden Funktionen richtig zu. Begründen Sie Ihr Vorgehen.
Die Einheiten auf den GTR-Bildern sind in beiden Achsenrichtungen jeweils 1.

$f(x) = \frac{1}{15}x^3 - \frac{1}{2}x$
$g(x) = x^2 \cdot e^{-\frac{1}{2}x}$
$h(x) = e^{\frac{1}{4}x} - 1$
$k(x) = x \cdot \sin\left(\frac{1}{2}x\right)$

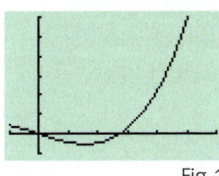
Fig. 1

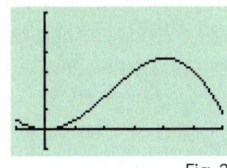
Fig. 2

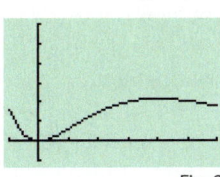
Fig. 3

4 Einseitiger Signifikanztest

Ein bewährtes Mittel gegen eine Krankheit heilt erfahrungsgemäß 70 % der behandelten Patienten. Ein Arzneimittelhersteller behauptet, dass sein neues Präparat noch besser heile. Es wird ein Signifikanztest auf dem Signifikanzniveau 5 % mit Stichprobenumfang 100 durchgeführt. Das neue Mittel heilt 60 Patienten. Wie ist zu entscheiden?

Wird von einem Würfel behauptet, dass bei ihm nicht die zu erwartende Anzahl von Sechsen fällt, dann testet man die Nullhypothese $H_0: p = \frac{1}{6}$ gegen die Alternative $H_1: p \neq \frac{1}{6}$ (zweiseitiger Signifikanztest). Wird dagegen behauptet, der Würfel liefert zu wenig bzw. zu viele Sechsen, so wird die Nullhypothese $H_0: p = \frac{1}{6}$ gegen die Alternative $p < \frac{1}{6}$ bzw. $p > \frac{1}{6}$ getestet.

Die Behauptung wird beim einseitigen Test als Alternative zum „Normalfall" H_0 definiert.

Linksseitiger Test

Es wird behauptet, der Würfel liefert zu wenig Sechsen.

Nullhypothese $H_0: p = \frac{1}{6}$
Alternative $H_1: p < \frac{1}{6}$

H_0 wird abgelehnt, wenn deutlich weniger Sechsen fallen, als zu erwarten sind. Der Ablehnungsbereich von H_0 liegt links vom Erwartungswert. Der zugehörige Annahmebereich hat die Form $A = [a; n]$.

Rechtsseitiger Test

Es wird behauptet, der Würfel liefert zu viele Sechsen.

Nullhypothese $H_0: p = \frac{1}{6}$
Alternative $H_1: p > \frac{1}{6}$

H_0 wird abgelehnt, wenn deutlich mehr Sechsen fallen, als zu erwarten sind. Der Ablehnungsbereich von H_0 liegt rechts vom Erwartungswert. Der zugehörige Annahmebereich hat die Form $A = [0; b]$.

Beim linksseitigen Test ist $[0; a-1]$ der Ablehnungsbereich, beim rechtsseitigen Test ist $[b+1; n]$ der Ablehnungsbereich.

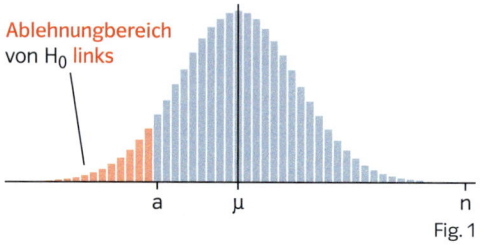

Fig. 1

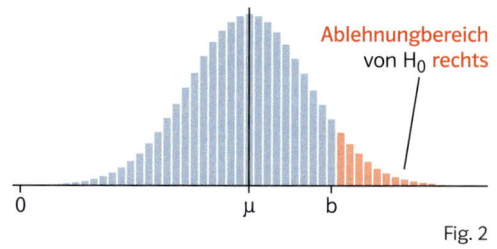

Fig. 2

Die Irrtumswahrscheinlichkeit, das heißt, die Wahrscheinlichkeit dafür, dass man H_0 verwirft, obwohl H_0 gilt, soll höchstens so groß sein wie das Signifikanzniveau.
Die Irrtumswahrscheinlichkeit gibt die Wahrscheinlichkeit dafür an, dass das Stichprobenergebnis im Ablehnungsbereich liegt, falls H_0 gilt.

Wie beim zweiseitigen Signifikanztest wird das Signifikanzniveau, z. B. 5 %, sowie die Zahl n der Würfe, z. B. n = 100, vorgegeben. Als Testgröße wird die Zahl X der Sechsen bei n Würfen und die Trefferwahrscheinlichkeit $p = \frac{1}{6}$ verwendet. Damit die Irrtumswahrscheinlichkeit höchstens 5 % beträgt, ist beim linksseitigen bzw. rechtsseitigen Test

a die kleinste Zahl mit $P(X \leq a) > 5\%$, denn dann gilt: $P(X < a) \leq 5\%$. Aus der Tabelle auf der nächsten Seite oben ergibt sich für n = 100 der Annahmebereich $A = [11; 100]$.
Die Irrtumswahrscheinlichkeit beträgt $P(X \leq 10) = 0{,}0427$.

b die kleinste Zahl mit $P(X \leq b) > 95\%$, denn dann gilt: $P(X > b) \leq 5\%$. Aus der Tabelle auf der nächsten Seite oben ergibt sich für n = 100 der Annahmebereich $A = [0; 23]$.
Die Irrtumswahrscheinlichkeit beträgt $P(X \geq 24) = 0{,}0379$.

Fallen z. B. bei einer Stichprobe von 100 Würfen nur 8 Sechsen, so wird man die Nullhypothese beim linksseitigen Test verwerfen. Fallen bei 100 Würfen dagegen z. B. 25 Sechsen, so wird man die Nullhypothese beim rechtsseitigen Test verwerfen.

735605-3111

Suche nach a		
	k	$\frac{1}{6}$
	8	0095
	9	0213
a	10	0427
	11	0777
	12	1297
	13	2000

Suche nach b		
	k	$\frac{1}{6}$
	20	8481
	21	8998
b	22	9370
	23	9621
	24	9783
	25	9881

Beim linksseitigen Test ist a die kleinste Zahl, bei der 5 % überschritten wird. Beim rechtsseitigen Test ist b die kleinste Zahl, bei der 95 % überschritten wird.

Wie beim zweiseitigen Test werden Näherungen für den Annahmebereich A verwendet (Werte für c siehe Fig. 1), wenn passende Tabellen fehlen.
Linksseitiger Test:
$A \approx [\mu - c \cdot \sigma; n]$
Rechtsseitiger Test:
$A \approx [0; \mu + c \cdot \sigma]$

Signifikanz-niveau α	c
1 %	2,33
5 %	1,64
10 %	1,28

Fig. 1

Einseitiger Signifikanztest zum Testen einer Nullhypothese $H_0: p = p_0$

1. Man legt den Stichprobenumfang n und das Signifikanzniveau (die maximale Irrtumswahrscheinlichkeit, z. B. 5 %) fest.
2. Als Testvariable X verwendet man die Trefferzahl für die Parameter n und p_0.
3.

Linksseitiger Test	Rechtsseitiger Test
Nullhypothese: $H_0: p = p_0$ oder $p \geq p_0$ Alternative: $H_1: p < p_0$	Nullhypothese: $H_0: p = p_0$ oder $p \leq p_0$ Alternative: $H_1: p > p_0$
Man bestimmt den Annahmebereich $[a; n]$ der Nullhypothese. Dazu sucht man aus der Tabelle der kumulierten Wahrscheinlichkeiten von X die kleinste Zahl a heraus, sodass $P(X \leq a) > 5\%$.	Man bestimmt den Annahmebereich $[0; b]$ der Nullhypothese. Dazu sucht man aus der Tabelle der kumulierten Wahrscheinlichkeiten von X die kleinste Zahl b heraus, sodass $P(X \leq b) > 95\%$.

4. Man führt eine Stichprobe vom Umfang n durch. H_0 wird beibehalten, wenn das Stichprobenergebnis im Annahmebereich liegt, sonst wird H_0 verworfen.

Man kann auch ein anderes Signifikanzniveau α vorgeben. Dann sind a und b die kleinsten Zahlen mit $P(X \leq a) > \alpha$ bzw. $P(X \leq b) > 1 - \alpha$.

Es gibt Testsituationen, bei denen die Nullhypothese als $H_0: p \geq p_0$ beim linksseitigen Test bzw. $H_0: p \leq p_0$ beim rechtsseitigen Test formuliert wird (siehe Beispiel 2).

Beispiel 1 Auf den Standpunkt kommt es an

Nach einer früheren Umfrage befürworten 70 % die Sommerzeit. Zwei Bürgergruppen meinen, dass sich der Anteil in der Zwischenzeit verändert hat. Die Gruppe „Pro Kind" behauptet, dass der Anteil der Befürworter geringer sei und es deshalb besser sei, die Sommerzeit abzuschaffen. Die Gruppe „Freizeit für alle" behauptet, die Sommerzeit habe noch mehr Befürworter und sei unbedingt beizubehalten. Beide Gruppen führen einen Test mit der Nullhypothese $H_0: p = 0,7$ mit Stichprobenumfang $n = 100$ und Signifikanzniveau 5 % durch.

a) Wieso verwendet die Gruppe „Pro Kind" als Alternative $H_1: p < 0,7$? Bestimmen Sie den Annahme- und den Ablehnungsbereich für H_0. Wie würde man bei einem Ergebnis von 60 Befürwortern entscheiden? Wie groß ist die Irrtumswahrscheinlichkeit?

b) Welche Alternative verwendet „Freizeit für alle"? Bei welchen Ergebnissen würde H_0 von der Gruppe „Freizeit für alle" akzeptiert? Wie groß ist die Irrtumswahrscheinlichkeit?

■ Lösung: Beide Gruppen verwenden die binomialverteilte Testgröße
X = „Anzahl der Befürworter der Sommerzeit" mit den Parametern $n = 100$ und $p = 0,7$.

Alternative $p < p_0$:
Ablehnungsbereich links.
Alternative $p > p_0$:
Ablehnungsbereich rechts.

a) „Pro Kind" verwendet die Alternative $H_1: p < 0,7$, weil H_0 verworfen wird, wenn es deutlich weniger als 70 Befürworter gibt. Annahmebereich (siehe Fig. 2): [62; 100], Ablehnungsbereich: [0; 61].
Die Gruppe „Pro Kind" sieht ihre Behauptung bei nur 60 Befürwortern als bestätigt an (H_0 wird verworfen). Die Irrtumswahrscheinlichkeit beträgt $P(X \leq 61) = 3,40\%$.

b) „Freizeit für alle" verwendet die Alternative $H_1: p > 0,7$, sodass H_0 verworfen wird, wenn es deutlich mehr als 70 Befürworter gibt. Annahmebereich (siehe Fig. 3): [0; 77], Ablehnungsbereich: [78; 100].
H_0 würde von „Freizeit für alle" bei höchstens 77 Befürwortern akzeptiert.
Die Irrtumswahrscheinlichkeit beträgt $P(X \geq 78) = 1 - P(X \leq 77) = 4,79\%$.

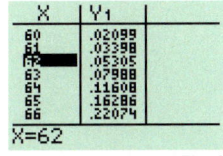
Fig. 2

Fig. 3

Man verwendet als Testgröße X die Anzahl defekter Bauteile mit den Parametern n = 100 und p = 0,25. Denn auch der „Extremfall" p = 0,25 gehört zu H_0 und liefert den kleinsten denkbaren Ablehnungsbereich.

Beispiel 2 Nullhypothese in der Form $H_0: p \geq p_0$.
Ein Kunde eines Speicherchipherstellers meint, dass mindestens 25% der Chips unbrauchbar sind. Der Kunde führt mit der Hypothese $H_0: p \geq 0{,}25$ einen Signifikanztest durch (Signifikanzniveau 5%, Stichprobenumfang 100). Welcher Ablehnungsbereich ergibt sich? Wieso wählt der Kunde die Nullhypothese so wie angegeben?

■ Lösung: $H_1: p < 0{,}25$; linksseitiger Test mit Ablehnungsbereich [0; 17]. Der Kunde testet linksseitig, weil er seine Behauptung erst aufgibt, wenn deutlich weniger als 25% der Chips defekt sind. Er schließt nicht aus, dass p sogar noch größer als 25% ist, daher $p \geq 0{,}25$.

Aufgaben

Rechtsseitig testen: Ablehnungsbereich rechts.
Linksseitig testen: Ablehnungsbereich links.

1 Bestimmen Sie bei einem rechtsseitigen Test (r-T) bzw. linksseitigen Test (l-T) auf dem Signifikanzniveau α mit dem Stichprobenumfang n den Annahmebereich und die Irrtumswahrscheinlichkeit der Nullhypothese $H_0: p = p_0$.
a) r-T: $p_0 = 0{,}5$; n = 50; α = 5%
b) l-T: $p_0 = 0{,}5$; n = 50; α = 5%
c) r-T: $p_0 = 0{,}5$; n = 50; α = 1%
d) l-T: $p_0 = \frac{2}{3}$; n = 50; α = 5%

2 Bei einem rechtsseitigen Test (r-T) bzw. linksseitigen Test (l-T) der Nullhypothese $H_0: p \leq p_0$ bzw. $H_0: p \geq p_0$ auf dem Signifikanzniveau α beträgt der Stichprobenumfang n und das Stichprobenergebnis k. Wie ist zu entscheiden?
a) r-T: $p_0 = \frac{2}{3}$; α = 5% n = 25; k = 20
b) l-T: $p_0 = 0{,}5$; α = 1%; n = 25; k = 10
c) r-T: $p_0 = 0{,}5$; α = 1%; n = 50; k = 35
d) l-T: $p_0 = 0{,}5$; α = 5%; n = 100; k = 40

3 Die Nullhypothese „Eine Münze zeigt beim Münzwurf mit einer Wahrscheinlichkeit von 50% Kopf als Ergebnis" soll bei dem Stichprobenumfang 100 auf dem Signifikanzniveau 5% getestet werden. Bestimmen Sie den Annahmebereich für einen
a) linksseitigen Test,   b) zweiseitigen Test,   c) rechtsseitigen Test.

4 In einem Zeitungsbericht wird behauptet, dass sich nur 70% der Autofahrer angurten. Ein Autoklub behauptet, dass der Anteil in Wirklichkeit höher ist. Die Polizei meint dagegen, dass der Anteil in Wirklichkeit kleiner ist. Es wird ein Test der Nullhypothese $H_0: p = 0{,}7$ (Stichprobenumfang 100; Signifikanzniveau 5%) durchgeführt.
a) Welche Alternative H_1 und welchen Annahmebereich geben der Autoklub bzw. die Polizei an?

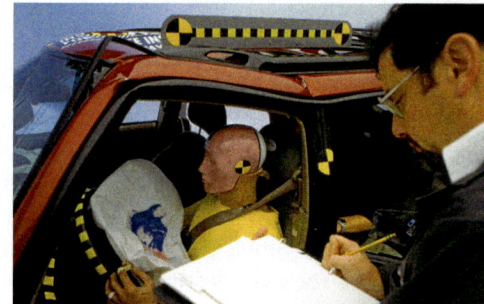

b) Die Stichprobe ergibt, dass 79 Fahrer angegurtet sind. Wie fällt die Entscheidung des Autoklubs bzw. der Polizei aus?

Auch wenn der Geschäftsführer behauptet, dass *mindestens* 97% der Kugelschreiber in Ordnung sind, testet man auf den Extremfall 97%.

5 Eine Firma stellt für Werbezwecke billige Kugelschreiber her. Der Geschäftsführer behauptet, dass mindestens 97% der Kugelschreiber in Ordnung sind. Ein Großabnehmer meint, dass es weniger sind. Mit einer Stichprobe von 50 Stück führt der Großabnehmer einen Signifikanztest durch.
a) Bestimmen Sie für ein Signifikanzniveau von 5% den Ablehnungsbereich für die Nullhypothese „Es sind mindestens 97% der Kugelschreiber in Ordnung".
b) Wie groß ist die Irrtumswahrscheinlichkeit?

6 Der Bürgermeister einer Stadt plant, den Bau eines Fußballstadions zu bezuschussen, wenn mindestens 75% der Bürger zustimmen. Die Stadtverwaltung behauptet, dass dies der Fall ist. Eine Bürgerinitiative glaubt dagegen, dass der tatsächliche Prozentsatz der Befürworter weniger als 75% beträgt. Zur Überprüfung der Behauptungen wird ein Signifikanztest der Nullhypothese H_0: p = 0,75 auf dem Signifikanzniveau 5% mit dem Stichprobenumfang n = 100 durchgeführt.
a) Wie testet die Stadtverwaltung? Bei welchen Ergebnissen sieht sie sich bestätigt?
b) Wie testet die Bürgerinitiative? Bei welchen Ergebnissen sieht sie sich bestätigt?
c) Bei welchen Stichprobenergebnissen kann weder die Stadtverwaltung noch die Bürgerinitiative die Nullhypothese verwerfen?

Zeit zu überprüfen

7 a) Beschreiben Sie, wie bei einem Bernoulli-Versuch ein rechtsseitiger Signifikanztest auf dem Signifikanzniveau 5% mit dem Stichprobenumfang 50 für die Nullhypothese H_0: p ≤ 0,3 durchgeführt wird.
b) Wie entscheiden Sie bei einem Stichprobenergebnis von 20 Treffern?
c) Wie groß ist die Irrtumswahrscheinlichkeit?

8 Alexandra hat das Glücksrad in Fig. 1 gebaut. Yannick behauptet, dass das Rad eiert und dass daher Blau mit geringerer Wahrscheinlichkeit als $\frac{1}{4}$ erscheint. Yannick führt einen Signifikanztest auf dem Signifikanzniveau 5% durch, um seine Behauptung zu überprüfen.
a) Der Stichprobenumfang beträgt 25. Bei welchen Stichprobenergebnissen sieht Yannick seine Behauptung bestätigt?
b) Wie ist bei dem Test zu entscheiden, wenn man 50-mal dreht und 8-mal Blau erscheint?
c) Wie ist bei dem Test zu entscheiden, wenn man 100-mal dreht und 16-mal Blau erscheint?

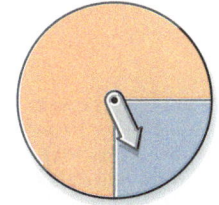

Fig. 1

9 Testen Sie die Hypothese „Ein-Euro-Münzen zeigen beim Münzwurf bevorzugt das Ergebnis Kopf" in Ihrem Kurs rechtsseitig auf dem Signifikanzniveau 5%.
Jede(r) Kursteilnehmer(in) soll 25-mal eine Ein-Euro-Münze werfen.

10 Ein Medikament A heilt eine Krankheit bei 80% der Patienten. Ein konkurrierender Arzneimittelhersteller behauptet, dass sein Medikament B noch besser wirkt, und führt eine Testreihe an 100 Patienten durch. Bei wie vielen Patienten muss das Medikament B die Krankheit mindestens heilen, damit man auf einem Signifikanzniveau von 5% bzw. 1% bzw. 0,1% bei Medikament B von einer signifikant besseren Wirkung als bei Medikament A ausgehen kann?

11 Die Umfrageergebnisse einer Partei P lagen bisher bei 30%. Nach einer Werbekampagne hofft der Parteivorstand, dass nun der Wähleranteil größer geworden ist.
Untersuchen Sie, ob der Wähleranteil nach der Kampagne gestiegen ist.
a) Beschreiben Sie, wie Sie dabei mithilfe eines Signifikanztests vorgehen.
b) Sie führen zu Ihrem Test eine Befragung durch. Zu welchem Ergebnis gelangen Sie, wenn 35% der Befragten angeben, dass sie Wähler der Partei P sind?

12 Wahr oder falsch?
a) Wenn man die Nullhypothese annimmt, ist sie auch richtig. Denn sonst könnte man ja gar nicht den Annahmebereich bestimmen.
b) Bei größerem Signifikanzniveau wird auch der Annahmebereich größer.
c) Die Irrtumswahrscheinlichkeit gibt an, mit welcher Wahrscheinlichkeit die Nullhypothese falsch ist.

Wo bleibt der faire Zufall?
Skandalös: Euromünze zeigt häufiger Kopf als Zahl

Die *Süddeutsche Zeitung* hat es mit einem spektakulären Selbsttest ans Tageslicht gezerrt: Die deutschen Ein-Euro-Münzen versagen angeblich beim bewährten „Kopf-oder-Zahl-Spiel". Von 250 Würfen brachten bei den Bayern 141 das Ergebnis „Kopf" und nur 109-mal schillerte die Zahl. Das kann doch nicht wahr sein, dachten wir, und wiederholten das Experiment – mit der gleichen erschreckenden Tendenz: 135-mal kam der Adler und 115-mal die Zahl. Nicht auszudenken, wie leicht sich mit diesem Wissen alle möglichen Spiele manipulieren lassen. Dumm wären Mannschaftskapitäne beim Fußball, wenn sie nicht stets beim Eurowurf vor dem Anpfiff auf den grimmig schauenden Geier setzten. Die Chance, sich den Anstoß oder die beliebtere Spielrichtung für die erste oder zweite Halbzeit zu sichern, steigt mit der überdurchschnittlichen Kopf-Rate. Oder die Tennisspielerin wählt zuerst die Schattenseite des Platzes, weil bis zum Wechsel auf die andere Platzhälfte die ärgste Hitze vorüber ist. Vielleicht startet auch jemand eine „Initiative für fairen Zufall" und bringt zum Glückswurf wieder eine Deutsche Mark ins Spiel. Die sollte sich schließlich strikt an die Wahrscheinlichkeitstheorie halten. Oder haben die Journalisten jahrzehntelang noch einen anderen Skandal verschlafen?

5 Fehler beim Testen von Binomialverteilungen

Frau Neumann glaubt dem Wetterbericht und nimmt bei ihrem Ausflug keinen Regenschirm mit. Doch dann regnet es.
Herr Altmann misstraut dem Wetterbericht und nimmt bei seinem Ausflug einen Regenschirm mit. Doch dann regnet es nicht.
Beide machen einen Fehler.
Beschreiben Sie die Fehler mithilfe der Hypothesen A: „Morgen regnet es" und B: „Morgen regnet es nicht".

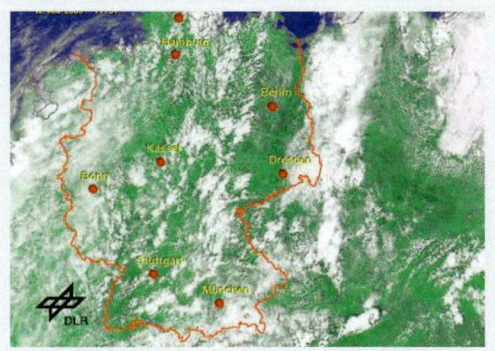

Beim Testen von Binomialverteilungen wird die Nullhypothese akzeptiert oder verworfen. Dabei können Fehlentscheidungen vorkommen. Wenn die Nullhypothese verworfen wird, obwohl sie richtig ist, spricht man von einem **Fehler 1. Art**. Wenn sie akzeptiert wird, obwohl sie falsch ist, spricht man von einem **Fehler 2. Art**. Die Abbildung zeigt eine Übersicht.

Die Wahrscheinlichkeit für einen Fehler 1. Art ist dasselbe wie die Irrtumswahrscheinlichkeit (siehe Seite 307 bzw. 310).

		Zustand der Wirklichkeit	
		Nullhypothese wahr	Nullhypothese falsch
Nullhypothese wird ...	verworfen	Fehler 1. Art	richtige Entscheidung
	akzeptiert	richtige Entscheidung	Fehler 2. Art

Franziska behauptet, dass sie bei Euromünzen nur durch Ertasten erkennt, ob es deutsche Münzen sind. Zur Überprüfung wird die Nullhypothese H_0: $p = 0{,}5$ mit dem Stichprobenumfang von $n = 20$ auf dem Signifikanzniveau 5 % rechtsseitig getestet. Die Testgröße X zählt die Anzahl der richtig ertasteten Münzen. X ist, wenn H_0 gilt, binomialverteilt mit den Parametern $n = 20$ und $p = 0{,}5$. Für H_0 ergibt sich der Annahmebereich [0; 14].

Die Wahrscheinlichkeit für den Fehler 1. Art beträgt $1 - P(X \leq 14) = 0{,}0207$ (in Fig. 1 blau gekennzeichnet). Sie ist höchstens so groß wie das Signifikanzniveau.
Die Wahrscheinlichkeit für den Fehler 2. Art hängt von der Wahrscheinlichkeit p ab, mit der Franziska wirklich die Münzen ertastet. Bezeichnet X_p die Zufallsgröße mit den Parametern $n = 20$ und p, so beträgt die Wahrscheinlichkeit für den Fehler 2. Art $P(X_p \leq 14)$, siehe Tabelle.
Sie ist sehr groß, wenn sich p nur wenig von 0,5 unterscheidet.
Ist in Wirklichkeit $p = 0{,}7$, so wird die Nullhypothese noch mit fast 60-prozentiger Wahrscheinlichkeit beibehalten. Für $p = 0{,}7$ ist die Wahrscheinlichkeit für den Fehler 2. Art in Fig. 1 rot gekennzeichnet. An Fig. 1 erkennt man, dass bei einer Vergrößerung des Annahmebereichs die blaue Fläche abnimmt und die rote Fläche zunimmt. Der Fehler 1. Art wird dann zwar kleiner, aber der Fehler 2. Art wird größer. Also gilt beim Test einer Nullhypothese H_0:

n = 20, p variabel

p	$P(X_p \leq 14)$
0,6	0,8744
0,7	0,5836
0,8	0,1957
0,9	0,0113

Die Wahrscheinlichkeit für den Fehler 2. Art ist die Wahrscheinlichkeit des Annahmebereichs, aber bezogen auf die tatsächliche Trefferwahrscheinlichkeit der Alternative.

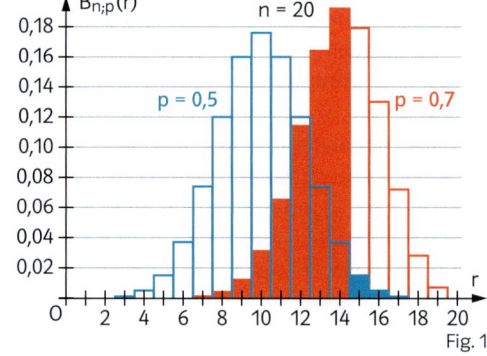

Fig. 1

Wenn man den Annahmebereich von H_0 vergrößert, um die Wahrscheinlichkeit für den Fehler 1. Art zu verkleinern, dann wird die Wahrscheinlichkeit für den Fehler 2. Art vergrößert.
Wenn man den Annahmebereich von H_0 verkleinert, um die Wahrscheinlichkeit für den Fehler 2. Art zu verkleinern, dann wird die Wahrscheinlichkeit für den Fehler 1. Art vergrößert.

Die Wahrscheinlichkeit für den Fehler 2. Art kann man nur berechnen, wenn die tatsächliche Trefferwahrscheinlichkeit bekannt ist.

Wie kann man beide Fehlerarten zugleich verkleinern?
Der einzige Parameter, den man dafür beim Testen zur Verfügung hat, ist der Stichprobenumfang n. Die Tabelle und Fig. 1 zeigen die Verhältnisse bei n = 50.
Für p = 0,5 ergibt sich der Annahmebereich [0; 31]. In Fig. 1 ist die Wahrscheinlichkeit für den Fehler 1. Art blau und bei p = 0,7 die Wahrscheinlichkeit für den Fehler 2. Art rot dargestellt.
Man erkennt durch Vergleich mit Fig. 1 auf der vorigen Seite:

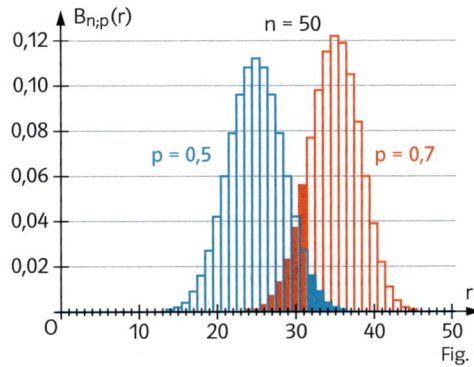

Fig. 1

n = 50, p variabel

p	$P(X_p \leq 31)$
0,6	0,6644
0,7	0,1406
0,8	0,0025
0,9	≈ 0

Fig. 2

Wenn man man den Stichprobenumfang erhöht, kann man gleichzeitig die Wahrscheinlichkeit für den Fehler 1. Art und die Wahrscheinlichkeit für den Fehler 2. Art verkleinern.

Statt Wahrscheinlichkeit für den Fehler 1. bzw. 2. Art sagt man auch Risiko 1. Art bzw. Risiko 2. Art.

Beispiel Geschmackstest mit Alternative
Friedrich behauptet, dass er seine Lieblingsschokolade am Geschmack erkennen kann. Es wird dazu ein rechtsseitiger Test von H_0: p = 0,5 (Signifikanzniveau 5%) durchgeführt.
a) Der Stichprobenumfang beträgt 25 Stück Schokolade, d.h. n = 25. Wie groß ist die Wahrscheinlichkeit für den Fehler 1. Art? Wie groß ist die Wahrscheinlichkeit für den Fehler 2. Art, wenn Friedrich tatsächlich mit 70-prozentiger Wahrscheinlichkeit seine Lieblingsschokolade schmeckt?
b) Wie ändern sich die Wahrscheinlichkeiten für die Fehler in Teilaufgabe a) für n = 50?

■ Lösung: a) Testgröße X: Anzahl der richtig erkannten Schokoladenstücke,
Parameter p = 0,5 und n = 25; Annahmebereich: [0; 17]
Wahrscheinlichkeit für den Fehler 1. Art: $1 - P(X \leq 17) \approx 2{,}2\%$
Wahrscheinlichkeit für den Fehler 2. Art bei p = 0,7: $P(X_{0{,}7} \leq 17) \approx 48{,}8\%$
b) Testgröße X: Anzahl der richtig erkannten Stücke, Parameter p = 0,5 und n = 50;
Annahmebereich: [0; 31]
Wahrscheinlichkeit für den Fehler 1. Art: $1 - P(X \leq 31) \approx 3{,}2\%$
Wahrscheinlichkeit für den Fehler 2. Art bei p = 0,7: $1 - P(X_{0{,}7} \leq 31) \approx 14{,}1\%$

Treffer bedeutet, dass Friedrich bei den 25 Schokoladenproben schmecken kann, ob es jeweils seine Lieblingsschokolade ist oder nicht.

$X_{0{,}7}$ zählt die richtig erkannten Stücke, hat aber statt p = 0,5 den Parameter p = 0,7.

Aufgaben

1 Die Nullhypothese H_0: p = 0,5 soll bei einem Stichprobenumfang n = 25 auf dem Signifikanzniveau 5% rechtsseitig getestet werden.
a) Bestimmen Sie die Wahrscheinlichkeit für den Fehler 1. Art.
b) Wie groß ist die Wahrscheinlichkeit für den Fehler 2. Art, falls p = 0,6 (0,75; 0,9)?
c) Welche Wahrscheinlichkeiten erhält man in den Teilaufgaben a) und b) für das Signifikanzniveau 1% bei dem Stichprobenumfang n = 25?
d) Welche Wahrscheinlichkeiten erhält man in den Teilaufgaben a) und b) für das Signifikanzniveau 5% und den Stichprobenumfang n = 100?

2 Die Nullhypothese $H_0: p_0 = 0{,}6$ soll bei einem Stichprobenumfang $n = 50$ auf dem Signifikanzniveau 5% linksseitig getestet werden.
a) Stellen Sie in einer Skizze wie in Fig. 1 auf Seite 315 die Wahrscheinlichkeit für den Fehler 1. Art sowie die Wahrscheinlichkeit für den Fehler 2. Art dar, falls $p = 0{,}5$ (0,4; 0,25).
b) Beschreiben Sie die Unterschiede, die sich bei einer entsprechenden Skizze für das Signifikanzniveau 1% bei dem Stichprobenumfang $n = 50$ ergeben würden.
c) Fertigen Sie eine Vergleichsskizze für das Signifikanzniveau 5% bei dem Stichprobenumfang $n = 100$ an und beschreiben Sie die Unterschiede.

Bei einem idealen Würfel fällt jede Seite mit der gleichen Wahrscheinlichkeit.

Für die Werte in Klammern brauchen Sie eine Tabellenkalkulation oder einen GTR / CAS.

3 Die Behauptung, ein bestimmter Würfel sei ideal, soll geprüft werden.
a) Testen Sie die Nullhypothese $H_0: p_0 = \frac{1}{6}$ zweiseitig auf dem Signifikanzniveau 5%. Der Würfel wird 50-mal (500-mal) geworfen; er zeigt dabei sechsmal (60-mal) Sechs. Wie groß ist die Wahrscheinlichkeit für den Fehler 1. Art?
b) Bei einem anderen Test nimmt man an, der Würfel sei ideal, wenn bei 50 Würfen (500 Würfen) mindestens fünfmal und höchstens zwölfmal (mindestens 50-mal und höchstens 120-mal) die Sechs fällt. Wie groß ist bei diesem Test die Wahrscheinlichkeit für den Fehler 1. Art?
c) Berechnen Sie für die Tests in den Teilaufgaben a) und b) die Wahrscheinlichkeit für den Fehler 2. Art, wenn in Wirklichkeit die Sechs mit der Wahrscheinlichkeit $\frac{1}{4}$ fällt.

4 Nach Umstellung im Produktionsgang eines Werkstücks vermutet der Hersteller, den Ausschussanteil auf höchstens 3% reduziert zu haben. Diese Vermutung soll an 100 Werkstücken überprüft werden.
a) Nennen Sie die Nullhypothese und die Alternative. Welcher Test wird verwendet?
b) Geben Sie den Annahmebereich für das Signifikanzniveau 5% an. Wie groß ist die Irrtumswahrscheinlichkeit? Wie groß ist die Wahrscheinlichkeit für den Fehler 2. Art, wenn in Wirklichkeit der Ausschussanteil 4% (5%; 6%) beträgt?

5 Lord Snowdon behauptet, am Geschmack feststellen zu können, ob in eine Tasse der Tee auf den Zucker gegossen oder umgekehrt der Zucker in den Tee gerührt worden ist.
Bei 20 Versuchen entscheidet er 13-mal richtig.
a) Wie lauten die Hypothesen? Wie groß ist der Annahmebereich (Signifikanzniveau 5%)?
b) Wie wird entschieden? Welchen Fehler kann man bei dieser Entscheidung begehen?
c) Wie groß ist die Wahrscheinlichkeit für den Fehler 2. Art, wenn der Lord die Reihenfolge tatsächlich mit 60%iger (70%iger; 80%iger; 90%iger) Sicherheit richtig erkennt?

Zeit zu überprüfen

6 Die Nullhypothese $H_0: p = \frac{1}{3}$ wird getestet (Signifikanzniveau 5%, Stichprobenumfang 50).
a) Bestimmen Sie für einen rechtsseitigen Test den Annahmebereich.
Wie groß ist die Wahrscheinlichkeit für den Fehler 1. Art?
Wie groß ist die Irrtumswahrscheinlichkeit?
Wie groß ist die Wahrscheinlichkeit für den Fehler 2. Art, wenn in Wirklichkeit $p = 0{,}4$ ($p = 0{,}6$) ist?
b) Bestimmen Sie für einen zweiseitigen Test den Annahmebereich.
Wie groß ist die Wahrscheinlichkeit für den Fehler 1. Art?
Wie groß ist die Wahrscheinlichkeit für den Fehler 2. Art, wenn in Wirklichkeit $p = 0{,}4$ ($p = 0{,}2$) ist?
c) Bearbeiten Sie die Teilaufgaben a) und b) für einen Stichprobenumfang von 100. Was können Sie sagen, wenn man den Stichprobenumfang noch weiter erhöht?

7 Auf einem Tisch befindet sich gut durchgemischt eine größere Menge von Perlen der Größen 1 und 2.

Die Hypothese lautet: Ihre Anzahlen verhalten sich zueinander wie 7 zu 3. Die Alternativhypothese lautet: Ihre Anzahlen verhalten sich zueinander wie 3 zu 7.

Fig. 1

Um zu testen, welches der beiden Verhältnisse zutrifft, werden vom Tisch zehn Perlen zufällig genommen. Sind mehr als vier Perlen der Größe 1 in der Stichprobe, so entscheidet man sich für die Hypothese, ansonsten für die Alternativhypothese.

a) Welche Fehler können auftreten? Wie groß sind ihre Fehlerwahrscheinlichkeiten?
b) Der Fehler 1. Art soll bei gleichbleibendem Stichprobenumfang nicht mehr als 10 % betragen. Außerdem soll der Fehler 2. Art möglichst klein bleiben. Wie lautet die Entscheidungsregel?
c) Beide Fehlerwahrscheinlichkeiten sollen 10 % nicht überschreiten. Geben Sie einen möglichst kleinen Stichprobenumfang an, für den das möglich ist. Wie lautet die Entscheidungsregel?

INFO → Aufgabe 8

Operationscharakteristik

Für den rechtsseitigen Test der Nullhypothese $H_0: p = 0{,}5$ bzw. $p \leq 0{,}5$ mit Stichprobenumfang $n = 50$ ergibt sich der Annahmebereich $A_1 = [0; 31]$ (Seite 315). Die Wahrscheinlichkeit $P(X_p \leq 31)$ für den Fehler 2. Art hängt von der „wahren" Wahrscheinlichkeit p ab (Tabelle am Rand auf Seite 315). Die Abhängigkeit von p wird durch die Funktion f mit $f(p) = P(X_p \leq 31)$ beschrieben. Man nennt diese Funktion **Operationscharakteristik** des Tests. Sie zeigt im Überblick, wie die Wahrscheinlichkeit für den Fehler 2. Art von p abhängt (Fig. 2).

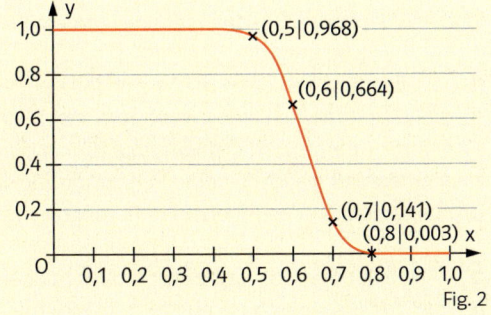

Fig. 2

Die Werte der Tabelle auf Seite 315 sind in Fig. 2 als Punkte des Graphen von f eingezeichnet.

Für einen zweiseitigen Test der Nullhypothese $H_0: p = 0{,}5$ mit Stichprobenumfang $n = 50$ ergibt sich die Operationscharakteristik f mit $f(p) = P(X_p \leq 32) - P(X_p \leq 17)$ (Fig. 3), denn der Annahmebereich ist nun $A_2 = [18; 32]$. Hier wird die Wahrscheinlichkeit für den Fehler 2. Art kleiner, wenn sich p von p_0 entfernt.

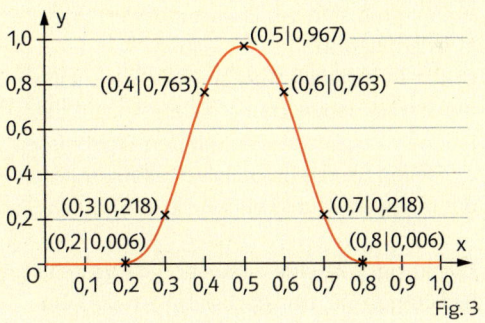

Fig. 3

Der Definitionsbereich von f ist einzuschränken, siehe Aufgabe 8e).

---

8 Zeichnen und interpretieren Sie den Graphen der Operationscharakteristik für einen Test der Nullhypothese $H_0: p = 0{,}25$ mit dem Signifikanzniveau 5 % und dem Stichprobenumfang $n = 20$
a) bei einem rechtsseitigen Test,
b) bei einem zweiseitigen Test,
c) bei einem linksseitigen Test.
d) Zeichnen Sie bei den Teilaufgaben a) bis c) in dasselbe Koordinatensystem die entsprechende Operationscharakteristik für den Stichprobenumfang $n = 50$ ein. Was erkennen Sie?
e) Für welche Wahrscheinlichkeit p ist die Operationscharakteristik nicht definiert?

Wiederholen – Vertiefen – Vernetzen

Simulation

1 Ein Sicherheitsventil besteht aus drei einzelnen Ventilen, die jeweils mit einer Wahrscheinlichkeit von 90 % funktionieren. Das Sicherheitsventil funktioniert, wenn mindestens eines der Ventile funktioniert. Wie groß ist die Wahrscheinlichkeit, dass das Sicherheitsventil funktioniert?
a) Berechnen Sie die Wahrscheinlichkeit.
b) Überprüfen Sie das Ergebnis mit einer Simulation. Beschreiben Sie die Simulation.

2 Bestimmen Sie näherungsweise den Erwartungswert für die Augensumme beim Würfeln mit mehreren Würfeln.
a) Jede Gruppe übernimmt eine bestimmte Anzahl von Würfeln.
b) Die Ergebnisse der Gruppen werden zusammengetragen. Ergibt sich eine Vermutung, wie man den Erwartungswert berechnen könnte?
c) Berechnen Sie in drei Gruppen den Erwartungswert für einen, zwei und drei Würfel pro Wurf.

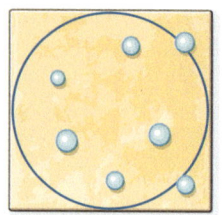
Fig. 1

3 Auf eine quadratische Kachel fallen etwa gleich verteilt Regentropfen. Der Kachel ist ein Kreis einbeschrieben (Fig. 1).
a) Wie groß ist der Anteil der Kreisfläche an der Quadratfläche?
b) Ermitteln Sie durch eine Simulation, wie viel Prozent der Regentropfen auf der Kreisfläche landen. Verwenden Sie das Ergebnis, um eine Näherung für π zu bestimmen.

4 Von fünf Personen merkt sich jede genau eine der Ziffern 1 bis 5. Mit welcher Wahrscheinlichkeit merken sich mindestens zwei Personen dieselbe Ziffer?
a) In Ihrer Gruppe wird der Vorgang 20-mal durchgeführt. Tragen Sie die Ergebnisse der Klasse zusammen und geben Sie eine Schätzung für die gesuchte Wahrscheinlichkeit an.
b) Berechnen Sie das Ergebnis näherungsweise mithilfe einer Simulation.

5 Aus einer Statistik ist bekannt, dass bei der Produktion eines Bauteils mit einer Wahrscheinlichkeit von 5 % Ausschuss entsteht. In einem Karton sind 20 Bauteile enthalten.
a) Wie groß sind der Erwartungswert und die Standardabweichung der Anzahl defekter Bauteile in einem Karton?
b) Die Ausfallhäufigkeit eines Bauteils soll simuliert werden. Bestimmen Sie den Mittelwert und die Standardabweichung für die Anzahl defekter Bauteile in einem Karton mithilfe von 100 Simulationen. Vergleichen Sie mit den Ergebnissen von Teilaufgabe a).
c) Stellen Sie die Binomialverteilung mit den Parametern n = 20 und p = 0,05 gemeinsam mit der relativen Häufigkeit für die in b) durch Simulation erhaltenen Anzahlen defekter Bauteile dar.

6 In Fig. 2 ist eine Simulation dargestellt. Diskutieren Sie, was dort simuliert wird. Beschreiben Sie, welche Ergebnisse Sie bei der Simulation erkennen.
a) 10 Schüsse auf eine Zielscheibe, bei denen der Schütze mit einer Wahrscheinlichkeit von 90 % trifft.
b) Ein Basketballspieler trifft bei 10 Würfen mit Wahrscheinlichkeit 0,6. Es sind 10 Wurfserien des Spielers simuliert.
c) Es werden 10 Würfel geworfen und gezählt, wie oft die einzelnen Augenzahlen vorkommen.

I2	fx	[=HÄUFIGKEIT(B2:F2;H2:H12)]						
	A	B	C	D	E	F	G	H	I
1	Sim. Nr.	1	2	3	4	5		r	h
2	Ergebnis	7	5	5	7	8		0	0
3	ZZ 1	0,516	0,967	0,733	0,293	0,140		1	0
4	ZZ 2	0,552	0,210	0,114	0,739	0,357		2	0
5	ZZ 3	0,836	0,778	0,913	0,899	0,163		3	0
6	ZZ 4	0,308	0,555	0,402	0,200	0,297		4	0
7	ZZ 5	0,191	0,120	0,328	0,207	0,546		5	2
8	ZZ 6	0,864	0,167	0,272	0,138	0,735		6	0
9	ZZ 7	0,493	0,664	0,753	0,704	0,057		7	2
10	ZZ 8	0,648	0,628	0,179	0,326	0,131		8	1
11	ZZ 9	0,219	0,982	0,673	0,129	0,374		9	0
12	ZZ 10	0,036	0,554	0,932	0,382	0,729		10	0

Fig. 2

Wiederholen – Vertiefen – Vernetzen

Testen

7 Eine Firma hat eine Werbeagentur beauftragt, durch eine Kampagne den Bekanntheitsgrad ihres Produktes von aktuell 30 % auf 40 % zu steigern. Nur bei Erfolg der Kampagne bekommt die Agentur das Honorar von 10 000 €.
a) Der Firmenchef beauftragt Sie, einen Test für das Signifikanzniveau 5 % und den Stichprobenumfang 100 zu entwickeln. Schlagen Sie ihm eine Entscheidungsregel vor und begründen Sie diese.
b) Berechnen Sie die Irrtumswahrscheinlichkeit und vergleichen Sie mit dem Signifikanzniveau.
c) Erläutern Sie ohne Rechnung, was sich ändern würde, wenn man beim Signifikanzniveau 5 % bleibt, aber den Stichprobenumfang von 100 auf 400 vervierfachen würde.
d) Der von der Werbeagentur beauftragte Statistiker schlägt vor, H_0: p = 0,4 zugunsten von H_1: p = 0,3 erst dann zu verwerfen, wenn bei den 100 Befragten 33 oder weniger Personen das Produkt nicht kennen.
Bestimmen Sie das Signifikanzniveau dieses Tests.
e) Vergleichen und bewerten Sie die beiden Testverfahren.

8 In einer Fabrik werden Bauteile für Computer hergestellt. Erfahrungsgemäß sind mindestens 5 % davon defekt. Nach einer Verbesserung im Produktionsprozess behauptet der Hersteller, dass weniger als 5 % der Chips defekt sind. Ein Kunde untersucht die Behauptung durch einen Test auf dem Signifikanzniveau 10 % mit einer Stichprobe vom Umfang n = 400.
Mit einem Signifikanztest will der Kunde herausbekommen, wie viele defekte Bauteile er höchstens in der Stichprobe finden darf, damit er seine Behauptung als bestätigt ansehen kann.
a) Der Kunde testet die Nullhypothese H_0: p ≥ 0,05 linksseitig mit der Alternative H_1: p < 0,05. Wieso wählt er diesen Test?
b) Als Testgröße verwendet der Kunde die Anzahl X der defekten Bauteile mit den Parametern n = 400 und p = 0,05.
Bestimmen Sie den Ablehnungsbereich.
Wieso kann man hier mit p = 0,05 testen, obwohl von „mindestens 5 %" die Rede ist?

9 Lehrer: „Die Behauptung bei einem Signifikanztest wird als Gegenteil der Nullhypothese formuliert. Wenn man eine Behauptung aufstellt, so wählt man die Nullhypothese so, dass sie das Gegenteil der Behauptung besagt."
Wieso wird das so gemacht? Argumentieren Sie am Beispiel von Aufgabe 8.

10 Eine Firma, die Multimedia-Player herstellt, behauptet, dass höchstens 4 % der Geräte defekt seien. Die Behauptung soll mit einer Stichprobe von 150 Stück getestet werden. Man erhält 12 defekte Geräte.
Kann man daraus mit einer Irrtumswahrscheinlichkeit von höchstens 5 % schließen, dass die Firmenangabe nicht zutrifft?

Die Formulierung „Irrtumswahrscheinlichkeit von höchstens 1 %" bedeutet, dass das Signifikanzniveau 1 % ist.

11 Ein Obstgroßhändler behauptet, dass höchstens 8 % der von ihm verkauften Orangen mindestens einen Kern enthalten.
a) Beschreiben Sie, wie man als Abnehmer einen Test durchführen wird, wenn man an der Behauptung des Obstgroßhändlers zweifelt.
b) Diskutieren Sie, welchen Einfluss die Wahl des Signifikanzniveaus auf die Entscheidung hat, ob man dem Händler glaubt.
c) Angenommen, in Wirklichkeit enthalten 12 % der Orangen mindestens einen Kern. Sie entscheiden sich aufgrund des Testergebnisses dafür, dem Händler zu glauben. Wie berechnen Sie die Wahrscheinlichkeit dafür, dass Sie diese falsche Entscheidung treffen?

Rückblick

Simulation von Zufallsexperimenten

Ein Zufallsexperiment kann man mithilfe von Zufallszahlen simulieren. Man ordnet dabei jedem Ergebnis eine Zufallszahl so zu, dass die Zufallszahl mit der gleichen Wahrscheinlichkeit wie das Ergebnis auftritt.

Wenn man die n-malige Wiederholung eines Zufallsexperiments simuliert und dabei k-mal ein bestimmtes Ergebnis auftritt, so ist die relative Häufigkeit eine Schätzung für die Wahrscheinlichkeit des Ergebnisses.

Fünfzigmaliges Werfen einer Münze kann man z. B. simulieren
- mit Zufallsziffern: gerade Zahlen werden dem Ergebnis „Wappen", ungerade Zahlen werden dem Ergebnis „Zahl" zugeordnet.
- mit einer Tabellenkalkulation: Man erzeugt 50 Zufallszahlen zwischen 0 und 1. Zufallszahlen kleiner als 0,5 werden dem Ergebnis „Wappen", die anderen „Zahl" zugeordnet.

Signifikanztest

Ein Signifikanztest ist ein Verfahren zum Entscheiden für oder gegen eine Hypothese. Er liefert keine Aussage über die Richtigkeit der Hypothese.

Zweiseitiger Signifikanztest zum Testen der Nullhypothese $H_0: p = p_0$
1. Man legt den **Stichprobenumfang** n und das **Signifikanzniveau** α (z. B. α = 5%) fest.
2. Als **Testvariable X** verwendet man die Trefferzahl für die Parameter n und p_0.
3. Man bestimmt den **Annahmebereich** [a; b]. Dazu sucht man z.B. bei α = 5% aus der Tabelle der Summenwerte von X die kleinsten ganzen Zahlen a und b mit $P(X \leq a) > 2{,}5\%$ und $P(X \leq b) > 97{,}5\%$ heraus.
4. Man führt eine Stichprobe vom Umfang n durch. H_0 wird angenommen, wenn das Stichprobenergebnis im Annahmebereich liegt, sonst wird H_0 verworfen.

Man kann auch ein anderes Signifikanzniveau α wählen. Dann hat der Annahmebereich [a; b] die Grenzen a und b, wobei a und b die kleinsten Zahlen sind mit $P(X \leq a) > \frac{\alpha}{2}$ und $P(X \leq b) > 1 - \frac{\alpha}{2}$. Die Irrtumswahrscheinlichkeit ist dann höchstens α.

Falls keine Tabellenwerte vorliegen, kann man als Näherung für den Annahmebereich wegen der Sigma-Regeln auch das Sigma-Intervall $[\mu - c \cdot \sigma; \mu + c \cdot \sigma]$ aus der folgenden Tabelle verwenden:

Signifikanzniveau α	10%	5%	1%
Konstante c für das Sigma-Intervall	1,64	1,96	2,58

Testvarianten zum Signifikanzniveau α und zum Stichprobenumfang n:
Linksseitiger Test (Ablehnungsbereich links):
Nullhypothese $H_0: p = p_0$ oder $p \geq p_0$ mit dem Annahmebereich A = [a; n], wobei a die kleinste Zahl mit $P(X \leq a) > \alpha$ ist.
Näherung: $A = [\mu - c \cdot \sigma; n]$ mit c aus der Tabelle unten.
Rechtsseitiger Test (Ablehnungsbereich rechts):
Nullhypothese $H_0: p = p_0$ oder $p \leq p_0$ mit dem Annahmebereich A = [0; b], wobei b die kleinste Zahl mit $P(X \leq b) > 1 - \alpha$ ist.
Näherung: $A = [0; \mu + c \cdot \sigma]$ mit c aus der Tabelle unten.

Signifikanzniveau α	10%	5%	1%
Konstante c für das Sigma-Intervall	1,28	1,64	2,33

Von einer Münze wird behauptet, das Wappen und Zahl nicht gleich wahrscheinlich sind. Nullhypothese: p = 0,5 (d.h.: Die Wahrscheinlichkeit für Wappen und Zahl ist gleich).
1. Stichprobenumfang n = 200 und Signifikanzniveau 5% werden festgelegt.
2. Testvariable X = Zahl der Wappen, Parameter n = 200 und p = 0,5.
3. Annahmebereich [86; 114], siehe Fig. 1. 86 und 114 sind die kleinsten Zahlen, sodass $P(X \leq a) > 2{,}5\%$ und $P(X \leq b) > 97{,}5\%$.
4. Ergibt die Stichprobe z.B. 110 Wappen, so wird die Nullhypothese beibehalten.

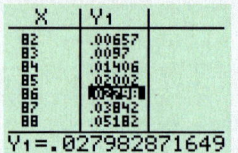 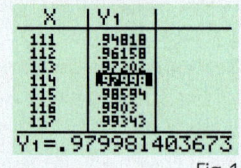

Fig. 1

Näherung für den Annahmebereich:
Mit $\mu = n \cdot p = 100$; $\sigma = \sqrt{n \cdot p \cdot (1-p)} = 7{,}07$ ergibt sich (gerundet)
$A = [\mu - 1{,}96 \cdot \sigma; \mu + 1{,}96 \cdot \sigma] = [86; 114]$, also dasselbe Ergebnis wie oben.
Wenn behauptet wird, dass Wappen öfter als Zahl fällt, testet man die Nullhypothese „$H_0: p = 0{,}5$" rechtsseitig. Denn wenn deutlich mehr als die Hälfte der Münzen „Wappen" zeigen, sieht man die Behauptung bestätigt. Die Nullhypothese kann dann verworfen werden. Bei α = 5% und n = 200 ergibt sich [0; 112] als Annahmebereich (siehe Fig 1).
Wenn mehr als 113 Münzen „Wappen" zeigen, sieht man die Behauptung bestätigt.
Die Näherung liefert hier ebenso (gerundet) $A = [0; 100 + 1{,}64 \cdot 7{,}07] = [0; 112]$.

Prüfungsvorbereitung

Simulation

1 Wie kann das Zufallsexperiment mithilfe des Glücksrades in Fig. 1 simulieren?
a) Werfen einer Münze,
b) Elfmeterschießen, wenn der Schütze mit einer Wahrscheinlichkeit von 75 % trifft,
c) Wahl einer Partei, die von einem Drittel der Wähler gewählt wird,
d) Verhalten eines Bauteils, das mit einer Wahrscheinlichkeit von 25 % funktioniert.

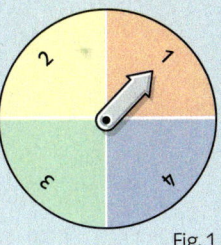

Fig. 1

2 Bei einem Glücksspiel gewinnt man mit der Wahrscheinlichkeit 15 %. Simulieren Sie das Spiel. Bestimmen Sie die relative Häufigkeit der gewonnenen Spiele mit
a) 10 Simulationen,   b) 50 Simulationen,   c) 100 Simulationen.

3 Beim „Mensch-ärgere-dich-nicht" würfelt man anfangs maximal dreimal. Wenn dabei eine Sechs fällt, darf man mit einer Figur starten. Wenn nicht, hat man in der folgenden Spielrunde einen zweiten Versuch.
Ermitteln Sie durch eine Simulation die Wahrscheinlichkeit, dass man gleich beim ersten Versuch ins Spiel kommt. Berechnen Sie die Wahrscheinlichkeit und vergleichen Sie.

4 Simulieren Sie 100-mal drei Freiwürfe für einen Spieler beim Basketball, wenn die Trefferwahrscheinlichkeit 85 % beträgt. Berechnen Sie den Mittelwert und die empirische Standardabweichung für die Trefferzahl bei Ihrer Simulation sowie den Erwartungswert und die Standardabweichung für die Zufallsgröße Trefferzahl.

Testen

5 Es soll ein Signifikanztest durchgeführt werden, der die Behauptung „Der Anteil der Muslime in Stuttgart ist im Vergleich zur Angabe aus der Zeitungsmeldung gestiegen" untersucht.
a) Beschreiben Sie, wie man einen solchen Test durchführen kann. Geben Sie dabei die Nullhypothese, die Alternative und die Testvariable an. Was leistet der Test?
b) Diskutieren Sie die Rolle des Signifikanzniveaus.

> Der Anteil der Muslime in Stuttgart beträgt 11,3 Prozent. Zum katholischen Glauben bekennen sich 26 Prozent und zum protestantischen Glauben etwa 30 Prozent. Der Rest gehört anderen Religionen an oder ist konfessionslos.

6 Für eine unbekannte Wahrscheinlichkeit soll die Hypothese H_0: $p \leq 0{,}4$ gegen die Alternative H_1: $p > 0{,}4$ auf dem Signifikanzniveau 5 % getestet werden.
a) Welcher Annahmebereich ergibt sich bei einem Stichprobenumfang von $n = 100$?
b) Erläutern Sie den Begriff Irrtumswahrscheinlichkeit und bestimmen Sie diese.
c) Angenommen, in Wirklichkeit gilt $p = 0{,}5$. Wie groß ist dann die Wahrscheinlichkeit, dass die Stichprobe einen Wert liefert, der im Annahmebereich des Tests liegt?

7 Ein Test ist nur eine Entscheidungsregel. Man entscheidet sich aufgrund des Tests für H_0 oder H_1. Man entscheidet sich für H_0, wenn das Stichprobenergebnis in den Annahmebereich fällt. Die Entscheidung für H_0 bedeutet aber nicht, dass H_0 richtig und H_1 falsch ist.
Wieso nicht?

8 Der Computerhersteller FastCalc bezieht Schaltelemente von der Firma UpAndDown. Erfahrungsgemäß sind 95 % der Schaltelemente einwandfrei.
FastCalc überprüft die Hypothese, dass mindestens 95 % der Schaltelemente einwandfrei sind, mit einer Stichprobe vom Umfang 100. Die Irrtumswahrscheinlichkeit soll höchstens 10 % betragen.
a) Ermitteln Sie den Annahmebereich und den Ablehnungsbereich.
b) Angenommen, in Wirklichkeit sind nur 90 % der Schaltelemente einwandfrei. Ihr Stichprobenergebnis fällt aber in den Annahmebereich und Sie entscheiden sich dafür, die Nullhypothese anzunehmen. Wie groß ist die Wahrscheinlichkeit dafür, dass Sie diese falsche Entscheidung treffen?

Abiturvorbereitung Analysis

1 a) Leiten Sie ab.

$f(x) = 3e^{2x}$; $g(x) = \frac{x^2+1}{x^2}$

b) Geben Sie jeweils eine Stammfunktion an.

$f(x) = 5x^2 - 8x$; $g(x) = (8x-2)^3$; $k(x) = e^{8x}$

2 Gegeben ist die Funktion f mit $f(x) = 3e^{2x}$
a) Leiten Sie f einmal ab. b) Geben Sie eine Stammfunktion von f an.

3 Lösen Sie die Gleichung.
a) $4e^x + 2 = 12e^{-x}$ b) $35e^x - 12e^{2x} + e^{3x} = 0$ c) $(x^3 + 27)(e^{2x} - 5e^x + 6) = 0$

4 Gegeben ist die Funktion f mit $f(x) = 1{,}5x - 4$.
a) Berechnen Sie das Integral $\int_0^4 (1{,}5x - 4)\,dx$.
Veranschaulichen Sie es durch eine Skizze und interpretieren Sie Ihr errechnetes Ergebnis.
b) Geben Sie eine Stammfunktion der Funktion f an, deren Graph durch den Punkt P(1|0,75) geht.

5 Geben Sie zwei verschiedene Funktionen an mit $\int_0^4 f(x)\,dx = 0$.

6 Eine Maus springt in einem Tunnel hin und her. Der Graph ihrer Geschwindigkeit ist in der Abbildung dargestellt. Dabei bedeutet positive Geschwindigkeit, dass sich die Maus auf das rechte Tunnelende zu bewegt. Die Maus startet zur Zeit t = 0 in der Mitte des Tunnels.
a) Wann ändert die Maus ihre Richtung?
b) Wo befindet sich die Maus nach 6 Sekunden?
c) Wann ist die Maus zum ersten Mal wieder in der Mitte des Tunnels?
Welchen Weg hat sie bis zu diesem Zeitpunkt zurückgelegt?
d) Welche anschauliche Bedeutung hat

$\int_2^4 v(t)\,dt$; $v'(4)$; $v(4)$; $\int_0^{10} v(t)\,dt$; $\int_0^{10} |v(t)|\,dt$?

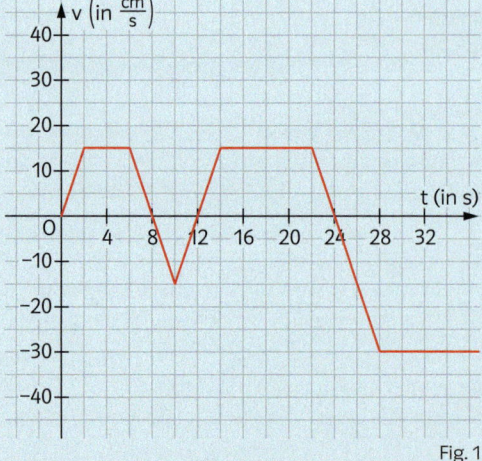

Fig. 1

7 Gegeben sind die Graphen einer Funktion f, ihrer Ableitung f' und einer Stammfunktion F von f. Ordnen Sie jeweils einen Graphen einer der Funktionen f, f' und F zu und begründen Sie Ihre Entscheidung.

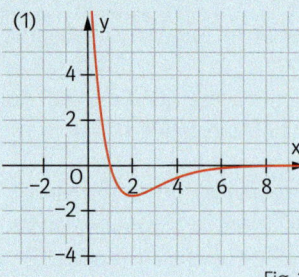

Fig. 2

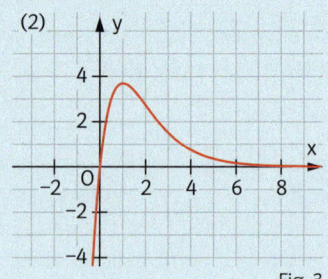

Fig. 3

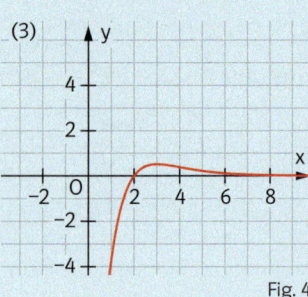

Fig. 4

Abiturvorbereitung Analysis

8 Für jedes $t \in \mathbb{R}$ sei eine Funktion f_t gegeben mit $f_t(x) = tx + (t+1) \cdot \frac{1}{x}$; $x \in \mathbb{R}\setminus\{0\}$; $t \in \mathbb{R}\setminus\{-1\}$.
a) Für welche Werte von t hat der Graph von f_t keinen Punkt mit waagerechter Tangente?
b) Wie viele Punkte mit waagerechter Tangente kann der Graph von f_t höchstens haben? Begründen Sie Ihre Antwort.

9 Die Funktion f mit $f(t) = 0{,}4t^3 - 6t^2 + 20t + 100$ gibt näherungsweise die Herzfrequenz eines Sportlers (in Schläge pro Minute) während einer Trainingseinheit auf einem Fahrrad an, wobei $t \in [0; 11]$ die Zeit in Minuten seit Beginn der Trainingseinheit angibt.
a) Berechnen Sie, wann die Herzfrequenz am höchsten war.
b) Berechnen Sie, wann die Herzfrequenz am stärksten abgenommen hat.
c) Berechnen Sie $\int_0^{11} f(t)\,dt$ und erläutern Sie die Bedeutung dieses Integrals im Sachzusammenhang.

10 Die Funktion f_k mit $f_k(x) = 0{,}0001k \cdot x^3 - 0{,}018k \cdot x^2 + 0{,}72k \cdot x$ beschreibt für $k > 0$ und $x \in [0; 120]$ die momentane Änderungsrate der Länge einer Warteschlange am Eingang eines Museums in Personen pro Minute (x in Minuten). Zum Zeitpunkt $x = 0$ (10 Uhr) stehen 100 Personen in der Schlange. Der Graph für $k = 3$ ist in Fig. 1 dargestellt.

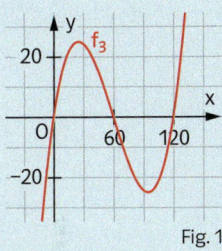

Fig. 1

a) Zeigen Sie, dass die x-Koordinate des Hochpunktes und des Tiefpunktes von f_k nicht von k abhängt.
b) Berechnen Sie, zu welchem Zeitpunkt die Schlange am längsten ist.
c) Zeigen Sie: Die Schlange ist nach 120 Minuten wieder genauso lang wie am Anfang.
d) Geben Sie eine Funktion an, mit der sich die Länge der Schlange zum Zeitpunkt x berechnen lässt.
e) Erklären Sie, welche Bedeutung eine Vergrößerung des Parameters für k im Sachzusammenhang hat.
f) Berechnen Sie, für welchen Wert von k die längste Warteschlange aus genau 500 Personen besteht.

11 Ein Körper mit einer Anfangstemperatur von 50°C kühlt in einem Raum mit der konstanten Temperatur 20°C ab. Die Funktion T mit $T(t) = 20 + 30 \cdot e^{-t}$ beschreibt die Temperatur des Körpers in °C nach t Minuten an. Der Graph ist in Fig. 2 abgebildet.

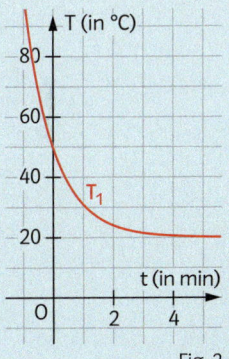

Fig. 2

a) Berechnen Sie die Temperatur des Körpers nach 3 Minuten.
b) Berechnen Sie den Zeitpunkt, zu dem der Körper eine Temperatur von 21°C hat.
c) Berechnen Sie die Ableitung von T und erklären Sie die Bedeutung der Ableitung im Sachzusammenhang.
d) Berechnen Sie den Zeitpunkt, zu dem die Temperatur des Körpers nur noch um 0,1°C pro Minute sinkt.
e) Untersuchen Sie, wie sich der Graph von T für t gegen unendlich verhält. Erklären Sie die Bedeutung dieses Sachverhalts im gegebenen Kontext.
f) Bestimmen Sie eine Stammfunktion von T.
g) Die mittlere Temperatur des Körpers innerhalb der ersten m Minuten lässt sich durch das Integral $\frac{1}{m} \cdot \int_0^{10} T(t)\,dt$ berechnen. Bestimmen Sie die mittlere Temperatur des Körpers innerhalb der ersten 5 Minuten des Abkühlungsprozesses.
h) Begründen Sie, dass folgende Aussage wahr ist:
Die mittlere Temperatur innerhalb der ersten t Minuten des Abkühlungsprozesses eines Körpers ist kleiner als der Mittelwert zwischen der Anfangstemperatur und der Temperatur nach t Minuten.

Lösungen auf den Seiten 328–329

Abiturvorbereitung Analytische Geometrie

1 Gegeben ist das LGS $5x_1 - x_2 - x_3 = -3$
$x_1 - x_2 + x_3 = -9$.

a) Bestimmen Sie die Lösungsmenge des LGS.
b) Geben Sie jeweils eine Lösung an, bei der x_1, x_2 und x_3 nur positive bzw. nur negative Zahlen sind.

2 Wahr oder falsch? Geben Sie bei falschen Aussagen ein Gegenbeispiel an.
a) Zwei Vektoren im Raum sind immer linear unabhängig.
b) Drei Vektoren in der Ebene sind immer linear abhängig.
c) Wenn $f''(x_0) = 0$ ist, dann ist x_0 eine Wendestelle von f.
d) Wenn $f'(x_0) < 0$, dann liegt der Punkt $P(x_0 | f(x_0))$ unterhalb der x-Achse.
e) Ein LGS mit mehr Gleichungen als Variablen hat immer genau eine Lösung.
f) Ein LGS mit mehr Variablen als Gleichungen kann unendlich viele Lösungen haben.

3 Eine Untersuchung der gegenseitigen Lage einer Ebene E und einer Geraden g führt auf die folgende Gleichung: $2 \cdot (4 + 2t) - 3 \cdot (-1 + t) + 2 - t = 8$.
a) Geben Sie je eine Gleichung für die Ebene E und die Gerade g an.
b) Was kann man über die gegenseitige Lage von E und g aussagen?

4 Veranschaulichen Sie zeichnerisch, dass für drei Vektoren $\vec{a}$, $\vec{b}$ und $\vec{c}$ gilt:
$(\vec{a} + \vec{b}) + \vec{c} = \vec{a} + (\vec{b} + \vec{c})$.

5 Welche der Geraden $g: \vec{x} = \begin{pmatrix} 0 \\ 1 \\ 0 \end{pmatrix} + t \cdot \begin{pmatrix} -5 \\ 0 \\ 5 \end{pmatrix}$ und $h: \vec{x} = s \cdot \begin{pmatrix} 0 \\ \sqrt{2} \\ 0 \end{pmatrix}$ sind
a) parallel zur x_2-Achse,
b) orthogonal zur x_2-Achse?

6 Gegeben sind die Ebenen E und F mit
$E: 2x_1 - 4x_2 + x_3 = 1$ und $F: \vec{x} = \begin{pmatrix} 2 \\ 1 \\ 9 \end{pmatrix} + u \cdot \begin{pmatrix} 3 \\ 1 \\ 2 \end{pmatrix} + v \cdot \begin{pmatrix} 2 \\ -1 \\ 0 \end{pmatrix}$; $u \in \mathbb{R}$, $v \in \mathbb{R}$.

a) Untersuchen Sie die gegenseitige Lage der Ebenen E und F.
b) Bestimmen Sie den Schnittpunkt der Ebene E mit der x_2-Achse.
c) Bestimmen Sie die Schnittgerade der Ebene E mit der $x_1 x_3$-Ebene.

7 Gegeben sind die Punkte $A(2|3|-1)$, $B(4|0|5)$ und $C(5|3|-2)$ sowie die Gerade g mit der Gleichung $g: \vec{x} = \begin{pmatrix} 3 \\ 6 \\ -8 \end{pmatrix} + t \cdot \begin{pmatrix} 2 \\ -3 \\ 6 \end{pmatrix}$; $t \in \mathbb{R}$.

a) Weisen Sie nach, dass die Gerade g parallel zur Geraden durch A und B ist und durch den Punkt C geht.
b) Bestimmen Sie einen Punkt D so, dass das Viereck durch die Punkte A, B, C und D ein Parallelogramm ist.
c) Bestimmen Sie zwei Punkte C_1 und D_1 auf der Geraden g so, dass das Viereck ABC_1D_1 ein Rechteck ist.
d) Untersuchen Sie, ob es Punkte C_2 und D_2 auf der Geraden g gibt, sodass das Viereck ABC_2D_2 eine Raute ist.
e) C_t und D_t sind Punkte auf der Geraden g, die zusammen mit den Punkten A und B ein Parallelogramm bilden.
Begründen Sie, dass alle Parallelogramme ABC_tD_t ($t \in \mathbb{R}$) denselben Flächeninhalt haben.
Berechnen Sie diesen Flächeninhalt.

Abiturvorbereitung Analytische Geometrie

8 Gegeben sind die Punkte O(0|0|0), A(6|6|0), B(3|9|0), S(4|6|8) und die Gerade g mit der

Gleichung g: $\vec{x} = \begin{pmatrix} 3 \\ 3{,}5 \\ 8 \end{pmatrix} + t \cdot \begin{pmatrix} 2 \\ 5 \\ 0 \end{pmatrix}$; $t \in \mathbb{R}$.

a) Das Dreieck OAB ist Grundfläche einer dreiseitigen Pyramide mit Spitze S. Zeichnen Sie die Pyramide in ein geeignetes Koordinatensystem ein. Berechnen Sie die Innenwinkel des Dreiecks OAB.
b) Berechnen Sie das Volumen der Pyramide. Zeigen Sie, dass die Spitze S auf der Geraden g liegt. Begründen Sie folgende Aussage: Bewegt sich der Punkt S auf der Geraden g, so ändert sich das Volumen der Pyramide nicht. Gibt es weitere Lagen der Pyramidenspitze, die das Volumen der Pyramide nicht verändern?
c) In Richtung des Vektors $\begin{pmatrix} 5 \\ -3 \\ -8 \end{pmatrix}$ fällt paralleles Licht ein. Dabei wirft die massive Pyramide einen Schatten auf die x_1x_2-Ebene. Berechnen Sie die Koordinaten des Schattenpunktes S* der Pyramidenspitze. Zeichnen Sie den Schatten in das vorhandene Koordinatensystem ein. Aus welcher Richtung muss das Licht einfallen, damit der Schattenpunkt S** auf der x_1-Achse liegt und das Schattendreieck OS**A rechtwinklig mit einem rechten Winkel bei S** ist?

9 Gegeben sind die Punkte P(3|1|2) und Q(−1|3|2) und die Ebene E: $x_1 + 2x_2 + 2x_3 = 9$.
a) Bestimmen Sie die Spurpunkte S_1, S_2 und S_3 der Ebene E mit den Koordinatenachsen. Zeichnen Sie die Ebene E in einem geeigneten Koordinatensystem.
b) Berechnen Sie den Abstand des Ursprungs O von der Ebene E.
Der Punkt O wird an der Ebene E gespiegelt. Bestimmen Sie die Koordinaten des Spiegelpunktes.
c) Die Punkte P, Q und S_1 bilden ein Dreieck. Berechnen Sie die Innenwinkel des Dreiecks PQS_1.
d) Bestimmen Sie eine Gleichung der Schnittgeraden g der Ebene E mit der x_1x_2-Ebene.
Der Punkt R_t bewegt sich auf der Geraden g. Unter den zugehörigen Dreiecken PQR_t gibt es zwei gleichschenklige Dreiecke mit Basis R_tQ. Bestimmen Sie für beide Dreiecke die Koordinaten des jeweils zugehörigen Punktes R_t.

10 Gegeben seien die Punkte A(1|6|0), B(4|7|2), C(2|7|1) und D(2|0|2).
a) Es sei E die Ebene durch A, B und C. Stellen Sie eine Parametergleichung und eine Koordinatengleichung für E auf. Zeigen Sie, dass D nicht in E liegt.
b) Zeigen Sie, dass die Gerade g durch D mit dem Richtungsvektor $\begin{pmatrix} 24 \\ -2 \\ 11 \end{pmatrix}$ parallel zu E ist.
c) Die Ebene F ist orthogonal zu E und enthält die Gerade g. E schneidet F in einer Geraden h. Geben Sie eine Gleichung der Geraden h an.
d) Die Gerade k durch die Punkte A und B durchstößt die zu ihr orthogonale Ebene durch C in einem Punkt F. Bestimmen Sie diesen Punkt und berechnen Sie die Länge von $\overline{CF}$.
Berechnen Sie dann den Flächeninhalt des Dreiecks ABC.
e) Berechnen Sie mithilfe der Teilaufgaben b) und d) das Volumen der Dreieckspyramide mit den Ecken A, B, C und D.

Der Abstand von D zu E beträgt $\frac{9}{\sqrt{6}}$.

11 Die Gerade g: $\vec{x} = \begin{pmatrix} 0 \\ 2 \\ 5 \end{pmatrix} + r \cdot \begin{pmatrix} 1 \\ 0 \\ 0 \end{pmatrix}$ liegt für alle $u \in (-1; 1]$ in E_u: $\vec{x} = \begin{pmatrix} 0 \\ 2 \\ 5 \end{pmatrix} + r \cdot \begin{pmatrix} 1 \\ 0 \\ 0 \end{pmatrix} + s \cdot \begin{pmatrix} 0 \\ u \\ 1-u^2 \end{pmatrix}$.

a) Zeigen Sie, dass der Punkt P(3|4|2) auf genau einer der Ebenen E_u liegt und geben Sie den zugehörigen Wert von u an.
b) Für welchen Wert von u gilt (1) E_u ist parallel zur x_1x_3-Ebene,
(2) E_u ist parallel zur x_1x_2-Ebene, (3) E_u enthält die x_1-Achse?
c) Bestimmen Sie eine Normalengleichung der Ebene E_u.
d) Unter welcher Bedingung für u_1 und u_2 sind E_{u_1} und E_{u_2} orthogonal? Welchen Wert für u_2 erhält man dabei für $u_1 = \frac{1}{2}$?

Lösungen auf den Seiten 330–331

Abiturvorbereitung Stochastik

1 Ein Süßwarenhändler startet eine Fußball-Aktion und wirbt damit, dass in jeder fünften Tafel Schokolade das Klebebild eines Fußballspielers der deutschen Nationalmannschaft ist.
a) Gehen Sie davon aus, dass die Behauptung des Herstellers stimmt und berechnen Sie die Wahrscheinlichkeit dafür, dass in 25 Tafeln Schokolade
(1) kein Bild ist, (2) genau 5 Bilder sind, (3) mindestens 5 Bilder sind.
b) Claudia kauft 100 Tafeln Schokolade. Mit welcher Wahrscheinlichkeit erhält sie mehr als 20 Bilder von Fußballspielern?
c) Peter vermutet, dass der Hersteller den Tafeln weniger Bilder beilegt als behauptet. Er möchte dies anhand einer Stichprobe von 100 Tafeln prüfen. Ermitteln Sie eine Entscheidungsregel für diesen Test bei einer Irrtumswahrscheinlichkeit von 5 %.

2 Ein Glücksrad ist in zwei Sektoren mit den Zahlen 2 und 1 eingeteilt (vgl. Fig. 1).
a) Das Glücksrad wird dreimal gedreht. Wie groß ist die Wahrscheinlichkeit für die folgenden Ereignisse:
A: Die Zahl 1 tritt genau zweimal auf.
B: Es ergibt sich dreimal dieselbe Zahl.
C: Die Summe der Zahlen ist 5.
b) Das Glücksrad wird so oft gedreht, bis die Summe der Zahlen mindestens 4 beträgt. Wie oft muss man im Mittel drehen?
c) Bei einem Glücksspiel wird das Glücksrad zweimal gedreht. Erscheint dabei zweimal die Zahl 1, so erhält man 2 €, erscheint zweimal die Zahl 2, so erhält man 1 €. Der Einsatz pro Spiel beträgt 1 €. Wie hoch ist der Erwartungswert für den Gewinn?
Damit das Spiel fair ist, sollen die Sektoren neu eingeteilt werden. Mit welcher Wahrscheinlichkeit p muss dazu die Zahl 2 erscheinen?
Kommentieren Sie die beiden Lösungen.

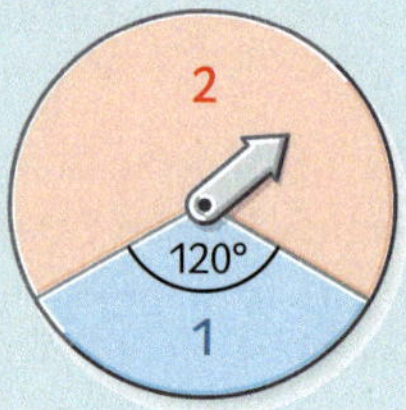

Fig. 1

3 Bei einem Schulfest veranstaltet die Klasse 12a eine Tombola, bei der 20 000 Lose verkauft werden. In der Lostrommel sind 5 % Hauptgewinne, 30 % Trostpreise, der Rest sind Nieten.
a) Herr Glück ist der erste Teilnehmer und kauft 10 Lose.
(1) Begründen Sie, weshalb man die Wahrscheinlichkeit für die Anzahl der Hauptgewinne, die Herr Glück kauft, näherungsweise (aber nicht exakt) mit der Binomialverteilung bestimmen kann und geben Sie die zugehörigen Parameter der Binomialverteilung für diesen Zufallsversuch an. Zeigen Sie rechnerisch, dass die Ereignisse „Im ersten Zug ein Hauptgewinn" und „Im zweiten Zug ein Hauptgewinn" nicht unabhängig voneinander sind.
b) (1) Berechnen Sie die Wahrscheinlichkeit dafür, dass Herr Glück (vgl. Teilaufgabe a)) nur Nieten zieht, näherungsweise mithilfe der Binomialverteilung und exakt.
(2) Berechnen Sie die Wahrscheinlichkeit dafür, dass er genau vier Hauptgewinne zieht, näherungsweise mithilfe der Binomialverteilung.
(3) Bestimmen Sie die Wahrscheinlichkeit dafür, dass er mindestens einen Hauptgewinn zieht, näherungsweise mithilfe der Binomialverteilung.
c) Frau Zufall möchte solange Lose kaufen, bis sie einen Hauptgewinn zieht. Bestimmen Sie die Anzahl der Lose, die Frau Zufall mindestens kaufen muss, damit sie mit mehr als 95 %iger Wahrscheinlichkeit einen Hauptgewinn zieht.
d) Die Klasse 12a verkauft ihre Lose für einen Euro pro Stück. Die Hauptgewinne kosten in der Anschaffung 10 Euro, die Trostpreise kosten 0,50 € in der Anschaffung.
Berechnen Sie den Gewinn für die Klassenkasse, den die Klasse 12a erwarten kann, wenn sie 1000 Lose verkauft.

Hinweis:
Für die Teilaufgaben c) und d) soll angenommen werden, dass die Anzahl der Hauptgewinne, der Trostpreise und der Nieten bei der Verlosung der Klasse 12a jeweils binomialverteilt ist.

Abiturvorbereitung Stochastik

4 Eine Firma produziert Energiesparlampen. Aus langer Erfahrung weiß man, dass 98 % der produzierten Lampen fehlerfrei sind.
a) Aus der laufenden Produktion wird eine Stichprobe von 100 Energiesparlampen getestet.
Wie groß ist die Wahrscheinlichkeit, dass davon genau 98 Lampen fehlerfrei sind?
Wie groß ist die Wahrscheinlichkeit, dass davon höchstens 98 Lampen fehlerfrei sind?
b) Bestimmen Sie den Erwartungswert µ für die Anzahl fehlerfreier Lampen bei einer Lieferung von 1000 Lampen.
c) Wie groß dürfte eine Stichprobe sein, wenn sie mit einer Wahrscheinlichkeit von mindestens 90 % keine defekte Lampe enthalten soll?
d) Der Anteil p fehlerfreier Lampen soll erhöht werden. Es soll bei einer Stichprobe von 50 Lampen mit einer Wahrscheinlichkeit von mindestens 90 % keine defekte Lampe dabei sein. Wie groß muss p dann mindestens sein?
e) Ein Elektrogeschäft hat 100 Energiesparlampen bestellt. Die Firma liefert vorsichtshalber zwei zusätzliche Lampen, von denen sie sicher weiß, dass sie nicht defekt sind. Wie groß ist die Wahrscheinlichkeit, dass das Elektrogeschäft damit weniger als 100 fehlerfreie Lampen erhält?

5 Bei einem Glücksrad mit fünf durchnummerierten Feldern beträgt die Wahrscheinlichkeit für die Zahl 5 30 % und für die Zahl 1 10 %. Die Zahlen 2–4 erscheinen jeweils mit der gleichen Wahrscheinlichkeit.
a) Das Glücksrad wird fünfmal gedreht.
Bestimmen Sie die Wahrscheinlichkeit dafür, genau einmal eine 5 zu erhalten und die Wahrscheinlichkeit dafür, nur beim fünften Mal eine 5 zu erhalten.
b) Die Zufallsgröße X gibt die Augensumme beim zweimaligen Drehen des Glücksrades an.
Bestimmen Sie die vollständige Wahrscheinlichkeitsverteilung von X sowie den Erwartungswert und die Standardabweichung von X. Vergleichen Sie diese mit der Verteilung der Wahrscheinlichkeiten, dem Erwartungswert und der Standardabweichung beim einmaligen Drehen des Glücksrades.
c) Man vermutet, dass das Glücksrad seltener auf der 5 landet als angegeben. Diese Vermutung soll durch 100-maliges Drehen des Glücksrades getestet werden. Beschreiben Sie einen Hypothesentest zum Signifikanzniveau 5 % und beschreiben Sie den Fehler 1. und 2. Art.
d) Frank und Clara spielen ein Spiel. Sie drehen abwechselnd das Glücksrad, Frank beginnt. Es gewinnt der, der als Erstes eine 5 hat. Gehen Sie davon aus, dass die Wahrscheinlichkeit für eine 5 30 % beträgt.
(1) Stellen Sie die Spielsituation in einem Baumdiagramm dar und geben Sie die Gewinnwahrscheinlichkeit für Frank und Clara als unendliche Reihe an.
(2) Berechnen Sie mithilfe der auf der am Rand angegebenen Formel die Wahrscheinlichkeit dafür, dass Frank gewinnt.

Für $0 < x < 1$ gilt:
$$\sum_{n=0}^{\infty} x^n = \frac{1}{1-x}$$
Das heißt
$x^0 + x^1 + x^2 + \ldots = \frac{1}{1-x}$.

6 a) Dr. O., der überwiegend Kopfschmerzpatienten behandelt, geht aufgrund langfristiger Erfahrung davon aus, dass 40 % derjenigen Patienten, die Kopfschmerzmittel nehmen, auch bei einem Scheinmedikament („Placebo") eine Abnahme des Schmerzes verspüren.
Wie groß ist die Wahrscheinlichkeit, dass von 100 behandelten Patienten mindestens 35 nach Einnahme von Placebos eine Abnahme des Schmerzes verspüren? Skizzieren Sie die zugehörige Wahrscheinlichkeitsverteilung.
b) Dr. W. behauptet, dass der beobachtete Anteil von 40 % erhöht werden kann, wenn die Patienten zusätzlich eine Behandlung mit Entspannungstechniken durchführen. Diese Behauptung wird mit einem Test der Nullhypothese $H_0: p = 0{,}4$ auf dem Signifikanzniveau 5 % überprüft. An dem Test nehmen 80 Patienten teil.
Erläutern Sie, was das Verwerfen der Nullhypothese bedeutet.
Wie entscheiden Sie, wenn 40 Patienten eine Abnahme des Schmerzes verspüren?

Lösungen auf den Seiten 331–332

Lösungen zu den Aufgaben zur Abiturvorbereitung

Abiturvorbereitung Analysis, Seite 322

1
a) $f'(x) = 6e^{2x}$; $g'(x) = -\frac{2}{x^3}$
b) $F(x) = \frac{5}{3}x^3 - 4x^2$; $G(x) = \frac{1}{32}(8x-2)^4$; $K(x) = \frac{1}{8}e^{8x}$

2
a) $f'(x) = 6 \cdot e^{2x}$
b) $F(x) = \frac{3}{2} \cdot e^{2x}$

3
a) $x = \ln(1{,}5)$
b) $x_1 = \ln(5)$; $x_2 = \ln(7)$
c) $x_1 = -3$; $x_2 = \ln(2)$; $x_3 = \ln(3)$

4
a) $\int_0^4 (1{,}5x - 4)\,dx = \left[\frac{3}{4}x^2 - 4x\right]_0^4 = -4$

Skizze:

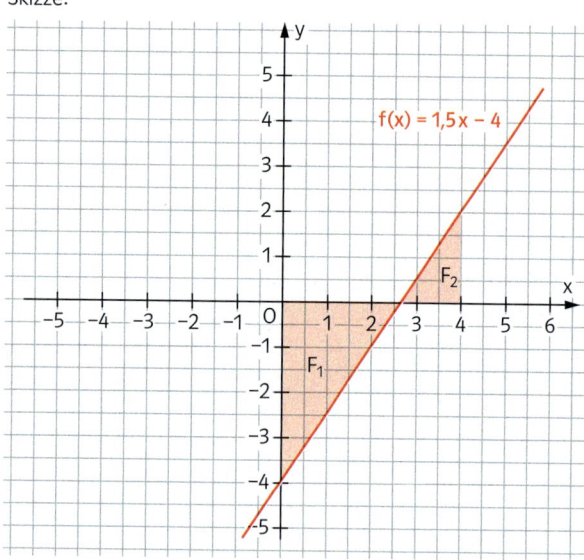

Der Inhalt der Fläche F_1 ist größer als der Inhalt der Fläche F_2, also ist das Integral negativ.
b) $F(x) = \frac{3}{4}x^2 - 4x + c$; $c \in \mathbb{R}$. $F(1) = 0{,}75$ liefert $c = 4$.

5
Z. B. $f(x) = (x-2)^3$; $g(x) = x - 2$

6
1 Kästchen entspricht 10 cm.
a) $t_1 = 8$; $t_2 = 12$; $t_3 = 24$ (in s)
b) 7,5 Kästchen: Sie befindet sich 75 cm rechts von der Tunnelmitte.
c) $t_4 = 33$ (in s)
48 Kästchen: Gesamtstrecke 480 cm

d) $\int_2^4 v(t)\,dt$: zurückgelegter Weg im Zeitraum $2 \leq t \leq 4$ (in s).
$v'(4)$: Geschwindigkeitsänderung zum Zeitpunkt $t = 4$ (s) (= Beschleunigung)
$v(4)$: Momentangeschwindigkeit zum Zeitpunkt $t = 4\,s$
$\int_0^{10} v(t)\,dt$: Entfernung von der Tunnelmitte zum Zeitpunkt $t = 10$ (s)
$\int_0^{10} |v(t)|\,dt$: zurückgelegter Weg nach 10 s seit Beginn der Messung

7
F: Graph (2): $F'(1) = 0$, Hochpunkt $H(1|F(1))$
f: Graph (1): $f(1) = 0 = F'(1)$; $f'(2) = 0$; $N(1|0)$, $(1|2)$
Tiefpunkt $T(2|f(2))$
$g = f'$: Graph (3): $g(2) = 0 = f'(2)$; $N(2|0)$

Abiturvorbereitung Analysis, Seite 323

8
a) $f'_t(x) = t - (t+1) \cdot \frac{1}{x^2}$;
kein Punkt mit waagerechter Tangente für Graphen mit $-1 < t \leq 0$.
b) Maximal zwei Punkte, da die Bedingung $f'_t(x) = 0$ liefert
$x_{1,2} = \pm\sqrt{\frac{t+1}{t}}$.

9
a) Für $t \approx 2{,}1$ hat die Funktion ein lokales Maximum. Die höchste Herzfrequenz liegt aber am Rand des Definitionsbereichs, nämlich für $t = 11$ vor.
b) Nach etwa 5 Minuten hat die Herzfrequenz am stärksten abgenommen.
c) $\int_0^{11} f(t)\,dt = \left[0{,}1t^4 - 2t^3 + 10t^2 + 100t\right]_0^{11} = 1112{,}1$
Das Integral $\int_0^{11} f(t)\,dt$ entspricht der Gesamtzahl an Herzschlägen innerhalb der ersten 11 Minuten der Trainingseinheit.

10
a) Der Graph der Funktion hat für $x = 60 + \sqrt{1200} \approx 94{,}64$ einen Tiefpunkt und für $x = 60 - \sqrt{1200} \approx 25{,}36$ einen Hochpunkt. Diese x-Koordinaten hängen nicht von k ab.
b) Die Funktion f_k hat bei $x = 60$ eine Nullstelle. Bis zur Nullstelle ist $f_k(x) > 0$, anschließend ist $f_k(x) < 0$. Somit wird die Schlange bis 11 Uhr länger und nach 11 Uhr kürzer. Für $x = 60$ (um 11 Uhr) ist die Schlange am längsten.
c) $\int_0^{120} f_k(x)\,dx = \left[0{,}000\,025\,k\,x^4 - 0{,}006\,k\,x^3 + 0{,}36\,k\,x^2\right]_0^{120}$
$= k \cdot [5184 - 10\,368 + 5184] = 0$
d) $g(x) = 0{,}000\,025\,k\,x^4 - 0{,}006\,k\,x^3 + 0{,}36\,k\,x^2 + 100$
e) Eine Vergrößerung von k führt dazu, dass der Graph gestreckt wird. Je größer k wird, desto mehr nimmt die Länge der Schlange zu und ab, es kommen dann insgesamt mehr Personen ins Museum. Die Uhrzeiten, zu denen die Schlange am längsten oder so lang wie am Anfang ist, ändert sich aber nicht, wenn k vergrößert wird.

f) $\int_0^{60} f_k(x)\,dx + 100$
$= \left[0{,}000\,025\,k\,x^4 - 0{,}006\,k\,x^3 + 0{,}36\,k\,x^2\right]_0^{60} + 100 = 500$
$\Leftrightarrow 324\,k + 100 = 500$
$\Leftrightarrow k = \frac{100}{81} \approx 1{,}23$

11

a) $T(3) = 20 + 30\,e^{-3} \approx 21{,}49$
Nach 3 Minuten: ca. 21,5 °C
b) $20 + 30\,e^{-t} = 21$
$e^{-t} = \frac{1}{30}$
$t = -\ln\left(\frac{1}{30}\right) \approx 3{,}4$
Nach etwa 3,4 Minuten beträgt die Temperatur 21 °C.
c) $T'(t) = -30\,e^{-t}$
Die Ableitung beschreibt die Abkühlgeschwindigkeit in °C pro Minute.
d) $T'(t) = -0{,}1$
$-30 \cdot e^{-t} = -0{,}1$
$t = -\ln\left(\frac{1}{300}\right) \approx 5{,}7$
Nach ca. 5,7 Minuten fällt die Temperatur um 0,1 °C pro Minute.
e) $\lim_{t \to \infty} T(t) = 20$
Die Temperatur des Körpers nähert sich immer mehr an die Raumtemperatur an.
f) Stammfunktion $F(t) = 20\,t - 30\,e^{-t}$

Abiturvorbereitung Analytische Geometrie, Seite 324

1

a) $L = \{(t;\, 3t+6;\, 2t-3) \mid t \in \mathbb{R}\}$
b) z. B. $t = 2$: $(2;\, 12;\, 1)$; $t = -3$: $(-3;\, -3;\, -9)$

2

a) Falsch, z. B. $\vec{u} = \begin{pmatrix}1\\2\\3\end{pmatrix}$, $\vec{v} = \begin{pmatrix}2\\4\\6\end{pmatrix}$ sind linear abhängig.
b) Wahr.
c) Falsch, z. B. $f(x) = x^4$; $x_0 = 0$; $f''(0) = 0$, aber x_0 ist keine Wendestelle.
d) Falsch, z. B. $f(x) = x^2$; $x_0 = -1$; $f'(-1) = -2$; $f(-1) = 1$; $P(-1 \mid 1)$ liegt oberhalb der x-Achse.
e) Falsch, z. B. $\begin{cases} x_1 + x_2 = 1 \\ 2x_1 + 2x_2 = 2 \\ 4x_1 + 4x_2 = 4 \end{cases}$ hat unendlich viele Lösungen.
f) Wahr.

3

a) Z. B.: $E: 2x_1 - 3x_2 + x_3 = 8$
$g: \vec{x} = \begin{pmatrix}4\\-1\\2\end{pmatrix} + t \cdot \begin{pmatrix}2\\1\\-1\end{pmatrix};\ t \in \mathbb{R}$
b) $E \parallel g$, g liegt nicht in E.

4

Zum Beispiel:

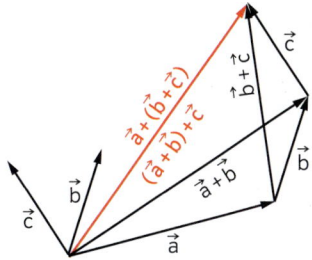

5

a) Die Gerade h ist parallel zur x_2-Achse. (Sie ist sogar identisch mit der x_2-Achse.)
b) Die Gerade g ist orthogonal zur x_2-Achse bzw. parallel zur $x_1 x_3$-Ebene.

6

a) $\vec{n_1} = \begin{pmatrix}2\\-4\\1\end{pmatrix}$, $\vec{n_2} = \begin{pmatrix}2\\4\\-5\end{pmatrix}$; $\vec{n_1}$, $\vec{n_2}$ sind linear unabhängig, also schneiden sich die beiden Ebenen.
b) $x_1 = x_3 = 0$ liefert $S\left(0 \mid -\frac{1}{4} \mid 0\right)$.
c) $x_2 = 0$ liefert $g: \vec{x} = \begin{pmatrix}0\\0\\1\end{pmatrix} + t \cdot \begin{pmatrix}1\\0\\-2\end{pmatrix};\ t \in \mathbb{R}$

7

a) $g_{AB}: \vec{x} = \begin{pmatrix}2\\3\\-1\end{pmatrix} + t \cdot \begin{pmatrix}2\\-3\\6\end{pmatrix};\ t \in \mathbb{R}$, die Richtungsvektoren sind linear abhängig, also ist $g \parallel g_{AB}$.
Punktprobe von C auf g liefert mit $t = 1$: $C \in g$.
b) $D(3 \mid 6 \mid -8)$
c) $D_1(5 \mid 3 \mid -2)$, $C_1(7 \mid 0 \mid 4)$
d) Die Gleichung $\left|\overrightarrow{AB}\right| = \left|\overrightarrow{AC_t}\right|$ hat 2 Lösungen, also gibt es 2 Punktepaare C_2, D_2 bzw. C_3, D_3.
e) Grundseite $\left|\overrightarrow{AB}\right| = 7$
Höhe: Abstand der parallelen Geraden, $h = \sqrt{10}$
$A = 7\sqrt{10}$ gilt für alle möglichen Parallelogramme.

Abiturvorbereitung Analytische Geometrie, Seite 325

8
a) Zeichnung:

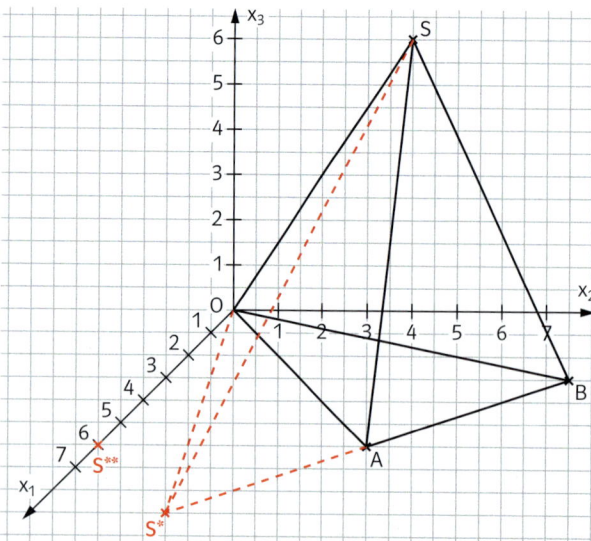

∢ BAO = 90°; ∢ AOB = 26,6°; ∢ OBA = 63,4°

b) A = 18; V = 48. Punktprobe für S auf g liefert: S ∈ g. g ist parallel zur x_1x_2-Ebene, in der die Grundfläche liegt. Bewegt sich S auf g, so bleibt die Höhe konstant. Da die Grundfläche unverändert ist, ist auch V konstant. S kann sich in der Ebene $x_3 = 8$ bzw. $x_3 = -8$ bewegen, ohne dass sich V ändert.

c) Lichtstrahl s: $\vec{x} = \begin{pmatrix} 4 \\ 6 \\ 8 \end{pmatrix} + t \cdot \begin{pmatrix} 5 \\ -3 \\ -8 \end{pmatrix}$; $t \in \mathbb{R}$

$S^*(9|3|0)$; $S^{**}(6|0|0)$; Richtung des Lichteinfalls: $\vec{v} = \begin{pmatrix} 2 \\ -6 \\ -8 \end{pmatrix}$
(siehe Abbildung bei Teilaufgabe a.)

9
a) $S_1(9|0|0)$, $S_2(0|4,5|0)$, $S_3(0|0|4,5)$. Zeichnung:

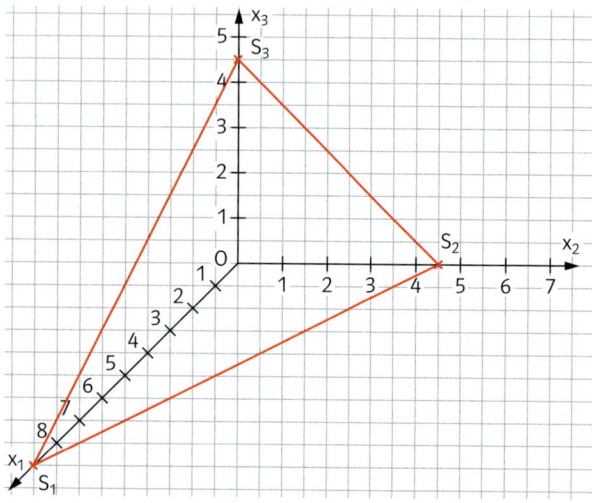

b) d(O; E) = 3; $O^*(2|4|4)$

c) ∢ S_1PQ ≈ 155,2°; ∢ QS_1P ≈ 10,2°; ∢ PQS_1 ≈ 24,6°

d) g: $\vec{x} = \begin{pmatrix} 9 \\ 0 \\ 0 \end{pmatrix} + t \cdot \begin{pmatrix} -2 \\ 1 \\ 0 \end{pmatrix}$

$R_1(0,6|4,2|0)$; $R_2(7|1|0)$

10
a) Eine Parametergleichung von E ist $\vec{x} = \vec{OA} + r \cdot \vec{AB} + s \cdot \vec{AC}$, also
E: $\vec{x} = \begin{pmatrix} 1 \\ 6 \\ 0 \end{pmatrix} + r \cdot \begin{pmatrix} 3 \\ 1 \\ 2 \end{pmatrix} + s \cdot \begin{pmatrix} 1 \\ 1 \\ 1 \end{pmatrix}$. Ein Normalenvektor von E ergibt sich aus dem homogenen LGS

$3x_1 + x_2 + 2x_3 = 0$
$x_1 + x_2 + x_3 = 0$

Addiert man das (−1)-Fache der zweiten Gleichung zur ersten, so erhält man

$2x_1 + x_3 = 0$
$x_1 + x_2 + x_3 = 0$

Eine Lösung ist $(1; 1; -2)$. Setzt man in dem Term $x_1 + x_2 - 2x_3$ die Koordinaten von A ein, so erhält man 7. Es ergibt sich
E: $x_1 + x_2 - 2x_3 = 7$.
Der Punkt $D(2|0|2)$ liegt nicht in E, denn $2 + 0 - 2 \cdot 2 = -2 \neq 7$.

b) Die Gerade g ist parallel zur Ebene E, weil ihr Richtungsvektor orthogonal zum Normalenvektor von E ist:
$\begin{pmatrix} 24 \\ -2 \\ 11 \end{pmatrix} \cdot \begin{pmatrix} 1 \\ 1 \\ -2 \end{pmatrix} = 24 \cdot 1 + (-2) \cdot 1 + 11 \cdot (-2) = 24 - 2 - 22 = 0$.

Der Abstand von g zu E ist gleich dem Abstand des Punktes D zu E. Diesen berechnet man mithilfe der Hesse'schen Normalenform von E: ln $\frac{1}{\sqrt{1^2 + 1^2 + 2^2}}(x_1 + x_2 - 2x_3 - 7)$,

setzt die Koordinaten des Punktes D ein und erhält den Abstand
$d = \left| \frac{1}{\sqrt{6}}(2 + 0 - 4 - 7) \right| = \left| -\frac{9}{\sqrt{6}} \right| = \frac{9}{\sqrt{6}}$.

c) Als Richtungsvektor von h kann man den Richtungsvektor von g wählen. Man benötigt also nur noch einen Punkt von h. Einen solchen findet man mithilfe der Normalen von E und dem Abstand d des Punktes D von E:

$\begin{pmatrix} 2 \\ 0 \\ 2 \end{pmatrix} + \left(\frac{9}{\sqrt{6}} \cdot \frac{1}{\sqrt{6}} \right) \cdot \begin{pmatrix} 1 \\ 1 \\ -2 \end{pmatrix} = \begin{pmatrix} 2 \\ 0 \\ 2 \end{pmatrix} + \frac{3}{2} \cdot \begin{pmatrix} 1 \\ 1 \\ -2 \end{pmatrix} = \frac{1}{2} \cdot \begin{pmatrix} 7 \\ 3 \\ -2 \end{pmatrix}$.

(Zur Probe: $\left(\frac{7}{2} \Big| \frac{3}{2} \Big| -1 \right)$ liegt in E, denn $\frac{7}{2} + \frac{3}{2} + 2 = 7$.) Es ergibt sich

also h: $\vec{x} = \frac{1}{2} \cdot \begin{pmatrix} 7 \\ 3 \\ -2 \end{pmatrix} + t \cdot \begin{pmatrix} 24 \\ -2 \\ 11 \end{pmatrix}$.

d) Die zu k orthogonale Ebene durch C hat die Normale $\vec{AB}$, also die Normalengleichung $3x_1 + x_2 + 2x_3 = 15$; die Konstante 15 findet man dabei durch Einsetzen des Punktes C. Zur Bestimmung von F setzt man hier die Koordinaten der Parametergleichung $\vec{x} = \vec{OA} + t \cdot \vec{AB}$ der Geraden k ein:
$3 \cdot (1 + 3t) + (6 + t) + 2 \cdot (2t) = 15$. Man erhält $14t = 6$, also $t = \frac{3}{7}$
und damit als Ortsvektor von F: $\begin{pmatrix} 1 \\ 6 \\ 0 \end{pmatrix} + \frac{3}{7} \cdot \begin{pmatrix} 3 \\ 1 \\ 2 \end{pmatrix} = \frac{1}{7} \cdot \begin{pmatrix} 16 \\ 45 \\ 6 \end{pmatrix}$.
Daraus erhält man
$\overline{CF} = \frac{1}{7}\sqrt{(16-14)^2 + (45-49)^2 + (6-7)^2} = \frac{1}{7}\sqrt{2^2 + 4^2 + 1^2} = \frac{1}{7}\sqrt{21}$.
Mit $\overline{AB} = \sqrt{3^2 + 1^2 + 2^2} = \sqrt{14}$ erhält man für den Flächeninhalt von $\triangle ABC$ (in Flächeneinheiten gemessen) $\frac{1}{2} \cdot \sqrt{14} \cdot \frac{1}{7}\sqrt{21} = \frac{1}{2}\sqrt{6}$.

e) Das Volumen der Dreieckspyramide beträgt (in Volumeneinheiten) $V = \frac{1}{3} \cdot \frac{1}{2}\sqrt{6} \cdot \frac{9}{\sqrt{6}} = \frac{3}{2}$.

11

a) Die Gleichung $\begin{pmatrix} 0 \\ 2 \\ 5 \end{pmatrix} + r \cdot \begin{pmatrix} 1 \\ 0 \\ 0 \end{pmatrix} + s \cdot \begin{pmatrix} 0 \\ u \\ 1-u^2 \end{pmatrix} = \begin{pmatrix} 3 \\ 4 \\ 2 \end{pmatrix}$ führt auf r = 3

und $\begin{cases} s \cdot u = 2 \\ s \cdot (1-u^2) = -3 \end{cases}$. Daraus folgt $-3u = 2(1-u^2)$, also
$u^2 - \frac{3}{2}u - 1 = 0$. Diese quadratische Gleichung hat die Lösungen 2
und $-\frac{1}{2}$. Wegen $-1 < u \leq 1$ muss man $u = -\frac{1}{2}$ (und damit $s = -4$)
wählen.

b) (1) u = 0 (2) u = 1

(3) $\begin{pmatrix} 0 \\ u \\ 1-u^2 \end{pmatrix}$ ist Vielfaches von $\begin{pmatrix} 0 \\ 2 \\ 5 \end{pmatrix}$.

Aus $\frac{u}{1-u^2} = \frac{2}{5}$ folgt $u^2 + \frac{5}{2}u - 1 = 0$. Diese quadratische Gleichung
für u hat die Lösungen $\frac{1}{4} \cdot (-5 \pm \sqrt{41})$. Nur die Lösung
$\frac{1}{4} \cdot (-5 + \sqrt{41}) \approx 0{,}35$ liegt zwischen -1 und 1, also ist dies der gesuchte Wert von u.

c) Eine Normalengleichung ist $(1-u^2) \cdot x_2 - u \cdot x_3 = 2(1-u^2) - 5u$.

d) Die Orthogonalitätsbedingung lautet $(1-u_1^2) \cdot (1-u_2^2) + u_1 u_2 = 0$.
Für $u_1 = \frac{1}{2}$ ergibt sich $u_2 = \frac{1}{3} \cdot (1-\sqrt{10}) \approx -0{,}72$.

Abiturvorbereitung Stochastik, Seite 326

1

a) X = „Anzahl der Bilder für n = 25 und p = 0,2"

(1) $P(X=0) = \left(\frac{4}{5}\right)^{25} \approx 0{,}004 = 0{,}4\%$

(2) $P(X=5) = \binom{25}{5}\left(\frac{1}{5}\right)^5 \left(\frac{4}{5}\right)^{20} \approx 0{,}196 = 19{,}6\%$

(3) $P(X \geq 5) = 1 - F_{25; \frac{1}{5}}(4) \approx 1 - 0{,}421 = 57{,}9\%$

b) Y = „Anzahl der Bilder für n = 100 und p = 0,2"

Mit der Binomialverteilung:
$P(Y > 20) = 1 - F_{100; \frac{1}{5}}(20) \approx 0{,}441 = 44{,}1\%$

c) Man testet H_0: p = 0,2 gegen die Alternative H_1: p < 0,2 linksseitig. Wegen $P(Y \leq 13) \approx 4{,}69\%$ und $P(Y \leq 14) \approx 8\%$ erhält man als Entscheidungsregel: H_0 wird bei weniger als 14 Treffern verworfen.

2

a) $P(A) = 3 \cdot \left(\frac{1}{3}\right)^2 \cdot \frac{2}{3} = \frac{2}{9}$; $P(B) = \left(\frac{1}{3}\right)^3 + \left(\frac{2}{3}\right)^3 = \frac{1}{3}$;
$P(C) = 3 \cdot \frac{1}{3} \cdot \left(\frac{2}{3}\right)^2 = \frac{4}{9}$

b) Bis die Augensumme mindestens 4 ist, sind 2, 3 oder 4 Drehungen mit den Wahrscheinlichkeiten in der Tabelle möglich:

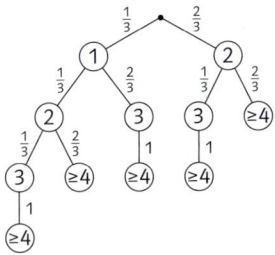

Die Kreise enthalten die erzielten Augensummen.

Drehungen	2	3	4
zugehörige Wahrscheinlichkeit	$\frac{4}{9}$	$\frac{14}{27}$	$\frac{1}{27}$

Erwartungswert für die Zahl der Drehungen (≙ mittlere Zahl der Drehungen): $2 \cdot \frac{4}{9} + 3 \cdot \frac{14}{27} + 4 \cdot \frac{1}{27} = \frac{70}{27} \approx 2{,}59$.

c) Erwartungswert für Gewinn: $\frac{1}{9} \cdot 1\text{€} + \frac{4}{9} \cdot 0\text{€} + \frac{4}{9} \cdot (-1\text{€}) = -\frac{1}{3}\text{€}$.

p sei die Wahrscheinlichkeit für die „2" bei Erwartungswert 0. Dann muss gelten: $(1-p)^2 \cdot 1\text{€} + p^2 \cdot 0\text{€} + (1-p^2-(1-p)^2) \cdot (-1\text{€}) = 0$.
$3p^2 - 4p + 1 = 0$; $p_1 = 1$; $p_2 = \frac{1}{3}$. Die erste Lösung ist nicht sinnvoll, weil sonst das Glücksrad nur den Sektor 2 hat. Das wäre kein Glücksrad mehr. Bei der Lösung $p = \frac{1}{3}$ wären die Sektoren mit der „1" und der „2" zu vertauschen in Fig. 1, Seite 326.

3

a) Da n sehr groß ist, kann man davon ausgehen, dass die Wahrscheinlichkeit für einen Hauptgewinn ungefähr gleich bleibt und man somit vereinfacht die Anzahl der Gewinne mit der Binomialverteilung für n = 10 und p = 0,2 berechnen kann. Streng genommen ändert sich aber die Wahrscheinlichkeit für einen Hauptgewinn nach jedem Zug, denn die Lose werden nicht zurückgelegt.

A = „Hauptgewinn im ersten Zug", B = „Hauptgewinn im zweiten Zug"

$P(A) = 0{,}05 = \frac{1}{20}$ $P(B) = \frac{1000}{20\,000} \cdot \frac{999}{19\,999} + \frac{19\,000}{20\,000} \cdot \frac{1000}{19\,999} = \frac{1}{20} = 0{,}05$

$P(A \cap B) = \frac{1000}{20\,000} \cdot \frac{999}{19\,999} = \frac{999}{399\,980} \neq \frac{1}{400} = P(A) \cdot P(B)$

b) X = „Anzahl der Hauptgewinne für n = 10 und p = 0,05"

(1) Mit der Binomialverteilung:
$P(X=0) = \left(\frac{19}{20}\right)^{10} \approx 0{,}598\,74 = 59{,}874\%$

Exakt:
$P(X=0)$
$= \frac{19\,000 \cdot 18\,999 \cdot 18\,998 \cdot 18\,997 \cdot 18\,996 \cdot 18\,995 \cdot 18\,994 \cdot 18\,993 \cdot 18\,992 \cdot 18\,991}{20\,000 \cdot 19\,999 \cdot 19\,998 \cdot 19\,997 \cdot 19\,996 \cdot 19\,995 \cdot 19\,994 \cdot 19\,993 \cdot 19\,992 \cdot 19\,991}$
$\approx 0{,}598\,67 = 59{,}867\%$

(2) $P(X=4) = \binom{10}{4} \cdot \left(\frac{1}{20}\right)^4 \left(\frac{19}{20}\right)^6 \approx 0{,}000\,96 \approx 0{,}1\%$

(3) $P(X \geq 1) = 1 - P(X=0) = 1 - 0{,}95^{10} \approx 0{,}401\,26 \approx 40{,}1\%$

c) $P(Y \geq 1) = 1 - P(Y=0) = 1 - 0{,}95^n \geq 0{,}95 \Leftrightarrow n \geq \log_{0{,}95}(0{,}05)$
$\approx 58{,}4$
Sie muss mindestens 59 Lose kaufen.

d) $1000 \cdot 1\text{€} - 0{,}05 \cdot 1000 \cdot 10\text{€} - 0{,}3 \cdot 1000 \cdot 0{,}50\text{€} = 350\text{€}$
Sie kann einen Gewinn von ca. 350 € erwarten.

Abiturvorbereitung Stochastik, Seite 327

4

a) $P(X=98) = \binom{100}{98} \cdot 0{,}98^{98} \cdot 0{,}02^2 \approx 0{,}2734 = 27{,}34\%$
$P(X \leq 98) \approx 0{,}5967 = 59{,}67\%$

b) $\mu = 980$

c) $0{,}98^n \geq 0{,}9 \Leftrightarrow n \leq \log_{0{,}98}(0{,}9) \approx 5{,}2$. Die Stichprobe dürfte aus höchstens 5 Lampen bestehen.

d) $p^{50} \geq 0{,}9 \Leftrightarrow p \geq \sqrt[50]{0{,}9} \approx 0{,}9979$. Es müssten mindestens 99,79 % der Lampen fehlerfrei sein.

e) P(X ≤ 97) ≈ 0,3233 = 32,33 %. Die Wahrscheinlichkeit, dass das Elektrogeschäft weniger als 100 intakte Lampen erhält, beträgt etwa 33 %.

5
a) P(eine 5) = $\binom{5}{1} \cdot 0{,}3 \cdot 0{,}7^4$ ≈ 0,360 = 36,0 %

P(nur beim 5. Mal eine 5) = $0{,}7^4 \cdot 0{,}3$ ≈ 0,072 = 7,2 %

b) Beim 2-fachen Drehen des Glücksrades erhält man:

X	2	3	4	5	6	7	8	9	10
P(X)	1%	4%	8%	12%	18%	20%	16%	12%	9%

E(X) = 6,8

σ = $\sqrt{3{,}68}$ ≈ 1,92

Beim einfachen Drehen des Glücksrades erhält man:

E(X) = 0,3·5 + 0,2·4 + 0,2·3 + 0,2·2 + 0,1·1 = 3,4

σ = $\sqrt{1{,}84}$ ≈ 1,35

Der Erwartungswert der Augensumme beim zweimaligen Drehen ist doppelt so hoch wie beim einmaligen Drehen. Die Standardabweichung der Augensumme nimmt beim zweimaligen Drehen im Vergleich zum einmaligen Drehen um den Faktor $\sqrt{2}$ zu.

c) H_0: Das Glücksrad landet mit der Wahrscheinlichkeit p ≥ 0,3 auf einer 5; H_1: p < 0,3

Verwerfen der Hypothese H_0, wenn weniger als 23 Treffer kommen, denn P(X ≤ 22) ≈ 0,0479 < 5 % und P(X ≤ 23) ≈ 0,0755 > 5 %

Fehler 1. Art: Man verwirft H_0, obwohl H_0 stimmt, Fehlerwahrscheinlichkeit ist kleiner als 5 %.

Fehler 2. Art: Man verwirft H_0 nicht, obwohl H_1 stimmt.

d)

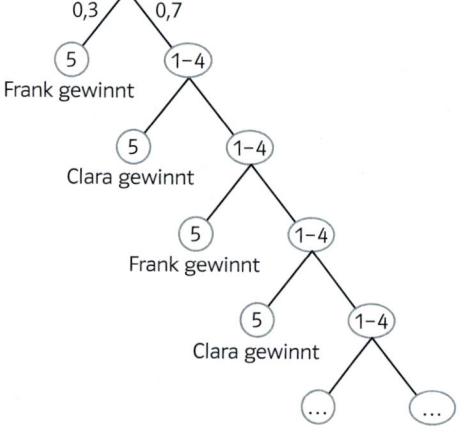

P(Frank) = $0{,}3 + 0{,}7^2 \cdot 0{,}3 + 0{,}7^4 \cdot 0{,}3 + \ldots$
= $0{,}3 + 0{,}49 \cdot 0{,}3 + 0{,}49^2 \cdot 0{,}3 + 0{,}49^3 \cdot 0{,}3 + \ldots$
= $0{,}3 \cdot (0{,}49^0 + 0{,}49^1 + 0{,}49^2 + 0{,}49^3 + \ldots)$
= $0{,}3 \cdot \frac{1}{1 - 0{,}49}$ ≈ 0,588

P(Clara) = $0{,}7 \cdot 0{,}3 + 0{,}7^3 \cdot 0{,}3 + 0{,}7^5 \cdot 0{,}3 \ldots$
= $0{,}3 \cdot 0{,}7 \cdot (1 + 0{,}7^2 + 0{,}7^4 + \ldots)$
= $0{,}3 \cdot 0{,}7 \cdot (0{,}49^0 + 0{,}49^1 + 0{,}49^2 + \ldots) = \frac{0{,}21}{1 - 0{,}49}$ ≈ 0,412

6
X: Anzahl der Patienten, die bei Behandlung mit einem Placebo eine Abnahme des Kopfschmerzes spüren.

a) n = 100; P(X ≥ 35) = 1 − P(X ≤ 34) = 0,8697

Skizze mit folgenden Werten: (σ = $\sqrt{100 \cdot 0{,}4 \cdot 0{,}6}$ ≈ 4,9)

P(X = 40) ≈ 0,08; P(X = 45) ≈ 0,05; P(X = 35) ≈ 0,05;
P(X = 50) ≈ 0,01; P(X = 30) ≈ 0,01

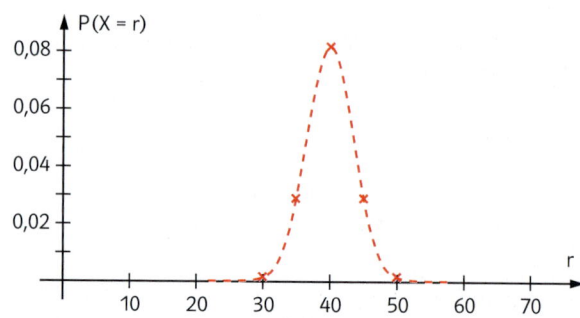

b) Signifikanztest: α = 5 %; n = 80; k = 40 (rechtsseitig)

Annahmebereich A = [0; b], wobei b die kleinste Zahl mit P(X ≥ b) > 0,95 ist. Aus der Tabelle der Binomialverteilung mit n = 80 und p = 0,4 ergibt sich b = 39. Die Nullhypothese ist also bei k = 40 zu verwerfen.

Das bedeutet, dass die Hypothese von Dr. W. bestätigt wird.

Lösungen

Kapitel I, Zeit zu überprüfen, Seite 14

4
a) $a_1 = 1$; $a_2 = \frac{4}{3}$; $a_3 = \frac{6}{4}$; $a_4 = \frac{8}{5}$; $a_5 = \frac{10}{6}$
b) $a_1 = 0$; $a_2 = -2$; $a_3 = -6$; $a_4 = -14$; $a_5 = -30$
c) $a_1 = 2$; $a_2 = 2$; $a_3 = 2$; $a_4 = 2$; $a_5 = 2$

5
Es ist $W_1 = 200\,000$; $W_2 = 0{,}98 \cdot 200\,000$; $W_3 = 0{,}98^2 \cdot 200\,000$.
Also $W_n = 0{,}98^n \cdot 200\,000$.

Kapitel I, Zeit zu überprüfen, Seite 16

3
a) $a_1 = \frac{5}{4} = 1{,}25$; $a_2 = \frac{25}{16} \approx 1{,}56$; $a_3 = \frac{125}{64} \approx 1{,}95$;
$a_4 = \frac{625}{256} \approx 2{,}44$; $a_5 = \frac{3125}{1024} = 3{,}05$
(a_n) ist streng monoton steigend, nach unten beschränkt $(s = 1{,}25)$ und nach oben nicht beschränkt.
b) $a_1 = -1$; $a_2 = \frac{1}{2}$; $a_3 = -\frac{1}{3}$; $a_4 = \frac{1}{4}$; $a_5 = -\frac{1}{5}$
(a_n) ist nicht monoton, nach unten beschränkt $(s = -1)$ und nach oben beschränkt $(S = 0{,}5)$.
c) $a_1 = \frac{3}{2} = 1{,}5$; $a_2 = \frac{5}{3} \approx 1{,}67$; $a_3 = \frac{7}{4} = 1{,}75$; $a_4 = \frac{9}{5} = 1{,}8$;
$a_5 = \frac{11}{6} \approx 0{,}83$
(a_n) ist streng monoton steigend, nach unten beschränkt $(s = 1{,}5)$ und nach oben beschränkt $(S = 2)$.
d) $a_1 = 2$; $a_2 = \frac{5}{4} = 1{,}25$; $a_3 = \frac{10}{9} \approx 1{,}11$; $a_4 = \frac{17}{16} \approx 1{,}06$; $a_5 = \frac{26}{25} = 1{,}04$
(a_n) ist streng monoton fallend, nach unten beschränkt $(s = 1)$ und nach oben beschränkt $(S = 2)$.

Kapitel I, Zeit zu überprüfen, Seite 20

5
a) Vermutung $g = 0{,}5$.
b) Aus $\frac{n-4}{2n} - \frac{1}{2} < \frac{1}{1000}$ ergibt sich $n > 2000$.
c) Aus $\left|\frac{n+4}{2n} - \frac{1}{2}\right| < \varepsilon$ ergibt sich $n > \frac{2}{\varepsilon}$.

Kapitel I, Zeit zu überprüfen, Seite 22

4
a) $\lim\limits_{n \to \infty} a_n = \frac{1}{4}$ b) $\lim\limits_{n \to \infty} a_n = \frac{1}{4}$ c) $\lim\limits_{n \to \infty} a_n = 1$ d) $\lim\limits_{n \to \infty} a_n = 1$

Kapitel I, Prüfungsvorbereitung ohne Hilfsmittel, Seite 26

1
a) $a_1 = -98$; $a_2 = -96$; $a_3 = -94$; $a_4 = -92$; $a_5 = -90$. Die Folge ist streng monoton steigend, nach unten beschränkt $(s = -98)$, nach oben nicht beschränkt.
b) $a_1 = 2$; $a_2 = \frac{3}{2}$; $a_3 = 1$; $a_4 = \frac{1}{2}$; $a_5 = 0$. Die Folge ist streng monoton fallend, nach unten nicht beschränkt, nach oben beschränkt $(S = 2)$.
c) $a_1 = 0$; $a_2 = \frac{-1}{4} = -0{,}25$; $a_3 = \frac{-2}{9} \approx -0{,}22$; $a_4 = \frac{-3}{16}$; $a_5 = \frac{-4}{25}$.
Die Folge ist nicht monoton, nach unten beschränkt $(s = -0{,}25)$, nach oben beschränkt $(S = 0)$.
d) $a_1 = 2$; $a_2 = \frac{9}{4}$; $a_3 = \frac{7}{3}$; $a_4 = \frac{19}{8}$; $a_5 = \frac{12}{5}$. Es ist $a_n = \frac{5}{2} - \frac{1}{n}$. Die Folge ist streng monoton steigend, nach unten beschränkt $(s = 2)$, nach oben beschränkt $(S = 2{,}5)$.

2
a) $a_1 = 3$; $a_2 = 9$; $a_3 = 27$; $a_4 = 81$; $a_5 = 243$.
Explizite Darstellung: $a_n = 3^n$
b) $a_1 = 1$; $a_2 = \frac{1}{2}$; $a_3 = \frac{1}{4}$; $a_4 = \frac{1}{8}$; $a_5 = \frac{1}{16}$.
Explizite Darstellung: $a_n = \left(\frac{1}{2}\right)^{n-1}$
c) $a_1 = 1$; $a_2 = 4$; $a_3 = 9$; $a_4 = 16$; $a_5 = 25$.
Explizite Darstellung: $a_n = n^2$

3
a) Eine Folge mit dem Grenzwert 0 nennt man Nullfolge.
Beispiel: Folge (a_n) mit $a_n = \frac{1}{n}$.
b) $a_n = \frac{1}{n+4}$; es ist $\left|\frac{1}{n+4} - 0\right| = \frac{1}{n+4}$.
Man wählt zu beliebig gegebenem $\varepsilon > 0$ die Zahl $n_0 \in \mathbb{N}$ so, dass $n_0 > \frac{1}{\varepsilon} - 4$. Für alle $n \in \mathbb{N}$ mit $n \geq n_0$ gilt dann:
$\left|\frac{1}{n+4} - 0\right| = \frac{1}{n+4} \leq \frac{1}{n_0 + 4} < \frac{1}{\frac{1}{\varepsilon} - 4 + 4} = \varepsilon$.

4
a) $\lim\limits_{n \to \infty} b_n = \lim\limits_{n \to \infty} (2 + a_n) = \lim\limits_{n \to \infty} 2 + \lim\limits_{n \to \infty} a_n = 2 + 0 = 2$; $g = 2$
b) $\lim\limits_{n \to \infty} b_n = \lim\limits_{n \to \infty} 2 \cdot a_n = \lim\limits_{n \to \infty} 2 \cdot \lim\limits_{n \to \infty} a_n = 2 \cdot 0 = 0$; $g = 0$
c) Die Folge (b_n) ist divergent.
d) $\lim\limits_{n \to \infty} b_n = \lim\limits_{n \to \infty} \frac{2}{2 + a_n} = \frac{\lim\limits_{n \to \infty} 2}{\lim\limits_{n \to \infty} 2 + \lim\limits_{n \to \infty} a_n} = \frac{2}{2+0} = 1$; $g = 1$

5
a) Monotonie; Beschränktheit; Konvergenz
b) Da $1 - \left(\frac{5}{9}\right)^{n+1} > 1 - \left(\frac{5}{9}\right)^n$ ist für alle $n \in \mathbb{N}$, ist (a_n) streng monoton steigend. (a_n) ist nach unten beschränkt z. B. durch $s = 0$ und nach oben z. B. durch $S = 1$; damit ist (a_n) beschränkt. Damit ist die Folge konvergent; es ist $g = 1$.

6
a)

n	1	2	3	4	5	6
a_n	3	2,5	$\frac{7}{3}$	2,25	2,2	$\frac{13}{6}$

b) $a_n = \frac{2 + \frac{1}{n}}{1}$; $\lim\limits_{n \to \infty} a_n = 2$

c) $\left|\frac{2n+1}{n} - 2\right| < 0{,}001$; $\left|\frac{2n+1-2n}{n}\right| < 0{,}001$; $n > 1000$

7

$a_1 = 1$; $a_n = \frac{1}{2}a_{n-1} + 1$; $a_2 = 1{,}5$; $a_3 = 1{,}75$; $a_4 = 1{,}875$

8

a) (a_n) mit $a_n = \frac{3n^2 + 1}{n^2}$ b) (a_n) mit $a_n = n^2$

c) (a_n) mit $a_n = 2 + (-1)^n \cdot \frac{1}{n}$ d) (a_n) mit $a_n = \frac{4}{n+1}$

e) (a_n) mit $a_n = \frac{3n-1}{n+1}$

9

a) Falsch! Gegenbeispiel: (a_n) mit $a_n = \frac{1}{n}$.
b) Wahr! Wäre nämlich $a > 0$ der Grenzwert, so weichen bei Wahl von $\varepsilon = a$ alle Folgenglieder um mehr als ε von a ab.
c) Falsch! Eine Folge kann keine zwei Grenzwerte haben.

10

a) $\lim\limits_{n \to \infty}\left(2 - \frac{1}{\sqrt{n}}\right) = \lim\limits_{n \to \infty} 2 - \lim\limits_{n \to \infty}\frac{1}{\sqrt{n}} = 2 - 0 = 2$

b) $\lim\limits_{n \to \infty}\frac{6n+9}{2n+1} = \lim\limits_{n \to \infty}\frac{6 + \frac{9}{n}}{2 + \frac{1}{n}} = \frac{\lim\limits_{n \to \infty}\left(6 + \frac{9}{n}\right)}{\lim\limits_{n \to \infty}\left(2 + \frac{1}{n}\right)} = \frac{6+0}{2+0} = 3$

c) $\lim\limits_{n \to \infty}\frac{5n+9}{2n^2-5} = \lim\limits_{n \to \infty}\frac{\frac{5}{n} + \frac{9}{n^2}}{2 - \frac{5}{n^2}} = \frac{\lim\limits_{n \to \infty}\left(\frac{5}{n} + \frac{9}{n^2}\right)}{\lim\limits_{n \to \infty}\left(2 - \frac{5}{n^2}\right)} = \frac{0+0}{2-0} = 0$

d) $\lim\limits_{n \to \infty}\frac{0{,}5^n + 9}{0{,}9^n + 1} = \lim\limits_{n \to \infty}\frac{\left(\frac{1}{2}\right)^n + 9}{\left(\frac{9}{10}\right)^n + 1} = \frac{\lim\limits_{n \to \infty}\left(\left(\frac{1}{2}\right)^n + 9\right)}{\lim\limits_{n \to \infty}\left(\left(\frac{9}{10}\right)^n + 1\right)} = \frac{0+9}{0+1} = 9$

11

a) $2500 \cdot 1{,}052^5$
b) $u(0) = 2500$;
$u(n) = u(n-1) + 0{,}052 \cdot u(n-1) - 200 = 1{,}052 \cdot u(n-1) - 200$

12

Explizite Darstellung: $a_n = \sqrt{n}$
rekursive Darstellung: $a_1 = 1$; $a_n = \sqrt{a_{n-1}^2 + 1}$

Kapitel I, Prüfungsvorbereitung mit Hilfsmitteln, Seite 27

1

Es ist $s_n = \frac{1}{2}\pi \cdot \left(\frac{2}{3}\right)^{n-1} \cdot d_0$. Aus $\frac{1}{2}\pi \cdot \left(\frac{2}{3}\right)^{n-1} \cdot d_0 = 0{,}000\,001 \cdot d_0$ folgt
$n = 1 + \frac{\log\left(\frac{0{,}000\,002}{\pi}\right)}{\log\left(\frac{2}{3}\right)} \approx 36{,}2$.

Ab dem 37. Halbkreisbogen ist dessen Länge kleiner als 1 Millionstel der Länge des Anfangsbogens.

2

a) $K_1 = 103{,}50$ €; $K_2 = 107{,}12$ €; $K_3 = 110{,}87$ €; $K_4 = 114{,}75$ €; $K_5 = 118{,}77$ €
b) $K_n = 100 \cdot 1{,}035^n$; $K_{10} = 141{,}06$ €; $K_{20} = 198{,}98$ €
c) Ansatz: $200 = 100 \cdot 1{,}035^n$; $n = \frac{\lg(2)}{\lg(1{,}035)} \approx 20{,}15$.
Nach 21 Jahren.

3

a) $K_1 = 1000 \cdot 1{,}03 + 200 = 1230$ €;
$K_2 = 1230 \cdot 1{,}03 + 200 = 1466{,}90$ €;
$K_3 = 1466{,}90 \cdot 1{,}03 + 200 = 1710{,}91$ €
b) $K_1 = 1000$ und $K_{n+1} = K_n \cdot 1{,}03 + 200$

4

$u(0) = 5$ Millionen
$u(n) = 1{,}01 \cdot u(n-1) + 1000$;
$u(10) \approx 5\,533\,573$; $u(20) \approx 6\,122\,969$

5

a) SLE-Kraftstoff noch im Tank
nach dem 1. Tanken: $\frac{1}{3} \cdot 60 = 20$ Liter
nach dem 2. Tanken: $\frac{1}{3} \cdot 20 = \frac{60}{3^2}$ Liter
nach dem 3. Tanken: $\frac{1}{3} \cdot \frac{60}{3^2} = \frac{60}{3^3}$ Liter
nach dem n-ten Tanken: $\frac{1}{3} \cdot \frac{60}{3^{n-1}} = \frac{60}{3^n}$ Liter.

Damit befinden sich nach dem 3. Tanken noch $\frac{20}{9} \approx 2{,}22$ Liter SLE im Tank, nach dem 5. Tanken nur noch ungefähr 0,25 Liter.
b)

n	1	2	3	4	5	6	7	8
u(n)	20	6,67	2,22	0,74	0,25	0,08	0,03	0,009

$\frac{60}{3^n} \leq 0{,}01$
$\frac{3^n}{60} \geq 100$
$3^n \geq 6000$
$n \geq \frac{\lg(6000)}{\lg(3)} \approx 7{,}9$

Nach 8-maligem Tanken beträgt der SLE-Kraftstoff im Tank weniger als 0,01 Liter.

6

Folge (a_n) (Fig.)
explizit: $a_n = 2 + \left(\frac{1}{4}\right)^{n-1}$
rekursiv: $a_1 = 3$ und
$a_{n+1} = a_n - 3\left(\frac{1}{4}\right)^n$
Folge (b_n)
explizit:
$b_n = 4\left(3 - \left(\frac{1}{2}\right)^{n-1}\right) = 12 - 2^{3-n}$;
rekursiv: $b_0 = 8$ und
$b_{n+1} = b_n + 4\left(\frac{1}{2}\right)^n = b_n + 2^{2-n}$.

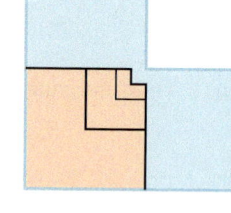

7

a) Eine Zahl g heißt Grenzwert der Zahlenfolge (a_n), wenn bei Vorgabe irgendeiner positiven Zahl ε fast alle Folgenglieder die Ungleichung $|a_n - g| < \varepsilon$ erfüllen.
b) Vermutung: $g = -3$
Beweis: $\left|\frac{5-3n}{n+1} - (-3)\right| < \varepsilon$ wird nach n aufgelöst:
$\left|\frac{5-3n}{n+1} + 3\right| < \varepsilon$; $\left|\frac{5-3n+3(n+1)}{n+1}\right| < \varepsilon$; $\left|\frac{8}{n+1}\right| < \varepsilon$; $\frac{n+1}{8} > \frac{1}{\varepsilon}$;
$n > \frac{8}{\varepsilon} - 1$.

Damit erfüllen alle Folgenglieder a_n mit Nummern größer als $\frac{8}{\varepsilon} - 1$ die Bedingung $\left|\frac{5-3n}{n+1} + 3\right| < \varepsilon$.

8
a) $a_1 = 2$; $a_2 = 3$; $a_3 = 5$; $a_4 = 9$; $a_5 = 17$; $a_6 = 33$; $a_7 = 65$
b) $a_n = 2^{n-1} + 1$

Kapitel II, Zeit zu überprüfen, Seite 32

5
a) $D_f = \mathbb{R}$; $D_g = \mathbb{R} \setminus \{-3\}$
b)

x	-3	-2	-1	0	1	2	3
f(x)	2,5	0	-1,5	-2	-1,5	0	2,5

x	-5	-4	-2	-1	0	1	2
g(x)	-0,5	-1	1	0,5	$\frac{1}{3}$	$\frac{1}{4}$	$\frac{1}{5}$

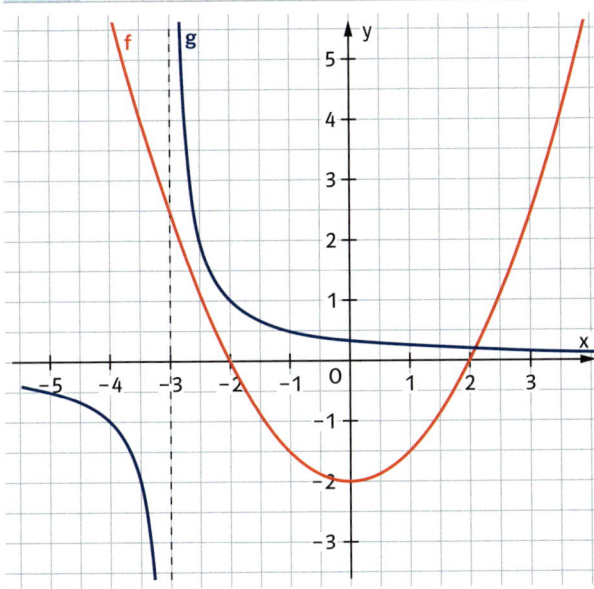

Kapitel II, Zeit zu überprüfen, Seite 36

4
Im Intervall [1; 2]: $\frac{\frac{1}{4}-\frac{1}{2}}{1} = -\frac{1}{4}$. Im Intervall [1; 1,5]: $\frac{\frac{1}{3}-\frac{1}{2}}{\frac{1}{2}} = -\frac{1}{3}$

5
a) Im Intervall [2; 4]: $\frac{1-(-1)}{2} = 1$. Im Intervall [0; 2]: $\frac{-1-1}{2} = -1$
b) Zum Beispiel [0; 4]

Kapitel II, Zeit zu wiederholen, Seite 36

8
a) $a = 1{,}3125$; $b = 1{,}875$ b) $a = 6$; $b = 2$

Kapitel II, Zeit zu überprüfen, Seite 40

7
a) Bei 40 km betrug der Verbrauch ca. $0{,}029 \frac{l}{km}$, bei 100 km $0{,}018 \frac{l}{km}$.
b) Bei 60 km war der Verbrauch mit ca. $0{,}080 \frac{l}{km}$ am höchsten. Der geringste Verbrauch war gegen Ende der Fahrt mit ca. $0{,}018 \frac{l}{km}$.

8
$f'(3) = -\frac{1}{3}$

Kapitel I, Zeit zu überprüfen, Seite 43

6
a) $f'(-3) = -6$ b) $f'(2) = 1{,}2$

7
a) $f'(1) = 1$; $y = x - 0{,}5$ b) $f'(2) = -0{,}5$; $y = -0{,}5x + 2$

Kapitel II, Zeit zu überprüfen, Seite 46

3

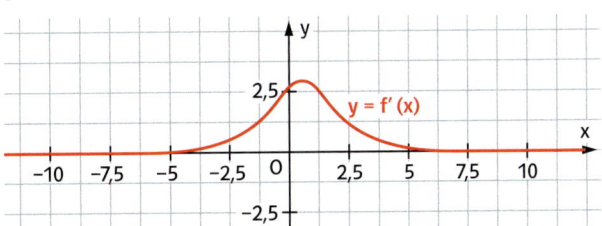

4
$f'(x) = \frac{1}{2}x$

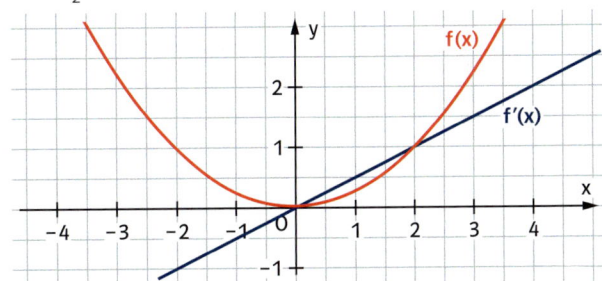

Kapitel II, Zeit zu überprüfen, Seite 48

5
a) $f'(x) = -\frac{3}{x^2} + 3$ b) $f'(x) = 5x^4 + \frac{48}{x^5}$ c) $f'(x) = 3ax^2 + c$

6
$y = 9x - 8$

Kapitel II, Zeit zu wiederholen, Seite 49

12
Für das Dreieck ABC erhält man folgende Seitenlängen:
$\overline{AB} = 4$; $\overline{BC} = \sqrt{13}$ und $\overline{CA} = \sqrt{5}$.
Für das Dreieck DEF erhält man die Seitenlängen:
$\overline{DE} = 8$; $\overline{EF} = \sqrt{20}$ und $\overline{FD} = \sqrt{52}$. Da für die beiden Dreiecke die entsprechenden Seitenlängen übereinstimmen
$\frac{\overline{AB}}{\overline{DE}} = \frac{\overline{BC}}{\overline{FD}} = \frac{\overline{CA}}{\overline{EF}} = 0{,}5$
sind die beiden Dreiecke ABC und DEF zueinander ähnlich.

13
Fläche eines Dreiecks (in cm²): $\frac{1}{2} \cdot s_2 \cdot 4 = 2 \cdot s_2$
Mantelfläche der Pyramide (in cm²): $8 \cdot s_2 = 24$
Auflösen der Gleichung: $s_2 = 3$
$s_1 = \sqrt{s_2^2 - 2^2} = \sqrt{5} \approx 2{,}24$; $s_3 = \sqrt{s_2^2 + 2^2} = \sqrt{13} = 3{,}61$
Seitenlängen: $s_1 \approx 2{,}24$ cm; $s_2 = 3$ cm; $s_3 = 3{,}61$ cm

Kapitel II, Prüfungsvorbereitung ohne Hilfsmittel, Seite 54

1
a) $f'(x) = 14x$ b) $f'(x) = 8x - 5$ c) $f'(x) = -\frac{1}{x^2} - 4$

2
a) Die Aussage ist richtig.
b) Die Aussage ist falsch.
c) Die Aussage ist richtig.

3
a) Die Funktionswerte an den Stellen $x_1 = 5$ und $x_2 = 3$ werden durch Ablesen ermittelt: $f(5) \approx 2{,}2$ und $f(3) \approx 1{,}7$.
b) Die Differenz ist $f(5) - f(3) \approx 0{,}5$; das entspricht der kleineren Seite des Steigungsdreiecks (siehe Abbildung).

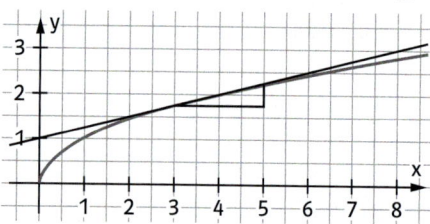

c) $\frac{f(5) - f(3)}{5 - 3} \approx 0{,}25$; das ist die Steigung der Geraden durch die Punkte $P_1(5|2{,}2)$ und $P_2(3|1{,}7)$.
d) $f'(5) \approx 0{,}2$; das ist die Steigung der Tangente in $P_1(5|2{,}2)$.

4
Folgende Paare gehören zusammen: A3; B4; C2; D1.

5
$P(2|1)$; $f'(x) = 2x$; $f'(2) = 4$; Tangente: $y = 4x - 7$

Kapitel II, Prüfungsvorbereitung mit Hilfsmitteln, Seite 55

1
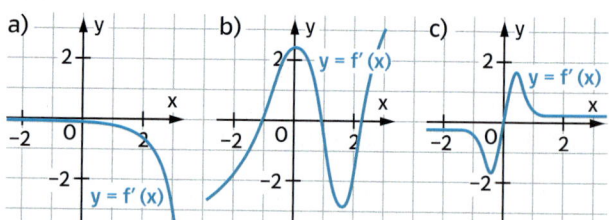

2
a) $y = -\frac{11}{2}x - 9$ b) $y = \frac{3}{4}x + 3$

3
$G'(t)$ gibt an, wie schnell sich das Gewicht des Papierstücks pro Zeit verändert. Da das Gewicht des Papierstücks während des Abbrennens geringer wird, ist $G'(t)$ während dieser Zeit negativ. Sobald das Papierstück abgebrannt ist, ist $G(t)$ konstant und $G'(t)$ null.

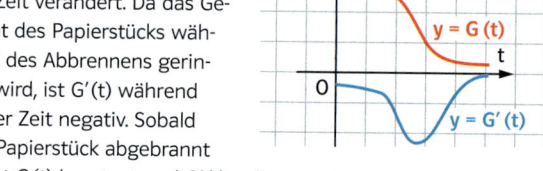

4
a) $f'(x) = 12x^3 - 36x^2 + 2$
b) $f(x) = 9x^2 + 12x + 4$; $f'(x) = 18x + 12$
c) $f'(t) = 4t^3 - 6t^{-4} + \frac{15}{2}t^{-6}$

5
a) $P(1|4)$ b) $P_1(2|10)$; $P_2\left(-\frac{2}{3} \big| 2\frac{8}{9}\right)$

6
a) $f'(x) = 0{,}5x$; $P(4|4)$
b) $f'(x) = x^2$; $P_1\left(-\sqrt{2} \big| -\frac{2}{3}\sqrt{2}\right)$; $P_2\left(\sqrt{2} \big| \frac{2}{3}\sqrt{2}\right)$
c) $f'(x) = -\frac{4}{x^2}$; keine Punkte
d) $f'(x) = -\frac{2}{x^3}$; $P(-1|1)$

7
a) $f(x)$ ist am größten an der Stelle x_1.
b) $f(x)$ ist am kleinsten an der Stelle x_2.
c) $f'(x)$ ist am größten an der Stelle x_3.
d) $f'(x)$ ist am kleinsten an der Stelle x_4.

8
a) $f(5) = 82{,}0$ bedeutet, dass es im Jahr 2000 (1995 + 5) 82 Mio. Einwohner gab.
$f'(6) \approx -0{,}1$ bedeutet, dass bei gleich bleibender Änderung wie im Jahr 2001 die Bevölkerung um 0,1 Mio. Einwohner pro Jahr abnehmen wird.

b) v(5) = 25 bedeutet, dass der Körper nach 5 Sekunden eine Geschwindigkeit von $25\frac{m}{s}$ hat. v'(8) = 16 bedeutet, dass die momentane Änderung der Geschwindigkeit, die Beschleunigung g, nach 8 Sekunden $16\frac{m}{s}$ beträgt. v'(t) gibt die Beschleunigung zum Zeitpunkt t an.

9
a) Zum Beispiel f(x) = 2x.   b) Zum Beispiel $f(x) = x^2$.

Kapitel III, Zeit zu überprüfen, Seite 60

8
a) $f(x) = (x - 2) \cdot (x^2 - x - 2)$ x = −1; x = 2
b) $f(x) = x^4 - 7x^3 + 12x^2$ x = 0; x = 3; x = 4
c) $f(x) = -x^5 + 6x^3 - 9x$ $x = -\sqrt{3}$; x = 0; $x = \sqrt{3}$

9
Die angegebenen Lösungen sind nur Beispiele.
a) $f(x) = (x + 4) \cdot (x - 1) \cdot (x - 5)$
b) $f(x) = (x + 3) \cdot x \cdot (x - 3)$

Kapitel III, Zeit zu überprüfen, Seite 63

7
a) f ist im Intervall [0; ∞) streng monoton wachsend und im Intervall (−∞; 0] streng monoton fallend.
b) f ist im Intervall [−3; 3] streng monoton fallend und in den Intervallen (−∞; −3] und [3; ∞) streng monoton wachsend.
c) f ist im Intervall I = ℝ streng monoton wachsend.
d) f ist im Intervall [0; ∞) streng monoton wachsend und im Intervall (−∞; 0] streng monoton fallend.

8
Aussage A ist wahr, da f' im Intervall [2; 3] negativ ist und f aufgrund des Monotoniesatzes auf diesem Intervall streng monoton fallend ist.
Aussage B ist wahr, da f' im Intervall [−3; −2] positiv ist und f aufgrund des Monotoniesatzes auf diesem Intervall streng monoton wachsend ist.
Aussage C ist wahr, da f' im Intervall [−1; 1] negativ ist und f aufgrund des Monotoniesatzes auf diesem Intervall streng monoton fallend ist.

Kapitel III, Zeit zu überprüfen, Seite 66

6
a) f'(x) = 2x + 2
f' besitzt einen VZW von − nach + bei x = −1.
Der Graph von f hat den Tiefpunkt T(−1|−1).

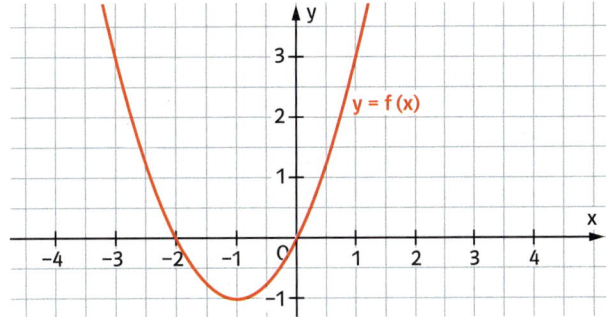

b) $f'(x) = 4x^3 - 12x^2 + 8x$
f' besitzt einen VZW von − nach + bei $x_1 = 0$.
Deshalb ist T(0|0) ein Tiefpunkt des Graphen von f.
f' besitzt einen VZW von + nach − bei $x_2 = 1$.
Deshalb ist H(1|1) ein Hochpunkt des Graphen von f.
f' besitzt einen VZW von − nach + bei $x_3 = 2$.
Deshalb ist T(2|0) ein Tiefpunkt des Graphen von f.

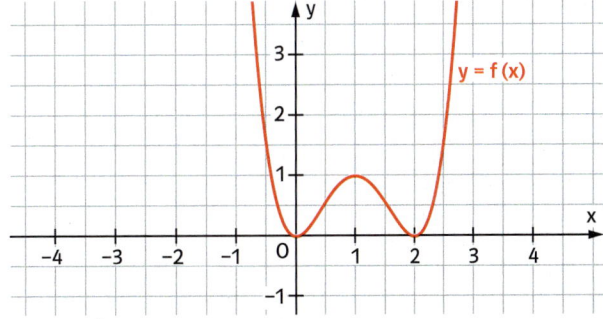

c) $f'(x) = \frac{3}{2}x^2 - 3$
f' hat einen VZW von + nach − bei $x_1 = -\sqrt{2}$.
Also hat der Graph von f den Hochpunkt $H(-\sqrt{2}|2\sqrt{2} + 2)$.
f' hat einen VZW von − nach + bei $x_2 = \sqrt{2}$.
Also hat der Graph von f den Tiefpunkt $T(\sqrt{2}|-2\sqrt{2} + 2)$.

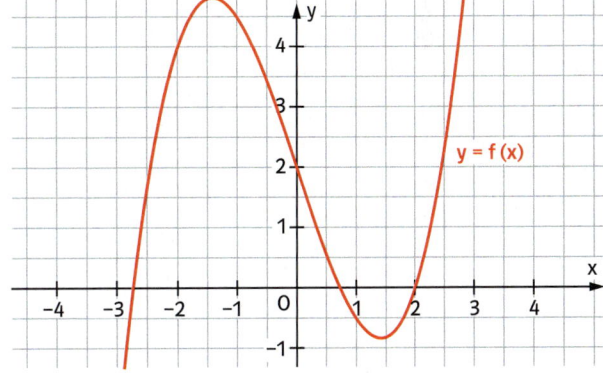

337

Kapitel III, Zeit zu wiederholen, Seite 66

11
a) $\tan(57°) = \frac{h}{25}$, also $h = 38{,}50\,m$ (gerundet auf cm).
b) Der gesuchte Winkel wird mit α bezeichnet. Mit $h = 19{,}25\,m$ ergibt sich aus $\tan(\alpha) = \frac{19{,}25}{25}$ der Wert $\alpha = 37{,}6°$ (gerundet). Ohne die horizontale Entfernung 25 m zu kennen, weiß man $h = a \cdot \tan(57°)$ und $\frac{h}{2} = a \cdot \tan(\alpha)$. Dabei wird a für die unbekannte horizontale Entfernung gesetzt. Setzt man die erste in die zweite Gleichung ein, ergibt sich $a \cdot \tan(57°) = 2a \cdot \tan(\alpha)$ und daraus α wie oben, weil sich a aus dieser Gleichung herauskürzen lässt.

Kapitel III, Zeit zu überprüfen, Seite 69

8
a) Aus der Zeichnung entnimmt man:
Rechtskurve für $x < 1$; Linkskurve für $x > 1$.
b) $f''(x) = 2x - 2$. $f''(x) > 0$ für $x > 1$; der Graph von f ist eine Linkskurve; $f''(x) < 0$ für $x < 1$; der Graph von f ist eine Rechtskurve.

9
a) $f''(x) = 6x$; $f''(x) > 0$ für $x > 0$; der Graph von f ist eine Linkskurve; $f''(x) < 0$ für $x < 0$; der Graph von f ist eine Rechtskurve.
b) $f''(x) = 6(x - 2)$; $f''(x) > 0$ für $x > 2$; der Graph von f ist eine Linkskurve; $f''(x) < 0$ für $x < 2$; der Graph von f ist eine Rechtskurve.
c) $f''(x) = 12x^2 - 12$; $f''(x) > 0$ für $x < -1$ oder $x > 1$; der Graph von f ist eine Linkskurve; $f''(x) < 0$ für $-1 < x < 1$; der Graph von f ist eine Rechtskurve.

Kapitel III, Zeit zu überprüfen, Seite 73

6
a) $x_1 = 0$; $x_2 = 1$ b) $x_1 = 1$; $x_2 = 2$ c) $x_1 = 2$

7
a) Für $x < -2$ und $x > 2$ ist f streng monoton wachsend; für $-2 < x < 0$ und $0 < x < 2$ ist f streng monoton fallend. An der Stelle $x = -2$ hat f ein lokales Maximum, an der Stelle $x = 2$ ein lokales Minimum und an der Stelle $x = 0$ ist $f'(0) = 0$ ohne VZW, hat also keine Extremstelle.

b)
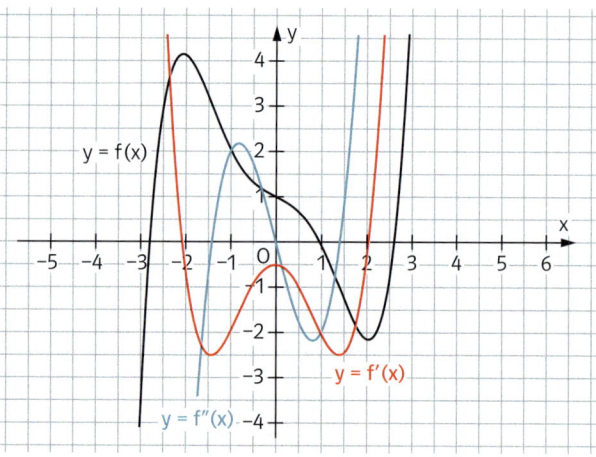

Kapitel III, Zeit zu überpüfen, Seite 76

6
a) $W(0|0)$; $t\colon y = 0$
b) $W_1(-0{,}8165 | 1{,}111)$, $t_1\colon y = -2{,}177x - 0{,}667$
$W_2(0{,}8165 | 1{,}111)$, $t_2\colon y = 2{,}177x - 0{,}667$
c) $W_1(-0{,}949 | 0{,}844)$, $t_1\colon y = -3{,}05x - 2{,}05$
$W_2(0{,}949 | -0{,}844)$, $t_2\colon y = -3{,}05x + 2{,}05$
$W_3(0|0)$, $t_3\colon y = x$

Kapitel III, Zeit zu überprüfen, Seite 80

6
a) globales Minimum $f(-0{,}56) = -2{,}83$;
globales Maximum $f(3) = 26{,}5$
b) globales Minimum $f(0) = -2$;
globales Maximum: $f(0{,}63) = -1{,}28$
c) globales Minimum $f(-0{,}56) = -2{,}83$;
globales Maximum: $f(0{,}63) = -1{,}28$
d) globales Minimum $f(-0{,}56) = -2{,}83$;
globales Maximum: $f(-3) = 122{,}5$

7
a) Flächeninhalt wird maximal für $u = \sqrt{3}$. Fläche: 20,78 FE.
b) Umfang wird maximal für $u = 1$. Umfang: 20 LE.

Kapitel III, Zeit zu wiederholen, Seite 82

9
a) $y = -\frac{3}{4}x + \frac{11}{4}$
b) Der Abstand beträgt 5.
c) Man zeichnet ein Steigungsdreieck mit einer Ecke auf der x-Achse, der horizontalen Länge 1 und der vertikalen Länge $\frac{3}{4}$. Dann gilt für den Steigungswinkel α: $\tan(\alpha) = \frac{3}{4}$, also $\alpha = 36{,}87°$ (gerundet).

10

a) Die Winkelsumme im Dreieck ACS liefert für den den Winkel bei S: $180° - 2 \cdot 50° = 80°$

b) Nach Pythagoras: $d^2 = 2a^2$, also $d = \sqrt{50} \approx 7{,}07\,(cm)$.

c) Dreieck AMS ist rechtwinklig. Daher gilt $\tan(50°) = \frac{h}{\frac{1}{2}d}$, also $h = 4{,}21\,cm$ (gerundet).

d) $\tan(\beta) = \frac{h}{\frac{1}{2}a}$, also $\beta = 59{,}32°$ (gerundet).

e) Das Dreieck ABS ist gleichschenklig. Die Seitenkante s (Länge der Strecken AS bzw. BS) berechnet man mit dem Satz des Pythagoras: $\sqrt{h^2 + \left(\frac{d}{2}\right)^2} \approx 5{,}50\,cm$. Für den Winkel γ bei S gilt dann: $\sin\left(\frac{\gamma}{2}\right) = \frac{\frac{1}{2}a}{s}$, also $\gamma = 54{,}06°$ (gerundet).

Kapitel III, Prüfungsvorbereitung ohne Hilfsmittel, Seite 84

1

a) $f'(x) = 9x^2 - 0{,}5$; $f''(x) = 18x$; $f'''(x) = 18$

b) $f(x) = 2x^{-1}$; $f'(x) = -\frac{2}{x^2}$; $f''(x) = \frac{4}{x^3}$; $f'''(x) = -\frac{12}{x^4}$

c) $f(x) = x^2 - 5x$; $f'(x) = 2x - 5$; $f''(x) = 2$; $f'''(x) = 0$

2

a) $f'(x) = 15x^4 + 16x^3$;
$f''(x) = 60x^3 + 48x^2$

b) $f'(x) = 8x^3 + \frac{1}{2}x^{-\frac{1}{2}}$;
$f''(x) = 24x^2 - \frac{1}{4}x^{-\frac{3}{2}}$

c) $f'(x) = -3x^2$;
$f''(x) = -6x$

3

a) Nullstellen: Zu lösen ist die Gleichung $x^4 - 4x^2 + 3 = 0$.
Substitution (z für x^2): $z^2 - 4z + 3 = 0$;
Lösungen: $z_1 = 1$ und $z_2 = 3$.
Rücksubstitution ergibt die Nullstellen: $x_1 = -1$; $x_2 = 1$; $x_3 = -\sqrt{3}$ und $x_4 = \sqrt{3}$.
Hoch- und Tiefpunkte: $f'(x) = 4x^3 - 8x = 4x \cdot (x^2 - 2) = 0$ hat die Lösungen $x_5 = 0$; $x_6 = -\sqrt{2}$ und $x_7 = \sqrt{2}$. Bei x_5 hat f' einen VZW von + nach -, also hat der Graph von f den Hochpunkt $H(0|3)$. Bei x_6 und x_7 hat f' einen VZW von - nach +, also hat der Graph von f die Tiefpunkte $T_1(-\sqrt{2}|-1)$ und $T_2(\sqrt{2}|-1)$.

b) Die Monotoniebereiche sind begrenzt durch die Nullstellen von f'. Im Intervall $(-\infty; -\sqrt{2}]$ und im Intervall $[0; \sqrt{2}]$ ist f streng monoton fallend, weil im Innern der Intervalle $f'(x) < 0$ gilt. Im Intervall $[-\sqrt{2}; 0]$ und im Intervall $[\sqrt{2}; \infty)$ ist f streng monoton wachsend, weil im Innern der Intervalle $f'(x) > 0$ gilt.

c)

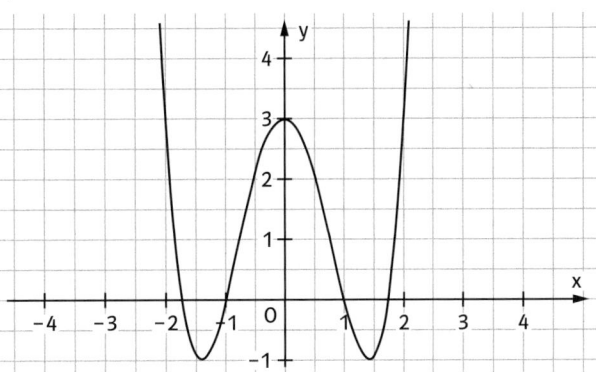

4

A: Wahr, weil $f'(x)$ im Intervall $(-1; 1)$ positiv ist.
B: Falsch, weil f' dort keine Nullstelle hat.
C: Wahr, weil $f'(-1) = 0$ und bei $x = -1$ ein VZW von - nach + ist.
D: Wahr, denn f ist für $x > -1$ monoton wachsend, weil dort $f'(x) \geq 0$ gilt und für $x < -1$ monoton fallend, weil dort $f'(x) < 0$ gilt. Also ist bei $x = -1$ ein globales Minimum. Wenn $f(-1) > 0$ gilt, sind alle Funktionswerte von f größer als 0, und dann kann es keine Nullstelle geben.

5

a) Falsch. $f'(-2) > 0$; f kann an der Stelle $x = -2$ kein Maximum haben (f hat eine Wendestelle).

b) Wahr. An den Stellen $x_1 = -2$ und $x_2 = 1$ hat f' Extrema und somit f genau an diesen Stellen zwei Wendepunkte.

c) Falsch. Für $0 < x < 4$ ist $f'(x) < 0$, also ist f monoton fallend, es gilt: $f(0) > f(4)$.

d) Wahr. Im sichtbaren Bereich ist $f'(x) > 0$ für $x > 4$.

6

$f(x) = \frac{3}{x} + 3$ $(x \neq 0)$, $f'(x) = -\frac{3}{x^2}$

a) $P(1|6)$; $f'(1) = -3$. $t: y = f'(u)(x - u) + f(u) = -3(x - 1) + 6$;
$t: y = -3x + 9$.

b) Schnitt mit der x-Achse $y = 0$: $-3x + 9 = 0$, somit $x = 1$. In $S(3|0)$ schneidet t die x-Achse.

7

a) $f(x) = x^4 - 4x^3$; $f'(x) = 4x^3 - 12x^2$; $f''(x) = 12x^2 - 24x$; $f'''(x) = 24x - 24$.
$f'(x) = 0$ liefert: $4x^2(x - 3) = 0$ und somit $x_1 = 0$ und $x_2 = 3$.
An den Stellen $x_1 = 0$ mit $P_1(0|0)$ und $x_2 = 3$ hat der Graph f Punkte mit waagerechter Tangente, also insbesondere auch im Ursprung.
$f''(x) = 0$: $12x(x - 2) = 0$ liefert $x_1 = 0$ und $x_2 = 2$. Aus $f'''(0) = -12 \neq 0$ folgt, dass der Graph von f an der Stelle $x_1 = 0$ auch einen Wendepunkt hat.

b) $g(x) = x^4 - 4x^3 + 2x$; $g'(x) = 4x^3 - 12x^2 + 2$; $g''(x) = 12x^2 - 24x$; $g'''(x) = 24x - 24$.
Es ist $g''(x) = f''(x)$, somit hat g die gleiche Wendestelle wie f. Die Wendetangente an den Graphen von g im Wendepunkt $W(0|0)$ hat die Steigung $g'(0) = 2$.

8

$f(x) = -\frac{1}{2}x^4 + 3x^2$; $f'(x) = -2x^3 + 6x$; $f''(x) = -6x^2 + 6$;
$f'''(x) = -12x$

a) Nullstellen: $f(x) = 0$ liefert $x^2\left(-\frac{1}{2}x^2 + 3\right) = 0$ und $x_1 = 0$; $x_2 = \sqrt{6}$; $x_3 = -\sqrt{6}$.
Lokale Extremstellen: $f'(x) = 0$ liefert: $x(-2x^2 + 6) = 0$ und $x_1 = 0$; $x_4 = \sqrt{3}$ und $x_5 = -\sqrt{3}$.
Es ist $f''(0) = 6 > 0$; $f''(\sqrt{3}) = -12 < 0$ und $f''(-\sqrt{3}) = -12 < 0$.
Somit Minimum bei $f(0) = 0$, Maximum bei $f(\sqrt{3}) = 4{,}5$ und $f''(-\sqrt{3}) = 4{,}5$.

Kapitel III, Prüfungsvorbereitung mit Hilfsmitteln, Seite 85

1

a) $W(2|4)$; $t: y = -12x + 28$
b) $W_1(0|0{,}5)$; $t_1: y = 0{,}5$; $W_2(1|0)$; $t_2: y = -x + 1$
c) $W(0|1)$; $t: y = -x + 1$

2

a) $f(x) = 0$ hat die Lösung $x = 1$. Achsenschnittpunkt ist $N(1|0)$.
$f'(x) = -\frac{1}{x^2} + \frac{2}{x^3} = 0$ hat für $x > 0$ die Lösung $x = 2$.
Für $0 < x < 2$ ist $f'(x) > 0$, für $x > 2$ ist $f'(x) < 0$, also liegt bei $x = 2$ ein VZW von + nach – vor. Daher ist dort ein Maximum.
Die einzige Extremstelle ist $x = 2$, das Maximum $f(2) = 0{,}25$.
b) Für $x \geq 2$ ist f streng monoton fallend, da $f'(x) < 0$ für $x > 2$ gilt.

3

a) $s'(t) = 0{,}15t^2 - 0{,}8t = t \cdot (0{,}15t - 0{,}8) = 0$ hat die Lösungen $t_1 = 0$ und $t_2 = \frac{16}{3}$. t_1 liegt am Rand der Definitionsmenge. Bei t_2 hat s' einen VZW von – nach +, also ist bei t_2 ein (lokales) Minimum; $s(t_2) = 4{,}2$ (gerundet). Weitere Minima oder Maxima liegen am Rand des Definitionsintervalls: $s(0) = 8$ und $s(8) = 8$. Also ist bei t_2 der Abstand am kleinsten, bei $t = 0$ und bei $t = 8$ am größten.
b) Das Fahrzeug bewegt sich auf P zu, wenn $s'(t) < 0$, also für $0 \leq t \leq t_2$ und entfernt sich anschließend wieder von P, da dann $s'(t) > 0$.

4

Für den Flächeninhalt gilt in Abhängigkeit von x:
$A(x) = x \cdot y = x \cdot (4 - 0{,}25x^2) = 4x - 0{,}25x^3$. Dabei ist $[0; 4]$ Definitionsmenge, da sich das Dreieck im über der x-Achse gelegenen Teil befinden soll.

a)

x	0,5	1	1,5	2	2,5	3	3,5
y	1,9688	3,75	5,1563	6	6,0938	5,25	3,2813

b) Die Funktion $A(x)$ hat in $[0; 4]$ das Maximum 6,16 bei $x = 2{,}31$ (gerundet).

5

Man wählt einen Punkt auf dem Rand: $P(u|f(u) = 4 - u^2)$ mit $0 < u < 4$. Es ergibt sich für den Flächeninhalt des Rechtecks $A(u)$:
$A(u) = (4 - u)(6 - (4 - u^2)) = (4 - u)(2 + u^2) = -u^3 + 4u^2 - 2u + 8$.
Maximum bei $u \approx 2{,}4$. Dieses u liegt aber außerhalb des Definitionsbereichs.
Die Untersuchung der Ränder ergibt für $u = 0$: $A(0) = 8$; für $u = 4$: $A(2) = 12$. Damit ist es am sinnvollsten, so zu schneiden, dass man einen Punkt auf dem Rand $P(2|0)$ wählt.

6

a) Bei maximalem Pegel ist die Wasseroberfläche 10 Meter breit.
b) Die Tangente an den Graphen von f im Punkt $Q(u|1{,}6)$ mit $u > 0$ muss für $x = 10$ einen kleineren y-Wert als 5 besitzen:
Mit $f(u) = 1{,}6$ folgt: $u = 3{,}56$.
Gleichung der Tangente in $Q(3{,}56|1{,}6)$:
$t: y = 0{,}3125x + 0{,}4875$. Für $x = 10$ ist $y = 3{,}6 < 5$, somit ist die gesamte Breite einsehbar.
c) Steigung der Tangente: $m = \tan(180° - 165°) \approx 0{,}268$.
Es muss $f'(x) = 0{,}268$ sein: $\frac{1}{2} \cdot \frac{1}{\sqrt{x-1}} = 0{,}268$ liefert $x \approx 4{,}48$.
Ansatz für kritischen Pegel: $f(4{,}48) \approx 1{,}87$. Der kritischer Pegel liegt bei $h \approx 1{,}9$ m.

Kapitel IV, Zeit zu überprüfen, Seite 90

5

Lösungsvorschläge:
a) $f(x) = x(x - 2)(x - 5)$; $g(x) = 3x(x - 2)(x - 5)$
b) $f(x) = (x - 3)^3$; $g(x) = (x^2 + 4)(x - 3)$
c) $f(x) = x(x^2 + 1)$; $g(x) = x^3$

6

a) $x_1 = \frac{1}{2}$; $x_2 = -2$; $x_3 = -3$ b) $x = 0$
c) $x_1 = 0$; $x_2 = -3$; $x_3 = 3$

7

a) Polynomdivision: $f(x) : (x - 1) = x^2 - 2x - 1$
weitere Nullstellen: $1 + \sqrt{2}$; $1 - \sqrt{2}$
b) Ausklammern von x liefert Nullstelle $x_1 = 0$
Polynomdivision: $(x^3 - 3x^2 - 5x - 1) : (x + 1) = x^2 - 4x - 1$
weitere Nullstellen: $2 + \sqrt{5}$; $2 - \sqrt{5}$

Kapitel IV, Zeit zu überprüfen, Seite 92

3

$f(x) = x^3 - 2x^2$
Für $x \to +\infty$ gilt $f(x) \to +\infty$; für $x \to -\infty$ gilt $f(x) \to -\infty$.
$g(x) = -x^3 + 2x^2$
Für $x \to +\infty$ gilt $f(x) \to -\infty$; für $x \to -\infty$ gilt $f(x) \to +\infty$.
$h(x) = x^4 - 2x^3$
Für $x \to +\infty$ gilt $h(x) \to +\infty$; für $x \to -\infty$ gilt $f(x) \to +\infty$.
Aufgrund des Verhaltens für $x \to \pm\infty$ folgt:
(A) gehört zu g; (B) gehört zu f; (C) gehört zu h.

Kapitel IV, Zeit zu überprüfen, Seite 95

5

a) f ist eine ganzrationale Funktion und die Hochzahlen der x-Potenzen sind alle gerade. Also ist der Graph von f achsensymmetrisch zur y-Achse.

b) $f(x) = -x^4 - x^3$ ist eine ganzrationale Funktion und die Hochzahlen der x-Potenzen sind weder alle gerade noch alle ungerade. Also ist der Graph von f weder achsensymmetrisch zur y-Achse noch punktsymmetrisch zum Ursprung

c) $f(x) = x^5 + x^3 - 5x$ ist eine ganzrationale Funktion und die Hochzahlen der x-Potenzen sind alle ungerade. Also ist der Graph von f punktsymmetrisch zum Ursprung.

6

a) Symmetrisch zum Ursprung.
Für $x \to +\infty$ gilt $f(x) \to +\infty$; für $x \to -\infty$ gilt $f(x) \to -\infty$.
Nullstellen $x_1 = -2$; $x_2 = 0$; $x_3 = 1$.

b) Symmetrisch zur y-Achse.
Für $x \to +\infty$ gilt: $f(x) \to -\infty$. Nullstellen $x_1 = -2$; $x_2 = 0$; $x_3 = 2$.

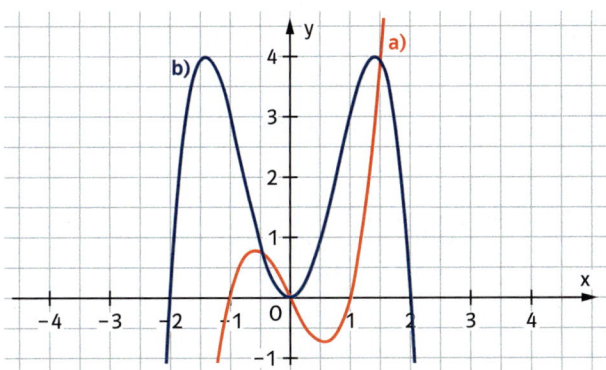

Kapitel IV, Zeit zu wiederholen, Seite 95

10

a) V: Viktor gewinnt einen Satz
M: Moritz gewinnt einen Satz.
Viktor gewinnt das Spiel (10 Möglichkeiten):
VVV; VVMV; VVMMV; VMVV; VMVMV; VMMVV; MVVV;
MVMVV; MVVMV; MMVVV
Moritz gewinnt das Spiel (10 Möglichkeiten):
MMM; MMVM; MMVVM; MVMM;MVMVM; MVVMM; VMMM;
VMVMM; VMMVM; VVMMM

b) siehe Teilaufgabe a): die zweiten 10 Möglichkeiten.

c) Das Ergebnis MMM hat die Wahrscheinlichkeit $0{,}6^3$.
Es gibt drei verschiedene Spielausgänge, bei denen Moritz in vier Sätzen gewinnt. Die Wahrscheinlichkeit für einen solchen Spielausgang ist $0{,}6^3 \cdot 0{,}4$.
In 6 Fällen gewinnt Moritz erst nach 5 Sätzen. Die Wahrscheinlichkeit dafür ist $0{,}6^3 \cdot 0{,}4^2$.
Insgesamt ergibt sich eine Wahrscheinlichkeit von
$0{,}6^3 + 3 \cdot 0{,}6^3 \cdot 0{,}4 + 6 \cdot 0{,}6^3 \cdot 0{,}4^2 = 0{,}68256$

Kapitel IV, Zeit zu überprüfen, Seite 98

3

a) Punktsymmetrie zum Ursprung.
Für $x \to +\infty$ gilt $f(x) \to -\infty$; für $x \to -\infty$ gilt $f(x) \to +\infty$.
Nullpunkte $N_1(0|0)$; $N_2(3|0)$; $N_3(-3|0)$.
Hochpunkt $H(\sqrt{3}|2\sqrt{3})$; Tiefpunkt $T(-\sqrt{3}|-2\sqrt{3})$;
Wendepunkt $W(0|0)$.

b) Keine Symmetrie zur y-Achse oder zum Ursprung.
Für $x \to +\infty$ gilt $f(x) \to +\infty$; für $x \to -\infty$ gilt $f(x) \to -\infty$.
Nullpunkte $N_1(0|0)$; $N_2(2|0)$; $N_3(4|0)$.
Hochpunkt $H\left(2 - \frac{2}{3}\sqrt{3} \,\middle|\, \frac{16}{9}\sqrt{3}\right) \approx H(0{,}845|3{,}079)$;
Tiefpunkt $T\left(2 + \frac{2}{3}\sqrt{3} \,\middle|\, -\frac{16}{9}\sqrt{3}\right) \approx T(3{,}155|-3{,}079)$
Wendepunkt $W(2|0)$.

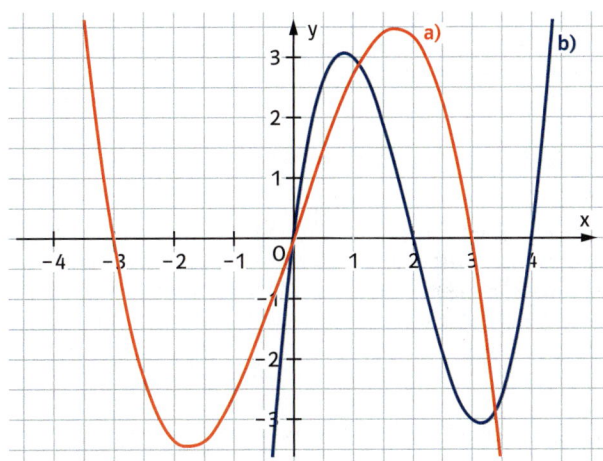

Kapitel IV, Zeit zu überprüfen, Seite 100

5

a) $t: y = -5x - 4$; $n: y = \frac{1}{5}x + 6{,}4$

b) $t: y = -\frac{1}{4}x + 4$; $n: y = 4x - 13$

6

$t: y = 4ux - 2u^2 - 3$

a) $A(2|-3)$ ergibt $0 = 8u - 2u^2$ mit $u_1 = 0$ und $u_2 = 4$ und den Tangenten $t_1: y = -3$ und $t_2: y = 16x - 35$.

b) $A\left(2\,\middle|\,-\frac{9}{8}\right)$ ergibt $0 = 2u^2 - 8u + 1{,}875$ mit $u_1 = 3{,}75$ und $u_2 = 0{,}25$ und den Tangenten $t_1: y = 15x - 31{,}125$ und $t_2: y = x - 3{,}125$.

c) $A(1|1)$ ergibt $2u^2 - 4u + 4 = 0$. Da diese Gleichung keine Lösungen besitzt, existiert die gesuchte Tangente nicht.

Kapitel IV, Zeit zu überprüfen, Seite 104

4

a) $v(0) = 0$; $v(10) = 20$ mit $v'(t) > 0$ für $0 \le t \le 10$

b) $v'(t) < 0$ für $30 \le t \le 35$ (v' entspricht der Beschleunigung)

c) $v''(15) = 0$ und $v'(15) > 0$. Die Zunahme (bzw. Änderung) der Geschwindigkeit entspricht der Beschleunigung $\left(\text{Einheit } \frac{m}{s^2}\right)$.

5

a) Mit $O'(t) = -\frac{1}{100}(t^2 - 24t + 108)$ und $O''(t) = \frac{1}{50}(12 - t)$ erhält man H(18|19) und T(6|16,12).

b) Die Steigung gibt die Größe der Veränderung der Temperatur zu diesem Zeitpunkt an (O'(12) = 0,36).

Kapitel IV, Zeit zu wiederholen, Seite 106

15

a) und b)

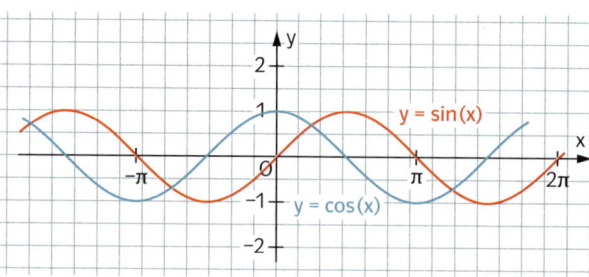

c) und d)

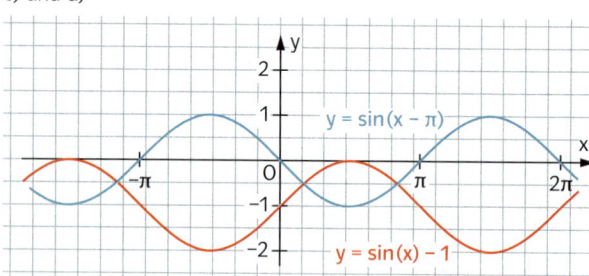

16

Periode $p = 2\pi$, Amplitude $a = 2$, $f(x) = 2 \cdot \cos(x)$

Kapitel IV, Prüfungsvorbereitung ohne Hilfsmittel, Seite 108

1

f und C; g und A; h und B

2

a) $a > 0$; $d = 0$; $b = 0$ b) $a < 0$; $d = 0$ c) $a < 0$; $d = 1$

3

a) Nullstellen: Zu lösen ist die Gleichung $2 + 3x - x^3 = 0$.
Nullstellen: $x_1 = -1$; $x_2 = 2$
Hoch- und Tiefpunkte: H(1|4); T(-1|0)

b) Die Monotoniebereiche sind begrenzt durch die Nullstellen von f'. Im Intervall $(-\infty; -1]$ und im Intervall $[2; \infty]$ ist f streng monoton fallend, weil im Innern der Intervalle $f'(x) < 0$ gilt. Im Intervall $[-1; 2]$ und im Intervall $[\sqrt{2}; \infty]$ ist f streng monoton wachsend, weil im Innern der Intervalle $f'(x) > 0$ gilt.

c) Für $x \to \pm\infty$ ist das Verhalten der Funktion wie bei g mit $g(x) = -x^3$. Also: Für $x \to -\infty$ gilt $f(x) \to \infty$. Für $x \to \infty$ gilt $f(x) \to -\infty$.

4

a) Der Graph ist achsensymmetrisch.
Nullstellen: $x_1 = \sqrt{2}$; $x_2 = -\sqrt{2}$.

b) Hochpunkt: H(0|4); Tiefpunkte: $T_1(\sqrt{2}|0)$ und $T_2(-\sqrt{2}|0)$;
Wendepunkte: $W_1\left(\frac{1}{6}\sqrt{33} \mid \frac{169}{144}\right)$ und $W_2\left(-\frac{1}{6}\sqrt{33} \mid \frac{169}{144}\right)$

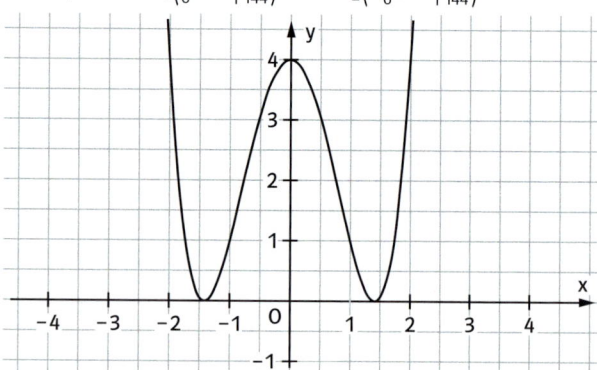

c) Ansatz: $g(x) = ax^2 + bx + c$.
Aus $g(1) = f(1)$; $g'(1) = -\frac{1}{f'(1)}$ und
$g(-1) = f(-1)$ folgt $g(x) = \frac{1}{8}x^2 + \frac{7}{8}$.
Schnittpunkte der beiden Geraden:
$S_1(1|1)$; $S_2(-1|1)$; $S_3\left(\frac{5}{4}\sqrt{2} \mid \frac{81}{64}\right)$; $S_4\left(-\frac{5}{4}\sqrt{2} \mid \frac{81}{64}\right)$.

5

a) $f'(x) = -8x^3 + 12x^2$
$f''(x) = -24x^2 + 24x$
$f'''(x) = -48x + 24$
$N_1(0|0)$; $N_2(2|0)$; H(1,5|3,375); $W_1(0|0)$; $W_2(1|2)$;
W_1 ist ein Wendepunkt mit waagerechter Tangente.

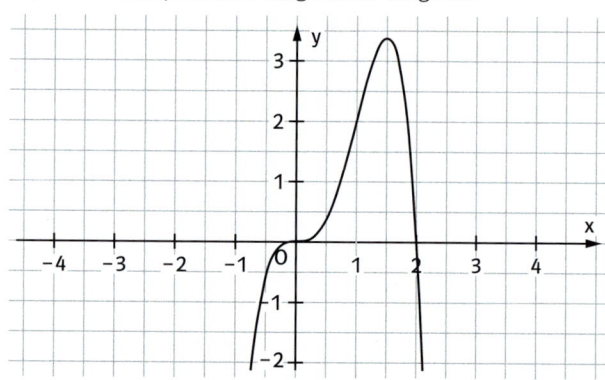

b) Da nur gerade Hochzahlen vorkommen, ist der Graph von f achsensymmetrisch zur y-Achse.
$f'(x) = 2x^3 - 2x$; $f''(x) = 6x^2 - 2$; $f'''(x) = 12x$
$N_1(-2|0)$; $N_2(2|0)$; $T_1(-1|-4,5)$; $T_2(1|4,5)$; H(0|-4);
$W_1\left(-\sqrt{\frac{1}{3}} \mid -\frac{77}{18}\right)$; $W_2\left(+\sqrt{\frac{1}{3}} \mid +\frac{77}{18}\right)$

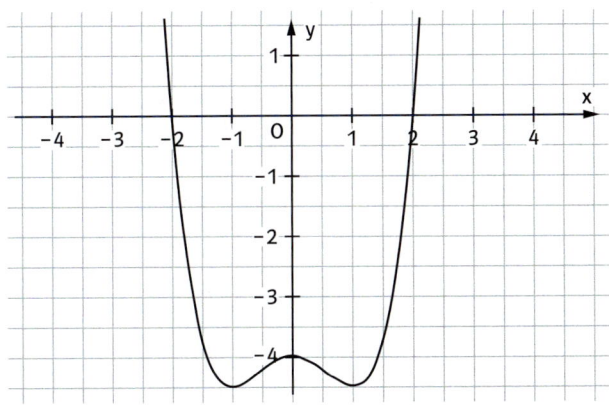

6
a) Zum Beispiel:

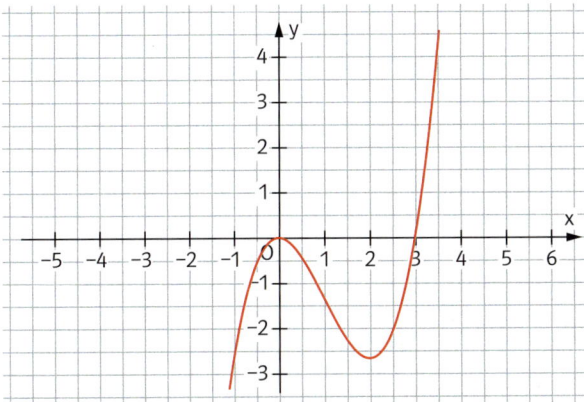

Weitere Eigenschaften: Maximum an der Stelle $x_1 = 0$; zwei Nullstellen: $x_1 = 0$ und $x_2 = 3$; eine Wendestelle ($x_3 = 1$).
b) Zum Beispiel: f Funktion vierten Grades, zwei Wendestellen und hier drei Nullstellen.

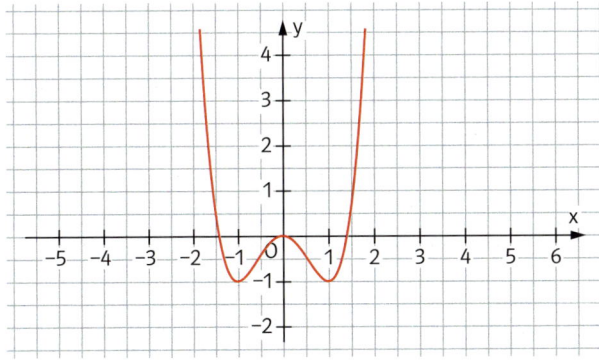

7
a) Wahr. $f'(x) = 0$ ist eine notwendige Bedingung für lokale Extremstellen.

b) Wahr. Ganzrationale Funktionen streben für $x \to \pm\infty$ immer gegen $\pm\infty$, haben an den Rändern also keine Extremstellen. Wenn es globale Extremstellen gibt, so sind diese unter den lokalen Extremstellen zu finden.

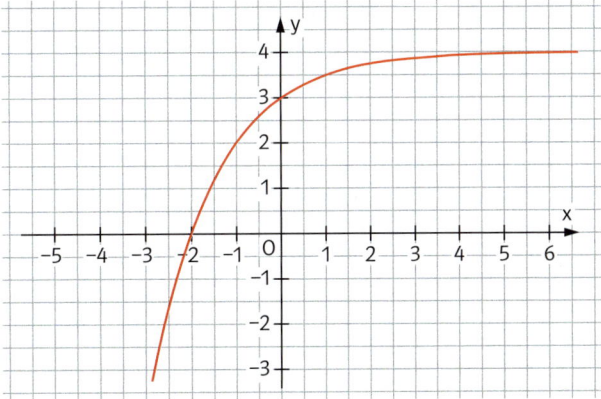

Kapitel IV, Prüfungsvorbereitung mit Hilfsmitteln, Seite 109

1
a) Nullstellen: $x_1 = 0$; $x_2 = \frac{3}{2} + \frac{1}{2}\sqrt{105}$; $x_3 = \frac{3}{2} - \sqrt{105}$
Lokale Extremstellen sind $x_4 = -2$ und $x_5 = 4$.
$f(-2) = 1{,}75$ ist ein lokales Maximum, $f(4) = -5$ ist ein lokales Maximum.
b) $f(-4) = -1$ ist ein lokales Minimum. Das globale Maximum wird an den Stellen -2 und 7 angenommen: $f(-2) = f(7) = 1{,}75$.
Bei 4 liegt das globale Minimum $f(4) = -5$.
c) t_1: $y = 3x - 20{,}25$; t_2: $y = 3x + 11$

2
a) Für $x \to +\infty$ folgt $f(x) \to -\infty$, für $x \to -\infty$ folgt $f(x) \to +\infty$.
b) Schnittpunkt mit der y-Achse: $(0\,|\,3)$
Schnittstellen mit der x-Achse (Nullstellen):
$f(x) = -\frac{1}{3}x^3 + x^2 - x + 3 = 0$; Lösung: 3 (geraten)
(Aus der durch Abspalten des Linearfaktors $(x - 3)$ entstehenden quadratischen Gleichung $-\frac{1}{3}x^2 - 1 = 0$ ergibt sich keine weitere Lösung.)
Schnittpunkt mit der x-Achse: $(3\,|\,0)$
Extrempunkte und Wendepunkte:
$f'(x) = -x^2 + 2x - 1 = -(x - 1)^2 = 0$; Lösung: 1
$f''(x) = -2x + 2 = 0$; Lösung: 1
$f'''(x) = -2$ und damit $f'''(1) = -2 \neq 0$
Der Graph von f hat an der Stelle 1 einen Wendepunkt mit waagerechter Tangente (Sattelpunkt).
Wegen $f(1) = -\frac{1}{3} \cdot 1^3 + 1^2 - 1 + 3 = \frac{8}{3}$ liegt dieser Sattelpunkt bei $S\left(1\,\big|\,\frac{8}{3}\right)$.
c) Wegen $f'(x) = -(x - 1)^2 < 0$ für alle $x \neq 1$ und $f'(1) = 0$, ist die Funktion f für alle $x \in \mathbb{R}$ streng monoton abnehmend.
Die 2. Ableitung ist für $x < 1$ positiv, für $x > 1$ negativ. Also verläuft der Graph von f für $x < 1$ linksgekrümmt, für $x > 1$ rechtsgekrümmt.

3
a) $f'(x) = \frac{1}{2} - \frac{2}{x^2}$ hat (für $x > 0$) die Lösung $x = 2$.
Für $0 < x < 2$ ist $f'(x) < 0$, für $x > 2$ ist $f'(x) > 0$, also liegt bei $x = 2$ ein VZW von − nach + vor. Daher ist dort ein Minimum. Die Extremstelle ist $x = 2$, das Minimum $f(2) = 2$.
b) Für $x \to \infty$ verhält sich f wie g mit $g(x) = \frac{x}{2}$. Daher gilt $f(x) \to \infty$ für $x \to \infty$.

4
Der Ansatz $f(x) = ax^3 + bx$ liefert mit der Bedingung $f(3) = 3$ z.B. $f_a(x) = ax^3 + (1 - 9a) \cdot x;\ a \neq 0$.
a) Die notwendige Bedingung $f'_a(x) = 0$ für Extremstellen liefert (1): $|x| = \frac{1}{3}\sqrt{3} \cdot \sqrt{a \cdot (9a - 1)}$.
Die notwendige Bedingung $f''_a(x) = 0$ für Wendepunktstellen liefert (2): $6ax = 0$ bzw. $x = 0$, da $a \neq 0$ ist.
(1) und (2) sind erfüllt für $a(9a - 1) = 0$ bzw. $a = \frac{1}{9}(a \neq 0)$.
b) Es gibt jeweils 2 Extremstellen, falls in Gleichung (1) der Radikand > 0 ist.
Aus $a \cdot (9a - 1) > 0$ folgt $a < 0$ oder $a > \frac{1}{9}$.

5
Ansatz: $f(x) = ax^3 + bx^2 + cx + d$. Aus den Bedingungen $f(0) = 0$; $f'(x) = 0$; $g(2) = 2$; $g'(2) = 0$ ergibt sich $g(x) = -\frac{1}{2}x^3 + \frac{3}{2}x^2$.
Nullstellen: $x_1 = 0$; $x_2 = 3$.

6
a) Für die Maßzahl des Flächeninhalts des gefärbten Dreiecks gilt in Abhängigkeit von x:
$A(x) = a^2 - \frac{1}{2}x^2 - 2 \cdot \frac{1}{2}a \cdot (a - x)$ bzw.
$A(x) = -\frac{1}{2}x^2 + ax;\ 0 < x \leq a$. A wird maximal für $x = a$ (Randmaximum).
b) Es gilt: $V = r^2\pi h;\ 0 = r^2\pi + 2r\pi h$ (Formeln für den Zylinder).
Daraus folgt: $O(r) = r^2\pi + 2r\pi \frac{V}{r^2\pi} = r^2\pi + \frac{600}{r}$.
$O'(r) = 0$ liefert $r_0 = \sqrt[3]{\frac{300}{\pi}} \approx 4{,}57\,(dm)$;
$h_0 = \sqrt[3]{\frac{300}{\pi}}$ mit $O''(r_0) > 0$.

7
Der Ansatz $f(x) = ax^2 + b$ mit den Bedingungen $f(0) = 40$ und $f(50) = 0$ liefert $f(x) = -\frac{2}{125}x^2 + 40;\ -50 \leq x \leq 50$.
a) $f'(-50) = \frac{8}{5}$ ergibt $\alpha = 57{,}99°$.
b)

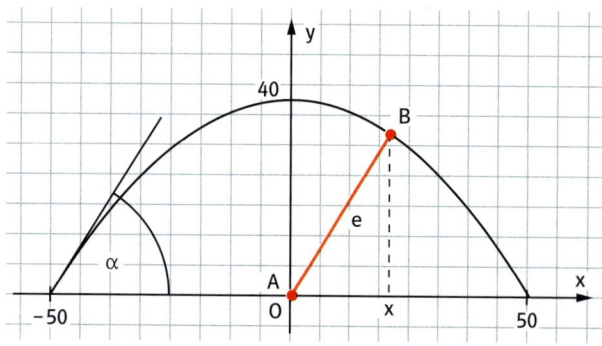

Für die Entfernung e von $A(0|2)$ zu $B(x|f(x))$ gilt $e = \sqrt{x^2 + (f(x) - 2)^2}$
$= \sqrt{\frac{4}{15\,625}x^4 - \frac{27}{125}x^2 + 1444}$.
Die Ersatzfunktion e^2 hat ein lokales Maximum bei $x_0 = \frac{15}{4}\sqrt{30} \approx 20{,}53\,(m)$ mit $f(x_0) = 33{,}25$.
Es gilt: $B\left(\frac{15}{4}\sqrt{30}\ \big|\ 33{,}25\right)$.

8
a)

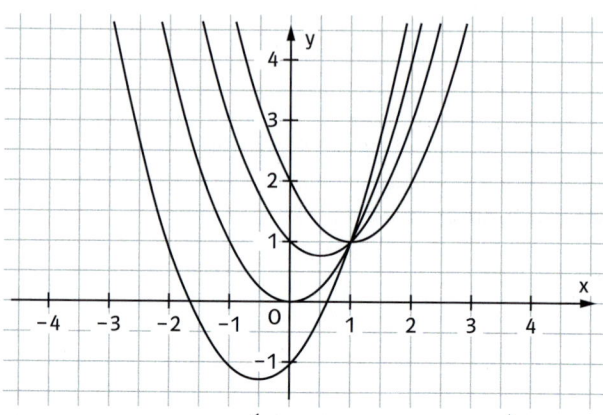

b) Das globale Minimum $-\frac{1}{4}k^2 - k$ wird an der Stelle $-\frac{k}{2}$ angenommen.
c) Es gilt: $-\frac{1}{4}k^2 - k = 0$ für $k = 0$ oder $k = -4$.
d) Die Graphen der Funktionen f_k sind nach oben geöffnete Parabeln. Es gibt 2 verschiedene Nullstellen, wenn das globale Minimum < 0 ist, und keine Nullstellen im Fall > 0.
Aus $-\frac{1}{4}k^2 - k < 0$ ergeben sich 2 Nullstellen für $k < -4$ oder $k > 0$. Für $-4 < k < 0$ gibt es keine Nullstellen.
e) C_0 und C_1 schneiden sich im Punkt $S(1|1)$. Für alle k gilt $f_k(1) = 1$. Somit gehen alle C_k durch S.

9
a) $N_1(0|0);\ N_2(\sqrt{t}|0);\ N_3(-\sqrt{t}|0);\ H\left(\frac{1}{3}\sqrt{3t}\ \big|\ \frac{2}{9}t\sqrt{3t}\right);$
$T\left(-\frac{1}{3}\sqrt{3t}\ \big|\ -\frac{2}{9}t\sqrt{3t}\right);\ W(0|0)$
b)

c) $f_t(u) = g(u)$: $tu - u^3 = 0,5(3u^2 + 7)$
$f'_t(u) = g'(u)$: $t - 3u^2 = 3u$ liefert $4u^3 + 3u^2 - 7 = 0$.
$(u - 1)(4u^2 + 7u + 7) = 0$; $u = 1$ und $t = 6$; $B(1|5)$
K_6: $f_6(x) = 6x - x^3$

Kapitel V, Zeit zu überprüfen, Seite 114

8
a) $f(x) = 2 \cdot 1,25^x$
b) $f(x) = 0,5 \cdot 2^x$
c) $f(x) = 4 \cdot 0,5^x$

9
a) $f(x) = 200 \cdot 1,1^x$; $f(24) = 1970$
b) $f(12) = 627,7$; prozentuale Zunahme ca. 214%

Kapitel V, Zeit zu überprüfen, Seite 117

5
a) $f'(x) = 3,5e^x$ \qquad b) $f'(x) = -e^x + 4x^3$
c) $f'(x) = 0,5e^x + \frac{1}{2}x$

6
Tangentengleichung: $y = e^2 x - e^2$, Schnittpunkt: $S(1|0)$

Kapitel V, Zeit zu überprüfen, Seite 119

5
a) $\ln(e^2) = 2$ \qquad b) $e^{\ln(3)} = 3$
c) $3 \cdot \ln(e^{-1}) = -3$ \qquad d) $\ln(e^{4,5} \cdot e^2) = 6,5$

6
a) $x = \ln(12) \approx 2,485$ \qquad b) $x = 3$
c) $x = \frac{1}{2}\ln(4,5) \approx 0,752$ \qquad d) $x = 2 \cdot (\ln(4) + 3) \approx 8,773$

Kapitel V, Zeit zu überprüfen, Seite 122

5
a) 5 \qquad b) e^{10} \qquad c) e^5

Kapitel V, Zeit zu überprüfen, Seite 124

6
a) $f'(x) = 3 \cdot e^{0,75x}$
b) $f'(x) = -e^{4x}$
c) $f'(x) = -285 \cdot e^{-0,96x}$

7
a) $f'(x) = 2e^{2x}$; Tangente in $P(0|1)$: $y = 2x + 1$;
Tangente in $Q(0,5|e)$: $y = 2e \cdot x \approx 5,44x$
b) $f'(x) = -e^{-0,25x}$; Tangente in $P(0|4)$: $y = -x + 4$;
Tangente in $Q(-2|4e^{0,5})$: $y = -e^{0,5} \cdot x + 2 \cdot e^{0,5} \approx -1,65x + 3,30$

Kapitel V, Zeit zu überprüfen, Seite 128

6
a) Ansatz für die Bevölkerungszahl $B(n)$ in Milliarden Einwohnern im Jahre n (1950 ≙ n = 0): $B(n) = B(0)e^{kn}$ mit $B(0) = 2,5$; $B(30) = 4,5$ ergibt $2,5e^{30k} = 4,5$ mit der Lösung $k = 0,01959$ (alle Werte gerundet). Damit erhält man: $B(n) = 2,5e^{0,01959n}$. Eine Regression mit dem GTR für die zwei Datenpunkte $(0|2,5)$ und $(30|4,5)$ liefert dasselbe Ergebnis.
Verdopplungszeit $T_V = \frac{\ln 2}{k} \approx 35$ Jahre. Unter der Annahme exponentiellen Wachstums auf der Basis der Jahre 1950 und 1980 verdoppelt sich die Weltbevölkerung alle 35 Jahre. Auf Dauer ist allerdings eher zu erwarten, dass diese Zeit zunimmt (knappere Ressourcen etc.).
b) 2005 ≙ n = 55; $B(55) = 7,3$; der Wert ist etwas zu hoch im Vergleich zum wahren Wert; das Bevölkerungswachstum hat sich wohl etwas abgeschwächt.
1920 ≙ n = -30; $B(-30) = 1,4$; der Wert ist etwas zu gering im Vergleich zum wahren Wert; das Bevölkerungswachstum war wohl vor 1950 etwas geringer (z.B. wegen des Zweiten Weltkrieges).
c) 2050 ≙ n = 100; $B(100) = 17,7$; die Prognose auf der Basis der Entwicklung von 1950 bis 1980 ist also viel höher als die der Experten der Vereinten Nationen. Offenbar gehen die Experten von begrenzenden Effekten aus, z.B. stärkere Geburtenkontrolle.
d) Mit der Funktionsdarstellung $f(x) = 2,5e^{0,01959x}$ ergibt sich $f'(x) = 0,048975 e^{0,01959}$; $f'(50) = 0,130$. Im Jahr 2000 betrug nach dem Modell aus a) die Wachstumsgeschwindigkeit etwa 130 Millionen Einwohner pro Jahr.

Kapitel V, Zeit zu wiederholen, Seite 128

9
$(1|1)$, $(-1,5|0)$ und $(-4|-1)$

10
a) $A(0|-3)$, $B(-2|-7)$, $C(1,5|0)$, $D(2,5|2)$
b) $A(0|0)$, $B(-2|1,5)$, $C(0|0)$, $D\left(-\frac{8}{3}\big|2\right)$
c) $A\left(0\big|\frac{5}{3}\right)$, $B(-2|3)$, $C(2,5|0)$, $D(-0,5|2)$
d) $A\left(0\big|-\frac{4}{3}\right)$, $B\left(-2\big|-\frac{8}{3}\right)$, $C(2|0)$, $D(5|2)$

Kapitel V, Prüfungsvorbereitung ohne Hilfsmittel, Seite 132

1
a) $f'(x) = 0,8 \cdot e^x$
b) $f'(x) = -0,9 \cdot 220 e^{-0,9x} = -198 e^{-0,9x}$
c) $f'(x) = 18 \cdot e^{-0,6t}$
d) $f'(x) = 100 \cdot \ln(1,1) \cdot 1,1^x = 100 \cdot \ln(1,1) \cdot e^{\ln(1,1)x}$

2
a) $f'(0,5) = 2e$ \qquad b) $f'(0) = -1$ \qquad c) $-e^2$

3
a) $x_1 = 2$ \qquad b) $x_1 = 0,5 \cdot \ln(4) = \ln(2)$
c) $x_1 = 0$ \qquad d) $x_1 = -2$

4
a) P(0|1); y = 0,5x + 1   b) P(0|e⁻¹); y = –e⁻¹·x + 2e⁻¹

5
f und C; g und D; h und A; i und B

6
a) 25   b) $\frac{1}{9}$

7
a) 0   b) 1   c) nicht definiert

8
a) Exponentielles Wachstum, da der Bestand in gleichen Zeitschritten mit dem Faktor $\frac{1}{2}$ multipliziert wird.
b) $f(x) = 3 \cdot \left(\frac{1}{2}\right)^x$; für x > 10

9
Vier Halbwertszeiten, also 8 Tage.

Kapitel V, Prüfungsvorbereitung mit Hilfsmittel, Seite 133

1
a) f(2) = 13,9142   b) f(2,2) = 19,5648   c) f(0,5) = –13,5613

2
a) f'(2) = 17,5029   b) f'(–2) = 7,3891   c) f'(10) = –1,3144

3
a) $x_1 = \ln\left(\frac{2}{3}\right) \approx -0{,}405$ b) Keine Lösung
c) Keine Lösung   d) $x_1 = \ln\left(\frac{2}{3}\right) \approx -0{,}405$

4
Modellierung durch exponentielles Wachstum:
f(x) = 45,022 · 1,008ˣ (x in Jahren seit 2004, f(x) in Millionen Fahrzeugen).
Bestand im Jahre 2025: f(21) = 53,2.
Verdoppelungszeit: Die Gleichung f(x) = 2 · 45,022 hat die Lösung x = 87 (gerundet).

5
Es sei f(x) der Anteil des nach x Jahren seit 1986 noch aktiven Caesiums (in Prozent). Dann gilt: f(24) = 100% · e⁻ᵏˣ mit f(30) = 50%. Daher gilt die Gleichung e⁻³⁰ᵏ = 0,5 mit der Lösung k = 0,0231.
a) z.B. im Jahre 2010 ist x = 24, also f(24) = 57,4%.
b) f(x) = 1% hat die Lösung x = 199,3. Also sinkt erst ab etwa 2186 die Aktivität unter 1% des Anfangswertes.

6
a) Ansatz: f(x) = 500 aˣ (x in Jahren seit Anlegen des Teichs, f(x) in Fischen). f(3) = 900 hat die Lösung a = 1,216 (gerundet), Wachstumskonstante k = ln(a) = 0,196;
f(x) = 500 · 1,216ˣ = 500 e^(0,196x). f(7) = 1966 (gerundet).
Nach sieben Jahren beträgt der Fischbestand etwa 1966.

b) Nach vier Jahren beträgt der Bestand f(4) = 500 e^(0,196·4) = 1095. Schreibt man t für die Jahre ab x = 4 und g für die „neue" Wachstumsfunktion, so gilt für t ≥ 0: g(t) = f(4) e^(–0,15t).
Bestand nach sieben Jahren: g(3) = 698.
g(t) = 500 hat die Lösung t = 5,2 (gerundet). Also ist nach etwa 9,2 Jahren (gerechnet vom Einsetzen der Fische) der Bestand auf etwa 500 Fische abgesunken.

7
a) p(x) = 1013 · 0,88ˣ = 1013 · e^(ln(0,88)x) = 1013 · e^(–0,1278x) (x in km)
b) h = 1,69 km

8
a) Schnittstelle von f und g ist $x_0 = 0$.
f'(x) = aˣ · ln(a); g'(x) = –a⁻ˣ · ln(a).
Aus f'(0) · g'(0) = ln(a) · (–ln(a)) = –1 bzw. (ln(a))² = 1 folgt a = e oder a = e⁻¹.
b) Schnittstelle von f und g ist $x_0 = 0$ (a ≠ b). f'(x) = aˣ · ln(a); g'(x) = bˣ · ln(b). Aus f'(0) · g'(0) = ln(a) · ln(b) = –1.

Kapitel VI, Zeit zu überprüfen, Seite 138

4
a) 1 Karo entspricht einer Höhe von 5 m. 1 FE entspricht einer Höhe von 1 m.

Zeitpunkt	10 s	20 s	30 s	40 s
Höhe	410 m	430 m	440 m	435 m

b) Nach insgesamt 90 s.

Kapitel VI, Zeit zu überprüfen, Seite 142

4
a) $\int_0^6 \frac{1}{2}x\, dx = 9$

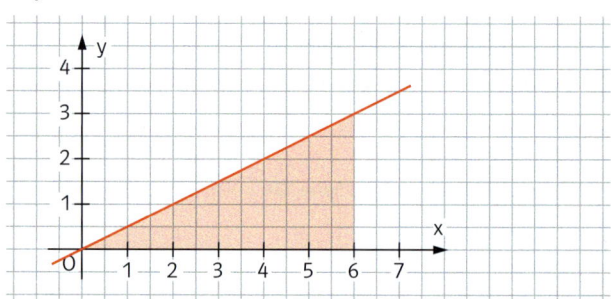

b) $\int_{-1}^{2}(2x-1)dx = 0$

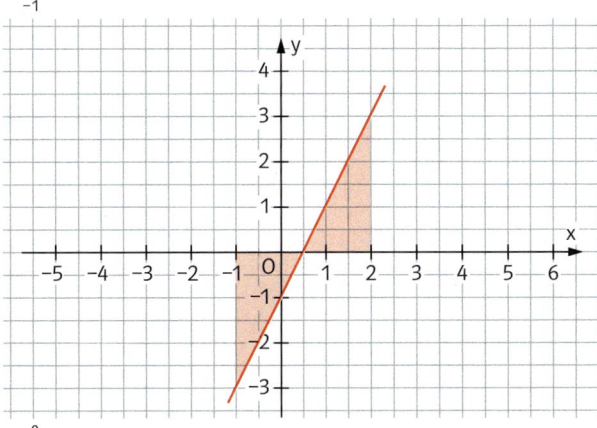

c) $\int_{-10}^{0} -0.5\,dt = -5$

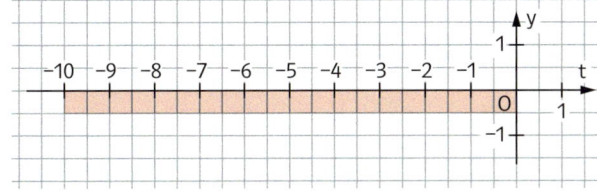

5
$A_1 = \int_{-1}^{0} 3x(x-1)(x+1)dx = 0{,}75$; $A_2 = -\int_{0}^{1} 3x(x-1)(x+1)dx = 0{,}75$;
$A_3 = \int_{1}^{1,2} 3x(x-1)(x+1)dx = 0{,}145$

Kapitel VI, Zeit zu überprüfen, Seite 146

7
$F'(x) = 0{,}4x^3 = \frac{2}{5}x^3 = h(x)$; F ist eine Stammfunktion von h.
$G'(x) = \frac{8}{20}x^3 = \frac{2}{5}x^3 = h(x)$; G ist eine Stammfunktion von h.

8
a) $\int_{-2}^{5} x^2 dx = \left[\frac{1}{3}x^3\right]_{-2}^{5} = \frac{1}{3} \cdot 5^3 - \left(\frac{1}{3} \cdot (-2)^3\right) = \frac{125}{3} + \frac{8}{3} = \frac{133}{3} = 44\frac{1}{3}$

b) $\int_{-2}^{-1} -\frac{1}{2}x^4 dx = \left[-\frac{1}{10}x^5\right]_{-2}^{-1} = -\frac{1}{10}(-1)^5 - \left(-\frac{1}{10} \cdot (-2)^5\right) = \frac{1}{10} - \frac{32}{10}$
$= -\frac{31}{10} = -3{,}1$

Kapitel VI, Zeit zu wiederholen, Seite 146

14
a) $x_1 = 2$; $x_2 = -1$ b) $x = -\frac{3}{2}$
c) $x = -1$ d) $x_1 = 0$; $x_2 = \frac{1}{2}$
e) $x = \ln(3) \approx 1{,}099$ f) $x_1 = 2$; $x_2 = -2$; $x_3 = 3$; $x_4 = -3$
g) $x_1 = 0$; $x_2 = -1$; $x_3 = -9$ h) $x = \ln(1) = 0$

15
a) $x_1 = 2 - \frac{\sqrt{18}}{2} \approx -0{,}121$; $x_2 = 2 + \frac{\sqrt{18}}{2} \approx 4{,}121$
b) $x_1 = -3$; $x_2 = -1$
c) $x_1 = 0$; $x_2 = 3$; $x_3 = -3$ d) $x_1 = 1{,}5$; $x_2 = -0{,}5$
e) $x = 2$ f) $x = \frac{1}{2}\ln(5) \approx 0{,}805$

Kapitel VI, Zeit zu überprüfen, Seite 150

8
a) $F(x) = \frac{1}{30}x^3 + \frac{2}{x}$ b) $F(x) = \ln|x| + x$

9
a) $\int_{-1}^{1} \frac{1}{2}(x+1)^2 dx = \left[\frac{1}{6}x^3 + \frac{1}{2}x^2 + \frac{1}{2}x\right]_{-1}^{1} = 1$

b) $\int_{0}^{1} \frac{1}{2}e^{2x} dx = \left[\frac{1}{4}e^{2x}\right]_{0}^{1} = \frac{1}{4}e^2 - \frac{1}{4} \approx 1{,}597$

c) $\int_{-2}^{-1} \frac{1}{x^2} dx = \left[-\frac{1}{x}\right]_{-2}^{-1} = \frac{1}{2}$

10
A ist wahr, da $F'(x) = f(x)$ für $0 < x < 2$ negativ ist.
B ist falsch.
C ist wahr, da $F'(-1) = f(-1) = 0$ ist und $F' = f$ an der Stelle
$x = -1$ einen Vorzeichenwechsel von – nach + hat.
D ist falsch. (Es kann zwar eine Stammfunktion F geben, für die D zutrifft, aber für eine beliebige Stammfunktion ist D falsch.)
E ist wahr, da $F''(1{,}2) = f'(1{,}2) = 0$ ist und $F'' = f'$ an der Stelle
$x = 1{,}2$ einen Vorzeichenwechsel hat.

Kapitel VI, Zeit zu überprüfen, Seite 154

6
$A = \int_{0}^{4}(-x^2 + 4x)dx = \left[-\frac{1}{3}x^3 + 2x^2\right]_{0}^{4} = 10\frac{2}{3}$

7
a) $A = \int_{0}^{2}(f(x) - g(x))dx = 1\frac{1}{3}$

b) $A = \int_{2}^{4} f(x)dx - \int_{2}^{3} g(x)dx = 5\frac{1}{3} - 2\frac{3}{4} \approx 2{,}58$

c) $A = 8 - \int_{0}^{2} f(x)dx = 8 - 5\frac{1}{3} = 2\frac{2}{3}$

Kapitel VI, Zeit zu wiederholen, Seite 154

12
a) D muss der Graph von g sein, da g als einzige eine ganzrationale Funktion vierten Grades ist und somit drei Extremstellen haben kann. Die anderen Funktionen sind Funktionen dritten Grades und können höchstens zwei Extremstellen haben.
f hat die Nullstellen $x_1 = 0$; $x_2 = 1$; $x_3 = -1$.
h hat die Nullstellen $x_1 = 0$; $x_2 = 2$ und $h(x) \to +\infty$ für $x \to +\infty$.
i hat die Nullstellen $x_1 = 0$; $x_2 = 2$ und $i(x) \to -\infty$ für $x \to +\infty$.
Demnach gehört A zu f; C zu h; B zu i.
b) $j(0) = -2$; der Punkt $P(0|-2)$ gehört zu keinem der abgebildeten Graphen.

Kapitel VI, Zeit zu überprüfen, Seite 157

3
$A(z) = \int_{0,5}^{z} \frac{4}{x^3} dx = \left[-\frac{2}{x^2}\right]_{0,5}^{z} = \frac{-2}{z^2} + 8$

$A(z) \to 8$ für $z \to +\infty$.
Die Fläche hat den endlichen Inhalt $A = 8$.

Kapitel VI, Zeit zu wiederholen, Seite 162

13
a) Wahr. Dieser Koeffizient der Potenz mit dem höchsten Exponenten 4 ist negativ, also gilt: $f(x) \to -\infty$ für $x \to +\infty$ und für $x \to -\infty$.
b) Wahr. Entweder gilt $f(x) \to +\infty$ für $x \to +\infty$ und $f(x) \to -\infty$ für $x \to -\infty$ oder $f(x) \to -\infty$ für $x \to +\infty$ und $f(x) \to +\infty$ für $x \to -\infty$. Wegen der Differenzierbarkeit von f muss f mindestens eine Nullstelle haben.
c) Falsch. Gegenbeispiel: f mit $f(x) = x^2 + 1$ hat den Grad $n = 2$ und keine Nullstelle.

Kapitel VI, Prüfungsvorbereitung ohne Hilfsmittel, Seite 164

1
a) $\int_{-2}^{2} x(x-1)\,dx = \int_{-2}^{2} (x^2 - x)\,dx = \left[\frac{1}{3}x^3 - \frac{1}{2}x^2\right]_{-2}^{2} = \frac{8}{3} - 2 - \left(-\frac{8}{3} + 2\right) = \frac{16}{3}$
$= 5\frac{1}{3}$

b) $\int_{1}^{10} x^{-1}\,dx = \int_{1}^{10} \frac{1}{x}\,dx = \left[\ln|x|\right]_{1}^{10} = \ln(10) - \ln(1) = \ln(10) \approx 2{,}30$

c) $\int_{0}^{\ln(4)} e^{\frac{1}{2}x}\,dx = \left[2e^{\frac{1}{2}x}\right]_{0}^{\ln(4)} = 2 \cdot 2 - 2 = 2$

2
a) $F(x) = \frac{5}{2} e^{0,1x}$
b) $F(x) = \frac{25}{6}x^3 - \frac{5}{2}x^2 + \frac{1}{2}x$

3
$A = 2$

4
$\lim_{x \to \infty} (-2 \cdot x^{-5} + 2) = 2$

5

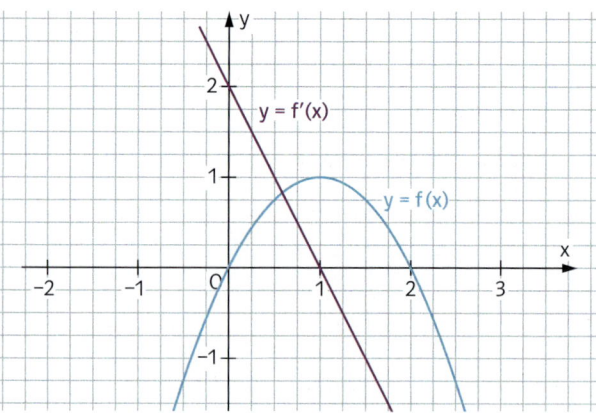

6
a) g(2) entspricht der Steigung des Graphen von G an der Stelle 2; $g(2) \approx -0{,}5$.
b) Nach dem Hauptsatz gilt:
$\int_{1}^{4} g(x)\,dx = G(4) - G(1) \approx 0{,}5 - 1{,}5 = -1$.

7
A ist falsch. Es ist $f(x) \geq 0$ für $x \in [-1; 0]$, also ist F streng monoton steigend.
B ist richtig. Es ist $f(0) = F'(0) = 0$ und $f = F'$ hat an der Stelle 0 einen VZW von + nach –. An der Stelle 0 hat der Graph von F einen Hochpunkt.
C ist falsch. F kann an der Stelle 0 eine Nullstelle haben.
D ist wahr. Es ist $f'(1) = F''(1) = 0$ und $f' = F''$ hat an der Stelle 1 einen VZW von – nach +.

8
f_a hat die Nullstellen $x_1 = -1$ und $x_2 = 1$. $f_a(x) \geq 0$ für $-1 \leq x \leq 1$, die gesuchte Fläche liegt also oberhalb der x-Achse.

$A = \int_{-1}^{1} f(x)\,dx = \left[-\frac{1}{3}ax^3 + ax\right]_{-1}^{1} = -\frac{1}{3}a + a - \left(\frac{1}{3}a - a\right) = \frac{4}{3}a$

Aus $\frac{4}{3}a = 4$ folgt $a = 3$.

9
a) Der Ballon ist im Steigen und seine Steiggeschwindigkeit ist maximal mit ca. $44\,\frac{m}{min}$.
b) Nach 25 Minuten. Die erreichte Höhe entspricht einem orientierten Flächeninhalt; $H = \int_{0}^{15} v(t)\,dt$.

c) Der Landepunkt liegt höher als der Startpunkt, da der orientierte Flächeninhalt im Intervall [0; 40] positiv ist.

Kapitel VI, Prüfungsvorbereitung mit Hilfsmitteln, Seite 165

1
a) Nullstellen von f: $x_1 = -2$; $x_2 = 2$; $x_3 = 0$
$A_1 = -\int_{-2}^{2}(0,5x^2(x^2-4))dx \approx 4,27$

b) Die Tiefpunkte des Graphen von f sind $T_1(-\sqrt{2}\,|-2)$ und $T_2(\sqrt{2}\,|-2)$. Für den Inhalt A_2 gilt: $A_2 = \int_{-\sqrt{2}}^{\sqrt{2}}(f(x)-(-2))dx \approx 3,02$.

2
a) $S(0\,|\,1)$; da $f'(x) = e^{-x} > 0$, ist f streng monoton steigend.

b) $A = \int_0^5 f(x)dx = [x + e^{-x}]_0^5 \approx 4,01$

c) $A = \left|\int_{-\ln(4)}^{0} f(x)dx\right| = \left|[x + e^{-x}]_0^5\right| \approx 2,613$

3
a) Es gilt: $f(t) = 0,1e^{-0,1t} > 0$ für $t > 0$, also ist die momentane Zuflussrate positiv, die Ölmenge nimmt zu.

b) Ölmenge $g(T)$ im Behälter zur Zeit T:
$g(T) = 2 + \int_0^T 0,1e^{-0,1t}dt = 2 + [-e^{-0,1t}]_0^T = 2 - e^{-0,1T} + 1 = 3 - e^{-0,1T}$.
Es gilt: $\lim_{T\to\infty} g(T) = 3$. Die Ölmenge kann maximal $3\,cm^3$ betragen.

4
a) Um 18 Uhr.

b) Zwischen 0 Uhr und 6 Uhr: $\int_0^6 g(t)dt = 28,8$.
Zufluss $V_1 = 28\,800\,m^3$.
Zwischen 6 Uhr und 18 Uhr: $\int_6^{18} g(t)dt = -28,8$.
Abfluss $V_2 = 28\,800\,m^3$.
Zwischen 0 Uhr und 6 Uhr: $\int_{18}^{24} g(t)dt = 28,8$.
Zufluss $V_3 = 28\,800\,m^3$.

5
a) Der Querschnitt des Kanals lässt sich beschreiben durch f mit $f(x) = \frac{1}{8}x^2$. Inhalt der Querschnittsfläche $A = 16 - \int_{-4}^{4}\frac{1}{8}x^2 dx = 10\frac{2}{3}$.

b) $V = 10\frac{2}{3} \cdot 2000 = 21333\frac{1}{3} \approx 21333$

c) Querschnittsfläche zur halben Höhe
$A^* = 2\sqrt{8} - \int_{-\sqrt{8}}^{\sqrt{8}}\frac{1}{8}x^2 dx = \frac{8}{3}\sqrt{2} \approx 3,771$
$V^* = \frac{8}{3}\sqrt{2} \cdot 2000 \approx 7542$.
Im bis zur halben Höhe gefüllten Kanal befinden sich etwa 35% der Wassermenge des gefüllten Kanals.

Kapitel VII, Zeit zu überprüfen, Seite 170

6
a) $(-5;\,-1;\,-1)$ b) $\left(\frac{3}{7};\,-\frac{6}{7};\,-\frac{23}{7}\right)$ c) $(9,5;\,10,5;\,5,5)$

Kapitel VII, Zeit zu wiederholen, Seite 171

13
Man würde bei Uranus kaufen.

Kapitel VII, Zeit zu überprüfen, Seite 174

5
a) $L = \{(4;\,-2;\,-2)\}$ b) $L = \{\,\}$ c) $L = \left\{\left(-\frac{3}{2}-\frac{1}{2}t;\,\frac{1}{2}+\frac{1}{2}t;\,t\right)\,\middle|\,t\in\mathbb{R}\right\}$

6
a) $L = \{(-444,5;\,-570,5;\,385)\}$ b) $L = \left\{\left(\frac{129}{23};\,-\frac{359}{23};\,\frac{4}{23}\right)\right\}$
c) $L = \{\,\}$

Kapitel VII, Zeit zu überprüfen, Seite 176

7
$f(x) = -0,25x^3 + 0,75x^2 + 0,5x + 4$

8
Aus der Symmetrie zur y-Achse folgt, dass im Funktionsterm nur gerade Exponenten von x vorkommen.
Aus $H(1\,|\,-3)$ Hochpunkt folgt: $f(1) = -3$ und $f'(1) = 0$.
Schnittpunkt mit der y-Achse bei $y = -1$ liefert die Bedingung: $f(0) = -1$.
Die Lösung des LGS ergibt: $f(x) = 2x^4 - 4x^2 - 1$.
Der Graph dieser Funktion hat aber an der Stelle $x = 1$ einen Tiefpunkt. Es gibt somit keine ganzrationale Funktion vierten Grades mit den geforderten Eigenschaften.

Kapitel VII, Prüfungsvorbereitung ohne Hilfsmittel, Seite 182

1
a) $L = \{(11;\,1;\,3)\}$ b) $L = \{(0;\,6;\,2)\}$ c) $L = \{(-2;\,3;\,4)\}$

2
a) $L = \left\{\left(-\frac{14}{9}+t;\,\frac{43}{9}-t;\,t\right)\,\middle|\,t\in\mathbb{R}\right\}$ b) $L = \{(1-t;\,2+2t;\,t)\}$
c) $L = \left\{\left(2-\frac{5}{4}t;\,-1-\frac{7}{4}t;\,t\right)\,\middle|\,t\in\mathbb{R}\right\}$

3
a) $L = \{(-1;\,2)\}$ b) $L = \{\,\}$ c) $L = \{(3-1,5t;\,t)\}$

4
a) $L = \left\{\left(\frac{18}{5}+\frac{14}{5}r;\,\frac{18}{5}+\frac{24}{5}r;\,6+4r\right)\right\}$
b) $L = \{(5-r;\,-6+4,5r;\,-16+12,5r)\}$
c) $L = \left\{\left(2+r;\,-\frac{10}{7}-\frac{6}{7}r;\,-\frac{4}{7}-\frac{1}{7}r\right)\right\}$

5
a) LGS: $\alpha + \beta + \gamma + \delta = 360°$
$\alpha - \gamma = 0°$
$\alpha - 2\beta = 0°$
$\beta - 2\gamma + \delta = 0°$
Lösung: $\alpha = 90°$; $\beta = 45°$; $\gamma = 90°$; $\delta = 135°$
b) LGS: $\alpha + \beta + \gamma + \delta = 360°$
$\alpha - \gamma = 0°$
$\alpha - \beta = -40°$
$\beta - 4\gamma + \delta = 0°$
Lösung: $\alpha = 60°$; $\beta = 100°$; $\gamma = 60°$; $\delta = 140°$

6
$f(x) = 2x^2 + 8x - 3$; Scheitelpunkt: $S(-2|-11)$

7
Ansatz: $f(x) = a_2 x^2 + a_1 x + a_0$
LGS: $a_2 - a_1 + a_0 = 4$
$16 a_2 - 4 a_1 + a_0 = 5$
$-2 a_2 + a_1 = 0$
Lösung: $a_2 = \frac{1}{9}$; $a_1 = \frac{2}{9}$; $a_0 = \frac{37}{9}$; $f(x) = \frac{1}{9}x^2 + \frac{2}{9}x + \frac{37}{9}$
Der Graph dieser Funktion hat aber an der Stelle $x = -1$ einen Tiefpunkt, also gibt es keine solche Funktion.

8
a) Ansatz: $f(x) = a_3 x^3 + a_2 x^2 + a_1 x + a_0$
LGS: $27 a_3 + 9 a_2 + 3 a_1 + a_0 = -8$ (Punkt $(3|-8)$)
$ a_0 = 0$ (Punkt $(0|0)$)
$27 a_3 + 6 a_2 + a_1 = 0$ (Extremstelle, $f'(3) = 0$)
$ 2 a_2 = 0$ (Wendestelle, $f''(0) = 0$)
Lösung: $a_3 = \frac{4}{27}$; $a_2 = 0$; $a_1 = -4$; $a_0 = 0$; $f(x) = \frac{4}{27}x^3 - 4$
Der Graph dieser Funktion hat an der Stelle $x = 3$ einen Tiefpunkt.
b) Ansatz: $f(x) = a_3 x^3 + a_2 x^2 + a_1 x + a_0$
LGS: $8 a_3 + 4 a_2 + 2 a_1 + a_0 = 23$ (Punkt $(2|23)$)
$64 a_3 + 16 a_2 + 4 a_1 + a_0 = 19$ (Punkt $(4|19)$)
$12 a_3 + 4 a_2 + a_1 = 0$ (Extremstelle, $f'(2) = 0$)
$48 a_3 + 8 a_2 + a_1 = 0$ (Extremstelle, $f'(4) = 0$)
Lösung: $a_3 = 1$; $a_2 = -9$; $a_1 = 24$; $a_0 = 3$; $f(x) = x^3 - 9x^2 + 24x + 3$

9
Z.B.: $x_1 + x_2 + x_3 = 1$
$x_1 + x_2 + x_3 = 2$

10
a) Die Aussage ist falsch, zum Beispiel:
$x_1 + x_2 = 0$
$x_1 + x_2 = 1$
Das LGS hat keine Lösung.
b) Die Aussage ist falsch, zum Beispiel:
$x_1 + x_2 - x_3 = 1$
$2x_1 + 3x_2 - x_3 = 4$
$x_1 - x_2 + x_3 = 1$
$x_1 + x_2 + x_3 = 3$
Das LGS hat keine Lösung.

11
a) $L = \{(t; 3 - 2t) \mid t \in \mathbb{R}\}$, $x_1 = t$, $x_2 = 3 - 2t$
Ersetzt man den Parameter t, so erhält man: $x_2 = -2x_1 + 3$.
Der Graph ist eine Gerade mit der Steigung -2 und dem Achsenabschnitt 3.
b) Jede der beiden Gleichungen hat für sich eine Lösungsmenge, die sich als Graph einer Geraden veranschaulichen lässt. Da die Geraden unterschiedliche Steigungen haben (2 und -2), existiert ein Schnittpunkt. Dessen Koordinaten entsprechen der eindeutigen Lösung des LGS.
Ein Gleichungssystem mit zwei Variablen hat keine Lösung, wenn die zu zwei seiner Gleichungen gehörenden Geraden parallel sind (oder die Geraden bei mehr als zwei Gleichungen verschiedene Schnittpunkte haben).
Die Lösung ist eindeutig, wenn die zu den Gleichungen gehörenden Geraden alle durch einen gemeinsamen Punkt gehen.
Die Lösungsmenge ist unbegrenzt, wenn alle Gleichungen die gleiche Gerade darstellen.

Kapitel VII, Prüfungsvorbereitung mit Hilfsmitteln, Seite 183

1
a) $f(x) = 2x^3 - 4x^2 - 2x + 4$ b) $f(x) = 4x^3 - 4x^2 - 36x - 4$

2
$f(-2) = 3$; $f'(-2) = 0$; $f(2) = 1$; $f'(2) = 0$
Man erhält: $f(x) = \frac{1}{16}x^3 - \frac{3}{4}x + 2$.

3
a) Ansatz: $f(x) = a_3 x^3 + a_2 x^2 + a_1 x + a_0$
LGS: $-a_3 + a_2 - a_1 + a_0 = 0$ (Nullstelle $x = -1$)
$6{,}75 a_3 + 3 a_2 + a_1 = 0$ (Extremstelle, $f'(1{,}5) = 0$)
$\frac{8}{27} a_3 + \frac{4}{9} a_2 + \frac{2}{3} a_1 + a_0 = -\frac{11}{3}$ (Punkt $\left(\frac{2}{3}\middle|-\frac{11}{3}\right)$)
$4 a_3 + \frac{4}{3} a_2 = 0$ (Wendestelle, $f''\left(\frac{2}{3}\right) = 0$)
$\frac{4}{3} a_3 + \frac{4}{3} a_2 + a_1 = -\frac{34}{3}$ (Steigung der Wendetangente, $f'\left(\frac{2}{3}\right) = -\frac{34}{3}$)
Lösung: $L = \{\ \}$
Eine Funktion mit den gegebenen Eigenschaften gibt es nicht.
b) Ansatz: $f(x) = a_3 x^3 + a_2 x^2 + a_1 x + a_0$
LGS: $8 a_3 + 4 a_2 + 2 a_1 + a_0 = 4$ (Punkt $(2|4)$)
$-\frac{1}{8} a_3 + \frac{1}{4} a_2 - \frac{1}{2} a_1 + a_0 = 6{,}5$ (Punkt $(-0{,}5|6{,}5)$)
$12 a_3 - 4 a_2 + a_1 = 0$ (Hochpunkt, $f'(-2) = 0$)
$-3 a_3 + 2 a_2 = 0$ (Wendepunkt, $f''(-0{,}5) = 0$)
Lösung: $L = \{(2; 3; -12; 0)\}$; $f(x) = 2x^3 + 3x^2 - 12x$
Der Graph der Funktion f hat an der Stelle $x = -2$ einen Hochpunkt.

4
$n = 7454$

5
Für f mit $f(t) = a \cdot t \cdot e^{-kt}$ erhält man mithilfe der Produkt- und Kettenregel: $f'(t) = a \cdot e^{-kt} - a \cdot k \cdot t \cdot e^{-kt} = (1 - kt) \cdot a \cdot e^{-kt}$.
Aus den Angaben folgt: $f(3) = 27$ und $f'(3) = 0$.
Damit ergibt sich: (I) $3 \cdot a \cdot e^{-3k} = 27$ und (II) $(1 - 3k) \cdot a \cdot e^{-3k} = 0$.
Da $a > 0$ und $e^{-3k} > 0$ folgt aus (II) $1 - 3k = 0$ und daraus $k = \frac{1}{3}$.
Aus (I) folgt damit $a = 9e$.
Damit ergibt sich $f(t) = 9 \cdot e \cdot t \cdot e^{-\frac{1}{3}t}$. Der Graph von f hat an der Stelle $t = 3$ das geforderte Maximum.

6
a) LGS: $a - 36b = 350$
$\;6a - 702b = 1160$
Lösung: $a \approx 419{,}63$; $b \approx 1{,}93$
Wähle $a = 420$ und $b = 2$. $f(x) = \frac{(420x - 10)}{(2x - 10)}$;
$f(15) = 157{,}75$; man würde für die 15. Woche etwa 157 verkaufte Stücke erwarten.
b) LGS: $3a - 237b = 780$
$\;4a - 376b = 930$
Lösung: $a \approx 404{,}83$; $b \approx 1{,}83$
Wähle $a = 405$ und $b = 2$. $f(x) = \frac{(405x - 10)}{(2x - 10)}$;
$f(15) = 152{,}13$; man würde für die 15. Woche etwa 152 verkaufte Stück erwarten. Dies entspricht etwa 96,81% des Wertes aus Teilaufgabe a).

7
a) x_1; x_2 und x_3 sind die Prozentangaben für die Sorten A, B und C.
LGS: $96x_1 + 93x_2 + 93{,}2x_3 = 95$
$\;2{,}5x_1 + 4x_2 + 3{,}9x_3 = 3$
$\;x_1 + x_2 + x_3 = 1$
Lösung: $L = \left\{\left(\frac{2}{3} - \frac{1}{15}t; \frac{1}{3} - \frac{14}{15}t; t\right) \mid t \in \mathbb{R}\right\}$. Für t gilt: $0 \leq t \leq \frac{5}{14}$.
b) x_1; x_2 und x_3 sind die Prozentangaben für die Sorten A, B und C.
LGS: $96x_1 + 93x_2 + 93{,}2x_3 = 95$
$\;2{,}5x_1 + 4x_2 + 3{,}9x_3 = 3$
$\;1{,}1x_1 + 1{,}4x_2 + 1{,}2x_3 = 1{,}2$
$\;0{,}4x_1 + 1{,}6x_2 + 1{,}7x_3 = 0{,}8$
Lösung: $L = \left\{\left(\frac{2}{3}; \frac{1}{3}; 0\right)\right\}$.

Kapitel VIII, Zeit zu überprüfen, Seite 188

5
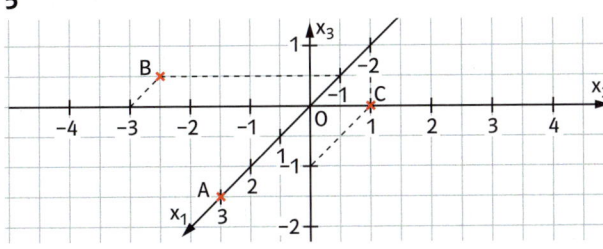
A liegt auf der x_1-Achse. B liegt in der x_1x_2-Ebene.
C liegt in der x_1x_3-Ebene.

6
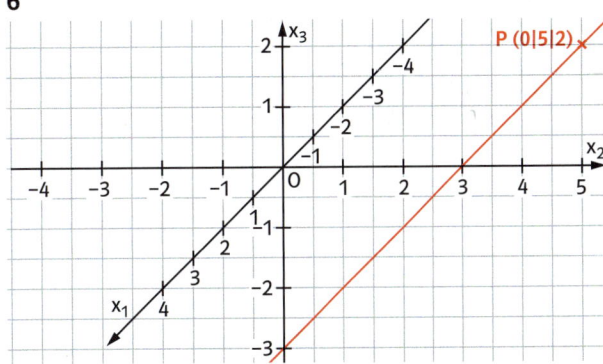
Alle Punkte des Raumes mit der x_2-Koordinate 5 und der x_3-Koordinate 2 liegen auf einer Geraden, die parallel zur x_1-Achse ist und durch den Punkt $P(0|5|2)$ geht.

Kapitel VIII, Zeit zu überprüfen, Seite 191

8
$\overrightarrow{DE} = \begin{pmatrix} -2 \\ 2 \\ -1 \end{pmatrix}$; $\overrightarrow{ED} = \begin{pmatrix} 2 \\ -2 \\ 1 \end{pmatrix}$

9
$P(2|2|-2)$

Kapitel VIII, Zeit zu überprüfen, Seite 196

9
a) $\begin{pmatrix} 1 \\ 1 \\ 1 \end{pmatrix}$ b) $\begin{pmatrix} 0{,}5 \\ 19{,}7 \\ 2 \end{pmatrix}$ c) $\begin{pmatrix} 0 \\ -16 \\ -16 \end{pmatrix}$

10
a) $M\left(-\frac{1}{2} \middle| \frac{7}{2} \middle| \frac{1}{2}\right)$ b) $B(6|-10|11)$ c) $A(2|-1|-1)$

Kapitel VIII, Zeit zu überprüfen, Seite 199

7
a) $\vec{x} = \begin{pmatrix} 4 \\ 7 \end{pmatrix} + t \cdot \begin{pmatrix} 3 \\ -3 \end{pmatrix}$ b) $\vec{x} = \begin{pmatrix} 1 \\ 2 \\ 3 \end{pmatrix} + t \cdot \begin{pmatrix} 2 \\ 0 \\ -2 \end{pmatrix}$

8
a) z.B. $P(4|-3|5)$; $Q(1|-1|-4)$
b) A liegt nicht auf der Geraden g. B liegt auf der Geraden g.

Kapitel VIII, Zeit zu überprüfen, Seite 204

5
Die Geraden g und h sind zueinander (echt) parallel.

6
$S(3|1|5)$

Kapitel VIII, Zeit zu wiederholen, Seite 205

15
Formel (I): Prismen (d.h. auch Quader, Würfel), Zylinder
Formel (II): Kegel, Pyramide

16
$v_{Wasser} = \frac{2}{3} \cdot 10\,cm^2 \cdot 15\,cm = 100\,m^3$

Kapitel VIII, Zeit zu überprüfen, Seite 209

5
$|\vec{a}| = \sqrt{16 + 5 + 4} = 5$; $\vec{a_0} = \frac{1}{5} \cdot \begin{pmatrix} 4 \\ \sqrt{5} \\ 2 \end{pmatrix}$

6
$\overrightarrow{PQ} = \sqrt{(6,5-1)^2 + (2-1)^2 + (5-1)^2} = \sqrt{47,25} \approx 6,9$

7
Das Flugzeug ist ca. 16,6 km vom Punkt S entfernt und hat eine Höhe von 7,5 km erreicht.

Kapitel VIII, Prüfungsvorbereitung ohne Hilfsmittel, Seite 214

1
a) $\begin{pmatrix} 1 \\ -1 \\ 8 \end{pmatrix}$ b) $\begin{pmatrix} 22 \\ -18 \\ -8 \end{pmatrix}$ c) $\begin{pmatrix} -9 \\ -14 \\ -2 \end{pmatrix}$

2
a) z.B. P(1|1|1) b) z.B. Q(0|0|1)
c) z.B. R(1|1|1) d) z.B. Q(0|0|1)

3
a) $\begin{pmatrix} -4 \\ -3 \\ -10 \end{pmatrix}$ b) $\begin{pmatrix} -6 \\ 0 \\ 6 \end{pmatrix}$ c) $\begin{pmatrix} 113 \\ 2,5 \\ 10\frac{3}{8} \end{pmatrix}$

4
a) $\vec{c} = -\vec{b}$; $\vec{d} = -\vec{a}$; $\vec{e} = \vec{b} - \vec{a}$
b) $\vec{a} = -\vec{d}$; $\vec{b} = \vec{e} - \vec{d}$; $\vec{c} = \vec{d} - \vec{e}$

5
a) $5\sqrt{2}$ b) $p_3 = 0$

6
a) $g: \vec{x} = \begin{pmatrix} -1 \\ 2 \\ -3 \end{pmatrix} + t \cdot \begin{pmatrix} 3 \\ 3 \\ 5 \end{pmatrix}$. Der Punkt P liegt auf der Geraden.

b) $g: \vec{x} = \begin{pmatrix} -6 \\ 5 \\ 3 \end{pmatrix} + t \cdot \begin{pmatrix} 10 \\ -7 \\ 0 \end{pmatrix}$. Der Punkt P liegt nicht auf der Geraden.

7
a) $g: \vec{x} = \begin{pmatrix} 1 \\ 1 \\ 1 \end{pmatrix} + r \cdot \begin{pmatrix} 2 \\ 1 \\ 2 \end{pmatrix}$ und $h: \vec{x} = \begin{pmatrix} 1 \\ 1 \\ 1 \end{pmatrix} + s \cdot \begin{pmatrix} -2 \\ -1 \\ -2 \end{pmatrix}$

b) $g: \vec{x} = \begin{pmatrix} 1 \\ 1 \\ 1 \end{pmatrix} + r \cdot \begin{pmatrix} 2 \\ 1 \\ 2 \end{pmatrix}$ und $h: \vec{x} = \begin{pmatrix} 3 \\ 1 \\ 2 \end{pmatrix} + s \cdot \begin{pmatrix} 2 \\ 1 \\ 2 \end{pmatrix}$

c) $g: \vec{x} = r \cdot \begin{pmatrix} 2 \\ 1 \\ 2 \end{pmatrix}$ und $h: \vec{x} = \begin{pmatrix} 1 \\ 1 \\ 1 \end{pmatrix} + s \cdot \begin{pmatrix} -2 \\ -1 \\ -3 \end{pmatrix}$

8
a) Die Geraden schneiden sich im Punkt $S\left(-27\frac{4}{9} \mid 26\frac{5}{9}\right)$.

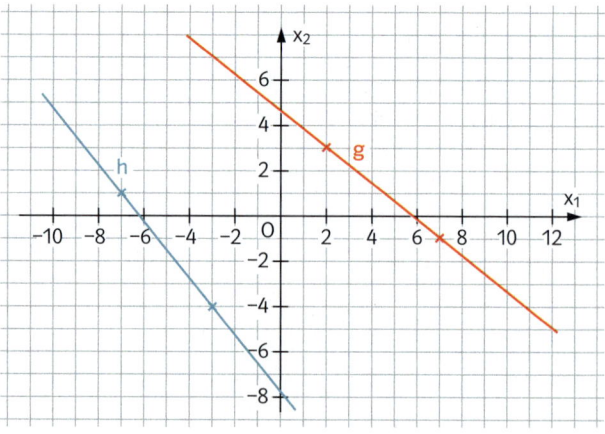

b) Die Geraden sind zueinander windschief.

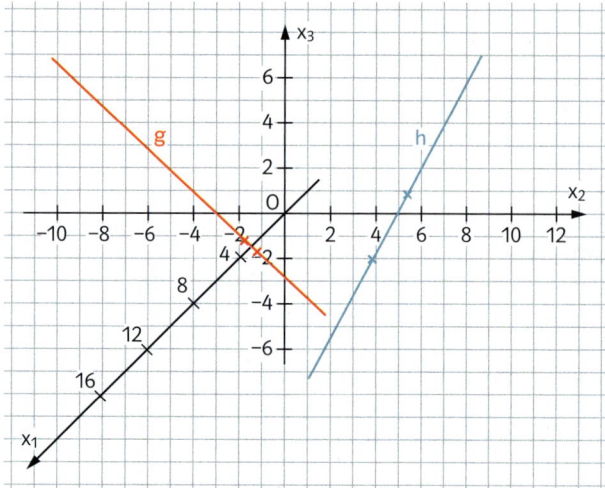

9
Die Raumdiagonalen schneiden sich im Punkt $S(3|2|1)$.
Der Punkt S hat von den Kantenmitten die Abstände $\sqrt{5}$, $\sqrt{10}$ und $\sqrt{13}$.

10
Geradengleichung: $\vec{x} = \begin{pmatrix} 1 \\ 1 \\ 1 \end{pmatrix} + r \cdot \frac{1}{\sqrt{29}} \begin{pmatrix} -2 \\ 4 \\ -3 \end{pmatrix}$

a) $P\left(1 - \frac{10}{\sqrt{29}} \mid 1 + \frac{20}{\sqrt{29}} \mid 1 - \frac{15}{\sqrt{29}}\right)$; $Q\left(1 + \frac{10}{\sqrt{29}} \mid 1 - \frac{20}{\sqrt{29}} \mid 1 + \frac{15}{\sqrt{29}}\right)$

b) $P\left(1 - \frac{5}{\sqrt{29}} \mid 1 + \frac{10}{\sqrt{29}} \mid 1 - \frac{7,5}{\sqrt{29}}\right)$; $Q\left(1 + \frac{5}{\sqrt{29}} \mid 1 - \frac{10}{\sqrt{29}} \mid 1 + \frac{7,5}{\sqrt{29}}\right)$

c) $P\left(1 - \frac{40}{\sqrt{29}} \mid 1 + \frac{80}{\sqrt{29}} \mid 1 - \frac{60}{\sqrt{29}}\right)$; $Q\left(1 + \frac{40}{\sqrt{29}} \mid 1 - \frac{80}{\sqrt{29}} \mid 1 + \frac{60}{\sqrt{29}}\right)$

Kapitel VIII, Prüfungsvorbereitung mit Hilfsmitteln, Seite 215

1

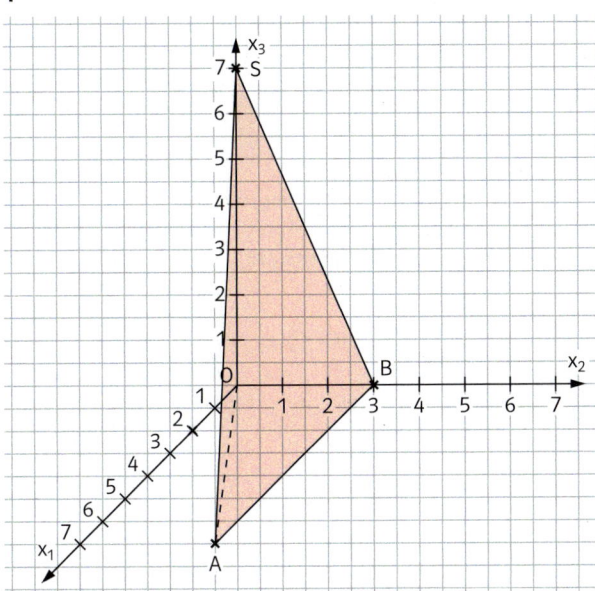

$V = (0{,}5 \cdot 7 \cdot 3) \cdot 7 = 73{,}5$

2
A(0|13|15)
B(-4|5|3)

3
a) Die Geraden g und h sind zueinander windschief.
b) Die Geraden g und h sind identisch.
c) Die Geraden g und h schneiden sich im Punkt S(3|3|9).
d) Die Geraden g und h sind zueinander parallel.

4
a) $|\overrightarrow{AB}| = |\overrightarrow{BC}| = 3$. Also besitzt das Dreieck mindestens zwei gleich lange Seiten.
M(5,5|5|5,5). $\overrightarrow{OD} = \overrightarrow{OM} + \overrightarrow{BM} = \begin{pmatrix}5{,}5\\5\\5{,}5\end{pmatrix} + \begin{pmatrix}0{,}5\\-1\\-0{,}5\end{pmatrix} = \begin{pmatrix}6\\4\\5\end{pmatrix}$. D(6|4|5).

b) $g: \vec{x} = \begin{pmatrix}5{,}5\\5\\5{,}5\end{pmatrix} + t \cdot \begin{pmatrix}0\\1\\-2\end{pmatrix}$ Betrag des Richtungsvektors: $\left|\begin{pmatrix}0\\1\\-2\end{pmatrix}\right| = \sqrt{5}$

$\overrightarrow{OS_1} = \begin{pmatrix}5{,}5\\5\\5{,}5\end{pmatrix} + 2\sqrt{5}\begin{pmatrix}0\\1\\-2\end{pmatrix} = \begin{pmatrix}5{,}5\\5+2\sqrt{5}\\5{,}5-4\sqrt{5}\end{pmatrix}$; $S_1(5{,}5\,|\,5+2\sqrt{5}\,|\,5{,}5-4\sqrt{5})$

$\overrightarrow{OS_2} = \begin{pmatrix}5{,}5\\5\\5{,}5\end{pmatrix} - 2\sqrt{5}\begin{pmatrix}0\\1\\-2\end{pmatrix} = \begin{pmatrix}5{,}5\\5-2\sqrt{5}\\5{,}5+4\sqrt{5}\end{pmatrix}$; $S_1(5{,}5\,|\,5-2\sqrt{5}\,|\,5{,}5+4\sqrt{5})$

5
$\overrightarrow{AB} = \begin{pmatrix}2\\2\\1\end{pmatrix}$; $|\overrightarrow{AB}| = 3$; $g: \vec{x} = \begin{pmatrix}1\\2\\4\end{pmatrix} + t \cdot \frac{10}{3} \cdot \begin{pmatrix}3\\4\\5\end{pmatrix}$. Die Position nach 30 Minuten erhält man, wenn man für $t = 0{,}5$ einsetzt.

$\overrightarrow{OP} = \begin{pmatrix}1\\2\\4\end{pmatrix} + 0{,}5 \cdot \frac{10}{3} \cdot \begin{pmatrix}3\\4\\5\end{pmatrix} = \begin{pmatrix}6\\\frac{26}{3}\\\frac{37}{3}\end{pmatrix}$.

Das Objekt befindet sich nach 30 Minuten im Punkt $P\left(6\,\big|\,\frac{26}{3}\,\big|\,\frac{37}{3}\right)$.

6
a)

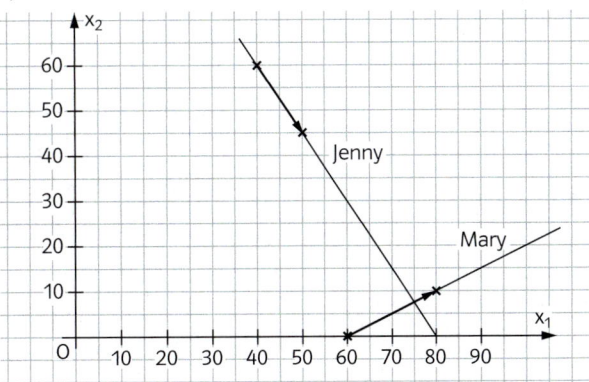

b) Die beiden Schiffe sind ca. 63,246 km voneinander entfernt.
c) Ja.
d) Position der Mary: M(160|50); Position der Jenny: J(90|-15); Entfernung: ca. 95,525 km.

7
Die erste Kugel erreicht als erste ihren Zielpunkt. Die zweite Kugel befindet sich zu diesem Zeitpunkt im Punkt U(3|3|4) und hat somit den Abstand $\sqrt{19}$ von der ersten Kugel.

Kapitel IX, Zeit zu überprüfen, Seite 221

8
a) Z.B.: $E: \vec{x} = \begin{pmatrix}1\\0\\0\end{pmatrix} + r \cdot \begin{pmatrix}-1\\1\\0\end{pmatrix} + s \cdot \begin{pmatrix}-1\\0\\1\end{pmatrix}$;

$E: \vec{x} = \begin{pmatrix}-1\\1\\1\end{pmatrix} + r \cdot \begin{pmatrix}-2\\2\\0\end{pmatrix} + s \cdot \begin{pmatrix}-3\\0\\3\end{pmatrix}$

b) Die Punkte P und Q liegen nicht in der Ebene E.

Kapitel IX, Zeit zu überprüfen, Seite 224

11
$\vec{a}$ und $\vec{c}$ sind zueinander orthogonal.
$\vec{a}$ und $\vec{d}$ sind zueinander orthogonal.
$\vec{b}$ und $\vec{d}$ sind zueinander orthogonal.
$\vec{b}$ und $\vec{e}$ sind zueinander orthogonal.
$\vec{c}$ und $\vec{d}$ sind zueinander orthogonal.

12
a) Das Viereck ABCD ist ein Rechteck.
b) Das Viereck ABCD ist kein Rechteck.

13
$\vec{x} = t \cdot \begin{pmatrix}1\\3{,}5\\-0{,}25\end{pmatrix}$

Kapitel IX, Zeit zu überprüfen, Seite 227

5

a) Zum Beispiel:

$E: \vec{x} = \begin{pmatrix} 0 \\ 2 \\ -1 \end{pmatrix} + r \cdot \begin{pmatrix} 6 \\ -7 \\ 1 \end{pmatrix} + s \cdot \begin{pmatrix} 1 \\ -2 \\ 2 \end{pmatrix};$

$\left[\vec{x} - \begin{pmatrix} 0 \\ 2 \\ -1 \end{pmatrix}\right] \cdot \begin{pmatrix} 12 \\ 11 \\ 5 \end{pmatrix} = 0; \quad 12x_1 + 11x_2 + 5x_3 = 17$

b) Zum Beispiel:

$E: \vec{x} = \begin{pmatrix} 7 \\ 2 \\ -1 \end{pmatrix} + r \cdot \begin{pmatrix} -3 \\ -1 \\ 4 \end{pmatrix} + s \cdot \begin{pmatrix} -6 \\ 1 \\ 3 \end{pmatrix};$

$\left[\vec{x} - \begin{pmatrix} 7 \\ 2 \\ -1 \end{pmatrix}\right] \cdot \begin{pmatrix} 7 \\ 15 \\ 9 \end{pmatrix} = 0; \quad 7x_1 + 15x_2 + 9x_3 = 70$

c) Zum Beispiel:

$E: \vec{x} = \begin{pmatrix} 1 \\ 2 \\ -1 \end{pmatrix} + r \cdot \begin{pmatrix} 5 \\ -7 \\ 12 \end{pmatrix} + s \cdot \begin{pmatrix} 2 \\ 0 \\ 1 \end{pmatrix};$

$\left[\vec{x} - \begin{pmatrix} 1 \\ 2 \\ -1 \end{pmatrix}\right] \cdot \begin{pmatrix} 7 \\ -19 \\ -14 \end{pmatrix} = 0; \quad 7x_1 - 19x_2 - 14x_3 = -17$

d) Zum Beispiel:

$E: \vec{x} = \begin{pmatrix} 9 \\ 3 \\ -3 \end{pmatrix} + r \cdot \begin{pmatrix} -1 \\ 1 \\ -6 \end{pmatrix} + s \cdot \begin{pmatrix} 2 \\ 10 \\ -4 \end{pmatrix};$

$\left[\vec{x} - \begin{pmatrix} 9 \\ 3 \\ -3 \end{pmatrix}\right] \cdot \begin{pmatrix} 14 \\ -4 \\ -3 \end{pmatrix} = 0; \quad 14x_1 - 4x_2 - 3x_3 = 123$

6

$E: x_1 + x_2 + x_3 = 6$

Kapitel IX, Zeit zu wiederholen, Seite 228

17

a) $H = 15\,m$

b) Rote Strecke: $l = 3\sqrt{3}\,m \approx 5,2\,m$

c) $V_{Gesamt} = \frac{1}{3} \cdot 36 \cdot 15\,m^3 = 180\,m^3$

$V_{Spitze} = \frac{1}{3} \cdot 16 \cdot 10\,m^3 = \frac{160}{3}\,m^3; \quad V_{Stumpf} = \frac{380}{3}\,m^3;$ Anteil: 70,4 %

18

a) Man zeichnet einen Kreis k mit Radius r. Man wählt einen beliebigen Punkt P_1 auf dem Kreis k und zeichnet um P_1 einen Kreis mit Radius r. Die Schnittpunkte P_2 und P_3 des neuen Kreises mit dem Kreis k ergeben Mittelpunkte für weitere Kreise. Man fährt fort, bis man 6 Schnittpunkte auf dem Kreis k markiert hat. Diese Punkte sind die Eckpunkte des regelmäßigen Sechsecks.

b) Mit der Formel $w = 180° \cdot n - 360°$ kann man die Winkelsumme w für ein n-Eck berechnen.

Man erhält: Fünfeck: 540°; Sechseck: 720°; Achteck: 1080°.

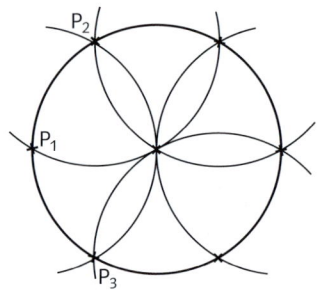

Kapitel IX, Zeit zu überprüfen, Seite 230

6

Die Ebene E in Fig. 3 ist parallel zur x_1x_3-Ebene und es gilt $E: x_2 = 3$.

Die Ebene E in Fig. 4 ist parallel zur x_3-Achse und es gilt $E: 5x_1 + x_2 = 5$.

7

a)

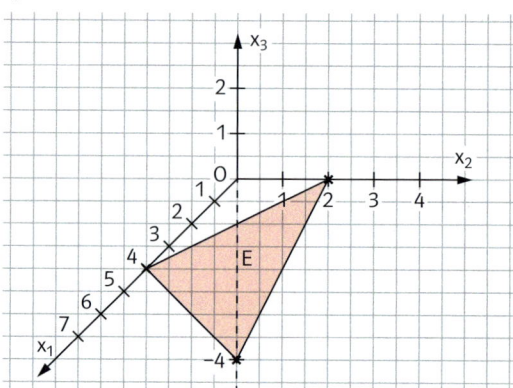

b)

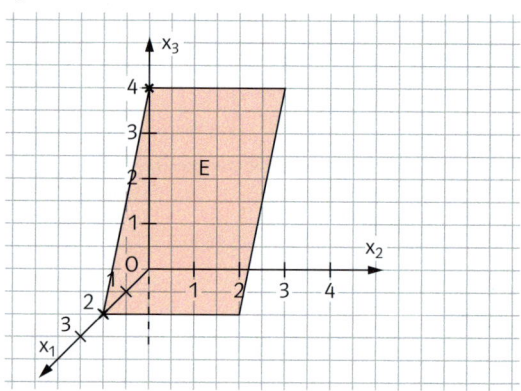

c)

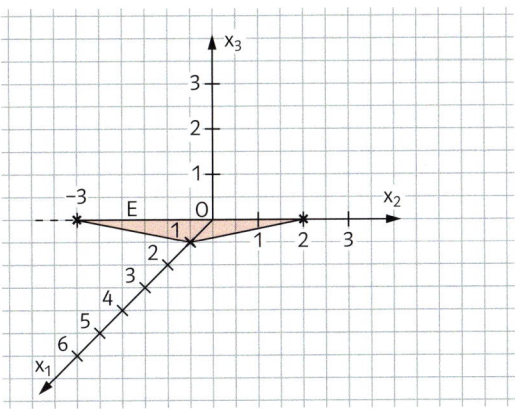

d) Die Ebene E ist die x_1x_3-Ebene.

8

Zum Beispiel:

$E: \left[\vec{x} - \begin{pmatrix} 0 \\ 0 \\ 3 \end{pmatrix}\right] \cdot \begin{pmatrix} 3 \\ 6 \\ 4 \end{pmatrix} = 0 \qquad E: 3x_1 + 6x_2 + 4x_3 = 12$

Kapitel IX, Zeit zu überprüfen, Seite 232

3

a) $S\left(2\frac{6}{13} \mid 2\frac{12}{13} \mid -2\frac{8}{13}\right)$
b) Die Gerade g und die Ebene E haben keine gemeinsamen Punkte, sie sind zueinander parallel.
c) Die Gerade g liegt in der Ebene E.
d) $S\left(\frac{3}{4} \mid -\frac{1}{2} \mid -7\frac{3}{4}\right)$
e) $S(1 \mid 0 \mid -7)$
f) $S(1 \mid 0 \mid -7)$

4

Die Gerade g und die Ebene E haben keine gemeinsamen Punkte, sie sind zueinander parallel.

Kapitel IX, Zeit zu überprüfen, Seite 236

5

a) Die Ebenen schneiden sich.
Eine Gleichung für die Schnittgerade ist $\vec{x} = \begin{pmatrix} -17 \\ 0 \\ 7 \end{pmatrix} + t \cdot \begin{pmatrix} 1 \\ 1 \\ 0 \end{pmatrix}$.
b) Die Ebenen schneiden sich.
Eine Gleichung für die Schnittgerade ist $\vec{x} = \begin{pmatrix} 2\frac{2}{3} \\ -1 \\ 0 \end{pmatrix} + t \cdot \begin{pmatrix} \frac{3}{2} \\ \frac{1}{4} \\ -1 \end{pmatrix}$.
c) Die beiden Ebenen haben keine gemeinsamen Punkte, sie sind zueinander parallel.

Kapitel IX, Zeit zu wiederholen, Seite 237

12

Es gilt: $\frac{\alpha}{360°} = \frac{b}{2\pi}$.
a) 180°, sin(180°) = 0
b) 90°, sin(90°) = 1
c) 60°, $\sin(60°) = \frac{1}{2}\sqrt{3} \approx 0{,}8660$
d) 45°, $\sin(45°) = \frac{1}{2}\sqrt{2} \approx 0{,}7071$

13

a) $\frac{\pi}{2}$; $\sin\left(\frac{\pi}{2}\right) = 1$; $\cos\left(\frac{\pi}{2}\right) = 0$
b) $\frac{\pi}{3}$; $\sin\left(\frac{\pi}{3}\right) = \frac{1}{2}\sqrt{3} \approx 0{,}8660$; $\cos\left(\frac{\pi}{3}\right) = \frac{1}{2}$
c) $\frac{4}{9}\pi$; $\sin\left(\frac{4}{9}\pi\right) \approx 0{,}9848$; $\cos\left(\frac{4}{9}\pi\right) \approx 0{,}1736$
d) $\frac{11}{9}\pi$; $\sin\left(\frac{11}{9}\pi\right) \approx -0{,}6428$; $\cos\left(\frac{11}{9}\pi\right) \approx -0{,}7660$

14

a) $y = \frac{5}{\sin(58°)} \approx 5{,}90$ (in cm), $x = y \cdot \cos(58°) \approx 3{,}12$ (in cm), also $\beta = 32°$
b) $b = \sqrt{20{,}5^2 - 12{,}3^2} = 16{,}4$ (in m), $\sin(\alpha) = \frac{12{,}3}{20{,}5}$, also $\alpha \approx 36{,}87°$, $\beta \approx 53{,}13°$
c) $c = \sqrt{3^2 + 4^2} = 5$, $\sin(\alpha) = \frac{4}{5}$, also $\alpha \approx 53{,}13°$, $\beta \approx 36{,}87°$

15

a) $\tan(\alpha) = 0{,}12$, also $\alpha \approx 6{,}84°$
b) $h = 2800 \cdot \sin(6{,}84°) \approx 333{,}6$ (in m)
c) 2,8 cm

Kapitel IX, Zeit zu überprüfen, Seite 240

8

Voraussetzung:
ABCD ist Parallelogramm $\qquad \overrightarrow{AD} = \overrightarrow{BC}$ und $\overrightarrow{AB} = \overrightarrow{DC}$
P_1, P_2, P_3 vierteln $\overline{CD} \qquad \overrightarrow{DP_1} = \overrightarrow{P_1P_2} = \overrightarrow{P_2P_3} = \overrightarrow{P_3C} = \frac{1}{4}\overrightarrow{DC}$
M halbiert $\overline{AB} \qquad \overrightarrow{AM} = \overrightarrow{MB} = \frac{1}{2}\overrightarrow{AB}$
Behauptung:
$\overrightarrow{AP_1}$ parallel zu $\overrightarrow{MP_2} \qquad \overrightarrow{AP_1} = \overrightarrow{MP_3}$
Beweis:
$\overrightarrow{AB} = \vec{a}, \ \overrightarrow{AD} = \vec{b}$
$\overrightarrow{AP_1} = \vec{b} + \frac{1}{4}\vec{a}$
$\overrightarrow{MP_3} = \frac{1}{2}\vec{a} + \vec{b} - \frac{1}{4}\vec{a} = \frac{1}{4}\vec{a} + \vec{b}$
$\Rightarrow \overrightarrow{AP_1} = \overrightarrow{MP_3}$ q.e.d.

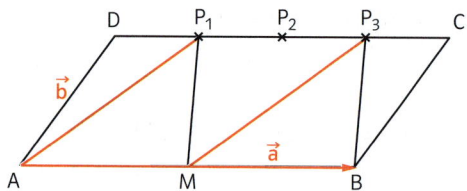

9

$\overline{AB}$ ist die Grundseite des Dreiecks ABC.
M ist Mittelpunkt von $\overline{AB}$.
$\overline{CM}$ ist die Seitenhalbierende von $\overline{AB}$.
$\overline{CA}$ und $\overline{CB}$ sind gleichlang.

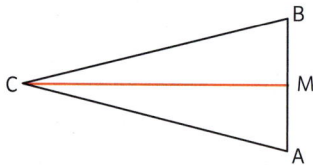

Festlegung: $\vec{CA} = \vec{a}$; $\vec{CB} = \vec{b}$
Voraussetzung: $|\vec{a}| = |\vec{b}|$ gleichschenkliges Dreieck
Beweis:
$\vec{AB} = \vec{b} - \vec{a}$
$\vec{CM} = \vec{a} + \frac{1}{2}(\vec{b} - \vec{a}) = \frac{1}{2}\vec{a} + \frac{1}{2}\vec{b}$
$\vec{AB} \cdot \vec{CM} = (\vec{b} - \vec{a}) \cdot (\frac{1}{2}\vec{a} + \frac{1}{2}\vec{b})$
$= \frac{1}{2}\vec{a}\vec{b} - \frac{1}{2}|\vec{a}|^2 + \frac{1}{2}|\vec{b}|^2 - \frac{1}{2}\vec{a}\vec{b}$
$= 0$

Somit sind $\vec{AB}$ und $\vec{CM}$ zueinander orthogonal.

Kapitel IX, Zeit zu wiederholen, Seite 243

17

a) $\int_0^1 (2x^3 + x^2)\,dx = \left[0{,}5x^4 + \left(\frac{1}{3}\right)x^3\right]_0^1 = 0{,}5 + \frac{1}{3} = \frac{5}{6}$

b) $\int_{-0{,}25}^0 e^{-4x}\,dx = \left[-\frac{1}{4}e^{-4x}\right]_{-0{,}25}^0 = -0{,}25 - (-0{,}25\,e) = 0{,}25(e - 1)$

18
k = 4

Kapitel IX, Prüfungsvorbereitung ohne Hilfsmittel, Seite 248

1

a) $(\vec{a} + \vec{b})(\vec{b} + \vec{c}) = \vec{a} \cdot \vec{b} + |\vec{b}|^2 + \vec{a} \cdot \vec{c} + \vec{b} \cdot \vec{c}$
$= 0 + |\vec{b}|^2 + 0 + 0$
$= |\vec{b}|^2$

Somit sind die Vektoren nicht orthogonal zueinander.

b) $(2\vec{a} + \vec{b} - \vec{c})(\vec{a} + 2\vec{c}) = 2|\vec{a}|^2 + \vec{a} \cdot \vec{b} - \vec{a} \cdot \vec{c} + 4\vec{a} \cdot \vec{c}$
$\qquad + 2\vec{b} \cdot \vec{c} - 2|\vec{c}|^2$
$= 2|\vec{a}|^2 + 0 - 0 + 0 + 0 - 2|\vec{c}|^2$
$= 0$

Somit sind die Vektoren orthogonal zueinander.

c) $(\vec{a} - \vec{b})(\vec{a} + \vec{b} + \vec{c}) = |\vec{a}|^2 - \vec{a} \cdot \vec{b} + \vec{a} \cdot \vec{b} - |\vec{b}|^2 + \vec{a} \cdot \vec{c} - \vec{b} \cdot \vec{c}$
$= |\vec{a}|^2 - 0 + 0 - |\vec{b}|^2 + 0 - 0$
$= 0$

Somit sind die Vektoren orthogonal zueinander.

2

M(2|3|2)
$\vec{SM} = \begin{pmatrix} 3 \\ 2 \\ -6 \end{pmatrix}$; $\vec{d_1} = \vec{AC} = \begin{pmatrix} 4 \\ 6 \\ 4 \end{pmatrix}$; $\vec{d_2} = \vec{BD} = \begin{pmatrix} -4 \\ 6 \\ 0 \end{pmatrix}$

$\vec{SM} \cdot \vec{d_1} = 12 + 12 - 24 = 0 \Rightarrow \vec{SM} \perp \vec{d_1}$
$\vec{SM} \cdot \vec{d_2} = -12 + 12 + 0 = 0 \Rightarrow \vec{SM} \perp \vec{d_2}$
$\Rightarrow \vec{SM}$ ist Höhe der Pyramide.

3

$\vec{a}$ und $\vec{c}$ sind zueinander orthogonal.
$\vec{b}$ und $\vec{c}$ sind zueinander orthogonal.
$\vec{d}$ und $\vec{e}$ sind zueinander orthogonal.

4

a) Koordinatengleichung E: $x_1 + x_2 + x_3 = 1$

Normalengleichung E: $\left[\vec{x} - \begin{pmatrix} 1 \\ 0 \\ 0 \end{pmatrix}\right] \cdot \begin{pmatrix} 1 \\ 1 \\ 1 \end{pmatrix} = 0$

Der Punkt D liegt nicht in der Ebene E.

b) Normalengleichung E: $\left(\vec{x} - \begin{pmatrix} 2 \\ -1 \\ 7 \end{pmatrix}\right) \cdot \begin{pmatrix} -2 \\ 1 \\ -\frac{5}{8} \end{pmatrix} = 0$

Koordinatengleichung E: $-2x_1 + x_2 - \frac{5}{8}x_3 = -1\frac{3}{8}$
Der Punkt D liegt nicht in der Ebene E.

5

a) Die Gerade g ist zur Ebene E orthogonal.
b) Die Gerade g ist nicht zur Ebene E orthogonal.

6

a) Die Gerade g ist zur Ebene E nicht parallel.
b) Die Gerade g ist zur Ebene E nicht parallel.

7

An der Koordinatengleichung kann man einen Normalenvektor der Ebene ablesen.
Ist der Richtungsvektor der Gerade nicht orthogonal zum Normalenvektor der Ebene, dann schneidet die Gerade die Ebene.

8

a) Die Gerade und die Ebene schneiden sich im Punkt $S\left(2\frac{14}{17}\middle|2\frac{3}{17}\middle|2\frac{4}{17}\right)$.

b) Die Gerade und die Ebene schneiden sich im Punkt $S\left(1\frac{3}{5}\middle|3\frac{2}{5}\middle|\frac{2}{5}\right)$.

c) Die Gerade und die Ebene schneiden sich im Punkt S(2|3|1).

9

E_1: $20x_1 + 12x_2 + 15x_3 = 60$; E_2: $3x_1 + 2x_2 = 12$; E_3: $x_2 = 3$

10

a) Die Ebenen E_1 und E_2 schneiden sich. Eine Gleichung der

Schnittgeraden ist $g: \vec{x} = \begin{pmatrix} \frac{2}{3} \\ -\frac{2}{3} \\ -\frac{2}{3} \end{pmatrix} + r \cdot \begin{pmatrix} 8 \\ 7 \\ 1 \end{pmatrix}$.

b) Die Ebenen E_1 und E_2 sind zueinander parallel.

11

a) $F: 3x_1 - 2x_2 + x_3 = -3$
b) $p = 3$

Kapitel IX, Prüfungsvorbereitung mit Hilfsmitteln, Seite 249

1

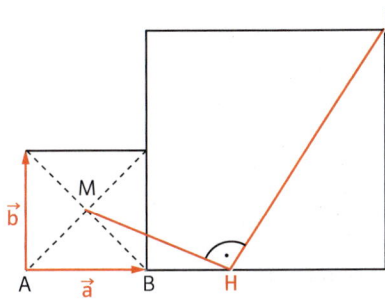

$\overrightarrow{HM} = \frac{1}{2}\vec{b} - \frac{1}{2}\vec{a} - r\vec{a}$
$\overrightarrow{HF} = (2-r)\vec{a} + 2\vec{b}$

$\overrightarrow{HM} \cdot \overrightarrow{HF} = \left[\frac{1}{2}\vec{b} - \left(\frac{1}{2}+r\right)\vec{a}\right] \cdot \left[(2-r)\vec{a} + 2\vec{b}\right]$

$= \underbrace{\frac{1}{2}(2-r)\vec{a}\cdot\vec{b}}_{=0} - \left(\frac{1}{2}+r\right)(2-r)|\vec{a}|^2 + |\vec{b}|^2 - \underbrace{2\left(\frac{1}{2}+r\right)\vec{a}\cdot\vec{b}}_{=0}$

$0 = \left(-\frac{1}{2}-r\right)\cdot(2-r)|\vec{a}|^2 + |\vec{b}|^2$

$0 = -2 - 2r + \frac{1}{2}r + r^2 + 1$

$0 = r^2 - \frac{3}{2}r - 1$

$\overrightarrow{OH} = \overrightarrow{OA} + r\vec{a}$ $\qquad 0 \leq r \leq 3$
$\overrightarrow{OM} = \overrightarrow{OA} + \frac{1}{2}\vec{a} + \frac{1}{2}\vec{b}$
$\overrightarrow{OF} = \overrightarrow{OA} + 3\vec{a} + 2\vec{b}$
$\overrightarrow{HM} = \overrightarrow{OM} - \overrightarrow{OH} = \frac{1}{2}\vec{a} + \frac{1}{2}\vec{b} - r\vec{a}$
$\overrightarrow{HF} = \overrightarrow{OF} - \overrightarrow{OH} = 3\vec{a} + 2\vec{b} - r\vec{a}$

$0 = \overrightarrow{HM} \cdot \overrightarrow{HF} = \left[\left(\frac{1}{2}-r\right)\cdot\vec{a} + \frac{1}{2}\vec{b}\right] \cdot \left[(3-r)\cdot\vec{a} + 2\vec{b}\right]$

$= \left(\frac{1}{2}-r\right)\cdot(3-r)\cdot|\vec{a}|^2 + |\vec{b}|^2$

$0 = \left(\frac{3}{2} - 3r - \frac{1}{2}r + r^2\right)\cdot|\vec{a}|^2 + |\vec{b}|^2$

$= \frac{5}{2} - \left(3 + \frac{1}{2}\right)\cdot r + r^2$

$= r^2 - \frac{7}{2}r + \frac{5}{2}$

$r_1 = 1$; $r_2 = \frac{5}{2}$

H_1 entspricht $r = 1$. Der Punkt H_1 entspricht B.
H_2 entspricht $r = \frac{5}{2}$. Der Punkt H_2 liegt $\frac{5}{2}\vec{a}$ von A entfernt auf $\overrightarrow{AE}$.

Der Punkt H_1 teilt die Strecke $\overline{AE}$ im Verhältnis 1:2.
Der Punkt H_2 teilt die Strecke $\overline{AE}$ im Verhältnis 5:1.

2

$P_1(2,4 | 2,8)$; $P_2(1,5 | 2,5)$; $P_3\left(-\frac{3}{11} \Big| 1\frac{10}{11}\right)$; $P_4\left(3\frac{3}{11} \Big| 3\frac{1}{11}\right)$

3

Die Richtungsvektoren der Geraden g und h sind nicht Vielfache voneinander. Somit spannen g und h eine Ebene e auf.

$E: \vec{x} = \begin{pmatrix} 0 \\ 0 \\ 3 \end{pmatrix} + r \cdot \begin{pmatrix} -5 \\ 3 \\ 0 \end{pmatrix} + s \cdot \begin{pmatrix} -5 \\ 6 \\ 3 \end{pmatrix}$

$S_1(5|0|0)$
$S_2(0|3|0)$
$S_3(0|0|3)$

4

a) $S_a\left(\frac{3}{8-a} \Big| \frac{8+2a}{8-a} \Big| \frac{14-a}{8-a}\right)$

Für $a = 8$ gibt es keine Lösung, die Gerade ist parallel zur Ebene.
b) $a = 14$
c) Es gibt keinen Wert für a. Der Richtungsvektor von g_a und der Normalenvektor von E sind keine Vielfache voneinander.

5

a) $a = 2{,}5$; $S\left(\frac{39}{50} \Big| \frac{14}{25} \Big| -\frac{14}{25}\right)$
b) $a = -2$
c) $a = -2$; $b = 6$

6

a) $A(2|-2|0)$
$B(2|2|0)$

$g_{AB}: \vec{x} = \begin{pmatrix} 2 \\ -2 \\ 0 \end{pmatrix} + r \cdot \begin{pmatrix} 0 \\ 4 \\ 0 \end{pmatrix}$

$t \cdot (2 + 0 \cdot r) + 0 = 2t$
b) $0 < t < 2$
c)

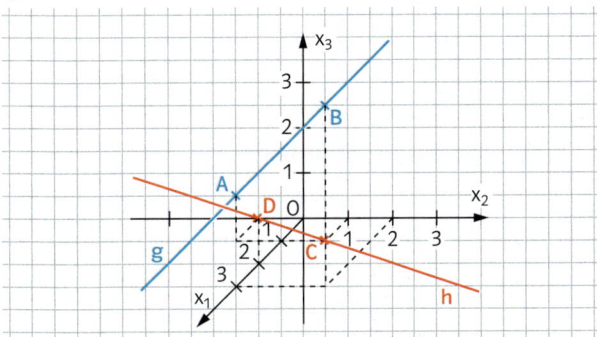

Kapitel X, Zeit zu überprüfen, Seite 254

6

a) S = {TTT, TTN, TNT, NTT, TNN, NTN, NNT, NNN}

e	TTT	TTN	TNT	NTT	TNN	NTN	NNT	TTT
P(e)	0,729	0,081	0,081	0,081	0,009	0,009	0,009	0,001

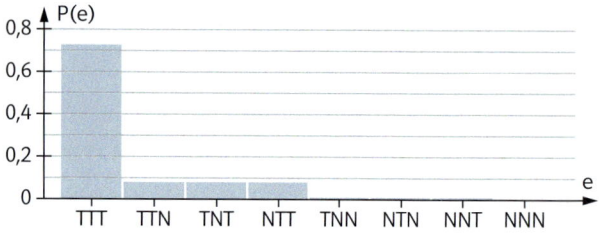

b) E = {TTT, TTN, TNT, NTT}
P(E) = $0,9^3 + 0,9 \cdot 0,9 \cdot 0,1 + 0,9 \cdot 0,1 \cdot 0,9 + 0,1 \cdot 0,9 \cdot 0,9$ = 0,972
$\overline{E}$: Nowitzki trifft höchstens einmal,
P($\overline{E}$) = 1 − 0,972 = 0,028.
c) P(„Nowitzki trifft höchstens zweimal")
 = 1 − P(„Nowitzki trifft dreimal")
 = 1 − $0,9^3$ = 0,271

Kapitel X, Zeit zu überprüfen, Seite 259

6

a) 5^4 = 625 b) 5·4·3·2 = 120
Zugehöriges Urnenexperiment: Man zieht aus einer Urne mit fünf Kugeln mit den Nummern 1 bis 5. Bei Teilaufgabe a) zieht man mit, bei Teilaufgabe b) ohne Zurücklegen.

7

I: $\frac{1}{15 \cdot 14 \cdot 13} = \frac{1}{2730}$ II: $\frac{3!}{15 \cdot 14 \cdot 13} = \frac{1}{455}$

Kapitel X, Zeit zu überprüfen, Seite 261

4

P(A) = $0,8^4$ = 0,4096; P($\overline{A}$) = 0,5904
P(B) = $0,8^4 + 4 \cdot 0,2 \cdot 0,8^3$ = 0,8192; P($\overline{B}$) = 0,1808
P($\overline{C}$) = $0,2^4$ = 0,0016; P(C) = 0,9984

Kapitel X, Zeit zu überprüfen, Seite 263

4

Wenn man die Nummern auf den Kugeln notiert, gibt es insgesamt 25 gleich wahrscheinliche Ergebnisse 1-1; 1-2; 1-3; … ; 5-5.
a) E: „Die erste Kugel ist rot"; P(E) = $\frac{3}{5}$.
F: „Die Summe beträgt 6"; F = {1-5; 2-4; 3-3; 4-2; 5-1};
P(F) = $\frac{5}{25} = \frac{1}{5}$.
E ∩ F = {1-5; 3-3; 4-2}; P(E ∩ F) = $\frac{3}{25}$,
also P(E ∪ F) = P(E) + P(F) − P(E ∩ F) = $\frac{3}{5} + \frac{1}{5} - \frac{3}{25} = \frac{17}{25}$.

b) E: „Die Zahl auf der ersten Kugel ist größer als die auf der zweiten Kugel";
E = {2-1; 3-1; 3-2; 4-1; 4-2; 4-3; 5-1; 5-2; 5-3; 5-4};
P(E) = $\frac{10}{25} = \frac{2}{5}$.
F: „Die zweite Kugel ist grün"; P(F) = $\frac{2}{5}$.
E ∩ F = {3-2; 4-2; 5-2}; P(E ∩ F) = $\frac{3}{25}$,
also P(E ∪ F) = P(E) + P(F) − P(E ∩ F) = $\frac{2}{5} + \frac{2}{5} - \frac{3}{25} = \frac{17}{25}$.

Kapitel X, Zeit zu überprüfen, Seite 266

5

Der Mittelwert und die Standardabweichung der zehn Zahlen sind: $\overline{x}$ = 3,3; s = 1,792.

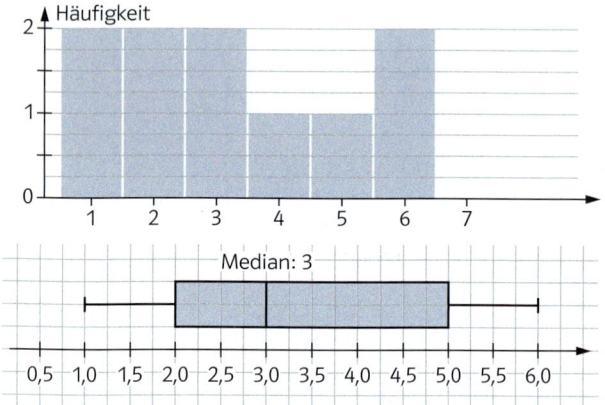

6

a) individuell
b) individuell

Kapitel X, Zeit zu überprüfen, Seite 270

7

μ = 4,35; σ = 2,59

8

a) X sei die Zufallsvariable; Gewinn = Auszahlung − Einsatz.
Wahrscheinlichkeitsverteilung von X:

k	−0,5	0,5
P(X = k)	0,625	0,375

b) μ = −0,125; σ = 0,48
c) Bei einem Einsatz von e € müsste die Gleichung
−e · 0,625 + (1 − e) · 0,375 = 0 gelten. Lösung e = 0,375.
Da es keine halben Cent gibt, ist es nicht möglich, den Einsatz entsprechend abzuändern.

Kapitel X, Zeit zu wiederholen, Seite 271

14
a) Die Quotienten $\frac{b}{a}$ haben immer denselben Wert 2,5.
b) zu a = 1,5 gehört b = 3,75, zu b = 20 gehört a = 8.
Der Proportionalitätsfaktor ist 2,5.
c) Lineare Funktion mit Gleichung b = 2,5 a + 5.

15
a) $(3 + 2x) \cdot (1 - x) = -2x^2 - x + 3$
b) $(2x - 1)^2 = 4x^2 - 4x + 1$
c) $3 \cdot (a + 4b) - (4 + a) \cdot 3b = 3a - 3ab$
d) $(20 + u) \cdot (20 - u) = 400 - u^2$

Kapitel X, Zeit zu überprüfen, Seite 274

6
Bei den Teilaufgaben a) und c) liegt eine Bernoulli-Kette vor mit
1 = „grün erscheint", $p = \frac{3}{4}$; n = 6.
X sei die Anzahl der Drehungen, bei denen grün erscheint.
Bei den Teilaufgaben b) und d) liegt eine Bernoulli-Kette vor mit
1 = „rot erscheint", $p = \frac{1}{4}$; n = 6.
Y sei die Anzahl der Drehungen, bei denen rot erscheint.
a) P(X = 2) = 0,0330   b) P(Y = 2) = 0,2966
c) P(X ≤ 2) = 0,0376   d) P(Y ≥ 2) = 0,4661

7
Bei Teilaufgabe a) liegt eine Bernoulli-Kette vor mit 1 = „Lea trifft",
p = 0,8; n = 10. X sei die Anzahl von Leas Treffern.
Bei Teilaufgabe b) liegt eine Bernoulli-Kette vor mit
1 = „Richard trifft", p = 0,75; n = 7. Y sei die Anzahl von Richards
Treffern.
a) P(X ≥ 8) = 0,6778   b) P(Y = 5) + P(Y = 6) = 0,6229
Also ist a) wahrscheinlicher, man würde eher auf a) wetten.

Kapitel X, Zeit zu überprüfen, Seite 278

6
a) P(X = 4) = 0,0368
P(X ≤ 9) = 0,9718
P(X < 8) = P(X ≤ 7) = 0,6172
b) Das Gegenereignis zu „X ≥ 9" ist „X ≤ 8", also gilt:
P(X ≥ 9) = 1 − P(X ≤ 8) = 0,1493.
c) P(X ≥ 8) = 1 − P(X ≤ 7) = 0,3828
P(6 ≤ X ≤ 9) = P(X ≤ 9) − P(X ≤ 5) = 0,8214

7
X: Anzahl der erfolgreichen Operationen
X ist binomialverteilt mit den Parametern n = 50 und p = 0,80,
weil man annehmen kann, dass die 50 Operationen in der Großstadt mit einer Erfolgswahrscheinlichkeit (= Trefferwahrscheinlichkeit) von 80% unabhängig voneinander durchgeführt werden.
a) P(X ≥ 40) = 0,5836
b) P(35 ≤ X ≤ 45) = 0,9507
c) P(X ≤ 34) + P(X ≥ 46) = 0,0493
(Gegenwahrscheinlichkeit zu Teilaufgabe b))

Kapitel X, Zeit zu wiederholen, Seite 280

18
a) $(3 + 2x) \cdot (1 - x)$ wird null für x = −1,5 oder x = 1
b) $(2x - 1)^2$ wird null für x = 0,5

19
$\frac{n \cdot (n+1)}{2}$; für n = 10 ergibt sich 55.

20
a) x = 7; x = −3   b) x = 0; x = −1
c) $x = \frac{\lg(22)}{\lg(2)} \approx 4{,}459$ d) $x = \frac{1}{6}\pi;\ \frac{5}{6}\pi$
(+ jeweils beliebige Vielfache von 2π).

21
Sind a und b die Seiten des Rechtecks in Metern, so gilt a + b = 20
und a b = 75. Aus a + b = 20 folgt b = 20 − a. Setzt man das bei
a b = 75 ein, so erhält man für a die Gleichung a (20 − a) = 75.
Diese Gleichung hat die Lösungen a = 15 bzw. a = 5, woraus
man b = 5 bzw. b = 15 erhält. Also hat das Rechteck die Seitenlängen 15 m und 5 m.

Kapitel X, Zeit zu überprüfen, Seite 282

5
a) 0,1136   b) 1,0000   c) 0,8367   d) 0,0165
e) 0,4509   f) 0,9995   g) 0,0000   h) 0,5491
i) 0,0000   j) 0,0085

Kapitel X, Zeit zu überprüfen, Seite 285

8
Die Zahl J der Jungengeburten ist etwa binomialverteilt mit den
Parametern n = 100 und p = 0,5.
a) P(J ≥ 50) = 0,5398
P(45 ≤ J ≤ 55) = 0,7287
b) Es muss gelten: P(J ≥ 1) ≥ 0,99
bzw. P(J = 0) ≤ 0,01, also
$0{,}5^n \leq 0{,}01$
n ≥ 6,6
Die Zahl der Geburten muss mindestens 7 betragen.

9
X: Anzahl der falsch übertragenen Zeichen; X ist binomialverteilt
mit n = 100 und unbekanntem p. Es muss gelten: P(X > 1) ≤ 0,1
bzw. P(X ≤ 1) ≥ 0,9, also im Grenzfall
$(1 - p)^{100} + 100 \cdot p \cdot (1 - p)^{99} = 0{,}9$.
Diese Gleichung löst man mit einem Rechner: p = 0,0053.
Also muss p höchstens 0,0053 betragen.

Kapitel X, Zeit zu überprüfen, Seite 288

4

$n = 10$: $\mu = 6$, $\sigma = 1{,}55$, $P([\mu - 2\sigma;\ \mu + 2\sigma]) = 0{,}982$
$n = 20$: $\mu = 12$, $\sigma = 2{,}19$, $P([\mu - 2\sigma;\ \mu + 2\sigma]) = 0{,}963$

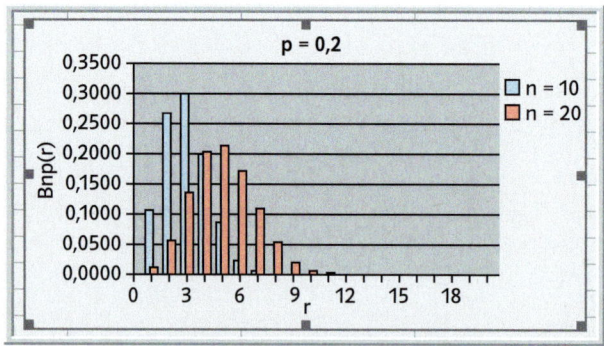

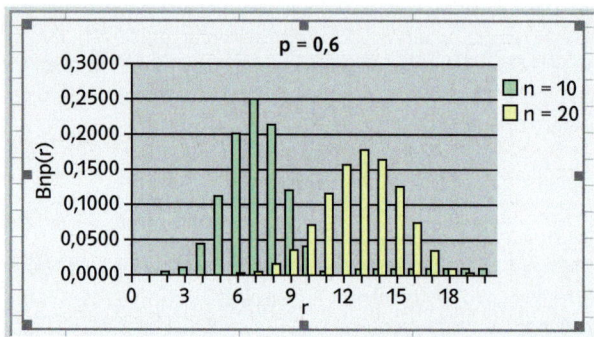

Oben sind genaue Graphen dargestellt. Für eine Skizze müssen zumindestens die Achsenbezeichnungen und die Form der Glocke – etwa durch eine gestrichelte Kurve – erkennbar sein, z.B. wie in unten stehender Skizze. Einige Werte sollten eingetragen werden.

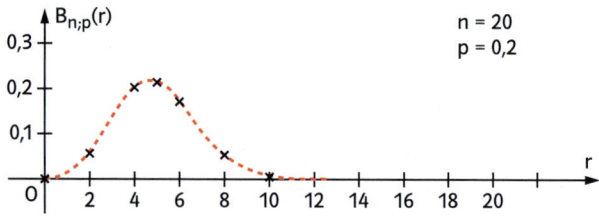

Zu den Eigenschaften siehe Seite 286.

5

X: Anzahl der Sonntagskinder, $n = 25$; $p = 0{,}1$. Die Annahme der Gleichverteilung der Geburtstage ist nicht erfüllt, am Wochenende gibt es weniger Geburten.

a) $\mu = 2{,}5$. Die Wahrscheinlichkeit, dass sich zwei Sonntagskinder in dem Kurs befinden, ist am größten, da $P(X = 2) > P(X = 3)$
b) $\sigma = 1{,}5$, $\mu - \sigma = 1$, $\mu + \sigma = 4$
$P(1 \leq X \leq 4) = 0{,}8302$.

Kapitel X, Zeit zu wiederholen, Seite 292

20

a) Gelb: f; rot: f; blau: f. An den Stellen, an denen der Graph von f ansteigt, ist f positiv. An den Stellen, an denen der Graph von f rechtsgekrümmt ist, ist f negativ.

b) An den Stellen, an denen f rechtsgekrümmt ist, ist f″ negativ.

$f(1) = 1{,}08$; $f'(1) = 0{,}4$; $\int_{2}^{4} f'(x)\,dx = 0{,}4$

21

Die Funktion verläuft an der Stelle 3 oberhalb der x-Achse, fällt dort und ist linksgekrümmt.

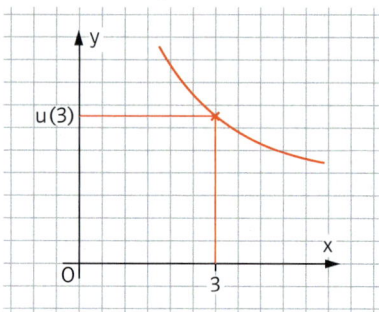

22

a) g hat dieselben Extremstellen, weil $g' = f'$.
b) $g' = 2 \cdot f'$. Damit hat g′ dieselben Nullstellen und VZW wie f′. Also hat g auch dieselben Extremstellen.
c) g hat Minima dort, wo f Maxima hat, und Maxima dort, wo f Minima hat. Es gilt $g' = -3 \cdot f'$, also hat g′ dieselben Nullstellen wie f′, aber entgegengesetzte VZW.
d) g hat dieselben Extremstellen, weil $g' = f'$.

Kapitel X, Prüfungsvorbereitung ohne Hilfsmittel, Seite 294

1

a) Tim setzt voraus, dass die Pünktlichkeit der Züge voneinander unabhängig ist. Dann kann er die Wahrscheinlichkeit dafür, dass kein Zug pünktlich ist, als $0{,}95^5$ berechnen. Das Gegenereignis hierzu ist „Mindestens ein Zug ist nicht pünktlich", also ist seine Wahrscheinlichkeit $1 - 0{,}95^5$.

b) Wenn Tim z.B. immer an Tagen fährt, bei denen das Verkehrsaufkommen sehr groß ist, beeinflussen sich Verspätungen bei Zügen, vor allem wenn auf Anschlusszüge gewartet wird.

2

„X = 2" = {WW, ZZ}, $P(X = 2) = \frac{1}{4} + \frac{1}{4} = \frac{1}{2}$
„X = 3" = {WZW, WZZ, ZWW, ZWZ},
$P(X = 3) = \frac{1}{8} + \frac{1}{8} + \frac{1}{8} + \frac{1}{8} = \frac{1}{2}$,
$E(X) = 2 \cdot \frac{1}{2} + 3 \cdot \frac{1}{2} = 2{,}5$
$V(X) = \sigma^2 = (2 - 2{,}5)^2 \cdot \frac{1}{2} + (3 - 2{,}5)^2 \cdot \frac{1}{2} = \frac{1}{4}$; $\sigma = \frac{1}{2}$

3

Constantin hat nicht recht. Hätte er recht, so wäre bei sechs Würfen sicher eine Sechs dabei. Man kann auch ausführlich mithilfe des Additionssatzes bzw. mithilfe eines Baumdiagramms argumentieren:
Nach dem Additionssatz ist die gesuchte Wahrscheinlichkeit
$\frac{1}{6} + \frac{1}{6} - \frac{1}{36} = \frac{11}{36}$.
Denn ist E das Ereignis: „Beim ersten Wurf 6" und F das Ereignis: „Beim zweiten Wurf 6", so ist die gesuchte Wahrscheinlichkeit $P(E \cup F) = P(E) + P(F) - P(E \cap F)$, denn die Wahrscheinlichkeit für $E \cap F$ („Bei beiden Würfen 6") ist $\frac{1}{36}$. Auch mithilfe eines Baumdiagramms ergibt sich das gleiche Ergebnis über das Gegenereignis: „Keine Sechs in zwei Würfen", da das Gegenereignis die Wahrscheinlichkeit $\left(\frac{5}{6}\right)^2 = \frac{25}{36}$ hat.

4

a) Es liegt ein Laplace-Experiment mit 16 gleich wahrscheinlichen Ergebnissen vor, da alle Farben einen Viertelkreis belegen.
E = {r-r, r-b, r-l, r-g, b-r, l-r, g-r}; $P(E) = \frac{7}{16}$.
b) Es liegt kein Laplace-Experiment vor, da die Zahlen nicht gleich große Kreisausschnitte belegen.
E = {6-1, 6-2, 6-6, 1-6, 2-6};
$P(E) = \frac{1}{4} \cdot \frac{3}{8} + \frac{1}{4} \cdot \frac{3}{8} + \frac{1}{4} \cdot \frac{1}{4} + \frac{3}{8} \cdot \frac{1}{4} = \frac{7}{16}$
Alternative Berechnung über das Gegenereignis $\overline{E}$: „Keine 6 kommt vor" mit
$P(\overline{E}) = \frac{3}{4} \cdot \frac{3}{4} = \frac{9}{16}$; also $P(E) = 1 - P(\overline{E}) = \frac{7}{16}$.

5

a) E = {ASU, SAU}; $P(E) = \frac{2}{6}$;
F = {AUS, UAS, SAU, SUA}; $P(F) = \frac{4}{6}$.
b) $E \cap F$: „U steht hinten und ein Vokal steht in der Mitte";
$E \cup F$: „U steht hinten oder ein Vokal steht in der Mitte"
$E \cap F$ = {SAU}; $P(E \cap F) = \frac{1}{6}$,
$P(E \cup F) = P(E) + P(F) - P(E \cap F) = \frac{2}{6} + \frac{4}{6} - \frac{1}{6} = \frac{5}{6}$.
Man kann hier auch zusammenfassen:
$E \cup F$ = {ASU, AUS, SAU, SUA, UAS}. Daran sieht man auch, dass $P(E \cup F) = \frac{5}{6}$.
c) Da $P(E) \cdot P(F) = \frac{2}{6} \cdot \frac{4}{6} = \frac{2}{9}$ und $P(E \cap F) = \frac{1}{6}$, sind E und F nicht unabhängig. Das ist auch aus der Sache klar, denn ob der Vokal U hinten steht, beeinflusst das Ereignis, dass ein Vokal in der Mitte steht.

6

$E(X) = -10 \cdot \frac{1}{5} + 0 \cdot \frac{1}{6} + 1 \cdot \frac{1}{2} + 3 \cdot \frac{2}{15} = -\frac{11}{10}$.
Die Standardabweichung ist ein Maß für die Streuung der Verteilung, d.h. dafür, wie weit die Werte der Verteilung durchschnittlich vom Erwartungswert abweichen.

7

a) $\mu = n \cdot p = 18$; $\sigma = \sqrt{np(1-p)} = 3$
b) Bei μ ist die Wahrscheinlichkeit am größten, im Bereich zwischen $\mu - \sigma = 15$ und $\mu + \sigma = 21$ beträgt nach der Sigma-Regel die Wahrscheinlichkeit etwa 70% (das entspricht dem Flächenanteil unter dem Graphen im Vergleich mit der gesamten Fläche unter dem Graphen). Der Wert bei μ beträgt 0,13, wie im Aufgabentext angegeben.

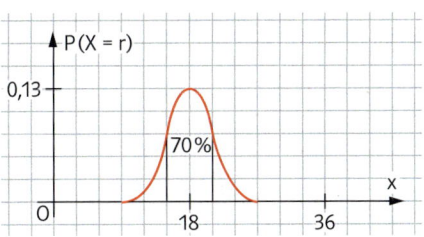

c) Wenn man n bei konstantem p vergrößert, wird der Graph flacher und breiter, sein Maximum wird nach rechts wandern.
d) Wenn man p bei konstantem n verkleinert, wird der Graph höher und schmaler, sein Maximum wird nach links wandern. Wenn man p bei konstantem n vergrößert, wird der Graph höher und schmaler, sein Maximum wird nach rechts wandern.

8

a) Falsch, z.B. ist $\mu = 3,5$ für n = 7 und p = 0,5.
b) Wahr, denn $\mu = n \cdot p$.
c) Wahr, denn $\sigma = \sqrt{np(1-p)} = c \cdot \sqrt{n}$, wobei c nur von p abhängt.
d) Wahr nach der Sigma-Regel (wenn σ genügend groß ist, mindestens etwa 3).

Kapitel X, Prüfungsvorbereitung mit Hilfsmitteln, Seite 295

1

a) $\left(\frac{1}{3}\right)^{11} = \frac{1}{177147} \approx 0,0006\%$
Am Nenner erkennt man, dass es $3^{11} = 177147$ verschiedene Tipps gibt.
b) Analog zu Teilaufgabe a) gibt es $2^{11} = 2048$ Möglichkeiten, alle Spiele falsch zu tippen.

2

X: Punktezahl; Wahrscheinlichkeitsverteilung:

g	0	10	100	1000
P(X = g)	$\frac{125}{216}$	$\frac{75}{216}$	$\frac{15}{216}$	$\frac{1}{216}$

$E(X) = 0 \cdot \frac{125}{216} + 10 \cdot \frac{75}{216} + 100 \cdot \frac{15}{216} + 1000 \cdot \frac{1}{216} \approx 15,05$
$\sigma^2 = V(X) = (0 - 15,05)^2 \cdot \frac{125}{216} + (10 - 15,05)^2 \cdot \frac{75}{216}$
$\qquad + (100 - 15,05)^2 \cdot \frac{15}{216} + (1000 - 15,05)^2 \cdot \frac{1}{216}$
$\qquad = 5132,4$
$\sigma \approx 71,6$ (gerundet)

3

a) X: Anzahl der Wappen
Wahrscheinlichkeitsverteilung von X:

k	0	1	2	3
P(X = k)	$\frac{1}{8}$	$\frac{3}{8}$	$\frac{3}{8}$	$\frac{1}{8}$

$E(X) = 1,5$
$V(X) = \sigma^2 = \frac{3}{4}$
$\sigma = \frac{1}{2}\sqrt{3} \approx 0,866$

b) Das Gegenereignis zu „mindestens einmal liegt Zahl unten" ist „kein einziges Mal liegt Zahl unten". Es hat also die Wahrscheinlichkeit $\left(\frac{1}{2}\right)^{10} = \frac{1}{1024}$. Daher liegt mit einer Wahrscheinlichkeit von $\frac{1023}{1024} \approx 99{,}9\,\%$ mindestens einmal Zahl unten.

c) $2^{20} = 1\,048\,576$

4

a) $P(X \leq 15) = 0{,}5692$
b) $P(X < 15) = P(X \leq 14) = 0{,}4468$
c) $P(X = 15) = 0{,}1223$
d) $P(X > 15) = P(X \geq 16) = 0{,}4308$
e) $P(X \geq 15) = 0{,}5532$

5

a) X lässt sich beschreiben als Bernoulli-Kette mit $n = 100$ Durchführungen, da die Reißzwecken unabhängig voneinander mit der Wahrscheinlichkeit von 60 % auf dem Kopf landen. Als Treffer kann man z. B. „Zwecke landet auf dem Kopf" definieren. Trefferwahrscheinlichkeit ist dann $p = 0{,}6$.

b) $\mu = n \cdot p = 60$; $\sigma = \sqrt{n\,p\,(1-p)} = 4{,}90$

c) $P(X \leq 60) = 0{,}5379$;
$P(X > 50) = 1 - P(X \leq 50) = 0{,}9729$;
$P(50 \leq X \leq 60) = P(X \leq 60) - P(X \leq 49) = 0{,}5212$;
$P(\mu - 2\sigma \leq X \leq \mu + 2\sigma) = 0{,}9481$

d) Aus der Tabelle (siehe Fig. 1 und Fig. 2):
$P(\mu - a \leq X \leq \mu + a) = 0{,}7386$ für $a = 5$,
$P(\mu - a \leq X \leq \mu + a) = 0{,}8158$ für $a = 6$,
also ist $a = 6$ die Lösung.

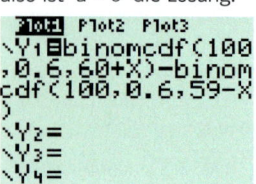
Fig. 1

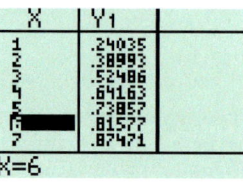
Fig. 2

6

a) siehe Abbildung
b) $\frac{16}{20} \cdot \frac{15}{19} \approx 0{,}6316$, $\frac{14}{20} \cdot \frac{13}{19} \approx 0{,}4789$
c) Der Prüfer rechnet mit der Laplace-Formel. „Günstige" Möglichkeiten sind hier die $\binom{18}{2}$ Möglichkeiten, aus 18 intakten Bauteilen zwei herauszuziehen (die Reihenfolge spielt keine Rolle). Insgesamt gibt es $\binom{20}{2}$ Möglichkeiten, aus 20 Bauteilen zwei herauszuziehen.

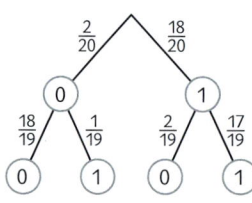

0: Bauteil defekt
1: Bauteil OK

7

a) $P(X = 2) = 0{,}2852$; $P(X \leq 2) = 0{,}6769$
b) (1): Standardabweichung von X
(2): $P(X = 5)$
(3): Erwartungswert für „Gewinnbetrag in €" bei einem Spiel.
c) Wenn man bei x Spielen gewinnt, gewinnt man $5x$ €. Der Einsatz beträgt 20 €. Man macht keinen Verlust, wenn $5x \geq 20$. Man muss daher mindestens viermal gewinnen. Um mindestens 10 € zu gewinnen, muss man mindestens 6 Spiele gewinnen. Die Wahrscheinlichkeit dafür beträgt $P(X \geq 6) = 0{,}0113$.

Kapitel XI, Zeit zu überprüfen, Seite 300

5

a) Man ordnet z. B. „Fluggast erscheint" die Ziffern 0 bis 8 und „Fluggast erscheint nicht" die Ziffer 9 zu. Es werden 20 Ziffern ausgewertet. Ergebnisse sind individuell, liegen aber in der Nähe von 18.

b) siehe Abbildung

C2	fx	=WENN(B2<9;1;0)	
	A	B	C	C
1	Fluggast	Zufallsziffer	erscheint?	Mitflieger
2	1	0	1	16
3	2	7	1	
4	3	9	0	
5	4	2	1	
6	5	4	1	
7	6	8	1	
8	7	0	1	

in B2 steht: =ZUFALLSBEREICH(0;9)
in D2 steht: =SUMME(C2:C21)
Die Zellen B2 bis C2 sind bis Zeile 21 hinuntergezogen worden.
Die Aufgabe kann in B2 auch mit dem Befehl =ZUFALLSZAHL( ) gelöst werden; in C2 steht dann =WENN(B2<0,9;1;0).

Kapitel XI, Zeit zu überprüfen, Seite 303

5

Lösung für 1000 Wurfsimulationen siehe Abbildung

A	B	C	D	E	F	G
Sim.	Kind 1	Kind 2	Kind 3	Kind 4	Mädchen	mind. 2
1	0,65517	0,63587	0,19083	0,29203	2	0,648
2	0,24344	0,19965	0,61537	0,74688	2	
3	0,83479	0,987	0,54239	0,67207	4	
4	0,09332	0,92041	0,04617	0,32424	1	
5	0,29063	0,58491	0,03366	0,01232	1	

Die Mädchenzahl wird in F2 durch den Befehl
=ZÄHLENWENN(B2:E2;">0,51") ermittelt.
Die relative Häufigkeit für mindestens zwei Mädchen wird durch
=ZÄHLENWENN(F2:F1001;">=2")/1000 ermittelt.

Kapitel XI, Zeit zu überprüfen, Seite 308

6

a) Die Testvariable X zählt die Treffer und ist binomialverteilt mit den Parametern n = 100 und p = 0,3.
5-%-Annahmebereich: [21; 39];
Irrtumswahrscheinlichkeit: 0,0375
1-%-Annahmebereich: [19; 42];
Irrtumswahrscheinlichkeit: 0,0085
b) Beispiel: Aus einer Schale mit 10 Kugeln mit den Nummern 1 bis 10 werden mit Zurücklegen Kugeln gezogen. „Treffer" sind alle Kugeln mit den Nummern 3, 6 oder 9. Es wird behauptet, dass die Kugeln mit diesen Nummern zu oft oder zu selten gezogen werden.

7

Nullhypothese: Die Zahl 1 kommt mit einer 20-prozentigen Wahrscheinlichkeit vor; H_0: p = 0,2.
Stichprobenumfang n = 100;
Testvariable X: Anzahl der Einsen mit den Parametern n = 100 und p = 0,2.
Annahmebereich: [12; 28]
a) 12 liegt im Annahmebereich, also wird die Nullhypothese akzeptiert.
b) 30 liegt nicht im Annahmebereich, also wird die Nullhypothese verworfen.

Kapitel XI, Zeit zu wiederholen, Seite 309

14

a) $\frac{x-2}{2x}$ b) $\frac{x^2+2}{x^2}$ c) $\frac{2x-1}{x \cdot (x-1)}$ d) $\frac{x}{x+1}$

15

a) $x \to +\infty$: $f(x) \to +\infty$; $x \to -\infty$: $f(x) \to -\infty$
b) $x \to +\infty$: $f(x) \to 1$; $x \to -\infty$: $f(x) \to 1$
c) $x \to +\infty$: $f(x) \to 0$; $x \to -\infty$: $f(x) \to -\infty$
d) $x \to +\infty$: $f(x) \to 1$; $x \to -\infty$: $f(x) \to 0$

16

Die Funktion f gehört zu dem Graphen in Fig. 1, weil sie die einzige ist, die für x in [0; 2] negative Funktionswerte hat (Testwert x = 1);
die Funktion g gehört zu dem Graphen in Fig. 3, weil sie sich nahe 0 wie x^2 verhält und vermutlich keine Nullstelle für x > 0 hat;
die Funktion h gehört zu keinem der Graphen;
die Funktion k gehört zu dem Graphen in Fig. 2, weil für sie bei x nahe 6 (eigentlich 2π) eine Nullstelle zu vermuten ist.

Kapitel XI, Zeit zu überprüfen, Seite 313

7

a) Als Testvariable X verwendet man die Trefferzahl für die Parameter n = 50 und p = 0,3. Alternative ist H_1: p > 0,3. Man sucht aus der Wahrscheinlichkeitsverteilung von X die kleinste Zahl b mit der Eigenschaft $P(X \leq b) > 95\%$ heraus: b = 20. Annahmebereich ist dann das Intervall [0; 20].

b) Die Nullhypothese wird beibehalten bzw. akzeptiert.
c) Die Irrtumswahrscheinlichkeit beträgt
$P(X > 20) = 1 - P(X \leq 20) = 0,0478$.
Mit dieser Wahrscheinlichkeit fällt das Stichprobenergebnis in den Ablehnungsbereich, wenn die Nullhypothese richtig ist.

8

Nullhypothese ist H_0: p = 0,25 (oder $p \geq 0,25$);
Testvariable X: Anzahl der Ausgänge mit „Blau"
a) Parameter n = 25; p = 0,25. Es wird linksseitig getestet (Alternative H_1: p < 0,25), weil Yannick sich bestätigt sieht, wenn sich eine relativ kleine Anzahl für „Blau" ergibt.
Annahmebereich ist [3; 25]; bei weniger als 3-mal „Blau" sieht sich Yannick bestätigt.
b) Parameter n = 50; p = 0,25; Annahmebereich [8; 50].
Bei „8-mal Blau" wird die Nullhypothese beibehalten und Yannick sieht sich nicht bestätigt.
c) Parameter n = 100; p = 0,25; Annahmebereich [18; 100].
Bei „16-mal Blau" wird die Nullhypothese verworfen und Yannick sieht sich bestätigt.

Kapitel XI, Zeit zu überprüfen, Seite 316

6

a) A = [0; 22];
Wahrscheinlichkeit für den Fehler 1. Art = Irrtumswahrscheinlichkeit = 4,24%
Wahrscheinlichkeit für den Fehler 2. Art
$P(X_{0,4} \leq 22) = 0,7660$ bzw. $P(X_{0,6} \leq 22) = 0,0160$.
b) A = [10; 23];
Wahrscheinlichkeit für den Fehler 1. Art = 3,49%
Wahrscheinlichkeit für den Fehler 2. Art
$P(10 \leq X_{0,4} \leq 23) = 0,8431$ bzw. $P(10 \leq X_{0,2} \leq 23) = 0,5563$.
c-a) A = [0; 41];
Wahrscheinlichkeit für den Fehler 1. Art = Irrtumswahrscheinlichkeit = 4,34%
Wahrscheinlichkeit für den Fehler 2. Art
$P(X_{0,4} \leq 41) = 0,6225$ bzw. $P(X_{0,6} \leq 41) = 0,000096$.
c-b) A = [24; 43];
Wahrscheinlichkeit für den Fehler 1. Art = 3,33%
Wahrscheinlichkeit für den Fehler 2. Art
$P(24 \leq X_{0,4} \leq 43) = 0,7632$ bzw. $P(24 \leq X_{0,2} \leq 43) = 0,1891$.
Bei weiterer Erhöhung des Stichprobenumfangs werden die Wahrscheinlichkeiten für den Fehler 2. Art noch kleiner werden. Die Wahrscheinlichkeiten für den Fehler 1. Art bleiben immer unter 5%, weil das Signifikanzniveau dafür eine obere Grenze ist.

Kapitel XI, Prüfungsvorbereitung, Seite 321

1

a) Man ordnet z.B. „Wappen" die Glückszahlen 1, 2 und „Zahl" die Glückszahlen 3, 4 zu.
b) Man ordnet z.B. „Treffer" die Glückszahlen 1, 2, 3 und „Fehlschuss" die Glückszahl 4 zu.

c) Man ordnet z.B. „Partei wird gewählt" die Glückszahlen 1 und „Partei wird nicht gewählt" die Glückszahlen 2 und 3 zu. Die Glückszahl 4 wird übergangen, die Drehung wiederholt.
d) Man ordnet z.B. „Bauteil funktioniert" die Glückszahl 1 und „Bauteil funktioniert nicht" die Glückszahlen 2, 3, 4 zu.

2

a) siehe Tabelle. Hier sind nur 5 der 10 Simulationen dargestellt. In der Spalte ZZ stehen gleichverteilte Zufallszahlen zwischen 0 und 1. In der Trefferspalte steht in Zeile x der Befehl „=ZÄHLENWENN(Bx;"<0,15")".
b) und c) wie bei Teilaufgabe a) mit 50 bzw. 100 Zufallszahlen.

Simulation	ZZ	Treffer?	Summe Treffer	rel. Häuf.
Sim. 1	0,33942052	0	2	0,2
Sim. 2	0,56091564	0		
Sim. 3	0,05870561	1		
Sim. 4	0,04302716	1		
Sim. 5	0,25681305	0		

3

Die Wahrscheinlichkeit beträgt $1 - \left(\frac{5}{6}\right)^3 = 42{,}1\%$. In der Tabelle sind 100 Simulationen für drei Würfe durchgeführt, von denen hier nur 10 zu sehen sind. In der Zeile „Start?" steht in Spalte x die Formel „=WENN(ODER(x2=6;x3=6;x4=6);1;0)", bei „Wahrsch." steht „=SUMME(B5:CW5)/100".

Wurf	1	2	3	4	5	6	7	8	9	10
W. 1	1	4	4	3	3	1	3	4	3	5
W. 2	6	5	4	3	3	4	6	3	6	3
W. 3	2	3	6	5	6	1	3	6	1	1
Start?	1	0	1	0	1	0	1	1	1	0
Wahrsch.	0,42									

4

Man geht vor wie in der Infobox auf Seite 304 mit $n = 3$ und $p = 0{,}85$. In der Spalte ZZ stehen 100 Zufallszahlen (nicht vollständig abgebildet). Zusätzlich berechnet wird die relative Häufigkeit und daraus der Mittelwert (Produkte aus den Werten in der ersten und 5. Spalte aufsummieren) und die Standardabweichung (Differenzen der Werte in der ersten Spalte und dem Mittelwert bilden, quadrieren, mit den Werten der 5. Spalte multiplizieren, aufsummieren und aus dem Ergebnis die Wurzel ziehen). Man erkennt die gute Übereinstimmung zwischen den empirischen und theoretischen Werten.

n	p	μ	sigma			
3	0,85	2,55	0,62		Mittelwert	StAbw
r	F(n;p;r)	ZZ	Häufigk.	rel. H.	2,52	0,64
0	0,003375	0,51278534	0	0	0	0
1	0,06075	0,37925796	8	0,08	0,08	0,184832
2	0,385875	0,94481192	32	0,32	0,64	0,086228
3	1	0,02782893	60	0,6	1,8	0,13824
		0,12662704				

5

a) Als Nullhypothese verwendet man H_0: $p = 0{,}113$, in Worten: „Der Anteil der Muslime in Stuttgart ist so groß, wie die Zeitungsmeldung besagt". Als Testvariable nimmt man die Zahl X der Muslime bei einer Stichprobe von n (zufällig ausgewählten) Stuttgartern. Ein „Treffer" liegt vor, wenn ein Befragter Muslim ist. Man testet rechtsseitig (Alternative H_1: $p > 0{,}113$, weil man die Nullhypothese erst ablehnen wird, wenn deutlich mehr als 11,3 % der Befragten Muslime sind.
b) Mit dem Test kann man eine begründete Entscheidung für die Nullhypothese oder die Alternative „Der Anteil der Muslime in Stuttgart ist im Vergleich zur Angabe aus der Zeitungsmeldung gestiegen" fällen. Man kann aber nicht sagen, ob die Entscheidung richtig ist.

6

a) Der Annahmebereich ist ein Intervall der Form [0; b], da rechtsseitig getestet wird. Dabei ist b die kleinste Zahl b mit $P(X \leq b) > 95\%$. Aus der Tabelle der Werte $P(X \leq r)$ entnimmt man b = 48. Also ist [0; 48] der Annahmebereich.
b) Die Irrtumswahrscheinlichkeit ist die Wahrscheinlichkeit, dass die Stichprobe einen Wert liefert, der nicht im Annahmebereich liegt, obwohl H_0 zutrifft, also hier die Wahrscheinlichkeit $P(X \geq 49) = 0{,}0423$ (sie ist höchstens so groß, wie es das Signifikanzniveau angibt und wird auch Risiko 1. Art genannt).
c) Falls in Wirklichkeit $p = 0{,}5$, so ist die Wahrscheinlichkeit, dass die Stichprobe einen Wert liefert, der im Annahmebereich liegt, $P(X_{0,5} \leq 48) = F_{100;0,5}(48) = 0{,}3822$. Der Index 0,5 bei X bedeutet, dass statt mit $p = 0{,}4$ nun mit $p = 0{,}5$ zu rechnen ist. Diese Wahrscheinlichkeit heißt auch Risiko 2. Art.

7

Die Entscheidung bedeutet nur, dass man H_0 nicht verwerfen kann. Das Ergebnis reicht nicht, um H_0 abzulehnen. Man geht zwangsläufig (weiterhin) davon aus, dass H_0 gilt.
Der Annahmebereich wird daher auch als „Nichtverwerfungsbereich" bezeichnet. Man entscheidet sich für H_1, wenn das Stichprobenergebnis in den Ablehnungsbereich fällt. Die Entscheidung für H_1 bedeutet aber nicht, dass H_1 richtig und H_0 falsch ist. Sie bedeutet nur, dass man große Zweifel an H_0 hat und deshalb H_0 verwirft.
Der Ablehnungsbereich wird daher auch als „Verwerfungsbereich" oder als „kritischer Bereich" bezeichnet.

8

H_0: $p \geq 0{,}95$; H_1: $p < 0{,}95$
Testvariable X: Anzahl der defekten Schaltelemente.
Parameter sind $n = 100$, $p = 0{,}95$, Signifikanzniveau 10 %.
a) Annahmebereich: [92; 100], Ablehnungsbereich: [0; 91].
b) Nun ist $p = 0{,}9$. Die Wahrscheinlichkeit, die Nullhypothese zu akzeptieren ist die Wahrscheinlichkeit dafür, dass das Ergebnis im Bereich [92; 100] liegt.
Man erhält $P(X \geq 92) = 1 - B_{100;\,0,9}(91) = 0{,}3209$.
Beachten Sie, dass jetzt mit der „richtigen" Wahrscheinlichkeit 0,9 gerechnet wird statt mit der bei der Nullhypothese angenommenen von 0,95.

Anhang Tabelle Zufallsziffern

Zeile	Spalte 1–5	10	15	20	25	30	35	40	45	50
1	12159	66144	05091	13446	45653	13684	66024	91410	51351	22772
	30156	90519	95785	47544	66735	35754	11088	67310	19720	08379
	59069	01722	53338	41942	65118	71236	01932	70343	25812	62275
	54107	58081	82470	59407	13475	95872	16268	78436	39251	64247
5	99681	81295	06315	28212	45029	57701	96327	85436	33614	29070
	27252	37875	53679	01889	35714	63534	63791	76342	47717	73684
	93259	74585	11863	78985	03881	46567	93696	93521	54970	37607
	84068	43759	75814	32261	12728	09636	22336	76529	01017	45503
	68582	97054	28251	63787	57285	18854	35006	16343	51867	67979
10	60646	11298	19680	10087	66391	70853	24423	73007	74958	29020
	97437	52922	80739	59178	50628	61017	51652	40915	94696	67843
	58009	20681	98823	50979	01237	70152	13711	73916	87902	84759
	77211	70110	93803	60135	22881	13423	30999	07104	27400	25414
	54256	84591	65302	99257	92970	28924	36632	54044	91798	78018
15	37493	69330	94069	39544	14050	03476	25804	49350	92525	87941
	87569	22661	55970	52623	35419	76660	42394	63210	62626	00581
	22896	62237	39635	63725	10463	87944	92075	90914	30599	35671
	02697	33230	64527	97210	41359	79399	13941	88378	68503	33609
	20080	15652	37216	00679	02088	34138	13953	68939	05630	27563
20	20550	95151	60557	57449	77115	87372	02574	07851	22428	39189
	72771	11672	67492	42904	64647	94651	45994	42538	54885	15983
	38472	43379	76295	69406	96510	16529	83500	28590	49787	29822
	24511	56510	72654	13277	45031	42235	96502	25567	23653	36707
	01054	06674	58283	82831	97048	42983	06471	12350	49990	04809
25	94437	94907	95274	26487	60496	78222	43032	04276	70800	17378
	97842	69095	25982	03484	25173	15982	14624	31653	17170	92785
	53047	13486	69712	33567	82313	87631	03197	02438	12374	40329
	40770	47013	63306	48154	80970	87976	04939	21233	20572	31013
	52733	66251	69661	58387	72096	21355	51659	19003	75556	33095
30	41749	46502	18378	83141	63920	85516	75743	66317	45428	45940
	10271	85184	46468	38860	24039	80949	51211	35411	40470	16070
	98791	48848	68129	51024	53044	55039	71290	26484	70682	56255
	30196	09295	47685	56768	29285	06272	98789	47188	35063	24158
	99373	64343	92433	06388	65713	35386	43370	19254	55014	98621
35	27768	27552	42156	23239	46823	91077	06306	17756	84459	92513
	67791	35910	56921	51976	78475	15336	92544	82601	17996	72268
	64018	44004	08136	56129	77024	82650	18163	29158	33935	94262
	79715	33859	10835	94936	02857	87486	70613	41909	80667	52176
	20190	40737	82688	07099	65255	52767	65930	45861	32575	93731
40	82421	01208	49762	66360	00231	87540	88302	62686	38456	25872
	00083	81269	35320	72064	10472	92080	80447	15259	62654	70882
	56558	09762	20813	48719	35530	96437	96343	21212	32567	34305
	41183	20460	08608	75283	43401	25888	73405	35639	92114	48006
	39977	10603	35052	53751	64219	36235	84687	42091	42587	16996
45	29310	84031	03052	51356	44747	19678	14619	03600	08066	93899
	47360	03571	95657	85065	80919	14890	97623	57375	77855	15735
	48481	98262	50414	41929	05977	78903	47602	52154	47901	84523
	48097	56362	16342	75261	27751	28715	21871	37943	17850	90999
	20648	30751	96515	51581	43877	94494	80164	02115	09738	51938
50	60704	10107	59220	61220	23944	34684	83696	82344	19020	84834

Anhang Tabellen Binomialverteilung

Binomialverteilung $B_{n;p}(k) = \binom{n}{k} \cdot p^k \cdot (1-p)^{n-k}$
Wahrscheinlichkeitsverteilung

n	k	0,02	0,03	0,05	0,10	1/6	0,20	0,25	0,30	1/3	0,40	0,50		n
10	0	0,8171	7374	5987	3487	1615	1074	0563	0282	0173	0060	0010	10	
	1	1667	2281	3151	3874	3230	2684	1877	1211	0867	0403	0098	9	
	2	0153	0317	0746	1937	2907	3020	2816	2335	1951	1209	0439	8	
	3	0008	0026	0105	0574	1550	2013	2503	2668	2601	2150	1172	7	
	4		0001	0010	0112	0543	0881	1460	2001	2276	2508	2051	6	10
	5			0001	0015	0130	0264	0584	1029	1366	2007	2461	5	
	6				0001	0022	0055	0162	0368	0569	1115	2051	4	
	7					0002	0008	0031	0090	0163	0425	1172	3	
	8						0001	0004	0014	0030	0106	0439	2	
	9								0001	0003	0016	0098	1	
	10										0001	0010	0	
15	0	0,7386	6333	4633	2059	0649	0352	0134	0047	0023	0005	0000	15	
	1	2261	2938	3658	3432	1947	1319	0668	0305	0171	0047	0005	14	
	2	0323	0636	1348	2669	2726	2309	1559	0916	0599	0219	0032	13	
	3	0029	0085	0307	1285	2363	2501	2252	1700	1299	0634	0139	12	
	4	0002	0008	0049	0428	1418	1876	2252	2186	1948	1268	0417	11	
	5		0001	0006	0105	0624	1032	1651	2061	2143	1859	0916	10	
	6				0019	0208	0430	0917	1472	1768	2066	1527	9	
	7				0003	0053	0138	0393	0811	1148	1771	1964	8	15
	8					0011	0035	0131	0348	0574	1181	1964	7	
	9					0002	0007	0034	0116	0223	0612	1527	6	
	10						0001	0007	0030	0067	0245	0916	5	
	11							0001	0006	0015	0074	0417	4	
	12								0001	0003	0016	0139	3	
	13										0003	0032	2	
	14											0005	1	
	15												0	
20	0	0,6676	5438	3585	1216	0261	0115	0032	0008	0003	0000	0000	20	
	1	2725	3364	3774	2702	1043	0576	0211	0068	0030	0005	0000	19	
	2	0528	0988	1887	2852	1982	1369	0669	0278	0143	0031	0002	18	
	3	0065	0183	0596	1901	2379	2054	1339	0716	0429	0123	0011	17	
	4	0006	0024	0133	0898	2022	2182	1897	1304	0911	0350	0046	16	
	5		0002	0022	0319	1294	1746	2023	1789	1457	0746	0148	15	
	6			0003	0089	0647	1091	1686	1916	1821	1244	0370	14	
	7				0020	0259	0545	1124	1643	1821	1659	0739	13	
	8				0004	0084	0220	0609	1144	1480	1797	1201	12	
20	9				0001	0022	0074	0271	0654	0987	1597	1602	11	20
	10					0005	0020	0099	0308	0543	1171	1762	10	
	11					0001	0005	0030	0120	0247	0710	1602	9	
	12						0001	0008	0039	0092	0355	1201	8	
	13							0002	0010	0028	0146	0739	7	
	14								0002	0007	0049	0370	6	
	15									0001	0013	0148	5	
	16										0003	0046	4	
	17											0011	3	
	18											0002	2	
	19	Nicht aufgeführte Werte sind (auf 4 Dez.) 0,0000.											1	
n		0,98	0,97	0,95	0,90	5/6	0,80	0,75	0,70	2/3	0,60	0,50	k	n

Online-Link
Werkzeug zum Erzeugen von Binomialverteilungen für alle n und p
735605-3661

Beispiele:
X sei $B_{10;0,05}$-verteilt,
dann ist $P(X = 2) = 0{,}0746$.

Bei grün unterlegtem Eingang:
X sei $B_{20;0,70}$-verteilt,
dann ist $P(X = 15) = 0{,}1789$.

Anhang Tabellen Binomialverteilung

Binomialverteilung $F_{n;p}(k) = \sum_{i=0}^{k} \binom{n}{i} \cdot p^i \cdot (1-p)^{n-i}$
Summenverteilung

n	k	0,02	0,03	0,05	0,10	1/6	0,20	0,25	0,30	1/3	0,40	0,50		n
	0	0,8171	7374	5987	3487	1615	1074	0563	0282	0173	0060	0010	9	
	1	9838	9655	9139	7361	4845	3758	2440	1493	1040	0464	0107	8	
	2	9991	9972	9885	9298	7752	6778	5256	3828	2991	1673	0547	7	
	3		9999	9990	9872	9303	8791	7759	6496	5593	3823	1719	6	
10	4			9999	9984	9845	9672	9219	8497	7869	6331	3770	5	10
	5				9999	9976	9936	9803	9527	9234	8338	6230	4	
	6					9997	9991	9965	9894	9803	9452	8281	3	
	7						9999	9996	9984	9966	9877	9453	2	
	8								9999	9996	9983	9893	1	
	9										9999	9990	0	
	0	0,7386	6333	4633	2059	0649	0352	0134	0047	0023	0005	0000	14	
	1	9647	9270	8290	5490	2596	1671	0802	0353	0194	0052	0005	13	
	2	9970	9906	9638	8159	5322	3980	2361	1268	0794	0271	0037	12	
	3	9998	9992	9945	9444	7685	6482	4613	2969	2092	0905	0176	11	
	4		9999	9994	9873	9102	8358	6865	5155	4041	2173	0592	10	
	5			9999	9978	9726	9389	8516	7216	6184	4032	1509	9	
15	6				9997	9934	9819	9434	8689	7970	6098	3036	8	15
	7					9987	9958	9827	9500	9118	7869	5000	7	
	8					9998	9992	9958	9848	9692	9050	6964	6	
	9						9999	9992	9963	9915	9662	8491	5	
	10							9999	9993	9982	9907	9408	4	
	11								9999	9997	9981	9824	3	
	12										9997	9963	2	
	13											9995	1	
	14												0	
	0	0,7238	6143	4401	1853	0541	0281	0100	0033	0015	0003	0000	15	
	1	9601	9182	8108	5147	2272	1407	0635	0261	0137	0033	0003	14	
	2	9963	9887	9571	7892	4868	3518	1971	0994	0594	0183	0021	13	
	3	9998	9989	9930	9316	7291	5981	4050	2459	1659	0651	0106	12	
	4		9999	9991	9830	8866	7982	6302	4499	3391	1666	0384	11	
	5			9999	9967	9622	9183	8103	6598	5469	3288	1051	10	
	6				9995	9899	9733	9204	8247	7374	5272	2272	9	
16	7				9999	9979	9930	9729	9256	8735	7161	4018	8	16
	8					9996	9985	9925	9743	9500	8577	5982	7	
	9						9998	9984	9929	9841	9417	7728	6	
	10							9997	9984	9960	9806	8949	5	
	11								9997	9992	9951	9616	4	
	12									9999	9991	9894	3	
	13										9999	9979	2	
	14											9997	1	
	15	Nicht aufgeführte Werte sind (auf 4 Dez.) 1,0000.											0	
n		0,98	0,97	0,95	0,90	5/6	0,80	0,75	0,70	2/3	0,60	0,50	k	n

p

Bei grün unterlegtem Eingang, d.h. $p \geq 0{,}5$ gilt: $P(X \leq k) = 1 -$ abgelesener Wert.

Beispiele:

X sei $B_{10;0{,}20}$-verteilt,
dann ist $P(X \leq 4) = 0{,}9672$.

X sei $B_{15;0{,}60}$-verteilt,
dann ist $P(X \leq 9) = 1 - 0{,}4032 = 0{,}5968$.

Anhang Tabellen Binomialverteilung

Binomialverteilung Summenverteilung $F_{n;\,p}(k) = \sum_{i=0}^{k} \binom{n}{i} \cdot p^i \cdot (1-p)^{n-i}$

n	k	0,02	0,03	0,05	0,10	1/6	0,20	0,25	0,30	1/3	0,40	0,50		n
20	0	0,6676	5438	3585	1216	0261	0115	0032	0008	0003	0000	0000	19	20
	1	9401	8802	7358	3917	1304	0692	0243	0076	0033	0005	0000	18	
	2	9929	9790	9245	6769	3287	2061	0913	0355	0716	0036	0002	17	
	3	9994	9973	9841	8670	5665	4114	2252	1071	0604	0160	0013	16	
	4		9997	9974	9568	7687	6296	4148	2375	1515	0510	0059	15	
	5			9997	9887	8982	8042	6172	4164	2972	1256	0207	14	
	6				9976	9629	9133	7858	6080	4793	2500	0577	13	
	7				9996	9887	9679	8982	7723	6615	4159	1316	12	
	8				9999	9972	9900	9591	8867	8095	5956	2517	11	
	9					9994	9974	9861	9520	9081	7553	4119	10	
	10					9999	9994	9961	9829	9624	8725	5881	9	
	11						9999	9991	9949	9870	9435	7483	8	
	12							9998	9987	9963	9790	8684	7	
	13								9997	9991	9935	9423	6	
	14									9998	9984	9793	5	
	15										9997	9941	4	
	16											9987	3	
	17	Nicht aufgeführte Werte sind (auf 4 Dez.) 1,0000.										9998	2	
25	0	0,6035	4670	2774	0718	0105	0038	0008	0001	0000	0000	0000	24	25
	1	9114	8280	6424	2712	0629	0274	0070	0016	0005	0001	0000	23	
	2	9868	9620	8729	5371	1887	0982	0321	0090	0035	0004	0000	22	
	3	9986	9938	9659	7636	3816	2340	0962	0332	0149	0024	0001	21	
	4	9999	9992	9928	9020	5937	4207	2137	0905	0462	0095	0005	20	
	5		9999	9988	9666	7720	6167	3783	1935	1120	0294	0020	19	
	6			9998	9905	8908	7800	5611	3407	2215	0736	0073	18	
	7				9977	9553	8909	7265	5118	3703	1536	0216	17	
	8				9995	9843	9532	8506	6769	5376	2735	0539	16	
	9				9999	9953	9827	9287	8106	6956	4246	1148	15	
	10					9988	9944	9703	9022	8220	5858	2122	14	
	11					9997	9985	9893	9558	9082	7323	3450	13	
	12					9999	9996	9966	9825	9585	8462	5000	12	
	13						9999	9991	9940	9836	9222	6550	11	
	14							9998	9982	9944	9656	7878	10	
	15								9995	9984	9868	8852	9	
	16								9999	9996	9957	9461	8	
	17									9999	9988	9784	7	
	18										9997	9927	6	
	19										9999	9980	5	
	20											9995	4	
	21											9999	3	
50	0	0,3642	2181	0769	0052	0001	0000	0000	0000	0000	0000	0000	49	50
	1	7358	5553	2794	0338	0012	0002	0000	0000	0000	0000	0000	48	
	2	9216	8108	5405	1117	0066	0013	0001	0000	0000	0000	0000	47	
	3	9822	9372	7604	2503	0238	0057	0005	0000	0000	0000	0000	46	
	4	9968	9832	8964	4312	0643	0185	0021	0002	0000	0000	0000	45	
	5	9995	9963	9622	6161	1388	0480	0070	0007	0001	0000	0000	44	
	6	9999	9993	9882	7702	2506	1034	0194	0025	0005	0000	0000	43	
	7		9999	9968	8779	3911	1904	0453	0073	0017	0000	0000	42	
	8			9992	9421	5421	3073	0913	0183	0050	0002	0000	41	
n		0,98	0,97	0,95	0,90	5/6	0,80	0,75	0,70	2/3	0,60	0,50	k	n

p

Bei grün unterlegtem Eingang, d.h. $p \geq 0{,}5$ gilt: $P(X \leq k) = 1 -$ abgelesener Wert.

Anhang Tabellen Binomialverteilung

Binomialverteilung $F_{n;p}(k) = \sum_{i=0}^{k} \binom{n}{i} \cdot p^i \cdot (1-p)^{n-i}$
Summenverteilung

n	k	0,02	0,03	0,05	0,10	1/6	0,20	0,25	0,30	1/3	0,40	0,50		n
	9			0,9998	9755	6830	4437	1637	0402	0127	0008	0000	40	
	10				9906	7986	5836	2622	0789	0284	0022	0000	39	
	11				9968	8827	7107	3816	1390	0570	0057	0000	38	
	12				9990	9373	8139	5110	2229	1035	0133	0002	37	
	13				9997	9693	8894	6370	3279	1715	0280	0005	36	
	14				9999	9862	9393	7481	4468	2612	0540	0013	35	
	15					9943	9692	8369	5692	3690	0955	0033	34	
	16					9978	9856	9017	6839	4968	1561	0077	33	
	17					9992	9937	9449	7822	6046	2369	0164	32	
	18					9998	9975	9713	8594	7126	3356	0325	31	
	19					9999	9991	9861	9152	8036	4465	0595	30	
	20						9997	9937	9522	8741	5610	1013	29	
	21						9999	9974	9749	9244	6701	1611	28	
	22							9990	9877	9576	7660	2399	27	
50	23							9996	9944	9778	8438	3359	26	50
	24							9999	9976	9892	9022	4439	25	
	25								9991	9951	9427	5561	24	
	26								9997	9979	9686	6641	23	
	27								9999	9992	9840	7601	22	
	28									9997	9924	8389	21	
	29									9999	9966	8987	20	
	30										9986	9404	19	
	31										9995	9675	18	
	32										9998	9836	17	
	33										9999	9923	16	
	34											9967	15	
	35											9987	14	
	36											9995	13	
	37	Nicht aufgeführte Werte sind (auf 4 Dez.) 1,0000.										9998	12	
	0	0,1326	0476	0059	0000	0000	0000	0000	0000	0000	0000	0000	99	
	1	4033	1946	0371	0003	0000	0000	0000	0000	0000	0000	0000	98	
	2	6767	4198	1183	0019	0000	0000	0000	0000	0000	0000	0000	97	
	3	8590	6472	2578	0078	0000	0000	0000	0000	0000	0000	0000	96	
	4	9492	8179	4360	0237	0001	0000	0000	0000	0000	0000	0000	95	
	5	9845	9192	6160	0576	0004	0000	0000	0000	0000	0000	0000	94	
	6	9959	9688	7660	1172	0013	0001	0000	0000	0000	0000	0000	93	
	7	9991	9894	8720	2061	0038	0003	0000	0000	0000	0000	0000	92	
	8	9998	9968	9369	3209	0095	0009	0000	0000	0000	0000	0000	91	
	9		9991	9718	4513	0213	0023	0000	0000	0000	0000	0000	90	
100	10		9998	9885	5832	0427	0057	0001	0000	0000	0000	0000	89	100
	11			9957	7030	0777	0126	0004	0000	0000	0000	0000	88	
	12			9985	8018	1297	0253	0010	0000	0000	0000	0000	87	
	13			9995	8761	2000	0469	0025	0001	0000	0000	0000	86	
	14			9999	9274	2874	0804	0054	0002	0000	0000	0000	85	
	15				9601	3877	1285	0111	0004	0000	0000	0000	84	
	16				9794	4942	1923	0211	0010	0001	0000	0000	83	
	17				9900	5994	2712	0376	0022	0002	0000	0000	82	
	18				9954	6965	3621	0630	0045	0005	0000	0000	81	
	19				9980	7803	4602	0995	0089	0011	0000	0000	80	
	20				9992	8481	5595	1488	0165	0024	0000	0000	79	
n		0,98	0,97	0,95	0,90	5/6	0,80	0,75	0,70	2/3	0,60	0,50	k	n

Bei grün unterlegtem Eingang, d.h. $p \geq 0{,}5$ gilt: $P(X \leq k) = 1 -$ abgelesener Wert.

Anhang Tabellen Binomialverteilung

Binomialverteilung Summenverteilung $F_{n;p}(k) = \sum_{i=0}^{k} \binom{n}{i} \cdot p^i \cdot (1-p)^{n-i}$

n	k	0,02	0,03	0,05	0,10	1/6	0,20	0,25	0,30	1/3	0,40	0,50		n
	21				9997	8998	6540	2114	0288	0048	0000	0000	78	
	22				9999	9370	7389	2864	0479	0091	0001	0000	77	
	23					9621	8109	3711	0755	0164	0003	0000	76	
	24					9783	8686	4617	1136	0281	0006	0000	75	
	25					9881	9125	5535	1631	0458	0012	0000	74	
	26					9938	9442	6417	2244	0715	0024	0000	73	
	27					9969	9658	7444	2964	1066	0046	0000	72	
	28					9985	9800	7025	3768	1524	0084	0000	71	
	29					9993	9888	8505	4623	2093	0148	0000	70	
	30					9997	9939	8962	5491	2766	0248	0000	69	
	31					9999	9969	9307	6331	3525	0398	0001	68	
	32						9985	9554	7107	4344	0615	0002	67	
	33						9993	9724	7793	5188	0913	0004	66	
	34						9997	9836	8371	6019	1303	0009	65	
	35						9999	9906	8839	6803	1795	0018	64	
	36						9999	9948	9201	7511	2386	0033	63	
	37							9973	9470	8123	3086	0060	62	
	38							9986	9660	8630	3822	0105	61	
	39							9993	9790	9034	4621	0176	60	
	40							9997	9875	9341	5433	0284	59	
	41							9999	9928	9566	6225	0443	58	
	42							9999	9960	9724	6967	0666	57	
	43								9979	9831	7635	0967	56	
	44								9989	9900	8211	1356	55	
100	45								9995	9943	8689	1841	54	100
	46								9997	9969	9070	2421	53	
	47								9999	9983	9362	3087	52	
	48								9999	9991	9577	3822	51	
	49									9996	9729	4602	50	
	50									9998	9832	5398	49	
	51									9999	9900	6178	48	
	52										9942	6914	47	
	53										9968	7579	46	
	54										9983	8159	45	
	55										9991	8644	44	
	56										9996	9033	43	
	57										9998	9334	42	
	58										9999	9557	41	
	59											9716	40	
	60											9824	39	
	61											9895	38	
	62											9940	37	
	63											9967	36	
	64											9982	35	
	65											9991	34	
	66											9996	33	
	67											9998	32	
	68	Nicht aufgeführte Werte sind (auf 4 Dez.) 1,0000.										9999	31	
n		0,98	0,97	0,95	0,90	5/6	0,80	0,75	0,70	2/3	0,60	0,50	k	n

p

Bei grün unterlegtem Eingang, d.h. $p \geq 0{,}5$ gilt: $P(X \leq k) = 1 -$ abgelesener Wert.
Beispiele:
X sei $B_{100;0{,}30}$-verteilt,
dann ist $P(X \leq 35) = 0{,}8839$.

X sei $B_{100;0{,}75}$-verteilt,
dann ist $P(X \leq 70) = 1 - 0{,}8505 = 0{,}1495$.

Register

A
Ablehnungsbereich 306
Ableitung einer Funktion 38
Ableitungsfunktion 44
Ableitungsregeln 47, 48
Achsensymmetrie 93
Additionssatz 262
Änderungsrate, mittlere 34
Änderungsrate, momentane 38
Äquivalenzumformungen 12
Annahmebereich 306
Assoziativgesetz 194

B
Berührpunkt 36
Bernoulli, Jakob 272
Bernoulli-Experiment 272
Bernoulli-Kette 272
Beschreibende Statistik 264
Betrag eines Vektors 206
Binomialkoeffizient 257, 275
Binomialverteilung 273

D
Definitionsmenge 30
Differenzenquotient 32
Distributivgesetz 194
Durchstoßpunkt 231

E
Ebenen
 –, sich schneidende 229
 –, zueinander parallele 229
Einheitsvektor 206, 207
Ereignis 252
Ergebnismenge 252
Erwartungswert 268, 286
Euler'sche Zahl e 115
Exponentialfunktion, natürliche 112, 115
Exponentialgleichung 118
exponentielles Wachstum 112
Extremstelle 70
Extremwert 70

F
Faktorregel 48
Fakultät 257
Fassregel von Kepler 160
Fehler
 – erster Art 314
 – zweiter Art 314
Fläche, unbegrenzte 181
Flächeninhalt 136
Folge
 –, arithmetische 19
 –, beschränkte 15
 –, divergente 17
 –, explizite Beschreibung einer 15
 –, geometrische 19
 –, Grenzwert einer 17
 –, konvergente 17
 –, monoton fallende 15
 –, monoton steigende 15
 –, nach oben beschränkte 15
 –, nach unten beschränkte 15
 –, rekursive Beschreibung einer 12
 –, streng monoton fallende 15
 –, streng monoton steigende 15
Folgenglied 15
Funktion 31
 –, Ableitung einer 32
 –, ganzrationale 91
Funktionsgleichung 31
Funktionsterm 31
Funktionswert 31

G
ganzrationale Funktion 91
ganzrationalen Funktion, Grad einer 91
Gauß-Verfahren 168
Gegenereignis 252
Gegenvektor 281
geometrischer Ort 220
Geraden
 –, identische 201
 –, sich schneidende 201
 –, zueinander parallele 201
 –, zueinander windschiefe 201
Geradengleichung 197
Gesamtänderung 136
Gleichung einer Geraden 197
Gleichungssystem
 –, lineares 168
 – mit genau einer Lösung 168
 – mit keiner Lösung 168
 – mit unendlich vielen Lösungen 168
globales Maximum 102
globales Minimum 102
Grad einer ganzrationalen Funktion 91
Graph 31
Grenzwert 42
 –, einer Folge 17
Grenzwertsätze 21
Grundgesamtheit 264

H
Halbwertszeit 126
Hauptsatz der Differential- und Integralrechnung 144
Hochpunkt 64
Hypothese 306

I
Integral 139
Integral, unbestimmtes 57
Integral, uneigentliches 70
Integrand 162
Integration, numerische 77
Integration, partielle 72
Integrationsgrenze 140
Integrationsvariable 140
Intervalladditivität 140
Irrtumswahrscheinlichkeit 307

K
Kommutativgesetz 194
Koeffizienten 194
Koordinatenebenen 187
Koordinatengleichung der Ebene 225
Koordinatensystem, kartesisches 225

L
Lage von Ebenen 229
Lage von Geraden 201
Lage von Ebenen und Geraden 231
LGS 172

Register

lineares Gleichungssystem 168
Linearfaktoren 88
Linearfaktorzerlegung 89
Linearkombination 172, 194
Linkskurve 67
Lösungsmenge 170
Logarithmengesetze 130
Logarithmus, natürlicher 118
Logarithmusfunktion,
 natürliche 121
logistisches Wachstum 241
lokales Maximum 64
lokales Minimum 64

M
Matrix 169
Maximum
 –, globales 102
 –, lokales 64
Minimum
 –, globales 102
 –, lokales 64
Mittelwert (Stochastik) 265
mittlere Änderungsrate 34
momentane Änderungsrate 38
monoton abnehmend 61
monoton fallend 61
monoton wachsend 61
monoton zunehmend 61
Monotonie 61
Monotoniesatz 62

N
n-Tupel 168
natürliche Exponential-
 funktion 115
natürliche Logarithmus-
 funktion 121
natürlicher Logarithmus 118
Normalengleichung
 der Ebene 225
Normalenvektor 223
Nullfolge 19
Nullhypothese 307
Nullstelle 89
Nullvektor 194

O
Obersumme 139
Operationscharakteristik 317
orthogonale Vektoren 222
Ortsvektor 190

P
Parametergleichung 197
 – der Gerade 197
 – der Ebene 218
Pfadregel 252
Polynomdivision 89
Potenzgesetze 130
Punkte 186
Punktsymmetrie 93

Q
Quotient 14

R
Randmaximum 78
Randminimum 78
Rechtskurve 67
Richtungsvektor 197

S
Sattelpunkt 65
Schnittgerade 234
Schnittmenge 260
Sigma-Regeln 287
Signifikanzniveau 307
Signifikanztest 306
Simulation 298
Skalarprodukt 222
Spannvektoren 218
Stammfunktion 143
Standardabweichung 265, 286
Statistische Erhebung 264
Stichprobe 264, 306
Stichprobenumfang 264, 315
Stufenform 168
Stützvektor 197
Substitution 58
Summe 12
Summenregel 48, 252
Symmetrie 93

T
Tangente 38
Tangentengleichung 99
Tiefpunkt 64

U
unbegrenzte Flächen 155
uneigentliches Integral 155
Untersumme 139
Ursprung 186

V
Varianz 269
Vektoren 189
 – addieren 192
 – mit einer Zahl
 multiplizieren 192
 – subtrahieren 192
Vektoris3D 244
Verdopplungszeit 126
Vereinigungsmenge 260

W
Wachstum 125
Wachstumsfaktor 125
Wachstumskonstante 125
Wahrscheinlichkeit 252, 301
Wahrscheinlichkeit,
 – kumulierte 276
Wahrscheinlichkeits-
 verteilung 252, 268
Wertemenge 31

Z
Zahlenfolge 14
Zufallsexperiment,
 mehrstufiges 252
Zufallsgröße 268
Zufallszahl 298

Textquellen

161: „The Quabbin Reservoir in the western part of ..." aus: D. Hughes-Hallet, A. Gleason u. a.: Calculus, Single Variable. John Wiley & Sons Inc., 1998, S. 298, A. 18 – **313:** „Wo bleibt der faire Zufall?" aus: Badische Zeitung, Lutz Kosbach, 19.01.2002

Bildquellennachweis

U1.1 Getty Images (Takeshi Daigo), München; **U1.2** Getty Images (Joao Paulo), München; **10** Klett-Archiv (Aribert Jung), Stuttgart; **11** f1 online digitale Bildagentur, Frankfurt; **24** Corbis (Bettmann), Düsseldorf; **28** f1 online digitale Bildagentur (Score. by Aflo), Frankfurt; **29.1** Klett-Archiv, Stuttgart; **29.2** Corbis (Schlegelmilch), Düsseldorf; **30** Fotosearch Stock Photography (Banana Stock), Waukesha, WI; **33** YOUR PHOTO TODAY, Taufkirchen; **35** Klett-Archiv (Aribert Jung), Stuttgart; **40.1** Avenue Images GmbH (Digital Vision), Hamburg; **40.2** Keystone (Zick, Jochen), Hamburg; **49** Avenue Images GmbH (image source), Hamburg; **56.1** Wikimedia Foundation Inc. St. Petersburg FL; **56.2** Getty Images (Faint), München; **57** Alamy Images (UKraft), Abingdon, Oxon; **74.1** Tack, Jochen, Essen; **74.2** Corbis (David LeBon), Düsseldorf; **87.1** Corbis (Van der Wal), Düsseldorf; **87.2** Alamy Images (Image Source Black), Abingdon, Oxon; **87.3** FOCUS (Lambert/SPL), Hamburg; **87.4** VISUM Foto GmbH (Thies Raetzke), Hamburg; **87.5** Getty Images (Alexander Hassenstein), München; **98** Picture-Alliance (Udo Bernhart), Frankfurt; **100** VISUM Foto GmbH (Aufwind-Luftbilder), Hamburg; **102** laif (Hans-Christian Plambeck), Köln; **103** Das Luftbild-Archiv, Wenningsen; **104** Statistisches Bundesamt - DESTATIS, Wiesbaden; **110.1** Wikimedia Foundation Inc. St. Petersburg FL; **110.2** Alamy Images (David R.), Abingdon, Oxon; **111.1** Getty Images (Natphotos), München; **111.2** The tables first appeared in the Global Environment Outlook 4, published by the United Nations Environment Programme in 2007; **111.3** The tables first appeared in the Global Environment Outlook 4, published by the United Nations Environment Programme in 2007; **112** Imago (Peter Widmann), Berlin; **114** Deutsches Museum, München; **118.1** Picture-Alliance (Patrick Seeger), Frankfurt; **120.1** blickwinkel (allover), Witten; **120.2** Wikimedia Foundation Inc., St. Petersburg FL; **125** Keystone, Hamburg; **126** Fotosearch Stock Photography, Waukesha, WI; **127** Statistisches Bundesamt – DESTATIS, Wiesbaden; **128** Klett-Archiv, Stuttgart; **129** Thinkstock (Hemera), München; **134** Corbis (Matthias Kulka), Düsseldorf; **135.1** shutterstock (Luchschen), New York, NY; **135.2** arturimages (Paul Raftery), Hamburg; **138** Picture-Alliance, Frankfurt; **144.1** Corbis (Bettmann), Düsseldorf; **144.2** BPK (RMN/Popvitch), Berlin; **157** NASA, Washington, D.C.; **160** AKG, Berlin; **166** Kowalzik, Olaf, Hamburg; **167.1** FOCUS, Hamburg; **167.2** Fuchs, Kurt, Erlangen; **177** Hochtief AG, Essen; **180** AKG, Berlin; **184** Getty Images RF (PhotoDisc), München; **185.1** iStockphoto (Hole In My Sock), Calgary, Alberta; **185.2** VISUM Foto GmbH (Aufwind-Luftbilder), Hamburg; **216.1** Astrofoto (NASA), Sörth; **216.2** Mauritius Images, Mittenwald; **217.1** Corel Corporation Deutschland, Unterschleissheim; **217.2** shutterstock (Goran Kuzmanovski), New York, NY; **218** Interfoto, München; **225** Klett-Archiv (Simianer & Blühdorn, Stuttgart), Stuttgart; **229** Klett-Archiv (Simianer & Blühdorn, Stuttgart), Stuttgart; **250** Fotolia LLC (Secret Side), New York; **251.1** Fotolia LLC (P!xel 66), New York; **251.2** Fotolia LLC (Valdezrl), New York; **251.3** Picture-Alliance (Frank May), Frankfurt; **254** Action Press GmbH (Freenan/Pool), Hamburg; **255.1** Klett-Archiv, Stuttgart; **255.2** Klett-Archiv, Stuttgart; **262** Klett-Archiv (Simianer und Blühdorn), Stuttgart; **272** Deutsches Museum, München; **274** Imago (Baptista), Berlin; **278** Osvaldo Baratucci; **279** Okapia (Roland Günter), Frankfurt; **283** Interfoto (Science Museum/SSPL), München; **296** Ullstein Bild GmbH, Berlin; **297** Imago (Gepa pictures), Berlin; **298** Electronic Arts Deutschland GmbH, Köln; **301** iStockphoto (Chris Schmidt), Calgary, Alberta; **310** Avenue Images GmbH (Corbis RF BlendImages), Hamburg; **312** Corbis (Tim Wright), Düsseldorf; **314.1** DLR, Köln-Porz; **314.2** Avenue Images GmbH (Corbis/RF), Hamburg; **496** Flora Press (Gaby Jacob), Hamburg

Sollte es in einem Einzelfall nicht gelungen sein, den korrekten Rechteinhaber ausfindig zu machen, so werden berechtigte Ansprüche selbstverständlich im Rahmen der üblichen Regelungen abgegolten.